문제 해결력을 키우는

기계설계

이상범 지음

한빛아카데미
Hanbit Academy, Inc.

지은이 **이상범** sblee@kookmin.ac.kr

서울과학기술대학교 기계설계학과에서 학사, 국민대학교 기계설계학과에서 석사 및 박사학위를 취득했다. 서울대학교 정밀기계설계공동연구소에서 박사후과정 및 특별연구원으로 근무했으며, 현재는 국민대학교 자동차공학과 교수로 재직하고 있다. 학술활동으로는 자동차 구조해석 및 최적설계 등과 관련하여 국내외에 90여 편의 논문을 게재 및 발표했다. 공동번역서로는 『재료역학(3판)』(청문각, 2020), 『동영상으로 배우는 기구학(2판)』(한티미디어, 2016) 등 5권이 있다. 현재 기계요소설계, 정역학, 고체역학, 메커니즘설계, 구동 및 제동시스템 등을 강의하고 있다.

문제 해결력을 키우는 **기계설계**

초판발행 2022년 8월 5일

지은이 이상범 / **펴낸이** 전태호
펴낸곳 한빛아카데미(주) / **주소** 서울시 서대문구 연희로2길 62 한빛아카데미㈜ 2층
전화 02-336-7112 / **팩스** 02-336-7199
등록 2013년 1월 14일 제2017-000063호 / **ISBN** 979-11-5664-615-0 93550

책임편집 박현진 / **기획** 강다인 / **편집** 김평화, 강다인
디자인 이아란 / **전산편집** 임희남 / **제작** 박성우, 김정우
영업 김태진, 김성삼, 이정훈, 임현기, 이성훈, 김주성 / **마케팅** 길진철, 김호철, 주희

이 책에 대한 의견이나 오탈자 및 잘못된 내용에 대한 수정 정보는 아래 이메일로 알려주십시오.
잘못된 책은 구입하신 서점에서 교환해 드립니다. 책값은 뒤표지에 표시되어 있습니다.
홈페이지 www.hanbit.co.kr / 이메일 question@hanbit.co.kr

Published by HANBIT Academy, Inc. Printed in Korea

문제 해결력을 키우는

Machine Design

기계설계

이상범 지음

한빛아카데미
Hanbit Academy, Inc.

기계설계는 비빔밥이다!

기계나 로봇, 자동차 등은 힘을 받거나 운동을 전달하는 목적을 가진 여러 기계부품으로 구성된다. 기계부품은 용도에 따라 다양한 공업재료로 제작되며, 설계과정을 통해 엔지니어가 원하는 조건을 만족하는 형상과 치수가 결정된다. 설계과정에서는 재료역학, 기계공작법, 재료학, 동역학 등의 기본지식이 필요하며, 제조비용을 줄일 수 있는 경제적 사고도 필요하다. 따라서 기계설계는 여러 영역의 학문을 동시에 고려하여 최선의 해를 찾는 과정이라고 말할 수 있다. 이는 각각의 재료가 조화롭게 어우러지는 비빔밥과 유사하다고 볼 수 있다.

기계설계를 학습할 수 있는 국내외 훌륭한 서적이 많지만, 기계설계의 학문적 특수성에 비추어 볼 때 아쉬운 부분이 있다. 원서와 번역서는 제한된 시간에 학습하기에는 내용이 방대하고, 국내 집필서는 내용이 간결하나 핵심원리와 역학적 기본개념에 대한 설명이 다소 미흡하다. 그리하여 이 책은 기계 · 자동차공학과 학생들을 대상으로, 역학적 기본개념과 함께 학부생이 반드시 배워야 할 기계설계의 핵심을 설명한다. 또한 다양한 예제와 객관식/주관식 문제를 수록하여 문제 해결력을 키울 수 있도록 구성했다.

이 책의 주요 특징 및 활용법

기계설계(machine design)의 영어 앞글자 알파벳 MACHINE을 기반으로 이 책의 주요 특징과 활용법을 소개한다.

Mechanics 이 책은 역학적 관점에서 문제를 정의하고, 풀이하고, 분석한다. 기본적으로 정역학과 재료역학에서 학습한 힘과 모멘트에 대한 평형방정식을 세우고, 이들을 정리하여 기계설계에서 활용할 수 있는 식을 만든 후 수치를 대입하여 해를 구한다. 그리고 해를 구하면 끝나는 것이 아니라 해에 대한 분석을 통해 그 결과가 갖는 의미를 고찰함으로써 응용력을 키울 수 있게 했다. 또한 절마다 [탐구] 문제를 제시하여 정성적 개념 이해를 확인하고, 학습한 내용과 관련한 사항을 조사해 봄으로써 관련 분야에 대한 이해도를 높일 수 있게 했다.

Analysis 이 책에 수록한 모든 예제는 [전략 – 풀이 – 검토]의 3단계를 거친다. [전략] 단계에서는 설계문제를 이해하고 문제해결에 필요한 접근방법을 수립한다. [풀이] 단계에서는 수립한 접근방법을 기반으로 문제를 풀이한다. 그리고 [검토] 단계에서는 풀이 결과가 갖는 의미를 확인하고, 추가로 고려해볼 만한 사항들을 고찰하여 스스로 문제를 해결할 수 있는 능력을 기를 수 있도록 했다.

Calculation 이 책에 수록한 모든 예제는 풀이 과정에서 계산에 사용되는 수식 번호를 모두 명기하여 관련된 본문 내용을 확인할 수 있게 했다. 이를 통해 해당 식이 어느 상황에 사용되는지를 확인하고 이해할 수 있다.

Harmony 기계설계는 보통 2학년 이후에 개설되는 교과목이다. 따라서 기계설계의 기반이 되는 정역학, 재료역학 등의 선수과목을 학습한 지 오래된 학생들은 기계설계를 공부하기 전부터 미리 걱정하는 경우가 많다. 이 책은 재료역학, 제조공정, 재료학, 치수공차 등 기계설계를 학습하는 데 꼭 필요한 기초지식을 살펴볼 수 있게 구성하여, 이 책만으로 기계설계를 학습할 수 있도록 했다.

Industry 자동차, 공작기계, 항공, 조선, 로봇, 메카트로닉스, MEMS에 이르기까지 모든 산업의 혁신적 제조기술을 창출하기 위해서는 이들 산업의 기본이 되는 기계설계의 기초이론과 응용능력이 필요하다. 이 책은 많은 예제를 통해 산업체에서 마주칠 수 있는 실질적인 문제들을 체계적으로 다루었다.

New 이 책에서 사용하는 모든 단위는 국제적으로 사용을 권장하는 SI 단위로 통일했고, 전문용어는 대한기계학회에서 출간한 기계용어집을 따랐다. 책에 포함된 여러 종류의 기계요소에 대한 KS 규격은 국가표준인증 통합정보시스템(https://standard.go.kr)에 있는 최신 규정을 반영했다. 또한 최근 자격시험 출제 경향을 반영한 문제를 수록하여 각종 시험을 준비하는 수험생들에게 도움을 주고자 했다.

Economics 제품의 강도나 강성이 필요한 경우 두껍게 만들거나 고급재료를 사용하면 간단하게 해결할 수 있다. 그러나 이것이 과연 진정한 의미의 기계설계일까? 이렇게 해결하는 것은 누구나 할 수 있다. 엔지니어라면 기계설계 시 요구하는 조건인 강도나 강성뿐만 아니라 경제성도 함께 고려해야 한다. 즉, 최소한의 비용으로 최대의 성능을 발휘할 수 있도록 설계해야 한다. 이 책은 경제성과 제조를 고려하여 설계문제를 해결할 수 있는 능력을 함양할 수 있게 했다.

감사의 글

2년 여의 집필 과정에서 어려울 때마다 힘과 지혜를 주신 하나님께 감사드립니다. 교육과 연구에 매진할 기회를 준 국민대학교, 그리고 책의 기획부터 출판까지 체계적이고 세심하게 안내해주신 한빛아카데미(주) 관계자분 모두에게 진심으로 감사드립니다. 집필하는 동안 기도로 후원해주고 원고 검토를 함께 해준 사랑하는 아내와 딸, 그리고 책을 쓴다는 핑계로 자주 찾아뵙지 못해 항상 죄송한 마음이 드는 아버지와 어머니, 장인어른과 장모님께 감사의 말씀을 드립니다. 또한 이 책을 사용하는 독자 여러분께 감사드리며, 이 책이 여러분의 꿈을 실현하는 데 조그마한 도움이 되길 바랍니다. 마지막으로 집필하는 데 참고한 국내외 많은 서적의 저자분들께 깊이 감사드립니다.

지은이 **이상범**

이 책의 구성

이 책의 내용은 크게 4부로 나눌 수 있다. 1부는 기계설계를 위한 기초지식(1~4장)을 다루고, 2부는 체결용 요소(5~7장)에 대해 다룬다. 3부에서는 전동용 요소(8~14장)를 다루고, 마지막으로 4부에서는 운동제어용 요소(15~16장)에 대해 다룬다. 각 장의 내용을 간단히 소개하면 다음과 같다.

1장. 기계설계의 기본사항 기계설계를 위해서는 재료역학, 기계공작법, 기계재료, 기계제도 등 기계공학과 관련한 다양한 기초지식이 필요하다. 1장에서는 기계설계를 학습하는 데 필요한 기본사항인 제품개발 과정, 제조고려설계, 제품의 안전성, 표준화, 치수 및 치수공차 등을 알아본다.

2장. 재료의 기계적 특성 제품설계에서 가장 먼저 수행해야 할 사항은 재료를 선정한 후 재료에 맞는 제조공정을 결정하는 일이다. 제작하려는 제품의 용도나 제품에 가해지는 하중의 상태, 제작비용 등에 적합한 재료를 결정하기 위해서는 다양한 공업재료의 기계적 · 물리적 특성을 알아야 한다. 2장에서는 재료의 일반적인 기계적 특성인 탄성한도, 항복점, 인장강도, 파단강도 등의 재료강도와 응력-변형률, 연성재료와 취성재료, 가공경화, 변형에너지, 충격, 크리프 등과 관련된 기본개념을 알아본다.

3장. 하중과 응력해석 기계설계의 목적은 구조적 파손 없이 기계부품이나 구조물 등을 안전하게 사용할 수 있는 방안을 제시하는 것이다. 좋은 설계를 위해서는 주어진 기하학적 형상이나 하중조건, 제약조건, 재료특성 등에 부합하는 적합한 해석을 수행해야 한다. 3장에서는 다양한 하중조건에 따른 기계부품이나 구조물의 응력 및 응력집중 현상을 알아본다. 그리고 박판 및 후판 압력용기, 응력변환, 응력집중 등의 주요 기초사항에 대해 학습한다.

4장. 파손 파손이란 기계부품 등이 하중을 받아 변형되거나 파단되어 주어진 기능이나 역할을 더는 할 수 없게 되는 상태를 말한다. 엔지니어는 제품설계를 할 때 이러한 상황을 충분히 고려하여 제품에 대한 품질과 신뢰성을 확보해야 한다. 파손방지를 위해서는 파손의 형태와 특징을 잘 이해해야 한다. 4장에서는 정적파손과 동적파손에 관한 이론들을 학습한다.

5장. 나사 나사는 부품을 결합하거나 동력을 전달하는 데 사용하는 기계요소로서 하중을 거의 받지 않는 단순 조립용부터 큰 하중을 받는 압력용기의 플랜지에 이르기까지 다양하게 사용된다. 5장에서는 나사의 종류, 나사 및 결합부의 역학, 나사의 설계방법 등을 학습한다.

6장. 리벳 리벳은 구조부재들을 영구적으로 결합할 때 사용하는 기계요소이다. 리벳이음을 위해서는 먼저 판재에 구멍을 가공한다. 그다음 가공된 구멍에 리벳을 끼운 후 성형스냅으로 가압하여 머리를 만들면 결합이 완성된다. 6장에서는 리벳의 종류, 리벳이음 방법, 리벳작업, 리벳이음의 응력해석 및 치수를 결정하는 설계방법 등을 학습한다.

7장. 용접 용접은 부품들의 접촉면 일부를 국부적으로 녹인 후 응고하여 영구적인 이음부를 형성하는 방법이다. 접합하려는 부품의 재료, 두께, 형상 등에 따라 적용할 수 있는 다양한 용접법이 개발되어 있다. 7장에서는 용접의 특징과 구성, 용접이음의 종류, 용접이음의 응력, 용접구조물의 응력해석 등을 학습한다.

8장. 축 축은 대부분의 기계장치에서 회전동력을 전달하는 데 사용하는 매우 중요한 기계요소이다. 8장에서는 원형단면의 중실 및 중공축에 대해 굽힘하중이나 비틀림하중이 단독 또는 동시에 함께 작용하는 조건에서 축지름을 결정하는 방법과 축의 위험속도를 찾는 방법을 학습한다.

9장. 축이음 동력을 전달하는 기계장치에서 원동축과 종동축을 연결하는 것을 축이음이라고 한다. 축이음을 통해 운전할 때 기계장치의 동력을 차단할 필요가 없을 수도 있고, 필요에 따라 동력을 차단해야 할 수도 있다. 9장에서는 운전 중 동력을 차단할 수 없는 축이음인 커플링과 동력을 차단할 수 있는 축이음인 클러치의 기본구조와 작동방법을 알아보고, 축이음의 구조적 강도 및 치수결정 방법에 대해 학습한다.

10장. 베어링 베어링의 사용 목적은 기계의 두 요소 사이에 상대적인 움직임을 허용하면서 하중을 지지하는 것이다. 즉, 베어링의 가장 일반적인 용도는 회전축을 지지하면서 반지름방향의 하중이나 축방향의 하중, 또는 이 두 힘을 조합한 하중을 지지하기 위한 것이다. 10장에서는 베어링의 기본구조 및 메커니즘을 소개하고, 응력, 내구수명, 윤활 등을 고려한 베어링의 설계방법 등을 학습한다.

11장. 키, 핀, 코터 축과 회전체를 체결하는 데 사용하는 기계요소로는 키, 스플라인, 세레이션 등이 있다. 그리고 두 축을 결합하는 데 사용하는 기계요소로는 핀, 코터 등이 있다. 이들은 축과 회전체의 보스 또는 축과 축 사이에 위치하며, 필요에 따라 결합과 분해를 쉽게 할 수 있어야 한다. 11장에서는 축과 관련한 결합요소의 기본구조와 특징을 알아보고, 응력을 고려한 설계방법을 학습한다.

12장. 마찰차 마찰차는 서로 가까이 있는 두 축 사이에 동력을 전달하는 방법으로, 전동을 위해 구름마찰을 이용한다. 마찰차는 운전이 조용하고, 기어로는 얻기 힘든 큰 회전속도비를 낼 수 있으며, 무단변속도 가능하여 작은 동력전달이 필요한 곳에 적절하게 사용할 수 있다. 12장에서는 이러한 마찰차의 전달동력, 토크, 회전속도비, 마찰차의 폭 등을 설계하는 방법을 학습한다.

13장. 기어 기어는 하나의 회전축에서 다른 회전축으로 동력을 전달하는 데 사용하는 기어이(gear tooth)를 가진 원통형 기계요소이다. 기어는 효율이 높고, 수리 없이 오랜 기간 사용할 수 있으며, 제작비가 저렴하고, 크기 대비 큰 토크를 전달할 수 있다는 장점이 있어 많이 사용한다. 13장에서는 평기어, 헬리컬기어, 베벨기어의 기하학적 형상에 따른 운동특성과 기어이의 강도설계방법 등을 학습한다.

14장. 벨트와 체인 두 축 사이의 거리가 멀 때 동력을 전달하기 위해서는 굽힘에 대한 저항이 작고, 인장력에 의해서만 동력을 전달할 수 있는 유연성 매개체를 사용하는 것이 적합하다. 유연성 매개체를 이용한 동력전달방식은 원동차와 종동차를 감아 회전운동을 전달하기 때문에 감아걸기 전동장치라고 부른다. 14장에서는 감아걸기 전동장치인 벨트전동장치와 체인전동장치의 특징과 장력, 전달동력, 응력해석 및 설계방법을 학습한다.

15장. 브레이크 브레이크는 마찰을 이용하여 회전속도를 줄이거나 정지시키는 데 사용하는 기계요소이다. 브레이크의 구조는 마찰력의 생성을 위해 힘을 가하는 작동부와 마찰력으로 속도를 조절하는 제동부로 이루어진다. 15장에서는 브레이크의 구조와 작동원리를 알아보고 역학적 관계 및 설계방법에 대해 학습한다.

16장. 스프링 스프링은 기계장치, 전자제품, 가구, 심지어는 볼펜과 같은 필기도구에도 들어가는 기계요소이다. 16장에서는 원통형 코일스프링의 기하학적 형상과 관련된 힘과 응력 관계를 알아보고, 비틀림스프링의 일종인 토션바의 특성과 스프링상수 및 탄성에너지에 대해 학습한다. 그리고 외팔보형 판스프링의 스프링상수, 응력, 처짐량에 대해 학습하고, 트럭 등 대형차량의 현가장치에 많이 사용되는 양단지지형 겹판스프링의 응력과 처짐량 등을 학습한다.

미리보기

SECTION 5.1

나사의 구조 및 종류

- ✔ 나사의 기본구조 및 명칭을 알아본다.
- ✔ 체결용 나사의 규격과 종류에 대해 알아본다.
- ✔ 운동용 나사의 특성과 종류에 대해 알아본다.

학습포인트

목표 지향적인 학습을 위해 해당 절에서 학습할 주요 내용을 소개합니다.

5.1.1 나사의 기본구조

나사screw는 주변에서 쉽게 볼 수 있는 기계요소로서 크기가 작고 흔해서 사람들이 관심을 잘 두지 않는 편이다. 그러나 이 위대한 발명품은 기계, 자동차, 구조물, 전자제품, 심지어는 건축물이나 가구 등 거의 모든 분야에서 사용되며, 용도에 따라 다양한 종류가 개발되었다. 나사의 모양은 단순해 보이지만 설계자의 관점에서 보면 나사효율, 나사강도, 안전성 등 역학적으로 고려해야 할 사항이 많다. 간혹 언론을 통해 보도되는 대형 사고가 이 단순해 보이는 나사의 결합으로 인해 발생했다는 점을 생각하면 그 중요성을 간과할 수 없다.

나사는 용도에 따라 체결용과 운동용으로 나눌 수 있다. 체결용 나사는 부품들을 결합하는 목적으로 사용되며, 큰 힘을 받지 않은 상태에서 단순히 부품들을 결합하는 데 사용하기도 하고, 압력용기의 플랜지 결합이나 기계구조, 크레인 등과 같이 큰 힘을 받는 분야에 사용하기도 한다. 운동용 나사는 나사의 회전운동을 직선운동으로 변환하기 위한 목적으로 사용하며, 일반적으로 큰 힘을 받는 나사잭, 기계프레스, 선형액추에이터 등에 사용한다.

주요 용어와 법칙

핵심이 되는 용어, 법칙, 원리, 정리 등을 한눈에 볼 수 있도록 볼드체로 나타냅니다.

■ **둥근나사**

둥근나사round thread는 나사산의 단면이 원호로 되어 있는 나사로 먼지, 모래, 녹가루 등이 나사부에 끼이기 쉬운 시멘트 믹서기, 토목 공사용 기계 등에 사용하며, 백열전구의 나사에도 사용한다. 나사산각은 30°이고, 나사의 크기는 1인치 안에 있는 나사산의 수로 규정한다. 이 나사를 **너클나사**knuckle thread 라고도 한다.

탐구

1. 나사의 결합으로 인해 국내외에서 발생한 사고에 대해 알아보고, 나사의 중요성을 고찰하라.
2. 사다리꼴 나사가 하중을 받을 때 균일강도의 보와 같은 역할을 할 수 있는 이유를 설명하라.
3. 운동용 나사가 갖추어야 할 특성은 무엇인가?

3 한 쌍의 기어나 나사가 서로 맞물렸을 때 둘 사이에 생기는 틈새를 말한다.

탐구

본문에서 설명한 개념이나 관련 내용을 간단한 질문을 통해 확인합니다.

각주

내용 이해를 돕는 참고 내용이나 관련 정보를 부연 설명합니다.

예제

본문에서 다룬 개념을 적용한 문제와 그에 대한 상세한 풀이를 제시합니다. 3단계 풀이를 통해 문제를 구체화하고 해결하는 과정을 연습합니다.

1 **전략** 문제 해결을 위한 전략 세우기

2 **풀이** 구체화된 전략을 토대로 정확히 계산하기

3 **검토** 생각에 생각을 더해 응용력 키우기

예제 2-4 **브리넬 경도시험을 이용한 브리넬 경도 및 극한강도**

브리넬 경도시험에서 지름이 10 mm인 경화된 구를 이용하여 1500 kg_f의 하중으로 시편을 눌렀다. 압입자국의 지름은 3.2 mm일 때 다음을 구하라.

(a) 시편의 브리넬 경도

(b) 시편이 강으로 만들어졌을 때 대략적인 극한강도

전략

식 (2.16)에 강구의 지름, 압입자국의 지름 및 압입하중을 대입하여 브리넬 경도를 구한다. 그리고 구한 경도를 식 (2.17)에 대입하여 극한강도의 근사치를 구한다.

풀이

(a) 식 (2.16)으로부터 브리넬 경도를 다음과 같이 구한다.

$$HB = \frac{2F}{\pi D_b\left(D_b - \sqrt{D_b^2 - D_i^2}\right)} = \frac{2 \times 1500}{\pi \times 10 \times \left(10 - \sqrt{10^2 - 3.2^2}\right)} = 182 \quad \text{[답]}$$

(b) 브리넬 경도로부터 시편의 근사적인 인장강도는 식 (2.17)로부터 다음과 같이 구한다.

$$\sigma_u = 3.45\,HB = 3.45 \times 182 = 627.9\,\text{MPa} \quad \text{[답]}$$

검토

*HB*의 단위는 kg_f/mm^2이므로 답을 182 kg_f/mm^2로 표시해야 하지만 보통 단위는 생략한다. *HB*500 이상의 단단한 재료는 초경합금cemented carbide으로 만든 구를 사용하는데, 강철로 만든 구는 탄성변형이 일어나 정밀도가 감소하기 때문이다.

CHAPTER 05 | 핵심요약

- 나사를 한 바퀴 돌렸을 때 축방향으로 이동하는 거리를 리드라고 하며, 이웃한 나사산과 나사산 또는 골과 골 사이의 거리를 피치라고 한다.
- 나사곡선의 경사각을 나선각 또는 리드각이라고 한다.
- 나선이 감긴 방향에 따라 오른나사와 왼나사로 구분하며, 원통에 감긴 나선의 줄 수에 따라 1줄나사, 2줄나사, 3줄나사 등으로 구분한다.
- 체결용 미터나사는 나사산각이 60°이며, 밀리미터 단위의 바깥지름과 피치가 호칭으로 사용된다.
- 체결용 유니파이 나사는 나사산각과 나사산의 모양은 미터나사와 같으나, 나사의 호칭은 인치로 표시한 바깥지름과 1인치당 나사산의 수로 표시한다.
- 운동용 나사인 사다리꼴 나사는 가공이 쉽고 나사 뿌리부의 강도가 크며, 자동조심이 가능하므로 정밀한 운동전달용으로 사용한다. 사각나사는 나사효율이 높은 장점이 있으나 가공이 어렵고 가공비용이 비교적 많이 든다. 톱니나사는 한 방향으로 축하중을 받을 때 사용되며 사다리꼴 나사와 사각나사의 장점이 결합되어 있다.
- 운동용 나사는 나사의 회전운동을 왕복장치의 직선운동으로 변환하며 프레스, 나사잭 등과 같이 큰 힘이 필요한 곳에 사용하기도 하고, 마이크로미터나 선반의 리드나사처럼 정밀한 위치조종이 필요한 곳에 사용하기도 한다.

핵심요약

각 장이 끝날 때마다 본문에서 다룬 주요 내용을 다시 한번 정리합니다.

CHAPTER 05 | 기본문제

5.1 나사의 리드에 대한 설명 중 옳지 않은 것은? 5.1절

① 나사를 한 바퀴 돌렸을 때 축방향으로 이동한 거리를 나타낸다.
② 피치가 2mm인 두 줄 나사의 리드는 4mm이다.
③ 리드는 피치에 비례하여 커진다.
④ 나사산각이 클수록 나사를 한 바퀴 돌렸을 때 축 방향으로 이동하는 거리인 리드가 커진다.

5.2 미터가는나사 $M20 \times 2$에 대한 설명 중 옳은 것은? 5.1절

① 나사 바깥지름은 20mm, 나사산의 수는 2이다.
② 나사 바깥지름은 20mm, 피치는 2mm이다.
③ 나사 유효지름은 20mm, 나사산의 수는 2이다.
④ 나사 유효지름은 20mm, 피치는 2mm이다.

5.3 사다리꼴 나사에 대한 설명 중 옳지 않은 것은? 5.1절

① 인치계는 30°의 나사산각을 가지며, 일명 애크미 나사라고도 부른다.
② 사각나사보다 효율은 다소 낮으나 나사 가공이 쉽다.
③ 자동조심 작용도 하므로 고정밀도가 요구되는 공작기계의 이송나사 등에 많이 사용된다.
④ 나사의 뿌리부가 강해 강도 측면에서 장점을 갖고 있다.

기본문제

각종 시험을 대비하고, 자격증 취득에 도움이 되는 객관식 문제를 제시합니다.

CHAPTER 05 | 연습문제

5.1 어떤 기계에 $M28 \times 1.5$가 표시된 나사가 있다. 무엇을 의미하는가? 5.1절

5.2 어떤 구조물에 $3/4 - 10$UNC가 표시된 나사가 있다. 무엇을 의미하는가? 5.1절

5.3 미터가는나사인 $M20 \times 1.5$에 대해 다음을 구하라. 5.1절

(a) 나사산각 (b) 수나사의 바깥지름
(c) 수나사의 골지름 (d) 유효지름

5.4 미터사다리꼴 나사가 호칭지름이 16이고, 피치가 4인 경우에 대해 다음을 구하라. 5.1절

(a) 나사산각 (b) 수나사의 바깥지름
(c) 수나사의 골지름 (d) 유효지름

5.5 운동용 사각나사의 바깥지름이 30mm이고, 나사피치가 4.7mm이다. 나사산의 높이, 폭, 평균지름, 골지름, 리드를 구하라. 5.1절

5.6 3줄 운동용 나사가 24mm의 바깥지름과 5mm의 피치, 그리고 21.5mm의 피치지름(유효지름)을 갖는다. 나사산의 마찰계수는 0.14이다. 40N·m의 토크로 들어 올릴 수 있는 물체의 무게를 결정하라. 그리고 자립조건의 만족 여부를 확인하라. 5.2절

연습문제

해당 장에서 학습한 내용을 얼마나 이해했는지 연습문제를 통해 확인합니다.

학습 편의를 위한 관련 절 표기

이 책의 사용 설명서

■ 강의 보조 자료

한빛아카데미 홈페이지에서 '교수회원'으로 가입하신 분은 인증 후 교수용 강의 보조 자료를 제공받을 수 있습니다. 한빛아카데미 홈페이지 상단의 〈교수전용공간〉 메뉴를 클릭하세요.

http://www.hanbit.co.kr/academy

■ 연습문제 해답

이 책은 대학 강의용 교재로 개발되었으므로 연습문제 풀이는 제공하지 않습니다. 단, 정답은 아래의 경로에서 내려받을 수 있습니다.

한빛아카데미 홈페이지 접속 → [도서명] 검색 → 도서 상세 페이지의 [부록/예제소스]

■ 참고 문헌

1. Arora, J. S. (2016). *Introduction to Optimum Design*(5th ed.). London: Elsevier Academic Press.
2. Ashby, M. F. (2011). *Materials Selection in Mechanical Design*(4th ed.). London: Elsevier Inc.
3. Bedford, A., Liechti, K. M. (2020). *Mechanics of Materials*(2nd ed.). Springer.
4. Budynas, R. G. (1977). *Advanced Strength and Applied Stress Analysis*. New York: McGraw-Hill.
5. Budynas, R. G., Nisbett, J. K. (2015). *Shigley's Mechanical Engineering Design*(10th ed.). New York: McGraw-Hill Education.
6. Craig, R. R. Jr. (2018). *Mechanics of Materials*(3rd ed.). Hoboken, NJ: John Wiley & Sons, Inc.
7. Dowing, N. E. (1988). *Mechanical Behavior of Materials*(2nd ed.). Englewood Cliffs, NJ: Prentice-Hall.
8. Groover, M. P. (2011). *Principles of Modern Manufacturing*(4th ed.). Hoboken, NJ: John Wiley & Sons, Inc.
9. Hibbeler, R. C. (2014). *Mechanics of Materials*(9th ed.). New York: Pearson Education, Inc.
10. Juvinall, R. C., Marshek, K. M. (2012). *Machine Component Design*(5th ed.). Hoboken, NJ: John Wiley & Sons, Inc.
11. Meriam, J. L., Kraige, L. G., Bolton, J. N. (2016). *Statics*(8th ed.). Hoboken, NJ: John Wiley & Sons, Inc.
12. Mott, R. L., Vavrek, E. M., Wang, J. (2018). *Machine Elements in Mechanical Design*(6th ed.). New York: Pearson Education, Inc.
13. Schmid, S. R., Hamrock, B. J., Jacobson, B. O. (2014). *Fundamentals of Machine Elements*(3rd ed.). Boca Raton, FL: CRC Press.
14. Thompson, B. S. (1998). *Creative Engineering Design*(4th ed.). Okemos, MI: Okemos Press.
15. Ugural, A. C. (2015). *Mechanical Design of Machine Components*(2nd ed.). Boca Raton, FL: CRC Press.
16. Ullman, D. G. (2003). *The Mechanical Design Process*(3rd ed.). New York: McGraw-Hill.
17. 김종원, 이건우, 조선휘 (2007). *기계제도공학*(4판). 서울: 문운당.
18. 송지복, 배원병, 조용주, 황상문, 조윤호, 박상후(2015). *기계설계*. 서울: 북스힐.
19. 위을복 (2019). *기계설계*. 서울: 학진북스.
20. 유주식 (2020). *알기 쉬운 기계설계 기초*. 파주: 교육과학사.
21. 이상용 (1999). *신뢰성 공학*. 서울: 형설출판사.
22. 장희석 (2018). *최신 기계요소설계*. 파주: 교문사.
23. 정남용 (2019). *핵심 기계설계*. 서울: 학진북스.
24. 홍장표 (2021). *기계설계*(9판). 서울: 교보문고.
25. https://standard.go.kr(국가표준인증 통합정보시스템).
26. https://www.aws.org(미국용접협회).

목차

Chapter 04

파손

PART 2

체결용 요소

Chapter 05

나사

Chapter 06 리벳

Chapter 14 벨트와 체인

PART 4 운동제어용 요소

Chapter 15 브레이크

CHAPTER 01

기계설계의 기본사항

Fundamentals of Machine Design

학습목표

- 전반적인 제품개발 과정에 대해 이해한다.
- 제품개발에서 설계와 해석의 차이를 이해한다.
- 제품의 안전성과 신뢰도에 대해 학습한다.
- 제품설계에서 제조고려설계의 중요성을 이해한다.
- 품질과 생산성을 고려한 치수공차, 형상공차, 가공정밀도 등을 학습한다.

SECTION 1.1

제품개발 과정

✔ 제품개발에서 설계와 해석의 의미를 이해한다.
✔ 제품개발 과정의 단계를 익히고, 각 단계별 수행내용을 이해한다.

기계machine나 기구mechanism, 구조물 structure 등은 일반적으로 여러 기계부품mechanical components이나 구조부재들structural members로 구성되어 있으며, 주로 힘을 지지하거나 운동을 전달하는 역할을 한다. 기계부품이나 구조부재는 다양한 공업재료로 제작되며, 설계자가 요구하는 조건을 만족하도록 형상 및 치수가 결정되어야 한다. 설계자가 요구하는 조건에는 기구학적 동작뿐만 아니라 구조적 강도strength와 강성stiffness 등이 있다. 기계부품이나 구조부재를 적합하게 설계하기 위해서는 재료역학, 기계공작법, 기계재료, 기계제도 등 기계공학과 관련한 기본지식이 필요하며, 이와 함께 제조비용 등을 고려하는 경제적 사고도 필요하다. 그리고 개발한 제품에 발생할 수 있는 다양한 유형의 파손failure이나 변형deformation 등 품질에 대한 신뢰성reliability과 사용자의 편의성, 안전성 등도 종합적으로 고려해야 한다.

엔지니어가 한두 번의 시도로 원하는 제품개발이 완성되는 경우는 드문 일이며, 일반적으로 재료선정, 설계design, 해석analysis 등의 과정이 여러 번 반복된다. 그러므로 제품개발을 할 때 엔지니어의 공학적 통찰력 및 축적된 경험과 기술 등은 매우 중요하다. 시간이 많이 소요되는 설계과정은 컴퓨터원용 최적설계computer-aided optimum design를 활용할 수도 있다.

1.1.1 설계와 해석

제품설계에 대해 학습할 때 학생들이 종종 혼동하거나 이해하기 어려워하는 개념이 설계와 해석의 차이이다. **설계**design, synthesis란 현재 대상이 없거나 혹시 있다 하더라도 엔지니어가 요구하는 좀 더 개선된 성능을 만족하는 새로운 시스템을 개발하는 것이다. 예를 들어 외팔보에서 설계자가 보의 자유단에 특정한 힘을 가했을 때 자유단의 처짐량이 엔지니어가 요구하는 값 이하가 되도록 외팔보의 단면형상, 치수, 재료 등의 설계사양design specification을 결정하는 과정이 일종의 설계이다.

해석analysis이란 기계나 구조물 등 고려하는 대상이 존재하고 있는 상태에서 그 대상에 특정 입력값을 주었을 때 출력값이 어떻게 나오는지를 분석하는 과정이다. 예를 들어 길이, 단면의 모양과 치수, 재료 물성치, 경계조건, 하중조건 등이 주어진 외팔보의 자유단에 특정 힘을 가했을 때 자유단의 처짐량을 알아보는 것은 일종의 해석이다. 이렇듯 해석은 이미 대상이 존재하고 있는 상황에서 결과를 얻는 방법으로 변형해석, 응력해석, 충돌해석, 진동해석, 열유동해석 등 다양한 해석방법이 있다.

1.1.2 제품개발

[그림 1-1]에 제품개발 과정을 나타냈다. 기본적으로 제품개발 과정은 각 단계가 순차적으로 진행되지만, 필요에 따라 앞 단계로 되돌아가 설계변경을 하거나 분석작업을 다시 하기도 한다. 다시 말해, 각 단계는 고정된 것이 아니며 주어진 제품의 개발환경에 맞게 유연하게 조정할 수 있다.

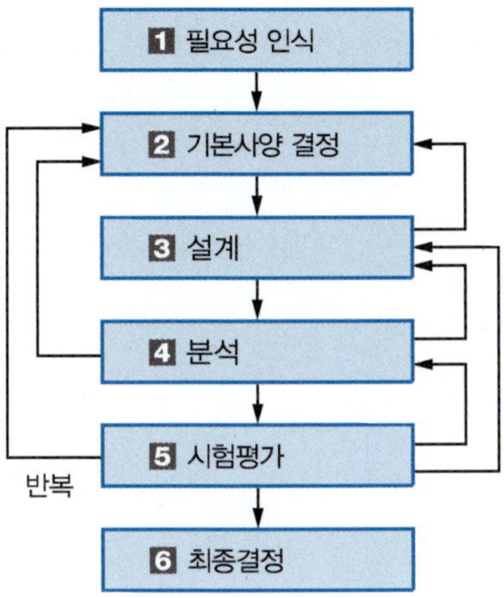

그림 1-1 제품개발 과정

1 필요성 인식

현재 사용하는 제품의 품질개선이나 기존에 없는 새로운 제품의 필요성을 인식할 때부터 제품개발이 시작된다. 기능이나 품질이 개선된 제품 또는 완전히 새로운 제품의 필요성을 인식하고 문제점의 해결 방법을 찾는 것은 매우 창의적인 활동으로, 이를 통해 혁신성과 기술적 차별성을 갖는 제품을 개발할 수 있다. 특히 아직 드러나지 않았거나 남들이 미처 인식하지 못한 사실을 새로운 관점으로 바라보고 적절한 해법을 찾는 것은 엔지니어가 가져야 할 중요한 역량이다.

예를 들어 예전에 회의에서 발표자는 나무나 금속 등으로 만든 지시봉pointer을 사용했는데, 이 지시봉은 여러 면에서 사용하기가 불편했다. 따라서 좀 더 사용하기 편리한 포인터가 필요하다는 인식을 통해 [그림 1-2(a)]와 같이 요즘 흔히 사용하는 레이저 포인터laser pointer가 개발되었다. 또한 기존의 가솔린이나 디젤 자동차가 가진 연비나 배기가스 등의 문제점을 인식함으로써 [그림 1-2(b)]와 같이 오염물질을 덜 배출하고 출력을 높일 수 있는 하이브리드 자동차hybrid vehicle가 개발되었다.

(a) 레이저 포인터 (b) 하이브리드 자동차

그림 1-2 제품의 필요성 인식

이처럼 제품의 종류나 적용기술의 난이도와 관계없이 제품에 대한 필요성을 엔지니어가 충분하게 인식함으로써 새로운 제품개발이 시작되는 것이다.

2 기본사양 결정

일단 제품개발의 필요성이 인식되면, 이를 구현하기 위한 구체적인 단계가 필요하다. 필요성의 인식을 통해 정성적인 항목을 표현했다면 다음 단계에서는 정량적 항목으로 개발할 제품에 대해 더 구체적으로 나타내는 것이다. 정량적 항목으로는 설계사양design specification을 들 수 있는데, 이 사양에는 입출력, 사용범위, 성능, 기하학적 크기 등이 포함된다. 자동차의 경우 전장, 전폭, 전고, 축간거리, 배기량, 최고출력, 최대토크 등이 기본사양으로 카탈로그에 표시되는 내용이다.

3 설계

기본사양이 결정되면 설계과정을 통해 이를 구체화한다. 설계는 어떤 관점에서 보느냐에 따라 여러 유형으로 구분할 수 있는데, 설계의 심도에 따라 개념설계와 상세설계로 구분할 수 있다.

개념설계concept design는 원하는 결과, 즉 설계사양에서 제시하는 성능을 얻기 위한 아이디어를 도출하여 설계방향을 결정하는 단계이다. 즉 요구되는 사양을 바탕으로 구조나 기능을 검토하여 구상한 계획안을 설계도면 등으로 구현한다. 개념설계 단계에서는 통상 실제로 제작공정에 들어가는 것은 아니며, 실현할 수 없는 부분이나 기능상 간과한 점은 없는가를 검토한다. **상세설계**detailed design는 개념설계 단계에서 도출된 내용을 구체화하는 단계로서 이 과정을 통해 도면이나 모형, 제품의 상세사양 등이 제시된다.

성공적인 기계설계를 수행하기 위해서는 재료역학, 유체역학, 기계공작법, 기계제도, 재료공학 등 기계 · 소재 분야의 지식뿐만 아니라 필요에 따라 전자공학, 화학공학 등 다양한 분야의 지식을 결합하는 다학제 분야의 연계가 필요한 유기적인 과정이므로 설계를 종합synthesis이라고 부르기도 한다.

4 분석

설계가 완성되었더라도 제품을 제작하기 전에 엔지니어가 요구하는 성능을 산출할 수 있는지 공학적 검증이 필요하다. 일반적으로 제품설계의 초기 단계에서 기하학적 전산모형인 3차원 CAD 모델을 만드는데, 이 모델을 이용하여 [그림 1-3]과 같이 응력해석, 진동해석, 좌굴해석 등 컴퓨터 시뮬레이션을 수행할 수 있다. 컴퓨터 시뮬레이션을 통해 제품을 제작하기 전에 성능 결과를 예측할 수 있으므로 제품개발에 걸리는 기간을 단축할 수 있다.

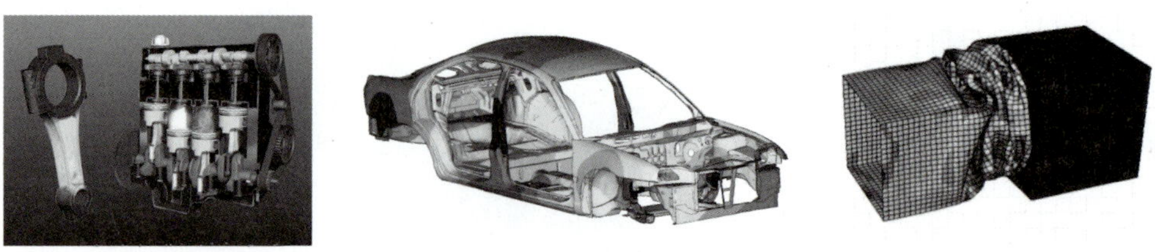

(a) 크랭크축 응력해석 (b) 차체 진동해석 (c) 좌굴해석

그림 1-3 컴퓨터 시뮬레이션

컴퓨터 시뮬레이션을 통해 엔지니어가 요구하는 성능을 만족하면 설계단계를 마친다. 다만, 한두 번의 시행으로 제품설계를 완료하기는 어려운 일이며 보통은 엔지니어가 요구하는 성능을 만족할 때까지 설계와 분석작업을 반복하게 된다.

앞서 언급한 최적화 설계[1]를 수행할 경우 엔지니어가 설정한 목적함수objective function, 설계 제약조건design constraints 및 설계변수design variables에 따라 설계와 분석과정이 자동으로 반복되므로 효율적인 설계가 가능하다.

5 시험평가

분석단계를 통해 제품의 성능을 확인했더라도 컴퓨터 시뮬레이션을 수행할 때 고려하지 못한 인자가 있을 수 있고, 경계조건이나 하중조건과 같은 해석조건에서도 실제 상황과 차이가 생길 수 있다. 이와 같은 컴퓨터 모델의 불확실성이 존재할 수 있으므로 제품을 생산하기 전에 시험을 통한 검증이 필요하다.

평가를 위해 제작한 제품을 **시작품**prototype이라고 하며, 시작품을 이용하여 설계를 평가하고 제품이 설계사양에 맞춰 제작되었는지를 확인한다. 제품에 따라 몇 개에서 몇십 개까지 제작하여 다양한 시험을 한다. 예를 들어 자동차의 시작품은 [그림 1-4]와 같이 충돌시험, 내구시험, 진동시험을 수행한다. 시험평가를 통해 얻은 데이터는 설계를 보완하거나 전산모델을 수정하는 데 활용한다.

(a) 충돌시험 (b) 내구시험 (c) 진동시험

그림 1-4 시험평가

6 최종결정

시험평가를 통해 기술적 성능검증이 완료되면 개발한 제품의 양산 및 출시를 위한 마지막 과정을 거치게 된다. 이 과정은 일반적으로 회사의 경영자나 관련 부서의 임원들 앞에서 발표형식으로 진행되며, 도출한 결과물을 최종적으로 교차검토cross-checking 한다.

탐구

1. 설계와 해석을 정의하고 차이점을 설명하라.
2. 제품개발 과정에 대해 설명하라.
3. 설계사양은 무엇이며, 제품의 구현과정에 어떤 영향을 주는지 설명하라.
4. 시작품이 무엇이며, 그 목적이 무엇인지 설명하라.
5. 개념설계 단계에서 나타나는 설계는 어떤 형태인가?

---

1 Arora, J. S. (2016). *Introduction to Optimum Design* (5th ed.). London: Elsevier Academic Press.

SECTION 1.2

안전성 및 신뢰도

✔ 제품의 안전성과 관련된 안전계수에 대해 학습한다.
✔ 제품의 품질과 관련된 신뢰도에 대해 학습한다.

1.2.1 안전성

제품의 **안전성**product safety이란 엔지니어가 개발한 제품이 사용자에게 인적 · 물적 손실을 입히지 않으며 자연환경에도 해를 끼치지 않는 것을 뜻한다. 엔지니어들은 합리적인 수준의 안전성을 갖춘 제품을 생산해야 할 윤리적 · 법적 의무가 있으며, 제품의 전수명total life cycle에 걸쳐 안전하게 사용할 수 있도록 설계해야 한다. 이를 위해서는 제품의 구조나 구동부에 결함이 없어야 하고, 주어진 하중과 다양한 환경조건을 견뎌낼 만큼 충분한 강도를 갖도록 해야 한다.

기계부품이나 구조물 등을 안전하게 설계하기 위해서는 부품에서 발생하는 응력stress이 안전기준인 허용응력allowable stress을 초과하지 않도록 해야 한다. 이렇게 하는 이유에는 여러 가지가 있다. 예를 들어 제품을 설계할 때 고려한 설계하중이 실제하중과 다를 수 있으며, 제조할 때나 조립할 때의 오류로 인해 제품치수가 설계된 값과 차이가 있을 수 있다. 또한 설계 시에는 고려하지 않은 진동이나 충격 등이 작용할 수 있고, 사용 중 제품이 부식되어 강도가 약화될 수도 있다. 그리고 설계도면에는 없으나 제작 편의상 불가피하게 제품에 구멍을 내야 하는 때도 있으며, 이로 인해 응력집중stress concentration이 발생하여 국부적으로 강도가 취약해질 수도 있다.

이러한 불확실성uncertainty을 해결하는 방법의 하나로 **안전계수**safety factor를 사용한다. 안전계수는 다음 식과 같이 재료의 기준강도를 허용응력으로 나눈 값으로 1보다 큰 값을 갖는다.

$$\text{안전계수}(n_s) = \frac{\text{기준강도}}{\text{허용응력}} \tag{1.1}$$

기준강도는 기계부품이나 구조물에 작용하는 하중의 형태 및 환경조건 등에 따라 다음과 같이 선정한다.

- 연강mild steel과 같은 연성재료ductile material가 정하중static load을 받으면 항복강도yield strength를 기준강도로 한다.
- 주철cast iron과 같은 취성재료brittle material가 정하중을 받으면 극한강도ultimate strength를 기준강도로 한다.
- 반복하중repeated load이 작용하면 피로한도fatigue limit를 기준강도로 한다.
- 고온에서 정하중이 작용하면 크리프강도creep strength를 기준강도로 한다.
- 좌굴buckling이 예상되는 긴 기둥column에서는 좌굴강도buckling strength를 기준강도로 한다.

일반적으로 안전계수값은 구조부재나 기계부품에 사용되는 재료 및 적용되는 하중의 형태, 사용조건 등에서 발생할 수 있는 여러 불확실성을 고려하여 경험적으로 결정한다. 안전계수값이 클수록 더 안전하겠지만 경제적으로는 불리하다는 점을 고려하여 합리적인 값을 선택해야 한다. 작은 안전계수를 적용하기 위해서는 사용하는 재료의 기계적 물성치에 대한 높은 신뢰성을 확보하고 있어야 하며, 인명 피해와 같은 위험을 초래할 수 있는 파손 가능성을 충분히 배제할 수 있어야 한다.

안전계수는 여러 영향을 고려하여 각각의 경우에 가장 적절한 값을 결정해야 하지만, 이 값을 정하기는 매우 어렵다. 따라서 오랜 경험을 바탕으로 안전계수를 결정하는 경우가 많다. [표 1-1]은 언윈 Unwin이 제시한 안전계수로서 극한강도를 기준강도로 하여 일반적인 평균값을 나타낸 것이다. 표에서 정하중의 '참고' 항목은 언윈이 제시한 안전계수 이후에 발표된 문헌값이다.

표 1-1 재료 및 하중의 형태에 따른 안전계수

재료	정하중		반복하중		충격하중
	언윈	참고	편진	양진	
강	3	3 ~ 5	5	8	12
주철	4	3.5 ~ 8	6	10	15
목재	7	7 ~ 10	10	15	20
벽돌	20	15 ~ 24	30	–	–

[주] 반복하중의 평균값이 0인 경우는 양진이고, 0이 아닌 경우는 편진이다.

1.2.2 신뢰도

제품의 **신뢰성** reliability은 제작한 부품이 설정한 사용조건 및 사용기간 동안 목표한 성능을 발휘할 수 있는 확률로 정의된다. 신뢰성을 나타내는 지표인 신뢰도는 생산된 부품이 정해진 기간 내에 파손되지 않을 확률로, 다음과 같이 나타낼 수 있다.

$$R = 1 - \frac{n}{N} \tag{1.2}$$

여기서 N은 생산된 전체부품의 개수, n은 파손된 부품의 개수이며, n/N은 파손확률을 나타낸다. 따라서 신뢰도 R은 $0 \sim 1$의 범위에 있다.

만약 생산된 100개의 부품 중 정해진 기간과 운전조건에서 2개가 파손되었다면, 신뢰도는

$$R = 1 - \frac{2}{100} = 0.98$$

이 되며, 이 부품은 98%의 신뢰도를 갖는다고 말할 수 있다.

일반적으로 기계장치는 여러 부품과 기계요소들로 구성되므로 어느 부품이나 기계요소에 문제가 발생하면 기계장치 전체에 문제가 되기도 한다. 그러므로 각 부품이나 기계요소의 신뢰도와 함께 기계장치 전체의 신뢰도도 함께 고려해야 한다.

각각의 부품이나 기계요소의 신뢰도가 시스템인 기계장치의 신뢰도와 어떤 관계를 갖는가를 평가하는 방법으로는 직렬결합모델, 병렬결합모델 등이 있다. 직렬결합모델은 시스템을 구성하는 부품이나 기계요소 중 하나라도 파손이 발생하면 시스템 전체가 기능을 상실하는 경우로, 가장 보수적으로 신뢰성을 평가하는 방법이다. 이때의 신뢰도는 다음과 같다.

$$R = \prod_{i=1}^{N} R_i \tag{1.3}$$

여기서 R_i는 i번 부품의 신뢰도이며, N은 전체부품의 개수를 나타낸다.

3개의 부품으로 구성된 기계장치에서 부품의 신뢰도가 각각 $R_1 = 95\%$, $R_2 = 98\%$, $R_3 = 96\%$라면, 이 기계장치의 전체 신뢰도는 식 (1.3)으로부터

$$R = R_1 R_2 R_3 = 0.95 \times 0.98 \times 0.96 = 0.89$$

가 된다. 따라서 이 기계장치는 89%의 신뢰도를 갖는다.

병렬결합모델은 시스템을 구성하는 여러 부품이나 기계요소 중 어느 하나에 문제가 발생해도 전체시스템은 기능의 상실 없이 작동될 수 있는 것을 말한다.

탐구

1. 응력이 무엇인지에 대해 설명하라.
2. 안전계수를 정할 때 기준강도가 사안에 따라 달라지는 이유는 무엇인가?
3. 신뢰성 있는 제품은 어떤 것인가? 신뢰성에 영향을 미치는 인자를 열거하고 설명하라.
4. 합리적인 수준의 안전성을 갖춘 제품을 생산한다는 것은 어떤 의미인가?

예제 1-1 안전계수를 고려한 봉의 지름과 원판의 두께

[그림 1-5(a)]와 같이 두께 t의 원판과 지름 d의 수직봉으로 견고하게 결합된 부품이 30 kN의 힘을 받고 있다. 원판과 수직봉은 모두 강재로서 인장항복강도 σ_y는 400 MPa, 전단항복강도 τ_s는 230 MPa이다. 안전을 고려하여 봉의 지름과 원판의 두께를 각각 구하라.

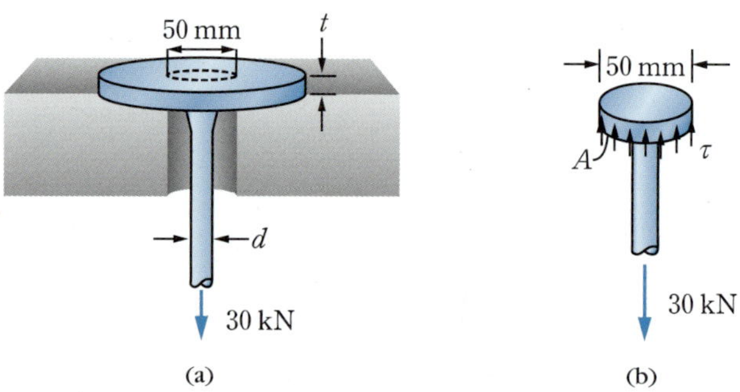

그림 1-5 원판과 수직봉으로 결합된 부품

전략

봉의 지름과 원판의 두께를 구하는 문제는 설계문제로서 안전을 고려하여 허용응력을 적용한다. 즉 재료강도를 안전계수로 나누어 준다. 정하중을 받는 강의 안전계수는 [표 1-1]에 제시된 값인 3으로 한다.

풀이

봉의 허용인장응력은 인장항복강도를 안전계수로 나누면 된다.

$$\sigma_a = \frac{\sigma_y}{n_s} = \frac{400}{3} = 133.3\,\mathrm{MPa}$$

$\sigma_a = F/A$로부터 봉의 면적 $A = F/\sigma_a$가 되므로

$$\frac{\pi d^2}{4} = \frac{30 \times 10^3}{133.3 \times 10^6}$$

이 된다. 따라서 봉의 지름을 구하면 다음과 같다.

$$d = 0.0169\,\mathrm{m} = 16.9\,\mathrm{mm}$$ [답]

원판의 허용응력은 전단항복강도를 안전계수로 나누면 된다.

$$\tau_a = \frac{\tau_s}{n_s} = \frac{230}{3} = 76.7\,\mathrm{MPa}$$

$\tau_a = F/A$로부터 [그림 1-5(b)]에 나타낸 원판의 원둘레 면적이 $A = F/\tau_a$가 되므로

$$\pi \times 0.05 \times t = \frac{30 \times 10^3}{76.7 \times 10^6}$$

이 된다. 따라서 원판의 두께를 구하면 다음과 같다.

$$t = 2.49 \times 10^{-3}\,\mathrm{m} = 2.49\,\mathrm{mm}$$ [답]

검토

힘 30 kN은 봉에는 수직하중으로 작용하고, 원판에는 전단하중으로 작용한다.

SECTION 1.3

제조고려설계와 표준화

✔ 효율적 · 경제적 제품개발 방법인 제조고려설계에 대해 알아본다.
✔ 호환성과 생산성을 높일 수 있는 표준화에 대해 알아본다.

1.3.1 제조고려설계

제조고려설계 design-for-manufacture, DFM는 고품질의 제품을 낮은 비용으로 쉽게 제조하도록 지원하는 설계 접근방법으로, 제품을 설계할 때 제조의 다양한 제약조건과 경제성을 동시에 고려하는 실무적 방법이다. 즉 설계사양을 만족하면서 저렴한 비용으로 제품을 제조할 수 있도록 한다. 제조고려설계를 통해 고객의 요구조건을 만족시키고, 시장에서의 경쟁력을 높일 수 있으며, 원하는 신뢰성과 품질을 얻을 수 있다. 그리고 가장 짧은 기간에 가장 적은 비용으로 제품을 개발할 수 있다.

엔지니어가 설계한 제품이 아무리 이상적이라도 제작하는 데 어려움이 있거나 비용이 많이 든다면 다른 대안을 찾아야 한다. 그러므로 엔지니어가 요구하는 성능을 만족하고 안전성을 확보한다는 조건에서 다음의 원칙을 충분히 고려해서 설계하는 것이 바람직하다.

- 부품의 개수를 최소화하고, 표준화된 부품을 많이 사용한다.
- 모듈식 설계 modular design[2]를 수행한다.
- 적절한 표면 마무리와 허용공차를 부여한다.
- 제조공정 manufacturing process의 수를 줄인다.
- 제작 가능성을 확인하고 쉽게 제작되도록 설계한다.
- 생산량을 고려하여 설계한다.
- 조립과 분해를 쉽게 할 수 있도록 설계한다.

[그림 1-6]은 제조고려설계에 대한 몇 가지 예시를 보여준다.

- 구멍 가공면이 경사져 있으면 드릴작업이 어려우므로 경사면에 드릴작업은 피하는 것이 좋다. 이 위치에 구멍이 있어야 한다면 구멍 가공면은 드릴에 수직하게 제작되어야 한다([그림 1-6(a)]).
- 구멍 내부를 기계가공하는 것보다 축의 외부를 기계가공하는 것이 더 쉽고 비용이 덜 든다. 따라서 작동기능이나 성능 등에 차이가 없다면 외부형상을 가공하는 것이 더 좋다([그림 1-6(b)]).
- 주조제품에서 주조두께가 균일하지 않으면 냉각속도에 차이가 발생해 부위에 따라 수축량이 달라져 변형, 균열 등이 발생할 수 있다. 따라서 주조두께를 균일하게 설계하는 것이 좋다([그림 1-6(c)]).

2 모듈식 설계란 쉽게 조립할 수 있고, 쉽게 유지 보수 및 개선할 수 있도록 표준 인터페이스를 제공하는 설계를 말한다.

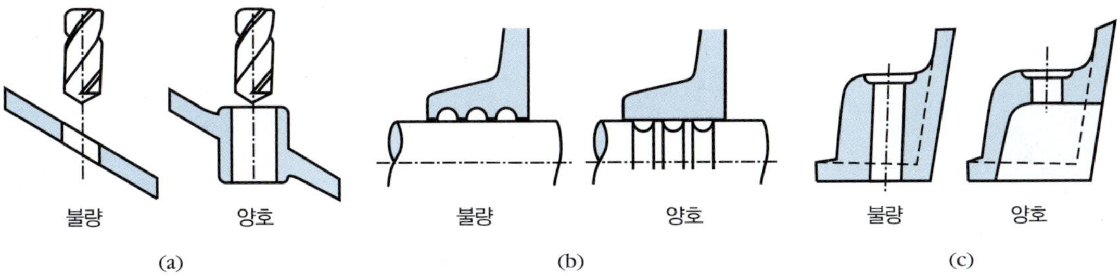

그림 1-6 제조고려설계의 예시

1.3.2 표준화

기계장치에 공통으로 사용되는 기계요소machine components의 치수와 모양이 표준화되면 호환성으로 인해 생산성이 높아질 뿐만 아니라 비용도 저렴해지고 제품교환도 쉬워진다. 이러한 표준화는 기계부품뿐만 아니라 일반 공산품의 재료, 성능, 치수, 시험검사법 등에 폭넓게 적용되고 있다.

제품의 표준화는 영국, 미국, 독일 등 선진국에서 관련 기준을 제정하면서 사용하기 시작했다. 영국은 1901년에 BS British Standards를 제정했으며, 독일은 1917년에 DIN Deutsches Institut für Normung, 미국은 1918년에 ANSI American National Standards Institute, 일본은 1921년에 JIS Japanese Industrial Standards를 제정했다.

우리나라는 1962년에 상공부 산하의 공업진흥청에 신설된 표준국에서 한국공업규격Korean Industrial Standards, KS을 제정했으며, 기계, 전기 · 전자, 금속 등 다양한 분야의 기준을 마련했다. 한국공업규격은 1992년 12월부터 명칭을 한국산업규격으로 변경하여 사용하고 있다.

한국산업규격의 기계분야는 KS B로 분류되어 있으며, 일반기계, 기계요소, 공구, 공작기계, 산업기계, 농업기계 등에 대한 표준이 규정되어 있다. 국가표준인증 통합정보시스템인 e나라표준인증[3] 인터넷 사이트에 들어가면 앞으로 학습할 다양한 기계요소에 대한 규격을 확인할 수 있다. 국가마다 사용하는 다양한 산업규격을 국제적으로 조정하고 표준화하기 위해 1928년에 국제표준화기구International Standardization Organization, ISO가 설립되었으며, 우리나라는 1963년도에 가입했다.

탐구

1. 모듈식 설계가 무엇인지 하나의 제품을 예로 설명하라.
2. 제품개발 과정에서 표준화된 제품을 사용하면 어떤 장점이 있는가?
3. 제품제작을 고려하여 설계한다는 것이 어떤 의미인지 예를 들어 설명하라.
4. 허용공차와 표면 마무리는 부품의 비용에 어떤 영향을 미치는가?
5. 국가표준인증 통합정보시스템인 e나라표준인증 인터넷 사이트에 접속하여 기계요소인 볼트, 기어, 베어링 등에 대한 규격을 확인하라.

3 https://standard.go.kr

SECTION 1.4

치수와 공차

- ✔ 치수 및 치수공차와 IT 기본공차에 대해 학습한다.
- ✔ 부품의 끼워맞춤과 공차역을 이용한 끼워맞춤에 대해 학습한다.
- ✔ 가공정밀도와 관련하여 기하공차 및 표면거칠기에 대해 학습한다.

개발하려는 제품의 개념설계가 완료되면 상세설계 단계에서는 제품의 구체적인 기하학적 형상과 함께 치수 및 치수공차를 결정한다. 이 과정에서는 요구되는 제품의 정밀도와 경제성을 함께 고려해야 한다.

1.4.1 치수 및 치수공차

제품설계 시 필요 이상으로 정밀도를 높이는 것은 제조비용과 생산시간을 증대시키게 되어 경제적인 측면에서 바람직하지 않다. 따라서 부품의 형상과 기능조건 등에 따라 기준치수에 적절한 치수공차를 부여해야 한다.

기준치수basic size란 부품의 정확한 형상이나 위치를 나타내는 기준으로 도면에 지시된 공차가 없는 이론적인 치수를 나타내며, **호칭치수**nominal size라고도 한다.

예를 들어 기계장치의 조립에 강철봉이 사용될 때 이론적인 정확한 치수는 100 mm 이지만 최소길이 99.9 mm 로부터 최대길이 100.1 mm 까지 허용된다면 강철봉의 치수는 다음과 같이 나타낼 수 있다.

$$100 \pm 0.1\,\text{mm}$$

여기서 100은 기준치수를 나타내며, ±0.1은 **치수허용차**limit deviation를 나타낸다. 이 치수허용차에서 +0.1은 **위치수허용차**upper limit deviation, −0.1은 **아래치수허용차**lower limit deviation라고 한다. 그리고 위치수허용차와 아래치수허용차 사이의 영역을 **치수공차**dimensional tolerance라고 하는데, 이는 뒤에 설명할 끼워맞춤fitting에서 중요한 개념이다. 또한 **최대허용치수**maximum limit of size는 100.1 mm, **최소허용치수**minimum limit of size는 99.9 mm 가 된다. 이러한 내용을 정리하면 다음과 같다.

$$\text{위치수허용차} = \text{최대허용치수} - \text{기준치수} \tag{1.4}$$

$$\text{아래치수허용차} = \text{최소허용치수} - \text{기준치수} \tag{1.5}$$

$$\text{치수공차} = \text{위치수허용차} - \text{아래치수허용차} \tag{1.6}$$

$$\text{최대허용치수} = \text{기준치수} + \text{위치수허용차} \tag{1.7}$$

$$\text{최소허용치수} = \text{기준치수} + \text{아래치수허용차} \tag{1.8}$$

$$\text{치수공차} = \text{최대허용치수} - \text{최소허용치수} \tag{1.9}$$

치수를 표기할 때는 조건에 따라 다음과 같이 치수허용차를 다양하게 나타낼 수 있다.

$$100^{+0.2}_{-0.1} \qquad 100^{+0.2}_{-0.0} \qquad 100^{+0.0}_{-0.2} \qquad 100^{+0.3}_{+0.2} \qquad 100^{-0.2}_{-0.3}$$

치수허용차가 모두 0이 아닌 양수와 음수를 갖는 경우를 **양측공차**bilateral tolerance라고 하며, 0과 함께 양수 또는 음수를 갖거나 모두 양수 또는 모두 음수를 갖는 경우를 **편측공차**unilateral tolerance라고 한다.

1.4.2 IT 기본공차

기계부품을 같은 정밀도로 가공하더라도 기준치수가 크면 기준치수가 작은 경우에 비해 가공오차가 커질 가능성이 커지므로 치수변화에 따라 부품에 대한 공차를 다르게 적용해야 한다. 이에 대해 ISO 규격에서는 기준치수의 범위와 부품의 정밀도에 따라 적용할 수 있는 ITinternational tolerance **기본공차**를 규정했다. KS에서는 KS B 0401에 IT 기본공차를 규정하고 있으며, 이를 [표 1-2]에 나타냈다. 표에서 알 수 있듯이 0 ~ 3150 mm 범위의 치수에 대해 IT1 ~ IT18의 18개 등급으로 분류했으며, 기준치수와 IT 등급이 클수록 공차를 크게 한다. IT1 ~ IT4는 주로 초정밀부품이나 측정공구류에 적용하며, IT5 ~ IT10은 정밀부품이나 일반가공부품에 적용한다. IT11 ~ IT18은 주로 끼워맞춤이 필요 없는 부품에 적용한다.

표 1-2 IT 기본공차(KS B 0401 : 2014)

치수구분 [mm]		공차 등급(IT)																	
		1	2	3	4	5	6	7	8	9	10	11	12	13	14	15	16	17	18
초과	이하	기본공차의 수치[μm]											기본공차의 수치[mm]						
–	3	0.8	1.2	2	3	4	6	10	14	25	40	60	0.1	0.14	0.25	0.40	0.60	1.00	1.40
3	6	1	1.5	2.5	4	5	8	12	18	30	48	75	0.12	0.18	0.30	0.48	0.75	1.20	1.80
6	10	1	1.5	2.5	4	6	9	15	22	36	58	90	0.15	0.22	0.36	0.58	0.90	1.50	2.20
10	18	1.2	2	3	5	8	11	18	27	43	70	110	0.18	0.27	0.43	0.70	1.10	1.80	2.70
18	30	1.5	2.5	4	6	9	13	21	33	52	84	130	0.21	0.33	0.52	0.84	1.30	2.10	3.30
30	50	1.5	2.5	4	7	11	16	25	39	62	100	160	0.25	0.39	0.62	1.00	1.60	2.50	3.90
50	80	2	3	5	8	13	19	30	46	74	120	190	0.30	0.46	0.74	1.20	1.90	3.00	4.60
80	120	2.5	4	6	10	15	22	35	54	87	140	220	0.35	0.54	0.87	1.40	2.20	3.50	5.40
120	180	3.5	5	8	12	18	25	40	63	100	160	250	0.40	0.63	1.00	1.60	2.50	4.00	6.30
180	250	4.5	7	10	14	20	29	46	72	115	185	290	0.46	0.72	1.15	1.85	2.90	4.60	7.20
250	315	6	8	12	16	23	32	52	81	130	210	320	0.52	0.81	1.30	2.10	3.20	5.20	8.10
315	400	7	9	13	18	25	36	57	89	140	230	360	0.57	0.89	1.40	2.30	3.60	5.70	8.90
400	500	8	10	15	20	27	40	63	97	155	250	400	0.63	0.97	1.55	2.50	4.00	6.30	9.70
500	630	9	11	16	22	30	44	70	110	175	280	440	0.70	1.10	1.75	2.80	4.40	7.00	11.00
630	800	10	13	18	25	35	50	80	125	200	320	500	0.80	1.25	2.00	3.20	5.00	8.00	12.50
800	1000	11	15	21	29	40	56	90	140	230	360	560	0.90	1.40	2.30	3.60	5.60	9.00	14.00
1000	1250	13	18	24	34	46	66	105	165	260	420	660	1.05	1.65	2.60	4.20	6.60	10.50	16.50
1250	1600	15	21	29	40	54	78	125	195	310	500	780	1.25	1.95	3.10	5.00	7.80	12.50	19.50
1600	2000	18	25	35	48	65	92	150	230	370	600	920	1.50	2.30	3.70	6.00	9.20	15.00	23.00
2000	2500	22	30	41	57	77	110	175	280	440	700	1100	1.75	2.80	4.40	7.00	11.00	17.50	28.00
2500	3150	26	36	50	69	93	135	210	330	540	860	1350	2.10	3.30	5.40	8.60	13.50	21.00	33.00

[주] 500 mm 이상의 기준치수에 대한 공차 등급 IT1 ~ IT5의 공차값은 실험적으로 사용하기 위한 잠정적인 값이다.

1.4.3 부품의 끼워맞춤

기계장치는 다양한 부품이 서로 결합되며, 부품 간에는 조건에 따라 [그림 1-7]과 같이 **틈새** clearance와 **죔새** interference가 존재한다. 틈새는 구멍의 치수가 축의 치수보다 큰 것을 말하며, 죔새는 구멍의 치수가 축의 치수보다 작은 것을 말한다.

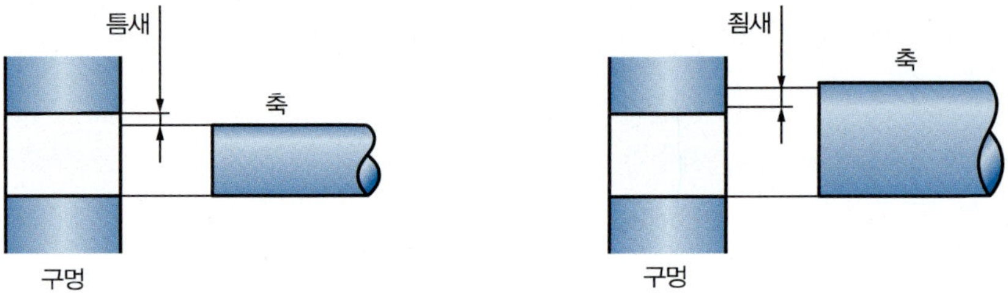

(a) 틈새 (b) 죔새

그림 1-7 부품의 결합관계

부품을 결합하는 방식, 즉 끼워맞춤fitting 방식으로는 다음과 같이 세 가지 방법이 있다.

■ 헐거운 끼워맞춤

헐거운 끼워맞춤 clearance fit은 [그림 1-8(a)]와 같이 부품 간에 항상 틈새가 유지되는 끼워맞춤 방식이다. 구멍의 최소허용치수가 축의 최대허용치수보다 큰 경우로, 다음의 관계를 갖는다.

$$\text{최소틈새} = \text{구멍의 최소허용치수} - \text{축의 최대허용치수} \tag{1.10}$$

$$\text{최대틈새} = \text{구멍의 최대허용치수} - \text{축의 최소허용치수} \tag{1.11}$$

■ 억지 끼워맞춤

억지 끼워맞춤 interference fit은 [그림 1-8(b)]와 같이 부품 간에 항상 죔새가 유지되는 끼워맞춤 방식이다. 구멍의 최대허용치수가 축의 최소허용치수보다 작은 경우로, 다음의 관계를 갖는다.

$$\text{최대죔새} = \text{축의 최대허용치수} - \text{구멍의 최소허용치수} \tag{1.12}$$

$$\text{최소죔새} = \text{축의 최소허용치수} - \text{구멍의 최대허용치수} \tag{1.13}$$

■ 중간 끼워맞춤

중간 끼워맞춤 transition fit은 때에 따라 틈새가 생기기도 하고 죔새가 생기기도 하는 끼워맞춤 방식이다.

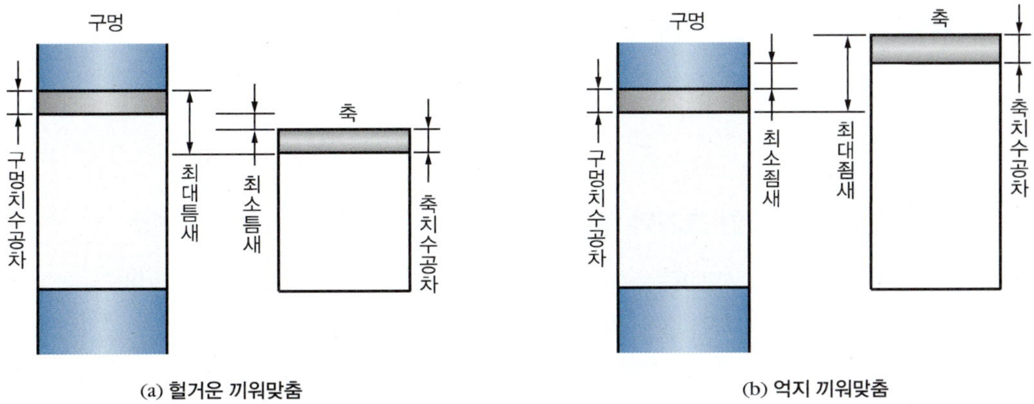

그림 1-8 부품 간 끼워맞춤의 종류

탐구

1. 위치수허용차와 아래치수허용차에 대해 설명하라.
2. 최대허용치수와 최소허용치수에 대해 설명하라.
3. 치수공차, 양측공차, 편측공차에 대해 설명하라.
4. IT 기본공차를 사용하는 이유는 무엇이며, 등급은 어떻게 나누어져 있는가?
5. 부품의 끼워맞춤에 대해 설명하고, 틈새와 죔새를 사용하는 사례를 한 가지씩 들어라.

예제 1-2 끼워맞춤의 종류

구멍의 치수가 $\phi 200^{+0.05}_{-0.01}$ mm 이고, 축의 치수가 $\phi 200^{+0.03}_{-0.03}$ mm 일 때 끼워맞춤의 종류를 구하라.

전략

틈새와 죔새의 극한값인 최대틈새와 최대죔새를 살펴보면 끼워맞춤의 종류를 알 수 있다.

풀이

$$\begin{aligned} \text{최대틈새} &= \text{구멍의 최대허용치수} - \text{축의 최소허용치수} \\ &= 200.05 - 199.97 = 0.08\,\text{mm} \end{aligned}$$

$$\begin{aligned} \text{최대죔새} &= \text{축의 최대허용치수} - \text{구멍의 최소허용치수} \\ &= 200.03 - 199.99 = 0.04\,\text{mm} \end{aligned}$$

틈새와 죔새가 같이 존재하므로 중간 끼워맞춤이다. [답]

검토

구멍과 축의 실제 치수에 따라서 죔새가 생길 수도 있고 틈새가 생길 수도 있다.

1.4.4 공차역을 이용한 끼워맞춤

여기에서는 기준치수에 대한 상대적인 크기와 문자기호를 살펴보고, 끼워맞춤의 조합에 대해 살펴보자.

■ 기준치수에 대한 상대적인 크기와 문자기호

2개의 부품을 끼워맞춤 할 때 구멍 또는 축 중에서 어느 한쪽의 공차역$_{\text{tolerance zone}}$과 정밀도$_{\text{precision}}$를 정하여 가공한 후 다른 쪽은 원하는 끼워맞춤에 따라 공차역과 정밀도를 정한다. 여기서 **공차역**이란 최대허용치수와 최소허용치수 사이의 영역이다. 치수공차역은 기준치수로부터 상대적인 공차의 위치를 나타내기 위한 것으로 영문자로 표기한다.

구멍의 공차역은 알파벳 대문자를 사용하여 표현하며, A, B, C, CD, D, E, EF, F, FG, G, H, J, JS, K, M, N, P, R, S, T, U, V, X, Y, Z, ZA, ZB, ZC 등 28가지가 있다. 구멍의 경우 A에 가까워질수록 실제치수가 기준치수보다 크고, ZC에 가까워질수록 실제치수가 기준치수보다 작다. 즉 A에 가까워질수록 구멍의 크기가 커지며, ZC에 가까워질수록 구멍의 크기가 작아진다.

축의 공차역은 알파벳 소문자를 사용하여 표현하며, a, b, c, cd, d, e, ef, f, fg, g, h, j, js, k, m, n, p, r, s, t, u, v, x, y, z, za, zb, zc 등 28가지가 있다. 축의 경우 a에 가까워질수록 실제치수가 기준치수보다 작고, zc에 가까워질수록 실제치수가 기준치수보다 크다. 즉 a에 가까워질수록 축의 크기가 작아지며, zc에 가까워질수록 축의 크기가 커진다.

[표 1–3]에 구멍기준 치수허용차를 나타냈으며, [표 1–4]에 축기준 치수허용차를 나타냈다.[4] 만약 [표 1–3]이나 [표 1–4]를 통해 아래치수허용차를 찾았다면 위치수허용차는 찾은 아래치수허용차와 [표 1–2]의 해당 치수공차를 더하면 된다. 그리고 [표 1–3]이나 [표 1–4]를 통해 위치수허용차를 찾았다면 아래치수허용차는 찾은 위치수허용차에서 [표 1–2]의 해당 치수공차를 빼면 된다.

예를 들어 어떤 구멍의 치수가 40H6으로 표시되었다면 기준치수가 40 mm이고, H6에서 IT 기본공차는 6등급이므로 [표 1–2]의 치수구분에서 '30 초과 50 이하'의 행과 공차 등급 '6'의 열이 서로 교차하는 위치를 찾으면 치수공차는 16 μm이다. 구멍의 치수이므로 [표 1–3]의 치수구분에서 '30 초과 40 이하'의 행과 'H'의 열이 서로 교차하는 위치를 찾으면 '0'이다. 그리고 'H'의 바로 윗줄을 보면 '아래치수허용차'라고 되어 있다. 따라서 아래치수허용차는 0이고, 위치수허용차는 아래치수허용차인 0에 16 μm를 더한 값인 +0.016 mm가 된다. 따라서 $40\text{H}6 = 40^{+0.016}_{-\ 0}$이다.

---

4 구멍과 축의 치수허용차를 기준치수 500 mm 이하에서 발췌했다.

표 1-3 구멍기준 치수허용차 (KS B 0401, KS B ISO 286-1)

기초가 되는 치수허용차		아래치수허용차 [μm]											-
구멍종류		A	B	C	CD	D	E	EF	F	FG	G	H	JS
치수구분[mm] \ IT 등급별		모든 공차 등급											기초가 되는 치수허용차는 없다
초과	이하												
–	3	270	140	60	34	20	14	10	6	4	2	0	
3	6			70	46	30	20	14	10	6	4		
6	10	280	150	80	56	40	25	18	13	8	5	0	
10	14	290		95	–	50	32	–	16	–	6	0	
14	18												
18	24	300	160	110	–	65	40	–	20	–	7	0	
24	30												
30	40	310	170	120	–	80	50	–	25	–	9	0	
40	50	320	180	130									
50	65	340	190	140	–	100	60	–	30	–	10	0	
65	80	360	200	150									
80	100	380	220	170	–	120	72	–	36	–	12	0	
100	120	410	240	180									
120	140	460	260	200	–	145	85	–	43	–	14	0	
140	160	520	280	210									
160	180	580	310	230									
180	200	660	340	240	–	170	100	–	50	–	15	0	
200	225	740	380	260									
225	250	820	420	280									
250	280	920	480	300	–	190	110	–	56	–	17	0	
280	315	1,050	540	330									
315	355	1,200	600	360	–	120	125	–	62	–	18	0	
355	400	1,350	680	400									
400	450	1,500	760	440	–	230	135	–	68	–	20	0	
450	500	1,650	840	480									

표 1-3 구멍기준 치수허용차 (KS B 0401, KS B ISO 286-1) (계속)

기초가 되는 치수허용차		위치수허용차 [μm]									$\Delta = IT_n - IT_{n-1}$					
구멍종류		J			K		M		N							
치수구분[mm] / IT 등급별		6	7	8	3~8	9~16	3~8	9~16	3~8	9~16	3	4	5	6	7	8
초과	이하															
−	3	2	4	6	0	0	−2	−2	−4	−4	0					
3	6	5	6	10	$-1+\Delta$	−	$-4+\Delta$	−4	$-8+\Delta$	0	1	1.5	1	3	4	6
6	10	5	8	12			$-6+\Delta$	−6	$-10+\Delta$	0	1	2	3	3	7	9
10	14	6	10	15			$-7+\Delta$	−7	$-12+\Delta$	0	1.5	2	3	4	8	12
14	18															
18	24	8	12	20	$-2+\Delta$	−	$-8+\Delta$	−8	$-15+\Delta$	0	1.5	2	3	4	8	12
24	30															
30	40	10	14	24			$-9+\Delta$	−9	$-17+\Delta$	0	1.5	3	4	5	9	14
40	50															
50	65	13	18	28			$-11+\Delta$	−11	$-20+\Delta$	0	2	3	5	6	11	16
65	80															
80	100	16	22	34	$-3+\Delta$	−	$-13+\Delta$	−13	$-23+\Delta$	0	2	4	5	7	13	19
100	120															
120	140	18	26	41			$-15+\Delta$	−15	$-27+\Delta$	0	3	4	6	7	15	23
140	160															
160	180															
180	200	22	30	47	$-4+\Delta$	−	$-17+\Delta$	−17	$-31+\Delta$	0	3	4	6	9	17	26
200	225															
225	250															
250	280	25	36	55			$-20+\Delta$	−20	$-34+\Delta$	0	4	4	7	9	20	29
280	315															
315	355	29	39	60			$-21+\Delta$	−21	$-37+\Delta$	0	4	5	7	11	21	32
355	400															
400	450	33	43	66	$-5+\Delta$	−	$-23+\Delta$	−23	$-40+\Delta$	0	5	5	7	13	23	34
450	500															

표 1-4 축기준 치수허용차 (KS B 0401, KS B ISO 286-1)

기초가 되는 치수허용차		위치수허용차 [μm]											-
축종류		a	b	c	cd	d	e	ef	f	fg	g	h	js
치수구분[mm] \ IT 등급별		모든 공차 등급											
초과	이하												
–	3	−270	−140	−60	−34	−20	−14	−10	−6	−4	−2	0	기초가 되는 치수허용차는 없다
3	6			−70	−46	−30	−20	−14	−10	−6	−4		
6	10	−280		−80	−56	−40	−25	−18	−13	−8	−5	0	
10	14	−290	−150	−95	–	−50	−32	–	−16	–	−6	0	
14	18												
18	24	−300	−160	−110	–	−65	−40	–	−20	–	−7	0	
24	30												
30	40	−310	−170	−120	–	−80	−50	–	−25	–	−9	0	
40	50	−320	−180	−130									
50	65	−340	−190	−140	–	−100	−60	–	−30	–	−10	0	
65	80	−360	−200	−150									
80	100	−380	−220	−170	–	−120	−72	–	−36	–	−12	0	
100	120	−410	−240	−180									
120	140	−460	−260	−200	–	−145	−85	–	−43	–	−14	0	
140	160	−520	−280	−210									
160	180	−580	−310	−230									
180	200	−660	−340	−240	–	−170	−100	–	−50	–	−15	0	
200	225	−740	−380	−260									
225	250	−820	−420	−280									
250	280	−920	−480	−300	–	−190	−110	–	−56	–	−17	0	
280	315	−1,050	−540	−330									
315	355	−1,200	−600	−360	–	−120	−125	–	−62	–	−18	0	
355	400	−1,350	−680	−400									
400	450	−1,500	−760	−440	–	−230	−135	–	−68	–	−20	0	
450	500	−1,650	−840	−480									

표 1-4 축기준 치수허용차 (KS B 0401, KS B ISO 286-1) (계속)

기초가 되는 치수허용차		아래치수허용차 [μm]															
축종류		j			k			m	n	p	r	s	t	u	v	x	y
치수구분[mm] \ IT 등급별		5·6	7	8	1~3	4~7	8~16	1 ~ 16									
초과	이하																
–	3	−2	−4	−6	0	0	0	2	4	6	10	14	–	18	–	20	–
3	6			–	0	1	0	4	8	12	15	19	–	23	–	28	−2
6	10	−2	−5	–				6	10	15	19	–	23	–	28	–	34
10	14	−3	−6	–				7	12	18	23	28	–	33	–	40	–
14	18														39	45	–
18	24	−4	−8	–	0	2	0	8	15	22	28	35	–	41	47	54	63
24	30												41	48	55	64	75
30	40	−5	−10	–	0		0	9	17	26	34	43	48	60	68	80	94
40	50												54	70	81	97	114
50	65	−7	−12	–	0		0	11	20	32	41	53	66	87	102	122	144
65	80										43	59	75	102	120	145	174
80	100	−9	−15	–	0	3	0	13	20	32	51	71	91	124	146	178	214
100	120										54	79	104	144	172	210	254
120	140	−11	−18	0	0		0	15	27	43	63	92	122	170	202	248	300
140	160										65	100	134	190	228	280	340
160	180										68	108	146	210	252	310	380
180	200	−13	−21	–	0	4	0	17	31	50	77	122	166	236	284	350	425
200	225										80	130	180	258	310	385	470
225	250										84	140	196	284	340	425	520
250	280	−16	−26	–	0		0	20	34	56	94	158	218	315	385	475	580
280	315										98	170	240	350	425	525	650
315	355	−18	−28	–	0		0	21	37	62	108	190	268	390	485	590	730
355	400										114	208	294	435	530	660	820
400	450	−20	−32	–	0	5	0	23	40	68	126	232	330	490	595	740	920
450	500										132	252	360	540	660	820	1,000

예제 1-3 부품의 최대허용치수와 최소허용치수

도면에 부품의 치수가 40F6으로 표시되어 있을 때 이 부품의 최대허용치수와 최소허용치수를 구하라.

전략

F6으로 표시되어 있으므로 IT6이다. 그리고 대문자 알파벳 기호이므로 구멍의 치수이다. [표 1-2]에서 IT6에 대한 치수공차를 찾고, [표 1-3]에서 치수허용차를 구한 후 최대허용치수와 최소허용치수를 결정한다.

풀이

[표 1-2]에서 기준치수 40에 대해 IT6에 해당하는 치수공차는 16 μm이다. [표 1-3]에서 기준치수 40에 대해 구멍종류(허용치수차) F에 해당하는 아래치수허용차는 +25 μm이다. 식 (1.6)에서 위치수허용차는 치수공차와 아래치수허용차를 더하면 되므로

$$\text{위치수허용차} = 0.016 + 0.025 = 0.041\,\text{mm}$$

가 된다. 따라서 $40\text{F}6 = 40^{+0.041}_{+0.025}\,\text{mm}$가 된다.

이로부터 최대허용치수와 최소허용치수를 구하면 각각 다음과 같다.

최대허용치수 : 40.041 mm [답]
최소허용치수 : 40.025 mm [답]

검토

치수허용차가 모두 양수인 편측공차를 나타내고 있다.

■ 끼워맞춤의 조합

[표 1-5]는 일반적으로 자주 사용하는 끼워맞춤의 조합을 구멍기준과 축기준에 대해 나타낸 것이다.

구멍기준 끼워맞춤에서는 구멍의 공차역을 정하고, 필요한 죔새 또는 틈새에 따라 구멍에 끼워맞출 각종 축의 공차역을 정한다. 즉 구멍을 기준으로 축의 공차를 다양하게 주는 방식이다.

축기준 끼워맞춤에서는 축의 공차역을 정하고, 필요한 죔새 또는 틈새에 따라 축에 끼워맞출 각종 구멍의 공차역을 정한다. 즉 축을 기준으로 구멍의 공차를 다양하게 주는 것이다.

일반적으로 같은 등급의 공차를 가진 구멍과 축을 끼워 맞추는 경우 구멍의 내면보다 축의 외면을 가공하기 쉽고 측정하기도 더 쉽다. 따라서 구멍의 크기를 일정하게 해놓고 축의 바깥지름에 대해 끼워맞춤 정밀도를 조절하는 것이 편리하다. 그래서 일반적으로 부품을 결합할 때는 구멍기준 끼워맞춤 방식을 선택한다.

두 부품을 결합할 경우 구멍과 축에 대한 공통의 기준치수를 기입한 후, 구멍의 공차역과 정밀도등급을 쓰고 연속하여 축의 공차역과 정밀도 등급을 쓴다. 예컨대 ϕ50H8/f7(또는 ϕ50H8f7) 등과 같이 쓰면 된다. H8/f7은 [표 1-5]로부터 헐거운 끼워맞춤임을 알 수 있다.

표 1-5 일반적인 끼워맞춤 방식

(a) 구멍기준 끼워맞춤

기준 구멍	축의 공차역 등급																
	헐거운 끼워맞춤							중간 끼워맞춤			억지 끼워맞춤						
	b	c	d	e	f	g	h	js	k	m	n	p	r	s	t	u	x
H6						g5	h5	js5	k5	m5							
					f6	g6	h6	js6	k6	m6	n6*	p6*					
H7					f6	g6	h6	js6	k6	m6	n6	p6*	r6*	s6	t6	u6	x6
				e7	f7		h7	js7									
H8					f7		h7										
				e8	f8		h8										
			d9	e9													
H9			d8	e8			h8										
		c9	d9	e9			h9										
H10	b9	c9	d9														

[주] * 끼워맞춤은 치수구분에 따라 예외가 생긴다.

(b) 축기준 끼워맞춤

기준축	구멍의 공차역 등급																
	헐거운 끼워맞춤							중간 끼워맞춤			억지 끼워맞춤						
	B	C	D	E	F	G	H	JS	K	M	N	P	R	S	Y	U	X
h5							H6	JS6	K6	M6	N6*	P6					
					F6	G6	H6	JS6	K6	M6	N6	P6*					
h6					F7	G7	H7	JS7	K7	M7	N7	P7*	R7	S7	T7	U7	X7
				E7	F7		H7										
h7					F8		H8										
			D8	E8	F8		H8										
			D9	E9			H9										
h8			D8	E8			H8										
		C9	D9	E9			H9										
h9	B10	C10	D10														

[주] * 끼워맞춤은 치수구분에 따라 예외가 생긴다.

예제 1-4 끼워맞춤의 종류

구멍의 치수가 10H8이고, 축의 치수가 10f8일 때 어떤 끼워맞춤 방식인지 구하라.

전략

[표 1-2]에서 IT 등급에 해당하는 치수공차를 먼저 찾는다. 그리고 [표 1-3]에서 구멍의 치수허용차를, [표 1-4]에서 축의 치수허용차를 구한다. 마지막으로 축과 구멍의 허용치수로 끼워맞춤의 종류를 확인한다.

풀이

[표 1-2]에서 10mm 지름의 구멍과 축의 치수공차는 모두 22μm이다.

[표 1-3]에서 구멍의 아래치수허용차는 0이다. 따라서 구멍의 위치수허용차는 치수공차와 같은 22μm이다. 즉 $10\text{H8} = 10^{+0.022}_{+0}$mm로 나타낼 수 있다. 이로부터 구멍의 최대허용치수는 10.022mm, 최소허용치수는 10.000mm임을 알 수 있다.

[표 1-4]에서 축의 위치수허용차는 -13μm이다. 따라서 축의 아래치수허용차는 식 (1.6)으로부터 다음과 같이 계산한다.

$$\text{아래치수허용차} = -0.013 - 0.022 = -0.035\,\text{mm}$$

즉 $10\text{f8} = 10^{-0.013}_{-0.035}$mm로 나타낼 수 있다. 그러므로 축의 최대허용치수는 9.987mm, 최소허용치수는 9.965mm이다.

구멍의 최소허용치수가 축의 최대허용치수보다 크므로 헐거운 끼워맞춤이 된다. [답]

검토

[표 1-5]에서 H8/f8의 조합은 헐거운 끼워맞춤이 된다는 것을 확인할 수 있다. 이 정도의 끼워맞춤은 중속 회전축, 펌프축 등에 적용된다.

1.4.5 가공정밀도

여기에서는 부품의 가공정밀도와 관련하여 기하공차와 표면거칠기에 대해 살펴보자.

■ 기하공차

고품질의 제품을 만들기 위해서는 치수정밀도뿐만 아니라 기하학적 형상에 대한 정확도도 요구된다. 도면에 제시된 대로 제품의 기하학적 형상을 완전하게 제작하는 것은 어려운 일이므로 치수공차와 마찬가지로 제한된 범위의 형상오차를 허용한다. [표 1-6]에 나타낸 바와 같이 **기하공차**geometric tolerance는 형상공차, 윤곽도공차, 자세공차, 위치공차, 흔들림공차 등 크게 5종류로 분류되며, 이들 5개의 기하공차에는 진직도, 평행도, 위치도, 원주 흔들림 등 세분된 기하공차들이 규정되어 있다.

표 1-6 기하공차의 종류 및 기호

종류		기호	정의	적용 형체
형상공차 (form tolerance)	진직도 (straightness)	⏤	기하학적 직선에서 직선부분의 어긋남의 정도	단독형체
	평면도 (flatness)	⏥	기하학적 평면에서 평면부분의 어긋남의 정도	
	진원도 (circularity)	○	기하학적 원에서 원형부분의 어긋남의 정도	
	원통도 (cylindricity)	⌭	기하학적 원통면에서 원통부분의 어긋남의 정도	
윤곽도공차 (profile tolerance)	선의 윤곽도 (profile of a line)	⌒	기하학적 윤곽에서 선 윤곽의 어긋남의 정도	단독형체 또는 관련형체
	면의 윤곽도 (profile of a surface)	⌓	기하학적 윤곽에서 면 윤곽의 어긋남의 정도	
자세공차 (orientation tolerance)	평행도 (parallelism)	//	기하학적 평면으로부터 다른 쪽의 직선 또는 평면부분의 어긋남의 정도	관련형체
	직각도 (perpendicularity)	⊥	직각인 기하학적 직선 또는 기하학적 평면으로부터 다른 쪽의 직선부분 또는 평면부분의 어긋남의 정도	
	경사도 (angularity)	∠	기하학적 평면으로부터 다른 쪽의 직선 또는 평면부분의 어긋남의 정도	
위치공차 (location tolerance)	위치도 (positional tolerance)	⌖	이론적으로 정확한 위치로부터 어긋남의 정도	없음
	동심도 (concentricity)	◎	기준축선으로부터 어긋남의 정도	
	대칭도 (symmetry)	⌯	기준축선 또는 기준중심 평면에 대해 서로 대칭이어야 할 부분의 대칭위치로부터 어긋남의 정도	
흔들림공차 (runout tololence)	원주 흔들림 (circular runout)	↗	기준축선의 둘레에 기계부품을 회전시켰을 때 고정점에 대해 그 표면이 지정된 방향으로 변위하는 정도	관련형체
	온 흔들림 (total runout)	⌰		

기하공차와 관련된 용어는 다음과 같다.

- **형체** feature : 기하공차의 규제대상이 되는 것으로 점, 선, 면, 축선 등이 있다.
- **데이텀** datum : 형체의 기하공차를 나타내기 위한 이론적으로 정확한 기하학적 기준으로 점, 선, 면, 축선 등을 말한다.
- **단독형체** single feature : 데이텀에 관계없이 기하공차가 정해지는 형체를 말한다.
- **관련형체** related feature : 데이텀에 관련되어 기하공차가 정해지는 형체를 말한다.

■ 표면거칠기

설계 시 부품의 **표면거칠기** surface roughness는 가공법과 가공비용 등을 고려하여 결정해야 한다. [그림 1-9]를 보면 기계부품 가공비는 치수허용차가 ±0.025 mm까지는 완만하게 증가하다가 이후 급격히 증가하는 것을 알 수 있다. 따라서 정밀하게 가공하도록 설계하는 것이 최선이 아니라 제품의 작동기능에 맞는 적절한 표면거칠기를 선정하여 가공비용을 절감해야 한다.

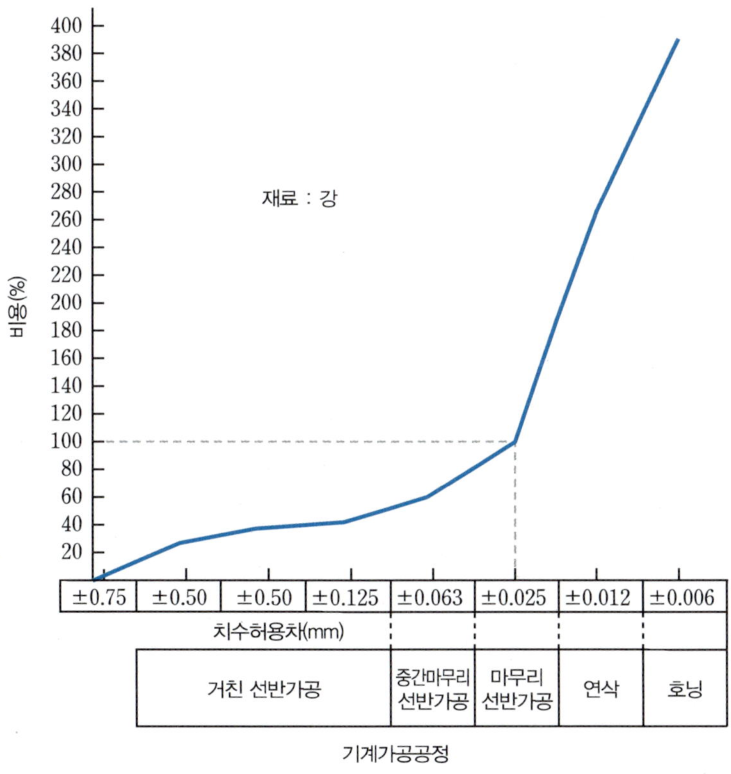

그림 1-9 생산비용과 공차 및 가공과정의 관계[5]

표면거칠기를 표시하는 방법으로는 다음과 같이 중심선평균 거칠기, 최대높이 거칠기, 10점평균 거칠기 등이 있다.

5 Ullman, D. G. (2003). *The Mechanical Design Process* (3rd ed.). New York: McGraw-Hill.

1 중심선평균 거칠기

중심선평균 거칠기 R_a는 대상표면의 기준길이 l에 대한 거칠기곡선 $f(x)$의 절댓값에 대한 평균값으로, 다음과 같다.

$$R_a = \frac{1}{l}\int_0^l |f(x)|\,dx \tag{1.14}$$

2 최대높이 거칠기

최대높이 거칠기 R_{max}는 대상표면의 기준길이 l에 대한 거칠기곡선의 가장 높은 봉우리와 가장 깊은 골짜기 사이의 높이차로 거칠기를 나타낸다.

3 10점평균 거칠기

10점평균 거칠기 R_z는 대상표면의 기준길이 l에 대한 거칠기곡선의 가장 높은 봉우리 5개의 평균높이와 가장 깊은 골짜기 5개의 평균깊이 차이로 나타낸다.

[표 1-7]은 용도에 따른 표면거칠기의 지정기준을 나타낸다. 표에서 보는 바와 같이 다듬질 기호는 삼각기호(▽)[6]와 파형기호(~)로 나타낸다. 삼각기호는 주물이나 단조 등을 시행한 후 기계가공을 하는 것으로 삼각형의 개수가 많을수록 더 정밀한 가공을 의미한다. 파형기호는 주물 표면부와 같이 기계가공을 하지 않은 상태를 나타낸다.

[표 1-7]에서 삼각기호 4개의 경우 연마$_{\text{polishing}}$를 한 정도의 표면거칠기를 가지며, 이에 상당하는 중심선평균 거칠기는 0.2a, 최대높이 거칠기는 0.8S, 그리고 10점평균 거칠기는 0.8Z가 된다.

표 1-7 다듬질 기호와 표면거칠기의 표준값 단위 : μm

다듬질 종류	기호	중심선평균 거칠기 R_a	최대높이 거칠기 R_{max}	10점평균 거칠기 R_z
연마 다듬질	▽▽▽▽	0.2a	0.8S	0.8Z
정밀 다듬질	▽▽▽	1.6a	6.3S	6.3Z
보통 다듬질	▽▽	6.3a	25S	25Z
거친 다듬질	▽	25a	100S	100Z
가공않음	~	100a	400S	400Z

탐구

1. 공차역을 이용한 끼워맞춤이란 무엇인가?
2. 표면에서 허용될 수 있는 최대거칠기와 최대허용오차를 지정하는 장점은 무엇인가?
3. 기하공차는 무엇인가? 5가지의 기하공차에 대해 설명하라.

6 표면거칠기를 도면에 표시하는 방법 가운데 하나로 ISO 규격에는 규정되어 있지 않으나 우리나라와 일본 등 일부 나라에서만 관행적으로 사용되고 있다.

CHAPTER 01 | 핵심요약

- 설계란 현재 대상이 없거나 혹시 있다 하더라도 엔지니어가 요구하는 좀 더 개선된 성능을 만족하는 새로운 시스템을 개발하는 것이다.
- 해석이란 기계나 구조물 등 고려하는 대상이 존재하고 있는 상태에서 그 대상에 특정 입력값을 주었을 때 출력값이 어떻게 나오는지를 분석하는 과정이다.
- 개념설계는 원하는 결과, 즉 설계사양에서 제시하는 성능을 얻기 위한 아이디어를 도출하여 설계방향을 결정하는 단계이다.
- 상세설계는 개념설계 단계에서 도출된 내용을 구체화하는 단계로서 이 과정을 통해 도면이나 모형, 제품의 상세사양 등이 제시된다.
- 평가를 위해 제작한 제품을 시작품이라고 하며, 설계를 평가하고 제품이 설계사양에 맞춰 제작되었는지를 확인한다.
- 기계부품이나 구조물 등을 안전하게 설계하기 위해서는 부품에서 발생하는 응력이 안전기준인 허용응력을 초과하지 않도록 해야 한다.
- 안전계수는 재료의 기준강도를 허용응력으로 나눈 값으로 1보다 큰 값을 갖는다. 기준강도는 기계부품이나 구조물에 작용하는 하중의 형태 및 환경조건 등에 따라 선정한다.
- 제품의 신뢰도는 제작한 부품이 설정한 사용조건 및 사용기간 동안 목표한 성능을 발휘할 수 있는 확률로 정의된다.
- 제조고려설계는 고품질의 제품을 낮은 비용으로 쉽게 제조할 수 있게 하는 설계 접근방법으로, 제품을 설계할 때 제조의 다양한 제한조건과 경제성을 동시에 고려하는 실무적 방법이다.
- 기계장치에 공통으로 사용되는 기계요소의 치수와 모양이 표준화되면 호환성으로 인해 생산성이 높아질 뿐만 아니라 비용도 저렴해지고 제품교환도 쉬워진다.
- 부품의 형상과 기능조건에 따라 기준치수에 적절한 치수공차를 부여해야 하며, 최대허용치수와 최소허용치수의 차를 치수공차라고 한다.
- 기계부품을 같은 정밀도로 가공하더라도 기준치수가 크면 기준치수가 작은 경우에 비해 가공오차가 커질 가능성이 높아지므로 이 경우 IT 기본공차를 사용한다.
- 부품을 결합하는 방식에는 기계시스템의 작동기능에 따라 헐거운 끼워맞춤, 억지 끼워맞춤, 중간 끼워맞춤이 있다.
- 기하공차는 형상공차, 윤곽도공차, 자세공차, 위치공차, 흔들림공차 등 크게 5종류로 분류한다.

CHAPTER 01 | 기본문제

1.1 다음 중 제품개발 과정과 관련된 설명 중 옳지 않은 것은? 1.1절

① 설계는 시스템에 특정 입력값을 주었을 때 출력값이 어떻게 나오는지를 분석하는 과정이다.
② 제품이 설계사양에 맞게 되어 있는지를 평가하기 위해 제작한 제품을 시작품이라고 한다.
③ 개념설계는 설계사양에서 제시하는 성능을 얻기 위한 아이디어를 도출하여 설계방향을 결정한다.
④ 상세설계는 개념설계 단계에서 도출된 내용을 구체화하는 단계로서 이 과정을 통하여 도면이나 모형, 제품의 상세사양 등이 제시된다.

1.2 다음 중 안전계수를 옳게 나타낸 것은 어떤 것인가? 1.2절

① $\frac{\text{탄성한도}}{\text{허용응력}}$　② $\frac{\text{극한강도}}{\text{허용응력}}$　③ $\frac{\text{허용응력}}{\text{비례한도}}$　④ $\frac{\text{허용응력}}{\text{탄성한도}}$

1.3 3개의 부품으로 구성된 기계장치에서 이들 부품의 신뢰도가 각각 $R_1 = 95\%$, $R_2 = 96\%$, $R_3 = 92\%$라면 이 기계장치의 전체 신뢰도는 얼마인가? 단, 시스템을 구성하는 부품이나 기계요소 중 하나라도 파손이 발생하면 시스템 전체가 기능을 상실하게 된다. 1.2절

① 83.9%　② 87.6%　③ 92.4%　④ 96.3%

1.4 지름이 15mm인 원형 단면의 봉에 가할 수 있는 최대 축하중은 몇 kN인가? 단, 재료의 기준강도는 300MPa이고, 안전계수는 5로 한다. 1.2절

① 4.5　② 7.9　③ 10.6　④ 15.3

1.5 200kN의 인장하중을 받는 원형 단면의 봉이 있다. 이 봉의 인장강도가 420MPa, 안전계수가 3일 때 봉의 지름은 몇 mm인가? 1.2절

① 37.6　② 42.6　③ 47.6　④ 52.6

1.6 기계의 안전설계에 대한 설명 중 옳지 않은 것은? 1.2절

① 연강과 같은 연성재료가 정하중을 받으면 항복강도를 기준강도로 한다.
② 주철과 같은 취성재료가 정하중을 받으면 극한강도를 기준강도로 한다.
③ 반복하중이 작용하면 인장강도를 기준강도로 한다.
④ 고온에서 정하중이 작용하면 크리프강도를 기준강도로 한다.

1.7 기계설계를 할 때 사용하는 재료가 연강일 경우 안전계수를 가장 크게 선정해야 하는 하중은? 1.2절

① 정하중　② 편진 반복하중　③ 양진 반복하중　④ 충격하중

1.8 제조고려설계와 관련하여 옳지 않은 것은? 1.3절

① 부품의 개수를 최소화한다.
② 모듈식 설계를 수행한다.

③ 제품의 정밀도를 높이기 위해 허용공차를 작게 부여한다.
④ 제작 가능성을 확인하고 쉽게 제작되도록 설계한다.

1.9 구멍의 치수가 $\phi 250^{+0.04}_{-0}$ mm 이고, 축의 치수가 $\phi 250^{+0.03}_{-0.08}$ mm 일 때 최대틈새와 최대죔새는? 1.4절

	최대틈새	최대죔새		최대틈새	최대죔새
①	0.12	0.03	③	0.07	0.03
②	0.12	0.04	④	0.07	0.04

1.10 ϕ30H7g6에 대한 설명 중 틀린 것은? 1.4절

① ϕ30은 기준치수이다.
② H는 축의 기호를 나타낸다.
③ 7은 공차의 등급을 나타낸다.
④ 헐거운 끼워맞춤이다.

1.11 IT 기본공차에 대한 설명 중 옳지 않은 것은? 1.4절

① 치수변화에 따라 부품에 대한 공차를 다르게 적용하는 방법이다.
② IT1 ~ IT4 등급까지는 주로 초정밀부품이나 게이지류에 사용된다.
③ KS 규격에서는 기준치수의 범위와 부품의 정밀도에 따라 IT 기본공차를 18등급으로 구분했다.
④ IT5 ~ IT10 등급까지는 끼워맞춤이 필요 없는 부품의 공차로 적용한다.

1.12 한국산업표준(KS 규격)에서 기하공차의 종류 중 모양공차(형상공차)가 아닌 것은? 1.4절

① 진직도 ② 진원도 ③ 직각도 ④ 평면도

1.13 기하공차와 관련된 용어 중 옳지 않은 것은? 1.4절

① 형체는 기하공차의 규제대상이 되는 것으로 점, 선, 면, 축선 등이 있다.
② 데이텀은 형체의 기하공차를 나타내기 위한 이론적으로 정확한 기하학적 기준이다.
③ 단독형체는 데이텀에 관련되어 기하공차가 정해지는 형체를 말한다.
④ 기하공차에는 형상공차, 윤곽도공차, 자세공차, 위치공차, 흔들림공차 등이 있다.

1.14 표면 거칠기에 대한 설명 중 옳지 않은 것은? 1.4절

① 최대높이 거칠기는 대상 표면의 기준길이에 대한 거칠기 곡선의 가장 높은 봉우리와 가장 깊은 골짜기 사이의 높이차로 거칠기를 나타낸다.
② 삼각기호 4개의 경우 연마 다듬질을 한 정도의 표면 거칠기를 가진다.
③ 중심선평균 거칠기는 대상 표면의 기준길이에 대한 거칠기 곡선의 절댓값에 대한 평균값이다.
④ 10점평균 거칠기는 가장 높은 봉우리 10개의 평균높이로 나타낸다.

정답

1.1 ① **1.2** ② **1.3** ① **1.4** ③ **1.5** ② **1.6** ③ **1.7** ④ **1.8** ③ **1.9** ① **1.10** ②
1.11 ④ **1.12** ③ **1.13** ③ **1.14** ④

CHAPTER 01 | 연습문제

1.1 시작품을 제작하기 전에 컴퓨터 시뮬레이션을 수행함으로써 얻을 수 있는 장점을 설명하라. 1.1절

1.2 설계 엔지니어가 다른 전공자들과 협업해야 하는 이유를 구체적인 예를 들어 설명하라. 1.1절

1.3 제품별로 적용하는 안전계수에 대한 몇 가지의 사례를 들어라. 1.2절

1.4 제품의 신뢰도는 무엇인가? 1.2절

1.5 설계자가 제품의 생산공정을 잘 알아야 하는 이유는 무엇인가? 1.3절

1.6 제조고려설계에 대해 다음의 사례를 들어라. 1.3절

(a) 가공비용 절감

(b) 가공이 쉬운 형상의 부품설계

(c) 조립을 고려한 부품설계

1.7 두 개의 부품이 그림과 같이 결합되어 있다. 1.4절

(a) 어떤 끼워맞춤 방식인가?

(b) 최소 및 최대의 죔새 또는 틈새를 구하라.

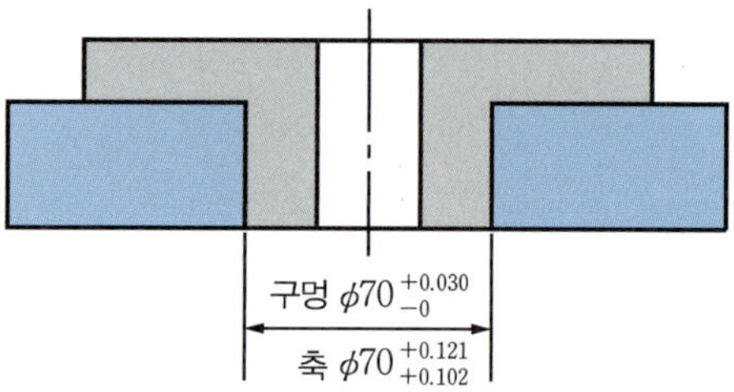

그림 P1.1

1.8 부품의 치수가 30H7/k6로 주어졌을 때 다음을 구하라. 1.4절

(a) 구멍과 축의 치수공차

(b) 구멍과 축의 아래치수허용차와 위치수허용차

(c) 구멍의 최대치수 및 최소치수

(d) 축의 최대치수 및 최소치수

(e) 끼워맞춤의 종류

1.9 기준치수가 50mm이고 치수허용차가 h6인 축이 있다. 상대구멍의 치수허용차가 G7, K7, R7일 때 다음을 구하라. 1.4절

(a) 각각의 경우 어떤 끼워맞춤인가?

(b) 각각의 경우에 대하여 최대틈새, 최소틈새, 최대죔새, 최소죔새 중 해당하는 값을 구하라.

1.10 모터축에 로터를 프레스로 강제로 밀어 넣어 조립하려고 한다. 일단 조립되면 강한 힘이 아니면 분해가 어려운 결합이다. 기준치수가 40mm일 때 모터축과 로터 안지름의 치수공차를 선정하라. 그리고 최대틈새, 최소틈새, 최대죔새, 최소죔새 중 해당하는 값을 구하라. 1.4절

CHAPTER
02
재료의 기계적 특성
Mechanical Properties of Materials

학습목표

- ✔ 강도, 응력, 변형률 등 재료의 기계적 특성을 이해한다.
- ✔ 부재의 에너지 흡수용량과 충격 및 크리프에 대해 알아본다.
- ✔ 기계부품에 사용되는 공업재료에 대해 알아본다.
- ✔ 설계부품의 재료를 선정하는 방법을 알아본다.

SECTION 2.1

기계적 강도

- ✔ 탄성한도, 항복강도, 극한강도 등 재료강도에 대해 이해한다.
- ✔ 재료의 연성을 평가하는 방법을 학습한다.
- ✔ 재료의 푸아송비 및 응력과 변형률 간의 관계를 알아본다.
- ✔ 재료의 경도를 평가하는 방법을 학습한다.

2.1.1 인장시편과 만능시험기

기계부품을 설계하거나 해석할 때 고려해야 할 재료의 기계적 특성으로는 **강도** strength, **강성** stiffness, **인성** toughness, **신장률** percent elongation 등이 있다. 이러한 특성은 [그림 2-1(a)]와 같은 인장시편을 [그림 2-1(b)]의 **만능시험기** universal testing machine, UTM에 장착한 후 인장하중을 서서히 가하면서 하중과 변형 또는 응력과 변형률의 관계를 관찰하는 과정을 통해 결정된다. [그림 2-1(a)]에서 d_0는 시편의 초기 지름이며, l_0는 초기의 **표점거리** initial gauge length를 나타낸다. 금속재료의 인장시편[1]에는 원형 이외에도 판형, 관형, 원호형 등이 있다.

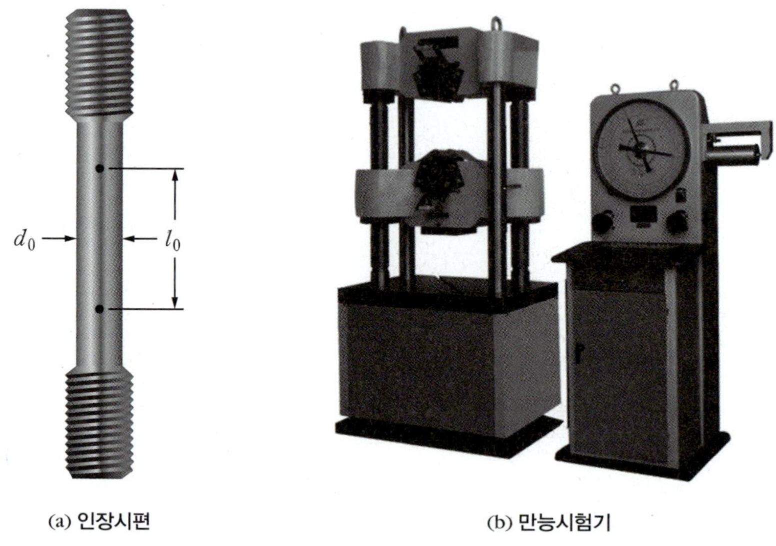

(a) 인장시편 (b) 만능시험기

그림 2-1 인장시편과 만능시험기

1 금속재료의 인장시편에 대한 치수는 KS B 0801에 규정되어 있다.

2.1.2 재료강도

재료강도material strength는 외부하중에 대해 특정 물리적 현상이 발생할 때까지 재료가 견딜 수 있는 한계값을 말한다. [그림 2-1(a)]의 시편에 수직하중을 작용할 때의 인장강도는 다음과 같다.

$$\sigma = \frac{F}{A} \tag{2.1}$$

여기서 F는 수직하중이고, A는 시편의 단면적을 나타낸다. 또한 하중에 따른 길이의 변화를 **변형률**strain이라고 하며, 다음과 같이 나타낸다.

$$\varepsilon = \frac{l - l_0}{l_0} \tag{2.2}$$

여기서 l_0는 초기의 표점거리이고, l은 하중을 받은 후의 표점거리이다.

[그림 2-2]는 연성재료ductile material로 제작된 시편을 인장시험할 때 나타나는 전형적인 **응력-변형률 선도**이다. 그림에서 실선은 **공칭응력-변형률**nominal stress-strain 선도를 나타내고, 파선은 **진응력-변형률**true stress-strain 선도를 나타낸다.

공칭응력은 작용하는 하중을 시편의 초기단면적으로 나눈 것을 말하며, **진응력**은 작용하중을 감소된 단면적으로 나눈 것을 말한다.

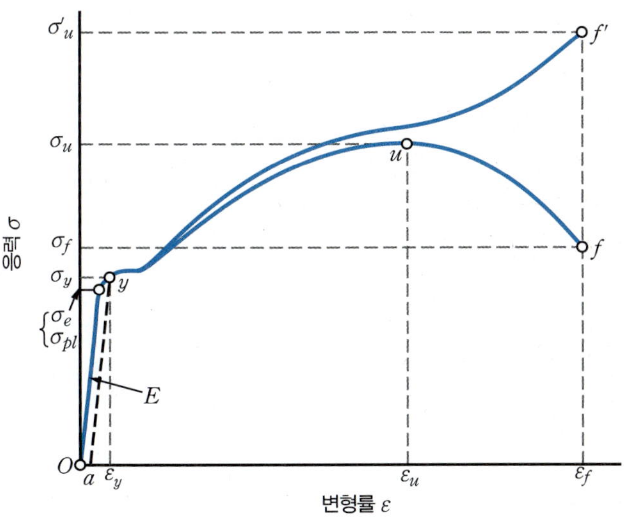

그림 2-2 연성재료의 응력-변형률 선도

[그림 2-2]는 다음과 같이 연성재료의 인장시험에서 나타나는 강도[2]를 보여준다.

---

2 강도(strength)와 응력(stress)의 개념이 혼용되기도 하나, 엄밀하게 강도는 특정 재료에 대해 잘 제어된 실험실 환경에서 표준화된 시편과 하중으로 재료시험을 할 때의 표준화된 값을 의미하며, 응력은 특정 재료로 만든 부품이 기계나 구조물 등에 사용되어 하중을 받을 때 이 부품의 내부에서 발생하는 단위면적당 내력을 나타낸다. 물론 강도와 응력의 단위는 같다.

비례한도

비례한도proportional limit σ_{pl}은 재료가 선형탄성linear elastic 거동을 하는 한계값이다. 즉 선형관계가 끝나는 점의 강도이다. 이때 응력과 변형률 간의 선형관계를 하나의 상수값인 탄성계수elastic modulus E로 나타낼 수 있다.

탄성한도

비례한도를 약간 넘어도 재료가 아직 탄성적으로 거동하나 선도는 약간 비선형적으로 나타날 수 있다. 이 상태에서 하중을 제거했을 때 원래의 상태로 되돌아갈 수 있는 한계값을 **탄성한도**elastic limit σ_e 라고 한다. 강재는 탄성한도와 비례한도를 구분하는 것이 어려워 탄성한도를 비례한도와 같은 값으로 본다.

항복강도

항복강도yield strength σ_y는 시편의 인장시험 중 탄성변형elastic deformation에서 소성변형plastic deformation으로 바뀌는 점의 재료강도로서, **항복점**yield point이라고도 한다. 항복점은 인장시험 중 힘의 큰 증가 없이도 변형률이 급격하게 증가하기 시작하는 점이다. 모든 재료에서 항복점이 명확하게 나타나는 것은 아니다. 항복점이 명확하지 않으면 **오프셋 방법**offset method으로 항복점을 정의한다. 즉 [그림 2-2]에서 좌표의 원점인 O로부터 시편의 초기 표점거리의 0.2%가 되도록 오프셋 길이 Oa를 잡는다. 그리고 a 점에서 탄성계수 E의 기울기와 나란하게 직선을 그려서 응력-변형률 선도와 만나는 점 y를 찾는다. 이 y점에 해당하는 강도가 항복점이며, 이때의 변형률은 ε_y이다.

극한강도

극한강도ultimate strength σ_u는 인장시험에서 시편재료가 감당할 수 있는 공학적 응력engineering stress의 최대치인 u점에서의 강도를 말하며, **인장강도**tensile strength라고 부르기도 한다. 극한강도가 발생하는 시점에서 시편에 국부적으로 단면적이 줄어드는 **네킹**necking**현상**이 발생하며, 이때의 변형률은 ε_u이다.

파단강도

파단강도fracture strength σ_f는 인장시험에서 시편재료가 파단될 때의 공학적 재료강도를 말하며, 이때의 변형률은 ε_f이다.

[그림 2-2]를 보면 항복점을 지나서부터는 공칭응력과 진응력 사이에 응력의 차이가 발생하며, 극한강도부터는 네킹현상으로 인해 시편의 단면적이 급격하게 줄어들어 두 응력 사이의 차이가 크게 벌어진다.

취성재료brittle materials는 매우 작은 변형률에서 파단되는 특성이 있다. 하중이 증가하는 도중에 파단이 발생하며, 극한강도와 파단강도가 서로 비슷하다. 그리고 연성재료와는 달리 파단될 때까지 항복 및 네킹현상이 거의 또는 전혀 발생하지 않는다. 회주철gray cast iron, 세라믹, 콘크리트 등 취성재료는 일반적으로 인장강도보다 압축강도가 훨씬 더 큰 기계적 특성이 있다.

2.1.3 연성

연성재료에서 **연성** ductility이란 파괴를 일으키기 전까지 큰 변형률을 수반하는 재료의 특성을 말한다. 연성이 큰 재료는 자동차용 판금재료의 가압성형을 가능하게 하고, 응력집중이 발생하는 위치에서 국부적으로 큰 변형을 일으킴으로써 갑작스러운 파손을 대비할 수 있게 해준다. 이러한 연성을 평가하는 대표적인 방법으로 신장률과 단면감소율이 있다.

■ 신장률

신장률 percent elongation은 인장시험에서 시편이 파단되었을 때의 변형률로, 다음과 같이 나타낸다.

$$e = \frac{l_f - l_0}{l_0} \times 100(\%) \tag{2.3}$$

여기서 l_0는 하중을 가하기 전의 표점거리이고, l_f는 파단 후의 표점거리를 나타낸다.

파괴가 일어날 때까지의 신장률은 표점거리 전체에 걸쳐 균일하지 않고 네킹영역에 집중되므로 신장률을 언급할 때는 표점거리도 함께 언급해야 한다.

시편의 지름이 14 mm이고 표점거리가 50 mm인 경우, 연강은 신장률이 28% 이상이고, 알루미늄 합금은 신장률이 14% 이상이다. 주철과 같은 취성재료는 신장률이 0.6 ~ 5%로 매우 작다.

■ 단면감소율

단면감소율 reduction in area은 하중을 가했을 때 소재의 네킹영역에서 발생하는 단면적 변화의 정도를 말하며, 다음과 같이 나타낸다.

$$r_A = \frac{A_0 - A_f}{A_0} \times 100(\%) \tag{2.4}$$

여기서 A_0는 하중을 가하기 전의 단면적이고, A_f는 파단 후의 단면적을 나타낸다. 기계나 구조물 등으로 많이 사용되는 연강의 단면감소율은 약 60%이다.

2.1.4 재료강성

재료강성 material stiffness은 작용하중에 대한 물체의 변형 정도를 나타내며, 탄성한도 내에서 상수값인 탄성계수 E가 재료강성이다. [그림 2-2]의 응력-변형률 선도에서 탄성한도 내의 탄성계수는

$$E = \frac{\sigma}{\varepsilon} \tag{2.5}$$

이며, 탄성한도 내에서 응력과 변형률의 관계는 훅의 법칙에 따라 다음과 같이 된다.

$$\sigma = E\varepsilon \tag{2.6}$$

즉 탄성계수 E는 응력과 변형률 사이의 비례상수이다.

[그림 2-3]은 기계나 구조물 등에서 가장 많이 사용되는 강의 탄소함량에 따른 탄성한도와 탄성계수의 관계를 보여준다. 그림에서 보는 바와 같이 탄소강의 경우 탄소함량이 높아질수록 강도특성인 탄성한도는 높아지지만, 재료강성인 탄성계수는 거의 일정한 값을 갖는다.

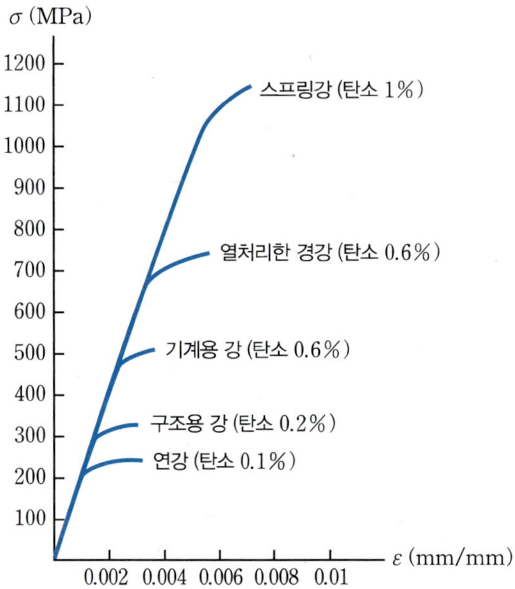

그림 2-3 탄소함량에 따른 강도와 강성

지금까지는 시편이 축하중을 받을 때의 강도, 강성, 변형률 등에 대해 살펴봤다. 그러나 토크와 같은 비틀림하중을 받을 때의 기계적 특성도 축하중을 받을 때와 유사하며, [표 2-1]과 같이 서로 비교된다.

표 2-1 축방향 변형과 비틀림 변형의 유사성

구분	축방향 변형	비틀림 변형
하중	축하중(F)	토크(T)
응력	수직응력(σ)	전단응력(τ)
변형률	수직변형률(ε)	전단변형률(γ)
강성	탄성계수(E)	전단탄성계수(G)

재료가 전단하중이나 토크를 받는 경우 전단응력과 전단변형률의 관계를 나타내는 훅의 법칙은 다음과 같다. 여기서 τ는 전단응력, G는 전단탄성계수, γ는 전단변형률을 나타낸다.

$$\tau = G\gamma \tag{2.7}$$

[표 2-2]에 대표적인 몇 가지 공업재료에 대한 기계적 특성을 나타냈다.

표 2-2 재료의 기계적 특성

구분	재료명	재료기호	탄성계수 E [GPa]	전단탄성계수 G [GPa]	극한강도[3] σ_u [MPa]	항복강도 σ_y [MPa]	신장률 e [%]
철강재	연강	SM 20C	192	79.4	402 이상	245 이상	28 이상
	경강	SM 35C	206	79.4	510 이상	304 이상	23 이상
		SM 50C	206	79.4	608 이상	363 이상	18 이상
	주강	SC 410	211	81.3	410 이상	205 이상	21 이상
	회주철	GC 200	98	37	200 이상	–	–
		GC 300	98	37	300 이상	–	–
	스프링강	SPS	206	83	1080 이상	830 이상	8 이상
	스테인리스강	STS 304	197	74	520 이상	205 이상	40 이상
		STS 316	193	74	520 이상	207 이상	40 이상
비철재	알루미늄 합금	A 2014−T4	72.5	27.4	395 이상	240 이상	14 이상
		A 2024−T4	72.5	27.4	425 이상	275 이상	12 이상
		A 7075−T6	71	27	510 이상	435 이상	5 이상
	황동	C 2600	108	41	275 이상	–	45 이상
		C 2800	108	41	315 이상	–	25 이상

탐구

1. 응력−변형률 선도에서 공칭응력과 진응력 사이에 차이가 발생하는 이유를 설명하라.
2. 0.2% 오프셋 항복강도란 무엇이며, 어떤 경우에 이를 사용하는가?
3. 연성재료와 취성재료의 특성을 비교하여 설명하라.
4. 연성을 평가하는 방법을 설명하라.

예제 2-1 인장하중을 받는 시편의 오프셋 항복강도, 탄성계수, 인장강도, 신장률, 단면감소율

인장시험에서 표점거리는 50mm, 단면적은 154mm^{2}인 시편이 있다. 시험 중 시편은 100kN의 하중에서 항복했으며, 이때의 표점거리는 50.43mm이었다. 최대하중은 171kN이고, 이때의 표점거리는 67.3mm이었다. 다음의 값들을 결정하라.

(a) 0.2% 오프셋 항복강도

(b) 탄성계수

(c) 인장강도(극한강도)

(d) 표점거리 70.2mm에서 파단될 경우의 신장률

(e) 네킹이 발생할 때 시편의 단면적이 89mm^{2}일 경우의 단면감소율

전략

0.2% 오프셋을 통해 항복강도를 구하므로 탄성계수 $E = \sigma_y / \delta\varepsilon$를 계산할 때 $\delta\varepsilon$은 항복강도에서의 변형률 ε_y에서 오프셋값 0.002를 빼야 한다([그림 2−4] 참조).

3 극한강도를 인장강도라고 하기도 한다.

풀이

(a) 식 (2.1)로부터 항복강도는 다음과 같이 구한다.

$$\sigma_y = \frac{F}{A} = \frac{100}{154} = 0.649\,\text{kN/mm}^2 = 649\,\text{MPa} \quad \text{[답]}$$

(b) 항복강도에서의 변형률 ε_y는 다음과 같이 구한다.

$$\varepsilon_y = \frac{l_y - l_0}{l_0} = \frac{50.43 - 50}{50} = 0.0086\,\text{mm/mm}$$

항복강도는 0.2% 오프셋을 통해 얻는 값이므로 0.2%의 오프셋 값을 빼면 $\delta\varepsilon = 0.0086 - 0.002 = 0.0066\,\text{mm/mm}$이다. 탄성계수는 다음과 같다.

$$E = \frac{\sigma_y}{\delta\varepsilon} = \frac{649}{0.0066} = 98.3\,\text{GPa} \quad \text{[답]}$$

(c) 최대하중이 171 kN이고, 단면적이 154 mm^2이므로 인장강도(극한강도)는 다음과 같이 구한다.

$$\sigma_u = \frac{F_u}{A} = \frac{171}{154} = 1.104\,\text{kN/mm}^2 = 1104\,\text{MPa} \quad \text{[답]}$$

(d) 파단될 때의 신장률은 식 (2.3)에 의해 다음과 같이 구한다.

$$e = \frac{l_f - l_0}{l_0} \times 100(\%) = \frac{70.2 - 50}{50} \times 100(\%) = 40.4\% \quad \text{[답]}$$

(e) 네킹이 발생할 때 단면감소율은 식 (2.4)에 의해 다음과 같이 구할 수 있다.

$$r_A = \frac{A_0 - A}{A_0} \times 100(\%) = \frac{154 - 89}{154} \times 100(\%) = 42.2\% \quad \text{[답]}$$

이들 결과를 [그림 2-4]에 나타냈다.

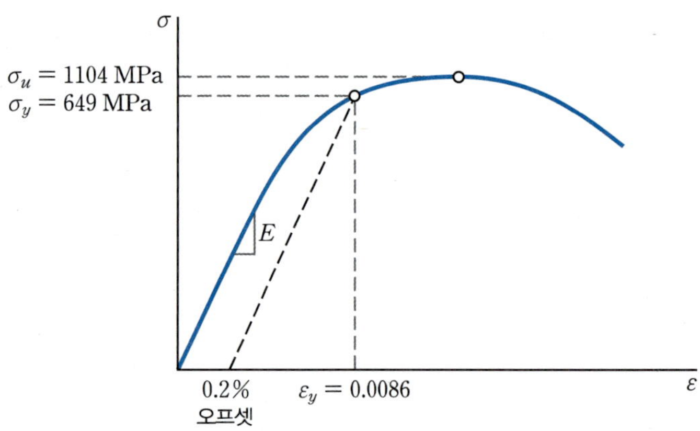

그림 2-4 인장하중을 받는 시편의 응력-변형률 선도

검토

신장률과 단면감소율의 결과로부터 이 시편은 연성재료임을 알 수 있다.

2.1.5 푸아송비

[그림 2-5]에 나타낸 바와 같이 시편에 길이방향으로 인장하중을 가하면 길이와 반지름이 동시에 변한다. 이를 길이변형률 ε_l과 반지름변형률 ε_r로 나타내면 각각 다음과 같다.

$$\varepsilon_l = \frac{\delta_l}{l} \tag{2.8}$$

$$\varepsilon_r = \frac{\delta_r}{r} \tag{2.9}$$

여기서 δ_l과 δ_r은 각각 길이변형량과 반지름변형량을 나타낸다. 탄성영역에서 ε_l과 ε_r은 서로 비례하며 재료가 갖는 고유한 상수값이다. 이 관계를 다음과 같이 **푸아송비** Poisson's ratio ν로 나타낸다.

$$\nu = -\frac{\varepsilon_r}{\varepsilon_l} \tag{2.10}$$

이 식의 우변에 음(−)의 부호를 포함한 이유는 시편의 길이가 늘어나면 반지름은 줄어들고, 반대로 길이가 줄어들면 반지름은 늘어나서, 즉 ε_l과 ε_r은 서로 부호가 반대되므로 푸아송비가 양수를 갖도록 하기 위해서이다. [표 2-3]에 대표적인 몇 가지 공업재료의 푸아송비를 나타냈다.

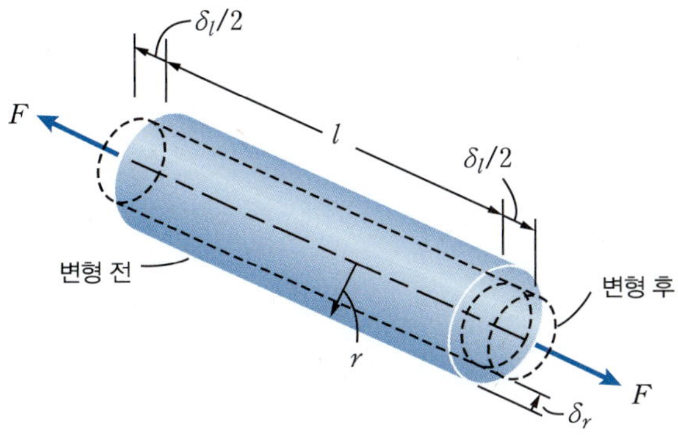

그림 2-5 축하중을 받는 원형봉

표 2-3 공업재료의 푸아송비

재료	푸아송비	재료	푸아송비
연강	0.28 ~ 0.3	니켈강	0.31
경강	0.3	텅스텐	0.2
주철	0.2 ~ 0.3	알루미늄 합금	0.33
주강	0.3	티타늄 합금	0.33
황동	0.34	아연합금	0.33
청동	0.34	마그네슘 합금	0.35

예제 2-2 막대의 길이와 단면치수의 변형량

[그림 2-6]과 같이 연강으로 만든 직사각형 단면의 축에 축하중 90 kN이 작용한다. 하중의 작용 후 막대의 길이와 단면치수의 변형량을 구하라. 단, 재료는 탄성적으로 거동을 한다.

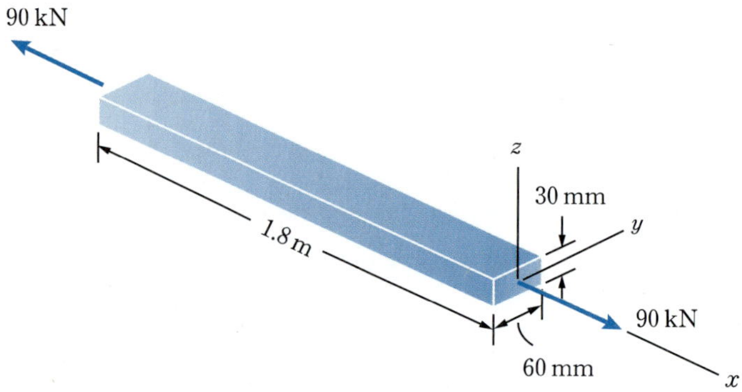

그림 2-6 축하중을 받는 직사각형 단면의 축

전략

주어진 하중과 단면적을 이용하여 응력을 구한다. 이 응력과 [표 2-2]에 제시된 연강의 탄성계수 $E=192\,\text{GPa}$을 훅의 법칙에 대입하여 x방향 변형률을 구하고, 이를 초기길이에 곱하여 길이변형량을 구한다. [표 2-3]에 있는 연강의 푸아송비 범위로부터 푸아송비를 0.3으로 가정한다. 이 푸아송비와 x방향 변형률을 식 (2.10)에 대입하여 횡방향(즉 y방향과 z방향)의 변형률을 구한다. 횡방향 변형률을 횡단면의 각 치수에 곱하여 단면치수의 변형량을 구한다.

풀이

식 (2.1)로부터 축의 수직응력은 다음과 같다.

$$\sigma = \frac{F}{A} = \frac{90\times 10^3}{0.03\times 0.06} = 50\,\text{MPa}$$

[표 2-2]에서 연강의 탄성계수 $E=192\,\text{GPa}$이므로 훅의 법칙으로부터 x방향 변형률은 다음과 같다.

$$\varepsilon_x = \frac{\sigma_x}{E} = \frac{5.0\times 10^7}{192\times 10^9} = 2.604\times 10^{-4}\,\text{mm/mm}$$

x방향 변형량은 다음과 같다.

$$\delta_x = \varepsilon_x L_x = 2.604\times 10^{-4}\times 1.8 = 4.687\times 10^{-4}\,\text{m} = 0.4687\,\text{mm} \quad \text{[답]}$$

식 (2.10)을 직사각형 단면에 맞게 적용하면 y방향과 z방향의 변형률을 다음과 같이 쓸 수 있다. 푸아송비는 $\nu=0.3$으로 한다.

$$\varepsilon_y = \varepsilon_z = -\nu\varepsilon_x = -0.3\times 2.604\times 10^{-4} = -7.812\times 10^{-5}\,\text{mm/mm}$$

따라서 단면치수의 변형량은 다음과 같다.

$$\delta_y = \varepsilon_y L_y = -7.812 \times 10^{-5} \times 0.06 = -4.687 \times 10^{-6}\,\text{m} = -4.687\,\mu\text{m} \quad \text{[답]}$$

$$\delta_z = \varepsilon_z L_z = -7.812 \times 10^{-5} \times 0.03 = -2.344 \times 10^{-6}\,\text{m} = -2.344\,\mu\text{m} \quad \text{[답]}$$

검토

계산된 수직응력 $\sigma_x = 50\,\text{MPa}$은 [표 2-2]에 있는 연강의 항복강도 245 MPa보다 작은 값으로 탄성한도 내에 있으므로 훅의 법칙을 적용할 수 있다. 만약 이 문제와는 반대로 같은 크기의 압축하중을 받게 되면 단면의 치수는 증가하고, 치수 증가량의 절댓값은 인장하중을 받을 때와 동일하다.

2.1.6 응력과 변형률

앞에서 설명한 바와 같이 단축 응력–변형률의 관계는 훅의 법칙에 따라 $\sigma_x = E\varepsilon_x$가 되므로 이 관계로부터 변형률은 다음과 같다.

$$\varepsilon_x = \frac{\sigma_x}{E} \tag{2.11}$$

만약 [그림 2-7]과 같이 평면요소에 **평면응력**plane stress σ_x, σ_y, τ_{xy}가 발생한다면 각 방향의 변형률을 다음과 같이 쓸 수 있다.

$$\varepsilon_x = \frac{\sigma_x - \nu\sigma_y}{E}, \qquad \varepsilon_y = \frac{\sigma_y - \nu\sigma_x}{E}, \qquad \gamma_{xy} = \frac{1}{G}\tau_{xy} \tag{2.12}$$

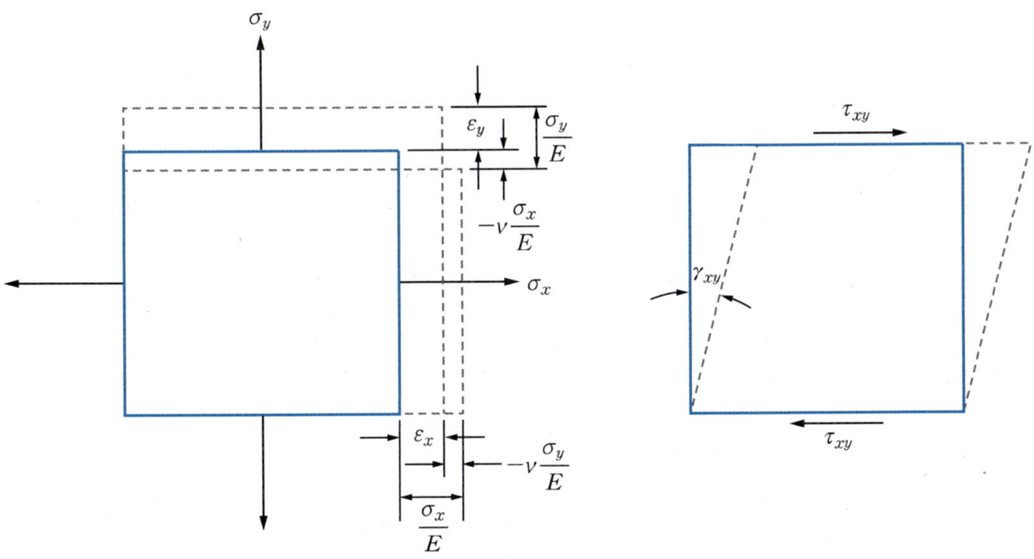

(a) 수직변형률 (b) 전단변형률

그림 2-7 평면응력과 평면변형률

식 (2.12)로부터 응력–변형률의 관계식은 다음과 같다.

$$\sigma_x = \frac{E}{1-\nu^2}(\varepsilon_x + \nu\varepsilon_y)$$
$$\sigma_y = \frac{E}{1-\nu^2}(\varepsilon_y + \nu\varepsilon_x) \quad (2.13)$$
$$\tau_{xy} = G\gamma_{xy}$$

유사한 방법으로 일반적인 3차원 응력과 변형률의 관계는 다음과 같다.

$$\varepsilon_x = \frac{1}{E}[\sigma_x - \nu(\sigma_y + \sigma_z)]$$
$$\varepsilon_y = \frac{1}{E}[\sigma_y - \nu(\sigma_z + \sigma_x)]$$
$$\varepsilon_z = \frac{1}{E}[\sigma_z - \nu(\sigma_x + \sigma_y)] \quad (2.14)$$
$$\gamma_{xy} = \frac{1}{G}\tau_{xy}, \qquad \gamma_{yz} = \frac{1}{G}\tau_{yz}, \qquad \gamma_{zx} = \frac{1}{G}\tau_{zx}$$

전단탄성계수 G는 탄성계수 E와 푸아송비 ν의 함수로서 다음과 같다.

$$G = \frac{E}{2(1+\nu)} \quad (2.15)$$

예제 2-3 응력–변형률 관계

알루미늄 합금인 A 2014–T4로 제작된 기계부품의 한 점에서의 변형률 상태가 $\varepsilon_x = 0.003$, $\varepsilon_y = 0.001$, $\varepsilon_z = 0$, $\gamma_{xy} = 0.001$, $\gamma_{yz} = 0$, $\gamma_{zx} = 0$이다. 이 점에서 6개의 응력성분을 구하라.

전략

탄성계수 E, 전단탄성계수 G, 푸아송비 ν를 알면 식 (2.14)의 응력–변형률 관계를 이용하여 6개의 응력성분을 구할 수 있다. 알루미늄 합금 A 2014–T4의 E, G, ν는 [표 2–2]와 [표 2–3]에 있다.

풀이

식 (2.14)를 이용하여 각 방향에 대한 변형률을 정리하면 다음과 같다.

$$0.003 = \frac{1}{72.5 \times 10^9}[\sigma_x - 0.33(\sigma_y + \sigma_z)]$$
$$0.001 = \frac{1}{72.5 \times 10^9}[\sigma_y - 0.33(\sigma_z + \sigma_x)]$$
$$0 = \frac{1}{72.5 \times 10^9}[\sigma_z - 0.33(\sigma_x + \sigma_y)]$$

$$0.001 = \frac{1}{27.4 \times 10^9} \tau_{xy}$$

$$0 = \frac{1}{27.4 \times 10^9} \tau_{yz}$$

$$0 = \frac{1}{27.4 \times 10^9} \tau_{zx}$$

이 식들을 연립하여 풀면 다음의 값을 얻는다.

$$\sigma_x = 40.0\,\text{MPa},\ \sigma_y = 26.2\,\text{MPa},\ \sigma_z = 20.9\,\text{MPa}$$

$$\tau_{xy} = 27.4\,\text{MPa},\ \tau_{yz} = 0,\ \tau_{zx} = 0$$ [답]

검토

재료가 등방성이고 선형탄성거동을 하고 있으며 E, G, ν값을 알고 있다면, 주어진 변형률로부터 응력을 구할 수 있으며, 그 역도 성립된다.

2.1.7 경도

기계부품의 마모abrasion는 재료의 경도 및 표면상태와 깊은 관계가 있다. **경도**hardness는 재료의 단단한 정도를 나타내는 기계적 성질로, 표면에 특정한 크기와 모양을 갖는 압입자indentor로 눌렀을 때 재료가 저항하는 기계적 성질로 정의된다. 경도가 클수록 재료가 흠집이나 마모에 잘 견딘다는 것을 의미하며, 기계장치나 부품의 용도에 따라 매우 중요한 물성치이다.

재료의 경도를 평가할 수 있는 방법은 다양한데, 많이 사용되는 방법으로는 브리넬 경도시험Brinell hardness test과 로크웰 경도시험Rockwell hardness test이 있다.

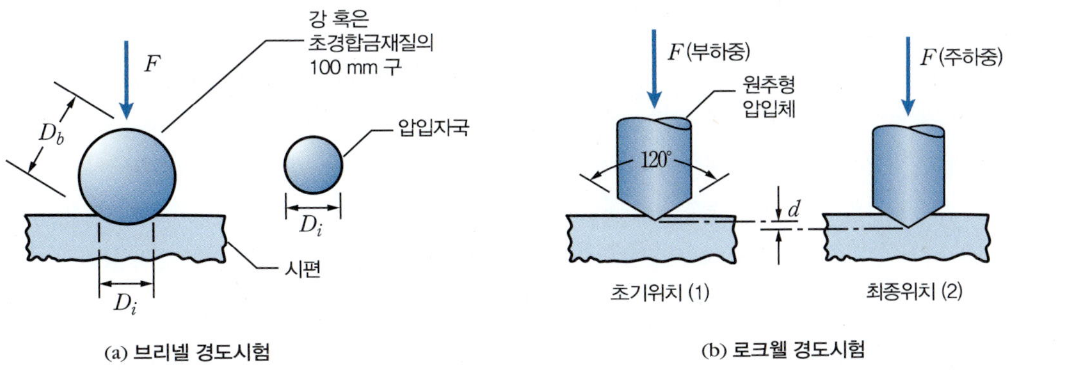

그림 2-8 경도시험 방법

■ 브리넬 경도시험

브리넬 경도시험은 중간 이하의 경도를 갖는 금속이나 비금속을 시험하는 데 많이 사용된다. 지름 10 mm의 경화강이나 텅스텐 탄화물로 만든 구를 시편의 표면에 500kg_f, $1{,}500\text{kg}_f$ 또는 $3{,}000\text{kg}_f$의 힘으로 누른다. 이 힘을 압입자국의 단면적으로 나누어 브리넬 경도스케일 HB를 구한다.

$$HB = \frac{2F}{\pi D_b\left(D_b - \sqrt{D_b^2 - D_i^2}\right)} \tag{2.16}$$

여기서 $F[\text{kg}_f]$는 압입력, $D_b[\text{mm}]$는 구의 지름, $D_i[\text{mm}]$는 시편표면에서 측정된 압입자국의 지름이다.

■ 로크웰 경도시험

로크웰 경도시험에서는 재료에 따라 압입체와 압입하중을 다르게 적용한다. 로크웰 경도시험은 측정하기 쉬우며, 가장 연한 플라스틱 재료부터 가장 강한 철강재료에 이르기까지 경도를 측정하는 데 널리 사용된다.

비철금속과 같은 연질재료에 대해서는 1.6 mm 지름의 경화시킨 강철볼을 압입체로 사용하여 경도시험을 한다. 시편에 가하는 압입하중은 두 단계로 나누어 작용하는데, 먼저 압입체에 $10\,\text{kg}_f$의 부하중minor load을 가해 압입체가 시편에 자리를 잡을 수 있게 한 후, $100\,\text{kg}_f$의 주하중major load을 가해 압입체가 시편에 침입하게 한다. 이때 주하중에 의한 침입거리가 시험기로 읽혀져 로크웰 경도값으로 환산된다. 이 경우의 로크웰 경도는 HRB로 나타낸다.

열처리된 합금강과 같이 단단한 금속의 경우에는 원뿔형 다이어몬드 압입체를 사용하여 경도시험을 한다. 자리잡기를 위한 부하중은 앞의 경우와 같이 $10\,\text{kg}_f$이고, 주하중은 $150\,\text{kg}_f$이다. 이 경우의 로크웰 경도는 HRC로 나타낸다. 그 밖에 시험재료에 따라 적용할 수 있는 몇 가지 로크웰 경도가 더 있다.

■ 경도와 강도의 상관관계

연구결과에 의하면 재료의 경도와 강도 사이에는 밀접한 상관관계가 있어서 경도시험을 통해 얻은 결과로 강도의 근삿값을 유추할 수 있다. 경도는 영구적인 압입변형에 대한 저항이므로 재료표면의 작은 체적에 대해 압축시험을 시행하는 것과 유사하다. 따라서 간편한 비파괴시험인 경도시험의 결과를 통해 파괴시험의 결과인 압축강도에 대한 근사적 유추가 가능하다. 또한 연성재료의 경우 압축시험에서의 강도특성은 인장시험에서의 강도특성과 거의 같으므로 인장특성과 경도와의 상관관계도 알 수 있다.

강의 브리넬 경도 HB는 극한강도ultimate strength σ_u와 다음과 같은 근사적인 상관관계를 갖는다.

$$\sigma_u = \begin{cases} 0.5\,HB & [\text{kpsi}] \\ 3.45\,HB & [\text{MPa}] \end{cases} \tag{2.17}$$

또한 주철의 경우 극한강도와 브리넬 경도 간에 다음과 같은 관계를 갖는다.

$$\sigma_u = \begin{cases} 0.23\,HB - 12.5 & [\text{kpsi}] \\ 1.58\,HB - 86 & [\text{MPa}] \end{cases} \tag{2.18}$$

이러한 관계식은 재료실험을 통해 얻은 데이터 값들의 회귀분석regression analysis 결과로서 정확한 값이 아닌 근삿값이므로 강도를 구하기 어려울 때만 사용하는 것이 좋다.

탐구 1. 재료의 경도를 구하는 것이 재료표면의 단단함을 평가하는 것 이상의 의미가 있다는 것은 무슨 의미인가?

예제 2-4 브리넬 경도시험을 이용한 브리넬 경도 및 극한강도

브리넬 경도시험에서 지름이 10 mm 인 경화된 구를 이용하여 1500 kg_f의 하중으로 시편을 눌렀다. 압입 자국의 지름은 3.2 mm 일 때 다음을 구하라.

(a) 시편의 브리넬 경도

(b) 시편이 강으로 만들어졌을 때 대략적인 극한강도

전략

식 (2.16)에 강구의 지름, 압입자국의 지름 및 압입하중을 대입하여 브리넬 경도를 구한다. 그리고 구한 경도를 식 (2.17)에 대입하여 극한강도의 근사치를 구한다.

풀이

(a) 식 (2.16)으로부터 브리넬 경도를 다음과 같이 구한다.

$$HB = \frac{2F}{\pi D_b\left(D_b - \sqrt{D_b^2 - D_i^2}\right)} = \frac{2 \times 1500}{\pi \times 10 \times \left(10 - \sqrt{10^2 - 3.2^2}\right)} = 182 \quad \text{[답]}$$

(b) 브리넬 경도로부터 시편의 근사적인 인장강도는 식 (2.17)로부터 다음과 같이 구한다.

$$\sigma_u = 3.45\,HB = 3.45 \times 182 = 627.9\,\text{MPa} \quad \text{[답]}$$

검토

HB의 단위는 kg_f/mm^2이므로 답을 182 kg_f/mm^2로 표시해야 하지만 보통 단위는 생략한다. HB500 이상의 단단한 재료는 초경합금cemented carbide으로 만든 구를 사용하는데, 강철로 만든 구는 탄성변형이 일어나 정밀도가 감소하기 때문이다.

SECTION
2.2

에너지 흡수와 시간종속 특성

- ✔ 탄성에너지계수와 인성계수에 대해 학습한다.
- ✔ 재료의 가공경화에 대해 학습한다.
- ✔ 충격과 크리프에 대해 학습한다.

2.2.1 에너지 흡수용량

어떤 부재에 외부하중이 작용하면 그 부재는 변형되면서 부재 내부에 에너지가 저장된다. 이러한 에너지를 **변형에너지** strain energy라고 하며, 부재의 에너지 흡수능력을 나타낸다. 변형에너지를 [그림 2-9]의 응력-변형률 선도에 나타냈다.

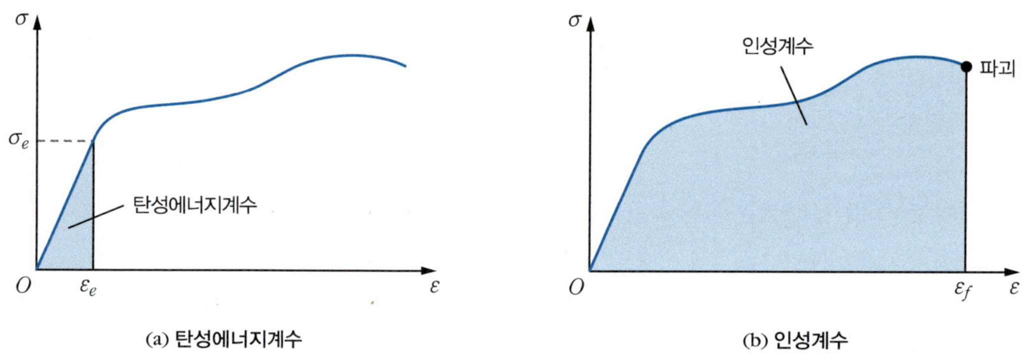

그림 2-9 응력-변형률 선도에 나타낸 변형에너지

■ 탄성에너지계수

훅의 법칙으로부터 탄성한도가 $\sigma_e = E\varepsilon_e$이므로 탄성한도의 변형률은 $\varepsilon_e = \sigma_e / E$가 된다. 탄성한도에서의 변형에너지를 **탄성에너지계수** modulus of resilience 또는 **레질리언스계수**라고 하며, [그림 2-9(a)]에 표시한 직각삼각형의 면적이 된다. 따라서 탄성에너지계수 u_r은 다음과 같이 쓸 수 있다.

$$u_r = \frac{1}{2}\sigma_e \varepsilon_e = \frac{\sigma_e^2}{2E} \tag{2.19}$$

재료의 탄성한도와 항복강도는 서로 가까이 있으므로 탄성한도와 항복강도를 같은 것으로 간주하면 식 (2.19)를 다음과 같이 나타낼 수 있다.

$$u_r = \frac{1}{2}\sigma_y \varepsilon_y = \frac{\sigma_y^2}{2E} \tag{2.20}$$

식 (2.19)와 식 (2.20)을 보면 강성인 탄성계수가 작고, 강도인 탄성한도(또는 항복강도)가 클수록 탄성에너지계수가 크다는 것을 알 수 있다.

■ 인성계수

부재가 파단되기 직전까지 흡수할 수 있는 에너지를 **인성계수**modulus of toughness라고 한다. 이는 [그림 2-9(b)]의 응력-변형률 선도 아래의 전체면적에 해당하며, 다음과 같이 전체변형률 구간에 대해 적분하여 구한다.

$$u_t = \int_0^{\epsilon_f} \sigma \, d\varepsilon \tag{2.21}$$

재료의 인성은 기계나 구조물에 과부하overload가 걸릴 우려가 있는 부재를 설계할 때 고려해야 하는 주요사항이다. 응력-변형률 관계를 식으로 정의하기 어려우면(즉 응력을 변형률의 함수로 나타내기 어려우면) 식 (2.21)처럼 적분하는 대신 다음과 같이 항복강도 σ_y와 극한강도 σ_u의 평균값에 파단강도의 변형률 ε_f를 곱하여 근사적으로 구할 수 있다.

$$u_t \approx \frac{\sigma_y + \sigma_u}{2} \varepsilon_f \tag{2.22}$$

재료가 큰 인성을 가지려면 강도와 연성 둘 다 커야 하며, 일반적으로 연성재료가 취성재료보다 인성이 더 크다.

지금까지 설명한 탄성에너지계수와 인성계수는 모두 단위체적당 변형에너지이다. 그래서 **변형에너지 밀도**strain energy density라고도 한다. 이 변형에너지밀도는 단위체적에 대한 변형에너지의 강도intensity를 나타내므로, 부품설계에서 힘보다는 응력이 더 중요한 의미가 있듯이 변형에너지보다는 변형에너지 밀도가 더 중요한 의미가 있다.

탐구

1. 변형에너지보다 변형에너지밀도가 더 중요한 의미를 갖는다는 것은 어떤 뜻인가?
2. 탄성에너지계수와 인성계수의 차이점을 설명하라.

예제 2-5 축하중을 받는 봉의 항복강도

지름이 5 cm 이고, 길이가 1.5 m 인 원형단면의 강봉에 인장하중을 가했을 때, 항복점이 발생하기 바로 직전 이 봉에 축적할 수 있는 변형에너지가 700 J 이다. 이때 이 봉의 항복강도는 어떻게 되는가? 재료의 탄성계수는 211 GPa 이다.

전략

항복점이 발생하기 바로 직전이므로 탄성한도 내에 있는 것으로 볼 수 있다. 항복점에서의 변형에너지밀도는 탄성에너지계수와 같다.

풀이

강봉의 체적을 구하면 다음과 같다.

$$V = \frac{\pi \times 0.05^2}{4} \times 1.5 = 0.002945\,\text{m}^3$$

변형에너지가 700 J이므로 변형에너지밀도는 다음과 같다.

$$u_r = \frac{700}{0.002945} = 237691\,\text{Pa}$$

식 (2.20)으로부터

$$u_r = \frac{\sigma_y^2}{2E} \quad \rightarrow \quad 237691 = \frac{\sigma_y^2}{2 \times 211 \times 10^9}$$

이다. 따라서 항복강도 $\sigma_y = 316.7\,\text{MPa}$이 된다. [답]

검토

탄성에너지계수는 단위체적당 변형에너지이므로 SI 단위에서는 J/m^3이며 이 단위를 정리하면 응력의 단위와 같다. 따라서 두 단위를 혼용하기도 한다.

2.2.2 가공경화

강과 같은 연성재료 시편에 인장하중을 가하면, [그림 2-10]과 같이 하중을 가하기 전인 O_1점에서 a점까지는 응력-변형률 관계가 탄성계수 E의 기울기로 탄성거동을 하다가 하중을 더 가하면 응력-변형률 관계가 비선형의 소성변형 plastic deformation을 한다. 소성변형 중 b점에서 하중을 줄이면 탄성영역에서 하중을 가할 때와 같은 기울기로 응력과 변형률이 줄어든다.

하중을 완전히 없앤 후 변형률을 살펴보면 O_2b'의 탄성회복 elastic recovery은 되었으나 O_1O_2의 영구변형 permanent deformation이 발생했다. 이 상태에서 시편에 인장하중을 다시 가하면 O_2점에서 b점까지는 응력-변형률 관계가 탄성계수 E로 탄성거동을 하다가 하중을 더 가하면 응력-변형률 관계가 비선형의 소성변형을 한다. 그림에서 알 수 있듯이 재료를 가공하면 초기항복점 σ_{y1}에서 가공 후 항복점 σ_{y2}로 항복점이 높아지는데, 이 현상을 **가공경화** work hardening 또는 **변형경화** strain hardening라고 한다.

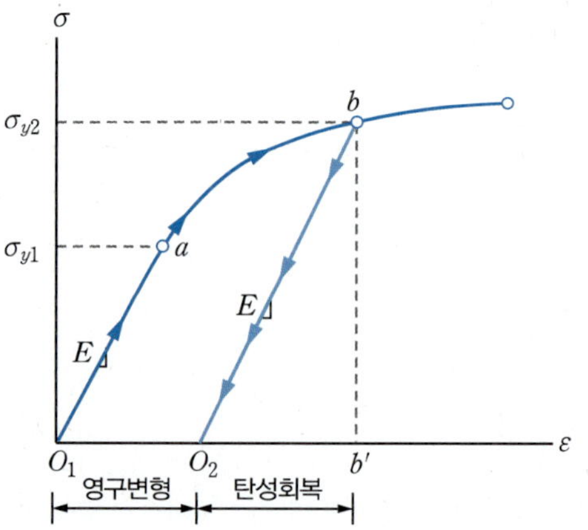

그림 2-10 가공경화

가공경화의 특성을 적용한 제조공정으로서 재결정온도 이하에서 소성변형공정으로 제품을 만드는 냉간가공cold working이 있다. 가공경화를 통해 재료의 항복점과 경도는 높아지나 변형률 능력의 감소로 연성은 저하된다.

탐구 1. 재료가 가공경화됨에 따라 강도, 변형률, 탄성에너지계수, 인성계수에 어떤 영향을 미치는지 설명하라.

예제 2-6 가공경화 후 영구변형률, 탄성에너지계수의 변화율

축하중을 받는 강의 응력-변형률 선도를 [그림 2-11]에 나타냈다. 이 재료의 항복강도인 300 MPa을 지나서 400 MPa의 응력을 받을 때 하중을 제거하는 경우 시편에 남게 될 영구변형률 ε_{OC}를 구하라. 또한 가공경화로 인한 탄성에너지계수의 변화율을 구하라. 단, 가공경화 발생 전과 가공경화 발생 후 항복점의 변형률은 각각 0.006과 0.023이다.

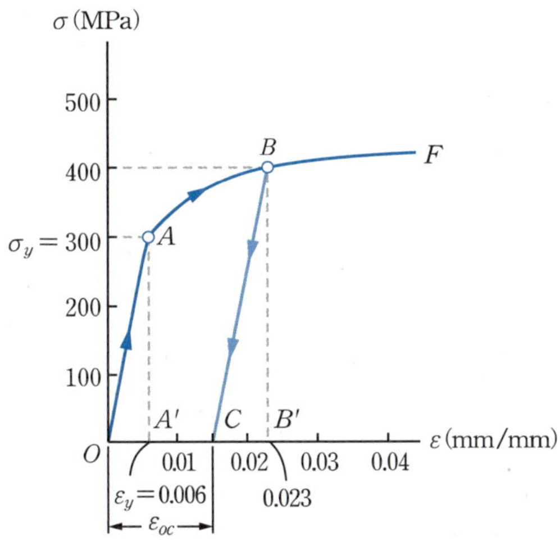

그림 2-11 축하중을 받는 강의 응력-변형률 선도

전략

가공경화 전의 탄성계수와 가공경화 후의 탄성계수가 같으므로 선 OA의 기울기와 선 CB의 기울기는 같다. 가공경화 전의 탄성에너지계수는 삼각형 OAA'의 면적이고, 가공경화 후의 탄성에너지계수는 삼각형 CBB'의 면적이다.

풀이

재료의 탄성계수는 다음과 같다.

$$E = \frac{\sigma_y}{\varepsilon_y} = \frac{300}{0.006} = 50.0\,\text{GPa}$$

400 MPa에서의 변형률은 B'이며, B점에서 하중을 제거하면 탄성계수 E와 같은 기울기로 하강하므로 다음과 같이 나타낸다.

$$E = \frac{BB'}{CB'} \text{으로부터 } CB' = \frac{BB'}{E} = \frac{400 \times 10^6}{50 \times 10^9} = 8.0 \times 10^{-3}\,\mathrm{mm/mm}$$

$8.0 \times 10^{-3}\,\mathrm{mm/mm}$는 탄성회복된 변형률이며, 영구변형률은 다음과 같이 구한다.

$$\varepsilon_{OC} = OB' - CB' = 0.023 - 0.008 = 0.015\,\mathrm{mm/mm} \quad \text{[답]}$$

식 (2.20)으로부터 다음과 같이 가공경화 전과 후의 탄성에너지계수 u_{r1}, u_{r2}를 구한다.

$$u_{r1} = \frac{1}{2}\sigma_y\,\varepsilon_y = \frac{1}{2} \times 300 \times 0.006 = 0.9\,\mathrm{MJ/m^3}$$

$$u_{r2} = \frac{1}{2}\sigma_y\,\varepsilon_y = \frac{1}{2} \times 400 \times 0.008 = 1.6\,\mathrm{MJ/m^3}$$

가공경화를 통해 탄성에너지계수가 77.8% 증가했다. [답]

검토

두 탄성에너지계수를 비교해보면, 재료가 가공경화됨으로써 탄성에너지계수가 증가했다. 그러나 CBF 아래의 면적이 $OABF$ 아래의 면적보다 줄어들어 가공경화에 의해 인성계수는 감소한 것을 알 수 있다.

2.2.3 충격

부품이나 구조물에 가하는 하중의 작용시간이 이들 부품이나 구조물에 대한 고유진동주기natural period of vibration의 1/3 이하이면 그때의 하중을 **충격하중**impact load이라고 정의한다.

충격하중이 작용할 때 기계부품이나 구조물 등은 충분히 견딜 수 있는 **내충격성**impact resistance을 가지고 있어야 한다. 내충격성을 충격에너지striking energy 또는 흡수에너지라고 하며, 아이조드 시험Izod test이나 샤르피 시험Charpy test 등의 충격시험을 통해 구한다. 이들 시험에서는 진자pendulum를 특정 높이에서 떨어뜨려 진자의 끝에 부착된 스트라이커striker가 진자의 원호 하단에서 고속으로 시편과 접촉하여 시편을 파손시킨 후 진자가 시편을 통과하여 상승한 높이로부터 손실된 에너지를 평가한다. 이 손실된 에너지(즉 시편에 흡수된 에너지)가 시편의 충격에너지이며, 인성toughness이 클수록 더 많은 에너지를 흡수할 수 있다. 따라서 정하중을 받을 때와 비교해 충격하중을 받는 부품을 설계할 때는 특히 인성이 큰 재료를 선정할 필요가 있다.

■ 온도의 영향

일반적으로 취성재료는 연성재료나 플라스틱에 비해 충격하중에 파손되는 비율이 높다. 그러나 강과 같은 연성재료라고 하더라도 온도에 따라 취성거동을 할 수 있으므로 주의가 필요하다.

[그림 2-12]에 나타낸 바와 같이 강재시편에 충격하중이 작용할 때 온도영역에 따라 충격에너지의 차이가 큰 것을 알 수 있다. 즉 온도가 낮을수록 충격에너지가 작고, 온도가 높을수록 충격에너지가 크다. 주목할 부분은 천이영역$_{\text{transition zone}}$에 해당하는 임계온도인데, 이 부분에서는 약간의 온도 차이로 취성파괴의 여부가 결정되므로 특별한 주의가 필요하다.

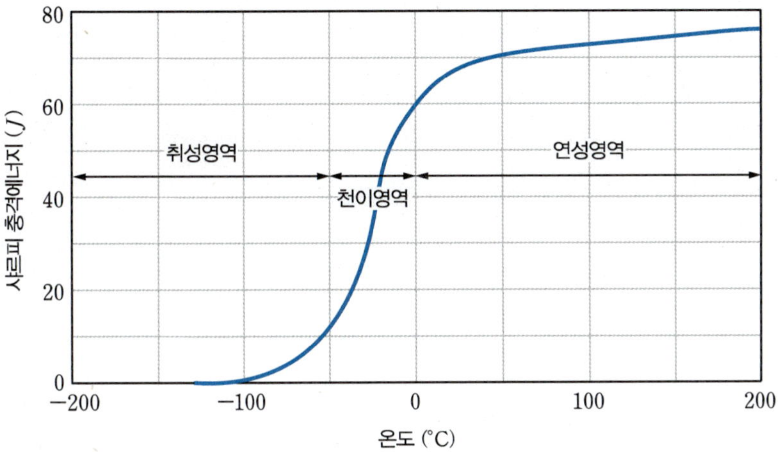

그림 2-12 온도에 따른 충격에너지의 변화

■ 변형률 속도의 영향

기계부품에 동하중이 작용할 때는 정하중이 작용할 때보다 더 큰 응력이 발생한다. 이러한 사실을 [그림 2-13]에 나타낸 강의 인장시험 결과로 알 수 있는데, 변형률 속도에 따라 항복강도와 극한강도가 변동한다.

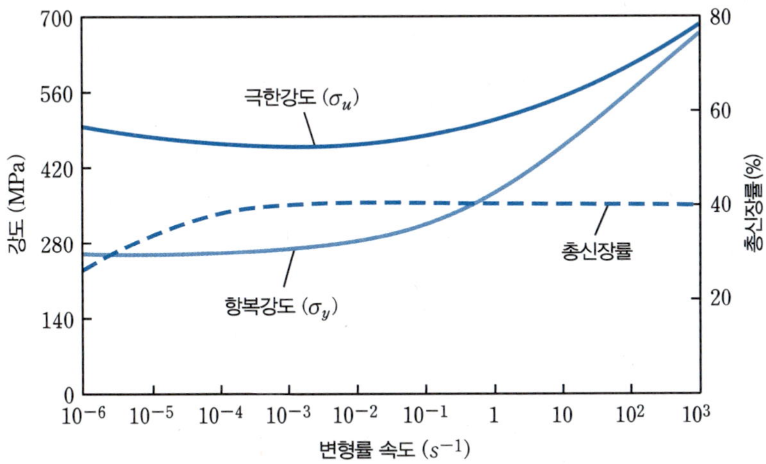

그림 2-13 변형률 속도에 따른 강도 및 총신장률의 변화

정하중이 작용하는 것으로 간주할 수 있는 느린 변형률 속도인 $10^{-6} \sim 10^{-2}\text{s}^{-1}$의 범위에서는 극한강도와 항복강도의 변화가 크지 않으나, $10^{-1} \sim 10^{3}\text{s}^{-1}$의 범위에서는 극한강도와 항복강도가 크게

상승했다. 즉 변형률 속도가 증가하면 충격조건 이하라도 강도가 증가하게 된다. 그러나 총신장률의 변화는 변형률 속도에 크게 영향을 받지 않는데, 이는 재료의 연성이 변형률 속도와는 무관하게 거의 일정한 값으로 유지됨을 의미한다.

2.2.4 크리프

재료가 어떤 정하중을 매우 긴 기간 동안 받을 경우, 재료는 지속해서 변형되다가 어느 날 갑자기 파손될 수 있다. 이처럼 정하중을 받는 환경에서 시간에 의존하는 영구변형permanent deformation을 **크리프**creep라고 한다. 즉 항복강도보다 낮은 탄성영역의 응력이 재료 내부에서 발생하더라도 시간이 지남에 따라 소성변형이 발생할 수 있다.

■ 크리프 거동

크리프 거동은 시편의 변형률과 시간 사이의 관계로 나타낸다. [그림 2-14(a)]의 시편에 항복을 유발하지 않는 일정한 하중을 오랫동안 작용하면 [그림 2-14(b)]와 같은 크리프 선도를 나타낸다. 그림에서 보는 바와 같이 크리프 선도는 전체를 세 구간으로 구분할 수 있다.

- **1차 크리프 단계** : 탄성과 소성변형을 함께 포함하고 있다. 이 구간에서는 가공경화로 크리프 변형률 $d\varepsilon/dt$이 감소한다.
- **2차 크리프 단계** : 가공경화에 의해 증가했던 강도가 풀림효과annealing effect로 완화되면서 일정한 최소 크리프 변형률을 나타낸다.
- **3차 크리프 단계** : 급격한 단면감소로 인해 진응력이 증가함에 따라 큰 크리프 변형으로 재료가 파괴된다.

시험할 때는 크리프 최종 단계에서 시편이 파단되지만, 실제 상황에서는 파단에 의한 파손보다는 기계가 작동할 수 없을 정도로 대변형을 일으켜 파손되는 사례가 많이 있다.

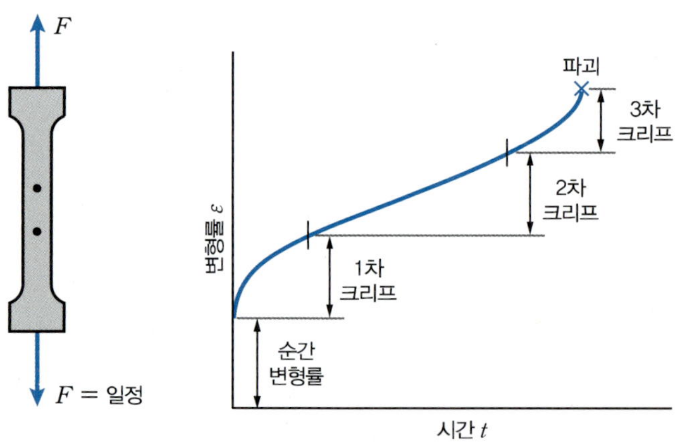

(a) 시편 (b) 크리프 선도

그림 2-14 일정 응력에 대한 크리프 실험

일반적인 재료의 경우 상온에서의 크리프 변형은 무시할 수 있다. 그러나 일정 온도 이상에서 지속적인 정하중을 받는 경우 대부분의 재료는 크리프 거동을 나타낸다. 따라서 크리프는 터빈엔진이나 보일러 등과 같이 고온에서 사용되는 기계나 구조물을 설계할 때 특히 중요한 고려사항이 된다.

플라스틱은 특별히 고온이 아니더라도 크리프 거동을 나타내기 때문에, 상온에서는 충분한 강도와 강성을 확보하고 있어도 온도의 상승에 따라 사용하기에 부적합할 수도 있다.

■ 크리프 강도

크리프 설계를 할 때 중요한 기계적 성질로는 **크리프 강도**creep strength가 있다. 크리프 강도란 [그림 2-15(a)]처럼 재료가 탄성한도 이내의 초기응력을 받도록 늘려 고정한 후, 설정한 크리프 변형률을 초과하지 않으면서 주어진 시간 동안 견딜 수 있는 최대응력을 말한다.

[그림 2-15(b)]에서 보는 바와 같이 이 과정을 통해 재료에는 응력이완stress relaxation 현상이 발생하게 된다. 응력이완은 크리프로 인해 길이가 늘어나면서 축하중이 경감되어 응력이 줄어드는 현상을 말하며, 시간 의존적인 응력-변형률 거동의 한 유형이라고 할 수 있다.

이 그림에서 σ_0는 초기응력이고, σ_c는 크리프 강도를 나타낸다. t_c는 설정한 시간으로, 크리프 시험에서 보통 1,000시간까지 수행한다.

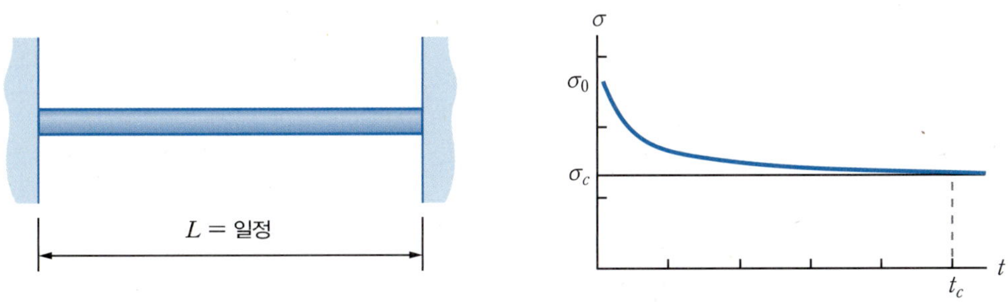

(a) 크리프 시편 (b) 응력-시간 선도

그림 2-15 일정 변형률 하의 응력이완 시험

> **탐구**
> 1. 크리프에 대해 정의하고, 크리프에 영향을 주는 인자를 설명하라.
> 2. 크리프에서 응력이완 현상에 대해 설명하라.

SECTION 2.3

공업재료

- ✔ 철강재료인 탄소강, 합금강, 주철 등의 기계적 특성을 알아본다.
- ✔ 비철금속인 알루미늄, 마그네슘, 티타늄, 동합금 등의 기계적 특성을 알아본다.
- ✔ 비금속재료인 플라스틱과 복합재료에 대해 알아본다.

기계설계에서 가장 먼저 결정해야 할 사항이 재료를 선정하는 것이다. 즉 엔지니어가 의도하는 부품의 기계적 성능을 만족하면서 경제성도 함께 고려한 최적의 재료를 찾는 것이다. 기계, 자동차, 구조물 등에 사용할 수 있는 공업재료는 매우 다양하다. 이들 재료는 크게 금속재료와 비금속재료로 나눌 수 있는데, 금속재료는 철강재료와 비철금속으로 구분한다.

기계부품에는 탄소강 등의 철강재료가 주로 사용되고 있으나, 최근 들어 비철금속인 알루미늄 합금, 마그네슘 합금, 구리 합금 등도 사용량이 증가하고 있다. 또한 플라스틱, 복합재료 등 비금속재료도 다양한 분야에 적용 범위를 넓혀가고 있다.

2.3.1 철강재료

대표적인 철강재료인 탄소강, 합금강, 주철에 대해 살펴보자.

■ 탄소강

기계에 가장 많이 사용하는 금속재료는 철합금인 **탄소강** carbon steel이다. 탄소강은 철에 탄소가 0.02 ~ 2.11% 정도 첨가된 재료이다. 철은 연성은 좋으나 기계적 강도는 약하다. 따라서 철을 기계재료로 사용하기에는 한계가 있으며, 이를 개선하기 위해 탄소를 첨가한다. 철에 탄소를 첨가하면 강도, 경도, 강성 등 기계적 특성이 좋아진다.

탄소강을 불순물 없이 제조하기는 매우 어렵기 때문에, 일반적으로 규소, 망간, 인, 황 등의 원소들을 포함한다. 규소가 첨가되면 강도, 경도 등이 증가하는 반면 신장률, 가단성 malleability, 충격치 등은 감소한다. 망간이 첨가되면 강도, 경도가 증가하고, 인성도 증가하므로 고온가공이 쉬워진다. 황이 첨가되면 고온에서 적열취성 hot shortness[4]이 방지되나 강도, 신장률, 충격치가 감소하고, 유동성과 용접성이 저하된다. 인이 첨가되면 강도와 경도는 증가하나 신장률과 충격치가 감소하고, 가공할 때 균열이 발생한다. 탄소강에 첨가되는 탄소의 함량에 따라 저탄소강, 중탄소강, 고탄소강, 베어링강 등으로 구분한다.

4 강철이 빨갛게 달았을 때 나타나는 부스러지는 성질을 말한다. 흔히 강철을 1,200℃에서 압착가공을 할 때 결정입자의 경계에 있는 공정조직이 녹는데, 이것이 원인이 되어 강철이 부스러진다.

■ 합금강

합금강 alloy steel은 탄소강보다 강도, 경도, 인성, 내피로성 등의 기계적 특성이 높은 강이다. 내식성과 내마모성을 증가시키기 위해 철과 탄소 이외에 다른 원소를 첨가한다. 합금강은 특수강이라고도 부르며, 대표적으로 구조강, 공구강, 스테인리스강 등이 있다.

■ 주철

주철 cast iron은 2.1 ~ 4%의 탄소와 1 ~ 3%의 규소를 포함하는 철합금이다. 주철은 용융점이 탄소강보다 낮아 유동성이 좋아서 주조 등의 용융제조공정으로 복잡한 형상을 쉽게 만들 수 있다. 또한 내마모성과 압축강도가 우수하며, 녹이 잘 생기지 않는 특징도 있다. 그러나 탄소함유량이 강철보다 높아 취성이 크고 인성이 낮아 소성가공이 어렵고 용접성도 좋지 않다. 주철에는 몇 가지 종류가 있는데 가장 많이 사용되는 것은 회주철이다. 이밖에도 백주철, 가단주철, 합금주철, 주강 등이 있다.

2.3.2 비철금속

비철금속인 알루미늄 합금, 마그네슘 합금, 티타늄 합금에 대해 살펴보자.

■ 알루미늄 합금

알루미늄은 보크사이트 bauxite를 수산화나트륨으로 처리하여 알루미늄 산화물로 제조한 후 이를 전기분해하여 제조한다. 알루미늄의 밀도는 약 2,770 kg/m^{3}으로 강의 약 1/3 수준이며 가볍고 연성이 뛰어나 음료수용 캔 등의 용도로 많이 사용한다. 또한 열전도율이 구리 다음으로 높아서 전기부품으로도 많이 사용한다. 그리고 알루미나의 보호피막으로 내식성이 매우 우수하다. 알루미늄 합금으로는 라우탈 lautal, 실루민 silumin, 하이드로날륨 hydronalium, 알민 almin, 알드레이 aldrey 두랄루민 duralumin 등이 있다.

■ 마그네슘 합금

마그네슘은 마그네사이트 magnesite 등을 전기분해하여 제조한다. 마그네슘의 밀도는 약 1,800 kg/m^{3}으로 알루미늄의 2/3 수준이고, 강의 1/4 수준이다. 이는 모든 상용금속 중 가장 가벼워서 경량화가 중요한 항공기에 많이 사용하고 있으며, 자동차분야에도 점차 사용이 확대되고 있다.

■ 티타늄 합금

티타늄 합금은 회색의 금속으로, 밀도가 약 4,430 kg/m^{3}으로 강의 1/2 수준으로 낮지만, 알루미늄이나 마그네슘보다는 높다. 티타늄의 항복강도는 924 MPa이고 인장강도는 1,000 MPa로 강에 비해 높고, 용융점이 1,700℃로 매우 높아 고온용 기계재료로 많이 쓰인다. 또한 티타늄은 비자성체로서 내부식성이 뛰어나고 열전도성이 낮아서 항공기의 엔진이나 터빈 등에 사용한다. 그러나 티타늄 합금은 강이나 알루미늄과 비교할 때 가격이 비싸고 가공성이 좋지 않다는 단점을 갖고 있다.

■ 동합금

동은 연성과 가단성malleability이 좋고, 열과 전기의 양도체이며 비자성체이다. 사용 중 보호피막이 생성되어 내식성이 우수한 편이나 해수에는 침식되는 특성이 있다. 동의 밀도는 8,960 kg/m^{3}으로 강보다는 약간 더 무거운 편이고, 용융점은 1,083℃ 이다. 동의 단점 중 하나는 무게에 비해 강도와 경도가 상대적으로 낮다는 것이다. 따라서 강도를 개선할 목적으로 다양한 원소와 합금을 한다. 대표적인 동합금으로는 동에 아연을 첨가한 황동brass, 동에 주석을 첨가한 청동bronze이 있다. 황동과 청동은 주물용과 단조용으로 사용된다.

2.3.3 비금속재료

비금속재료인 플라스틱과 복합재료에 대해 살펴보자.

■ 플라스틱

기계재료로 쓰이는 **플라스틱**plastic은 인공적으로 합성한 고분자 유기물질로, 열이나 압력을 가하면 쉽게 변형되는 성질이 있다. 이 성질을 이용하여 다양하게 성형가공된 플라스틱 가공제품은 생활용품뿐만 아니라 여러 분야에서 기계재료로 사용하고 있다. 플라스틱은 금속에 비해 내열성은 낮으나, 값이 싸고 성형이 쉬우며 가볍고 전기절연성이 좋은 장점이 있다. 플라스틱은 여러 종류가 있으나 열적특성에 따라 열가소성 플라스틱과 열경화성 플라스틱으로 나눌 수 있다.

[그림 2-16]은 자동차에 적용되는 각종 플라스틱 부품을 보여준다.

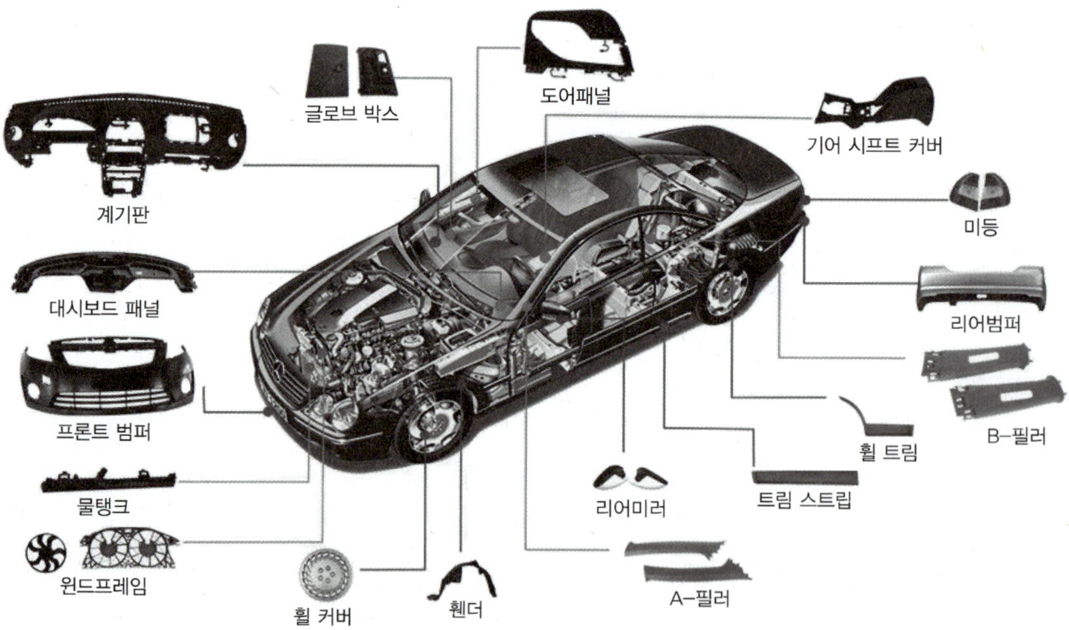

그림 2-16 자동차에 적용되는 각종 플라스틱 부품

■ 복합재료

기계부품이나 구조물 등에 작용하는 여러 하중을 고려한 강도설계에는 사용조건에 부합하는 재료를 선택하는 것뿐만 아니라 그 사용조건에 적합한 재료를 계획하고 제조하는 방법을 고려하는 것도 포함된다. **복합재료** composite material는 이러한 목적에 부합하는 재료로, 사용목적에 따라 다양한 방식으로 설계가 가능한 재료이다.

복합재료는 여러 재료를 조합해서 만든 신소재의 총칭으로 1942년 유리섬유강화 플라스틱glass fiber reinforced plastic이 미국에서 개발되면서부터 급속히 발전하고 있는 새로운 재료이다. 이들 복합재료는 [그림 2-17]에서 보는 바와 같이 강화재인 **섬유**fiber와 **기지**matrix로 구성된다. 섬유로는 탄소, 유리, 폴리머polymer, 흑연graphite, 금속 등이 사용되며 강도와 강성을 제공한다. 기지로는 여러 종류의 합성수지resin가 사용되며, 재료를 서로 잡아주고 불연속적인 섬유 사이로 하중을 전달하는 역할을 한다.

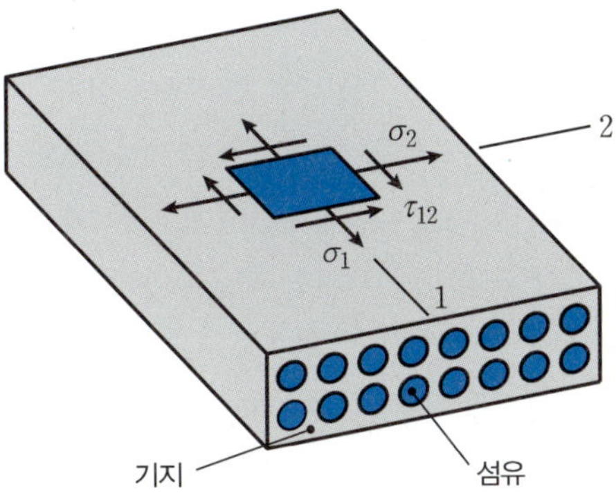

(a) 단면구조

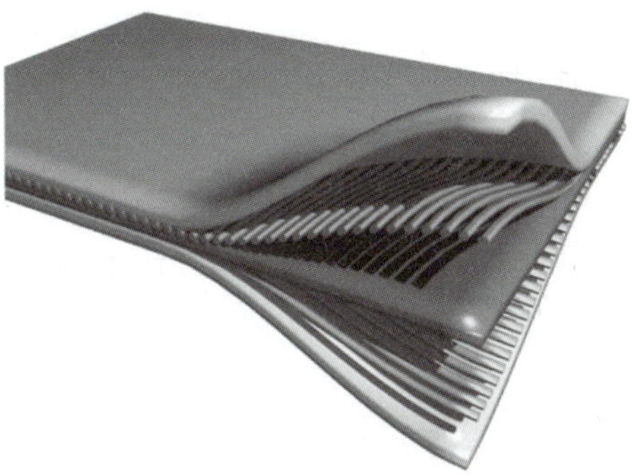

(b) 적층모양

그림 2-17 섬유로 강화된 복합재료의 단면

지금까지 철강재료, 비철금속, 비금속재료를 간략하게 소개했다. 자세한 내용은 재료학 서적을 참고하기 바란다.

탐구
1. 열가소성과 열경화성의 차이에 대해 조사하라.
2. 복합재료는 무엇인가? 그리고 복합재료의 적용사례를 조사하라.

SECTION 2.4

재료의 선정과 제조공정

- ✔ 효율적으로 재료를 선정할 수 있는 방법을 알아본다.
- ✔ 제조공정이 무엇인지 이해한다.
- ✔ 주조공정, 성형공정, 절삭공정 등 제조공정의 종류를 알아본다.

2.4.1 재료의 선정

재료를 선정하는 것은 제품설계 단계에서 매우 중요하다. 이들 재료는 기계의 작동조건이나 사용환경에서 엔지니어가 요구하는 기능과 제품수명, 안전성 등을 만족할 수 있도록 신중하게 선택해야 한다. 최적의 설계를 위해서는 엔지니어가 요구하는 재료의 다양한 기계적 성질을 동시에 충족해야 한다. 재료의 선정이 잘못되었을 때 하나의 물성이 좋아지면 다른 물성은 나빠지는 문제가 발생할 수도 있으므로 합리적인 재료의 선정기준이 마련되어야 한다. 이에 대해 애쉬비Ashby[5]는 재료선정에 대한 체계적이고 최적화된 방법을 제시했으며, 이 방법을 통해 몇 개의 물성을 동시에 고려한 재료를 효율적으로 선정할 수 있다. 중요한 물성의 조합으로는 탄성계수 – 밀도, 강도 – 밀도, 탄성계수 – 강도, 파괴인성 – 탄성계수 등이 있으며, 설계의 초기단계에서 후보재료를 선정할 때 매우 편리하다. 애쉬비가 제안한 내용 중 기계설계에 자주 사용되는 몇 가지를 소개한다.

■ 탄성계수 대 밀도

제품설계 시 부품의 탄성계수를 극대화하는 동시에 무게를 최소화해야 하는 경우가 있다. 예컨대 단축 인장시험에서 시편의 무게를 최소화하면서 재료의 변형률이 주어진 한계값인 ε_{cr}을 초과하지 않아야 하는 경우를 고려해보자. 이 변형률 ε_{cr}이 탄성한도 내에 있다고 하면 훅의 법칙에 따라 응력과 변형률 간의 관계를 다음과 같이 쓸 수 있다.

$$\sigma = \frac{F}{A} = E\varepsilon_{cr} \tag{2.23}$$

이 식을 단면적 A에 대해 정리하면 다음과 같다.

$$A = \frac{F}{E\varepsilon_{cr}} \tag{2.24}$$

시편의 무게 W는 다음과 같다.

$$W = Al\rho g \tag{2.25}$$

여기서 A는 시편의 단면적, l은 시편의 길이, ρ는 밀도, g는 중력가속도이다.

---

5 Ashby, M. F. (2011). *Materials Selection in Mechanical Design* (4th ed.). London: Elsevier Inc.

식 (2.24)의 단면적 A를 식 (2.25)에 대입하고 양변을 중력가속도 g로 나누면 다음과 같다.

$$\frac{W}{g} = \left(\frac{Fl}{\varepsilon_{cr}}\right)\left(\frac{1}{E/\rho}\right) \tag{2.26}$$

식 (2.26)의 좌변은 질량이고, 우변의 첫 번째 항은 주어진 힘, 시편길이, 제한된 변형률로서 주어진 조건인 상숫값이다. 우변의 두 번째 항 E/ρ는 탄성계수 대 밀도의 비를 나타내며, 이를 **비강성**specific stiffness라고 한다. 이 비강성은 초기설계 시 제한조건으로 변형, 처짐, 고유진동수 등과 함께 제품의 무게를 고려할 때 관심 있게 다루어진다.

비강성이 큰 재료로 만든 기계부품은 변형이나 처짐이 작고 고유진동수가 높은 특성을 나타낸다. 따라서 식 (2.26)에서 알 수 있듯이 식의 좌변 항인 질량을 줄이려면 재료의 비강성인 E/ρ값을 최대한 높이면 된다. 즉 밀도 대비 탄성계수가 큰 재료를 선택하면 된다.

[그림 2-18]에 다양한 재료에 대한 탄성계수와 밀도의 관계를 선도로 나타냈다. 그림을 보면 각 재료 가족material family을 나타내는 테두리들이 있고, 그 안에 재료클래스material class와 하위클래스를 아우르는 흰색 버블bubble이 여러 개 있다.

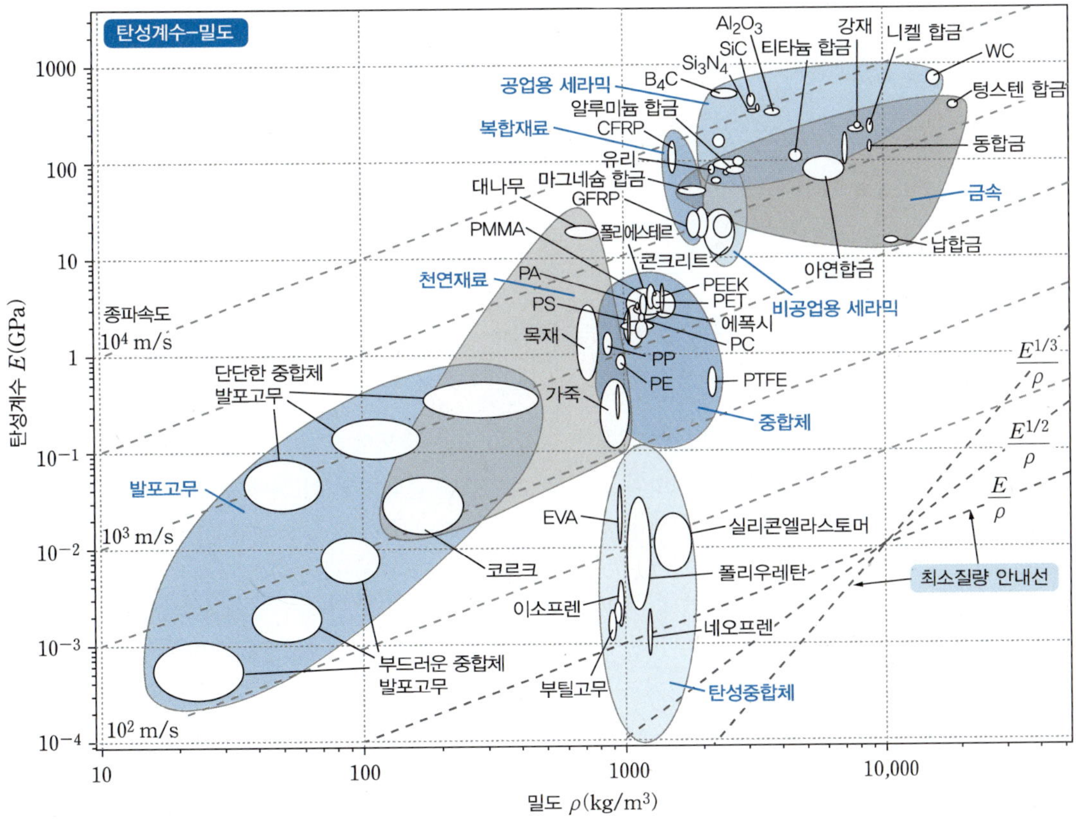

그림 2-18 다양한 재료에 대한 탄성계수와 밀도의 관계[6]

[6] Ashby, M. F. (2011). *Materials Selection in Mechanical Design* (4th ed.). London: Elsevier Inc.

[그림 2-18]에서 E/ρ, $E^{1/2}/\rho$, $E^{1/3}/\rho$이 일정한 값 C를 갖는 안내선guide line을 파선으로 나타냈다. 일정한 값 C를 **재료인덱스**material index라고 한다. 그림에 나타난 탄성계수와 밀도 비는 다음의 사용조건을 갖는다.

$$E/\rho = C : \text{축과 같은 인장부재의 설계}$$
$$E^{1/2}/\rho = C : \text{보와 같은 굽힘부재의 설계}$$
$$E^{1/3}/\rho = C : \text{패널과 같은 평판부재의 설계}$$

이 선도는 로그-로그 스케일로 그려졌으므로 파선으로 표시된 안내선은 직선으로 보인다. 재료인덱스인 C값이 증가하면 위로 이동하는 동시에 좌측으로 이동한다. 즉 안내선의 수직방향으로 이동한다.

예컨대 축이 인장하중을 받을 때 가볍고 신장량이 작은 후보재료는 E/ρ들 가운데 가장 위에 있는 강, 알루미늄 합금, 목재임을 알 수 있다. 또한 외팔보가 굽힘하중을 받을 때 가볍고 굽힘변형량이 작은 후보재료는 $E^{1/2}/\rho$들 가운데 가장 위에 있는 목재, 복합재료, 세라믹임을 알 수 있다.

탐구

1. [그림 2-18]에서 금속 중 가장 가벼운 클래스와 가장 무거운 클래스는 무엇인가?
2. [그림 2-18]에서 금속 중 강성이 가장 큰 클래스와 가장 작은 클래스는 무엇인가?

■ 강도 대 밀도

재료강성을 나타내는 탄성계수는 어떤 재료의 탄성한도 안에서 하나의 일정한 값을 갖는 상수로 정의된 물리량이지만, 강도의 경우에는 재료에 따라 적용하는 강도의 종류가 달라진다. 예를 들어 금속이나 중합체polymer의 경우 강도는 항복강도를 의미하고, 세라믹ceramic이나 유리는 굽힘강도[7]를 의미한다. 또한 탄성중합체elastomer의 경우에는 인장인열강도tensile tear strength, 복합재료의 경우에는 인장파단강도tensile failure strength를 의미한다.

[그림 2-19]는 하중을 받았을 때 변형이 중요하지 않은 경우 강도에 기초를 둔 최적재료를 선정하는 데 유용하다. [그림 2-18]에서 설명한 바와 같이 한 안내선을 선택하면 이 선에서 위 좌측으로 가장 멀리 있는 재료가 최적재료이다. [그림 2-19]에 보인 안내선들은 각각 다음과 같은 경우에 대한 것이다.

$$\sigma/\rho = C : \text{축과 같은 인장부재의 설계}$$
$$\sigma^{2/3}/\rho = C : \text{보와 같은 굽힘부재의 설계}$$
$$\sigma^{1/2}/\rho = C : \text{패널과 같은 평판부재의 설계}$$

여기서 σ는 강도를 나타내며 적용하는 재료에 따라 항복강도 σ_y, 굽힘강도 σ_b, 인장인열강도 σ_t, 인장파단강도 σ_f 등이 사용된다. 그리고 ρ는 밀도를 나타낸다.

---

7 굽힘에 따른 파괴를 의미하므로 파괴계수(modulus of rupture, MOR)라고도 한다.

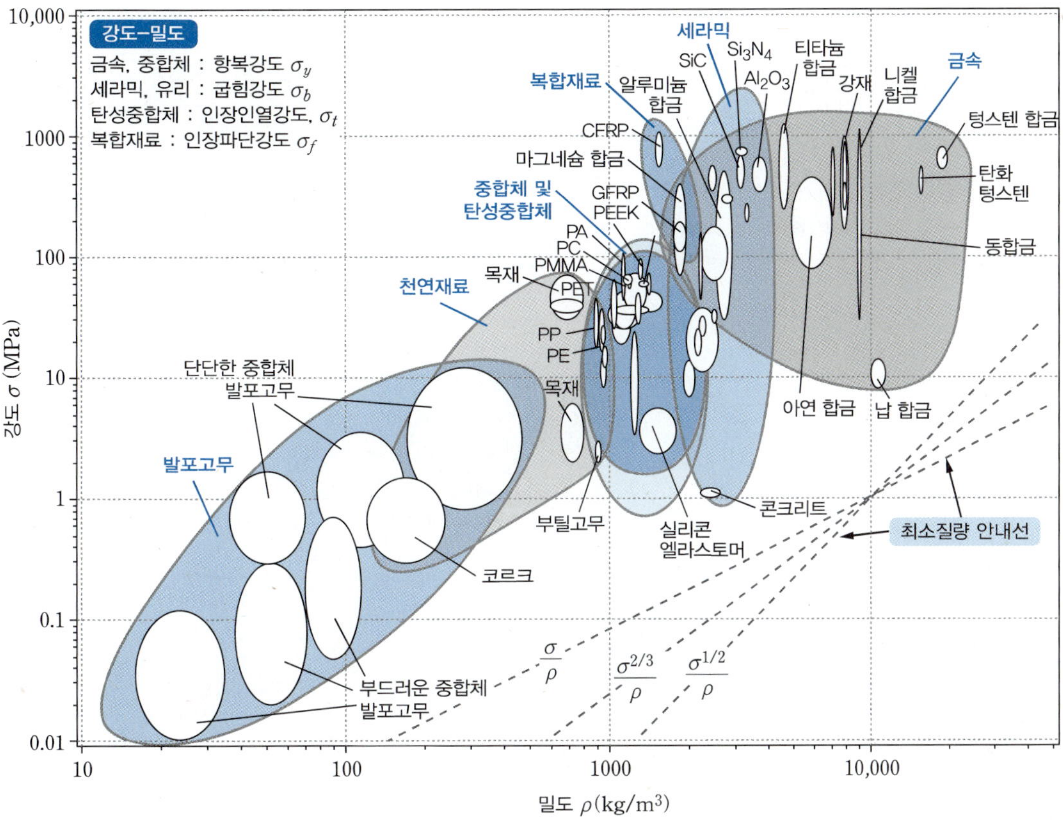

그림 2-19 다양한 재료에 대한 강도와 밀도의 관계[8]

탐구 1. [그림 2−19]에서 어떤 재료가 강도 대 밀도의 비가 가장 큰지 확인하라.

■ 탄성계수 대 강도

[그림 2−20]은 탄성계수 대 강도의 그래프이다. 강도의 기준은 강도 대 밀도의 경우와 같다. 즉 금속이나 중합체는 항복강도, 세라믹이나 유리는 굽힘강도, 탄성중합체는 인장인열강도, 복합재료는 인장파단강도를 기준으로 한다. 항복변형률yield strain, 즉 재료가 선형탄성을 벗어나는 순간의 변형률인 σ/E의 등고선을 평행한 직선으로 표현한 것이다.

그림에서 오른쪽 아래에 있는 재료들은 강도는 크나 탄성계수가 작은 것들이다. 이들 재료는 판이나 기둥의 상태에서 하중을 받았을 때 항복에 앞서 좌굴이 먼저 발생하는 경향이 있다. 그리고 왼쪽 위에 있는 재료들은 탄성계수는 크나 강도가 작아 좌굴이 발생하기 전에 항복이 먼저 발생하는 경향이 있다.

8 Ashby, M. F. (2011). *Materials Selection in Mechanical Design* (4th ed.). London: Elsevier Inc.

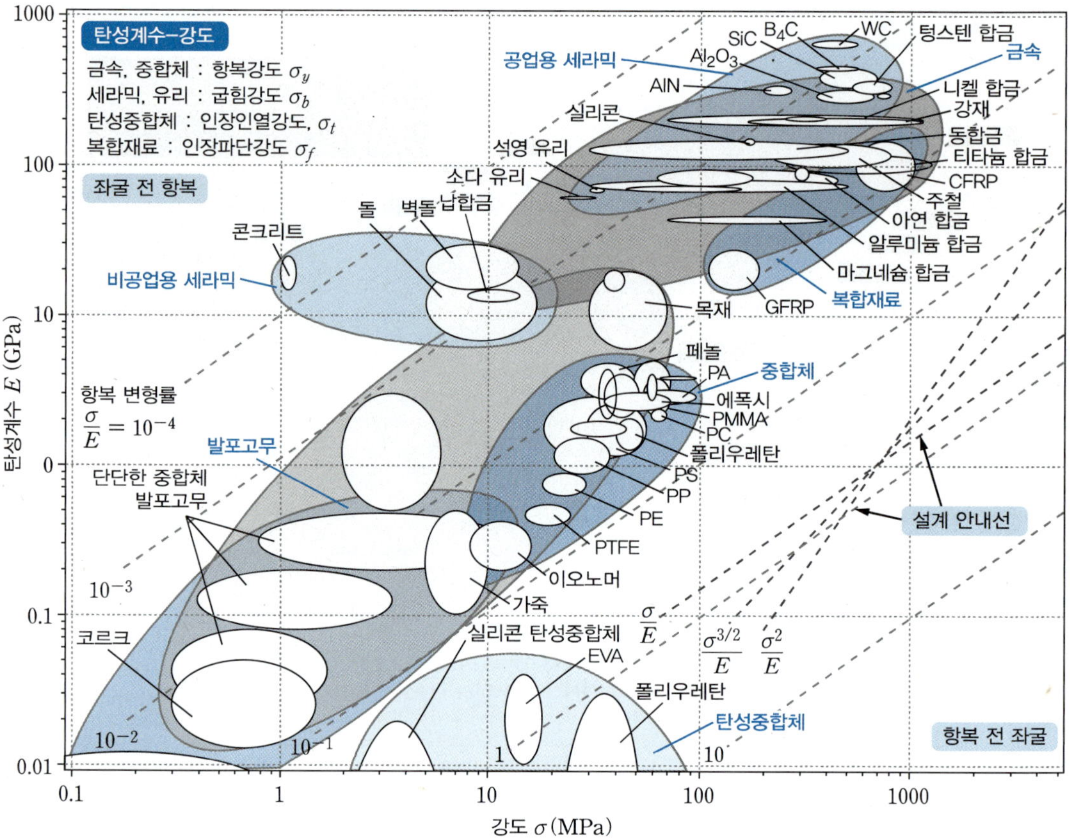

그림 2-20 다양한 재료에 대한 탄성계수와 강도의 관계[9]

[그림 2-20]에 보인 안내선들은 각각 다음과 같은 경우에 대한 것이다.

$\sigma/E = C$: 탄성힌지elastic hinge에 대한 굽힘반지름의 설계

$\sigma^{3/2}/E = C$: 다이어프램과 같은 탄성부품의 하중에 의한 처짐의 설계

$\sigma^{2}/E = C$: 스프링과 같은 단위 체적당 변형에너지 저장용 부품의 설계

2.4.2 제조공정

제조공정manufacturing process은 원재료나 중간재료의 가치를 제고시키기 위한 목적으로 이들 재료를 성형하고, 가공하고, 결합하는 방법들을 포함한다. 이러한 제조공정으로는 다이캐스팅die casting, 사출성형injection molding, 밀링가공milling machining, 용접welding, 방전가공electric discharge machining 등 수백 가지의 종류가 있다. 사용할 재료, 부품의 형상과 치수, 요구되는 정밀도, 강도와 강성, 생산량, 경제성 등 엔지니어가 요구하는 조건에 의해 제조공정이 결정된다.

9 Ashby, M. F. (2011). *Materials Selection in Mechanical Design* (4th ed.). London: Elsevier Inc.

이러한 제조공정은 크게 두 가지로 나눌 수 있다. 하나는 기하학적 형상, 치수 및 치수정밀도를 갖는 제품을 제조하는 **가공공정** processing operations으로 어떤 상태의 원재료나 중간재료를 최종제품에 가깝게 만드는 것이다. 이 가공공정에는 강도, 경도, 인성 등과 같은 제품의 기계적 성질을 조절하는 열처리 작업 heat treatment operation도 포함된다. 다른 하나는 가공공정을 통해 제작된 각 부품으로부터 새로운 개체를 생성하기 위해 둘 이상의 부품을 결합하는 **조립공정** assembly operations이 있다.

제품을 개발하는 과정 중에 제품의 형상이나 치수, 정밀도, 작용하중 등 설계 요구조건이 바뀌면 제조공정을 대폭 변경해야 하는 경우가 생길 수 있으므로 제품설계의 초기단계에서 합리적이고 적합한 제조공정을 신중하게 선택하는 것이 중요하다.

엔지니어가 선정하는 재료와 그 재료를 이용하여 제품을 만드는 제조공정 사이에는 매우 밀접한 관련이 있으므로 제조공정에 대한 전반적인 이해가 필요하다. 제조공정에는 다양한 종류가 있으나 대표적으로 주조공정, 성형공정, 절삭공정, 소결공정, 열처리공정, 표면처리공정, 조립공정 등으로 분류할 수 있으며, 각 공정을 간략하게 소개하면 다음과 같다.

- **주조공정** casting process : 먼저 주조하고자 하는 부품의 모형 pattern을 만들고, 이 모형을 사용하여 주형 mold을 만든 후, 그 안에 용해된 금속을 주입한 후 응고시켜 제품을 만드는 공정이다. 모든 원재료와 부품의 시작이라고 할 수 있다.
- **성형공정** forming process : 각종 공구와 금형으로 소재에 외력을 가하여 소성변형에 따른 형상변화를 유도하는 가공방법으로 소성가공 deformation process이라고도 한다.
- **절삭공정** cutting process : 공작물로부터 절삭공구 cutting tool을 이용하여 불필요한 재료를 제거함으로써 원하는 형상으로 만들어가는 공정이다.
- **소결공정** sintering process : 금속이나 세라믹 분말을 금형 안에 넣고 용융점 온도 이하에서 높은 압력을 가하여 하나의 제품을 만드는 공정이다.
- **조립공정** assembly process : 가공공정을 통해 만든 두 개 이상의 개별적인 부품을 결합하여 새로운 개체로 만드는 공정으로 볼트체결, 리벳체결, 용접 등이 있다.

제조공정을 이해하는 것은 기계설계에서 매우 중요하므로 자세한 내용은 기계공작법이나 제조공학 등의 서적을 참고하기 바란다.

탐구

1. 제조공정을 충분히 이해하는 것과 기계설계를 하는 것이 어떤 관련이 있는지 설명하라.
2. 주조는 무엇이며, 어떤 재료를 주조할 수 있는지 조사하라.
3. 성형공정에는 어떤 것이 있는지 조사하라.
4. 용도는 같지만 제조공정을 달리할 수 있는 제품의 예를 들어라. 예컨대 운동용 아령은 주조작업, 선반작업, 프레스작업 등으로 만들 수 있다.

CHAPTER 02 | 핵심요약

- 재료강도는 외부하중에 대해 특정 물리적 현상이 발생할 때까지 재료가 견딜 수 있는 한계값을 말한다.
- 공칭응력은 작용하는 하중을 시편의 초기단면적으로 나눈 것을 말하며, 진응력은 작용하중을 감소된 단면적으로 나눈 것을 말한다.
- 항복강도는 시편의 인장시험 중 탄성변형에서 소성변형으로 바뀌는 점의 재료강도로, 항복점을 지나서부터는 공칭응력과 진응력 사이에 응력의 차이가 발생한다.
- 극한강도부터는 네킹현상으로 인해 시편의 단면적이 급격하게 줄어든다.
- 취성재료는 매우 작은 변형률에서 파단되는 특성이 있다. 하중이 증가하는 도중에 파단이 발생하며, 극한강도와 파단강도가 서로 비슷하다. 그리고 파단될 때까지 항복 및 네킹현상이 거의 또는 전혀 발생하지 않는다.
- 탄소강의 경우 탄소함량이 높아질수록 강도특성인 탄성한도는 높아지지만, 재료강성인 탄성계수는 거의 일정한 값을 갖는다.
- 푸아송비는 길이방향 변형률과 반지름방향 변형률의 비를 나타낸다.
- 탄성한도에서의 변형에너지를 탄성에너지계수 또는 레질리언스계수라고 하며, 부재가 파단되기 직전까지 흡수할 수 있는 에너지를 인성계수라고 한다.
- 재료를 가공하면 할수록 항복점이 높아지는 현상을 가공경화 또는 변형경화라고 한다.
- 정하중을 받는 환경에서 시간에 의존하는 영구변형을 크리프라고 하며, 온도와 시간의 영향을 받는다.
- 기계설계에서 가장 먼저 결정해야 할 사항은 재료를 선정하는 것이다.
- 재료선정 시 부품의 기계적 성능과 경제성을 함께 만족할 수 있는 최적의 재료를 찾아야 한다.
- 엔지니어가 선정하는 재료와 제조공정 사이에는 매우 밀접한 관련이 있다.
- 제조공정에는 대표적으로 주조공정, 성형공정, 절삭공정, 소결공정, 열처리공정, 표면처리공정, 조립공정 등이 있다.

CHAPTER 02 | 기본문제

2.1 외부하중에 대해 특정 물리적 현상이 발생할 때까지 재료가 견딜 수 있는 임계값은 무엇인가? 2.1절

① 강도 ② 연성 ③ 피로 ④ 취성

2.2 인장시험에서 시편에 국부적으로 단면적이 줄어드는 네킹현상이 발생하는 시점은? 2.1절

① 항복점 ② 극한강도 ③ 파단강도 ④ 탄성한도

2.3 취성재료의 특성 중 옳지 않은 것은? 2.1절

① 극한강도와 파단강도가 서로 비슷하다.
② 인장강도와 압축강도의 크기가 같다.
③ 항복 및 네킹현상이 거의 발생하지 않는다.
④ 매우 작은 변형률에서 파손되는 특성이 있다.

2.4 공칭응력과 진응력에 대한 설명 중 옳지 않은 것은? 2.1절

① 하중을 초기단면적으로 나눈 값을 공칭응력이라고 한다.
② 탄성한도까지 두 응력 사이에는 큰 차이가 나타나지 않는다.
③ 항복점을 지나면서부터는 진응력에 비해 공칭응력이 더 커진다.
④ 네킹현상을 반영한 것은 진응력이다.

2.5 다음과 같은 응력-변형률 선도에서 ε_a, ε_b, ε_c에 대한 설명으로 모두 옳은 것은? 2.1절

	ε_a	ε_b	ε_c
①	탄성변형률	소성변형률	전체변형률
②	소성변형률	항복변형률	영구변형률
③	소성변형률	탄성변형률	전체변형률
④	탄성변형률	소성변형률	영구변형률

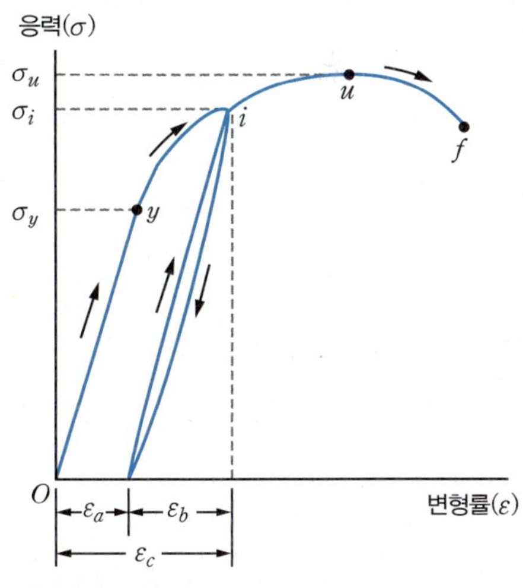

그림 P2.1

CHAPTER 02 | 기본문제

2.6 다음 중 공칭응력-변형률 선도로부터 알 수 있는 사항 중 옳지 않은 것은? 2.1절

① 재료가 파단에 이르기까지 소요되는 변형에너지를 알 수 있다.
② 비례한도 구간에서의 기울기로부터 푸아송비를 알 수 있다.
③ 네킹이 발생하는 점의 변형률을 알 수 있다.
④ 극한강도를 알 수 있다.

2.7 지름이 14 mm 이고, 표점거리가 50 mm 인 초기시편에 인장하중을 가한 후 지름이 8.9 mm, 표점거리가 64.3 mm 가 되었다면 신장률과 단면감소율은 각각 몇 %인가? 2.1절

① 신장률 28.6, 단면감소율 51.6
② 신장률 24.6, 단면감소율 59.6
③ 신장률 28.6, 단면감소율 59.6
④ 신장률 32.6, 단면감소율 63.6

2.8 재료의 강도와 강성에 대한 설명 중 옳지 않은 것은? 2.1절

① 탄소함량이 높아질수록 탄성한도가 높아진다.
② 탄성한도가 높아질수록 탄성계수가 커진다.
③ 강성이란 변형에 대해 저항하는 성질을 말한다.
④ 재료강성을 탄성한도라고 한다.

2.9 지름이 40 mm 이고, 길이가 400 mm 인 봉이 인장하중을 받아 길이가 0.3 mm 늘어나고 지름은 0.01 mm 줄어들었다. 푸아송비는 얼마인가? 2.1절

① 0.29 ② 0.31 ③ 0.33 ④ 0.35

2.10 지름이 d인 원형 단면봉이 길이방향으로 인장하중을 받아서 인장응력 σ가 생겼다. 이때 지름의 감소량을 나타내는 식은? 푸아송비는 ν, 탄성계수는 E, 전단탄성계수는 G이다. 2.1절

① $\dfrac{\nu\sigma d}{E}$ ② $\dfrac{\nu\sigma E}{d}$ ③ $\dfrac{\nu d G}{\sigma}$ ④ $\dfrac{\nu\sigma G}{d}$

2.11 두께가 얇은 평판재료가 평면응력을 받고 있다. $\sigma_x = 75\,\text{MPa}$, $\sigma_y = -35\,\text{MPa}$, $\tau_{xy} = 30\,\text{MPa}$, 탄성계수 $E = 72\,\text{GPa}$, 전단탄성계수 $G = 27\,\text{GPa}$, 푸아송비 $\nu = 0.3$일 때 ε_x, ε_y, γ_{xy}는 얼마인가? 수직변형률과 전단변형률의 단위는 각각 mm/mm와 rad이다. 2.1절

	ε_x	ε_y	γ_{xy}
①	0.00119	−0.000799	0.00111
②	0.00219	−0.001799	0.00211
③	0.00319	−0.002799	0.00311
④	0.00419	−0.003799	0.00411

2.12 탄성한도 내에서 원형봉에 인장하중을 가했을 때 150 MPa의 수직응력과 0.006의 수직변형률이 발생했다. 이때 원형봉에 저장된 탄성에너지계수는 얼마인가? 2.1절

① 180 kJ/m^3 ② 270 kJ/m^3 ③ 360 kJ/m^3 ④ 450 kJ/m^3

2.13 다음 그림의 (a)와 (b)에 나타낸 바와 같이 연강으로 만든 원형봉에 인장하중 F와 $2F$가 각각 작용할 때 다음 중 옳지 않은 것은? 단, (a)와 (b) 재료의 변형은 탄성한도 이내이고, 탄성계수 E와 길이 l은 같고, 지름은 각각 d와 $2d$이다. 2.1절

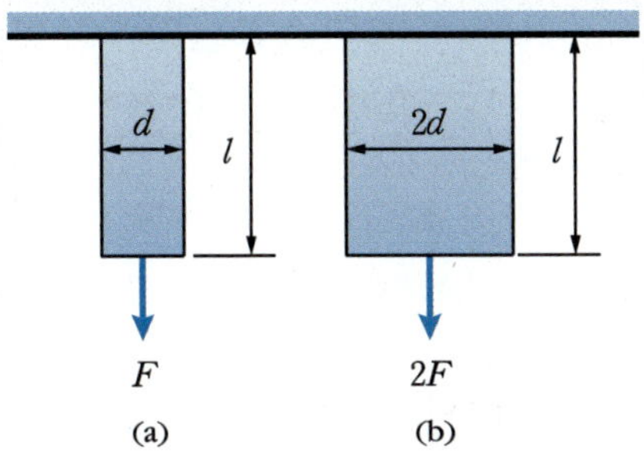

그림 P2.2

① (a)의 인장응력은 (b)의 2배가 된다.
② (a)의 신장량은 (b)의 2배가 된다.
③ (a)의 변형에너지는 (b)의 2배가 된다.
④ (a)의 변형률은 (b)의 2배가 된다.

2.14 가공경화와 관련된 다음의 설명 중 옳지 않은 것은? 2.1절

① 재료를 항복점 이상으로 여러 차례 가공하면 탄성한도가 높아진다.
② 가공경화를 통해 재료의 변형률 능력은 저하된다.
③ 가공경화에 의해 인성계수가 증가한다.
④ 가공경화를 통해 취성이 증가한다.

2.15 다음 중 브리넬 경도를 구하는 식은? 여기서 F는 압입하중(kg_f), D_b는 구의 지름(mm), D_i는 시편의 표면에서 측정된 압입자국의 지름(mm)이다. 2.1절

① $\dfrac{2F}{\pi D_b\left(D_b-\sqrt{D_b^2-D_i^2}\right)}$ ② $\dfrac{F}{\pi D_b\left(D_b-\sqrt{D_b^2-D_i^2}\right)}$

③ $\dfrac{2F}{\pi D_i\left(D_b-\sqrt{D_b^2-D_i^2}\right)}$ ④ $\dfrac{F}{\pi D_i\left(D_b-\sqrt{D_b^2-D_i^2}\right)}$

2.16 재료에 대해 변형률 속도가 미치는 영향에 대한 설명 중 옳지 않은 것은? 2.1절

① 동하중이 작용할 때는 정하중이 작용할 때에 비해 재료에서의 응력이 커진다.
② 정하중으로 간주할 수 있는 느린 변형률 속도에서는 극한강도와 항복강도의 변화가 크지 않다.
③ 변형률 속도가 증가하면 충격조건 이하라도 강도가 증가하게 된다.
④ 변형률 속도가 커질수록 총 신장률은 커진다. 즉 연성이 크게 증가한다.

2.17 크리프현상에 대한 설명 중 옳지 않은 것은? 2.1절

① 항복강도보다 낮은 응력이 재료에서 발생하더라도 시간에 따른 소성변형이 발생할 수 있다.
② 1차 크리프 단계는 탄성과 소성변형을 같이 포함하고 있으며, 이 구간에서는 가공경화로 크리프 변형률이 감소한다.
③ 2차 크리프 단계는 가공경화에 의해 증가했던 강도가 풀림효과로 완화되면서 일정한 최대 크리프 변형률을 나타낸다.
④ 3차 크리프 단계에서는 급격한 단면감소로 인해 진응력이 증가함에 따라 큰 크리프 변형으로 재료가 파괴된다.

2.18 다음 원소 중 강재에 가장 중요한 합금원소는? 2.2절

① 탄소 ② 크롬 ③ 니켈 ④ 몰리브덴

2.19 다음 중 상업적으로 가장 많이 사용되는 주철은? 2.2절

① 합금주철 ② 회주철 ③ 가단주철 ④ 백주철

2.20 다음 중 복합재료에 대한 설명 중 옳지 않은 것은? 2.2절

① 균질성homogeneity과 등방성isotropy을 가지고 있다.
② 강화재인 섬유와 기지로 구성된다.
③ 기지는 재료를 서로 잡아주는 역할을 한다.
④ 유리섬유강화 플라스틱도 일종의 복합재료이다.

정답

2.1 ①	2.2 ②	2.3 ②	2.4 ③	2.5 ③	2.6 ②	2.7 ③	2.8 ②	2.9 ③	2.10 ①
2.11 ①	2.12 ④	2.13 ③	2.14 ③	2.15 ①	2.16 ④	2.17 ③	2.18 ①	2.19 ②	2.20 ①

CHAPTER 02 | 연습문제

2.1 강도와 강성에 대해 정의하고, 이들의 특성에 대해 사례를 들어 설명하라. 2.1절

2.2 네킹현상에 대해 설명하고, 네킹이 발생할 때의 응력과 변형률의 관계는 어떻게 되는지 설명하라. 2.1절

2.3 구조물에서 변형에너지밀도가 큰 부분은 어떤 부분일지 설명하라. 2.1절

2.4 자동차 차체나 범퍼를 설계할 때 탄성에너지계수와 인성계수를 어떻게 고려해야 하는가? 2.1절

2.5 원형봉의 극한강도는 140 MPa이다. 응력이 발생하기 전에 봉의 단면적은 130 mm^2이고, 극한강도에 도달했을 때 단면적은 80 mm^2이다. 극한강도에 도달하기 위해 필요한 힘은 얼마인가? 2.1절

2.6 인장시험에서 지름이 1.4 cm, 표점거리가 5 cm 인 원형단면의 시편을 사용한다. 이 시편은 9,000 kg_f의 하중에서 항복했으며, 이때의 표점거리는 5.2 cm 이다. 이것은 0.2% 오프셋 항복점이다. 최대하중이 17,500 kg_f일 때 시편의 표점거리는 6.4 cm 이다. 다음을 구하라. 2.1절

(a) 항복강도

(b) 탄성계수

(c) 인장강도

(d) 표점거리가 7.2 cm 에서 파단이 되는 경우의 신장률

(e) 네킹이 발생할 때 시편의 지름이 0.75 cm 일 경우의 단면감소율

2.7 푸아송비는 0.33, 탄성계수는 192 GPa인 재료로 만들어진 지름 25 mm 의 원형봉에 70 kN의 인장하중이 작용할 때 봉의 지름변화를 구하라. 2.1절

2.8 지름이 7 mm 인 원형봉이 축방향의 힘 F에 의해 길이가 늘어날 때 지름은 1.5 mm 감소했다. 이때 하중 F의 크기를 구하라. 단, 재료의 탄성계수는 108 GPa, 항복강도는 250 MPa, 푸아송비는 0.33이다. 2.1절

2.9 다음 그림과 같이 탄성계수가 105 GPa이고 푸아송비가 0.33인 블록에 응력 $\sigma_x = 140\,\text{MPa}$, $\sigma_y = -75\,\text{MPa}$, $\sigma_z = 0$이 발생했다. 응력이 발생하기 전의 치수는 $L = 120\,\text{mm}$, $a = 60\,\text{mm}$, $b = 20\,\text{mm}$이었다. 응력이 발생한 후 블록의 치수 L, a, b를 구하라. 2.1절

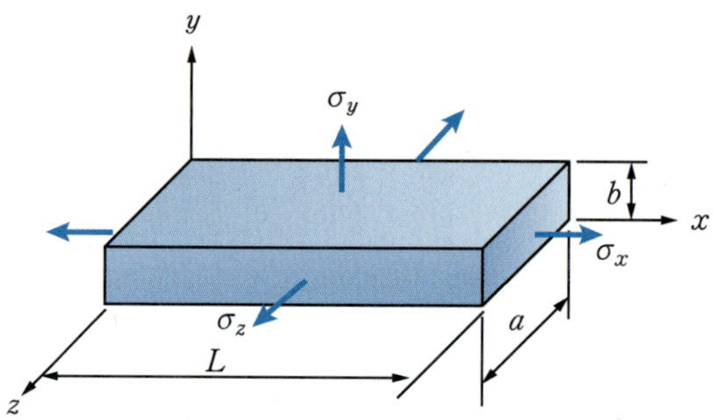

그림 P2.3

2.10 다음 그림에 나타낸 직사각형 평판의 각 변의 길이가 각각 200 mm와 150 mm이며, 두께는 5 mm이다. 수직응력 $\sigma_x = 55\,\text{MPa}$과 $\sigma_y = 200\,\text{MPa}$을 받을 때, 다음의 변화량을 구하라. 2.1절

(a) 길이 AB

(b) 평판의 두께

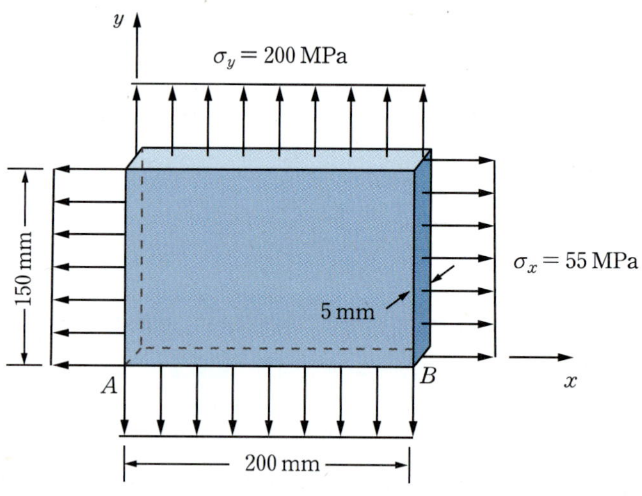

그림 P2.4

2.11 시편에 지름 10 mm의 경화강으로 만든 구형 압입체로 1,500 kg_f의 하중을 가했다. 시편에 생성된 압입 자국의 지름이 4.5 mm인 경우에 다음을 구하라. 2.1절

(a) 브리넬 경도

(b) 시편의 재료가 강일 경우 극한강도

CHAPTER 03

하중과 응력해석

Load and Stress Analysis

학습목표

- ✔ 자유물체도와 평형방정식에 대해 복습한다.
- ✔ 응력의 개념과 평면응력에 대해 학습한다.
- ✔ 다양한 하중형태에 의한 응력을 알아본다.
- ✔ 기하학적 형상과 하중형태에 따른 응력집중 현상을 학습한다.
- ✔ 응력변환과 모어원에 대해 학습한다.

SECTION 3.1

평형방정식

- ✔ 자유물체도를 작성하는 방법을 알아본다.
- ✔ 평형방정식을 세우는 방법을 알아본다.
- ✔ 평형방정식의 풀이 결과를 분석하는 방법을 알아본다.

3.1.1 자유물체도

기계부품 등에 힘이나 모멘트가 작용하면 고정된 경계 부위와 부재 내부에는 **반력**reaction force과 **내력**internal force이 각각 발생한다. 이러한 반력이나 내력을 구하려면 먼저 **자유물체도**free body diagram, FBD를 작성해야 한다. 자유물체도는 복잡한 시스템으로부터 필요한 부분을 분리하여 해석한 후에 부분구조substructure의 해석결과를 종합하여 전체시스템의 결과를 파악할 수 있게 한다. 따라서 자유물체도를 작성하는 것은 문제해결을 위한 첫 번째 단계로서 매우 중요한 과정이다.

일반적으로 자유물체도는 다음과 같은 과정으로 작성한다.

❶ 전체시스템으로부터 관심대상 부분을 분리하여 간략하게 그린다. 분리할 때 관심을 두는 반력이나 내력이 발생하는 위치를 통과하도록 작성한다.
❷ 좌표계를 적절하게 표시한다.
❸ 알고 있는(주어진) 힘이나 모멘트를 모두 표시한다.
❹ 미지의(구하려는) 힘이나 모멘트를 모두 표시한다.

3.1.2 평형방정식의 작성

자유물체도가 작성되면, 이를 이용하여 **평형방정식**equation of equilibrium을 작성한다. 2차원 평면문제의 경우 다음과 같이 최대 3개의 평형방정식을 세울 수 있다.

$$\Sigma F_x = 0, \quad \Sigma F_y = 0, \quad \Sigma M_z = 0 \tag{3.1}$$

만약 3차원 문제라면 다음과 같이 최대 6개의 평형방정식을 세울 수 있다.

$$\Sigma F_x = 0, \quad \Sigma F_y = 0, \quad \Sigma F_z = 0, \quad \Sigma M_x = 0, \quad \Sigma M_y = 0, \quad \Sigma M_z = 0 \tag{3.2}$$

만약 주어진 조건이 정정statically determinate[1] 문제라면, 이들 평형방정식만으로 미지의 값들, 즉 반력이

1 방정식의 수와 미지수의 수가 같은 경우를 말한다.

나 내력 등을 구할 수 있다. 그러나 주어진 조건이 부정정statically indeterminate[2] 문제라면, 이들 평형방정식만으로는 미지의 해를 구할 수 없어 추가로 기하학적 적합조건compatibility condition을 도입하여 해를 구해야 한다. 이 적합조건을 만드는 특별한 기준은 없으며, 제시된 문제로부터 적합조건을 찾아야 한다.

[그림 3-1(a)]의 문제에 대한 자유물체도를 그리면 [그림 3-1(b)]와 같다. [그림 3-1(b)]에서 블록의 무게 5000 N, 작용력 700 N, 바닥면 각도 25°, 작용력 각도 30°, 마찰계수 0.3은 주어진 조건이고, F_t, F_n, F_f는 구하려는 내용이다. 2차원 평면문제에서 미지수가 3개이므로 정정문제가 되어 3개의 평형방정식으로 이들 미지수를 구할 수 있다.

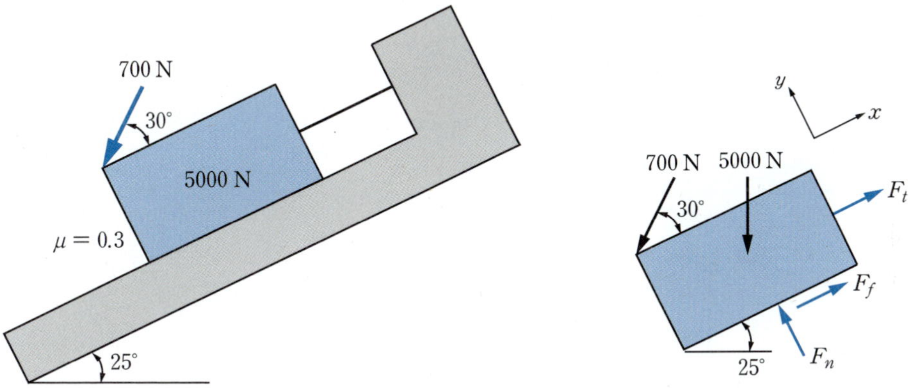

(a) 주어진 문제　　　(b) 자유물체도

그림 3-1 자유물체도의 예시

3.1.3 평형방정식 풀이 결과의 분석

자유물체도를 작성할 때 주어진 시스템이 간단하면 미지의 힘이나 모멘트의 방향을 정확하게 예측할 수 있다. 이 경우 평형방정식을 풀었을 때 이들 미지의 힘이나 모멘트가 양(+)의 부호를 갖는다. 그러나 시스템이 복잡하면 미지의 힘이나 모멘트의 방향을 정확하게 예측하기 어렵다. 이럴 때는 미지의 힘이나 모멘트를 적당한 방향으로 설정해 놓고 평형방정식을 풀면 된다. 풀이 결과에서 미지의 힘이나 모멘트가 양의 부호를 가지면 자유물체도에 힘이나 모멘트의 방향을 옳게 설정한 것이고, 음(−)의 부호를 가지면 반대방향으로 설정한 것이다. 음의 부호를 갖는다고 틀린 답은 아니며, 음의 부호가 나온 이유는 설명하는 것이 좋다.

탐구
1. 부정정 문제란 무엇이며, 이를 해결하는 방법을 예시하라.
2. 평형방정식을 풀이한 결과 힘의 부호가 음수이면 이것은 무엇을 의미하는가?

---

2 방정식의 수보다 미지수의 수가 더 많은 경우를 말한다.

예제 3-1 현가장치의 자유물체도와 평형방정식

[그림 3-2]는 자동차 현가장치suspension system의 부품 중 하나인 하부 컨트롤 암lower control arm을 나타낸다. 이 암은 A와 B에서 베어링으로 연결되어 있고, C와 D에서 힘 950 N을 각각 받고 있다. 현가스프링을 통해 E점에 힘 F_s를 받는다. 여기서 E점은 평면 $ABCD$ 상에 있다. 현가스프링의 힘 F_s와 A와 B에서의 베어링의 힘 F_A와 F_B를 구하라.

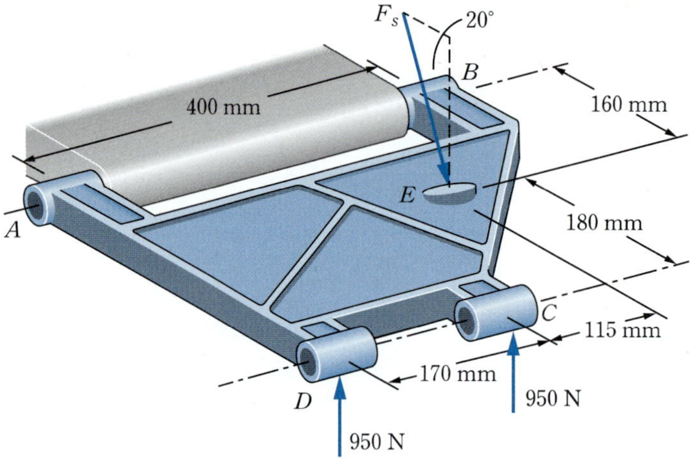

그림 3-2 자동차 현가장치의 하부 컨트롤 암

전략

[그림 3-3]과 같이 자유물체도와 좌표계를 작성한다. 하부 컨트롤 암의 무게는 작용하는 힘에 비해 작다고 가정하여 무시한다. 장치 특성상 베어링은 반지름방향의 힘만 지지해도 되므로 레이디얼 베어링radial bearing으로 가정한다. 즉 베어링의 축방향의 힘을 무시한다. 3차원 문제이므로 평형방정식을 최대 6개까지 세울 수 있다. 그러나 주어진 문제에서 x방향으로 작용하는 힘이 없으므로 x방향의 반력은 0이라는 것이 자명하다.

풀이

자유물체도를 이용하여 각 방향에 대한 모멘트와 힘에 대한 평형방정식을 다음과 같이 세운 후 풀어서 해를 구한다.

$$\Sigma M_x = 0\,; \quad 2(950)(340) - F_s \cos 20°(160) = 0 \qquad F_s = 4297\,\text{N}$$

따라서 현가스프링에 작용하는 힘은 4297 N이다. [답]

$$\Sigma M_y = 0\,; \quad B_z(400) + 950(170) - 4297\cos 20°(285) = 0 \qquad B_z = 2473\,\text{N}$$

$$\Sigma M_z = 0\,; \quad -B_y(400) - 4297\sin 20°(285) = 0 \qquad B_y = -1047\,\text{N}$$

$$\Sigma F_y = 0\,; \quad A_y - 1047 + 4297\sin 20° = 0 \qquad A_y = -423\,\text{N}$$

$$\Sigma F_z = 0\,; \quad A_z + 2473 - 4297\cos 20° + 1900 = 0 \qquad A_z = -335\,\text{N}$$

이들 결과로부터 A에서의 베어링 힘은 다음과 같다.

$$F_A = \sqrt{A_y^2 + A_z^2} = \sqrt{(-423)^2 + (-335)^2} = 540\,\text{N} \quad \text{[답]}$$

그리고 B에서의 베어링 힘은 다음과 같다.

$$F_B = \sqrt{B_y^2 + B_z^2} = \sqrt{(-1047)^2 + (2473)^2} = 2686\,\text{N} \quad \text{[답]}$$

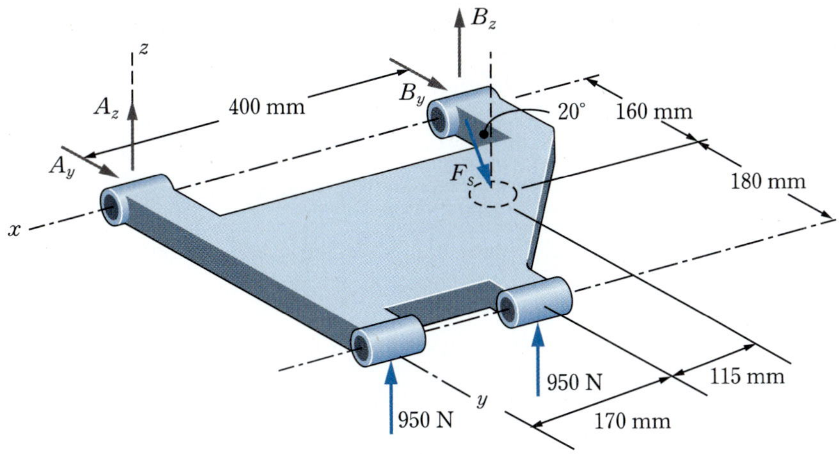

그림 3-3 자유물체도

검토

베어링의 목적은 일반적으로 축과 하우징housing 사이에 하중이 전달되는 동안 적절한 위치정렬과 함께 원활한 회전을 제공하는 것이다. 용도에 따라 다양한 베어링이 있으므로 베어링의 구조에 대한 이해가 필요하다. 또한 계산 결과에서 베어링의 힘 중 A_y, A_z 및 B_y는 음(−)의 부호를 가지는데, 이는 본문에서 설명한 바와 같이 자유물체도를 작성할 때 힘의 방향을 정확한 결과와 반대로 설정했기 때문이다.

SECTION 3.2

응력

- ✔ 응력의 의미를 이해한다.
- ✔ 응력의 종류와 응력의 부호를 정하는 방법을 이해한다.
- ✔ 평면응력과 3차원응력에 대해 알아본다.

물체가 외력을 받으면 내부에서는 이들 외력에 반발하는 내력이 발생한다. 이 내력에 대해 힘을 받는 면적으로 나눈 것이 **응력**stress이다. 즉 단위면적당 내력으로 표현할 수 있다.

응력에는 힘의 방향과 힘을 받는 면의 방향과의 관계에 따라 **수직응력**normal stress σ와 **전단응력**shear stress τ로 구분한다. 수직응력은 힘의 방향과 힘을 받는 면의 방향이 서로 수직한 경우이다. 이에 반해 전단응력은 힘의 방향과 힘을 받는 면의 방향이 서로 나란한 경우이다. [그림 3-4(a)]는 외력을 받는 물체 안에 있는 미소 육면체에 발생하는 3차원 응력의 일반적인 상태를 보여준다.

3.2.1 응력의 부호

응력은 벡터이므로 방향성이 있어서 양(+)과 음(−)의 부호를 갖는다. 응력의 부호를 살펴보기 전에, 먼저 응력이 발생하는 면의 부호를 알아보자. [그림 3-4(a)]에 나타낸 미소 육면체는 각각 두 개의 x면, y면, z면이 있다. x면은 좌표 x방향에 수직인 면이고, y면은 좌표 y방향에 수직인 면이며, z면은 좌표 z방향에 수직인 면이다.

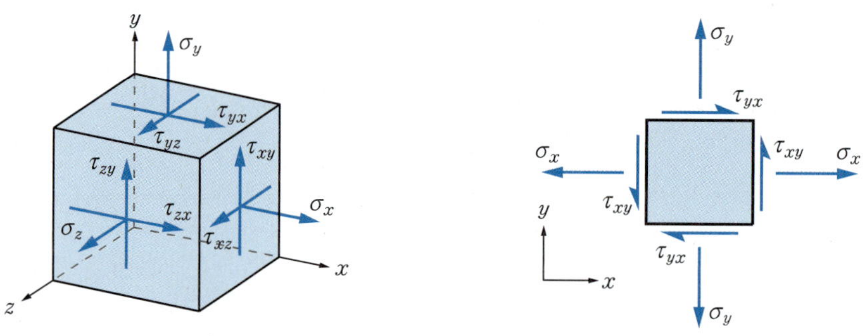

(a) 3차원 응력 (b) 2차원 응력

그림 3-4 응력상태

이들 각 면에서 좌표의 원점을 기준으로 각 방향으로 큰 좌표값을 갖는 면들을 양의 면이라고 하고, 작은 좌표값을 갖는 면들을 음의 면이라고 한다. 이들 각 면에 응력이 발생할 때 부호는 다음과 같이 규정한다.

- 양의 면에 양의 방향으로 발생하는 응력이거나, 음의 면에 음의 방향으로 발생하는 응력은 양의 응력이다.
- 양의 면에 음의 방향으로 발생하는 응력이거나, 음의 면에 양의 방향으로 발생하는 응력은 음의 응력이다.

이러한 규정에 따라 [그림 3-4(a)]에 표시한 수직응력과 전단응력은 모두 양의 응력이 된다. 이 그림에 표시된 τ_{xy}는 $+x$면에 $+y$방향으로 발생하는 전단응력을 나타낸다. 즉 첫 번째 하첨자는 응력이 발생하는 면을 나타내고, 두 번째 하첨자는 응력의 방향을 나타낸다. 이 미소 육면체에 작용하는 모든 응력을 행렬로 나타내면 다음과 같다.

$$\begin{bmatrix} \sigma_x & \tau_{xy} & \tau_{xz} \\ \tau_{yx} & \sigma_y & \tau_{yz} \\ \tau_{zx} & \tau_{zy} & \sigma_z \end{bmatrix} \tag{3.3}$$

3차원 물체의 평형조건을 만족하기 위해서는 다음과 같이 **교차전단응력** cross shear stress이 서로 같아야 한다.

$$\tau_{xy} = \tau_{yx}, \quad \tau_{yz} = \tau_{zy}, \quad \tau_{zx} = \tau_{xz} \tag{3.4}$$

3.2.2 평면응력

모든 기계부품이나 구조물은 3차원 물체이므로 3차원 응력해석을 통해 부재 내부의 응력을 분석하는 것이 가장 정확한 방법이다. 그러나 기하학적 형상이나 주어진 하중상태 등에 따라 2차원 응력해석, 즉 **평면응력** plane stress 해석을 통해 문제를 좀 더 간단하게 해결할 수 있다. [그림 3-4(b)]에 나타낸 바와 같이 평면응력에서는 두께 방향의 응력을 고려하지 않는다. 컴퓨터로 평면응력 해석을 하면 3차원 응력해석을 할 때보다 모델 크기 및 해석 시간을 줄일 수 있다. 두께가 얇은 평판에 평면과 나란한 방향으로 힘이 작용하거나 실린더와 같은 축대칭 원통 구조물 등은 평면응력 해석을 적용할 수 있다.

탐구

1. 응력에 대해 정의하라.
2. 교차전단응력에 대해 설명하라.
3. 평면응력이란 무엇을 의미하는가? 평면응력을 받는 것으로 취급할 수 있는 몇 가지 사례를 조사하라.

SECTION 3.3

하중조건에 따른 응력

- ✔ 축하중을 받는 부재의 수직응력, 변위, 열응력 및 부정정 문제에 대해 학습한다.
- ✔ 원형축의 비틀림에 대한 전단응력, 비틀림각, 전달동력에 대해 학습한다.
- ✔ 비원형축 및 박판보에 대한 전단응력 및 비틀림각을 학습한다.
- ✔ 굽힘하중을 받는 보의 굽힘응력과 전단응력에 대해 학습한다.
- ✔ 압력용기에서의 원주방향응력과 길이방향응력에 대해 학습한다.

3.3.1 축하중

축하중 axial load을 받는 부재의 수직응력, 변위, 열응력에 대해 살펴보자.

■ 수직응력

가늘고 긴 축에 축하중 F가 작용할 때 축의 단면적 A에 발생하는 수직응력은 다음과 같이 쓸 수 있다.

$$\sigma = \frac{F}{A} \tag{3.5}$$

이때 수직응력은 단면에서 발생하는 응력들의 평균값이며, 다음의 조건을 가정한 것이다.

- 축은 곧고 전 길이에 걸쳐 같은 단면을 갖는다.
- 축은 전체가 같은 재료로 제작되어 균질성homogeneous을 갖고, 사용되는 응력범위에서 완전탄성이어야 한다.
- 축의 고정부위나 하중의 작용점 및 응력집중부(구멍, 노치, 키 홈, 표면의 흠 등)에서 멀리 떨어진 위치에 한정하여 사용한다.

고정부위나 하중 작용점 근처에서는 복잡한 국부변형local deformation으로 인해 불균일한 응력분포가 나타난다. 그러므로 이 근처에서는 단순히 식 (3.5)로 수직응력을 나타낼 수 없다. 이러한 성질을 처음 밝힌 연구자의 이름을 따서 **생 브낭의 원리** Saint-Venant's principle라고 한다. 따라서 하중 작용점이나 지지점 근처와 단면이 급격하게 변화하는 곳 근처 등을 제외하고는 식 (3.5)를 사용할 수 있다.

■ 변위

축의 단면적과 축하중이 일정한 경우 수직응력은 $\sigma = F/A$이고, 수직변형률은 $\varepsilon = \delta/L$이다. 이를 훅의 법칙 $\sigma = E\varepsilon$에 대입하면 다음과 같다.

$$\frac{F}{A} = E\frac{\delta}{L}$$

이 식을 정리하여 **변위** displacement로 나타내면 다음과 같이 된다.

$$\delta = \frac{FL}{AE} \tag{3.6}$$

이 식에서 L은 축의 길이, A는 단면적, E는 탄성계수modulus of elasticity를 나타낸다.

■ 열응력

일반적으로 공업재료는 온도의 증가에 따라 길이가 팽창하고, 반대로 온도의 감소에 따라 길이가 수축하는 열변형thermal deformation이 발생한다. 팽창과 수축이 온도의 증감에 따라 선형적으로 발생하며, 재료가 균질하고 등방성이면 열변형량 δ_T는 다음과 같다.

$$\delta_T = \alpha \Delta TL \tag{3.7}$$

여기서 α는 열팽창계수coefficient of thermal expansion, ΔT는 온도변화, L은 변형 전 부재길이를 나타낸다.

만약 [그림 3-5]와 같이 축의 양단을 움직이지 못하게 강체벽으로 구속한 후 온도를 높이거나 낮추면 축 내부에 **열응력**thermal stress이 발생한다. 즉 축의 온도를 높이면 축은 팽창하려 하나 강체벽으로 인해 팽창할 수 없으므로 압축응력이 발생한다. 이와 반대로 축의 온도를 낮추면 축은 수축하려 하나 강체벽으로 인해 수축할 수 없으므로 축에는 인장응력이 발생한다. 이 경우 축은 부정정 문제가 되어 평형방정식만으로는 내력을 구할 수 없다. 내력을 구하기 위해서는 기하학적 적합조건을 적용해야 한다.

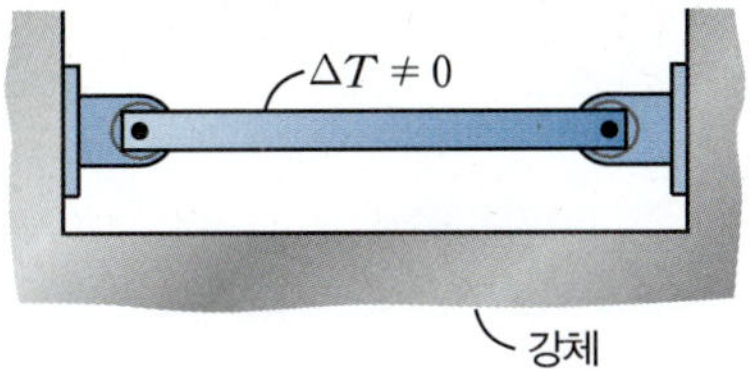

그림 3-5 열변형 방지를 위한 구속

탐구
1. 생 브낭의 원리에 대해 설명하라.
2. 열응력에 대해 설명하라.

예제 3-2 축하중을 받는 부정정 문제에서 볼트와 파이프의 응력

바깥지름이 14 mm 인 볼트와 안지름이 19 mm, 바깥지름이 25 mm 인 파이프가 [그림 3-6]과 같이 조립되어 있다. 볼트와 파이프의 탄성계수는 모두 200 GPa이다. 나사의 피치는 2 mm 이다. 손으로 힘을 가해 조립한 후 렌치를 이용해 너트를 1/8바퀴 회전하여 조였을 때 볼트와 파이프의 응력을 구하라. 단, 재료의 항복강도 $\sigma_y = 245\,\text{MPa}$이다.

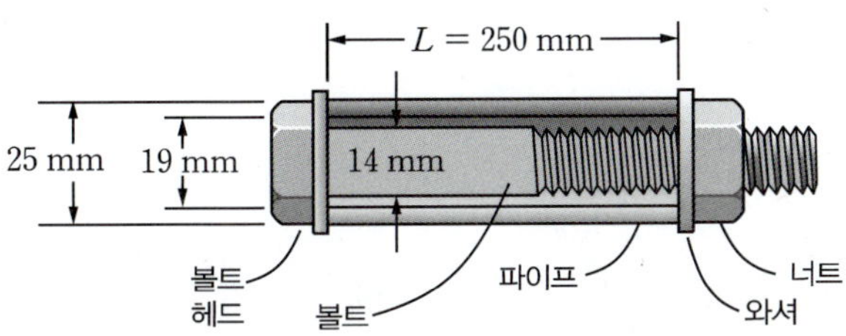

그림 3-6 조립된 볼트와 파이프

전략

나사의 피치는 너트가 1회전할 때 너트가 볼트의 길이방향으로 이동한 거리이다. 와셔 두께는 제시되지 않았으므로 무시한다. 손으로 너트를 돌려 조립했으므로 초기에 볼트나 파이프에 응력이 발생하지 않는다.

풀이

[그림 3-7(a)]의 자유물체도에서 볼트는 인장력 F_b, 파이프는 압축력 F_p를 받는 것으로 가정했다. 길이방향에 대한 힘의 평형방정식을 세우면 다음과 같다. 방정식은 1개, 미지수가 2개이므로 부정정 문제이다.

$$\sum F = 0; \quad F_b - F_p = 0 \tag{1}$$

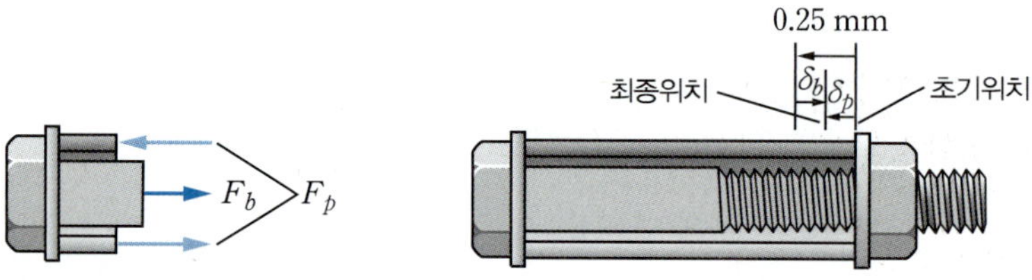

(a) 자유물체도 (b) 변형량

그림 3-7 자유물체도 및 조립체의 변형량

렌치로 너트를 돌리면 파이프는 δ_p만큼 수축되고, 볼트는 δ_b만큼 인장된다. 너트가 1/8바퀴 회전하므로 너트가 진행한 거리는 $1/8(2\,\text{mm}) = 0.25\,\text{mm}$가 된다. 따라서 [그림 3-7(b)]를 참조하면 적합조건은 다음과 같다.

$$\delta_p = 0.25\,\text{mm} - \delta_b \tag{2}$$

식 (2)에 식 (3.6)을 대입하면 다음과 같이 쓸 수 있다.

$$\frac{F_p \times 250}{\pi(12.5^2 - 9.5^2) \times 200 \times 10^3} = 0.25 - \frac{F_b \times 250}{\pi \times 7^2 \times 200 \times 10^3}$$

이를 정리하면 다음과 같다.

$$0.018939 \times F_p = 0.25 \times \pi \times 10^3 - 0.025510 \times F_b \tag{3}$$

식 (1)과 식 (3)을 연립하여 풀면 $F_b = F_p = 17.7 \times 10^3\,\text{N} = 17.7\,\text{kN}$을 얻는다.

따라서 볼트와 파이프의 응력은 각각 다음과 같다.

$$\sigma_b = \frac{F_b}{A_b} = \frac{17.7}{\pi \times 7^2} = 114.98\,\text{N/mm}^2 = 114.98\,\text{MPa} \quad \text{[답]}$$

$$\sigma_p = \frac{F_p}{A_p} = \frac{17.7}{\pi \times (12.5^2 - 9.5^2)} = 85.36\,\text{N/mm}^2 = 85.36\,\text{MPa} \quad \text{[답]}$$

검토

이 응력들은 재료의 항복강도 $\sigma_y = 245\,\text{MPa}$보다 모두 작으므로 탄성영역에 있어서 해석 결과는 타당하다.

3.3.2 비틀림하중

비틀림하중인 토크를 받는 원형축, 비원형축 및 박판보의 비틀림각과 전단응력을 알아보자.

■ 원형축에 대한 비틀림

[그림 3-8]에 나타낸 원형 중실축에 토크 T를 가하면, 이 축의 양단에는 비틀림각 ϕ가 발생한다. 만약 토크 T가 재료의 탄성한도 내에서 작용한다면 라디안radian 단위의 비틀림각은

$$\phi = \frac{TL}{JG} \tag{3.8}$$

이 된다. 여기서 J는 극관성모멘트polar moment of inertia, G는 전단탄성계수shear modulus of elasticity, T는 토크, L은 축의 길이를 나타낸다.

식 (3.8)의 분모 항인 JG는 기하학적 형상의 비틀림강성과 재료의 비틀림강성의 곱으로, 이를 **비틀림강성**torsional stiffness이라고 한다. 즉 **비틀림하중**torsional load에 대해 저항하는 특성을 나타낸다.

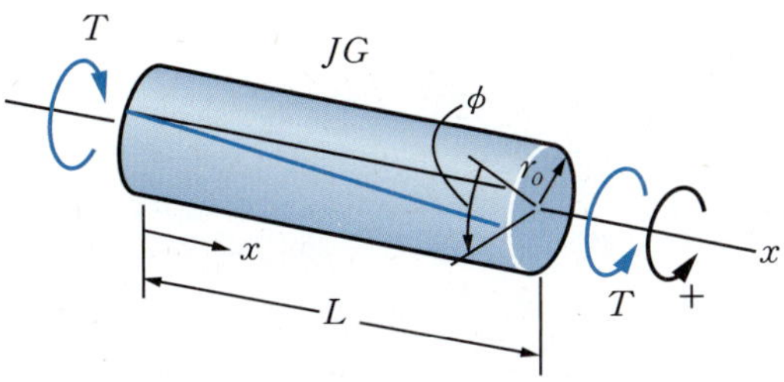

그림 3-8 원형축에 대한 비틀림

이 축에 작용하는 토크로 인해 x축에 수직한 각 단면에 전단응력 τ가 발생한다. 이 전단응력은 식 (3.9)와 같이 축의 중심으로부터 반지름 r이 증가함에 따라 선형적으로 증가하며, 최대전단응력 τ_{max}는 축의 바깥반지름인 r_o에서 발생한다.

$$\tau = \frac{Tr}{J}, \quad \tau_{max} = \frac{Tr_o}{J} \tag{3.9}$$

식 (3.9)를 **비틀림공식**torsion formula이라고 한다. 극관성모멘트인 J는 축의 단면형상에 따라 결정되는데, 지름 d를 갖는 중실축의 경우에는

$$J = \frac{\pi d^4}{32} \tag{3.10}$$

이 되며, 안지름 d_i와 바깥지름 d_o를 갖는 중공축의 경우에는 다음과 같이 된다.

$$J = \frac{\pi}{32}\left(d_o^4 - d_i^4\right) \tag{3.11}$$

■ 동력전달

원형단면의 중실축과 중공축은 동력power을 전달하는 데 많이 사용되므로 축에 작용하는 토크와 회전동력 간의 관계를 살펴볼 필요가 있다. 축에 토크 T를 가할 때 $d\theta$만큼 회전한다면 토크가 수행한 미소일은 $Td\theta$가 된다. 이 미소일을 미소시간 dt로 나누면 다음과 같이 회전동력이 된다.

$$P = \frac{Td\theta}{dt} \tag{3.12}$$

$d\theta/dt$는 각속도 ω이므로 **동력**을 다음과 같이 나타낼 수 있다.

$$P = T\omega \tag{3.13}$$

여기서 동력 P의 단위는 SI 단위계에서 W(와트)이고, 각속도 ω는 rad/s이다.

기계장치에 있어서 축의 회전수를 나타내기 위해 회전주파수 f가 흔히 사용된다. 즉 초당 축의 회전 사이클 수로서 단위는 헤르츠hertz로 나타낸다. 1사이클은 $2\pi f$이므로 동력에 대한 식 (3.13)은 다음과 같이 나타낼 수 있다.

$$P = 2\pi f T \tag{3.14}$$

■ 비원형축에 대한 비틀림

[그림 3-9]와 같이 토크를 받는 비원형 중실축의 경우에는 원형과는 달리 토크를 받을 때 각 단면에서 평면을 유지할 수 없다. 즉 비원형 중실축의 비틀림 변형에서 중요한 현상 중 하나는 단면의 뒤틀림warping이다. 탄성이론을 이용하여 이러한 비원형 중실축에 가하는 토크와 이에 상응하는 결과인 응력 분포와 비틀림각을 계산할 수 있다.

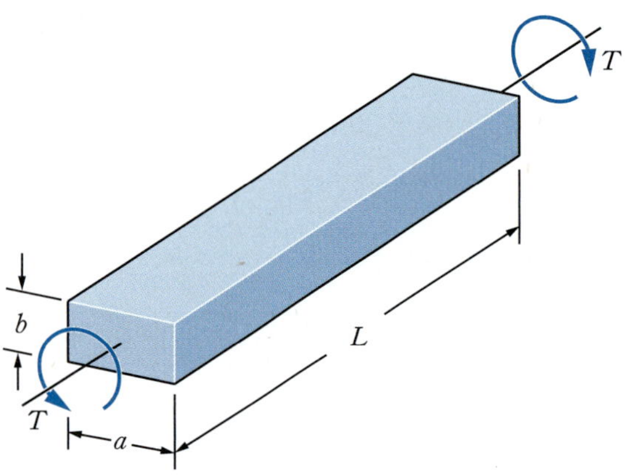

그림 3-9 직사각형 중실축의 비틀림

식 (3.15)는 직사각형 중실축에서의 최대전단응력을 나타내는데, 이는 단면의 긴 변인 a의 바깥면 중앙에서 발생한다.

$$\tau_{\max} = \frac{T}{\beta ab^2} \approx \frac{T}{ab^2}\left(3 + 1.8\,\frac{b}{a}\right) \tag{3.15}$$

여기서 β는 탄성이론에서 얻어진 무차원상수로 그 값을 [표 3-1]에 나타냈다. 그리고 a와 b는 단면의 각 변에 대한 치수로서 $a/b \geq 1$의 관계를 만족해야 한다.

길이 L인 직사각형 중실축의 비틀림각은 다음과 같이 나타낼 수 있다.

$$\phi = \frac{TL}{JG} \quad \text{단, } J = \gamma ab^3 \tag{3.16}$$

여기서 비틀림상수 γ는 무차원상수로 그 값을 [표 3-1]에 나타냈다.

표 3-1 직사각형 중실축의 비틀림상수

a/b	1.00	1.50	1.75	2.00	2.50	3.00	4.00	6.00	8.00	10.00	∞
β	0.208	0.231	0.239	0.246	0.258	0.267	0.282	0.298	0.307	0.312	0.333
γ	0.141	0.196	0.214	0.229	0.249	0.263	0.281	0.298	0.307	0.312	0.333

[그림 3-10]과 같이 타원형 단면을 갖는 축에서의 최대전단응력은 타원의 단축 두 끝점에서 발생하며, 다음과 같다.

$$\tau_{\max} = \frac{2T}{\pi ab^2} \tag{3.17}$$

또한 길이가 L인 타원형 중실축의 비틀림각은 다음과 같다.

$$\phi = \frac{TL}{JG} \quad \text{단, } J = \frac{\pi a^3 b^3}{a^2 + b^2} \tag{3.18}$$

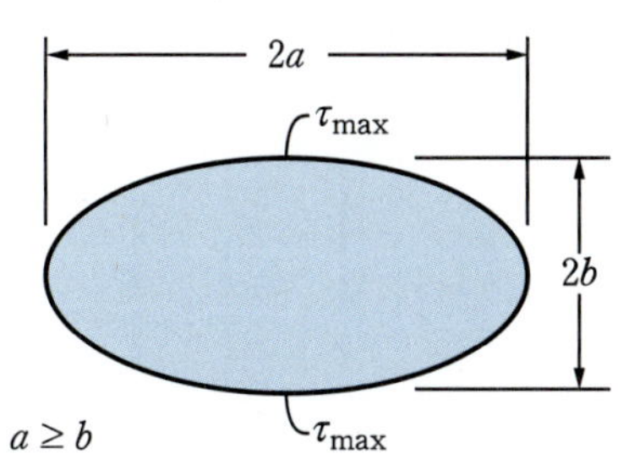

그림 3-10 타원형 중실축의 비틀림

■ 박판보에 대한 비틀림

회전동력을 전달하는 데 사용되는 축은 일반적으로 원형중실축이나 두꺼운 두께를 갖는 원형 중공축이다. 그러나 동력전달이 목적이 아니고 구조물에서 단순히 토크를 지지할 목적으로는 다양한 형태의 박판부재$_{\text{thin-walled member}}$를 많이 사용한다. 예를 들어 [그림 3-11]에 나타낸 자동차 차체의 필러$_{\text{pillar}}$는 자동차의 움직임에 따라 굽힘이나 비틀림하중을 받는다. 이들 필러는 0.6 ~ 2.3 mm 정도의 박판패널을 점용접$_{\text{spot welding}}$으로 조립하며, 적용부위에 따라 닫힌 단면$_{\text{closed section}}$이나 열린 단면$_{\text{open section}}$으로 되어 있다.

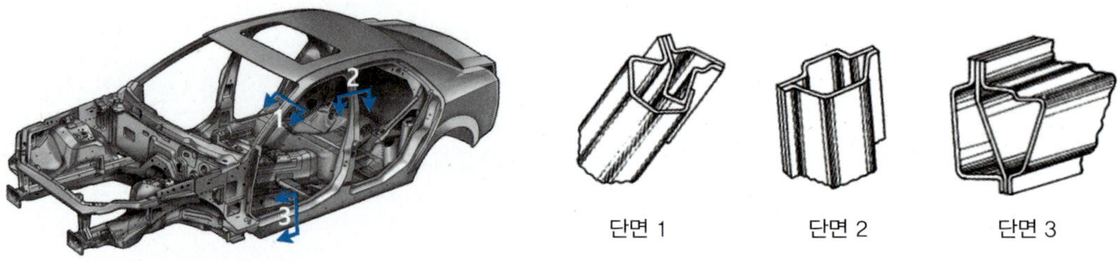

(a) 자동차 차체 (b) 필러의 단면형상

그림 3-11 자동차 차체의 필러 단면

닫힌 박판튜브$_{\text{closed thin-wall tube}}$에서 응력분포 해석을 단순화하기 위한 핵심 가정은 전단응력이 두께에 대해 일정하며, 단면을 정의하는 중앙곡선$_{\text{median curve}}$에 평행하다는 것이다.

[그림 3-12]의 박판튜브에서 일정한 두께 t의 중앙을 지나가는 일점쇄선은 중앙곡선이며, 이 중앙곡선의 전체길이는 L_m이다. 도시한 바와 같이 박판튜브의 미소면적 tds에 작용하는 토크는 $\tau(tds)(r)$이며, 박판튜브에 작용하는 전체토크 T는 다음과 같다.

$$T = \int \tau(tds)(r) = (\tau t)\int r ds \tag{3.19}$$

여기서 τt는 **전단류**$_{\text{shear flow}}$[3]로서 전단응력과 두께가 일정하므로 상숫값을 갖는다.

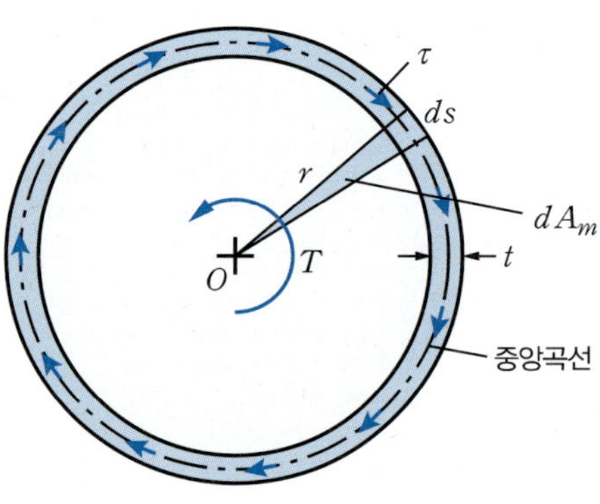

그림 3-12 닫힌 박판튜브의 단면

3 이 용어는 유체 흐름과의 비유에서 비롯된다. 유체가 흐르는 수로에서 유체의 평균속도 v와 수로의 폭 t의 곱이 일정하듯 박판튜브의 전단응력 τ와 두께 t의 곱이 일정하다는 유사성을 갖는다.

튜브의 중심점 O와 밑변 ds가 이루는 삼각형의 면적은 근사적으로

$$dA_m \approx \frac{1}{2} r ds$$

이므로, 식 (3.19)의 전체토크 T는 다음과 같이 쓸 수 있다.

$$T = 2A_m \tau t \tag{3.20}$$

여기서 A_m은 중앙곡선 내의 면적을 나타낸다. 따라서 박판튜브에서 발생하는 전단응력은 다음과 같다.

$$\tau = \frac{T}{2A_m t} \tag{3.21}$$

닫힌 박판튜브의 비틀림각은 에너지법으로 결정할 수 있으며, 단위길이당 비틀림각 ϕ_u는 다음과 같다.

$$\phi_u = \frac{TL_m}{4GA_m^2 t} \tag{3.22}$$

탐구

1. 원형 중실축을 비틀었을 때 최대전단응력은 단면 중 어디서 발생하며, 그 크기는 얼마인가?
2. 자동차의 엔진에서 발생한 동력을 뒤차축에 전달하는 구동축drive shaft의 단면모양에 대해 알아보고, 자동차 회사에서 왜 그러한 단면모양으로 제작하는지를 설명하라.
3. 전단류의 물리적 의미를 설명하라.

예제 3-3 박판튜브의 허용토크 및 토크에 의한 비틀림각

[그림 3-13]과 같이 닫힌 직사각형 박판튜브의 양 끝단에 서로 반대방향으로 토크 T가 작용한다. 튜브의 길이는 1.9 m이다. 재료의 전단탄성계수는 27.4 GPa이고, 허용전단응력은 80 MPa일 때 다음을 구하라.

(a) 허용토크

(b) 허용토크에 의한 비틀림각

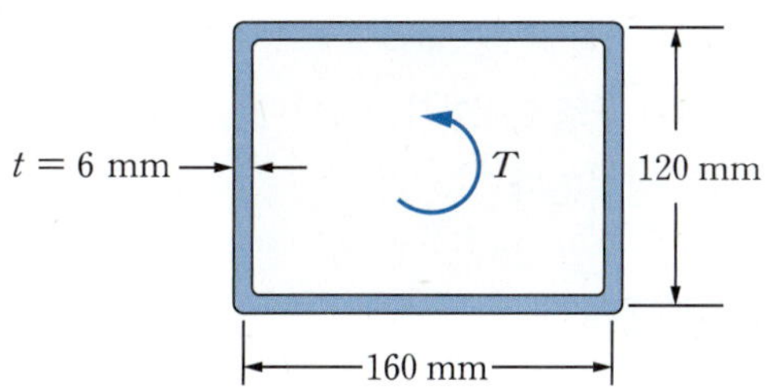

그림 3-13 닫힌 직사각형 박판튜브

전략

주어진 허용전단응력, 단면치수와 식 (3.20)을 이용하여 허용토크를 구한다. 또한 허용토크, 전단탄성계수와 식 (3.22)를 이용하여 비틀림각을 구한다.

풀이

단면 중앙선으로 둘러싸인 안쪽면적을 구하면 다음과 같다.

$$A_m = 160 \times 120 = 19200\,\mathrm{mm}^2$$

중앙곡선의 길이는 다음과 같다.

$$L_m = 2 \times 160 + 2 \times 120 = 560\,\mathrm{mm}$$

식 (3.20)으로부터 토크 T는 다음과 같다.

$$T = 2A_m \tau t = 2 \times 19200 \times 10^{-6} \times 80 \times 10^6 \times 0.006 = 18432\,\mathrm{N \cdot m} \quad \text{[답]}$$

식 (3.22)로부터 비틀림각 ϕ는 다음과 같다.

$$\phi = \phi_u l = \frac{TL_m}{4GA_m^2 t} l = \frac{18432 \times 0.56}{4 \times 27.4 \times 10^9 \times (19200 \times 10^{-6})^2 \times 0.006} \times 1.9$$
$$= 0.0809\,\mathrm{rad} = 4.64° \quad \text{[답]}$$

검토

비틀림각을 줄이기 위해 전단탄성계수가 큰 재료를 선택할 수 있지만 기하학적 형상을 통해서도 가능하다. 즉 중앙선 안쪽의 면적 A_m을 증대하는 방법이 있다. 이 결과에서 알 수 있듯이 비틀림각은 A_m의 제곱에 반비례하므로 A_m을 키우는 것이 효과적임을 알 수 있다.

3.3.3 굽힘하중

보 beam는 가늘고 긴 구조부재로, 길이방향에 대해 수직으로 작용하는 **굽힘하중** bending load을 지지하도록 설계된 구조부재이다. 이 보에 굽힘하중이 작용할 때 보의 내부에서 발생하는 굽힘응력과 전단응력에 대해 살펴본다.

■ 굽힘응력

보 단면에 작용하는 굽힘모멘트의 방향에 따라 대칭 굽힘과 비대칭 굽힘으로 구분할 수 있다.

1 대칭 굽힘

[그림 3-14]는 굽힘모멘트 M을 받는 보의 단면과 이 단면에서 발생하는 굽힘응력을 나타낸다. 이 그림에서 z축은 중립축 neutral axis을 나타내며, 이 중립축이 x축 방향으로 평행하게 연장된 면을 중립면 neutral surface이라고 한다. 이 그림의 경우 중립축 위쪽은 압축응력이 발생하고, 중립축 아래쪽은 인장응력이 발생한다.

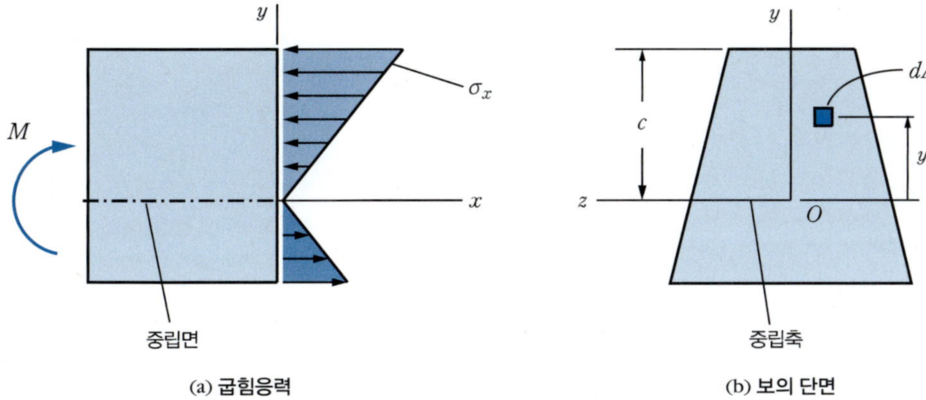

그림 3-14 보의 단면에서의 대칭 굽힘

단면에 발생하는 응력분포를 구하기 위해 모멘트에 대한 평형방정식을 수립한다. 즉 미소면적 dA에 작용하는 미소힘 dF의 중립축에 대한 미소모멘트는 ydF이므로

$$\sum M_z = 0;\ M = \int_A ydF = \int_A y(\sigma dA) = \int_A y\left(-\frac{y}{c}\sigma_{\max}\right)dA = -\frac{\sigma_{\max}}{c}\int_A y^2 dA \quad (3.23)$$

또는

$$M = -\frac{\sigma_{\max}}{c} I \quad (3.24)$$

가 된다. 여기서 I는 관성모멘트를 나타낸다. 따라서 보 단면에서의 최대굽힘응력 $\sigma_{\max}$는 다음과 같다.

$$\sigma_{\max} = -\frac{Mc}{I} \quad (3.25)$$

중립축을 기준으로 가장 바깥쪽 c에서 굽힘응력의 최댓값이 발생한다. 가장 멀리 떨어진 거리 c 대신 일반거리 y로 나타내면 다음과 같이 쓸 수 있다.

$$\sigma = -\frac{My}{I} \quad (3.26)$$

식 (3.25)와 식 (3.26)을 **굽힘공식** flexure formula이라고 한다.

2 비대칭 굽힘

[그림 3-15(a)]에 나타낸 바와 같이 보 단면의 z축에 대해 임의의 각도 θ 방향으로 굽힘모멘트 M이 작용하면 [그림 3-15(b)]와 [그림 3-15(c)]에서 각각의 모멘트 성분을 굽힘공식에 적용하고 더하여 수직응력 σ를 구한다.

$$\sigma = -\frac{M_z y}{I_z} + \frac{M_y z}{I_y} \quad (3.27)$$

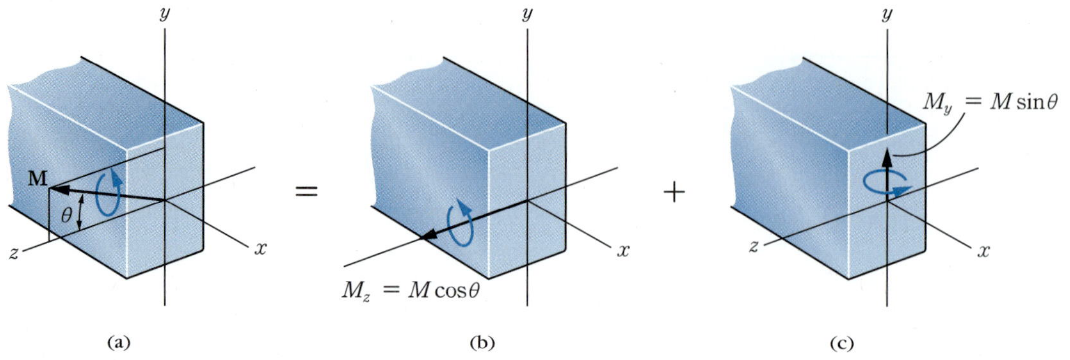

그림 3-15 보의 단면에서의 비대칭 굽힘

■ 전단응력

[그림 3–16(a)]에 나타낸 바와 같이 보에 힘과 모멘트 등 굽힘하중이 작용하면 보의 단면에 앞에서 설명한 굽힘응력 뿐만 아니라 전단응력도 발생하게 된다. 이 보로부터 분리한 자유물체도를 [그림 3–16(b)]에 나타냈다.

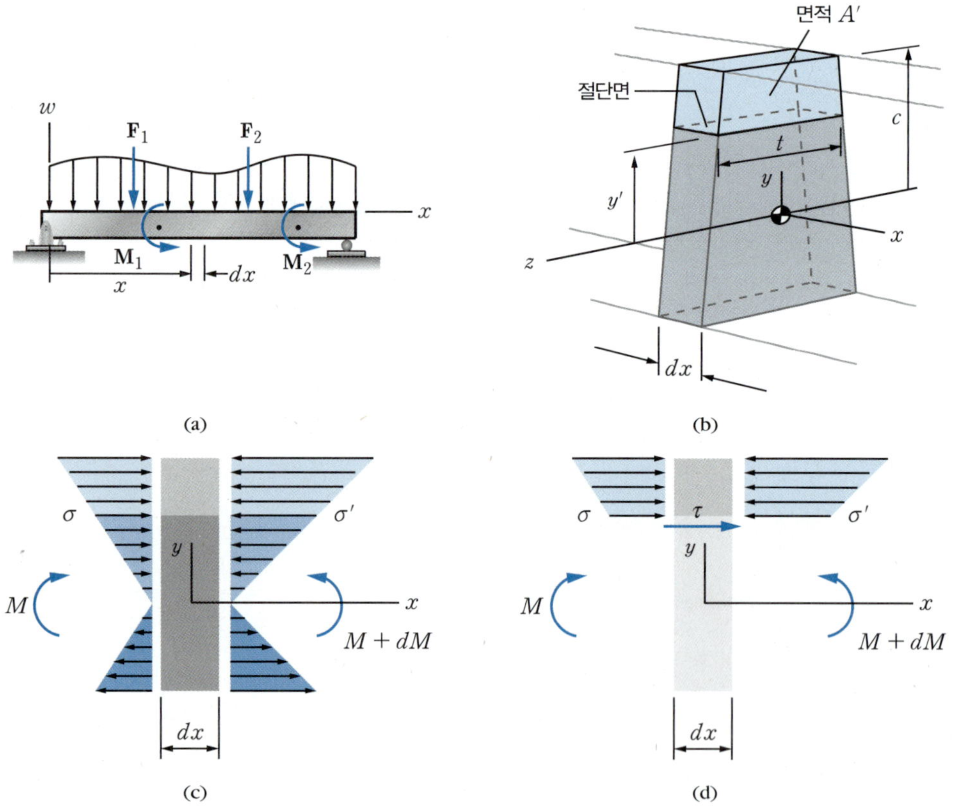

그림 3-16 보의 단면에서 굽힘응력의 분포

이 그림에서 폭 t의 절단면은 중립축으로부터 특정 위치 y'에 있는 중립면과 나란한 면이고, 면적 A'은 y'과 c 사이에 있는 단면적이다. [그림 3-16(c)]와 같이 양쪽 단면에 내부모멘트 M과 $M+dM$이 발생한다면 이들 모멘트에 의해 양쪽 단면에 σ와 σ'의 굽힘응력이 발생한다.

y'과 c 사이에 있는 부분만 분리하여 [그림 3-16(d)]에 나타냈다. 이 그림으로부터 x방향에 대한 힘의 평형방정식을 세우면 다음과 같다.

$$\sum F_x = 0\,;\ \int_{A'} \sigma\, dA' - \int_{A'} \sigma' dA' + \tau(t\,dx) = 0 \tag{3.28}$$

이 식의 응력 σ와 σ'에 앞에서 설명한 굽힘공식을 적용하면 다음과 같이 된다.

$$\int_{A'} \left(\frac{M}{I}\right) y\, dA' - \int_{A'} \left(\frac{M+dM}{I}\right) y\, dA' + \tau(t\,dx) = 0 \tag{3.29}$$

이 식을 정리하면 다음과 같이 전단응력에 대한 식을 얻는다.

$$\tau = \frac{1}{It}\left(\frac{dM}{dx}\right)\int_{A'} y\, dA' \tag{3.30}$$

여기서 dM/dx는 전단력 V이고, $\int_{A'} y dA'$은 면적1차모멘트 Q이므로 전단응력 τ는 다음과 같이 나타낼 수 있다.

$$\tau = \frac{VQ}{It} \tag{3.31}$$

식 (3.31)을 **전단공식** shear formula이라고 한다.

탐구

1. 관성모멘트 I의 물리적 의미와 설계에서의 적용방법을 설명하라.
2. 보의 중립축은 무엇이며, 그 위치는 어디에 있는가?
3. 보에 굽힘모멘트가 작용할 때 최대굽힘응력과 최대전단응력이 발생하는 위치는 각각 어느 곳인가?

예제 3-4 단순지지보 단면의 최대전단응력, 연결부 전단응력, 최대굽힘응력

[그림 3-17]에 나타낸 T형 단면의 단순지지보에 대해 다음을 구하라.

(a) 최대전단응력

(b) 플랜지와 웨브 연결부4의 전단응력

(c) 최대굽힘응력

4 [그림 3-17(b)]에서 플랜지(flange)는 면적 A_1에 해당하는 부위이고, 웨브(web)는 면적 A_2에 해당하는 부위이다.

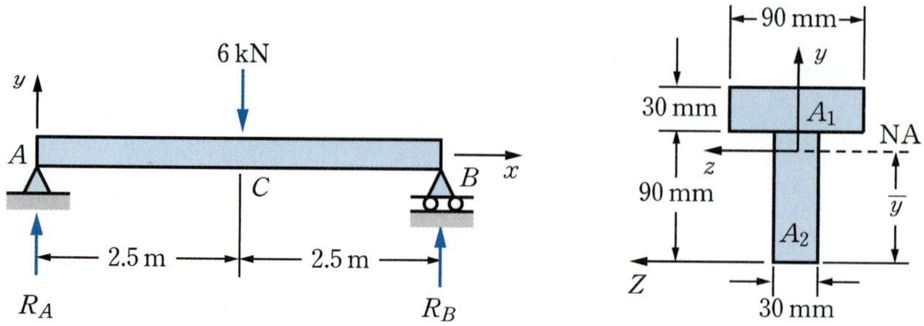

(a) 단순지지보 (b) 보의 단면

그림 3-17 T형 단면의 단순지지보

전략

먼저 지점 A와 B의 반력을 구하고, 보의 단면위치에서의 전단력과 굽힘모멘트를 구한다. 단면이 T자 모양이므로 중립축의 위치를 찾고, 관성모멘트를 구한다. 단면의 특정위치에서의 전단응력을 구하기 위해 특정위치에 대한 면적1차모멘트를 구하고, 이를 이용하여 전단응력을 구한다. 최대굽힘모멘트는 보의 중간위치에서 발생하며, 굽힘공식을 이용하여 최대굽힘응력을 구한다.

풀이

[그림 3-17(a)]와 같이 보의 중앙에 작용하는 6kN의 하중으로 인해 지점에서의 반력은 $R_A = R_B = 3\,\text{kN}$이 된다. 보 단면의 위치 x에 따른 전단력 V와 굽힘모멘트 M은 각각 다음과 같고, 이를 [그림 3-18]에 나타냈다.

$$A\text{에서 } C \text{ 사이 : } V = 3\,\text{kN},\ M = 3x\,\text{kN}\cdot\text{m}$$
$$C\text{에서 } B \text{ 사이 : } V = -3\,\text{kN},\ M = -3x + 15\,\text{kN}\cdot\text{m}$$

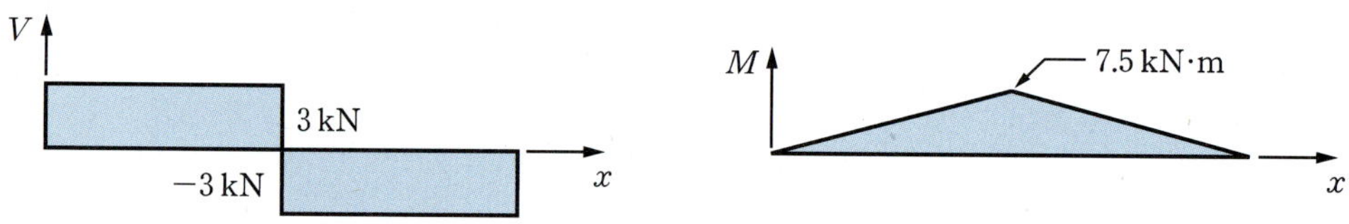

(a) 전단력 선도 (b) 굽힘모멘트 선도

그림 3-18 전단력 및 굽힘모멘트 선도

[그림 3-17(b)]로부터 단면의 도심은 다음과 같이 구할 수 있다.

$$\bar{y} = \frac{A_1\bar{y}_1 + A_2\bar{y}_2}{A_1 + A_2} = \frac{(30\times 90)\times 105 + (90\times 30)\times 45}{(30\times 90) + (90\times 30)} = 75\,\text{mm}$$

중립축 NA에 대한 관성모멘트는 평행축의 원리를 사용하여 다음과 같이 구할 수 있다.

$$\begin{aligned} I &= I_{A1} + I_{A2} \\ &= \left[\frac{90\times 30^3}{12} + (30\times 90)\times 30^2\right] + \left[\frac{30\times 90^3}{12} + (90\times 30)\times 30^2\right] \\ &= 688.5\times 10^4\,\text{mm}^4 \end{aligned}$$

(a) 보의 최대전단응력은 단면의 중립축에서 발생하며, 중립축에서의 전단응력을 구하기 위해 중립축에 대한 면적1차모멘트를 다음과 같이 구한다.

$$Q_{NA} = \bar{y}' A' = 37.5 \times (75 \times 30) = 84.4 \times 10^3 \,\mathrm{mm}^3$$

전단응력은 식 (3.31)을 이용하여 다음과 같이 구한다.

$$\tau_{\max} = \frac{VQ}{It} = \frac{3 \times 10^3 \times 84.4 \times 10^{-6}}{688.5 \times 10^{-8} \times 0.03} = 1.23 \,\mathrm{MPa} \quad \text{[답]}$$

(b) 플랜지와 웨브 연결부에 대한 면적1차모멘트는 다음과 같다.

$$Q_j = \bar{y}' A' = 30 \times (30 \times 90) = 81 \times 10^3 \,\mathrm{mm}^3$$

전단응력은 식 (3.31)을 이용하여 다음과 같이 구한다.

$$\tau_j = \frac{VQ}{It} = \frac{3 \times 10^3 \times 81 \times 10^{-6}}{688.5 \times 10^{-8} \times 0.03} = 1.18 \,\mathrm{MPa} \quad \text{[답]}$$

(c) 최대굽힘모멘트는 보의 중간위치인 $x = 2.5\,\mathrm{m}$에서 발생하므로 식 (3.25)를 이용하여 다음과 같이 구한다.

$$\sigma_{\max} = -\frac{Mc}{I} = -\frac{7.5 \times 10^3 \times (-0.075)}{688.5 \times 10^{-8}} = 81.7 \,\mathrm{MPa} \quad \text{[답]}$$

검토

(a)에서는 중립축 아랫부분의 면적1차모멘트를 계산했다. (c)에서 최대굽힘응력은 중립축으로부터 가장 멀리 떨어진 위치에서 발생하며 인장응력이다.

3.3.4 압력용기

압력용기는 내부에 대기압을 초과하는 압력의 기체 또는 액체를 보유하는 용기를 말한다. 여기에서는 박판압력용기와 후판압력용기를 살펴보자.

■ 박판압력용기

원통형이나 구형의 압력용기는 보일러, 열교환기, 화학 공업용 반응탱크, 가스탱크 등에 많이 사용한다. 이와 같은 압력용기에 내압이 가해지면, 이 압력용기의 강판은 반지름방향과 길이방향으로 하중을 받게 된다. 일반적으로 압력용기는 반지름 r과 두께 t의 비 $r/t \geq 20$이 되게 제작한다. 이러한 압력용기를 **박판압력용기** thin-walled pressure vessel라고 한다.

1 원통형 박판압력용기

[그림 3-19(a)]에 반지름 r과 두께 t를 갖는 압력용기를 나타냈다. 이 압력용기는 내압 p를 받고 있다. 용기의 양 끝에 있는 경판$_{\text{end plate}}$으로부터 충분히 멀리 떨어진 곳의 미소요소에 내압으로 인해 발생하는 두 응력 σ_c와 σ_l를 표시했다. σ_c은 **원주방향응력**$_{\text{circumferential stress}}$ 또는 **후프응력**$_{\text{hoop stress}}$이고, σ_l는 **길이방향응력**$_{\text{longitudinal stress}}$이다.

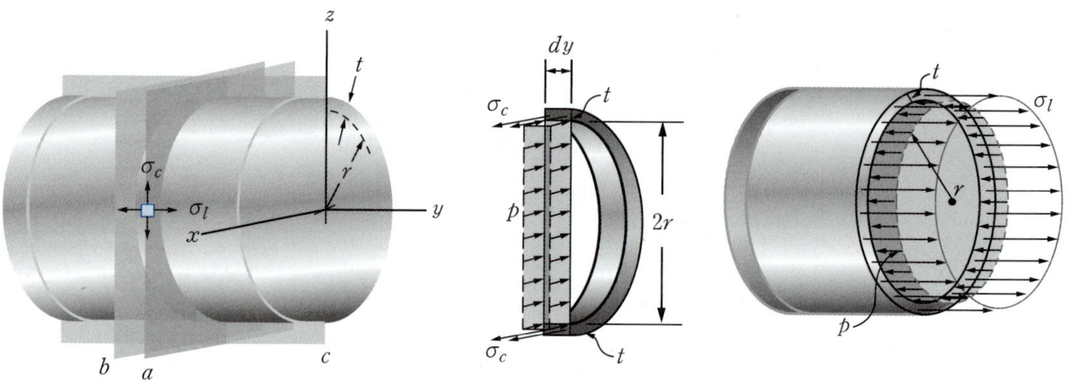

(a) 단면의 위치 (b) a면, b면, c면에 대해 절단한 자유물체도 (c) b면에 대해 절단한 자유물체도

그림 3-19 원통형 박판압력용기

원주방향응력을 구하기 위해 [그림 3-19(a)]에 나타낸 세 개의 평면(a면, b면, c면)에 대해 절단한 자유물체도를 [그림 3-19(b)]에 나타냈다. 이 그림에서 $-x$방향으로는 압력 p가 작용하고 있다. 두 개의 미소단면적 $t\,dy$에는 압력에 대한 저항으로 $+x$방향으로 원주방향응력 σ_c가 발생한다. x방향의 평형방정식은 다음과 같다.

$$\sum F_x = 0\,; \quad 2\left[\sigma_c(t\,dy)\right] - p(2r\,dy) = 0 \tag{3.32}$$

이 식을 정리하여 다음과 같이 원주방향응력을 구할 수 있다.

$$\sigma_c = \frac{pr}{t} \tag{3.33}$$

길이방향응력을 구하기 위해 [그림 3-19(a)]에서 b면에 대해 절단한 자유물체도를 [그림 3-19(c)]에 나타냈다. 이 그림에서는 $-y$방향으로 압력 p가 작용하고 있다. 단면적 $2\pi rt$에는 압력에 대한 저항으로 $+y$방향으로 길이방향응력 σ_l이 발생한다. y방향의 평형방정식은 다음과 같다.

$$\sum F_y = 0\,; \quad \sigma_l(2\pi rt) - p(\pi r^2) = 0 \tag{3.34}$$

이 식을 정리하여 다음과 같이 길이방향응력을 구할 수 있다.

$$\sigma_l = \frac{pr}{2t} \tag{3.35}$$

식 (3.33)과 식 (3.35)를 비교하면 원주방향응력이 길이방향응력의 두 배가 되는 것을 알 수 있다.

2 구형 박판압력용기

구형 박판압력용기는 구의 중심점을 통과하는 어떤 면을 절단해도 기하학적 형상이 동일하므로 모든 단면에서 발생하는 응력이 같다. 응력을 구하기 위해 [그림 3−20(a)]의 a면에 대해 절단한 자유물체도를 [그림 3−20(b)]에 나타냈다. 이 그림에서는 $-y$방향으로 압력 p가 작용하고 있다. 단면적 $2\pi rt$에는 압력에 대한 저항으로 $+y$방향으로 응력 σ_l이 발생한다. y방향의 평형방정식은 다음과 같다.

$$\sum F_y = 0\,; \qquad \sigma_l(2\pi rt) - p(\pi r^2) = 0 \tag{3.36}$$

이 식을 정리하여 다음과 같이 응력을 구할 수 있다.

$$\sigma_l = \frac{pr}{2t} \tag{3.37}$$

이 응력은 원통형 박판압력용기의 길이방향응력과 같다. 따라서 원통형 압력용기와 구형 압력용기가 같은 내압 p를 받게 된다면, 구형 압력용기가 더 안전하다는 것을 알 수 있다. 그러나 원통형 압력용기에 비해 구형 압력용기는 제작하기가 더 어렵고 가격이 더 비싸다.

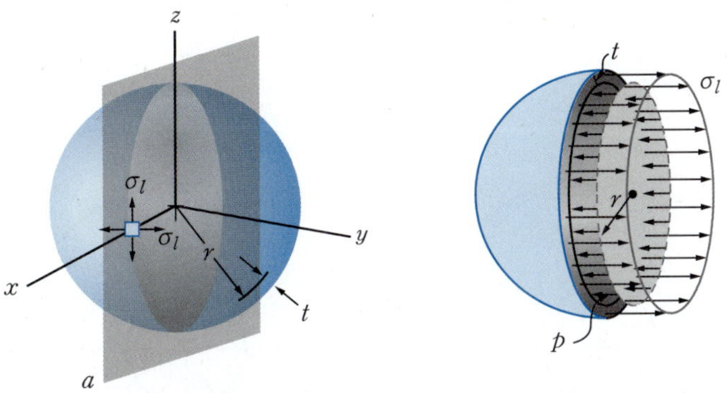

(a) 단면의 위치

(b) 자유물체도

그림 3-20 구형 박판압력용기

■ 후판압력용기

고압의 유체를 전달하거나 포신gun barrel과 같이 순간적으로 큰 압력을 견뎌야 하는 원통형 제품은 안전을 고려하여 두께를 두껍게 제작한다. [그림 3−21]에 나타낸 바와 같이 안쪽반지름 r_i, 바깥반지름 r_o를 가진 **후판압력용기**thick-walled pressure vessel에서 내부압력 p를 받는 경우 원주방향응력 σ_c와 반지름방향응력 σ_r은 다음과 같다.[5]

---

5 Budynas, R. G. (1977). *Advanced Strength and Applied Stress Analysis* (1st ed.). New York: McGraw-Hill.

$$\sigma_c = \frac{p r_i^2}{r_o^2 - r_i^2}\left(1 + \frac{r_o^2}{r^2}\right) \tag{3.38}$$

$$\sigma_r = \frac{p r_i^2}{r_o^2 - r_i^2}\left(1 - \frac{r_o^2}{r^2}\right) \tag{3.39}$$

이들 식으로부터 원주방향응력과 반지름방향응력의 최댓값은 내부반지름 r_i에서 발생한다는 것을 알 수 있다. 따라서 식 (3.38)과 식 (3.39)의 반지름 r 대신 안쪽반지름 r_i를 대입한 후 정리하면, 다음과 같이 최대 원주방향응력과 최대 반지름방향응력을 각각 구할 수 있다.

$$(\sigma_c)_{\max} = p\left(\frac{r_o^2 + r_i^2}{r_o^2 - r_i^2}\right) \tag{3.40}$$

$$(\sigma_r)_{\max} = -p \tag{3.41}$$

원통용기의 양단이 경판end plate으로 막혀 있는 경우 원통의 길이방향응력은 다음과 같다.

$$\sigma_l = \frac{p r_i^2}{r_o^2 - r_i^2} \tag{3.42}$$

식 (3.38) ~ 식 (3.42)는 응력집중이 발생하지 않는 곳에서만 사용할 수 있다.

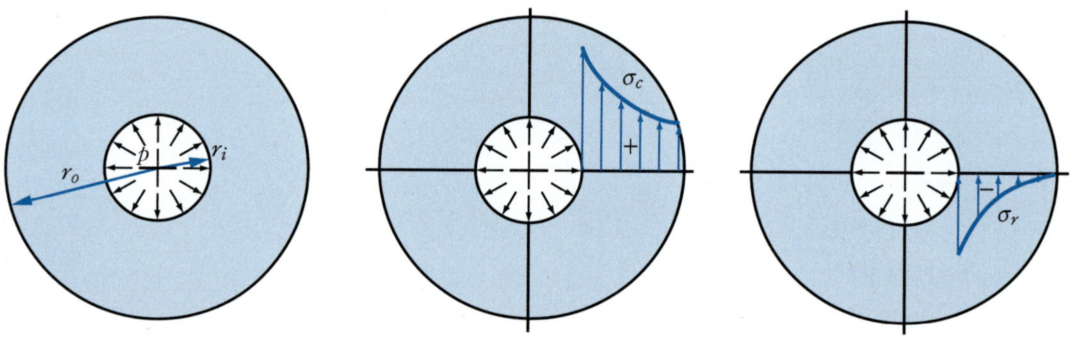

(a) 내압을 받는 압력용기 (b) 원주방향응력 (c) 반지름방향응력

그림 3-21 원통형 후판압력용기

탐구

1. 구형 압력용기가 원통형 압력용기보다 좋은 점은 무엇인가? 그 이유를 설명하라.
2. 원통형 압력용기가 내압에 의해 폭발하는 경우 원통에서 파손되는 모양을 그림으로 표현하고, 그 이유를 설명하라.

예제 3-5 박판압력용기와 후판압력용기의 압력 및 응력

벽두께가 6 mm 이고, 안지름이 260 mm 인 원통형 압력용기가 있다.

(a) 허용 원주방향응력이 95 MPa이다. 박판압력용기에 대한 식을 사용할 때 이 압력용기의 원통에 작용할 수 있는 최대압력은 얼마인가?

(b) (a)에서 결정한 압력으로 후판압력용기에 대한 식을 적용할 경우 모든 응력의 최댓값을 구하라.

전략

먼저 r/t의 값을 구해 박판압력용기에 대한 식에 적용할 수 있는지를 확인한다. 원통형 박판압력용기의 원주방향응력에 대한 식 (3.33)으로부터 내압을 구한다. 구한 내압과 안쪽반지름, 바깥반지름을 후판압력용기에 대한 식 (3.40) ~ 식 (3.42)에 대입하여 후판압력용기에서 발생하는 최대응력들을 구한다.

풀이

(a) $\dfrac{r}{t}=\dfrac{130}{6}=21.7 \geq 20$이므로 박판압력용기에 대한 식을 적용할 수 있다. 식 (3.33)으로부터 압력을 다음과 같이 구할 수 있다.

$$p=\frac{\sigma_c t}{r}=\frac{95\times 6}{130}=4.38\,\text{MPa} \quad \text{[답]}$$

(b) 최대 원주방향응력은 식 (3.40)으로부터 다음과 같이 구한다.

$$(\sigma_c)_{\max}=p\left(\frac{r_o^2+r_i^2}{r_o^2-r_i^2}\right)=4.38\times\left(\frac{0.136^2+0.130^2}{0.136^2-0.130^2}\right)=97.1\,\text{MPa} \quad \text{[답]}$$

최대 반지름방향응력은 식 (3.41)로부터 다음과 같이 구한다.

$$(\sigma_r)_{\max}=-p=-4.38\,\text{MPa} \quad \text{[답]}$$

길이방향응력은 식 (3.42)로부터 다음과 같다.

$$\sigma_l=\frac{p r_i^2}{r_o^2-r_i^2}=\frac{4.38\times 0.130^2}{0.136^2-0.130^2}=46.4\,\text{MPa} \quad \text{[답]}$$

검토

원통형 압력용기의 경우 원주방향응력은 길이방향응력의 2배이므로 압력이 높을 경우 원주방향응력에 의해 파괴된다. 따라서 원주방향응력에 관한 식으로부터 내압 p를 구한다. 후판압력용기에서도 원주방향응력은 길이방향응력의 2배에 가깝다는 것을 결과로부터 알 수 있다.

SECTION 3.4

응력집중

✔ 응력집중의 의미를 이해한다.
✔ 원형축과 평판에 대해 축하중, 비틀림하중, 굽힘하중이 작용할 때의 응력집중계수를 알아본다.
✔ 응력집중계수를 줄이는 방법을 이해한다.

기하학적 형상이 급격하게 변하는 축의 필릿fillet 부위나 구멍hole, 홈groove, 노치notch 등이 있는 곳에서는 응력분포가 일정하지 않다. 이처럼 기하학적 형상의 급격한 변화로 인한 국부적 임계응력critical stress의 발생 현상을 **응력집중**stress concentration이라고 한다. 만약 이 임계응력이 재료의 항복강도 등 허용된 한계값을 초과하면 재료가 파손될 수 있다. 앞에서 설명한 수직응력 $\sigma = F/A$, 전단응력 $\tau = Tr/J$, 굽힘응력 $\sigma = -My/I$, 전단응력 $\tau = VQ/It$ 등은 단면형상이 균일한 경우에만 유효하다.

응력집중계수stress concentration factor K_t는 탄성한도 내에서 응력집중의 정도를 나타내는 계수이다. 응력집중계수는 최소면적 부위의 평균응력인 **공칭응력**nominal stress σ_{nom}과 최대응력인 **임계응력**critical stress $\sigma_{\max}$의 비로 나타낸다.

$$K_t = \frac{\sigma_{\max}}{\sigma_{\mathrm{nom}}} \tag{3.43}$$

응력집중계수는 **형상계수**shape factor라고 부르기도 한다. 이 계수는 재료의 종류와는 무관하며 국부형상local shape과 하중의 형태에 의해서만 결정되는 값이다.

정하중을 받는 연성재료의 경우에는 임계응력을 예측하는 데 있어서 일반적으로 응력집중계수를 적용하지 않는다. 그 이유는 응력집중 부위에서 국부적인 소성변형plastic deformation이 발생하면 이로 인해서 변형경화strain hardening의 효과가 나타나 강도가 향상되기 때문이다. 정하중을 받는 취성재료의 경우에는 응력집중계수를 공칭응력에 적용해야 한다. 그러나 동하중을 받는 경우라면 연성재료나 취성재료 모두에게 응력집중효과가 중요하므로 항상 고려해야 한다.

3.4.1 축하중이 작용하는 경우

[그림 3-22(a)]에 나타낸 폭 D와 두께 t를 갖는 얇은 판재는 지름 d의 원형구멍이 있으며 축하중 F를 받는다. [그림 3-22(b)]와 같이 단면 $a-a$와 구멍이 만나는 곳에서 최대응력 $\sigma_{\max}$가 발생하고, 멀어질수록 응력은 비선형적으로 줄어든다. 이 경우 단면 $a-a$에서의 공칭응력 σ_{nom}은 다음과 같다.

$$\sigma_{\mathrm{nom}} = \frac{F}{(D-d)t} \tag{3.44}$$

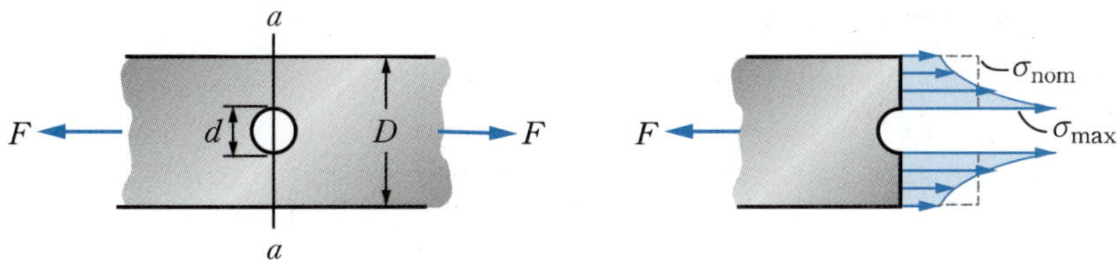

(a) 중심부에 원형구멍을 가진 판재　　(b) 단면 $a-a$에서의 응력분포

그림 3-22 구멍이 있는 평판에 축하중이 작용하는 경우

[그림 3-23(a)]에 나타낸 넓은 폭 D, 좁은 폭 d, 두께 t를 갖는 얇은 판재는 두 단의 연결부에 반지름 r의 필릿이 있으며 축하중 F를 받는다. [그림 3-23(b)]에 나타낸 바와 같이 판의 좁은 부분과 필릿이 만나는 단면 $b-b$에는 최대응력 σ_{max}가 발생하고, 멀어질수록 응력은 비선형적으로 줄어든다. 이 경우 단면 $b-b$에서의 공칭응력은 다음과 같다.

$$\sigma_{nom} = \frac{F}{dt} \tag{3.45}$$

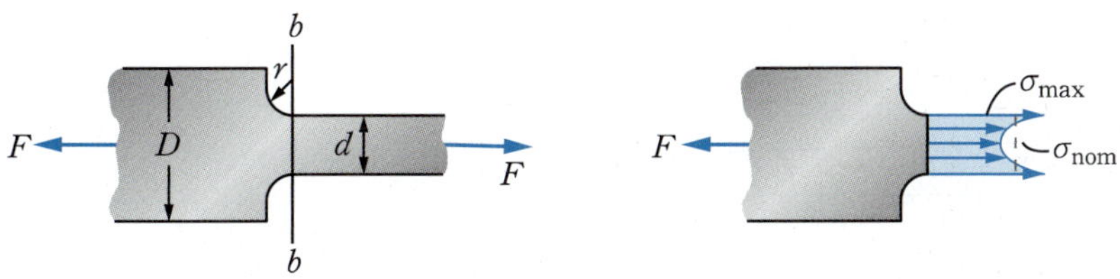

(a) 두 단의 연결부에 필릿이 있는 판재　　(b) 단면 $b-b$에서의 응력분포

그림 3-23 단을 가진 평판에 축하중이 작용하는 경우

[그림 3-24]는 원형구멍을 갖는 얇은 판재에 있어서 구멍의 크기가 응력집중계수 K_t에 미치는 영향을 나타낸 것이다. 구멍의 반지름이 0에 가까워짐에 따라 응력집중계수는 3.0에 접근한다.

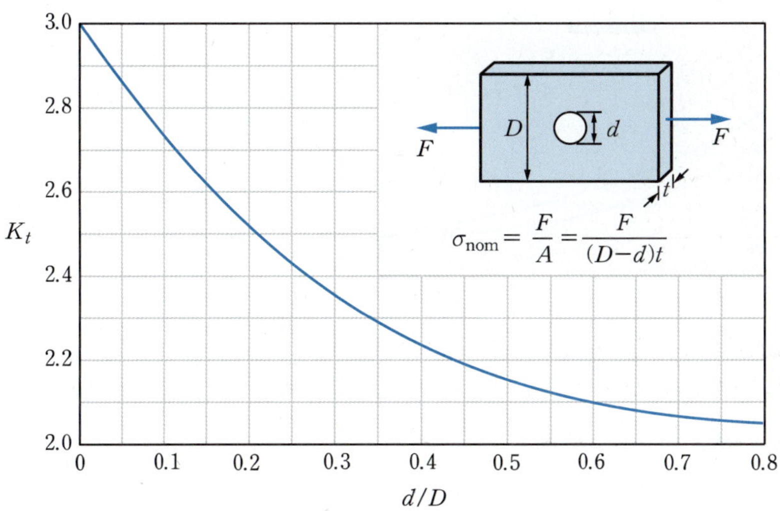

그림 3-24 원형구멍이 있는 판재에 축하중이 작용할 때의 응력집중계수

따라서 매우 작은 구멍도 부재에 심한 손상을 입힐 수 있다. 다음 장에서 학습할 피로파손에서 피로균열fatigue crack은 매우 작은 구멍에서 자주 발생한다는 것을 알게 될 것이다.

[그림 3-25]는 평판의 D/d와 r/d에 따른 응력집중계수를 나타낸다. 이 그림에서 보듯이 필릿반지름 r이 0에 가까워짐에 따라 응력집중계수가 갑자기 증가한다는 것을 볼 수 있다. 필릿이 없는 경우(즉 $r=0$인 경우)는 이론적으로 응력집중계수가 무한히 크다. 그러므로 좋은 설계를 위해서는 적절한 반지름을 갖는 필릿이 있어야 한다.

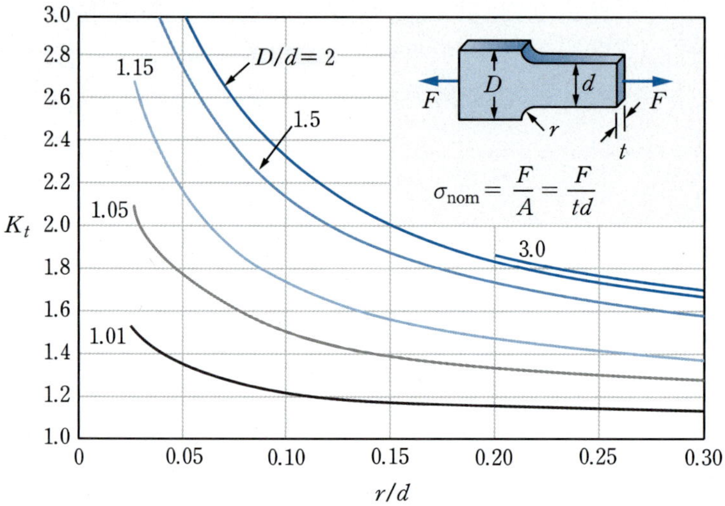

그림 3-25 단이 있는 판재에 축하중이 작용할 때의 응력집중계수

[그림 3-26]은 원형축의 D/d와 r/d에 따른 응력집중계수를 나타낸다.

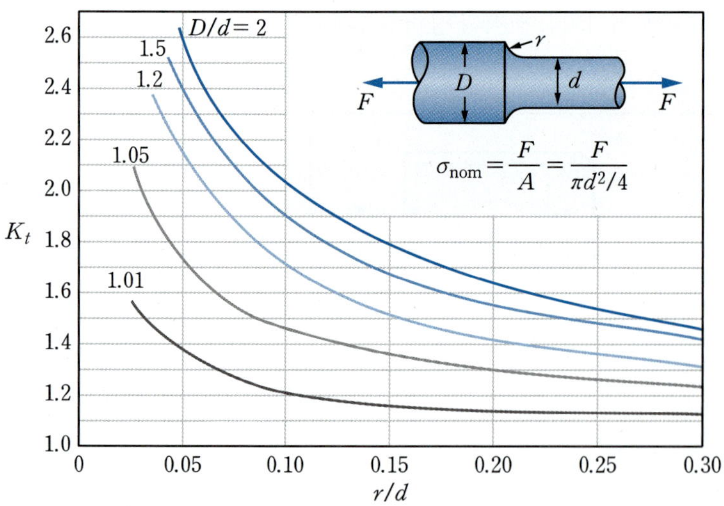

그림 3-26 단이 있는 원형축에 축하중이 작용할 때의 응력집중계수

3.4.2 비틀림하중이 작용하는 경우

앞에서 살펴본 것처럼 토크를 받는 원형 중실축에서의 응력분포는 다음의 비틀림공식[6]으로 나타낸다.

$$\tau = \frac{Tr}{J} \tag{3.46}$$

그런데 [그림 3-27(a)]와 같이 서로 다른 지름($D > d$)과 두 단 사이에 반지름 r의 필릿이 있다면, 최대전단응력은 작은 지름 d와 필릿이 서로 만나는 단면 $b-b$에서 발생한다.

토크를 받을 때의 응력집중계수 K_t는 다음과 같다.

$$K_t = \frac{\tau_{max}}{\tau_{nom}} \tag{3.47}$$

이 식에서 공칭응력인 τ_{nom}은 다음과 같다.

$$\tau_{nom} = \frac{16\,T}{\pi d^3} \tag{3.48}$$

[그림 3-27(d)]의 단면 $c-c$에 나타낸 바와 같이 공칭 최대전단응력은 작은 지름 d를 갖는 단면의 가장 바깥부분에서 발생한다.

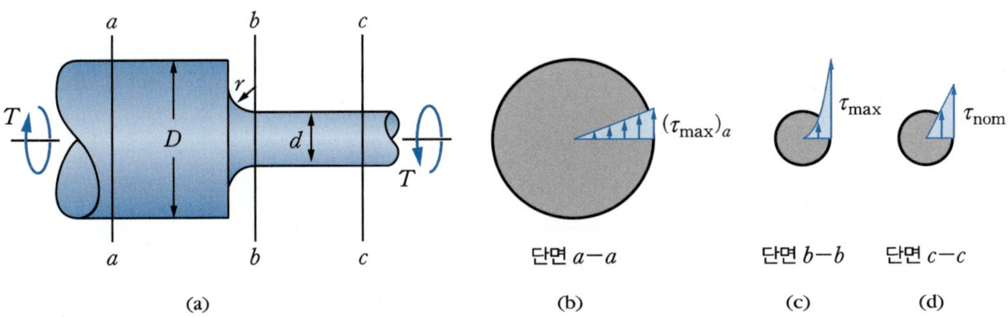

그림 3-27 단을 가진 원형축에 비틀림하중이 작용하는 경우

[그림 3-28]은 단이 있는 축의 D/d와 r/d에 따른 응력집중계수 K_{ts}를 나타낸다. 필릿반지름 r이 0에 가까워짐에 따라 축의 응력집중계수는 무한히 커진다. 따라서 응력집중을 최소화하기 위해서는 필릿반지름을 키우는 것이 좋다.

6 이 식에서 r은 필릿반지름이 아닌 원형축의 반지름을 나타낸다.

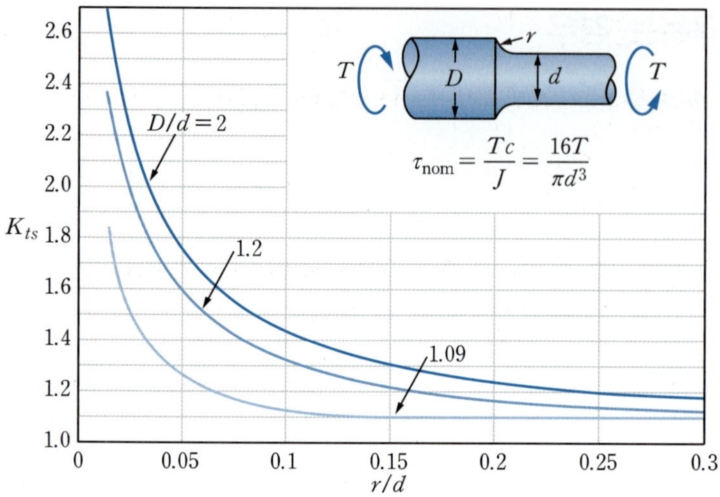

그림 3-28 단이 있는 원형축에 비틀림하중이 작용할 때의 응력집중계수

3.4.3 굽힘하중이 작용하는 경우

앞에서 살펴본 굽힘공식 $\sigma = -My/I$는 단면이 균일한 것을 전제로 유도된 것이다. 즉 보의 길이방향을 따라 갑작스러운 단면의 변화가 없는 경우에만 이 공식이 유효하다.

[그림 3-29]는 넓은 폭 D, 좁은 폭 d와 두께 t를 갖는 얇은 판재에 반지름 r의 필릿이 있는 경우를 보여준다. 이 판재에 굽힘모멘트 M이 작용할 경우 굽힘에 대한 응력집중계수는 다음과 같이 정의된다.

$$K_t = \frac{\sigma_{\max}}{\sigma_{\text{nom}}} \tag{3.49}$$

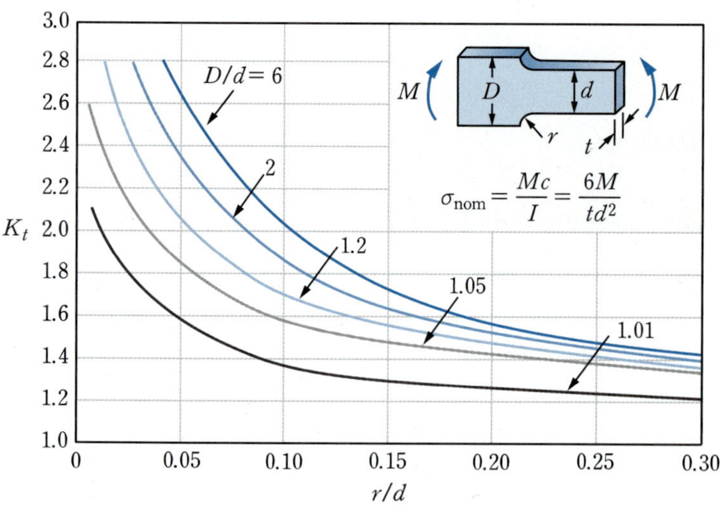

그림 3-29 단이 있는 평판에 굽힘하중이 작용할 때의 응력집중계수

여기서 공칭응력인 σ_{nom}은 다음과 같다.

$$\sigma_{\text{nom}} = \frac{Mc}{I} = \frac{6M}{td^2} \tag{3.50}$$

[그림 3-30]은 U-모양의 노치를 가진 평판에 굽힘모멘트가 작용할 때의 응력집중계수를 나타내고, [그림 3-31]은 단을 가진 원형축에 굽힘모멘트가 작용할 때의 응력집중계수를 나타낸다.

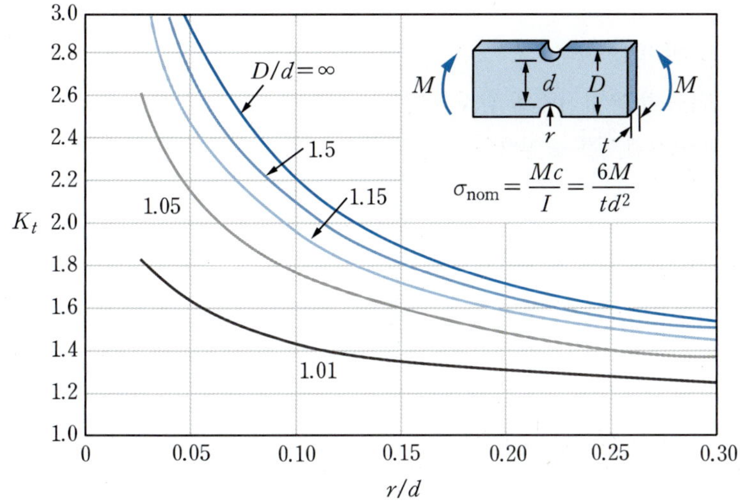

그림 3-30 U-모양의 노치가 있는 평판에 굽힘하중이 작용할 때의 응력집중계수

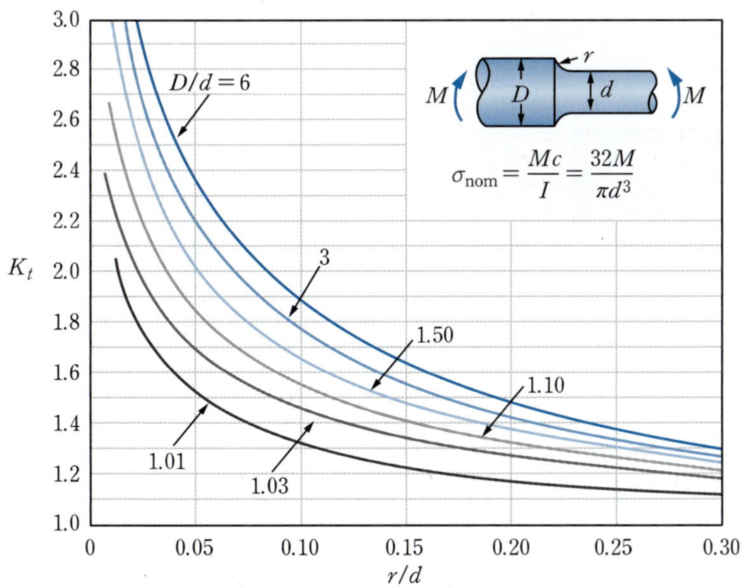

그림 3-31 단이 있는 원형축에 굽힘하중이 작용할 때의 응력집중계수

■ 응력집중을 줄이는 방법

기계부품의 기능 및 작동 특성상 많은 부분에서 복잡한 형상이 필요할 수가 있다. 부품의 기하학적 형상이 복잡할수록 단면이 갑자기 변하는 부분이 많아져서 응력집중이 많이 발생할 수 있다. 부품설계에서는 응력집중을 줄이기 위해 다음과 같은 방법을 고려한다.

- 가능하면 단면의 변화를 크게 주지 않는다.
- 단이 있거나 단면의 변화가 불가피한 경우 필릿fillet, 테이퍼taper나 구배gradient 등으로 단면의 변화를 완만하게 처리한다.
- 필릿반지름은 가능하면 크게 하는 것이 좋다.
- 단면이 변하는 부분에는 보강재를 붙여 응력집중을 감소시킨다.
- 열처리하여 강도를 증대하거나 표면거칠기를 줄인다.

탐구

1. 응력집중계수에 영향을 주는 인자는 무엇인가?
2. 제품설계에 있어서 응력집중이나 응력집중계수를 고려해야 하는 이유는 무엇인가?

예제 3-6 **구멍과 필릿을 가진 평판에서의 필릿반지름**

[그림 3-32]와 같이 두께가 12 mm 인 평판이 75 kN 의 축하중을 받고 있다. 지름 26 mm 의 구멍과 반지름 r의 필릿에서 발생하는 응력이 같게 되도록 필릿반지름 r을 결정하라.

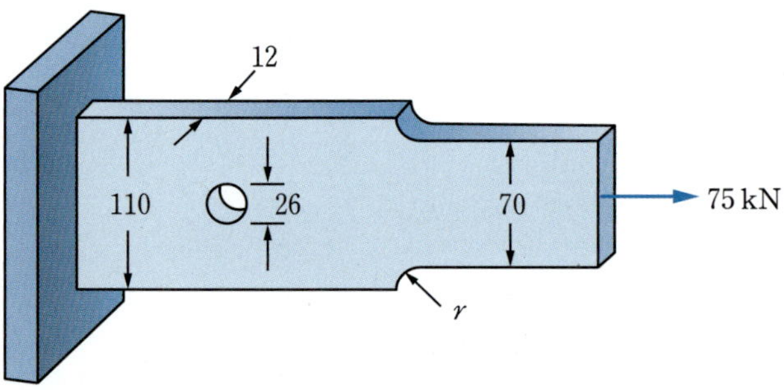

그림 3-32 구멍과 필릿을 가진 평판에 축하중의 작용

전략

재료의 종류가 제시되지 않았으므로 안전을 위해 응력집중을 고려한다. 먼저 원형구멍이 있는 단면의 판재 폭과 구멍 지름의 비를 구하고, 이로부터 [그림 3-24]에서의 응력집중계수 K_t를 찾는다. 식 (3.44)로부터 원형구멍이 있는 단면의 공칭응력을 구한 후 식 (3.43)으로부터 최대응력을 구한다. 식 (3.45)로부터 필릿이 있는 단면의 공칭응력을 구한 후 원형구멍에서 발생하는 최대응력과 필릿에서 발생하는 최대응력이 같다는 조건으로 필릿의 응력집중계수 K_t를 구한다. [그림 3-25]로부터 D/d값에 해당하는 곡선과 K_t로부터 r/d을 찾고, 이로부터 필릿반지름 r을 구한다.

풀이

원형구멍이 있는 단면에서 판재 폭과 구멍 지름의 비는 다음과 같다.

$$\frac{d}{D}=\frac{26}{110}=0.24$$

[그림 3-24]에서 $d/D=0.24$일 때 $K_t\approx 2.45$가 된다.

식 (3.44)로부터 원형구멍이 있는 단면의 공칭응력을 구하면 다음과 같다.

$$\sigma_{\text{nom}}=\frac{F}{(D-d)t}=\frac{75\times 10^3}{(110-26)\times 12}=74.4\,\text{N/mm}^2=74.4\,\text{MPa}$$

식 (3.43)으로부터 다음과 같이 최대응력을 구한다.

$$\sigma_{\max}=K_t\sigma_{\text{nom}}=2.45\times 74.4=182.3\,\text{MPa}$$

식 (3.45)로부터 필릿이 있는 단면의 공칭응력은 다음과 같다.

$$\sigma_{\text{nom}}=\frac{F}{dt}=\frac{75\times 10^3}{70\times 12}=89.3\,\text{N/mm}^2=89.3\,\text{MPa}$$

식 (3.43)으로부터 필릿의 최대응력은 다음과 같다.

$$\sigma_{\max}=K_t\sigma_{\text{nom}}=89.3K_t\,\text{MPa}$$

원형구멍과 필릿에서 발생하는 최대응력이 같아야 하므로 $182.3=89.3K_t$가 되며, 이로부터 필릿의 $K_t=2.04$가 된다. [그림 3-25]에서 $\frac{D}{d}=\frac{110}{70}=1.57$과 $K_t=2.04$일 때 $r/d\approx 0.12$가 된다.

$r/70=0.12$로부터 필릿반지름 $r=8.4\,\text{mm}$가 된다. [답]

검토

[그림 3-24]는 비선형 곡선이므로 K_t를 찾을 때 주의해야 한다. 특히 [그림 3-25]의 경우 D/d에 대한 몇 개의 곡선만 제시되어 있으므로, 찾으려는 D/d에 대한 곡선이 없다면 이들 곡선 사이에서 근삿값을 찾아야 한다.

SECTION

3.5

응력변환

- ✔ 응력의 좌표변환에 대해 학습한다.
- ✔ 주응력과 최대전단응력을 구하는 방법을 학습한다.
- ✔ 모어원을 이용하여 응력을 구하는 방법을 학습한다.

기계부품이나 구조물은 다양한 외부하중을 받는데, 이 하중으로 인해 내부에서 발생하는 응력이 재료의 강도보다 크면 파손이 일어날 수 있다. 따라서 내부에서 발생하는 최대수직응력과 최대전단응력이 얼마가 되는지와 이들 최대응력이 발생하는 방향이 어떻게 되는지를 아는 것이 매우 중요하다.

3.5.1 좌표변환

[그림 3-33]의 사각형 미소요소에 수직응력 σ_x, σ_y 및 전단응력 τ_{xy} 등 평면응력들을 나타냈다. 이들 응력은 $x-y$ 좌표계를 기준으로 나타낸 것이다. 이 응력들은 이미 알고 있는 것으로 가정한다. 이 좌표계에 대해 반시계방향으로 θ의 각도만큼 회전한 $x'-y'$ 좌표계의 경사면에 발생하는 수직응력 $\sigma_x{}'$과 전단응력 $\tau_{x'y'}$을 함께 나타냈다.

[그림 3-33]의 미소요소 중 짙은 색의 삼각형 부분만 분리하여 [그림 3-34(a)]에 다시 나타냈다. 또한 이 삼각형 미소요소에 응력이 발생하는 면적을 [그림 3-34(b)]에 나타냈다.

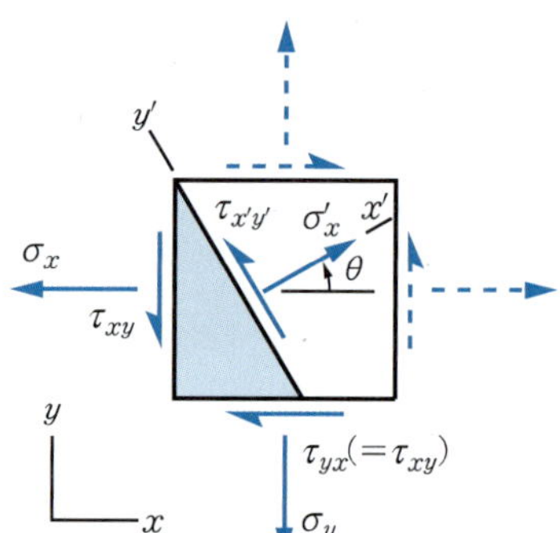

그림 3-33 $x-y$ 좌표계와 $x'-y'$ 좌표계에 대한 응력

삼각형 미소요소의 두께를 1(즉 단위두께)로 놓고 경사면의 면적을 ΔA라고 하면 x면과 y면의 면적은 각각 $\Delta A\cos\theta$와 $\Delta A\sin\theta$가 된다. 응력에 면적을 곱한 것으로 표시한 자유물체도를 [그림 3-34(c)]에 나타냈으며, 이를 이용하여 x'방향과 y'방향에 대한 평형방정식을 식 (3.51)과 식 (3.52)에 나타냈다.

$$\sum F_{x'}=0\,;\ \sigma_{x'}\Delta A-(\tau_{xy}\Delta A\sin\theta)\cos\theta-(\sigma_y\Delta A\sin\theta)\sin\theta$$
$$-(\tau_{xy}\Delta A\cos\theta)\sin\theta-(\sigma_x\Delta A\cos\theta)\cos\theta=0$$

$$\sigma_{x'}=\sigma_x\cos^2\theta+\sigma_y\sin^2\theta+\tau_{xy}(2\sin\theta\cos\theta) \tag{3.51}$$

$$\sum F_{y'} = 0\,;\ \tau_{x'y'}\Delta A + (\tau_{xy}\Delta A\sin\theta)\sin\theta - (\sigma_y\Delta A\sin\theta)\cos\theta$$
$$- (\tau_{xy}\Delta A\cos\theta)\cos\theta + (\sigma_x\Delta A\cos\theta)\sin\theta = 0$$

$$\tau_{x'y'} = (\sigma_y - \sigma_x)\sin\theta\cos\theta + \tau_{xy}(\cos^2\theta - \sin^2\theta) \tag{3.52}$$

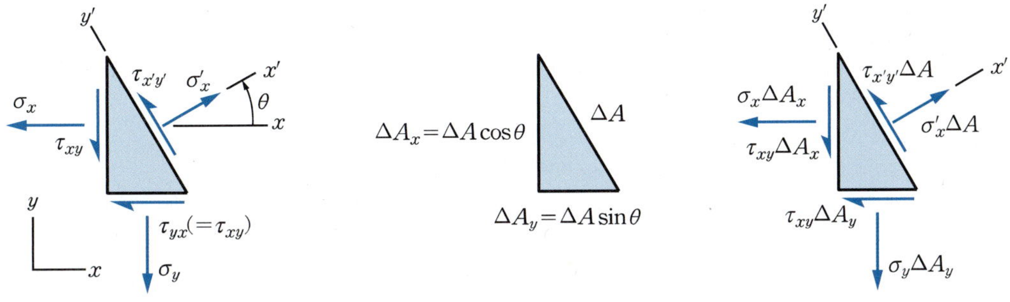

그림 3-34 평면응력 요소의 자유물체도

앞에서 구한 식 (3.51)과 식 (3.52)의 두 평형방정식은 삼각함수 관계식인 $\sin 2\theta = 2\sin\theta\cos\theta$, $\sin^2\theta = (1-\cos 2\theta)/2$, $\cos^2\theta = (1+\cos 2\theta)/2$를 이용하면 다음과 같이 정리된다.

$$\sigma_{x'} = \frac{\sigma_x + \sigma_y}{2} + \frac{\sigma_x - \sigma_y}{2}\cos 2\theta + \tau_{xy}\sin 2\theta \tag{3.53}$$

$$\tau_{x'y'} = -\frac{\sigma_x - \sigma_y}{2}\sin 2\theta + \tau_{xy}\cos 2\theta \tag{3.54}$$

y'방향의 수직응력 $\sigma_y{}'$은 식 (3.53)에 θ 대신 $\theta + 90°$를 대입해서 구할 수 있으며, 다음과 같다.

$$\sigma_{y'} = \frac{\sigma_x + \sigma_y}{2} - \frac{\sigma_x - \sigma_y}{2}\cos 2\theta - \tau_{xy}\sin 2\theta \tag{3.55}$$

식 (3.53) ~ 식 (3.55)를 평면응력에 대한 응력변환식이라고 한다.

3.5.2 주응력

식 (3.53)에서 알 수 있듯이 수직응력은 각도 θ에 따라 달라지는데, 공학적 측면에서 최대 또는 최소 수직응력이 발생하는 방향과 그때의 응력을 구하는 것은 중요하다. 식 (3.53)에서 $\sigma_x{}'$은 각도 θ의 함수이므로 이 함수를 θ로 미분한 후 결과를 0으로 놓으면, 최대 또는 최소 수직응력이 발생하는 각도 θ_p를 구할 수 있다. 즉 $\sigma_x{}'$을 각도 θ로 미분하면 다음과 같이 된다.

$$\frac{d\sigma_{x'}}{d\theta} = -\frac{\sigma_x - \sigma_y}{2}(2\sin 2\theta) + 2\tau_{xy}\cos 2\theta = 0 \tag{3.56}$$

식 (3.56)을 정리하여 수직응력이 최대 또는 최소가 되는 방향을 다음과 같이 찾을 수 있다.

$$\tan 2\theta_p = \frac{\tau_{xy}}{(\sigma_x - \sigma_y)/2} \tag{3.57}$$

식 (3.57)은 두 개의 해 θ_{p1}과 θ_{p2}를 갖는다. $2\theta_{p1}$과 $2\theta_{p2}$ 사이에는 180°의 차이가 있으므로 θ_{p1}과 θ_{p2} 사이에는 90°의 차이가 있다. [그림 3-35]의 삼각형으로부터 $2\theta_{p1}$과 $2\theta_{p2}$의 사인과 코사인을 다음과 같이 구할 수 있다. 먼저 θ_{p1}에 대해 구하면 다음과 같다.

$$\sin 2\theta_{p1} = \frac{\tau_{xy}}{\sqrt{\left(\frac{\sigma_x - \sigma_y}{2}\right)^2 + \tau_{xy}^2}}, \quad \cos 2\theta_{p1} = \frac{\left(\frac{\sigma_x - \sigma_y}{2}\right)}{\sqrt{\left(\frac{\sigma_x - \sigma_y}{2}\right)^2 + \tau_{xy}^2}} \tag{3.58}$$

또한 θ_{p2}에 대해 구하면 다음과 같다.

$$\sin 2\theta_{p2} = \frac{-\tau_{xy}}{\sqrt{\left(\frac{\sigma_x - \sigma_y}{2}\right)^2 + \tau_{xy}^2}}, \quad \cos 2\theta_{p2} = \frac{-\left(\frac{\sigma_x - \sigma_y}{2}\right)}{\sqrt{\left(\frac{\sigma_x - \sigma_y}{2}\right)^2 + \tau_{xy}^2}} \tag{3.59}$$

이를 통해 구한 θ_{p1}과 θ_{p2}를 주응력방향 또는 **주방향**principal direction이라고 한다. 또한 주응력이 발생하는 면을 **주응력면**principal plane of stress이라고 한다.

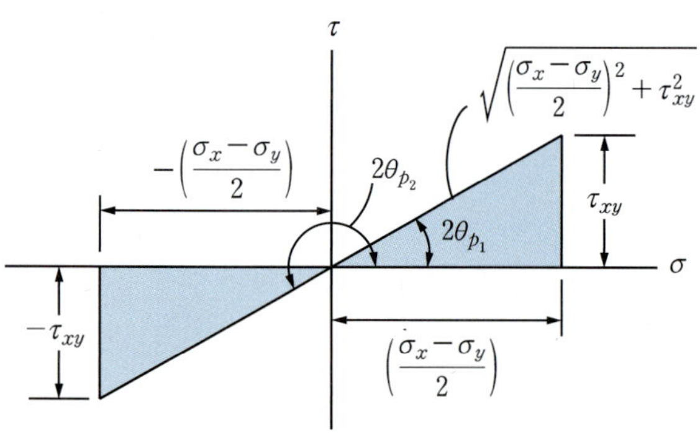

그림 3-35 주응력 방향

식 (3.58)과 식 (3.59)를 식 (3.53)에 대입하여 정리하면 다음과 같이 두 개의 **주응력**principal stress σ_1과 σ_2를 얻을 수 있다.

$$\sigma_{1,2} = \frac{\sigma_x + \sigma_y}{2} \pm \sqrt{\left(\frac{\sigma_x - \sigma_y}{2}\right)^2 + \tau_{xy}^2} \tag{3.60}$$

평면응력에서는 $\sigma_1 \geq \sigma_2$의 관계를 갖는 것으로 약속한다. 또한 식 (3.58)과 식 (3.59)를 식 (3.54)에 대입하면 전단응력 τ는 0이 된다. 즉 주응력을 갖는 평면인 **주평면**principal plane에서는 전단응력이 발생하지 않는다는 것을 알 수 있다.

3.5.3 최대전단응력

최대전단응력을 구하는 방법도 주응력을 구하는 방법과 유사하다. 식 (3.54)를 θ에 대해 미분한 결과가 0이 되게 한 후 정리하면 다음과 같이 쓸 수 있다.

$$\tan 2\theta_s = \frac{-(\sigma_x - \sigma_y)/2}{\tau_{xy}} \tag{3.61}$$

식 (3.61)은 [그림 3-36]과 같이 나타낼 수 있다. 이 그림에서의 $\sin 2\theta_{s1}$과 $\cos 2\theta_{s1}$ 및 $\sin 2\theta_{s2}$와 $\cos 2\theta_{s2}$를 식 (3.54)에 대입하여 정리하면 다음과 같이 **최대전단응력**을 구할 수 있다.

$$\tau_{\max} = \tau_{1,2} = \pm\sqrt{\left(\frac{\sigma_x - \sigma_y}{2}\right)^2 + \tau_{xy}^2} \tag{3.62}$$

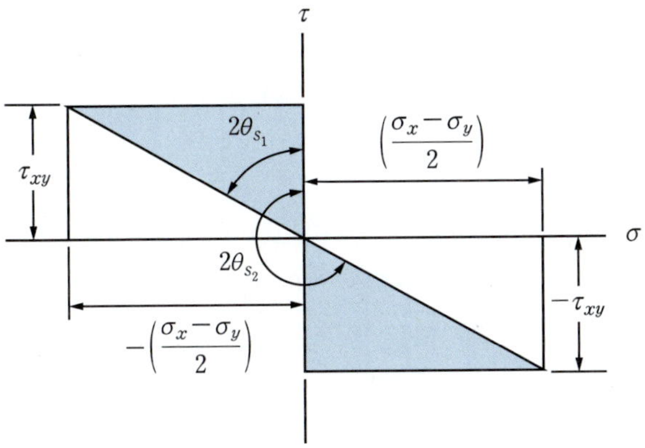

그림 3-36 최대전단응력방향

최대전단응력이 발생하는 $\sin 2\theta_{s1}$과 $\cos 2\theta_{s1}$이나 $\sin 2\theta_{s2}$와 $\cos 2\theta_{s2}$를 식 (3.53)에 대입하여 정리하면 다음과 같이 주어진 수직응력의 평균이 된다는 것을 알 수 있다.

$$\sigma_m = \frac{\sigma_x + \sigma_y}{2} \tag{3.63}$$

즉 최대전단응력이 발생하는 면에서는 주어진 수직응력의 평균값이 발생한다는 것을 알 수 있다.

3.5.4 모어원 방법

평면응력이 주어졌을 때 주응력과 최대전단응력의 크기와 방향뿐만 아니라 특정 면에서의 응력을 결정할 수 있는 **모어원 방법** Mohr's circle method이라는 **도식적 기법** graphical approach이 있다. 이 방법은 독일의 구조공학자인 오토 모어 Otto Mohr가 응력을 도식적으로 나타내기 위해 개발한 편리한 방법이다. 이 방법을 사용하면 종이와 자, 컴퍼스, 각도기 등을 이용하여 작도함으로써 손쉽게 응력값을 구할 수 있다.

과거에는 모어원을 큰 종이에 매우 정확한 비율로 작도하여 응력값을 구하기도 했다. 그러나 모어원의 작도는 시각적인 표현을 위한 도구로만 이용하고, 원의 기하학적 특성을 이용하는 준도식적 방법 semi-graphical approach을 병행하면 앞에서 설명한 해석적 방법과 완전히 일치하는 결과를 얻을 수 있다.

■ 평면응력

모어원 작도에서의 규칙은 다음과 같다.

- 수직응력 σ를 수평축으로, 전단응력 τ를 수직축으로 하는 좌표축을 그린다.
- 미소요소를 시계방향으로 회전시키는 전단응력은 σ축의 위에 도시한다.
- 미소요소를 반시계방향으로 회전시키는 전단응력은 σ축의 아래에 도시한다.

종이에 모어원을 작도할 때는 미소요소에 주어진 응력값을 길이로 나타내야 한다. 예를 들어 $\sigma_x = 15\,\mathrm{MPa}$이고 $\tau_{xy} = 6\,\mathrm{MPa}$인 경우 σ_x는 $15\,\mathrm{cm}$, τ_{xy}는 $6\,\mathrm{cm}$로 작도하면 된다. 만약 σ_x를 $7.5\,\mathrm{cm}$로 하려면 τ_{xy}는 $3\,\mathrm{cm}$로 작도하면 된다. 즉 같은 비율로 작도하면 된다.

[그림 3-37(a)]와 같이 모든 면에서 양(+)의 평면응력을 받을 때, 모어원의 작도방법은 다음과 같다. 여기서 $\sigma_x > \sigma_y > 0$으로 가정했다.

❶ 종이에 자를 사용하여 좌표의 원점 O를 기준으로 수평선과 수직선을 작도한다. 그리고 수평선에 σ, 수직선에 τ를 표시한다. σ는 오른쪽이 양(+)이고, τ는 아래쪽이 양(+)이다.

❷ 주어진 미소요소의 $+x$면에 작용하는 응력 σ_x와 τ_{xy}에 해당하는 점 A를 표시한다. 이때 $+x$면에 작용하는 전단응력은 미소요소를 반시계방향으로 회전시키므로 σ축의 아래에 나타냈다. A점은 $\theta = 0°$가 되는 기본점이다. $+y$면에 작용하는 응력 σ_y와 τ_{xy}에 해당하는 점 B를 표시한다. 이때 $+y$면에 작용하는 전단응력은 미소요소를 시계방향으로 회전시키므로 σ축의 위에 나타냈다.

❸ 두 점 A와 B를 직선으로 연결한다. 이 직선과 σ축의 교점 C를 표시한다. 길이 OC가 평균응력 σ_m이 된다.

❹ 컴퍼스로 길이 CA만큼 간격을 잡은 후 C점을 중심으로 한 바퀴 돌려 원을 작도한다.

❺ 이 원과 σ축이 만나는 점 D와 E를 표시한다. 이 두 점이 주응력 σ를 나타내는 점이다. 앞에서 $\sigma_1 \geq \sigma_2$로 약속했으므로 점 D가 σ_1이 되고, 점 E가 σ_2가 된다. 따라서 길이 OD가 최대주응력 σ_1이 되고, OE가 최소주응력 σ_2가 된다. σ_1은 기본점 A로부터 반시계방향으로 $2\theta_p$의 위치에서 발생하고, σ_2은 반시계방향으로 $2\theta_p + 180°$의 위치에서 발생한다.

❻ 최대전단응력 $\tau_{\max}$를 나타내는 F점과 G점을 각각 표시한다. 길이 FC와 GC가 최대전단응력이 된다.

❼ 기본점 A로부터 2θ의 면에서 발생하는 수직응력과 전단응력은 그림과 같이 2θ가 되는 각도에서 C을 통과하는 직선을 그려서 원과 만나는 점 H와 I의 수직응력과 전단응력 성분을 찾으면 된다.

이 모어원 방법은 3.5.1 ~ 3.5.3절에서 설명한 해석적 방법과 완벽히 일치하는 결과를 얻을 수 있다.

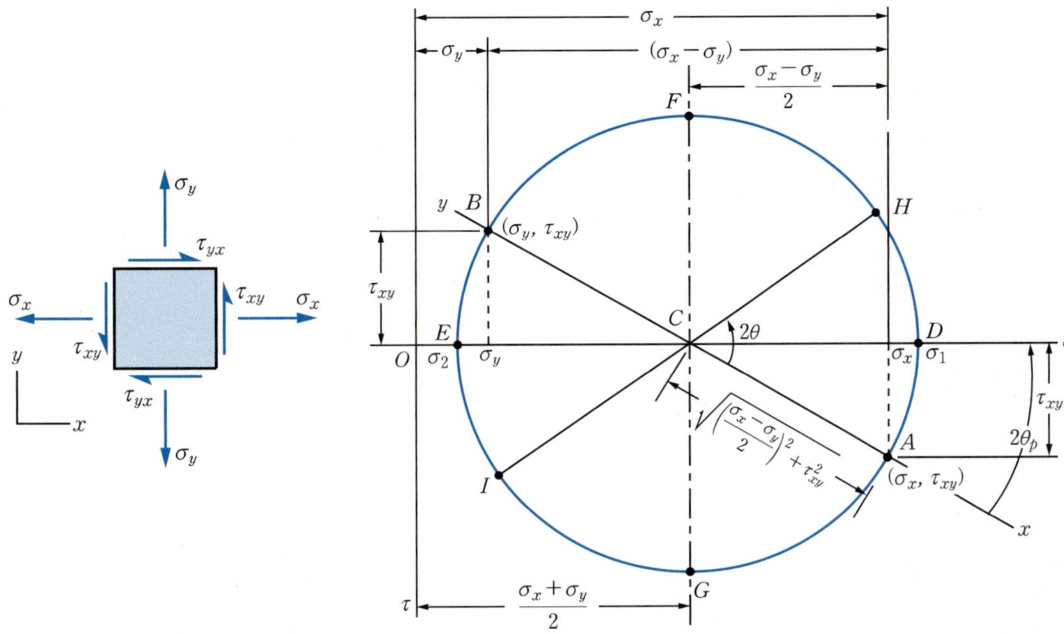

(a) 평면응력 (b) 모어원

그림 3-37 모어원 선도

■ 3차원 응력

일반적인 기계부품은 3차원 형상을 가지며, 여러 방향으로 다양한 하중이 작용하므로 3차원 응력해석을 하는 것이 적절하다. 평면응력과 마찬가지로 주응력과 최대전단응력의 방향과 크기를 찾아야 한다. 그러나 3차원의 경우는 일반적인 응력상태를 표현하기 위해 6개의 응력성분이 필요하므로 주응력과 주방향을 결정하기가 쉽지 않다.

6개의 응력성분 σ_x, σ_y, σ_z, τ_{xy}, τ_{yz}, τ_{zx}로부터 3개의 주응력을 계산하려면 다음과 같은 3차 방정식의 해를 찾아야 한다.

$$\begin{aligned}&\sigma^3-(\sigma_x+\sigma_y+\sigma_z)\sigma^2+(\sigma_x\sigma_y+\sigma_x\sigma_z+\sigma_y\sigma_z-\tau_{xy}^2-\tau_{yz}^2-\tau_{zx}^2)\sigma\\&\quad-(\sigma_x\sigma_y\sigma_z+2\tau_{xy}\tau_{yz}\tau_{zx}-\sigma_x\tau_{yz}^2-\sigma_y\tau_{zx}^2-\sigma_z\tau_{xy}^2)=0\end{aligned} \tag{3.64}$$

[그림 3-38]은 3차원 응력에 대한 모어원이다. 이 원을 그릴 때 주응력의 크기를 $\sigma_1 \geq \sigma_2 \geq \sigma_3$로 한다. 그림에서 보는 바와 같이 σ_1과 σ_2로 표시된 원과 σ_2와 σ_3로 표시된 원은 서로 외접하며, 이들 두 원은 σ_1과 σ_3로 표시된 가장 큰 원에 내접한다. 이 그림으로부터 각 주응력이 발생하는 면에는 다음과 같이 3개의 최대전단응력이 발생한다.

$$\tau_{1/2}=\frac{\sigma_1-\sigma_2}{2},\quad \tau_{2/3}=\frac{\sigma_2-\sigma_3}{2},\quad \tau_{1/3}=\frac{\sigma_1-\sigma_3}{2} \tag{3.65}$$

σ_1이 가장 크고, σ_3가 가장 작으므로 최대전단응력은 다음과 같다.

$$\tau_{\max} = \tau_{1/3} = \frac{\sigma_1 - \sigma_3}{2} \tag{3.66}$$

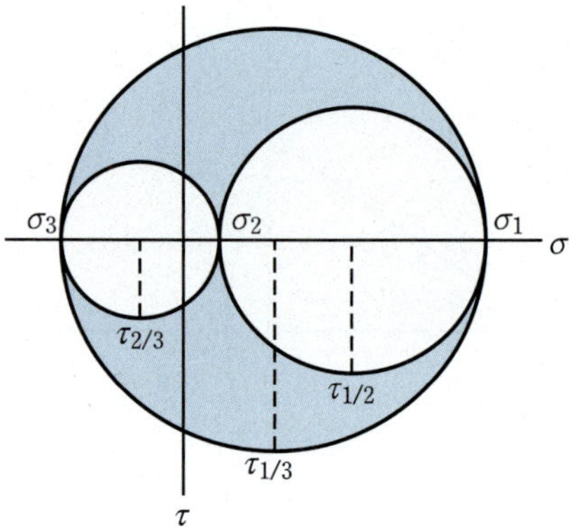

그림 3-38 3차원 모어원 선도

탐구

1. 주응력에 대해 설명하라.
2. 주응력이 발생하는 면에서의 전단응력은 어떻게 되는가?
3. 평면문제에서 주응력 중 하나의 방향을 알고 있다면 다른 하나의 주응력 방향은 어떻게 되는가?
4. 주응력이 발생하는 방향을 알고 있다면 최대전단응력이 발생하는 방향은 어떻게 되는가?

예제 3-7 평면응력상태에서의 주응력, 최대전단응력, 수직응력

한 점에서의 평면응력상태가 [그림 3-39]와 같다. 이 점에 대해 다음을 구하라.

(a) 주응력과 주응력방향

(b) 최대전단응력과 최대전단응력방향

(c) 최대전단응력이 발생하는 면에서의 수직응력

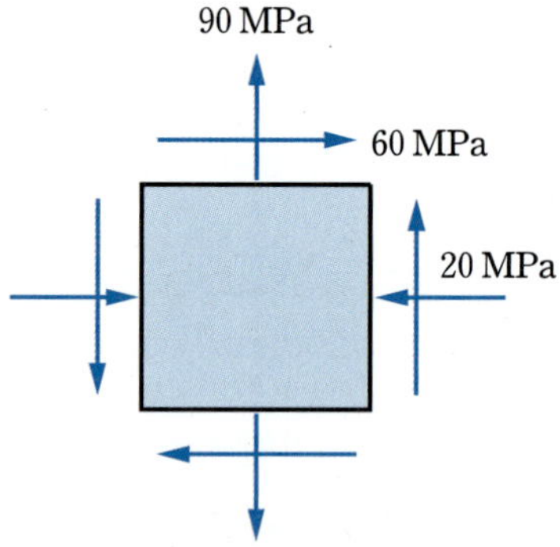

그림 3-39 한 점에서의 평면응력상태

전략

부호규약에 따라 응력들은 다음과 같다.

$$\sigma_x = -20\,\text{MPa}, \quad \sigma_y = 90\,\text{MPa}, \quad \tau_{xy} = 60\,\text{MPa}$$

식 (3.57)로부터 주방향을 구하고, 식 (3.60)을 이용하여 주응력을 구한다. 두 주응력이 각각 어느 방향으로 발생하는지를 알기 위해 식 (3.53)에 주방향 중 하나를 대입한다. 또한 식 (3.61)로부터 최대전단응력 방향을 구하고, 식 (3.62)를 이용하여 최대전단응력을 구한다. 두 최대전단응력이 각각 어느 방향으로 발생하는지를 알기 위해 식 (3.54)에 최대전단응력 방향 중 하나를 대입한다.

풀이

(a) 식 (3.57)을 이용하여 다음과 같이 주방향을 구한다.

$$\tan 2\theta_p = \frac{\tau_{xy}}{(\sigma_x - \sigma_y)/2} = \frac{60}{(-20-90)/2}$$

이 식으로부터 θ_{p2}는 다음과 같다.

$$2\theta_{p2} = -47.49°,\quad \theta_{p2} = -23.7°$$

$2\theta_{p1}$과 $2\theta_{p2}$는 180°의 차이가 있으므로 θ_{p1}은 다음과 같다.

$$2\theta_{p1} = 180° + 2\theta_{p2} = 132.51°,\quad \theta_{p1} = 66.3°$$

식 (3.60)을 이용하여 다음과 같이 주응력을 구한다.

$$\begin{aligned}\sigma_{1,2} &= \frac{\sigma_x + \sigma_y}{2} \pm \sqrt{\left(\frac{\sigma_x - \sigma_y}{2}\right)^2 + \tau_{xy}^2} \\ &= \frac{-20+90}{2} \pm \sqrt{\left(\frac{-20-90}{2}\right)^2 + 60^2} \\ &= 35.0 \pm 81.4\end{aligned}$$

따라서 $\sigma_1 = 116\,\text{MPa}$, $\sigma_2 = -46.4\,\text{MPa}$이다.

이들 주응력이 각각 어느 방향에서 발생하는지를 알려면 식 (3.53)에 θ_{p1}과 θ_{p2} 중 하나를 대입해보면 된다. $\theta_{p1} = 66.3°$를 식 (3.53)에 대입하면 다음과 같다.

$$\begin{aligned}\sigma_{x'} &= \frac{\sigma_x + \sigma_y}{2} + \frac{\sigma_x - \sigma_y}{2}\cos 2\theta + \tau_{xy}\sin 2\theta \\ &= \frac{-20+90}{2} + \frac{-20-90}{2} \times \cos(2\times 66.3°) + 60 \times \sin(2\times 66.3°) \\ &= 116\,\text{MPa}\end{aligned}$$

따라서 $\sigma_1 = 116\,\text{MPa}$은 $\theta_{p1} = 66.3°$에서 발생하고, $\sigma_2 = -46.4\,\text{MPa}$은 $\theta_{p2} = -23.7°$에서 발생한다. **[답]**

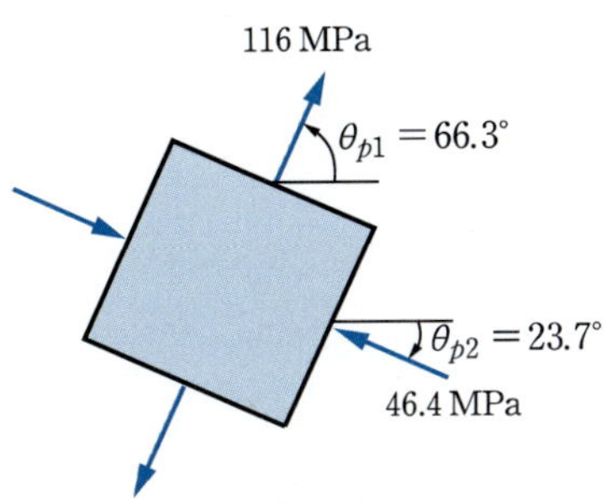

그림 3-40 주응력 및 주방향

(b) 식 (3.61)로부터 다음과 같이 최대전단응력 방향을 구할 수 있다.

$$\tan 2\theta_s = \frac{-(\sigma_x - \sigma_y)/2}{\tau_{xy}} = \frac{-(-20-90)/2}{60}$$

$$2\theta_{s1} = 42.5°, \quad \theta_{s1} = 21.3°$$
$$2\theta_{s2} = 180° + 2\theta_{s1}, \quad \theta_{s2} = 111.3°$$

식 (3.62)를 이용하여 다음과 같이 최대전단응력을 구한다.

$$\tau_{\max} = \pm\sqrt{\left(\frac{\sigma_x - \sigma_y}{2}\right)^2 + \tau_{xy}^2} = \pm\sqrt{\left(\frac{-20-90}{2}\right)^2 + 60^2} = \pm 81.4\,\text{MPa}$$

식 (3.54)에 $\theta_{s1} = 21.3°$를 대입하면 다음과 같다.

$$\begin{aligned}\tau_{x'y'} &= -\frac{\sigma_x - \sigma_y}{2}\sin 2\theta + \tau_{xy}\cos 2\theta \\ &= -\left(\frac{-20-90}{2}\right) \times \sin(2\times 21.3°) + 60 \times \cos(2 \times 21.3°) \\ &= 81.4\,\text{MPa}\end{aligned}$$

따라서 $\tau_{\max} = 81.4\,\text{MPa}$은 $\theta_{s1} = 21.3°$에서 발생하고, $\tau_{\max} = -81.4\,\text{MPa}$은 $\theta_{s2} = 111.3°$에서 발생한다. [답]

(c) 식 (3.63)을 이용하여 최대전단응력이 발생하는 면에서의 수직응력을 다음과 같이 구한다.

$$\sigma_m = \frac{\sigma_x + \sigma_y}{2} = \frac{-20+90}{2} = 35\,\text{MPa} \quad \text{[답]}$$

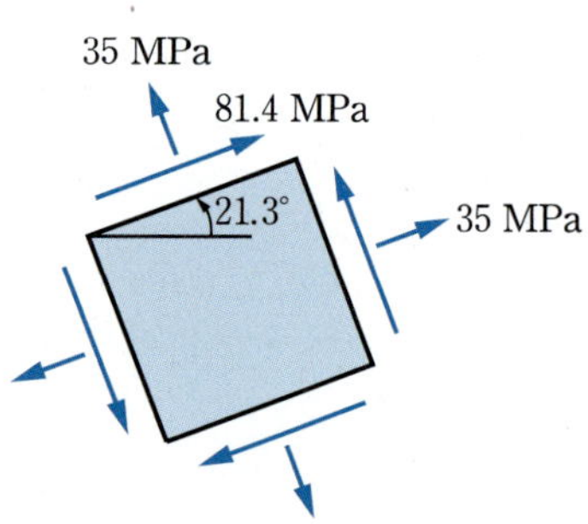

그림 3-41 최대전단응력 및 수직응력

검토

전단응력을 구하는 식 (3.54)에 θ_{p1}이나 θ_{p2}를 대입하면 0이 되어 주응력면에서는 전단응력이 발생하지 않는다. 그러나 수직응력을 구하는 식 (3.53)에 θ_{s1}이나 θ_{s2}를 대입하면 σ_x와 σ_y의 평균의 수직응력이 발생한다는 것을 알 수 있다.

CHAPTER 03 | 핵심요약

- 부정정 문제의 경우 평형방정식만으로는 미지의 해를 구할 수 없으므로 추가로 적합조건을 도입하여 해를 구해야 한다.
- 내력을 힘을 받는 면적으로 나눈 것이 응력이다.
- 보에 굽힘모멘트가 작용할 때 최대굽힘응력은 중립축으로부터 가장 멀리 떨어진 위치에서 발생하고, 최대전단응력은 중립축에서 발생한다.
- 보의 관성모멘트는 굽힘에 저항하는 특성이며, 극관성모멘트는 비틀림에 저항하는 특성이다.
- 원통형 압력용기에서 발생하는 원주방향응력은 길이방향응력의 두 배가 된다.
- 후판압력용기에서 반지름방향의 응력은 내압과 같다.
- 형상의 급격한 변화로 인해 특정 위치에서 큰 응력이 발생하는 현상을 응력집중이라고 하며, 재료와는 상관없는 기하학적 특성이다.
- 정하중을 받는 연성재료는 일반적으로 응력집중계수를 적용하지 않는다.
- 정하중을 받는 취성재료는 응력집중계수를 적용해야 하며, 동하중을 받는다면 연성재료나 취성재료 모두 응력집중계수를 적용해야 한다.
- 주응력이 발생하는 면에서는 전단응력이 발생하지 않고, 최대전단응력이 발생하는 면에서는 평균수직응력이 발생한다.

CHAPTER 03 | 기본문제

3.1 3차원 물체에 대한 역학과 관련하여 다음 중 옳지 않은 것은? 3.1절

① 미지수의 수와 방정식의 수가 같은 것을 정정 문제라고 하며, 평형방정식으로 미지수를 구할 수 있다.
② 부정정 문제의 경우 평형방정식과 함께 적합조건을 추가로 도입해야 해를 구할 수 있다.
③ 3차원 문제를 해결하기 위한 평형방정식의 수는 최대 3개이다.
④ 풀이 결과에서 음의 부호가 나오는 것은 자유물체도에 미지 힘의 방향을 정확한 방향과 반대로 잡았기 때문이다.

3.2 다음 중 응력의 설명으로 옳은 것은? 3.1절

① 단위면적당 강도　② 단위면적당 내력
③ 단위체적당 강도　④ 단위길이당 외력

3.3 평면응력에 대한 설명 중 옳지 않은 것은? 3.2절

① 평면응력에서는 두께방향의 응력을 고려하지 않는다.
② 2차원 평면상에 응력을 나타내므로 표현할 수 있는 응력은 최대 2개이다.
③ 두께가 얇은 평판에 평면과 나란한 방향으로 힘이 작용할 때 적용할 수 있다.
④ 실린더와 같은 축대칭 원통구조물은 평면응력해석을 적용할 수 있다.

3.4 지름이 10 mm 인 원형단면의 봉에 100 N 의 물체가 매달려 있다. 봉에 발생하는 수직응력은? 3.3절

① $\frac{4}{\pi}\,\mathrm{N/mm^2}$　② $5\,\mathrm{N/mm^2}$　③ $\frac{\pi}{4}\,\mathrm{N/mm^2}$　④ $10\,\mathrm{N/mm^2}$

3.5 길이가 2 m 이고 단면적이 $0.05\,\mathrm{m^2}$ 인 봉에 100 kN 의 인장하중이 작용할 때, 이 봉의 길이변형량은 몇 mm 인가? 단, 봉의 탄성계수는 10 GPa 이다. 3.3절

① 0.10　② 0.20　③ 0.30　④ 0.40

3.6 그림과 같이 변형이 일어나지 않는 튼튼한 벽 사이에 길이가 50 mm 이고, 지름이 20 mm 인 강철봉이 고정되어 있다. 온도를 10℃ 에서 60℃ 로 가열하는 경우 봉에 발생하는 열응력은 몇 MPa 인가? 단, 열팽창계수는 12×10^{-6}/℃, 재료의 항복강도는 500 MPa, 탄성계수는 200 GPa 이다. 3.3절

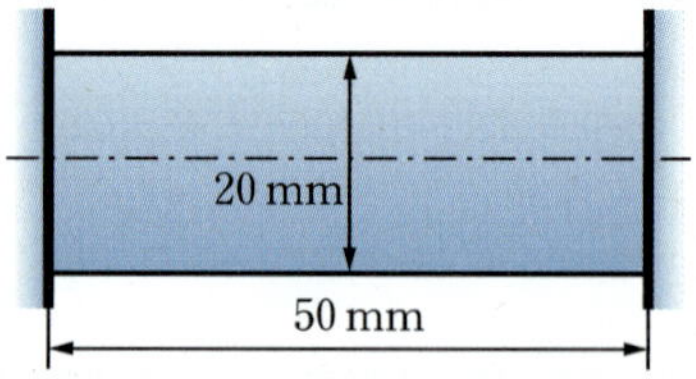

그림 P3.1

① −60　② −120　③ −240　④ −480

3.7 길이가 1.5 m 고, 지름이 50 mm 인 중실원형봉의 한쪽 끝을 고정하고 200 N · m 의 토크를 가했다. 축의 전단탄성계수가 80 GPa 일 때 자유단의 비틀림 각은 라디안 단위로 얼마인가? 3.3절

① 3.24×10^{-3} ② 6.11×10^{-3} ③ 8.83×10^{-3} ④ 9.13×10^{-3}

3.8 원형단면축을 통해 회전동력을 전달한다. 축에 가하는 토크가 75 N · m 이고, 축의 회전수가 50 Hz 인 경우 전달동력은 몇 kW 인가? 3.3절

① 23.6 ② 29.3 ③ 32.5 ④ 35.9

3.9 그림과 같은 알루미늄합금 튜브의 허용전단응력이 100 MPa 일 때 이 튜브에 작용할 수 있는 최대토크는 몇 N · m 인가? 3.3절

① 975
② 1025
③ 1265
④ 1450

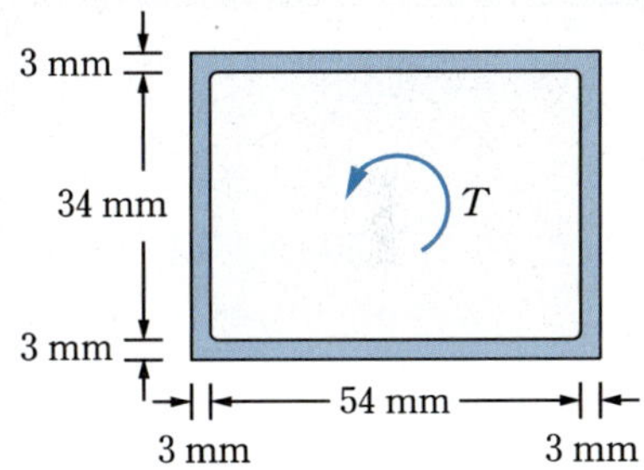

그림 P3.2

3.10 그림과 같은 직사각형 단면의 축이 640 N · m 의 굽힘모멘트를 받고 있다. 중립축 *NA*로부터 300 mm 떨어진 *A*점에서 발생하는 굽힘응력은 몇 kPa 인가? 3.3절

① 7.5
② 10.0
③ 12.5
④ 15.0

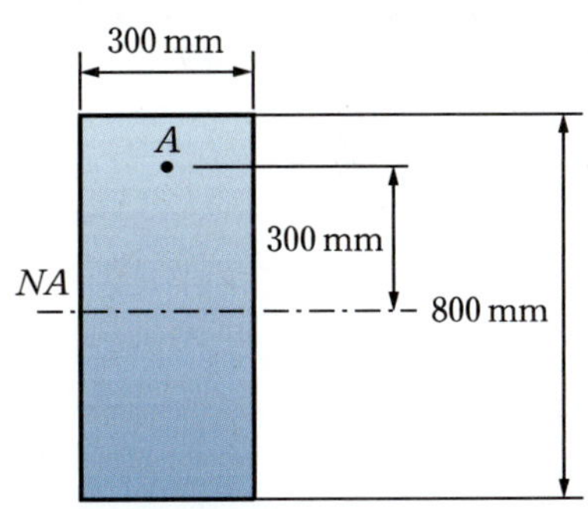

그림 P3.3

3.11 토크를 전달하는 바깥지름 50 mm , 안지름 40 mm 인 중공축에 2000 N · m 의 토크가 가해질 때, 5° 이하의 비틀림각을 갖기 위한 축의 최대길이는 몇 m 인가? 단, 축의 전단탄성계수는 80 GPa 이다. 3.3절

① 1.265 ② 1.520 ③ 1.632 ④ 1.825

3.12 전기모터에서 발생한 100kW의 동력을 지름 100mm의 중실축을 통해 전달한다. 이 축이 1000rpm으로 회전하는 경우 전달토크는 몇 N·m인가? 3.3절

① 853　② 955　③ 985　④ 1020

3.13 500kW의 동력을 3000rpm으로 전달하는 중실축의 전단응력이 50MPa을 초과하지 않기 위한 설계지름은 몇 mm인가? 단, 제조비용을 최소화해야 한다. 3.3절

① 40　② 45　③ 50　④ 55

3.14 지름이 1.4m이고 두께가 15mm인 원통형 압력용기가 75kPa의 내부압력을 받고 있다. 이 압력용기의 원주방향응력 σ_c와 길이방향응력 σ_l는 얼마가 되는가? 단, MPa 단위로 구하라. 3.3절

① $\sigma_c = 1.75,\ \sigma_l = 3.50$

② $\sigma_c = 3.50,\ \sigma_l = 1.75$

③ $\sigma_c = 2.11,\ \sigma_l = 4.22$

④ $\sigma_c = 4.22,\ \sigma_l = 2.11$

3.15 고압의 유체를 전달하거나 포신gun barrel과 같이 순간적으로 큰 압력을 견뎌야 하는 원통형 제품은 안전을 고려하여 두께를 두껍게 제작한다. 안쪽반지름이 r_i, 바깥반지름이 r_o인 후판원통에서 내부압력 p를 받는 경우 원주응력 σ_c를 구하는 식은? 3.3절

① $\dfrac{pr_i^2}{r_o^2 - r_i^2}\left(1 - \dfrac{r^2}{r_o^2}\right)$　② $\dfrac{pr_i^2}{r_o^2 - r_i^2}\left(1 + \dfrac{r^2}{r_o^2}\right)$

③ $\dfrac{pr_i^2}{r_o^2 - r_i^2}\left(1 + \dfrac{r_o^2}{r^2}\right)$　④ $\dfrac{pr^2}{r_o^2 - r_i^2}\left(1 + \dfrac{r_o^2}{r_i^2}\right)$

3.16 그림과 같이 폭 100mm, 두께 5mm인 판재의 중앙에 지름 10mm의 구멍이 뚫려 있다. 인장하중 30kN이 작용할 때 구멍 가장자리에 생기는 최대응력을 MPa 단위로 구하라. 단, 응력집중계수 $K_t = 2.7$이다. 3.4절

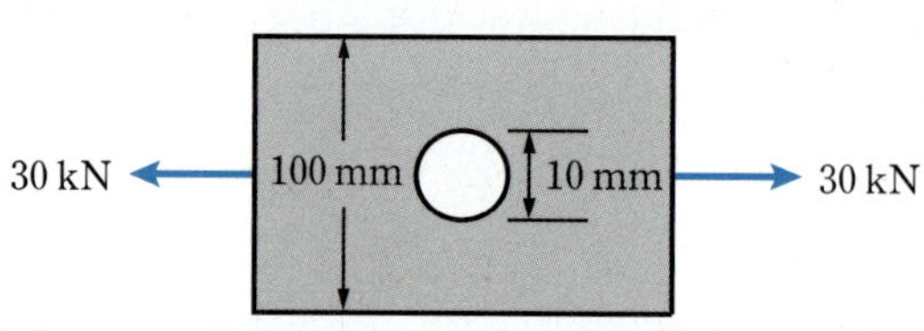

그림 P3.4

① 170MPa　② 180MPa　③ 190MPa　④ 200MPa

CHAPTER 03 | 기본문제

3.17 응력집중계수에 대한 설명으로 옳지 않은 것은? 3.4절

① 응력집중계수는 재료에 따라 달라진다.
② 응력집중계수는 최대응력/공칭응력으로 나타낸다.
③ 정하중을 받는 연성재료는 일반적으로 응력집중계수를 고려하지 않는다.
④ 동하중을 받는 연성재료는 응력집중계수를 항상 고려해야 한다.

3.18 응력집중을 줄이는 방법으로 옳지 않은 것은? 3.4절

① 가능하면 단면의 변화를 크게 주지 않는다.
② 단면이 변화하는 부분에는 보강재를 붙여 응력집중을 감소시킨다.
③ 필릿의 반지름은 가능하면 작게 하는 것이 좋다.
④ 단면의 변화를 완만하게 처리한다.

3.19 한 점에서의 평면응력이 그림과 같이 주어질 때 주응력 σ_1과 σ_2를 구하라. 단, 단위는 MPa이다. 3.5절

① $\sigma_1 = 95.4$, $\sigma_2 = 21.0$
② $\sigma_1 = 69.1$, $\sigma_2 = 19.5$
③ $\sigma_1 = 76.3$, $\sigma_2 = 15.8$
④ $\sigma_1 = 89.1$, $\sigma_2 = 11.0$

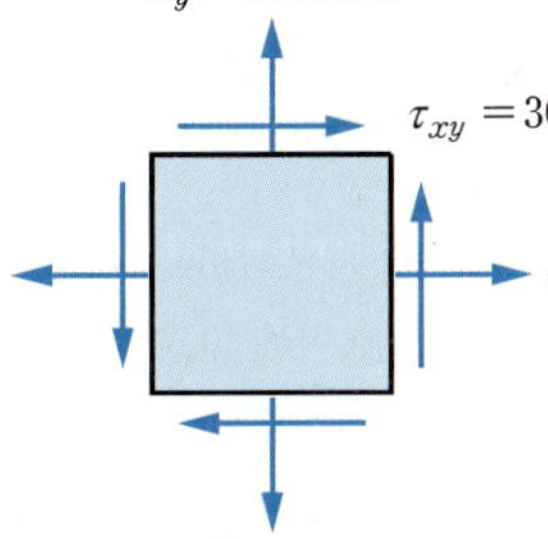

그림 P3.5

3.20 한 점에서의 평면응력 상태가 그림과 같다. 이 점에서 시계방향으로 30° 회전한 방향에서의 응력 $\sigma_x{}'$과 $\tau_{xy}{}'$을 구하라. 단, 단위는 MPa이다. 3.5절

① $\sigma_x{}' = -25.8$, $\tau_{xy}{}' = -68.8$
② $\sigma_x{}' = -30.5$, $\tau_{xy}{}' = -48.5$
③ $\sigma_x{}' = -13.2$, $\tau_{xy}{}' = -72.5$
④ $\sigma_x{}' = -20.6$, $\tau_{xy}{}' = -38.8$

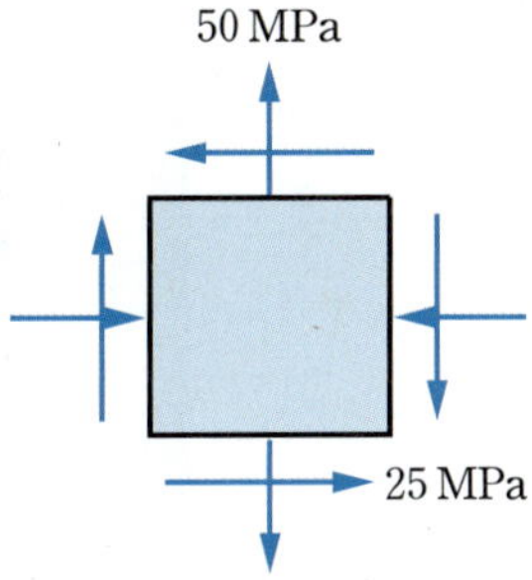

그림 P3.6

정답

3.1 ③	3.2 ②	3.3 ②	3.4 ①	3.5 ④	3.6 ②	3.7 ②	3.8 ①	3.9 ③	3.10 ④
3.11 ①	3.12 ②	3.13 ④	3.14 ②	3.15 ③	3.16 ②	3.17 ①	3.18 ③	3.19 ④	3.20 ①

CHAPTER 03 | 연습문제

3.1 그림과 같은 평면 프레임 구조물에 45 kN의 하중이 작용하고 있다. 프레임의 각 부재를 연결하는 조인트는 마찰이 없는 핀으로 연결되어 있다. 길이의 단위는 m이다. 다음을 구하라. 3.1절

(a) 각 부재에 작용하는 힘

(b) G점에 작용하는 축방향 힘, 전단력, 굽힘모멘트

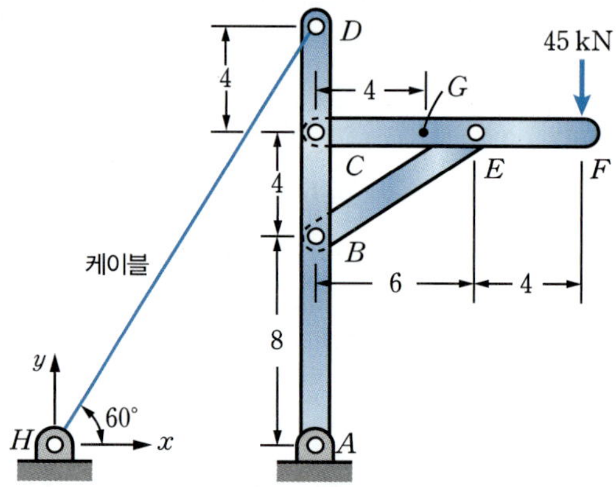

그림 P3.7

3.2 그림과 같이 바깥지름이 50 mm 인 강재 튜브 안에 지름이 30 mm 인 알루미늄 봉이 빈틈없이 끼워 맞춰져 있다. 봉의 한쪽은 벽에 고정되어 있고, 다른 한쪽은 강체와 용접되어 있다. 강재와 알루미늄의 탄성계수가 각각 207 GPa과 70 GPa일 때 다음을 구하라. 3.3절

(a) 강재 튜브와 알루미늄 봉의 변형량

(b) 강재 튜브와 알루미늄 봉에 작용하는 응력

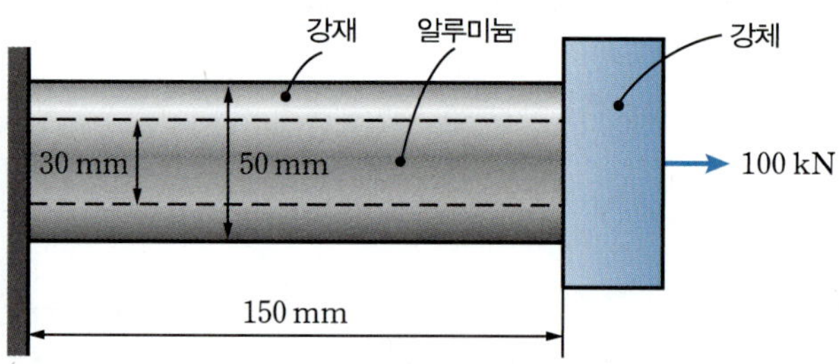

그림 P3.8

3.3 그림과 같이 지름이 12mm인 강봉이 벽의 A에 고정되어 있다. 하중을 받기 전에 벽의 B'과 봉의 B점 사이에는 0.2mm의 간격이 있다. 봉의 탄성계수는 190GPa이다. 봉의 C점에 30kN의 축하중을 가했을 때 A와 B'에서 반력은 얼마인가? 3.3절

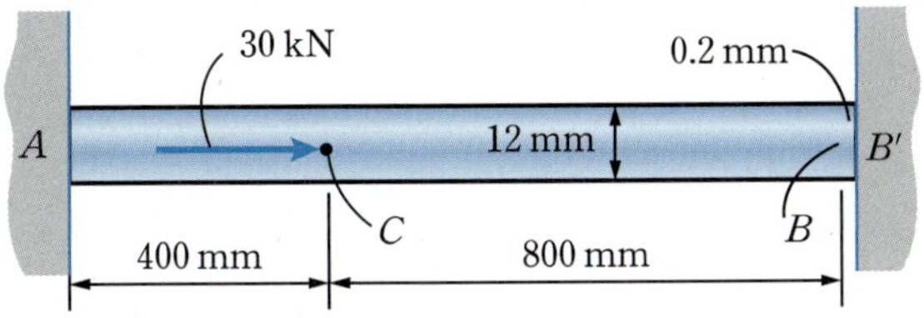

그림 P3.9

3.4 지름이 25mm인 강재 중실축과 이를 둘러싸고 있는 안지름 25mm와 바깥지름 40mm의 티타늄튜브로 구성된 이종금속 축이 있다. 강과 티타늄의 전단탄성계수는 각각 75GPa과 45GPa이다. 3.3절

(a) 강재 중실축에서의 최대전단응력이 50MPa이 될 경우, 이종금속 축에 작용하는 전체토크는 얼마가 되는가?

(b) 이 축의 전체비틀림각은 얼마가 되는가?

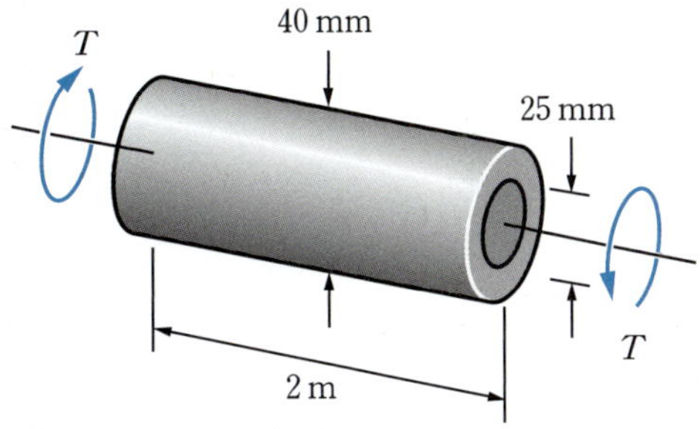

그림 P3.10

3.5 그림에 나타낸 전단탄성계수 26GPa의 다단형 축 AC는 끝단 A와 C가 벽에 고정되어 있다. B에 500N·m의 토크가 작용할 때 다음을 구하라. 3.3절

(a) 부재 AB와 BC에서 발생하는 내부토크

(b) 각 부재에서 발생하는 최대전단응력

(c) B에서 발생하는 비틀림각 ϕ_B

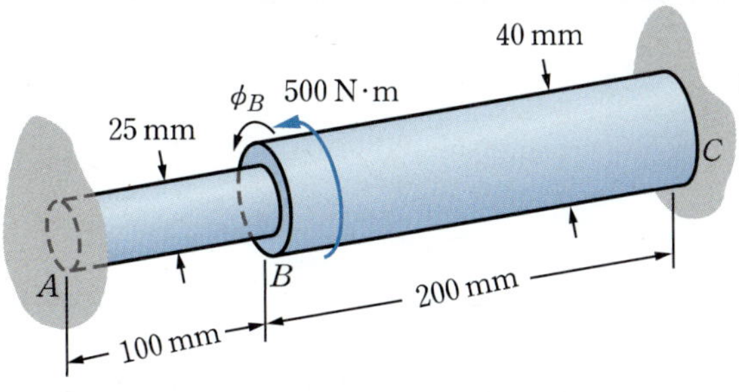

그림 P3.11

3.6 허용전단응력이 100MPa인 중공축이 바깥지름 60mm와 안지름 50mm를 가지고 있다. 5rev/s의 회전속도에서 전달할 수 있는 동력은 몇 kW인가? 3.3절

3.7 그림과 같이 직사각형 단면을 가진 중실부재가 끝단에 2 kN · m 의 토크를 받고 있다. 이 부재의 단면적은 5000 mm^2이고, 전단탄성계수는 25 GPa이다. 3.3절

(a) 폭/두께의 비 $a/b = 2.0$과 $a/b = 4.0$에 대해 부재에서 발생하는 최대전단응력을 각각 구하라.

(b) 이들 두 a/b의 비를 가지고 부재의 비틀림각을 각각 결정하라.

(c) 이들 두 a/b의 비에 관한 결과를 고찰하라.

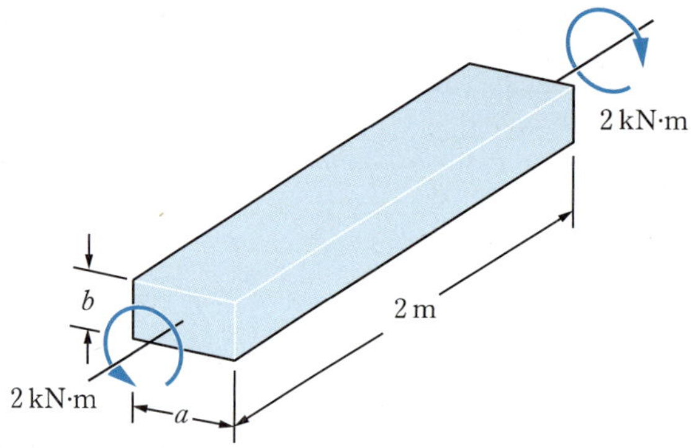

그림 P3.12

3.8 그림과 같은 장치에서 연결부인 A, B, C는 모두 용접으로 결합되어 있다. 2 kN의 힘이 손잡이에 작용할 때 다음을 구하라. 3.3절

(a) 원형축 AB와 직사각형 단면의 암 BC의 자유물체도를 작성하라.

(b) 암 BC에 작용하는 굽힘과 비틀림에 의한 전단응력의 최댓값을 구하고 해당위치를 표기하라.

(c) A 위치에서 축의 윗면에 있는 미소요소에 작용하는 모든 응력을 구하라.

(d) A 위치에서 발생하는 최대수직응력과 최대전단응력을 구하라.

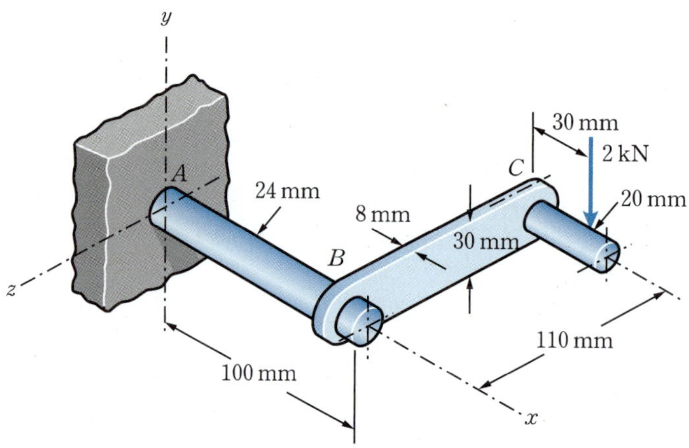

그림 P3.13

3.9 그림은 균일한 두께 t를 가진 직사각형 단면의 박판보를 나타내고 있다. 평균 폭과 평균 높이는 각각 90 mm와 45 mm이며, 보의 길이는 0.8 m이다. 이 박판보의 한쪽 끝은 벽에 고정되어 있으며, 자유단에는 12 kN · m의 토크가 작용한다. 이 보의 허용전단응력은 30 MPa이고, 허용비틀림각은 1.5°이다. 최소한의 두께 t를 구하라. 3.3절

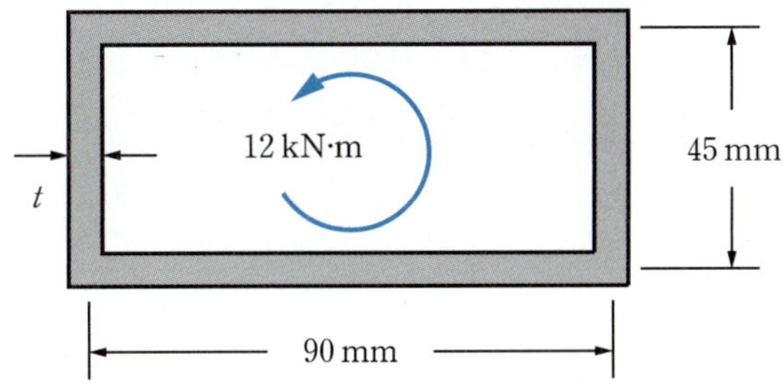

그림 P3.14

3.10 그림과 같이 I형 단면을 가진 보가 건물의 바닥을 지지한다. 보에 작용하는 굽힘모멘트가 3000 N · m이고, 전단력이 1000 N일 때, 최대굽힘응력과 최대전단응력을 구하라. 3.3절

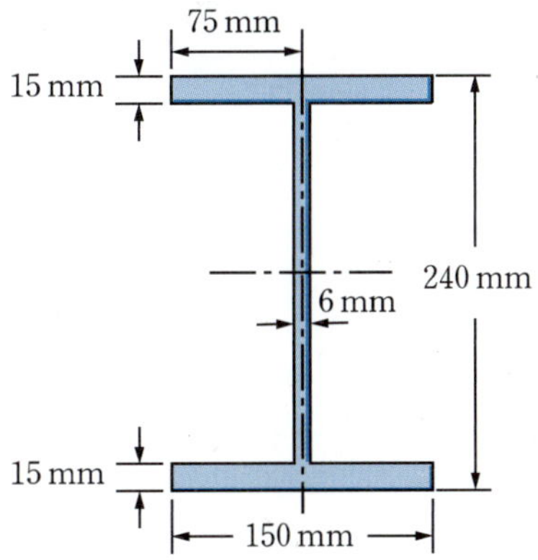

그림 P3.15

3.11 안지름이 300 mm이고 두께가 4 mm인 원통형 압력용기가 있다. 이 압력용기는 1.5 MPa의 내압을 받고 있다. 이 압력용기가 받는 원주방향응력 σ_c와 길이방향응력 σ_l을 구하라. 3.3절

3.12 그림은 4 mm 의 필릿을 가진 5 mm 두께의 평판부재를 나타내고 있다. 재료의 허용인장응력이 200 MPa 일 때 부재가 견딜 수 있는 최대 축하중 F를 구하라. 3.4절

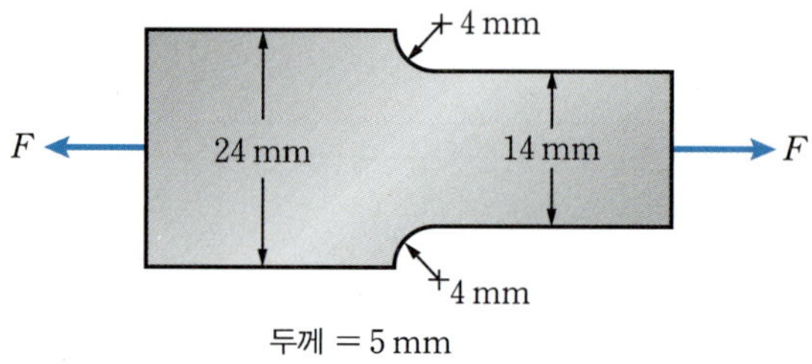

그림 P3.16

3.13 그림과 같이 큰 지름이 65 mm, 작은 지름이 40 mm, 필릿의 반지름이 5 mm 인 단을 가진 원형단면 축에 100 N · m 의 토크가 작용한다. 재료는 선형탄성을 유지하는 것으로 가정한다. 축에서 발생하는 최대전단응력은 얼마가 되는가? 3.4절

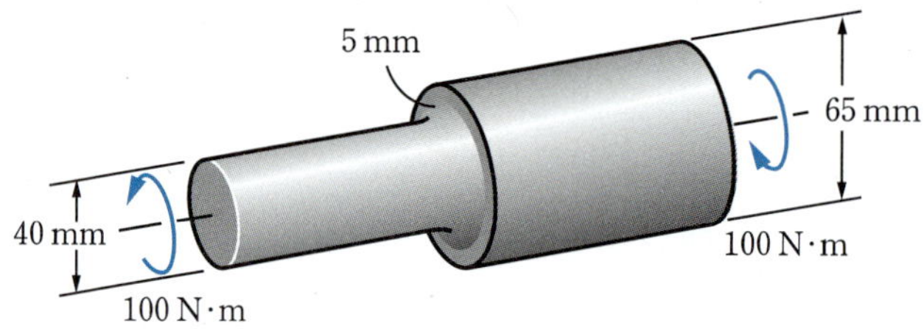

그림 P3.17

3.14 그림은 자동차의 전방 현가장치를 구성하는 부품의 A 점에서의 평면응력을 나타낸다. 3.5절

(a) 주응력과 주방향을 구하고, 미소요소에 그림으로 나타내라.

(b) 최대전단응력과 최대전단응력의 방향을 구하고, 미소요소에 그림으로 나타내라.

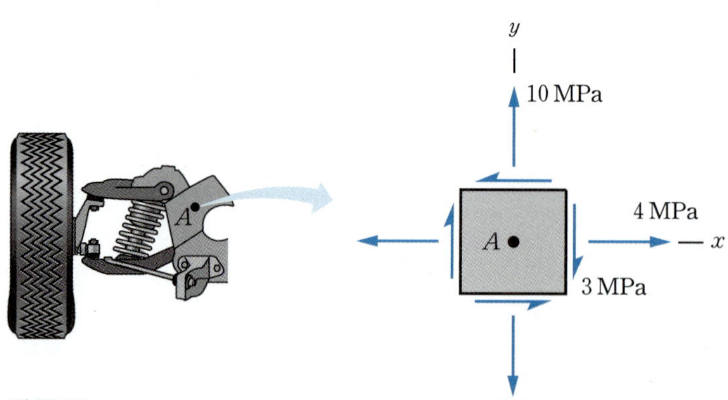

그림 P3.18

CHAPTER

04

파손

Failure

학습목표

- 정적하중을 받는 연성재료와 취성재료에 적용할 수 있는 파손이론을 학습한다.
- 파괴역학과 파괴인성에 대해 학습한다.
- 변동하중을 받는 연성재료의 피로한도와 피로강도에 대해 학습한다.
- 변동하중을 받는 취성재료의 응력집중과 노치 민감도에 대해 학습한다.

SECTION 4.1

정적파손

✔ 연성재료에 적용할 수 있는 최대전단응력 이론과 변형에너지 이론에 대해 학습한다.
✔ 취성재료에 적용할 수 있는 최대수직응력 이론과 수정된 모어 이론에 대해 학습한다.

4.1.1 파손과 정적파손

파손failure은 하중을 받는 기계부품이나 구조물이 더는 본래 의도한 기능을 수행할 수 없는 상태를 의미하며, 영구적으로 변형이 발생하거나 파괴되는 것을 말한다. 엔지니어는 설계과정에서 개발할 제품에 대한 파손 가능성과 파손의 형태와 특징 등을 충분히 고려하여 제품의 소재, 구조형상, 치수 및 치수정밀도, 제조공정 등을 신중히 결정해야 한다. [그림 4-1]은 다양한 하중을 받아 파손된 기계부품들이다.

그림 4-1 파손된 기계부품들

지금까지는 봉이나 축, 판재, 보 등 단순한 모양을 갖는 구조부재가 단순한 하중을 받는 경우에 대해 학습했으며, 이때 단축인장시험이나 비틀림시험 등을 통해 부재의 파손 여부(즉 항복이나 파단 등의 발생 여부)를 간단하게 알 수 있었다. 그러나 실제 사용하는 제품인 기계부품, 자동차부품, 구조부재 등은 일반적으로 시편보다 구조형상이 더 복잡하고 작용하중도 단순하지 않아 파손을 예측하기가 쉽지 않다.

기계부품이나 구조물 등은 정하중을 받는 때도 있지만 반복하중이나 무작위 하중 등 동하중을 받는 때도 있고, 사용재료도 연성재료와 취성재료가 있다. 그러므로 이러한 전반적인 내용을 포함하여 파손을 예측해야 한다.

정적파손static failure은 정하중이나 준정적하중quasi-static load[1]을 받아 재료에 영구적인 변형이 발생하거나 파괴되는 현상이다. 만약 어떤 부품이 인장, 압축, 비틀림 등의 하중들 가운데 어느 하나만 받는다면 단축시험을 통해 재료의 파손을 쉽게 분석할 수 있다. 예를 들어 인장하중만을 받는다고 가정하면 시편의 단축인장시험을 통해 파손을 쉽게 확인할 수 있다. 그러나 기계부품이나 구조물 등은 기하학적 형상이 시편과 비교하여 더 복잡하고, 여러 하중이 동시에 작용할 수 있어서 시험을 통해 파손을 평가하는 데 많은 어려움이 있다. 이와 같은 문제는 오랫동안 연구되어온 다양한 파손이론을 적용함으로써 해결할 수 있다. 파손이론 중에는 재료의 기계적 특성에 따라 연성재료 또는 취성재료의 파손을 예측하는 데 적합한 방법들이 있다.

4.1.2 연성재료에 적용하는 정적파손이론

연성재료는 시편의 신장률이 5% 이상이며, 일반적으로 인장강도와 압축강도가 비슷하다. 이러한 연성재료에 적용할 수 있는 이론으로는 최대전단응력 이론, 변형에너지 이론, 쿨롱-모어 이론 등이 있다.

■ 최대전단응력 이론

최대전단응력 이론maximum shear stress theory, MSST은 프랑스의 유명한 과학자 쿨롱Coulomb이 최초로 제안했으며, 트레스카Tresca, 게스트Guest 등이 완성하여 **트레스카 이론** 또는 **게스트 이론**이라고도 한다. 이 이론은 다축하중multiaxial load을 받는 부품에서 발생하는 최대전단응력이 이 부품과 같은 재료로 만든 시편의 인장시험에서 항복이 발생할 때의 최대전단응력과 같거나 초과할 때 파손되는 것으로 판단한다.

시편의 인장시험에서 인장응력 $\sigma = F/A$이며, 최대전단응력은 시편축의 45° 각도에서 발생하는데, 이때의 최대전단응력 $\tau_{\max} = \sigma/2$가 된다. 따라서 시편의 항복점 σ_y에서의 최대전단응력 $\tau_{\max} = \sigma_y/2$가 된다.

식 (3.66)으로부터 부품의 최대전단응력 $\tau_{\max} = (\sigma_1 - \sigma_3)/2$가 되므로 연성재료로 만든 부품의 파손은 다음의 조건이 될 때 발생하는 것으로 판단한다.

$$\frac{(\sigma_1 - \sigma_3)}{2} \geq \frac{\sigma_y}{2} \tag{4.1}$$

즉 다음의 조건이 되면 파손되는 것으로 본다.

$$\sigma_1 - \sigma_3 \geq \sigma_y \tag{4.2}$$

안전계수 n_s를 고려하면 식 (4.2)의 파손조건은 다음과 같다.

$$\sigma_1 - \sigma_3 \geq \frac{\sigma_y}{n_s} \tag{4.3}$$

---

1 기계부품이나 구조물 등에 작용하는 하중이 시간에 따라 매우 느리게 변동하고, 변동폭도 매우 작아 작용하중의 동적 영향을 무시할 수 있는 상태를 말한다.

세 개의 주응력 중 하나가 0이 되어 평면응력상태가 된다면 다음과 같이 세 가지 경우를 생각할 수 있다.

• 첫 번째는 $\sigma_1 \geq \sigma_2 \geq 0$인 경우이며, 이 조건을 식 (4.3)에 대입하면 다음과 같이 된다.

$$\sigma_1 \geq \frac{\sigma_y}{n_s} \tag{4.4}$$

• 두 번째는 $\sigma_1 \geq 0 \geq \sigma_3$인 경우이며, 이 조건을 식 (4.3)에 대입하면 다음과 같이 된다.

$$\sigma_1 - \sigma_3 \geq \frac{\sigma_y}{n_s} \tag{4.5}$$

• 세 번째는 $0 \geq \sigma_2 \geq \sigma_3$인 경우이며, 이 조건을 식 (4.3)에 대입하면 다음과 같이 된다.

$$-\sigma_3 \geq \frac{\sigma_y}{n_s} \tag{4.6}$$

만약 주응력이 σ_1과 σ_2인 평면상태를 고려하면, 식 (4.5)와 식 (4.6)을 각각 다음과 같이 나타낼 수 있다.

$$\sigma_1 - \sigma_2 \geq \frac{\sigma_y}{n_s} \tag{4.7}$$

$$-\sigma_2 \geq \frac{\sigma_y}{n_s} \tag{4.8}$$

안전계수 n_s를 1이라고 가정하고 식 (4.4), 식 (4.7), 식 (4.8)을 σ_1과 σ_2의 평면상에 나타내면 [그림 4-2]와 같다. 이 그림에서 짙게 표시한 내부는 탄성거동을 하는 안전영역을 나타낸다. 따라서 이 영역을 벗어나면 파손이 발생하는 것으로 판단한다.

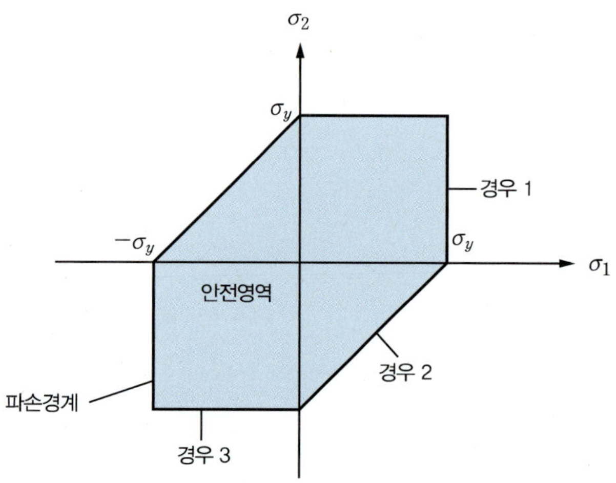

그림 4-2 최대전단응력 이론의 파손선도

최대전단응력 이론은 연성재료에 적합한 방식이나, 다음에 소개할 변형에너지 이론과 비교할 때 다소 부정확한 편이다. 따라서 이 이론은 불확실성이 큰 경우에 대해 보수적으로 설계할 때 활용할 수 있다.

■ 변형에너지 이론

변형에너지 이론distortion energy theory, DET은 영국의 맥스웰Maxwell에 의해 처음 제안되었고, 그 이후에 폰 미세스von Mises 등에 의해 보완된 이론이다. **폰 미세스 이론**으로도 알려진 변형에너지 이론에서는 다축하중을 받는 부품의 단위체적당 **뒤틀림 변형에너지**distortion strain energy[2]가 동일한 재료로 만든 시편의 인장시험에서 항복이 발생할 때의 단위체적당 변형에너지와 같거나 더 클 때 파손되는 것으로 판단한다. 즉 변형에너지 이론에서는 다축하중을 받는 부품의 전체 변형에너지 가운데 체적변형에 요구되는 에너지는 제외하고 형상변형에 요구되는 변형에너지만 고려하여 파손기준으로 사용하는 것이다.

부품에 외력이 작용하면 그 부품은 변형된다. 이 변형을 체적변형volume change과 형상변형distortion으로 나누어 살펴보자. 외부하중에 의해 부품의 미소요소는 σ_1, σ_2, σ_3의 주응력이 발생하는데, 평균응력인

$$\sigma_m = \frac{\sigma_1 + \sigma_2 + \sigma_3}{3} \tag{4.9}$$

는 등방향응력hydrostatic stress으로 체적만을 변하게 하는 평균응력이다. 따라서 [그림 4-3]에 나타낸 바와 같이 형상변형을 일으키는 응력은 주응력과 평균응력의 차이가 된다.

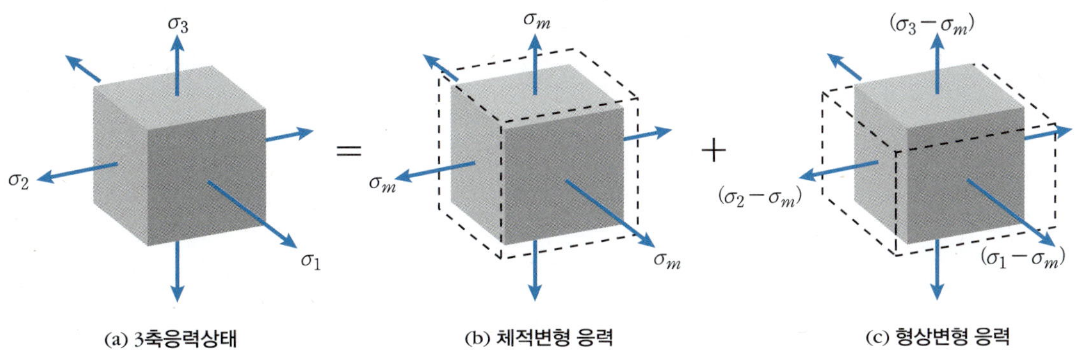

그림 4-3 변형에너지 이론을 설명하기 위한 응력상태

시편의 인장시험에 대한 단위체적당 변형에너지는 응력 σ와 변형률 ε을 이용하면 다음과 같다.

$$u = \frac{1}{2}\sigma\varepsilon \tag{4.10}$$

또한 부품에 대한 단위체적당 변형에너지는 다음 식과 같이 쓸 수 있다.

$$u = \frac{1}{2}\left[\sigma_1\varepsilon_1 + \sigma_2\varepsilon_2 + \sigma_3\varepsilon_3\right] \tag{4.11}$$

식 (2.14)의 첫 세 개의 식을 주응력과 주변형률 형태로 바꾼 후 식 (4.11)에 대입하여 정리하면 다음과 같다.

$$u = \frac{1}{2E}\left[\sigma_1^2 + \sigma_2^2 + \sigma_3^2 - 2\nu(\sigma_1\sigma_2 + \sigma_2\sigma_3 + \sigma_3\sigma_1\right] \tag{4.12}$$

2 모든 방향으로 동일한 변형을 유발하는 정수압 변형에너지와는 달리 방향별로 변형의 차이를 유발하는 변형에너지이다.

식 (4.12)의 주응력들 대신 식 (4.9)의 평균응력 σ_m으로 치환하면 다음과 같이 체적변형을 일으키는 단위체적당 변형에너지 u_v가 된다.

$$u_v = \frac{3\sigma_m^2}{2E}(1-2\upsilon) \tag{4.13}$$

식 (4.9)의 σ_m을 제곱한 후 식 (4.13)에 대입하면 다음과 같이 된다.

$$u_v = \frac{1-2\nu}{6E}\left[\sigma_1^2+\sigma_2^2+\sigma_3^2+2\sigma_1\sigma_2+2\sigma_2\sigma_3+2\sigma_3\sigma_1\right] \tag{4.14}$$

부품의 단위체적당 변형에너지 u_d는 식 (4.12)에서 식 (4.14)를 빼면 된다.

$$u_d = u - u_v = \frac{1+\nu}{3E}\left[\frac{(\sigma_1-\sigma_2)^2+(\sigma_2-\sigma_3)^2+(\sigma_3-\sigma_1)^2}{2}\right] \tag{4.15}$$

시편의 인장시험에서는 $\sigma_1 = \sigma_y$(항복점)이고, σ_2와 σ_3는 0이므로 식 (4.15)로부터 시편의 변형에너지는 다음과 같이 된다.

$$u_d = \frac{1+\nu}{3E}\sigma_y^2 \tag{4.16}$$

부품의 변형에너지가 시편의 항복점에서의 변형에너지와 같거나 더 크면 파손되는 것으로 판단하므로 식 (4.15)와 식 (4.16)으로부터 다음과 같이 정리된다.

$$\left[\frac{(\sigma_1-\sigma_2)^2+(\sigma_2-\sigma_3)^2+(\sigma_3-\sigma_1)^2}{2}\right]^{1/2} \geq \sigma_y \tag{4.17}$$

식 (4.17)의 좌변 항을 **등가응력** equivalent stress 또는 **폰 미세스 응력** von Mises stress이라고 하며, 기호 σ'으로 나타낸다.

$$\sigma' = \left[\frac{(\sigma_1-\sigma_2)^2+(\sigma_2-\sigma_3)^2+(\sigma_3-\sigma_1)^2}{2}\right]^{1/2} \tag{4.18}$$

따라서 식 (4.17)을 간단하게 나타내면 다음과 같다.

$$\sigma' \geq \sigma_y \tag{4.19}$$

안전계수 n_s를 고려하면 식 (4.19)의 파손조건은 다음과 같이 된다.

$$\sigma' \geq \frac{\sigma_y}{n_s} \tag{4.20}$$

즉 일반 3축하중을 받는 부품에서 발생하는 등가응력이 단축하중을 받는 시편에서 발생하는 항복강도와 같거나 더 크면 파손이 발생하는 것으로 판단한다. 이 등가응력을 상당응력, 유효응력 effective stress 또는 폰 미세스 응력이라고도 부른다.

2차원 평면응력상태에서 이 등가응력은 다음과 같다.

$$\sigma' = \left[\sigma_1^2 - \sigma_1\sigma_2 + \sigma_2^2\right]^{1/2} \tag{4.21}$$

식 (4.21)로 파손영역을 나타내면 [그림 4-4]의 타원과 같다. 즉 타원을 벗어나면 파손이 발생하는 것으로 판단한다. 점선은 앞서 설명한 최대전단응력 이론의 파손경계이다. 이 그림으로부터 앞서 설명한 최대전단응력 이론의 파손경계는 변형에너지 이론의 파손경계에 접하거나 안쪽에 있음을 알 수 있다. 많은 문헌으로부터 변형에너지 이론이 최대전단응력 이론보다 실험결과와 더 잘 일치하는 것으로 알려져 있다.

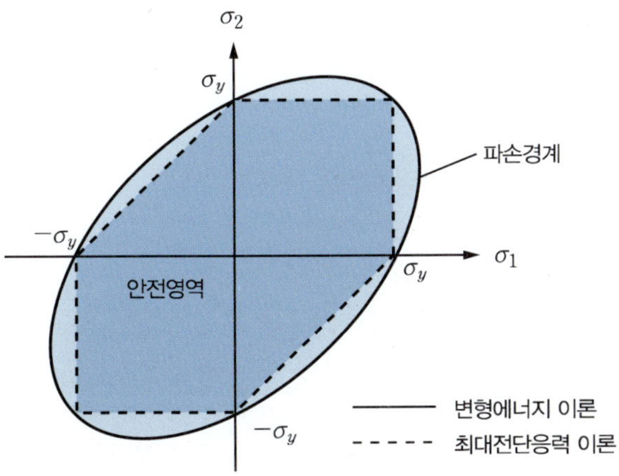

그림 4-4 변형에너지 이론의 파손곡선

식 (4.18)을 일반응력으로 바꿔 쓰면 다음과 같다.

$$\sigma' = \frac{1}{\sqrt{2}}\left[(\sigma_x - \sigma_y)^2 + (\sigma_y - \sigma_z)^2 + (\sigma_z - \sigma_x)^2 + 6(\tau_{xy}^2 + \tau_{yz}^2 + \tau_{zx}^2)\right]^{1/2} \tag{4.22}$$

그리고 이 식을 평면응력으로 나타내면 다음과 같다.

$$\sigma' = (\sigma_x^2 - \sigma_x\sigma_y + \sigma_y^2 + 3\tau_{xy}^2)^{1/2} \tag{4.23}$$

4.1.3 취성재료에 적용하는 정적파손이론

앞서 설명한 바와 같이 취성재료는 항복 없이 파괴되며, 일반적으로 인장강도보다 압축강도가 훨씬 크다. 따라서 인장과 압축조건에서 재료거동의 차이가 있다. 이러한 취성재료에 적용할 수 있는 이론으로는 최대수직응력 이론, 수정된 모어 이론 등이 있다.

■ 최대수직응력 이론

최대수직응력 이론maximum normal stress theory, MNST은 랭킨Rankine에 의해 정립된 가장 간단한 이론으로 **최대주응력 이론**이라고도 부른다.

이 이론에서는 부품에 발생하는 양(+)의 최대주응력 σ_1이 시편의 인장극한강도 σ_{ut} 이상이거나 부품에 발생하는 음(−)의 최소주응력 σ_3가 시편의 압축극한강도 σ_{uc}이하가 될 때 파손이 되는 것으로 판단한다. 부호가 서로 다른 두 개의 주응력이 있다면 최대주응력은 인장극한강도와 비교하고, 최소주응력은 압축극한강도와 비교하여 안전계수가 작은 것을 선택한다.

- $\sigma_3 \geq 0$인 경우, 즉 모든 주응력이 0을 포함한 양수일 경우 파손기준은 다음과 같다.

$$\sigma_1 \geq \frac{\sigma_{ut}}{n_s} \tag{4.24}$$

- $\sigma_1 \leq 0$인 경우, 즉 모든 주응력이 0을 포함한 음수일 경우 파손기준은 다음과 같다.

$$\sigma_3 \leq \frac{\sigma_{uc}}{n_s} \tag{4.25}$$

- $\sigma_1 > 0$, $\sigma_3 < 0$인 경우, 즉 최대주응력은 양수이고 최소주응력은 음수일 경우 파손기준은 다음과 같다.

$$\sigma_1 \geq \frac{\sigma_{ut}}{n_s} \quad \text{또는} \quad \sigma_3 \leq \frac{\sigma_{uc}}{n_s} \tag{4.26}$$

이들 식에서 압축주응력과 압축극한강도에는 음수를 대입한다.

세 경우에 대한 식으로부터 파손경계를 나타내면 [그림 4-5]와 같다. 이 그림은 평면응력($\sigma_3 = 0$)으로 제한했을 때를 나타낸 것이다. 다른 기준과 마찬가지로 정사각형의 경계는 파손이 시작되는 곳이고, 경계의 안쪽영역은 비파손 안전영역이다.

이 이론은 모든 응력범위에서 양의 주응력이나 음의 주응력만 발생한다면 실험결과와 잘 일치하지만, 양의 주응력과 음의 주응력이 함께 존재하는 2사분면과 4사분면에 해당하는 영역에서는 실험결과와 잘 맞지 않는다. 이런 경우에는 다음에 소개할 수정된 모어 이론을 사용하는 것이 좋다.

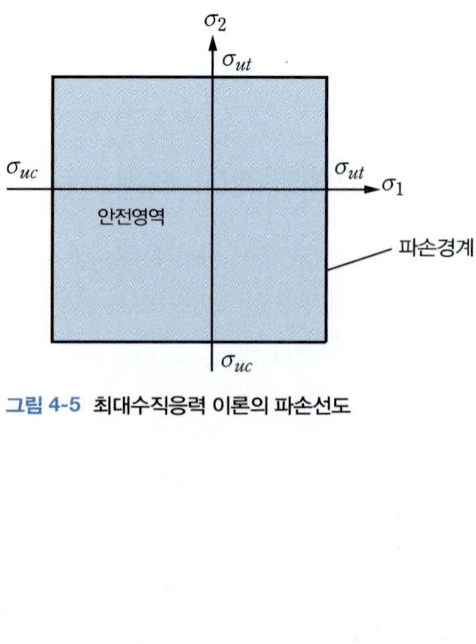

그림 4-5 최대수직응력 이론의 파손선도

■ 수정된 모어 이론

수정된 모어 이론 modified Mohr theory, MMT 은 압축강도가 인장강도보다 훨씬 큰 취성재료의 거동을 잘 예측한다. [그림 4-6]에 나타낸 파손선도 중 특히 4사분면에서 실험결과와 잘 맞는다. 안전계수 n_s를 고려할 때 수정된 모어 이론에 의한 파손기준은 다음과 같다.

- $\sigma_3 \geq 0$인 경우, 즉 모든 주응력이 0을 포함한 양수일 경우 파손기준은 다음과 같다.

$$\sigma_1 \geq \frac{\sigma_{ut}}{n_s} \tag{4.27}$$

- $\sigma_1 > 0$, $\sigma_3 < 0$, $\sigma_1 \geq |\sigma_3|$인 경우 파손기준은 다음과 같다.

$$\sigma_1 \geq \frac{\sigma_{ut}}{n_s} \tag{4.28}$$

- $\sigma_1 > 0$, $\sigma_3 < 0$, $\sigma_1 \leq |\sigma_3|$인 경우 파손기준은 다음과 같다.

$$\left(\frac{1}{\sigma_{uc}} + \frac{1}{\sigma_{ut}}\right)\sigma_1 + \frac{\sigma_3}{\sigma_{uc}} = \frac{1}{n_s} \tag{4.29}$$

- $\sigma_1 \leq 0$인 경우, 즉 모든 주응력이 0을 포함한 음수일 경우 파손기준은 다음과 같다.

$$\sigma_3 \leq \frac{\sigma_{uc}}{n_s} \tag{4.30}$$

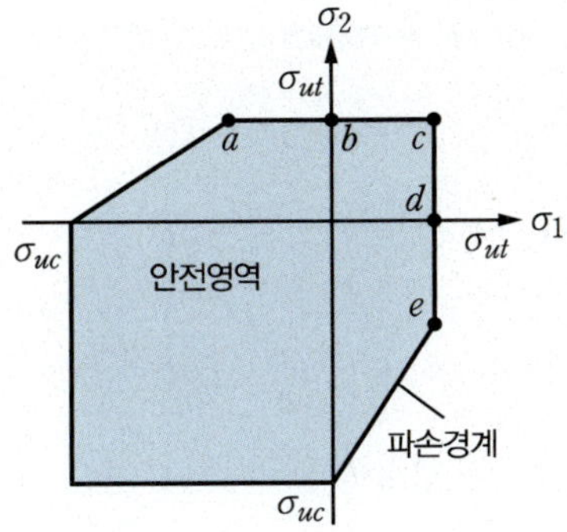

그림 4-6 수정된 모어 이론의 파손선도

네 경우에 대한 식에서 압축주응력과 압축극한강도에는 음수를 대입한다.

[그림 4-6]은 평면응력($\sigma_3 = 0$)으로 제한했을 때의 파손경계를 나타낸 것이다. 다른 기준과 마찬가지로 경계는 파손이 시작되는 곳이고, 경계의 안쪽영역은 비파손 안전영역이다.

탐구

1. 최대전단응력 이론과 변형에너지 이론에 대해 설명하라.
2. 폰 미세스 응력은 무엇인가?
3. 최대수직응력 이론과 수정된 모어 이론을 설명하라.

예제 4-1 연성재료의 파손에 대한 안전계수

연성재료로 만든 부품에 다음과 같이 주응력 σ_1, σ_2, σ_3가 발생했다. 시편재료의 항복강도는 320 MPa로서 압축 및 인장 항복강도의 크기가 같다. 최대전단응력 이론과 변형에너지 이론을 사용하여 안전계수를 각각 구하라.

(a) $\sigma_1 = 75\,\text{MPa}$, $\sigma_2 = 35\,\text{MPa}$, $\sigma_3 = 0\,\text{MPa}$

(b) $\sigma_1 = 40\,\text{MPa}$, $\sigma_2 = 0\,\text{MPa}$, $\sigma_3 = -40\,\text{MPa}$

(c) $\sigma_1 = 0\,\text{MPa}$, $\sigma_2 = -25\,\text{MPa}$, $\sigma_3 = -50\,\text{MPa}$

전략

최대전단응력 이론에서는 부품의 최대 및 최소 주응력과 시편의 항복강도를 비교하여 안전계수를 구하고, 변형에너지 이론에서는 부품의 폰 미세스 응력과 시편의 항복강도를 비교하여 안전계수를 구한다.

풀이

(a) $\sigma_1 = 75\,\text{MPa}$, $\sigma_2 = 35\,\text{MPa}$, $\sigma_3 = 0\,\text{MPa}$일 때의 안전계수를 이론별로 각각 구해보자.

- **최대전단응력 이론** : $\sigma_1 > \sigma_2 > 0$인 경우이므로 식 (4.4)의 $\sigma_1 \geq \dfrac{\sigma_y}{n_s}$로부터

$$75 \geq \frac{320}{n_s}, \quad n_s \geq \frac{320}{75}$$

이 되어 $n_s = 4.267$이 된다. [답]

- **변형에너지 이론** : 식 (4.18)의

$$\sigma' = \left[\frac{(\sigma_1 - \sigma_2)^2 + (\sigma_2 - \sigma_3)^2 + (\sigma_3 - \sigma_1)^2}{2}\right]^{1/2}$$

로부터

$$\sigma' = \left[\frac{(75 - 35)^2 + (35 - 0)^2 + (0 - 75)^2}{2}\right]^{1/2} = 65\,\text{MPa}$$

이고, 식 (4.20)의 $\sigma' \geq \dfrac{\sigma_y}{n_s}$로부터

$$65 \geq \frac{320}{n_s}, \quad n_s \geq \frac{320}{65}$$

이 되어 $n_s = 4.923$이 된다. [답]

(b) $\sigma_1 = 40\,\text{MPa}$, $\sigma_2 = 0\,\text{MPa}$, $\sigma_3 = -40\,\text{MPa}$일 때의 안전계수를 이론별로 각각 구해보자.

- **최대전단응력 이론** : $\sigma_1 > 0 > \sigma_3$인 경우이므로 식 (4.5)의 $\sigma_1 - \sigma_3 \geq \dfrac{\sigma_y}{n_s}$로부터

$$40 - (-40) \geq \frac{320}{n_s}, \quad n_s \geq \frac{320}{80}$$

이 되어 $n_s = 4$가 된다. [답]

- **변형에너지 이론** : 식 (4.18)로부터

$$\sigma' = \left[\frac{(40 - 0)^2 + (0 - (-40))^2 + (-40 - 40)^2}{2}\right]^{1/2} = 69.282\,\text{MPa}$$

이고, 식 (4.20)으로부터

$$69.282 \geq \frac{320}{n_s}, \quad n_s \geq \frac{320}{69.282}$$

이 되어 $n_s = 4.619$가 된다. [답]

(c) $\sigma_1 = 0\,\text{MPa}$, $\sigma_2 = -25\,\text{MPa}$, $\sigma_3 = -50\,\text{MPa}$일 때의 안전계수를 이론별로 각각 구해보자.

- **최대전단응력 이론** : $0 > \sigma_2 > \sigma_3$인 경우이므로 식 (4.6)의 $-\sigma_3 \geq \dfrac{\sigma_y}{n_s}$로부터

$$50 \geq \frac{320}{n_s}, \ n_s \geq \frac{320}{50}$$

이 되어 $n_s = 6.4$가 된다. [답]

- **변형에너지 이론** : 식 (4.18)로부터

$$\sigma' = \left[\frac{(0-(-25))^2 + (-25-(-50))^2 + (-50-0)^2}{2}\right]^{1/2} = 43.301\,\text{MPa}$$

이고, 식 (4.20)으로부터

$$43.301 \geq \frac{320}{n_s}, \ \ n_s \geq \frac{320}{43.301}$$

이 되어 $n_s = 7.390$이 된다. [답]

검토

세 가지 주응력 조건에 대해 변형에너지 이론의 안전계수가 최대전단응력 이론의 안전계수보다 더 높게 나온 것을 알 수 있다. 따라서 최대전단응력 이론은 변형에너지 이론보다 좀 더 보수적임을 알 수 있다.

예제 4-2 연성재료의 원형봉에 파손을 유발하는 힘

[그림 4-7]은 연강으로 만든 단을 갖는 원형봉 $OABC$와 강체rigid body로 가정할 수 있는 레버 CD로 구성된 구조를 나타낸다. 원형봉의 O점은 수직벽과 용접으로 완전하게 고정되어 있다. 강의 항복강도는 350 MPa이며, 항복이 발생하면 파손된 것으로 가정한다. 상온에서 레버의 끝점 D에 가할 수 있는 최대 힘 F를 다음의 방법으로 구하라. 단, 안전계수는 1로 가정한다.

(a) 변형에너지 이론

(b) 최대전단응력 이론

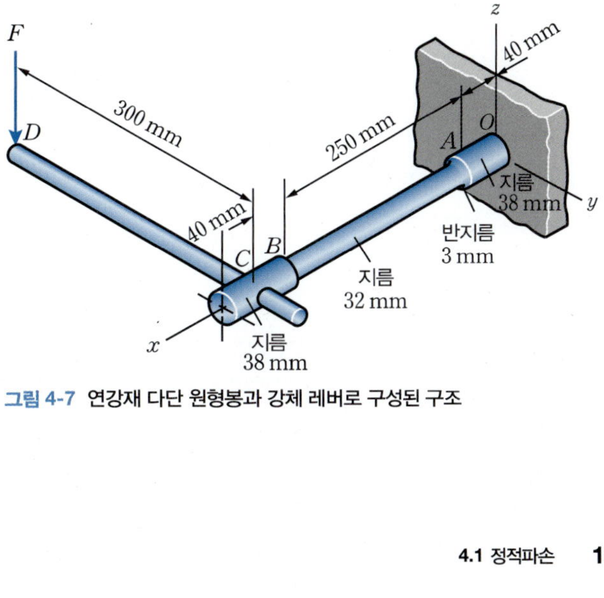

그림 4-7 연강재 다단 원형봉과 강체 레버로 구성된 구조

전략

레버 DC는 강체이므로 고려대상이 아니다. 원형봉 $OABC$는 연강이므로 상온에서는 연성재료이다. 따라서 A점 아래의 필릿에서의 응력집중은 고려할 필요가 없다. 레버의 D점에 가하는 힘으로 원형봉은 굽힘응력과 비틀림응력을 함께 받는다. 필릿과 32mm의 봉이 만나는 부위가 가장 취약한 부분이므로 이 부분에 대한 응력을 평가하면 된다.

풀이

[그림 4-8]에 지름 32mm의 작은 원통부와 필릿이 만나는 부위에 발생하는 응력을 표시했다. 이 부분에 작용하는 응력은 다음과 같다.

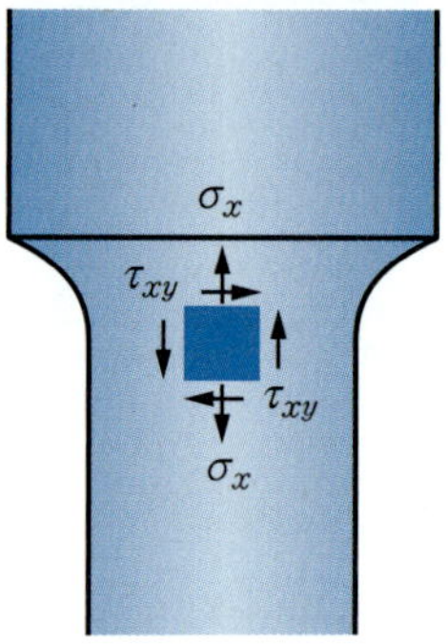

그림 4-8 작은 원통부와 필릿이 만나는 부위의 응력상태

$$\sigma_x = \frac{Mc}{I} = \frac{32M}{\pi d^3} = \frac{32 \times 0.29F}{\pi \times 0.032^3} = 90146F$$

$$\tau_{xy} = \frac{Tc}{J} = \frac{16T}{\pi d^3} = \frac{16 \times 0.3 \times F}{\pi \times 0.032^3} = 46627F$$

(a) 변형에너지 이론을 이용하면 식 (4.23)에 의해 다음을 얻을 수 있다.

$$\sigma' = (\sigma_x^2 - \sigma_x\sigma_y + \sigma_y^2 + 3\tau_{xy}^2)^{1/2}$$

$$= \sqrt{(90146F)^2 + 3(46627F)^2} = 121031F$$

식 (4.19)의 $\sigma' \geq \sigma_y$로부터 $121031F \geq 350 \times 10^6$이므로 힘 F는 다음과 같다.

$$F = 2891.8\,\text{N} \quad \text{[답]}$$

(b) 최대전단응력 이론을 이용하면 0이 아닌 하나의 수직응력과 하나의 전단응력이 작용하는 평면응력 상태에서 두 개의 0이 아닌 주응력 σ_1과 σ_2는 서로 반대의 부호를 갖게 된다. 그러므로 최대전단응력 이론의 두 번째 조건인 식 (4.7)에 해당한다. 이 식에서 σ_1과 σ_2는 주응력이므로 먼저 주응력에 대한 식 (3.60)으로부터 σ_1과 σ_2를 각각 구한 후 σ_1에서 σ_2를 빼면 다음과 같다.

$$\sigma_1 - \sigma_2 = 2\left[\left(\frac{\sigma_x}{2}\right)^2 + \tau_{xy}^2\right]^{1/2} = \left(\sigma_x^2 + 4\tau_{xy}^2\right)^{1/2}$$

이 결과를 식 (4.7)에 대입하면

$$\left(\sigma_x^2 + 4\tau_{xy}^2\right)^{1/2} \geq \sigma_y$$

$$\left[(90146F)^2 + 4(46627F)^2\right]^{1/2} \geq 350 \times 10^6$$

이므로 힘 F는 다음과 같다.

$$F = 2698.5\,\text{N} \quad \text{[답]}$$

검토

[그림 4-8]에 나타낸 것처럼 원형봉의 윗면은 평면응력상태이므로 최대전단응력 이론에서 식 (4.5) 대신 식 (4.7)을 사용했다. 그리고 결과에서 알 수 있듯이 최대전단응력 이론으로 구한 값은 변형에너지 이론으로 구한 값보다 약 7% 정도 작은 것으로 평가된다.

예제 4-3 취성재료의 파손에 대한 안전계수

취성재료로 만든 부품에 다음과 같이 주응력 σ_1, σ_2, σ_3가 발생했다. 시편재료의 인장극한강도는 250 MPa이고, 압축극한강도는 800 MPa로서 서로 다른 크기를 가지고 있다. 최대수직응력 이론과 수정된 모어 이론을 사용하여 안전계수를 각각 구하라.

(a) $\sigma_1 = 120\,\text{MPa}$, $\sigma_2 = 50\,\text{MPa}$, $\sigma_3 = 0\,\text{MPa}$

(b) $\sigma_1 = 80\,\text{MPa}$, $\sigma_2 = 0\,\text{MPa}$, $\sigma_3 = -300\,\text{MPa}$

(c) $\sigma_1 = 0\,\text{MPa}$, $\sigma_2 = -250\,\text{MPa}$, $\sigma_3 = -500\,\text{MPa}$

전략

취성재료는 연성재료와 달리 일반적으로 인장강도와 압축강도가 서로 다르며, 인장강도에 비해 압축강도가 매우 큰 특성이 있다.

풀이

(a) $\sigma_1 = 120\,\text{MPa}$, $\sigma_2 = 50\,\text{MPa}$, $\sigma_3 = 0\,\text{MPa}$일 때의 안전계수를 이론별로 각각 구해보자.

- **최대수직응력 이론** : $\sigma_1 > \sigma_2 > \sigma_3 = 0$인 경우이므로 식 (4.24)의 $\sigma_1 \geq \dfrac{\sigma_{ut}}{n_s}$로부터

$$120 \geq \frac{250}{n_s},\ n_s \geq \frac{250}{120}$$

이 되어 $n_s = 2.083$이 된다. [답]

- **수정된 모어 이론** : $\sigma_1 > \sigma_2 > \sigma_3 = 0$인 경우이므로 식 (4.27)의 $\sigma_1 \geq \dfrac{\sigma_{ut}}{n_s}$로부터

$$120 \geq \frac{250}{n_s},\ n_s \geq \frac{250}{120}$$

이 되어 $n_s = 2.083$이 된다. [답]

(b) $\sigma_1 = 80\,\text{MPa}$, $\sigma_2 = 0\,\text{MPa}$, $\sigma_3 = -300\,\text{MPa}$일 때의 안전계수를 이론별로 각각 구해보자.

- **최대수직응력 이론** : $\sigma_1 > 0$, $\sigma_3 < 0$인 경우이므로 식 (4.26)의 $\sigma_1 \geq \dfrac{\sigma_{ut}}{n_s}$ 또는 $\sigma_3 \leq \dfrac{\sigma_{uc}}{n_s}$로부터

$$80 \geq \frac{250}{n_s} \text{ 또는 } -300 \leq \frac{-800}{n_s}$$

$$n_s \geq \frac{250}{80} \text{ 또는 } n_s \leq \frac{-800}{-300}$$

이 되어 $n_s = 3.125$ 또는 $n_s = 2.667$이 된다. [답]

이 중 작은 값인 압축주응력에 대한 안전계수 $n_s = 2.667$을 설계에 반영한다.

• **수정된 모어 이론** : $\sigma_1 > 0$, $\sigma_3 < 0$, $\sigma_1 \le |\sigma_3|$이므로 식 (4.29)의 $\left(\frac{1}{\sigma_{uc}} + \frac{1}{\sigma_{ut}}\right)\sigma_1 + \frac{\sigma_3}{\sigma_{uc}} = \frac{1}{n_s}$로부터

$$\left(\frac{1}{-800} + \frac{1}{250}\right) \times 80 + \frac{(-300)}{(-800)} = \frac{1}{n_s}$$

이 되어 $n_s = 1.681$가 된다. [답]

(c) $\sigma_1 = 0\,\text{MPa}$, $\sigma_2 = -250\,\text{MPa}$, $\sigma_3 = -500\,\text{MPa}$일 때의 안전계수를 이론별로 각각 구해보자.

• **최대수직응력 이론** : $\sigma_1 = 0$, $0 > \sigma_2 > \sigma_3$인 경우이므로 식 (4.25)의 $\sigma_3 \le \frac{\sigma_{uc}}{n_s}$로부터

$$-500 \le \frac{-800}{n_s},\ n_s \le \frac{-800}{-500}$$

이 되어 $n_s = 1.6$이 된다. [답]

• **수정된 모어 이론** : $\sigma_1 \le 0$인 경우이므로 식 (4.30)의 $\sigma_3 \le \frac{\sigma_{uc}}{n_s}$로부터

$$-500 \le \frac{-800}{n_s},\ n_s \le \frac{-800}{-500}$$

이 되어 $n_s = 1.6$이 된다. [답]

검토

주응력들이 0을 포함한 양수 또는 0을 포함한 음수일 경우 최대수직응력 이론과 수정된 모어 이론의 결과가 같고, 그 밖의 경우에는 두 이론 사이에 차이가 발생했다.

4.1.4 파괴역학

기계부품을 사용하기 전부터 미세한 균열이 있는 경우 이 균열은 부품을 사용함에 따라 확대될 수 있다. 이 균열이 임계치수critical crack size까지 확대되어 더는 기계부품 본래의 기능을 수행할 수 없을 때를 찾는 것은 안전을 고려할 때 매우 중요하다. 즉 검사를 통해 균열의 크기가 임계치수에 도달하기 전에 미리 부품교환을 할 수 있다.

파괴역학은 초기균열이 있는 부품에 작용응력이 지속되면 균열이 점차로 커져서 결국에는 파손되는 것을 연구하는 분야이며, 탄성범위에서 적용되므로 **선형탄성 파괴역학**linear elastic fracture mechanics, LEFM이라고 한다. 예컨대 제품의 포장재에 구멍이나 노치를 만들어 놓는 경우 사용자는 손힘만으로 포장재를 쉽게 뜯을 수 있다. 노치가 없다면 포장재를 뜯기가 훨씬 어렵다. 파괴역학을 통해 연성재료로 알려진 재료가 갑자기 취성파괴되는 현상을 이해할 수 있다.

■ 균열확대모드

파괴역학에서는 균열형태를 [그림 4-9]와 같이 세 가지로 분류하며, 이들을 **균열확대모드** crack propagation mode[3]라고 한다.

- 모드 Ⅰ : **열림모드** opening mode로서 가장 일반적인 모드이며, 인장력이 작용할 때 발생한다.
- 모드 Ⅱ : **미끄러짐모드** sliding mode이며, 면내 전단력이 작용할 때 발생한다.
- 모드 Ⅲ : **찢김모드** tearing mode이며, 면외 전단력이 작용할 때 발생한다.

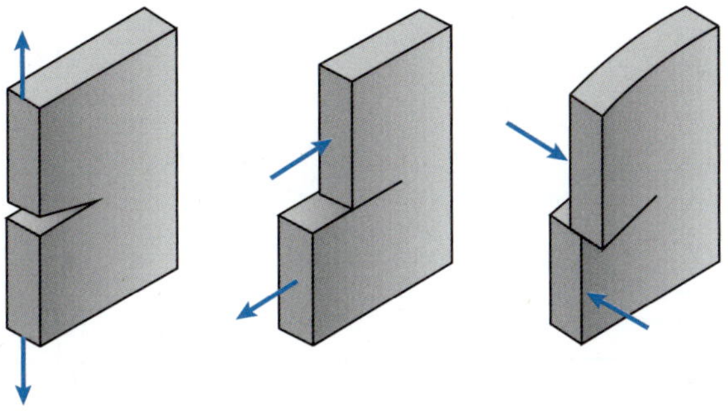

(a) 모드 I (b) 모드 II (c) 모드 III

그림 4-9 균열확대모드

■ 응력강도계수

[그림 4-10]에 나타낸 부재에서 균열의 끝단 A점에서의 응력강도 stress intensity를 **응력강도계수** stress intensity factor라고 한다. 즉 응력강도계수는 균열의 끝단에서의 국부적인 유효응력 local effective stress을 나타내는 척도이다.

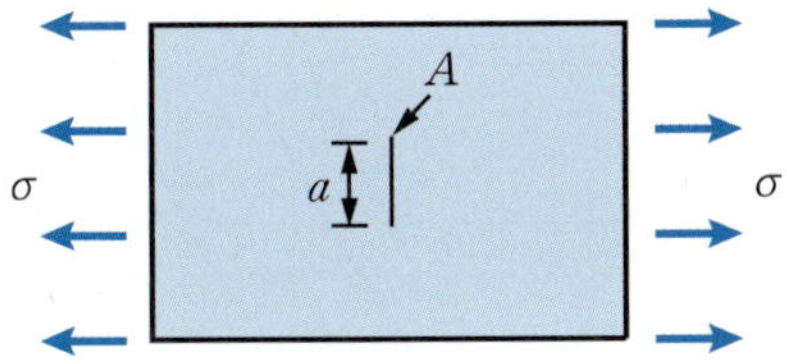

그림 4-10 균열부 형상

[그림 4-10]과 같이 균열확대모드가 모드 I 인 경우 응력강도계수 K_I는 다음과 같이 정의한다.[4]

$$K_I = \gamma \sigma \sqrt{\pi a} \tag{4.31}$$

여기서 γ는 **응력강도 수정계수** stress intensity modification factor이고, a는 균열길이이며, σ은 공칭응력을 나타낸다. K_I의 SI 단위는 $\mathrm{MPa}\sqrt{\mathrm{m}}$ 이다. 모드 I 에 대한 γ의 몇 가지 예를 [그림 4-11] ~ [그림 4-13]에 나타냈다.

---

3 균열성장모드 또는 균열진전모드라고도 부른다.

4 K_I에서 하첨자 I은 모드 I 를 나타낸다.

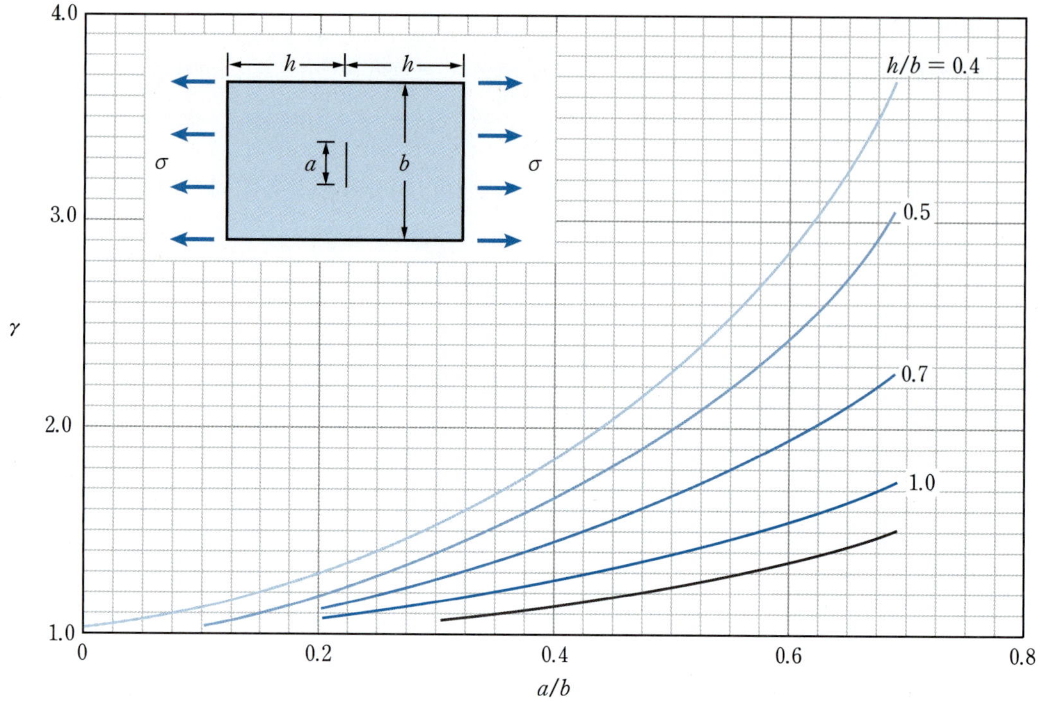

그림 4-11 인장하중을 받는 평판의 대칭균열에 대한 응력강도 수정계수

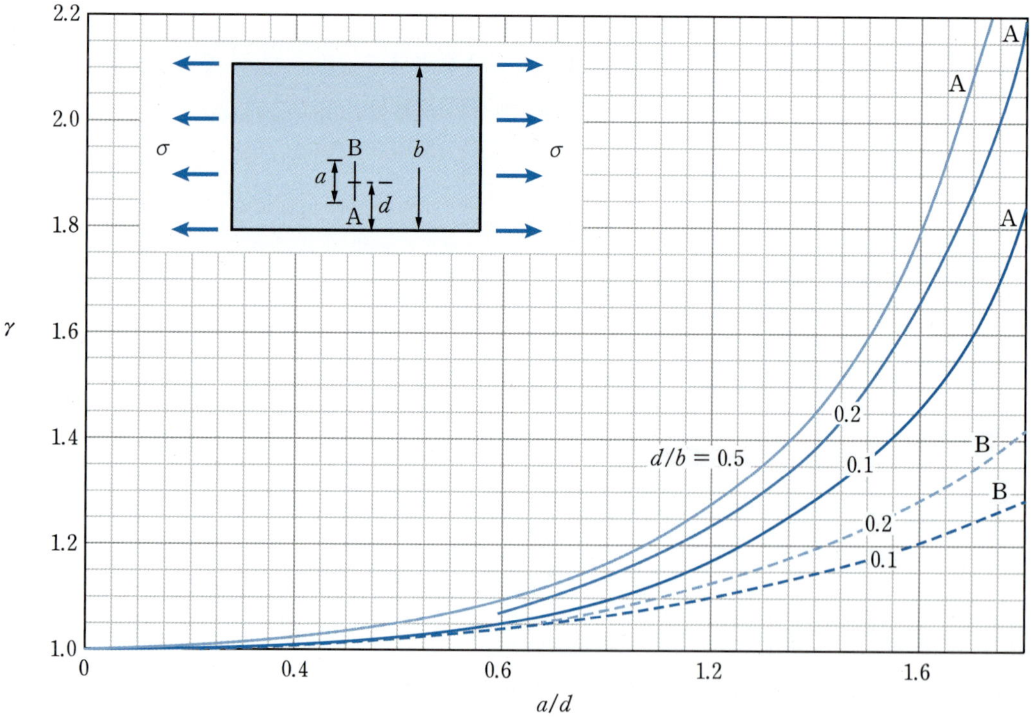

그림 4-12 인장하중을 받는 평판의 비대칭균열에 대한 응력강도 수정계수
(실선은 균열선단 A, 파선은 균열선단 B)

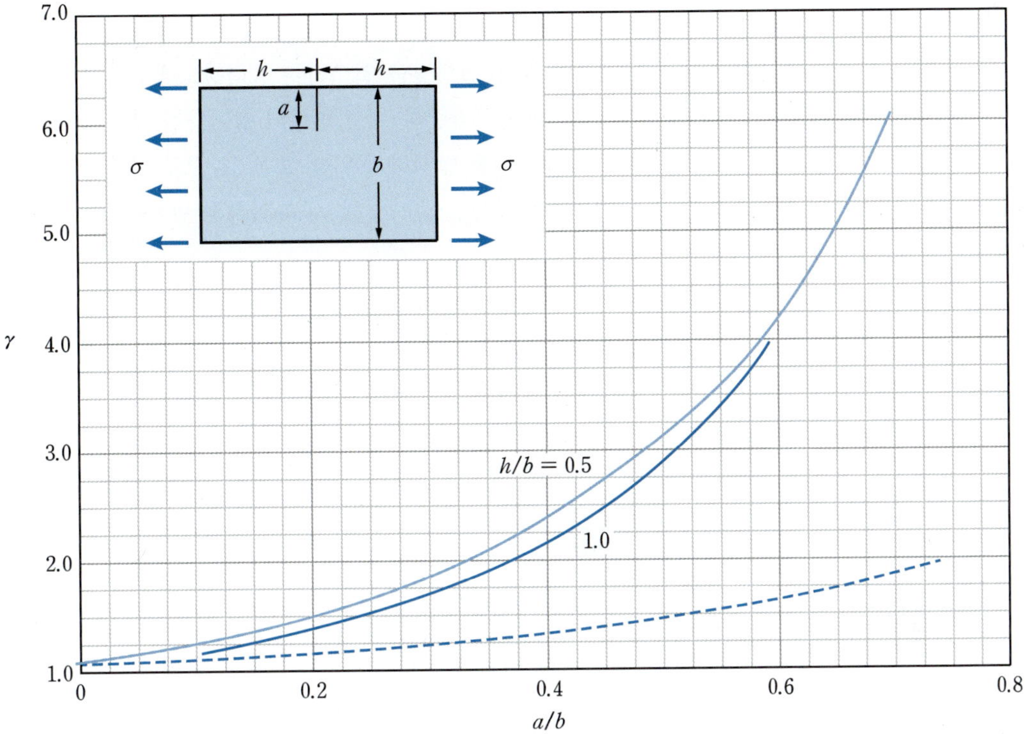

그림 4-13 인장하중을 받는 평판의 모서리균열에 대한 응력강도 수정계수
(실선은 굽힘을 제한하지 않는 경우, 파선은 굽힘을 제한하는 경우)

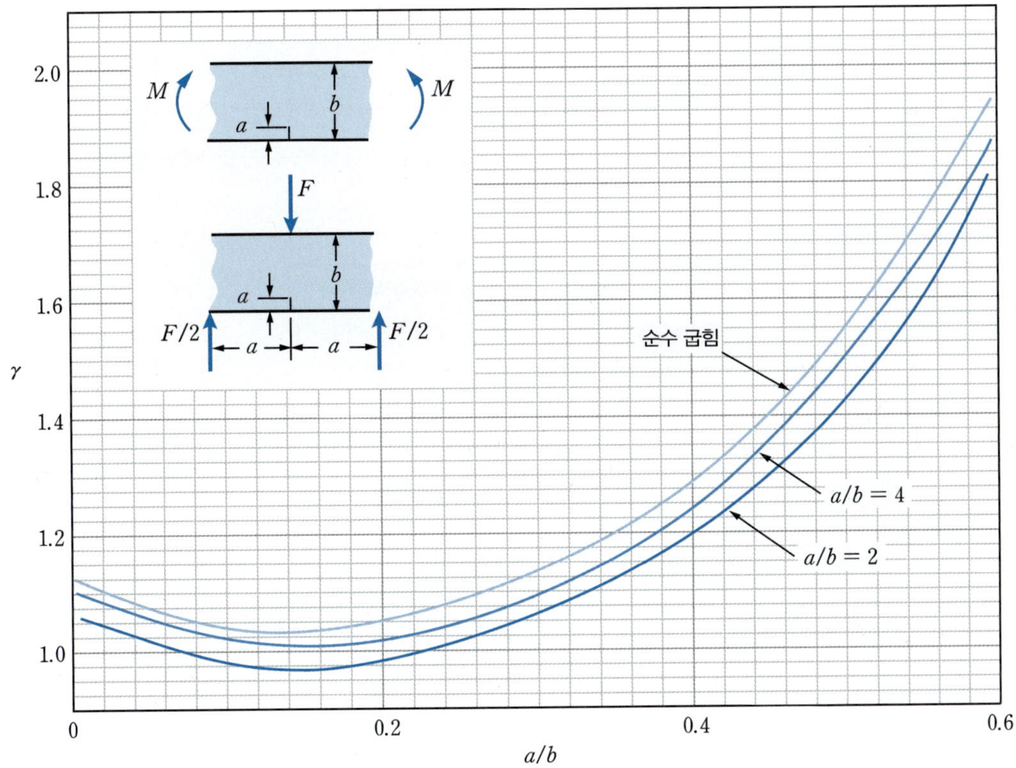

그림 4-14 굽힘하중을 받는 사각단면보에 대한 응력강도 수정계수

■ 파괴인성

파괴인성fracture toughness은 재료의 기계적 물성치로서 균열성장을 일으키는 응력강도계수의 임계값이다. 즉 균열이 존재하는 재료의 파괴에 대한 저항성을 나타낸다. 소성변형이 일어나지 않는 기준으로 항복강도를 사용하듯이 균열이 존재하는 재료에서 파괴를 방지하기 위한 설계기준으로 파괴인성을 사용한다. 즉 식 (4.31)의 응력강도계수 K_I가 파괴인성 K_{IC}에 도달할 때 파괴가 발생한다. 따라서 파괴역학에서 안전계수는 다음과 같이 나타낸다.

$$n_s = \frac{K_{IC}}{K_I} \tag{4.32}$$

식 (4.31)의 응력강도계수를 대입하면 식 (4.32)는 다음과 같이 된다.

$$n_s = \frac{K_{IC}}{\gamma\sigma\sqrt{\pi a}} \tag{4.33}$$

[표 4-1]은 [그림 4-15]와 같은 단일 모서리균열 시편을 사용하여 상온에서 평가한 몇 가지 재료의 항복강도와 파괴인성을 나타낸다. 결과의 일관성을 위해 ASTM 규격에서는 균열길이 a 또는 부재의 두께 t에 대해 다음과 같이 규정하고 있다.

$$a, t \geq 2.5\left(\frac{K_{IC}}{\sigma_y}\right)^2 \tag{4.34}$$

이 식은 변형이 평면 내에서 발생하고 균열 면이 평평하다는 조건에서 성립한다.

파괴인성은 온도, 변형률 속도, 미세구조 등 많은 인자의 영향을 받는다. 파괴인성의 크기는 변형률 속도가 증가하거나 온도가 낮을수록 줄어들고, 가공경화를 통해 항복강도가 증가할 때도 줄어든다.

표 4-1 재료의 항복강도와 파괴인성

재료		항복강도 σ_y [MPa]	파괴인성 K_{IC} [MPa $\sqrt{\text{m}}$]
강재	SNCM439	1515	60
	STB2	2070	14
	STS410	690	77
알루미늄 합금	2024－T4	455	26
	7075－T6	505	29
티타늄 합금	Ti－6AL－4V	798	111
	Ti－6AL－6V	1149	66

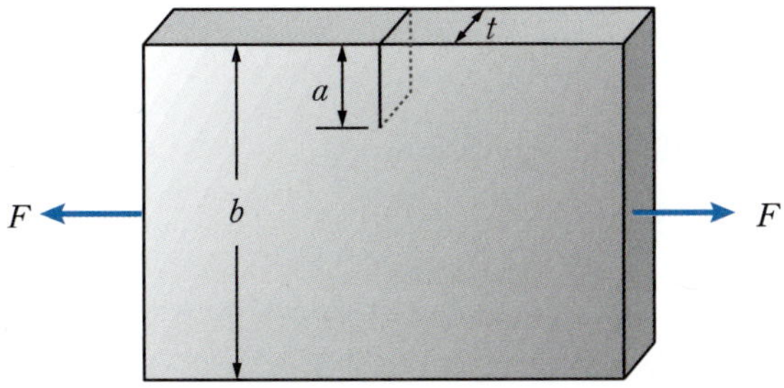

그림 4-15 단일 모서리균열 시편

탐구

1. 응력강도계수가 무엇인지 설명하라.
2. 파괴인성이 무엇인지 설명하라.
3. 두 재료 A와 B 중 A에 비해 B의 임계균열길이가 짧다면, 이것은 무엇을 의미하는가?

예제 4-4 재료에 따른 임계균열길이

다음과 같은 두 재료에 대해 상온에서 임계균열길이를 구하라. 단, [그림 4-15]와 같이 단일 모서리균열을 고려하고, 사용응력은 항복강도의 80%, 응력강도 수정계수는 1로 가정한다.

(a) SNCM439 강재

(b) 2024-T4 알루미늄 합금

전략

[표 4-1]에서 해당 재료의 항복강도와 파괴인성을 찾는다. 그리고 식 (4.31)을 이용하여 임계균열길이를 구한다.

풀이

(a) [표 4-1]에서 SNCM439 강재의 항복강도 $\sigma_y = 1515\,\text{MPa}$이고, 파괴인성 $K_{IC} = 60\,\text{MPa}\sqrt{\text{m}}$ 이다. 따라서 허용응력은 다음과 같다.

$$\sigma = 0.8\sigma_y = 0.8 \times 1515 = 1212\,\text{MPa}$$

식 (4.31)의 $K_I = \gamma\sigma\sqrt{\pi a}$ 로부터 임계균열길이를 다음과 같이 구한다.

$$a = \frac{1}{\pi}\left(\frac{K_I}{\gamma\sigma}\right)^2 = \frac{1}{\pi}\left(\frac{60}{1 \times 1212}\right)^2 = 0.00078\,\text{m} = 0.78\,\text{mm} \quad \text{[답]}$$

(b) [표 4-1]에서 2024-T4 알루미늄 합금의 항복강도 $\sigma_y = 455\,\text{MPa}$이고, 파괴인성 $K_{IC} = 26\,\text{MPa}\sqrt{\text{m}}$ 이다. 따라서 허용응력은 다음과 같다.

$$\sigma = 0.8\sigma_y = 0.8 \times 455 = 364\,\text{MPa}$$

임계균열길이는 다음과 같다.

$$a = \frac{1}{\pi}\left(\frac{K_I}{\gamma\sigma}\right)^2 = \frac{1}{\pi}\left(\frac{26}{1\times 364}\right)^2 = 0.001624\,\text{m} = 1.624\,\text{mm} \quad \text{[답]}$$

검토

결과에서 알 수 있듯이 일반적으로 항복강도가 큰 재료일수록 임계균열길이가 작다.

예제 4-5 단일 모서리균열을 가진 패널에 작용할 수 있는 최대인장하중

[그림 4-16]과 같이 폭이 120mm, 두께가 19mm인 2024-T4 알루미늄 패널이 인장하중을 받고 있다. 모서리균열의 길이가 24mm일 때 급격한 파괴가 일어나지 않도록 작용할 수 있는 최대하중 F를 구하라.

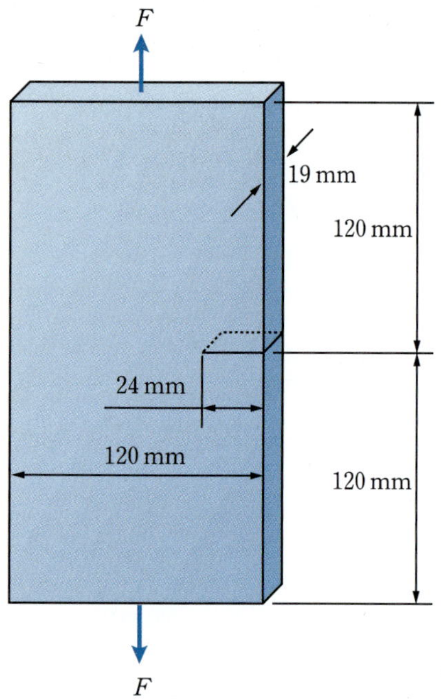

그림 4-16 단일 모서리균열을 가진 알루미늄 패널

전략

파괴인성과 항복강도를 [표 4-1]에서 찾고, 이들을 식 (4.34)에 대입하여 요구조건의 만족 여부를 확인한다. 균열길이와 폭의 비 및 부재의 절반길이와 폭의 비로부터 응력강도 수정계수를 찾는다. 식 (4.33)에서 공칭응력을 구하고, 이를 이용하여 최대하중을 구한다.

풀이

[표 4-1]에서 2024-T4 알루미늄 합금의 파괴인성 $K_{IC} = 26\,\mathrm{MPa}\sqrt{\mathrm{m}}$ 이고, 항복강도 $\sigma_y = 455\,\mathrm{MPa}$ 이다. 식 (4.34)로부터 균열길이 a와 두께 t는

$$a, t \geq 2.5\left(\frac{K_{IC}}{\sigma_y}\right)^2 = 2.5 \times \left(\frac{26}{455}\right)^2 = 0.00816\,\mathrm{m} = 8.16\,\mathrm{mm}$$

가 된다. 따라서 균열길이와 두께의 최솟값을 만족한다.

균열길이 a와 폭 b의 비, 부재의 절반길이 h와 폭 b의 비는 각각

$$\frac{a}{b} = \frac{24}{120} = 0.2,\ \frac{h}{b} = \frac{120}{120} = 1$$

이므로 [그림 4-13]에서 응력강도 수정계수는 $\gamma \approx 1.37$이 된다.

식 (4.33)에서 안전계수 $n_s = 1$로 가정하면 공칭응력 σ은 다음과 같다.

$$\sigma = \frac{K_{IC}}{\gamma\sqrt{\pi a}} = \frac{26}{1.37\sqrt{\pi \times 0.024}} = 69.11\,\mathrm{MPa}$$

따라서 최대하중 F는 다음과 같다.

$$\begin{aligned} F &= \sigma(b-a)t = 69.11 \times (0.12 - 0.024) \times 0.019 \\ &= 0.1261\,\mathrm{MN} = 126.1\,\mathrm{kN} \end{aligned}$$ [답]

검토

항복강도보다 공칭응력이 매우 작다. 따라서 최대하중을 초과하여 힘을 가하는 경우 항복이 발생하기 전에 균열 끝단에서 파괴가 일어난다.

SECTION 4.2

피로파손

- ✔ 피로파손의 의미와 반복응력의 형태를 학습한다.
- ✔ 피로시험방법에 대해 알아본다.
- ✔ 피로한도 및 피로한도 수정계수에 대해 학습한다.
- ✔ 응력집중 및 노치 민감도에 대해 학습한다.
- ✔ 피로강도 및 유한수명의 결정방법에 대해 학습한다.
- ✔ 피로파손기준에 대해 학습한다.

4.2.1 피로파손과 반복응력

철사를 두 부분으로 파손될 때까지 여러 번 앞뒤로 굽히면 초기에 굽힐 때는 매우 큰 소성변형이 발생하지만 파손되지는 않는다. 그러나 철사를 지속해서 앞뒤로 구부리면 결국은 파단된다. 이와 마찬가지로 기계나 구조물이 지속하여 반복하중을 받는 경우 재료의 파단강도 전에도 파괴될 수 있는데, 이러한 현상을 **피로파손** fatigue failure 또는 **피로파괴** fatigue fracture라고 한다.

피로파손의 과정을 살펴보면 반복하중으로 인해 가장 취약한 불연속 점에 아주 미세한 균열이 발생하고, 이 부분에 응력이 집중된다. 집중된 큰 응력으로 인해 이 균열은 매우 빠르게 성장하면서 전파되다가 어느 순간 갑자기 파괴된다. 재료가 피로파손될 때는 비록 연성재료라도 취성재료처럼 큰 변형의 발생 없이 파괴되는 것이 특징이다.

연성재료가 정적파손될 때에는 파괴 전에 눈에 띌 정도의 변형이 나타나 부품을 교환하는 등의 대응을 할 수 있으나, 피로파손에서는 비록 연성재료라도 이러한 조짐 없이 갑자기 파단되므로 매우 위험하다.

피로파손이 진행되는 과정을 정리하면 다음과 같다.

❶ 반복적인 소성변형으로 미세균열 micro crack이 발생한다.
❷ 거시적 균열 macro crack로 성장한다.
❸ 갑자기 파괴된다.

하중이 일정한 주기로 반복하여 작용하면 재료에는 반복응력 cyclic stress이 발생한다. 이들 반복응력은 평균응력을 기준으로 일반 반복응력과 편진응력 pulsating stress, 양진응력 completely reversed alternating stress 3개로 구분하며, 이를 [그림 4-17]에 나타냈다.

평균응력 mean stress σ_m은 다음과 같이 최대응력과 최소응력의 평균값을 나타낸다.

$$\sigma_m = \frac{\sigma_{\max} + \sigma_{\min}}{2} \tag{4.35}$$

응력진폭stress amplitude[5] σ_a는 최대응력과 최소응력의 차이의 절반이며 다음과 같다.

$$\sigma_a = \frac{\sigma_{\max} - \sigma_{\min}}{2} \tag{4.36}$$

편진응력은 최소응력 $\sigma_{\min}$의 크기가 0인 경우로서 평균응력 σ_m과 응력진폭 σ_a의 크기가 같고, 최대응력 $\sigma_{\max}$가 응력진폭의 두 배가 된다. 양진응력은 평균응력 σ_m이 0인 경우로서 최대응력 $\sigma_{\max}$와 최소응력 $\sigma_{\min}$는 크기가 같고 방향이 반대인 경우이다.

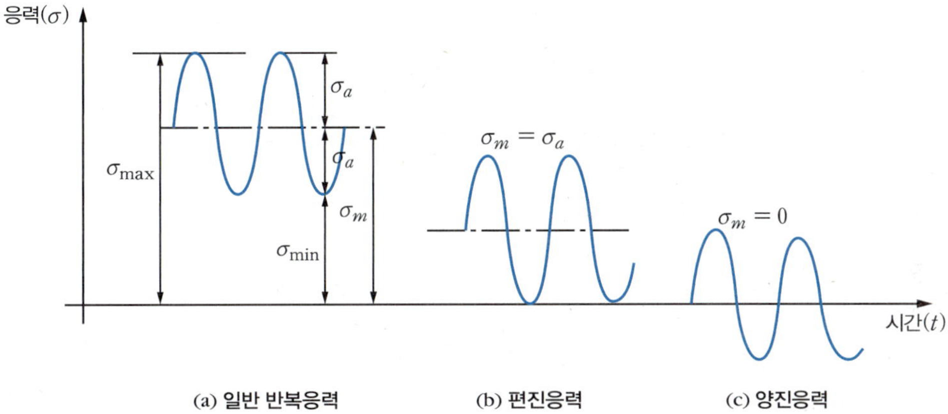

그림 4-17 반복응력의 종류

자동차가 울퉁불퉁한 비포장도로를 주행하는 경우 불규칙한 동하중random dynamic load이 타이어와 현가장치를 통해 차체에 전달된다. [그림 4-18(a)]와 같은 자동차 서브프레임subframe에 작용하는 각 방향의 불규칙 동하중을 나타내면 [그림 4-18(b)]와 같다. 이러한 반복적인 동하중으로 인해 서브프레임에는 불규칙 반복응력이 발생하며 가장 취약한 부위에서 피로파손이 발생한다.

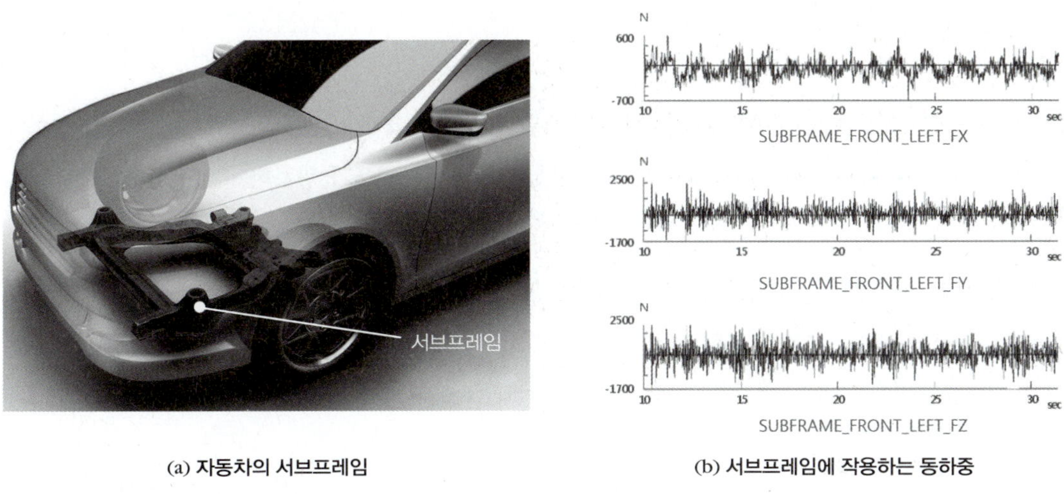

그림 4-18 불규칙 반복응력

5 교번응력(alternating stress)이라고도 한다.

4.2.2 피로시험 방법

재료의 피로특성을 알아보기 위해 [그림 4-19(a)]의 무어 회전빔 피로시험기Moore rotating beam fatigue testing machine와 [그림 4-19(b)]의 표준시편을 사용하여 피로시험을 수행한다. 이 시험기는 속도조절이 가능한 모터를 갖추고 있으며, 일반적으로 1,000 ~ 9,000 rpm 의 범위에서 시험한다. 시편이 회전함에 따라 시편의 표면은 굽힘하중에 의해 최대인장응력과 최대압축응력이 번갈아 발생한다. 즉 시편의 표면에서는 주기적인 완전역전응력completely reversed stress이 발생한다.

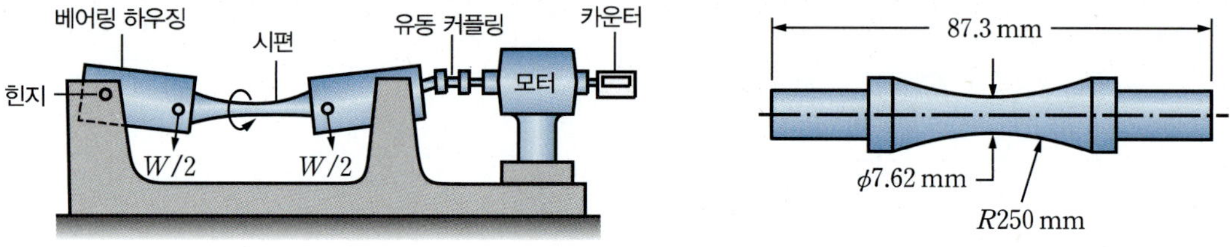

(a) 무어 회전빔 피로시험기

(b) 표준시편

그림 4-19 무어 회전빔 피로시험기와 표준시편

회전빔 피로시험은 동일한 재료와 치수를 갖는 시편을 여러 개 준비하여 응력진폭 σ_a를 시편마다 변화시키면서 시편이 파괴될 때의 응력반복횟수number of stress cycles N을 구한다. 즉 첫 시험은 재료의 극한강도보다 조금 낮은 응력상태에서 시행한다. 두 번째 시험은 첫 시험의 응력보다 조금 낮은 응력에서 시행한다. 이 과정을 반복한 후 얻어진 많은 데이터 점들을 곡선접합curve fitting하여 응력진폭 σ_a에 대한 응력반복횟수 N의 관계로 그래프를 그린다. 이 그래프를 **$S-N$ 선도**라고 한다. 재료가 파괴될 때까지는 많은 반복횟수가 필요하므로 응력반복횟수를 나타내는 가로축은 대수logarithm 선도로 작성한다.

[그림 4-20]은 연강과 알루미늄 합금에 대한 $S-N$ 선도이다. 이 선도의 가로축은 해당 응력진폭에서는 시편이 무한대의 반복응력을 받아도 파괴되지 않는 한계로서 **피로한도**fatigue limit 또는 **내구한도**endurance limit라고 하며, σ_e'으로 나타낸다.

이 선도를 보면 연강의 경우 응력진폭의 크기가 줄면 반복횟수 N이 비선형적으로 증가하다가 반복횟수 $10^6 \sim 10^7$ 사이클부터는 수평이 되어 무한수명이 되는 피로한도가 명확하게 나타난다. 이때의 사이클 수를 피로한도 사이클이라고 하며, N_e로 나타낸다.

그러나 알루미늄과 같은 비철금속은 전 구간에 걸쳐 응력진폭과 반복횟수의 관계가 비선형으로 피로한도가 명확하지 않다. 따라서 비철금속의 피로한도는 5×10^8 사이클에 해당하는 응력을 피로한도로 정한다. 반복하중을 받는 기계부품을 설계할 때에는 이 피로한도를 기준으로 이보다 작은 응력이 발생하도록 설계해야 한다.

피로해석에서 시편에 가하는 하중의 반복횟수가 10^3 사이클 이하일 때 **저사이클 피로**low-cycle fatigue라고 하고, $10^3 \sim 10^6$ 사이클일 때 **고사이클 피로**high-cycle fatigue라고 한다.

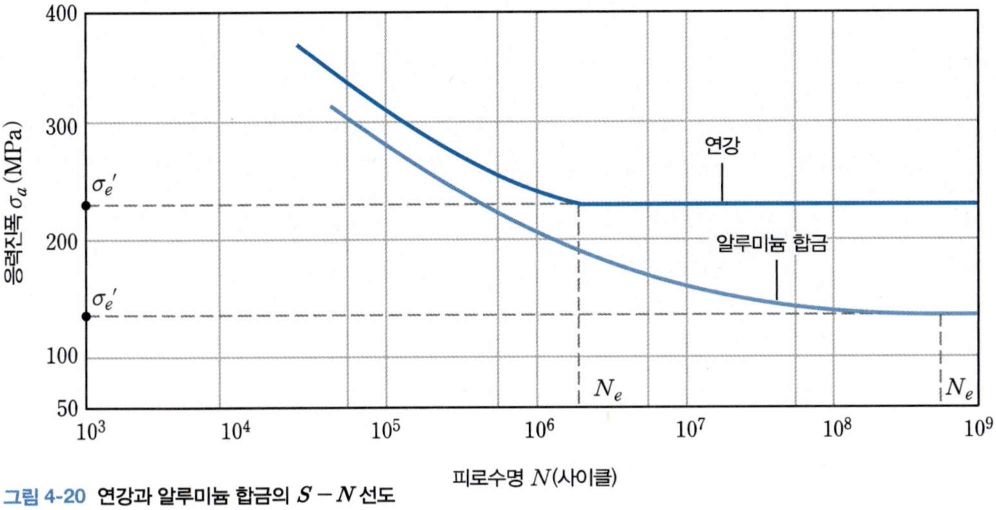

그림 4-20 연강과 알루미늄 합금의 $S-N$ 선도

> **탐구**
> 1. 무어 회전빔 피로시험기로 어떻게 피로시험을 하는지 설명하라.
> 2. 피로시험을 통해 $S-N$ 선도를 얻는 방법을 설명하라.

4.2.3 피로한도

피로한도fatigue limit σ_e'은 어떤 재료가 파괴 없이 무한반복 사이클 수까지 견딜 수 있는 최대응력진폭으로 정의된다. 이러한 피로한도를 얻기 위해서는 시간이 많이 걸려 제품설계 및 평가과정에 있어서 불편한 점이 많았다. 그러나 다행스럽게도 동적특성인 피로한도와 정적특성인 극한강도 사이의 상관관계가 여러 문헌을 통해 알려졌으며, 이를 이용하면 재료의 내구성능을 근사적으로 판단할 수 있다.

이와 마찬가지로 피로강도와 극한강도 사이의 관계도 제시되었다. **피로강도**fatigue strength란 특정 반복 사이클까지 파괴되지 않고 견딜 수 있는 최대응력진폭을 말한다. 즉 파괴되는 반복 사이클을 미리 정하고, 이에 상응하는 응력진폭을 결정하는 것이다.

[표 4-2]에 굽힘하중, 축하중, 비틀림하중의 세 가지 하중이 작용하는 강재에 대한 피로강도와 피로한도의 근삿값을 나타냈다. σ_l'은 10^3 반복 사이클 수에서의 피로강도, σ_e'은 피로한도, 그리고 σ_u는 재료의 극한강도를 나타낸다.

표 4-2 강재의 극한강도로부터 피로강도와 피로한도를 구하는 근사 관계식

하중조건	피로강도 σ_l'	피로한도 σ_e'
굽힘하중	$0.9\sigma_u$	$0.5\sigma_u$
축하중	$0.75\sigma_u$	$0.45\sigma_u$
비틀림하중	$0.72\sigma_u$	$0.29\sigma_u$

[표 4-2]의 식은 실험데이터의 회귀분석regression analysis을 통해 얻은 근삿값이므로 실제 실험으로부터 얻은 결과와는 차이가 있을 수 있다. 따라서 실제 조건들을 고려하여 이러한 불확실성을 보완해야 한다.

4.2.4 피로한도 수정계수

피로한도를 평가하기 위한 시편은 매우 정밀하게 가공된 후 시험환경이 잘 관리되는 실험실 조건에서 주의 깊게 시험 된다. 그러나 실제 사용하는 부품은 시편과 다르므로 부품의 피로한도는 현실적으로 실험실에서 얻은 시편의 피로한도와 같을 수 없다. 이런 차이는 재료의 화학조성, 열처리, 표면상태, 부식, 사용온도, 크기 및 모양 등으로 인해 발생할 수 있다. 마틴Marin은 표면상태, 크기, 하중, 온도, 기타 인자들의 효과를 정량화하기 위한 특성계수를 정의했으며, 실험실에서 얻은 피로한도 σ_e'으로부터 수정된 피로한도 σ_e를 다음과 같이 표현했다.

$$\sigma_e = k_a k_b k_c k_d k_e \sigma_e' \tag{4.37}$$

여기서 각 변수들은 다음을 의미한다.

k_a = 표면계수
k_b = 크기계수
k_c = 온도계수
k_d = 신뢰성계수
k_e = 기타계수
σ_e' = 시편의 피로한도
σ_e = 부품의 수정된 피로한도

■ 표면계수

회전빔 시편의 표면은 정밀하게 연마될 뿐만 아니라 원주방향의 긁힘이 생기지 않도록 마지막 마무리 단계에서 축방향의 연마가공도 하지만, 실제로 사용하는 부품은 일반적으로 표면상태가 시편보다 좋지 않아서 피로한도가 저하될 수 있다. 즉 표면이 거칠수록 피로한도는 저하되고, 연마되어 표면이 고르면 피로한도가 증대된다.

표면계수surface factor k_a는 놀Noll과 립슨Lipson이 제안한 식 (4.38)의 실험식[6]처럼 부품의 최종 표면상태와 재료의 극한강도에 따라 결정된다.

$$k_a = \alpha\sigma_u^{\beta} \tag{4.38}$$

여기서 σ_u는 재료의 극한강도이고, α와 β는 실험계수로 [표 4-3]에 나타냈다.

표 4-3 표면계수의 실험상수

표면처리	α	β
연삭	1.58	−0.085
기계가공 또는 냉간인발	4.51	−0.265
열간압연	57.7	−0.718
단조	272.0	−0.995

[주] 실험계수 α는 식 (4.38)의 극한강도 σ_u의 단위가 MPa일 때 사용되는 값이다.

예제 4-6 피로한도 수정계수인 표면계수

선반으로 만든 강봉의 극한강도 σ_u는 500 MPa이다. 피로한도의 수정계수 중 표면계수를 구하라.

전략

식 (4.38)에 [표 4-3]의 계수들을 대입하여 표면계수를 구한다.

풀이

선반가공은 기계가공에 해당하므로 [표 4-3]의 $\alpha = 4.51$과 $\beta = -0.265$를 식 (4.38)에 대입하여 표면계수를 다음과 같이 구한다.

$$k_a = \alpha\sigma_u^{\beta} = 4.51 \times 500^{-0.265} = 0.869 \quad \text{[답]}$$

검토

선반가공의 표면거칠기로 인해 피로한도가 이상적인 시편의 86.9%로 감소했다.

6 Noll, C. J. and Lipson, C. (1946). *Allowable Working Stress*. Society of Experimental Stress Analysis, 3(2).

■ 크기계수

부재의 크기는 피로한도에 영향을 주는 주요 인자이다. 부재가 클수록 크기효과size effect로 인해 피로한도는 감소한다. 여기서 크기효과란 형상은 같으나 크기가 서로 다른 물체들이 이론상 같은 응력을 갖는 경우 큰 치수를 갖는 물체가 상대적으로 더 작은 피로한도를 갖는 현상을 말한다. 큰 물체일수록 피로파손이 시작될 수 있는 재료의 결함을 가질 확률이 높기 때문이다.

크기계수size factor에 대한 명확한 값은 없다. 다만, 여러 연구자가 이 계수를 추정할 수 있는 다양한 식들을 제안했으므로 설계할 때 유의해서 선택해야 한다. 회전하는 원형축이 굽힘하중이나 비틀림하중을 받을 때의 크기계수 k_b는 다음과 같다.[7]

$$k_b = \begin{cases} 1.0 & d \le 7.62\,\mathrm{mm} \\ (d/7.62)^{-0.11} & 7.62\,\mathrm{mm} < d \le 50\,\mathrm{mm} \\ 0.859 - 0.000837d & 50\,\mathrm{mm} < d \le 250\,\mathrm{mm} \end{cases} \tag{4.39}$$

굽힘하중이나 비틀림하중과는 달리 축하중을 받는 경우는 응력이 모든 단면에서 일정하므로 크기계수 k_b는 1이 된다.

축이 회전하지 않거나 원형단면이 아닌 경우 지름 d를 사용하는 대신 쿠구엘Kuguel[8]이 제안한 유효지름equivalent diameter d_e를 도입하여 크기계수를 결정한다. 예를 들어 비회전 사각단면축과 비회전 원형단면축의 유효지름은 다음과 같다.

$$\text{폭 } b\text{, 높이 } h\text{인 비회전 사각단면축 : } d_e = 0.808(bh)^{1/2} \tag{4.40}$$

$$\text{지름 } d\text{인 비회전 원형단면축 : } d_e = 0.370d \tag{4.41}$$

정보가 충분하지 못한 상태에서 설계할 때는 $k_b = 0.7$을 사용한다.

예제 4-7 피로한도 수정계수인 크기계수

지름이 60 mm 이고 재료의 인장강도가 700 MPa인 강재의 원형축이 굽힘하중을 받고 있다. 다음의 두 조건에 대해 크기계수를 구하라.

(a) 축이 회전하는 경우 (b) 축이 회전하지 않는 경우

전략

원형축이 회전하는 경우에는 식 (4.39)의 세 번째 식을 이용하여 크기계수를 구한다. 원형축이 회전하지 않는 경우에는 식 (4.41)로 유효지름을 먼저 구한 후, 그 결과를 식 (4.39) 중 부합하는 식에 대입하여 크기계수를 구한다.

---

7 Mott, R. L., Vavrek, E. M., Wang, J. (2018). *Machine Elements in Mechanical Design* (6th ed.). New York: Pearson Education, Inc.

8 Kuguel, R. (1961). *A Relation between Theoretical Stress Concentration Factor and Fatigue Notch Factor Deduced from the Concept of Highly Stressed Volume*. Proc. ASTM, 61, 732–748.

풀이

(a) 원형축의 지름이 60 mm 이므로 식 (4.39)의 세 번째 식을 이용하면 크기계수는 다음과 같다.

$$k_b = 0.859 - 0.000837d = 0.859 - 0.000837 \times 60 = 0.809 \quad \text{[답]}$$

(b) 식 (4.41)을 이용하면 다음과 같이 유효지름을 구할 수 있다.

$$d_e = 0.370d = 0.370 \times 60 = 22.2\,\text{mm}$$

이 유효지름에 식 (4.39)의 두 번째 식을 이용하면 크기계수는 다음과 같다.

$$k_b = (d/7.62)^{-0.11} = (22.2/7.62)^{-0.11} = 0.889 \quad \text{[답]}$$

검토

(a)의 조건에서는 축이 회전함에 따라 축의 표면은 굽힘하중에 의해 최대인장응력과 최대압축응력이 번갈아 발생한다. 즉 주기적인 완전역전응력이 발생한다. 이에 반해 (b)의 조건에서는 정적굽힘하중을 받아 최대인장응력이 발생하는 부분과 최대압축응력이 발생하는 부분이 변동하지 않아 (a)의 조건에 비해 더 큰 크기계수를 가진다.

■ 온도계수

시편을 이용한 피로실험은 주로 상온에서 실시되지만, 실제 부품은 상온보다 높은 온도에서 사용되는 경우가 많으므로 이에 대한 보정이 필요하다. 특히 높은 온도에서는 재료에 작용하는 응력이 크리프 손상을 발생시킬 수 있음을 기억해야 한다. 온도계수 k_c의 근사적인 결과는 다음과 같다.[9]

$$k_c = \begin{cases} 1 & T \le 450℃ \\ 1 - 0.0058(T - 450) & 450℃ < T \le 550℃ \end{cases} \quad (4.42)$$

상온room temperature인 경우에는 온도계수 k_c를 1로 선정한다. 만약 원하는 온도에서의 극한강도 σ_u와 상온에서의 극한강도 σ_{u0}를 알고 있다면 다음 식으로 온도계수를 결정할 수 있다.

$$k_c = \frac{\sigma_u}{\sigma_{u0}} \quad (4.43)$$

■ 신뢰성계수

재료의 피로한도는 똑같은 환경조건에서 여러 번 시험한 데이터들의 평균이므로 실제 사용하는 재료의 신뢰성에 따라 피로한도가 달라질 수 있다. 재료의 신뢰성계수 k_d는 표준편차의 8% 에 기반하여 다음과 같이 표현한다.

$$k_d = 1 - 0.08z \quad (4.44)$$

9 Ugural, A. C. (2015). *Mechanical Design of Machine Components* (2nd ed.). Boca Raton, FL: CRC Press.

여기서 z는 표준편차이다. 비파손확률에 따른 z와 k_d를 [표 4-4]에 나타냈다.

표 4-4 신뢰성계수

비파손확률(%)	50	90	95	99	99.9	99.99	99.999
z	0	1.288	1.645	2.326	3.091	3.719	4.265
k_d	1.000	0.897	0.868	0.814	0.753	0.702	0.659

■ 기타계수

부품의 피로한도에 영향을 미치는 효과로 잔류응력, 부식, 코팅 등 기타 요인이 있다.

- **잔류응력**residual stress은 부품의 두께방향으로 비균일 소성변형이 일어난 후 탄성 회복함으로써 발생한다. 재료표면에서 발생하는 잔류응력이 인장이면 균열성장이 촉진되어 피로한도가 감소하고, 반대로 압축이면 균열성장을 지연시키므로 오히려 피로한도는 증가한다. 숏피닝shot peening, 타격, 냉간압연과 같은 제조공정은 표면에 압축응력을 생성시키므로 피로한도를 상당히 개선한다.
- 기계부품이 부식환경에서 사용된다면 **부식**corrosion으로 재료의 표면이 움푹 파이거나 거칠어지므로 피로한도가 감소한다. 부식된 시편의 피로한도를 찾는 것은 단순하지 않으며, 정량화된 피로한도가 존재하지 않는다. 따라서 설계자는 피로수명에 영향을 주는 부식요인을 줄여야 한다.
- 코팅coating은 피로에 상당한 영향을 줄 수 있다. **침탄**cementation의 경우 탄소 함유량이 높은 표면층을 얻을 수 있고, 표면에 압축 잔류응력을 줌으로써 피로한도를 높일 수 있다. 이와 반대로 전해도금electrolytic plating된 표면은 균열성장을 촉진하여 피로한도를 줄이는 효과가 있다. 이처럼 코팅방식에 따라 부품의 피로한도에 긍정적 또는 부정적 영향을 줄 수 있으므로 설계 시 충분한 검토가 필요하다.

탐구

1. 피로한도에 대해 설명하라.
2. 피로한도 수정계수를 적용하는 이유는 무엇인가?
3. 부재의 크기가 피로한도에 영향을 주는 이유는 무엇인가?
4. 신뢰성계수를 주는 이유는 무엇인가?
5. 숏피닝이 피로한도를 개선하는 이유는 무엇인가?
6. 잔류응력이 피로에 어떤 영향을 미치는가?

4.2.5 응력집중과 노치 민감도

기계부품에 형상이 갑자기 바뀌는 기하학적 불연속 부위나 구멍, 홈, 필릿 등의 노치notch가 있으면 하중이 작용할 때 이들 부위에 **응력집중**stress concentration이 발생한다. 이때 노치에서의 최대응력은 공칭응력 σ_{nom}에 응력집중계수 K_t를 곱하여 구한다.

만약 노치부위에 반복하중이 작용하면 균열이 발생하며 피로한도가 낮아지는데, 이러한 현상을 **노치 효과**notch effect라고 하며, 다음과 같이 **피로응력 집중계수**fatigue stress concentration factor K_f로 정의한다.

$$K_f = \frac{\text{노치가 없는 시편의 피로한도}}{\text{노치가 있는 시편의 피로한도} } \tag{4.45}$$

응력집중계수에서와 마찬가지로 반복하중을 받을 때 노치가 있는 부위의 임계값인 최대응력은

$$\sigma_{\max} = K_f \sigma_{\text{nom}} \tag{4.46}$$

와 같이 쓸 수 있다. 이론적인 응력집중계수는 기하학적 형상에 대한 함수이지만 피로응력 집중계수는 기하학적 형상의 함수일 뿐만 아니라 재료와 하중유형의 함수이다. 이때 재료에 대해 고려해야 할 사항은 **노치 민감도**notch sensitivity q를 사용하여 해결한다. 즉 노치 민감도는 다음 식과 같이 정하중에서 사용하는 응력집중계수 K_t와 피로응력 집중계수 K_f의 관계로 나타낸다.

$$q = \frac{K_f - 1}{K_t - 1} \tag{4.47}$$

따라서 피로응력 집중계수 K_f는 다음과 같이 된다.

$$K_f = 1 + q(K_t - 1) \tag{4.48}$$

즉 두 개의 응력집중계수는 노치 민감도 q의 값으로 서로 연계된다. 여기서 q는 $0 \sim 1$의 값을 갖는다. 식 (4.48)에서 q가 0이면 $K_f = 1$이 되며, 재료는 노치에 전혀 영향을 받지 않는다. 그러나 만약 q가 1이면 $K_f = K_t$가 되며, 재료는 노치에 전적으로 영향을 받는다. 일반적으로 취성재료는 노치 민감도가 크며, 연성재료는 노치 민감도가 작다.

설계나 해석 시 피로응력 집중계수 K_f를 체계적으로 구하는 순서는 다음과 같다.

❶ 설계부품의 형상과 하중조건으로부터 응력집중계수 K_t를 구한다.
❷ 재료의 결정을 통해 노치 민감도 q를 구한다.
❸ 응력집중계수 K_t와 노치 민감도 q로부터 피로응력 집중계수 K_f를 구한다.

이때 노치 민감도 q에 대한 확신이 없다면 $K_f = K_t$를 사용하는 것이 안전하다.

지금까지 살펴본 내용을 양진반복 비틀림하중에 적용하려면 식 (4.47)과 식 (4.48)의 변수를 전단에 관련된 응력집중계수 K_{ts}, 피로응력 집중계수 K_{fs}, 노치 민감도 q_s 등으로 바꾸기만 하면 된다.

특정재료의 노치 민감도는 실험으로 구할 수 있다. 강과 알루미늄 합금에 대해 [그림 4-21]은 반복굽힘 및 반복축하중을 받을 때의 노치 민감도를 나타내며, [그림 4-22]는 반복비틀림을 받을 때의 노치 민감도를 나타낸다.

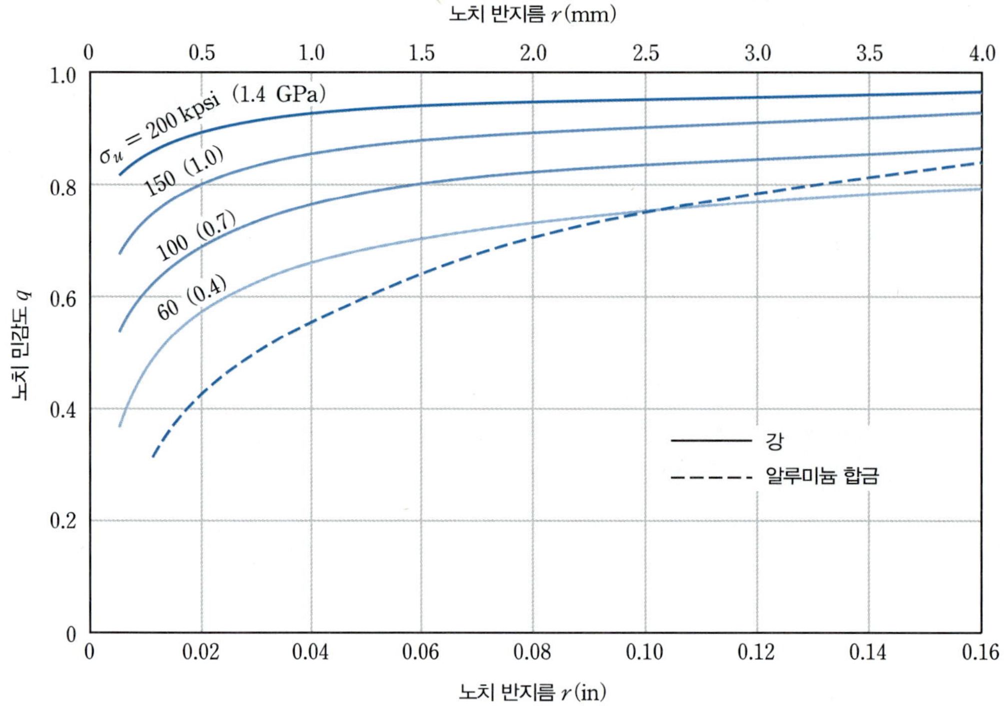

그림 4-21 반복굽힘이나 반복축하중을 받는 강과 알루미늄 합금의 노치 민감도 선도

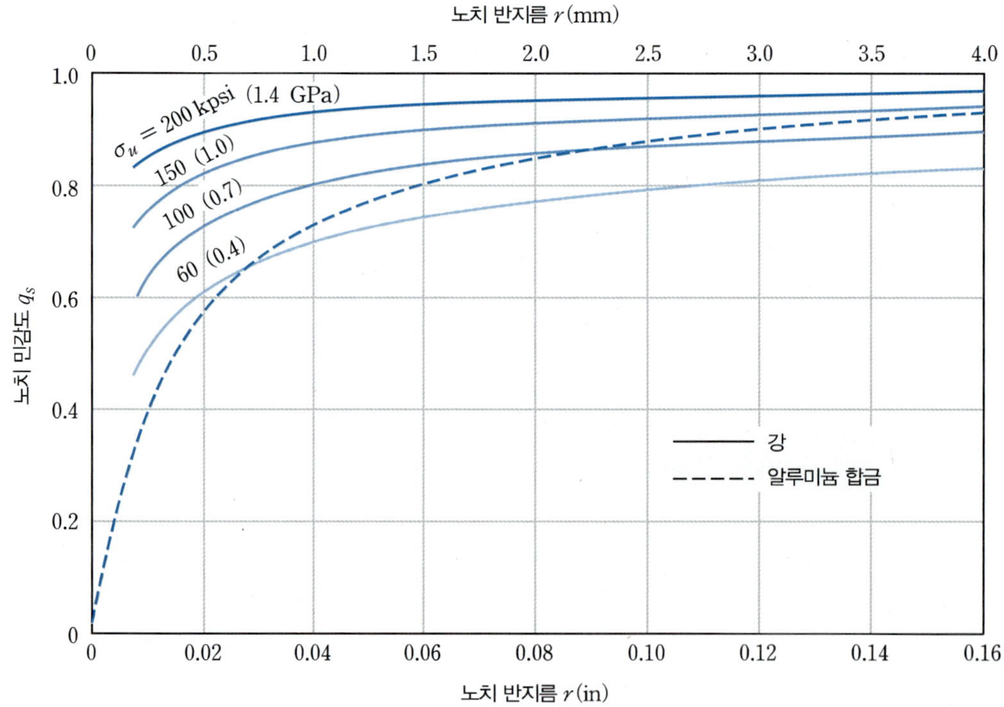

그림 4-22 반복비틀림 하중을 받는 강과 알루미늄 합금의 노치 민감도 선도

실제 시험데이터들은 이들 곡선 주위에 산포된다는 것을 유의해야 한다. 따라서 불확실한 경우에는 K_f와 K_t를 같다고 간주하는 것이 안전하다.

노치 민감도를 구하기 위해 다음과 같은 **누버의 근사식** Neuber equation[10]을 사용할 수도 있다.

$$q = \frac{1}{1 + \sqrt{\frac{a}{r}}} \tag{4.49}$$

여기서 r은 노치의 반지름(mm)이고, a는 다울링 Dowing이 제안한 재료상수[11]로서 1520 MPa 미만의 극한강도를 갖는 강재에 대해 다음과 같이 적용할 수 있다.

$$a = 10^{-\frac{\sigma_u - 134}{586}} \tag{4.50}$$

여기서 σ_u는 MPa 단위의 극한강도를 나타낸다. 식 (4.49)에서 $\sqrt{a}$를 **누버상수** Neuber constant라고 부른다.

탐구

1. 응력집중계수와 피로응력 집중계수의 차이점을 설명하라.
2. 재료의 노치 민감도란 무엇인가?
3. 노치 민감도가 0일 때와 1일 때의 응력집중계수와 피로응력 집중계수의 관계를 설명하라.

예제 4-8 굽힘하중을 받는 강봉의 수정된 피로한도

반복굽힘을 받는 강재의 극한강도가 700 MPa이고, 응력집중계수가 1.45이며, 노치 반지름이 3 mm일 때 다음을 구하라.

(a) 노치 민감도

(b) 피로응력 집중계수

전략

반복굽힘을 받는 강재에 대한 노치 민감도를 [그림 4-21]에서 찾거나 식 (4.49)로부터 구한다. 구한 노치 민감도를 식 (4.48)에 대입하여 피로응력 집중계수를 구한다.

풀이

(a) [그림 4-21]에서 극한강도 700 MPa과 노치 반지름 3 mm에 대한 노치 민감도 $q=0.84$가 된다. [답]

---

10 Neuber, P. J. E. (1969). *The Physical Basis of Metal Fatigue*, Elservier Pub.

11 Dowing, N. E. (1988). *Mechanical Behavior of Materials* (2nd ed.). Englewood Cliffs, NJ: Prentice-Hall.

누버의 근사식을 이용하여 노치 민감도를 구할 수도 있다. 이를 위해 먼저 식 (4.50)을 이용하여 다음과 같이 재료상수를 구한다.

$$a = 10^{-\frac{\sigma_u - 134}{586}} = 10^{-\frac{700-134}{586}} = 0.10818$$

이 값을 식 (4.49)에 대입하여 다음과 같이 노치 민감도를 구한다.

$$q = \frac{1}{1+\sqrt{\frac{a}{r}}} = \frac{1}{1+\sqrt{\frac{0.10818}{3}}} = 0.84 \quad \text{[답]}$$

(b) 식 (4.48)을 이용하여 다음과 같이 피로응력 집중계수를 구한다.

$$K_f = 1 + q(K_t - 1) = 1 + 0.84 \times (1.45 - 1) = 1.378 \quad \text{[답]}$$

검토

노치 민감도 q는 $0 \sim 1$의 값을 갖는데, 이 문제에서 구한 노치 민감도가 0.84이므로 재료는 노치에 상당히 많은 영향을 받는다.

4.2.6 피로강도와 유한수명의 결정

자동차의 차체, 엔진의 크랭크축, 교량의 체결용 나사 등 많은 제품의 수명은 보통 10^3에서 10^7 사이클 사이에서 정한다. 따라서 제품설계 시 이 범위에서 어떤 하중 사이클이 주어졌을 때 허용할 수 있는 응력을 결정하는 것이 필요하다. 즉 피로강도를 하중 사이클의 함수로 표현해야 한다.

10^3 사이클에 해당하는 피로강도 σ_l'과 $10^6 \sim 10^7$ 사이클에 해당하는 피로한도 σ_e' 사이의 어떤 위치에서의 피로강도 σ_f'은 다음 식으로 나타낼 수 있다.[12]

$$\log\sigma_f' = a\log N + b \tag{4.51}$$

이 식에서 a는 $S-N$ 선도의 기울기이고, b는 이 선도에서 유한수명 부분의 절편이다. $N = 10^3$ 사이클에서 σ_l'이고, $N = 10^6$ 사이클에서 σ_e'이라면 식 (4.51)은 다음과 같이 된다.

$$\log\sigma_l' = a\log 10^3 + b = 3a + b \tag{4.52}$$

$$\log\sigma_e' = a\log 10^6 + b = 6a + b \tag{4.53}$$

12 Schmid, S. R., Hamrock, B. J., Jacobson, B. O. (2014). *Fundamentals of Machine Elements* (3rd ed.). Boca Raton, FL: CRC Press.

식 (4.52)에서 식 (4.53)을 빼면 다음과 같이 기울기 a를 얻을 수 있다.

$$a = -\frac{1}{3}\log\left(\frac{\sigma_l{}'}{\sigma_e{}'}\right) \tag{4.54}$$

식 (4.54)를 식 (4.53)에 대입하면 다음과 같이 절편 b를 얻을 수 있다.

$$b = 2\log\left(\frac{\sigma_l{}'}{\sigma_e{}'}\right) + \log\sigma_e{}' = \log\left[\frac{(\sigma_l{}')^2}{\sigma_e{}'}\right] \tag{4.55}$$

식 (4.51)에 기울기 a와 절편 b를 대입하여 정리하면 다음과 같다.

$$\sigma_f{}' = 10^b(N)^a \tag{4.56}$$

식 (4.56)으로부터 $10^3 \sim 10^6$ 사이클 범위에서의 피로강도를 구할 수 있다. 피로강도가 주어졌을 때 파손 전까지 사용할 수 있는 사이클 반복횟수는 식 (4.56)으로부터 다음과 같다.

$$N = \left(\sigma_f{}' \times 10^{-b}\right)^{1/a} \tag{4.57}$$

탐구

1. 피로강도는 무엇을 의미하는가? 피로한도와 어떻게 다른가?
2. 반복적인 동하중을 받는 몇 개의 부품에 대해 설계 사이클 수명을 조사하라.

예제 4-9 볼트의 고사이클 피로강도

어떤 압력용기의 플랜지는 반복적으로 작용하는 고압의 수증기를 밀봉하기 위해 여러 개의 볼트로 조여져 있다. 강재 볼트의 극한강도는 1080 MPa이다. 10,000 사이클의 수명을 다하는 데 필요한 피로강도를 결정하라.

전략

압력용기의 플랜지에 볼트가 조여져 있으므로 볼트는 축하중을 받는 것으로 예상할 수 있다. 사이클의 수가 제시되어 있으므로 제시된 사이클 수에 상당하는 피로강도를 식 (4.56)을 이용하여 구하면 된다.

풀이

축하중을 받는 강재 볼트의 경우 [표 4-2]로부터 피로강도 $\sigma_l{}'$과 피로한도 $\sigma_e{}'$을 다음과 같이 구할 수 있다.

$$\sigma_l{}' = 0.75\sigma_u = 0.75 \times 1080 = 810\,\text{MPa}$$
$$\sigma_e{}' = 0.45\sigma_u = 0.45 \times 1080 = 486\,\text{MPa}$$

식 (4.54)로부터 다음과 같이 기울기를 구할 수 있다.

$$a = -\frac{1}{3}\log\left(\frac{\sigma_l'}{\sigma_e'}\right) = -\frac{1}{3}\log\left(\frac{810}{486}\right) = -0.07395$$

식 (4.55)로부터 다음과 같이 절편을 구할 수 있다.

$$b = \log\left[\frac{(\sigma_l')^2}{\sigma_e'}\right] = \log\left[\frac{(810)^2}{486}\right] = 3.13$$

기울기와 절편을 구했으므로 식 (4.56)으로부터 피로강도를 구할 수 있다.

$$\sigma_f' = 10^b(N)^a = 10^{3.13} \times 10000^{-0.07395} = 682.7\,\text{MPa} \quad \text{[답]}$$

검토

682.7 MPa의 응력을 견뎌야 10,000 사이클의 수명을 달성할 수 있다.

4.2.7 피로파손기준

무어 회전빔 피로시험에서는 장비의 특성상 평균응력 σ_m이 0인 상태에서 응력진폭 σ_a만 받지만, 일반적인 사용조건에서는 앞에서 본 [그림 4-17(a)]와 같이 평균응력이 0이 아닌 특정값을 가지므로 평균응력의 크기에 따라 파손의 양상이 달라진다. 따라서 응력진폭과 함께 0이 아닌 평균응력이 동시에 존재할 때의 피로파손에 대한 기준이 필요하다. 이에 대해 많은 연구자가 제안한 **피로파손기준**fatigue failure criteria이 있으며, 대표적인 기준은 다음과 같다.

$$\text{소더버그}_{\text{Soderberg}} : \frac{\sigma_a}{\sigma_e} + \frac{\sigma_m}{\sigma_y} = \frac{1}{n_s} \tag{4.58}$$

$$\text{굿맨}_{\text{Goodman}} : \frac{\sigma_a}{\sigma_e} + \frac{\sigma_m}{\sigma_u} = \frac{1}{n_s} \tag{4.59}$$

$$\text{거버}_{\text{Gerber}} : \frac{n_s\sigma_a}{\sigma_e} + \left(\frac{n_s\sigma_m}{\sigma_u}\right)^2 = 1 \tag{4.60}$$

$$\text{ASME 타원}_{\text{ASME-elliptic}} : \left(\frac{n_s\sigma_a}{\sigma_e}\right)^2 + \left(\frac{n_s\sigma_m}{\sigma_y}\right)^2 = 1 \tag{4.61}$$

이들 식에서 σ_m은 평균응력, σ_a는 응력진폭, σ_e는 피로한도, σ_y는 항복강도, σ_u는 극한강도, n_s는 안전계수를 나타낸다.

[그림 4–23]은 이러한 피로파손기준들을 인장영역인 좌표의 1사분면에 평균응력 σ_m에 대한 응력진폭 σ_a의 변화를 도시한 것이다. 각 기준에서 선은 파손이 일어나는 경계로서 선의 위쪽은 파손이 일어나지만, 선의 아래쪽은 파손이 일어나지 않는 안전영역이다.

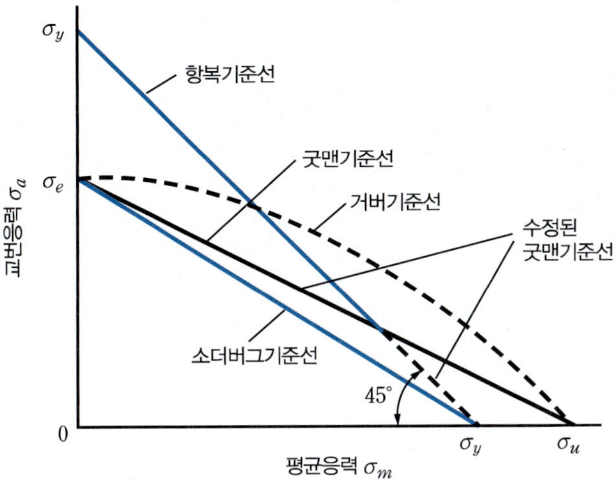

그림 4-23 여러 파손이론의 피로파손선도

탐구 1. 피로파손기준에 대해 설명하라.

예제 4-10 0이 아닌 평균응력의 효과

지름이 32 mm 인 강재의 원형축이 35 kN의 축하중과 500 N · m 의 굽힘하중을 함께 받으면서 회전한다. 이 축은 냉간인발로 제작되었으며, 극한강도는 520 MPa이다. 굿맨기준을 사용하여 무한수명에 대한 안전계수를 구하라. 단, 크기계수, 온도계수, 신뢰성계수 및 기타계수를 모두 1로 가정한다.

전략

주어진 극한강도와 냉간인발가공에 따른 상수들을 이용하여 표면계수를 구한다. [표 4–2]에 제시된 피로한도에 대한 근사식을 이용하여 피로한도를 구한다. 주어진 수정계수들과 근사피로한도를 식 (4.37)에 대입하여 수정피로한도를 구한다. 축하중으로부터 평균수직응력을 구하고, 굽힘하중으로부터 응력진폭인 교번굽힘응력을 구한다. 계산된 굽힘응력, 피로한도, 평균응력, 극한강도로부터 안전계수를 구한다.

풀이

냉간인발에 대한 표면계수는 주어진 극한강도 $\sigma_u = 520\,\text{MPa}$과 [표 4-3]에서의 상수 $\alpha = 4.51$, $\beta = -0.265$를 식 (4.38)에 대입하여 구한다.

$$k_a = \alpha \sigma_u^{\beta} = 4.51 \times 520^{-0.265} = 0.86$$

축하중에 대한 근사피로한도는 [표 4-2]로부터 다음과 같다.

$$\sigma_e{}' = 0.45\,\sigma_u$$

따라서 식 (4.37)로부터 수정피로한도를 다음과 같이 구할 수 있다.

$$\sigma_e = k_a k_b k_c k_d k_e \sigma_e{}' = 0.86 \times 1 \times 1 \times 1 \times 1 \times 0.45 \times 520 = 201.2\,\text{MPa}$$

식 (3.25)의 최대굽힘응력은 이 문제에서 응력진폭인 교번굽힘응력이 되며 다음과 같다.

$$\sigma_a = \frac{Mc}{I} = \frac{64 \times 500 \times (0.032/2)}{\pi \times 0.032^4} = 155.4\,\text{MPa}$$

축하중으로 인한 평균응력은 다음과 같다.

$$\sigma_m = \frac{F}{A} = \frac{35000 \times 4}{\pi \times 0.032^2} = 43.5\,\text{MPa}$$

식 (4.59)의 굿맨기준 $\dfrac{\sigma_a}{\sigma_e} + \dfrac{\sigma_m}{\sigma_u} = \dfrac{1}{n_s}$ 로부터

$$\frac{155.4}{201.2} + \frac{43.5}{520} = \frac{1}{n_s}$$

이므로 $n_s = 1.17$이 된다. [답]

검토

[표 4-2]를 보면 굽힘하중을 받는 경우 $\sigma_e{}' = 0.5\sigma_u$이고, 축하중을 받는 경우 $\sigma_e{}' = 0.45\sigma_u$이다. 안전을 위해 피로한도를 보수적으로 계산하기 위해 축하중을 받는 식을 사용했다.

CHAPTER 04 | 핵심요약

- 연성재료에 적용할 수 있는 이론으로는 최대전단응력 이론과 변형에너지 이론 등이 있다.
- 최대전단응력 이론은 부품에서 발생하는 최대전단응력이 이 부품과 같은 재료로 만든 시편의 인장시험에서 항복이 발생할 때의 최대전단응력과 같거나 초과할 때 파손되는 것으로 판단한다.
- 변형에너지 이론은 부품의 단위체적당 변형에너지가 동일한 재료로 만든 시편의 인장시험에서 항복이 발생할 때의 단위체적당 변형에너지와 같거나 더 클 때 파손되는 것으로 판단한다.
- 취성재료에 적용할 수 있는 이론으로는 최대수직응력 이론, 수정된 모어 이론 등이 있다.
- 최대수직응력 이론은 가장 간단한 이론으로 최대주응력 이론이라고도 부른다. 이 이론에서는 부품에 발생하는 양(+)의 최대주응력 σ_1이 시편의 인장극한강도 σ_{ut} 이상이거나 부품에 발생하는 음(−)의 최소주응력 σ_3가 시편의 압축극한강도 σ_{uc} 이하가 될 때 파손이 되는 것으로 판단한다.
- 수정된 모어 이론은 압축강도가 인장강도보다 훨씬 큰 취성재료의 거동을 잘 예측하며, 특히 파손선도의 4사분면에서 실험결과와 잘 맞는다.
- 파괴역학은 초기균열이 있는 부품에 하중이 지속되면 균열이 점차로 커져서 결국에는 파손되는 현상을 연구하는 분야이며, 탄성범위에서 적용되므로 선형탄성 파괴역학이라고도 한다.
- 파괴역학에서 다루는 균열형태로는 열림모드, 미끄러짐모드, 찢김모드가 있다.
- 균열의 끝단에서의 응력강도를 응력강도계수라고 하며, 이것은 균열의 끝단에서의 국부적인 유효응력을 나타내는 척도이다.
- 파괴인성은 재료의 기계적 물성치로서 균열성장을 일으키는 응력강도계수의 임계값이다.
- 기계나 구조물이 지속하여 반복하중을 받는 경우 재료의 파단강도 전에도 파손될 수 있는데, 이러한 현상을 피로파손 또는 피로파괴라고 한다.
- 피로한도는 어떤 재료가 파괴 없이 무한반복 사이클 수까지 견딜 수 있는 최대응력진폭이다.
- 피로강도는 특정 반복 사이클까지 파손되지 않고 견딜 수 있는 응력진폭을 말한다. 즉 파손되는 반복 사이클을 미리 정하고 이에 상응하는 응력진폭을 결정하는 것이다.
- 부품의 피로한도는 현실적으로 실험실에서 얻은 시편의 피로한도와 같을 수 없으므로 여러 수정계수로 보정을 한다.

CHAPTER 04 | 기본문제

4.1 기계부품이나 구조물 등에 작용하는 하중이 시간에 따라 매우 느리게 변동하고, 변동폭도 매우 작아 작용하중의 동적영향을 무시할 수 있는 하중은? 4.1절

① 정적하중 ② 준정적하중 ③ 크리프하중 ④ 피로하중

4.2 다음 문장에서 (a), (b), (c)에 들어갈 내용은? 4.1절

"최대전단응력 이론은 (a)재료에 적용할 수 있는 이론으로 다축하중을 받는 부품에서 발생하는 (b)가 이 부품과 같은 재료로 만든 시편의 단축인장시험에서 항복이 발생할 때의 (c)와 같거나 초과할 때 파손이 일어난다고 주장하는 것이다."

	(a)	(b)	(c)
①	연성	최대전단응력	최대전단응력
②	취성	최대전단응력	주응력
③	연성	주응력	주응력
④	취성	주응력	최대전단응력

4.3 인장시험을 통해 얻은 시편재료의 항복강도 $\sigma_y = 700\,\text{MPa}$이고, 부품에 대한 주응력 $\sigma_1 = 490\,\text{MPa}$, $\sigma_2 = 210\,\text{MPa}$, $\sigma_3 = 0$일 때 최대전단응력 이론과 변형에너지 이론에 대한 안전계수는 각각 얼마인가? 4.1절

	최대전단응력 이론	변형에너지 이론
①	1.43	1.38
②	1.64	1.43
③	1.43	1.64
④	1.38	1.43

4.4 평면응력이 $\sigma_x = 152\,\text{MPa}$, $\sigma_y = 95\,\text{MPa}$, $\tau_{xy} = 45\,\text{MPa}$일 때 변형에너지 이론에서의 파손기준인 폰 미세스 응력(또는 등가응력)은 몇 MPa인가? 4.1절

① 145.8 ② 154.2 ③ 160.7 ④ 181.5

4.5 70 MPa의 항복강도를 가진 금속재료에 $\sigma_1 = \sigma$, $\sigma_2 = 0$, $\sigma_3 = -\sigma/2$의 주응력이 작용한다. 이 재료가 폰 미세스 기준에 의해 항복할 때 σ의 값은 얼마인가? 4.1절

① 45.36 ② 52.91 ③ 60.21 ④ 65.39

4.6 연성재료로 제작된 부품에 다음 그림과 같은 응력들이 작용할 때 부품이 파손된다. 최대전단응력 이론을 적용할 경우 같은 재료의 단축 인장시편에서 항복이 발생하는 응력은 몇 MPa인가? 단, 안전계수는 1이다. 4.1절

① 25 ② 30 ③ 35 ④ 40

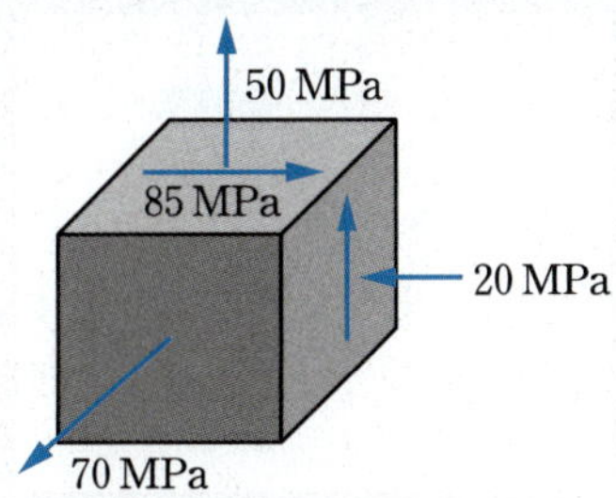

그림 P4.1

4.7 재료에서 소성변형이 일어나지 않는 기준으로 항복강도가 사용되듯이, 균열이 존재하는 재료에서 파괴가 일어나지 않는 기준으로 (____)이(가) 사용된다. 괄호 안에 들어갈 수 있는 용어는? 4.1절

① 파괴인성 ② 극한강도 ③ 충격강도 ④ 파단강도

4.8 다음 중 재료의 파괴인성에 영향을 줄 수 있는 인자가 아닌 것은? 4.1절

① 온도 ② 변형률 속도 ③ 경도 ④ 미세구조

4.9 어떤 재료가 파괴 없이 무한횟수까지 견딜 수 있는 최대응력진폭을 무엇이라고 하는가? 4.2절

① 응력한도 ② 수평한도 ③ 탄성한도 ④ 피로한도

4.10 응력집중계수가 1.65이고, 피로응력 집중계수가 1.52인 경우 노치 민감도는 얼마인가? 4.2절

① 0.75 ② 0.80 ③ 0.85 ④ 0.90

4.11 피로를 유발하는 응력에 덜 민감한 연성재료의 성능을 반영한 재료물성은? 4.2절

① 응력진폭 ② 반복응력 ③ 노치 민감도 ④피로강도

4.12 교번응력과 함께 0이 아닌 평균응력이 동시에 존재할 때의 피로파손에 대한 기준이 필요하며, 이에 대해 많은 연구자가 제안한 피로파손기준이 있다. σ_m는 평균응력, σ_a는 교번응력, σ_e는 피로한도, σ_y는 항복강도, σ_u는 극한강도, n_s은 안전계수를 나타낼 때 다음 중 굿맨기준은? 4.2절

① $\frac{\sigma_a}{\sigma_e}+\frac{\sigma_m}{\sigma_u}=\frac{1}{n_s}$ ② $\frac{\sigma_e}{\sigma_a}+\frac{\sigma_m}{\sigma_u}=\frac{1}{n_s}$ ③ $\frac{\sigma_e}{\sigma_a}+\frac{\sigma_u}{\sigma_m}=\frac{1}{n_s}$ ④ $\frac{\sigma_a}{\sigma_e}+\frac{\sigma_u}{\sigma_m}=\frac{1}{n_s}$

정답

4.1 ② 4.2 ① 4.3 ③ 4.4 ② 4.5 ② 4.6 ② 4.7 ① 4.8 ③ 4.9 ④ 4.10 ②
4.11 ③ 4.12 ①

4.1 어떤 부품의 재료가 파괴되는 전단응력은 35 MPa이다. 이 재료를 사용한 부품에서 한 점의 응력상태는 다음과 같다. 4.1절

$$\sigma_x = 7\,\text{MPa},\ \sigma_y = 22\,\text{MPa},\ \tau_{xy} = 10\,\text{MPa}$$

(a) 부품에서 발생하는 최대응력은 얼마인가?

(b) 최대전단응력 이론의 관점에서 안전계수는 얼마인가?

4.2 연성재료로 만든 부품에 주응력 σ_1, σ_2, σ_3가 발생했다. 시편재료의 항복강도는 250 MPa로서 압축 및 인장 항복강도의 크기가 같다. 최대전단응력 이론과 변형에너지 이론을 사용하여 안전계수를 각각 구하라. 단, 응력의 단위는 MPa이다. 4.1절

(a) $\sigma_1 = 90$, $\sigma_2 = 40$, $\sigma_3 = 0$

(b) $\sigma_1 = 40$, $\sigma_2 = 0$, $\sigma_3 = -40$

(c) $\sigma_1 = 0$, $\sigma_2 = -30$, $\sigma_3 = -65$

(d) $\sigma_1 = -12$, $\sigma_2 = -30$, $\sigma_3 = -65$

4.3 지름이 40 mm인 원형단면 외팔보가 8 kN의 인장하중, 3 kN의 굽힘하중, 180 N·m의 토크를 동시에 받고 있다. 보의 항복강도는 250 MPa이다. 최대전단응력 이론과 변형에너지 이론을 이용하여 안전계수를 각각 구하라. 4.1절

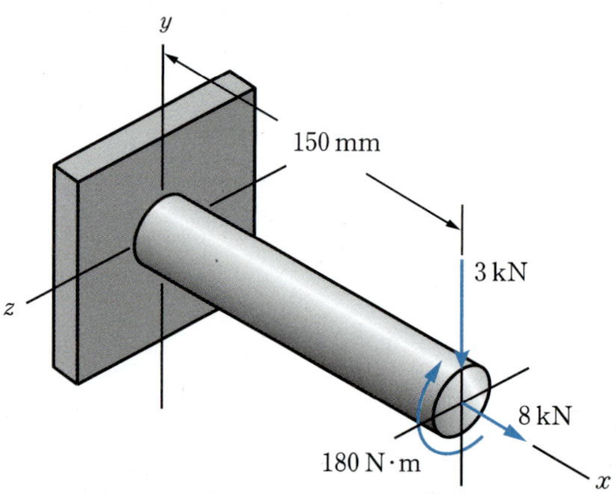

그림 P4.2

4.4 취성재료로 만든 부품에 다음과 같이 주응력 σ_1, σ_2, σ_3가 발생했다. 시편재료의 인장극한강도는 230MPa이고, 압축극한강도는 500MPa로서 서로 다른 크기를 가지고 있다. 최대수직응력 이론과 수정된 모어 이론을 사용하여 안전계수를 각각 구하라. 단, 응력의 단위는 MPa이다. 4.1절

(a) $\sigma_1 = 110$, $\sigma_2 = 45$, $\sigma_3 = 0$

(b) $\sigma_1 = 170$, $\sigma_2 = 0$, $\sigma_3 = -140$

(c) $\sigma_1 = -100$, $\sigma_2 = -180$, $\sigma_3 = -260$

4.5 그림과 같이 SNCM439 강으로 만든 판재는 폭이 140 mm, 두께가 12 mm이고, 축하중 F를 받는다. 한쪽 끝에는 길이 15 mm의 균열이 있다. 급격한 파괴가 일어나지 않도록 작용할 수 있는 최대축하중을 구하라. 4.1절

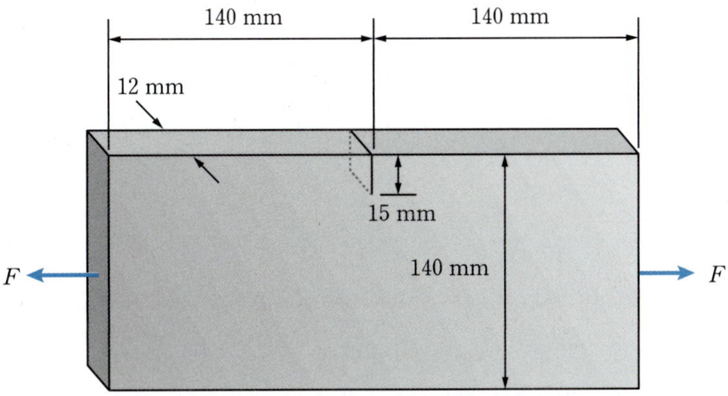

그림 P4.3

4.6 지름이 95 mm인 중실축이 축하중 60 kN, 굽힘모멘트 7 kN·m, 토크 10 kN·m를 동시에 받고 있다. 이 축의 항복강도는 250 MPa이다. 다음의 두 가지 이론에 대해 안전계수를 구하라. 4.1절

(a) 최대전단응력 이론

(b) 변형에너지 이론

4.7 그림과 같이 주철로 만든 원형단면 외팔보가 5 kN의 굽힘하중과 200 N·m의 토크를 동시에 받고 있다. 보의 극한강도는 250 MPa이다. 다음의 두 이론을 이용하여 지름 d를 구하라. 4.1절

(a) 최대수직응력 이론

(b) 수정된 모어 이론

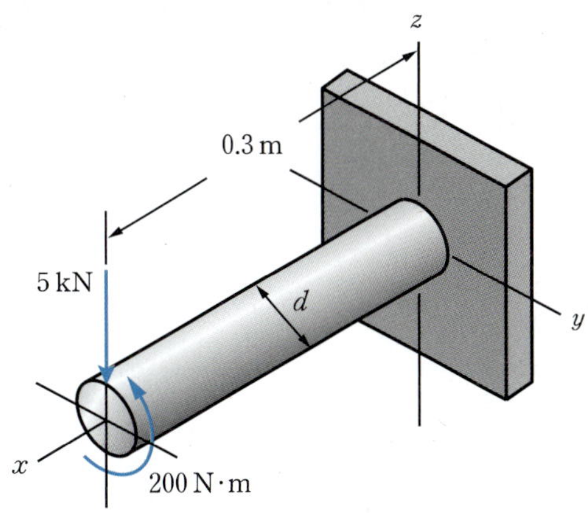

그림 P4.4

4.8 다음 그림과 같이 기계가공된 회전하는 원형축이 400℃의 온도에서 반복적으로 굽힘모멘트를 받는다. 축의 인장강도는 400 MPa이고, 신뢰도는 95%이다. 시편의 피로한도가 200 MPa일 때 수정된 피로한도를 구하라. 4.2절

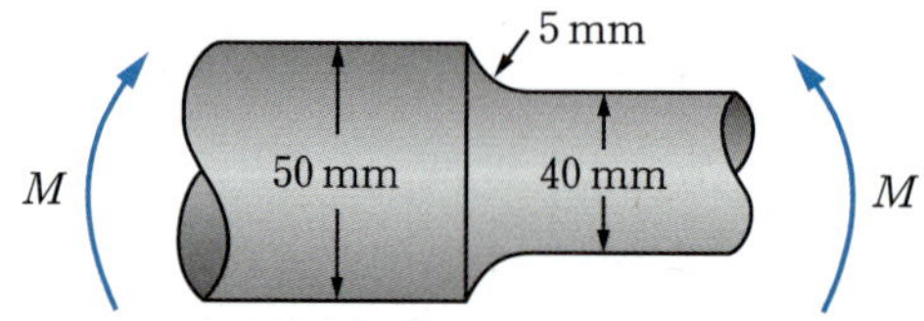

그림 P4.5

4.9 어떤 부품이 250℃에서 사용될 경우 다음의 조건에 대한 피로한도를 구하라. 4.2절

(a) 상온에서 실험으로 구한 피로한도가 280 MPa일 때

(b) 상온에서 실험으로 구한 극한강도가 500 MPa일 때

4.10 어떤 압력용기의 플랜지는 반복적으로 작용하는 고압의 수증기를 밀봉하기 위해 여러 개의 볼트로 조여져 있다. 강재 볼트의 극한강도는 1200 MPa이다. 15,000 사이클의 수명을 다하는 데 필요한 피로강도를 결정하라. 4.2절

CHAPTER 05

나사

Screw

학습목표

- ✔ 나사의 기본구조 및 명칭을 알아본다.
- ✔ 체결용 나사와 운동용 나사의 특성을 살펴본다.
- ✔ 운동용 나사의 역학적 관계와 나사의 응력에 대해 학습한다.
- ✔ 체결용 나사와 부재들로 구성된 결합부의 역학 관계를 학습한다.
- ✔ 결합부와 관련한 안전계수들에 대해 학습한다.
- ✔ 하중조건에 따라 볼트지름을 설계하는 방법을 학습한다.
- ✔ 일반볼트, 특수볼트, 너트, 작은나사, 와셔 등 나사부품을 알아본다.

■ 나사산 모양에 따른 구분

나사는 일반적으로 **나사산** screw thread의 모양에 따라 용도가 결정된다. [그림 5-3]에서 보는 바와 같이 삼각나사 triangular thread, 사각나사 square thread, 사다리꼴 나사 trapezoidal thread, 톱니나사 buttress thread, 둥근나사 knuckle screw thread 등이 있다. 삼각나사는 체결용으로 많이 사용하고, 사각나사나 사다리꼴 나사는 동력전달용으로 많이 사용한다. 톱니나사는 프레스, 바이스 등과 같이 한 방향으로만 하중을 가할 때 많이 사용한다. 둥근나사는 나사의 봉우리와 골의 모양이 모두 원호로 되어 있으며 먼지, 모래, 녹가루 등이 많은 환경에서 운동용으로 사용하거나 전구용 나사에 사용한다.

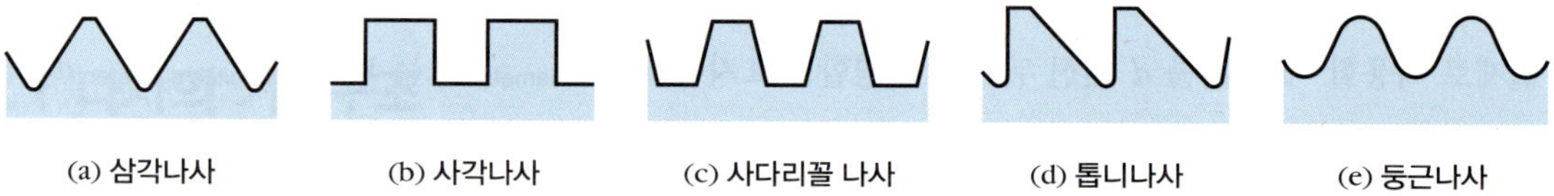

그림 5-3 나사단면의 모양

5.1.2 체결용 나사

체결용 나사는 **수나사** external thread와 **암나사** internal thread, 즉 **볼트** bolt와 **너트** nut로 구성된다. 나사 각부의 명칭을 [그림 5-4]에 나타냈다.

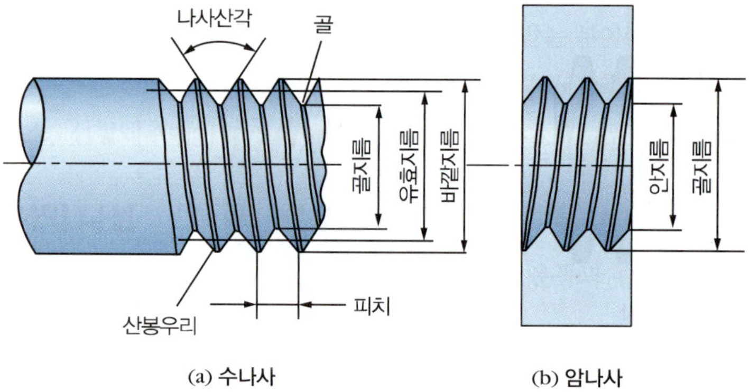

그림 5-4 전형적인 나사의 명칭

수나사의 경우 **바깥지름** major diameter은 최대지름이고, **골지름** minor diameter은 최소지름이며, **유효지름** effective diameter은 식 (5.3)에 나타낸 것처럼 바깥지름 d와 골지름 d_1의 평균을 나타낸다. 유효지름을 **평균지름** mean diameter이나 **피치지름** pitch diameter이라고도 한다.

$$d_2 = \frac{d + d_1}{2} \tag{5.3}$$

암나사의 경우 골지름 D는 최대지름으로 수나사의 바깥지름과 같고, 안지름 D_1은 최소지름으로 수나사의 골지름과 같다. 그리고 유효지름은 골지름과 안지름의 평균으로 수나사의 유효지름과 같다.

[표 5-1]에 나사의 지름에 대한 명칭들을 나타냈다.

표 5-1 나사의 지름에 대한 명칭

구분	최대	평균	최소
수나사	바깥지름(d)	유효지름(d_2)	골지름(d_1)
암나사	골지름(D)	유효지름(D_2)	안지름(D_1)

나사산각thread angle은 나사산이 이루는 각도로서 나사의 종류에 따라 결정된다. **나사산 높이**height of thread는 식 (5.4)와 같이 수나사의 바깥지름과 골지름의 차이를 반으로 나눈 값이다.

$$h = \frac{d - d_1}{2} \tag{5.4}$$

체결용 나사에는 미터나사와 유니파이 나사, 관용나사 등이 있다.

■ 미터나사

미터나사metric screw thread는 나사산각이 60°이며, 밀리미터 단위의 바깥지름과 피치가 호칭으로 사용된다. [그림 5-5]에 미터나사의 단면 모양을 나타냈다.

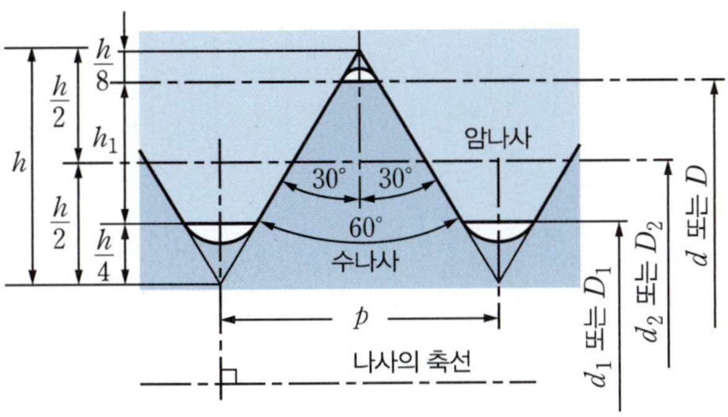

$h = 0.866025p$, $d_2 = d - 0.649519p$
$h_1 = 0.541266p$, $d_1 = d - 1.082532p$
$D = d$, $D_2 = d_2$, $D_1 = d_1$

그림 5-5 미터나사의 형상

미터나사에는 **미터보통나사**metric coarse screw thread와 **미터가는나사**metric fine screw thread가 있다. 미터보통나사는 하나의 **호칭지름**nominal diameter에 대해 한 종류의 피치만 가지며 M 호칭지름의 형식으로 표기한다. [표 5-2]에 미터보통나사의 기본치수를 나타냈다. 예를 들어 M 16의 볼트는 바깥지름이 16 mm, 골지름이 13.835 mm, 유효지름이 14.701 mm, 피치가 2 mm이다.

미터가는나사는 나사산의 모양이 미터보통나사와 동일하나 같은 호칭지름에 대한 피치가 보통나사보다 작다. 미터가는나사의 크기는 M 호칭지름×피치의 형식으로 표기한다. [표 5-3]에 미터가는나사의 기본치수를 나타냈다. 예를 들어 볼트의 바깥지름이 12 mm이고 피치가 1.25 mm인 경우 M 12×1.25로 표기한다. 미터가는나사는 미터보통나사보다 골지름이 크므로 인장강도가 크고 피치가 작아 미세조정이 가능하다는 장점을 갖고 있다.

표 5-2 미터보통나사의 기본치수(KS B 0201)

단위 : mm

나사의 호칭			피치 p	접촉 높이 h_1	암나사		
					골지름 D	유효지름 D_2	안지름 D_1
					수나사		
1란	2란	3란			바깥지름 d	유효지름 d_2	골지름 d_1
M1			0.25	0.135	1.000	0.838	0.729
	M1.1		0.25	0.135	1.000	0.938	0.829
M1.2			0.25	0.135	1.200	1.038	0.929
	M1.4		0.3	0.162	1.400	1.205	1.075
M1.6			0.35	0.189	1.600	1.373	1.221
	M1.8		0.35	0.189	1.800	1.573	1.421
M2			0.4	0.217	2.000	1.740	1.567
	M2.2		0.45	0.244	2.200	1.908	1.713
M2.5			0.45	0.244	2.250	2.208	2.013
M3			0.5	0.271	3.000	2.675	2.459
	M3.5		0.6	0.325	3.500	3.110	2.850
M4			0.7	0.379	4.000	3.545	3.242
	M4.5		0.75	0.406	4.500	4.013	3.688
M5			0.8	0.433	5.000	4.480	4.134
M6			1	0.541	6.000	5.350	4.917
		M7	1	0.541	7.000	6.350	5.917
M8			1.25	0.677	8.000	7.188	6.647
		M9	1.25	0.677	9.000	8.188	7.647
M10			1.5	0.812	10.000	9.026	8.376
		M11	1.5	0.812	11.000	10.026	9.376
M12			1.75	0.947	12.000	10.863	10.106
	M14		2	1.083	14.000	12.701	11.835
M16			2	1.083	16.000	14.701	13.835
	M18		2.5	1.353	18.000	16.376	15.294
M20			2.5	1.353	20.000	18.376	17.294
	M22		2.5	1.353	22.000	20.376	19.294
M24			3	1.624	24.000	22.051	20.752
	M27		3	1.624	27.000	25.051	23.752
M30			3.5	1.894	30.000	27.727	26.211
	M33		3.5	1.894	33.000	30.727	29.211
M36			4	2.165	36.000	33.402	31.670
	M39		4	2.165	39.000	36.402	34.670
M42			4.5	2.436	42.000	39.077	37.129
	M45		4.5	2.436	45.000	42.077	40.129
M48			5	2.706	48.000	44.752	42.587
	M52		5	2.706	52.000	48.752	46.587
M56			5.5	2.977	56.000	52.428	50.046
	M60		5.5	2.977	60.000	56.428	54.046
M64			6	3.248	64.000	60.103	57.505
	M68		6	3.248	68.000	64.103	61.505

[주] 1란을 우선적으로 선정하고 필요에 따라 2란, 3란의 순으로 선정한다.

표 5-3 미터가는나사의 기본치수(KS B 0204)

단위 : mm

나사의 호칭	피치 p	접촉 높이 h_1	암나사 골지름 D	암나사 유효지름 D_2	암나사 안지름 D_1
			수나사 바깥지름 d	수나사 유효지름 d_2	수나사 골지름 d_1
M2 × 0.2	0.2	0.108	1.000	0.870	0.783
M1.1 × 0.2	0.2	0.108	1.100	0.970	0.833
M1.2 × 0.2	0.2	0.108	1.200	1.070	0.983
M1.4 × 0.2	0.2	0.108	1.400	1.270	1.183
M1.6 × 0.2	0.2	0.108	1.600	1.470	1.383
M1.8 × 0.2	0.2	0.108	1.800	1.670	1.583
M2 × 0.25	0.25	0.135	2.000	1.838	1.729
M2.2 × 0.25	0.25	0.135	2.200	2.038	1.929
M2.5 × 0.35	0.35	0.189	2.500	2.273	2.121
M3 × 0.35	0.35	0.189	3.000	2.773	2.621
M3.5 × 0.35	0.35	0.189	3.500	3.273	3.121
M4 × 0.5	0.5	0.271	4.000	3.675	3.459
M4.5 × 0.5	0.5	0.271	4.500	4.175	3.959
M5 × 0.5	0.5	0.271	5.000	4.675	4.459
M5.5 × 0.5	0.5	0.271	5.500	5.175	4.959
M6 × 0.75	0.75	0.406	6.000	5.513	5.188
M7 × 0.75	0.75	0.406	7.000	6.513	6.188
M8 × 1	1	0.541	8.000	7.350	6.917
M8 × 0.75	0.75	0.406	8.000	7.513	7.188
M9 × 1	1	0.541	9.000	8.350	7.917
M9 × 0.75	0.75	0.406	9.000	8.513	8.188
M10 × 1.25	1.25	0.677	10.000	9.188	8.647
M10 × 1	1	0.541	10.000	9.350	8.917
M10 × 0.75	0.75	0.406	10.000	9.513	9.188
M11 × 1	1	0.541	11.000	10.350	9.917
M11 × 0.75	0.75	0.406	11.000	10.513	10.188
M12 × 1.5	1.5	0.812	12.000	11.026	10.376
M12 × 1.25	1.25	0.677	12.000	11.188	10.647
M12 × 1	1	0.541	12.000	11.350	10.917
M14 × 1.5	1.5	0.812	14.000	13.026	12.376
M14 × 1.25	1.25	0.677	14.000	13.188	12.647
M14 × 1	1	0.541	14.000	13.350	12.917
M15 × 1.5	1.5	0.812	15.000	14.026	13.376
M15 × 1	1	0.541	15.000	14.350	13.917
M16 × 1.5	1.5	0.812	16.000	15.026	14.376
M16 × 1	1	0.541	16.000	15.350	14.917
M17 × 1.5	1.5	0.812	17.000	16.026	15.376
M17 × 1	1	0.541	17.000	16.350	15.917
M18 × 2	2	1.083	18.000	16.701	15.835
M18 × 1.5	1.5	0.812	18.000	17.026	16.376
M18 × 1	1	0.541	18.000	17.350	16.917
M20 × 2	2	1.083	20.000	18.701	17.835
M20 × 1.5	1.5	0.812	20.000	19.026	18.376
M20 × 1	1	0.541	20.000	19.350	18.917

표 5-3 미터가는나사의 기본치수(KS B 0204) (계속) 단위 : mm

나사의 호칭	피치 p	접촉 높이 h_1	암나사 골지름 D	암나사 유효지름 D_2	암나사 안지름 D_1
			수나사 바깥지름 d	수나사 유효지름 d_2	수나사 골지름 d_1
M22 × 2	2	1.083	22.000	20.701	19.835
M22 × 1.5	1.5	0.812	22.000	21.026	20.376
M22 × 1	1	0.541	22.000	21.350	20.917
M24 × 2	2	1.083	24.000	22.701	21.835
M24 × 1.5	1.5	0.812	24.000	23.026	22.376
M24 × 1	1	0.541	24.000	23.350	22.917

■ 유니파이 나사

유니파이 나사unified screw thread는 1948년에 영국, 미국, 캐나다 3국의 협약으로 제정된 나사로서 1962년에 국제표준화기구인 ISO에서 인치나사의 표준으로 채택했다. 나사산 각은 미터나사와 같이 60°이고, 나사산의 모양도 같다. 유니파이 나사의 호칭은 바깥지름을 인치로 표시한 치수와 1인치당 나사산의 수로 표시한다. 그러므로 1인치당 나사산의 수 n과 피치 p 사이에는 $p = 25.4/n$[mm]의 관계를 갖는다. 유니파이 나사는 **유니파이 보통나사**unified coarse screw thread, UNC와 **유니파이 가는나사**unified fine screw thread, UNF로 분류한다. 같은 호칭지름의 경우 보통나사에 비해 가는나사의 1인치당 나사산의 수가 더 많다. [표 5-4]에 유니파이 보통나사의 기본치수를 나타냈다.

■ 관용나사

관용나사pipe thread는 파이프와 같이 두께가 얇은 곳에 가공하는 나사로, 누수를 방지하고 기밀을 유지하기 위해 사용한다. [그림 5-6]에 나타낸 바와 같이 나사산의 각이 55°인 인치계 나사이며, **관용평행나사**parallel pipe thread와 1/16의 테이퍼taper[1]를 갖는 **관용테이퍼나사**taper pipe thread가 있다. 기밀이 요구되는 곳에는 관용테이퍼나사가 좋다. 관용평행나사에 대한 기준치수는 KS B 0221에서 확인할 수 있다.

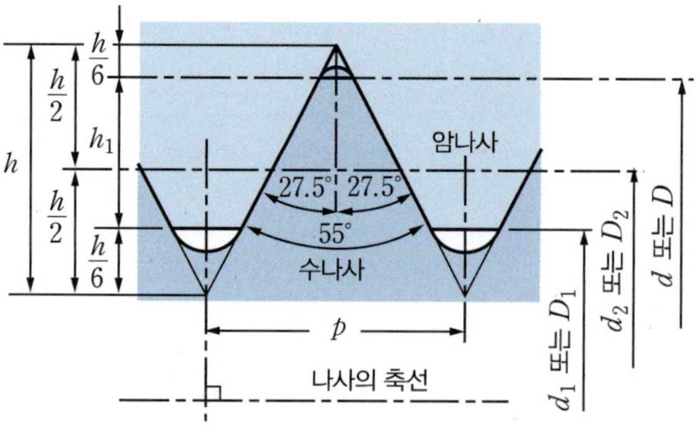

$$p = \frac{25.4}{n}$$
$$h = 0.960491p$$
$$h_1 = 0.640327p$$
$$r = 0.137329p$$
$$d_2 = d - h,\quad D_2 = d_2$$
$$d_1 = d - 2h,\quad D_1 = d_1$$

그림 5-6 관용평행나사의 형상

1 원추체에 있어서 중심선에 관해 대칭한 양단면의 경사를 말한다. 즉 양단면의 지름 차이를 중심선 방향의 길이로 나눈 값이다. 양단면의 지름이 $d_1 > d_2$의 관계를 갖고, 두 단면 사이의 거리가 l이면 테이퍼는 $(d_1 - d_2)/l$가 된다.

표 5-4 유니파이 보통나사의 기본치수(KS B 0203) 　　　　　　　　　　　　　　　　　　　　　　　　　　　　단위 : mm

나사의 호칭			나사산수 (25.4mm에 대한) n	피치 p (참고)	접촉 높이 h_1	암나사		
						골지름 D	유효지름 D_2	안지름 D_1
						수나사		
1란	2란	(참고)				바깥지름 d	유효지름 d_2	골지름 d_1
	No.1-64 UNC	0.0730-64 UNC	64	0.3969	0.215	1.854	1.598	1.425
No.2-56 UNC		0.0860-56 UNC	56	0.4536	0.246	2.184	1.890	1.694
	No.3-48 UNC	0.0990-48 UNC	48	0.5292	0.286	2.515	2.172	1.941
No.4-40 UNC		0.1120-40 UNC	40	0.6350	0.344	2.845	2.433	2.156
No.5-40 UNC		0.1250-40 UNC	40	0.6350	0.344	3.175	2.764	2.487
No.6-32 UNC		0.1380-32 UNC	32	0.7938	0.430	3.505	2.990	2.647
No.8-32 UNC		0.1640-32 UNC	32	0.7938	0.430	4.166	3.650	3.307
No.10-24 UNC		0.1900-24 UNC	24	1.0583	0.573	4.826	4.138	3.680
	No.12-24 UNC	0.2160-24 UNC	24	1.0583	0.573	5.486	4.798	4.341
1/4-20 UNC		0.2500-20 UNC	20	1.2700	0.687	6.350	5.524	4.976
5/16-18 UNC		0.3125-18 UNC	18	1.4111	0.764	7.938	7.021	6.411
3/6-16 UNC		0.3750-16 UNC	16	1.5875	0.859	9.525	8.494	7.805
7/16-14 UNC		0.4375-14 UNC	14	1.8143	0.982	11.112	9.934	9.149
1/2-13 UNC		0.5000-13 UNC	13	1.9538	1.058	12.700	11.430	10.584
9/16-12 UNC		0.5625-12 UNC	12	2.1167	1.146	14.288	12.913	11.996
5/8-11 UNC		0.6250-11 UNC	11	2.3091	1.250	15.875	14.376	13.376
3/4-10 UNC		0.7500-10 UNC	10	2.5400	1.375	19.050	17.399	16.299
7/8-9 UNC		0.8750-9 UNC	9	2.8222	1.528	22.225	20.391	19.169
1-8 UNC		1.000-8 UNC	8	3.1750	1.719	25.400	23.338	21.963
1 1/8-7 UNC		1.1250-7 UNC	7	3.6286	1.964	28.575	26.216	24.648
1 1/4-7 UNC		1.2500-7 UNC	7	3.6286	1.964	31.750	29.393	27.823
1 3/8-6 UNC		1.3750-6 UNC	6	4.2333	2.291	34.925	32.174	30.343
1 1/2-6 UNC		1.5000-6 UNC	6	4.2333	2.291	38.100	35.349	33.518
1 3/4-5 UNC		1.7500-5 UNC	5	5.0800	2.750	44.450	41.151	38.951
2-4 1/2 UNC		2.0000-4.5 UNC	4 1/2	5.6444	3.055	50.800	47.135	44.689
2 1/4-4 1/2 UNC		2.2500-4.5 UNC	4 1/2	5.6444	3.055	57.150	53.485	51.039
2 1/2-4 UNC		2.5050-4 UNC	4	6.3500	3.437	63.500	59.375	56.627
2 3/4-4 UNC		2.7500-4 UNC	4	6.3500	3.437	69.850	65.725	62.977
3-4 UNC		3.0000-4 UNC	4	6.3500	3.437	76.200	72.075	69.327
3 1/4-4 UNC		3.2500-4 UNC	4	6.3500	3.437	82.500	78.425	75.677
3 1/2-4 UNC		3.5000-4 UNC	4	6.3500	3.437	88.900	84.775	82.027
3 3/4-4 UNC		3.7500-4 UNC	4	6.3500	3.437	95.250	91.125	88.377
4-4 UNC		4.0000-4 UNC	4	6.3500	3.437	101.600	97.475	94.727

5.1.3 운동용 나사

프레스, 바이스, 나사잭, 선반의 이송나사 등은 회전운동을 직선운동으로 변환하여 동력을 전달한다. 이를 위해 사용되는 나사로는 사다리꼴 나사, 사각나사, 톱니나사 등이 있다.

■ 사다리꼴 나사

사다리꼴 나사trapezoidal thread는 미터계와 인치계 2종류가 있다. 미터계는 [그림 5-7]과 같이 나사산각이 30°이다. 인치계는 나사산각이 29°이며, **애크미나사**acme screw라고도 부른다. 사다리꼴 나사는 뒤에 소개할 사각나사보다 전동효율은 다소 낮으나 나사의 가공이 쉽다. 사다리꼴 나사는 하중을 받는 상황에서 균일강도의 보에 가깝고 나사의 뿌리부가 강해 강도 측면에서 장점을 갖고 있다. 또한 자동조심self-aligning[2] 작용도 하므로 고정밀도가 요구되는 공작기계의 이송나사 등에 많이 사용한다.

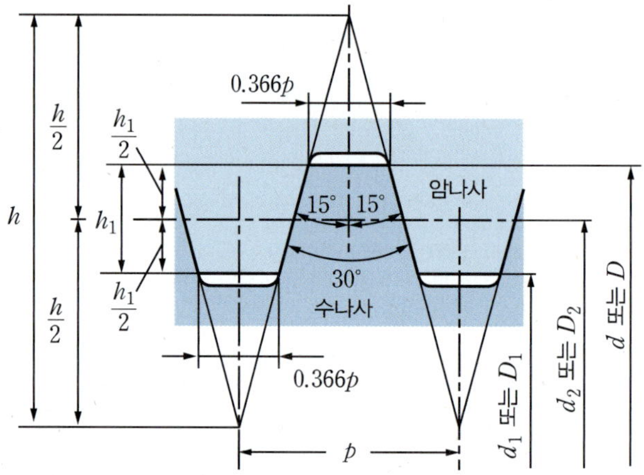

$h = 1.866p$

$h_1 = 0.5p$

$d_2 = d - 0.5p$

$d_1 = d - p$

$D = d$

$D_2 = d_2$

$D_1 = d_1$

그림 5-7 미터 사다리꼴 나사의 형상

사다리꼴 나사는 미터계의 경우 Tr 8 × 2와 같이 Tr 호칭지름 × 피치 로 표시한다. 그리고 인치계의 경우 TW 10 × 12와 같이 TW 호칭지름 × 1인치당 나사산의 수 로 표시한다. [표 5-5]는 미터 사다리꼴 나사의 기본치수를 나타낸다.

표 5-5 미터 사다리꼴 나사의 기본치수(KS B 0229)

단위 : mm

나사의 호칭	피치 p	접촉 높이 h_1	암나사 골지름 D / 수나사 바깥지름 d	암나사 유효지름 D_2 / 수나사 유효지름 d_2	암나사 안지름 D_1 / 수나사 골지름 d_1
Tr 8 × 1.5	1.5	0.75	8.000	7.250	6.500
Tr 10 × 2	2	1	10.000	9.000	8.000
Tr 12 × 3	3	1.5	12.000	10.500	9.000
Tr 16 × 4	4	2	16.000	14.000	12.000
Tr 20 × 4	4	2	20.000	18.000	16.000
Tr 24 × 5	5	2.5	24.000	21.500	19.000
Tr 28 × 5	5	2.5	28.000	25.500	23.000

2 자동조심이란 부품의 기하학적 형상으로 인해 작동 중 이웃하는 부품과 스스로 정렬되어 원활하게 작동되는 현상을 말하며 나사, 베어링 등에서 활용된다.

표 5-5 미터 사다리꼴 나사의 기본치수(KS B 0229) (계속)

단위 : mm

나사의 호칭	피치 p	접촉 높이 h_1	암나사		
			골지름 D	유효지름 D_2	안지름 D_1
			수나사		
			바깥지름 d	유효지름 d_2	골지름 d_1
Tr 32 × 6	6	3	32.000	29.000	26.000
Tr 36 × 6	6	3	36.000	33.000	30.000
Tr 40 × 7	7	3.5	40.000	36.500	33.000
Tr 44 × 7	7	3.5	44.000	40.500	37.000
Tr 48 × 8	8	4	48.000	44.000	40.000
Tr 52 × 8	8	4	52.000	48.000	44.000
Tr 60 × 9	9	4.5	60.000	55.500	51.000
Tr 70 × 10	10	5	70.000	65.000	60.000
Tr 80 × 10	10	5	80.000	75.000	70.000
Tr 90 × 12	12	6	90.000	84.000	78.000
Tr 100 × 12	12	6	100.000	94.000	88.000

■ 사각나사

[그림 5-8]에 나타낸 **사각나사**square thread는 사다리꼴 나사보다 효율은 다소 높으나 가공이 어렵고 가공비용도 많이 든다. 또한 자동조심 작용을 할 수 없으므로 고정밀도의 나사로는 적합하지 않으며 주로 나사잭이나 나사프레스 등에 사용한다. 사각나사의 바깥지름 d와 골지름 d_1이 주어지면, 유효지름은 다음과 같이 구한다.

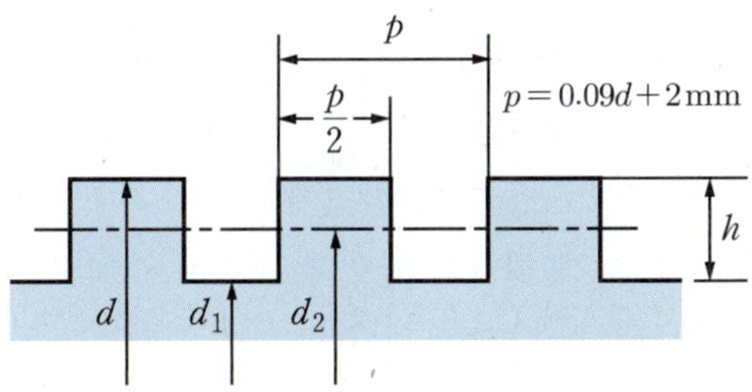

그림 5-8 사각나사의 형상

$$d_2 = \frac{d+d_1}{2} \tag{5.5}$$

또한 나사산의 높이는 다음과 같이 피치 p의 절반이다.

$$h = \frac{d-d_1}{2} = \frac{p}{2} \tag{5.6}$$

따라서 유효지름은 다음과 같이 구할 수도 있다.

$$d_2 = d - \frac{p}{2} \tag{5.7}$$

■ 톱니나사

톱니나사buttless thread는 [그림 5-9]에 나타낸 바와 같이 축하중을 한 방향으로만 받을 때 사용한다. 하중을 받는 면은 수직에 가까운 3°의 경사를 가지고 있어 나사효율을 높일 수 있고, 반대 면은 30°의 경사각으로 뿌리부를 두껍게 만들어 강도 측면에서 장점을 갖고 있다. 사각나사의 효율과 사다리꼴 나사의 강도에 대한 장점이 결합되어 있어 공작물을 고정하는 나사바이스나 나사잭 등에 적합하다.

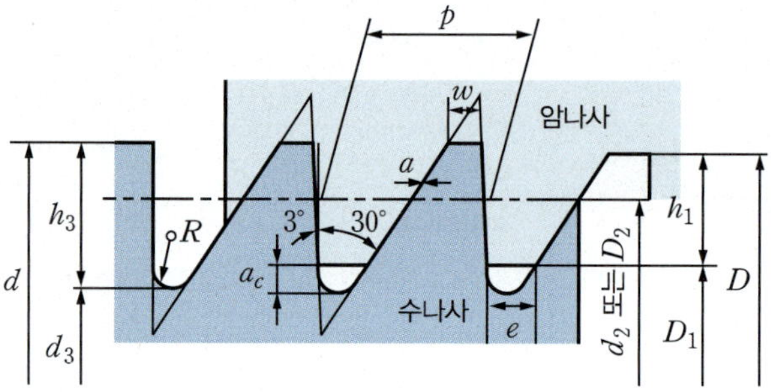

$h_1 = 0.75p$

$h_3 = h_1 + a_c = 0.86777p$

$a = 0.1\sqrt{p}$ (축방향틈새)

$a_c = 0.11777p$

$w = 0.26384p$

$e = 0.26384p - 0.1\sqrt{p}$

$\quad = w - a$

$R = 0.12427p$

$D_1 = d - 2h_1 = d - 1.5p$

$d_3 = d - 2h_3$

$d_2 = D_2 = d - 0.75p$

그림 5-9 톱니나사의 형상

■ 볼나사

볼나사ball screw는 [그림 5-10]에 나타낸 바와 같이 수나사와 암나사의 홈을 서로 맞붙여 나선형의 홈에 강구를 넣은 나사를 말한다. 마찰이 매우 작아 전동효율이 높고, 백래시backlash[3]가 적어 공작기계의 정밀이송장치, 수치제어장치 및 자동차용 조향기어 등에 운동용 나사로 사용한다. 반면에 가격이 비싸고, 피치를 작게 하는 데 한계가 있으며, 고속으로 회전하면 소음이 발생하는 단점이 있다.

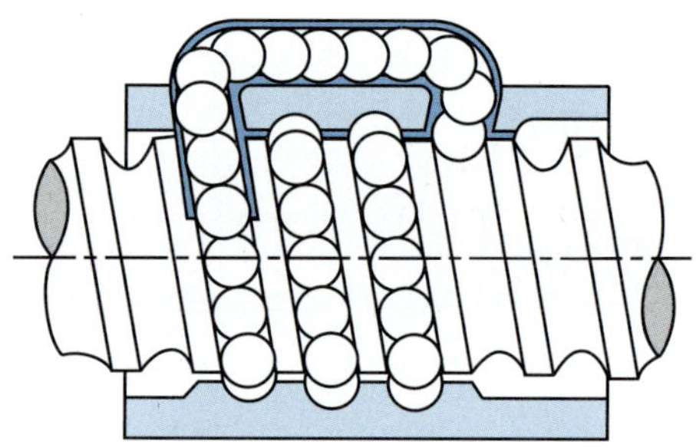

그림 5-10 볼나사

■ 둥근나사

둥근나사round thread는 나사산의 단면이 원호로 되어 있는 나사로 먼지, 모래, 녹가루 등이 나사부에 끼이기 쉬운 시멘트 믹서기, 토목 공사용 기계 등에 사용하며, 백열전구의 나사에도 사용한다. 나사산각은 30°이고, 나사의 크기는 1인치 안에 있는 나사산의 수로 규정한다. 이 나사를 **너클나사**knuckle thread라고도 한다.

탐구

1. 나사의 결함으로 인해 국내외에서 발생한 사고에 대해 알아보고, 나사의 중요성을 고찰하라.
2. 사다리꼴 나사가 하중을 받을 때 균일강도의 보와 같은 역할을 할 수 있는 이유를 설명하라.
3. 운동용 나사가 갖추어야 할 특성은 무엇인가?

---

3 한 쌍의 기어나 나사가 서로 맞물렸을 때 둘 사이에 생기는 틈새를 말한다.

예제 5-1 2줄 미터보통나사의 피치

2줄 미터보통나사에서 나사를 20mm 움직이는 데 4바퀴를 돌려야 할 때, 이 나사의 피치를 구하라.

전략

나사의 리드는 나사를 한 바퀴 돌렸을 때 축방향으로 진행한 거리이므로 먼저 주어진 조건으로부터 리드를 구한다. 그리고 식 (5.2)의 $l = np$로부터 $p = l/n$의 관계를 이용하여 풀면 된다.

풀이

4바퀴를 돌렸을 때 20mm 움직이므로 리드를 구하면 다음과 같다.

$$l = \frac{\text{축방향 이동거리}}{\text{나사의 회전수}} = \frac{20}{4} = 5\,\text{mm}$$

식 (5.2)에서 $l = np$이므로

$$p = \frac{l}{n} = \frac{5}{2} = 2.5$$

이다. 따라서 이 나사의 피치는 2.5mm이다. [답]

검토

2줄나사이므로 한 바퀴를 돌리면 $l = np$에 의해 축방향으로 5mm 이동한다. 만약 1줄나사라면 절반인 2.5mm 이동하게 된다. 다줄나사는 축방향으로 급속하게 움직여야 하는 곳에 사용한다.

예제 5-2 1줄 미터가는나사의 리드각

M12×1.5인 1줄 미터가는나사의 리드각을 구하라.

전략

1줄나사의 경우 피치는 리드와 같다.

풀이

식 (5.1)에 의해 $\tan\lambda = \dfrac{l}{\pi d_2}$로부터 $\lambda = \tan^{-1}\left(\dfrac{l}{\pi d_2}\right)$로 쓸 수 있다. [표 5-3]에서 M12×1.5는 피치 $p = 1.5\,\text{mm}$이고, 유효지름 $d_2 = 11.026\,\text{mm}$이므로 리드각은 다음과 같다.

$$\lambda = \tan^{-1}\left(\frac{1.5}{\pi \times 11.026}\right) = 2.48° \quad \text{[답]}$$

검토

만약 2줄 미터가는나사라면 한 바퀴 돌렸을 때 1줄나사에 비해 2배의 리드각과 리드를 갖게 되어 신속하게 나사를 체결 및 분해할 수 있는 장점이 있다.

SECTION
5.2

나사의 역학

- ✔ 나사의 힘과 토크에 대해 학습한다.
- ✔ 나사의 자립조건과 효율에 대해 학습한다.
- ✔ 운동용 나사의 동력에 대해 학습한다.
- ✔ 나사의 응력에 대해 학습한다.

운동용 나사power screw는 나사의 회전운동을 왕복장치carriage의 직선운동으로 변환한다. 이 나사는 프레스, 나사잭 등과 같이 큰 힘이 필요한 곳에 사용하기도 하고, 마이크로미터나 선반의 리드나사lead screw처럼 정밀한 위치조종이 필요한 곳에 사용하기도 한다. [그림 5-11]은 웜기어worm gear와 사다리꼴 나사를 결합한 나사잭을 보여준다.

운동용 나사는 단면 모양에 따라 사각형, 사다리꼴, 톱니형 등 여러 종류로 구분하나, 여기에서는 이들을 단순히 사각나사와 비사각나사로 구분하여 역학적 관계를 알아본다.

그림 5-11 나사잭

5.2.1 사각나사의 역학

[그림 5-12(a)]에 축하중 W를 받는 나사잭을 나타냈으며, [그림 5-12(b)]에 나사의 일부를 나타냈다. 이 나사는 평균지름 d_2, 피치 p, 리드각(나선각) λ를 가진다.

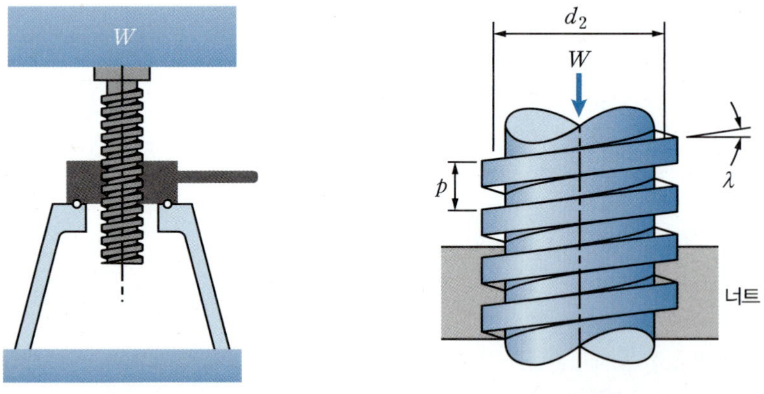

(a) 나사잭 (b) 나사의 일부

그림 5-12 사각나사를 갖는 나사잭

[그림 5-13]은 사각나사에 토크를 가하여 하중을 들어올릴 때 나사에 작용하는 힘을 표시한 자유물체도이다. [그림 5-13(b)]는 나사가 한 바퀴 회전할 때의 나선을 나사의 원통으로부터 펼쳐놓은 직각삼각형으로, 유효지름의 원둘레 길이 πd_2와 리드 l 사이에 다음의 관계[4]를 갖는다.

$$\tan\lambda = \frac{l}{\pi d_2} \tag{5.8}$$

이 그림에서 Q_R은 하중을 들어 올리기 위한 수평력으로 축에 수직한 방향으로 작용하고, F_f는 마찰계수 μ와 수직반력 F_n의 곱인 마찰력으로 나선면helix surface에 나란한 방향으로 작용한다. 그리고 ρ는 마찰력 F_f와 수직반력 F_n 사이의 각도로서 마찰각friction angle이다.

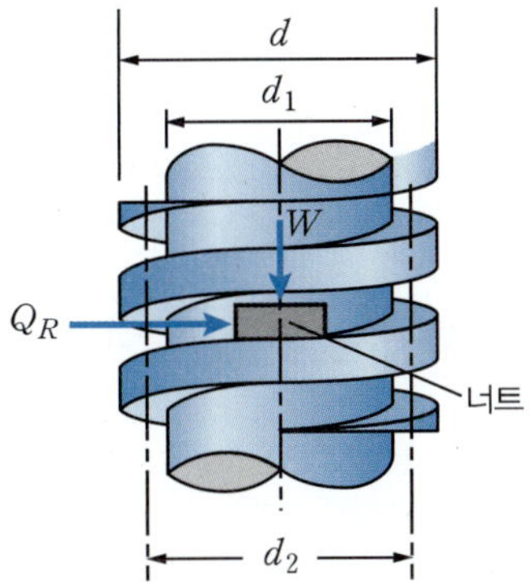

(a) 하중을 들어올릴 때의 작용력

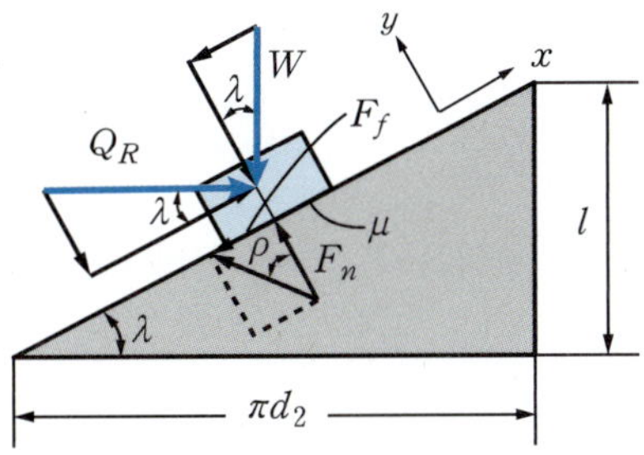

(b) 하중을 들어올릴 때의 자유물체도

그림 5-13 사각나사에 작용하는 힘

■ 하중을 올리는 경우

[그림 5-13(b)]로부터 하중을 올리는 경우 x와 y방향의 평형방정식은 각각 다음과 같다.

$$\sum F_x = Q_R\cos\lambda - W\sin\lambda - \mu F_n = 0 \tag{5.9}$$

$$\sum F_y = -Q_R\sin\lambda - W\cos\lambda + F_n = 0 \tag{5.10}$$

식 (5.10)으로부터 수직반력 F_n은 다음과 같다.

$$F_n = Q_R\sin\lambda + W\cos\lambda \tag{5.11}$$

식 (5.11)을 식 (5.9)에 대입해서 정리하면 다음과 같이 하중을 올리는 수평력 Q_R을 구할 수 있다.

$$Q_R = W\frac{\mu\cos\lambda + \sin\lambda}{\cos\lambda - \mu\sin\lambda} \tag{5.12}$$

---

4 1줄나사의 경우 나사의 리드 l과 피치 p가 같으므로 식 (5.8)에서 l 대신 p를 사용해도 된다.

식 (5.12)의 분자와 분모를 cos λ로 나누면 다음과 같다.

$$Q_R = W\frac{\mu + \tan\lambda}{1 - \mu\tan\lambda} \tag{5.13}$$

마찰각을 ρ라 하면 마찰계수 μ와 다음의 관계가 성립한다.

$$\mu = \tan\rho \tag{5.14}$$

식 (5.14)를 식 (5.13)에 대입한 후 정리하면 다음과 같다.

$$Q_R = W\frac{\tan\rho + \tan\lambda}{1 - \tan\rho\tan\lambda} = W\tan(\rho + \lambda) \tag{5.15}$$

또한 식 (5.13)에 식 (5.8)의 $\tan\lambda = l/\pi d_2$을 대입하고 정리하면 다음과 같다.

$$Q_R = W\frac{\mu\pi d_2 + l}{\pi d_2 - \mu l} = W\tan(\rho + \lambda) \tag{5.16}$$

수평력 Q_R에 의한 토크 T_R는 다음과 같이 수평력 Q_R에 평균반지름(유효반지름) $d_2/2$를 곱하여 구할 수 있다.

$$T_R = Q_R\frac{d_2}{2} = W\frac{d_2}{2}\frac{\mu\pi d_2 + l}{\pi d_2 - \mu l} = W\frac{d_2}{2}\tan(\rho + \lambda) \tag{5.17}$$

■ 하중을 내리는 경우

하중을 내리는 경우 수평력과 마찰력의 방향이 하중을 올리는 경우와 반대가 되는 것을 제외하면 동일하다. 따라서 하중을 내리는 수평력은 다음과 같다.

$$Q_L = W\frac{\mu\pi d_2 - l}{\pi d_2 + \mu l} = W\tan(\rho - \lambda) \tag{5.18}$$

또한 하중을 내리는 경우 토크 T_L은 다음과 같이 쓸 수 있다.

$$T_L = W\frac{d_2}{2}\frac{\mu\pi d_2 - l}{\pi d_2 + \mu l} = W\frac{d_2}{2}\tan(\rho - \lambda) \tag{5.19}$$

■ 자립조건

앞에서 설명한 것처럼 나사의 리드각이 크면 나사를 돌릴 때 축방향으로 신속하게 움직일 수 있는 장점이 있다. 그러나 나사잭과 같이 무거운 물체를 들어 올릴 때 사용하는 나사의 리드가 너무 크면 하중을 내리기 위한 작용력이 없어도 나사가 스스로 풀리면서 내려갈 수 있어서 위험할 수 있다. 물론 이러한 움직임에는 마찰계수도 함께 고려해야 한다.

물체를 내릴 때 필요한 토크인 T_L이 0을 초과할 경우, 나사는 스스로 풀리지 않고 멈춘 상태가 유지되는 **자립조건** self-locking condition이 된다. 자립조건은 기계작동 시 안전을 위해 반드시 고려해야 할 주요사항이다. 물체를 내리는 경우 자립조건을 위해서는 식 (5.19)로부터 다음의 조건을 만족해야 한다.

$$\frac{Wd_2}{2}\frac{\mu\pi d_2 - l}{\pi d_2 + \mu l} > 0 \tag{5.20}$$

이 식에서 분자에 있는 $(\mu\pi d_2 - l) > 0$, 즉 $\mu\pi d_2 > l$이 성립하면 자립조건을 만족한다. 이 부등식의 좌 · 우변을 πd_2로 나누고 정리하면 다음과 같은 자립조건을 얻는다.

$$\mu > \frac{l}{\pi d_2} \quad \text{또는} \quad \mu > \tan\lambda \tag{5.21}$$

자립조건을 위해서는 식 (5.21)을 만족해야 하나 이 식을 만족해도 스스로 풀리지 않을 것을 확실하게 보장하지는 않는다. 예를 들어 진동이 있으면 식 (5.21)의 조건을 만족하더라도 나사가 풀릴 수 있다.

■ 나사에 칼라가 있는 경우

[그림 5-14]와 같이 나사에 칼라collar가 있다면 칼라부의 마찰계수 μ_c를 추가로 고려해야 한다. 칼라부의 마찰력을 극복하기 위해 필요한 토크 T_c는 다음과 같다.

$$T_c = \frac{\mu_c W d_c}{2} \tag{5.22}$$

이 식에서 축하중은 칼라부의 평균지름 d_c에 집중하중으로 작용한다고 가정한다. 칼라부가 포함된 나사에서 하중을 올릴 때 필요한 토크는 다음과 같이 식 (5.17)에 식 (5.22)를 더하면 된다.

$$T_R = W\frac{d_2}{2}\frac{\mu\pi d_2 + l}{\pi d_2 - \mu l} + \frac{\mu_c W d_c}{2} \tag{5.23}$$

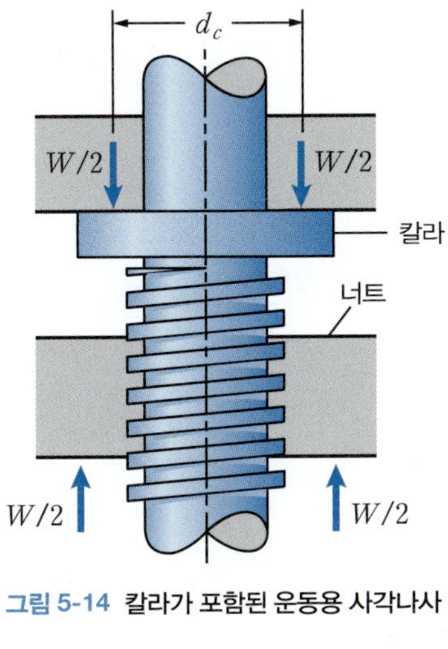

그림 5-14 칼라가 포함된 운동용 사각나사

■ 나사효율

나사효율screw efficiency은 하중을 들어 올릴 때 나사에 마찰이 있는 경우와 없는 경우의 토크비로 결정한다.

$$\eta = \frac{T_{R0}}{T_R} \tag{5.24}$$

나사에 마찰이 없는 경우 하중을 올릴 때의 토크 T_{R0}는 식 (5.17)에 마찰각 $\rho = 0$을 대입하여 구한다.

$$T_{R0} = W\frac{d_2}{2}\tan\lambda \tag{5.25}$$

식 (5.17)과 식 (5.25)를 식 (5.24)에 대입하면 다음과 같이 운동용 사각나사의 효율을 구할 수 있다.

$$\eta = \frac{\tan\lambda}{\tan(\rho+\lambda)} \tag{5.26}$$

나선각 λ에 대한 나사의 효율선도를 [그림 5-15]에 나타냈다. 이 그림에서 알 수 있듯이 최대효율을 중심으로 좌우대칭의 모양을 하고 있다.

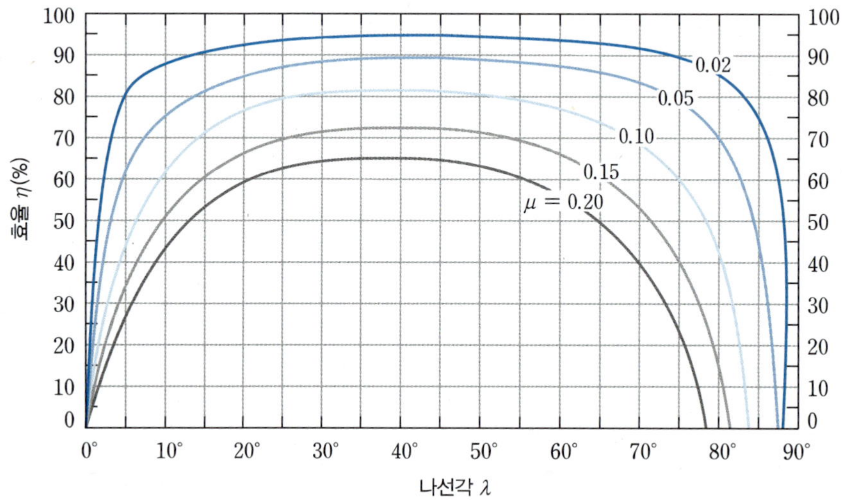

그림 5-15 나사의 효율

최대효율이 발생하는 나선각은 식 (5.26)을 나선각 λ로 미분한 값이 0이 되는 조건으로 구할 수 있다.

$$\frac{d\eta}{d\lambda} = \frac{d\left[\dfrac{\tan\lambda}{\tan(\rho+\lambda)}\right]}{d\lambda} = 0 \tag{5.27}$$

이 식을 정리하면 다음과 같이 최대효율이 발생하는 나선각을 구할 수 있다.

$$\lambda = \frac{\pi}{4} - \frac{\rho}{2} \tag{5.28}$$

나사의 최대효율은 식 (5.28)을 식 (5.26)에 대입하여 구할 수 있다.

$$\eta_{\max} = \frac{\tan\lambda}{\tan(\rho+\lambda)} = \frac{\tan\left(\frac{\pi}{4} - \frac{\rho}{2}\right)}{\tan\left(\frac{\pi}{4} + \frac{\rho}{2}\right)} = \tan^2\left(\frac{\pi}{4} - \frac{\rho}{2}\right) \tag{5.29}$$

또한 $\lambda = 0$과 $\lambda = \frac{\pi}{2} - \rho$에서 효율이 0이 된다. [그림 5-15]를 보면 나선각과 마찰계수에 따른 나사의 효율을 알 수 있다. 마찰계수가 크면 효율은 낮아진다.

■ 나사효율과 자립조건의 관계

식 (5.14)와 식 (5.21)로부터 $\mu = \tan\rho = \tan\lambda$가 되므로 자립조건에서 $\rho = \lambda$가 된다. 따라서 식 (5.26)의 ρ에 λ를 대입하여 정리하면 자립조건에서의 나사효율은 다음과 같다.

$$\eta = \frac{\tan\lambda}{\tan(\rho+\lambda)} = \frac{\tan\lambda}{\tan(2\lambda)} = \frac{\tan\lambda(1-\tan^2\lambda)}{2\tan\lambda} = \frac{1}{2} - \frac{1}{2}\tan^2\lambda < 0.5 \tag{5.30}$$

즉 나사가 자립조건을 만족하는 경우 나사효율은 50% 미만이 된다.

■ 동력

동력power은 식 (5.17)의 토크에 각속도 ω를 곱하여 구할 수 있다. 따라서 하중을 올릴 때의 동력은 다음과 같다.

$$P_R = W\frac{d_2}{2}\left(\frac{\mu\pi d_2 + l}{\pi d_2 - \mu l}\right)\omega \tag{5.31}$$

이 식은 나사에 칼라가 없는 경우로서, 만약 나사에 칼라가 있다면 동력은 식 (5.23)에 각속도 ω를 곱하면 된다. SI 단위계에서 동력은 W(와트), 토크는 N·m, 각속도는 rad/s이다.

5.2.2 비사각나사의 역학

비사각나사는 나사면이 경사져 있으므로 [그림 5-16]과 같이 축하중 W가 작용할 때 나사면에 작용하는 수직력 F_n은 나사산각 α와 리드각 λ에 따라 축방향에 대해 기울어진다.

축방향 힘 W와 나사산 면을 수직으로 누르는 힘 F_n과의 관계는 다음과 같다.

$$F_n = \frac{W}{\cos\frac{\alpha}{2}} \tag{5.32}$$

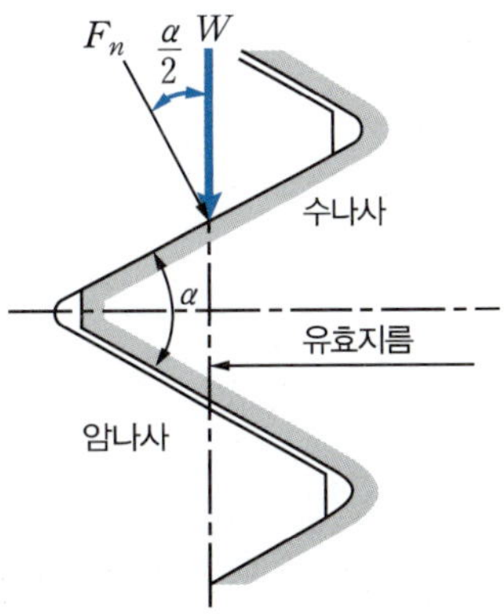

그림 5-16 비사각나사에 작용하는 힘

비사각나사에서 나사산 면에 작용하는 마찰력 F_f 는 다음과 같다.

$$F_f = \mu F_n = \mu \frac{W}{\cos\dfrac{\alpha}{2}} = \frac{\mu}{\cos\dfrac{\alpha}{2}} W = \mu' W \tag{5.33}$$

식 (5.33)으로부터 μ'은 다음과 같다.

$$\mu' = \frac{\mu}{\cos\dfrac{\alpha}{2}} = \tan\rho' \tag{5.34}$$

여기서 μ'을 **유효마찰계수**effective coefficient of friction 또는 **상당마찰계수**equivalent coefficient of friction라고 하고, ρ'을 **유효마찰각** 또는 **상당마찰각**이라고 한다.

식 (5.34)에서 알 수 있듯이 μ'은 사각나사에서 적용했던 마찰계수 μ보다 큰 값을 가지므로 사각나사에 비해 비사각나사가 체결용나사로 더 유리하다는 것을 알 수 있다. 즉 비사각나사가 사각나사에 비해 잘 풀리지 않는다. 비사각나사에서 하중을 들어 올릴 때의 수평력과 토크는 식 (5.16)과 식 (5.17)로부터 다음과 같이 쓸 수 있다.

$$Q_R = W\frac{\mu' \pi d_2 + l}{\pi d_2 - \mu' l} = W\tan(\rho' + \lambda) \tag{5.35}$$

$$T_R = W\frac{d_2}{2}\frac{\mu' \pi d_2 + l}{\pi d_2 - \mu' l} = W\frac{d_2}{2}\tan(\rho' + \lambda) \tag{5.36}$$

또한 비사각나사에서 하중을 내릴 때의 수평력과 토크는 식 (5.18)과 식 (5.19)로부터 다음과 같이 쓸 수 있다.

$$Q_L = W\frac{\mu' \pi d_2 - l}{\pi d_2 + \mu' l} = W\tan(\rho' - \lambda) \tag{5.37}$$

$$T_L = W\frac{d_2}{2}\frac{\mu' \pi d_2 - l}{\pi d_2 + \mu' l} = W\frac{d_2}{2}\tan(\rho' - \lambda) \tag{5.38}$$

식 (5.37)로부터 비사각나사에 대한 자립조건을 다음과 같이 얻을 수 있다.

$$\mu' > \frac{l}{\pi d_2} \quad \text{또는} \quad \mu' > \tan\lambda \tag{5.39}$$

비사각나사의 효율은 다음과 같다.

$$\eta = \frac{\tan\lambda}{\tan(\rho' + \lambda)} \tag{5.40}$$

지금까지 운동용 나사로 사용되는 사각나사와 비사각나사로 물체를 들어 올리거나 내릴 때 필요한 수평력, 토크, 나사의 자립조건, 나사의 효율 및 동력에 대해 알아보았다. 이제 나사의 응력을 알아보자.

5.2.3 나사의 응력

[그림 5-17(a)]와 같이 사각나사가 축하중 W를 받는 상황에서 토크 T가 작용하고 있다. 이와 같은 조건에서 나사의 몸통과 나사산에서 발생하는 응력을 살펴보자.

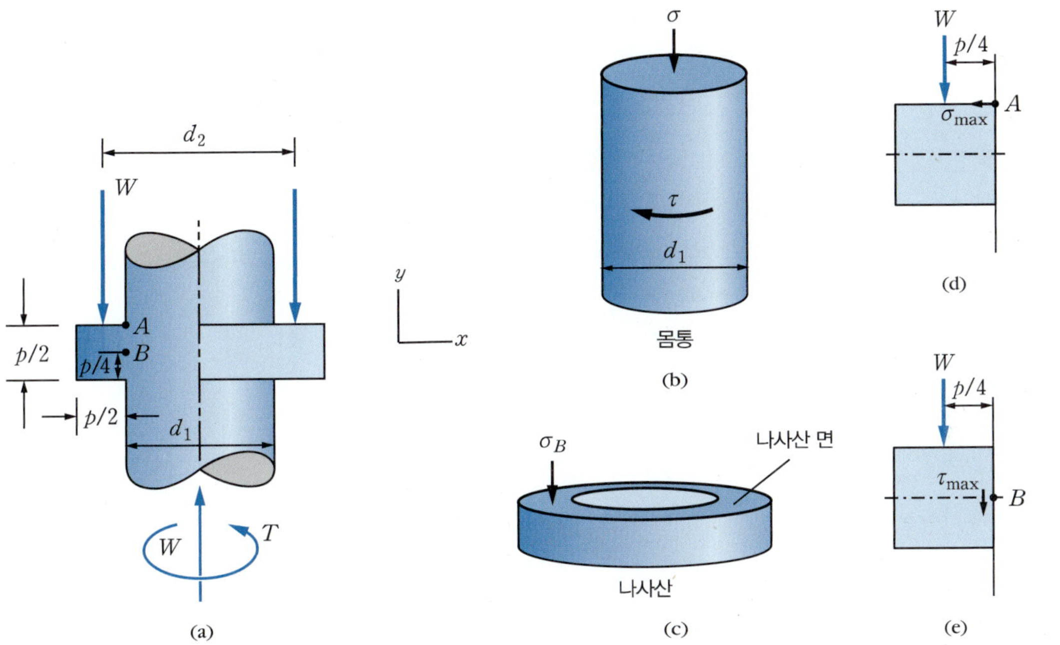

그림 5-17 사각나사에 발생하는 응력[5]

■ 나사의 몸통에서 발생하는 응력

- **수직응력** : [그림 5-17(b)]의 나사 몸통에서 발생하는 수직응력 $\sigma = W/A$이므로 다음과 같이 나타낼 수 있다.

$$\sigma = \frac{4W}{\pi d_1^2} \tag{5.41}$$

여기서 d_1은 나사의 골지름을 나타낸다.

- **전단응력** : [그림 5-17(b)]의 나사 몸통에서 발생하는 전단응력은 비틀림공식 $\tau = Tc/J$를 사용하여 구할 수 있다. 최대반지름 $c = d_1/2$이고, 극관성모멘트 $J = \pi d_1^4/32$이므로 전단응력은 다음과 같다.

$$\tau = \frac{16T}{\pi d_1^3} \tag{5.42}$$

5 [그림 5-17]에서 (b)의 몸통과 (c)의 나사산은 이해를 돕기 위해 분리하여 나타냈다.

■ 나사산에서 발생하는 응력

• **베어링응력** : [그림 5-17(c)]의 나사산 면에서 발생하는 수직응력을 **베어링응력** bearing stress[6]이라고 하며, 축하중 W를 서로 접촉하는 나사산 면의 전체면적으로 나누어 구할 수 있다.

$$\sigma_B = \frac{W}{A} = \frac{W}{\pi d_2 n_t (p/2)} = \frac{2W}{\pi d_2 n_t p} \tag{5.43}$$

여기서 n_t는 서로 맞물린 나사산의 개수이고, p는 나사의 피치를 나타낸다.

• **굽힘응력** : [그림 5-17(d)]의 나사산과 몸통이 만나는 A점에서 발생하는 최대굽힘응력은 보의 굽힘공식 $\sigma_{\max} = Mc/I$를 이용하여 구할 수 있다. 그림으로부터 굽힘모멘트는 $M = W(p/4)$이고, 중립면에서 나사 바깥면까지의 거리는 $c = p/4$이다. 그리고 관성모멘트는 다음과 같다.

$$I = \frac{\pi d_1 n_t \left(\frac{p}{2}\right)^3}{12} = \frac{\pi d_1 n_t p^3}{96} \tag{a}$$

따라서 A점에서의 굽힘응력은 다음과 같다.

$$\sigma_{\max} = \frac{Mc}{I} = \frac{W\frac{p}{4}\left(\frac{p}{4}\right)}{\left(\frac{\pi d_1 n_t p^3}{96}\right)} = \frac{6W}{\pi d_1 n_t p} \tag{5.44}$$

• **전단응력** : [그림 5-17(e)]의 나사산과 몸통이 만나는 B점에서의 최대전단응력은 평균전단응력의 1.5배이며, 다음과 같이 구할 수 있다. 이때 전단하중 V는 축하중 W와 같다.

$$\tau_{\max} = \frac{3V}{2A} = \frac{3}{2}\frac{W}{\pi d_1 n_t (p/2)} = \frac{3W}{\pi d_1 n_t p} \tag{5.45}$$

탐구

1. 나사에서 자립조건이 유용하게 쓰이는 예를 알아보라.
2. 수식을 사용하지 않고 운동용 나사를 통해 부하를 들어 올리는 데 필요한 토크가 부하를 낮추는 데 필요한 토크보다 큰 이유를 설명하라.

---

6 베어링응력은 서로 접촉하는 나사산 면 사이에 작용하는 수직응력으로 이들 나사산 사이에는 나사의 회전운동으로 인해 마찰력도 함께 발생한다.

예제 5-3 사각나사의 토크, 효율 및 자립조건

바깥지름이 42 mm 이고 피치가 5.78 mm 인 1줄 사각나사가 10 kN의 축하중을 받고 있다. 나사와 칼라부의 마찰계수는 모두 0.05이며, 칼라부의 평균지름이 52 mm 일 때 다음을 구하라.

(a) 부하를 들어 올릴 때 필요한 토크

(b) 부하를 들어 올릴 때의 효율

(c) 자립조건의 만족 여부

전략

식 (5.7)을 이용하여 사각나사의 평균지름(유효지름)을 구한다. 1줄나사의 경우 리드는 피치와 같으므로 주어진 조건으로부터 리드를 알 수 있다. 나사에 칼라부가 포함되어 있으므로 토크 계산 시 칼라부에 대한 토크를 고려해야 한다. 마찰계수와 나선의 기울기 관계를 이용하여 자립조건의 만족 여부를 파악한다. 자립조건의 만족 여부는 나사효율로도 확인할 수 있다.

풀이

(a) 식 (5.7)로부터 평균지름을 구하면

$$d_2 = d - \frac{p}{2} = 42 - \frac{5.78}{2} = 39.1\,\mathrm{mm}$$

이고, 1줄나사의 경우 리드는 피치와 같으므로 $l = 5.78\,\mathrm{mm}$가 된다.

하중을 들어 올릴 때의 토크 T_R은 식 (5.23)으로 구한다.

$$\begin{aligned} T_R &= W\frac{d_2}{2}\frac{\mu\pi d_2 + l}{\pi d_2 - \mu l} + \frac{\mu_c W d_c}{2} \\ &= 10 \times \frac{39.1}{2} \times \left[\frac{0.05\times\pi\times 39.1 + 5.78}{\pi\times 39.1 - 0.05\times 5.78}\right] + \frac{0.05\times 10.0\times 52}{2} \\ &= 19 + 13 = 32\,\mathrm{N\cdot m} \end{aligned}$$

[답]

(b) 식 (5.23)으로부터 마찰계수가 0일 때의 토크는 다음과 같다.

$$T_{R0} = \frac{Wl}{2\pi} = \frac{10\times 5.78}{2\times\pi} = 9.2\,\mathrm{N\cdot m}$$

식 (5.24)로부터 효율은 다음과 같다.

$$\eta = \frac{T_{R0}}{T_R} = \frac{9.2}{32} = 0.288$$

즉 나사의 효율은 28.8%이다. [답]

(c) 식 (5.21)을 사용하면 $\mu > \frac{l}{\pi d_2}$ 에서

$$0.05 > \frac{5.78}{\pi \times 39.1},\ 즉\ 0.05 > 0.047$$

이 되므로 자립조건을 만족한다. [답]

검토

나사에 칼라가 부착된 이 나사는 칼라부가 없는 나사에 비해 하중을 들어 올리는 데 더 큰 토크가 필요하다. 또한 계산된 나사효율 28.8%는 자립조건의 한계인 50%보다 작아서 자립이 된다는 것을 알 수 있다. 자립조건은 마찰계수가 나선의 기울기보다 크다는 것으로도 확인할 수 있다.

예제 5-4 자립조건을 만족하는 사각나사의 나선각 및 효율

사각나사의 마찰계수가 0.15일 때 다음을 구하라.

(a) 자립조건을 만족하는 나선각의 한계값

(b) 자립상태에서의 나사효율

전략

자립이 되기 위해서는 나선각 λ가 마찰계수 μ보다 작아야 한다는 조건을 만족해야 한다.

풀이

(a) 식 (5.21)로부터 나선각에 대한 한계값을 구하면 다음과 같다.

$$\lambda = \tan^{-1}\mu = \tan^{-1}0.15 = 8.53°$$

즉 나선각이 8.53°보다 작아야 한다. [답]

(b) 자립조건에서의 나사효율은 식 (5.30)으로부터

$$\eta = \frac{1}{2} - \frac{1}{2}\tan^2\lambda = \frac{1}{2} - \frac{1}{2} \times \tan^2(8.53°) = 0.489$$

가 된다. 즉 48.9%의 효율을 갖는다. [답]

검토

주어진 마찰계수 0.15에 대한 나사효율이 50%보다 작으므로 이 나사는 자립조건을 만족한다.

예제 5-5 사다리꼴 나사로 들어 올릴 수 있는 무게

2줄 사다리꼴 나사를 가진 나사잭에서 50N·m의 토크로 들어 올릴 수 있는 물체의 무게를 결정하라. 이 나사의 호칭은 $Tr20 \times 4$이며, 마찰계수는 0.025이다.

전략

미터 사다리꼴 나사이므로 나사각은 30°이고, 유효지름은 [표 5-5]에서 찾는다. 2줄나사이므로 식 (5.2)를 통해 리드를 계산한다. 유효마찰계수 μ'은 식 (5.34)로 구한다. 그리고 주어진 토크로 들어 올릴 수 있는 하중은 식 (5.36)으로부터 구한다.

풀이

$Tr20 \times 4$이므로 유효지름 $d_2 = 18.0\,\text{mm}$이고, 리드는 $l = np = 2(4) = 8\,\text{mm}$이다.

식 (5.34)로부터 상당마찰계수를 구하면 다음과 같다.

$$\mu' = \frac{\mu}{\cos\left(\frac{\alpha}{2}\right)} = \frac{0.025}{\cos\left(\frac{30°}{2}\right)} = 0.026$$

식 (5.36)으로부터 $T_R = W\frac{d_2}{2}\frac{\mu'\pi d_2 + l}{\pi d_2 - \mu' l}$ 이므로

$$50\,000 = W \times \frac{18}{2} \times \left(\frac{0.026 \times \pi \times 18 + 8}{\pi \times 18 - 0.026 \times 8}\right) \tag{1}$$

이다. 이 식을 정리하여 W값을 구하면 33.05kN이 된다. [답]

검토

만약 2줄 사다리꼴 나사 대신 1줄 사다리꼴 나사를 사용하면 들어 올릴 수 있는 하중이 어떻게 될까? 이 문제에 1줄 사다리꼴 나사를 적용하면 리드 $l = 4\,\text{mm}$가 되므로, 이를 식 (1)에 적용하면 물체를 들어 올릴 수 있는 하중은 증가하게 된다. 즉 나사를 1바퀴 돌렸을 때 들어 올리는 높이는 반으로 줄지만 들어 올릴 수 있는 능력은 1.73배 증대되는 것을 알 수 있다.

예제 5-6 사각나사에서 발생하는 응력

바깥지름이 36mm이고 피치가 5.24mm인 사각나사가 12.0kN의 축하중을 받고 있다. 축하중을 들어 올리기 위해 28N·m의 토크가 필요한 경우 다음을 구하라. 서로 맞물린 나사산의 개수는 7개이다.

(a) 볼트 몸통의 비틀림 전단응력과 압축응력

(b) 나사면에서 발생하는 베어링응력

(c) 나사산의 뿌리부분 상단에서 발생하는 최대굽힘응력

전략

식 (5.6)을 이용하여 바깥지름과 피치로부터 골지름을 먼저 구한다. 칼라에 대한 설명이 없으므로 나사산 간의 접촉만을 고려한다. (a)와 (b)에서는 맞물린 전체 나사산에 대한 평균응력을 구한다.

풀이

(a) 먼저 나사의 골지름 d_1을 구하면 다음과 같다.

$$d_1 = d - p = 36 - 5.24 = 30.76\,\text{mm}$$

비틀림모멘트 T_R에 의한 볼트 몸통의 전단응력은 식 (5.42)로부터 다음과 같이 구한다.

$$\tau = \frac{16T}{\pi d_1^3} = \frac{16 \times 28 \times 10^3}{\pi \times 30.76^3} = 4.90\,\text{MPa} \quad \text{[답]}$$

압축응력은 식 (5.41)로부터 다음과 같이 구한다.

$$\sigma = \frac{4W}{\pi d_1^2} = \frac{4 \times 12 \times 10^3}{\pi \times 30.76^2} = 16.15\,\text{MPa} \quad \text{[답]}$$

(b) 식 (5.7)로부터 유효지름은 다음과 같다.

$$d_2 = d - \frac{p}{2} = 36 - \frac{5.24}{2} = 33.38\,\text{mm}$$

베어링응력은 식 (5.43)으로부터 다음과 같이 구한다.

$$\sigma_B = \frac{2W}{\pi d_2 n_t p} = \frac{2 \times 12 \times 10^3}{\pi \times 33.38 \times 7 \times 5.24} = 6.24\,\text{MPa} \quad \text{[답]}$$

(c) 나사산의 뿌리부분 상단에서 발생하는 최대굽힘응력은 식 (5.44)로부터 다음과 같이 구한다.

$$\sigma_{\max} = \frac{6W}{\pi d_1 n_t p} = \frac{6 \times 12 \times 10^3}{\pi \times 30.76 \times 7 \times 5.24} = 20.31\,\text{MPa} \quad \text{[답]}$$

검토

베어링응력 σ_B와 최대굽힘응력 $\sigma_{\max}$는 맞물린 나사산의 개수로 나누었으므로 평균값을 나타낸다. 실험에 의하면 맞물린 나사 중 첫 번째 나사산은 전체 하중의 38%를 받고, 두 번째 나사산은 25%, 세 번째 나사산은 18% 등 점차로 부담하는 하중이 줄어들며, 일곱 번째부터는 하중을 전혀 받지 않는 것으로 알려져 있다. 따라서 가장 중요한 나사산은 첫 번째로 맞물리는 나사산이므로 축하중 W 대신 $0.38W$, 맞물린 나사산의 개수 n_t에는 1로 놓고 최대응력을 구할 수도 있다.

SECTION
5.3

나사의 설계

- ✔ 인장하중을 받는 나사의 지름을 결정하는 방법을 학습한다.
- ✔ 전단하중을 받는 나사의 지름을 결정하는 방법을 학습한다.
- ✔ 축하중과 비틀림모멘트를 동시에 받는 나사의 지름을 결정하는 방법을 학습한다.

5.3.1 인장하중의 작용

[그림 5-18]의 훅이나 고리와 같이 부재에 결합된 볼트가 축방향 인장하중만 받는다면 볼트에서 가장 취약한 부분은 지름이 가장 작은 골지름이므로 골지름에서의 인장응력은 다음과 같이 쓸 수 있다.

$$\sigma = \frac{W}{\left(\dfrac{\pi d_1^2}{4}\right)} \tag{5.46}$$

여기서 W는 볼트에 작용하는 축하중이고, d_1은 볼트의 골지름이다.

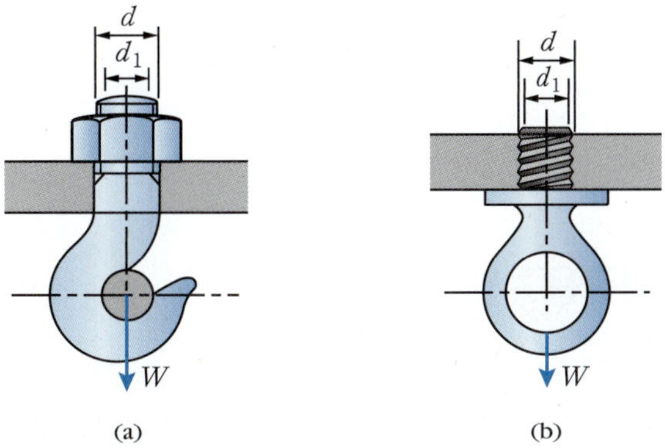

그림 5-18 인장하중을 받는 나사

식 (5.46)으로부터 골지름은 다음과 같다.

$$d_1 = \sqrt{\frac{4W}{\pi\sigma}} \tag{5.47}$$

식 (5.47)은 d_1을 결정하는 설계문제이므로 수직응력 σ에 재료의 허용응력을 사용한다. 이 식을 통해 계산된 골지름보다 큰 값을 갖는 볼트를 KS 규격에서 찾아 볼트의 호칭치수를 정한다. 미터나사의 경우 $d_1 \approx 0.8d$의 관계가 있으므로 다음과 같이 바깥지름을 결정할 수 있다.

$$d = \sqrt{\frac{2W}{\sigma}} \tag{5.48}$$

5.3.2 전단하중의 작용

[그림 5-19]에 나타낸 볼트와 부재들로 구성된 결합부에서 두 부재에 하중 F를 받고 있다. 이러한 조건에서 볼트는 몸통부의 바깥지름 d에서 다음과 같이 전단응력이 발생한다.

$$\tau = \frac{F}{\left(\dfrac{\pi d^2}{4}\right)} \tag{5.49}$$

따라서 볼트의 바깥지름은 다음과 같다.

$$d = \sqrt{\frac{4F}{\pi\tau}} \tag{5.50}$$

식 (5.50)은 지름 d를 결정하는 설계문제이므로 전단응력 τ에 재료의 허용전단응력을 사용한다.

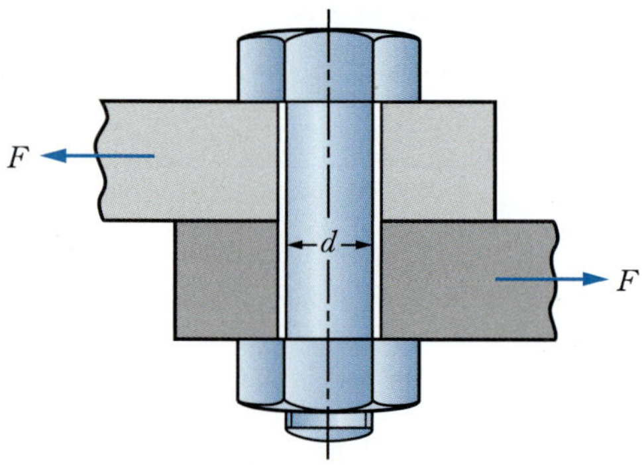

그림 5-19 전단하중을 받는 나사

5.3.3 축하중과 비틀림모멘트의 동시작용

[그림 5-12(a)]의 나사잭으로 물체를 들어 올리거나 내리기 위해서는 손잡이 레버에 일정량의 힘을 가해야 한다. 이 나사잭은 작동되는 동안 축하중 W와 토크 T를 동시에 받으며, 이에 따라 나사에는 수직응력과 전단응력이 함께 발생한다. 이때 나사에서 발생하는 수직응력과 전단응력 사이에는 상호관계가 있다. 나사에 작용하는 축하중 W에 의한 볼트의 수직응력은 다음과 같다.

$$\sigma = \frac{W}{\left(\dfrac{\pi d_1^2}{4}\right)} = \frac{4W}{\pi d_1^2} \tag{a}$$

토크 T에 의한 볼트의 전단응력은 다음과 같다.

$$\tau = \frac{Tc}{J} = \frac{T\left(\dfrac{d_1}{2}\right)}{\left(\dfrac{\pi d_1^4}{32}\right)} = \frac{16T}{\pi d_1^3} \tag{b}$$

식 (a)와 식 (b)로부터 각각 W와 T를 구한 후 식 (5.36)에 대입하면 다음과 같이 수직응력과 전단응력 간의 관계를 얻을 수 있다.

$$\tau = 2\sigma \frac{d_2}{d_1} \tan(\rho' + \lambda) \tag{c}$$

삼각나사 중 보통나사는 골지름 d_1과 유효지름 d_2의 비율 $d_2/d_1 \approx 1.1$이고, 나선각 $\lambda \approx 3.028°$이다.

삼각나사의 나사산각 $\alpha = 60°$이고, 마찰계수 μ를 0.15로 가정하면 식 (5.34)에 의해 상당마찰계수 μ'은 다음과 같이 된다.

$$\mu' = \frac{\mu}{\cos\left(\frac{\alpha}{2}\right)} = \frac{0.15}{\cos\left(\frac{60°}{2}\right)} = 0.1732 \tag{d}$$

상당마찰각은 다음과 같다.

$$\rho' = \tan^{-1}\mu' = \tan^{-1}0.1732 = 9.8261° \tag{e}$$

식 (c)에 $d_2/d_1 \approx 1.1$, $\lambda \approx 3.028°$, $\rho' = 9.8261°$을 대입하면 전단응력은 다음과 같다.

$$\tau = 2\sigma \times 1.1 \times \tan(9.8261 + 3.028) = 0.5\sigma \tag{f}$$

이 식으로부터 토크에 의해 발생하는 전단응력은 축하중에 의해 발생하는 인장응력의 1/2이 된다는 것을 알 수 있다.

인장응력과 전단응력을 합성하기 위해 위의 관계를 식 (4.22)의 변형에너지이론distortion energy theory에 대입하면 다음과 같이 상당수직응력[7]을 얻을 수 있다.

$$\sigma' = \sqrt{\sigma^2 + 3\tau^2} = \sqrt{\sigma^2 + 3 \times (0.5\sigma)^2} = 1.32\sigma \tag{g}$$

이 식으로부터 나사에 토크가 작용하면 축하중만 작용할 때보다 더 큰 수직응력이 발생한다는 것을 알 수 있다.

축하중과 비틀림모멘트를 동시에 받는 경우 허용수직응력을 1/1.32로 낮게 잡는다. 따라서 축하중을 받는 나사의 바깥지름을 구하는 식 (5.48)을 다음과 같이 보정한다.

$$d = \sqrt{\frac{2W}{\sigma/1.32}} \approx \sqrt{\frac{8W}{3\sigma}} \tag{5.51}$$

여기서 σ는 재료의 허용수직응력이다. 식 (5.51)은 삼각나사의 가는나사나 사각나사에도 적용할 수 있다.

7 유효응력 또는 폰 미세스 응력이라고도 한다.

탐구

1. 볼트에서 가장 취약한 부분은 어디인가?
2. 볼트에 축하중과 비틀림모멘트가 동시에 작용하는 경우 수직응력은 축하중만 작용할 때의 몇 배가 되는가?

예제 5-7 인장하중을 받는 훅의 볼트 치수선정

[그림 5-20]과 같이 800 kg_f의 수직하중을 훅을 통해 볼트가 받고 있다. 이 볼트를 미터보통나사로 선택할 때 볼트의 골지름을 계산하고, 나사의 호칭지름을 결정하라. 단, 재료의 허용인장응력은 7 kg_f/mm^2이다.

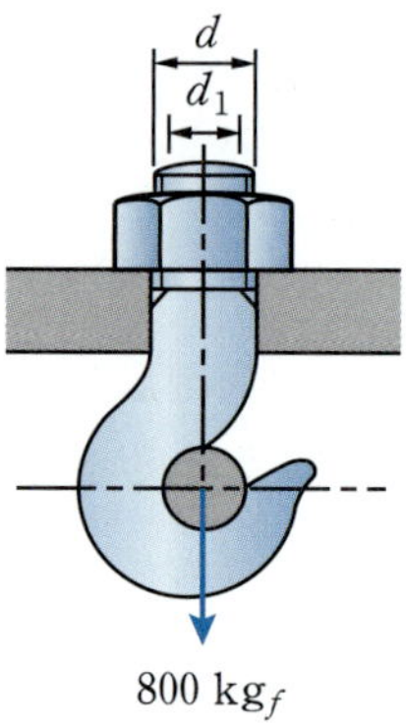

그림 5-20 인장하중을 받는 훅 볼트

전략

훅에 달린 볼트는 인장하중을 받으므로 식 (5.47)로 볼트의 골지름을 구한다. 볼트의 골지름과 바깥지름의 근사적 치수관계를 이용하여 바깥지름을 구한다.

풀이

식 (5.47)로부터 볼트의 골지름은 다음과 같다.

$$d_1 = \sqrt{\frac{4W}{\pi\sigma}} = \sqrt{\frac{4 \times 800}{\pi \times 7}} = 12.06 \text{ mm}$$

$d_1 \approx 0.8d$이므로

$$d \approx d_1/0.8 = 12.06/0.8 = 15.08 \text{mm}$$

이다. 따라서 나사의 바깥지름이 16 mm 인 M16을 선택한다. [답]

검토

볼트의 골지름으로부터 바깥지름을 알기 위해서는 [표 5-2]의 KS B 0201 규격표를 사용해도 된다. 단, 나사의 호칭치수는 가급적 1란에 있는 것을 선정한다.

SECTION
5.4

결합부의 역학

- ✔ 볼트와 부재들로 구성된 결합부의 구조를 알아본다.
- ✔ 볼트강성과 부재강성에 대해 학습한다.
- ✔ 볼트의 보증강도와 결합부의 안전계수에 대해 학습한다.

5.4.1 결합부의 구조

볼트, 너트 및 부재 등으로 구성된 결합부의 구조를 [그림 5-21]에 나타냈다. [그림 5-21(a)]는 **관통볼트**through bolt와 너트를 사용한 것으로 두 부재에는 나사산이 없다. [그림 5-21(b)]는 **탭볼트**tap bolt를 사용한 것으로 너트는 사용하지 않는다. 이 경우 한쪽 부재는 나사산이 있으나 다른 부재는 나사산이 없다. [그림 5-21(c)]는 **스터드볼트**stud bolt와 너트를 사용한 것으로 볼트의 양단이 나사산 구조로 되어 있으며, 두 부재중 한쪽은 나사산이 있으나 다른 쪽은 나사산이 없다.

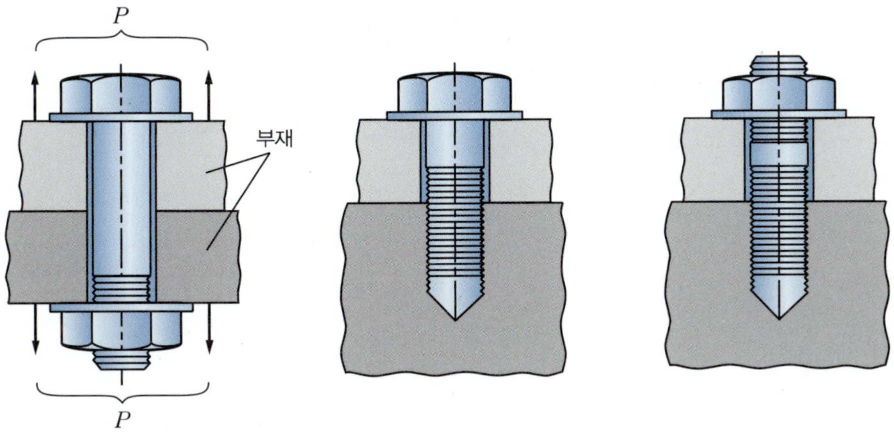

(a) 관통볼트 (b) 탭볼트 (c) 스터드볼트

그림 5-21 전형적인 나사의 체결방법

5.4.2 볼트강성

볼트강성 k는 볼트에 작용하는 하중 F를 볼트의 변형량 δ로 나누어 줌으로써 구할 수 있다. 볼트는 나사산이 있는 부분과 없는 부분으로 구성되므로, 조임 영역인 **그립길이**grip length에서 볼트강성은 이들 두 부분의 강성 조합으로 결정된다.

예를 들어 볼트에서 나사산이 있는 부분의 강성을 k_t, 나사산이 없는 부분의 강성을 k_d라고 하자. 이들 두 부분은 직렬스프링으로 볼 수 있으므로 볼트의 유효강성 k_b는 다음과 같이 구할 수 있다.

$$k_b = \frac{k_t k_d}{k_t + k_d} \tag{5.52}$$

봉이 축하중을 받을 때 신장량 $\delta = Fl/AE$이다. 또한 축하중 $F = k\delta$로서 $\delta = F/k$이다. 따라서 $Fl/AE = F/k$가 되어 강성 $k = AE/l$가 된다. 따라서 그립길이 l_g 가운데 나사산이 있는 부분의 강성 k_t와 나사산이 없는 부분의 강성 k_d는 각각 다음과 같이 쓸 수 있다.

$$k_t = \frac{A_t E}{l_t}, \quad k_d = \frac{A_d E}{l_d} \tag{5.53}$$

여기서 A_t는 나사산이 있는 부분의 인장응력면적으로 골지름 d_1과 유효지름 d_2의 평균지름에 대한 단면적이고, A_d는 볼트의 바깥지름 d에 해당하는 면적이다.

$$A_t = \frac{\pi}{4}\left(\frac{d_1 + d_2}{2}\right)^2 \tag{5.54a}$$

$$A_d = \frac{\pi d^2}{4} \tag{5.54b}$$

또한 l_t와 l_d는 [그림 5-22]와 같이 볼트의 그립길이 중 나사산이 있는 부분과 없는 부분의 길이를 각각 나타낸다. 식 (5.53)을 식 (5.52)에 대입하면 다음과 같이 볼트의 유효강성을 얻을 수 있다.

$$k_b = \frac{A_d A_t E}{A_d l_t + A_t l_d} \tag{5.55}$$

5.4.3 결합부 치수

볼트, 너트, 부재 등으로 구성된 결합부 치수를 결정하는 방법을 살펴보자. [그림 5-22(a)]는 두 부재에 나사산이 없는 결합방식이다. 이 그림에서 l_g를 그립길이라고 하며, 볼트 면과 너트 면 사이에서 조여진 모든 재료의 전체 길이를 나타낸다. 그림에서처럼 볼트와 너트에 와셔를 장착하는 경우 그립 길이에 이들 와셔의 두께도 포함하며, 다음과 같이 나타낸다.

$$l_g = 2t_w + t_1 + t_2 \tag{5.56}$$

여기서 t_w는 와셔두께, t_1과 t_2는 두 부재의 두께를 나타낸다.

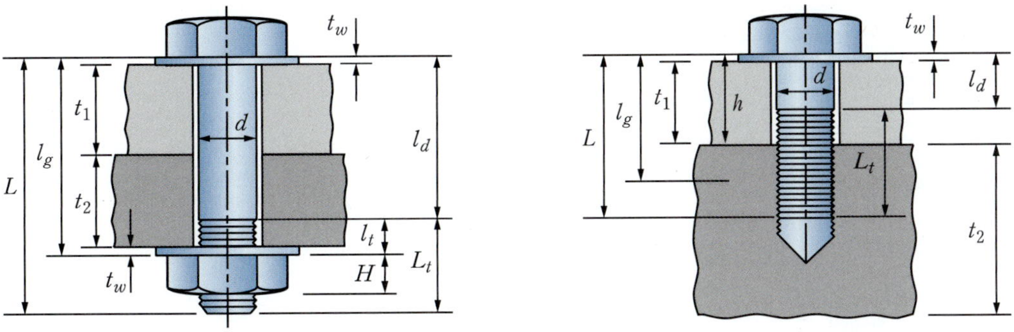

(a) 관통볼트를 사용하는 경우

(b) 탭볼트를 사용하는 경우

그림 5-22 결합부와 관련한 치수

머리 부분을 제외한 볼트의 길이 L은 다음과 같이 정한다.

$$L > l_g + H \tag{5.57}$$

여기서 H는 너트의 높이를 나타낸다.

[그림 5-22(b)]는 두 부재 가운데 한 부재에 나사산이 있는 경우로 그립길이 l_g와 볼트길이 L을 식 (5.58)과 식 (5.59)에 각각 나타냈다.

$$l_g = \begin{cases} h + t_2/2 & t_2 < d \\ h + d/2 & t_2 > d \end{cases} \tag{5.58}$$

$$L > h + 1.5d \tag{5.59}$$

부재를 결합하는 방식과 관계없이 볼트길이 L에 따라 나사부의 길이 L_t는 다음과 같이 정한다.

$$L_t = \begin{cases} 2d + 6\,\text{mm} & L \le 125\,\text{mm},\ d \le 48\,\text{mm} \\ 2d + 12\,\text{mm} & 125\,\text{mm} < L \le 200\,\text{mm} \\ 2d + 25\,\text{mm} & L > 200\,\text{mm} \end{cases} \tag{5.60}$$

5.4.4 부재강성

결합부의 **부재강성**member stiffness을 결정하는 것은 볼트강성을 결정하는 것보다 훨씬 더 복잡한데, 이는 볼트에 의해 압축되는 재료의 영역이 명확하지 않기 때문이다. 볼트에 가까이 있는 부분은 많이 압축되나 볼트로부터 멀어질수록 압축은 줄어들고, 멀리 떨어진 부분은 압축되지 않는다. 실험이나 컴퓨터 시뮬레이션으로부터 확인된 결과에 의하면 볼트의 압축력으로 인해 영향을 받는 영역은 원추대truncated cone 모양을 하며, [그림 5-23(a)]에 이를 근사화하여 나타냈다. 이 그림에서 t_1과 t_2는 각 부재의 두께, l_g는 그립길이, d_w는 와셔면 지름을 나타내고 있다.

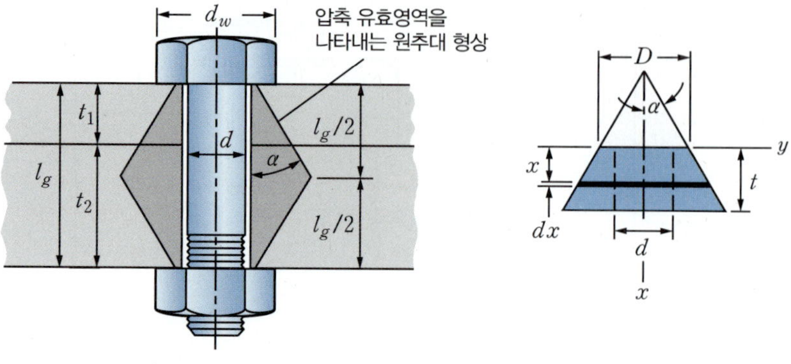

(a) 원추대 형상의 압축 유효영역

(b) 원추대의 세부치수

그림 5-23 결합부재의 압축 유효영역[8]

[그림 5-23(b)]는 두께 t의 부재가 압축하중을 받을 때의 응력 유효영역을 나타냈다. 압축하중 F를 받을 때 원추대의 미소수축량 $d\delta$는 다음과 같다.

$$d\delta = \frac{Fdx}{AE} \tag{5.61}$$

[그림 5-23(b)]의 기하학적 관계로부터 x위치에서 원추대의 단면적은 다음과 같다.

$$\begin{aligned} A &= \pi(r_o - r_i)^2 = \pi\left[\left(x\tan\alpha + \frac{D}{2}\right)^2 - \left(\frac{d}{2}\right)^2\right] \\ &= \pi\left(x\tan\alpha + \frac{D+d}{2}\right)\left(x\tan\alpha + \frac{D-d}{2}\right) \end{aligned} \tag{5.62}$$

이 식에서 r_o는 x위치에서 원추대의 바깥 반지름으로 변수이고, r_i는 안쪽 반지름 $d/2$로 상수이다. 그리고 D는 원추대의 좁은 면에 대한 지름이다.

식 (5.62)를 식 (5.61)에 대입한 후 부재 두께 t에 대해 적분하면 부재의 수축량 δ는 다음과 같다.

$$\delta = \frac{F}{\pi E d\tan\alpha}\ln\frac{(2t\tan\alpha + D - d)(D+d)}{(2t\tan\alpha + D + d)(D-d)} \tag{5.63}$$

$k = F/\delta$이므로 원추대의 강성은 다음과 같다.

$$k = \frac{\pi E d\tan\alpha}{\ln\dfrac{(2t\tan\alpha + D - d)(D+d)}{(2t\tan\alpha + D + d)(D-d)}} \tag{5.64}$$

식 (5.64)에 원추대의 반각 $\alpha = 30°$를 대입하면 다음과 같이 된다.

$$k = \frac{0.5774\pi E d}{\ln\dfrac{(1.155t + D - d)(D+d)}{(1.155t + D + d)(D-d)}} \tag{5.65}$$

8 볼트의 바깥지름 d와 부재의 구멍지름 d가 같은 것으로 가정한다.

결합부에 사용된 두 개 이상의 부재는 직렬연결된 압축스프링으로 간주할 수 있다. 따라서 결합부에 있는 전체 부재강성 k_m은 다음의 관계를 이용하여 구할 수 있다.

$$\frac{1}{k_m} = \frac{1}{k_1} + \frac{1}{k_2} + \frac{1}{k_3} + \cdots + \frac{1}{k_n} \tag{5.66}$$

결합부에서 두 부재의 탄성계수가 같다면 식 (5.66)에서 $k_m = k/2$가 된다. 또한 두 부재의 두께가 같으면 그립길이 $l_g = 2t$가 된다. 그리고 와셔의 지름이 d_w인 경우 식 (5.64)로부터 결합부의 부재강성은 다음과 같이 된다.

$$k_m = \frac{\pi E d \tan\alpha}{2\ln\dfrac{(l_g \tan\alpha + d_w - d)(d_w + d)}{(l_g \tan\alpha + d_w + d)(d_w - d)}} \tag{5.67}$$

표준 육각볼트 및 작은 나사의 경우, 와셔면의 지름은 결합요소의 지름보다 약 50% 더 크므로 $d_w \approx 1.5d$와 원추반각 30°를 식 (5.67)에 대입하면 k_m은 다음과 같다.

$$k_m = \frac{0.5774\pi E d}{2\ln\left(5\dfrac{0.5774\, l_g + 0.5\, d}{0.5774\, l_g + 2.5\, d}\right)} \tag{5.68}$$

5.4.5 볼트의 보증강도 및 초기하중

결합부에 사용되는 볼트는 안전성을 고려하여 **보증강도**proof strength σ_p를 제시한다. 보증강도란 영구변형 없이 볼트가 견디는 한계값으로 항복강도보다 약간 낮고 비례한도와 거의 비슷하다. 이 보증강도에 인장응력면적을 곱하여 다음과 같이 **보증하중**proof load F_p를 구한다.

$$F_p = \sigma_p A_t \tag{5.69}$$

여기서 인장응력면적 A_t는 식 (5.54a)에 나타냈다.

결합부에 가하는 **초기하중**initial load F_i는 보증하중을 기준으로 결정하며, 다음과 같다.[9]

$$F_i = \begin{cases} 0.75F_p & (\text{재사용조임}) \\ 0.90F_p & (\text{영구조임}) \end{cases} \tag{5.70}$$

이 초기하중은 결합부가 정하중 및 동하중을 받는 모든 경우에 대해 적용할 수 있다.

9 재사용조임은 결합된 볼트를 풀은 다음 다시 결합하는 것을 의미하고, 영구조임은 더이상 결합부를 풀지 않고 계속해서 사용하는 경우를 의미한다.

5.4.6 외부하중의 작용

볼트나 너트를 적절한 토크로 조여 볼트에 초기하중 F_i가 작용한 상태에서 [그림 5-21(a)]와 같이 결합부에 외부하중 P가 작용한다고 가정하자. 그러면 외부하중 P로 인해 볼트들은 인장하중을 더 받게 된다. 압력용기 등에 있는 플랜지는 여러 개의 볼트와 너트로 체결하므로 여러 개의 결합부를 가지고 있다. n개의 결합부가 있는 압력용기에서 결합부들에 작용하는 전체 외부하중을 P_{total}이라고 하고, 각 결합부가 외부하중을 균등하게 받는다면 하나의 결합부에 부담하는 외부하중 P는 다음과 같다.

$$P = \frac{P_{total}}{n} \tag{5.71}$$

외부하중 P로 인해 볼트는 δ만큼 늘어나며, 볼트와 접촉하고 있는 부재도 δ만큼 늘어난다.[10] 하나의 결합부에 작용하는 외부하중 P에서 볼트가 분담하는 하중 $P_b = k_b \delta$이고, 부재가 분담하는 하중 $P_m = k_m \delta$이므로 다음의 관계를 갖는다.

$$\delta = \frac{P_b}{k_b} = \frac{P_m}{k_m} \tag{5.72}$$

이 식으로부터 외부하중 P에서 부재가 분담하는 하중은 다음과 같이 된다.

$$P_m = P_b \frac{k_m}{k_b} \tag{5.73}$$

하나의 결합부에 작용하는 외부하중은 다음과 같다.

$$P = P_b + P_m \tag{5.74}$$

이 식의 P_m에 식 (5.73)을 대입하여 정리하면 다음과 같이 P_b가 결정된다.

$$P_b = \frac{k_b P}{k_b + k_m} = CP \tag{5.75}$$

이 식에서 C는 외부하중 P 가운데 볼트가 받는 비율로서 **강성상수**stiffness constant라고 한다.

$$C = \frac{k_b}{k_b + k_m} \tag{5.76}$$

외부하중 P 가운데 부재가 받는 하중은 다음과 같이 쓸 수 있다.

$$P_m = P - P_b = (1 - C)P \tag{5.77}$$

볼트나 너트에 토크를 가하여 체결할 때 초기하중을 F_i라고 하면, 볼트가 받는 하중은 다음과 같다.

$$F_b = P_b + F_i = CP + F_i \tag{5.78}$$

---

10 정확하게 표현하면 볼트와 너트의 초기하중으로 인한 조임으로 압축되었던 부재가 δ만큼 복원된 것이다.

부재가 받는 하중은 다음과 같이 된다.[11]

$$F_m = P_m - F_i = (1-C)P - F_i \tag{5.79}$$

5.4.7 결합부의 안전계수

결합부를 구성하는 볼트, 너트, 부재 등의 요소와 관련하여 다음과 같은 몇 가지 안전사항을 알아보자.

■ 항복안전계수

하나의 결합부에서 볼트가 받는 응력은 볼트에 작용하는 하중을 인장응력면적으로 나누어서 구한다.

$$\sigma_b = \frac{F_b}{A_t} = \frac{CP + F_i}{A_t} \tag{5.80}$$

결합부가 정적하중을 받는 상태에서 볼트에 발생하는 응력이 볼트의 보증강도를 초과해서는 안 된다. 볼트의 보증강도와 응력의 비를 **항복안전계수**yield safety factor라고 하며, 다음과 같이 나타낸다.

$$n_{sy} = \frac{\sigma_p}{\sigma_b} = \frac{\sigma_p}{(CP + F_i)/A_t} = \frac{\sigma_p A_t}{CP + F_i} \tag{5.81}$$

즉 항복안전계수는 볼트에서 발생하는 응력이 볼트의 보증강도 내에서 사용하도록 설정하는 안전계수이다.

■ 하중안전계수

결합부의 볼트가 파손되는 것을 방지하기 위해 결합부에 작용하는 외부하중은 제한되어야 한다. 볼트의 파손 원인이 될 수 있는 외부하중을 $n_{sl}P$로 놓고, σ_b의 극한값을 보증강도 σ_p로 치환하면 식 (5.80)은 다음과 같이 나타낼 수 있다.

$$\sigma_p = \frac{C(n_{sl}P) + F_i}{A_t} \tag{5.82}$$

이 식에서 n_{sl}을 **하중안전계수**load safety factor라고 하며, 정리하면 다음과 같다.

$$n_{sl} = \frac{\sigma_p A_t - F_i}{CP} \tag{5.83}$$

즉 하중안전계수는 결합부에 작용하는 외부하중이 볼트의 보증하중 내에서 사용하도록 설정하는 안전계수이다.

---

11 이 식은 부재가 죔하중($F_m < 0$)을 받고 있다는 전제하에 유효하다.

■ 분리방지를 위한 안전계수

결합부의 안전을 보장하기 위해 외부하중은 결합부를 분리하는 하중보다 작아야 한다. 결합부가 분리된다는 것은 큰 외부하중으로 인하여 볼트가 많이 늘어나서 부재에 걸리는 하중 F_m이 0이 된다는 것을 의미한다.[12] 결합부가 분리되는 시점에서의 임계하중을 P_{cr}이라고 한다면 식 (5.79)는 다음과 같이 된다.

$$(1-C)P_{cr}-F_i=0 \tag{5.84}$$

즉 외부하중이 임계외부하중보다 커서는 안 된다. 임계외부하중과 외부하중의 비를 결합부 분리방지를 위한 안전계수라고 하며, 다음과 같이 나타낸다.

$$n_c=\frac{P_{cr}}{P} \tag{5.85}$$

식 (5.85)에 식 (5.84)의 P_{cr}을 대입하면 다음과 같다.

$$n_c=\frac{F_i}{P(1-C)} \tag{5.86}$$

분리방지를 위한 안전계수는 결합부에 작용하는 외부하중으로 인해 결합부에 틈이 생겨 밀폐기능이 상실하는 것을 방지하기 위해 설정하는 안전계수이다.

탐구

1. 보증강도에 대한 의미를 설명하라.
2. 나사의 인장응력면적에 대해 설명하라.
3. 강성상수의 의미를 설명하라.

예제 5-8 결합부의 볼트강성과 부재강성

[그림 5-24]와 같이 육각볼트, 너트, 와셔를 사용하여 두 부재를 연결하고자 한다. 볼트, 너트, 와셔는 강으로 제작되었다. 볼트의 바깥지름은 14 mm, 골지름은 12 mm이고, 와셔의 두께는 2.5 mm이다. 강의 탄성계수 $E=192\,\text{GPa}$, 알루미늄 합금의 탄성계수 $E=72.5\,\text{GPa}$이다. 이때 다음을 구하라.

(a) 상판은 강이고, 하판은 알루미늄 합금일 경우 부재강성 k_m

(b) 상하판 모두 강일 경우 부재강성 k_m

(c) 볼트강성 k_b

(d) (a)에 대해 결합부의 강성상수 C

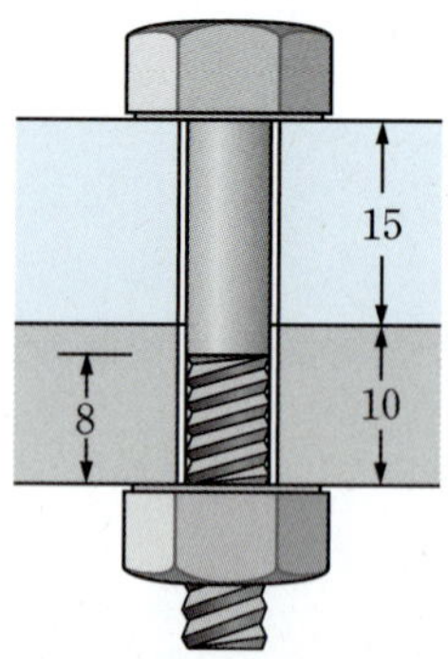

그림 5-24 볼트, 너트, 와셔 및 두 부재로 구성된 결합부

12 결합부에 작용하는 외부하중 P가 커짐에 따라 부재의 압축하중 F_m은 점차 줄어들고, 임계외부하중 P_{cr}이 될 때 $F_m=0$이 된다.

전략

볼트의 조임에 따른 부재강성을 원추대의 개념을 이용하여 결정한다. 와셔 지름은 볼트 바깥지름의 1.5배인 21mm로 정한다.

풀이

[그림 5-24]로부터 [그림 5-25]의 원추대를 나타냈다. 이 원추대는 세 부분으로 나뉜다. 볼트 머리와 너트 사이에 와셔가 있으므로 와셔의 두께를 포함하여 전체 높이를 계산하면 30mm가 된다. 원추대의 최대지름은 $21+2(15\tan 30°)=38.3\,\text{mm}$가 되며, ③번 부분의 최대지름은 $21+2(12.5\tan 30°)=35.4\,\text{mm}$가 된다.

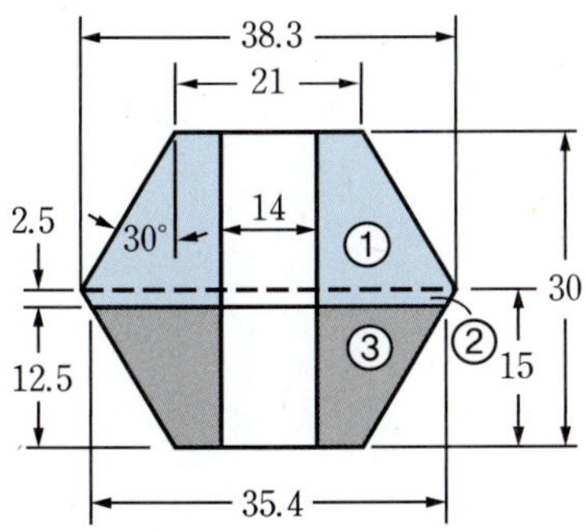

그림 5-25 원추대의 치수

(a) 식 (5.65)로부터 세 부분에 대한 강성을 각각 구한다.

$$k_1=\frac{0.5774\times\pi\times192\times0.014}{\ln\left[\dfrac{(1.155\times0.015+0.021-0.014)\times(0.021+0.014)}{(1.155\times0.015+0.021+0.014)\times(0.021-0.014)}\right]}=5.781\,\text{GPa}$$

$$k_2=\frac{0.5774\times\pi\times192\times0.014}{\ln\left[\dfrac{(1.155\times0.0025+0.0354-0.014)\times(0.0354+0.014)}{(1.155\times0.0025+0.0354+0.014)\times(0.0354-0.014)}\right]}=69.892\,\text{GPa}$$

$$k_3=\frac{0.5774\times\pi\times72.5\times0.014}{\ln\left[\dfrac{(1.155\times0.0125+0.021-0.014)\times(0.021+0.014)}{(1.155\times0.0125+0.021+0.014)\times(0.021-0.014)}\right]}=2.379\,\text{GPa}$$

세 개의 강성이 직렬로 연결되어 있으므로 식 (5.66)으로부터

$$\frac{1}{k_m}=\frac{1}{5.781}+\frac{1}{69.892}+\frac{1}{2.379}$$

이다. 따라서 부재강성 $k_m=1.646\,\text{GPa}$이 된다. [답]

(b) 두 부재의 소재가 같은 강이므로 식 (5.68)로부터 다음과 같다.

$$k_m=\frac{0.5774\times\pi\times192\times0.014}{2\times\ln\left[5\times\dfrac{0.5774\times0.03+0.5\times0.014}{0.5774\times0.03+2.5\times0.014}\right]}=2.891\,\text{GPa}\quad\text{[답]}$$

(c) 유효지름은 식 (5.3)으로부터 다음과 같다.

$$d_2 = \frac{d+d_1}{2} = \frac{0.014+0.012}{2} = 0.013\,\mathrm{mm}$$

인장응력면적은 식 (5.54a)로부터 다음과 같다.

$$A_t = \frac{\pi}{4}\left(\frac{d_1+d_2}{2}\right)^2 = \frac{\pi}{4}\times\left(\frac{0.012+0.013}{2}\right)^2 = 1.227\times10^{-4}\,\mathrm{m}^2$$

볼트의 바깥지름 14mm에 대한 면적은 다음과 같다.

$$A_d = \frac{\pi\times0.014^2}{4} = 1.539\times10^{-4}\,\mathrm{m}^2$$

볼트의 그립길이 안에서 나사산이 있는 부분과 없는 부분의 길이를 구하면 각각 다음과 같다.

$$l_t = 0.008+0.0025 = 0.0105\,\mathrm{m}$$
$$l_d = (0.025-0.008)+0.0025 = 0.0195\,\mathrm{m}$$

따라서 식 (5.55)에 의해 볼트강성은 다음과 같다.

$$\begin{aligned} k_b &= \frac{A_dA_tE}{A_dl_t+A_tl_d} \\ &= \frac{1.539\times10^{-4}\times1.227\times10^{-4}\times192}{1.539\times10^{-4}\times0.0105+1.227\times10^{-4}\times0.0195} \\ &= 0.904\,\mathrm{GPa} \end{aligned}$$

따라서 볼트강성은 0.904GPa이 된다. [답]

(d) 강성상수는 식 (5.76)으로부터 다음과 같이 구할 수 있다.

$$C = \frac{k_b}{k_b+k_m} = \frac{0.904}{0.904+1.646} = 0.355$$

따라서 강성상수는 35.5%가 된다. [답]

검토

(a)의 경우 $k_m/k_b = 1.821$, (b)의 경우 $k_m/k_b = 3.198$이 된다. 개스킷 없는 전형적인 결합부에 있어서 $k_m/k_b \approx 3$이 된다.

SECTION 5.5

나사부품

✔ 관통볼트, 탭볼트, 스터드볼트 등 체결용 볼트의 용도를 알아본다.
✔ 작은나사 및 와셔의 모양과 기능을 알아본다.

나사부품에는 일반볼트 및 너트, 특수볼트, 작은나사, 멈춤나사, 나사못, 태핑나사 등이 있다.

5.5.1 일반볼트

일반볼트는 체결용으로 가장 많이 사용되는 나사로서, 볼트의 머리부는 일반적으로 육각형의 모양을 한다. 모양과 체결하는 방식에 따라 관통볼트, 탭볼트, 스터드볼트 등이 있다.

- **관통볼트** through bolt : [그림 5-21(a)]에 나타낸 머리붙이 볼트이다. 체결하려는 두 부재에 볼트의 바깥지름보다 약간 큰 구멍을 가공한 후 볼트를 넣고 너트로 결합한다. 가장 많이 사용하는 볼트이며, 일반적으로 볼트라고 말하면 이 관통볼트를 말한다.
- **탭볼트** tap bolt : [그림 5-21(b)]에 나타낸 머리붙이 볼트이다. 체결하려는 두 부재 중 상판 부재에는 볼트의 바깥지름보다 약간 큰 구멍을 가공하고, 하판 부재에는 탭[13] 가공을 한 후 볼트를 넣고 결합한다. 따라서 너트가 필요없다.
- **스터드볼트** stud bolt : [그림 5-21(c)]와 같이 양쪽 끝이 수나사로 되어 있는 머리 없는 볼트이다. 수나사의 한쪽은 탭 가공이 된 부재에 반영구적으로 결합하고, 다른 한쪽은 너트를 끼워서 체결한다.

13 암나사를 가공하는 절삭공구로서 수나사의 산 부분이 절삭날 역할을 하며, 가공 시 생성되는 칩을 배출하기 위한 홈이 있다. 처음에 드릴로 구멍을 가공한 후 그 구멍에 탭을 꽂아 회전하여 암나사를 가공한다.

5.5.2 작은나사

볼트의 바깥지름이 1 ~ 9mm이며, 볼트의 머리부에 드라이버로 돌릴 수 있도록 홈이 파진 나사를 **작은나사**set screw라고 한다. [그림 5-26]에 나타낸 바와 같이 머리부의 모양에 따라 다양한 종류가 있다. 머리 모양에 따라 부재의 표면을 파내어 결합함으로써 다른 부품과의 간섭을 방지할 수 있다.

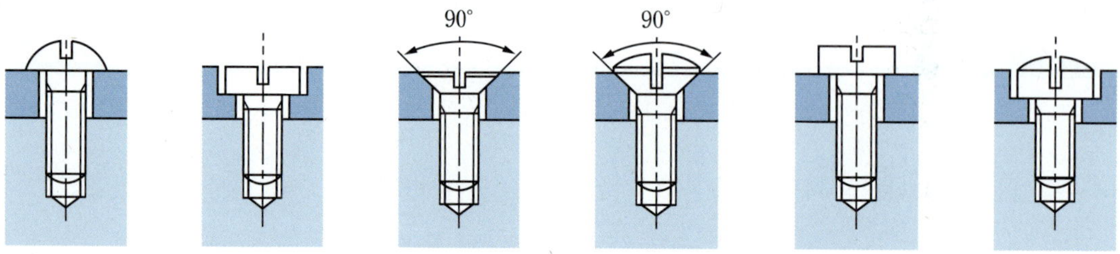

(a) 둥근머리 나사 (b) 납작머리 나사 (c) 납작머리 접시나사 (d) 둥근접시 머리나사 (e) 냄비나사 (f) 둥근납작 머리나사

그림 5-26 작은나사

5.5.3 와셔

와셔washer는 볼트 머리나 너트의 끝 면과 부재 사이에 끼우는 기계요소로서 사용하는 목적에 따라 다양한 종류가 있다. 일반적으로 와셔를 사용하는 경우는 다음과 같다.

- 볼트 구멍이 볼트의 지름보다 많이 큰 경우
- 볼트 머리나 너트가 닿는 부재의 표면이 고르지 않은 경우
- 볼트 머리나 너트와 닿는 부재의 경도가 부족하여 부재의 손상이 예상되는 경우
- 너트의 풀어짐을 방지하고자 하는 경우

와셔는 모양, 기능, 용도 등에 따라 분류한다. 평판 모양으로 된 평와셔는 육각머리 볼트, 육각머리 너트와 함께 가장 많이 사용되는 와셔이다. 평와셔에는 [그림 5-27]에서 보는 바와 같이 외형이 원형인 둥근와셔, 외형이 원형이고 바깥원 부위에 모떼기를 한 모떼기 와셔, 외형이 사각형인 사각와셔가 있다. 평와셔에 대한 치수는 KS B 1326에 제시되어 있다.

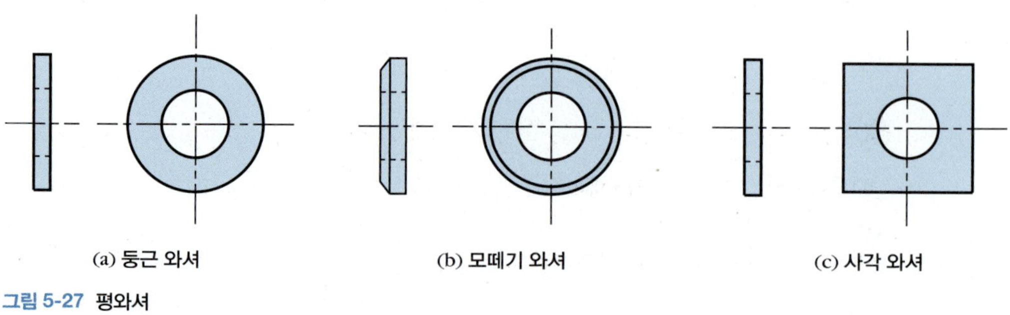

(a) 둥근 와셔 (b) 모떼기 와셔 (c) 사각 와셔

그림 5-27 평와셔

나사의 풀림방지를 위한 특수목적의 와셔도 있다. [그림 5-28]에서 보는 바와 같이 스프링와셔, 접시 스프링와셔 등은 진동이 발생하더라도 축방향의 탄성력으로 부재와의 접촉이 유지되므로 볼트나 부재와의 마찰력으로 인해 나사가 풀리는 것을 방지한다. 이 가운데 스프링와셔에 대한 치수는 KS B 1324에 제시되어 있다.

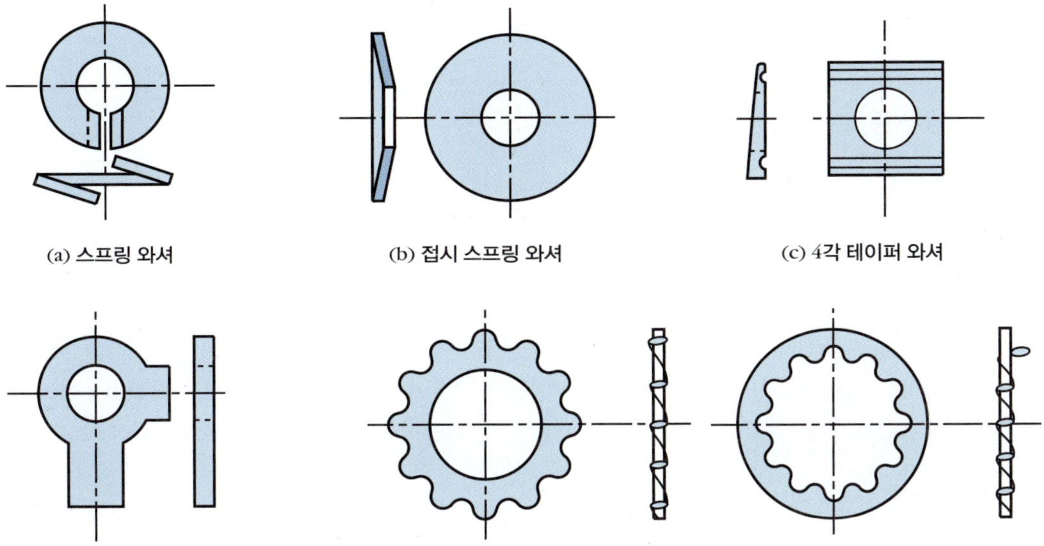

(a) 스프링 와셔 (b) 접시 스프링 와셔 (c) 4각 테이퍼 와셔

(d) 양쪽 혀붙이 와셔 (e) 이붙이 와셔

그림 5-28 특수와셔

탐구

1. 주변에서 작은나사를 찾아보고 어떤 종류인지 확인하라.
2. 볼트로 체결할 때 와셔를 사용하는 목적은 무엇인가?

CHAPTER 05 | 핵심요약

- 나사를 한 바퀴 돌렸을 때 축방향으로 이동하는 거리를 리드라고 하며, 이웃한 나사산과 나사산 또는 골과 골 사이의 거리를 피치라고 한다.
- 나사곡선의 경사각을 나선각 또는 리드각이라고 한다.
- 나선이 감긴 방향에 따라 오른나사와 왼나사로 구분하며, 원통에 감긴 나선의 줄 수에 따라 1줄나사, 2줄나사, 3줄나사 등으로 구분한다.
- 체결용 미터나사는 나사산각이 60°이며, 밀리미터 단위의 바깥지름과 피치가 호칭으로 사용된다.
- 체결용 유니파이 나사는 나사산각과 나사산의 모양은 미터나사와 같으나, 나사의 호칭은 인치로 표시한 바깥지름과 1인치당 나사산의 수로 표시한다.
- 운동용 나사인 사다리꼴 나사는 가공이 쉽고 나사 뿌리부의 강도가 크며, 자동조심이 가능하므로 정밀한 운동전달용으로 사용한다. 사각나사는 나사효율이 높은 장점이 있으나 가공이 어렵고 가공비용이 비교적 많이 든다. 톱니나사는 한 방향으로 축하중을 받을 때 사용되며 사다리꼴 나사와 사각나사의 장점이 결합되어 있다.
- 운동용 나사는 나사의 회전운동을 왕복장치의 직선운동으로 변환하며 프레스, 나사잭 등과 같이 큰 힘이 필요한 곳에 사용하기도 하고, 마이크로미터나 선반의 리드나사처럼 정밀한 위치조종이 필요한 곳에 사용하기도 한다.
- 물체를 내릴 때 필요한 토크가 0을 초과할 경우, 나사는 스스로 풀리지 않고 멈추는 자립조건이 되며, 기계작동 시 안전을 위해 반드시 고려해야 한다.
- 나사효율은 하중을 들어 올릴 때 나사에 마찰이 있는 경우와 없는 경우의 비율인 토크비로 결정한다. 마찰계수가 크면 효율은 낮아진다. 나사가 자립조건을 만족하는 경우 나사효율은 50% 미만이다. 또한 리드각이 0에 접근하면 효율도 0에 접근한다.
- 운동용 나사에서 맞물린 나사 중 첫 번째 나사산은 전체 하중의 약 38%를 받고, 두 번째 나사산은 약 25%, 세 번째 나사산은 약 18% 등 점차로 부담하는 하중이 줄어들며, 일곱 번째부터는 하중을 거의 받지 않는다([예제 5-6] 참고).
- 결합부에서 볼트에 가까이 있는 부재는 많이 압축되나 볼트로부터 멀어질수록 압축은 줄어들고 멀리 떨어진 부분은 압축되지 않는다. 볼트의 압축력으로 인해 영향을 받는 영역은 원추대 모양을 한다.
- 외부하중 가운데 볼트가 받는 하중의 비율을 강성상수라고 한다.
- 와셔는 볼트 구멍이 볼트의 지름보다 많이 큰 경우, 볼트 머리나 너트가 닿는 부재의 표면이 고르지 않은 경우, 볼트 머리나 너트와 닿는 부재의 경도가 부족하여 부재의 손상이 예상되는 경우, 너트의 풀어짐을 방지하고자 하는 경우 등에 사용한다.

CHAPTER 05 | 기본문제

5.1 나사의 리드에 대한 설명 중 옳지 않은 것은? 5.1절

① 나사를 한 바퀴 돌렸을 때 축방향으로 이동한 거리를 나타낸다.
② 피치가 2mm인 두 줄 나사의 리드는 4mm이다.
③ 리드는 피치에 비례하여 커진다.
④ 나사산각이 클수록 나사를 한 바퀴 돌렸을 때 축 방향으로 이동하는 거리인 리드가 커진다.

5.2 미터가는나사 M20×2에 대한 설명 중 옳은 것은? 5.1절

① 나사 바깥지름은 20mm, 나사산의 수는 2이다.
② 나사 바깥지름은 20mm, 피치는 2mm이다.
③ 나사 유효지름은 20mm, 나사산의 수는 2이다.
④ 나사 유효지름은 20mm, 피치는 2mm이다.

5.3 사다리꼴 나사에 대한 설명 중 옳지 않은 것은? 5.1절

① 인치계는 30°의 나사산각을 가지며, 일명 애크미 나사라고도 부른다.
② 사각나사보다 효율은 다소 낮으나 나사 가공이 쉽다.
③ 자동조심 작용도 하므로 고정밀도가 요구되는 공작기계의 이송나사 등에 많이 사용된다.
④ 나사의 뿌리부가 강해 강도 측면에서 장점을 갖고 있다.

5.4 1줄나사에서 피치가 p, 유효지름이 d_2, 나선각이 λ일 때 $\tan\lambda$는? 5.1절

① $\tan\lambda = \pi p / d_2$　② $\tan\lambda = p / \pi d_2$　③ $\tan\lambda = d_2 / \pi p$　④ $\tan\lambda = \pi d_2 / p$

5.5 유니파이 나사에서 호칭이 $5/8 - 11$ UNC인 경우 나사의 피치는? 5.1절

① 1.1501mm　② 2.3091mm　③ 3.4501mm　④ 4.6004mm

5.6 유니파이 보통나사의 호칭치수 $3/6 - 16$ UNC에서 $3/6$은 무엇을 나타내는가? 5.1절

① 인치 단위의 유효지름　② mm 단위의 유효지름
③ 인치 단위의 바깥지름　④ mm 단위의 바깥지름

5.7 유니파이 나사의 나사산각은? 5.1절

① 29°　② 30°　③ 55°　④ 60°

5.8 체결용으로 사용되는 볼트가 받는 하중으로 옳은 것은? 5.1절

① 인장하중, 비틀림하중　② 인장하중, 굽힘하중　③ 압축하중, 비틀림하중　④ 압축하중, 굽힘하중

CHAPTER 05 | 기본문제

5.9 마찰계수 μ, 리드 l, 유효지름 d_2가 주어졌을 때 사각나사에 대한 자립조건은? 5.2절

① $\mu > \frac{\pi d_2}{l}$ ② $\mu > \frac{l}{\pi d_2}$ ③ $\mu < \frac{l}{\pi d_2}$ ④ $\mu < \frac{2l}{\pi d_2}$

5.10 마찰각 ρ와 나선각 λ가 주어졌을 때 다음 중 사각나사에서의 나사효율은? 5.2절

① $\frac{\tan(\rho-\lambda)}{\tan\lambda}$ ② $\frac{\tan(\rho+\lambda)}{\tan\lambda}$ ③ $\frac{\tan\lambda}{\tan(\rho-\lambda)}$ ④ $\frac{\tan\lambda}{\tan(\rho+\lambda)}$

5.11 나사가 자립상태를 유지하고 있는 경우 나사의 효율은 몇 % 미만인가? 5.2절

① 30% ② 40% ③ 50% ④ 60%

5.12 무게가 5톤인 물체를 10개의 볼트로 매달았다. 볼트의 허용인장응력이 $12\,\mathrm{kg_f/mm^2}$라면 볼트의 호칭지름을 얼마로 선정하면 되는가? 단, 안전성과 경제성을 동시에 고려해야 한다. 5.3절

① $M6$ ② $M8$ ③ $M10$ ④ $M12$

5.13 축하중 W와 비틀림을 동시에 받을 때 볼트의 지름 d를 구하는 식은? 5.3절

① $\sqrt{\frac{8W}{3\sigma}}$ ② $\sqrt{\frac{W}{2\sigma}}$ ③ $\sqrt{\frac{8\sigma}{3W}}$ ④ $\sqrt{\frac{2\sigma}{W}}$

5.14 볼트에서 나사산이 있는 부분의 강성을 k_t, 나사산이 없는 부분의 강성을 k_d라고 할 때 볼트의 유효강성 k_b은? 5.4절

① $\frac{k_t k_d}{k_t + k_d}$ ② $\frac{k_t k_d}{k_t - k_d}$ ③ $\frac{k_t + k_d}{k_t k_d}$ ④ $\frac{k_t - k_d}{k_t k_d}$

5.15 다음 중 와셔를 사용하는 이유로 옳지 않은 것은? 5.5절

① 볼트 구멍이 볼트의 지름보다 많이 큰 경우
② 볼트 머리나 너트가 닿는 부재의 표면이 고르지 않은 경우
③ 볼트 머리나 너트와 닿는 부재의 경도가 커서 볼트의 손상이 예상되는 경우
④ 너트의 풀어짐을 방지하고자 하는 경우

정답

5.1 ④ 5.2 ② 5.3 ① 5.4 ② 5.5 ② 5.6 ③ 5.7 ④ 5.8 ① 5.9 ② 5.10 ④
5.11 ③ 5.12 ③ 5.13 ① 5.14 ① 5.15 ③

CHAPTER 05 | 연습문제

5.1 어떤 기계에 M 28 × 1.5가 표시된 나사가 있다. 무엇을 의미하는가? 5.1절

5.2 어떤 구조물에 $3/4 - 10$ UNC가 표시된 나사가 있다. 무엇을 의미하는가? 5.1절

5.3 미터가는나사인 M 20 × 1.5에 대해 다음을 구하라. 5.1절

(a) 나사산각
(b) 수나사의 바깥지름
(c) 수나사의 골지름
(d) 유효지름

5.4 미터사다리꼴 나사가 호칭지름이 16이고, 피치가 4인 경우에 대해 다음을 구하라. 5.1절

(a) 나사산각
(b) 수나사의 바깥지름
(c) 수나사의 골지름
(d) 유효지름

5.5 운동용 사각나사의 바깥지름이 30 mm이고, 나사피치가 4.7 mm이다. 나사산의 높이, 폭, 평균지름, 골지름, 리드를 구하라. 5.1절

5.6 3줄 운동용 나사가 24 mm의 바깥지름과 5 mm의 피치, 그리고 21.5 mm의 피치지름(유효지름)을 갖는다. 나사산의 마찰계수는 0.14이다. 40 N·m의 토크로 들어 올릴 수 있는 물체의 무게를 결정하라. 그리고 자립조건의 만족 여부를 확인하라. 5.2절

5.7 2줄 사다리꼴 운동용 나사에 5000 N의 하중이 작용한다. 바깥지름은 24 mm, 칼라의 지름은 35 mm이며, 나사산의 마찰계수는 0.18, 칼라의 마찰계수는 0.11이다. 이때 다음을 구하라. 5.2절

(a) 부하를 들어 올릴 때 필요한 토크
(b) 부하를 들어 올릴 때의 효율
(c) 자립조건의 만족 여부
(d) 부하를 내리는 데 필요한 토크

5.8 [연습문제 5.7]을 한 줄 사다리꼴 운동용 나사로 변경하여 다시 풀어라. 주어진 조건은 동일하다. 5.2절

5.9 허용인장응력 $\sigma = 45$ MPa인 미터 보통나사에 20 kN의 인장하중이 작용할 때 나사의 호칭지름을 결정하라. 5.3절

5.10 20 kN의 물건을 들어 올릴 수 있는 크레인용 훅의 나사의 호칭지름을 결정하라. 단, 훅의 허용인장응력은 $50\,\text{N/mm}^2$이다. 5.3절

5.11 스패너의 길이 150 mm에 100 N의 힘을 가하여 M12 볼트를 체결하려고 한다. 볼트에 발생하는 인장응력을 구하라. 5.3절

5.12 M12 볼트를 사용하여 두 장의 강판을 체결하는 경우에 이 볼트가 지탱할 수 있는 축방향 하중을 구하라. 단, 볼트의 허용인장응력은 60 MPa이다. 5.3절

5.13 육각볼트, 너트, 와셔를 사용하여 두 부재를 연결하고자 한다. 볼트, 너트 및 와셔는 강으로 제작되었다. 나사의 바깥지름은 20 mm, 골지름은 17 mm이고, 와셔의 두께는 3 mm이다. 강의 탄성계수는 200 GPa, 주철의 탄성계수는 100 GPa이다. 이때 다음을 구하라. 5.4절

(a) 상판은 강이고, 하판은 주철일 경우 부재강성 k_m

(b) 상하판 모두 강일 때 부재강성 k_m

(c) 볼트강성 k_b

(d) (a)에 대한 결합부의 강성상수 C

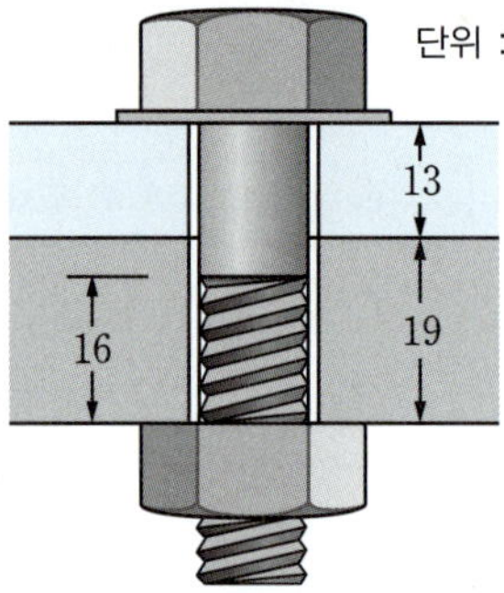

그림 P5.1

5.14 M16×1.5의 볼트와 너트를 이용하여 20 mm 두께의 강판 두 개를 체결한다. 5.4절

(a) 볼트의 길이를 결정하라. 단, 계산된 값을 반올림하여 5 mm 단위로 선정한다.

(b) 볼트강성을 구하라.

(c) 부재강성을 구하라.

5.15 두 개의 부재를 조립하기 위해 육각머리 볼트와 너트가 사용된다. 볼트의 바깥지름은 12 mm이다. 볼트와 너트는 강으로 제작되었다. 강의 탄성계수는 190 GPa, 알루미늄 합금의 탄성계수는 70 GPa이다. 볼트는 재사용된다고 가정하고 다음을 구하라. 5.4절

(a) 볼트의 길이

(b) 볼트강성과 부재강성

(c) 최대 외부하중이 25 kN일 때 두 부재가 분리되지 않을 안전계수

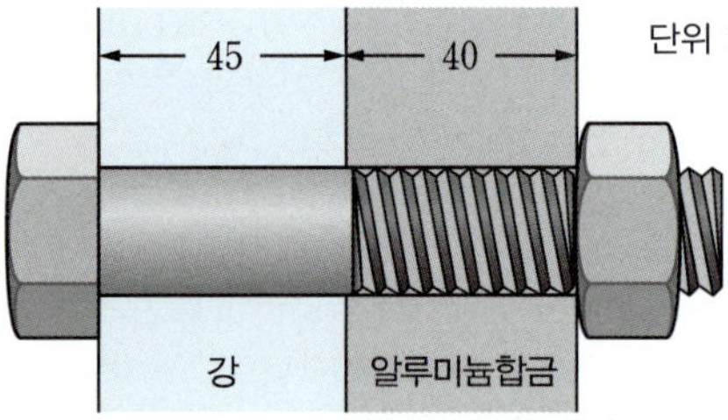

그림 P5.2

CHAPTER
06
리벳
Rivet

학습목표

- 결합용 기계요소인 리벳과 리벳이음에 대해 학습한다.
- 이음공정인 리벳작업에 대해 학습한다.
- 리벳지름과 결합부재의 치수를 결정하는 방법을 학습한다.
- 편심하중을 받는 리벳이음 구조물에서 리벳과 부재의 치수를 결정하고 응력을 분석한다.

SECTION 6.1 리벳과 리벳이음

- ✔ 리벳과 리벳이음에 대해 살펴본다.
- ✔ 리벳의 종류를 살펴보고, 리벳의 호칭별 치수를 알아본다.
- ✔ 리벳이음의 장단점을 살펴본다.

6.1.1 리벳이음

리벳 rivet에는 다양한 종류가 있으나 기본적인 구조는 [그림 6-1(a)]와 같이 머리 head와 자루 shank로 구성된다. 리벳의 호칭크기는 자루의 지름 d로 표시한다.

[그림 6-1(b)]에서 보는 바와 같이 드릴로 가공된 부재들의 구멍에 리벳의 자루를 삽입하고, 리벳의 머리모양과 같은 음각 intaglio의 성형스냅 forming snap으로 압축하중을 가하면 [그림 6-1(c)]처럼 두 번째 머리가 만들어지면서 부재들이 결합된다. 이러한 과정을 **리벳이음** rivet joint이라 한다.

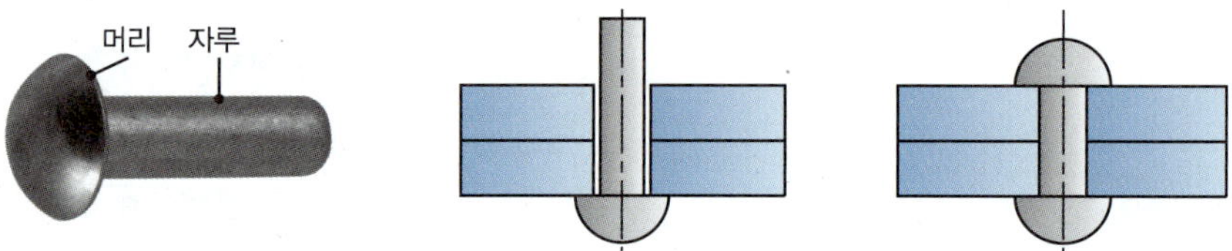

(a) 리벳의 구조 (b) 리벳의 삽입 (c) 리벳의 결합

그림 6-1 리벳이음

리벳이음은 다음과 같은 특징이 있다.

■ 장점

- 체결용 나사이음과 비교할 때 진동이나 떨림에 의해 느슨해지지 않는다.
- 가볍고 저렴하며 체결시간이 짧다.
- 용접이음[1]과 비교할 때 용접열에 의한 열변형이 발생하지 않는다.
- 구조부재들을 현장조립하는 경우에는 용접이음보다 작업이 쉽다.
- 경합금과 같이 용접이 곤란한 재료의 이음이 가능하다.

1 7장에서 자세히 살펴볼 것이다.

■ 단점

- 같은 지름의 나사만큼 강한 체결력을 제공할 수 없다.
- 일단 체결되면 리벳을 파손하지 않으면 분해할 수 없다.
- 용접에 비해 기밀$_{\text{airtight}}$을 유지하는 데 어려움이 있다.
- 리벳의 길이방향으로는 이음강도가 약하다.

6.1.2 리벳재료와 리벳종류

이음과정에서 큰 변형이 발생하므로 신장률이 큰 연성재료가 리벳재료로 사용된다. 이러한 리벳재료로는 연강, 황동, 구리, 알루미늄 등이 있으며, 결합할 부재와 같거나 유사한 것을 사용하는 것이 강도와 열팽창 등에 좋다. 부재가 강재일 때는 내식성을 위해 니켈 등을 함유한 특수강이 사용되기도 한다.

리벳은 가공방법에 따라 냉간성형 리벳과 열간성형 리벳으로 구분한다. 이들 리벳의 치수는 KS B 1101과 KS B 1102에 각각 제시되어 있다. 또한 [그림 6-2]에서 보는 바와 같이 머리형상에 따라 둥근머리 리벳, 접시머리 리벳, 얇은 납작머리 리벳, 냄비머리 리벳, 납작머리 리벳, 둥근접시머리 리벳 등으로 구분한다.

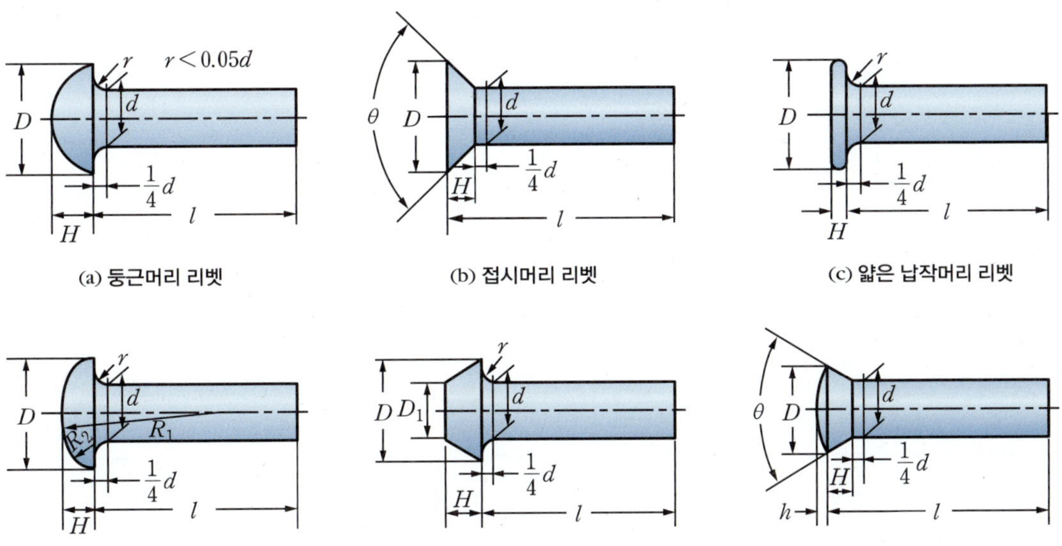

(a) 둥근머리 리벳 (b) 접시머리 리벳 (c) 얇은 납작머리 리벳

(d) 냄비머리 리벳 (e) 납작머리 리벳 (f) 둥근접시머리 리벳

그림 6-2 리벳의 종류

[그림 6-3]에 많이 사용하는 리벳 중 하나인 둥근머리 리벳과 부재의 세부치수를 나타냈다. 이와 관련하여 냉간성형 둥근머리 리벳과 열간성형 둥근머리 리벳의 규격을 [표 6-1]과 [표 6-2]에 나타냈다.

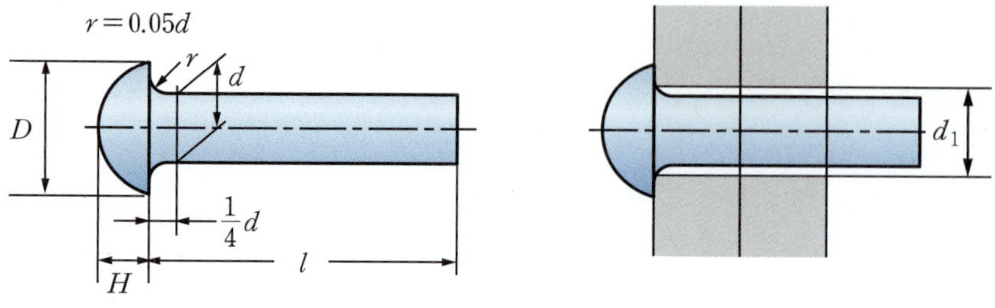

(a) 리벳 (b) 부재

그림 6-3 둥근머리 리벳과 부재의 세부치수

표 6-1 냉간성형 둥근머리 리벳의 규격 (KS B 1101)

호칭지름	1란	3		4		5	6	8	10	12		
	2란		3.5		4.5							14
	3란										13	
축지름 d		3	3.5	4	4.5	5	6	8	10	12	13	14
머리지름 D		5.7	6.7		7.2	8.1	9	13.3	16	19	21	22
머리높이 H		2.1	2.5	2.8	3.2	3.5	4.2	5.6	7	8	9	10
둥글기 r		0.15	0.18	0.2	0.23	0.25	0.3	0.4	0.5	0.6	0.65	0.7
구멍지름 d_1		3.2	3.7	4.2	4.7	5.3	6.3	8.4	10.6	12.8	13.8	15
길이 l		3~20	4~22	4~24	5~26	5~30	6~36	8~40	10~56	12~60	14~65	14~70

표 6-2 열간성형 둥근머리 리벳의 규격 (KS B 1102)

호칭지름	10	12	13	14	16	18	19	20	22	24	25
축지름 d	10	12	13	14	16	18	19	20	22	24	25
머리지름 D	16	19	21	22	26	29	30	32	35	38	40
머리높이 H	7	8	9	10	11	12.5	13.5	14	15.5	17	17.5
둥글기 r	0.5	0.6	0.65	0.7	0.8	0.9	0.95	1.0	1.1	1.2	1.25
구멍지름 d_1	11	13	14	15	17	19.5	20.5	21.5	23.5	25.5	26.5
길이 l	10~50	12~60	14~65	16~70	18~80	20~90	22~100	24~110	28~140	32~130	36~130

탐구

1. 구조물이나 압력용기 등에서 리벳이 사용되는 사례를 조사하라.
2. 리벳이 같은 지름의 나사만큼 강한 체결력을 제공할 수 없는 이유는 무엇인가?
3. 리벳재료를 체결하려는 부재재료와 같은 것으로 선정하면 강도와 열팽창에 있어서 어떤 점이 좋은지 설명하라.

SECTION 6.2

리벳작업

- ✔ 리벳이음 방법을 살펴본다.
- ✔ 기밀을 위한 작업방법인 코킹과 풀러링을 알아본다.
- ✔ 겹치기와 맞대기이음에 대해 학습한다.
- ✔ 이음형태에 따른 리벳 전단면의 수를 알아본다.

6.2.1 리벳이음 방법

드릴로 부재들에 리벳구멍을 만든 다음, 드릴 가공부 주변의 버$_{\text{burr}}$[2]를 제거하기 위해 리머$_{\text{reamer}}$[3]로 다듬질을 한다. 둥근머리 리벳의 경우 리벳구멍은 [표 6-1]과 [표 6-2]에 나타낸 치수로 가공하되 일반적으로 리벳지름보다 1~1.5mm 더 크게 가공한다.

[그림 6-4]에서 보는 바와 같이 겹쳐진 부재들의 구멍을 정확히 맞춘 후 가열된 리벳자루를 부재구멍에 끼우고 이동성형스냅에 해머$_{\text{hammer}}$나 조 리베터$_{\text{jaw riveter}}$로 가압하여 두 번째 머리부를 생성한다.

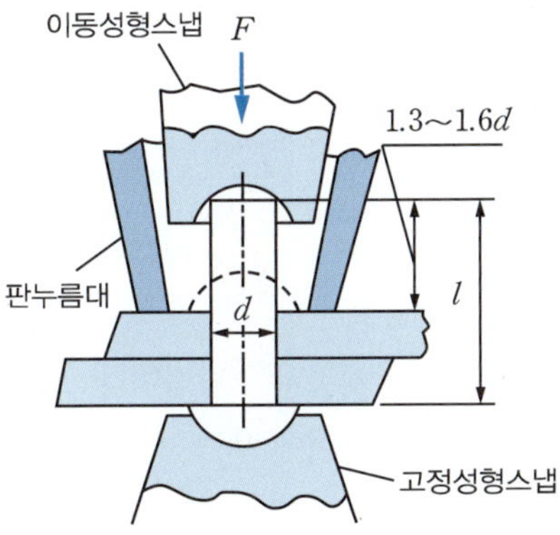

그림 6-4 리벳이음 방법

결합할 두 부재 밖으로 돌출되는 리벳자루의 길이는 보통 1.3 ~ 1.6d가 되도록 한다. 따라서 결합할 두 부재의 두께 합이 t_m인 경우 리벳길이 l은 다음과 같다.

$$l = t_m + (1.3 \sim 1.6d) \tag{6.1}$$

단, 가압 시 좌굴이 발생하지 않도록 리벳길이는 리벳지름의 5배 이하로 제한한다.

2 금속가공 시 칩이 떨어져 나갈 때 생기는 작고 날카로운 모서리 부분을 말한다.

3 드릴을 이용해 구멍을 가공한 후 그것을 다듬는데 사용하는 절삭공구를 말한다.

6.2.2 코킹과 풀러링

코킹과 풀러링은 유체의 누설을 방지하기 위해 리벳이음이 끝난 후 마무리하는 작업공정이다.

■ 코킹

코킹 caulking은 압력용기나 보일러와 같이 고압의 유체가 들어있는 용기에서 유체의 누설을 방지하기 위해 리벳이음이 끝난 후 리벳머리의 둘레나 겹쳐진 부재의 가장자리를 정chisel으로 쳐서 틈새를 없애는 방법이다. [그림 6-5]의 왼편과 같이 코킹을 할 때 부재의 끝단을 75 ~ 85° 경사지게 절단한다. 5 mm 이하의 얇은 부재에서는 코킹을 하지 않고 패킹packing을 넣어 기밀을 유지한다.

■ 풀러링

풀러링 fullering은 코킹과 마찬가지로 기밀을 위해 처리하는 방법이다. [그림 6-5]의 오른편과 같이 부재와 동일한 두께의 풀러링 공구fullering tool로 부재를 두들겨서 두 부재 사이를 밀착한다. 이 방법 역시 5 mm 이하의 얇은 부재에서는 풀러링 대신 패킹을 넣어 기밀을 유지한다.

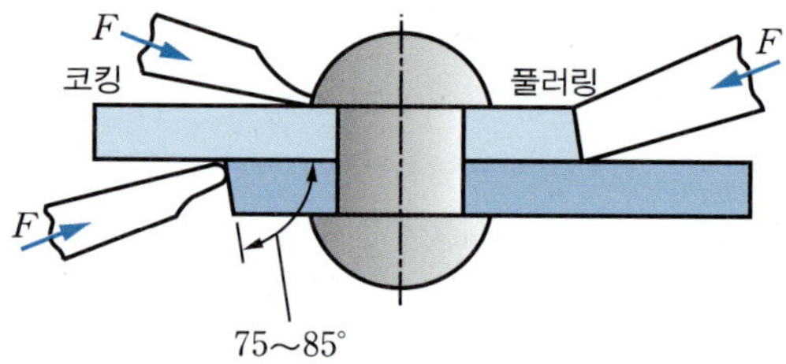

그림 6-5 코킹과 풀러링

6.2.3 리벳이음의 종류

리벳이음의 종류에는 겹치기이음과 맞대기이음이 있다.

■ 겹치기이음

겹치기이음 lap joint은 [그림 6-6]과 같이 결합할 두 부재를 겹쳐놓고 리벳으로 체결하는 방법이다. 이음이 간편하기는 하나 [그림 6-6(a)]와 같이 인장하중 F가 작용하면 두 부재 사이에 우력couple으로 인한 모멘트가 발생할 수 있어서 구조적으로 불리한 점이 있다.

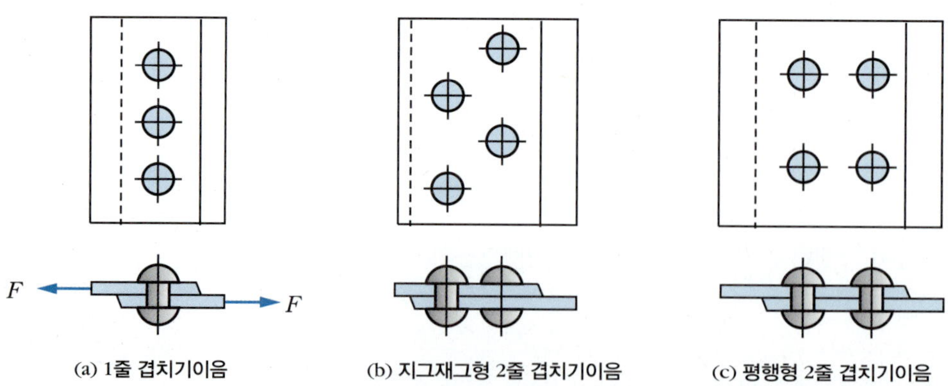

그림 6-6 겹치기이음

■ 맞대기이음

맞대기이음butt joint은 [그림 6-7]과 같이 결합할 두 부재의 양 끝을 맞댄 후 덮개판strap을 한쪽 또는 양쪽에 대고 리벳으로 체결하는 방법이다. 부재에 우력에 의한 모멘트가 발생하지 않아 겹치기이음과 비교하면 구조적으로 더 유리하다.

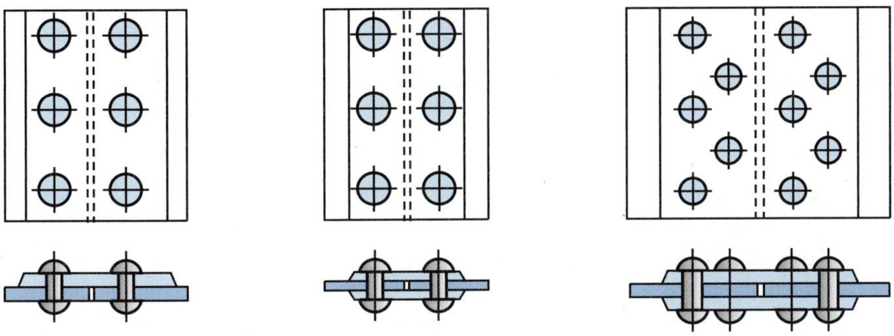

(a) 한쪽 덮개판 1줄 맞대기이음　(b) 양쪽 덮개판 1줄 맞대기이음　(c) 양쪽 덮개판 2줄 맞대기이음[4]

그림 6-7 맞대기이음

6.2.4 전단면의 수

이음형태에 따라 리벳의 전단면shear surface의 수가 달라진다. [그림 6-8(a)]와 같이 겹치기이음을 하면 각 리벳당 1개의 전단면을 갖게 되고, [그림 6-8(b)]와 같이 양쪽 덮개판 맞대기이음을 하면 각 리벳당 2개의 전단면을 갖는다. 전단면의 수가 많을수록 리벳이 부담하는 전단응력이 줄어들어 리벳 측면에서 더 안전하다.

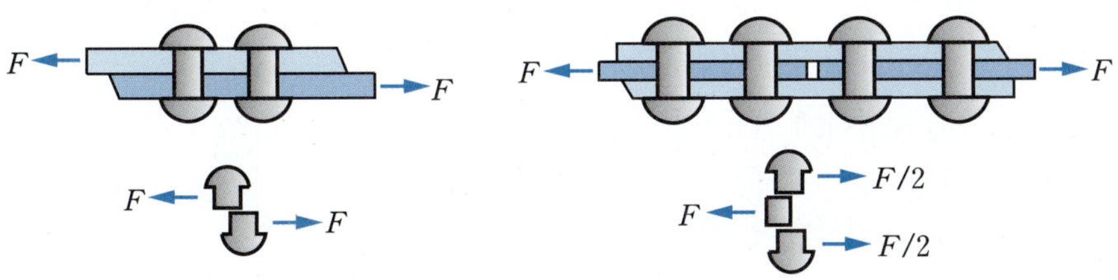

(a) 단일 전단면　(b) 이중 전단면

그림 6-8 리벳 전단면의 수

> **탐구**
> 1. 리벳이음을 하는 순서를 설명하라.
> 2. 맞대기이음이 겹치기이음보다 유리한 점은 무엇인가?

4 4줄 맞대기이음으로 오해할 수 있으나 맞대는 각 부재에 2줄로 리벳이 설치되어 있어서 2줄 맞대기이음이라고 한다.

SECTION 6.3

리벳이음 강도

✔ 리벳의 전단응력에 대해 학습한다.
✔ 리벳과 부재에서 발생하는 파손형태를 알아본다.
✔ 리벳과 부재에서의 파손응력을 학습한다.

6.3.1 리벳의 전단응력

앞서 살펴본 [그림 6-8]처럼 리벳이음에 외부하중 F가 작용할 경우 부재 사이의 마찰력과 리벳의 전단력 등의 내력들은 어느 한도까지 부재에 작용하는 외부하중과 힘의 평형을 유지한다. 그러나 부재 사이의 마찰력은 현실적으로 구하기 어렵고 리벳의 전단력에 비해 작아서 보통은 리벳의 전단력만이 부재에 작용하는 외부하중과 평형을 이루는 것으로 가정한다.

■ 전단면의 수에 따른 리벳의 전단응력

1줄 리벳이음에서 부재에 작용하는 힘이 F일 때 리벳의 전단면에서 다음과 같은 전단응력이 발생한다.

$$\tau = \frac{F}{f_s\left(\frac{\pi d^2}{4}\right)} \tag{6.2}$$

여기서 d는 리벳지름, f_s는 전단면의 수와 관련된 값으로 **전단면계수**라고 한다. [그림 6-8(a)]의 겹치기이음이나 [그림 6-7(a)]의 한쪽 덮개판 맞대기이음과 같이 단일 전단면에서 힘을 받는 경우 f_s는 1이 된다. [그림 6-8(b)]의 양쪽 덮개판 맞대기이음과 같이 이중 전단면에서 힘을 받는 경우 f_s는 1.8로 한다.[5] 이 계수는 뒤에서도 동일하게 적용한다.

■ 여러 줄 리벳이음에 대한 리벳의 전단응력

여러 줄 리벳이음의 경우 줄의 위치에 따라 리벳이 받는 하중에 차이가 있다. 같은 줄에 있는 리벳들은 모두 같은 크기의 힘을 분담해서 받지만 다른 줄에 있는 리벳들은 줄의 위치에 따라 다른 힘을 분담해서 받는다. 줄의 위치에 따른 전단하중의 분포상태를 [표 6-3]에 나타냈다.[6]

표에서 보는 바와 같이 리벳이음이 2줄이면 2줄 모두 같은 전단하중을 받지만, 3줄 이상이면 가운데의 줄을 기준으로 바깥쪽으로 나가면서 전단하중이 비선형적으로 증가한다.

---

5 힘을 받는 단면적이 두 개이므로 f_s를 2로 해야 하나 경험상 안전을 고려하여 f_s를 1.8로 한다.

6 이 표는 같은 두께의 겹치기이음이나 덮개판의 두께가 맞대기부재의 1/2인 양쪽 덮개판 맞대기이음에 적용할 수 있다.

표 6-3 여러 줄 리벳이음의 하중분포 상태

리벳 줄의 개수(z)	리벳 줄의 번호						가장 바깥쪽 리벳 전달력의 평균값 초과율(%)	부하평균화 계수(α_z)
	1	2	3	4	5	6		
2	0.5	0.5					0	1.0
3	0.368	0.264	0.368				11	0.906
4	0.307	0.193	0.193	0.307			23	0.814
5	0.272	0.163	0.130	0.163	0.272		36	0.735
6	0.247	0.147	0.106	0.106	0.147	0.247	48	0.675

여러 줄 리벳이음에서 바깥쪽 줄의 리벳이 받는 전단응력은 다음과 같다.

$$\tau = \frac{F}{z\alpha_z\left(\dfrac{\pi d^2}{4}\right)} \tag{6.3}$$

여기서 z는 리벳 줄의 개수, α_z는 리벳 줄의 개수에 따른 부하평균화계수로서 리벳이 받는 평균하중을 가장 바깥쪽 줄의 리벳이 받는 하중으로 나눈 값이다.

[그림 6-9]는 4줄 겹치기이음에서 두 부재의 두께 차이에 따른 리벳의 전단력분포를 나타낸 것이다. [그림 6-9(a)]처럼 부재의 두께가 같을 때는 전단력분포가 대칭이지만, [그림 6-9(b)]처럼 두께가 다르면 비대칭분포가 된다. 특히 [그림 6-9(c)]처럼 두께 차이가 클수록 비대칭성이 더 커진다. 설계할 때는 안전을 고려하여 가장 큰 전단하중을 받는 리벳을 기준으로 모든 리벳의 지름을 동일하게 정하며, 안전과 경제성을 함께 고려하여 통상적으로 최대 3줄이나 4줄 정도의 리벳이음을 한다.

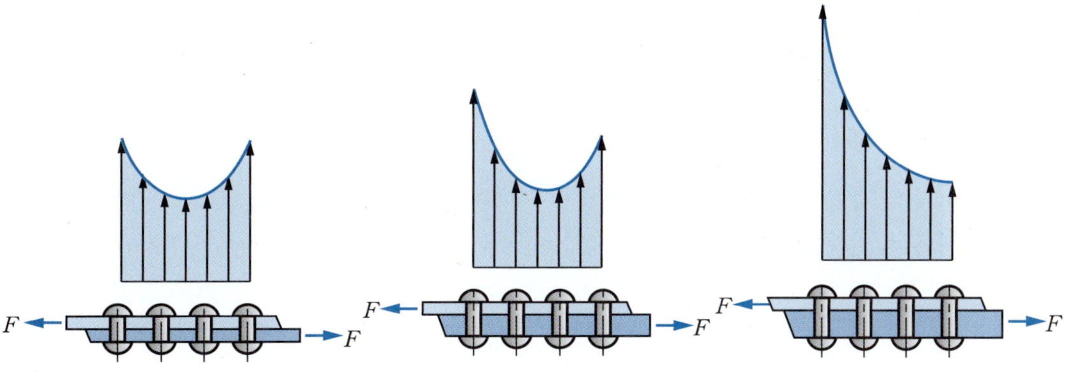

(a) 같은 두께 (b) 두께 차이가 작음 (c) 두께 차이가 큼

그림 6-9 리벳이 받는 전단하중의 분포

6.3.2 리벳이음의 파손

성형스냅에 큰 압축하중을 가하여 부재와 리벳을 결합하므로 리벳작업이 끝나면 외부하중이 없더라도 리벳은 인장력, 판재는 압축력을 초기하중으로 받는 상태가 된다. 리벳이음 된 구조물에서 부재에 큰 외부하중을 가하면 리벳이나 부재가 파손될 수 있으며, [그림 6-10]과 같이 5가지 파손형태로 나눌 수 있다.

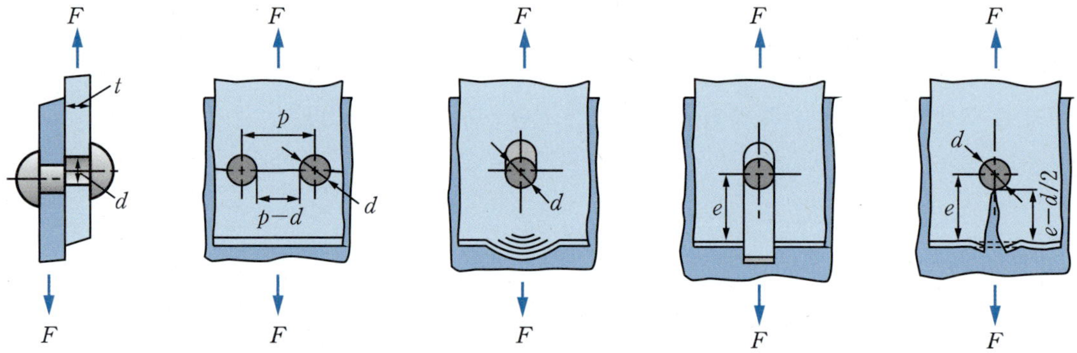

(a) 리벳의 전단파손 (b) 부재의 인장파손 (c) 부재의 압축파손 (d) 부재의 전단파손 (e) 부재의 갈라짐 파손

그림 6-10 리벳이음의 파손형태

■ 리벳의 전단파손

[그림 6-10(a)]와 같이 하중 F가 작용할 때 리벳이 전단파손되는 경우로 응력은 다음과 같다. 이때 d는 리벳의 지름, f_s는 앞에서 설명한 전단면계수이다.

$$\tau_s = \frac{F}{f_s\left(\frac{\pi d^2}{4}\right)} = \frac{4F}{f_s \pi d^2} \tag{6.4}$$

■ 리벳 사이 부재의 인장파손

[그림 6-10(b)]와 같이 하중 F가 작용할 때 리벳 사이의 부재가 인장파손되는 경우로 리벳지름에 비해 피치가 작을 때 발생한다. 응력은 다음과 같으며, 이때, p는 리벳 사이의 간격인 피치를 나타낸다.

$$\sigma_t = \frac{F}{(p-d)t} \tag{6.5}$$

■ 부재의 리벳구멍에서의 압축파손

[그림 6-10(c)]와 같이 하중 F가 작용할 때 부재의 리벳구멍이 압축파손되는 경우로서 부재가 얇을 때 발생한다. 응력은 다음과 같다.

$$\sigma_c = \frac{F}{dt} \tag{6.6}$$

■ 부재의 리벳구멍 양단에서의 전단파손

[그림 6-10(d)]와 같이 하중 F가 작용할 때 리벳구멍의 양단이 전단파손되는 경우이다. 응력은 다음과 같으며 이때 e는 리벳중심에서 부재 끝단까지의 거리를 나타낸다.

$$\tau_p = \frac{F}{2et} \tag{6.7}$$

■ 부재 끝단의 갈라짐 파손

[그림 6-10(e)]와 같이 하중 F가 작용할 때 리벳구멍과 부재의 끝단 사이가 갈라지는 경우로서 리벳중심부터 부재의 끝단까지의 거리 e가 작을 때 발생한다. 이에 대해 [그림 6-11(a)]에 자유물체도를 나타냈다. 이 그림에서 리벳중심으로부터 $\frac{d}{4}$의 위치에 $\frac{F}{2}$의 집중하중이 작용하면 갈라지는 면에 힘 $\frac{F}{2}$와 모멘트 암 $\frac{d}{4}$의 곱인 굽힘모멘트 $M = \frac{F}{2} \times \frac{d}{4}$가 발생한다. 이 굽힘모멘트에 의해 [그림 6-11(b)]의 갈라지는 단면에 굽힘응력 σ_b가 발생한다. 단면의 중립축 $N-N$으로부터 가장 바깥쪽 위치에서의 굽힘응력은 $\sigma_b = \frac{Mc}{I}$이므로, 이를 정리하면 굽힘응력은 다음과 같다.

$$\sigma_b = \frac{Mc}{I} = \frac{\frac{F}{2}\left(\frac{d}{4}\right)\left(\frac{e-d/2}{2}\right)}{\frac{t(e-d/2)^3}{12}} = \frac{3Fd}{(2e-d)^2 t} \tag{6.8}$$

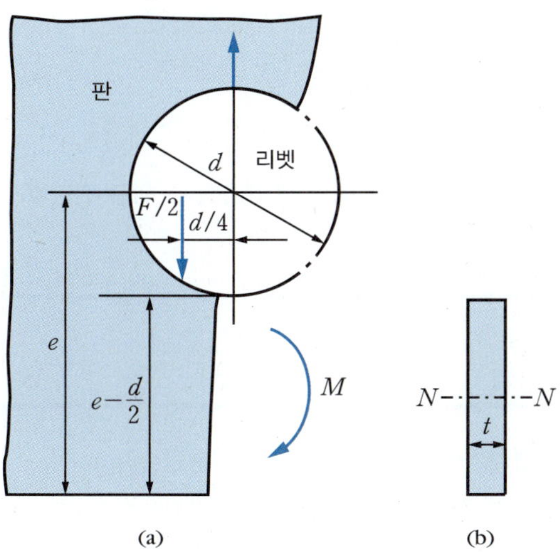

그림 6-11 부재의 갈라짐 파손

탐구

1. 성형스냅으로 부재와 리벳을 결합하면 결합 후 외부하중이 없더라도 리벳과 판재는 각각 어떤 하중을 받는 상태가 되는가?
2. 리벳이음에 하중이 작용할 때 발생하는 파손형태를 설명하라.
3. 여러 줄 리벳이음에서 리벳에 발생하는 전단력의 분포에 관해 설명하라.

예제 6-1 하나의 리벳이 받을 수 있는 전단력의 한계

지름이 16mm이고 허용전단응력이 200MPa인 리벳이 양쪽 덮개판 1줄 맞대기이음으로 판재와 결합되어 있다. 리벳이 받을 수 있는 전단력은 최대 얼마인가?

전략

양쪽 덮개판 맞대기이음의 경우 하나의 리벳에 2개의 전단면이 발생하므로 식 (6.2)에서 전단면계수 $f_s = 1.8$을 사용한다.

풀이

식 (6.2)로부터 전단력은 다음과 같다.

$$F = f_s \frac{\pi d^2}{4} \tau_a = 1.8 \times \frac{\pi \times 0.016^2}{4} \times 200 \times 10^6$$

이를 계산하면 $F = 72382\,\mathrm{N} \approx 72.4\,\mathrm{kN}$이 된다. [답]

검토

리벳재료의 허용전단응력을 사용했으므로 계산된 전단력은 하나의 리벳에 대해 허용할 수 있는 전단력의 한계값을 나타낸다.

예제 6-2 4줄 겹치기이음에서 바깥쪽 리벳의 전단응력

[그림 6-9(a)]와 같이 두께가 같은 두 부재에 대해 4줄 겹치기이음을 한다. 리벳의 지름이 12mm이고 부재에 작용하는 하중이 200N일 때, 가장 바깥쪽에 있는 리벳이 받는 전단응력은 얼마인가?

전략

[표 6-3]에 명시된 리벳 줄의 개수 $z = 4$, 부하평균화계수 $\alpha_z = 0.814$를 적용한다.

풀이

식 (6.3)을 이용하여 전단응력을 구하면 다음과 같다.

$$\tau = \frac{F}{z\alpha_z\left(\frac{\pi d^2}{4}\right)} = \frac{200\times10^{-3}}{4\times0.814\times\left(\frac{\pi\times0.012^2}{4}\right)} = 543.1\,\text{kPa}$$ [답]

검토

내부에 있는 리벳들은 [표 6-3]의 비율에 따라 이 값보다 작은 전단응력이 발생한다. 그러나 안전을 위해 가장 바깥쪽의 전단응력을 기준으로 리벳지름을 결정해야 한다.

예제 6-3 양쪽 덮개판 1줄 맞대기이음에서 리벳의 개수

[그림 6-12]와 같이 양쪽 덮개판 1줄 맞대기이음에서 리벳지름은 15 mm이다. 150 kN의 인장하중이 작용할 때 필요한 리벳의 개수를 구하라. 단, 리벳의 허용전단응력은 30 MPa이고, 리벳은 전단력에 의해서만 파손되는 것으로 가정한다.

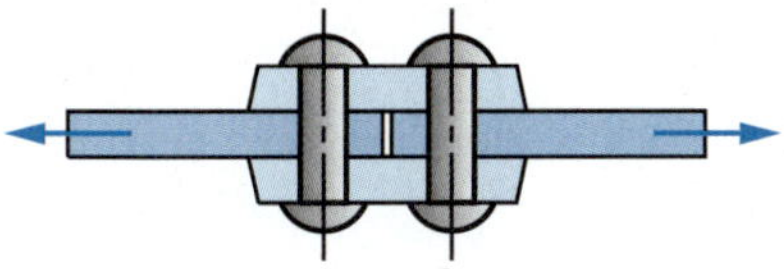

그림 6-12 양쪽 덮개판 1줄 맞대기이음

전략

양쪽 덮개판 1줄 맞대기 리벳이음에서 전단면의 수는 2개이므로 전단면계수 $f_s = 1.8$이 된다. 식 (6.2)는 하나의 리벳에 대한 전단응력이며, 만약 리벳의 개수가 z개이면 전단응력은 다음과 같다.

$$\tau = \frac{F}{z f_s\left(\frac{\pi d^2}{4}\right)} \tag{1}$$

이 식에서 z를 구하면 된다.

풀이

식 (1)을 정리하여 다음과 같이 리벳의 개수 z를 계산한다.

$$z = \frac{4F}{1.8\pi d^2\tau} = \frac{4\times150\times10^3}{1.8\times\pi\times0.015^2\times30\times10^6} = 15.7$$

따라서 16개의 리벳을 선정한다. [답]

검토

그림에 두 개의 리벳이 있어서 2줄 맞대기이음으로 오해할 수 있으나 외부하중을 직접 받는 1개의 맞대기부재에 1개의 리벳이 있으므로 1줄 맞대기이음이 된다. 결과에서 얻은 16개는 1개의 맞대기부재에 필요한 개수이므로 이 결합부에 필요한 전체 개수는 32개이다.

예제 6-4 판재의 갈라짐 파손을 유발하는 굽힘응력

[그림 6-13]과 같이 상판과 하판의 두 판재를 하나의 리벳으로 겹치기이음을 했다. 두 판재 모두 두께가 10mm이며, 리벳지름은 15mm이다. 판재에 작용하는 인장력이 50kN일 때 상판의 A점에서 발생하는 굽힘응력은 얼마인가?

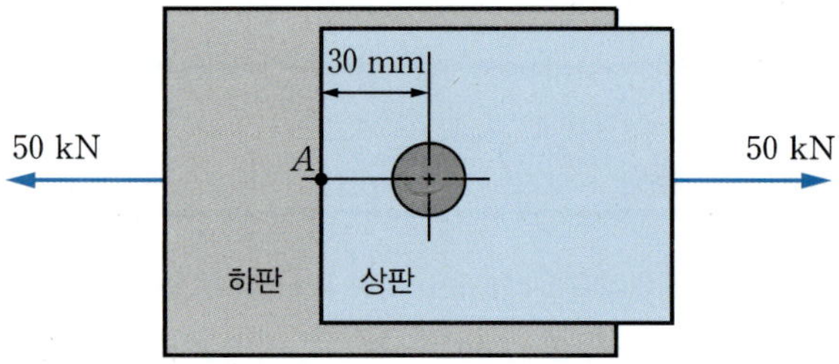

그림 6-13 판재의 갈라짐 파손

전략

인장하중 50kN에 의해 상판의 A점에서부터 리벳구멍과 닿는 부분까지는 [그림 6-14]에 나타낸 것처럼 굽힘모멘트 M이 작용한다. 이 굽힘모멘트에 의해 부재의 갈라짐 파손을 유발하는 굽힘응력이 발생한다. 그러므로 식 (6.8)을 사용하여 굽힘응력을 구하면 된다.

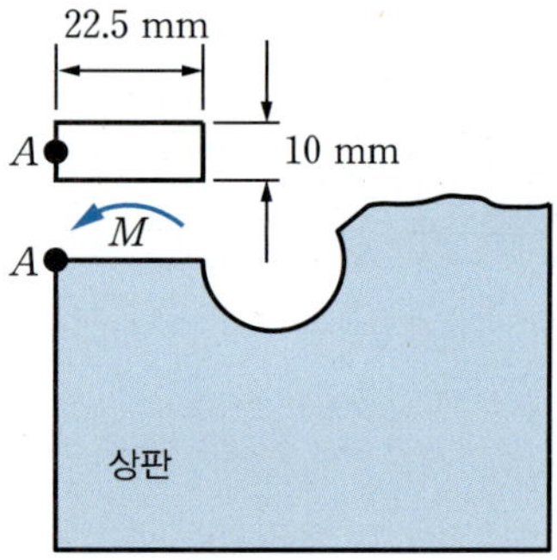

그림 6-14 굽힘모멘트 M의 작용

풀이

끝단거리는 $e = 30 - 15/2 = 22.5\,\text{mm}$이다. 식 (6.8)에 의해 A점에서 발생하는 굽힘응력은 다음과 같다.

$$\sigma_b = \frac{3Fd}{(2e-d)^2 t} = \frac{3 \times 50 \times 10^3 \times 0.015}{(2 \times 0.0225 - 0.015)^2 \times 0.01} = 250\,\text{MPa} \quad \text{[답]}$$

검토

이 결과는 갈라지는 단면의 끝단 A점에 해당하므로 단면에서 발생하는 굽힘응력의 최댓값을 나타낸다. A점에서는 단면을 누르는 압축굽힘응력이 발생하므로 A점에서 간격이 벌어진다.

SECTION 6.4

리벳이음 설계

✔ 리벳지름, 피치, 판재 끝단거리 등 리벳이음의 치수를 결정하는 방법을 학습한다.
✔ 판재효율, 리벳효율, 조합효율 등 리벳이음의 효율을 평가하는 방법을 학습한다.

앞 절에서 리벳이음의 5가지 파손형태에 관해 살펴봤는데, 가장 좋은 리벳이음 설계는 모든 파손형태에 대해 부재나 리벳이 받는 하중이 같도록 리벳이음 각 부분의 치수를 정하는 것이다. 그러나 설계에서 이들 모두를 만족시키는 것은 어려운 일이므로 리벳의 전단파손에 관한 식 (6.4)와 부재의 파손에 관한 식 (6.5) ~ 식 (6.8) 중 하나가 서로 같다고 가정하여 리벳이음에 필요한 치수를 결정한다.

다음은 1줄 리벳이음을 기준으로 치수를 결정하는 방법이다.

6.4.1 치수의 결정

부재의 두께 t를 알고 있는 경우 리벳이음에서 구해야 할 치수는 리벳지름 d, 리벳피치 p, 리벳의 중심에서 부재의 끝단까지의 거리 e이다.

■ 리벳지름

리벳의 전단하중과 리벳구멍 접촉면의 압축하중이 같다고 놓으면 식 (6.4)와 식 (6.6)으로부터

$$f_s \frac{\pi d^2}{4} \tau_s = \sigma_c d t \tag{a}$$

가 되며, 이를 정리하면 다음과 같이 리벳지름을 구할 수 있다.

$$d = \frac{4\sigma_c t}{\pi \tau_s f_s} \tag{6.9}$$

여기서 f_s는 전단면계수이다.

■ 리벳피치

리벳의 전단하중과 부재의 인장하중이 같다고 놓으면 식 (6.4)와 식 (6.5)로부터

$$f_s \frac{\pi d^2}{4} \tau_s = \sigma_t (p-d)t \tag{b}$$

가 되며, 이를 정리하면 다음과 같이 리벳피치를 구할 수 있다.

$$p = d + \frac{\pi d^2 \tau_s f_s}{4t\sigma_t} \tag{6.10}$$

■ 부재의 끝단거리

부재의 중심에서 끝단까지의 거리는 굽힘모멘트와 전단하중에 대해 나누어 살펴봐야 한다.

- **부재의 굽힘모멘트를 고려하는 경우**

  리벳의 전단하중과 부재의 굽힘하중이 같다고 놓으면 식 (6.4)와 식 (6.8)로부터

$$f_s \frac{\pi d^2}{4} \tau_s = \frac{\sigma_b (2e-d)^2 t}{3d} \tag{c}$$

가 되며, 이를 정리하면 다음과 같이 부재의 끝단거리를 구할 수 있다.

$$e = \frac{d}{2}\left(1 + \sqrt{\frac{3\pi d \tau_s f_s}{4t\sigma_b}}\right) \tag{6.11}$$

- **부재의 전단하중을 고려하는 경우**

  리벳의 전단하중과 부재 끝단에 있는 리벳구멍 양단의 전단하중이 같다고 놓으면 식 (6.4)와 식 (6.7)로부터

$$f_s \frac{\pi d^2}{4} \tau_s = 2et\tau_p \tag{d}$$

가 되며, 이를 정리하면 다음과 같이 부재의 끝단거리를 구할 수 있다.

$$e = \frac{\pi d^2 \tau_s f_s}{8t\tau_p} \tag{6.12}$$

6.4.2 리벳이음의 효율

리벳이음의 효율은 판재효율, 리벳효율, 조합효율 3가지로 평가하며, 안전을 위해 판재효율과 리벳효율 중 작은 값을 리벳이음의 효율로 정한다.

■ 판재효율

판재효율 η_1은 1피치 내에 리벳구멍이 없는 판재의 인장력과 1피치 내에 리벳구멍을 제외한 판재의 인장력의 비로 나타내며 다음과 같다.

$$\eta_1 = \frac{(p-d)t\,\sigma_t}{pt\,\sigma_t} = \frac{p-d}{p} = 1 - \frac{d}{p} \tag{6.13}$$

여기서 σ_t는 재료의 인장응력을 나타낸다.

■ 리벳효율

리벳효율 η_2는 1피치 내에 리벳구멍이 없는 판재의 인장력과 1피치 내에 리벳의 전단력의 비이다.

$$\eta_2 = \frac{\tau_s f_s\left(\dfrac{1}{4}\pi d^2\right)}{pt\,\sigma_t} = \frac{\pi d^2 \tau_s f_s}{4pt\,\sigma_t} \tag{6.14}$$

여기서 f_s는 전단면계수로서 앞서 설명한 것과 같다.

■ 조합효율

판재에서 가장 큰 인장응력을 받는 부분과 리벳에서 가장 큰 전단응력을 받는 부분이 서로 다를 때 가장 큰 인장응력을 받는 판재효율과 가장 큰 전단응력을 받는 리벳효율을 더하여 조합효율을 구한다.

$$\eta = \eta_1{}' + \eta_2{}' \tag{6.15}$$

여기서 $\eta_1{}'$은 리벳의 수가 가장 많은 줄에서의 판재효율이고, $\eta_2{}'$은 리벳의 수가 가장 적은 줄에서의 리벳효율을 나타낸다. 즉 리벳의 수가 많으면 판재가 취약하고, 리벳의 수가 적으면 리벳이 취약한 것을 고려한 것이다.

예를 들어 [그림 6-15(a)]의 피치를 갖는 리벳이음에서 [그림 6-15(b)]는 단일 전단면이음과 이중 전단면이음으로 혼합되어 있는데, 부재에 인장하중을 가하면 리벳이음의 위쪽 줄은 2개의 리벳으로 결합되어 리벳이 전단에 취약하고, 아래쪽 줄은 4개의 리벳으로 결합되어 부재가 인장에 취약하다. 따라서 이 경우 조합효율은 다음과 같이 쓸 수 있다.

$$\eta = \frac{p-2d}{p} + \frac{\pi d^2 \tau_s}{4pt\sigma_t} \tag{6.16}$$

만약 [그림 6-15(c)]처럼 부재가 이중 전단면이음으로만 결합되어 있다면 조합효율은 다음과 같다.

$$\eta = \frac{p-2d}{p} + 1.8\frac{\pi d^2 \tau_s}{4pt\sigma_t} \tag{6.17}$$

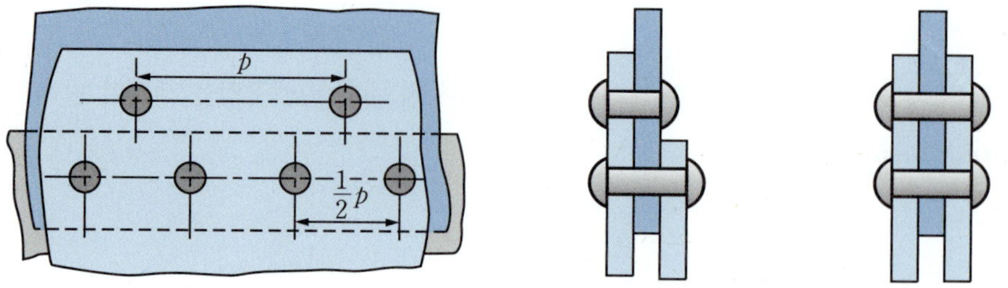

(a) 리벳이음의 피치　(b) 혼합 전단면　(c) 이중 전단면

그림 6-15 이음 방식에 따른 조합효율

탐구

1. 가장 좋은 리벳이음 설계는 모든 파손조건에 대해 같은 하중이 리벳이나 부재에 걸리도록 리벳이음 각 부분의 치수를 정하는 것이다. 그 이유는 무엇인가?
2. 리벳이음의 효율에서 판재효율과 리벳효율을 되도록 비슷한 값을 갖도록 설계하는 것이 좋은데, 그 이유는 무엇인가?

예제 6-5 양쪽 덮개판 1줄 맞대기이음에서 리벳지름, 피치 및 리벳이음의 효율

10mm 두께를 갖는 두 강판을 양쪽 덮개판 1줄 맞대기이음을 하려고 한다. 강판의 인장강도와 압축강도는 모두 330MPa이고, 레벳의 전단강도는 240MPa일 때 다음을 구하라. 단, 리벳지름과 피치는 정수로 반올림하라.

(a) 리벳지름

(b) 피치

(c) 리벳이음의 효율

전략

양쪽 덮개판의 경우 이중 전단면을 가지므로 전단면계수 $f_s = 1.8$이 된다.

풀이

(a) 식 (6.9)에서 리벳의 지름은 다음과 같다.

$$d = \frac{4\sigma_c t}{\pi \tau_s f_s} = \frac{4 \times 330 \times 10}{\pi \times 240 \times 1.8} = 9.73\,\text{mm}$$

따라서 리벳지름 $d = 10\,\text{mm}$로 정한다. [답]

(b) 식 (6.10)에서 리벳의 피치는 다음과 같다.

$$p = d + \frac{\pi d^2 \tau_s f_s}{4t\sigma_t} = 10 + \frac{\pi \times 10^2 \times 240 \times 1.8}{4 \times 10 \times 330} = 20.28$$

따라서 피치 $p = 21\,\text{mm}$로 정한다. [답]

(c) 판재효율은 식 (6.13)으로부터

$$\eta_1 = 1 - \frac{d}{p} = 1 - \frac{10}{21} = 0.5238$$

이다. 따라서 판재효율 $\eta_1 = 52.38\%$가 된다.

식 (6.14)에서 리벳효율은 다음과 같다.

$$\eta_2 = \frac{\pi d^2 \tau_s f_s}{4pt\sigma_t} = \frac{\pi \times 10^2 \times 240 \times 1.8}{4 \times 21 \times 10 \times 330} = 0.4896$$

따라서 리벳효율 $\eta_2 = 48.96\%$가 된다.

리벳이음의 효율은 두 효율 중 작은 값인 48.96%이다. [답]

검토

판재효율과 리벳효율 간에 약간의 차이가 발생했다. 이는 리벳이 견딜 수 있는 전단력과 구멍 뚫린 판재가 견딜 수 있는 인장력에도 그만큼의 차이가 있다는 것을 의미한다. 리벳의 전단력과 판재의 인장력을 계산하여 차이를 확인하기 바란다.

예제 6-6 1줄 겹치기이음에서 리벳지름, 피치 및 끝단거리

두께 12mm의 판재를 1줄 겹치기이음을 하려고 한다. 리벳의 전단강도는 판재의 인장강도와 압축강도의 각각 0.7배 및 0.8배이다.

(a) 판재의 압축응력과 리벳의 전단응력이 같도록 리벳지름을 결정하라.

(b) 판재효율과 리벳효율이 같도록 리벳이음의 피치를 결정하라.

(c) 인장강도가 굽힘강도와 같다고 할 때 끝단거리 e를 구하라.

전략

리벳지름은 식 (6.9)로 구한다. 1열 겹치기이음에서는 단일 전단면을 가지므로 $f_s = 1$을 적용한다. 판재효율의 식 (6.13)과 리벳효율의 식 (6.14)가 같다고 놓고 리벳이음의 피치 p를 구한다. 식 (6.11)로부터 끝단거리 e를 구하는데, 이 식의 전단응력 τ_s에 $0.7\sigma_t$를 대입하고, 굽힘응력 σ_b에 σ_t를 대입하면 된다.

풀이

(a) 식 (6.9)로부터 리벳지름을 다음과 같이 구한다.

$$d = \frac{4\sigma_c t}{\pi \tau_s f_s} = \frac{4 \times \sigma_c \times 12}{\pi \times 0.8 \times \sigma_c \times 1} = 19.1$$

따라서 리벳지름 $d = 20\text{mm}$로 결정한다. [답]

(b) 식 (6.13)과 식 (6.14)가 같다고 놓으면 다음과 같다.

$$1-\frac{d}{p}=\frac{\pi d^2 \tau_s f_s}{4pt\sigma_t}$$

이를 p에 대해 정리하면 다음과 같다.

$$p=d+\frac{\pi d^2\tau_s f_s}{4t\sigma_t}=d+\frac{\pi d^2(0.7\sigma_t)f_s}{4t\sigma_t}$$
$$=20+\frac{\pi\times 20^2\times 0.7\times\sigma_t\times 1}{4\times 12\times\sigma_t}=38.33$$

따라서 리벳의 피치는 $p=39\,\text{mm}$로 결정한다. [답]

(c) 식 (6.11)로부터

$$e=\frac{d}{2}\left(1+\sqrt{\frac{3\pi d\tau_s f_s}{4\sigma_b t}}\right)=\frac{20}{2}\left(1+\sqrt{\frac{3\times\pi\times 20\times 0.7\times\sigma_b\times 1}{4\times\sigma_b\times 12}}\right)=26.58$$

이다. 따라서 끝단거리는 $e=27\,\text{mm}$로 결정한다. [답]

검토

판재효율과 리벳효율을 같게 설계하는 것은 리벳이 견딜 수 있는 전단력과 구멍뚫린 부재가 견딜 수 있는 인장력을 같게 설계하는 것을 의미한다.

SECTION

6.5

리벳이음 구조물

- ✔ 편심하중을 받는 리벳구조물에서 각 리벳이 받는 전단력을 학습한다.
- ✔ 편심하중을 받는 구조물의 안전을 고려한 리벳지름의 결정방법을 학습한다.

6.5.1 전단력

[그림 6-16]과 같이 n개의 리벳으로 체결된 구조물에서 리벳집합의 기하학적 도심인 G로부터 l만큼 떨어진 위치에 하중 F가 작용하고 있다. 하중 F가 작용할 때 리벳이 분담하여 받는 전단하중은 하중 F로 인한 직접전단력 F_d와 모멘트 $F \times l$로 인한 비틀림전단력 F_m으로 나누어 평가할 수 있다.

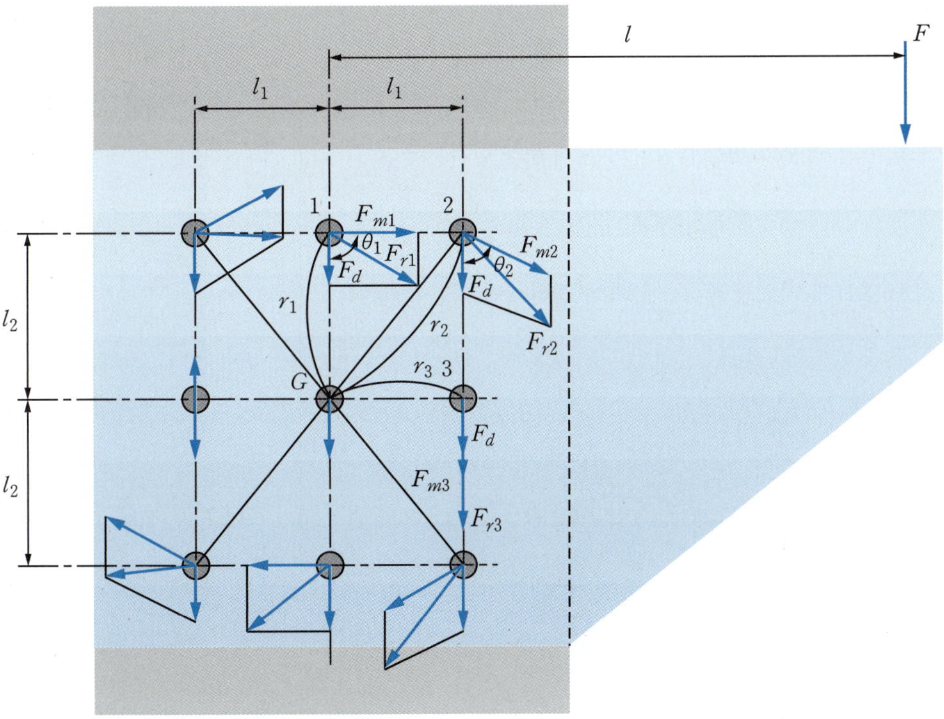

그림 6-16 편심하중을 받는 리벳이음 구조물

■ 하중으로 인한 직접전단력

하중 F를 n개의 리벳이 분담하므로 각 리벳이 받는 전단력은 다음과 같다.

$$F_d = \frac{F}{n} \tag{6.18}$$

이 전단력 F_d의 크기는 모든 리벳에서 같고, 하중 F와 같은 방향이다.

■ 모멘트로 인한 비틀림전단력

[그림 6-16]에서 리벳집합의 기하학적 중심인 G점에 대한 모멘트의 평형으로부터 다음과 같이 쓸 수 있다.

$$Fl = \sum_{i=1}^{n} F_{mi} r_i \tag{6.19}$$

여기서 F_{mi}는 모멘트 Fl로 인해 i번째 리벳에서 발생하는 비틀림전단력으로 리벳집합의 중심 G와 i번째 리벳의 중심을 잇는 직선의 수직방향이다. r_i는 리벳집합의 중심 G와 i번째 리벳의 중심과의 거리이다.

리벳의 비틀림전단력 F_{mi}는 중심 G로부터의 거리 r_i에 비례한다. 즉 $F_{mi} \propto r_i$의 관계를 갖는다. 비례상수 K를 도입하면 리벳의 비틀림전단력은 다음과 같다.

$$F_{mi} = K r_i \quad (i = 1, \cdots, n) \tag{6.20}$$

식 (6.20)을 식 (6.19)에 대입한 후 K에 대해 정리하면 다음과 같다.

$$K = \frac{Fl}{\sum_{i=1}^{n} r_i^2} \tag{6.21}$$

또한 리벳집합의 기하학적 중심의 위치 $\bar{y}$는 다음과 같다.

$$\bar{y} = \frac{\sum_{i=1}^{n} y_i}{n} \tag{6.22}$$

여기서 y_i는 기준선[7]으로부터 i번째 리벳의 중심까지의 y방향 거리를 나타내고, n은 전체 리벳 개수이다.

---

7 기준선은 x방향의 선으로 적절하게 잡으면 되며, 구조물의 가장 아랫면 또는 가장 윗면 등을 잡으면 된다.

■ 전단력의 합성

각 리벳에서 발생하는 직접전단력 F_d와 비틀림전단력 F_{mi}에 대한 벡터합은 다음과 같다.

$$\overrightarrow{F_{ri}} = \overrightarrow{F_d} + \overrightarrow{F_{mi}} \tag{6.23}$$

[그림 6-17]과 같이 임의의 리벳에 대한 두 전단력 F_d와 F_{mi} 사이에 θ_i의 사잇각이 있다면 합성전단력은 다음과 같다.

$$F_{ri} = \sqrt{F_d^2 + F_{mi}^2 + 2F_d F_{mi} \cos\theta_i} \tag{6.24}$$

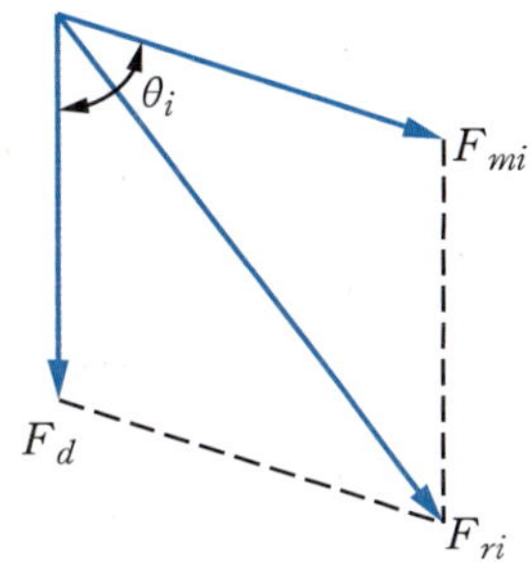

그림 6-17 전단력의 합성

6.5.2 리벳의 설계

각 리벳에 작용하는 합성전단력 중 가장 큰 값인 $(F_r)_{\max}$를 리벳의 단면적으로 나누어 최대전단응력 $\tau_{\max}$를 구하며, 이 값은 리벳재료의 허용전단응력 τ_a 이하가 되어야 한다.

$$\tau_{\max} = \frac{(F_r)_{\max}}{\pi d^2/4} \le \tau_a \tag{6.25}$$

식 (6.25)로부터 리벳지름 d는 다음과 같다.

$$d \ge \sqrt{\frac{4(F_r)_{\max}}{\pi \tau_a}} \tag{6.26}$$

계산된 값을 이용하여 KS에 규정된 치수를 찾아 리벳지름을 선정한다.

탐구

1. 철교나 기중기 등 구조물의 리벳이음에서는 기밀을 고려할 필요는 없으나 강도는 충분히 고려되어야 한다. 이와 관련하여 이들 구조물에 대해 고려해야 할 외부하중으로 어떤 것이 있을까?
2. [탐구 1]과 관련하여 현장의 실물을 확인하고 고려해야 할 외부하중을 고찰하라.
3. 리벳이음 구조물에 포함되는 모든 리벳의 응력이 서로 비슷하도록 리벳의 위치를 정하는 방법을 고찰하라.

예제 6-7 편심하중을 받는 리벳이음 구조물에서 리벳의 안전도 평가

[그림 6-18]과 같이 6개의 리벳으로 결합된 구조물에 15kN의 하중이 작용하고 있다. 리벳지름은 20mm이고, 리벳재료의 허용전단응력은 70MPa이다. 이 구조물에서 리벳의 안전 여부를 평가하라. 길이의 단위는 mm이다.

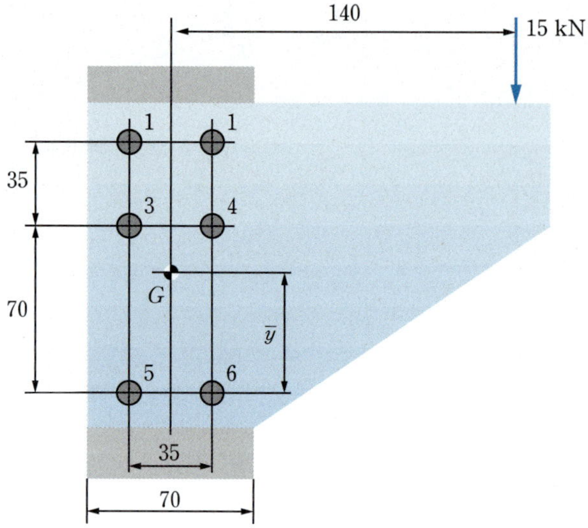

그림 6-18 리벳구조물

전략

편심하중을 받는 리벳이음에서는 직접전단력과 비틀림전단력을 각각 구해야 한다. 직접전단력 F_d는 외부하중을 리벳의 개수로 나누면 된다. 식 (6.21)을 이용하여 비례상수를 구한 후 비례상수와 도심에서 각 리벳까지의 거리를 곱하는 식 (6.20)을 사용하여 비틀림전단력 F_{mi}를 구할 수 있다. 그리고 직접전단력과 비틀림전단력을 식 (6.24)에 대입하여 합성전단력을 구한다. 가장 큰 합성전단력을 리벳의 단면적으로 나누어 최대전단응력을 구하고, 리벳재료의 허용전단응력과 비교하여 안전 여부를 평가한다.

풀이

하중에 의한 직접전단력은 식 (6.18)로부터 다음과 같다.

$$F_d = \frac{F}{n} = \frac{15}{6} = 2.5\text{kN}$$

도심 $\bar{y}$의 위치는 식 (6.22)로부터 다음과 같다.

$$\bar{y} = \frac{\sum_{i=1}^{n} y_i}{n} = \frac{2 \times (70+35) + 2 \times 70}{6} = 58.3\text{mm}$$

도심에서 각 리벳까지의 거리는 다음과 같다.

$$r_1 = r_2 = \sqrt{17.5^2 + 46.7^2} = 49.9\text{mm}$$

$$r_3 = r_4 = \sqrt{17.5^2 + 11.7^2} = 21.1\text{mm}$$

$$r_5 = r_6 = \sqrt{17.5^2 + 58.3^2} = 60.9\text{mm}$$

비례상수 K는 식 (6.21)로부터 다음과 같다.

$$K=\frac{Fl}{\sum_{i=1}^{n} r_i^2}=\frac{15\times 140}{49.9^2+21.1^2+60.9^2}=0.316\,\text{kN/mm}$$

직접전단력과 비틀림전단력이 이루는 각은 다음과 같다.

$$\theta_1=90°+\tan^{-1}\left(\frac{17.5}{46.7}\right)=110.5°,\ \theta_2=90°-\tan^{-1}\left(\frac{17.5}{46.7}\right)=69.5°$$

$$\theta_3=90°+\tan^{-1}\left(\frac{17.5}{11.7}\right)=146.2°,\ \theta_4=90°-\tan^{-1}\left(\frac{17.5}{11.7}\right)=33.8°$$

$$\theta_5=90°+\tan^{-1}\left(\frac{17.5}{58.3}\right)=106.7°,\ \theta_6=90°-\tan^{-1}\left(\frac{17.5}{58.3}\right)=73.3°$$

비틀림전단력은 식 (6.20)의 $F_{mi}=Kr_i$에 의해 다음과 같다.

$$F_{m1}=F_{m2}=0.316\times 49.9=15.8\,\text{kN}$$
$$F_{m3}=F_{m4}=0.316\times 21.1=6.7\,\text{kN}$$
$$F_{m5}=F_{m6}=0.316\times 60.9=19.2\,\text{kN}$$

합성전단력은 식 (6.24)의 $F_{ri}=\sqrt{F_d^2+F_{mi}^2+2F_dF_{mi}\cos\theta_i}$ 에 의해 다음과 같다.

$$F_{r1}=\sqrt{2.5^2+15.8^2+2\times 2.5\times 15.8\times\cos 110.5°}=15.1\,\text{kN}$$
$$F_{r2}=\sqrt{2.5^2+15.8^2+2\times 2.5\times 15.8\times\cos 69.5°}=16.8\,\text{kN}$$
$$F_{r3}=\sqrt{2.5^2+6.7^2+2\times 2.5\times 6.7\times\cos 146.2°}=4.8\,\text{kN}$$
$$F_{r4}=\sqrt{2.5^2+6.7^2+2\times 2.5\times 6.7\times\cos 33.8°}=8.9\,\text{kN}$$
$$F_{r5}=\sqrt{2.5^2+19.2^2+2\times 2.5\times 19.2\times\cos 106.7°}=18.6\,\text{kN}$$
$$F_{r6}=\sqrt{2.5^2+19.2^2+2\times 2.5\times 19.2\times\cos 73.3°}=20.1\,\text{kN}$$

합성전단력 중 F_{r6}가 가장 크므로 최대전단응력은 식 (6.25)에 의해

$$\tau_{\max}=\frac{(F_r)_{\max}}{\left(\dfrac{\pi d^2}{4}\right)}=\frac{20.1\times 10^{-3}}{\left(\dfrac{\pi\times 0.02^2}{4}\right)}=63.98\,\text{MPa}\le\ 70\,\text{MPa}$$

이 된다. 따라서 구조물에 편심하중을 받는 리벳이음에서 모든 리벳은 안전하다. [답]

검토

모든 리벳은 허용응력을 만족하는 안전범위에 들어 있음을 알 수 있다. 그러나 리벳설계에서는 구조물에 포함된 모든 리벳의 응력이 허용응력 범위 안에서 비슷해지도록 리벳의 위치를 정하는 것이 필요하다.

- 리벳이음의 장점은 체결용 나사이음과 비교할 때 진동이나 떨림에 의해 느슨해지지 않고, 가볍고 저렴하며 체결시간이 짧다는 점이다. 또한 용접이음과 비교할 때 용접열에 의한 열변형이 발생하지 않으며, 경합금과 같이 용접이 곤란한 재료의 이음이 가능하다는 점이다.
- 리벳이음의 단점으로는 같은 지름의 나사만큼 강한 체결력을 제공할 수 없고, 체결되었을 때 리벳을 파손하지 않으면 분해할 수 없다는 점이다. 또한 용접에 비해 기밀을 유지하는 데 어려움이 있다.
- 리벳의 재료로는 연강, 황동, 구리, 알루미늄 등의 연성재료를 사용하며, 일반적으로 결합할 부재의 재료와 같은 종류를 사용한다.
- 부재의 리벳구멍은 일반적으로 리벳지름보다 1 ~ 1.5mm 더 크게 가공한다.
- 결합할 두 부재 밖으로 돌출되는 리벳자루의 길이는 리벳지름의 1.3 ~ 1.6배가 되도록 한다. 단, 리벳길이는 리벳지름의 5배 이하로 제한한다.
- 코킹과 풀러링은 유체의 누설을 방지하기 위해 리벳이음이 끝난 후 마무리하는 작업공정이다.
- 겹치기이음은 두 부재를 겹쳐놓고 리벳으로 체결하는 방법으로 간편하기는 하나 리벳이음에 우력으로 인한 모멘트가 발생할 수 있다.
- 맞대기이음은 결합할 두 부재의 양 끝을 맞댄 후 덮개판을 한쪽 또는 양쪽에 대고 리벳으로 체결하는 방법으로 우력으로 인한 모멘트가 발생하지 않는다.
- 설계할 때는 안전을 고려하여 가장 큰 전단하중을 받는 리벳을 기준으로 모든 리벳지름을 동일하게 결정한다.
- 리벳작업이 끝나면 외부하중이 없더라도 리벳은 인장력, 부재는 압축력을 초기하중으로 받는다.
- 리벳이음의 효율은 판재효율, 리벳효율, 조합효율 3가지로 평가하며, 판재효율과 리벳효율 중 작은 값을 리벳이음의 효율로 결정한다.
- 판재에서 가장 큰 인장응력을 받는 부분과 리벳에서 가장 큰 전단응력을 받는 부분이 서로 다를 때는 가장 큰 인장응력을 받는 판재효율과 가장 큰 전단응력을 받는 리벳효율을 더하여 조합효율을 구한다.
- 편심하중을 받는 리벳구조물에서 각 리벳이 받는 전단력은 하중에 의한 직접전단력과 모멘트에 의한 비틀림전단력이 있다.

CHAPTER 06 | 기본문제

6.1 다음 중 리벳이음의 장점이 아닌 것은? 6.1절

① 가볍고 저렴하며 체결시간이 짧다.
② 같은 지름의 나사보다 체결력이 강하다.
③ 용접보다 적용재료의 폭이 넓다.
④ 이음부에 열에 의한 변형이 없다.

6.2 리벳재료에 대한 설명 중 옳지 않은 것은? 6.1절

① 연강, 황동, 구리, 알루미늄 등이 사용된다.
② 일반적으로 결합할 부재의 재질과 같은 종류를 사용한다.
③ 내식성을 위해 니켈 등을 함유한 특수강이 사용되기도 한다.
④ 하중에 잘 견디도록 신장률이 작아야 한다.

6.3 리벳구멍은 어느 정도 크기로 가공하는가? 6.2절

① 리벳지름과 같게 가공한다.
② 리벳지름보다 1.5% 더 크게 가공한다.
③ 리벳지름보다 1 ~ 1.5mm 더 크게 가공한다.
④ 리벳지름의 1.5배로 가공한다.

6.4 리벳작업에서 코킹을 하는 목적은 무엇인가? 6.2절

① 유체의 누설을 방지하기 위해
② 리벳구멍을 가공하기 위해
③ 강판의 강도를 보강하기 위해
④ 리벳이음에서 부재 사이에 패킹을 끼우기 위해

6.5 코킹작업을 할 때 부재 끝단의 절단각도는? 6.2절

① 30 ~ 45° ② 45 ~ 60° ③ 65 ~ 70° ④ 75 ~ 85°

6.6 지름 d인 리벳으로 두 부재를 결합할 때 부재 밖으로 돌출하는 리벳자루의 길이는? 6.2절

① $1 \sim 1.2d$ ② $1.3 \sim 1.6d$ ③ $1.8 \sim 2d$ ④ $2.5 \sim 3d$

6.7 다음 중 리벳 전단면의 수가 서로 다른 하나는 어느 것인가? 6.2절

① 4줄 겹치기이음
② 한쪽 덮개판 4줄 맞대기이음
③ 양쪽 덮개판 2줄 맞대기이음
④ 한쪽 덮개판 3줄 맞대기이음

6.8 1줄 겹치기이음에서 판두께는 14mm, 리벳지름은 22mm, 피치는 52mm이다. 판의 인장강도가 75MPa일 때 리벳 사이의 판이 인장에 견디기 위한 하중의 한도는 얼마인가? 6.3절

① 20.7kN ② 31.5kN ③ 40.3kN ④ 45.2kN

6.9 두 부재가 양쪽 덮개판 1줄 맞대기이음으로 리벳이음이 되어 있다. 맞대기판에 작용하는 하중이 F이고 리벳지름이 d인 경우 리벳의 전단응력은? 6.3절

① $\dfrac{F}{1.8\left(\dfrac{\pi d^2}{4}\right)}$ ② $\dfrac{F}{2\left(\dfrac{\pi d^2}{4}\right)}$ ③ $\dfrac{F}{2(1.8)\left(\dfrac{\pi d^2}{4}\right)}$ ④ $\dfrac{F}{\left(\dfrac{\pi d^2}{4}\right)}$

6.10 1줄 겹치기이음에서 리벳에 의해 판이 압축파손되는 경우 판이 견딜 수 있는 압축하중의 한도는? 단, 리벳의 지름은 d, 리벳의 피치는 p, 강판의 두께는 t, 강판의 압축응력은 σ_c이다. 6.3절

① $F=(p-d)t\sigma_c$ ② $F=2(p-d)t\sigma_c$ ③ $F=dt\sigma_c$ ④ $F=2dt\sigma_c$

6.11 지름 10mm의 리벳으로 두께가 6mm인 두 판재를 1줄 겹치기이음을 할 때 필요한 피치는 얼마인가? 단, 리벳의 전단강도는 판재의 인장강도의 0.5배이다. 6.4절

① 10.5mm ② 12.1mm ③ 16.5mm ④ 19.7mm

6.12 리벳이음에서 판재효율이 70%이며, 피치가 15mm인 경우 리벳구멍의 지름은? 6.4절

① 4.5mm ② 5.2mm ③ 6.3mm ④ 7.2mm

6.13 두께 12mm의 두 강판을 지름 16mm의 리벳으로 1줄 양쪽 덮개판 맞대기이음을 할 때 리벳효율은? 단, 피치는 25mm이고, 리벳의 전단강도는 판재의 인장강도의 50%이다. 6.4절

① 50.4% ② 60.3% ③ 70.1% ④ 80.4%

6.14 다음 그림과 같이 40kN의 하중이 작용하는 리벳이음 구조물에서 리벳에 발생하는 최대전단력의 크기는? 단, 길이의 단위는 mm이다. 6.5절

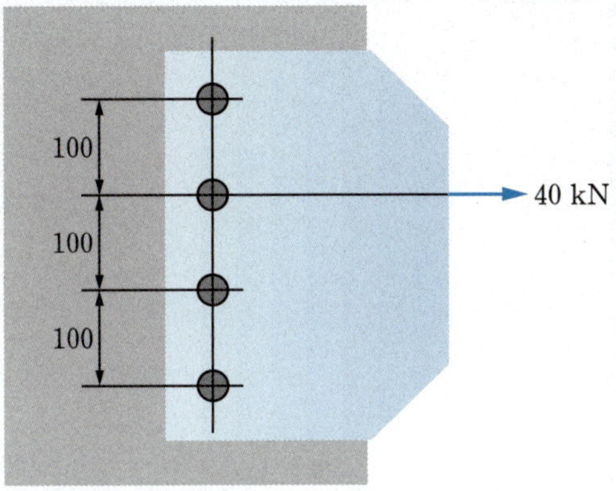

그림 P6.1

① 10kN ② 13kN ③ 16kN ④ 19kN

6.15 다음 그림의 평면구조물에 같은 지름을 갖는 4개의 리벳으로 겹치기이음이 되어 있다. 리벳집합의 기하학적 중심으로부터 220mm 떨어진 위치에 5kN의 하중이 작용할 때 4개의 리벳 가운데 가장 큰 전단하중을 받는 것은? 단, 길이의 단위는 mm이다. 6.5절

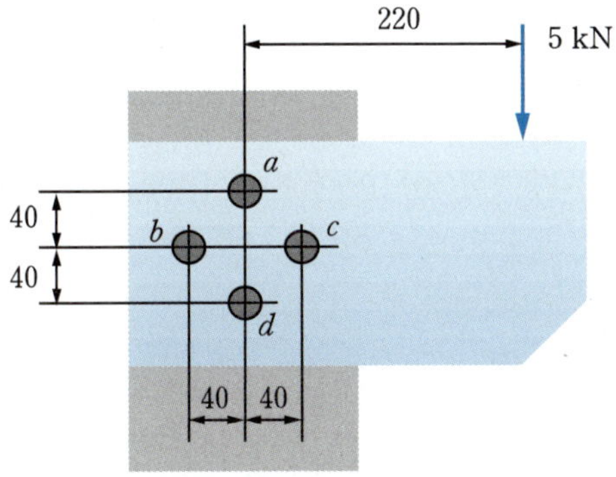

그림 P6.2

① 리벳 a ② 리벳 b ③ 리벳 c ④ 리벳 d

정답

6.1 ②	6.2 ④	6.3 ③	6.4 ①	6.5 ②	6.6 ②	6.7 ④	6.8 ②	6.9 ①	6.10 ③
6.11 ③	6.12 ①	6.13 ②	6.14 ③	6.15 ③					

CHAPTER 06 | 연습문제

6.1 냉간성형 리벳과 열간성형 리벳의 특징을 설명하라. 6.1절

6.2 리벳의 재질에 대해 설명하라. 6.1절

6.3 리벳작업에서 코킹과 풀러링을 하는 목적은 무엇인가? 6.2절

6.4 맞대기이음과 겹치기이음의 구조적 특징에 대해 설명하라. 6.2절

6.5 다음 그림과 같은 리벳이음에서 리벳의 허용전단응력은 70 MPa, 강판의 허용인장응력 및 허용압축응력은 각각 90 MPa과 110 MPa이다. 리벳지름이 22 mm 인 경우 허용하중 F의 크기를 구하라. 단, 길이의 단위는 mm 이다. 6.3절

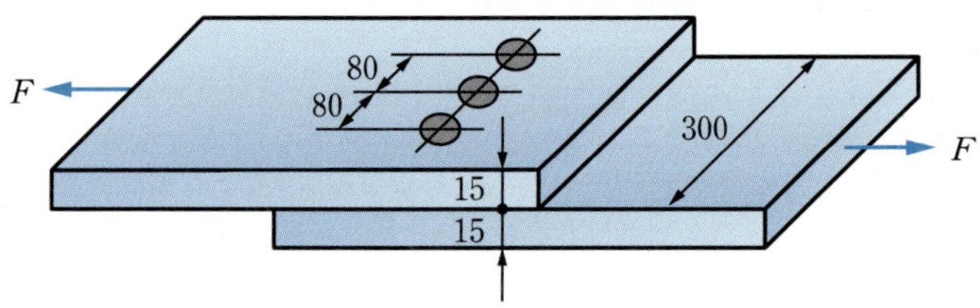

그림 P6.3

6.6 지름이 10 mm 인 리벳의 허용전단응력이 40 MPa이다. 폭이 700 mm 이고 두께가 14 mm 인 2개의 부재로 1줄 겹치기이음을 통해 60 kN 의 인장하중을 가한다. 6.3절

(a) 리벳의 허용전단응력을 고려하여 리벳의 개수를 결정하라.

(b) 부재에 작용하는 인장응력을 구하라.

6.7 두께 16 mm 의 강판을 지름 20 mm 의 리벳을 이용하여 한쪽 덮개판 1줄 맞대기이음을 한다. 강판의 허용인장응력은 60 MPa이고, 리벳의 허용전단응력은 45 MPa인 경우 리벳의 피치를 얼마로 하면 되겠는가? 6.4절

6.8 부재의 두께가 13mm, 리벳지름이 15mm, 피치가 45mm인 1줄 겹치기이음에서 1피치당 하중이 10kN일 때 다음을 구하라. 6.4절

(a) 부재의 인장응력과 리벳의 전단응력

(b) 판재효율과 리벳효율

6.9 부재의 두께가 10mm, 리벳지름이 14mm, 피치가 50mm인 한쪽 덮개판 1줄 맞대기이음에서 리벳이음의 효율을 구하라. 단, 리벳의 전단강도는 부재의 인장강도의 90%이다. 6.4절

6.10 부재의 두께가 12mm, 부재의 인장강도와 압축강도가 각각 300MPa, 470MPa, 리벳의 전단강도가 250MPa인 한쪽 덮개판 2줄 맞대기이음에 대해 다음을 구하라. 6.4절

(a) 부재의 압축력과 리벳의 전단력을 같게 하는 리벳의 지름

(b) 판재효율과 리벳효율

(c) 판재효율과 리벳효율을 같게 하는 리벳이음의 피치

6.11 다음 그림과 같은 겹치기이음에서 편심하중 12kN이 작용할 때 적용할 수 있는 리벳지름을 정수로 구하라. 단, 길이의 단위는 mm이고, 리벳의 허용전단응력은 60MPa이다. 6.5절

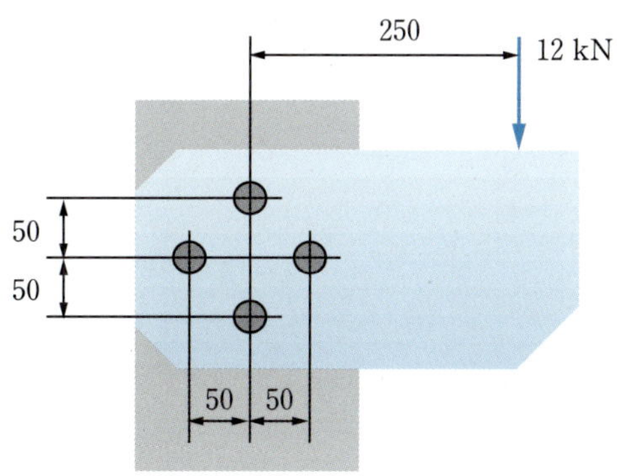

그림 P6.4

6.12 다음 그림의 리벳이음 구조물에서 편심하중 F가 작용하고 있다. 리벳지름이 14mm이고, 리벳의 허용 전단응력이 80MPa일 때 허용하중 F를 결정하라. 단, 길이의 단위는 mm이다. 6.5절

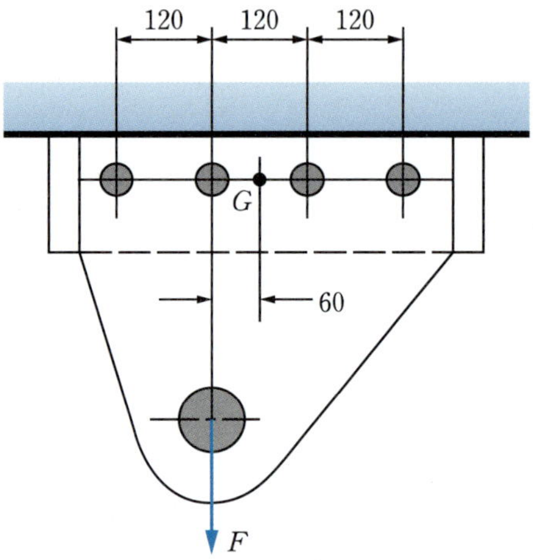

그림 P6.5

6.13 9개의 리벳으로 결합된 구조물에 30kN의 하중이 작용하고 있다. 리벳지름은 22mm이고, 리벳의 허용 전단응력은 80MPa이다. 이 구조물에서 리벳의 안전 여부를 평가하라. 단, 길이의 단위는 mm이다. 6.5절

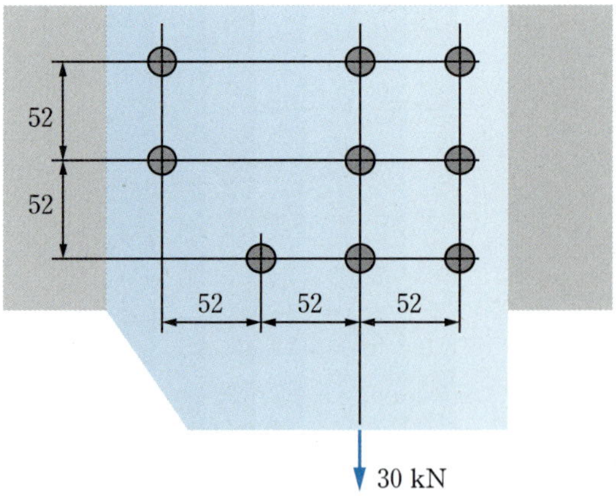

그림 P6.6

CHAPTER 07

용접

Welding

학습목표

- 용접부의 구성과 장단점을 알아본다.
- 용접이음의 종류, 용접유형, 용접기호에 대해 학습한다.
- 용접효율을 결정하는 방법을 알아본다.
- 맞대기이음, 겹치기이음 등 다양한 용접이음에서 응력을 구하는 방법을 학습한다.
- 편심하중을 받는 용접구조물에서 용접부의 응력을 분석한다.

SECTION 7.1

용접의 특징과 구성

✔ 용접의 특징과 장단점을 알아본다.
✔ 용접부의 구성에 대해 알아본다.
✔ 용접부의 결함에 대해 알아본다.

7.1.1 용접의 특징

용접 weld은 부품들의 접촉면 일부를 국부적으로 녹인 후 응고하여 영구적인 이음부를 형성하는 것이다. 접합하려는 부품들의 재료, 두께 및 형상 등에 따라 적용할 수 있는 다양한 용접법이 개발되어 있으며, 다음과 같은 장단점을 가지고 있다.

■ 용접의 장점

- 볼트나 리벳이음과 비교할 때 제작공정의 수를 줄일 수 있다.
- 리벳이음처럼 부재의 겹침부나 덮개판이 없어도 되고, 체결재fastener[1]를 사용하지 않아도 되므로 구조물의 무게를 줄일 수 있다.
- 구멍을 가공할 필요가 없어 이음 부위에 응력집중이 발생하지 않는다.
- 볼트나 리벳이음에 비해 이음효율joint efficiency이 높다.
- 볼트와 리벳은 기밀을 위해 패킹이 필요하나 용접은 패킹 없이 기밀이 유지된다.
- 비교적 두꺼운 판의 이음도 가능하다.
- 이음부의 구조를 간단하게 처리할 수 있다.

■ 용접의 단점

- 모재base metal의 재질에 대한 영향이 크다.[2]
- 육안으로 검출하기 어려운 결함이 있을 수 있어 비파괴검사nondestructive test[3]가 필요할 때도 있다.
- 숙련된 용접기술이 필요하므로 인건비 차원에서 비용이 많이 든다.
- 용접할 때 고열이 발생하여 용접부 주변 재료에 변형이 발생하고, 용접 후 잔류응력이 남는 등의 문제가 있다.[4]

---

1 체결재는 부품들을 결합하는 기계요소로서 볼트, 너트, 리벳 등이 있다.

2 리벳이나 볼트이음보다 재료선정에 제한적이나, 최근 비철금속의 용접방법이 개발되면서 리벳이음을 대신하는 사례가 늘어나고 있다.

3 방사선 투과시험(RT), 초음파 탐상시험(UT), 자분 탐상시험(MT), 침투 탐상시험(PT) 등이 있다.

4 최근 들어 용접기술의 발달로 열영향부의 강도저하 문제가 해결되고 있어서 부품의 영구적인 접합방법으로 리벳을 대신하여 용접이 많이 쓰이고 있다. 용접에 의한 변형과 잔류응력을 해소하기 위해 예하중(preloading)을 가하거나 예열(preheating), 피닝(peening), 풀림처리 등을 수행한다.

7.1.2 용접부의 구성

용접은 접합할 부품에 열을 가해 부품 일부를 녹여 서로 접합하는 방법이므로 가해진 열로 인해 용접되는 부재나 부품들이 영향을 받게 된다. 용접부는 [그림 7-1]과 같이 **모재** base metal, **용착부** fusion zone, **열영향부** heat affected zone, HAZ, **덧붙임** excess weld metal 등으로 구성된다. 용착부는 녹은 금속이 응고된 부분으로서 주조조직casting texture과 유사하며, 모재와 구별하여 **용착금속** deposited metal이라고도 한다. 용착금속과 모재의 경계부분에서는 용접열에 녹지는 않았으나 금속의 조직과 기계적 특성이 변하므로 이 부분을 열영향부라고 한다. 용착부에서 모재 밖으로 덧붙여진 부분을 덧붙임이라고 하는데, 모재와 덧붙임의 경계가 고르지 않으면 응력집중이 발생할 수도 있으므로 덧붙임을 연마하여 제거하는 것이 좋을 수도 있다.

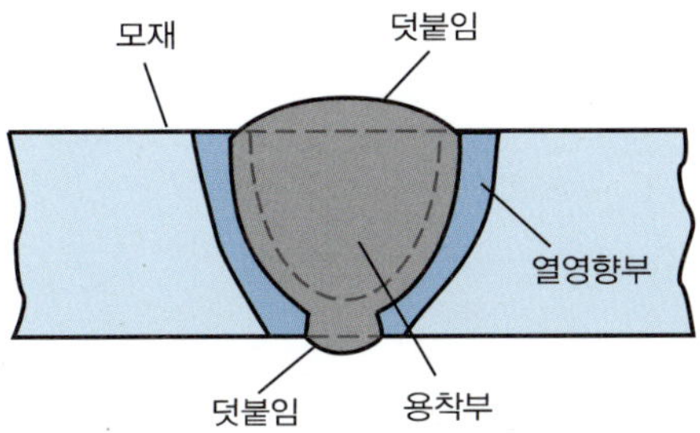

그림 7-1 용접부의 구성

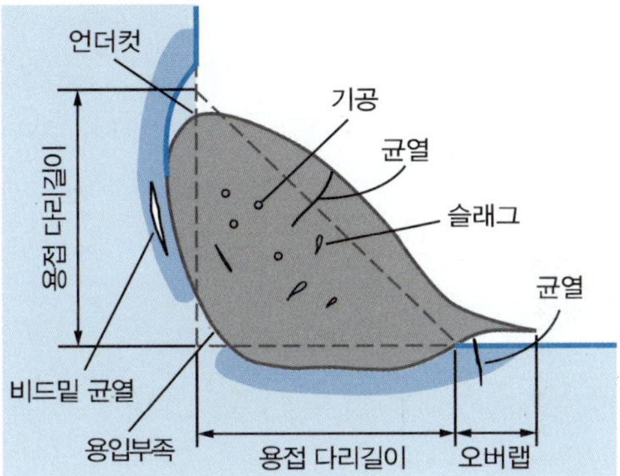

그림 7-2 용접부의 결함

7.1.3 용접부의 결함

용접은 모재 및 **용가재** filler metal[5] 등이 용점melting point 이상으로 녹은 후 응고하므로 용접부에는 다양한 결함이 발생할 수 있다. 이 결함은 용착부에 발생할 수도 있고, 모재에 발생할 수도 있다. 이러한 용접부 결함은 용접이음의 강도를 저하시켜 안전을 위협하는 중요한 원인이 된다. 용접부 결함으로는 [그림 7-2]에 나타낸 바와 같이 **용입부족** poor penetration으로 인한 **언더컷** undercut 및 불완전한 과잉 덮임으로 인한 **오버랩** overlap 등의 형상불량과 용착금속의 가스로 인한 **기공** blowhole, **슬래그** slag 섞임, **용접부 균열** crack, **비드밑 균열** under bead crack 등이 있다.

탐구

1. 가정이나 주위에서 사용되고 있는 용접제품으로는 무엇이 있는가?
2. 용접결함으로 인해 발생한 사고에 대해 조사하라.
3. 리벳이음과 비교했을 때 용접이음의 장점과 단점은 무엇인가?
4. 볼트이음과 비교했을 때 용접이음의 장점과 단점은 무엇인가?
5. 자동차 차체를 제작할 때 이용하는 용접에는 어떤 것이 있는지 조사하라.
6. 모재, 용착부, 열영향부, 용착금속, 용가재에 대해 설명하라.

5 용접하는 데 첨가되는 금속이나 합금재로서 용입재 또는 용접봉(welding rod)을 말한다.

SECTION 7.2

용접이음의 종류

✔ 용접이음의 종류를 살펴본다.
✔ 용접유형과 용접기호에 대해 학습한다.
✔ 용접효율을 결정하는 방법을 학습한다.

미국용접협회American Welding Society, AWS[6]에 등재된 용접공정의 수는 50여 개에 이르며, 부품들을 서로 결합하는 방식과 부품 간 기하학적 상대위치, 부품에 가공된 홈groove의 모양 등에 따라 매우 다양한 용접방법이 있다. 이음부의 유형과 이음부를 형성하는 용접유형에 대해 살펴보자.

7.2.1 이음형식

용접할 모재들의 상대적 위치에 따라 [그림 7-3]과 같은 기본적인 **이음형식**joint type이 있다.

(a) 맞대기이음 (b) 모서리이음 (c) 겹치기이음 (d) T자이음 (e) 끝단이음

그림 7-3 이음형식

- **맞대기이음**butt joint : 두 모재를 **루트간격**root opening[7]만큼 띄운 후 서로 맞대어 용접하는 방법으로, 주로 그루브용접groove weld이 적용된다.
- **모서리이음**corner joint : 두 모재를 L자 모양으로 서로 수직이 되게 용접하는 방법으로, 주로 필릿용접fillet weld이 적용된다.
- **겹치기이음**lap joint : 두 모재의 일부를 서로 겹쳐서 용접하는 방법으로, 주로 필릿용접이 적용된다.
- **T자이음**tee joint : 두 모재를 T자 모양으로 서로 수직되게 용접하는 방법으로, 주로 필릿용접이 적용된다.
- **끝단이음**edge joint : 두 모재 면을 서로 붙인 후 가장자리를 용접하는 방법으로 주로 플랜지용접flange weld이나 표면용접surface weld이 적용된다.

6 https://www.aws.org

7 [그림 7-4]에서 보는 바와 같이 접합하는 두 모재를 서로 맞대었을 때 띄우는 작은 간격을 말한다.

7.2.2 용접유형

이음형식에 따라 적용할 수 있는 다양한 **용접유형** weld type이 있다. 용접유형으로는 그루브용접, 필릿용접, 플러그용접, 슬롯용접, 점용접, 플랜지용접, 표면용접 등이 있다.

■ 그루브용접

그루브용접 groove weld은 접합할 모재들 사이에 I형, V형, K형, U형 등 다양한 모양의 홈을 만들고, 이 홈에 용착금속을 채워서 모재들을 접합하는 방법이다. 일반적으로 보일러나 압력용기 등 고압을 받는 제품을 제작할 때 많이 사용한다. 그루브용접은 맞대기이음에 가장 적합하나 겹치기이음을 제외한 다른 이음부에도 적용할 수 있다.

홈의 모양과 치수는 모재의 두께와 용접조건 등을 고려하여 결정한다. [그림 7-4]에 그루브용접에서 많이 사용하는 전형적인 V형과 양면 V형 홈의 모양과 각부의 명칭을 나타냈다.

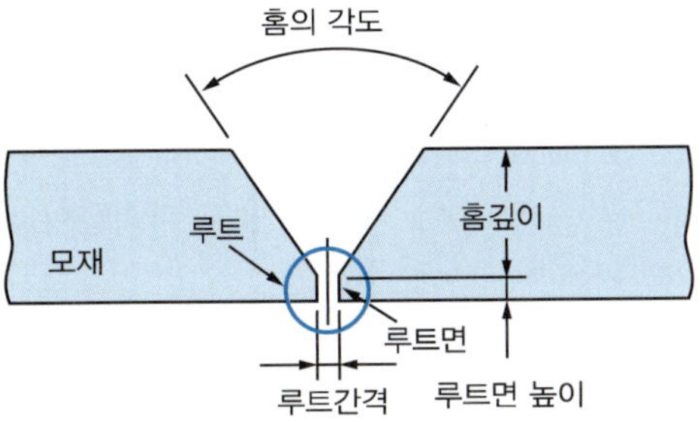

(a) V형 홈

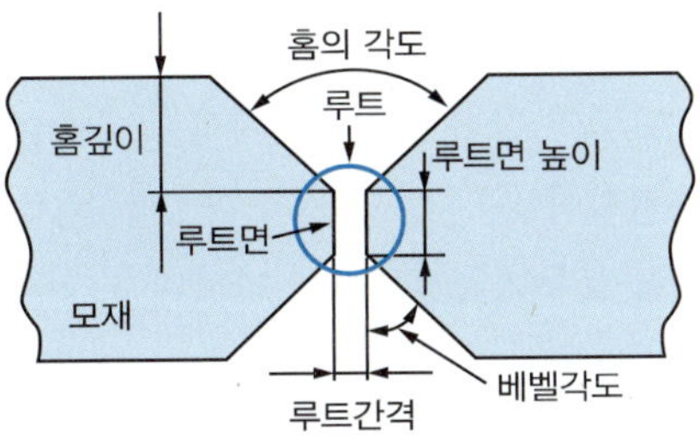

(b) 양면 V형 홈

그림 7-4 홈의 형상과 명칭

[그림 7-5]는 그루브용접에 대한 다양한 홈의 모양과 함께 용접기호를 보여준다. 자세한 용접기호는 KS B 0052에 제시되어 있다.

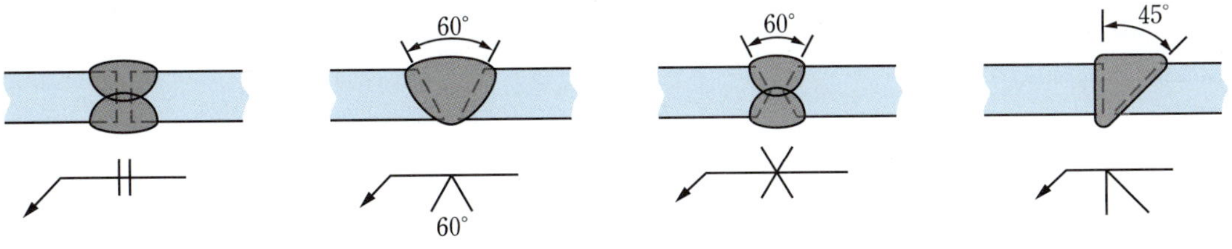

(a) I형 맞대기용접 (b) V형 맞대기용접 (c) 양면 V형 맞대기용접 (d) 일면 개선형 맞대기용접

그림 7-5 그루브용접의 유형 및 용접기호

■ 필릿용접

필릿용접 fillet weld은 [그림 7-6]과 같이 모서리이음, 겹치기이음, T자이음 등에서 서로 만나는 면의 모서리를 채우는 데 적용하는 방법이다. 용가재 filer metal를 이용해 근사적으로 직각삼각형 형태의 단면을 갖는 용접부를 형성한다. 필릿용접은 홈을 미리 가공하는 그루브용접에 비해 작업이 용이하고, 용접에 의한 변형 및 잔류응력이 작다. 그러나 용접결함이 생기기 쉽고, 용접 후 구조물의 중량이 증가하는 단점이 있다.

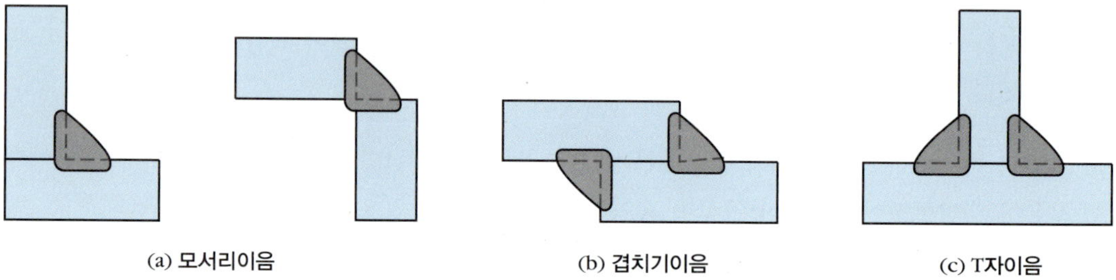

그림 7-6 필릿용접의 형태

[그림 7-7(a)]와 같이 필릿용접에서 길이방향으로 용접된 것을 **용접선** weld line이라고 하며, 용접선의 길이를 **용접길이** weld length라고 한다. 필릿용접의 크기는 [그림 7-7(b)]에 나타낸 **용접 다리길이** leg length와 **용접 목두께** throat depth로 나타낸다. 용착부에서 직각삼각형은 이론적 용접형상이고, 실제로는 용착금속의 **비드** bead[8]로 인해 파선으로 표시된 형상이 된다.

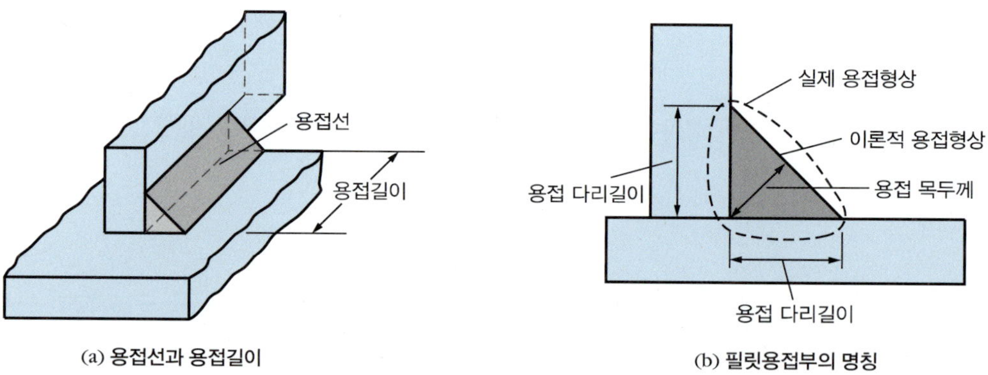

그림 7-7 필릿용접의 형상과 명칭

[그림 7-8]에 필릿용접에 대한 용접기호의 표시방법을 나타냈다. [그림 7-8(a)]는 용접 다리길이가 5 mm 인 이중필릿용접을 나타낸다. 양쪽에 같은 용접 다리길이를 가지며 편의상 한쪽 용접부에만 용접기호를 표시했다.[9] [그림 7-8(b)]는 용접 다리길이가 5 mm 인 **온둘레 필릿용접** full fillet weld을 나타낸다. 온둘레 용접이란 그림과 같이 전체둘레에 걸쳐 용접하는 것이며, 이를 나타내기 위해 지시선의 꺾

8 용접 작업에서 모재와 용접봉이 녹아서 생긴 띠 모양의 길쭉한 파형(波形)의 용착 자국을 말한다.
9 이해를 돕기 위해 짙은 색의 직각삼각형을 표시했으나, 실제로는 직각삼각형의 표시 없이 용접기호와 수치로만 나타낸다.

이는 부분에 작은 원을 표시했다. [그림 7-8(c)]는 용접길이가 50 mm 이고, 용접 간 거리가 170 mm 인 단속 이중필릿용접을 나타낸다. [그림 7-8(d)]는 용접길이와 용접 간 거리가 [그림 7-8(c)]와 같으나 건너편에 있는 용접위치와 서로 엇갈린 형태이다.[10]

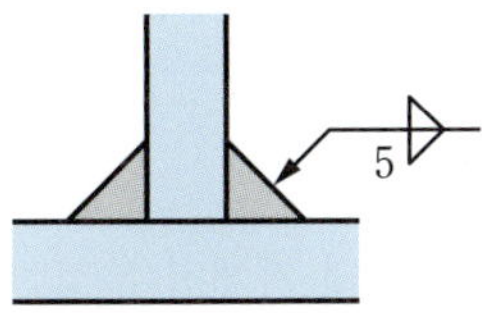

(a) 이중필릿용접

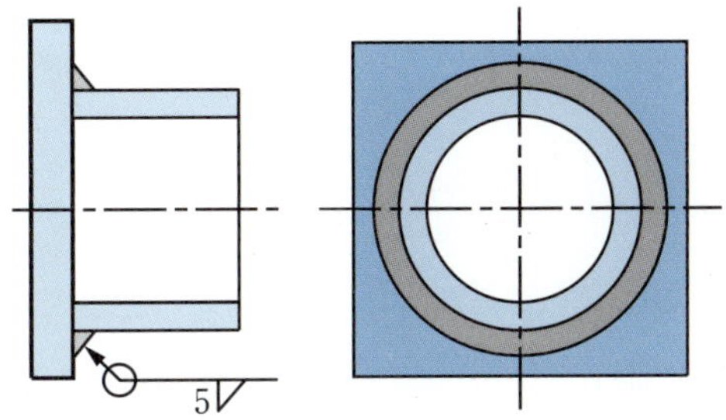

(b) 온둘레 필릿용접

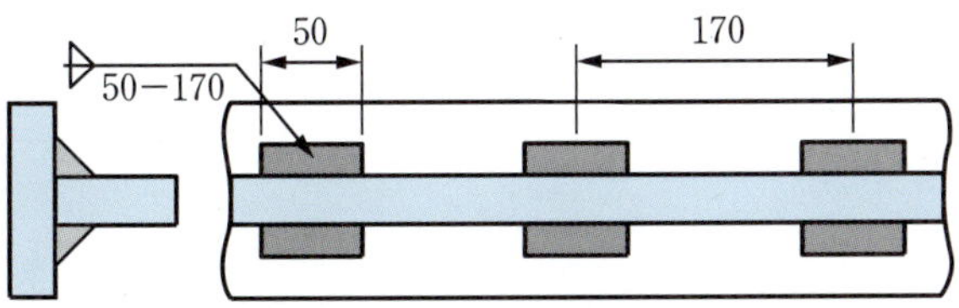

(c) 단속 이중필릿용접

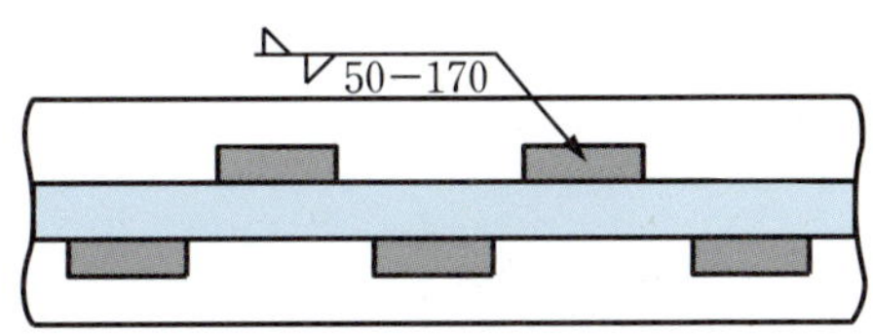

(d) 엇갈린 단속 이중필릿용접

그림 7-8 필릿용접의 용접기호 표시방법

■ 점용접

점용접 spot weld은 [그림 7-9(a)]와 같이 겹쳐진 얇은 판재들을 전극electrode의 끝으로 고정하고, 좁은 접촉면적에 전류를 흐르게 하여 국부적으로 가열하는 동시에 전극을 가압하여 접합하는 일종의 가압 전기저항용접이다. 점용접은 [그림 7-9(b)]처럼 박판 구조물을 제작할 때 많이 사용한다. 강한 결합력을 얻기 위해서는 용접부가 고체상태로 응고될 때까지 지속해서 힘을 가해야 한다. 용접부의 지름은 일반적으로 5~10 mm가 된다.

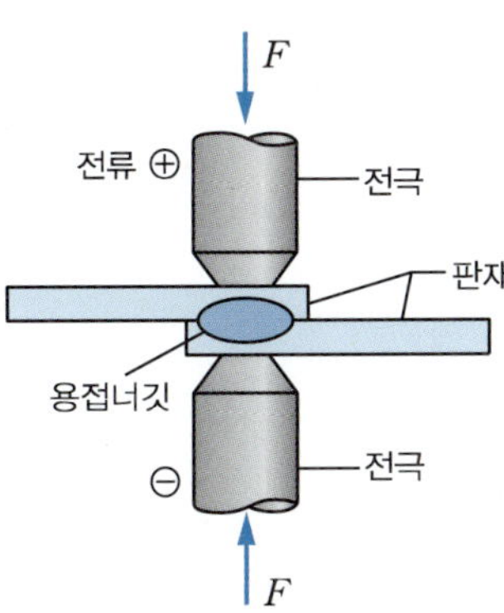

(a) 저항 점용접 방법

(b) 박판 구조물의 점용접

그림 7-9 점용접

10 [그림 7-8(c)]와 [그림 7-8(d)] 사이의 삼각형 기호에 대한 차이점을 확인하기 바란다.

용접공정으로 인해 두 금속부재 사이에 용착부가 형성되는데, 이를 점용접에서는 **용접너깃** weld nugget 이라고 한다. 이음부의 형상이나 응력의 관점에서 보면 점용접은 앞장에서 학습한 리벳과 유사하게 다뤄질 수 있다. 점용접으로 접합된 부분은 일반적으로 굽힘하중에는 비교적 잘 견디나 전단하중에는 취약한 편이다.

7.2.3 용접효율

용접이음은 볼트나 리벳이음과는 달리 부재를 녹여서 결합하므로 응고 후에는 재료의 기계적 특성이 변할 수 있다. 또한 용접된 상태가 균일하지 않을 수 있어서 일반적으로 용접부의 강도는 모재의 강도보다 낮은 것으로 판단한다.

따라서 용접된 구조물이 과도한 힘을 받게 되면 용접부에서 파손이 발생한다고 가정하고, **용접효율**을 다음과 같이 표현한다.

$$\eta = \frac{\text{용접부의 강도}}{\text{모재의 강도}} \approx k_1 . k_2 \tag{7.1}$$

이 식에서 k_1은 용접이음의 형상계수로서 용접유형과 하중형태에 따라 결정되며, 이를 [표 7-1]에 나타냈다. k_2는 용접조건과 용접자세에 따른 용접계수로서 [표 7-2]에 나타냈다.

표 7-1 용접유형과 하중형태에 따른 형상계수

용접유형	하중형태	k_1
맞대기용접	인장	0.75
	압축	0.85
	굽힘	0.80
	전단	0.65
필릿용접	모든 경우	0.65

표 7-2 용접조건과 용접자세에 따른 용접계수[11]

용접조건과 용접자세		k_2
용접조건	공장용접에 대한 현장용접	0.90
용접자세	아래보기용접에 대한 수직보기용접	0.95
	아래보기용접에 대한 수평보기용접	0.90
	아래보기용접에 대한 위보기용접	0.80

11 공장용접과 아래보기용접에서 가장 좋은 용접계수를 갖는다.

용접조건으로는 공장용접과 현장용접 두 종류로 분류한다.[12] 용접자세는 용접작업자가 용접부를 대하는 자세를 말하며, [그림 7-10]에서 보는 바와 같이 아래보기, 수직보기, 수평보기, 위보기 등 네 종류가 있다.

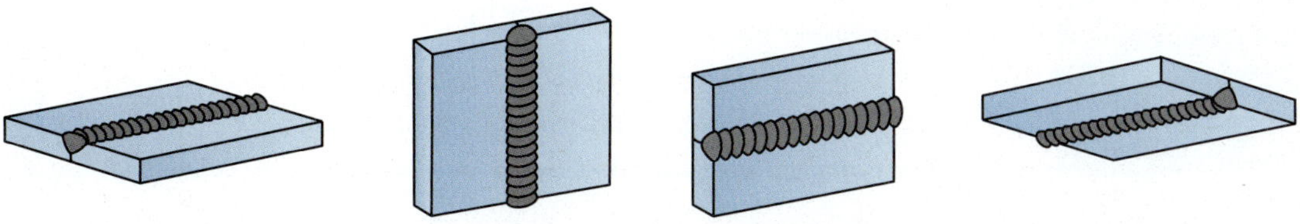

(a) 아래보기　(b) 수직보기　(c) 수평보기　(d) 위보기

그림 7-10 용접자세

탐구

1. 5가지 이음형식의 종류를 설명하고, 이음형식별로 어떤 용접이 적용되는지 설명하라.
2. 자동차에서 점용접 된 부분을 찾아보고, 용접점의 지름 및 용접점 간 거리를 확인하라.
3. 현장용접이 공장용접에 비해 용접품질을 저하시키는 원인으로는 무엇이 있는지 조사하라.

12 공장용접은 현장용접에 비해 작업환경이 양호하므로 양질의 용접부를 얻을 가능성이 현장용접보다 높다.

SECTION 7.3

용접이음의 응력

- 맞대기이음에 대한 응력을 학습한다.
- 겹치기이음 중 정면필릿용접과 측면필릿용접에 대한 응력을 학습한다.
- 사각단면 및 원형단면을 가진 T자이음 필릿용접에 대한 응력을 학습한다.

7.3.1 맞대기이음에 대한 응력

[그림 7-11]에 V형 홈을 갖는 전형적인 맞대기용접을 나타냈으며, 하중 유형별로 용접단면의 응력을 알아보자.

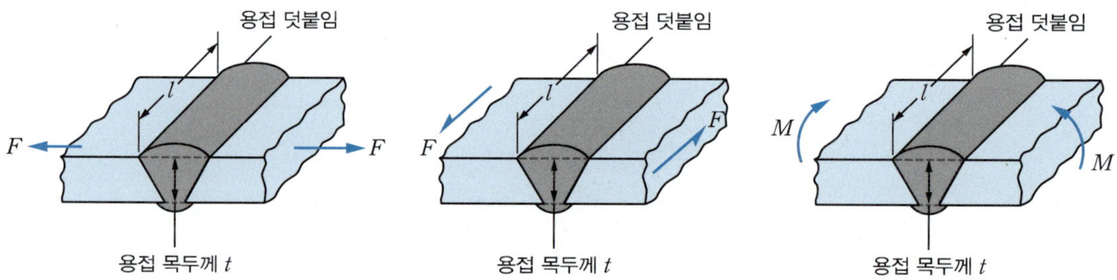

그림 7-11 맞대기용접

1 인장응력

[그림 7-11(a)]와 같이 부재에 인장하중 F가 작용할 때 용접단면에서 발생하는 인장응력은 다음과 같다.

$$\sigma_t = \frac{F}{tl} \tag{7.2}$$

여기서 t는 용접 목두께, l은 용접길이이다. t에는 용접 덧붙임이 포함되지 않는다.

2 전단응력

[그림 7-11(b)]와 같이 부재에 전단하중 F가 작용할 때 용접단면에서 발생하는 전단응력은 다음과 같다.

$$\tau_s = \frac{F}{tl} \tag{7.3}$$

3 굽힘응력

[그림 7-11(c)]와 같이 부재에 굽힘모멘트 M이 작용할 때 용접단면에서 발생하는 굽힘응력은 굽힘공식에 따라 다음과 같다.

$$\sigma_b = \frac{My}{I} \tag{7.4}$$

여기서 I는 용접단면의 중립축에 대한 관성모멘트이고, y는 용접단면의 중립축으로부터 용접부 목두께 방향의 특정 높이를 나타낸다. 최대굽힘응력은 단면의 중립축으로부터 $t/2$ 위치인 용접부의 윗면이나 아랫면에서 발생하므로 다음과 같이 쓸 수 있다.

$$(\sigma_b)_{\max} = \frac{M(t/2)}{I} = \frac{M(t/2)}{(lt^3)/12} = \frac{6M}{lt^2} \tag{7.5}$$

7.3.2 겹치기이음에 대한 응력

겹치기이음 중 정면필릿용접과 측면필릿용접에 대한 응력을 살펴본다.

■ 정면필릿용접

1 단일 정면필릿용접

[그림 7-12(a)]와 같이 두 부재를 겹치기이음을 하는 필릿용접에서 부재가 인장하중 F를 받을 때 용접부에서 응력이 발생한다. 용접선의 수직방향으로 하중이 작용하므로 **정면필릿용접** front fillet welding이라고 하며, 용접을 한쪽에서만 시행하므로 단일 정면필릿용접이라고 한다.

필릿용접은 용접면 중 최소면적을 갖는 용접 목두께 weld throat depth에서 파손되므로, 이 위치에서 발생하는 응력에 대한 분석이 필요하다. 이와 관련하여 용접부의 자유물체도를 [그림 7-12(b)]에 나타냈다.

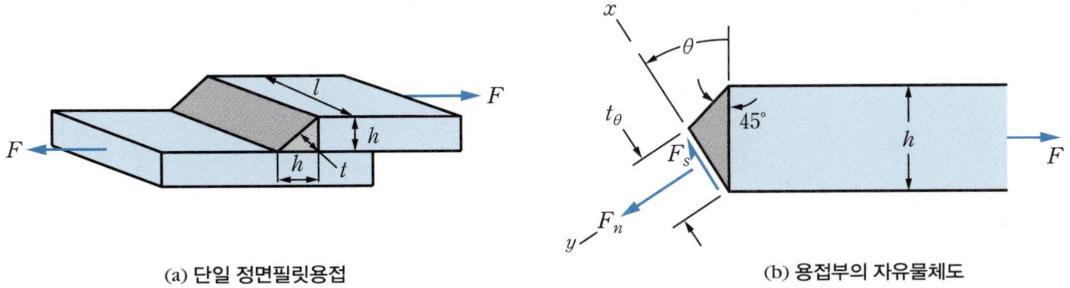

(a) 단일 정면필릿용접 (b) 용접부의 자유물체도

그림 7-12 정면필릿용접

[그림 7-12(b)]의 용접부에서 임의의 각도 θ에서의 용접 목두께는 t_θ이며, 이 목두께 면에서 발생하는 수직력 F_n과 전단력 F_s는 다음과 같다.

$$F_n = F\cos\theta, \quad F_s = F\sin\theta \tag{7.6}$$

[그림 7-12(b)]의 짙은 색으로 표시된 삼각형에 대해 사인법칙을 적용하면

$$\frac{t_\theta}{\sin 45°} = \frac{h}{\sin(135° - \theta)} = \frac{\sqrt{2}\,h}{\cos\theta + \sin\theta} \tag{7.7}$$

가 되며, 이를 용접 목두께 t_θ에 관해 정리하면 다음과 같다.

$$t_\theta = \frac{h}{\cos\theta + \sin\theta} \tag{7.8}$$

용접부 목두께 단면적 $A = t_\theta l$이며, 각도 θ에서의 전단응력과 수직응력은 각각 다음과 같다.

$$\tau = \frac{F_s}{A} = \frac{F}{hl}(\sin^2\theta + \sin\theta\cos\theta) \tag{7.9}$$

$$\sigma = \frac{F_n}{A} = \frac{F}{hl}(\cos^2\theta + \sin\theta\cos\theta) \tag{7.10}$$

이 식들을 이용하여 용접부 임의의 각도 θ에서 발생하는 전단응력과 수직응력을 구할 수 있다. 용접 목두께가 가장 작은 위치인 $\theta = 45°$에서 발생하는 전단응력과 수직응력은 각각 다음과 같다. 즉 수직응력과 전단응력이 같다.

$$\tau = \frac{F}{hl} \tag{7.11}$$

$$\sigma = \frac{F}{hl} \tag{7.12}$$

용접부에서의 여러 불확실성 때문에 설계할 때는 안전을 고려해 식 (7.11)과 식 (7.12) 대신 하중 F를 $\theta = 45°$에서의 용접 목두께 t[13]의 단면적으로 나눈 값을 이용하여 전단응력과 수직응력을 결정한다.

$$\tau = \frac{F}{tl} = \frac{F}{0.707hl} = \frac{1.414F}{hl} \tag{7.13}$$

$$\sigma = \frac{F}{tl} = \frac{F}{0.707hl} = \frac{1.414F}{hl} \tag{7.14}$$

2 이중 정면필릿용접

[그림 7-12(a)]와 같이 윗면만 필릿용접을 하는 대신에, [그림 7-13(a)]와 같이 양면 또는 [그림 7-13(b)]와 같이 양쪽필릿용접을 하면 용접면이 두 배 늘어나므로 용접부의 응력이 반으로 줄어든다.

---

13 필릿용접에서 $\theta = 45°$에서의 용접 목두께 $t = 0.707h$가 된다. h는 용접 다리길이를 나타낸다.

게다가 [그림 7-13(b)]와 같이 용접하면 모멘트의 평형이 이루어지므로 [그림 7-13(a)]보다는 더 안정적인 구조가 된다.

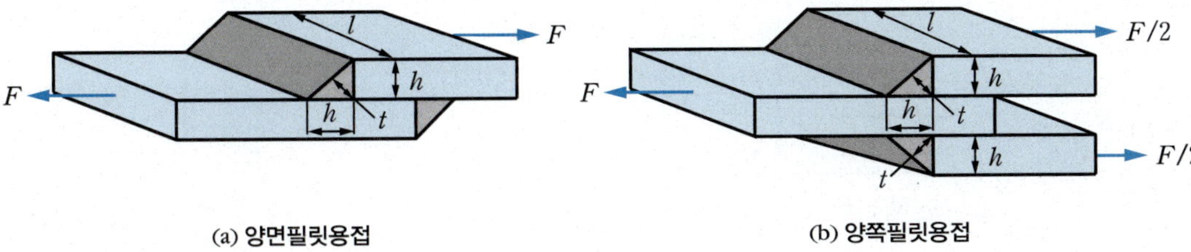

그림 7-13 정면필릿용접

■ 측면필릿용접

1 대칭단면

[그림 7-14]와 같이 하중의 방향과 용접선의 방향이 같은 경우를 **측면필릿용접** side fillet welding이라고 한다. 이 용접구조물에 인장하중 F가 작용할 때 45° 위치의 용접 목두께 t를 갖는 단면에서 발생하는 전단응력은 다음과 같이 나타낼 수 있다.

$$\tau = \frac{F}{A} = \frac{F}{2tl} = \frac{F}{2(0.707h)l} = \frac{F}{1.414hl} \tag{7.15}$$

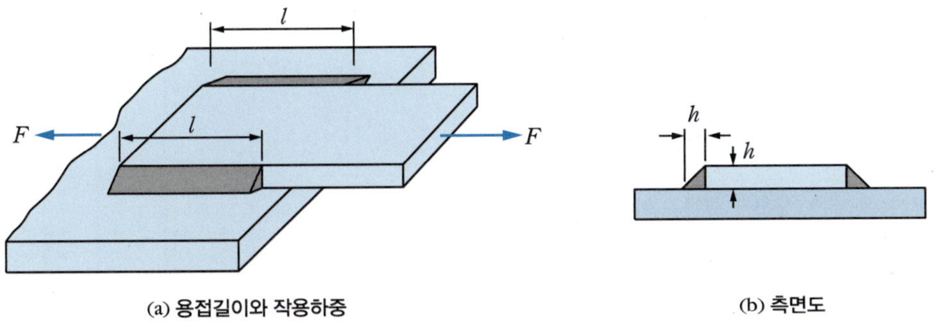

그림 7-14 대칭단면의 측면필릿용접

2 비대칭 단면

[그림 7-15]에서 보는 바와 같이 평판부재에 비대칭단면을 갖는 앵글angle이 용접길이 l_1과 l_2만큼 필릿용접 되어 있다. 앵글단면의 도심축 G에 x방향으로 인장하중 F가 작용하고 있다.[14] 이때 용접부에서의 전단응력은 다음과 같다.

$$\tau = \frac{F}{A} = \frac{F}{t(l_1 + l_2)} = \frac{F}{0.707hl} \tag{7.16}$$

이 식에서 $l = l_1 + l_2$로서 용접길이의 합이다.

---

14 실제로 도심 G는 빈 곳이므로 앵글의 양단에 앵글단면의 치수만큼 강판을 댄 후 힘을 가하는 것으로 이해하면 된다.

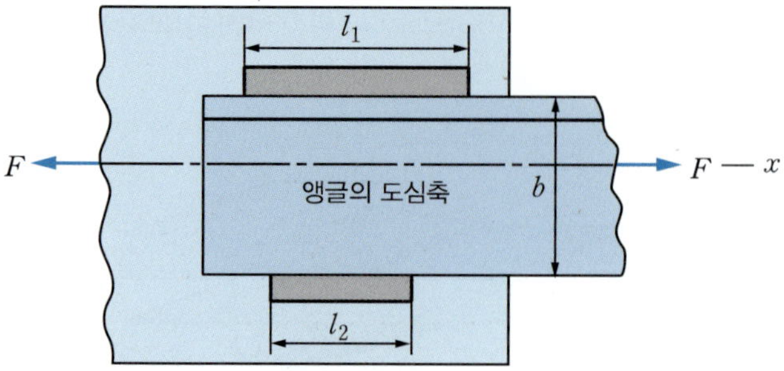

(a) 용접길이와 작용하중

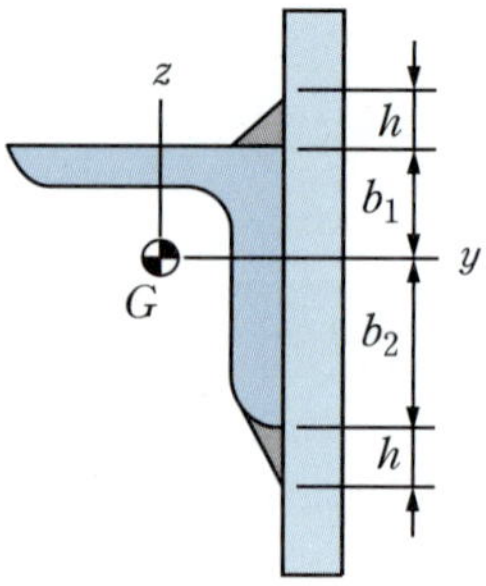

(b) 측면도

그림 7-15 비대칭단면의 측면필릿용접

[그림 7-15(b)]의 도심을 통과하는 y축에 대해 용접부 전단력에 의한 모멘트평형은 다음과 같다.

$$\sum M_y = 0; \quad \tau(tl_1)b_1 - \tau(tl_2)b_2 = 0 \tag{a}$$

이 식을 정리하면 다음과 같다. 즉 용접길이와 편심거리는 반비례의 관계를 갖는다.

$$l_1 b_1 = l_2 b_2 \tag{b}$$

그리고 $b = b_1 + b_2$이므로 다음의 관계가 성립한다.

$$l_1 = b_2\left(\frac{l}{b}\right), \quad l_2 = b_1\left(\frac{l}{b}\right) \tag{7.17}$$

7.3.3 T자이음에 대한 응력

사각단면 및 원형단면을 가진 T자이음의 필릿용접에 대한 응력을 살펴본다.

■ 사각단면의 필릿용접

[그림 7-16(a)]와 같이 T자이음의 필릿용접 구조물에 하중 F가 작용하여 [그림 7-16(b)]에 직사각형으로 나타낸 두 용접부에 전단응력과 함께 굽힘응력이 발생한다.

1 굽힘응력

하중 F와 모멘트 암의 길이 L에 의해 굽힘모멘트 $M = FL$이 용접부에 작용하면, 이로 인해 용접부에는 굽힘응력이 발생하다. 굽힘응력을 계산하기 위해 먼저 중립축인 y축에 대한 2개의 용접부의 관성모멘트를 구한다.

$$I = 2\left(\frac{td^3}{12}\right) = \frac{1.414hd^3}{12} \tag{7.18}$$

최대굽힘응력은 중립축으로부터 가장 멀리 떨어진 $d/2$에서 발생하며 굽힘공식으로부터 다음과 같다.

$$(\sigma_b)_{\max} = \frac{M(d/2)}{I} = \frac{3FL}{0.707hd^2} \tag{7.19}$$

2 전단응력

하중의 방향과 용접길이 방향이 같은 측면필릿용접이므로 전단응력은 다음과 같다.

$$\tau = \frac{F}{2td} = \frac{F}{1.414hd} \tag{7.20}$$

이 용접부에 발생하는 최대전단응력은 다음과 같다.

$$\tau_{\max} = \sqrt{\left(\frac{\sigma_b}{2}\right)^2 + \tau^2} \tag{7.21}$$

용접부의 최대전단응력은 재료의 허용전단응력 이하가 되도록 해야 한다.

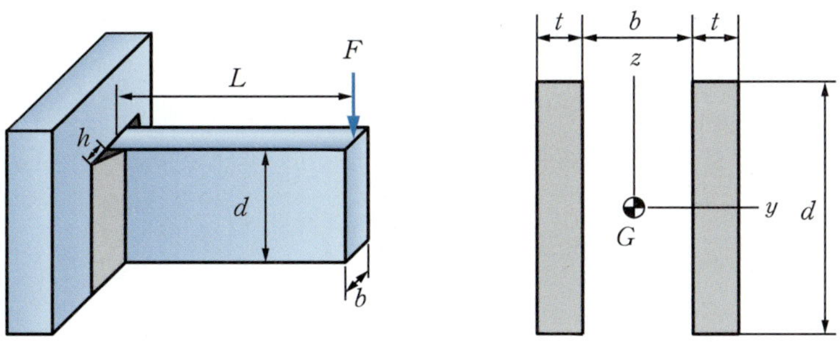

(a) 외팔보 (b) 용접부

그림 7-16 T자이음의 측면필릿용접

■ 원형단면의 필릿용접

[그림 7-17]과 같이 지름 d의 원형단면보는 평판부재와 용접 다리길이 h로 필릿용접이 되어 있다. 이 보에 인장하중 F, 굽힘모멘트 M, 비틀림모멘트 T가 각각 작용한다.

1 인장응력

인장하중 F를 받는 경우 인장응력은 다음과 같다.

$$\sigma_t = \frac{F}{A} \tag{7.22}$$

이 식에서 용접부 면적은 다음과 같다.

$$A = \frac{\pi}{4}[(d + \sqrt{2}\,h)^2 - d^2] \tag{a}$$

2 굽힘응력

굽힘모멘트 M을 받는 경우 굽힘응력은 다음과 같다.

$$\sigma_b = \frac{Mr}{I} \tag{7.23}$$

이 식에서 I는 y축에 대한 용접부의 관성모멘트로서 다음과 같다.

$$I = \frac{\pi}{64}[(d+\sqrt{2}\,h)^4 - d^4] \tag{b}$$

그리고 r은 y축으로부터 용접부까지의 거리로 다음과 같다.

$$r = \frac{d+\sqrt{2}\,h}{2} \tag{c}$$

3 전단응력

비틀림모멘트 T를 받는 경우 전단응력은 다음과 같다.

$$\tau = \frac{Tr}{J} \tag{7.24}$$

이 식에서 J는 x축에 대한 극관성모멘트로서 다음과 같다.

$$J = \frac{\pi}{32}[(d+\sqrt{2}\,h)^4 - d^4] \tag{d}$$

그리고 원의 중심으로부터 용접부까지의 반지름은 식 (c)와 같다.

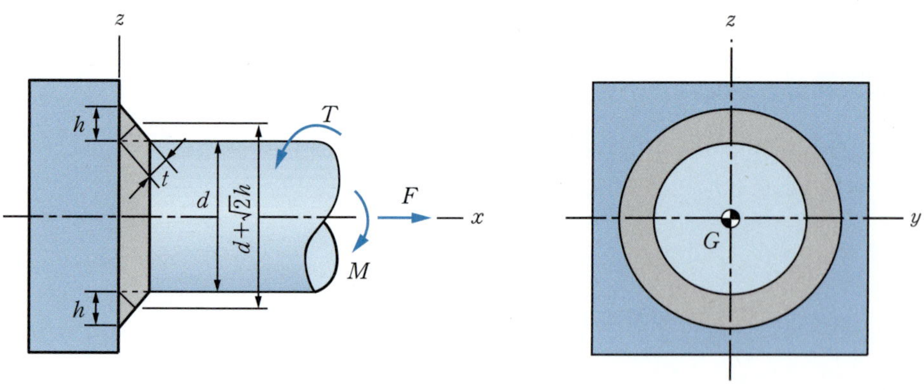

(a) 치수 및 작용하중 (b) 측면도

그림 7-17 원형단면의 필릿용접

예제 7-1 양면필릿용접에서의 용접길이

[그림 7-18]에 나타낸 두께 12mm의 두 판재를 양면필릿용접 하려고 한다. 작용하중이 50kN이고, 허용전단응력이 65MPa일 때 필요한 용접길이 l은 얼마인가? 단, 길이의 단위는 mm이다.

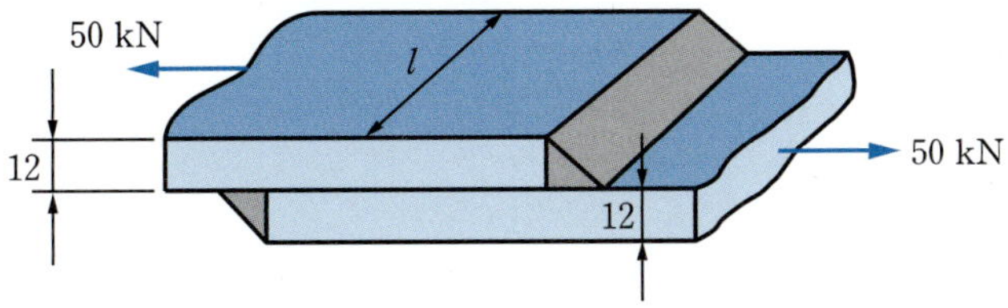

그림 7-18 양면필릿용접

전략

식 (7.13)으로 정면필릿용접의 전단응력을 구할 수 있다. 다만 주어진 문제는 용접부위가 두 곳이므로 용접면이 두 배가 된다.

풀이

식 (7.13)의 $\tau = \dfrac{1.414F}{hl}$를 $\tau = \dfrac{1.414F}{2hl}$로 놓는다. 이 식에서 다음과 같이 용접길이를 구한다.

$$l = \frac{1.414F}{2\tau h} = \frac{1.414 \times 50 \times 10^3}{2 \times 65 \times 10^6 \times 0.012} = 0.0453\,\text{m}$$

따라서 $l = 46\,\text{mm}$로 정한다. [답]

검토

이 문제와 같이 겹치기이음을 하면 우력 50kN과 모멘트 암 12mm로 인해 모멘트가 발생한다. 이때 우력으로 인한 모멘트는 다음과 같다.

$$M = Ft = 50 \times 0.012 = 0.6\,\text{kN} \cdot \text{m}$$

우력에 의한 모멘트가 발생하지 않도록 하려면 [그림 7-13(b)]와 같이 양쪽필릿용접을 하면 된다.

예제 7-2 측면필릿용접에서의 최대허용하중

[그림 7-19]와 같이 두께 7 mm의 평판을 측면필릿용접 했다. 용접부의 허용전단응력이 25 MPa일 때 가할 수 있는 최대하중 F를 구하라. 단, 길이의 단위는 mm이다.

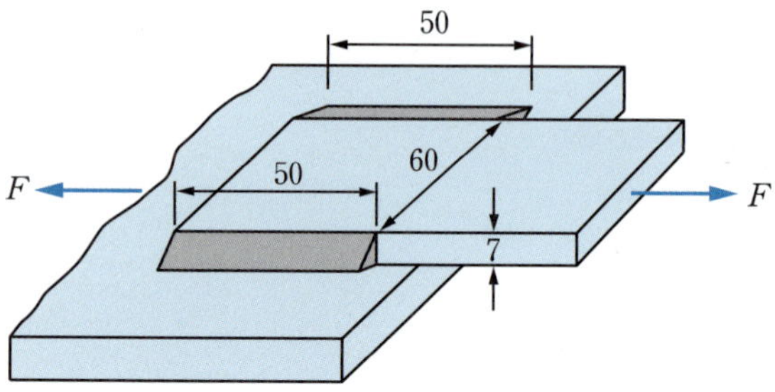

그림 7-19 평판의 측면필릿용접

전략

두 용접부의 용접길이가 같고 대칭단면을 가지므로 식 (7.15)를 이용하여 부재에 가할 수 있는 하중 F를 구하면 된다.

풀이

식 (7.15)의 $\tau = \dfrac{F}{1.414hl}$ 로부터 인장력 F는 다음과 같이 구할 수 있다.

$$F = 1.414\tau hl = 1.414 \times 25 \times 0.007 \times 0.05 = 0.01237\,\text{MN}$$

따라서 $F = 12.37\,\text{kN}$이 된다. [답]

검토

두 용접선 사이의 거리 60 mm는 힘을 구하는 데 사용하지 않았다. 용접길이가 서로 다르다면 힘을 구하는 데 있어서 용접선 사이의 거리가 영향을 주는지 확인하라.

예제 7-3 비대칭단면을 가진 측면필릿용접에서의 용접길이

[그림 7-20]과 같이 평판부재와 앵글을 측면필릿용접으로 결합한다. 앵글의 도심축에 95 kN의 인장하중을 작용할 때 평형을 유지하기 위한 용접길이 l_1과 l_2를 구하라. 용접부의 허용전단응력은 60 MPa이고, 앵글의 도심은 $\bar{y} = 104.8\,\text{mm}$이다. 단, 길이의 단위는 mm이다.

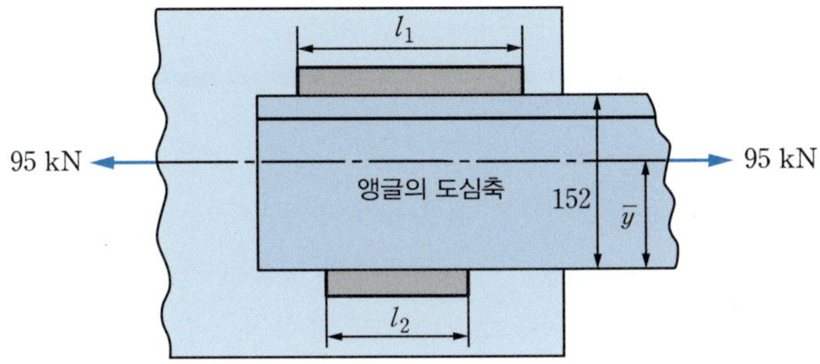

(a) 용접길이와 작용하중

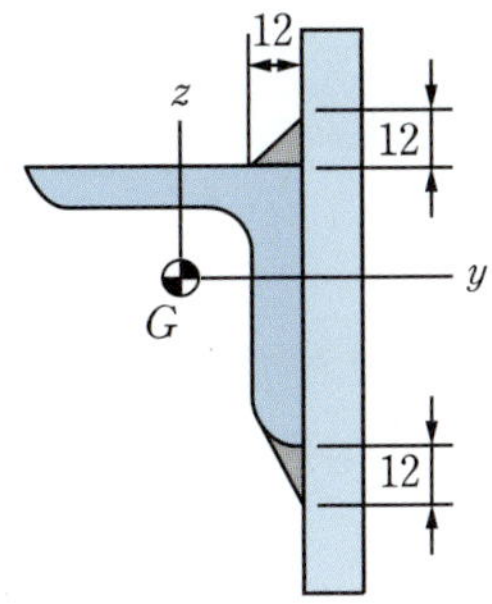

(b) 측면도

그림 7-20 측면필릿용접으로 결합한 평판부재와 앵글

전략

비대칭단면을 갖는 앵글의 도심축에 인장하중이 작용하므로 모멘트의 평형을 만족하기 위해 평판부재와 앵글 사이의 용접길이가 달라야 한다. 용접부에서 발생하는 전단응력의 식 (7.16)을 이용하여 전체 용접길이를 구할 수 있다. 그리고 y축에 대한 모멘트의 평형을 통해 각 용접길이를 구한다.

풀이

식 (7.16)의 $\tau = \dfrac{F}{0.707hl}$ 로부터 $60 \times 10^6 = \dfrac{95 \times 10^3}{0.707 \times 0.012 \times l}$ 이 되며, 이로부터 전체 용접길이를 구하면 다음과 같다.

$$l = \frac{95 \times 10^3}{60 \times 10^6 \times 0.707 \times 0.012} = 0.1866\,\text{m} \approx 187\,\text{mm}$$

도심거리가 $b_2 = 104.8\,\text{mm}$이므로 $b_1 = 152 - 104.8 = 47.2\,\text{mm}$가 되며, 식 (7.17)을 이용하여 다음과 같이 각각의 용접길이를 구한다.

$$l_1 = b_2\left(\frac{l}{b}\right) = 104.8 \times \left(\frac{187}{152}\right) = 128.9\,\text{mm} \approx 129\,\text{mm} \quad \text{[답]}$$

$$l_2 = b_1\left(\frac{l}{b}\right) = 47.2 \times \left(\frac{187}{152}\right) = 58.1\,\text{mm} \approx 59\,\text{mm} \quad \text{[답]}$$

검토

결과에서 알 수 있듯이 용접길이와 편심거리는 반비례 관계를 갖는다.

SECTION 7.4

용접구조물의 응력해석

- ✔ 필릿용접에서 용접부를 선으로 근사화하여 응력을 구하는 과정을 학습한다.
- ✔ 굽힘하중을 받는 용접이음에서의 응력을 구하는 방법을 학습한다.
- ✔ 비틀림하중을 받는 용접이음에서의 응력을 구하는 방법을 학습한다.

필릿용접에서 용접 목두께가 용접길이와 비교하여 상대적으로 매우 작은 경우 용접부를 선으로 가정할 수 있다. 이를 위해 용접부의 관성모멘트나 극관성모멘트에서 목두께가 포함된 항목 중 고차항을 소거하고 목두께를 단위값 1로 치환한다. 용접 목두께를 선으로 가정하면 용접 목두께에 관계없이 용접선의 기하학적 모양으로만 관성모멘트나 극관성모멘트가 결정된다. 이러한 방법은 구조물의 기하학적 모양에 따라 용접선이 복잡한 경우에 매우 유용하다. 이 절에서는 굽힘 및 비틀림을 받는 필릿용접에서 용접부를 선으로 근사화하여 응력을 구하는 과정을 학습한다.

7.4.1 굽힘하중을 받는 용접이음에서의 응력

[그림 7-21(a)]에 폭 b와 높이 d의 직사각형 단면을 가진 외팔보를 나타냈다. 고정단의 상하부는 필릿용접이 되어 있다. 하중 F로 인해 외팔보의 고정단에서 발생하는 반력은 전단력 F와 굽힘모멘트 M이다.

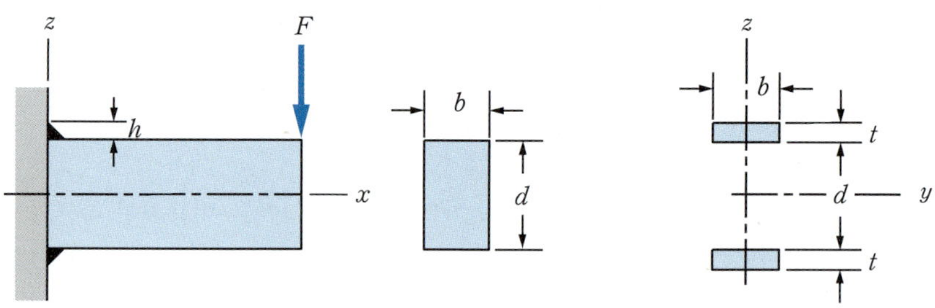

(a) 외팔보　　(b) 용접부 단면

그림 7-21 외팔보에 대한 T자이음의 정면필릿용접

■ 전단력에 의한 전단응력

용접부에서 발생하는 전단력 F로 인해 용접부에 발생하는 1차 전단응력[15]은 다음과 같다.

$$\tau_1 = \frac{F}{A}$$

15 1차 전단응력은 전단력에 의해 발생하는 전단응력으로 편의상 1차로 표현한 것이다.

여기서 A는 용접 목두께 면적으로 상하 두 용접부에 각각 $0.707bh$의 면적을 가지므로 용접부 전체면적 $A=1.414bh$가 된다. 따라서 전단응력은 다음과 같다.

$$\tau_1 = \frac{F}{1.414bh} \tag{7.25}$$

■ 굽힘모멘트에 의한 전단응력

y축에 대한 상하 두 용접부의 관성모멘트는 평행축정리를 이용하여 다음과 같이 쓸 수 있다.[16]

$$I = 2\left[\frac{bt^3}{12} + tb\left(\frac{d}{2}\right)^2\right] \tag{7.26}$$

이 식에서 용접 목두께 t는 용접길이 b에 비해 상대적으로 작으므로 대괄호 내의 첫 번째 항을 무시하면 다음과 같이 쓸 수 있다.

$$I \approx \frac{tbd^2}{2} \tag{7.27}$$

용접 목두께 t를 1로 가정하면 단위 관성모멘트 I_u는 다음과 같다.

$$I_u = \frac{bd^2}{2} \tag{7.28}$$

용접 목두께 $t=0.707h$이므로 용접 다리길이 h를 반영한 관성모멘트는 다음과 같다.

$$I = 0.707hI_u = 0.707h\frac{bd^2}{2} \tag{7.29}$$

외팔보의 고정단 윗면과 아랫면, 즉 필릿용접과 접하는 부분에서 발생하는 보의 최대굽힘응력은 굽힘공식에 따라 다음과 같다.

$$(\sigma_b)_{\max} = \frac{Mc}{I} \tag{7.30}$$

그런데 필릿용접의 입장에서는 이 최대굽힘응력이 전단응력과 동일하므로 굽힘모멘트 M에 의해 용접 목단면에서 발생하는 2차 전단응력[17]은 다음과 같이 쓸 수 있다.

$$\tau_2 = \frac{Mc}{I} = \frac{M\left(\dfrac{d}{2}\right)}{0.707h\left(\dfrac{bd^2}{2}\right)} = \frac{1.414M}{bdh} \tag{7.31}$$

---

16 중립축에서 용접부 중심까지의 거리는 $\frac{d}{2}+\frac{t}{2}$가 되어야 하나 일반적으로 $\frac{d}{2} \gg \frac{t}{2}$의 관계를 가지므로 $\frac{t}{2}$를 생략했다.

17 2차 전단응력은 굽힘모멘트에 의해 발생하는 전단응력으로 편의상 2차로 표현한 것이다.

용접부에서 발생하는 전체 전단응력은 이들 두 전단응력의 합으로서 다음과 같다.

$$\tau = \left(\tau_1^2 + \tau_2^2\right)^{1/2} = \left[\left(\frac{F}{1.414bh}\right)^2 + \left(\frac{1.414M}{bdh}\right)^2\right]^{1/2} \tag{7.32}$$

[표 7−3]에 자주 사용하는 용접선 모양에 따른 기하학적 특성을 나타냈다. I_u는 전체 용접선의 도심 G를 통과하는 수평축에 대한 단위폭당 관성모멘트이다.

표 7-3 필릿용접의 굽힘에 대한 기하학적 특성

용접선 모양	용접 목면적	도심 위치	단위 관성모멘트
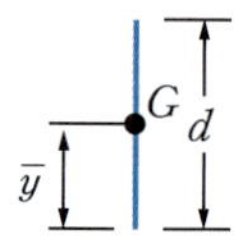	$A = 0.707hd$	$\bar{x} = 0$ $\bar{y} = d/2$	$I_u = \frac{d^3}{12}$
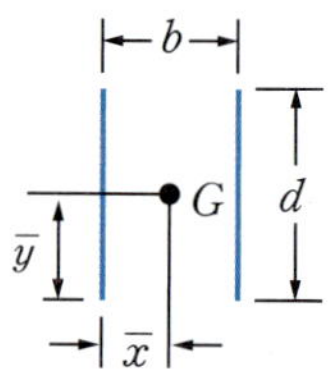	$A = 1.414hd$	$\bar{x} = b/2$ $\bar{y} = d/2$	$I_u = \frac{d^3}{6}$
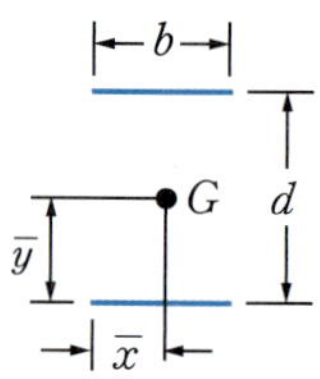	$A = 1.414hd$	$\bar{x} = b/2$ $\bar{y} = d/2$	$I_u = \frac{bd^2}{2}$
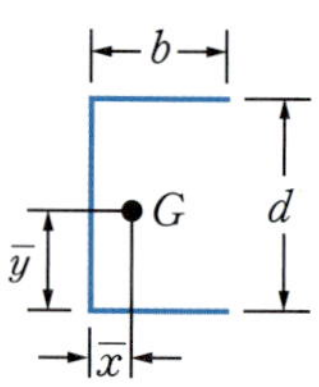	$A = 0.707h(2b+d)$	$\bar{x} = \frac{b^2}{2b+d}$ $\bar{y} = d/2$	$I_u = \frac{d^2}{12}(6b+d)$
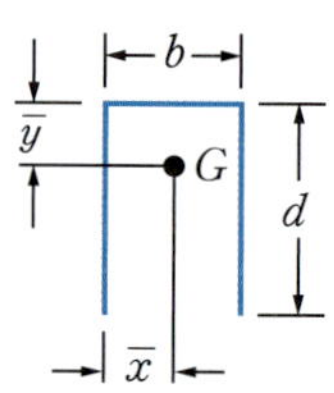	$A = 0.707h(b+2d)$	$\bar{x} = b/2$ $\bar{y} = \frac{d^2}{b+2d}$	$I_u = \frac{d^3}{12} - 2d^2\bar{y} + (b+2d)\bar{y}^2$
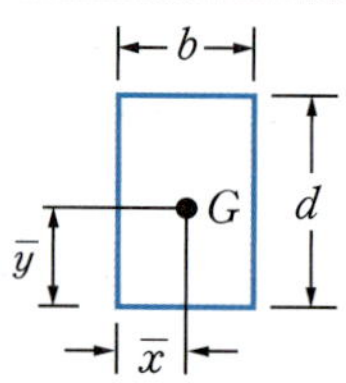	$A = 1.414h(b+d)$	$\bar{x} = b/2$ $\bar{y} = d/2$	$I_u = \frac{d^2}{6}(3b+d)$

표 7-3 필릿용접의 굽힘에 대한 기하학적 특성 (계속)

용접선 모양	용접 목면적	도심 위치	단위 관성모멘트
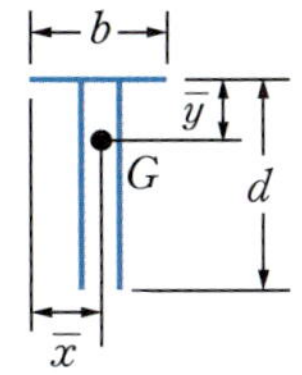	$A = 0.707h(b+2d)$	$\bar{x} = b/2$ $\bar{y} = \dfrac{d^2}{b+2d}$	$I_u = \dfrac{2d^3}{3} - 2d^2\bar{y} + (b+2d)\bar{y}^2$
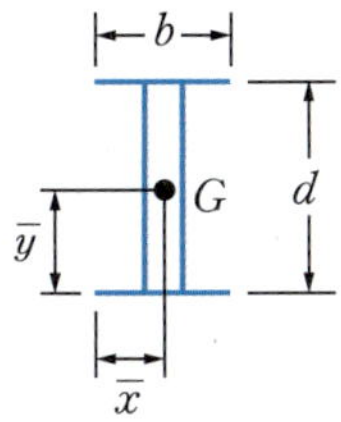	$A = 1.414h(b+d)$	$\bar{x} = b/2$ $\bar{y} = d/2$	$I_u = \dfrac{d^2}{6}(3b+d)$
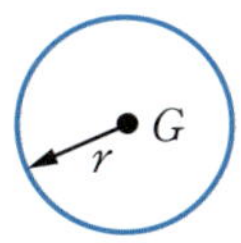	$A = 1.414\pi hr$		$I_u = \pi r^3$

[주] 이 표에서 모든 용접부는 선으로 가정했으며 h는 용접 다리길이로서 표에 있는 모든 용접부에 대해 동일하다.

7.4.2 비틀림하중을 받는 용접이음에서의 응력

[그림 7-22]는 수직벽에 외팔보 형태의 평판구조물이 L자 모양으로 필릿용접이 되어 있는 것을 보여준다. 하중 F는 전체 용접선의 도심 G로부터 e만큼 떨어진 곳에 작용한다. 따라서 용접부는 전단력 F와 비틀림모멘트 M을 함께 받는다.

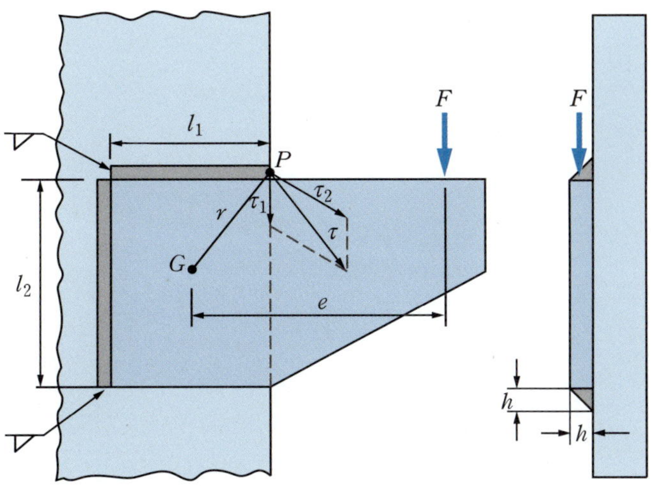

그림 7-22 편심하중을 받는 평판구조물의 필릿용접

■ 전단력에 의한 전단응력

전단력 F에 의해 용접부의 어떤 위치 P에서 발생하는 1차 전단응력은 다음과 같다.

$$\tau_1 = \frac{F}{A} \tag{7.33}$$

여기서 면적 A는 용접부 전체의 목면적이다.

■ 비틀림모멘트에 의한 전단응력

위치 P에서 발생하는 또 하나의 전단응력은 비틀림모멘트 M[18]에 의해 발생하는 2차 전단응력으로 다음과 같다.

$$\tau_2 = \frac{Mr}{J} \tag{7.34}$$

여기서 J는 극관성모멘트이고, r은 전체 용접선의 도심인 G부터 P까지의 거리이다.

[그림 7-23]은 [그림 7-22]의 두 용접부를 나타낸다. 두 직사각형은 용접 목면적을 나타낸다. 1번 용접 및 2번 용접의 목두께는 각각 $t_1 = 0.707h_1$, $t_2 = 0.707h_2$이다. 여기서 h_1과 h_2는 각각 수평용접부와 수직용접부의 용접 다리길이를 나타낸다.

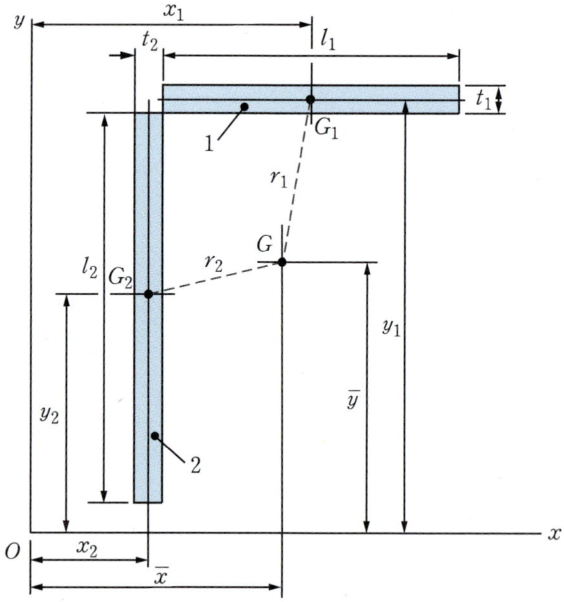

그림 7-23 필릿용접의 목두께부 단면

18 이 비틀림모멘트는 편심하중 F로 인해 발생하며 비틀림모멘트 $M = F \times e$이다.

전체 목면적 A는 1번 용접의 목면적 A_1과 2번 용접의 목면적 A_2의 합이다.

$$A = A_1 + A_2 = t_1 l_1 + t_2 l_2 \tag{7.35}$$

[그림 7-23]에서 1번 용접부의 도심 G_1을 통과하는 수평축에 대한 관성모멘트는 다음과 같다.

$$I_{x1} = \frac{l_1 t_1^3}{12} \tag{7.36}$$

그리고 1번 용접부의 도심 G_1을 통과하는 수직축에 대한 관성모멘트는 다음과 같다.

$$I_{y1} = \frac{t_1 l_1^3}{12} \tag{7.37}$$

따라서 1번 용접부의 도심 G_1에 대한 극관성모멘트는 다음과 같다.

$$J_{G1} = I_{x1} + I_{y1} = \frac{l_1 t_1^3}{12} + \frac{t_1 l_1^3}{12} \tag{7.38}$$

같은 방법으로 2번 용접부의 도심에 대한 극관성모멘트는 다음과 같다.

$$J_{G2} = \frac{t_2 l_2^3}{12} + \frac{l_2 t_2^3}{12} \tag{7.39}$$

전체 용접선에 대한 도심의 위치 G는 면적1차모멘트로부터 다음과 같다.

$$\bar{x} = \frac{A_1 x_1 + A_2 x_2}{A}, \quad \bar{y} = \frac{A_1 y_1 + A_2 y_2}{A} \tag{7.40}$$

[그림 7-23]에서 전체도심 G로부터 각각의 도심 G_1과 G_2까지의 거리 r_1과 r_2를 구한다.

$$\begin{aligned} r_1 &= \left[\left(\bar{x} - x_1\right)^2 + \left(\bar{y} - y_1\right)^2 \right]^{1/2} \\ r_2 &= \left[\left(\bar{x} - x_2\right)^2 + \left(\bar{y} - y_2\right)^2 \right]^{1/2} \end{aligned} \tag{7.41}$$

평행축정리를 이용하여 전체 용접선에 대한 극관성모멘트를 다음과 같이 구할 수 있다.

$$J = \left(J_{G1} + A_1 r_1^2\right) + \left(J_{G2} + A_2 r_2^2\right) \tag{7.42}$$

식 (7.42)를 식 (7.34)에 대입하여 비틀림모멘트 M에 의한 전단응력 τ_2를 구할 수 있다.

식 (7.38)과 식 (7.39)에서 용접 목두께인 t_1과 t_2는 용접길이인 l_1과 l_2에 비해 상대적으로 작으므로, 이들 식에서 t_1^3과 t_2^3은 각각 무시할 수 있다. 따라서 식 (7.38)과 식 (7.39)는 다음과 같이 근사적으로 쓸 수 있다.

$$J_{G1} \approx \frac{t_1 l_1^3}{12} \tag{7.43}$$

$$J_{G2} \approx \frac{t_2 l_2^3}{12} \tag{7.44}$$

식 (7.43)과 식 (7.44)에서 용접 목두께 t_1과 t_2를 단위두께 1로 가정하면 $J_{G1} = l_1^3/12$, $J_{G2} = l_2^3/12$이 되며, 필릿용접에서 용접 목두께를 선으로 간주할 수 있다. 이 값들을 식 (7.42)에 대입하면 단위 극관성모멘트를 J_u를 구할 수 있다.

필릿용접의 45° 각도에서 용접 목두께 $t = 0.707h$이므로 용접 다리길이 h를 반영한 극관성모멘트는 다음과 같다.

$$J = 0.707 h J_u \tag{7.45}$$

따라서 식 (7.45)의 값을 식 (7.34)에 대입하면 [그림 7-22]의 P점에 대한 전단응력 τ_2를 구할 수 있다. [표 7-4]에 자주 사용하는 용접선 모양에 따른 기하학적 특성을 나타냈다. J_u는 전체 용접선의 도심 G에 대한 단위 극관성모멘트이다.

표 7-4 필릿용접의 비틀림에 대한 기하학적 특성

용접선 모양	용접 목면적	도심 위치	단위 관성모멘트
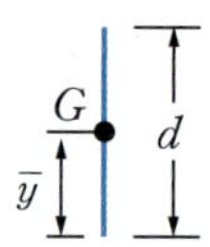	$A = 0.707hd$	$\bar{x} = 0$ $\bar{y} = d/2$	$J_u = \frac{d^3}{12}$
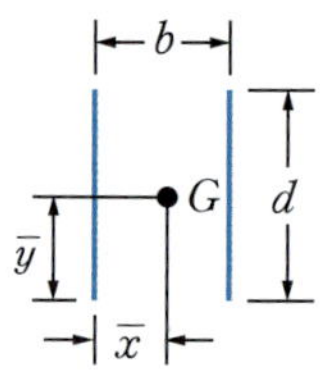	$A = 1.414hd$	$\bar{x} = b/2$ $\bar{y} = d/2$	$J_u = \frac{d(3b^2 + d^2)}{6}$
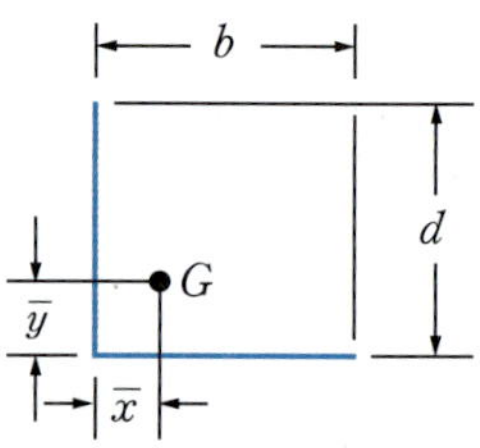	$A = 0.707h(b+d)$	$\bar{x} = \frac{b^2}{2(b+d)}$ $\bar{y} = \frac{d^2}{2(b+d)}$	$J_u = \frac{(b+d)^4 - 6b^2d^2}{12(b+d)}$

표 7-4 필릿용접의 비틀림에 대한 기하학적 특성 (계속)

용접선 모양	용접 목면적	도심 위치	단위 관성모멘트
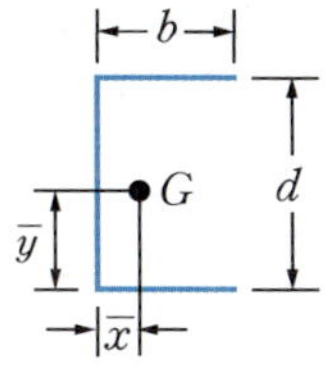	$A=0.707h(2b+d)$	$\bar{x}=\dfrac{b^2}{2b+d}$ $\bar{y}=d/2$	$J_u=\dfrac{8b^3+6bd^2+d^3}{12}-\dfrac{b^4}{2b+d}$
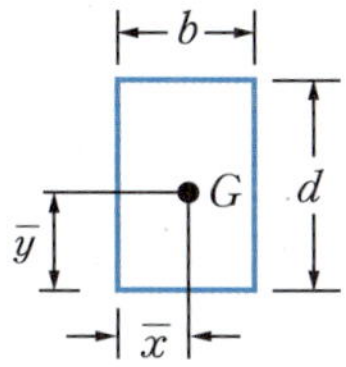	$A=1.414h(b+d)$	$\bar{x}=b/2$ $\bar{y}=d/2$	$J_u=\dfrac{(b+d)^3}{6}$
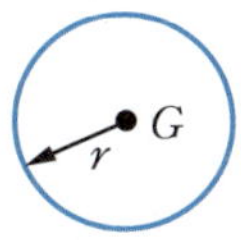	$A=1.414\pi hr$		$J_u=2\pi r^3$

[주] 이 표에서 모든 용접부는 선으로 가정했으며 h는 용접 다리길이로서 표에 있는 모든 용접부에 대해 동일하다.

탐구

1. 굽힘하중으로 인해 필릿용접부에 발생하는 전단응력을 설명하라.
2. 편심하중으로 인해 필릿용접부에 발생하는 전단응력을 설명하라.

예제 7-4 평판 외팔보의 필릿용접에 대한 허용하중

[그림 7-24]와 같이 두께 8mm의 평판 외팔보에 하중 F를 가한다. 이 평판 외팔보는 수직벽 지지대와 그림에 나타낸 바와 같이 필릿용접이 되어 있다. 용접부의 허용전단응력이 140MPa인 경우 허용하중 F를 구하라. 단, 길이의 단위는 mm이다.

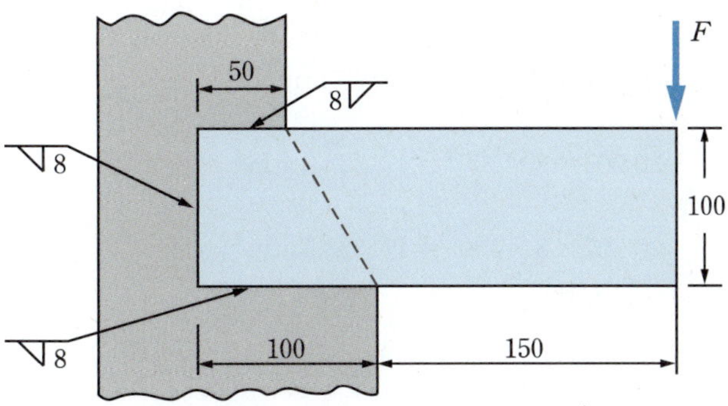

그림 7-24 평판 외팔보의 필릿용접

전략

전체 용접선의 도심 G를 찾은 후 전체 용접선의 도심과 각 용접선의 도심 G_1, G_2, G_3 간 거리를 구한다. 각 용접선에 대한 극관성모멘트를 구한 후 평행축정리를 이용하여 전체 용접선의 극관성모멘트를 구한다. 전체 용접선의 도심으로부터 가장 먼 곳에서 가장 큰 2차 전단응력이 발생한다는 점을 이용하여 그 위치를 구한다. 마지막으로 허용전단응력을 만족하는 허용하중 F를 결정한다.

풀이

전체 용접선의 도심 G와 각 용접선의 도심 G_1, G_2, G_3 간 거리를 [그림 7-25(a)]와 같이 표시한다. 전체 용접선의 길이는 $l = 50 + 100 + 100 = 250\,\text{mm}$가 된다.

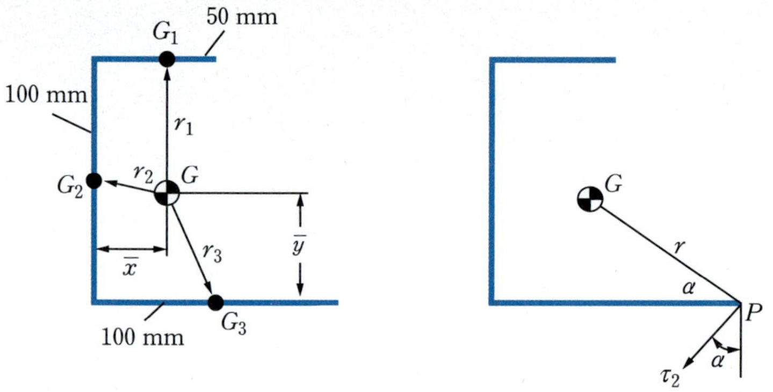

(a) 용접선의 도심 (b) P점의 2차 전단응력

그림 7-25 평판 외팔보의 용접선

전체 용접선의 도심 G와 각 용접선의 도심 G_1, G_2, G_3 간의 거리를 구하면 다음과 같다.

$$r_1 = \sqrt{(G_{1x} - G_x)^2 + (G_{1y} - G_y)^2} = \sqrt{(25-25)^2 + (100-40)^2} = 60\,\text{mm}$$
$$r_2 = \sqrt{(G_{2x} - G_x)^2 + (G_{2y} - G_y)^2} = \sqrt{(0-25)^2 + (50-40)^2} = 26.93\,\text{mm}$$
$$r_3 = \sqrt{(G_{3x} - G_x)^2 + (G_{3y} - G_y)^2} = \sqrt{(50-25)^2 + (0-40)^2} = 47.17\,\text{mm}$$

각 용접선에 대한 극관성모멘트는 다음과 같다.

$$J_{G_1} = \frac{1}{12}(0.707h)l_1^3 = \frac{1}{12} \times 0.707 \times 8 \times 50^3 = 58916.7\,\text{mm}^4$$
$$J_{G_2} = \frac{1}{12}(0.707h)l_2^3 = \frac{1}{12} \times 0.707 \times 8 \times 100^3 = 471333.3\,\text{mm}^4$$
$$J_{G_3} = \frac{1}{12}(0.707h)l_3^3 = \frac{1}{12} \times 0.707 \times 8 \times 100^3 = 471333.3\,\text{mm}^4$$

전체 용접선의 극관성모멘트는 평행축정리를 이용하여 다음과 같이 구한다.

$$J_G = \sum_{i=1}^{3}\left(J_{G_i} + A_i r_{G_i}^2\right)$$

$$= (58916.7 + 0.707 \times 8 \times 50 \times 60^2) + (471333.3 + 0.707 \times 8 \times 100 \times 26.93^2)$$

$$+ (471333.3 + 0.707 \times 8 \times 100 \times 47.17^2) = 3.6883 \times 10^6 \,\mathrm{mm}^4$$

전체 용접선의 도심 G로부터 가장 먼 곳인 P점에서 가장 큰 2차 전단응력이 발생한다. 전체 용접선의 도심에서 P점까지의 거리와 각도는 다음과 같이 구할 수 있다([그림 7-25(b)] 참조).

$$r = \sqrt{(100-25)^2 + 40^2} = 85\,\mathrm{mm}$$

$$\alpha = \tan^{-1}\left(\frac{40}{100-25}\right) = 28.07°$$

모든 용접선에서 공통으로 받는 1차 전단응력은 다음과 같다.

$$\tau_1 = \frac{F}{A} = \frac{F}{0.707 \times 0.008 \times 0.25} = 707.2F$$

P점의 2차 전단응력은 다음과 같다.

$$\tau_2 = \frac{Mr}{J_G} = \frac{0.225 \times F \times 0.085}{3.6883 \times 10^{-6}} = 5185.3F$$

최대전단응력이 발생하는 P점의 전단응력은 다음과 같다.

$$\tau_{\max} = \sqrt{(5185.3F \times \sin 28.07°)^2 + (5185.3F \times \cos 28.07° + 707.2F)^2}$$

$$= 5818.8F$$

$\tau_{\max} = \tau_{allow}$이므로 $5818.8F = 140 \times 10^6$이 된다. 따라서 $F = 24059.9\,\mathrm{N}$이 된다. [답]

검토

전체 용접선의 도심으로부터 가장 멀리 떨어진 위치에서 가장 큰 전단응력이 발생하므로 이 위치에서의 응력을 설계의 기준으로 사용한다.

CHAPTER 07 | 핵심요약

- 용접의 장점은 볼트나 리벳이음과 비교할 때 제작공정의 수를 줄이고 구조물의 무게를 증대하지 않는다는 점이다. 그리고 구멍을 가공할 필요가 없어 이음 부위에 응력집중이 발생하지 않으며, 볼트나 리벳이음과는 달리 패킹 없이 기밀이 유지될 수 있다.
- 용접의 단점은 모재의 재질에 따라 용접성에 차이가 있어서 용접이 어려운 재료가 있으며, 용접할 때 고열이 발생하여 용접부 주변 재료에 변형과 잔류응력이 남는다는 점이다.
- 이음형식으로는 맞대기이음, 모서리이음, 겹치기이음, T자이음, 끝단이음 등이 있다.
- 용접유형으로는 그루브용접, 필릿용접, 플러그용접, 슬롯용접, 점용접, 플랜지용접, 표면용접 등이 있다.
- 그루브용접은 접합할 모재들 사이에 I형, V형, K형, U형 등 다양한 모양의 홈을 만들고, 이 홈에 용착금속을 채워서 모재들을 접합하는 방법이다. 일반적으로 보일러나 압력용기 등 고압을 받는 제품을 제작할 때 많이 사용한다.
- 필릿용접은 모서리이음, 겹치기이음, T자이음 등에서 서로 만나는 면의 모서리를 채우는 방법이다. 용가재를 이용해 근사적으로 직각삼각형 형태의 단면을 갖는 용접부를 형성한다.
- 용접효율은 용접부의 강도를 모재의 강도로 나눈 값이며, 이음형식 및 하중의 종류에 따른 형상계수와 용접조건 및 용접자세에 따른 용접계수를 곱한 값으로 나타낸다.
- 필릿용접은 용접면 중 최소면적을 갖는 용접 목두께에서 파손되므로, 이 위치에서 발생하는 응력에 대한 분석이 필요하다.
- 편심하중을 받는 용접부에는 전단하중에 의한 전단응력과 비틀림모멘트에 의한 전단응력이 발생한다.

CHAPTER 07 | 기본문제

7.1 다음 중 용접이음이 리벳이음보다 우수한 점이 아닌 것은? 7.1절

① 이음두께의 제한이 적다. ② 무게를 줄일 수 있다.
③ 잔류응력을 남기지 않는다. ④ 이음효율이 높다.

7.2 용접에 의한 변형과 잔류응력을 해소하는 방안이 아닌 것은? 7.1절

① 예하중preload을 가한다. ② 불림처리normalizing한다.
③ 예열처리preheating를 한다. ④ 피닝peening을 시행한다.

7.3 모서리이음, 겹치기이음, T자이음에는 주로 어떤 용접을 하는가? 7.2절

① 그루브용접 ② 필릿용접 ③ 점용접 ④ 비드용접

7.4 자동차의 차체와 같이 얇은 판재를 겹쳐서 결합할 때 사용하는 용접은? 7.2절

① 필릿용접 ② 그루브용접 ③ 점용접 ④ 비드용접

7.5 용접효율에 대한 설명으로 옳은 것은? 7.2절

① 모재의 강도에 대한 용접부의 강도이다.
② 용접길이와 용접 목두께를 곱한 값이다.
③ 용접의 용이성을 나타낸다.
④ 용접이 가능한 길이에 대한 실제 용접길이이다.

7.6 다음 그림의 그루브용접에서 용접길이는 150 mm이고, 126 kN의 인장하중을 받고 있다. 용접효율과 관련된 용접계수가 0.75이다. 모재의 허용인장응력이 70 MPa이라고 할 때, 용접부의 목두께 t를 얼마로 해야 하는가? 7.3절

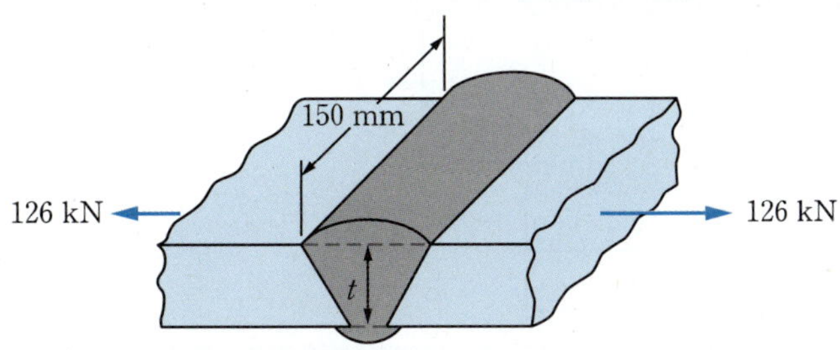

그림 P7.1

① 11 mm ② 16 mm ③ 20 mm ④ 24 mm

7.7 다음 그림에 나타낸 양면필릿용접에서 부재에 50 kN의 인장하중이 작용하고 있다. 용접 다리길이가 10 mm이고 용접부의 허용인장응력이 50 MPa일 때 필요한 용접선길이 l은 얼마인가? 7.3절

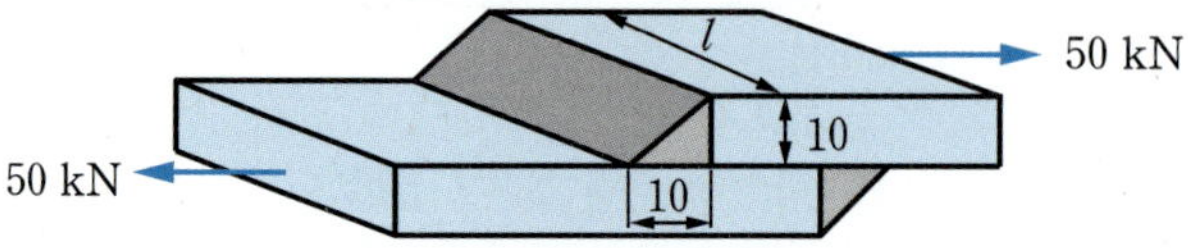

그림 P7.2

① 34 mm ② 52 mm ③ 64 mm ④ 71 mm

7.8 다음 그림과 같이 두께 10 mm인 두 강판을 V형 그루브용접 했으며, 150 N·m의 굽힘모멘트가 작용하고 있다. 용접부의 허용굽힘응력이 120 MPa일 때 필요한 용접길이는 얼마인가? 7.3절

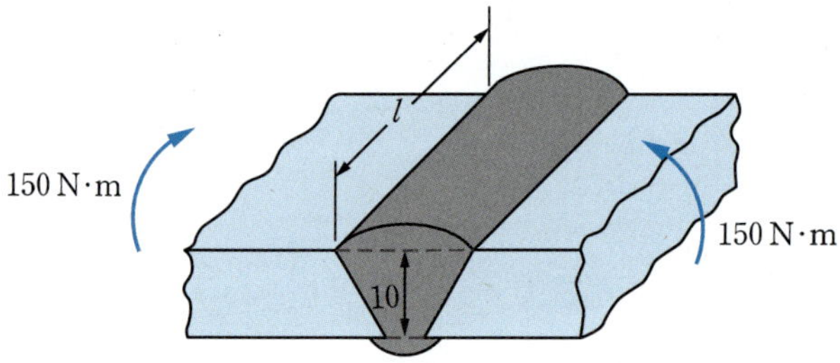

그림 P7.3

① 50 mm ② 75 mm ③ 100 mm ④ 125 mm

7.9 다음 그림과 같은 측면필릿용접에서 용접 다리길이는 16 mm이다. 용접부의 허용전단응력이 40 MPa일 때 허용하중 F는 얼마인가? 단, 길이의 단위는 mm이다. 7.3절

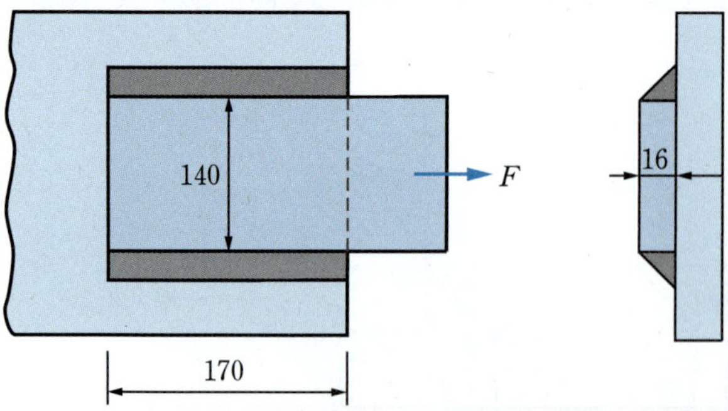

그림 P7.4

① 107 kN ② 131 kN ③ 154 kN ④ 177 kN

7.10 다음 그림과 같이 지름 90 mm 의 원형봉이 230 N · m 의 토크를 받고 있다. 이 원형봉은 수직벽과 온둘레 필릿용접이 되어 있으며, 용접 다리길이는 10 mm 이다. 용접부에서 발생하는 전단응력은 얼마인가? 단, 길이의 단위는 mm 이다. 7.3절

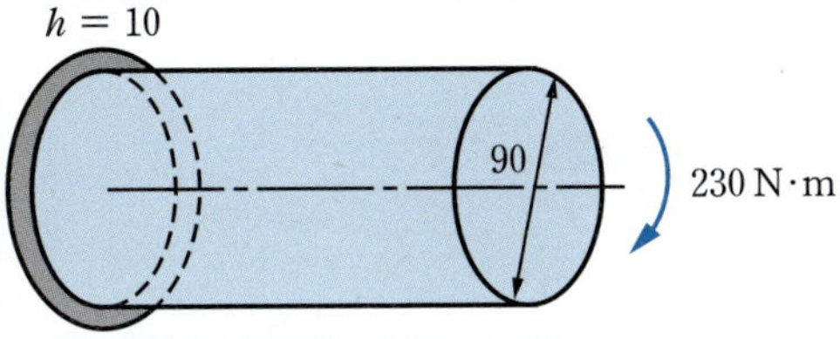

그림 P7.5

① 2.35 MPa ② 4.78 MPa ③ 5.97 MPa ④ 7.20 MPa

7.11 다음 그림과 같이 두께 h의 강재 외팔보는 두 개의 필릿용접을 통해 수직 지지대에 용접된다. 용접부의 허용전단응력이 140 MPa인 경우 허용하중 F를 구하라. 단, 길이의 단위는 mm 이다. 7.4절

Hint 용접기호에서 지시선의 수평위치에 삼각형이 위와 아래로 두 개가 있다.

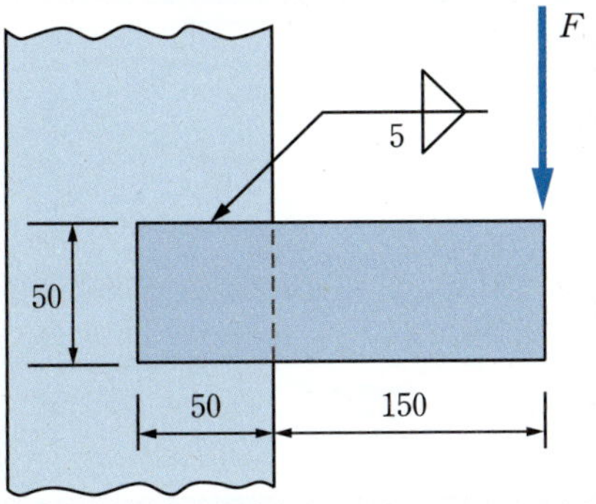

그림 P7.6

① 3.21 kN ② 4.23 kN ③ 5.15 kN ④ 6.06 kN

정답

7.1 ③ **7.2** ② **7.3** ② **7.4** ③ **7.5** ① **7.6** ② **7.7** ④ **7.8** ② **7.9** ③ **7.10** ①
7.11 ④

CHAPTER 07 | 연습문제

7.1 용접결함에 대해 설명하라. 7.1절

7.2 용접 목두께를 산정하는 방법을 설명하라. 7.2절

7.3 용접효율을 구하는 방법을 설명하라. 7.2절

7.4 다음 그림과 같은 T자이음 필릿용접 구조물에 12kN의 하중이 가해질 때 용접부에서 발생하는 최대굽힘응력과 최대전단응력을 각각 구하라. 단, 길이의 단위는 mm이다. 7.3절

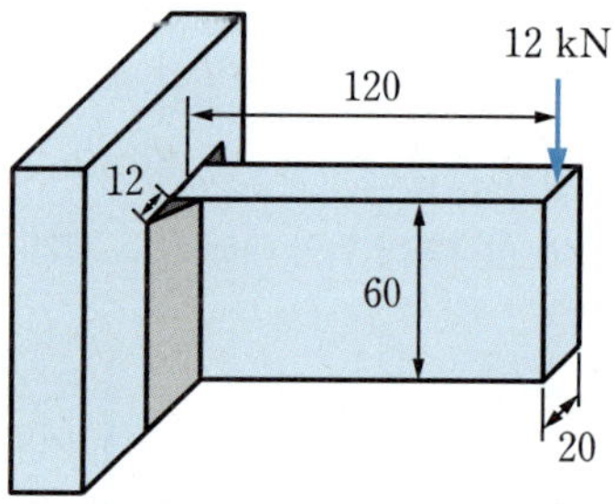

그림 P7.7

7.5 다음 그림과 같이 두께 16mm, 폭 130mm의 평판부재를 수직벽에 측면필릿용접으로 부착했다. 용접길이는 모두 150mm이고, 용접 다리길이는 16mm이다. 용접부의 허용전단응력이 55MPa일 때 허용하중 F를 구하라. 단, 길이의 단위는 mm이다. 7.3절

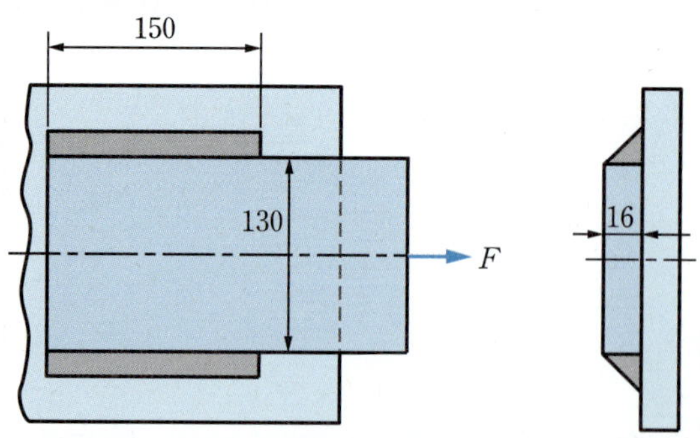

그림 P7.8

7.6 다음 그림과 같은 강철 브래킷을 고정 평판에 양쪽필릿용접을 했다. 용접 목두께는 10 mm, 용접선 길이는 240 mm이다. 용접부의 허용응력이 120 MPa일 때 허용하중 F를 구하라. 단, 길이의 단위는 mm이다. 7.3절

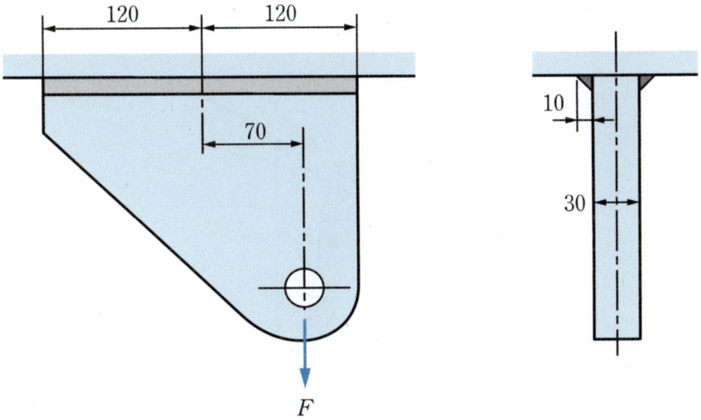

그림 P7.9

7.7 다음 그림과 같이 두께 5 mm의 평판 외팔보에 하중 F를 가한다. 이 평판 외팔보는 수직벽 지지대와 필릿용접이 되어 있다. 용접부의 허용전단응력이 140 MPa인 경우 허용하중 F를 구하라. 7.4절

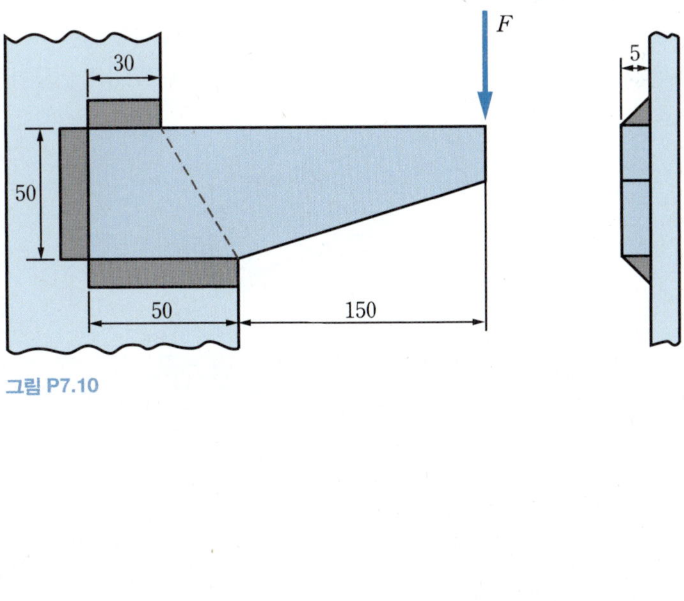

그림 P7.10

7.8 다음 그림에 도시한 바깥지름이 90 mm 인 파이프와 평판부품을 결합한 용접구조물에서 용접부의 허용전단응력은 200MPa이다. 평판부품의 두 원 사이의 거리는 240 mm 이며, 힘 F는 이 부품의 작은 원의 중심선에 작용한다. 이 부품에 가할 수 있는 허용하중 F를 구하라. 7.4절

Hint 용접기호에서 지시선에 작은 원이 표시되어 있고, 수평위치에 삼각형이 위와 아래로 두 개가 있다.

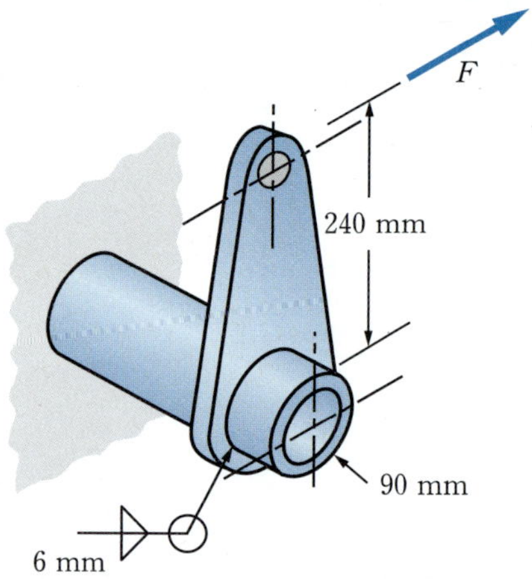

그림 P7.11

7.9 다음 그림과 같이 바깥지름이 70 mm 인 파이프가 벽에 온둘레 필릿용접으로 결합되어 있다. 하중 F는 9kN이고, 토크 T는 3kN·m 일 때 용접 목두께 단면에서의 최대전단응력을 구하라. 7.4절

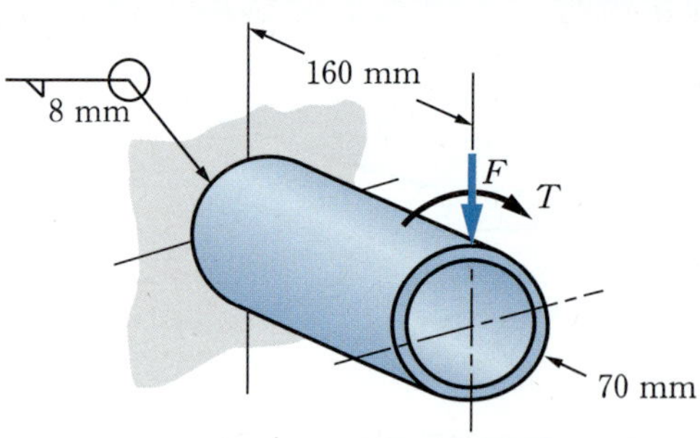

그림 P7.12

CHAPTER

08

축

Shaft

학습목표

- 정적강도를 고려하여 축지름을 결정하는 방법을 학습한다.
- 피로파손을 고려하여 축지름을 결정하는 방법을 학습한다.
- 축의 비틀림각과 처짐량을 고려하여 축지름을 결정하는 방법을 학습한다.
- 축의 위험속도를 결정하는 방법을 학습한다.

SECTION 8.1

축의 특성

✔ 용도 및 모양에 따른 축의 분류를 알아본다.
✔ 축에 사용되는 재료를 알아본다.
✔ 축을 설계할 때 고려해야 할 사항을 알아본다.

8.1.1 축의 분류

[그림 8-1]에서 보는 바와 같이 **축**shaft은 기어gear, 풀리pulley 등의 회전체와 결합하여 동력을 전달하는 데 사용하는 기계요소로서 베어링으로 지지한다. 축은 회전체의 무게와 사용조건에 따라 굽힘하중, 비틀림하중, 축하중 등을 단독으로 받거나 함께 받는다.

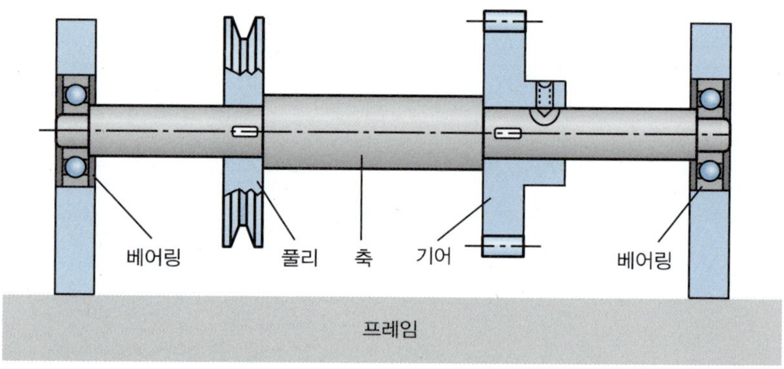

그림 8-1 회전체가 장착된 다단축

축은 용도와 모양에 따라 다음과 같이 분류한다.

■ 용도에 따른 분류

- **차축**axle : 축의 양 끝단에 바퀴가 달린 것을 말하며, 바퀴와 함께 회전하는 축과 회전하지 않고 하중만을 지지하는 축이 있다. 차축은 주로 굽힘하중을 받는다. 대표적으로 자동차의 차축과 기차의 차축이 있다.
- **전동축**transmission shaft : 기어, 풀리, 휠, 로터 등의 회전체와 결합하여 회전동력을 전달하는 축이며 굽힘하중과 비틀림하중을 함께 받는다.
- **스핀들**spindle : 선반이나 밀링머신 등 공작기계에서 축의 끝단에 공작물이나 공구를 부착하는 짧은 축이며 주축main shaft이라고도 한다. 일반적으로 굽힘하중과 비틀림하중을 함께 받는다.

■ 모양에 따른 분류

- **직선축** straight shaft : 일직선의 모양을 갖는 축으로 차축, 전동축, 스핀들 등이 포함된다. 하나의 축에 대해 지름이 일정한 축과 [그림 8-1]과 같이 몇 개의 서로 다른 지름을 갖는 다단축 stepped shaft이 있다. 뒤에 설명할 축설계는 이 직선축을 대상으로 한다.
- **크랭크축** crank shaft : 서로 평행한 여러 개의 직선축을 결합한 모양을 갖는다. 이 축은 자동차 엔진에서 피스톤의 왕복직선운동을 회전운동으로 바꿀 때나 압축기에서 회전운동을 왕복직선운동으로 바꿀 때 사용된다. 굽힘하중, 비틀림하중, 충격하중을 함께 받는다.
- **플렉시블축** flexible shaft : 제한된 범위 내에서 휠 수 있도록 강선 steel wire을 나선형으로 여러 겹 감은 축이다.

8.1.2 축의 재료

축은 일반적으로 굽힘하중, 비틀림하중 등을 반복하여 받는 경우가 많으므로 강도, 강성 및 인성이 큰 재료가 필요하다.

차축이나 일반축의 재료는 기계구조용 탄소강인 SM35C, SM40C 등을 열처리하여 사용한다. 그러나 큰 하중이 작용하거나 고속으로 회전하는 크랭크축, 추진축, 터빈축 등은 SM45C 등의 기계구조용 탄소강이나 니켈-크롬강, 니켈-크롬-몰리브덴강, 크롬-몰리브덴강과 같은 기계구조용 합금강을 열처리하여 사용한다. 특히, 베어링에 접촉되어 내마모성이 요구되는 경우에는 표면경화강 case hardening steel이 사용된다.

8.1.3 축설계 시 고려사항

축을 설계할 때는 강성, 강도 및 응력집중, 진동, 열응력 및 열팽창, 부식 등을 고려해야 한다.

■ 강성

하중이 작용할 때 물체의 변형과 관련한 물리적 특성을 **강성** stiffness이라고 하며, 강성이 큰 물체는 하중을 받을 때 잘 변형되지 않는다.

축에 굽힘하중을 가할 때 굽힘에 저항하는 특성을 굽힘강성이라 하고, 비틀림하중을 가할 때 비틀림에 저항하는 특성을 비틀림강성이라고 한다. 축의 굽힘강성에 영향을 주는 인자는 탄성계수와 관성모멘트이고, 비틀림강성에 영향을 주는 인자는 전단탄성계수와 극관성모멘트이다.[1]

---

1 탄성계수와 전단탄성계수는 소재와 관련한 재료강성이고, 관성모멘트와 극관성모멘트는 단면의 모양과 관련한 기하학적 강성이다.

[그림 8-2]에서 보는 것처럼 굽힘하중을 받는 축은 처짐이 어느 한도를 넘으면 베어링 압력이 커지고, 축과 베어링 사이의 틈새가 불균일하게 되며, 축에 장착된 기어이gear tooth의 물림상태도 나빠진다. 또한 비틀림하중을 받는 축에서 비틀림이 어느 한도를 넘으면 정확한 회전동력을 전달할 수 없게 된다.

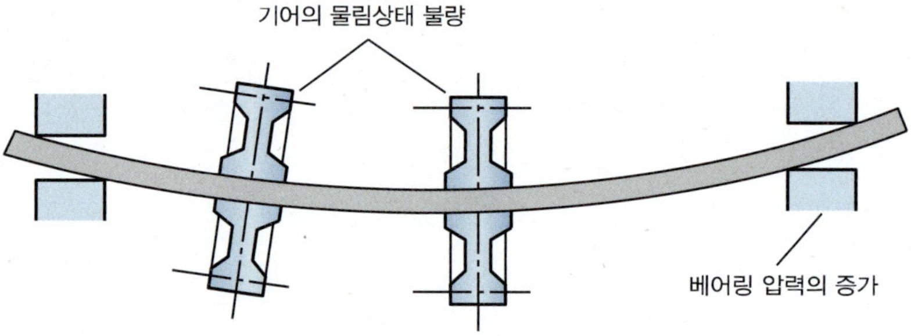

그림 8-2 축의 처짐이 베어링과 기어에 미치는 영향

■ 강도 및 응력집중

강도strength는 외부하중에 대해 재료가 견디는 한도를 나타낸다.[2] 축은 굽힘하중, 비틀림하중, 축하중 등이 단독으로 작용하거나 함께 작용할 때 충분히 견딜 수 있는 강도를 가져야 한다. 축은 회전동력을 전달하므로 정하중뿐만 아니라 교번하중과 같은 동하중에도 충분한 강도를 확보해야 한다. 또한 축에서 각 단이 연결되는 부위와 키홈이 있는 부위는 단면적이 급격하게 변하여 응력집중stress concentration이 발생할 수 있으므로 이러한 점들을 충분히 고려하여 설계해야 한다.

■ 진동

축의 회전속도가 회전체를 포함한 축의 고유진동수에 해당하는 임계속도(또는 위험속도)가 되면 갑자기 심한 진동이 발생한다. 이와 같은 진동은 회전체를 결합한 축의 불평형력으로 인해 발생하며, 심한 경우 축이 파손되기도 한다. 따라서 축은 회전체를 포함한 축의 고유진동수로부터 충분히 벗어난 범위의 회전속도에서 운전되어야 한다. 또한 요구하는 회전속도를 고려하여 공진resonance을 회피할 수 있도록 축설계를 해야 한다.

■ 열응력 및 열팽창

증기터빈이나 제트엔진 등의 회전축과 같이 고온상태에서 사용되는 축은 열응력과 열팽창 등을 충분히 고려해서 설계해야 한다. 축을 고온에서 사용하면 열팽창이 발생하는데, 축의 구속으로 인하여 길이방향의 열팽창을 할 수 없게 되면 축에 열응력이 발생하고 이로 인해 베어링하중이 증가하게 된다.

■ 부식

선박의 프로펠러축이나 펌프축과 같이 물과 접촉하는 축은 부식corrosion될 수 있으므로 축설계시 재료 선택이나 표면처리 등을 고려해야 한다.

2 2장에 학습한 바와 같이 재료강도에는 탄성한도, 항복강도, 극한강도, 파단강도 등이 있다.

8.1.4 표준 축지름

축의 기하학적 치수설계 시 결정해야 할 주요 변수는 축의 길이와 지름이다. 축의 길이는 기계장치의 구조와 크기에 따라 대부분 정해진다. 강도나 강성을 고려한 세부설계 시 결정해야 할 것은 축지름이며, 축지름은 베어링의 규격을 고려하여 정한다. KS 규격에 제시된 표준 축지름은 [표 8-1]과 같다.

표 8-1 표준 축지름 (KS B 0406) 단위 : mm

4	(4.5)	5	(5.6)	6	(6.3)	7	(7.1)	8	9	10
(11)	(11.2)	12	(12.5)	(14)	15	(16)	17	(18)	(19)	20
22	(22.4)	(24)	25	28	30	(31.5)	32	35	(35.5)	(38)
40	(42)	45	(48)	50	55	(56)	60	(63)	65	70
(71)	75	80	85	90	95	100	105	110	(112)	120
125	130	140	150	160	170	180	190	200	220	(224)
240	(250)	260	280	300	(315)	320	340	(355)	360	380
400	420	440	(450)	460	480	500	(530)	560	600	630

[주] 괄호 안의 수는 해당 크기의 구름베어링 안지름이 없는 경우이다.

탐구

1. 축이란 무엇인가? 보와는 어떻게 다른가?
2. 축설계 시 고려할 사항을 설명하라.
3. 자동차의 차축은 어떤 하중을 받는지 설명하라.

SECTION 8.2

강도를 고려한 축설계

- ✔ 굽힘 또는 비틀림을 개별적으로 받는 축의 지름을 결정하는 방법을 학습한다.
- ✔ 굽힘과 비틀림을 동시에 받는 축의 지름을 결정하는 방법을 학습한다.
- ✔ 교번하중 및 충격하중을 받는 축의 지름을 결정하는 방법을 학습한다.

하중에 의해 발생하는 축의 변형이 중요하지 않을 때는 축에서 발생하는 응력이 재료의 허용응력보다 작아야 한다는 조건만으로 축지름을 결정한다. 이와 같은 것을 강도를 고려한 축설계라고 한다. 축이 받는 하중으로는 굽힘하중, 비틀림하중, 축하중 등이 있으며, 이들은 다시 정하중, 교번하중, 충격하중 등으로 분류한다. 따라서 강도를 고려한 축설계에서 적용하는 평가방법은 어떤 하중이 가해지는가에 따라 달라진다. 강도를 고려하여 축지름을 계산한 후 계산된 값보다 조금 큰 지름을 [표 8-1]의 표준 축지름에서 찾는다.

8.2.1 정하중을 받는 축

정하중을 받는 축은 굽힘모멘트만 받는 경우나 비틀림모멘트만 받는 경우 또는 굽힘모멘트와 비틀림모멘트를 동시에 받는 경우로 나눌 수 있다.

■ 굽힘모멘트만 받는 축

차축과 같이 굽힘모멘트만을 받는 축은 축의 가장 바깥쪽에서 발생하는 최대굽힘응력을 고려하여 축지름을 결정한다. 굽힘공식에 의해 원형단면의 최대굽힘응력은 다음과 같다.

$$\sigma_{\max} = \frac{Mc}{I} \tag{8.1}$$

여기서 M은 굽힘모멘트, I는 축단면의 도심을 통과하는 중립축에 대한 관성모멘트, c는 축의 반지름인 $d/2$를 나타낸다.

1 중실축의 경우

[그림 8-3(a)]와 같이 중실축solid shaft인 경우 원형단면의 관성모멘트는 다음과 같다.

$$I = \frac{\pi d^4}{64} \tag{8.2}$$

여기서 d는 축지름을 나타낸다.

식 (8.1)과 식 (8.2)를 이용하여 축지름으로 정리하면 다음과 같다.

$$d = \sqrt[3]{\frac{32M}{\pi\sigma_a}} \tag{8.3}$$

여기서 σ_a는 축의 허용굽힘응력을 나타낸다.[3]

2 중공축의 경우

[그림 8-3(b)]와 같이 중공축hollow shaft인 경우 원형단면의 관성모멘트는 다음과 같다.

$$I = \frac{\pi(d_o^4 - d_i^4)}{64} \tag{8.4}$$

여기서 d_o는 축의 바깥지름, d_i는 안지름을 나타낸다. 축의 안지름과 바깥지름의 비를

$$x = \frac{d_i}{d_o}$$

라고 하면, $d_i = d_o x$가 된다. 이를 식 (8.4)에 대입한 후 식 (8.1)과 함께 정리하면 다음과 같이 된다.

$$d_o = \sqrt[3]{\frac{32M}{\pi\sigma_a(1-x^4)}} \tag{8.5}$$

이 식에서 x가 0이면 식 (8.3)과 같은 중실축의 지름이 된다.

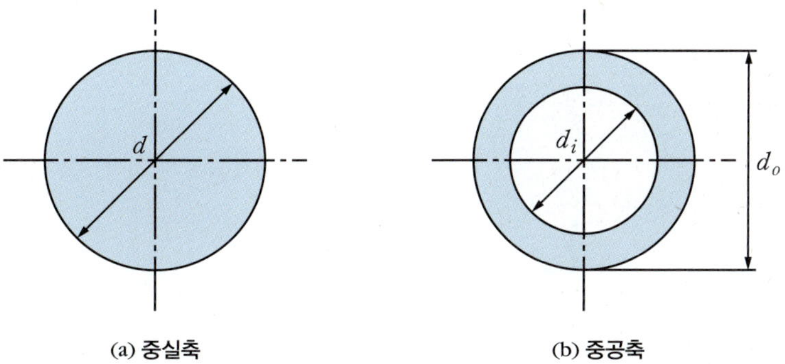

그림 8-3 원형축의 단면형상

예제 8-1 **굽힘하중을 받는 중실축의 지름설계**

[그림 8-4]에 나타낸 전동차에 80 kN의 하중이 중앙에 작용할 때 차축의 지름을 결정하라. 단, 축의 허용굽힘응력은 70 MPa이고 길이의 단위는 mm이다.

3 축지름을 설계할 때는 재료의 허용응력을 사용한다.

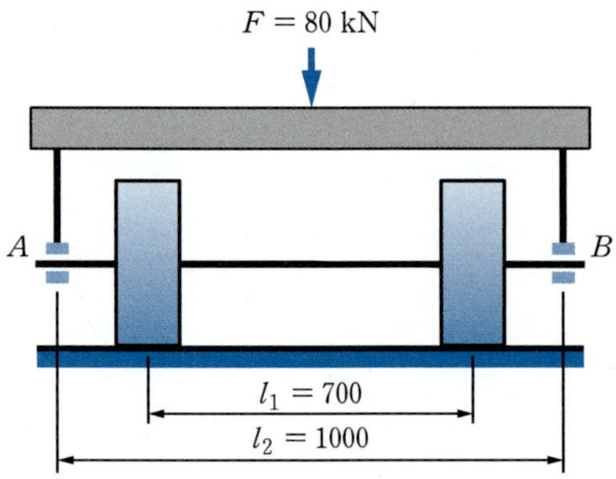

그림 8-4 굽힘하중을 받는 전동차의 축

전략

차축을 단순지지보로 가정한다. 두 바퀴는 지점이 되며, 70kN의 하중은 A와 B의 수직기둥을 통해 각각 40kN의 집중하중으로 작용한다.

풀이

전체 시스템의 자유물체도는 [그림 8-5(a)]와 같다. 차축이 받는 최대굽힘모멘트는 [그림 8-5(b)]의 1/2 모델로부터 다음과 같다.

$$M_{\max} = \frac{F}{2} \times \frac{(l_2 - l_1)}{2} = \frac{80}{2} \times \frac{(1000-700)}{2} = 6000\,\mathrm{kN \cdot mm} = 6000\,\mathrm{N \cdot m}$$

차축의 지름은 식 (8.3)에 의해

$$d = \sqrt[3]{\frac{32M}{\pi\sigma_a}} = \sqrt[3]{\frac{32 \times 6000}{\pi \times 70 \times 10^6}} = 0.0956\,\mathrm{m}$$

가 되며, [표 8-1]에서 축의 지름을 100mm로 선정한다. [답]

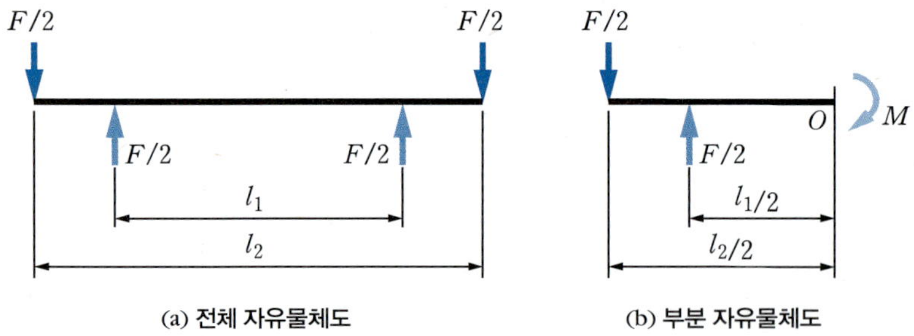

그림 8-5 자유물체도

검토

이 문제에서는 축의 처짐량이나 처짐각의 제한조건이 없으므로 강성과 관련한 값인 탄성계수와 관성모멘트가 사용되지 않았다.

■ 비틀림모멘트만 받는 축

축에 비틀림모멘트가 작용하면 축의 표면에서 최대전단응력이 발생한다. 비틀림공식에 의해 원형단면의 최대전단응력은 다음과 같다.

$$\tau_{\max} = \frac{Tc}{J} \tag{8.6}$$

여기서 T는 비틀림모멘트, J는 축의 중심에 대한 극관성모멘트, c는 축의 최대 반지름인 $d/2$를 나타낸다.

1 중실축의 경우

원형단면의 중실축에 대한 극관성모멘트는 다음과 같다.

$$J = \frac{\pi d^4}{32} \tag{8.7}$$

식 (8.6)과 식 (8.7)을 이용하여 축지름으로 정리하면 다음과 같다.

$$d = \sqrt[3]{\frac{16\,T}{\pi\tau_a}} \tag{8.8}$$

여기서 τ_a는 축의 허용전단응력을 나타낸다.

2 중공축의 경우

원형단면의 중공축에 대한 극관성모멘트는 다음과 같다.

$$J = \frac{\pi(d_o^4 - d_i^4)}{32} \tag{8.9}$$

축의 바깥지름은 다음과 같다.

$$d_o = \sqrt[3]{\frac{16\,T}{\pi\tau_a(1-x^4)}} \tag{8.10}$$

중공축은 자동차의 구동축drive shaft이나 항공기 및 선박의 추진축propeller shaft과 같이 저중량·고강성이 필요한 곳에 주로 사용한다. 재료와 바깥지름이 같은 경우에 중실축과 중공축의 토크비를 식 (8.8)과 식 (8.10)을 이용하여 정리하면 다음과 같다.

$$\text{토크비} = \frac{T_h}{T_s} = 1 - x^4 \tag{8.11}$$

여기서 T_s와 T_h는 각각 중실축의 토크와 중공축의 토크를 나타낸다.

마찬가지로 중공축과 중실축의 무게비는 다음과 같다.

$$\text{무게비} = \frac{W_h}{W_s} = 1 - x^2 \tag{8.12}$$

여기서 W_s와 W_h는 각각 중실축의 무게와 중공축의 무게를 나타낸다.

식 (8.11)과 식 (8.12)의 토크비와 무게비를 [그림 8-6]에 나타냈다. 예를 들어 안지름과 바깥지름의 비가 $x = 0.4$인 경우 무게는 16% 감소하지만 토크는 2.6%만 감소한다. 즉 중공축은 무게감소 대비 토크감소가 작아서 같은 토크를 전달하더라도 재료를 줄일 수 있다.

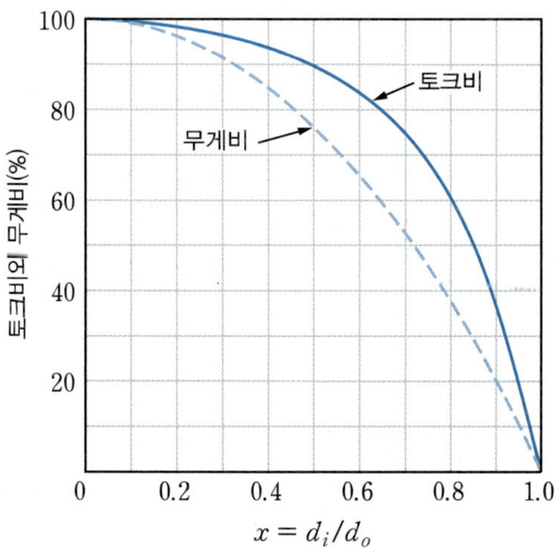

그림 8-6 원형축의 토크비와 무게비

예제 8-2 비틀림하중을 받는 중공축의 지름 결정

500 rpm의 회전속도로 3 kW의 동력을 전달하는 축이 있다. 축의 허용전단응력이 40 MPa일 때 다음을 구하라. 단, 축은 비틀림만 작용하는 것으로 가정한다.

(a) 중실축의 지름

(b) 안지름과 바깥지름의 비 d_i/d_o가 0.6일 때 바깥지름

(c) 안지름과 바깥지름의 비 d_i/d_o가 0.6인 중공축이 중실축에 비해 가벼워지는 무게의 비(%)

전략

동력과 회전속도가 주어졌으므로 동력 $H = T\omega$의 식으로부터 토크를 먼저 구한 후 이를 식 (8.8)과 식 (8.10)에 대입하여 지름을 계산한다. 주어진 rpm 단위의 회전속도를 rad/s 단위로 변환해야 한다.

풀이

$H = T\omega$로부터 $T = \dfrac{H}{\omega} = \dfrac{3\times10^3}{\left(\dfrac{2\times\pi\times500}{60}\right)} = 57.3\,\text{N}\cdot\text{m}$가 된다.

(a) 식 (8.8)로부터 지름은 다음과 같다.

$$d = \sqrt[3]{\frac{16T}{\pi\tau_a}} = \sqrt[3]{\frac{16 \times 57.3}{\pi \times 40 \times 10^6}} = 0.0194\,\text{m} = 19.4\,\text{mm}$$

따라서 [표 8-1]에서 지름을 20 mm 로 결정한다. [답]

(b) 식 (8.10)으로부터 바깥지름은 다음과 같다.

$$d_o = \sqrt[3]{\frac{16T}{\pi\tau_a(1-x^4)}} = \sqrt[3]{\frac{16 \times 57.3}{\pi \times 40 \times 10^6 \times (1-0.6^4)}} = 0.0203\,\text{m} = 20.3\,\text{mm}$$

따라서 [표 8-1]에서 바깥지름을 22 mm 로 결정한다. [답]

참고로, $\frac{d_i}{d_o} = 0.6$이므로 $d_i = 0.6\,d_o = 0.6 \times 22 = 13.2\,\text{mm}$가 된다.

(c) 중실축을 1로 놓고 중공축을 2로 놓으면 다음과 같이 무게비를 구할 수 있다.

$$\frac{W_2}{W_1} = \frac{\gamma V_2}{\gamma V_1} = \frac{\gamma A_2 l}{\gamma A_1 l} = \frac{A_2}{A_1} = \frac{\frac{\pi}{4}(d_o^2 - d_i^2)}{\left(\frac{\pi d^2}{4}\right)} = \frac{d_o^2 - d_i^2}{d^2} = \frac{22^2 - 13.2^2}{20^2} = 0.7744$$

따라서 무게의 감소율은 $1 - 0.7744 = 0.2256 = 22.56\%$가 된다. [답]

검토

이 문제의 경우 중공축은 중실축과 같은 크기의 토크를 전달하면서 중실축에 비해 무게를 22.56% 줄일 수 있다는 것을 알 수 있다.

■ 굽힘모멘트와 비틀림모멘트를 동시에 받는 축

[그림 8-7]에 기어를 통해 하중을 받는 축을 나타냈다. 각 기어의 무게와 토크로 인해 축은 굽힘하중과 비틀림하중을 동시에 받는다.

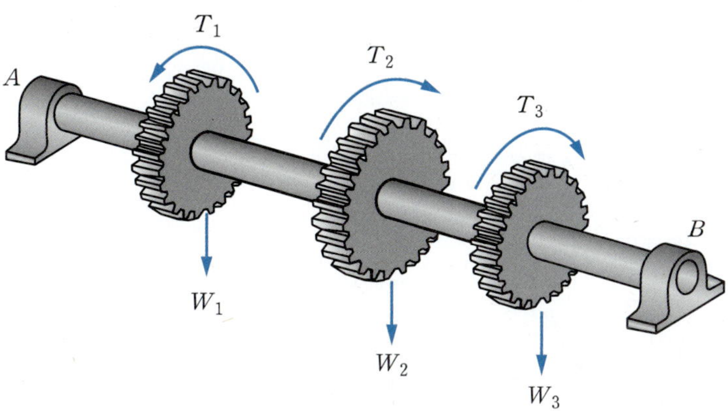

그림 8-7 전동축에 작용하는 굽힘하중과 비틀림하중

이로 인해 [그림 8–8(a)]에 나타낸 바와 같이 축의 한 점 A에는 굽힘응력과 전단응력이 함께 발생한다. 이를 **모어원** Mohr's circle 으로 나타내면 [그림 8–8(b)]와 같다.

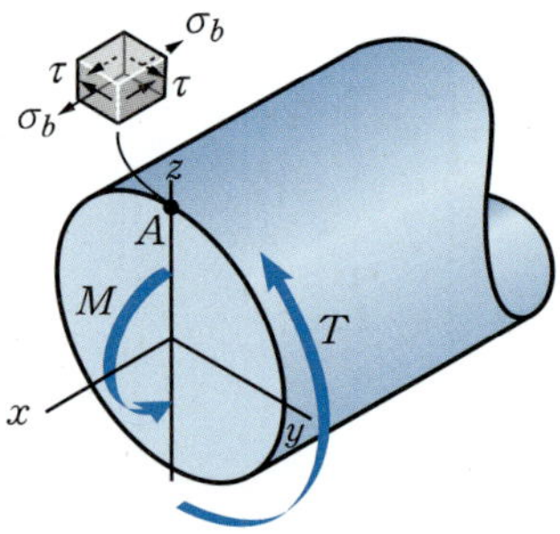

(a) 축 단면에서의 굽힘응력과 전단응력

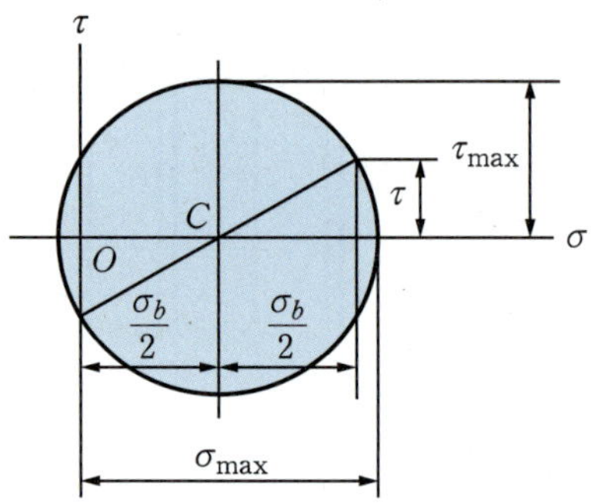

(b) 모어원

그림 8-8 굽힘하중과 비틀림하중

중실축에 이와 같은 조합응력이 작용할 때 모어원에 의한 최대주응력은 다음과 같다.

$$\sigma_{max} = \frac{\sigma_b}{2} + \sqrt{\left(\frac{\sigma_b}{2}\right)^2 + \tau^2} = \frac{32M}{2\pi d^3} + \sqrt{\left(\frac{32M}{2\pi d^3}\right)^2 + \left(\frac{16T}{\pi d^3}\right)^2}$$
$$= \frac{32}{2\pi d^3}\left(M + \sqrt{M^2 + T^2}\right) \tag{8.13}$$

식 (8.13)에서

$$M_e = \frac{1}{2}\left(M + \sqrt{M^2 + T^2}\right) \tag{8.14}$$

을 **상당 굽힘모멘트** equivalent bending moment 라고 한다.

또한 [그림 8–8(b)]의 모어원으로부터 최대전단응력 τ_{max}는 다음과 같다.

$$\tau_{max} = \sqrt{\left(\frac{\sigma_b}{2}\right)^2 + \tau^2} = \sqrt{\left(\frac{32M}{2\pi d^3}\right)^2 + \left(\frac{16T}{\pi d^3}\right)^2} = \frac{16}{\pi d^3}\sqrt{M^2 + T^2} \tag{8.15}$$

식 (8.15)에서

$$T_e = \sqrt{M^2 + T^2} \tag{8.16}$$

을 **상당 비틀림모멘트** equivalent twisting moment 라고 한다.

1 중실축

식 (8.3)에서 굽힘모멘트 M 대신 상당 굽힘모멘트 M_e를 대입하면 축지름 d를 구할 수 있다.

$$d = \sqrt[3]{\frac{32M_e}{\pi\sigma_a}} \tag{8.17}$$

이와 유사하게 식 (8.8)에서 비틀림모멘트 T 대신 상당 비틀림모멘트 T_e를 대입하면 축지름 d를 구할 수 있다.

$$d = \sqrt[3]{\frac{16T_e}{\pi\tau_a}} \tag{8.18}$$

이렇게 구한 두 지름 중 큰 값을 축지름으로 선정한다.

2 중공축

식 (8.5)에서 굽힘모멘트 M 대신 상당 굽힘모멘트 M_e를 대입하면 축지름 d_o를 구할 수 있다.

$$d_o = \sqrt[3]{\frac{32M_e}{\pi\sigma_a(1-x^4)}} \tag{8.19}$$

이와 유사하게 식 (8.10)에서 비틀림모멘트 T 대신 상당 비틀림모멘트 T_e를 대입하면 축지름 d_o를 구할 수 있다.

$$d_o = \sqrt[3]{\frac{16T_e}{\pi\tau_a(1-x^4)}} \tag{8.20}$$

중실축과 마찬가지로 이렇게 구한 두 지름 중 큰 값을 축지름으로 선정한다.

대부분의 축재료는 충격에 강한 연성재료를 사용한다. 연성재료로 만든 축은 최대전단응력이론을 적용한 상당 비틀림모멘트로 축지름을 설계한다. 따라서 연성재료의 경우 식 (8.18)이나 식 (8.20)을 이용하여 축지름을 결정한다. 반면에 일반적으로 많이 사용하지는 않지만, 만약에 취성재료로 만든 축을 사용한다면 최대주응력이론(최대수직응력이론)을 적용한 상당 굽힘모멘트로 축지름을 설계한다. 따라서 취성재료의 경우 식 (8.17)이나 식 (8.19)를 이용하여 축지름을 결정한다.

예제 8-3 굽힘하중과 비틀림하중을 동시에 받는 축의 지름설계

400 rpm 으로 30 kW의 동력을 전달하는 축이 토크와 함께 600 N·m 의 굽힘모멘트도 동시에 받고 있다. 축의 허용굽힘응력이 70 MPa이고, 허용전단응력이 50 MPa일 때 다음을 구하라.

(a) 상당 굽힘모멘트 M_e

(b) 상당 비틀림모멘트 T_e

(c) 중실축의 지름

(d) 지름비 d_i/d_o가 0.7인 중공축으로 대체할 경우 바깥지름

전략

동력 $H = T\omega$의 식으로부터 토크를 먼저 구한다. 이를 식 (8.14)를 대입하여 상당 굽힘모멘트를 구한다. 또한 식 (8.16)에 대입하여 상당 비틀림모멘트를 구한다. 이렇게 해서 구한 상당모멘트들과 주어진 허용응력들을 식 (8.17)과 식 (8.18)에 대입하여 지름들을 구한 후 큰 지름을 설계지름으로 선정한다. 그리고 식 (8.19)와 식 (8.20)을 이용하여 중공축의 바깥지름을 구한다.

풀이

$H = T\omega$로부터 $T = \dfrac{H}{\omega} = \dfrac{30 \times 10^3}{\left(\dfrac{2 \times \pi \times 400}{60}\right)} = 716.2\,\text{N}\cdot\text{m}$가 된다.

(a) 식 (8.14)로부터 상당 굽힘모멘트는 다음과 같다.

$$M_e = \frac{1}{2}\left(M + \sqrt{M^2 + T^2}\right) = \frac{1}{2}\left(600 + \sqrt{600^2 + 716.2^2}\right) = 767.2\,\text{N}\cdot\text{m} \quad \text{[답]}$$

(b) 식 (8.16)으로부터 상당 비틀림모멘트는 다음과 같다.

$$T_e = \sqrt{M^2 + T^2} = \sqrt{600^2 + 716.2^2} = 934.3\,\text{N}\cdot\text{m} \quad \text{[답]}$$

(c) 상당 굽힘모멘트가 작용할 때의 축의 지름은 식 (8.17)을 이용하여 구한다.

$$d = \sqrt[3]{\frac{32M_e}{\pi\sigma_a}} = \sqrt[3]{\frac{32 \times 767.2}{\pi \times 70 \times 10^6}} = 0.0482\,\text{m} = 48.2\,\text{mm}$$

상당 비틀림모멘트가 작용할 때의 축의 지름은 식 (8.18)을 이용하여 구한다.

$$d = \sqrt[3]{\frac{16T_e}{\pi\tau_a}} = \sqrt[3]{\frac{16 \times 934.3}{\pi \times 50 \times 10^6}} = 0.0457\,\text{m} = 45.7\,\text{mm}$$

두 지름 중 큰 지름이 48.2mm이므로 [표 8-1]에서 50mm로 결정한다. [답]

(d) 식 (8.19)와 식 (8.20)을 이용하여 중공축의 바깥지름을 구한다.

$$d_o = \sqrt[3]{\frac{32M_e}{\pi\sigma_a(1-x^4)}} = \sqrt[3]{\frac{32 \times 767.2}{\pi \times 70 \times 10^6 \times (1-0.7^4)}} = 0.0528\,\text{m} = 52.8\,\text{mm}$$

$$d_o = \sqrt[3]{\frac{16T_e}{\pi\tau_a(1-x^4)}} = \sqrt[3]{\frac{16 \times 934.3}{\pi \times 50 \times 10^6 \times (1-0.7^4)}} = 0.0500\,\text{m} = 50.0\,\text{mm}$$

두 지름 중 큰 지름이 52.8mm이므로 [표 8-1]에서 55mm로 결정한다. [답]

검토

식 (8.12)에 따라 중공축은 중실축과 동일한 굽힘모멘트와 토크에 견디면서도 무게를 49% 줄일 수 있음을 알 수 있다.

8.2.2 동하중을 받는 축

동하중을 받는 축을 교번하중을 받는 경우와 충격하중을 받는 경우로 나누어 살펴본다.

■ 교번하중을 받는 경우

전동축은 회전하면서 굽힘모멘트와 비틀림모멘트를 함께 받는다. 이들 모멘트에 의한 응력은 다음과 같다.

$$\sigma_a = K_f \frac{M_a c}{I}, \quad \sigma_m = K_f \frac{M_m c}{I} \tag{8.21}$$

$$\tau_a = K_{fs} \frac{T_a c}{J}, \quad \tau_m = K_{fs} \frac{T_m c}{J} \tag{8.22}$$

여기서 σ_a와 σ_m은 각각 교번 및 평균굽힘응력을 나타내며, τ_a와 τ_m은 각각 교번 및 평균전단응력을 나타낸다. M_a와 M_m은 각각 교번 및 평균굽힘모멘트를 나타내며, T_a와 T_m은 각각 교번 및 평균비틀림모멘트를 나타낸다. 그리고 K_f와 K_{fs}는 각각 굽힘 및 비틀림에 대한 **피로응력집중계수**fatigue stress concentration factor를 나타낸다.

지름 d[4]를 갖는 원형단면의 중실축이라면 식 (8.21)과 식 (8.22)에 각각 관성모멘트와 극관성모멘트를 대입하여 응력을 다음과 같이 나타낼 수 있다.

$$\sigma_a = K_f \frac{32 M_a}{\pi d^3}, \quad \sigma_m = K_f \frac{32 M_m}{\pi d^3} \tag{8.23}$$

$$\tau_a = K_{fs} \frac{16 T_a}{\pi d^3}, \quad \tau_m = K_{fs} \frac{16 T_m}{\pi d^3} \tag{8.24}$$

변형에너지 이론에 따라 이 응력들을 조합한다. 회전하는 원형축의 등가응력[5]은 식 (4.23)으로부터 다음과 같이 나타낼 수 있다.

$$\sigma_a{}' = (\sigma_a^2 + 3\tau_a^2)^{1/2} = \left[\left(\frac{32 K_f M_a}{\pi d^3} \right)^2 + 3 \left(\frac{16 K_{fs} T_a}{\pi d^3} \right)^2 \right]^{1/2} \tag{8.25}$$

$$\sigma_m{}' = (\sigma_m^2 + 3\tau_m^2)^{1/2} = \left[\left(\frac{32 K_f M_m}{\pi d^3} \right)^2 + 3 \left(\frac{16 K_{fs} T_m}{\pi d^3} \right)^2 \right]^{1/2} \tag{8.26}$$

이러한 등가교번응력과 등가평균응력을 피로파손기준에 적용하여 축의 안전도를 평가할 수 있다. 예를 들어 식 (4.59)의 **굿맨 피로파손기준**은 다음과 같이 나타낼 수 있다.

$$\frac{\sigma_a{}'}{\sigma_e} + \frac{\sigma_m{}'}{\sigma_u} = \frac{1}{n_s}$$

---

4 $d = 2c$이다.

5 상당응력 또는 폰 미세스 응력이라고도 한다.

이 식의 σ_a'과 σ_m'에 식 (8.25)와 식 (8.26)을 각각 대입하면 다음과 같다.

$$\frac{1}{n_s}=\frac{16}{\pi d^3}\left[\frac{1}{\sigma_e}\left\{4(K_f M_a)^2+3(K_{fs}T_a)^2\right\}^{1/2}+\frac{1}{\sigma_u}\left\{4(K_f M_m)^2+3(K_{fs}T_m)^2\right\}^{1/2}\right] \tag{8.27}$$

이를 지름에 대해 다시 정리하면 다음과 같이 표현된다.

$$d=\sqrt[3]{\frac{16n_s}{\pi}\left[\frac{1}{\sigma_e}\left\{4(K_f M_a)^2+3(K_{fs}T_a)^2\right\}^{1/2}+\frac{1}{\sigma_u}\left\{4(K_f M_m)^2+3(K_{fs}T_m)^2\right\}^{1/2}\right]} \tag{8.28}$$

축의 항복 여부는 다음의 폰 미세스 최대응력으로 평가한다.

$$\begin{aligned}\sigma_{\max}' &= \left[(\sigma_m+\sigma_a)^2+3(\tau_m+\tau_a)^2\right]^{1/2}\\ &= \left[\left\{\frac{32K_f(M_m+M_a)}{\pi d^3}\right\}^2+3\left\{\frac{16K_{fs}(T_m+T_a)}{\pi d^3}\right\}^2\right]^{1/2}\end{aligned} \tag{8.29}$$

다음 식과 같이 축에 발생한 폰 미세스 최대응력이 시편의 항복강도보다 크면 축은 항복으로 파손되었다고 판단한다.

$$\sigma_{\max}' \geq \frac{\sigma_y}{n_s} \tag{8.30}$$

여기서 n_s는 항복에 대한 안전계수를 나타낸다.

예제 8-4 교번 굽힘모멘트와 정적 비틀림모멘트를 받는 중실축의 안전계수

[그림 8-9]의 기계가공된 원형축에서 큰 지름은 $D=50\,\text{mm}$, 작은 지름은 $d=44\,\text{mm}$이며, 큰 지름과 작은 지름 사이의 필릿 반지름은 $r=3\,\text{mm}$이다. 교번 굽힘모멘트는 $M=150\,\text{N}\cdot\text{m}$이고, 정적 비틀림모멘트는 $T=120\,\text{N}\cdot\text{m}$이다. 열처리된 강으로 제작된 축의 극한강도는 $\sigma_u=500\,\text{MPa}$이고, 항복강도는 $\sigma_y=300\,\text{MPa}$이다. 이 축에 대한 신뢰도는 99%이다. 이때 다음을 구하라.

(a) 굿맨 피로파손기준으로 계산한 피로에 대한 안전계수

(b) 항복에 대한 안전계수

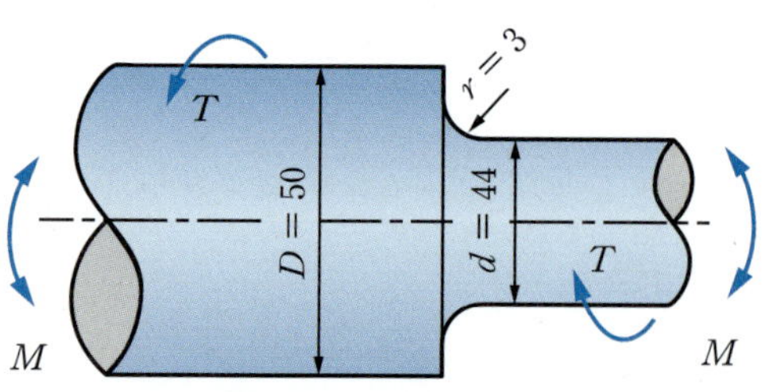

그림 8-9 교번 굽힘모멘트와 정적 비틀림모멘트를 받는 중실축

전략

교번 굽힘모멘트는 150 N·m 이고, 평균굽힘모멘트는 0이다. 그리고 교번 비틀림모멘트는 0이고, 평균 비틀림모멘트는 120 N·m 이다. [표 4-2]의 피로한도 근사식에서 교번 굽힘모멘트를 받는 경우에 해당하므로 $\sigma_e{}' = 0.5\sigma_u$를 사용한다.

풀이

(a) $D/d = 50/44 = 1.136$, $r/d = 3/44 = 0.068$이다. [그림 3-31]로부터 응력집중계수 $K_t = 1.72$, [그림 3-28]로부터 응력집중계수 $K_{ts} = 1.21$이고, [그림 4-21]로부터 굽힘에 대한 노치민감도 $q = 0.81$, [그림 4-22]로부터 비틀림에 대한 노치민감도 $q_s = 0.82$가 된다.

굽힘과 비틀림에 대한 피로응력집중계수는 각각 다음과 같다.

$$K_f = 1 + q(K_t - 1) = 1 + 0.81 \times (1.72 - 1) = 1.583$$
$$K_{fs} = 1 + q_s(K_{ts} - 1) = 1 + 0.82 \times (1.21 - 1) = 1.172$$

근사적인 피로한도는 [표 4-2]로부터 다음과 같다.

$$\sigma_e{}' = 0.5\sigma_u = 0.5 \times 500 = 250\,\text{MPa}$$

표면계수는 식 (4.38)로부터 다음과 같다.

$$k_a = \alpha\sigma_u^\beta = 4.51 \times 500^{-0.265} = 0.869$$

크기계수는 식 (4.39)로부터 다음과 같다.

$$k_b = \left(\frac{d}{7.62}\right)^{-0.11} = \left(\frac{44}{7.62}\right)^{-0.11} = 0.825$$

온도와 관련된 정보가 없으므로 온도계수 $k_c = 1$로 놓는다.

신뢰성계수는 식 (4.44)로부터 다음과 같다.

$$k_d = 1 - 0.08z = 1 - 0.08 \times 2.326 = 0.814$$

그리고 기타계수 $k_e = 1$로 놓는다.

식 (4.37)로부터 피로한도는 다음과 같다.

$$\sigma_e = k_a k_b k_c k_d k_e \sigma_e{}' = 0.869 \times 0.825 \times 1 \times 0.814 \times 1 \times 250 = 145.9\,\text{MPa}$$

회전축이 교번 굽힘모멘트와 정적 비틀림모멘트를 받으므로 다음과 같다.

$$M_a = 150\,\text{N}\cdot\text{m},\ T_m = 120\,\text{N}\cdot\text{m},\ M_m = T_a = 0$$

굿맨 피로파손기준에 대한 식 (8.27)을 적용하면 다음과 같다.

$$\frac{1}{n_s} = \frac{16}{\pi d^3}\left[\frac{1}{\sigma_e}\{4(K_f M_a)^2 + 3(K_{fs} T_a)^2\}^{1/2} + \frac{1}{\sigma_u}\{4(K_f M_m)^2 + 3(K_{fs} T_m)^2\}^{1/2}\right]$$

$$= \frac{16}{\pi \times 0.044^3} \times \left[\frac{\{4 \times (1.583 \times 150)^2\}^{1/2}}{145.9 \times 10^6} + \frac{\{3 \times (1.172 \times 120)^2\}^{1/2}}{500 \times 10^6}\right] = 0.2237$$

따라서 피로에 대한 안전계수는 $n_s = 4.47$이 된다. [답]

(b) 항복에 대한 안전계수를 구하기 위해 식 (8.29)를 사용하여 폰 미세스 최대응력을 구한다.

$$\sigma_{\max}{}' = \left[\left\{\frac{32K_f(M_m + M_a)}{\pi d^3}\right\}^2 + 3\left\{\frac{16K_{fs}(T_m + T_a)}{\pi d^3}\right\}^2\right]^{1/2}$$

$$= \left[\left\{\frac{32 \times 1.583 \times 150}{\pi \times 0.044^3}\right\}^2 + 3 \times \left\{\frac{16 \times 1.172 \times 120}{\pi \times 0.044^3}\right\}^2\right]^{1/2} = 31.91\,\text{MPa}$$

식 (8.30)으로부터 항복에 대한 안전계수는 다음과 같다.

$$n_s = \frac{\sigma_y}{\sigma_{\max}{}'} = \frac{300}{31.91} = 9.40 \quad [\text{답}]$$

검토

피로파손과 항복에 대한 안전계수가 충분히 큰 것으로 평가되었다. 응력집중계수와 노치민감도를 비선형 그래프에서 얻을 때 주의가 필요하다.

■ 충격하중을 받는 경우

앞에서 설명한 안전계수와 축지름에 대한 식에서는 충격을 고려하지 않았으나 일부 기계장치는 운전 중 갑자기 하중이 증가하기도 하므로 이에 대한 특별한 주의가 필요하다. 충격을 고려하기 위해서는 앞서 설명한 안전계수와 축지름을 구하는 식에 **충격계수** shock factor를 곱하면 된다. 굿맨 피로파손기준을 사용하는 경우 식 (8.27)과 식 (8.28)은 각각 다음과 같이 된다.

$$\frac{1}{n_s} = \frac{16}{\pi d^3}\left[\frac{1}{\sigma_e}\{4K_{sb}(K_f M_a)^2 + 3K_{st}(K_{fs} T_a)^2\}^{1/2} + \frac{1}{\sigma_u}\{4K_{sb}(K_f M_m)^2 + 3K_{st}(K_{fs} T_m)^2\}^{1/2}\right] \tag{8.31}$$

$$d = \sqrt[3]{\frac{16n_s}{\pi}\left[\frac{1}{\sigma_e}\{4K_{sb}(K_f M_a)^2 + 3K_{st}(K_{fs} T_a)^2\}^{1/2} + \frac{1}{\sigma_u}\{4K_{sb}(K_f M_m)^2 + 3K_{st}(K_{fs} T_m)^2\}^{1/2}\right]} \tag{8.32}$$

식 (8.31)과 식 (8.32)에 있는 K_{sb}는 굽힘충격계수, K_{st}는 비틀림충격계수로서 회전축에 대한 이들 계수를 [표 8-2]에 나타냈다.

표 8-2 충격계수

하중조건	K_{sb}	K_{st}
점진적 하중	1.5	1.0
약한 충격하중	1.5 ~ 2.0	1.0 ~ 1.5
큰 충격하중	2.0 ~ 3.0	1.5 ~ 3.0

8.2.3 키홈을 고려한 축지름 설계

축에 기어, 풀리 등을 체결하기 위해서는 [그림 8-10]에 나타낸 것처럼 축에 **키홈**key way을 만들어야 한다. 키홈이 있으면 축의 단면적이 감소하므로 강도가 저하되고, 형상이 급격하게 변하므로 응력집중이 발생한다. 따라서 축을 설계할 때 이러한 상황을 고려하여 축의 지름을 결정해야 한다.

■ 축지름의 근사설계법

키홈이 있는 축의 강도는 근사적으로 키홈의 바닥에 내접하는 지름 d_0의 단면이 갖는 강도로 대체하기도 한다. 지름이 줄어든 만큼 축의 강도가 감소하므로 이를 고려하여 축지름을 더 크게 설계한다. 즉 다음과 같이 키홈이 없는 축에 대해 계산된 지름 d_0에 키홈의 깊이 t를 더하여 축지름을 결정한다.

$$d = d_0 + t \tag{8.33}$$

■ 무어의 실험식

무어Moore는 같은 지름의 원형축을 키홈이 있는 경우와 없는 경우로 나누어 비틀림실험을 했으며, 이를 통해 비틀림강도비와 관련된 다음의 실험식을 개발했다.

$$\alpha = \frac{\text{키홈이 있는 축의 비틀림강도}}{\text{키홈이 없는 축의 비틀림강도}}$$

$$\approx 1.0 - 0.2\frac{b}{d} - 1.1\frac{t}{d} \tag{8.34}$$

이 계수를 강도를 고려한 축지름을 구하는 식의 허용전단응력에 곱하여 사용한다. 이 식에서 d는 키홈이 없는 축의 지름, b는 키홈의 폭, t는 키홈의 깊이를 나타낸다. **묻힘키**sunk key를 사용하는 경우 α값은 $0.65 \sim 0.89$의 범위이며 일반적으로 $\alpha = 0.75$ 정도를 사용한다.

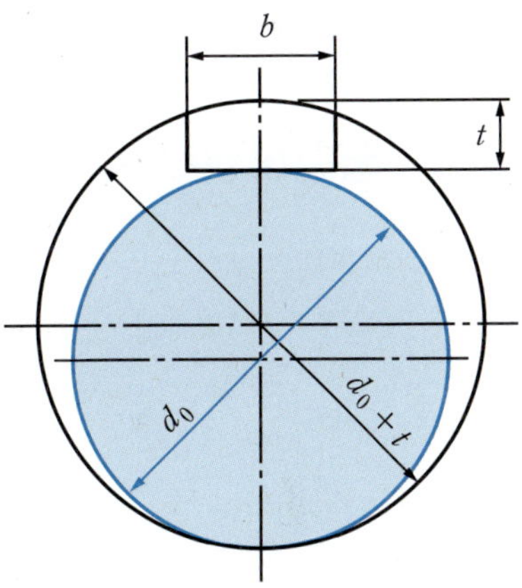

그림 8-10 키홈이 있는 원형축의 단면

탐구

1. 자동차용 구동축을 중공축으로 하면 어떤 장점이 있는지 설명하라.
2. 중공축의 장점이 있음에도 불구하고 지름비 d_i/d_o에는 제한이 있다. 그 이유는 무엇인지 설명하라.
3. 축을 설계할 때 피로파손을 고려해야 하는 이유는 무엇인가?
4. 축에 작용하는 충격인자로는 무엇이 있는지 설명하라.

SECTION 8.3

강성을 고려한 축설계

- 굽힘을 받는 축의 처짐량과 처짐각을 구하는 방법을 학습한다.
- 굽힘을 받는 축의 지름을 결정하는 방법을 학습한다.
- 비틀림을 받는 축의 지름을 결정하는 방법을 학습한다.
- 축의 비틀림에 대한 바흐조건을 학습한다.

축에 장착된 기어, 풀리 등의 무게나 토크 등의 부하가 작용하면 축은 변형된다. 무게에 의해 축이 처지면 베어링에 이상 마멸이 발생할 수 있고, 토크에 의해 축이 비틀어지면 기어의 이물림이 원활하지 않을 수 있다. 특히, 전동축에서 베어링 간격이 큰 경우에는 각별한 주의가 필요하다. 따라서 축의 처짐이나 비틀림을 허용범위 내로 제한해야 하며, 이들을 만족하는 축지름을 결정해야 한다.

8.3.1 굽힘모멘트에 의한 축의 변형

[그림 8-11(a)]와 같이 단면이 균일한 원형축의 중앙에 기어나 풀리 등이 장착되어 집중하중 W를 받고 있다. [그림 8-11(b)]에 나타낸 지지점의 최대경사각 θ_{max}와 중앙의 최대처짐 v_{max}는 각각 다음과 같다.

$$\theta_{max} = \frac{WL^2}{16EI} \tag{8.35}$$

$$v_{max} = \frac{WL^3}{48EI} \tag{8.36}$$

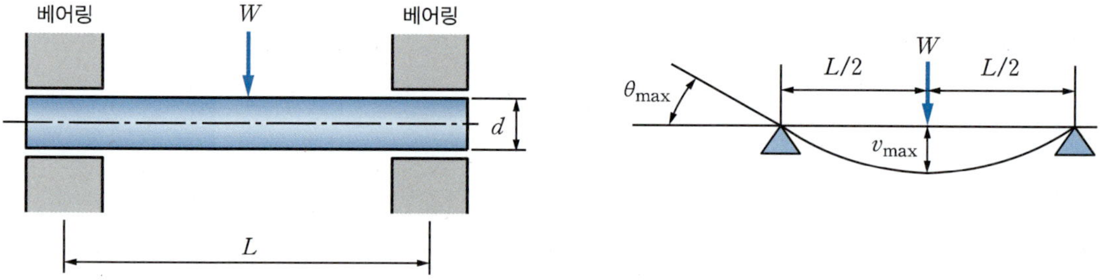

(a) 베어링으로 지지된 축

(b) 축의 처짐량 및 처짐각

그림 8-11 축의 굽힘변형

■ 경사각을 고려한 축지름

축의 굽힘에 의한 지지점의 최대경사각 θ_{max}는 허용경사각 θ_a보다 작아야 하므로

$$\frac{WL^2}{16EI} \le \theta_a \tag{a}$$

의 관계가 되어야 한다. 원형 중실축의 관성모멘트 $I = \pi d^4/64$이므로 이를 식 (a)에 대입하여 정리하면 축지름은 다음과 같다.

$$d \ge \sqrt[4]{\frac{4WL^2}{\pi E\theta_a}} \tag{8.37}$$

■ 처짐량을 고려한 축지름

축의 굽힘에 의한 중앙의 최대처짐량 v_{max}는 허용처짐량 v_a보다 작아야 하므로

$$\frac{WL^3}{48EI} \le v_a \tag{b}$$

의 관계가 되어야 한다. 식 (b)에 관성모멘트 $I = \pi d^4/64$를 대입하고 정리하면 축지름은 다음과 같다.

$$d \ge \sqrt[4]{\frac{4WL^3}{3\pi E v_a}} \tag{8.38}$$

■ 허용처짐량

식 (a)의 허용경사각 θ_a와 식 (b)의 허용처짐량 v_a로부터 다음의 관계가 성립한다.

$$\frac{v_a}{\theta_a} = \frac{L}{3} \tag{c}$$

기어가 장착된 일반 전동축에서 굽힘에 의한 축의 허용처짐각은 $\theta_a = 1/1000\,\text{rad}$이다. 따라서 축의 중앙에 집중하중이 작용하는 경우 허용처짐량은

$$v_a = \frac{L}{3}\theta_a = \frac{L}{3000} \tag{8.39}$$

이 된다. 만약 베어링간격 L이 $1\,\text{m}$라면 허용처짐량 $v_a = \dfrac{1000}{3000} = 0.33\,\text{mm}$가 된다.

예제 8-5 굽힘강성을 고려한 중실축의 지름

양단이 베어링으로 지지된 길이 400 mm 의 중실축 중앙에 15 kg_f의 무게를 가진 회전체가 설치되어 있다. 축의 중앙에서 허용처짐량은 0.15 mm 이다. 축의 탄성계수가 200 GPa 일 때 굽힘강성을 고려하여 축지름을 결정하라.

전략

단순지지된 축으로 가정하여 식 (8.38)에 대입하여 축지름을 구한다. 회전체의 무게가 15 kg_f이므로 중력가속도를 곱해 뉴턴단위의 무게를 대입한다.

풀이

식 (8.38)에 따라 굽힘강성을 고려한 중실축의 축지름은 다음과 같다.

$$d \geq \sqrt[4]{\frac{4WL^3}{3\pi E v_a}} = \sqrt[4]{\frac{4 \times 15 \times 9.81 \times 0.4^3}{3 \times \pi \times 200 \times 10^9 \times 0.15 \times 10^{-3}}} = 0.0191\,\text{m} = 19.1\,\text{mm}$$

[표 8-1]에서 축지름을 20 mm 로 선정한다. [답]

검토

식에서 보듯이 축길이는 축지름에 매우 큰 영향을 미치는 것을 알 수 있다. 만약 축길이가 현재의 400 mm 에서 두 배가 되는 800 mm 가 되면 축지름을 35 mm 로 선정해야 한다.

8.3.2 비틀림모멘트에 의한 축의 변형

동력전달 시 축에 발생하는 비틀림각이 제한된 값을 초과하면 파손이 발생하므로 충분한 비틀림강성을 가진 축지름을 결정해야 한다. 이와 관련하여 단위길이당 비틀림각을 제한하여 축지름을 결정하는 **바흐조건**에 대해 살펴본다.

■ 비틀림강성

1 비틀림각

[그림 8-12]와 같이 지름이 d이고 길이가 L인 원형축에 비틀림모멘트 T가 작용할 때 축의 비틀림각 ϕ는 다음과 같다.

$$\phi = \frac{TL}{JG}\ [\text{rad}] \quad \text{또는} \quad \phi = \frac{180}{\pi}\frac{TL}{JG}\ [^\circ] \tag{8.40}$$

여기서 J는 극관성모멘트이고, G는 전단탄성계수를 나타낸다.

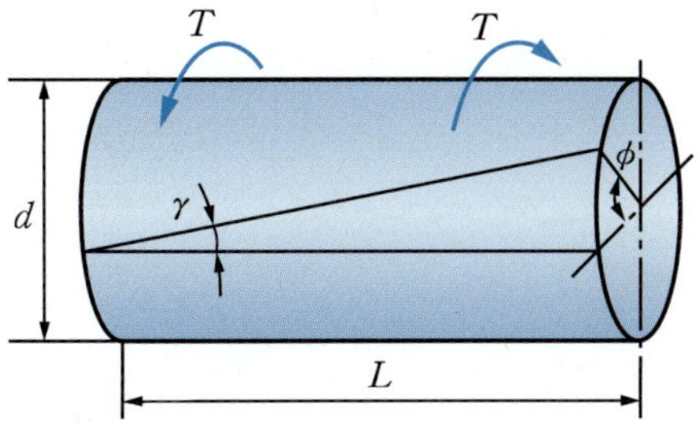

그림 8-12 원형축의 비틀림

[그림 8-13]과 같이 여러 개의 단을 갖는 원형축의 비틀림각은 다음과 같이 각 단의 비틀림각을 모두 더하며, 이를 **상당비틀림각**이라고 한다.

$$\phi_{eq} = \phi_1 + \phi_2 + \phi_3 + \cdots + \phi_i + \cdots + \phi_n \tag{8.41}$$

여기서 i번째 단에서의 비틀림각 $\phi_i = TL_i / J_i G$이므로 상당비틀림각은 다음과 같다.

$$\phi_{eq} = \frac{T}{G}\left(\frac{L_1}{J_1} + \frac{L_2}{J_2} + \frac{L_3}{J_3} + \cdots + \frac{L_i}{J_i} + \cdots + \frac{L_n}{J_n}\right) = \frac{T}{G}\sum_{i=1}^{n}\left(\frac{L_i}{J_i}\right) \tag{8.42}$$

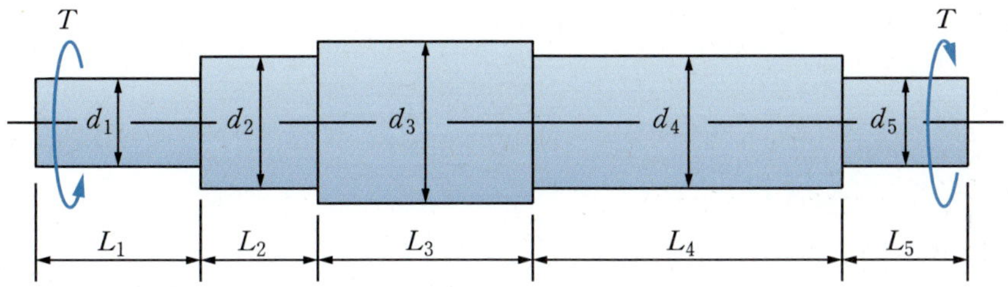

그림 8-13 여러 개의 단을 갖는 원형축

2 축지름

원형단면 중실축인 경우 극관성모멘트는 $J = \pi d^4/32$이고, 축의 비틀림각 ϕ는 허용비틀림각 ϕ_a보다 작아야 하므로, 식 (8.40)의 도 단위 비틀림각에 대한 식은 다음과 같이 쓸 수 있다.

$$\phi = \frac{32(180)Tl}{\pi^2 d^4 G} \leq \phi_a$$

이를 정리하면 다음과 같이 축지름을 결정할 수 있다.

$$d \geq \sqrt[4]{\frac{32(180)TL}{\pi^2 G\phi_a}} \tag{8.43}$$

■ 바흐의 축공식

전동축의 지름을 결정할 때 전달토크 대신 전달동력과 회전속도가 주어지는 경우가 많다. 이런 경우 식 (8.43)의 토크 T에 다음 값을 대입하면 된다.

$$T = 716200\frac{H_{PS}}{N}\ [\mathrm{kg}_f \cdot \mathrm{mm}] \quad 또는 \quad T = 974000\frac{H_{kW}}{N}\ [\mathrm{kg}_f \cdot \mathrm{mm}] \tag{8.44}$$

이 식에서 H_{PS}와 H_{kW}는 각각 PS 단위와 kW 단위의 동력이며, N은 rpm 단위의 회전속도이다.

바흐Bach는 축의 길이 1 m당 비틀림각이 0.25° 이하가 되도록 축의 지름을 설계해야 한다고 주장했는데, 이를 **바흐조건**이라고 한다. 축재료가 연강인 경우 전단탄성계수 $G = 8300\ \mathrm{kg}_f/\mathrm{mm}^2$, 길이 $L = 1000\,\mathrm{mm}$, 허용비틀림각 $\phi_a = 0.25°$와 함께 식 (8.44)의 전달토크를 식 (8.43)에 대입하여 정리하면 다음과 같이 중실축과 중공축에 대한 지름을 구할 수 있다.

- **중실축의 지름**

$$d \ge 120\sqrt[4]{\frac{H_{PS}}{N}}\ [\mathrm{mm}] \quad 또는 \quad d \ge 130\sqrt[4]{\frac{H_{kW}}{N}}\ [\mathrm{mm}] \tag{8.45}$$

- **중공축의 바깥지름**

$$d_o \ge 120\sqrt[4]{\frac{H_{PS}}{N(1-x^4)}}\ [\mathrm{mm}] \quad 또는 \quad d_o \ge 130\sqrt[4]{\frac{H_{kW}}{N(1-x^4)}}\ [\mathrm{mm}] \tag{8.46}$$

여기서 $x = d_i/d_o$는 안지름과 바깥지름의 비를 나타내며, 중공축의 안지름은 $d_i = xd_o$로 구할 수 있다. 바흐조건이 포함된 식 (8.45)와 식 (8.46)을 **바흐의 축공식**이라고 부른다.

예제 8-6 비틀림강도와 비틀림강성을 동시에 고려한 중실축의 지름

허용전단응력이 200 MPa이고, 전단탄성계수가 90 GPa인 축이 700rpm의 회전속도에서 8 kW의 회전동력을 전달한다. 축의 길이가 1 m이고, 허용비틀림각이 0.2°일 때 축의 지름을 설계하라.

전략

kW 단위의 동력과 rpm 단위의 회전속도를 이용하여 토크를 계산한다. 이 토크를 식 (8.8)의 비틀림강도를 고려한 식과 식 (8.43)의 비틀림강성을 고려한 식에 각각 대입하여 축지름을 구한 후 이들을 비교하여 큰 지름을 선정한다.

풀이

식 (8.44)로부터 토크를 구하면 다음과 같다.

$$T = 974000\frac{H_{\mathrm{kW}}}{N} = 974000 \times \frac{8}{700} = 11131.4\ \mathrm{kg}_f \cdot \mathrm{mm} = 109.2\,\mathrm{N \cdot m}$$

- **비틀림강도를 고려한 축지름**

  식 (8.8)로부터 다음과 같이 축지름을 구한다.

$$d = \sqrt[3]{\frac{16T}{\pi\tau_a}} = \sqrt[3]{\frac{16 \times 109.2}{\pi \times 200 \times 10^6}} = 0.01406\,\mathrm{m} = 14.1\,\mathrm{mm}$$

- **비틀림강성을 고려한 축지름**

  식 (8.43)으로부터 다음과 같이 축지름을 구한다.

$$d \geq \sqrt[4]{\frac{32(180)TL}{\pi^2 G\phi_a}} = \sqrt[4]{\frac{32 \times 180 \times 109.2 \times 1}{\pi^2 \times 90 \times 10^9 \times 0.2}} = 0.0434\,\mathrm{m} = 43.4\,\mathrm{mm}$$

비틀림강도를 고려할 때 축지름은 14.1 mm 이고, 비틀림강성을 고려할 때 축지름은 43.4 mm 이므로 [표 8-1]에서 축지름을 45 mm 로 선정한다. [답]

검토

이 문제에서는 비틀림강도를 고려한 축지름보다 비틀림강성을 고려한 축지름이 약 3배 더 크다. 계산된 결과로부터 축지름을 선정할 때 구름베어링의 안지름을 고려해야 한다.

탐구

1. 강성이란 무엇인가?
2. 축의 강성이 부족하면 어떤 문제가 생기는지 설명하라.
3. 축의 강성을 높이는 방법을 설명하라.

SECTION 8.4

축의 위험속도

- ✔ 회전체가 1개인 축의 위험속도를 학습한다.
- ✔ 회전체가 여러 개인 축의 위험속도를 학습한다.
- ✔ 회전체의 위험속도와 관련된 레일리식과 던컬리식을 학습한다.

전동축에는 기어, 풀리 등이 장착되므로 정지상태에서 아래 방향으로 일정량 처짐이 발생한다. 이 축이 회전하면 처짐에 의한 불평형unbalance으로 인해 상하 방향의 진동이 발생한다. 축의 회전속도가 회전체를 포함한 전동축의 고유진동수에 근접할수록 진폭이 커지며, 축의 회전속도가 고유진동수와 일치하면 공진현상으로 매우 심한 **굽힘진동**bending vibration이 발생한다. 굽힘진동은 길이가 긴 축에서 매우 중요하다. 공진을 일으키는 축의 회전속도를 **위험속도**critical speed라 하며, 전동축의 회전속도는 위험속도에서 25% 이상 벗어나야 한다. 이러한 위험속도로 회전하면 베어링이나 축이 파손될 수 있다.

길이가 짧아서 처짐이 별로 없는 축에서는 주로 **비틀림진동**torsional vibration을 고려한다. 비틀림진동 위험속도는 굽힘진동 위험속도의 3 ~ 4배에서 발생한다. 따라서 매우 빠른 속도로 회전하거나 큰 비틀림하중을 받는 축에서는 비틀림진동도 고려해야 한다. 일반적으로 **축방향진동**longitudinal vibration의 위험속도는 굽힘진동 위험속도의 10배 이상에서 발생하므로 축방향진동은 특별한 경우를 제외하고는 고려하지 않는다.

8.4.1 회전체가 1개인 경우

[그림 8-14]에 나타낸 바와 같이 질량이 m인 회전체가 축에 설치되어 있을 때 회전체의 무게 W로 인해 축은 δ만큼의 처짐이 발생한다. 또한 회전체 재료가 불균질하거나 조립오차 등으로 회전체의 무게중심이 e만큼 편심될 수 있다. 이때 스프링상수가 k인 축의 탄성복원력은 $k\delta$이다. 이렇게 처진상태에서 회전체가 각속도 ω로 회전하면 원심력 $m(\delta+e)\omega^2$이 작용하고, 이 원심력은 축의 탄성복원력 $k\delta$와 평형을 유지해야 하므로 다음의 관계를 갖는다.

$$m(\delta+e)\omega^2 = k\delta \tag{8.47}$$

이 식으로부터 처짐량 δ는 다음과 같다.

$$\delta = \frac{e}{\dfrac{k}{m\omega^2}-1} \tag{8.48}$$

식 (8.48)에서 편심 $e \neq 0$이고, 스프링상수가 $k = m\omega^2$이라면 처짐 δ는 무한대가 된다. 이때의 고유진동수는 위험속도로서 다음과 같다.

$$\omega_c = \sqrt{\frac{k}{m}} \ \text{[rad/s]} \tag{8.49}$$

회전체의 무게 $W = mg$와 축의 탄성복원력 $k\delta$는 같으므로 $mg = k\delta$로부터 $k/m = g/\delta$가 된다. 따라서 식 (8.49)를 다음과 같이 쓸 수 있다.

$$\omega_c = \sqrt{\frac{g}{\delta}} \ \text{[rad/s]} \tag{8.50}$$

이 식을 rpm 단위의 회전속도로 나타내면 다음과 같다.

$$N_c = \frac{60\omega_c}{2\pi} = \frac{30}{\pi}\sqrt{\frac{g}{\delta}} \ \text{[rpm]} \tag{8.51}$$

이 식에서 처짐 δ는 [그림 8-14]와 같이 단순지지된 축의 경우 다음과 같다.[6]

$$\delta = \frac{Wa^2b^2}{3EIL} \tag{8.52}$$

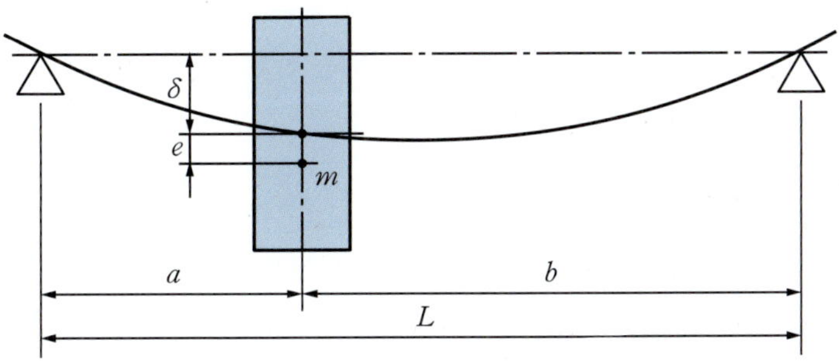

그림 8-14 회전체가 1개인 축

8.4.2 회전체가 2개 이상인 경우

[그림 8-15]처럼 전동축에는 여러 개의 회전체가 함께 설치되는 경우가 많다. 여러 개의 회전체로 구성된 전동축의 위험속도를 구하는 방법에는 레일리식, 던컬리식 등이 있다.

■ 레일리식

회전하는 축이 가장 많이 처졌을 때 각 회전체의 위치에너지의 합과 처짐이 없을 때 각 회전체의 운동에너지의 합이 같다는 조건으로부터 축의 위험속도를 구한다. 이처럼 에너지평형으로 위험속도를 구하는 방법을 **레일리식** Rayleigh equation이라고 하며, 회전체가 n개인 축에서의 위험속도는 다음과 같다.

6 이 식에서 축의 무게는 고려하지 않는다.

$$N_c = \frac{30}{\pi}\sqrt{\frac{g\sum_{i=1}^{n} W_i\delta_i}{\sum_{i=1}^{n} W_i\delta_i^2}}\ \ [\text{rpm}] \tag{8.53}$$

여기서 g는 중력가속도, W_i는 각 회전체의 무게, δ_i는 각 회전체의 정적처짐을 나타낸다. 레일리식은 축의 무게와 감쇠를 고려하지 않고, 모든 회전체를 집중하중concentrated load으로 가정한다. 또한 베어링의 유연성도 고려하지 않는다. 이러한 이유로 실제 위험속도보다 큰 값을 나타낸다. 따라서 실제로 운전할 때는 레일리식으로 계산된 위험속도보다 약 25% 낮은 속도로 운전해야 한다.

■ 던컬리식

던컬리식Dunkerlay equation은 여러 개의 회전체를 갖는 축에서 각 회전체를 개별적으로 축에 부착했을 때의 위험속도를 계산한 후, 각각의 위험속도를 결합하여 전체 시스템의 위험속도를 근사적으로 계산하는 방법이다. n개의 회전체를 갖는 전동축에서 축의 위험속도는 다음과 같다.

$$\frac{1}{N_c^2} = \frac{1}{N_0^2} + \frac{1}{N_1^2} + \frac{1}{N_2^2} + \frac{1}{N_i^2} + \cdots + \frac{1}{N_n^2} \tag{8.54}$$

여기서 N_c는 회전체를 포함한 축의 위험속도, N_0는 축의 무게에 의한 위험속도, N_i는 i번째 회전체를 단독으로 설치했을 때의 위험속도를 나타낸다. 여기서 위험속도의 단위는 rpm이다. 식 (8.54)로부터 계산된 위험속도는 실제 위험속도보다 작은 값을 나타낸다.

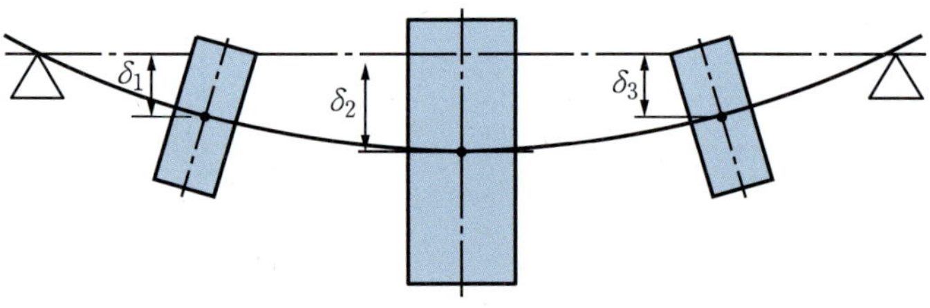

그림 8-15 회전체가 여러 개인 축

식 (8.54)에서 균일분포하중이 작용하는 것으로 간주한 축의 위험속도는 다음과 같다.

$$N_0 = \frac{30}{\pi}\sqrt{\frac{g}{\delta_0}}\ \ [\text{rpm}] \tag{8.55}$$

축이 단순지지된 경우 최대처짐은 다음과 같다.

$$\delta_0 = \frac{5wL^4}{384EI} \tag{8.56}$$

여기서 w는 단위길이당 무게, E는 탄성계수, I는 관성모멘트를 나타낸다. 회전체 단독의 위험속도는 식 (8.51)과 식 (8.52)를 이용하여 구하면 된다.

예제 8-7 한 개의 회전체를 장착한 축의 위험속도

[그림 8-16]과 같이 50 mm 의 지름을 가진 축의 중앙에 70 kg_f의 무게를 가진 회전체가 있을 때 축의 위험속도를 구하라. 축의 탄성계수는 190 GPa이며, 축의 무게에 의한 위험속도는 무시한다.

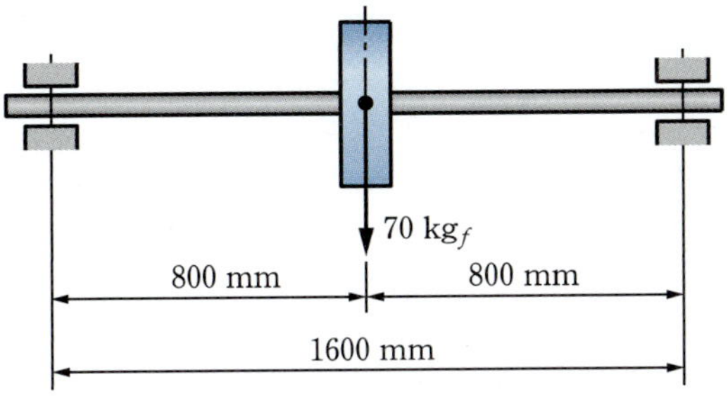

그림 8-16 회전체 1개를 장착한 축

전략

축의 무게는 무시하고 축의 강성만 고려한다. 축의 강성은 관성모멘트로 나타낸다. 단순 지지가 된 축의 중앙에 회전체의 무게가 작용할 때 처짐량은 $\delta = \dfrac{WL^3}{48EI}$ 이다. 회전체의 위험속도는 식 (8.51)로 구한다.

풀이

원형축의 관성모멘트는 다음과 같다.

$$I = \frac{\pi d^4}{64} = \frac{\pi \times 50^4}{64} = 30.68 \times 10^4 \text{ mm}^4$$

무게 70 kg_f의 회전체에 의한 축의 처짐은 다음과 같다.

$$\delta = \frac{WL^3}{48EI} = \frac{70 \times 9.81 \times 1600^3}{48 \times 190 \times 10^3 \times 30.68 \times 10^4} = 1.005 \text{ mm}$$

무게 70 kg_f의 회전체에 의한 위험속도는 식 (8.51)에 따라 다음과 같다.

$$N_c = \frac{30}{\pi}\sqrt{\frac{g}{\delta}} = \frac{30}{\pi}\sqrt{\frac{9810}{1.005}} = 943 \text{ rpm}$$ [답]

검토

축의 처짐 $\delta = \dfrac{WL^3}{48EI}$ 에서 EI값이 클수록 위험속도는 커진다. 즉 회전에 대한 축의 안전도가 증대된다.

예제 8-8 두 개의 회전체를 장착한 축의 위험속도

[그림 8-17]과 같이 $50\,\text{kg}_f$와 $70\,\text{kg}_f$의 회전체가 장착된 축의 위험속도를 구하라. 단, 축의 지름은 65mm이고, 축의 탄성계수는 190GPa이며, 축의 밀도는 $7860\,\text{kg/m}^3$이다.

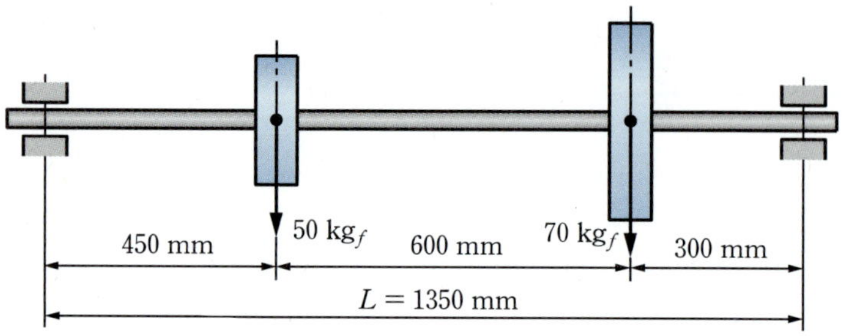

그림 8-17 회전체 2개를 장착한 축

전략

축의 무게에 따른 처짐과 위험속도를 구한다. 또한 두 회전체의 무게에 따른 처짐과 위험속도를 각각 구한다. 구한 위험속도를 던컬리식에 대입하여 두 회전체가 장착된 축의 위험속도를 구한다.

풀이

원형축의 관성모멘트는 다음과 같다.

$$I = \frac{\pi d^4}{64} = \frac{\pi \times 0.065^4}{64} = 8.762 \times 10^{-7}\,\text{m}^4$$

단위길이당 축의 무게는 다음과 같다.

$$w = \frac{\pi d^2}{4}\rho g = \frac{\pi \times 0.065^2}{4} \times 7860 \times 9.81 = 255.9\,\text{N/m}$$

축의 무게로 인한 처짐은 식 (8.56)에 의해 다음과 같다.

$$\delta_0 = \frac{5wL^4}{384EI} = \frac{5 \times 255.9 \times 1.350^4}{384 \times 190 \times 10^9 \times 8.762 \times 10^{-7}} = 6.65 \times 10^{-5}\,\text{m} = 0.0665\,\text{mm}$$

축의 무게에 의한 위험속도는 식 (8.55)에 의해 다음과 같다.

$$N_0 = \frac{30}{\pi}\sqrt{\frac{g}{\delta_0}} = \frac{30}{\pi} \times \sqrt{\frac{9810}{0.0665}} = 3668\,\text{rpm}$$

$50\,\text{kg}_f$의 회전체에 의한 처짐은 식 (8.52)에 의해 다음과 같다.

$$\delta_1 = \frac{Wa^2b^2}{3EIL} = \frac{50 \times 9.81 \times 0.45^2 \times 0.9^2}{3 \times 190 \times 10^9 \times 8.762 \times 10^{-7} \times 1.35}$$

$$= 1.193 \times 10^{-4}\,\text{m} = 0.1193\,\text{mm}$$

$50\,kg_f$의 회전체에 의한 위험속도는 식 (8.51)에 의해 다음과 같다.

$$N_1 = \frac{30}{\pi}\sqrt{\frac{g}{\delta_1}} = \frac{30}{\pi} \times \sqrt{\frac{9810}{0.1193}} = 2738\text{ rpm}$$

$70\,kg_f$의 회전체에 의한 처짐과 위험속도도 같은 방법으로 구한다.

$$\delta_2 = \frac{Wa^2b^2}{3EIL} = \frac{70 \times 9.81 \times 1.05^2 \times 0.3^2}{3 \times 190 \times 10^9 \times 8.762 \times 10^{-7} \times 1.35}$$

$$= 1.011 \times 10^{-4}\text{m} = 0.1011\text{mm}$$

$$N_2 = \frac{30}{\pi}\sqrt{\frac{g}{\delta_2}} = \frac{30}{\pi} \times \sqrt{\frac{9810}{0.1011}} = 2975\text{rpm}$$

각각의 위험속도를 식 (8.54)의 던컬리식에 대입하면 다음과 같다.

$$\frac{1}{N_c^2} = \frac{1}{N_0^2} + \frac{1}{N_1^2} + \frac{1}{N_2^2} = \frac{1}{3668^2} + \frac{1}{2738^2} + \frac{1}{2975^2}$$

이를 정리하면 위험속도는 $N_c = 1766\text{rpm}$이 된다. [답]

검토

위험속도가 1766 rpm이므로 실제 사용은 위험속도보다 25% 낮은 1325 rpm까지로 제한되어야 한다.

탐구

1. 축의 위험속도가 의미하는 것은 무엇인가?
2. 레일리식과 던컬리식의 차이점을 설명하라.
3. 축에 회전체가 장착되었을 때 축이 진동하는 이유를 설명하라.

CHAPTER 08 | 핵심요약

- 축은 회전동력을 전달하는 데 사용하는 기계요소로서 베어링으로 지지한다.
- 축은 기어나 풀리 등의 회전체를 통해 굽힘하중, 비틀림하중, 축하중 등을 받는다.
- 차축은 축의 양 끝단에 바퀴가 달린 것을 말하며, 바퀴와 함께 회전하는 축과 회전하지 않고 하중만을 지지하는 축이 있다.
- 전동축은 기어, 풀리, 휠, 로터 등의 회전체와 결합하여 회전동력을 전달할 때 사용되는 축이다.
- 스핀들은 축의 끝단에 공작물이나 공구가 부착되어 회전하는 축으로 길이가 비교적 짧다.
- 축을 설계할 때는 강성, 강도, 응력집중, 진동, 열응력, 열팽창, 부식 등을 고려해야 한다.
- 중공축은 자동차의 구동축이나 항공기 및 선박의 추진축과 같이 저중량·고강성이 필요한 곳에 주로 사용한다.
- 굽힘과 비틀림을 동시에 받는 축은 상당 굽힘모멘트와 상당 비틀림모멘트를 이용하여 축지름을 결정한다.
- 연성재료로 만든 축은 최대전단응력이론을 적용한 상당 비틀림모멘트로 축지름을 설계한다.
- 취성재료로 만든 축은 최대주응력이론(최대수직응력이론)을 적용한 상당 굽힘모멘트로 축지름을 설계한다.
- 축이 변동하중을 받는 경우 굽힘과 비틀림에 의한 교번응력을 변형에너지이론에 따라 조합한 후 피로파손이론에 대입하여 축지름을 결정한다.
- 축에 장착된 회전체의 무게로 인해 축이 처지면 베어링에 이상 마멸이 발생할 수 있고, 축이 비틀리면 기어의 물림이 원활하지 않을 수 있으므로 축은 충분한 강성을 가져야 한다.
- 축의 길이 1 m당 비틀림각을 0.25° 이하로 제한하는 조건을 바흐조건이라고 한다.
- 공진을 일으키는 축의 회전속도를 위험속도라고 하며, 전동축의 회전속도는 위험속도에서 25% 이상 벗어나야 한다.
- 여러 개의 회전체로 구성된 전동축의 위험속도를 구하는 방법에는 레일리식과 던컬리식 등이 있다.
- 레일리식은 위험속도를 실제값보다 크게 평가하고, 던컬리식은 위험속도를 실제값보다 작게 평가한다.

CHAPTER 08 | 기본문제

8.1 차축에 대한 설명 중 옳은 것은? 8.1절

① 주로 비틀림하중을 받는다.
② 주로 굽힘하중을 받는다.
③ 주로 압축하중을 받는다.
④ 주로 인장하중을 받는다.

8.2 전동축에 대한 설명 중 옳은 것은? 8.1절

① 주로 굽힘하중과 비틀림하중을 받는다.
② 주로 인장하중과 비틀림하중을 받는다.
③ 주로 압축하중과 비틀림하중을 받는다.
④ 주로 굽힘하중을 받는다.

8.3 직선운동을 회전운동으로 바꾸거나 회전운동을 직선운동으로 바꿀 때 사용하는 축은? 8.1절

① 차축 ② 스핀들 ③ 크랭크축 ④ 전동축

8.4 다음 중 축재료에 대한 설명으로 옳지 않은 것은? 8.1절

① 강도와 인성이 큰 재료가 필요하다.
② 일반축의 재료는 기계구조용 탄소강을 열처리하여 사용한다.
③ 베어링에 접촉하여 내마모성이 요구되는 경우에는 표면경화강이 사용된다.
④ 큰 하중을 받거나 고속으로 회전하는 축에는 베릴륨을 첨가하여 사용한다.

8.5 다음 중 축설계 시 고려해야 할 사항으로 옳지 않은 것은? 8.1절

① 축의 회전속도를 고려하여 설계해야 한다.
② 축의 회전방향을 고려하여 설계해야 한다.
③ 축의 강도와 강성을 고려하여 설계해야 한다.
④ 축의 부식과 열팽창을 고려하여 설계해야 한다.

8.6 다음 중 전동축의 바깥지름이 25 mm, 안지름이 10 mm인 경우 축의 토크비와 무게비로 옳은 것은? 8.2절

	토크비	무게비
①	0.82	0.78
②	0.97	0.80
③	0.92	0.84
④	0.97	0.84

8.7 굽힘모멘트와 비틀림모멘트를 동시에 받는 연성재료의 축에 대한 상당 비틀림모멘트를 구하기 위해 적용하는 방법은? 8.2절

① 최대주응력이론 ② 변형에너지이론
③ 최대전단응력이론 ④ 수정된 모어이론

8.8 다음 중 비틀림모멘트 T와 굽힘모멘트 M을 동시에 받는 전동축에서 상당 비틀림모멘트 T_e를 구하는 식은? 8.2절

① $T_e = \sqrt{M^2 + T^2}$ ② $T_e = \frac{1}{2}(M + \sqrt{M^2 + T^2})$
③ $T_e = M + \sqrt{M^2 + T^2}$ ④ $T_e = \frac{1}{2}\sqrt{M^2 + T^2}$

8.9 길이 1.5 m의 원형중실축에 3 kN · m의 비틀림모멘트가 작용한다. 이 축의 허용전단응력이 50 MPa일 때 축지름을 mm 단위의 정수로 결정하라. 8.2절

① 58 ② 63 ③ 68 ④ 73

8.10 원형중실축에 120 N · m의 굽힘모멘트와 200 N · m의 비틀림모멘트가 동시에 작용하는 경우에 축지름을 mm 단위의 정수로 결정하라. 단, 허용굽힘응력은 60 MPa이고, 허용전단응력은 45 MPa이다. 8.2절

① 13 ② 19 ③ 26 ④ 32

8.11 비틀림모멘트가 작용하는 원형중실축의 지름을 구하는 식은? 8.2절

① $d = \sqrt[3]{\frac{\pi\tau_a}{16T}}$ ② $d = \sqrt[3]{\frac{16T}{\pi\tau_a}}$ ③ $d = \sqrt[3]{\frac{\pi\tau_a}{32T}}$ ④ $d = \sqrt[3]{\frac{32T}{\pi\tau_a}}$

8.12 지름 d를 갖는 축은 지름 $d/2$를 갖는 축에 비해 몇 배의 토크를 전달할 수 있는가? 8.2절

① 8배 ② 6배 ③ 4배 ④ 2배

8.13 굽힘모멘트 M과 비틀림모멘트 T를 동시에 받는 원형축에서 M과 T가 모두 3배씩 증가한다면, 상당 굽힘모멘트는 몇 배 증가하는가? 8.2절

① $\sqrt{3}$ 배 ② 3배 ③ $\sqrt{6}$ 배 ④ 6배

8.14 단순지지보로 볼 수 있는 길이 2 m 인 원형중실축의 중앙에 무게 500 N의 기어가 장착되어 있다. 이 축의 허용처짐을 5 mm 로 제한하는 경우 축지름을 mm 단위로 최소한 얼마로 하면 되는가? 단, 축재료의 탄성계수는 200 GPa이다. 8.3절

① 31 ② 34 ③ 37 ④ 40

8.15 원형축에 500 N·m의 토크가 작용하여 450 rpm으로 회전하는 경우 이 전동축의 전달동력은 몇 kW인가? 8.3절

① 18.9 ② 23.6 ③ 28.3 ④ 33.2

8.16 축의 바흐조건에 대한 설명 중 옳은 것은? 8.3절

① 축길이 1 m 당 최대 0.25°의 비틀림각을 허용한다.
② 축길이 1 m 당 최대 1°의 비틀림각을 허용한다.
③ 축지름 100배의 축길이당 최대 0.25°의 비틀림각을 허용한다.
④ 축지름 100배의 축길이당 최대 1°의 비틀림각을 허용한다.

8.17 회전수 5000 rpm으로 30 kW의 동력을 전달하는 경우 원형의 전동축에 걸리는 비틀림모멘트는 얼마인가? 8.3절

① 22.9 N·m ② 34.4 N·m ③ 45.8 N·m ④ 57.3 N·m

8.18 500 rpm으로 회전하는 원형중실축으로 12 kW의 동력을 전달한다. 축의 길이 1.5 m에 대해 비틀림각을 0.5°까지 허용하려면 축지름은 mm 단위로 최소한 얼마로 결정하면 되는가? 단, 축의 전단탄성계수는 80 GPa이다. 8.3절

① 29 ② 38 ③ 48 ④ 58

8.19 지름이 d이고, 길이가 L인 전동축이 비틀림모멘트를 받아 ϕ의 비틀림각이 발생했다. 전동축의 비틀림각을 절반으로 줄이려면 축지름은 최소한 얼마가 되어야 하는가? 8.3절

① $\sqrt{2}\,d$ ② $\sqrt[3]{2}\,d$ ③ $\sqrt[4]{2}\,d$ ④ $2d$

8.20 회전하는 전동축에서 진동에 따른 위험을 방지하기 위해 축의 회전속도가 그 축에 대한 고유진동수로부터 최소한 몇 % 이상 벗어나야 하는가? 8.4절

① 10 ② 15 ③ 20 ④ 25

8.21 다음 중 전동축의 위험속도에 가장 큰 영향을 주는 것은? 8.4절

① 축의 최대굽힘모멘트 ② 축의 최대비틀림모멘트
③ 베어링의 최고회전속도 ④ 축의 고유진동수

8.22 전동축에 2개의 회전체가 부착되어 회전하고 있다. 회전체를 부착하지 않은 축의 위험속도가 5000 rpm이고, 자중을 무시한 축에 첫 번째 회전체를 단독으로 설치했을 때의 위험속도가 4000 rpm, 그리고 두 번째 회전체를 단독으로 설치했을 때의 위험속도가 2500 rpm이라면 회전체를 모두 포함한 전동축의 위험속도는 몇 rpm인가? 8.4절

① 1900 ② 1950 ③ 2000 ④ 2500

8.23 양단 베어링 사이에 있는 전동축의 중앙에 회전체가 장착되어 0.05 mm의 최대처짐이 발생했다. 회전체를 제외한 축의 무게를 무시할 경우 허용할 수 있는 전동축의 최대회전속도는 몇 rpm인가? 8.4절

① 2890 ② 3150 ③ 4230 ④ 5350

정답

8.1 ② 8.2 ① 8.3 ③ 8.4 ④ 8.5 ② 8.6 ④ 8.7 ③ 8.8 ① 8.9 ③ 8.10 ④
8.11 ② 8.12 ① 8.13 ② 8.14 ③ 8.15 ② 8.16 ① 8.17 ④ 8.18 ③ 8.19 ③ 8.20 ④
8.21 ④ 8.22 ② 8.23 ③

CHAPTER 08 | 연습문제

8.1 축의 강도와 강성의 차이점과 이들을 높이기 위해 설계자가 고려할 수 있는 것을 설명하라. 8.1절

8.2 양단이 베어링으로 지지된 원형축의 중앙에 45kN의 회전체가 장착되어 있다. 베어링 사이의 거리가 500mm인 경우 축지름을 결정하라. 단, 축의 허용굽힘응력은 80MPa이다. 8.2절

8.3 다음 그림과 같이 원형축에 무게 15kN의 플라이휠이 설치되어 있다. 안지름과 바깥지름의 비가 0.5인 중공축의 지름을 결정하라. 단, 허용굽힘응력은 75MPa이고, 축의 무게는 무시한다. 8.2절

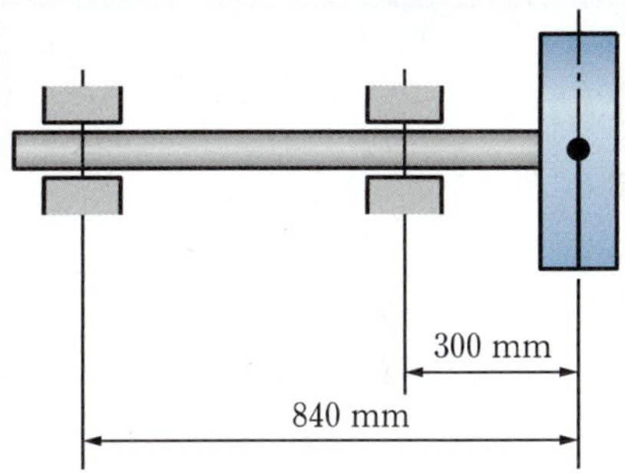

그림 P8.1

8.4 300rpm의 회전속도로 40kW의 동력을 전달하는 축이 있다. 축의 허용전단응력이 50MPa일 때 다음을 구하라. 단, 축은 비틀림만 작용하는 것으로 가정한다. 8.2절

(a) 중실축의 지름

(b) 중공축의 바깥지름이 60mm일 때 안지름

(c) 축의 길이가 같을 때 중실축과 중공축의 무게비

8.5 다음 그림과 같이 길이가 600mm인 원형축의 중앙에 50kg_f의 풀리가 장착되어 있다. 지름 250mm 풀리의 접선 방향으로 30kg_f의 접선력이 작용할 경우 축의 지름을 결정하라. 단, 축의 허용전단응력은 200MPa이다. 8.2절

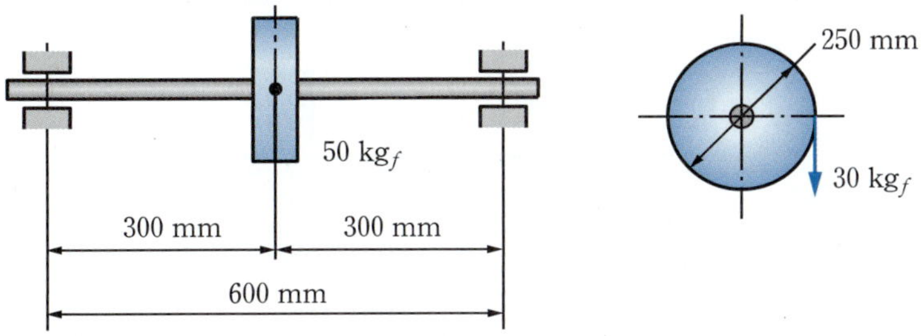

그림 P8.2

8.6 회전하는 전동축이 195 N·m의 교번 굽힘모멘트와 370 N·m의 정적 비틀림모멘트를 함께 받고 있다. 축의 피로한도가 132 MPa이고, 극한강도는 410 MPa일 때 굿맨식을 사용하여 축지름을 구하라. 단, 안전계수는 1.7로 설정한다. 8.2절

8.7 길이가 450 mm이고 지름이 50 mm인 원형축이 750 rpm으로 회전하면서 30 kW의 동력을 전달하는 경우에 대해 전달토크, 비틀림에 따른 전단응력, 축의 비틀림각을 구하라. 단, 축의 전단탄성계수는 90 GPa이다. 8.3절

8.8 길이가 2.2 m인 원형축이 250 rpm으로 회전하며 3.68 kW의 동력을 전달하고 있다. 비틀림각이 축의 전체 길이에 대해 0.25° 이하가 되도록 하기 위해서는 축지름이 얼마가 되어야 하는가? 단, 전단탄성계수는 82 GPa이다. 8.3절

8.9 다음 그림과 같이 100 kg_f와 200 kg_f의 두 회전체가 장착된 축에서 위험속도가 4200 rpm 이상이 되도록 축의 지름을 결정하라. 단, 축의 무게는 무시하며, 축의 탄성계수는 192 GPa이다. 8.4절

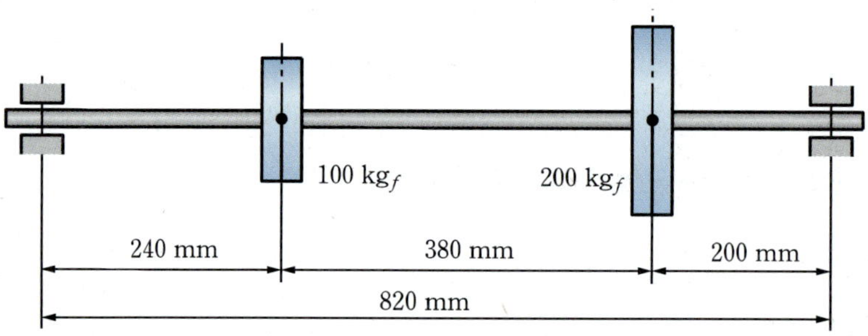

그림 P8.3

8.10 다음 그림과 같이 70 kg_f, 100 kg_f, 85 kg_f의 세 회전체가 장착된 축에서 축의 지름이 40 mm인 경우 위험속도를 구하라. 단, 축의 비중량은 0.00785 kg_f/cm^3이고, 축의 탄성계수는 192 GPa이다. 8.4절

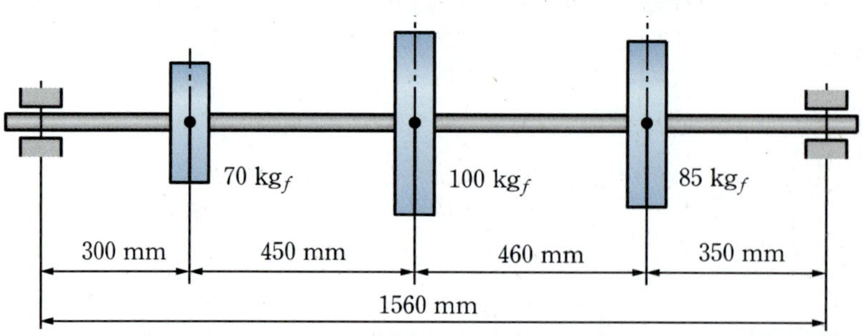

그림 P8.4

CHAPTER 09

축이음

Shaft Coupling

학습목표

- 동력전달을 위한 축이음 방법인 커플링과 클러치에 대해 알아본다.
- 마찰원통 커플링, 플랜지 커플링, 유니버설 커플링 등의 구조적 특성에 대해 알아본다.
- 마찰원통 커플링, 플랜지 커플링, 유니버설 커플링 등에 대한 역학적 관계를 학습한다.
- 맞물림 클러치, 마찰클러치, 자동클러치 등의 구조적 특성과 작동원리를 학습한다.
- 맞물림 클러치, 원판클러치, 원추클러치 등에 대한 역학적 관계를 학습한다.

SECTION 9.1

축이음의 종류

✔ 커플링의 기능과 종류를 알아본다.
✔ 클러치의 기능과 종류를 알아본다.

축이음 shaft coupling은 축과 축을 연결하여 회전동력을 전달하는 기계요소를 말한다. 축이음에서 회전동력을 전달하는 축을 **원동축** driving shaft 또는 **구동축**이라고 하고, 원동축으로부터 회전동력을 받는 축을 **종동축** driven shaft 또는 **피동축**이라고 한다.

축이음은 크게 커플링coupling과 클러치clutch로 나눌 수 있으며, 그 종류가 다양하다. 전달동력의 크기, 두 축의 상대위치, 축의 회전속도[1], 운전 중 동력전달 차단 여부 등을 고려하여 축이음의 종류를 결정해야 한다.

9.1.1 커플링

운전 중 축이음을 분리할 필요가 없는 경우에는 원동축과 종동축을 커플링으로 연결한다. 즉 운전 중 축이음을 분리할 수 없는 것을 **커플링** coupling이라고 한다. 커플링으로 축이음을 할 때 원칙적으로 두 축의 중심선은 같은 선상에 있어야 하지만, 사용하는 기계장치의 구조적 특성으로 인해 부득이한 경우 중심선이 일치하지 않을 수도 있고 운전 중에 두 축의 각도가 반복하여 변동할 수도 있다.

커플링은 두 축의 위치관계에 따라 원동축과 종동축의 중심이 같은 선상에 있는 **동심축** concentric shaft, 평행하나 약간 어긋난 **편심축** eccentric shaft, 그리고 교차하는 **교차축** intersecting shaft으로 나눌 수 있다. [그림 9-1]에 커플링의 종류를 나타냈다.

9.1.2 클러치

운전 중 축이음을 분리할 필요가 있는 경우에는 원동축과 종동축을 클러치로 연결한다. 즉 운전 중 축이음을 분리할 수 있는 것을 **클러치** clutch라고 한다. 클러치는 동력을 연결하고 끊는 방식에 따라 물림클러치, 마찰클러치, 자동클러치 등으로 나눌 수 있다. [그림 9-2]에 클러치의 종류를 나타냈다.

1 각속도라고도 한다.

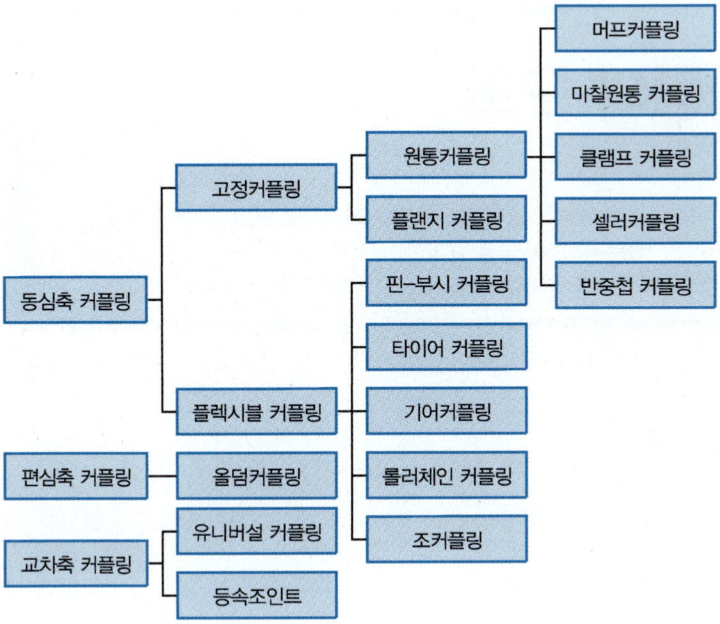

그림 9-1 커플링의 종류

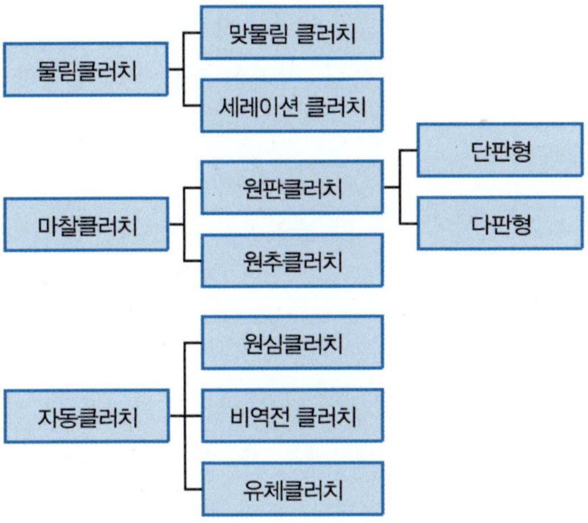

그림 9-2 클러치의 종류

탐구

1. 커플링과 클러치의 차이점은 무엇인가?
2. 자동차에 있는 커플링과 클러치를 조사하라.

SECTION
9.2

커플링의 구조

- ✔ 동심축 커플링인 마찰원통 커플링, 클램프 커플링, 플랜지 커플링 등의 구조를 알아본다.
- ✔ 편심축 커플링인 올덤커플링의 구조를 알아본다.
- ✔ 교차축 커플링인 유니버설 커플링과 등속조인트의 구조를 알아본다.

9.2.1 동심축 커플링의 구조

동심축 커플링은 원동축과 종동축의 중심이 같은 선상에 있는 커플링으로, 고정커플링과 플렉시블 커플링으로 구분한다.

■ 고정커플링

고정커플링 rigid coupling은 두 축을 볼트나 키, 마찰력 등을 이용하여 결합하는 방식이며, 양축 사이의 상호 이동이 전혀 허용되지 않는 구조를 갖는다. 고정커플링에는 원통커플링과 플랜지 커플링이 있으며, 원통커플링에는 머프커플링, 마찰원통 커플링, 클램프 커플링, 셀러커플링, 반중첩 커플링 등이 있다.

1 머프커플링

[그림 9-3]에 나타낸 **머프커플링** muff coupling은 두 축이 같은 선상에 있을 때 축이음을 하는 가장 간단한 구조의 원통커플링이며, **슬리브 커플링** sleeve coupling이라고도 한다. 주철이나 주강으로 만든 원통에 두 축을 양쪽에서 끼운 후 키key로 고정한다.

머프커플링은 가격이 저렴하며, 주로 축의 지름과 작용토크가 작은 경우에 사용한다. 또한 원통이 일체형으로 되어 있어서 축을 끼우거나 빼내기가 불편하며, 축방향의 인장력에는 취약한 편이다. 그리고 키가 노출되어 있으면 사용 중에 키가 빠질 위험이 있으므로 [그림 9-3]과 같이 안전커버를 장착한다.

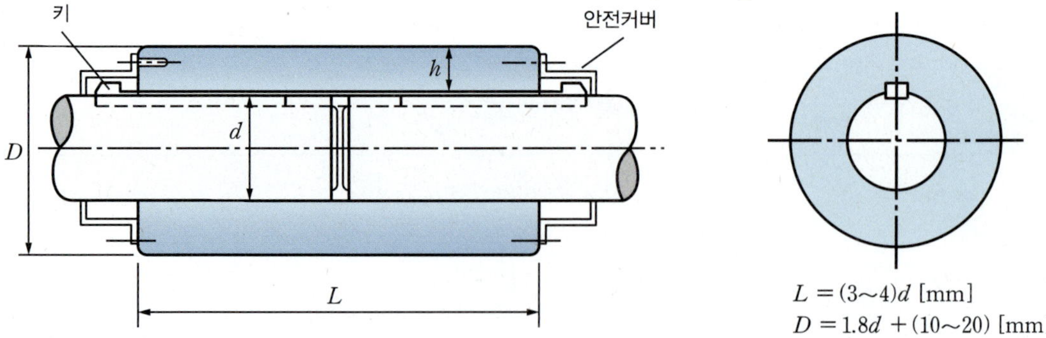

$L = (3 \sim 4)d$ [mm]
$D = 1.8d + (10 \sim 20)$ [mm]

그림 9-3 머프커플링

2 마찰원통 커플링

마찰원통 커플링 friction clip coupling은 머프커플링을 개선한 형태로서 [그림 9-4]와 같이 원통이 둘로 분리되어 있어 축을 끼우거나 빼내기가 편리하다. 두 축을 끼운 후 테이퍼 taper를 가진 원통 외면에 강재의 두꺼운 링을 끼워 고정한다. 원통의 내면과 축 사이의 마찰로 동력을 전달하지만 확실한 체결을 위해 머프커플링과 마찬가지로 키로 고정하기도 한다.

마찰원통 커플링은 큰 토크의 전달에는 부적합하며, 진동이나 충격이 있는 경우 링이 원통으로부터 빠질 수 있다.

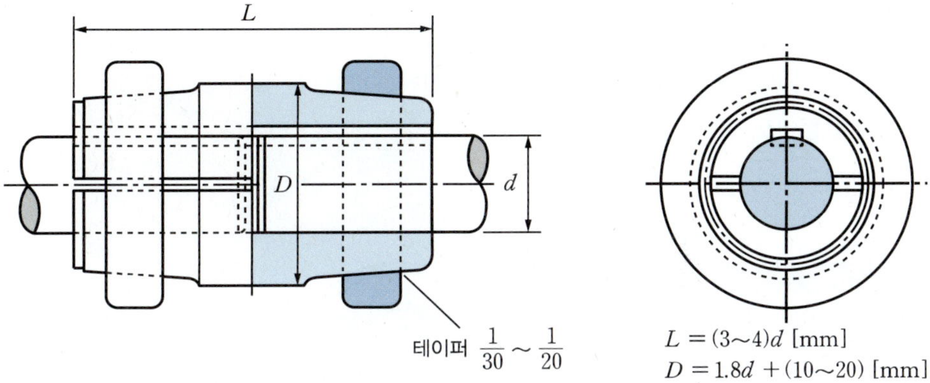

그림 9-4 마찰원통 커플링

3 클램프 커플링

클램프 커플링 clamp coupling은 **분할원통 커플링** split muff coupling이라고도 하며, [그림 9-5(a)]와 같이 원통을 둘로 분할하는 분리형 two-piece type과 [그림 9-5(b)]와 같이 완전히 분할하지 않고 길이 방향으로 한쪽만 자른 일체형 one-piece type이 있다. 이들 커플링에 축을 끼운 후 볼트로 원통을 조인다.

전달토크가 작은 경우에는 원통 내부와 축 사이의 마찰력만으로 동력을 전달하지만, 전달토크를 늘리기 위해 키를 추가하여 사용하기도 한다. 클램프 커플링은 긴 전동축의 연결에 적합하다.

(a) 분리형 (b) 일체형

그림 9-5 클램프 커플링

4 셀러커플링

셀러커플링 Seller's coupling은 원통커플링의 일종으로 **테이퍼 슬리브 커플링** taper sleeve coupling 또는 **파워록** power lock이라고도 부른다.

[그림 9-6]에서 보는 바와 같이 1개의 외부원통, 2개의 내부원통 및 3개의 관통볼트로 구성된다. 외부원통은 원통의 내부에 양단으로부터 내부로 갈수록 지름이 작아지는 1/10 ~ 1/6.5의 테이퍼를 가지고 있다. 따라서 외부원통의 중앙지점인 $L/2$ 위치에서 가장 작은 내부지름을 갖는다. 내부원통은 원통의 내부에는 축을 끼울 수 있도록 평행한 원이 가공되어 있고, 외부에는 외부원통과 같은 크기의 테이퍼를 가지고 있다. 커플링의 외부원통을 벨트풀리 belt pulley로도 이용한다.

두 축을 각각 내부원통에 끼운 후 외부원통의 양방향으로 삽입한다. 그리고 3개의 관통볼트를 체결한 후 나사를 조이면 테이퍼 경사면에 수직힘이 작용하여 축과 밀착하게 된다. 셀러커플링의 특징은 안전을 위한 별도의 덮개가 없어도 되며, 두 축의 지름이 약간 달라도 된다는 것이다.

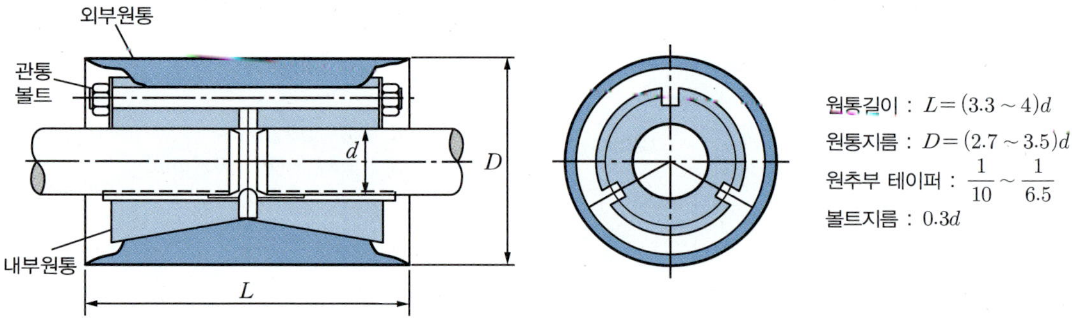

그림 9-6 셀러커플링

5 반중첩 커플링

반중첩 커플링 half lap coupling은 [그림 9-7]에 나타낸 바와 같이 커플링에 포함되는 축의 양단 연결부는 원동축과 종동축보다 약간 크게 제작된다. 이 연결부는 1/12의 기울기를 가지고 있으며 양단 연결부를 외부원통의 내면에 끼운 후 키로 고정한다. 이 커플링은 기울기로 인해 축방향 인장력이 작용하는 경우에 효과적으로 사용될 수 있다.

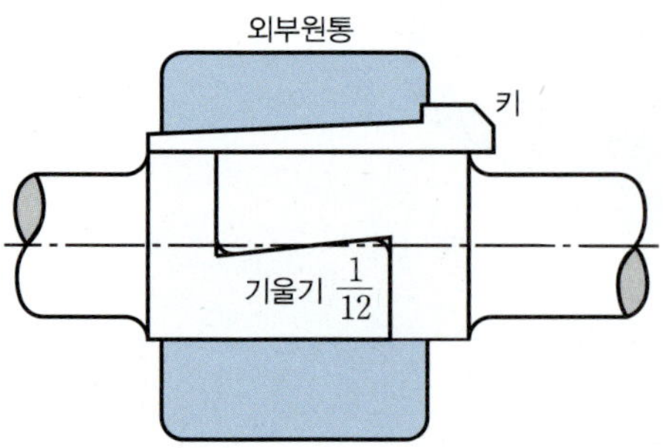

그림 9-7 반중첩 커플링

6 플랜지 커플링

플랜지 커플링 flange coupling은 [그림 9-8]과 같이 각각의 축과 플랜지를 키로 고정한 후, 리머볼트reamer bolt[2]로 결합하는 고정커플링의 한 가지 방법이다. 플랜지 커플링은 동력전달이 확실하여 고정커플링에서 가장 널리 사용되고 있다.

플랜지의 재료는 일반적으로 주철이 사용되며, 큰 하중이나 충격을 받는 경우 주강이나 단조강을 사용한다. 플랜지 커플링은 지름이 크거나 고속으로 회전하는 전동축 등에 널리 사용된다.

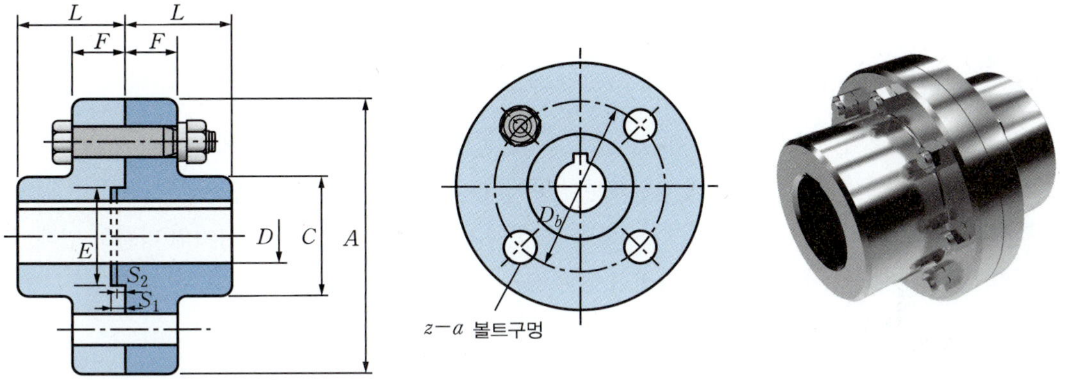

그림 9-8 플랜지 커플링

[표 9-1]에 가장 많이 이용되고 있는 플랜지 커플링의 치수를 나타냈다. 이 표에서 D_b는 피치원지름 pitch circle diameter이다.

표 9-1 플랜지 커플링의 치수 (KS B 1551 플랜지형 고정축 이음) 단위 : mm

커플링 바깥지름 A	D 최대축 구멍지름	D (참고) 최소축 구멍지름	L	C	D_b	F	볼트수 z(개)	볼트 지름 a	참고 끼움부 E	참고 끼움부 S_2	참고 끼움부 S_1	참고 볼트뽑기 여유
112	28	16	40	50	75	16	4	10	40	2	3	70
125	32	18	45	56	85	18	4	14	45	2	3	81
140	38	20	50	71	100	18	6	14	56	2	3	81
160	45	25	56	80	115	18	8	14	71	2	3	81
180	50	28	63	90	132	18	8	14	80	2	3	81
200	56	32	71	100	145	22.4	8	16	90	3	4	103
224	63	35	80	112	170	22.4	8	16	100	3	4	103
250	71	40	90	125	180	28	8	20	112	3	4	126
280	80	50	100	140	200	28	8	20	125	3	4	126
315	90	63	112	160	236	28	10	20	140	3	4	126
355	100	71	125	180	260	35.5	8	25	160	3	4	157

[주] 1. 볼트뽑기 여유는 축끝에서의 치수로 나타낸다.
2. 커플링을 축에서 뽑기 쉽게 하기 위한 나사구멍은 적당히 설정해도 무방하다.

2 리머볼트는 리머로 다듬질한 구멍에 박아 체결하는 볼트로서 구멍과 볼트의 축 부분이 꼭 맞도록 다듬질한 볼트를 말한다.

■ 플렉시블 커플링

고정커플링은 두 축의 중심이 완전하게 일치하지 않으면 축, 베어링 또는 커플링 등에 무리가 발생할 수 있다. 즉 축이나 베어링 또는 커플링에 충격이나 피로파손을 일으킬 위험이 있으며 진동 발생의 원인도 된다. 이러한 위험성을 완화할 수 있는 것이 **플렉시블 커플링** flexible coupling이다. 플렉시블 커플링은 두 축의 중심이 약간 어긋날 가능성이 있는 곳에 사용하는 커플링이다. 축의 중심을 정확하게 맞추는 것이 곤란하거나, 설치 초기에 두 축의 중심이 일치하더라도 시간이 지남에 따라 베어링의 마모 등으로 축의 중심이 어긋날 수 있는 발전기, 원심펌프, 공작기계 등의 스핀들과 원동축을 기계적으로 연결할 때 사용한다.

1 핀 – 부시 커플링

[그림 9–9]와 같은 **핀–부시 커플링** pin and bush coupling은 한쪽 플랜지의 볼트구멍에 핀pin과 결합된 고무 부시rubber bush를 넣어 원동축을 통해 전달되는 진동이나 충격을 고무의 탄성변형으로 흡수할 수 있다. 플렉시블 커플링에서 가장 많이 사용하는 방법 중 하나이며, 볼트와 고무부시 사이의 마찰로 인해 고무의 마멸이 커 수명이 짧은 단점을 가지고 있다.

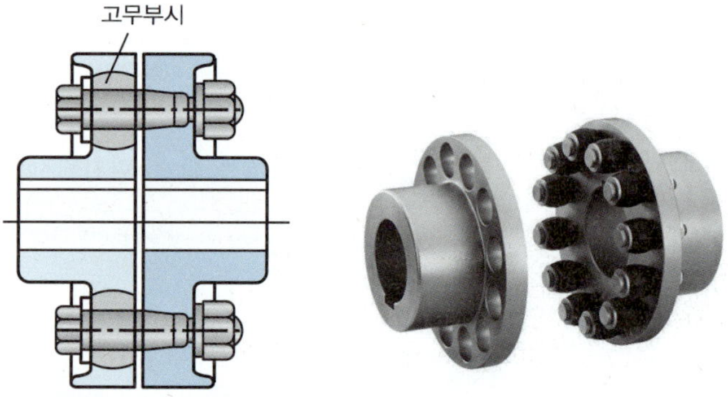

그림 9-9 핀–부시 커플링

2 타이어 커플링

[그림 9–10]과 같은 **타이어 커플링** tire coupling에서는 두 축의 끝에 부착된 한 쌍의 플랜지 사이에 고무 타이어를 삽입하여 진동이나 충격을 고무의 탄성변형으로 흡수할 수 있다.

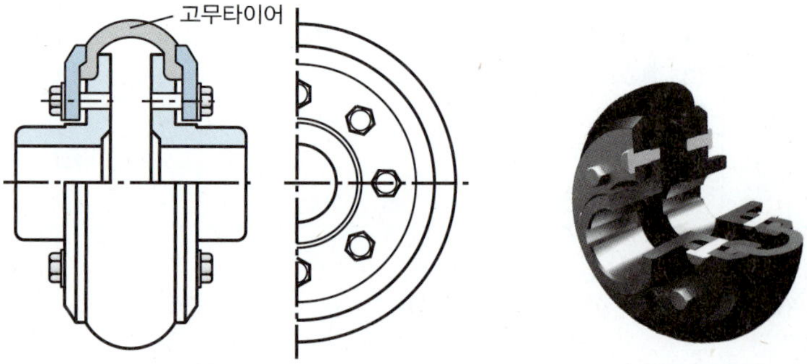

그림 9-10 타이어 커플링

두 축 사이에 약간의 편심과 두 축 사이의 각도 및 축방향의 길이편차를 허용한다. 회전 중 소음이 거의 발생하지 않으며 모터와 펌프의 축이음용으로 적합하다.

3 기어커플링

[그림 9-11]과 같이 **기어커플링**gear coupling은 각각 두 개의 내부원통과 외부원통으로 구성되어 있다. 내부원통의 안쪽과 전동축의 끝단은 키로 결합한다. 내부원통의 바깥쪽과 외부원통의 안쪽에는 기어이gear tooth가 가공되어 있으며, 서로 맞물려 회전하게 되어 있다. 내부원통의 기어는 봉우리면top land과 이끝면face이 크라우닝crowning 형태[3]로 제작되어 외부원통의 기어와 점접촉으로 동력을 전달한다. 기어의 백래시backlash[4]와 이끝 틈새에 의해 축의 편심, 각도편차, 축방향의 편차 등을 어느 정도 허용한다.

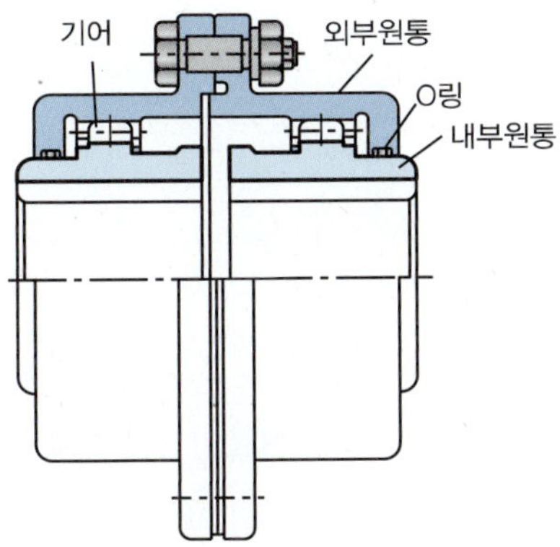

그림 9-11 기어커플링

4 롤러체인 커플링

[그림 9-12]의 **롤러체인 커플링**roller chain coupling은 두 커플링의 끝에 설치된 스프로킷휠sprocket wheel에 2열 체인을 감아 두 축 사이에 약간의 편심을 허용한 커플링으로 전달토크의 한도는 스프로킷의 강도에 의해 결정된다. 이 커플링은 교반기, 컨베이어, 펌프 등에 주로 사용된다.

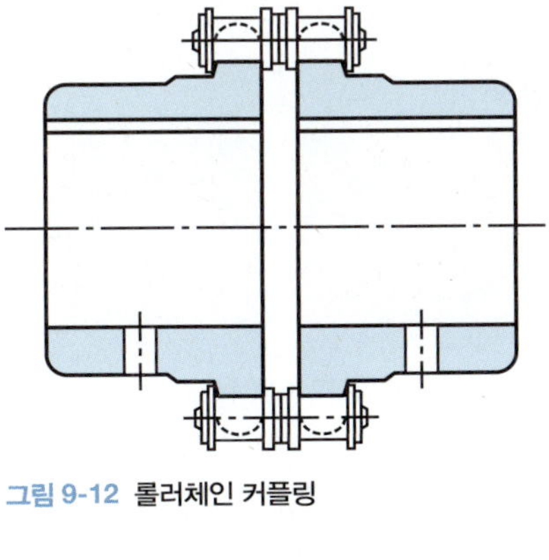

그림 9-12 롤러체인 커플링

3 크라우닝은 기어의 봉우리면 가운데가 불룩한 모양을 말한다.
4 백래시는 한 쌍의 기어를 맞물렸을 때 치면(tooth surface) 사이에 생기는 틈새를 말한다.

5 조커플링

조커플링 jaw coupling은 [그림 9-13]처럼 두 개의 조jaw 사이에 스파이더spider라는 고무 스페이서rubber spacer를 장착하여 사용한다. 단순한 모양을 가지고 있으나 충격흡수 능력이 크고, 유지보수가 간단하여 널리 사용되고 있다.

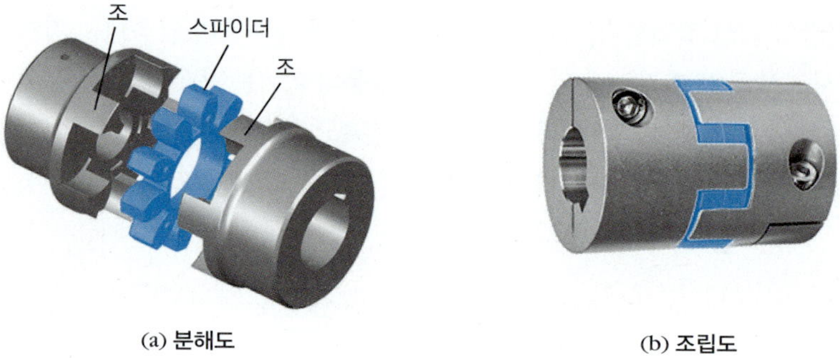

그림 9-13 조커플링

9.2.2 편심축 커플링의 구조

편심축 커플링은 원동축과 종동축이 서로 평행하나 편차가 있을 때 사용할 수 있는 커플링으로 대표적으로 올덤커플링이 있다. **올덤커플링** oldham coupling은 [그림 9-14]와 같이 두 축이 평행하지만, 축중심 사이에 약간의 차이가 있고, 두 축의 거리가 아주 가까운 경우에 회전속도의 변화 없이 회전력을 전달할 수 있다. [그림 9-14(b)]처럼 양축 끝에 있는 플랜지 A와 B 사이에 90° 차이의 돌출부를 양면에 가진 중앙판 C를 결합한 후 한쪽 축을 회전하면 중앙판 C가 홈에 따라 미끄러지면서 다른 한쪽 축을 회전시킨다. 이때 중앙판은 회전하면서 양축의 중심 사이 거리를 미끄럼운동 한다. 올덤커플링은 입출력 간 회전속도비가 일정한 장점이 있으나 윤활 문제와 원심력으로 인한 진동 때문에 고속회전에는 부적합하다.

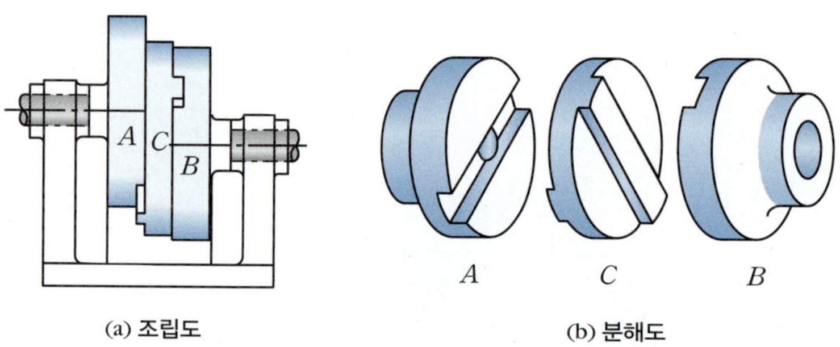

그림 9-14 올덤커플링

9.2.3 교차축 커플링의 구조

교차축 커플링은 원동축과 종동축이 서로 교차하는 경우에 사용하는 커플링이며, 대표적으로 유니버설 커플링과 등속조인트가 있다.

1 유니버설 커플링

유니버설 커플링universal coupling은 두 축이 교차할 때 사용되는 축이음 요소 중 하나이며 **유니버설 조인트**universal joint, **훅조인트**Hook's joint 또는 **자재**自在**이음**이라고도 한다. 이 커플링은 [그림 9-15(a)]에서 보는 바와 같이 두 축 사이의 교차각crossing angle을 가지는데, 일반적으로 30° 이하의 교차각에서 사용되며 45° 이상에서는 사용할 수 없다. 유니버설 커플링에서는 원동축이 일정한 속도로 1회전하는 동안 종동축은 가속과 감속을 각각 2회 반복한다. 보통 후륜구동 자동차의 추진축propeller shaft, 압연기rolling mill 등의 전동축이음에 사용된다.

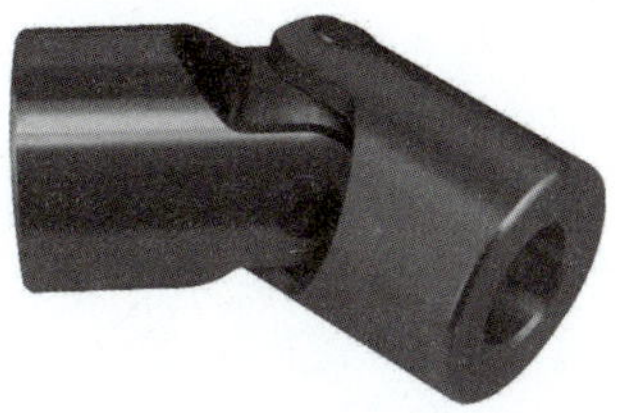

(a) 유니버설 커플링의 구조

(b) 유니버설 커플링이 장착된 차량

그림 9-15 유니버설 커플링

2 등속조인트

일직선상에 놓여 있지 않은 두 축을 연결하는 또 다른 방법으로 **등속조인트**constant velocity joint가 있다. 등속조인트는 전륜구동 자동차front wheel drive vehicle의 앞차축에 사용되는 조인트이며, 하나의 조인트로 조향과 구동이 함께 이뤄진다. 등속조인트는 원동축이 일정한 속도로 1회전하는 동안 종동축도 속도의 변동 없이 일정한 속도로 회전한다. 등속조인트를 보통 CV 조인트라고도 부른다. 등속조인트에는 여러 종류가 있으며, [그림 9-16]은 등속조인트 중 하나의 내부구조와 외부 모습을 보여주고 있다.

(a) 내부구조

(b) 조립된 모습

그림 9-16 등속조인트

탐구

1. 고정커플링과 플렉시블 커플링의 차이점은 무엇인가?
2. 두 축이 평행하게 놓여 있다면 어떤 커플링을 사용해야 하는가?
3. 유니버설 커플링이 자동차의 동력전달용으로 사용되는 이유는 무엇인가?
4. 등속조인트가 전륜구동 자동차의 앞차축에 어떻게 사용되는지 조사하라.

SECTION 9.3

커플링의 설계

✔ 원통커플링에 대한 커플링의 토크, 볼트의 인장력, 볼트의 개수를 학습한다.
✔ 플랜지 커플링에 대한 전달토크, 볼트의 지름, 플랜지 뿌리부에서의 전단응력을 학습한다.
✔ 유니버설 커플링에 대한 회전속도비와 토크비를 학습한다.

9.3.1 원통커플링의 설계

원통커플링 가운데 분할형은 마찰원통 커플링과 클램프 커플링이 있다. 이들의 역학관계를 살펴보자.

■ 마찰원통 커플링

마찰원통 커플링은 축과 원통의 내면 사이의 마찰력을 이용하여 동력을 전달한다. 여기에서는 축을 죄는 힘과 커플링의 토크에 대해 살펴보자.

1 축을 죄는 힘

[그림 9-17]은 마찰원통 커플링의 내면과 축이 접촉하여 힘이 작용하는 상태를 보여준다. 이 그림에서 P는 축을 조이는 힘이고, p는 원통의 내면과 축 사이의 접촉압력을 나타낸다. 짙게 표시된 미소요소에 작용하는 압력에 의한 미소힘은 다음과 같다.

$$dF = p\,dA = pr\,d\phi\,L \tag{a}$$

여기서 r은 축의 반지름이고, L은 축과 원통 내면 사이의 접촉길이이다.

이 힘의 수직방향 분력은 다음과 같다.

$$dF_v = pr\,d\phi\,L\cos\phi \tag{b}$$

이 수직방향 분력을 아래 원통의 전체 각도에 대해 적분하면 다음과 같다.

$$P = 2\int_0^{\pi/2} prL\cos\phi\,d\phi = 2prL \tag{c}$$

식 (c)를 정리하면 다음과 같이 접촉압력을 구할 수 있다.

$$p = \frac{P}{2rL} = \frac{P}{dL} \tag{9.1}$$

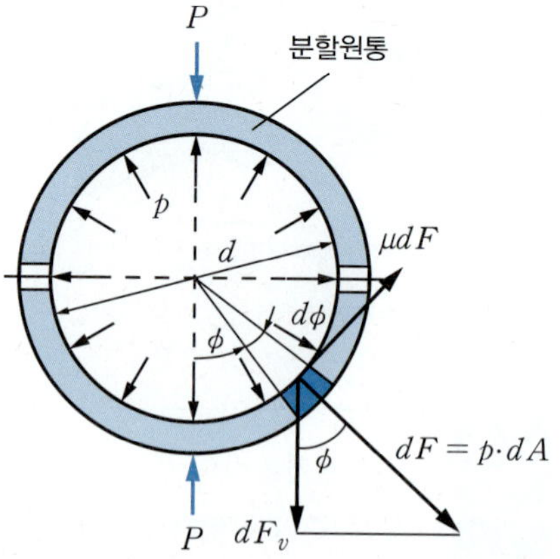

그림 9-17 마찰원통 커플링에 작용하는 힘

2 커플링의 토크

축과 원통의 접촉면[5]에 작용하는 수직력은 다음과 같다.

$$Q = p(\pi dL) = \frac{P}{dL}(\pi dL) = \pi P \tag{d}$$

축과 원통 사이에서 발생하는 마찰력은 다음과 같다.

$$F_f = \mu Q = \mu \pi P \tag{e}$$

전달토크는 마찰력에 축의 반지름을 곱하여 구한다.

$$T = F_f\left(\frac{d}{2}\right) = \mu\pi P\left(\frac{d}{2}\right) \tag{9.2}$$

여기서 μ는 축과 원통 사이의 마찰계수로서 보통 $0.2 \sim 0.25$의 값을 사용한다.

■ 클램프 커플링

클램프 커플링은 여러 개의 볼트로 축과 원통을 체결하여 동력을 전달한다. 여기에서는 볼트의 인장력과 볼트의 개수에 대해 살펴보자.

1 볼트의 인장력

클램프 커플링에 사용되는 전체 볼트의 개수 z 가운데 절반은 한쪽 축을 덮고 있는 커플링에 체결된다. 한쪽 축을 덮고 있는 커플링에서 축을 죄는 힘 P와 볼트의 인장력 F_b 사이에는 다음의 평형관계가 있다.

$$P = F_b\left(\frac{z}{2}\right) \tag{9.3}$$

하나의 볼트가 받는 인장력은 다음과 같다.

$$F_b = \frac{\pi a^2}{4}\sigma_t \tag{9.4}$$

여기서 a는 볼트의 골지름이고, σ_t는 볼트의 인장응력이다.

2 볼트의 개수

식 (9.2)에 식 (9.3)과 식 (9.4)를 대입하여 정리하면 볼트와 관련된 항목으로 커플링에 작용하는 토크를 구할 수 있다.

$$T = \mu\pi\left(\frac{\pi a^2}{4}\sigma_t\right)\left(\frac{z}{2}\right)\left(\frac{d}{2}\right) = \frac{\mu\pi^2 a^2 z d}{16}\sigma_t \tag{9.5}$$

---

5 마찰면이라고도 한다.

또한 축에 토크가 작용할 때 최대전단응력은 축의 가장 바깥쪽에서 발생하며, 비틀림공식에 따라 다음과 같다.

$$\tau = \frac{T'c}{J} = \frac{T'\left(\frac{d}{2}\right)}{\left(\frac{\pi d^4}{32}\right)} = \frac{16T'}{\pi d^3} \tag{9.6}$$

여기서 T'은 축에 작용하는 토크를 나타낸다. 이 식을 토크에 대해 정리하면 다음과 같다.

$$T' = \frac{\pi d^3}{16}\tau \tag{9.7}$$

여기서 d는 축의 지름이고 τ는 축의 전단응력이다.

커플링에 작용하는 토크 T와 축이 전달하는 토크 T'이 같다고 놓으면

$$\frac{\mu\pi^2 a^2 zd}{16}\sigma_t = \frac{\pi d^3}{16}\tau \tag{f}$$

가 되며, 볼트의 개수 z에 대해 정리하면 다음과 같다.

$$z = \frac{\tau d^2}{\mu\pi a^2 \sigma_t} \tag{9.8}$$

여기서 τ는 축의 전단응력, d는 축의 지름, μ는 마찰계수, a는 볼트의 골지름, σ_t는 볼트의 인장응력을 나타낸다.

9.3.2 플랜지 커플링의 설계

플랜지 커플링은 원동축과 종동축의 양단에 있는 플랜지를 볼트로 연결하여 동력을 전달하는 방식이다. 여기에서는 전달토크, 볼트의 지름, 플랜지 뿌리부에서의 전단응력을 살펴본다.

■ 전달토크

플랜지 커플링이 전달할 수 있는 토크는 볼트의 전단저항력과 플랜지면의 마찰저항력의 합으로 결정된다.

1 볼트의 전달토크

볼트의 전단저항력으로 전달하는 토크 T_1은 다음과 같다.

$$T_1 = \tau_b\left(\frac{\pi a^2}{4}\right)\left(\frac{D_b}{2}\right)z = \frac{\tau_b \pi a^2 D_b z}{8} \tag{9.9}$$

여기서 τ_b는 볼트의 전단응력, a는 볼트의 골지름, D_b는 [그림 9-18]에 나타낸 볼트의 피치원지름, z은 볼트의 개수이다.

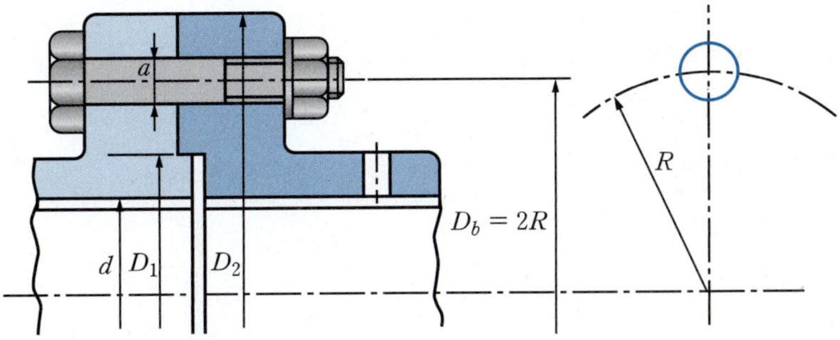

그림 9-18 플랜지 커플링

2 플랜지면의 전달토크

플랜지면 사이의 마찰저항에 의한 전달토크는 다음과 같다.

$$T_2 = \mu F_b \left(\frac{D_m}{2} \right) z \tag{9.10}$$

여기서 F_b는 볼트 한 개가 받는 인장력이고, z는 볼트의 전체 개수이며, D_m은 플랜지 간 접촉면의 안지름 D_1과 바깥지름 D_2의 평균지름으로 다음과 같다.

$$D_m = \frac{D_1 + D_2}{2} \tag{9.11}$$

3 전체 전달토크

플랜지 커플링을 통해 전달할 수 있는 토크는 볼트의 전단저항에 의한 값과 플랜지면의 마찰저항에 의한 값의 합으로 나타낼 수 있다.

$$T = T_1 + T_2 = \frac{\tau_b \pi a^2 D_b z}{8} + \mu F_b \left(\frac{D_m}{2} \right) z \tag{9.12}$$

■ 볼트의 지름

축이 전달할 수 있는 토크는 다음과 같다.

$$T' = \frac{\pi d^3}{16} \tau \tag{9.13}$$

커플링이 전달할 수 있는 토크 T와 축이 전달할 수 있는 토크 T'이 같아야 하므로 식 (9.12)와 식 (9.13)을 같다고 놓으면 볼트의 지름 a를 구할 수 있다. 그런데 $T_1 \gg T_2$이므로 특별한 경우를 제외하고는 T_2를 무시한다.

따라서 커플링이 전달하는 토크와 축이 전달하는 토크는 다음과 같이 나타낼 수 있다.

$$\frac{\tau_b \pi a^2 D_b z}{8} = \frac{\pi d^3}{16}\tau \tag{a}$$

식 (a)로부터 볼트의 지름은 다음과 같이 구할 수 있다.

$$a = \sqrt{\frac{\tau d^3}{2\tau_b D_b z}} \tag{9.14}$$

■ 플랜지 뿌리부에서의 전단응력

[그림 9-19]에 나타낸 플랜지 뿌리부가 전달할 수 있는 토크는 다음과 같이 나타낼 수 있다.

$$T_f = \tau_f \pi D_f t\left(\frac{D_f}{2}\right) \tag{9.15}$$

여기서 τ_f는 플랜지부 전단응력, D_f는 플랜지 뿌리부 지름, t는 플랜지 두께를 나타낸다. 이 식을 다시 정리하면 다음과 같이 플랜지 뿌리부의 전단응력을 구할 수 있다.

$$\tau_f = \frac{2T_f}{\pi D_f^2 t} \tag{9.16}$$

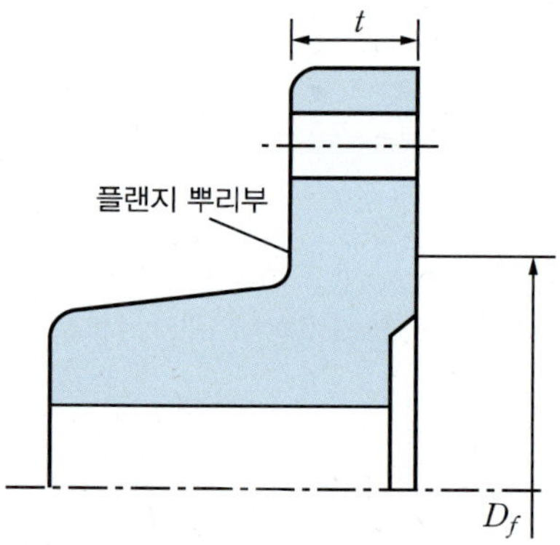

그림 9-19 플랜지 뿌리부의 전단

탐구
1. 원통커플링의 강도설계 시 고려해야 할 사항은 무엇인가?
2. 플랜지 커플링의 강도설계 시 고려해야 할 사항은 무엇인가?

예제 9-1 클램프 커플링의 전달토크, 축을 조이는 힘, 볼트의 인장응력

축지름이 80mm 인 클램프 커플링에서 골지름이 17.9mm 인 볼트 8개를 사용하여 축과 클램프의 원통을 고정했다. 이 커플링으로 300rpm 의 회전속도에서 30kW의 동력을 전달하는 경우에 대해 다음을 구하라. 단, 마찰력으로만 동력을 전달하고, 축과 커플링의 원통 내면 사이의 마찰계수는 0.25이다.

(a) 전달토크

(b) 축을 조이는 힘

(c) 볼트의 인장응력

전략

동력과 회전속도가 주어졌으므로 $H = T\omega$의 관계로부터 토크를 구한다. 축을 조이는 힘은 식 (9.2)를 정리하여 구할 수 있다. 주어진 조건으로부터 볼트의 인장응력은 식 (9.5)를 정리하여 구한다.

풀이

(a) 동력 $H = T\omega$로부터 전달토크는 다음과 같다.

$$T = \frac{H}{\omega} = \frac{30 \times 10^3}{\left(\dfrac{2 \times \pi \times 300}{60}\right)} = 954.9\,\mathrm{N \cdot m} \quad \text{[답]}$$

(b) 식 (9.2)의 $T = \mu\pi P\left(\dfrac{d}{2}\right)$로부터 축을 조이는 힘은 다음과 같다.

$$P = \frac{2T}{\mu\pi d} = \frac{2 \times 954.9 \times 10^3}{0.25 \times \pi \times 80} = 30395.4\,\mathrm{N} \quad \text{[답]}$$

(c) 식 (9.5)의 $T = \dfrac{\mu\pi^2 a^2 z d}{16}\sigma_t$로부터 볼트의 인장응력은 다음과 같다.

$$\sigma_t = \frac{16T}{\mu\pi^2 a^2 z d} = \frac{16 \times 954.9 \times 10^3}{0.25 \times \pi^2 \times 17.9^2 \times 8 \times 80} = 30.2\,\mathrm{MPa} \quad \text{[답]}$$

검토

계산된 인장응력 30.2MPa보다 더 큰 인장강도를 갖는 볼트재료를 선정해야 하는데, 안전을 고려하기 위해서는 재료의 인장강도를 안전계수로 나눈 값이 인장응력보다 더 커야 한다.

예제 9-2 클램프 커플링에서 볼트 하나당 받게 되는 인장력

축지름이 70mm 인 클램프 커플링에서 축의 허용전단응력이 15MPa이고, 축과 커플링의 원통 내면 사이의 마찰계수는 0.2이다. 8개의 볼트를 사용하여 축과 커플링 원통을 고정했다면 볼트 하나당 받게 되는 인장력은 얼마인가?

전략

축이 받는 토크 T' 은 비틀림공식으로부터 정리된 식 (9.7)로 구할 수 있고, 식 (9.2)를 사용하여 축을 조이는 힘 P를 구할 수 있다. 그리고 식 (9.3)으로부터 볼트 하나가 받는 인장력을 계산할 수 있다.

풀이

식 (9.7)로부터 축이 받는 토크는 다음과 같다.

$$T' = \frac{\pi d^3}{16}\tau = \frac{\pi \times 0.07^3 \times 15 \times 10^6}{16} = 1010.2\,\mathrm{N\cdot m}$$

식 (9.2)의 $T = \mu\pi P\left(\frac{d}{2}\right)$로부터 축을 조이는 힘은 다음과 같다.

$$P = \frac{2T}{\mu\pi d} = \frac{2 \times 1010.2}{0.2 \times \pi \times 0.07} = 45936.7\,\mathrm{N}$$

식 (9.3)의 $P = F_b\left(\frac{z}{2}\right)$로부터 하나의 볼트가 받게 되는 인장력은 다음과 같다.

$$F_b = \frac{2P}{z} = \frac{2 \times 45936.7}{8} = 11484.2\,\mathrm{N}$$ [답]

검토

하나의 볼트가 받는 인장력을 충분히 견딜 수 있도록 볼트의 지름과 재료를 선정해야 한다. 만약 M24의 미터보통나사를 사용하는 경우 [표 5-2]로부터 골지름이 20.752mm이므로 하나의 볼트에서 발생하는 인장응력은

$$\sigma_t = \frac{F_b}{A} = \frac{F_b}{\left(\frac{\pi a^2}{4}\right)} = \frac{11484.2}{\left(\frac{\pi \times 20.752^2}{4}\right)} = 33.95\,\mathrm{N/mm^2} = 33.95\,\mathrm{MPa}$$

이 되며, 이에 적합한 볼트재료를 선정해야 한다.

예제 9-3 플랜지 커플링의 전달토크 및 볼트의 지름

300rpm의 회전속도에서 50kW의 동력을 전달하기 위해 플랜지 커플링을 사용한다. 플랜지의 피치원 지름은 260mm이다. 볼트의 전단응력이 20MPa이고 볼트의 개수가 6개일 경우에 다음을 구하라.

(a) 커플링이 전달하는 토크

(b) 볼트의 지름

전략

동력과 회전속도가 주어졌으므로 $H = T\omega$로부터 토크를 구한다. 플랜지 커플링의 전체 전달토크 중 플랜지면 사이의 마찰저항에 의한 전달토크를 무시하는 경우에 볼트의 지름은 식 (9.9)로부터 구할 수 있다.

풀이

(a) 동력 $H = T\omega$로부터 커플링이 전달하는 토크는 다음과 같다.

$$T = \frac{H}{\omega} = \frac{50 \times 10^3}{\left(\dfrac{2 \times \pi \times 300}{60}\right)} = 1591.5\,\text{N}\cdot\text{m} \quad \text{[답]}$$

(b) 식 (9.9)의 $T_1 = \dfrac{\tau_b \pi a^2 D_b z}{8}$로부터 볼트의 지름 a는 다음과 같다.

$$a = \sqrt{\frac{8T_1}{\tau_b \pi D_b z}} = \sqrt{\frac{8 \times 1591.5 \times 10^3}{20 \times \pi \times 260 \times 6}} = 11.397\,\text{mm} \quad \text{[답]}$$

검토

플랜지 커플링의 체결볼트로 미터보통나사를 사용한다면 M14를 사용하면 된다. M14의 골지름은 [표 5-2]에서 11.835 mm 이다. 물론, 안전계수를 적용한다면 이보다는 더 큰 볼트를 사용해야 한다.

예제 9-4 플랜지 커플링에서 볼트의 전단응력

1200 rpm 의 회전속도에서 45 kW의 동력을 전달하기 위해 플랜지 커플링을 사용한다. 플랜지의 피치원 지름은 200 mm 이다. 미터보통나사 M16인 볼트 8개로 플랜지를 체결할 때 볼트에서 발생하는 전단응력을 구하라. 단, 플랜지면 사이의 마찰저항에 의한 전달토크는 고려하지 않는다.

전략

동력과 회전속도가 주어졌으므로 $H = T\omega$의 관계로부터 토크를 구한다. 미터보통나사 M16의 골지름은 [표 5-2]에서 13.835 mm 이다. 식 (9.9)를 정리하여 볼트의 전단응력 τ_b를 구할 수 있다.

풀이

동력 $H = T\omega$ 로부터 전달토크는 다음과 같다.

$$T = \frac{H}{\omega} = \frac{45 \times 10^3}{\left(\dfrac{2 \times \pi \times 1200}{60}\right)} = 358.1\,\text{N}\cdot\text{m}$$

식 (9.9)의 $T_1 = \dfrac{\tau_b \pi a^2 D_b z}{8}$로부터 볼트에서 발생하는 전단응력은 다음과 같다.

$$\tau_b = \frac{8T_1}{\pi a^2 D_b z} = \frac{8 \times 358.1 \times 10^3}{\pi \times 13.835^2 \times 200 \times 8} = 2.98\,\text{MPa} \quad \text{[답]}$$

검토

계산된 결과는 볼트에서 발생하는 전단응력이므로 안전여부를 확인하기 위해 볼트재료의 전단강도를 확인해야 한다.

예제 9-5 플랜지 커플링에서 전달동력, 볼트의 전단응력, 플랜지 뿌리부 전단응력

550 rpm 의 회전속도로 동력을 전달하는 플랜지 커플링에서 축의 지름은 80 mm 이며, 축의 허용전단응력은 19 MPa이다. 플랜지를 체결하는 8개의 볼트는 미터보통나사로서 M20이다. 플랜지의 피치원지름은 236 mm 이고, 플랜지 뿌리부 지름은 160 mm 이며, 플랜지의 두께는 28 mm 일 때 다음을 구하라. 단, 플랜지면 사이의 마찰저항에 의한 전달토크는 무시한다.

(a) 전달동력

(b) 볼트에서 발생하는 전단응력

(c) 플랜지의 뿌리부에서 발생하는 전단응력

전략

축의 허용전단응력을 이용하여 식 (9.7)로부터 토크를 구한다. 이 토크와 회전속도를 $H = T\omega$의 관계식에 대입하여 전달동력을 구한다. 볼트는 미터보통나사 M20이므로 [표 5-2]에서 골지름은 17.294 mm 이다. 플랜지면 사이의 마찰저항에 의한 전달토크는 무시하므로 구한 전달동력과 주어진 조건을 식 (9.9)에 대입하고 정리하면 볼트에서 발생하는 전단응력을 구할 수 있다. 그리고 축에 걸리는 토크 T'과 플랜지 뿌리부에 걸리는 토크 T_f가 같다고 놓고 식 (9.15)를 정리하면 플랜지의 뿌리부에 걸리는 전단응력을 구할 수 있다.

풀이

(a) 식 (9.7)로부터 축의 토크는 다음과 같다.

$$T' = \frac{\pi d^3}{16}\tau = \frac{\pi \times 0.08^3 \times 19 \times 10^6}{16} = 1910.1\,\text{N}\cdot\text{m}$$

$H = T\omega$로부터 전달동력은 다음과 같다.

$$H = 1910.1 \times 10^{-3} \times \frac{2 \times \pi \times 550}{60} = 110\,\text{kW} \quad \text{[답]}$$

(b) 식 (9.9)의 $T_1 = \dfrac{\tau_b \pi a^2 D_b z}{8}$로부터 볼트에서 발생하는 전단응력 τ_b는 다음과 같다.

$$\tau_b = \frac{8T_1}{\pi a^2 D_b z} = \frac{8 \times 1910.1 \times 10^3}{\pi \times 17.294^2 \times 236 \times 8} = 8.61\,\text{MPa} \quad \text{[답]}$$

(c) 식 (9.16)으로부터 플랜지의 뿌리부에서 발생하는 전단응력 τ_f는 다음과 같다.

$$\tau_f = \frac{2T_f}{\pi D_f^2 t} = \frac{2 \times 1910.1 \times 10^3}{\pi \times 160^2 \times 28} = 1.696\,\text{MPa} \quad \text{[답]}$$

검토

볼트가 받는 전단응력이 플랜지의 뿌리부가 받는 전단응력에 비해 약 5배의 응력이 발생하므로 이를 고려하여 볼트 재료를 선정해야 한다.

9.3.3 유니버설 커플링의 설계

[그림 9-20]에 나타낸 **유니버설 커플링**의 원동축과 종동축의 회전각 θ_1과 θ_2 및 교차각 α 사이에는 구면삼각법spherical trigonometry에 따라 다음의 관계가 있다.

$$\tan\theta_2 = \tan\theta_1 \cos\alpha \tag{9.17}$$

또한 원동축과 종동축의 회전속도 ω_1과 ω_2에 대한 회전속도비는 다음과 같다.[6]

$$\beta = \frac{\omega_2}{\omega_1} = \frac{\cos\alpha}{1-\sin^2\theta_1 \sin^2\alpha} \tag{9.18}$$

식 (9.18)에서 $\theta_1 = 0°$ 또는 $\theta_1 = 180°$가 되면 $\sin^2\theta_1 = 0$이 되므로 최소 회전속도비는 다음과 같다.

$$\beta_{\min} = \frac{\omega_2}{\omega_1} = \cos\alpha \tag{9.19}$$

또한 $\theta_1 = 90°$ 또는 $\theta_1 = 270°$가 되면 $\sin^2\theta_1 = 1$이 되므로 최대 회전속도비는 다음과 같다.

$$\beta_{\max} = \frac{\omega_2}{\omega_1} = \frac{1}{\cos\alpha} \tag{9.20}$$

따라서 유니버설 커플링의 회전속도비는 $\cos\alpha \sim 1/\cos\alpha$ 사이에서 주기적으로 변동하며, 원동축의 회전각 θ_1이 0°부터 360°까지 1회전 하는 동안 회전속도비 β는 [그림 9-21]과 같이 주기적으로 변동한다.

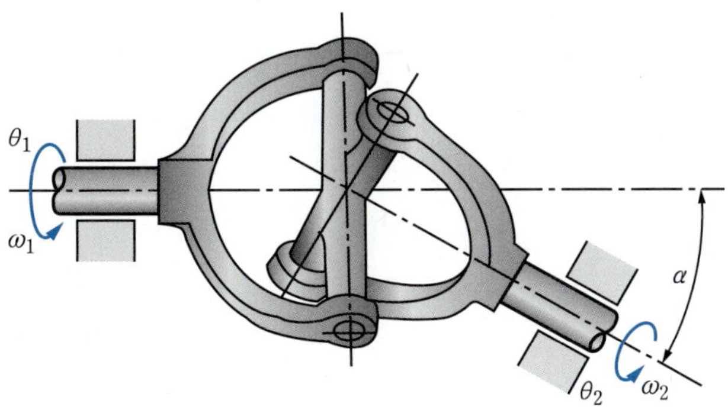

그림 9-20 유니버설 커플링

6 회전속도와 토크는 서로 반비례하므로 $\beta = \frac{\omega_2}{\omega_1} = \frac{T_1}{T_2}$의 관계가 된다.

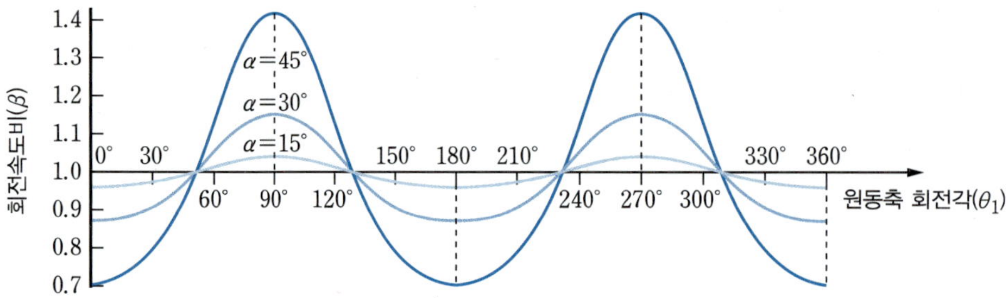

그림 9-21 회전속도비의 변동

[그림 9-21]에서 보는 바와 같이 교차각 α로 연결된 유니버설 커플링은 원동축의 회전속도가 일정하더라도 종동축의 회전속도는 주기적으로 변동한다. 이러한 문제는 [그림 9-22]와 같이 두 축 사이에 중간축을 설치하고, 원동축과 중간축이 이루는 교차각과 종동축과 중간축이 이루는 교차각을 같게 함으로써 해결할 수 있다. 이를 위해서는 원동축과 중간축, 종동축과 중간축 사이에 각각 1개씩 총 2개의 유니버설 조인트가 필요하다.

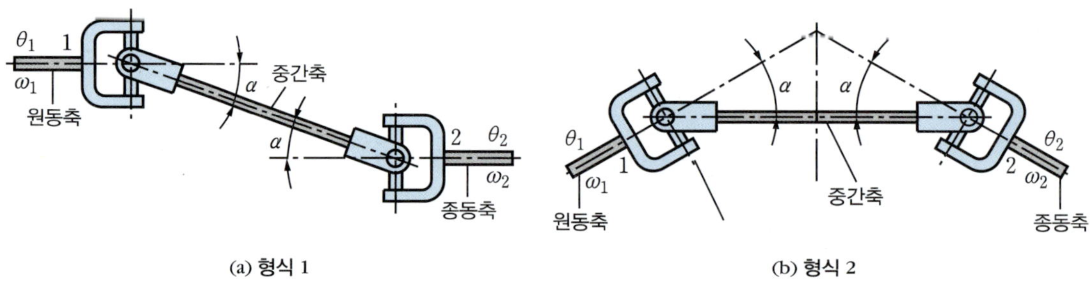

그림 9-22 등속 유니버설 커플링

예제 9-6 유니버설 커플링의 회전수, 토크, 종동축의 지름

유니버설 커플링의 원동축과 종동축 사이의 교차각이 20°이며, 원동축에 1500 rpm의 회전속도로 10 kW의 동력을 전달한다. 축의 허용전단응력이 30 MPa일 때 다음을 구하라.

(a) 종동축의 최소 회전속도와 최대 회전속도

(b) 종동축이 받는 최대토크

(c) (b)의 토크를 받을 때 종동축의 최소지름

전략

식 (9.19)의 최소 회전속도비에서 종동축의 최소 회전속도를 구하고, 식 (9.20)의 최대 회전속도비에서 종동축의 최대 회전속도를 구한다. 회전속도와 토크는 서로 반비례하므로 종동축의 최대토크를 구하기 위해 최소 회전속도비를 갖는 식 (9.19)를 $T_1/T_2 = \cos\alpha$로 나타낼 수 있다. 이를 이용하여 종동축의 최대토크 $(T_2)_{\max} = T_1/\cos\alpha$을 구한다. 그리고 식 (8.8)에 종동축의 최대토크와 축의 허용전단응력을 대입하여 종동축의 지름을 결정한다.

풀이

(a) 식 (9.19)로부터 최소 회전속도는 다음과 같다.

$$\omega_2 = \omega_1 \cos\alpha = 1500 \times \cos 20° = 1409.5\,\text{rpm} \quad \text{[답]}$$

식 (9.20)으로부터 최대 회전속도는 다음과 같다.

$$\omega_2 = \frac{\omega_1}{\cos\alpha} = \frac{1500}{\cos 20°} = 1596.3\,\text{rpm} \quad \text{[답]}$$

(b) $H = T\omega$로부터 원동축 토크는 다음과 같다.

$$T_1 = \frac{H}{\omega_1} = \frac{10 \times 10^3}{\left(\dfrac{2 \times \pi \times 1500}{60}\right)} = 63.66\,\text{N} \cdot \text{m}$$

종동축이 받는 토크의 최댓값은 다음과 같다.

$$(T_2)_{\max} = \frac{T_1}{\cos\alpha} = \frac{63.66}{\cos 20°} = 67.75\,\text{N} \cdot \text{m} \quad \text{[답]}$$

(c) 종동축의 지름은 식 (8.8)로부터 다음과 같다.

$$d = \sqrt[3]{\frac{16\,T_{\max}}{\pi \tau_a}} = \sqrt[3]{\frac{16 \times 67.75}{\pi \times 30 \times 10^6}} = 0.0226\,\text{m} = 22.6\,\text{mm}$$

종동축의 지름은 [표 8-1]로부터 24 mm로 결정한다. [답]

검토

종동축의 토크는 59.82 N · m와 67.75 N · m의 범위에서 변동한다. 59.82 N · m의 토크가 어떻게 계산되었는지 확인하기 바란다.

SECTION 9.4

클러치의 구조

- ✔ 물림클러치의 작동원리와 클로의 모양에 따른 특성을 살펴본다.
- ✔ 마찰클러치의 작동원리와 마찰판의 모양에 따른 특징을 살펴본다.
- ✔ 자동클러치의 종류별 작동방식을 살펴본다.

9.4.1 물림클러치의 구조

물림클러치에는 맞물림 클러치claw clutch와 세레이션 클러치serration clutch가 있으며, 이 중 맞물림 클러치에 대해 알아보자.

맞물림 클러치는 [그림 9-23]에 나타낸 바와 같이 원동축과 종동축의 끝에 있는 요철 모양의 클로claw가 서로 맞물려서 동력을 전달한다. 클로의 모양은 [표 9-2]에 나타낸 것처럼 삼각형, 나선형, 사각형, 사다리형 등이 있다. 클로의 모양이 대칭이면 양방향 동력전달이 가능하지만, 비대칭이면 한 방향 동력전달만 가능하다.

일반적으로 원동축의 클러치에는 고정할 수 있는 키를 사용하며, 종동축의 클러치에는 축방향 이동이 가능한 미끄럼키sliding key를 사용한다. 맞물림 클러치는 클로가 서로 맞물릴 때 충격이 발생하는 문제점이 있어서 회전속도가 빠를 때는 사용하기에 적합하지 않다.

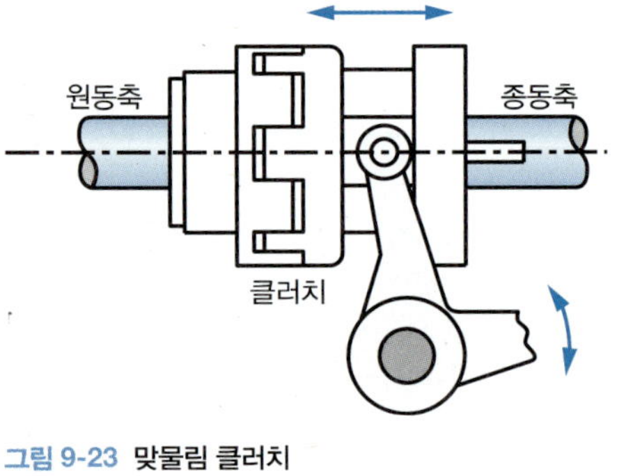

그림 9-23 맞물림 클러치

표 9-2 클로의 종류 및 특성

종류	모양	하중	회전방향	연결 및 분리
삼각형	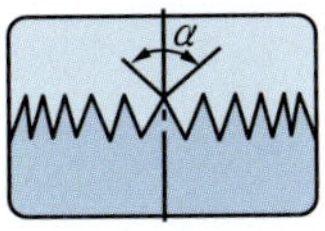	비교적 작은 하중	양방향 회전	비교적 낮은 속도일 때 운전 중 연결 및 분리가 가능함
	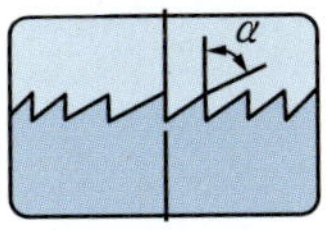		한 방향 회전	
나선형	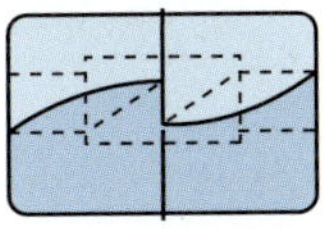	비교적 큰 하중		
사각형	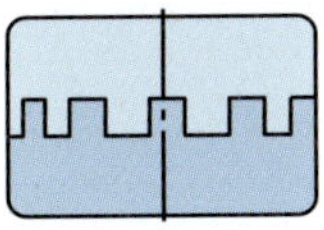	큰 하중	양방향 회전	연결은 정지할 때만 가능하고, 분리는 운전 중에도 가능함
사다리형	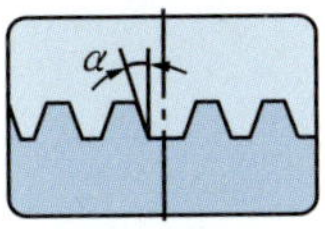			
	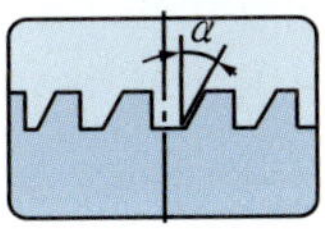	매우 큰 하중	한 방향 회전	연결 및 분리가 아주 쉬움

탐구

1. 맞물림 클러치의 특징을 설명하라.
2. 맞물림 클러치의 적용사례를 조사하라.

9.4.2 마찰클러치의 구조

마찰클러치 friction clutch는 원동축과 종동축 사이의 마찰 접촉면에 의해 운전 중 연결 및 단속이 가능한 축이음으로서 공작기계, 자동차 및 일반기계 등의 동력전달장치에 널리 사용된다. 회전하는 원동축에 정지상태의 종동축을 처음 물릴 때 약간의 미끄럼이 발생하지만, 서서히 가속되어 두 축이 일체가 된다. 마찰판의 모양에 따라 원판클러치, 원추클러치 등으로 구분한다.

■ 원판클러치

원판클러치 disk clutch는 원동축과 종동축 사이에 1개 또는 여러 개의 마찰판을 설치하여 토크를 전달하는 전동장치이다. 마찰판의 수가 1개일 경우 단판클러치, 2개 이상일 경우 다판클러치라고 한다.

1 단판클러치

단판클러치 single-disk clutch는 [그림 9-24]에서 보는 바와 같이 중심부가 접촉하지 않도록 설계한다. 만약 중심부가 접촉하게 되면 마모로 인해 중심위치가 수시로 변동하게 되고, 이에 따라 중심부에서 마찰력의 방향도 수시로 바뀌게 된다. 이로 인해 진동이 발생하여 클러치의 작동이 불안정하게 될 수 있다.

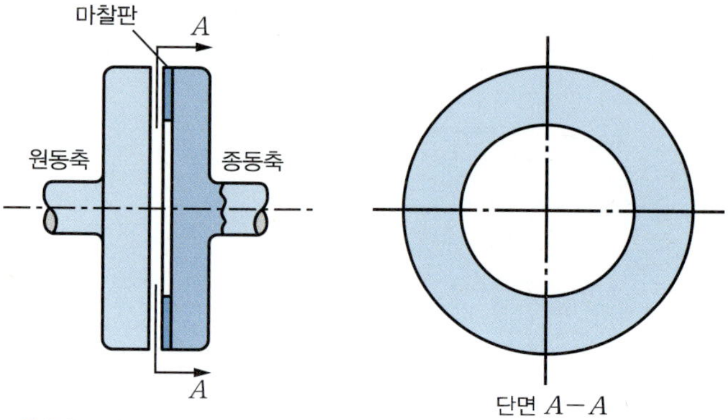

그림 9-24 단판클러치

2 다판클러치

[그림 9-25]는 자동차의 **다판클러치** multi-disk clutch를 나타낸다. 클러치 마찰판의 개수를 늘리면 여러 판이 압력을 분담하므로 접촉면에 작용하는 압력을 줄일 수 있다. 따라서 클러치 마찰판 재료의 허용강도 범위 안에서 더 큰 하중을 축방향으로 가할 수 있으므로 전달토크를 증대시킬 수 있다.

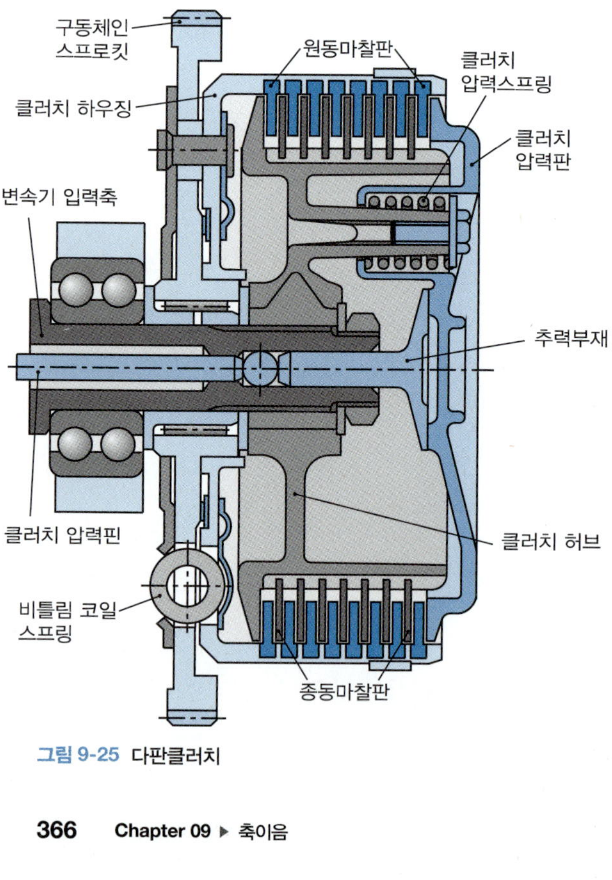

그림 9-25 다판클러치

탐구

1. 마찰계수를 정의하라.
2. 원판클러치를 중심부가 접촉하지 않도록 설계하는 이유는 무엇인가?
3. 다판클러치가 단판클러치에 비해 어떤 장점이 있는지 설명하라.

■ 원추클러치

원추클러치 cone clutch는 접촉면이 원추형으로 된 클러치를 말하며, 접촉면의 쐐기작용으로 같은 추력 thrust에 대해 원판클러치보다 더 큰 마찰력을 얻을 수 있어서 큰 토크를 전달할 수 있다. [그림 9-26]은 원추클러치 각 부분의 명칭과 작동방향을 나타낸다.

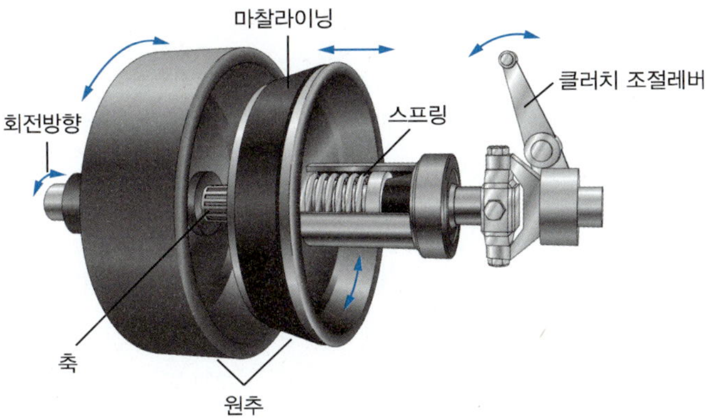

그림 9-26 원추클러치

9.4.3 자동클러치의 구조

자동클러치 automatic clutch는 별도의 추력 없이 회전속도에 따라 연결되거나 분리되는 클러치를 말하며, 원심클러치, 비역전 클러치, 유체클러치 등이 있다.

■ 원심클러치

원심클러치 centrifugal clutch는 축이 회전할 때 생기는 원심력을 이용하여 원동축의 동력을 종동축에 전달하는 방식이다. [그림 9-27(a)]처럼 원동축이 고속회전할 때는 원심력에 의해 원동축의 마찰라이닝이 종동축의 드럼 내부에 접촉하여 동력을 전달한다. 그러나 [그림 9-27(b)]처럼 원동축의 회전속도가 작을 때는 마찰라이닝이 스프링의 복원력으로 수축함에 따라 종동축의 드럼에서 분리되어 동력이 전달되지 않는다. 이것은 초창기의 자동차에 사용되던 것으로 현재에는 오토바이 클러치 등에 사용한다.

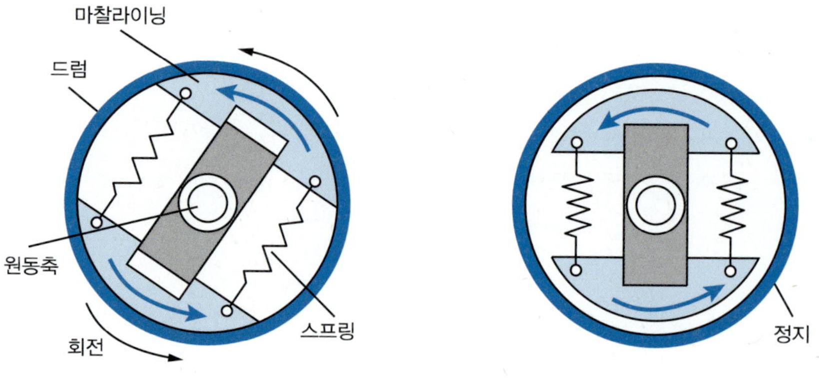

(a) 원동축의 회전속도가 큰 경우 (b) 원동축의 회전속도가 작은 경우

그림 9-27 원심클러치

■ 비역전 클러치

원동축이 한 방향의 토크만을 종동축에 전달하고, 반대방향의 토크는 전달할 수 없는 클러치를 **비역전 클러치** over running clutch 또는 **일방향 클러치** one way clutch라고 부른다.

[그림 9-28]에서 보는 바와 같이 원동축의 내부와 종동축의 외부 사이 경사진 공간에 볼이나 롤러 등의 전동체가 삽입되어 있다. 원동축이 시계방향으로 회전하면 전동체가 경사진 공간의 좁은 부분으로 굴러 들어가 쐐기와 같이 단단히 박히며, 이에 따라 원동축에서 종동축으로 동력을 전달할 수 있다. 그러나 원동축이 반시계방향으로 회전하면 전동체가 경사진 공간의 넓은 부분으로 굴러가 원동축과 종동축의 연결이 분리된다.

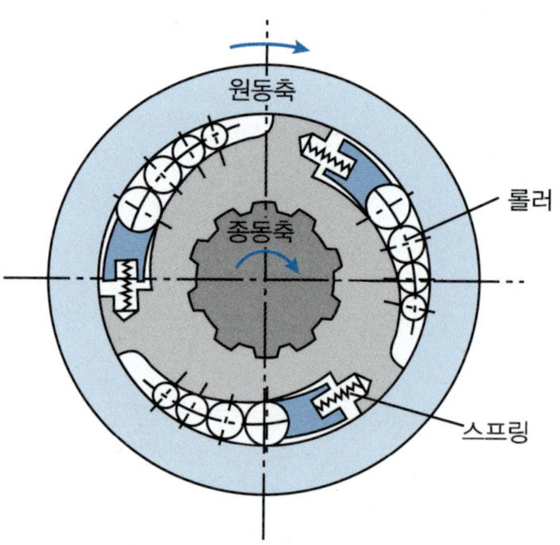

그림 9-28 비역전 클러치

■ 유체클러치

유체클러치 fluid clutch는 1905년 독일의 푀팅어 H. Föttinger가 개발하여 1908년 선박용 디젤엔진에 마찰클러치를 대체하여 사용하기 시작했다. 앞서 설명한 여러 클러치와 역할은 같으나 유체를 매개체로 사용한다는 점에서 작동원리에는 많은 차이가 있다.

유체클러치는 [그림 9-29(a)]에서 보는 바와 같이 2개의 회전날개를 나란히 맞대어 놓고, 하나를 회전시키면 발생한 유체의 흐름이 맞은편의 회전날개를 돌리는 원리로 작동한다.

[그림 9-29(b)]처럼 유체클러치는 원동축에 펌프 임펠러pump impeller가 설치되고, 종동축에 터빈 러너turbine runner가 설치되며, 클러치 하우징clutch housing 안에 에너지를 전달하기 위한 유체가 채워진다. 원동축의 회전에 따라 펌프 임펠러가 구동하여 유체에 운동에너지가 발생하면, 이 에너지가 터빈 러너에 전달되어 종동축이 회전하는 것이다. [그림 9-29(c)]에 유체클러치의 단면을 나타냈다.

유체클러치는 다음과 같은 특징이 있다.

- 원동기prime mover의 시동이 용이하며, 과부하가 발생하더라도 원동기를 보호한다.
- 축의 비틀림진동과 충격을 완화할 수 있으므로 축의 수명을 오래 유지할 수 있다.
- 다수의 원동기로 1개의 부하를 쉽게 운전할 수 있고, 1개의 원동기로 다수의 부하를 쉽게 운전할 수 있다.
- 자동변속이 가능하며, 자동차, 철도차량, 선박, 건설 및 산업기계 등에 널리 사용된다.

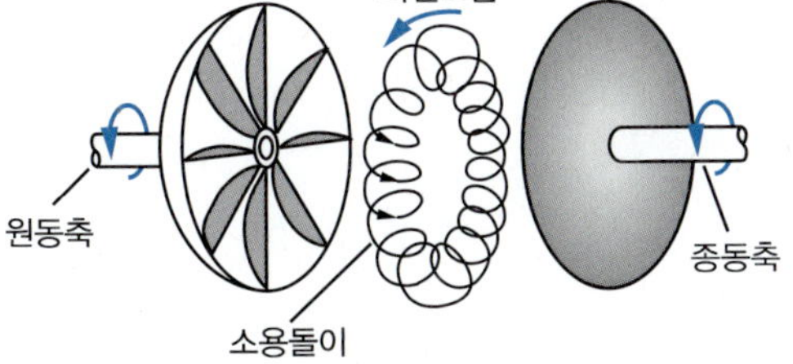

(a) 유체클러치의 작동원리

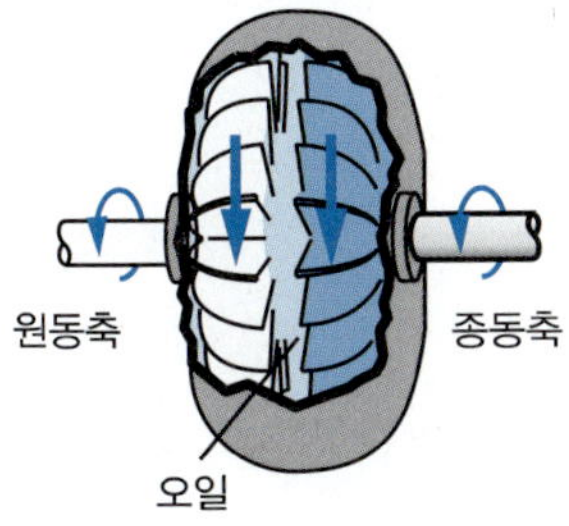

(b) 펌프와 터빈의 회전

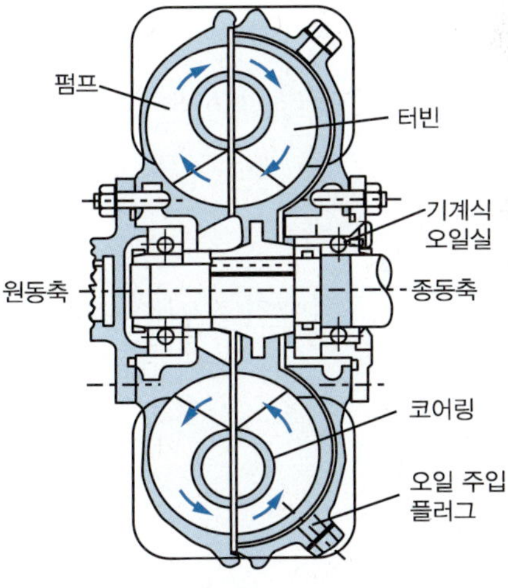

(c) 유체클러치의 단면

그림 9-29 유체클러치

탐구

1. 원심클러치와 유체클러치의 작동원리를 설명하라.
2. 비역전 클러치가 사용되는 사례를 주변에서 조사하라.

SECTION 9.5

클러치의 설계

✔ 맞물림 클러치에서 클로 접촉면의 평균압력, 클로 뿌리의 전단응력 등을 학습한다.
✔ 원판클러치의 전달토크, 접촉면 평균압력 등을 학습한다.
✔ 원추클러치의 전달토크, 접촉면 평균압력, 지름결정방법 등을 학습한다.

9.5.1 맞물림 클러치의 설계

맞물림 클러치는 클로를 통해 동력을 전달한다. 여기에서는 클러치의 강도와 관련하여 클로 접촉면의 평균압력과 클로 뿌리의 전단응력을 살펴본다.

■ 클로 접촉면의 평균압력

[그림 9-30(a)]는 사각형 클로를 통해 원동축으로부터 종동축에 동력을 전달하는 모습을 나타낸 것이다. 그림에서 F_n은 맞물리는 면의 중앙에 작용하는 집중하중을 나타낸다. [그림 9-30(b)]는 각 클로의 맞물리는 면에 작용하는 접촉면 평균압력 p_m을 나타내며, 다음과 같다.

$$p_m = \frac{F_n}{A_n} = \frac{F_n}{h(D_2 - D_1)/2} \tag{9.21}$$

여기서 h는 클로의 높이, D_1과 D_2는 클러치의 안지름과 바깥지름을 각각 나타낸다. 또한 집중하중 F_n으로 전달할 수 있는 토크는 다음과 같이 나타낼 수 있다.

$$T = F_n R_m z = \frac{F_n(D_1 + D_2)z}{4} \tag{9.22}$$

여기서 z는 클로의 개수를 나타낸다. 식 (9.21)과 식 (9.22)를 정리하면 다음과 같이 접촉면 평균압력을 구할 수 있다.

$$p_m = \frac{8T}{(D_2^2 - D_1^2)hz} \tag{9.23}$$

■ 클로 뿌리의 전단응력

전단하중을 받는 클로 뿌리의 전체단면적은 클러치의 안지름과 바깥지름 사이에 있는 면적의 절반이다.

$$\frac{1}{2}\frac{\pi}{4}(D_2^2 - D_1^2) = A_s z \tag{9.24}$$

여기서 A_s는 하나의 클로에 대한 뿌리 단면적이고, z는 클로의 개수를 나타낸다.

클로 뿌리의 전단응력과 전달토크와의 관계는 다음과 같다.

$$T = \tau_s A_s \frac{D_m}{2} z = \frac{1}{2}\left(\frac{D_1 + D_2}{2}\right)(\tau_s A_s) z \tag{9.25}$$

식 (9.24)와 식 (9.25)를 정리하면 클로 뿌리에 발생하는 전단응력은 다음과 같다.

$$\tau_s = \frac{32T}{\pi(D_1 + D_2)(D_2^2 - D_1^2)} \tag{9.26}$$

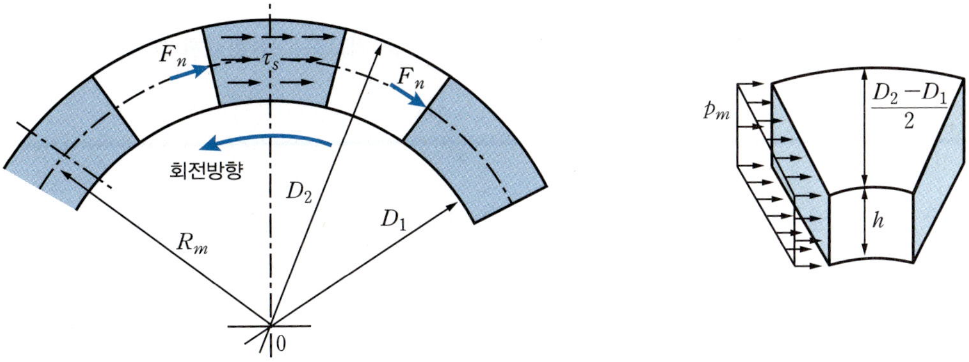

(a) 사각형 클로에 의한 동력의 전달 (b) 접촉면 평균압력

그림 9-30 맞물림 클러치

예제 9-7 사각형 맞물림 클러치의 접촉면 평균압력 및 클로 뿌리의 전단응력

축지름이 60mm이고, 허용전단응력이 25MPa인 회전축이 사각형 맞물림 클러치를 통해 동력을 전달하고 있다. 이 클러치는 클로의 개수가 6개이고, 바깥지름이 150mm, 안지름이 90mm, 클로의 높이가 27mm이다. 이때 다음을 구하라. 단, 클러치의 재료는 축의 재료와 같다.

(a) 회전축이 전달할 수 있는 최대토크
(b) 클로 접촉면의 평균압력
(c) 클로 뿌리에 작용하는 전단응력

전략

비틀림을 받는 축의 최대토크는 식 (8.8)로부터 구할 수 있다. 클로 접촉면의 평균압력은 식 (9.23)을 이용하여 구할 수 있으며, 클로 뿌리에 작용하는 전단응력은 식 (9.26)을 이용하여 구할 수 있다.

풀이

(a) 식 (8.8)로부터 다음과 같이 토크를 구한다.

$$T = \frac{\pi d^3}{16}\tau_a = \frac{\pi \times 0.06^3}{16} \times 25 \times 10^6 = 1060.3\,\text{N}\cdot\text{m} \quad \text{[답]}$$

표 9-3 클러치재료의 물리적 특성

마찰재	마찰계수		접촉면 허용압력 [MPa]	허용온도 [℃]
	건식	습식[2]		
주철	0.15 ~ 0.25	0.04 ~ 0.12	100 ~ 180	300
담금질강[1]	–	0.05 ~ 0.07	70 ~ 200	250
청동	0.1 ~ 0.2	0.05 ~ 0.1	50 ~ 80	150
소결합금	0.2 ~ 0.5	0.05 ~ 0.1	100 ~ 300	350
목재	0.2 ~ 0.35	0.1 ~ 0.15	20 ~ 40	100
화이버	0.25 ~ 0.45	0.1 ~ 0.2	5 ~ 30	100
코르크	0.25 ~ 0.5	0.15 ~ 0.25	5 ~ 10	90
가죽	0.3 ~ 0.55	0.1 ~ 0.15	5 ~ 30	90
석면	0.3 ~ 0.65	0.1 ~ 0.2	7 ~ 70	200

[주] 1. 담금질강의 상대재료는 담금질강이며, 나머지 마찰재료의 상대재료는 주철이나 주강이다.
2. 습식은 클러치의 냉각을 돕기 위해 유체와 함께 사용되도록 설계된다.

■ 지름 결정

[그림 9-34]로부터 다음의 기하학적 관계를 가진다.

$$\sin\alpha = \frac{D_2 - D_1}{2b} \tag{9.41}$$

이 식을 정리하면 바깥지름 D_2는 다음과 같다.

$$D_2 = D_1 + 2b\sin\alpha \tag{9.42}$$

이 식을 평균반지름으로 나타내면 다음과 같다.

$$D_2 = D_m + b\sin\alpha \tag{9.43}$$

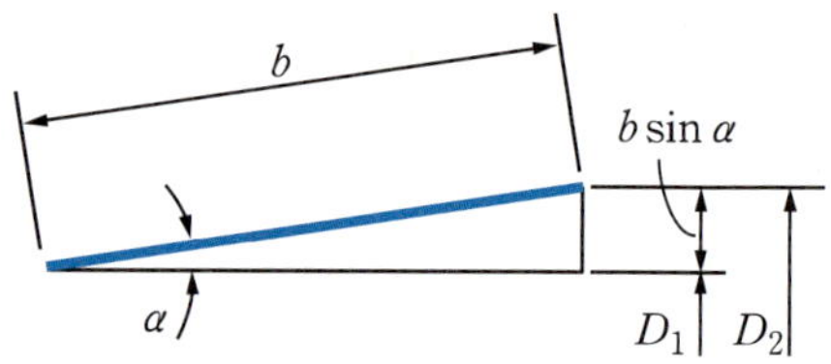

그림 9-34 접촉면의 기하학적 관계

탐구

1. 원추클러치는 같은 추력을 받는 원판클러치보다 더 큰 토크를 전달할 수 있는데, 그 이유는 무엇인가?
2. 원추반각 α를 작게 할수록 추력이 줄어드는 이유를 역학적으로 설명하라.
3. 원추클러치에서 상당마찰계수에 대해 설명하라.

예제 9-10 원추클러치의 토크, 전달동력, 원추반각, 추력

원추클러치의 접촉면 허용압력은 0.3MPa, 마찰계수는 0.25, 접촉면의 최대지름은 345mm, 최소지름은 300mm, 접촉면의 폭은 90mm이다. 클러치가 400rpm으로 회전하는 경우 다음을 구하라.

(a) 전달토크
(b) 전달동력
(c) 원추반각
(d) 추력

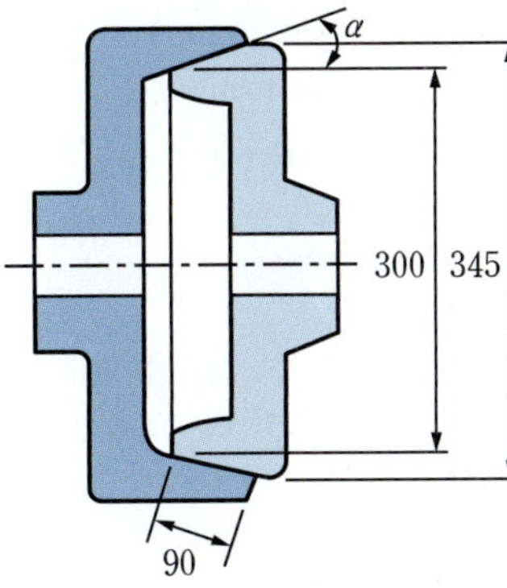

그림 9-35 원추클러치의 치수

전략

접촉면의 최대지름과 최소지름으로 평균지름을 구한다. 식 (9.40)의 접촉면 평균압력을 구하는 식으로부터 전달토크를 계산한다. 계산된 토크와 회전속도를 $H = T\omega$에 대입하여 전달동력을 구한다. 식 (9.41)로부터 원추반각을 계산하고, 식 (9.38)로 추력을 구한다.

풀이

먼저 접촉면의 평균지름을 구하면 다음과 같다.

$$D_m = \frac{D_1 + D_2}{2} = \frac{300 + 345}{2} = 322.5\,\text{mm}$$

(a) 전달토크는 식 (9.40)을 정리하여 다음과 같이 구한다.

$$T = \frac{\mu\pi D_m^2 b p_m}{2} = \frac{0.25 \times \pi \times 0.3225^2 \times 0.09 \times 0.3 \times 10^6}{2} = 1102.8\,\text{N}\cdot\text{m} \quad \text{[답]}$$

(b) 전달동력은 다음과 같다.

$$H = T\omega = 1102.8 \times 10^{-3} \times \frac{2 \times \pi \times 400}{60} = 46.2\,\text{kW} \quad \text{[답]}$$

(c) 식 (9.41)로부터 다음과 같이 원추반각을 구한다.

$$\alpha = \sin^{-1}\left(\frac{D_2 - D_1}{2b}\right) = \sin^{-1}\left(\frac{345 - 300}{2 \times 90}\right) = 14.5° \quad \text{[답]}$$

(d) 식 (9.38)로부터 클러치에 가하는 추력은 다음과 같다.

$$Q = \frac{2T(\sin\alpha + \mu\cos\alpha)}{\mu D_m} = \frac{2 \times 1102.8 \times 10^{-3} \times (\sin 14.5° + 0.25 \times \cos 14.5°)}{0.25 \times 0.3225} = 13.5\,\text{kN} \quad \text{[답]}$$

검토

마찰각 $\alpha_f = \tan^{-1}\mu = \tan^{-1}0.25 = 14.0°$이다. 계산된 원추반각 $\alpha = 14.5°$이므로 마찰각보다 크고 일반적인 제작범위인 $10 \sim 15°$ 사이에 있다.

예제 9-11 원추클러치에 대한 추력의 범위

1500 rpm 의 회전속도로 5 kW의 동력을 전달하는 원추클러치에서 접촉면의 최소지름은 120 mm 이고, 최대지름은 150 mm 이다. 원추반각이 12°이고, 접촉면의 허용압력이 0.1 MPa이며, 접촉면의 마찰계수가 0.3일 때 요구되는 추력의 범위를 구하라. 단, 접촉면의 압력은 균일하게 분포된 것으로 가정한다.

전략

동력을 전달할 수 있도록 충분히 누르되 접촉면의 허용압력을 초과해서는 안 된다. 이를 위해 동력전달의 관점에서 요구되는 추력과 허용압력의 관점에서 요구되는 추력을 모두 만족해야 한다.

풀이

- **동력전달의 관점에서 요구되는 추력**

동력 $H = T\omega$로부터 토크 T와 접촉면의 평균지름 D_m은 각각 다음과 같다.

$$T = \frac{H}{\omega} = \frac{5 \times 10^3}{\left(\dfrac{2 \times \pi \times 1500}{60}\right)} = 31.8\,\mathrm{N \cdot m}$$

$$D_m = \frac{D_1 + D_2}{2} = \frac{0.12 + 0.15}{2} = 0.135\,\mathrm{m}$$

식 (9.38)로부터 다음과 같이 추력을 구할 수 있다.

$$Q = \frac{2T(\sin\alpha + \mu\cos\alpha)}{\mu D_m} = \frac{2 \times 31.8 \times (\sin 12° + 0.3 \times \cos 12°)}{0.3 \times 0.135} = 787.3\,\mathrm{N}$$

- **허용압력의 관점에서 요구되는 추력**

식 (9.41)로부터 접촉폭은 다음과 같다.

$$b = \frac{D_2 - D_1}{2\sin\alpha} = \frac{0.15 - 0.12}{2 \times \sin 12°} = 0.072\,\mathrm{m}$$

식 (9.39)에 허용압력, 평균지름, 접촉폭을 대입하고 정리하면 접촉면의 수직력은 다음과 같다.

$$F_n = \pi p_m D_m b = \pi \times 0.1 \times 10^6 \times 0.135 \times 0.072 = 3053.6\,\mathrm{N}$$

이 값을 식 (9.33)에 대입하여 다음과 같이 추력을 구한다.

$$Q = F_n(\sin\alpha + \mu\cos\alpha) = 3053.6 \times (\sin 12° + 0.3 \times \cos 12°) = 1530.9\,\mathrm{N}$$

따라서 787.3 N과 1530.9 N의 범위 내에서 추력을 가해야 한다. [답]

검토

787.3 N 미만의 추력을 가할 경우 5 kW의 동력을 전달할 수 없고, 1530.9 N을 초과한 추력을 가할 경우 접촉면이 파손될 수 있다.

CHAPTER 09 | 핵심요약

- 축이음은 원동축과 종동축을 연결하여 회전동력을 전달하는 기계요소이다.
- 운전 중 축이음을 분리할 필요가 없는 경우에는 원동축과 종동축을 커플링으로 연결하고, 분리할 필요가 있는 경우에는 원동축과 종동축을 클러치로 연결한다.
- 커플링은 두 축의 위치관계에 따라 원동축과 종동축의 중심이 같은 선상에 있는 동심축, 평행하나 약간 어긋난 편심축, 그리고 서로 교차하는 교차축으로 나눌 수 있다.
- 두 축이 교차할 때 사용되는 축이음 요소를 유니버설 커플링 또는 훅조인트라고 한다.
- 맞물림 클러치는 원동축과 종동축의 끝에 있는 요철 모양의 클로가 서로 맞물려서 동력을 전달하며, 클로가 서로 맞물릴 때 충격이 발생하는 문제점이 있어서 회전속도가 빠를 때는 사용하기가 적합하지 않다.
- 모든 종류의 원판클러치는 중심부가 접촉하지 않도록 설계한다. 만약 중심부가 접촉하면 마모로 인해 중심위치가 수시로 변동되어 클러치의 작동이 불안정하게 된다.
- 원판클러치 중 다판클러치는 여러 판이 하중을 분담하므로 접촉면에 작용하는 압력을 줄일 수 있다. 이에 따라 마찰판 재료의 허용압력 범위 안에서 더 큰 추력을 가할 수 있어서 큰 동력을 전달할 수 있다.
- 원추클러치는 접촉면이 원추형으로 된 클러치를 말하며, 접촉면의 쐐기작용으로 같은 추력에 대해 원판클러치보다 더 큰 마찰력을 얻을 수 있어서 큰 동력을 전달할 수 있다.
- 자동클러치는 추력 없이 회전속도에 따라 연결되거나 분리되는 클러치를 말하며, 원심클러치, 비역전 클러치, 유체클러치 등이 있다.
- 원추클러치에서 원추반각이 너무 작아서 마찰각 이하가 되면 원추를 물릴 때 충격이 발생할 수도 있고, 물린 원추를 분리할 때 어려움이 있을 수도 있다. 따라서 원추반각은 일반적으로 10~15° 범위 안에 있어야 한다.

CHAPTER 09 | 기본문제

9.1 다음 중 원통커플링에 속하지 않는 것은? 9.2절

① 셀러커플링 ② 올덤커플링 ③ 머프커플링 ④ 클램프 커플링

9.2 두 개의 주철제 원뿔통을 3개의 볼트로 죄며, 테이퍼 슬리브 커플링이라고도 부르는 커플링은? 9.2절

① 셀러커플링 ② 올덤커플링 ③ 반중첩 커플링 ④ 유니버설 커플링

9.3 다음 중 커플링의 바깥원통을 벨트풀리로도 이용할 수 있는 것은? 9.2절

① 플렉시블 커플링 ② 반중첩 커플링 ③ 올덤커플링 ④ 셀러커플링

9.4 다음 중 두 축 사이에 약간의 축의 기울기나 편심을 흡수할 수 없는 커플링은? 9.2절

① 기어커플링 ② 타이어 커플링 ③ 마찰원통 커플링 ④ 핀-부시 커플링

9.5 두 축이 평행하지만 중심 사이에 약간의 차이가 있고, 두 축의 거리가 아주 가까운 경우에 회전속도의 변화 없이 회전력을 전달할 수 있는 커플링은? 9.2절

① 유니버설 커플링 ② 올덤커플링 ③ 플렉시블 커플링 ④ 플랜지 커플링

9.6 일반적으로 유니버설 커플링에서 허용하는 교차각의 최대한도는? 9.2절

① 5° ② 15° ③ 30° ④ 60°

9.7 유니버설 커플링에서 원동축과 종동축의 회전속도를 각각 ω_1과 ω_2라고 하고, 원동축의 회전각을 θ_1이라고 하며, 두 축 사이의 교차각을 α라고 할 때 두 축 사이의 회전속도비 ω_2/ω_1는? 9.3절

① $\dfrac{1+\sin^2\theta_1\sin^2\alpha}{\cos\alpha}$ ② $\dfrac{1-\sin^2\theta_1\sin^2\alpha}{\cos\alpha}$ ③ $\dfrac{\cos\alpha}{1+\sin^2\theta_1\sin^2\alpha}$ ④ $\dfrac{\cos\alpha}{1-\sin^2\theta_1\sin^2\alpha}$

9.8 유니버설 커플링에서 원동축과 종동축의 회전속도를 같게 하려면 최소한 몇 개의 커플링이 필요한가? 9.3절

① 1개 ② 2개 ③ 3개 ④ 4개

9.9 분할형 원통커플링에서 원통이 축에 가하는 힘은 1.9kN, 축지름이 45mm, 접촉면의 마찰계수가 0.2인 경우에 이 커플링이 전달할 수 있는 토크는? 9.3절

① 26.9N·m ② 40.3N·m ③ 67.3N·m ④ 80.7N·m

9.10 플랜지 커플링으로 1200 rpm의 회전속도로 30 kW의 동력을 전달하려고 한다. 플랜지의 피치원지름은 100 mm이고, 미터보통나사 M14 볼트로 플랜지를 체결한다. 볼트의 허용전단응력이 8 MPa일 때 필요한 볼트의 최소개수는? 단, M14의 골지름은 11.835 mm이며, 플랜지면의 전달토크는 무시한다. 9.3절

① 4개 ② 5개 ③ 6개 ④ 7개

9.11 다음 그림은 원동축과 종동축을 연결할 때 사용하는 축이음 방법인 플랜지 커플링을 나타낸다. 이 커플링에 작용하는 토크는 T이다. 피치원지름이 D_b이고, 볼트의 개수가 z이며, 볼트의 허용전단응력이 τ_b일 때 볼트의 지름은? 단, 플랜지면의 마찰은 무시한다. 9.3절

① $\sqrt{\dfrac{4T}{\tau_b \pi D_b z}}$ ② $\sqrt{\dfrac{8T}{\tau_b \pi D_b z}}$

③ $\sqrt{\dfrac{16T}{\tau_b \pi D_b z}}$ ④ $\sqrt{\dfrac{32T}{\tau_b \pi D_b z}}$

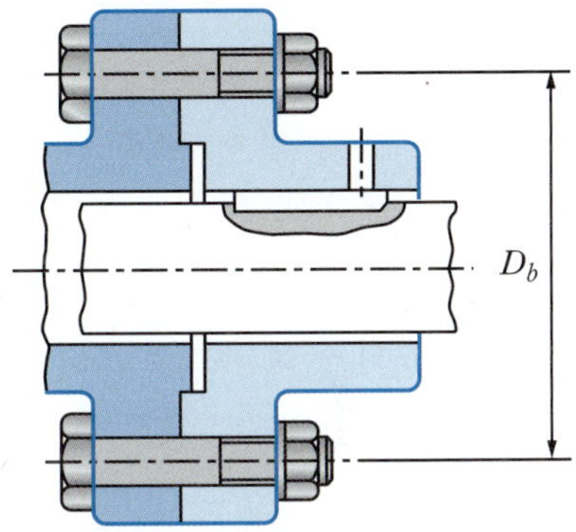

그림 P9.1

9.12 플랜지 커플링에서 플랜지의 두께는 28 mm이며, 플랜지 뿌리부 지름은 140 mm이다. 플랜지 뿌리부에서의 전달토크가 2 N·m일 때 플랜지의 뿌리부에서 발생하는 전단응력은? 단, 플랜지면 사이의 마찰저항에 의한 토크를 무시한다. 9.3절

① 820 Pa ② 1320 Pa ③ 1820 Pa ④ 2320 Pa

9.13 원판형 마찰클러치에서 회전력을 높이는 방법으로 적절하지 않은 것은? 9.4절

① 마찰계수를 크게 한다.
② 마찰판의 중앙에서도 접촉되게 한다.
③ 추력을 크게 한다.
④ 접촉면의 평균지름을 크게 한다.

9.14 원추클러치에 대한 설명으로 옳지 않은 것은? 9.4절, 9.5절

① 비교적 작은 추력으로 큰 접촉면 압력을 얻을 수 있다.
② 원추반각이 너무 크면 원추를 물릴 때 충격이 발생할 수 있고, 물린 원추를 분리할 때 어려움이 있을 수 있다.
③ 쐐기작용으로 같은 추력에 대해 원판클러치보다 더 큰 마찰력을 얻을 수 있다.
④ 원추클러치의 원추반각은 보통 10 ~ 15°를 준다.

9.15 축지름이 60mm이고, 허용전단응력이 30MPa인 원동축으로 토크를 전달한다. 이 원동축은 사각형 맞물림 클러치로 종동축에 연결된다. 이 클러치는 5개의 클로를 가지고 있으며, 바깥지름은 130mm, 안지름은 90mm, 클로의 높이는 25mm이다. 원동축으로 전달할 수 있는 최대토크가 작용할 때 각 클로의 맞물리는 면에 작용하는 접촉면 평균압력은 몇 MPa인가? 9.5절

① 9.25 ② 12.31 ③ 15.72 ④ 20.95

9.16 단판클러치에서 마찰판의 안지름이 140mm, 바깥지름이 220mm이며, 접촉면의 마찰계수는 0.2이다. 추력이 500N일 때 전달할 수 있는 토크는 몇 N·m인가? 9.5절

① 3 ② 6 ③ 9 ④ 12

9.17 1200rpm의 회전속도로 15kW의 동력을 전달하는 단판클러치가 있다. 마찰판의 바깥지름이 220mm, 안지름이 100mm, 접촉면의 마찰계수가 0.3인 경우 몇 N의 추력을 작용해야 하는가? 9.5절

① 2547 ② 3184 ③ 3980 ④ 4975

9.18 다판클러치에서 120N의 추력을 가해 25N·m의 토크를 전달하려 한다. 마찰판의 바깥지름이 240mm, 안지름이 120mm이며, 접촉면의 마찰계수가 0.3인 경우 필요한 원동마찰판의 개수는? 9.5절

① 4 ② 6 ③ 8 ④ 10

9.19 원추클러치에서 700N의 추력을 가할 때 접촉면에 수직으로 발생하는 N 단위의 힘을 구하라. 단, 원추반각은 10°이고, 접촉면의 마찰계수는 0.3이다. 9.5절

① 1045 ② 1492 ③ 1940 ④ 2520

9.20 원추클러치에서 접촉면의 평균지름이 400mm이고, 접촉면의 폭이 50mm이며, 접촉면의 평균압력이 0.1MPa이다. 이 클러치가 800rpm으로 회전하는 경우 전달동력은 몇 kW인가? 단, 접촉면의 마찰계수는 0.2이다. 9.5절

① 21.1 ② 25.7 ③ 30.2 ④ 34.9

정답

9.1 ②	9.2 ①	9.3 ④	9.4 ③	9.5 ②	9.6 ③	9.7 ④	9.8 ②	9.9 ①	9.10 ③
9.11 ②	9.12 ④	9.13 ②	9.14 ②	9.15 ①	9.16 ③	9.17 ④	9.18 ③	9.19 ②	9.20 ①

9.1 지름이 100 mm 인 원동축과 종동축의 허용전단응력은 20 MPa이다. 이들 축을 12개의 볼트를 사용하여 클램프 커플링으로 결합한다. 축과 커플링 사이의 마찰계수가 0.3일 때 하나의 볼트에서 발생하는 인장응력은 얼마인가? 9.3절

9.2 지름 60 mm 의 전동축을 연결하는 마찰원통 커플링에서 미터보통나사 M16을 8개 사용하여 원동축과 종동축을 결합한다. 축과 커플링의 전달토크가 같도록 커플링을 설계하려고 한다. 축의 허용전단응력이 24 MPa이고, 축과 원통 사이의 마찰계수가 0.3이다. 마찰력만으로 동력을 전달하는 경우에 대해 다음을 구하라. 9.3절

(a) 축이 전달할 수 있는 토크
(b) 전체 볼트가 커플링을 조이는 힘
(c) 볼트에서 발생하는 인장응력

9.3 400 rpm 의 회전속도로 30 kW의 동력을 전달하는 전동축을 플랜지 커플링으로 결합하려고 한다. 플랜지의 피치원지름은 170 mm, 플랜지 뿌리의 두께는 22.4 mm, 체결볼트는 미터보통나사 M16, 볼트의 개수는 8개, 축의 중심부터 플랜지 뿌리부까지의 거리는 56 mm 이다. 축의 허용전단응력은 27 MPa이고 축과 커플링의 전달토크를 같게 설계하는 경우 다음을 구하라. 단, 마찰력에 의한 영향은 무시한다. 9.3절

(a) 전동축의 지름
(b) 볼트에서 발생하는 전단응력
(c) 플랜지 뿌리부에서 발생하는 전단응력

9.4 지름이 30 mm 이고, 허용전단응력이 25 MPa인 전동축을 플랜지 커플링으로 결합하려고 한다. 이 커플링에서 플랜지의 피치원지름은 100 mm, 체결볼트는 미터보통나사 M16, 볼트의 개수는 6개이며, 볼트의 허용전단응력은 20MPa이다. 플랜지면 사이의 마찰력을 무시할 경우 다음을 구하라. 9.3절

(a) 축의 강도를 고려할 때 전달 가능한 토크
(b) 플랜지 커플링의 강도를 고려할 때 전달 가능한 토크

9.5 유니버설 커플링에서 원동축과 종동축 사이의 교차각이 25°이고, 축의 허용전단응력은 20 MPa이다. 원동축이 1200 rpm 의 일정한 회전속도로 15 kW의 동력을 전달할 때 다음을 구하라. 9.3절

(a) 종동축에 대한 회전속도의 변동범위
(b) 종동축이 받는 최대토크
(c) (b)의 토크를 받을 때 종동축의 최소지름

9.6 축지름이 70 mm 이고, 허용전단응력이 20 MPa 인 회전축이 사각형 맞물림 클러치를 통해 동력을 전달하고 있다. 클러치의 클로 수가 4개이고, 바깥지름이 160 mm, 안지름이 100 mm, 클로의 높이가 25 mm 일 때 다음을 구하라. 9.5절

(a) 회전축이 전달할 수 있는 최대토크

(b) 클로 접촉면의 평균압력

(c) 클로 뿌리에 작용하는 전단응력

9.7 60 mm 의 지름을 갖는 축이 300 rpm 의 회전속도에서 10 kW의 동력을 전달한다. 이 축을 연결하기 위해 5개의 사각형 클로를 갖는 맞물림 클러치가 사용된다. 클러치의 바깥지름이 140 mm, 안지름이 80 mm, 클로의 높이가 35 mm 일 때 다음을 구하라. 9.5절

(a) 클로의 맞물리는 면에 작용하는 접촉면 평균압력

(b) 클로의 뿌리에 발생하는 전단응력

9.8 1500 rpm 의 회전속도로 25 kW 의 동력을 전달하는 단판클러치에서 클러치 접촉면의 마찰계수가 0.3 일 때 마찰판의 안지름과 바깥지름은 각각 얼마인가? 접촉면의 허용압력은 0.25 MPa 이고, 접촉면의 평균지름은 230 mm 이다. 9.5절

9.9 단판클러치에서 접촉면의 안지름은 130 mm, 바깥지름은 190 mm 이다. 접촉면의 평균압력은 0.4 MPa, 접촉면의 마찰계수는 0.3이다. 이 클러치가 1400 rpm 으로 회전하는 데 필요한 동력은 몇 kW 인가? 9.5절

9.10 안지름이 50 mm, 바깥지름이 80 mm, 접촉면의 수가 7개인 다판클러치를 이용하여 2000 rpm 의 회전속도로 30 kW 의 동력을 전달한다. 접촉면의 마찰계수가 0.3인 경우 다음을 구하라. 9.5절

(a) 전동토크 (b) 추력 (c) 접촉면에 작용하는 평균압력

9.11 안지름이 250 mm, 바깥지름이 310 mm 인 다판클러치를 이용하여 800 rpm 의 회전속도에서 200 kW 의 동력을 전달한다. 접촉면의 마찰계수가 0.2이고, 접촉면의 허용압력이 0.4 MPa 일 때 클러치의 접촉면의 수를 결정하라. 9.5절

9.12 접촉면의 최소지름이 150 mm, 접촉면의 폭이 40 mm, 원추반각이 12°인 원추클러치를 이용하여 500 rpm 의 회전속도에서 7 kW 의 동력을 전달한다. 접촉면의 마찰계수가 0.25인 경우 추력과 접촉면의 압력을 구하라. 9.5절

CHAPTER

10

베어링

Bearing

학습목표

- 베어링과 저널이 무엇인지 알아보고, 베어링의 종류와 특성을 학습한다.
- 미끄럼 베어링의 구조, 종류, 재료, 윤활 관계 등에 대해 학습한다.
- 미끄럼 베어링에서 저널지름, 폭과 지름비, 베어링 압력 등 역학적 관계를 학습한다.
- 구름베어링인 레이디얼 베어링과 스러스트 베어링의 구조와 규격에 대해 학습한다.
- 구름베어링의 정격하중, 수명시간, 등가하중 등의 역학적 관계를 학습한다.

SECTION 10.1

베어링의 분류 및 특성

- ✔ 베어링의 종류와 종류별 특성을 알아본다.
- ✔ 미끄럼 베어링에서 저널의 역할과 종류를 알아본다.
- ✔ 미끄럼 베어링과 구름베어링의 주요 특성을 비교한다.
- ✔ 베어링 선정 시 유의사항을 알아본다.

10.1.1 베어링의 종류

회전하는 축을 지지하며 전동축 등이 원활하게 회전운동을 할 수 있도록 지지하는 기계요소를 **베어링** bearing이라고 한다. 그리고 이 베어링과 접촉하는 축 부분을 **저널** journal이라고 한다. [그림 10-1(a)]는 축을 지지하는 베어링과 베어링의 내부 원통면과 접촉하는 저널을 나타내며, [그림 10-1(b)]는 다양한 종류의 구름베어링을 보여준다.

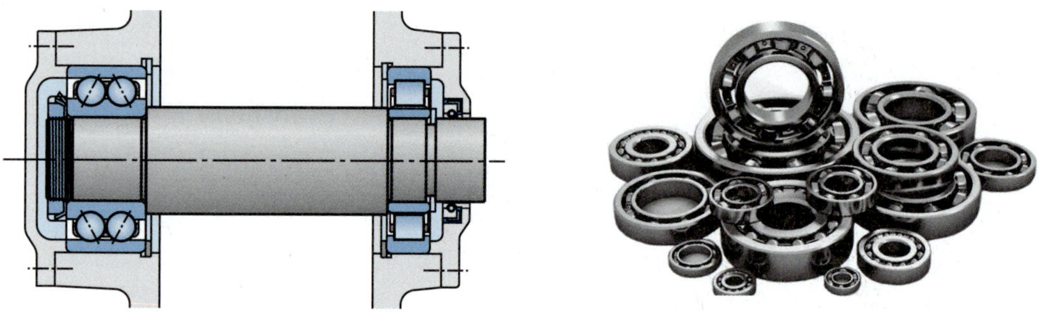

(a) 축과 베어링의 조립　　(b) 다양한 종류의 구름베어링

그림 10-1 베어링

베어링은 작용하는 하중의 방향과 베어링과 축의 접촉방법에 따라 다음과 같이 분류한다.

■ 하중의 방향에 따른 분류

- **레이디얼 베어링** radial bearing : 축의 반지름방향 하중[1]을 받는 베어링을 말한다.
- **스러스트 베어링** thrust bearing : 축방향 하중[2]을 받는 베어링을 말한다.
- **테이퍼 베어링** tapered bearing : 레이디얼 하중과 스러스트 하중을 동시에 받을 수 있는 베어링을 말한다.

1 레이디얼 하중(radial load)이라고도 한다.
2 스러스트 하중(thrust load) 또는 추력이라고도 한다.

■ 접촉방법에 따른 분류

• **미끄럼 베어링** sliding bearing : [그림 10−2]와 같이 베어링과 축의 저널 사이에 형성된 윤활유의 유막oil film을 통해 미끄럼접촉sliding contact을 하는 베어링을 말한다. 즉 유막의 압력으로 하중을 지지하는 베어링으로서 윤활유에 의해 마찰저항이 감소한다.

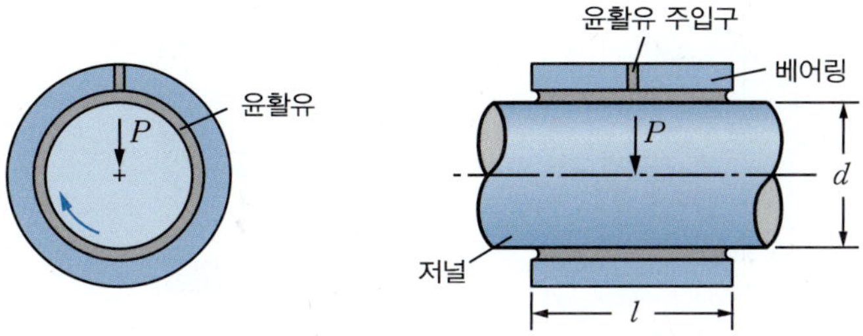

그림 10-2 미끄럼 베어링의 윤활

미끄럼 베어링에는 [그림 10−3]과 같이 레이디얼 베어링[3], 피봇베어링, 칼라베어링, 테이퍼 베어링 등이 있다. 피봇베어링과 칼라베어링은 스러스트 하중을 받으며, 테이퍼 베어링은 레이디얼 하중과 스러스트 하중을 모두 받는다.

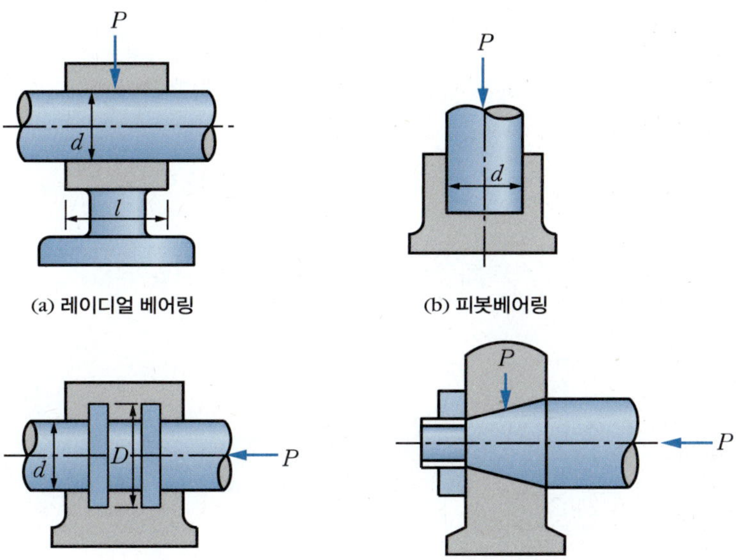

(a) 레이디얼 베어링 (b) 피봇베어링

(c) 칼라베어링 (d) 테이퍼 베어링

그림 10-3 미끄럼 베어링의 종류

3 레이디얼 미끄럼 베어링으로 표현해야 하나, 간략하게 레이디얼 베어링으로 표기했다.

• **구름베어링**rolling bearing : 베어링과 축 사이에 구형롤러spherical roller, 원통롤러cylindrical roller, 니들롤러needle roller 등을 넣어 구름접촉rolling contact을 통해 하중을 지지하는 베어링을 말한다. 구름베어링에는 [그림 10-4]와 같이 레이디얼 베어링[4], 스러스트 베어링, 테이퍼 베어링 등이 있다.

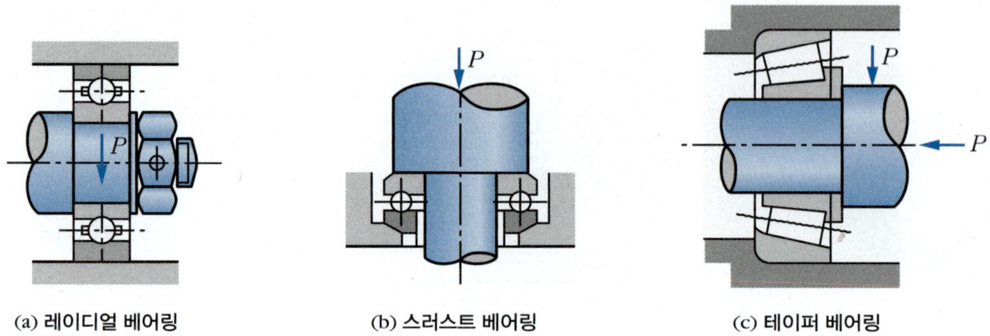

그림 10-4 구름베어링의 종류

10.1.2 저널의 종류

[그림 10-5]에 다양한 형태의 저널을 나타냈다. 저널은 하중의 작용방향에 따라 크게 레이디얼 저널, 스러스트 저널, 테이퍼저널로 분류하며 각각 다음과 같은 특성을 가진다.

• **레이디얼 저널**radial journal : 레이디얼 하중을 지지하는 저널로서 이 부류에는 엔드저널end journal과 중간저널intermediate journal이 포함된다.
• **스러스트 저널**thrust journal : 스러스트 하중을 지지하는 저널로서 이 부류에는 피봇저널povot journal과 칼라저널collar journal이 포함된다.
• **테이퍼저널**tapered journal : 레이디얼 하중과 스러스트 하중을 함께 받을 수 있는 저널이다.

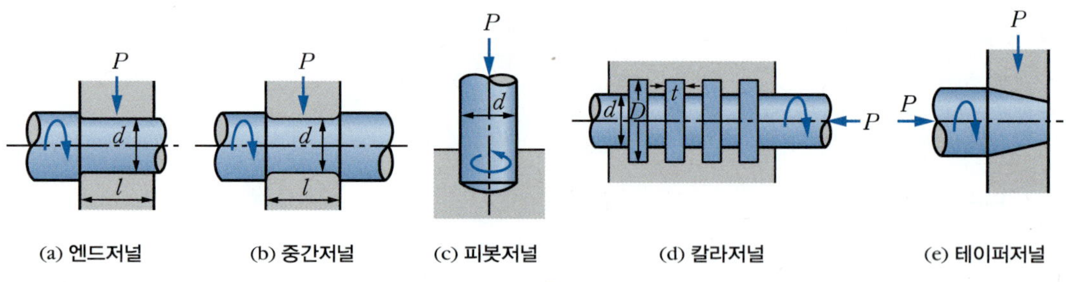

그림 10-5 저널의 종류

4 레이디얼 구름베어링과 같이 표현해야 하나, 간략하게 레이디얼 베어링으로 표기했다.

10.1.3 베어링의 특성

앞서 설명한 바와 같이 베어링은 크게 미끄럼 베어링과 구름베어링으로 분류할 수 있다. [표 10-1]에 이들 베어링의 일반적인 특성을 비교하여 나타냈다. 현재는 구름베어링의 제작기술이 많이 발전하여 이전에 미끄럼 베어링을 사용하던 것을 구름베어링으로 대체하는 사례가 많다.

표 10-1 미끄럼 베어링과 구름베어링의 특성 비교

종류 / 항목	미끄럼 베어링	구름베어링
접촉형태	저널과 베어링메탈[5] 사이에 면접촉을 한다.	전동체[6]와 내외륜 간에 점접촉이나 선접촉을 한다.
구조	비교적 간단하다.	전동체와 내륜, 외륜, 리테이너 등으로 구성되어 구조가 복잡하다.
마찰 및 기동토크[7]	유체마찰로서 마찰계수가 크고, 유막형성이 늦는 경우 기동토크가 비교적 크다.	구름마찰로서 마찰계수가 작다. 기동토크가 비교적 작다.
내충격성	유막에 의해 내충격성이 크다.	내충격성이 작다.
회전속도	공진속도를 초과하여 운전할 수 있으므로 고속회전에 적합하다.	공진속도 이내에서 운전해야 하므로 비교적 저속회전에 적합하다.
소음과 진동	소음과 진동이 거의 없다.	소음과 진동이 발생하기 쉽다.
윤활	윤활장치가 필요하다.	윤활장치가 거의 필요 없다.
호환성	표준화가 되어 있지 않고 자체적으로 제작한 경우가 많아 호환성이 좋지 않다.	규격화가 되어 있어 호환성이 좋으며, 표준형으로 대량생산 된다.

■ 베어링 선정 시 유의사항

베어링을 선정하는 과정은 쉽지 않지만, [표 10-1]과 함께 다음의 사항을 고려하여 베어링을 선정하면 좋다. 이러한 베어링의 선정기준은 베어링을 설계할 때의 고려사항이 되기도 한다.

- 구조가 간단하고 유지 및 보수가 쉬워야 한다.
- 마찰저항, 마모 및 동력$_{power}$손실이 작아야 하며, 윤활유를 잘 보존해야 한다.
- 사용 중에 과도한 열이 발생하지 않아야 하며, 냉각방법이 적절해야 한다.
- 작용하중을 지지할 수 있는 충분한 강도와 강성을 가져야 한다.
- 베어링의 정확한 틈새유지와 파손 및 내구수명에 대한 신뢰성을 가져야 한다.
- 마찰면 안으로 불순물이 유입되지 않아야 한다.

탐구

1. 레이디얼 베어링과 스러스트 베어링의 차이점을 설명하라.
2. 미끄럼 베어링과 구름베어링을 비교하여 설명하라.
3. 주변에 있는 베어링을 조사한 후 어떤 종류인지를 설명하라.

5 축에 직접 접촉하여 미끄럼면이 되는 금속을 베어링메탈(bearing metal)이라 한다.

6 전동체로는 모양에 따라 볼(ball), 원통(cylinder), 니들(needle) 등이 있다.

7 정지하고 있는 상태에서 작동을 시작할 때 관성 또는 시동 저항을 이기기 위해 필요한 회전력을 말한다.

SECTION 10.2

미끄럼 베어링의 설계

- ✔ 미끄럼 베어링의 두 유형인 동압베어링과 정압베어링의 특징을 학습한다.
- ✔ 레이디얼 저널의 베어링압력과 굽힘응력 및 마찰열을 고려한 설계에 대해 학습한다.
- ✔ 스러스트 저널의 베어링압력 및 마찰열을 고려한 설계에 대해 학습한다.

10.2.1 미끄럼 베어링의 유형

미끄럼 베어링은 크게 동압베어링과 정압베어링으로 구분할 수 있다.

■ 동압베어링

동압베어링 hydrodynamic bearing은 저널과 베어링의 상대운동으로 윤활유 유막 내에 압력을 형성하여 하중을 지지한다. 동압베어링으로는 진원형 베어링 cylindrical bearing, 2로브 베어링 2lobes bearing, 3로브 베어링, 4로브 베어링, 압력댐 베어링 pressure dam bearing 등이 있으며, 이들을 [그림 10-6]에 나타냈다. 그림에서 R_b는 베어링의 반지름이고, R_j는 저널의 반지름을 나타낸다.

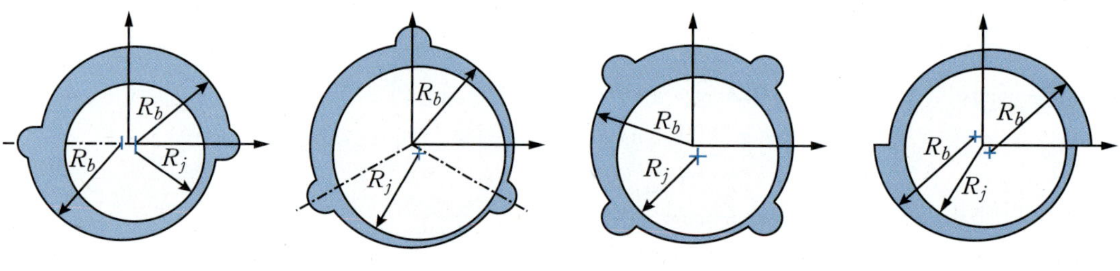

그림 10-6 동압베어링의 종류

또한 여러 개의 패드를 조합한 형태로 만든 틸팅 패드 베어링 tilting pad bearing이 있으며, 이와 관련된 스러스트 동압베어링을 [그림 10-7]에 나타냈다. 이 베어링에서 패드는 축과 베어링 사이의 압력분포에 따라 피봇점 pivot point을 중심으로 회전하도록 되어 있다.

동압베어링은 일반적으로 회전속도가 크고, 부하능력은 보통 수준이며, 하우징의 구조가 복잡하지 않은 특징이 있다. 동압베어링은 하중의 지지방향에 따라 레이디얼 베어링과 스러스트 베어링으로 구분한다.

그림 10-7 스러스트 동압베어링

■ 정압베어링

정압베어링 hydrostatic bearing은 [그림 10-8(a)]와 같이 외부에서 펌프 등을 통해 높은 압력의 윤활유가 베어링에 공급되며, 높은 압력분포로 인해 회전축으로부터 가해지는 큰 하중을 지지할 수 있다. 이러한 정압베어링은 축의 회전속도가 느려서 동압 dynamic pressure을 형성하기 어려울 때 사용한다. [그림 10-8(b)]는 레이디얼 정압베어링 시스템을 보여준다.

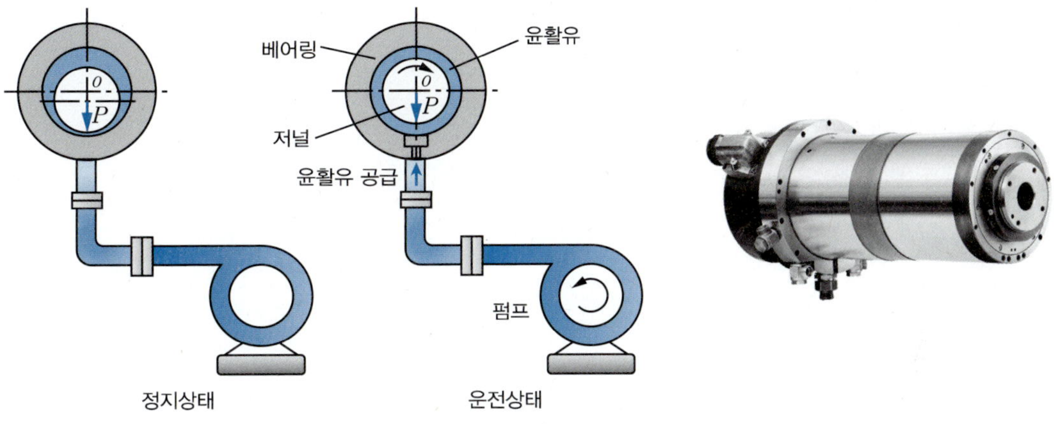

(a) 작동원리 (b) 레이디얼 정압베어링 시스템

그림 10-8 정압베어링

정압베어링은 마찰이 작고, 부하용량이 크며, 회전정밀도가 우수하다는 장점이 있다. 또한 신뢰성이 높고 내구수명이 길다. 그러나 단점으로는 하우징 구조가 복잡하고, 초기비용이 많이 든다는 점이 있다. 정압베어링은 하중 지지방향에 따라 레이디얼 베어링과 스러스트 베어링으로 구분한다.

10.2.2 레이디얼 저널의 설계

미끄럼 베어링은 규격화되어 있지 않으므로 베어링을 설계하여 직접 제작하거나 주문제작을 해야 한다. 미끄럼 베어링은 안지름과 폭이 이를 지지하는 저널의 치수와 거의 같으므로, 먼저 저널의 치수를 계산하여 정한 후 미끄럼 베어링의 치수를 결정한다. 저널의 치수는 베어링의 작용압력, 저널의 강도 및 강성, 저널과 베어링 사이의 마찰열 등을 고려하여 결정한다. 저널은 앞서 설명한 바와 같이 레이디얼 저널, 스러스트 저널이 있으며, 먼저 레이디얼 저널에 대한 역학적 관계와 설계방법을 살펴보자.

■ 베어링압력

축이 회전함에 따라 저널과 베어링은 미끄럼접촉을 하며 열이 발생하는데, 이들 두 요소 사이의 마찰을 줄이고 냉각하기 위해 윤활제를 공급한다. 또한 축이 회전함에 따라 형성되는 윤활유의 압력과 유막은 축에 작용하는 하중을 지지하는 역할을 한다. 윤활유의 압력은 축의 회전속도와 저널과 베어링의 접촉 위치에 따라 차이가 있다. 따라서 설계에서는 베어링에 작용하는 평균압력을 사용한다. 이를

베어링압력 bearing pressure이라고 하며, 이 압력이 너무 높으면 베어링과 저널 사이의 유막이 파손되어 **경계윤활** boundary lubrication이 되므로 적절한 범위의 베어링압력이 유지되어야 한다. 베어링압력의 허용값은 축의 회전속도, 축과 베어링 재질, 윤활제의 종류, 급유방법 등에 따라 다르다. [표 10-2]에 일반적으로 사용되는 허용 베어링압력을 나타냈다.

표 10-2 허용 베어링압력 단위 : MPa

축과 베어링의 재질	허용 베어링압력
강과 주철	2.0 ~ 2.9(표준값)
강과 포금(또는 황동이나 청동)	4.9
다듬질하여 연마한 강과 청동	7.9
강과 화이트메탈	5.9(표준값), 9.8(최댓값)
다듬질한 강과 화이트메탈	8.8
다듬질하여 연마한 강과 강	14.7
칠드주철과 주철	3.9(표준값), 7.9(최댓값)

레이디얼 저널에 작용하는 하중 P를 지지하는 미끄럼 베어링에서 발생하는 압력은 [그림 10-9(a)]와 같이 접촉면의 위치에 따라 다르며, 베어링의 하반부 중앙에서 최대압력이 발생한다. 그러나 베어링압력을 쉽게 계산하기 위해 [그림 10-9(b)]와 같이 원통의 하반부에 압력이 균일하게 작용하는 것으로 가정한다. [그림 10-9(b)]에서 각도 θ에서의 미소반력 dF의 수직방향 분력은 다음과 같다.

$$dF_v = dF\cos\theta = p\,dA\cos\theta = p\frac{d}{2}d\theta\, l\cos\theta \tag{10.1}$$

이를 접촉부 각도에 대해 적분하면 수직방향의 힘은 다음과 같다.

$$F_v = P = 2\int_0^{\frac{\pi}{2}} \frac{p\,dl}{2}\cos\theta\, d\theta = p\,dl \tag{10.2}$$

따라서 베어링압력은 다음과 같다.

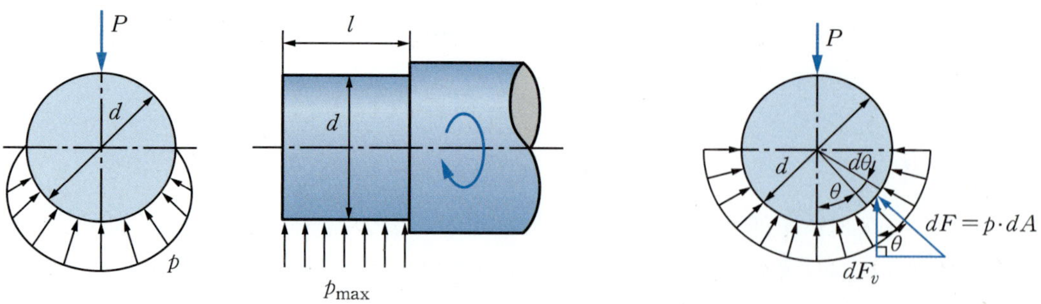

(a) 불균일한 압력분포 (b) 평균압력분포

그림 10-9 레이디얼 저널의 압력분포

$$p = \frac{P}{dl} = \frac{P}{2rl} \tag{10.3}$$

레이디얼 베어링이 받는 압력은 저널의 투영면적projected area dl을 하중 P로 나누어서 구한다. 여기서 d는 저널지름, l은 저널의 폭을 나타낸다.

■ 엔드저널의 설계

레이디얼 저널에서는 굽힘응력과 마찰열을 고려하여 설계한다.

1 굽힘응력을 고려한 설계

• **저널지름** : 엔드저널에 작용하는 분포하중을 [그림 10-10(a)]에 나타냈다. 하중을 받는 저널의 폭 l이 작으므로 [그림 10-10(b)]와 같이 저널의 중앙에 집중하중을 받는 것으로 가정할 수 있다.

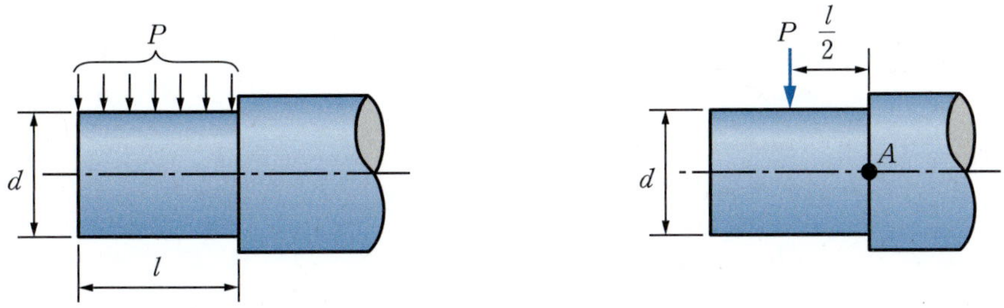

(a) 저널에 작용하는 분포하중

(b) 집중하중으로 가정

그림 10-10 엔드저널에 작용하는 하중

저널과 축이 만나는 위치를 고정된 것으로 가정하면 [그림 10-10(b)]의 A점에서 발생하는 굽힘모멘트는 다음과 같다.

$$M = \frac{Pl}{2} \tag{10.4}$$

굽힘공식으로부터 $\sigma_b = \frac{Mc}{I} = \frac{Md}{2I}$, $I = \frac{\pi d^4}{64}$이므로 이들을 정리하면 저널지름은 다음과 같다.

$$d = \sqrt[3]{\frac{16Pl}{\pi \sigma_b}} \tag{10.5}$$

여기서 σ_b는 축의 굽힘응력이다.

• **저널 폭과 지름의 비** : 식 (10.5)에 식 (10.3)의 하중 P를 대입하여 정리하면 다음과 같이 저널 폭과 지름의 비를 결정할 수 있다.

$$\frac{l}{d} = \sqrt{\frac{\pi \sigma_b}{16p}} \tag{10.6}$$

여기서 p는 베어링압력이다.

2 마찰열을 고려한 설계

• **마찰동력** : 저널과 베어링 사이의 미끄럼속도 v는 다음과 같다.

$$v = \frac{\pi d N}{60} \ [\mathrm{m/s}] \tag{10.7}$$

여기서 d는 m 단위의 저널지름, N은 rpm 단위의 회전속도이다.

마찰손실에 의한 **일량률** work ratio은 다음과 같다.

$$W_f = \mu P v \ [\mathrm{N \cdot m/s}] \tag{10.8}$$

여기서 P는 N 단위의 하중이고, μ는 마찰계수를 나타낸다. 따라서 마찰에 의한 동력손실은 다음과 같다.

$$H_f = \frac{W_f}{1000} = \frac{\mu P v}{1000} \ [\mathrm{kW}] \tag{10.9}$$

• **마찰열량** : 마찰 때문에 발생하는 열량은 다음과 같다.

$$Q_f = \frac{W_f}{427} \ [\mathrm{kcal/s}] \tag{10.10}$$

저널과 베어링 사이에 발생하는 마찰열의 소산 dissipation이 잘 안 되면 마찰열이 축적되어 온도가 상승하고, 베어링을 태워 고착시키는 등 고장의 원인이 된다. 레이디얼 베어링에서 소산되는 열량은 저널의 투영면적 dl에 정비례한다. 따라서 마찰열의 소산은 다음과 같이 나타낸다.

$$w_f = \frac{W_f}{dl} = \frac{\mu P v}{dl} = \mu p v \tag{10.11}$$

• **발열계수** : 마찰열 때문에 베어링의 온도가 너무 많이 올라가면 고장의 원인이 되므로 이를 방지하기 위해 발열의 원인인 베어링압력과 미끄럼속도의 곱인 pv를 제한한다. pv를 발열계수 또는 압력속도계수라고 하며 다음과 같다.

$$pv = \frac{P}{dl} \times \frac{\pi d N}{60} = \frac{\pi P N}{60 l} \tag{10.12}$$

이 식으로부터 저널의 폭은 다음과 같다.

$$l = \frac{\pi P N}{60 p v} \tag{10.13}$$

이 식에 적절한 발열계수의 허용값을 대입하여 안전한 온도를 보증할 수 있는 저널폭을 결정할 수 있다.

■ 중간저널의 설계

중간저널은 피스톤저널이 대표적인 예이며, 엔드저널과 마찬가지로 굽힘응력과 마찰열을 고려하여 설계한다.

1 굽힘응력을 고려한 설계

- **저널지름** : [그림 10-11(a)]에 중간저널의 단면을 나타냈다. 상하방향의 하중 P로 인해 저널은 그림과 같은 분포하중을 받는다. 이것을 [그림 10-11(b)]와 같이 집중하중을 받는 보로 대체했으며, 우측 절반을 외팔보로 가정하면 저널의 중앙에서의 최대굽힘모멘트는 다음과 같다.

$$M = \frac{P}{2}\left(\frac{l+l_1}{2}\right) - \frac{P}{2}\left(\frac{l}{4}\right) = \frac{P}{2}\left(\frac{l+l_1}{2} - \frac{l}{4}\right) = \frac{PL}{8} \tag{10.14}$$

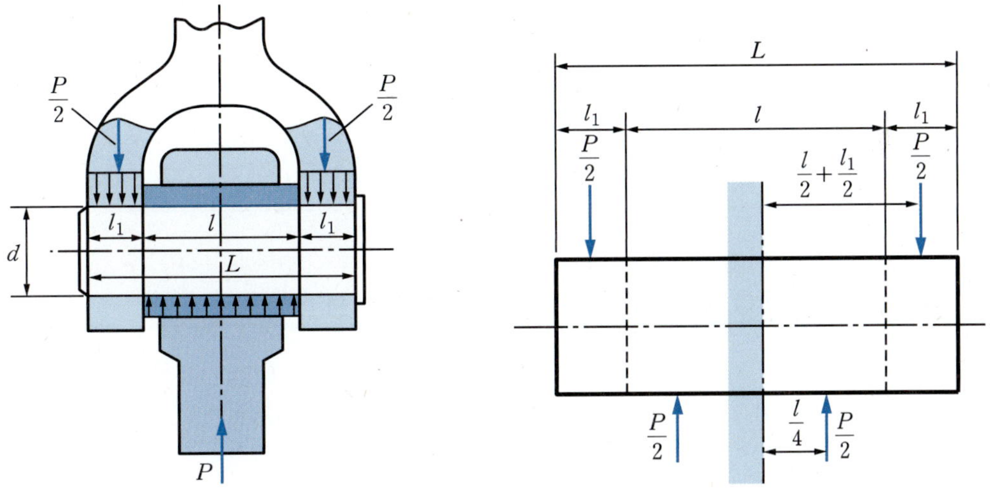

(a) 중간저널의 단면 (b) 자유물체도

그림 10-11 중간저널

굽힘공식으로부터 $\sigma_b = \frac{Mc}{I} = \frac{Md}{2I}$, $I = \frac{\pi d^4}{64}$ 이므로 이들을 정리하면 저널지름은 다음과 같다.

$$d = \sqrt[3]{\frac{4PL}{\pi\sigma_b}} \tag{10.15}$$

일반적으로 중간저널의 축길이 L은 저널폭 l의 1.5배가 된다. 따라서 식 (10.15)의 L 대신 $1.5l$을 대입하고, 하중 P 대신 pdl을 대입하여 정리하면 저널지름은 다음과 같다.

$$d = \sqrt{\frac{6pl^2}{\pi\sigma_b}} \tag{10.16}$$

- **저널폭** : 식 (10.16)을 정리하여 다음과 같은 저널의 폭과 지름의 비를 구할 수 있다.

$$\frac{l}{d} = \sqrt{\frac{\pi\sigma_b}{6p}} \tag{10.17}$$

l/d의 값이 너무 크면 변형이 일어나기 쉽고 베어링과의 접촉이 균일하지 않을 수 있다. 반면에 너무 작으면 윤활유의 누설이 발생할 수 있고, 이에 따라 부하능력도 감소할 수 있으므로 적당한 정도로 선정한다. 이에 대해 로서Rotsher가 제시한 값은 [표 10-3]과 같다. 이 표는 중간정도의 하중이 작용하는 경우에 참고할 수 있으며, 하중조건에 따라 차이가 있을 수 있다.

표 10-3 미끄럼속도에 따른 l/d비

미끄럼속도	l/d비
저속	0.25 ~ 1.0
1m/s 이하	1.5
2 ~ 4m/s	1.8 ~ 2.5
5m/s 이상	2.5 ~ 4.0

탐구

1. 레이디얼 저널의 특성에 대해 설명하라.
2. 베어링에 주입되는 윤활유의 역할을 설명하라.
3. 베어링에서 열의 소산이 왜 중요한가?

예제 10-1 레이디얼 하중을 받는 미끄럼 베어링에서 엔드저널의 폭과 지름

300rpm으로 회전하는 전동축의 엔드저널이 12kN의 레이디얼 하중을 받고 있다. 축의 허용굽힘응력이 50MPa이고, 발열계수가 2MPa·m/s일 때 엔드저널의 폭과 지름을 구하라.

전략

레이디얼 하중을 받는 미끄럼 베어링의 엔드저널에 대한 식 (10.13)과 식 (10.5)로부터 엔드저널의 폭과 지름을 구할 수 있다.

풀이

식 (10.13)으로부터 엔드저널의 폭은 다음과 같다.

$$l = \frac{\pi PN}{60pv} = \frac{\pi \times 12 \times 10^3 \times 300}{60 \times 2 \times 10^6} = 0.0942\,\text{m} = 94.2\,\text{mm} \quad \text{[답]}$$

식 (10.5)로부터 엔드저널의 지름은 다음과 같다.

$$d = \sqrt[3]{\frac{16Pl}{\pi\sigma_b}} = \sqrt[3]{\frac{16 \times 12 \times 10^3 \times 0.0942}{\pi \times 50 \times 10^6}} = 0.0486\,\text{m} = 48.6\,\text{mm}$$

[표 8-1]로부터 지름을 50mm로 결정한다. [답]

검토

설계된 베어링의 미끄럼속도 $v=\frac{\pi dN}{60}=\frac{\pi\times 0.05\times 300}{60}=0.79\,\mathrm{m/s}$ 이며, 저널의 폭과 지름비 $l/d=94.2/50=1.89$ 이다.

예제 10-2 엔드저널을 갖는 미끄럼 베어링의 굽힘응력, 베어링압력, 발열계수, 손실동력

엔드저널을 갖는 미끄럼 베어링이 12kN의 레이디얼 하중을 받고 있다. 축의 회전수는 500rpm, 저널지름은 45mm, 저널폭은 90mm, 마찰계수는 0.03일 때 다음을 구하라.

(a) 굽힘응력
(b) 베어링압력
(c) 발열계수
(d) 마찰에 의한 손실동력

전략

굽힘응력은 식 (10.5)를 정리하여 구하며, 베어링압력은 식 (10.3)으로 구한다. 식 (10.7)로부터 속도를 구한 후 베어링압력과 곱하여 발열계수를 구한다. 그리고 식 (10.9)로부터 마찰에 의한 동력손실을 구한다.

풀이

(a) 식 (10.5)를 정리하면 굽힘응력은 다음과 같다.

$$\sigma_b=\frac{16Pl}{\pi d^3}=\frac{16\times 12\times 10^3\times 0.09}{\pi\times 0.045^3\times 10^6}=60.4\,\mathrm{MPa}\quad \text{[답]}$$

(b) 식 (10.3)으로부터 베어링압력은 다음과 같다.

$$p=\frac{P}{dl}=\frac{12\times 10^3}{0.045\times 0.09\times 10^6}=2.96\,\mathrm{MPa}\quad \text{[답]}$$

(c) 식 (10.7)로부터 회전속도는 다음과 같다.

$$v=\frac{\pi dN}{60}=\frac{\pi\times 0.045\times 500}{60}=1.178\,\mathrm{m/s}$$

따라서 발열계수 $pv=2.96\times 1.178=3.49\,\mathrm{MPa\cdot m/s}$ 이다. [답]

(d) 식 (10.9)로부터 마찰에 의한 동력손실은 다음과 같다.

$$H_f=\frac{\mu Pv}{1000}=\frac{0.03\times 12\times 10^3\times 1.178}{1000}=0.424\,\mathrm{kW}\quad \text{[답]}$$

검토

발열계수는 사용기계 및 부품에 따라 최대허용값이 제시되어 있으므로 설계 시 이를 확인해야 한다.

예제 10-3 **중간저널에 레이디얼 하중이 작용하는 경우 저널의 지름과 폭**

[그림 10-11(a)]의 중간저널 베어링이 15kN의 레이디얼 하중을 받는다. 폭과 지름비 $l/d=1.5$이고, 축길이 $L=2l$이다. 축의 허용굽힘응력이 60MPa일 때 저널의 지름 d와 폭 l을 구하라.

전략

굽힘공식 $\sigma_b=\dfrac{Mc}{I}$로부터 $M=\dfrac{I\sigma_b}{c}$가 된다. 이 식에 $I=\dfrac{\pi d^4}{64}$과 $c=\dfrac{d}{2}$를 대입하고 정리하면 $M=\dfrac{\pi d^3\sigma_b}{32}$가 된다. 이 값을 식 (10.14)의 $M=\dfrac{PL}{8}$과 같다고 놓으면 저널지름 d를 결정할 수 있고, 제시된 조건으로부터 저널폭 l도 구할 수 있다.

풀이

식 (10.14)와 원형축의 굽힘공식에서 중간저널의 중앙에 발생하는 최대굽힘모멘트는 다음과 같다.

$$M=\frac{PL}{8}=\sigma_b\frac{\pi d^3}{32} \tag{1}$$

주어진 조건으로부터 $l=1.5d$이고, $L=2l=3d$가 된다. $L=3d$를 식 (1)에 대입하면 다음과 같다.

$$\frac{3Pd}{8}=\sigma_b\frac{\pi d^3}{32} \tag{2}$$

식 (2)를 정리하면 저널지름은 다음과 같다.

$$d=\sqrt{\frac{12P}{\pi\sigma_b}}=\sqrt{\frac{12\times15\times10^3}{\pi\times60\times10^6}}=0.0309\,\text{m}=30.9\,\text{mm}$$

따라서 [표 8-1]로부터 저널지름을 31.5mm로 결정한다. [답]
저널폭은 $l=1.5d=1.5\times31.5=47.25$이므로 48mm로 결정한다. [답]

검토

설계를 통해 결정된 치수로부터 l/d비는 1.52가 되어 문제에서 제시한 값과는 약간의 차이가 있다.

10.2.3 스러스트 저널의 설계

스러스트 저널 thrust journal은 축방향하중인 스러스트 하중thrust load을 받는 저널을 말한다. 스러스트 저널의 경우 굽힘강도는 고려할 필요가 없으며, 베어링압력과 마찰열만 고려하여 설계한다. [그림 10-12]에 스러스트 하중을 받는 저널을 나타냈다. 이 저널이 초기하중 P를 받을 때 원통의 안쪽과 바깥쪽은 [그림 10-12(a)]와 같이 동일한 크기의 베어링압력을 받는다.

그러나 시간이 흐르면 바깥쪽과 안쪽의 미끄럼속도의 차이로 인해 바깥쪽은 안쪽보다 더 많이 마모되며, 결국은 [그림 10-12(b)]와 같은 형태의 베어링압력을 받게 된다. 따라서 중심부는 높은 베어링압력으로 유막이 파손되고, 이로 인해 저널이 타서 눌어붙는 현상이 생기므로 [그림 10-13(a)]와 같이 중심부를 오목하게 파거나 [그림 10-13(b)]처럼 칼라를 붙인 저널로 만든다.

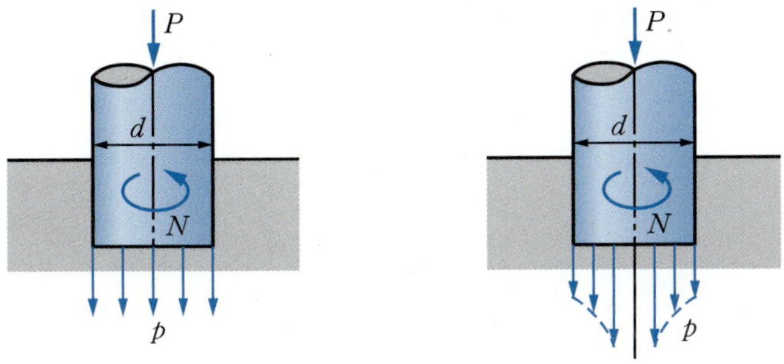

(a) 초기 (b) 상당한 시간이 흐른 후

그림 10-12 마멸에 따른 스러스트 저널의 베어링압력

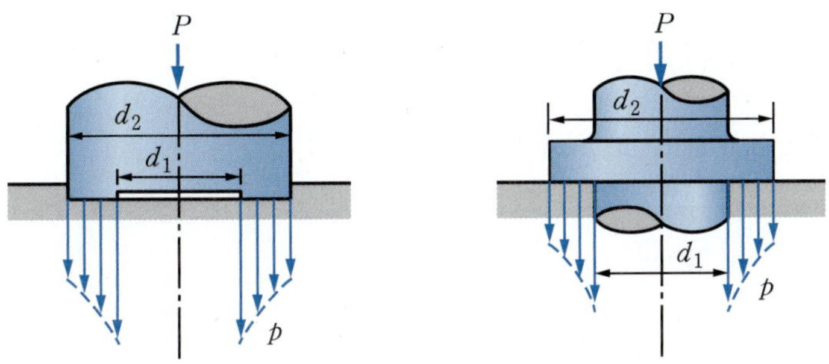

(a) 중심부 오목형 (b) 칼라붙이형

그림 10-13 개선된 스러스트 저널의 베어링압력분포

■ 피봇저널의 설계

[그림 10-12]나 [그림 10-13]과 같이 스러스트 하중을 받는 축의 저널을 **피봇저널** pivot journal이라고 한다. 베어링압력과 마찰열을 고려한 저널의 설계방법을 알아보자.

1 베어링압력을 고려한 설계

[그림 10-12]의 기본형 저널에 대한 베어링압력은 다음과 같다.

$$p = \frac{P}{\frac{\pi d^2}{4}} = \frac{4P}{\pi d^2} \qquad (10.18)$$

여기서 P는 스러스트 하중이고, d는 저널지름이다. [그림 10-13(a)]의 중심부 오목형 저널에 대한 베어링압력은 다음과 같다.

$$p = \frac{P}{\frac{\pi}{4}(d_2^2 - d_1^2)} = \frac{4P}{\pi(d_2^2 - d_1^2)} \tag{10.19}$$

여기서 d_2는 저널의 바깥지름이고, d_1은 안지름이다. [그림 10-13(b)]의 칼라붙이형 저널에 대한 베어링압력은 칼라수 z를 고려하여 다음과 같이 나타낼 수 있다.

$$p = \frac{P}{\frac{\pi}{4}(d_2^2 - d_1^2)z} = \frac{4P}{\pi z(d_2^2 - d_1^2)} \tag{10.20}$$

2 마찰열을 고려한 설계

접촉면의 원주속도 v는 반지름의 위치에 따라 다르므로 접촉면의 평균반지름에서의 원주속도를 이용하여 마찰열을 고려한 설계를 한다.

[그림 10-12]와 같은 기본형의 경우 베어링압력 $p = \frac{4P}{\pi d^2}$, 원주속도 $v = \frac{\pi(d/2)N}{60}$이므로 발열계수 pv는 다음과 같이 나타낼 수 있다.

$$pv = \frac{4P}{\pi d^2} \times \frac{\pi dN}{120} = \frac{PN}{30d} \tag{10.21}$$

이 식에서 N은 rpm 단위의 회전속도이다. 식 (10.21)로부터 기본형 저널의 지름은 다음과 같다.

$$d = \frac{PN}{30pv} \tag{10.22}$$

[그림 10-13(b)]의 칼라붙이형 저널에서 z개의 칼라가 있는 경우 베어링압력 $p = \frac{4P}{\pi z(d_2^2 - d_1^2)}$, 원주속도 $v = \frac{\pi[(d_1 + d_2)/2]N}{60}$이므로 발열계수 pv는 다음과 같이 나타낼 수 있다.

$$pv = \frac{4P}{\pi z(d_2^2 - d_1^2)} \times \frac{\pi(d_1 + d_2)N}{120} = \frac{PN}{30(d_2 - d_1)z} \tag{10.23}$$

이 식으로부터 저널지름은 다음과 같다.

$$d_2 - d_1 = \frac{PN}{30pvz} \tag{10.24}$$

[그림 10-13(a)]와 같이 오목형 저널을 가지거나 [그림 10-13(b)]의 칼라붙이형 저널에서 1개의 칼라를 가지는 경우 식 (10.23)과 식 (10.24)에서 z를 1로 잡으면 발열계수와 저널지름을 구할 수 있다.

탐구

1. 스러스트 저널의 특성에 대해 설명하라.
2. 스러스트 저널의 사용초기에는 저널의 바깥쪽이나 중심쪽의 베어링압력이 같지만, 어느 정도 사용하면 중심쪽보다 바깥쪽의 베어링압력이 작게 되는 이유는 무엇인가?

예제 10-4 스러스트 하중을 받는 칼라붙이형 저널에서 칼라의 개수, 발열계수

20 kN의 스러스트 하중을 받는 상태에서 200 rpm으로 회전하는 칼라붙이형 저널에서 칼라의 안지름이 200 mm이고, 바깥지름이 250 mm이다. 허용 베어링압력이 0.4 MPa이고, 발열계수의 최대 허용값이 1.0 MPa·m/s일 때 다음을 구하라.

(a) 필요한 칼라의 개수

(b) 발열계수

전략

식 (10.20)을 정리하여 칼라의 개수를 구한다. 그리고 식 (10.24)를 정리하여 발열계수를 계산하고, 계산된 발열계수가 제시된 허용값 안에 있는지 확인한다.

풀이

(a) 식 (10.20)을 정리하면 칼라의 개수는 다음과 같다.

$$z = \frac{P}{\frac{\pi}{4}(d_2^2 - d_1^2)p} = \frac{20 \times 10^3}{\frac{\pi}{4}(0.25^2 - 0.20^2) \times 0.4 \times 10^6} = 2.83$$

따라서 칼라의 개수를 3개로 정한다. [답]

(b) 식 (10.24)를 정리하면 발열계수는 다음과 같다.

$$pv = \frac{PN}{30z(d_2 - d_1)} = \frac{20 \times 10^3 \times 200}{30 \times 3 \times (0.25 - 0.20) \times 10^6} = 0.89\,\text{MPa}\cdot\text{m/s}$$ [답]

계산된 발열계수가 제시된 최대 허용값인 1.0 MPa·m/s을 만족한다.

검토

칼라의 개수를 더 늘리면 발열계수가 더 작아지므로 마찰열에 대해 더 안전해진다.

예제 10-5 스러스트 하중을 받는 중심부 오목형 피봇저널의 바깥지름, 베어링압력

[그림 10-13(a)]의 중심부 오목형 피봇저널이 5 kN의 스러스트 하중을 받으며 400 rpm으로 회전한다. 안지름이 36 mm일 때 다음을 구하라. 단, 발열계수는 3.2 MPa·m/s이다.

(a) 바깥지름

(b) 베어링압력

전략

중심부 오목형 저널이므로 식 (10.24)로부터 바깥지름을 구한다. 그리고 구한 바깥지름과 주어진 스러스트 하중을 식 (10.19)에 대입하여 베어링압력을 구한다.

풀이

(a) 식 (10.24)로부터 다음과 같이 바깥지름을 구한다.

$$d_2 = d_1 + \frac{PN}{30pvz} = 0.036 + \frac{5\times10^3\times400}{30\times3.2\times10^6\times1} = 0.0568\,\mathrm{m} = 56.8\,\mathrm{mm}$$

[표 8-1]로부터 바깥지름을 60 mm로 결정한다. [답]

(b) 식 (10.19)로부터 베어링압력은 다음과 같다.

$$p = \frac{P}{\frac{\pi}{4}(d_2^2 - d_1^2)} = \frac{5\times10^3}{\frac{\pi}{4}\times(0.06^2 - 0.036^2)\times10^6} = 2.76\,\mathrm{MPa}$$ [답]

검토

계산을 통해 결정된 베어링압력은 평균값이므로 최대압력이 발생하는 안지름을 고려하여 윤활유의 종류와 급유방법을 결정해야 한다.

10.2.4 베어링메탈

축의 저널부와 직접 미끄럼접촉 하는 부품을 **베어링메탈** bearing metal이라 한다. 베어링메탈은 저널과의 마찰저항을 줄이는 역할을 하여 동력손실을 줄이고, 장시간 사용하여 마멸되었을 때는 쉽게 교환을 할 수 있다. 축의 회전속도와 작용하중이 작은 경우에는 별도의 베어링메탈 없이 저널과 접촉하는 베어링 또는 베어링하우징이 베어링메탈의 역할을 하기도 한다.

■ 베어링메탈의 구조

베어링메탈을 원통형[8]으로 만들면 마멸되었을 때 교환이나 수리가 어렵다. 따라서 베어링메탈이 마멸되었을 때 교환하기 쉽고, 간극 조절이 편리하도록 [그림 10-14]와 같이 2개로 분리하는 베어링메탈을 많이 사용한다. 이때 분할 위치는 마멸이 가장 작게 발생하는 곳이나 레이디얼 하중이 작용하는 방향과 수직인 면으로 한다. 베어링메탈에는 [그림 10-14]와 같이 베어링압력이 가장 낮은 곳에 급유구멍을 만들고 저널의 전체표면에 유막을 형성하기 위해 베어링메탈 내면에 오일홈을 만든다.

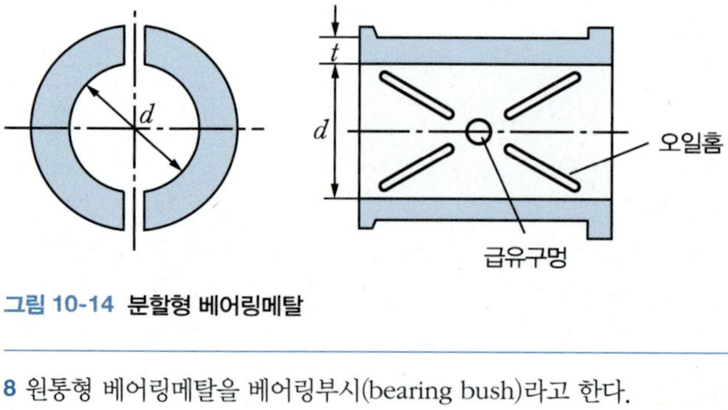

그림 10-14 분할형 베어링메탈

8 원통형 베어링메탈을 베어링부시(bearing bush)라고 한다.

■ 베어링메탈용 재료

베어링메탈은 회전축의 저널과 직접 접촉하는 부분이므로 다음과 같은 조건을 만족해야 한다.

- 하중에 잘 견딜 수 있도록 충분한 강도를 가져야 한다.
- 피로에 잘 견딜 수 있도록 충분한 내구성을 가져야 한다.
- 저널과 베어링메탈 사이에 유막 형성이 쉬워야 한다.
- 마찰 및 마멸이 작아야 한다.
- 열변형이 작고 마찰열을 잘 소산 할 수 있도록 열전도율이 높아야 한다.
- 내식성과 함께 열에 의해 눌어 붙지 않도록 내열성이 좋아야 한다.
- 제작과 수리가 쉽고 값이 싸야 한다.
- 저널재료보다 연하면서 압축강도가 커야 한다.

이러한 조건을 모두 만족하는 베어링메탈은 찾기가 쉽지 않으므로 하중조건, 회전속도, 윤활조건 등을 전반적으로 고려하여 베어링메탈을 선정해야 한다.

사용하는 베어링메탈 재료로는 다음과 같은 것이 있다.

- **화이트메탈** white metal : 주석, 납, 아연, 카드뮴, 안티몬, 비스무트 등을 주성분으로 하는 합금이다. 주석계 화이트메탈은 주석을 주성분으로 구리, 안티몬을 함유한 합금으로 배빗메탈 babbitt metal 이라고도 하며, 성능이 가장 우수하여 내연기관을 비롯한 각종 기계의 베어링으로 가장 널리 사용된다.
- **켈밋합금** kelmet alloy : 베어링으로 사용되는 구리와 납의 합금으로 구리 60 ~ 70%, 납 30 ~ 40%가 표준성분이다. 열전도성과 내마모성이 우수하여 베어링메탈로 많이 사용된다.
- **주철** : 철, 탄소, 규소의 합금으로 단단하고 내마모성이 강하며 가격이 저렴하다. 그러나 열전도성이 좋지 않아 저속 · 저압용 베어링메탈로 쓰인다.
- **구리합금** : 단단하고 융점 melting point 이 높으며 열전도성이 좋다. 또한 마멸이나 충격에도 잘 견딘다. 구리합금 중 황동 brass 은 구리, 아연의 합금으로 피로강도가 크다. 청동 bronze 은 구리, 주석의 합금으로 압력에 잘 견뎌 중속 · 고하중용으로 쓰인다. 포금 gun metal 은 구리, 아연, 주석의 합금으로 황동과 청동의 중간성질이며 광범위하게 쓰인다.
- **오일리스 베어링** oilless bearing : 주유가 필요 없는 베어링을 말한다. 구리, 주석 및 흑연의 분말을 혼합시켜 성형한 후 가열하고, 윤활유를 4 ~ 5% 침투시킨 후 소결한 베어링으로서 주유가 곤란한 부위에 사용한다.
- **알루미늄합금** aluminum alloy : 주로 알루미늄과 주석으로 구성된다. 알루미늄합금은 가볍고, 내마멸성 및 열전도성이 우수하여 고속 · 고하중용 베어링메탈로 사용된다. 그러나 알루미늄 표면에 산화피막이 형성되어 축의 저널이 손상될 수 있다.

10.2.5 마찰과 윤활

베어링에서 윤활의 목적은 상대운동하는 두 물체의 표면에 발생하는 마찰을 줄여서 마모와 열을 감소시키는 것이다. 이와 관련하여 마찰의 유형과 윤활에 대해 살펴보자.

■ 마찰의 유형

마찰의 유형은 [그림 10-15]와 같이 고체마찰, 유체마찰, 경계마찰이 있다.

- **고체마찰** solid frction : 두 고체 사이에 윤활되지 않은 표면들이 서로 접촉하여 미끄러지거나 미끄러지려고 하는 조건에서 발생한다. 고체마찰을 건마찰dry friction 또는 쿨롱마찰Coulomb friction이라고 한다. 마찰저항력 F_f 가 크고, 마모와 발열을 일으키므로 베어링에서는 절대로 존재해서는 안 될 마찰상태이다.
- **유체마찰** fluid friction : 두 접촉면 사이에 유막이 완전히 형성되어 있는 경우의 마찰상태로 완전윤활이라고도 한다. 마찰저항력 F_f 는 윤활유의 점성에만 관련되므로 마찰저항력이 작아 베어링에서는 바람직한 마찰상태이다.
- **경계마찰** boundary friction : 두 접촉면 사이에 유막이 매우 얇은 경우로 고체마찰과 유체마찰이 혼합된 상태이다. 마찰저항력 F_f 는 유체마찰과 고체마찰의 중간 정도이며, 운전상태에 따라 고체마찰이 될 가능성이 매우 높다.

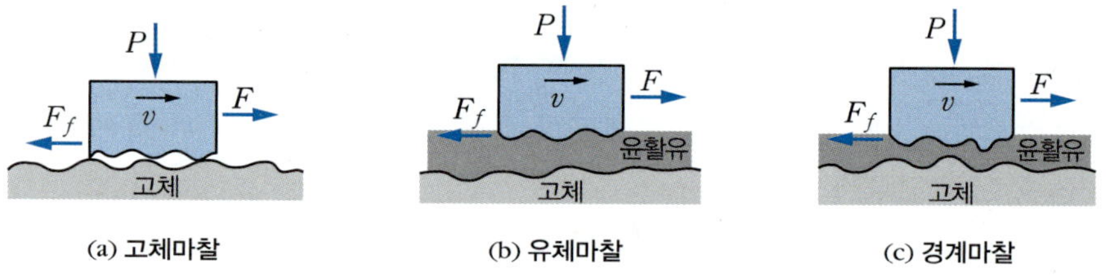

그림 10-15 마찰의 유형

이러한 마찰에서 윤활유의 점도viscosity는 가장 중요한 성질 중 하나로서 마찰에 따른 동력손실, 허용하중, 베어링속도, 유막두께 및 윤활유의 유동성능 등과 밀접한 관계가 있어서 윤활유를 선정할 때 중요한 기준이 된다.

■ 윤활방법

저널베어링에 윤활유를 공급하는 방법은 다음과 같다.

- **적하급유** drop-feed : 오일용기에서 니들밸브needle valve를 통해 베어링에 윤활유를 공급하는 방법으로 경 · 중하중용이나 고속회전하는 소형베어링에 적합한 방법이다.
- **오일링급유** oil ring feed : 축의 저널에 느슨하게 걸쳐진 오일링oil ring을 통해 윤활유를 공급하는 방법이다. 베어링의 아랫부분에 윤활유가 채워져 있어서 축이 회전하면 오일링도 함께 회전하면서 윤활유를 위쪽으로 가져온다. 효과적인 방법으로 평가를 받고 있으나 저속에서는 윤활이 불량하다.

- **심지급유** wick-feed : 급유가 곤란한 경우 흡유성이 뛰어난 재료의 심지를 이용하여 용기 안의 윤활유를 베어링에 급유하는 방법이다.
- **비산급유** splash-feed : 기계의 빠르게 움직이는 부분으로 윤활유를 비산splash시켜 윤활하는 방법이다. 예컨대 내연기관의 크랭크축이 회전하면 크랭크축에 붙어 있는 작은 오일국자oil scoop가 윤활유를 퍼 올려 흩뿌리는 방식이다.
- **순환급유** circulation-feed : 소형펌프의 압력을 이용하여 베어링 내부에 강제적으로 급유하는 방법으로 오일은 베어링을 순환한 후 오일용기로 되돌아온다. 강제급유법pressure-feed이라고도 한다.

10.2.6 베어링 방정식

베어링 방정식인 페트로프의 식을 살펴보고, 베어링계수에 따른 마찰계수를 나타내는 스트리벡의 곡선을 살펴보자.

■ 페트로프의 식

[그림 10-16]과 같이 축과 베어링의 중심이 일치하는 상황에서 베어링의 폭 l과 반지름방향의 틈새 c의 공간에 점성계수viscosity coefficient η인 윤활유가 채워져 있고, 축이 N rpm으로 회전할 때 윤활유의 전단저항 τ는 **뉴턴의 점성법칙** Newton's law of viscosity에 따라 다음과 같다.

$$\tau = \eta \frac{du}{dy} \tag{10.25}$$

여기서 속도구배 $du/dy = v/c$이므로 전단저항은 다음과 같이 나타낼 수 있다.

$$\tau = \eta \frac{v}{c} \tag{10.26}$$

속도 $v = 2\pi rN/60$이므로 전단저항은 다음과 같다.

$$\tau = \frac{2\pi r}{c} \frac{\eta N}{60} \tag{10.27}$$

전단저항에 의한 토크는 다음과 같이 나타낼 수 있다.

$$T = \tau A_j r = \frac{2\pi r}{c} \frac{\eta N}{60} (2\pi r l) r = \frac{4\pi^2 r^3 l}{c} \frac{\eta N}{60} \tag{10.28}$$

여기서 A_j는 저널의 표면적을 나타낸다. 한편 마찰저항에 의한 토크는 다음과 같이 나타낼 수 있다.

$$T = \mu P r = \mu(2rlp)r = 2r^2 \mu lp \tag{10.29}$$

여기서 P는 베어링하중이고, p는 식 (10.3)의 베어링압력을 나타낸다. 전단저항에 의한 토크와 마찰저항에 의한 토크가 같아야 하므로 식 (10.28)과 식 (10.29)를 같다고 놓으면 다음과 같이 된다.

$$\frac{4\pi^2 r^3 l}{c}\frac{\eta N}{60} = 2r^2 \mu l p \tag{a}$$

식 (a)를 정리하면 다음과 같이 마찰계수 μ를 구할 수 있다.

$$\mu = \frac{\pi^2}{30}\frac{\eta N}{p}\frac{r}{c} \tag{10.30}$$

식 (10.30)을 **페트로프의 식** Petroff's equation이라고 하며, 이 식에서 $\eta N/p$과 r/c은 모두 무차원값으로서 각각 **베어링계수** bearing modulus와 **틈새비** clearance ratio[9]의 역수를 나타낸다. 페트로프의 식은 저널의 중심과 베어링의 중심이 일치하고, 축방향의 오일유출이 없는 상태에서의 마찰계수를 나타낸다.

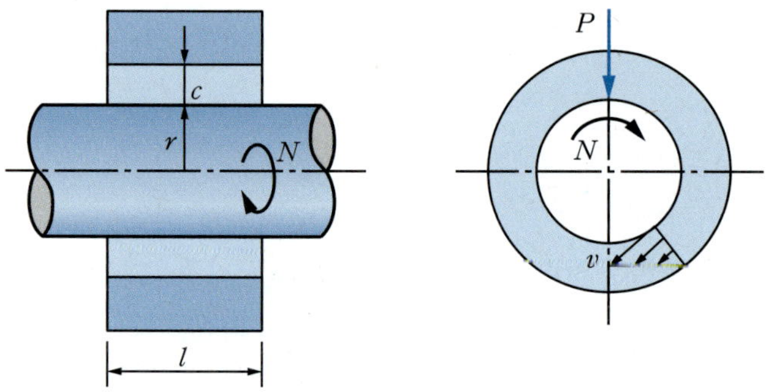

그림 10-16 저부하 고속회전을 하는 저널베어링

■ 스트리벡의 곡선

[그림 10-17]은 베어링계수 $\eta N/p$에 따른 마찰계수 μ의 변화를 마찰실험을 수행해 얻은 결과로서 **스트리벡의 곡선** Stribeck's curve이라고 한다.

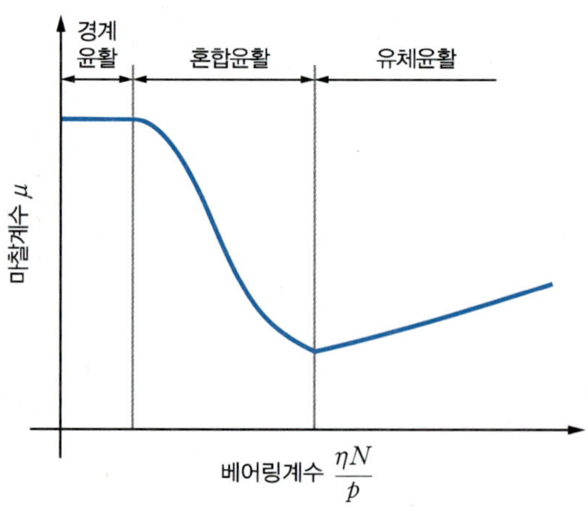

그림 10-17 베어링계수에 따른 마찰계수의 변화

9 틈새비는 c/r이며, 표준값은 1/1000이다.

앞서 설명한 페트로프의 식에서 마찰계수 μ는 베어링계수에 정비례하는 것으로 되어 있으나, 이 실험 결과는 베어링계수의 특정구간에서 다른 결과가 발생한다는 것을 보여준다. 따라서 미끄럼 베어링에서는 안전한 영역에서 회전할 수 있도록 베어링계수의 값이 어느 정도 이상이 되도록 그 최솟값을 제한해야 한다. 보통 베어링계수는 가장 작은 마찰계수에 대한 베어링계수의 값보다 4 ~ 5배 큰 값으로 선정한다.

탐구
1. 베어링메탈이 가져야 할 필요조건을 설명하라.
2. 마찰의 유형과 윤활방법에 대해 설명하라.

예제 10-6 레이디얼 저널베어링의 평균압력, 페트로프의 식에 의한 마찰계수

레이디얼 저널베어링의 지름은 36 mm 이고 폭은 40 mm 이며 틈새비가 1/1000이다. 레이디얼 하중 2500 N을 받는 상태에서 1600 rpm 으로 회전하고 있으며 윤활유 점성계수의 평균값이 0.015 Pa·s 일 때 다음을 구하라.

(a) 평균압력

(b) 페트로프의 식에 의한 마찰계수

전략

식 (10.3)을 이용하여 저널의 압력을 구한다. 그리고 식 (10.30)을 이용하여 마찰계수를 구한다.

풀이

(a) 식 (10.3)을 이용하면 베어링압력은 다음과 같다.

$$p = \frac{P}{dl} = \frac{2500}{0.036 \times 0.040} = 1.736 \times 10^6 \text{ Pa} \quad \text{[답]}$$

(b) 식 (10.30)을 이용하면 마찰계수는 다음과 같다.

$$\mu = \frac{\pi^2}{30} \frac{\eta N}{p} \frac{r}{c} = \frac{\pi^2}{30} \times \frac{0.015 \times 1600}{1.736 \times 10^6} \times \frac{1000}{1} = 4.548 \times 10^{-3} \quad \text{[답]}$$

검토

페트로프의 식에 의한 마찰계수는 사용하는 윤활유의 점도가 높고, 축의 회전속도가 빠르며, 베어링에 작용하는 하중이 작아서 축의 중심과 베어링의 중심이 거의 일치한다는 조건에서 제한적으로 사용된다.

SECTION 10.3

구름베어링의 규격

- 구름베어링의 기본구조와 특징을 학습한다.
- 레이디얼 베어링과 스러스트 베어링의 종류를 알아본다.
- 표준화된 구름베어링의 규격 및 치수표기방법을 학습한다.

10.3.1 구름베어링의 기본구조

미끄럼 베어링에서 축과 베어링 사이에 마찰과 마멸을 억제하기 위해 윤활유를 공급하는 대신 강재의 볼ball이나 원통형 롤러cylindrical roller 또는 원통형 니들cylindrical needle 등의 전동체를 넣어 구름접촉rolling contact으로 바꿔 마찰을 줄인 베어링을 **구름베어링**rolling bearing이라 한다. 구름베어링은 하중의 작용방향에 따라 반지름방향으로 하중을 받는 **레이디얼 베어링**radial bearing과 축방향으로 하중을 받는 **스러스트 베어링**thrust bearing으로 구분한다.

[그림 10-18(a)]의 레이디얼 베어링은 **전동체**rolling element, **외륜**outer race, **내륜**inner race, **리테이너**retainer[10]로 구성된다. 내륜은 축과 결합되고, 외륜은 베어링을 장착하는 하우징과 결합된다. 여러 개의 전동체는 외륜과 내륜 사이에 설치되며, 전동체 사이의 접촉방지를 위해 리테이너가 사용된다. 즉 리테이너는 전동체들을 일정한 간격으로 유지하는 장치이다. [그림 10-18(b)]의 스러스트 베어링은 **전동체**, **회전륜**inner ring washer, **고정륜**outer ring washer, **리테이너**로 구성된다. 회전륜은 축과 결합되고, 고정륜은 하우징에 장착되며, 리테이너는 앞에서 설명한 바와 같다. 구름베어링의 다양한 형태와 치수는 미끄럼 베어링과는 달리 KS에 표준화되어 있어서 사용목적에 부합하는 베어링을 카탈로그 등에서 쉽게 찾을 수 있다.

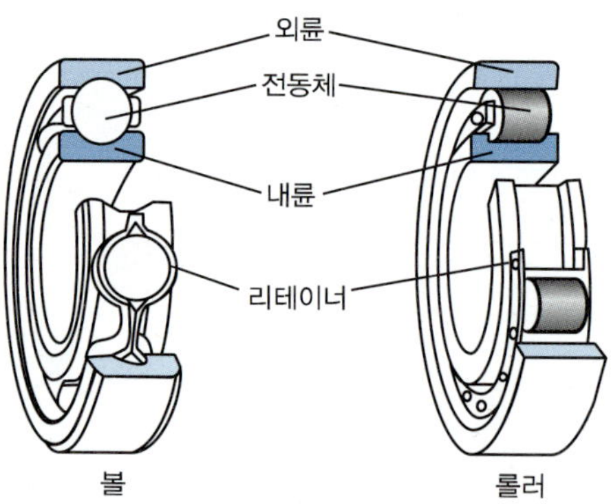

(a) 레이디얼 베어링

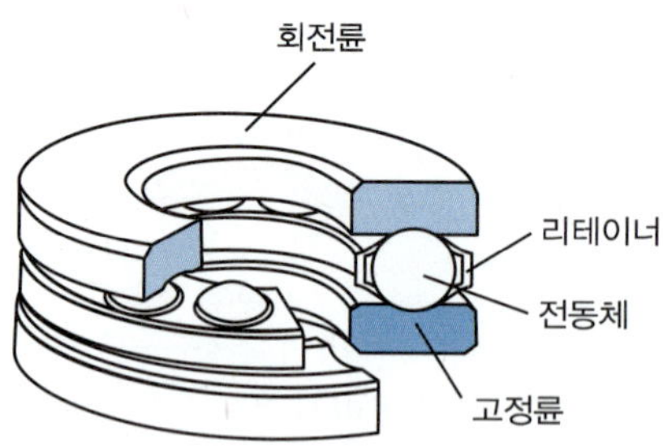

(b) 스러스트 베어링

그림 10-18 구름베어링의 구조

10 리테이너를 케이지(cage)라고도 부른다.

10.3.2 구름베어링의 종류

앞서 설명한 바와 같이 구름베어링은 하중의 작용방향에 따라 레이디얼 베어링과 스러스트 베어링으로 나눌 수 있다. 그리고 이들 베어링을 전동체의 종류에 따라 **볼베어링**, **롤러베어링** 및 **니들베어링**으로 구분한다. 또한 전동체의 열의 수에 따라 단열single row과 복열double row로 구분하며, 베어링의 구조에 따라 분리형과 비분리형으로 구분한다.

[그림 10-19]에 이들 베어링 중 대표적인 몇 가지를 나타냈으며, 기본적인 특징을 살펴보면 다음과 같다.

- **깊은 홈 볼베어링**deep groove ball bearing : 구름베어링 중 가장 많이 사용되는 베어링이다. 전동체의 궤도면에 있는 홈groove이 비교적 깊어서 '깊은 홈'이라는 명칭을 붙인 것이며, 레이디얼 하중을 주로 받으나 스러스트 하중도 어느 정도는 받을 수 있다. 구조가 간단하고 정밀도가 높으며 고속회전용으로 사용하기 적합하다.
- **앵귤러 볼베어링**angular contact ball bearing : 볼과 궤도면 사이의 **접촉각**contact angle이 상당히 커서 비교적 큰 볼을 사용할 수 있다. 접촉각이란 전동체가 내륜과 외륜의 궤도면과 접촉하는 두 점을 통과하는 직선과 베어링의 회전축에 직각인 평면에 의해 만들어지는 각을 말한다. 앵귤러 볼베어링의 접촉각 15°, 25°, 30°, 40° 등이 있으며, 구조상 레이디얼 하중에 대한 부하용량이 크고 스러스트 하중에도 잘 견딘다. 그러나 마찰저항이 커서 고속회전에는 부적합하며, 일반적으로 축간거리가 짧을 때만 사용한다.
- **자동조심 볼베어링**self aligning ball bearing : 외륜 궤도는 구면으로 공동궤도이고, 내륜은 2줄의 궤도로 분리되어 있다. 외륜의 궤도면은 그 중심이 베어링의 중심과 일치하므로 내륜이 일정량 기울어져도 자동으로 조정되어 베어링에 무리한 힘이 작용하지 않는다. 자동조심 볼베어링은 축과 베어링 하우징 사이에 처짐이 발생할 수 있는 곳에 적합하다.
- **마그네토 볼베어링**magneto ball bearing : 외륜의 한쪽에만 **숄더**shoulder가 있는 외륜 분리형 구조로서 조립과 분해가 쉽다. 내연기관의 발전용으로 개발되어 마그네토라는 이름이 붙혀졌다. 접촉각이 작고 약간의 축방향의 변위를 허용하며 주로 경하중용으로 사용된다.
- **원통 롤러베어링**cylindrical roller bearing : 원통형 롤러를 전동체로 사용한 것이며, 궤도륜race과 전동체가 선접촉linear contact을 하므로 같은 크기의 볼베어링보다 더 큰 정적하중, 동적하중 및 충격하중을 지지할 수 있어서 반지름방향의 부하용량이 크다. 롤러는 내륜과 외륜의 숄더에 의해 안내된다. 롤러베어링 중 가장 큰 회전속도로 사용할 수 있다.
- **니들 롤러베어링**needle roller bearing : 전동체 지름이 전동체 길이의 1/3 ~ 1/10 정도로 작은 지름을 갖는 롤러를 사용하기 때문에 베어링의 바깥지름이 작다. 따라서 다른 롤러베어링을 쓸 수 없는 좁은 장소에 사용할 수 있다. 이 베어링은 레이디얼 하중만 지지할 수 있으며, 부하용량이 크고 충격하중이 작용하는 곳에서도 사용할 수 있다.
- **테이퍼 롤러베어링**taper roller bearing : 내외륜 분리형으로 조립과 분해가 쉽다. 전동체는 내륜의 숄더에 의해 안내되어 테이퍼 진 궤도면을 구른다. 내륜과 외륜, 그리고 원추의 꼭지점이 축선상의 한점에 모인다. 스러스트 하중과 레이디얼 하중을 동시에 받을 수 있다.

- **스러스트 볼베어링** thrust ball bearing : 스러스트 하중만을 지지할 수 있는 베어링으로서 한쪽 방향의 스러스트 하중만을 받을 수 있는 단식형 single direction type과 양쪽 방향의 스러스트 하중을 받을 수 있는 복식형 double direction type이 있다. 회전륜은 축과 결합되고, 고정륜은 하우징에 장착된다. 이 베어링은 정밀도가 높지 않으며 고속회전에는 부적합하다.
- **스러스트 롤러베어링** thrust roller bearing : 스러스트 볼베어링보다 큰 하중을 지지할 수 있다.

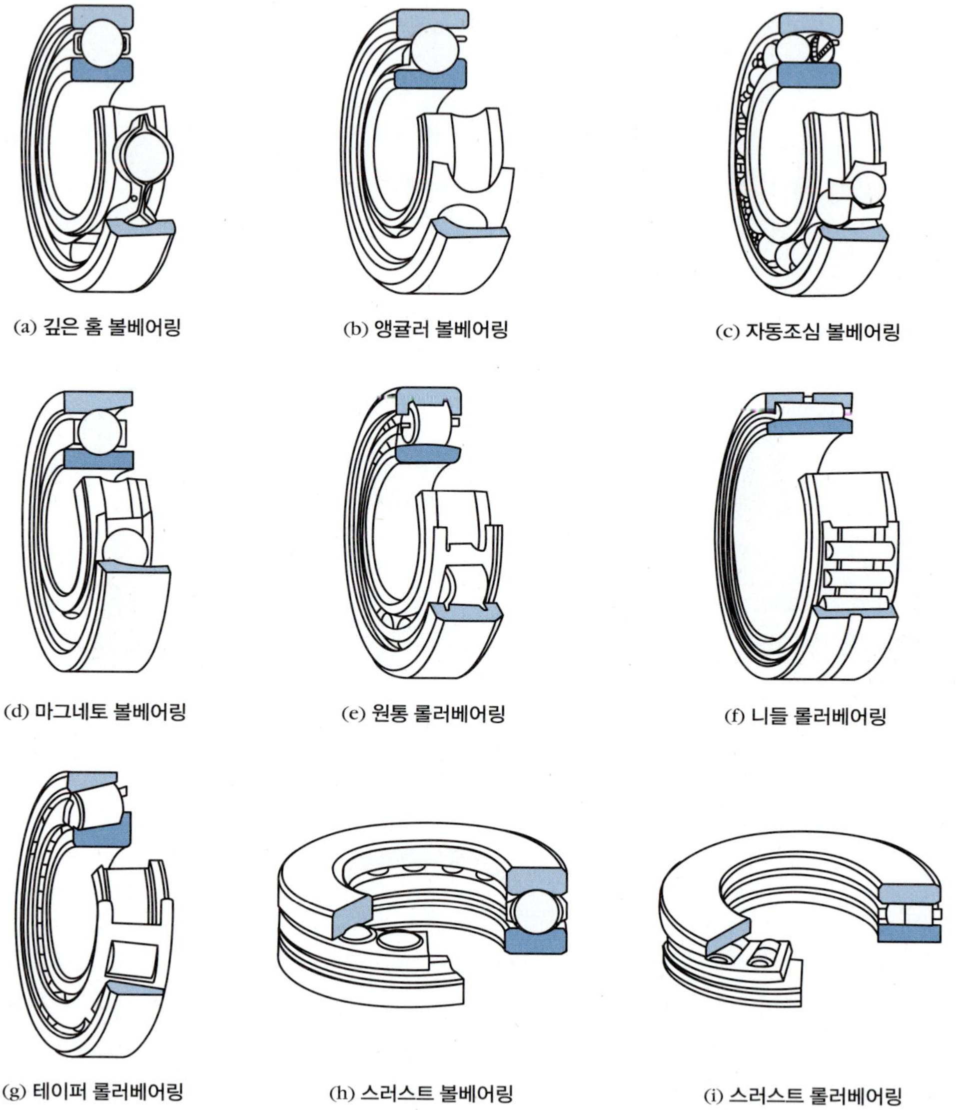

그림 10-19 구름베어링의 종류

10.3.3 구름베어링의 표준

앞서 학습한 미끄럼 베어링과는 달리 구름베어링의 안지름[11], 바깥지름, 폭, 필릿fillet 등의 주요치수는 계산을 하지 않고 호칭기호[12]를 지정함으로써 결정된다. 이러한 형식 및 치수에 대해서는 KS B 2012에 규정되어 있으며, 베어링 제조업체의 카탈로그에도 제시되어 있다.

■ 베어링 호칭기호

베어링의 호칭기호는 [표 10-4]와 같이 기본기호와 보조기호로 표시한다. 기본기호는 베어링 계열기호, 안지름 기호와 접촉각 기호로 구성되고, 베어링 계열기호는 형식기호와 치수계열기호로 구성된다. 또한 치수계열기호는 폭계열기호(스러스트 베어링에서는 높이계열기호)와 지름계열기호의 두 자리 숫자로 나타낸다. 치수계열기호는 동일한 베어링 안지름에 대해서도 하중의 크기에 따라 폭이나 높이와 바깥지름의 크기를 다양하게 취할 수 있다.

한편 보조기호는 리테이너 기호, 실seal 또는 실드shield 기호, 궤도륜 형상기호, 조합기호, 틈새기호, 등급기호 등으로 구성된다.

표 10-4 베어링 호칭기호의 구성

<table>
<tr><th colspan="5">기본기호</th><th colspan="6">보조기호</th></tr>
<tr><td colspan="3">베어링 계열기호</td><td rowspan="3">안지름 기호</td><td rowspan="3">접촉각 기호</td><td rowspan="3">리테이너 기호</td><td rowspan="3">실기호 또는 실드기호</td><td rowspan="3">궤도륜 형상 기호</td><td rowspan="3">조합 기호</td><td rowspan="3">틈새 기호</td><td rowspan="3">등급 기호</td></tr>
<tr><td rowspan="2">형식 기호</td><td colspan="2">치수계열기호</td></tr>
<tr><td>폭(또는 높이) 계열기호</td><td>지름계열 기호</td></tr>
</table>

레이디얼 베어링의 치수계열은 [그림 10-20]과 같이 같은 안지름에 대해 7종류의 바깥지름으로 지름계열을 나누고, 이를 다시 같은 바깥지름에 대해 8종류의 폭계열로 나눈다. 결국 지름계열과 폭계열을 조합하여 치수계열기호를 정하며, 이들을 두 자리 숫자로 표기한다. 또한 베어링의 형식에 따른 베어링 계열기호를 [표 10-5]에 나타냈다.

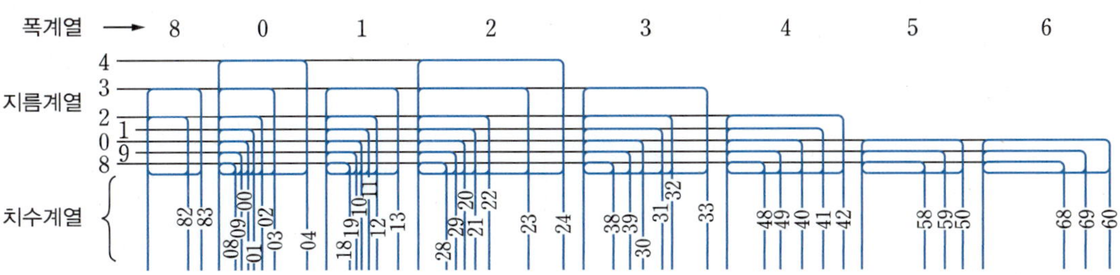

그림 10-20 레이디얼 베어링에 대한 치수계열의 표시

11 베어링 안지름은 국제적으로 표준화되어 있다.

12 호칭번호라고도 한다.

표 10-5 베어링 계열기호 (KS B 2012)

베어링 형식		단면도	형식 기호	치수계열기호	베어링 계열기호
깊은 홈 볼베어링	단열 홈 없음 비분리형	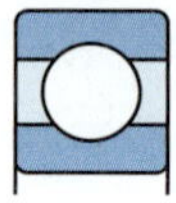	6	17, 18, 19, 10, 02, 03, 04	67, 68, 69, 60, 62, 63, 64
앵귤러 볼베어링	단열 비분리형	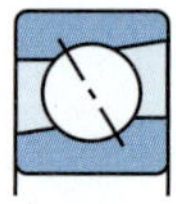	7	19, 10, 02, 03, 04	79, 70, 72, 73, 74
자동조심 볼베어링	복렬 비분리형 외륜궤도 구면	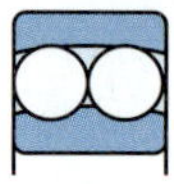	1	02, 03, 22, 23	12, 13, 22, 23
원통 롤러베어링	단열 외륜 양쪽 숄더붙이 내륜 숄더없음	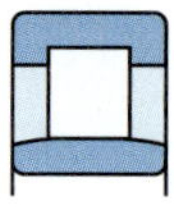	NU	10, 02, 22 03, 23, 04	NU10, NU2, NU22, NU3, NU23, NU4
	단열 외륜 양쪽 숄더붙이 내륜 한쪽 숄더붙이	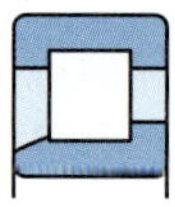	NJ	02, 22, 03 23, 04	NJ2, NJ22, NJ3, NJ23, NJ4
	단열 외륜 양쪽 숄더붙이 내륜 한쪽 숄더붙이 내륜 이완 리브붙이	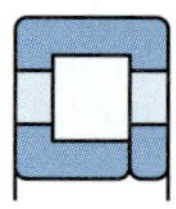	NUP	02, 22 03, 23 04	NUP2, NUP22, NUP3, NUP23, NUP4
	단열 외륜 양쪽 숄더붙이 내륜 한쪽 숄더붙이 L형 이완 리브붙이	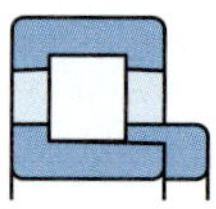	NH	02, 22, 03 23, 04	NH2, NH22, NH3, NH23, NH4
	단열 외륜 숄더없음 내륜 양쪽 숄더붙이	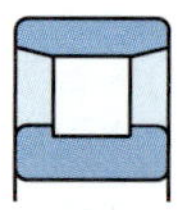	N	10, 02, 22, 03 23, 04	N10, N2, N22, N3, N23, N4
	단열 외륜 한쪽 숄더붙이 내륜 양쪽 숄더붙이		NF	10, 02, 22 03, 23, 04	NF10, NF2, NF22, NF3, NF23, NF4
	복렬 외륜 양쪽 숄더붙이 내륜 숄더없음	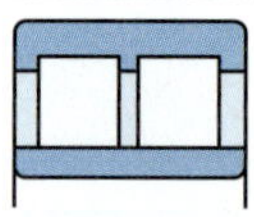	NNU	49	NNU49
	복렬 외륜 숄더없음 내륜 양쪽 숄더붙이	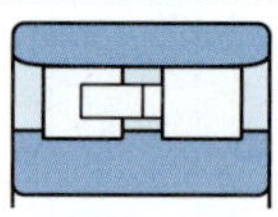	NN	30	NN30
솔리드형 니들 롤러베어링	내륜붙이 외륜 양쪽 숄더붙이	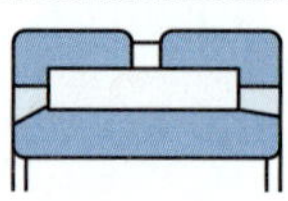	NA	48, 49, 59 69	NA48, NA49, NA59, NA69
	내륜 없음 외륜 양쪽 숄더붙이	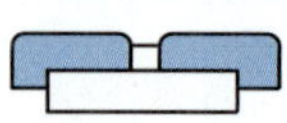	RNA	–	RNA48, RNA49, RNA59, RNA69

표 10-5 베어링 계열기호 (KS B 2012) (계속)

베어링 형식		단면도	형식 기호	치수계열기호	베어링 계열기호
테이퍼 롤러베어링	단열 분리형	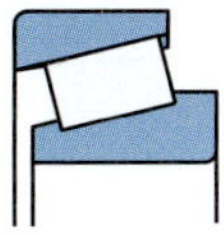	3	29, 20, 30, 31 02, 22, 22C 32, 03, 03D 13, 23, 23C	329, 320, 330, 331, 302, 322, 322C, 332, 303, 303D, 313, 323, 323C
자동조심 롤러베어링	복렬 비분리형 외륜궤도 구면	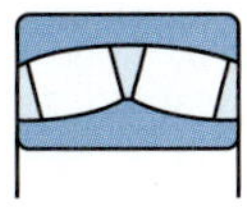	2	39, 30, 40, 41 31, 22, 32, 03 23	239, 230, 240, 241, 231, 222, 232, 213, 223
단식 스러스트 볼베어링	평면자리형 분리형	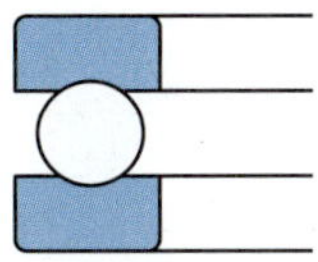	5	11, 12, 13, 14	511, 512, 513, 514
복식 스러스트 볼베어링	평면자리형 분리형	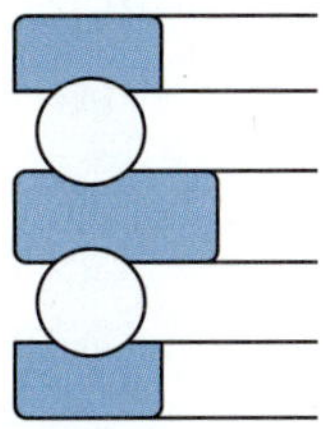	5	22, 23, 24	522, 523, 524
스러스트 자동조심 롤러베어링	평면자리형 단식 분리형 반구면 궤도	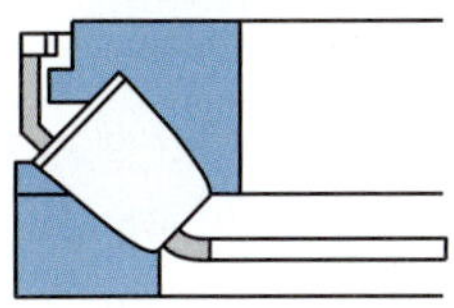	2	92, 93, 94	292, 293, 294

■ 안지름 기호

구름베어링의 안지름 기호는 KS B 2012에 제시되어 있으며, [표 10–6]의 기준에 따라 안지름 기호를 표기한다. [표 10–6]의 기준에 따라 나타낸 안지름 기호를 [표 10–7]에 나타냈다.[13]

13 안지름 기호를 부여하는 방법을 잘 이해해야 한다.

표 10-6 안지름 기호의 표기방법

안지름 범위(mm)	안지름 치수(mm)	안지름 기호	표기예
10 미만	정수이면	안지름	2mm이면 2
	정수가 아니면	/안지름	2.5mm이면 /2.5
10 이상 20 미만	10	00	00
	12	01	01
	15	02	02
	17	03	03
20 이상 500 미만	5의 배수이면	안지름을 5로 나눈 수	20mm이면 04
	5의 배수가 아니면	/안지름	32mm이면 /32
500 이상	치수와 관계없음	/안지름	900mm이면 /900

표 10-7 안지름 기호

베어링 안지름(mm)	안지름 기호	베어링 안지름(mm)	안지름 기호	베어링 안지름(mm)	안지름 기호	베어링 안지름(mm)	안지름 기호
0.6	/0.6	40	08	200	40	800	/800
1	1	45	09	220	44	850	/850
1.5	/1.5	50	10	240	48	900	/900
2	2	55	11	260	52	950	/950
2.5	/2.5	60	12	280	56	1000	/1000
3	3	65	13	300	60	1060	/1060
4	4	70	14	320	64	1120	/1120
5	5	75	15	340	68	1180	/1180
6	6	80	16	360	72	1250	/1250
7	7	85	17	380	76	1320	/1320
8	8	90	18	400	80	1400	/1400
9	9	95	19	420	84	1500	/1500
10	00	100	20	440	88	1600	/1600
12	01	105	21	460	92	1700	/1700
15	02	110	22	480	96	1800	/1800
17	03	120	24	500	/500	1900	/1900
20	04	130	26	530	/530	2000	/2000
22	/22	140	28	560	/560	2120	/2120
25	05	150	30	600	/600	2240	/2240
28	/28	160	32	630	/630	2360	/2360
30	06	170	34	670	/670	2500	/2500
32	/32	180	36	710	/710		
35	07	190	38	750	/750		

■ 접촉각 기호

볼베어링이나 롤러베어링에서 전동체가 내륜과 외륜의 궤도면과 접촉하는 두 점을 통과하는 직선과 베어링의 회전축에 직각인 평면에 의해 만들어지는 각을 **접촉각**contact angle이라고 하며, [그림 10-21]에 단열 앵귤러 볼베어링의 접촉각을 나타냈다. [표 10-8]은 호칭 접촉각에 따른 단열 앵귤러 볼베어링과 단열 테이퍼 롤러베어링의 접촉각 기호를 나타낸 것이다.

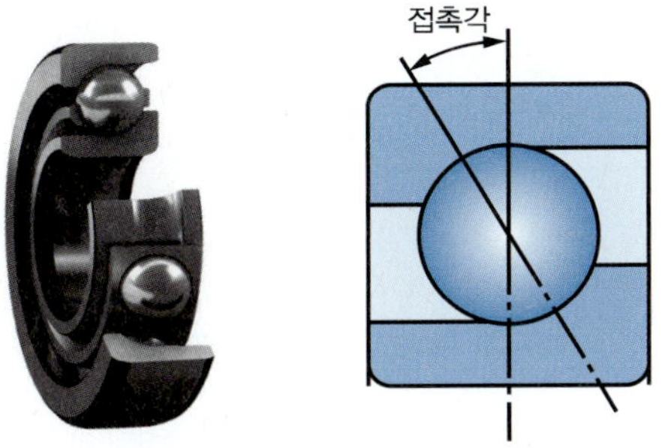

그림 10-21 단열 앵귤러 볼베어링의 접촉각

표 10-8 접촉각 기호

베어링 형식	호칭 접촉각	접촉각 기호
단열 앵귤러 볼베어링	10° 초과 22° 이하 (보통 15°)	C
	22° 초과 32° 이하 (보통 30°)	A (또는 생략)
	32° 초과 45° 이하 (보통 40°)	B
단열 테이퍼 롤러베어링	17° 이하	무기호
	17° 초과 24° 이하 (보통 20°)	C
	24° 초과 32° 이하 (보통 28°)	D

■ 보조기호

베어링 호칭기호 중 보조기호는 [표 10-9]와 같다.

표 10-9 보조기호

리테이너 기호		실 또는 실드 기호		궤도륜 형상기호		조합기호		틈새기호		등급기호	
기호	내용	기호	내용	기호	내용	기호	내용	기호	내용	기호	내용
M	동합금	U	한쪽 실	K	내륜 1/12 테이퍼	DB	배면조합	C1	C2보다 작음	무기호	0급 (보통급)
W	강판	UU	양쪽 실	K3	내륜 1/30 테이퍼	DF	정면조합	C2	보통틈새 보다 작음	P6	6급 (상급)
T	플라스틱	Z	한쪽 실드	N	외륜 스냅링 홈	DT	병렬조합	CN	보통틈새	P5	5급 (정밀급)
V	리테이너 없음	ZZ	양쪽 실드	NR	외륜 스냅링 부착	KB	DB조합에 스페이서 붙음	C3	보통틈새 보다 큼	P4	4급 (초정밀급)

■ 베어링 호칭기호의 예

앞에서 설명한 내용을 종합하여 다음과 같이 몇 가지 베어링 호칭기호의 예를 나타냈다.

예1 6208C2P6

6 : 형식기호 (깊은 홈 볼베어링)
2 : 치수계열기호 (폭계열 0은 생략되었음, 지름계열 2)
08 : 안지름 기호 (안지름은 $8 \times 5 = 40\text{mm}$)
C2 : 틈새기호 (보통급 CN보다 작은 것)
P6 : 정밀도 등급 (6급)

예2 6306NR

6 : 형식기호 (깊은 홈 볼베어링)
3 : 치수계열기호 (폭계열 0은 생략되었음, 지름계열 3)
06 : 안지름 기호 (안지름은 $6 \times 5 = 30\text{mm}$)
NR : 궤도륜 형상기호 (스냅링붙이)

예2 7210CDBP4

7 : 형식기호 (앵귤러 볼베어링)
2 : 치수계열기호 (폭계열 0은 생략되었음, 지름계열 2)
10 : 안지름 기호 (안지름은 $10 \times 5 = 50\text{mm}$)
C : 접촉각기호 (접촉각 15°)
DB : 조합기호 (배면조합)
P4 : 등급기호 (4급, 초정밀급)

예4 NU1012

NU : 형식기호 (원통 롤러베어링)
10 : 치수계열기호 (폭계열 1, 지름계열 0)
12 : 안지름 기호 (안지름은 $12 \times 5 = 60\text{mm}$)

예5 NA4916V

NA : 형식기호 (솔리드형 니들 롤러베어링)
49 : 치수계열기호 (폭계열 4, 지름계열 9)
16 : 안지름 기호 (안지름은 $16 \times 5 = 80\text{mm}$)
V : 리테이너기호 (리테이너 없음)

예6 51215

5 : 형식기호 (단식 스러스트 볼베어링)
12 : 치수계열기호 (높이계열 1, 지름계열 2)
15 : 안지름 기호 (안지름은 $15 \times 5 = 75\text{mm}$)

탐구

1. 구름베어링의 기본구조에 대해 설명하라.
2. 베어링 접촉각에 대해 설명하라.
3. 자동조심 볼베어링의 구조와 장점을 설명하라.
4. 베어링의 호칭기호애 대해 설명하라.

SECTION 10.4

구름베어링의 설계

✔ 구름베어링의 정격하중과 정격수명을 학습한다.
✔ 구름베어링의 등가하중에 대해 학습한다.
✔ 베어링하중의 보정과 베어링의 한계속도에 대해 학습한다.

10.4.1 구름베어링의 정격하중과 정격수명

구름베어링을 선정할 때 중요한 인자로는 정격하중load rating과 정격수명rating life이 있으며, 이와 관련된 사항을 알아보자.

■ 정격하중

구름베어링이 견딜 수 있는 최대하중을 **정격하중**load rating이라고 한다. 정격하중에는 기본 정적정격하중과 기본 동적정격하중이 있다.

1 기본 정적정격하중

구름베어링이 정지한 상태에서 견딜 수 있는 최대하중을 **기본 정적정격하중**basic static load rating이라고 한다.[14] 구름베어링이 정지하고 있을 때 최대응력이 발생하는 접촉부에서 전동체와 궤도륜에 대한 영구 변형량의 합이 전동체 지름의 1/10000이 되는 정적하중을 기본 정적정격하중(C_0) 또는 **정적부하용량**static load capacity이라고 한다. 레이디얼 베어링에서는 반경방향의 하중만 적용하고, 스러스트 베어링에서는 축방향의 하중만 적용한다.

2 기본 동적정격하중

구름베어링이 회전 중에 견딜 수 있는 최대하중을 **기본 동적정격하중**basic dynamic load rating이라고 한다. 외륜을 고정하고 내륜을 회전하는 조건에서 베어링이 정격수명을 다하도록 회전할 수 있는 크기와 방향이 일정한 하중을 기본 동적정격하중(C) 또는 **동적부하용량**dynamic load capacity이라고 한다. 여기서 정격수명이란 100만 번의 회전수를 말하며, 33.3 rpm의 회전속도로 500시간 운전했을 때의 회전수에 상당한다. 기본 정적정격하중과 마찬가지로 레이디얼 베어링에서는 반경방향의 하중만 적용하고, 스러스트 베어링에서는 축방향의 하중만 적용한다.

[표 10-10]에 각종 베어링 형식에 따른 기본 정적정격하중과 기본 동적정격하중을 나타냈다.

14 정지하거나 저속회전하는 베어링에 적용하는 하중을 말한다.

표 10-10 베어링 형식에 따른 기본 정적정격하중과 기본 동적정격하중 단위 : kN

베어링 종류		깊은홈 볼(단열) 베어링				자동조심 볼 베어링				앵귤러 볼(단열) 베어링				원통롤러 베어링		테이퍼 롤러 베어링		구면 롤러 베어링		스러스트 볼베어링	
하중 구분		경하중		중하중		경하중		중하중		경하중		중하중		경하중	중하중	경하중	중하중	경하중	중하중	경하중	중하중
형식		62**		63**		12**		13**		72**		73**		N2**	N3**	302**	303**	222**	223**	511**	512**
번호	정격하중	C	C_0	C	C_0	C	C_0	C	C_0	C	C_0	C	C_0	C	C	C	C	C	C	C	C
00	10	4	2	6	4	4	1	6	2											7	9
01	12	6	3	8	4	5	2	8	3											8	10
02	15	6	4	9	5	6	2	8	3	7	5						13			8	12
03	17	8	4	10	6	6	2	10	4	8	6	12	8			10	16			8	13
04	20	10	7	13	8	8	3	10	4	11	8	14	10	10	14	15	20			11	17
05	25	10	7	17	10	9	4	14	6	13	10	20	16	10	18	17	27			15	21
06	30	15	10	22	15	12	6	17	8	18	14	26	21	15	26	22	34			15	22
07	35	20	14	26	18	13	6	20	10	23	19	31	25	22	31	34	42			16	29
08	40	23	16	32	22	15	8	24	12	28	23	38	32	27	38	35	51	58	62	20	35
09	45	26	18	35	30	17	9	30	16	32	27	49	43	29	51	38	62	64	74	21	36
10	50	28	21	49	36	17	10	35	17	33	29	58	50	30	59	44	76	67	100	21	36
11	55	34	26	56	43	21	13	41	22	41	37	67	59	37	75	52	87	82	115	27	52
12	60	41	32	64	48	24	15	46	26	49	45	76	67	44	84	61	102	100	140	31	55
13	65	45	36	73	55	24	16	49	29	56	53	86	78	53	99	72	119	110	150	31	56
14	70	49	39	82	63	27	18	59	35	61	58	97	70	54	110	77	135	115	191	32	57
15	75	52	42	89	72	32	20	63	38	64	62	105	100	62	132	85	150	118	195	33	58
16	80	57	46	97	80	32	22	69	42	72	70	114	113	72	140	95	165	98	230	34	59
17	85	66	55	104	88	39	27	78	48	83	80	123	126	81	157	113	185	120	250	35	71
18	90	75	63	112	98	46	30	92	55	94	94	133	140	103	170	125	216	140	290	44	87
19	95	86	72	120	112	50	35	104	62	102	108	142	155	115	183	139	239	165	310		
20	100	96	82	136	132	55	36	113	71	115	115	161	184	127	212	159	276	220	375	64	109

[주] 1. C_0 : 기본 정적정격하중, C : 기본 동적정격하중

2. 앵귤러 볼베어링 72, 73은 접촉각이 20° 이다.

3. **에는 안지름 기호를 기입한다.

■ 정격수명

같은 형식과 크기를 가진 베어링들을 동일조건에서 운전할 때 베어링 집단의 90%가 구름접촉피로 rolling contact fatigue에 의해 궤도륜이나 전동체의 일부가 벗겨지는 현상인 **플레이킹** flaking을 일으키지 않고 회전할 수 있는 총 회전수나 총 시간을 구름베어링의 **정격수명** rating life이라고 한다. 회전수와 관련된 정격수명을 **정격회전수명**이라고 하고, 시간과 관련된 정격수명을 **정격시간수명**이라고 한다.

1 정격회전수명

기본 동적정격하중 C가 주어지면 베어링 하중 P에 따른 베어링의 수명을 계산할 수 있다. 구름베어링에서 신뢰도 90%의 정격회전수명 L_n은 다음과 같다.

$$L_n = \left(\frac{C}{P}\right)^r \times 10^6 \text{ [rev]} \tag{10.31}$$

여기서 r은 베어링의 내외륜과 전동체의 접촉상태에 따라 결정되는 계수로서 피로실험의 결과로부터 다음과 같다.

$$\begin{cases} r = 3 & \text{볼베어링} \\ r = 10/3 & \text{롤러베어링} \end{cases}$$

정격회전수명을 정격수명, 계산수명 또는 수명회전수라고도 부른다.

2 정격시간수명

베어링수명을 총 회전수 대신 운전시간과 회전속도로 표시하는 경우가 종종 있다. 정격회전수명 L_n과 rpm 단위의 회전속도 N이 주어지면 다음과 같이 정격시간수명 L_h를 구할 수 있다.

$$L_h = \frac{L_n}{60N} = \frac{10^6}{60N}\left(\frac{C}{P}\right)^r \text{ [h]} \tag{10.32}$$

3 수명계수와 속도계수

식 (10.32)에서 회전수인 10^6은 다음과 같이 나타낼 수 있다.

$$10^6 \text{ rev} \approx 33.3 \text{ rpm} \times 500 \text{ h} \times 60 \text{ min} \tag{10.33}$$

따라서 식 (10.32)를 다음과 같이 나타낼 수 있다.

$$L_h = \left(\frac{C}{P}\right)^r \times \frac{1}{60N} \times 33.3 \times 500 \times 60 \text{ [h]} \tag{10.34}$$

이 식을 정리하면 정격시간수명 L_h는 다음과 같다.

$$L_h = 500 \times \frac{33.3}{N} \times \left(\frac{C}{P}\right)^r = 500 \times f_n^r \times \left(\frac{C}{P}\right)^r = 500 f_h^r \text{ [h]} \tag{10.35}$$

여기서 f_n은 **속도계수**speed factor로서 다음과 같다.

$$f_n = \sqrt[r]{\frac{33.3}{N}} \tag{10.36}$$

또한 f_h는 **수명계수** life factor로서 다음과 같다.

$$f_h = \sqrt[r]{\frac{33.3}{N}} \times \left(\frac{C}{P}\right) = f_n\left(\frac{C}{P}\right) = \sqrt[r]{\frac{L_h}{500}} \tag{10.37}$$

사용조건에 따라 요구되는 베어링의 정격수명시간 L_h는 [표 10-11]과 같다.

표 10-11 베어링에 요구되는 정격수명시간

사용조건	정격수명시간 L_h [h]
가끔 사용하는 기계	2000 ~ 4000
간헐적으로 사용하는 기계	5000 ~ 15000
연속해서 사용하는 기계	20000 ~ 30000
연속해서 사용하는 중요한 기계	40000 ~ 60000

탐구

1. 정격수명에 대해 설명하라.
2. 기본 정적정격하중에 대해 설명하라.
3. 기본 동적정격하중에 대해 설명하라.

예제 10-7 깊은 홈 볼베어링의 정격시간수명

깊은 홈 볼베어링 6212가 800 rpm으로 회전하고 있으며, 5 kN의 레이디얼 하중을 받을 때 베어링의 정격시간수명을 구하라.

전략

기본 동적정격하중 C를 [표 10-10]의 깊은 홈 볼(단열) 베어링의 62**와 표의 첫 열에 있는 번호 12와의 교차점에서 찾는다. 볼베어링의 계수 r과 작용하중 및 기본 동적정격하중을 식 (10.32)에 대입하여 정격수명시간 L_h를 구한다.

풀이

깊은 홈 볼베어링 6212의 기본 동적정격하중 C는 [표 10-10]으로부터 41 kN이 된다. 따라서 정격시간수명 L_h는 식 (10.32)에 의해 다음과 같다.

$$L_h = \frac{10^6}{60N}\left(\frac{C}{P}\right)^r = \frac{10^6}{60 \times 800} \times \left(\frac{41}{5}\right)^3 = 11487\,\text{h} \quad \text{[답]}$$

검토

베어링의 기본 동적정격하중이 클수록 정격시간수명이 증대하고, 회전속도와 작용하중이 클수록 정격시간수명이 감소한다는 것을 알 수 있다.

예제 10-8 **작용하중, 회전속도 및 정격시간수명을 충족하는 깊은 홈 볼베어링의 선정**

3 kN의 레이디얼 하중을 받으며 500 rpm으로 회전하는 베어링이 15000시간의 정격시간수명을 충족해야 한다. 깊은 홈 볼베어링 중 적합한 것을 선정하라.

전략

정격시간수명 L_h에 대한 식 (10.32)를 정리하여 기본 동적정격하중 C를 구하고, [표 10-10]에서 적합한 볼베어링을 선정한다.

풀이

식 (10.32)를 정리하여 다음과 같이 기본 동적정격하중 C를 구한다.

$$C = P\sqrt[3]{\frac{60NL_h}{10^6}} = 3\times\sqrt[3]{\frac{60\times500\times15000}{10^6}} = 23\,\text{kN}$$

[표 10-10]으로부터 베어링 형식기호 6209를 선정한다. [답]

검토

선정한 베어링 형식기호 6209의 기본 동적정격하중 $C=26\,\text{kN}$이다. 물론 베어링 형식기호 6208의 기본 동적정격하중 $C=23\,\text{kN}$이므로 6208을 선정해도 되지만 하중에 대한 여유가 있는 6209를 선정하는 것이 좋다.

10.4.2 구름베어링의 등가하중

일반적으로 베어링에 작용하는 하중은 크기와 방향이 일정하지 않고 회전하면서 약간씩 변동한다. 예컨대 레이디얼 베어링은 반지름방향의 하중을 받는 베어링이지만 회전하면서 약간의 축하중도 받을 수 있다. 변동하는 하중을 고려하지 않고 베어링을 설계한다면 엔지니어가 요구하는 베어링수명을 얻을 수 없다. 이럴 때 실제 운전상태에서 얻어지는 베어링수명과 같게 하는 상당하중을 도출한 후 이를 기준으로 베어링설계를 한다. 베어링의 중심에 일정한 크기와 방향으로 작용하는 이 상당하중을 **등가하중** equivalent load이라고 한다. 등가하중은 작용하중의 상태에 따라 정등가하중과 동등가하중으로 분류한다.

■ 정등가하중

정등가하중 static equivalent load은 저속으로 회전하는 베어링에 적용하는 등가하중을 말한다. 레이디얼 베어링이 반지름방향의 하중만 받거나 스러스트 베어링이 축방향의 하중만을 받는다면 이들 하중은 모두 정등가하중이 된다. 그러나 레이디얼 베어링이 축하중을 함께 받거나, 스러스트 베어링이 반지름방향의 하중을 함께 받는다면 설계 시 정등가하중을 고려해야 한다.

만약 레이디얼 베어링이 축하중을 받는다면 반지름방향의 정등가하중으로 대체하여 베어링수명을 계산하고, 스러스트 베어링이 반지름방향의 하중을 받는다면 축방향의 정등가하중으로 대체하여 베어링수명을 계산한다.

1 레이디얼 베어링의 정등가하중

레이디얼 베어링에 대한 반지름방향의 정등가하중 P_{0r}은 다음과 같다.

$$P_{0r} = X_0 F_r + Y_0 F_a \tag{10.38}$$

여기서 X_0는 반지름방향의 정하중계수, Y_0는 축방향의 정하중계수, F_r은 반지름방향의 하중, F_a는 축방향의 하중을 나타낸다.

베어링 형식, 호칭접촉각 및 전동체 열의 개수에 따른 정하중계수를 [표 10-12]에 나타냈다.

2 스러스트 베어링의 정등가하중

스러스트 베어링에 대한 축방향의 정등가하중 P_{0a}는 다음과 같다.

$$P_{0a} = X_0 F_r + Y_0 F_a = 2.3 F_r \tan\alpha + F_a \tag{10.39}$$

여기서 X_0는 반지름방향의 정하중계수, Y_0는 축방향의 정하중계수, F_r은 반지름방향의 하중, F_a는 축방향의 하중, α는 베어링의 호칭접촉각을 나타낸다.

베어링 형식, 호칭접촉각 및 전동체 열의 개수에 따른 정하중계수를 [표 10-12]에 나타냈다. 레이디얼 베어링 중 자동조심 볼베어링은 $\alpha \neq 0°$인 조건에만 적용할 수 있고, 스러스트 베어링 중 자동조심 롤러베어링은 $\alpha \neq 90°$인 조건에만 적용할 수 있다.

표 10-12 베어링의 정하중계수 (KS B 2020)

<table>
<tr><th colspan="2" rowspan="2">베어링 형식</th><th rowspan="2">호칭접촉각
α</th><th colspan="2">단열</th><th colspan="2">복렬</th></tr>
<tr><th>X_0</th><th>Y_0</th><th>X_0</th><th>Y_0</th></tr>
<tr><td rowspan="9">레이디얼 베어링</td><td>깊은 홈 볼베어링</td><td>−</td><td>0.60</td><td>0.50</td><td>0.60</td><td>0.50</td></tr>
<tr><td rowspan="7">앵귤러 볼베어링</td><td>15°</td><td rowspan="7">0.50</td><td>0.46</td><td rowspan="7">1</td><td>0.92</td></tr>
<tr><td>20°</td><td>0.42</td><td>0.84</td></tr>
<tr><td>25°</td><td>0.38</td><td>0.76</td></tr>
<tr><td>30°</td><td>0.33</td><td>0.66</td></tr>
<tr><td>35°</td><td>0.29</td><td>0.58</td></tr>
<tr><td>40°</td><td>0.26</td><td>0.52</td></tr>
<tr><td>45°</td><td>0.22</td><td>0.44</td></tr>
<tr><td>자동조심 볼베어링</td><td>$\neq 0°$</td><td>0.50</td><td>$0.22\cot\alpha$</td><td>1</td><td>$0.44\cot\alpha$</td></tr>
<tr><td>스러스트 베어링</td><td>자동조심 롤러베어링</td><td>$\neq 90°$</td><td>$2.3\tan\alpha$</td><td>1</td><td>$2.3\tan\alpha$</td><td>1</td></tr>
</table>

[주] 표에 나타나지 않은 호칭접촉각 α에 대한 Y_0값은 비례보간법으로 구한다.

■ 동등가하중

동등가하중 dynamic equivalent load은 실제 동하중을 받는 베어링수명을 기준으로 같은 수명을 얻는 조건에서 일정한 하중과 속도로 회전하는 베어링의 상당하중을 말한다. 여기서 일정한 하중이란 크기와 방향이 변동하지 않는 것을 말한다.

베어링이 동하중을 받으면 일반적으로 반지름방향과 축방향의 하중을 함께 받으므로 이들 두 하중을 조합한 상당하중을 고려해야 한다. 이때 레이디얼 베어링은 반지름방향의 동등가하중으로 대체하고, 스러스트 베어링은 축방향의 동등가하중으로 대체하여 베어링수명을 계산한다.

1 레이디얼 베어링의 동등가하중

호칭접촉각 $\alpha \neq 0°$ 인 경우 반지름방향의 동등가하중 P_r은 다음과 같다.

$$P_r = XF_r + YF_a \tag{10.40}$$

여기서 X는 반지름방향의 동하중계수, Y는 축방향의 동하중계수, F_r은 반지름방향의 하중, F_a는 축방향의 하중을 나타낸다.

만약 호칭접촉각 $\alpha = 0°$ 이면 반지름방향의 하중만 작용하므로 다음과 같이 된다.

$$P_r = F_r \tag{10.41}$$

[표 10-13]에 레이디얼 볼베어링의 동하중계수 X와 Y를 나타냈다.

표 10-13 레이디얼 볼베어링의 동하중계수 X 및 Y (KS B 2019)

베어링 형식	축방향 하중비	단열 베어링				복렬 베어링				e
	$\frac{F_a}{C_0}$	$\frac{F_a}{F_r} \le e$		$\frac{F_a}{F_r} > e$		$\frac{F_a}{F_r} \le e$		$\frac{F_a}{F_r} > e$		
		X	Y	X	Y	X	Y	X	Y	
깊은 홈 볼베어링	0.014	1	0	0.56	2.30	1	0	0.56	2.30	0.19
	0.028				1.99				1.99	0.22
	0.056				1.71				1.71	0.26
	0.084				1.55				1.55	0.28
	0.11				1.45				1.45	0.30
	0.17				1.31				1.31	0.34
	0.28				1.15				1.15	0.38
	0.42				1.04				1.04	0.42
	0.56				1.00				1.00	0.44

표 10-13 레이디얼 볼베어링의 동하중계수 X 및 Y (KS B 2019) (계속)

베어링 형식		축방향 하중비 $\frac{F_a}{C_0}$	단열 베어링				복렬 베어링				e
			$\frac{F_a}{F_r} \le e$		$\frac{F_a}{F_r} > e$		$\frac{F_a}{F_r} \le e$		$\frac{F_a}{F_r} > e$		
			X	Y	X	Y	X	Y	X	Y	
앵귤러 볼베어링	α	$\frac{iF_a}{C_0}$	X	Y	X	Y	X	Y	X	Y	e
	5°	0.014	1	0	이 형식은 단열 레이디얼 앵귤러 베어링에 적용한 X, Y 및 e를 사용한다.		1	2.78	0.78	3.74	0.23
		0.028						2.40		3.23	0.26
		0.056						2.07		2.78	0.30
		0.085						1.87		2.52	0.34
		0.11						1.75		2.36	0.36
		0.17						1.58		2.13	0.40
		0.28						1.39		1.87	0.45
		0.42						1.26		1.69	0.50
		0.56						1.21		1.63	0.52
	10°	0.014	1	0	0.46	1.88	1	2.18	0.75	3.06	0.29
		0.029				1.71		1.98		2.78	0.32
		0.057				1.52		1.76		2.47	0.36
		0.086				1.41		1.63		2.29	0.38
		0.11				1.34		1.55		2.18	0.40
		0.17				1.23		1.42		2.00	0.44
		0.29				1.10		1.27		1.79	0.49
		0.43				1.01		1.17		1.64	0.54
		0.57				1.00		1.16		1.63	0.54
	15°	0.015	1	0	0.44	1.47	1	1.65	0.72	2.39	0.38
		0.029				1.40		1.57		2.28	0.40
		0.058				1.30		1.46		2.11	0.43
		0.087				1.23		1.38		2.00	0.46
		0.12				1.19		1.34		1.93	0.47
		0.17				1.12		1.26		1.82	0.50
		0.29				1.02		1.14		1.66	0.55
		0.44				1.00		1.12		1.63	0.56
		0.58				1.00		1.12		1.63	0.56
	20°	–	1	0	0.43	1.00	1	1.09	0.70	1.63	0.57
	25°	–	1	0	0.41	0.87	1	0.92	0.67	1.41	0.68
	30°	–	1	0	0.39	0.76	1	0.78	0.63	1.24	0.80
	35°	–	1	0	0.37	0.66	1	0.66	0.60	1.07	0.95
	40°	–	1	0	0.35	0.57	1	0.55	0.57	0.93	1.14
	45°	–	1	0	0.33	0.50	1	0.47	0.54	0.81	1.34
자동조심 볼베어링		–	1	0	0.40	$0.4\cot\alpha$	1	$0.42\cot\alpha$	0.65	$0.65\cot\alpha$	$1.5\tan\alpha$
마그네토 볼베어링		–	1	0	0.50	2.50	–	–	–	–	0.20

[주] F_a : 축방향 하중, F_r : 반지름방향 하중, C_0 : 기본 정적정격하중, α : 호칭접촉각
i : 베어링 1개당 볼의 개수

2 스러스트 베어링의 동등가하중

호칭접촉각 $\alpha \neq 90°$인 경우 축방향의 동등가하중 P_a는 다음과 같다.

$$P_a = XF_r + YF_a \tag{10.42}$$

여기서 X는 반지름방향의 동하중계수, Y는 축방향의 동하중계수, F_r은 반지름방향의 하중, F_a는 축방향의 하중을 나타낸다. 스러스트 구면 롤러베어링(또는 스러스트 자동조심 롤러베어링)의 경우 레이디얼 하중이 스러스트 하중의 55%를 넘어서는 안된다는 조건인 $F_r/F_a \leq 0.55$에서 동등가하중은 다음 식으로 구한다.

$$P_a = F_a + 1.2F_r \tag{10.43}$$

■ 베어링하중의 보정

운전 중 베어링이 진동이나 충격 등의 영향을 받을 수 있으므로 정확한 수명계산을 위해 이론적 베어링하중 P_{th}를 보정해 주어야 한다. 따라서 경험에 의한 보정값인 **하중계수** load factor를 베어링하중의 이론값에 곱해 줘야 한다.

$$P = f_w P_{th} \tag{10.44}$$

여기서 P는 베어링에 작용하는 실제하중, P_{th}는 베어링에 작용하는 이론적 계산하중[15], f_w는 하중계수로서 [표 10-14]에 나타냈다.

표 10-14 하중계수

충격의 정도	하중계수 f_w	적용 예
거의 발생하지 않음	1.0 ~ 1.2	전동기, 공작기계, 전기기계, 계측기계
약간 발생함	1.2 ~ 1.5	자동차, 송풍기, 크레인, 엘리베이터
심하게 발생함	1.5 ~ 3.0	건설기계, 농기계, 분쇄기, 압연기

10.4.3 구름베어링의 한계속도

베어링이 고속회전을 하면 마찰로 인해 열이 발생하고, 온도가 상승하면 윤활유가 타는 현상이 발생할 수 있다. 이러한 손상 없이 장시간 운전이 가능한 속도의 한계값을 베어링의 허용속도라고 한다. 이를 나타내기 위하여 **한계속도계수**라는 한계값을 도입한다. 한계속도계수는 다음과 같이 정의된다.

$$\text{한계속도계수} = dN\ [\mathrm{mm \cdot rpm}] \tag{10.45}$$

여기서 d는 mm 단위의 베어링 안지름이고, N은 rpm 단위의 회전속도이다.

15 식 (10.40) ~ 식 (10.43)으로부터 나온 결과가 이론적 베어링하중 P_{th}가 된다.

한계속도계수는 베어링의 형식과 크기, 리테이너의 형식과 재질, 하중 등에 따라 결정되며, 같은 베어링이라고 하더라도 윤활방식에 따라 크게 차이가 있다. [표 10-15]에 베어링 형식 및 윤활방법에 따른 한계속도계수를 나타냈다.

표 10-15 윤활방법과 한계속도계수

단위 : 10000 mm·rpm

베어링 형식	그리스 윤활	윤활방법				
		유욕	적하	강제순환	분무	제트윤활
단열 깊은 홈 볼베어링	18	30	40	60	70	100
앵귤러 볼베어링	18	30	40	60	70	100
자동조심 볼베어링	14	25	40	–	–	–
원통 롤러베어링	15	30	40	60	70	100
니들 롤러베어링	12	20	25	–	–	–
테이퍼 롤러베어링	10	20	25	30	–	30
자동조심 롤러베어링	8	12	–	30	–	25
스러스트 볼베어링	4	6	12	20	–	15

[주] 그리스의 수명은 100시간을 기준으로 한다.

탐구

1. 베어링설계에서 등가하중을 적용하는 이유를 설명하라.
2. 정등가하중과 동등가하중에 대해 설명하라.
3. 베어링하중을 보정하는 이유는 무엇인가?

예제 10-9 동하중을 받는 레이디얼 볼베어링의 정격시간수명

반지름방향과 축방향으로 각각 600 N과 300 N의 하중을 받으며 1200 rpm으로 회전하는 레이디얼 볼베어링이 있다. 반지름방향과 축방향의 동하중계수가 각각 0.6과 1.5이고, 베어링의 동적정격하중이 6000 N, 하중계수가 1.4일 때 베어링의 정격시간수명을 구하라.

전략

레이디얼 베어링의 동등가하중은 식 (10.40)으로 구한다. 하중계수가 제시되었으므로 식 (10.44)를 이용하여 동등가하중을 보정한다. 식 (10.44)에서 이론하중 P_{th}는 식 (10.40)의 결과이다. 그리고 식 (10.32)를 이용하여 정격시간수명을 계산하는데, 볼베어링이므로 $r=3$을 대입한다.

풀이

이론적인 동등가하중은 식 (10.40)에 따라 다음과 같다.

$$P_r = XF_r + YF_a = 0.6 \times 600 + 1.5 \times 300 = 810\,\text{N}$$

하중계수를 고려한 동등가하중은 식 (10.44)에 따라 다음과 같다.

$$P = f_w P_{th} = f_w P_r = 1.4 \times 810 = 1134\,\text{N}$$

따라서 정격시간수명은 식 (10.32)에 따라 다음과 같다.

$$L_h = \frac{10^6}{60N}\left(\frac{C}{P}\right)^r = \frac{10^6}{60 \times 1200} \times \left(\frac{6000}{1134}\right)^3 = 2057\ \text{h} \quad \text{[답]}$$

검토

정격회전수명으로 환산하면 식 (10.31)에 의해 다음과 같다.

$$L_n = \left(\frac{C}{P}\right)^r \times 10^6 = \left(\frac{6000}{1134}\right)^3 \times 10^6 = 148 \times 10^6\ \text{rev}$$

예제 10-10 단열 깊은 홈 볼베어링의 최대회전속도

안지름이 40 mm 인 단열 깊은 홈 볼베어링을 그리스로 윤활할 때 베어링의 한계속도계수가 180000 mm · rpm 이다. 이때 사용 가능한 베어링의 최대회전속도는 얼마인가?

전략

주어진 베어링의 안지름과 한계속도계수로부터 식 (10.45)를 이용하여 베어링의 최대회전속도를 구한다.

풀이

식 (10.45)의 한계속도계수 $= dN$ mm · rpm 으로부터 베어링의 최대회전속도를 다음과 같이 구한다.

$$N = \frac{\text{한계속도계수}}{d} = \frac{180000}{40} = 4500\ \text{rpm} \quad \text{[답]}$$

검토

구름베어링에서는 내륜과 전동체 및 전동체와 외륜 사이는 구름접촉을 하지만 전동체와 리테이너 사이는 미끄럼접촉을 하므로 속도가 지나치게 높아지면 마찰에 의한 과열이 발생하는 등의 문제가 발생할 수 있으므로 회전속도에 대한 제한이 필요하다.

예제 10-11 단열 깊은 홈 볼베어링의 정격시간수명

단열 깊은 홈 볼베어링 6205가 반지름방향 하중 1500 N, 축방향 하중 770 N을 받으며 700 rpm 으로 회전할 때 정격시간수명을 구하라.

전략

단열 깊은 홈 볼베어링 6205의 기본 정적정격하중 C_0와 기본 동적정격하중 C는 [표 10-10]에서 찾는다. 축방향하중과 기본 정적정격하중의 비 F_a/C_0를 계산하고, [표 10-13]의 축방향 하중비 F_a/C_0에서 해당되는 값을 찾는다. 또한 해당하는 e값을 이 표에서 찾는다.

F_a/F_r의 비와 e값을 비교하여 반지름방향의 동하중계수 X와 축방향의 동하중계수 Y를 찾는다. 이 값들을 식 (10.40)에 대입하여 반지름방향의 동등가하중을 계산한다. 마지막으로 식 (10.32)를 이용하여 베어링의 정격시간수명을 구한다.

풀이

[표 10-10]에서 $C=10\,\text{kN}$, $C_0=7\,\text{kN}$이며, $\frac{F_a}{C_0}=\frac{0.77}{7}=0.11$이 된다. [표 10-13]에서 깊은 홈 볼베어링의 축방향 하중비 $\frac{F_a}{C_0}=0.11$에 해당하는 $e=0.3$이 된다.

$\frac{F_a}{F_r}=\frac{770}{1500}=0.513>0.3$이므로 동하중계수 $X=0.56$, $Y=1.45$가 된다. 따라서 반지름방향 동등가하중은 식 (10.40)에 따라 다음과 같다.

$$P_r=XF_r+YF_a=0.56\times1500+1.45\times770=1956.5\,\text{N}$$

베어링의 정격시간수명은 식 (10.32)에 따라 다음과 같다.

$$L_h=\frac{10^6}{60N}\left(\frac{C}{P}\right)^r=\frac{10^6}{60\times700}\times\left(\frac{10\times10^3}{1956.5}\right)^3=3179\text{ h}$$ [답]

검토

이 문제는 축방향 하중비 F_a/C_0가 [표 10-13]에 명시되어 있어서 이와 관련된 X, Y, e를 [표 10-13]에 제시된 값으로 사용할 수 있다. 그러나 명시된 값이 없으면 선형보간법으로 이들 값을 구해야 한다.

예제 10-12 단열 깊은 홈 볼베어링의 안지름, 최대회전속도, 베어링하중

그리스로 윤활되는 단열 깊은 홈 볼베어링 6312는 50000시간의 베어링 수명이 요구된다. 한계속도계수가 180000mm·rpm이고, 기본 동적정격하중이 90kN이며, 하중계수가 1.3인 경우에 다음을 구하라.

(a) 베어링의 안지름

(b) 베어링의 최대회전속도

(c) (b)에서 구한 최대회전속도로 운전할 때 허용 가능한 이론적인 베어링하중

전략

베어링 호칭기호 6312에서 12는 안지름 기호로서 [표 10-7]에서 베어링의 안지름을 찾는다. 식 (10.45)를 이용하여 회전속도를 구한다. 그리고 식 (10.35)에 알고 있는 베어링 수명시간, 회전속도, 기본 동적정격하중 등을 대입한 후 이를 풀어서 베어링하중을 구한다. 볼베어링이므로 식 (10.35)에서 $r=3$이다.

풀이

(a) 베어링 호칭기호가 6312이므로 [표 10-7]으로부터 베어링의 안지름은 60mm이다. [답]

(b) $dN = 180000$이므로 식 (10.45)에서 회전속도는 다음과 같다.

$$N = \frac{180000}{d} = \frac{180000}{60} = 3000\,\text{rpm} \quad \text{[답]}$$

(c) 식 (10.35)로부터 정격시간수명은 다음과 같다.

$$L_h = 500 \times \frac{33.3}{N} \times \left(\frac{C}{P}\right)^r \text{에서 } 50000 = 500 \times \frac{33.3}{3000} \times \left(\frac{90}{1.3 \times P}\right)^3$$

이로부터 베어링하중 $P = 3.327\,\text{kN}$이 된다. [답]

검토

베어링하중 $P = 3.327\,\text{kN}$은 이론적 계산하중이며, 이 값에 1.3을 곱한 4.325 kN이 하중계수를 고려한 실제 베어링하중이다.

예제 10-13 복렬 자동조심 볼베어링의 회전속도, 베어링하중, 수명계수, 속도계수

복렬 자동조심 볼베어링 1312가 그리스 윤활된 상태에서 4500시간의 수명이 요구된다. 기본 동적정격하중이 46 kN이고, 하중계수가 1.4이며, 한계속도계수가 140000 mm · rpm일 때 다음을 구하라.

(a) 회전속도
(b) 이론적인 베어링하중
(c) 베어링의 수명계수
(d) 베어링의 속도계수

전략

베어링 호칭기호 1312에서 12는 안지름 기호로서 [표 10-7]에서 베어링의 안지름을 찾는다. 식 (10.45)를 이용하여 회전속도를 구한다. 그리고 식 (10.35)에 알고 있는 베어링 수명시간, 회전속도, 기본 동적정격하중 등을 대입한 후 이를 풀어서 베어링하중을 구한다. 이 베어링하중은 이론적 베어링하중이다. 그리고 식 (10.37)로부터 수명계수, 식 (10.36)으로부터 속도계수를 구한다. 볼베어링이므로 식 (10.35), 식 (10.36), 식 (10.37)에서 $r = 3$이다.

풀이

(a) 베어링 호칭기호가 1312이므로 [표 10-7]에서 베어링의 안지름은 60 mm이다. $dN = 140000$이므로 식 (10.45)에서 회전속도는 다음과 같다.

$$N = \frac{140000}{d} = \frac{140000}{60} = 2333\,\text{rpm} \quad \text{[답]}$$

(b) 식 (10.35)의 정격시간수명은 다음과 같다.

$$L_h = 500 \times \frac{33.3}{N} \times \left(\frac{C}{P}\right)^r \text{에서 } 4500 = 500 \times \frac{33.3}{2333} \times \left(\frac{46}{1.4 \times P}\right)^3$$

이로부터 베어링하중 $P = 3.833\,\text{kN}$이 된다. [답]

(c) 식 (10.37)로부터 수명계수는 다음과 같다.

$$f_h = \sqrt[r]{\frac{L_h}{500}} = \sqrt[3]{\frac{4500}{500}} = 2.08 \quad \text{[답]}$$

(d) 식 (10.36)으로부터 속도계수는 다음과 같다.

$$f_n = \sqrt[r]{\frac{33.3}{N}} = \sqrt[3]{\frac{33.3}{2333}} = 0.24 \quad \text{[답]}$$

검토

요구되는 4500시간의 베어링수명은 하중계수를 고려한 값이다.

예제 10-14 깊은 홈 볼베어링의 등가하중, 속도계수, 수명계수, 시간수명

깊은 홈 볼베어링 6212가 레이디얼 하중 3kN과 스러스트 하중 3kN을 함께 받는 상태에서 900rpm의 회진속도로 운전되고 있으며, 하중계수는 1.3이다. 다음을 구하라.

(a) 실제 동등가하중

(b) 베어링의 속도계수

(c) 베어링의 수명계수

(d) 베어링의 정격시간수명

전략

[표 10-10]에서 6212에 대한 $C_0 = 32\,\text{kN}$이므로 $F_a / C_0 = 3/32 = 0.09375$가 된다. 이 값은 [표 10-13]에서 $0.084 \sim 0.11$의 범위에 있다. 이에 해당하는 e는 같은 표에서 $0.28 \sim 0.30$의 범위에 있다.

하중조건은 $F_a / F_r = 1$이므로 [표 10-13]에서 $F_a / F_r > e$에 해당한다. 그리고 이 표에서 $X = 0.56$이고 $Y = 1.45 \sim 1.55$의 범위에 있다. 따라서 Y는 선형보간법으로 구한다. 반지름방향 하중과 축방향 하중이 함께 작용하므로 식 (10.40)으로부터 동등가하중을 구하고, 식 (10.44)로부터 실제 동등가하중을 구한다. 식 (10.36)으로부터 속도계수를 구하고, 식 (10.37)로부터 수명계수를 구한다. 그리고 식 (10.35)로부터 정격시간수명을 구한다. 볼베어링이므로 식 (10.35), 식 (10.36)에서 $r = 3$이다.

풀이

Y는 다음과 같이 선형보간법으로 구한다.

$$\frac{1.55 - 1.45}{0.084 - 0.11} = \frac{Y - 1.45}{0.09375 - 0.11}, \quad Y = 1.5125$$

(a) 식 (10.40)으로부터 동등가하중은 다음과 같다.

$$P_r = XF_r + YF_a = 0.56 \times 3 + 1.5125 \times 3 = 6.2175\,\text{kN}$$

하중계수는 1.3을 고려하면 식 (10.44)로부터 실제 동등가하중은 다음과 같다.

$$P = f_w P_{th} = 1.3 \times 6.2175 = 8.083\,\text{kN} \quad \text{[답]}$$

(b) 식 (10.36)으로부터 속도계수는 다음과 같다.

$$f_n = \sqrt[r]{\frac{33.3}{N}} = \sqrt[3]{\frac{33.3}{900}} = 0.333 \quad \text{[답]}$$

(c) 6212의 C값은 [표 10-10]에서 41 kN이므로 $C/P = 41/8.083 = 5.07$이 된다. 따라서 식 (10.37)로부터 수명계수는 다음과 같다.

$$f_h = f_n\left(\frac{C}{P}\right) = 0.333 \times 5.07 = 1.688 \quad \text{[답]}$$

(d) 식 (10.35)로부터 베어링의 정격시간수명은 다음과 같다.

$$L_h = 500 f_h^r = 500 \times 1.688^3 = 2404.8\,\text{h} \quad \text{[답]}$$

검토

$C/P = 5.07$이므로 깊은 홈 볼베어링 6212의 기본 동적정격하중이 베어링에 작용하는 동등가하중의 5배 이상이 되어 안전하게 사용할 수 있음을 알 수 있다.

예제 10-15 기본 동적정격하중의 동등가하중에 대한 배수

600 rpm의 회전속도로 정격시간수명이 5000시간 이상인 볼베어링을 선정하려면 기본 동적정격하중이 동등가하중의 몇 배 이상 되어야 하는가?

전략

식 (10.35)의 정격시간수명에 대한 식으로부터 C/P를 구한다. C/P는 기본 동적정격하중의 동등가하중에 대한 배수를 나타낸다.

풀이

식 (10.35)의 정격시간수명에 대한 식으로부터

$$\frac{C}{P} = \sqrt[r]{\frac{L_h \times N}{500 \times 33.3}} = \sqrt[3]{\frac{5000 \times 600}{500 \times 33.3}} = 5.65$$

가 된다. 따라서 기본 동적정격하중이 동등가하중의 5.65배 이상 되어야 한다. [답]

검토

정격시간수명과 회전속도가 클수록 동등가하중 대비 요구하는 기본 동적정격하중이 커진다는 것을 알 수 있다.

CHAPTER 10 | 핵심요약

- 회전하는 축을 지지하며 축이 원활하게 회전운동을 할 수 있도록 지지하는 역할을 하는 기계요소를 베어링이라고 하며, 이 베어링과 접촉하는 축 부분을 저널이라고 한다.
- 베어링에 작용하는 하중의 방향에 따라 레이디얼 베어링과 스러스트 베어링으로 분류한다.
- 베어링과 축의 접촉방식에 따라 미끄럼 베어링과 구름베어링으로 분류한다.
- 미끄럼 베어링은 저널과 베어링메탈 사이에 면접촉을 하고, 구조가 비교적 간단하다. 비교적 작은 하중에 사용하며, 유막에 의해 내충격성이 크다. 또한 공진속도를 초과하여 운전할 수 있으므로 고속회전에 적합하며, 소음과 진동이 거의 없다. 그러나 표준화가 되어 있지 않고 자체적으로 제작한 경우가 많아 호환성이 좋지 않다.
- 구름베어링은 전동체와 내외륜 간에 점접촉이나 선접촉을 한다. 전동체와 내륜, 외륜, 리테이너 등으로 구성되어 구조가 비교적 복잡하다. 비교적 큰 하중에 사용할 수 있으나 내충격성이 작다. 공진속도 이내에서 운선해야 하므로 비교적 저속회전에 적합하며, 소음과 진동이 발생하기 쉽다. 그러나 규격화가 되어 있어 호환성이 좋으며, 표준형으로 대량생산 된다.
- 동압베어링은 저널과 베어링의 상대운동으로 윤활유 유막 내에 압력을 형성하여 하중을 지지한다. 회전속도가 크고, 하우징의 구조가 복잡하지 않은 특징을 가지고 있다.
- 정압베어링은 외부에서 펌프 등을 통해 높은 압력의 윤활유가 베어링에 공급되며, 높은 압력분포로 인해 회전축으로부터 가해지는 큰 하중을 지지할 수 있다. 또한 회전정밀도가 우수하고 내구수명이 길다. 그러나 하우징 구조가 복잡하고, 초기비용이 많이 든다.
- 미끄럼 베어링은 규격화되어 있지 않으므로 베어링을 설계하여 직접 제작하거나 주문제작을 해야 한다. 미끄럼 베어링은 안지름과 폭이 이를 지지하는 저널의 치수와 거의 같으므로 먼저 저널의 치수를 계산하여 정한 후 미끄럼 베어링의 치수를 결정한다.
- 미끄럼 베어링에서 윤활유의 압력은 축의 회전속도와 저널과 베어링의 접촉 위치에 따라 차이가 있다. 따라서 설계에서는 베어링에 작용하는 평균압력을 사용하며, 이를 베어링압력이라고 한다.
- 마찰열 때문에 베어링의 온도가 너무 많이 올라가면 고장의 원인이 되므로 이를 방지하기 위해 발열의 원인인 베어링압력과 미끄럼속도의 곱인 pv를 제한한다. pv를 발열계수 또는 압력속도계수라고 한다.
- 축의 저널부와 직접 미끄럼접촉 하는 부품을 베어링메탈이라 한다. 베어링메탈은 저널과의 마찰저항을 줄이는 역할을 하여 동력손실을 줄이고, 장시간 사용을 통해 마멸되었을 때는 쉽게 교환을 할 수 있다.
- 베어링메탈은 충분한 강도와 내구성을 가져야 한다. 유막 형성이 쉬워야 하며, 마찰 및 마멸이 작아야 한다. 그리고 열변형이 작고 마찰열을 잘 소산할 수 있도록 열전도율이 높아야 하며, 내식성과 내열성이 좋아야 한다.

CHAPTER 10 | 핵심요약

- 미끄럼 베어링의 윤활에서 마찰계수를 추정하는 방정식인 페트로프의 식은 저널의 중심과 베어링의 중심이 일치하고, 축방향의 오일유출이 없는 상태에서 베어링하중이 작을 때 사용할 수 있는 방법이다.
- 베어링 호칭기호는 형식기호, 치수계열기호(폭 또는 높이계열기호, 지름계열기호), 안지름기호, 접촉각기호, 리테이너 기호, 실기호 또는 실드기호, 궤도륜 형상기호, 조합기호, 틈새기호, 등급기호로 구성된다.
- 구름베어링이 견딜 수 있는 최대하중을 정격하중이라고 한다. 정격하중에는 기본 정적정격하중과 기본 동적정격하중이 있다.
- 같은 형식과 크기의 베어링들을 동일조건에서 운전할 때 베어링 집단의 90%가 구름접촉피로에 의해 궤도륜이나 전동체의 일부가 벗겨지는 플레이킹을 일으키지 않고 회전할 수 있는 총 회전수나 총 시간을 구름베어링의 정격수명이라고 한다.
- 실제 운전상태에서 얻어지는 베어링의 수명과 같도록 베어링의 중심에 일정한 크기와 방향으로 작용하는 상당하중을 취하여 이를 기준으로 베어링을 설계한다. 이 상당하중을 등가하중이라고 하며, 정등가하중과 동등가하중이 있다.

CHAPTER 10 | 기본문제

10.1 베어링과 접촉하는 축 부분을 무엇이라고 하는가? 10.1절

① 저널 ② 전동체 ③ 리테이너 ④ 베어링메탈

10.2 반지름방향과 축방향의 하중을 함께 받을 수 있는 베어링은? 10.1절

① 레이디얼 베어링 ② 스러스트 베어링 ③ 피봇베어링 ④ 테이퍼 베어링

10.3 다음 중 축방향의 하중만 온전히 받을 수 있는 베어링은? 10.1절

① 레이디얼 베어링 ② 테이퍼 베어링 ③ 스러스트 베어링 ④ 니들 롤러베어링

10.4 다음 중 미끄럼 베어링과 비교한 구름베어링의 특징이 아닌 것은? 10.1절

① 전동체와 내 · 외륜 간에 점접촉이나 선접촉을 한다.
② 유막에 의해 내충격성이 크다.
③ 공진속도 이내에서 운전해야 하므로 비교적 저속회전에 적합하다.
④ 소음과 진동이 발생하기 쉽다.

10.5 구름베어링과 미끄럼 베어링을 비교하여 설명한 내용 중 옳지 않은 것은? 10.1절

① 미끄럼 베어링은 표준화가 되어 있지 않아 호환성이 좋지 않다.
② 미끄럼 베어링은 진동과 소음이 발생하기 쉽고 충격에 비교적 약하다.
③ 구름베어링은 구름마찰을 하므로 마찰계수가 작고, 기동토크도 비교적 작다.
④ 구름베어링은 공진속도 내에서 운전해야 하므로 비교적 저속회전에 적합하다.

10.6 동압베어링에 대한 설명으로 옳지 않은 것은? 10.2절

① 저널과 베어링의 상대운동으로 윤활유 유막 내에 압력을 형성한다.
② 일반적으로 회전속도가 크고, 하우징의 구조가 복잡하지 않다.
③ 하중 지지방향에 따라 레이디얼 베어링과 스러스트 베어링으로 구분한다.
④ 외부에서 펌프 등을 통해 높은 압력의 윤활유가 베어링에 공급된다.

10.7 베어링압력에 대한 설명 중 옳지 않은 것은? 10.2절

① 베어링압력이 너무 낮으면 베어링과 저널 사이의 유막이 파손되어 경계윤활이 된다.
② 베어링압력은 베어링하중을 저널의 투영면적으로 나눈 값으로 평균압력을 말한다.
③ 베어링압력의 허용값은 축의 회전속도, 축과 베어링 재질, 윤활유 종류와 급유방법 등에 의존한다.
④ 베어링압력은 축에 작용하는 하중을 지지하는 역할을 한다.

10.8 지름이 40mm, 폭이 200mm인 저널에 5kN의 반지름방향의 하중이 작용할 때 베어링압력은 몇 kPa인가? 10.2절

① 375 ② 500 ③ 625 ④ 750

10.9 폭이 l, 지름이 d인 엔드저널에서 저널의 폭과 지름의 비 $l/d = 1.5$일 때 저널의 지름은 몇 mm인가? 단, 베어링하중은 20kN, 베어링압력은 1.3MPa이다. 10.2절

① 60.8 ② 81.3 ③ 101.3 ④ 121.5

10.10 엔드저널에 작용하는 굽힘응력이 35MPa, 허용베어링압력이 2.5MPa일 때 저널의 폭과 지름비 l/d은 얼마인가? 10.2절

① 1.161 ② 1.326 ③ 1.492 ④ 1.658

10.11 250rpm으로 회전하는 전동축의 엔드저널이 20kN의 레이디얼 하중을 받고 있다. 축의 허용굽힘응력이 30MPa, 발열계수가 1.5MPa·m/s일 때 엔드저널 폭의 최소치수는 몇 mm인가? 10.2절

① 145 ② 160 ③ 175 ④ 190

10.12 30kN의 스러스트 하중을 받는 상태에서 300rpm으로 회전하는 칼라붙이형 저널에서 칼라의 안지름이 100mm, 바깥지름이 125mm이다. 허용 베어링압력이 2.3MPa일 경우 필요한 칼라의 최소 개수는 몇 개인가? 10.2절

① 2개 ② 3개 ③ 4개 ④ 5개

10.13 250rpm으로 회전하는 축에 설치된 칼라붙이형 저널베어링이 50kN의 축방향 하중을 받고 있다. 칼라의 안지름이 120mm, 칼라의 개수가 3개, 발열계수의 허용값이 3.3MPa·m/s라면 칼라의 최소 바깥지름은 몇 mm인가? 10.2절

① 120 ② 135 ③ 150 ④ 165

10.14 베어링메탈의 구비조건으로 옳지 않은 것은? 10.2절

① 저널재료보다 강한 소재를 사용한다.
② 마찰 및 마멸이 작아야 한다.
③ 저널과 베어링메탈 사이에 유막 형성이 쉬워야 한다.
④ 열전도율이 높아야 한다.

CHAPTER 10 | 기본문제

10.15 다음 중 미끄럼 베어링에서 가장 바람직한 마찰조건은? 10.2절

① 고체마찰　② 유체마찰　③ 경계마찰　④ 구름마찰

10.16 레이디얼 하중 2000 N을 받는 상태에서 1300 rpm으로 회전하는 진원형 레이디얼 저널베어링의 지름은 40 mm이고, 폭은 36 mm이며, 틈새비가 1/1000이다. 윤활유 점성계수의 평균값이 0.012 Pa·s일 때 페트로프의 식에 의한 마찰계수는? 10.2절

① 8.12×10^{-1}　② 7.83×10^{-2}　③ 3.69×10^{-3}　④ 3.63×10^{-4}

10.17 구름베어링에서 전동체 사이의 접촉방지와 전동체들을 일정한 간격으로 유지하게 하는 장치는? 10.3절

① 외륜　② 리테이너　③ 내륜　④ 하우징

10.18 전동체의 지름이 길이에 비해 1/3 ~ 1/10 정도로 작은 지름을 갖는 롤러를 사용하기 때문에 좁은 장소에 사용할 수 있는 베어링은? 10.3절

① 원통 롤러베어링
② 스러스트 롤러베어링
③ 니들 롤러베어링
④ 테이퍼 롤러베어링

10.19 구름베어링의 호칭기호 7210CDBP4에서 10은 무엇을 의미하는가? 10.3절

① 안지름 기호　② 형식기호　③ 치수계열 기호　④ 등급기호

10.20 구름베어링의 호칭기호가 NU1012인 경우 베어링의 안지름은 몇 mm인가? 10.3절

① 12　② 30　③ 50　④ 60

10.21 구름베어링의 호칭기호 6208C2P6에서 P6는 무엇을 나타내는가? 10.3절

① 틈새기호　② 정밀도등급　③ 형식기호　④ 조합기호

10.22 호칭기호 6310의 단열 깊은 홈 볼베어링에 그리스로 윤활하여 40000시간의 수명을 가지려 한다. 이 베어링의 한계속도계수가 180000 mm·rpm일 때 이 베어링의 최대회전속도는 몇 rpm인가? 10.4절

① 3600　② 4000　③ 4400　④ 4800

10.23 기본 동적정격하중이 25 kN 인 볼베어링이 3 kN 의 베어링하중을 받으며 410 rpm 으로 회전할 때 베어링의 정격시간수명은 약 몇 시간인가? 10.4절

① 14100 ② 18800 ③ 23500 ④ 28200

10.24 볼베어링에서 속도계수 3.2, 기본 동적정격하중 20 kN, 베어링하중 5 kN 일 때 수명계수는? 10.4절

① 4.6 ② 7.5 ③ 10.3 ④ 12.8

10.25 볼베어링에서 기본 동적정격하중이 동일하다면 베어링하중을 2배로 했을 때 베어링의 수명은 몇 배가 되는가? 10.4절

① $\frac{1}{2}$배 ② $\left(\frac{1}{2}\right)^{\frac{10}{3}}$배 ③ $\frac{1}{8}$배 ④ $\left(\frac{1}{2}\right)^{3}$배

10.26 다음 그림과 같이 200 N 의 하중이 작용하는 축의 양단에 볼베어링이 설치되어 있다. 두 베어링의 기본 동적정격하중이 같을 때 베어링 A와 B의 정격수명에 대한 설명 중 옳은 것은? 10.4절

① 베어링 B의 수명이 베어링 A의 수명보다 4배 더 길다.
② 베어링 B의 수명이 베어링 A의 수명보다 8배 더 길다.
③ 베어링 B의 수명이 베어링 A의 수명보다 27배 더 길다.
④ 베어링 B의 수명이 베어링 A의 수명보다 64배 더 길다.

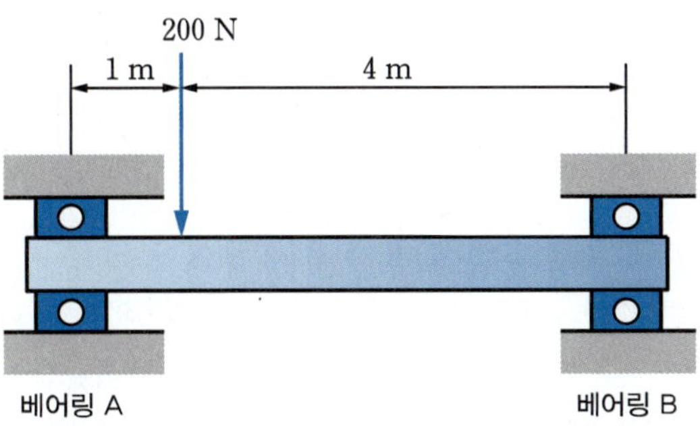

그림 P10.1

정답

10.1 ①	10.2 ④	10.3 ③	10.4 ②	10.5 ②	10.6 ④	10.7 ①	10.8 ③	10.9 ③	10.10 ④
10.11 ③	10.12 ②	10.13 ④	10.14 ①	10.15 ②	10.16 ③	10.17 ②	10.18 ③	10.19 ①	10.20 ④
10.21 ②	10.22 ①	10.23 ③	10.24 ④	10.25 ③	10.26 ④				

CHAPTER 10 | 연습문제

10.1 자동차에서 사용되는 베어링을 조사하라. 10.1절

10.2 구름베어링과 미끄럼 베어링의 장단점을 비교하여 설명하라. 10.1절

10.3 레이디얼 하중과 스러스트 하중에 대해 설명하라. 10.1절

10.4 동압베어링과 정압베어링의 특성을 설명하고, 사례를 제시하라. 10.2절

10.5 미끄럼 베어링의 베어링메탈 재료에 관해 설명하라. 저널의 재료보다 베어링메탈의 재료가 연성이 더 커야 하는 이유는 무엇인가? 10.2절

10.6 300 rpm 으로 회전하는 엔드저널에 12 kN의 베어링하중이 작용하고 있다. 이 저널의 폭과 지름비 $l/d=1.3$이고, 베어링압력이 2 MPa일 때 다음을 구하라. 10.2절

(a) 저널의 폭과 지름　　　(b) 발열계수

10.7 500 rpm 으로 회전하는 엔드저널에 15 kN의 베어링하중이 작용하고 있다. 이 저널의 폭과 지름비 $l/d=1.5$일 때 다음을 구하라. 10.2절

(a) 축의 허용굽힘응력이 35 MPa일 때 엔드저널의 폭과 지름

(b) 마찰계수가 0.01일 때 발열계수와 마찰에 의한 동력손실

10.8 450 rpm 으로 회전하는 칼라붙이형 스러스트 저널에 8 kN의 스러스트 하중이 작용하고 있다. 칼라의 바깥지름과 안지름이 각각 220 mm, 160 mm 이고 칼라가 3개 있을 때 다음을 구하라. 10.2절

(a) 베어링압력　　　(b) 발열계수

10.9 550rpm 으로 회전하는 칼라붙이형 스러스트 저널에 15 kN의 스러스트 하중이 작용하고 있다. 칼라의 바깥지름과 안지름이 각각 300 mm, 150 mm 일 때 다음을 구하라. 10.2절

(a) 칼라의 개수　　　(b) 베어링압력

10.10 다음 그림과 같이 중심부 오목형 스러스트 저널이 400 rpm으로 회전하면서 25 kN의 축하중을 받고 있다. 저널의 안지름 $d_1 = 120\,\text{mm}$, 발열계수는 $1.7\,\text{MPa}\cdot\text{m/s}$, 마찰계수는 0.02인 경우에 대해 다음을 구하라. 10.2절

(a) 스러스트 저널의 바깥지름 d_2

(b) 스러스트 저널의 평균압력

(c) 마찰에 의한 손실동력

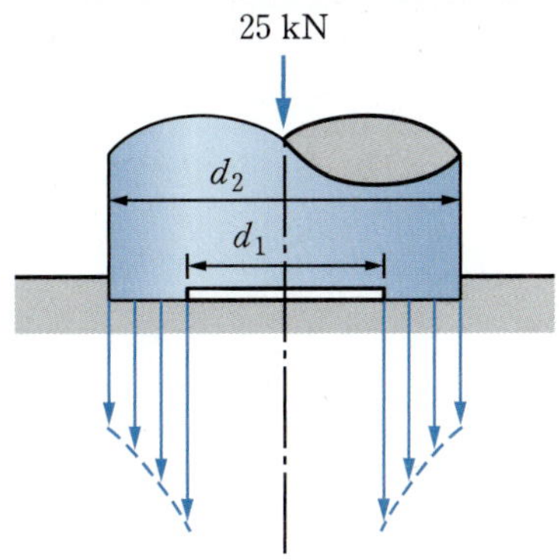

그림 P10.2

10.11 구름베어링의 호칭기호 6306ZNR에서 06, Z, NR이 의미하는 것이 무엇인지 설명하라. 10.3절

10.12 호칭기호가 6211인 단열 깊은 홈 볼베어링에 600 rpm의 회전속도에서 20000시간의 정격시간수명을 주려고 한다. 기본 동적정격하중이 25 kN이고, 하중계수가 1.3일 때 베어링이 받을 수 있는 이론적인 최대하중은 얼마인가? 10.4절

10.13 호칭기호가 6212인 단열 깊은 홈 볼베어링이 반지름방향 하중 5 kN과 축방향 하중 2 kN을 함께 받으며 500 rpm으로 회전하고 있다. 하중계수가 1.5일 때 다음을 구하라. 10.4절

(a) 베어링하중 (b) 정격시간수명

10.14 호칭기호가 6207인 단열 깊은 홈 볼베어링이 반지름방향 하중 3 kN을 받으며 회전하고 있다. 한계속도계수가 180000 mm · rpm이고, 기본 동적정격계수가 30 kN이며, 하중계수가 1.3일 때 다음을 구하라. 10.4절

(a) 베어링의 안지름

(b) 베어링의 최대회전속도

(c) 최대회전속도로 운전할 때 정격시간수명

10.15 깊은 홈 볼베어링 6305가 레이디얼 하중 7 kN과 스러스트 하중 4 kN을 함께 받는 상태에서 1200 rpm으로 회전하고 있다. 하중계수가 1.5일 때 다음을 구하라. 10.4절

(a) 등가하중 (b) 베어링의 속도계수

(c) 베어링의 수명계수 (d) 베어링의 정격시간수명

CHAPTER 10 | 연습문제

10.16 63계열의 깊은 홈 볼베어링을 사용하여 1000 rpm의 회전속도로 1.5 kN의 반지름방향 하중과 0.8 kN의 축방향 하중을 함께 지지하고, 15000시간 이상의 수명이 필요할 때 적합한 베어링을 결정하라. 10.4절

10.17 호칭기호가 6212인 단열 깊은 홈 볼베어링에 4 kN의 반지름방향 하중과 3 kN의 축방향 하중이 작용할 때 다음을 구하라. 단, 한계속도계수는 70000 mm · rpm이다. 10.4절

(a) 최대회전속도

(b) 반지름방향의 동등가하중

10.18 기본 동적정격하중이 35 kN인 원통 롤러베어링에 반지름방향의 동등가하중 5.5 kN이 작용한 상태에서 500 rpm으로 회전하고 있다. 하중계수가 1.3일 때 다음을 구하라. 10.4절

(a) 정격시간수명

(b) 작용하중과 회전속도를 줄여서 정격시간수명을 4배로 늘리려 한다. 작용하중을 0.7배로 줄일 경우 회전속도는 얼마로 줄여야 하는가?

CHAPTER

11

키, 핀, 코터

Key, Pin and Cotter

학습목표

- ✔ 키의 종류를 알아보고, 설계방법을 학습한다.
- ✔ 핀의 종류를 알아보고, 너클핀의 설계방법을 학습한다.
- ✔ 코터의 설계방법을 학습한다.

SECTION 11.1

키

- ✔ 키의 종류별 특성을 알아본다.
- ✔ 평행키의 전단응력, 압축응력을 계산하고 키의 치수를 결정하는 방법을 학습한다.
- ✔ 스플라인의 구조와 토크, 동력 등을 구하는 방법을 학습한다.

11.1.1 키의 종류

키 key는 기어, 벨트풀리, 플라이휠, 커플링, 클러치 등의 회전체를 축에 고정하여 회전체의 토크를 전달하게 하는 기계요소이다. 키의 종류는 [그림 11-1]과 같이 다양하며, 그 종류별 특성은 다음과 같다.

- **안장키** saddle key : **새들키**라고도 하며, 축에는 **키홈** key way을 가공하지 않고 **보스** boss[1]에만 키홈을 만들어서 축의 강도를 감소시키지 않는다. 축의 모양에 맞춰 보스에 기울기 1/100의 경사진 키홈을 만든 후 키를 때려 박는다. 축과 키의 마찰력만으로 회전력을 전달하므로 전달토크가 작고 불확실하다.
- **평키** flat key : **납작키**라고도 하며, 축을 키의 폭만큼 평평하게 깎고 보스에 기울기 1/100의 경사진 키홈을 만든 후 키를 때려 박는다. 전달 가능한 토크가 안장키보다는 크다.
- **평행키** parallel key : **묻힘키** 또는 **성크키** sunk key라고도 하며, 축과 보스 양쪽에 축방향의 키홈을 가공한다. 키의 전달토크는 안장키나 평키보다 크지만 키홈으로 인해 축의 강도가 저하되는 단점이 있다.
- **둥근키** round key : 축과 보스를 끼워맞춤하고, 축과 보스 사이에 구멍을 가공한 후 때려 박는 키로서 평행형과 테이퍼형이 있다. 키홈의 가공은 쉽지만 전달토크가 작다.
- **접선키** tangential key : 기울기가 1/100인 두 쌍의 키를 원주방향으로 만든 키홈에 때려 박아서 설치한다. 평행키보다 축의 강도를 덜 저하하면서 큰 토크를 전달할 수 있다. 120° 간격으로 두 군데 설치된다.
- **반달키** woodruff key : 축에 반달모양의 홈을 만들고, 반달모양의 키를 끼워 설치한다. 키홈은 밀링으로 가공하며, 키는 키홈 속에서 자유로이 기울어질 수 있어 자동적으로 축과 보스 사이에 정렬된다. 테이퍼진 축과 테이퍼진 안지름을 갖는 회전체를 결합할 때 편리하게 사용된다. 공작기계, 자동차 등의 고속회전과 낮은 토크의 축에 주로 사용된다.
- **경사키** taper key : **테이퍼키** 또는 **구배키**라고도 한다. 경사키를 축방향으로 처음 끼워넣을 때는 헐거운 맞춤이지만, 마지막으로 경사면끼리 결합할 때는 반지름방향의 틈새가 없는 억지끼워 맞춤이 된다. 경사키는 두꺼운 쪽의 머리 유무에 따라 머리없는 경사키와 머리붙이 경사키가 있다.
- **스플라인** spline : 축에 원주방향으로 같은 간격의 여러 개의 키홈을 깎아 낸 것이며, 큰 토크를 전달할 수 있다. 축을 스플라인축이라 하고, 축에 끼워지는 상대측 보스를 스플라인이라 한다. 토크가 여러 개의 키에 분산되므로 응력을 줄일 수 있어서 평행키보다 큰 토크를 전달할 수 있다.

---

1 기어, 벨트풀리, 플라이휠 등에서 축이 끼워지는 구멍의 테두리를 보강하기 위해 붙여진 두꺼운 부분을 말한다.

• **세레이션** serration : 기본적으로 스플라인과 비슷하나 이의 단면모양이 삼각형이며, 이의 높이가 낮고 개수가 많다. 주로 지름이 작은 경우에 사용한다.

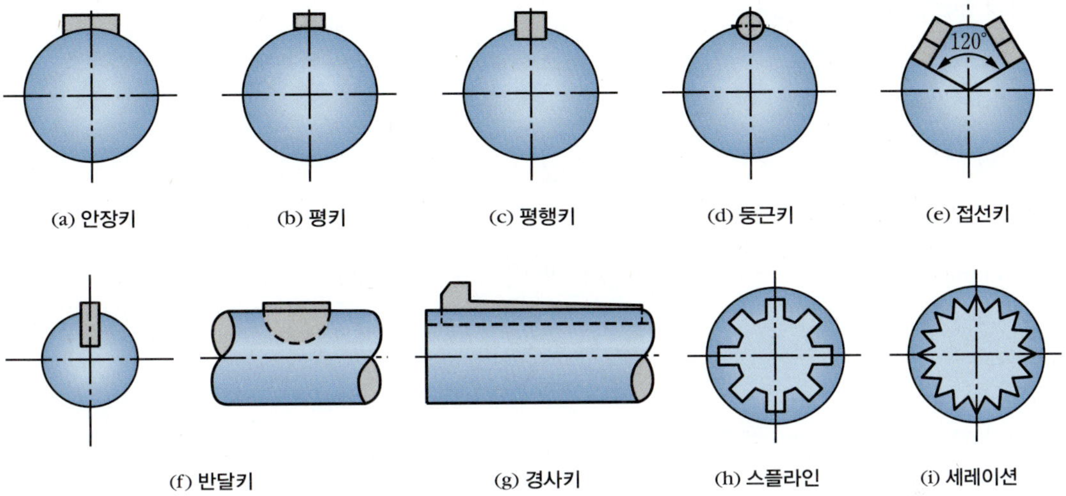

그림 11-1 키의 종류

11.1.2 키의 설계

축의 지름이 결정되면 키의 너비와 높이는 KS규격에서 찾아 사용한다. 그러나 큰 하중이 작용하거나 보스의 길이가 짧을 때는 응력을 계산하여 안전성을 확인해 볼 필요가 있다. 보스의 길이가 짧아지면 설치하는 키의 길이도 짧아지므로 키에 걸리는 응력이 증가한다.

■ 평행키의 설계

[그림 11-2(a)]는 축에 설치된 평행키를 나타낸다. 여기서 b는 키의 폭, h는 키의 높이, l은 키의 길이, t는 키홈 깊이를 나타낸다. 또한 d는 축의 지름, F는 축이나 보스에 접하는 키의 옆면에 작용하는 전달력, T는 축에 작용하는 토크를 나타낸다.

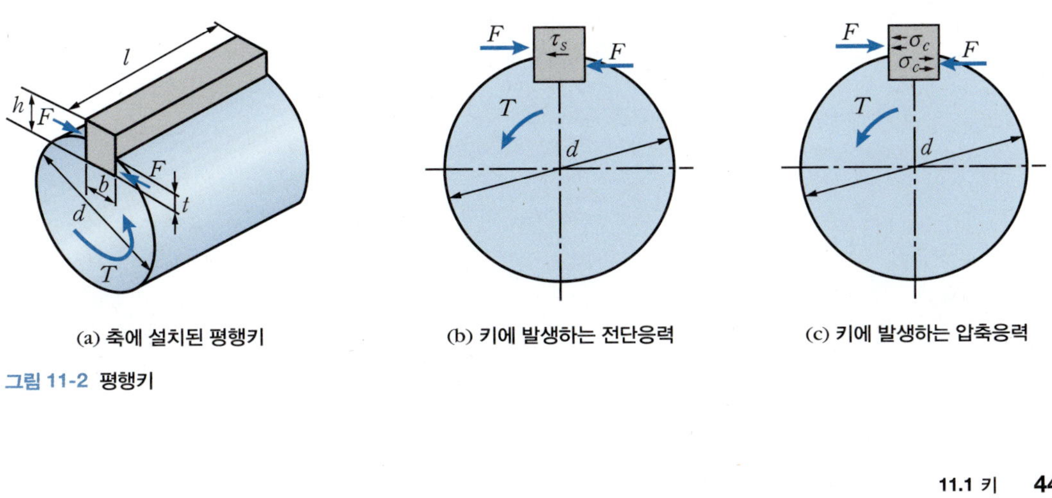

그림 11-2 평행키

[그림 11-2(b)]와 [그림 11-2(c)]는 전달력 F에 의해 키가 받는 두 가지 응력을 나타낸다. [그림 11-2(b)]는 키가 전단응력을 받은 것이고, [그림 11-2(c)]는 키가 압축응력을 받은 것이다.

1 키의 전단응력과 압축응력

[그림 11-2]로부터 전달토크가 $T = F(d/2)$이므로 축의 표면에 작용하는 전달력 F는 다음과 같이 나타낼 수 있다.

$$F = \frac{2T}{d} \tag{11.1}$$

[그림 11-2(a)]와 [그림 11-2(b)]로부터 키의 전단응력은 다음과 같이 나타낼 수 있다.

$$\tau_s = \frac{F}{bl} = \frac{2T}{bdl} \tag{11.2}$$

식 (11.2)로부터 키의 전단응력에 의한 전달토크는 다음과 같다.

$$T_s = \frac{\tau_s bld}{2} \tag{11.3}$$

또한 키의 전단응력이 발생하는 같은 위치인 축의 바깥지름에서의 전달토크는 다음과 같다.

$$T = \frac{\pi d^3}{16}\tau_a \tag{11.4}$$

여기서 τ_a는 축의 허용전단응력을 나타낸다.

[그림 11-2(a)]와 [그림 11-2(c)]로부터 키의 압축응력은 다음과 같이 나타낼 수 있다.

$$\sigma_c = \frac{F}{tl} = \frac{2T}{tld} \tag{11.5}$$

여기서 t는 축이나 보스에 가공된 키홈의 깊이를 나타낸다. 만약 키홈 깊이 $t = h/2$라면 압축응력은 다음과 같다.

$$\sigma_c = \frac{4T}{hld} \tag{11.6}$$

2 키의 치수결정

• **키의 폭** : 축에 작용하는 전달토크 T와 키의 토크 T_s가 같아야 하므로 식 (11.3)과 식 (11.4)를 같다고 놓으면 다음과 같다.

$$\frac{\tau_s bld}{2} = \frac{\pi d^3}{16}\tau_a \tag{a}$$

보통 키의 길이 l은 $1.2 \sim 1.5d$로 정한다. 만약 $l = 1.5d$로 정하고, 축과 키의 재질이 같다면 식 (a)로부터 키의 폭 b는 다음과 같다.

$$b = \frac{\pi d}{12} \approx \frac{d}{4} \tag{11.7}$$

• **키의 높이** : 식 (11.6)으로부터 키의 압축응력에 의한 토크는 다음과 같다.

$$T_c = \frac{\sigma_c hld}{4} \tag{11.8}$$

키의 전단응력에 의한 토크와 압축응력에 의한 토크가 같도록 설계를 한다. 즉 식 (11.3)과 식 (11.8)을 같다고 놓으면

$$\frac{\tau_s bld}{2} = \frac{\sigma_c hld}{4} \tag{b}$$

가 되고, 이로부터 키의 높이 h는 다음과 같다.

$$h = \frac{2b\tau_s}{\sigma_c} \tag{11.9}$$

• **키의 길이** : 식 (a)에서 키와 축의 전단응력이 같다고 놓고 식을 정리하면 키의 길이 l은 다음과 같다.

$$l = \frac{\pi d^2}{8b} \tag{11.10}$$

[표 11-1]에 평행키의 호칭치수와 키홈의 형상 및 치수를 나타냈다.

표 11-1 평행키의 호칭치수와 키홈의 형상 및 치수 (KS B 1311)

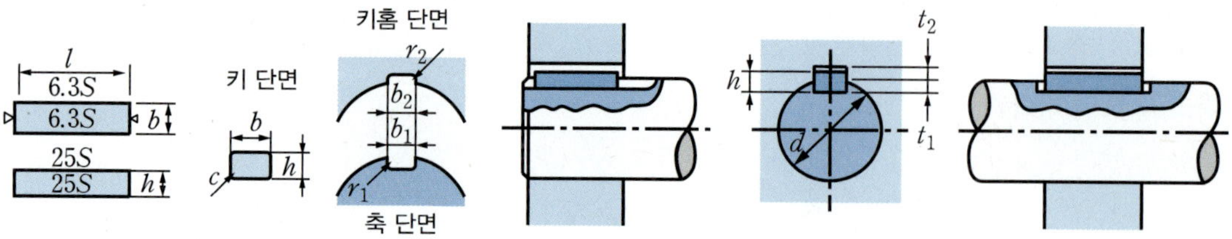

단위 : mm

키의 호칭 칭수 $b \times h$	키의 치수 b 기준 치수	b 허용차	h 기준 치수	h 허용차		c	l	키홈의 치수 $b_1 \cdot b_2$의 기준 치수	정밀급 b_1 및 b_2 허용차	보통급 b_1 허용차	보통급 b_2 허용차	r_1 및 r_2	t_1의 기준 치수	t_2의 기준 치수	t_1의 허용차	적용하는 축지름 d
2 × 2	2	0 -0.025	2	0 -0.025	h9	0.16 ~0.25	6~20	2	-0.006 -0.031	-0.004 -0.029	± 0.0125	0.08 ~0.16	1.2	1.0	+0.10	6~8
3 × 3	3		3				6~36	3					1.8	1.4		8~10
4 × 4	4	0 -0.030	4	0 -0.030			8~45	4	-0.012 -0.042	0 -0.030	± 0.0150		2.5	1.8		10~12
5 × 5	5		5			0.25 ~0.40	10~56	5				0.16 ~0.25	3.0	2.3		12~17
6 × 6	6		6				14~70	6					3.5	2.8		17~22
(7 × 7)	7	0 -0.036	7	0 -0.036			16~80	7	-0.015 -0.051	0 -0.036	± 0.0180		4.0	3.0	+0.20	20~25
8 × 7	8		7	0 -0.090	h11		18~90	8					4.0	3.3		22~30
10 × 8	10		8			0.40 ~0.60	22~110	10				0.25 ~0.40	5.0	3.3		30~38
12 × 8	12	0 -0.043	8				28~140	12	-0.018 -0.061	0 -0.043	± 0.0215		5.0	3.3		38~44
14 × 9	14		9				36~160	14					5.5	3.8		44~50
(15 × 10)	15		10				40~180	15					5.0	5.0		50~55
16 × 10	16		10				45~180	16					6.0	4.3		55~58
18 × 11	18		11	0 -0.110			50~200	18					7.0	4.4		58~65
20 × 12	20	0 -0.052	12			0.60 ~0.80	56~220	20	-0.022 -0.074	0 -0.052	± 0.0260	0.40 ~0.60	7.5	4.9		65~75
22 × 14	22		14				63~250	22					9.0	5.4		75~85
(24 × 16)	24		16				70~280	24					8.0	8.0		80~90
25 × 14	25		14				70~280	25					9.0	5.4		85~95
28 × 16	28		16				80~320	28					10.0	6.4		95~110
32 × 18	32	0 -0.062	18				90~360	32					11.0	7.4		110~130
(35 × 22)	35		22	0 -0.130		1.00 ~1.20	100~400	35	-0.026 -0.088	0 -0.062	± 0.310	0.70 ~1.00	11.0	11.0	+0.30	125~140
36 × 22	36		20				-	36					12.0	8.4		130~150
(38 × 24)	38		24				-	38					12.0	12.0		140~160
40 × 22	40		22				-	40					13.0	9.4		150~170
(42 × 26)	42		26				-	42					13.0	13.0		160~180
45 × 25	45		25				-	45					15.0	10.4		170~200
50 × 28	50		28				-	50					17.0	11.4		200~230
56 × 32	56	0 -0.074	32	0 -0.160		1.60 ~2.00	-	56	-0.032 -0.106	0 -0.074	± 0.0370	1.20 ~1.60	20.0	12.4		230~260
63 × 32	63		32				-	63					20.0	12.4		260~290
70 × 36	70		36				-	70					22.0	14.4		290~330
80 × 40	80		40			2.50 ~3.00	-	80				2.00 ~2.50	25.0	15.4		330~380
90 × 45	90	0 -0.087	45				-	90	-0.037 -0.124	0 -0.087	± 0.0435		28.0	17.4		380~440
100 × 50	100		50				-	100					31.0	19.5		440~500

[주] 1. 길이 l의 표준값은 다음과 같다.
6, 8, 10, 12, 14, 16, 18, 20, 22, 24, 25, 32, 36, 40, 45, 50, 56, 63, 70, 80, 90, 100, 110, 125, 140, 160, 180, 200, 220, 250, 280, 320, 360, 400

2. ( )가 있는 호칭치수의 것은 되도록 사용하지 않는다.

3. 보스의 홈에는 일반적으로 1/100의 기울기를 갖게 한다.

■ 스플라인의 설계

스플라인에는 **각형 스플라인**straight-sided spline, **인벌류트 스플라인**involute spline 등이 있으며, 어떤 종류든 이의 개수가 많아서 전단강도는 충분한 것으로 가정하고 이의 접촉면에서의 압축강도만 고려하여 설계한다. [그림 11-3]은 각형 스플라인의 기하학적 형상을 나타내며, 하나의 이로 전달할 수 있는 하중은 다음과 같다.

$$F_1 = p_a(h - 2c)l \tag{11.11}$$

여기서 p_a는 이가 서로 맞닿는 면에 대한 허용면압력, c는 모따기부chamfer 치수, l은 보스의 길이이다.

h는 이의 높이로 다음과 같다.

$$h = \frac{d_2 - d_1}{2} \tag{11.12}$$

여기서 d_2는 바깥지름, d_1은 안지름을 나타낸다.

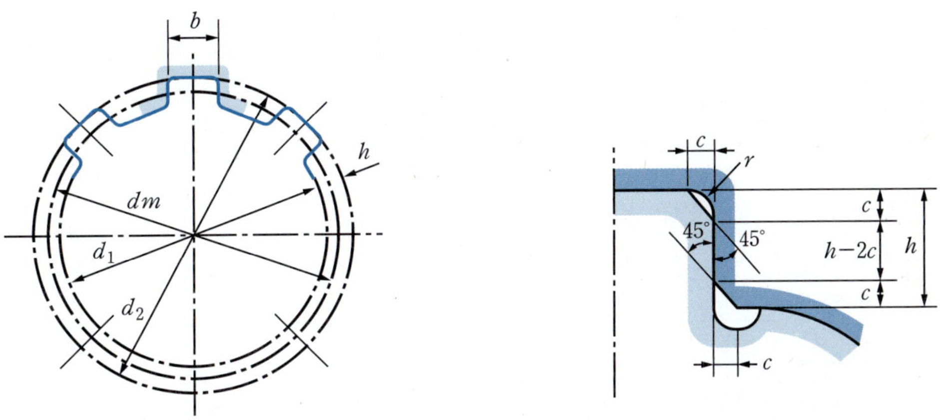

(a) 스플라인의 치수 (b) 치형부 상세치수

그림 11-3 각형 스플라인

하나의 이가 전달할 수 있는 토크는 다음과 같다.

$$T_1 = F_1\frac{d_m}{2} \tag{11.13}$$

여기서 d_m은 평균지름으로 다음과 같다.

$$d_m = \frac{d_2 + d_1}{2} \tag{11.14}$$

이의 개수 z와 접촉효율 η를 고려하면 스플라인이 전달할 수 있는 토크는 다음과 같다.

$$T = \eta z F_1\frac{d_m}{2} = \eta z p_a(h - 2c)l\frac{d_m}{2} \tag{11.15}$$

각형 스플라인의 호칭치수를 [표 11-2]에 나타냈다.

표 11-2 각형 스플라인의 호칭치수 (KS B 2006)

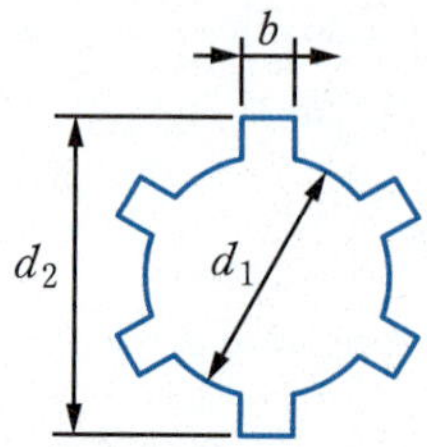

d_1 [mm]	경하중용				중간 하중용			
	호칭	z 잇수	d_2[mm]	b[mm]	호칭	z 잇수	d_2[mm]	b[mm]
11	-	-	-	-	6 × 11 × 14	6	14	3
13	-	-	-	-	6 × 13 × 16	6	16	3.5
16	-	-	-	-	6 × 16 × 20	6	20	4
18	-	-	-	-	6 × 18 × 22	6	22	5
21	-	-	-	-	6 × 21 × 25	6	25	5
23	6 × 23 × 26	6	26	6	6 × 23 × 28	6	28	6
26	6 × 26 × 30	6	30	6	6 × 26 × 32	6	32	6
28	6 × 28 × 32	6	32	7	6 × 28 × 34	6	34	7
32	8 × 32 × 36	8	36	6	8 × 32 × 38	8	38	6
36	8 × 36 × 40	8	40	7	8 × 36 × 42	8	42	7
42	8 × 42 × 46	8	46	8	8 × 42 × 48	8	48	8
46	8 × 46 × 50	8	50	9	8 × 46 × 54	8	54	9
52	8 × 52 × 58	8	58	10	8 × 52 × 60	8	60	10
56	8 × 56 × 62	8	62	10	8 × 56 × 65	8	65	10
62	8 × 62 × 68	8	68	12	8 × 62 × 72	8	72	12
72	10 × 72 × 78	10	78	12	10 × 72 × 82	10	82	12
82	10 × 82 × 88	10	88	12	10 × 82 × 92	10	92	12
92	10 × 92 × 98	10	98	14	10 × 92 × 102	10	102	14
102	10 × 102 ×108	10	108	16	10 × 102 × 112	10	112	16
112	10 × 112 ×120	10	120	18	10 × 112 × 125	10	125	18

탐구

1. 반달키의 장점은 무엇인가?
2. 허브와 키 중 어느 것의 강도를 더 크게 설계해야 하며, 그 이유는 무엇인가?
3. 스플라인은 무엇이며 장점은 무엇인가?

예제 11-1 평행키에 발생하는 압축응력과 전단응력

지름이 40 mm 인 전동축이 1000 rpm 의 회전속도에서 12 kW의 동력을 전달한다. 이 전동축에 장착된 평행키는 폭×높이×길이의 치수가 12×8×50 mm 이다. 이 키에 발생하는 압축응력과 전단응력을 구하라. 축과 보스에 가공된 키홈의 깊이는 각각 4.5 mm 와 3.5 mm 이다.

전략

전동축에 작용하는 동력과 회전수가 주어졌으므로 이들 두 값을 이용하여 토크를 계산한다. 계산된 토크를 식 (11.5)에 대입하여 키에 작용하는 압축응력을 계산한다. 이때 키홈의 깊이는 보스측의 값을 사용한다. 그리고 키에 작용하는 전단응력은 식 (11.2)에 대입하여 응력을 계산한다.

풀이

동력 $H = T\omega$로부터 전동축에 발생하는 토크는 다음과 같다.

$$T = \frac{H}{\omega} = \frac{12\times10^3}{\left(\dfrac{2\times\pi\times1000}{60}\right)} = 114.6\,\mathrm{N\cdot m}$$

키에 작용하는 압축응력의 최댓값은 식 (11.5)로부터 다음과 같다.

$$\sigma_c = \frac{2T}{tld} = \frac{2\times114.6\times10^{-6}}{0.0035\times0.05\times0.04} = 32.7\,\mathrm{MPa} \quad \text{[답]}$$

키에 작용하는 전단응력은 식 (11.2)로부터 다음과 같다.

$$\tau_s = \frac{2T}{bdl} = \frac{2\times114.6\times10^{-6}}{0.012\times0.04\times0.05} = 9.6\,\mathrm{MPa} \quad \text{[답]}$$

검토

키홈의 보스측 면적이 축측 면적보다 작아서 보스와 접하는 부분에서 더 큰 압축응력이 발생한다. 따라서 보스와 접한 키의 압축응력을 사용한다.

예제 11-2 허용압축강도와 허용전단강도를 만족하는 평행키의 길이

지름이 50 mm 인 전동축이 600 rpm 의 회전속도에서 20 kW의 동력을 전달한다. 이 전동축에 사용되는 평행키는 폭×높이가 16×10 mm 이다. 키의 재료에 대한 허용압축강도와 허용전단강도가 각각 52 MPa과 23 MPa일 때 평행키의 길이 l을 구하라. 단, 축과 보스에 가공된 키홈의 깊이는 각각 키 높이의 1/2이다.

전략

전동축에 작용하는 동력과 회전수가 주어졌으므로 이들 두 값을 이용하여 토크를 계산한다. 식 (11.6)과 식 (11.2)으로부터 키의 길이를 각각 구한 후 큰 값을 기준으로 키의 길이를 결정한다.

풀이

동력 $H = T\omega$로부터 전동축에 발생하는 토크는 다음과 같다.

$$T = \frac{H}{\omega} = \frac{20 \times 10^3}{\left(\dfrac{2 \times \pi \times 600}{60}\right)} = 318.3\,\mathrm{N \cdot m}$$

키에 작용하는 압축응력에 대한 식 (11.6)으로부터 키의 길이 l을 구하면 다음과 같다.

$$l = \frac{4T}{\sigma_c hd} = \frac{4 \times 318.3 \times 10^3}{52 \times 10^6 \times 0.01 \times 0.05} = 49.0\,\mathrm{mm}$$

키에 작용하는 전단응력에 대한 식 (11.2)로부터 키의 길이 l은 다음과 같다.

$$l = \frac{2T}{\tau_s bd} = \frac{2 \times 318.3 \times 10^3}{23 \times 10^6 \times 0.016 \times 0.05} = 34.6\,\mathrm{mm}$$

허용압축강도에 따른 키의 길이와 허용전단강도에 따른 키의 길이 중 큰 것을 선택한다. 즉 $l > 49\,\mathrm{mm}$를 선택하면 된다. [답]

검토

[표 11-1]의 [주] 1에 표기된 키의 표준길이 중 적합한 길이를 선정하면 된다.

예제 11-3 평행키가 전달할 수 있는 토크의 최댓값과 필요한 동력의 최댓값

지름이 30 mm 인 전동축으로 동력을 전달한다. 이 전동축에 사용되는 평행키는 폭×높이×길이가 10×8×50 mm 이다. 키의 재료에 대한 허용압축강도와 허용전단강도가 각각 45 MPa과 25 MPa일 때 다음을 구하라. 단, 축과 보스에 가공된 키홈의 깊이는 각각 키 높이의 1/2이다.

(a) 평행키를 통해 허용할 수 있는 토크의 최댓값

(b) 전동축의 회전속도가 400 rpm 일 때 필요한 동력의 최댓값

전략

식 (11.8)과 식 (11.3)으로부터 각각 토크를 구한다. 계산된 토크들로부터 작은 값을 허용토크로 선택한다. 이 허용토크를 이용하여 전달동력을 계산한다.

풀이

(a) 식 (11.8)로부터 토크 T_c를 구하면 다음과 같다.

$$T_c = \frac{\sigma_c hld}{4} = \frac{45 \times 10^6 \times 0.008 \times 0.05 \times 0.03}{4} = 135.0\,\mathrm{N \cdot m}$$

식 (11.3)으로부터 토크 T_s를 구하면 다음과 같다.

$$T_s = \frac{\tau_s bld}{2} = \frac{25\times10^6\times0.01\times0.05\times0.03}{2} = 187.5\,\text{N}\cdot\text{m}$$

허용압축강도에 따른 토크와 허용전단강도에 따른 토크 중 작은 것을 선택한다. 따라서 허용전달토크 $T < 135.0\,\text{N}\cdot\text{m}$이다. [답]

(b) 필요한 동력의 최댓값은 다음과 같다.

$$H = T\omega = 135\times\left(\frac{2\times\pi\times400}{60\times10^3}\right) = 5.65\,\text{kW} \quad \text{[답]}$$

검토

5.65 kW의 동력은 키의 허용압축응력을 기준으로 선정하는 전달동력의 한계값이다.

예제 11-4 평형키의 폭과 길이

250 rpm의 회전속도에서 5 kW의 동력을 전달하는 기어를 축에 조립하려고 한다. 평행키의 높이 $h = 8\,\text{mm}$일 때, 키의 폭 b와 길이 l을 구하라. 단, 축의 허용전단응력은 25 MPa이고, 키의 길이 l은 축 지름 d의 1.4배이며 축과 키의 재질이 같다.

전략

동력 $H = T\omega$로부터 토크를 구한 후 이를 식 (8.8)에 대입하여 축의 지름을 구한다. 결정된 축의 지름으로부터 키의 길이를 구하고, 식 (11.2)를 정리하여 키의 폭을 계산한다. [표 11-1]에서 적합한 평형키의 치수를 선정한다.

풀이

동력 $H = T\omega$로부터 전동축에 발생하는 토크는 다음과 같다.

$$T = \frac{H}{\omega} = \frac{5\times10^3}{\left(\dfrac{2\times\pi\times250}{60}\right)} = 191\,\text{N}\cdot\text{m}$$

식 (8.8)로부터 축의 지름은 다음과 같다.

$$d = \sqrt[3]{\frac{16T}{\pi\tau_a}} = \sqrt[3]{\frac{16\times191}{\pi\times25\times10^6}} = 0.0339\,\text{m} = 33.9\,\text{mm}$$

$l = 1.4d$이므로 $l = 1.4\times33.9 = 47.5\,\text{mm}$이다. [답]

식 (11.2)를 정리하면 키의 폭 b는 다음과 같다.

$$b = \frac{2T}{\tau_s ld} = \frac{2\times191\times10^3}{25\times10^6\times0.0475\times0.0339} = 9.5\,\text{mm} \quad \text{[답]}$$

검토

[표 11-1]에서 키의 폭 $b=10\,\text{mm}$, 키의 길이를 $l=50\,\text{mm}$로 결정하면 된다. 따라서 최종적으로 결정된 평형키의 치수는 $10\times8\times50\,\text{mm}$가 된다. 이 치수는 축지름을 계산값인 33.9mm로 했을 때의 평형키의 치수이다. 만약 축지름을 [표 8-1]의 표준 축지름에서 선정한다면 키의 폭과 길이가 달라질 수 있다.

예제 11-5 스플라인의 전달토크 및 전달동력

스플라인이 800rpm으로 회전하고 있다. 스플라인의 바깥지름이 78mm, 안지름이 72mm, 모떼기 치수가 0.5mm, 이의 개수는 10개, 보스의 길이는 130mm, 허용면압력은 20MPa, 접촉효율은 80%일 때 다음을 구하라.

(a) 전달토크

(b) 전달동력

전략

이의 높이는 식 (11.12)로 구하고, 스플라인이 전달할 수 있는 토크는 식 (11.15)로 계산한다. 또한 전달동력은 $H=T\omega$로 계산한다.

풀이

이의 높이는 식 (11.12)로부터 다음과 같다.

$$h=\frac{d_2-d_1}{2}=\frac{78-72}{2}=3\,\text{mm}$$

(a) 스플라인이 전달할 수 있는 토크는 식 (11.15)로부터 다음과 같다.

$$\begin{aligned}T&=\eta z p_a(h-2c)l\frac{d_m}{2}=\eta z p_a(h-2c)l\frac{(d_2+d_1)}{4}\\&=0.8\times10\times20\times10^6\times(0.003-2\times0.0005)\times0.13\times\frac{(0.078+0.072)}{4}\\&=1560\,\text{N}\cdot\text{m}\quad\text{[답]}\end{aligned}$$

(b) 전달동력은 다음과 같다.

$$H=T\omega=1560\times\frac{2\times\pi\times800}{60\times10^3}=130.7\,\text{kW}\quad\text{[답]}$$

검토

스플라인축과 스플라인의 조립을 원활하게 하려고 모따기를 하는데, 모따기 치수가 작을수록 서로 맞닿는 이의 면적이 커지므로 토크와 전달동력을 높일 수 있다.

SECTION 11.2

핀

✔ 핀의 종류별 특성을 알아본다.
✔ 너클핀의 압축, 전단, 굽힘을 고려한 핀지름 설계방법을 학습한다.

11.2.1 핀의 종류

핀pin은 체결한 부품이 빠져나오지 못하도록 고정하거나 부품의 위치결정positioning을 하는 데 사용하는 기계요소이다. 핀의 종류로는 [그림 11-4]와 같이 평행핀, 테이퍼핀, 분할핀, 스프링핀 등이 있으며, 각 핀의 특성은 다음과 같다.

- **평행핀**parallel pin : 지름이 일정한 핀으로 진동이나 충격으로 빠질 염려가 없는 곳에 체결용으로 사용하거나 지그판jig plate과 같이 수시로 결합하고 분해하는 곳에 위치결정용으로 사용한다.
- **테이퍼핀**taper pin : $1/50$의 테이퍼가 있는 핀으로서 부품들을 단단히 고정할 때 사용한다. 핀을 때려 박으면 쐐기작용으로 인해 잘 빠지지 않는다. 기어, 벨트풀리, 핸들 등의 보스를 축에 간단히 고정할 수 있다. 호칭치수는 테이퍼의 작은 쪽 지름으로 나타낸다.
- **분할핀**split pin : 반원형 단면의 철사를 꺾어서 맞붙인 모양의 핀이다. 나사의 풀림 방지나 부품을 축에 결합하는 데 사용하는 핀으로 결합 후 빠지지 않도록 끝을 굽힌다. 호칭지름은 핀 구멍의 지름으로 표시한다.
- **스프링핀**spring pin : 탄성이 있는 얇은 강판을 원통모양으로 둥글게 말아서 만든 핀이다. 핀의 반지름 방향으로 스프링 작용을 할 수 있는 핀으로 작은 구멍에 때려 박을 수 있다.

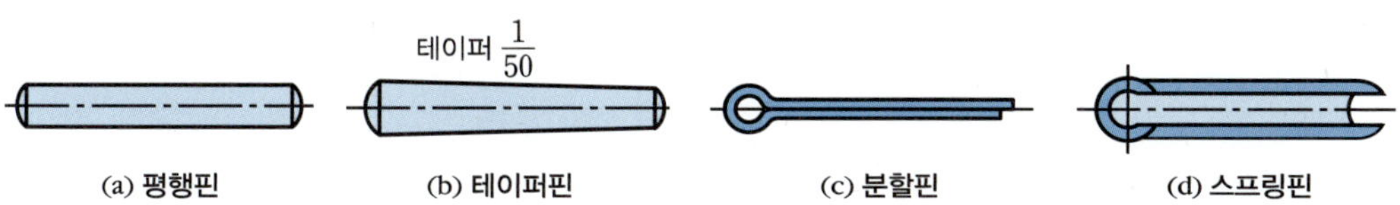

그림 11-4 핀의 종류

11.2.2 너클핀의 설계

[그림 11-5]는 하나의 축 끝에 있는 요크yoke와 다른 축 끝에 있는 아이eye를 너클핀knuckle pin으로 연결한 결합부를 나타낸다. 두 축에 인장하중 F가 가해지면 너클핀에는 압축응력, 전단응력, 굽힘응력이 함께 발생한다. 이들 응력을 고려하여 너클핀의 지름을 결정한다.

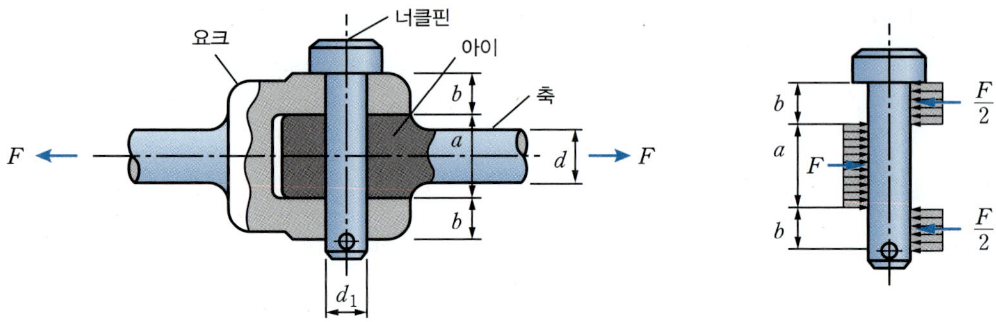

(a) 너클핀 결합부의 구조

(b) 너클핀에 작용하는 힘

그림 11-5 너클핀 결합부

■ 압축을 고려한 핀의 지름설계

축하중 F가 작용할 때 핀의 가운데에 있는 길이 a에 해당하는 부위와 양단에 있는 길이 b에 해당하는 부위는 [그림 11-5(b)]처럼 압축하중을 받는다. 이들 중 아이로드eye rod에 의해 압축하중을 받는 길이 a에 해당하는 부위를 고려하면 압축응력은 다음과 같다.

$$\sigma_c = \frac{F}{A} = \frac{F}{ad_1} \tag{11.16}$$

여기서 면적 ad_1은 하중 F의 방향으로 투영한 면적이다.

핀이 압축하중 F를 받으면 핀의 지름 d_1은 줄어들고 길이 a는 늘어나므로 **푸아송비** ν는 식 (2.10)으로 구할 수 있다. 푸아송비 ν는 근사적으로 d_1/a에 비례하므로 푸아송비의 역수인 **푸아송수**Poisson's number를 다음과 같이 나타낼 수 있다.

$$m = \frac{a}{d_1} \tag{11.17}$$

$a = md_1$을 식 (11.16)에 대입하고 정리하면 핀의 지름 d_1은 다음과 같다.

$$d_1 = \sqrt{\frac{F}{m\sigma_c}} \tag{11.18}$$

경험치에 의해 축의 지름 d에 대해 다음의 관계를 갖도록 a와 b의 치수를 정한다.

$$\begin{cases} a = 1.25d \\ b = 0.75d \end{cases} \tag{a}$$

■ 전단을 고려한 핀의 지름설계

축하중 F가 작용할 때 힘이 작용하는 축의 중심으로부터 상하방향으로 $a/2$인 위치(요크와 아이가 만나는 위치)에서 핀은 전단하중을 받는다. 따라서 이 부위에서의 전단응력은 다음과 같다.

$$\tau = \frac{F}{A} = \frac{F}{2\left(\frac{\pi d_1^2}{4}\right)} = \frac{2F}{\pi d_1^2} \tag{11.19}$$

이 식을 정리하여 핀의 지름을 구하면 다음과 같다.

$$d_1 = \sqrt{\frac{2F}{\pi\tau}} \tag{11.20}$$

■ 굽힘을 고려한 핀의 지름설계

[그림 11−5(b)]에서 보는 바와 같이 핀의 중앙에서 최대굽힘모멘트가 작용하므로 중앙 위치에서의 굽힘모멘트는 다음과 같이 나타낼 수 있다.[2]

$$M_b = \frac{F}{2}\left\{\left(\frac{a}{2}+\frac{b}{2}\right)-\frac{a}{4}\right\} = \frac{F}{2}\left(\frac{a+2b}{4}\right) = \frac{F}{8}(a+2b) \tag{11.21}$$

굽힘공식으로부터 굽힘응력 $\sigma_b = \dfrac{M_b c}{I}$이므로 굽힘모멘트 M_b를 다음과 같이 나타낼 수 있다.

$$M_b = \frac{I\sigma_b}{c} = \frac{\sigma_b\left(\frac{\pi d_1^4}{64}\right)}{\left(\frac{d_1}{2}\right)} = \frac{\pi d_1^3 \sigma_b}{32} \tag{11.22}$$

식 (11.21)과 식 (11.22)를 같다고 놓으면 굽힘응력 σ_b는 다음과 같다.

$$\sigma_b = \frac{4F(a+2b)}{\pi d_1^3} \tag{11.23}$$

또한 식 (11.23)으로부터 핀의 지름은 다음과 같다.

$$d_1 = \sqrt[3]{\frac{4F(a+2b)}{\pi\sigma_b}} \tag{11.24}$$

식 (11.18), 식 (11.20), 식 (11.24)로부터 구한 핀의 지름들 가운데 최댓값을 설계지름으로 선정한다.

---

2 끝단 길이 b는 복잡한 하중분포를 갖지만, [그림 11−5(b)]에서처럼 등분포하중을 받는 것으로 이상화했다.

탐구

1. 키와 핀의 차이점을 설명하라.
2. 평행핀은 위치결정용으로 많이 사용된다고 했는데, 그 사례를 조사하라.

예제 11-6 너클핀의 지름설계

[그림 11-5]의 너클핀 이음에서 $F = 60\,\text{kN}$의 축하중이 작용하고 있다. 핀재료의 푸아송수가 1.3이며, $a = 20\,\text{mm}$, $b = 14\,\text{mm}$일 때 너클핀의 압축응력과 전단응력을 고려한 지름을 결정하라. 단, 핀의 허용압축강도는 400 MPa, 허용전단강도는 240 MPa이다.

전략

식 (11.18)로부터 압축응력을 고려하여 핀의 지름을 구하고, 식 (11.20)으로부터 전단응력을 고려하여 핀의 지름을 구한다. 이들 중 큰 지름을 설계지름으로 결정한다.

풀이

식 (11.18)로부터 압축응력을 고려하여 핀의 지름을 구하면 다음과 같다.

$$d_1 = \sqrt{\frac{F}{m\sigma_c}} = \sqrt{\frac{60 \times 10^3}{1.3 \times 400 \times 10^6}} = 0.01074\,\text{mm} = 10.7\,\text{mm}$$

식 (11.20)으로부터 전단응력을 고려하여 핀의 지름을 구하면 다음과 같다.

$$d_1 = \sqrt{\frac{2F}{\pi\tau}} = \sqrt{\frac{2 \times 60 \times 10^3}{\pi \times 240 \times 10^6}} = 0.0126\,\text{m} = 12.6\,\text{mm}$$

전단응력을 고려했을 때의 지름이 압축응력을 고려했을 때의 지름보다 더 크므로 12.6 mm를 기준으로 핀의 지름을 결정한다. [답]

검토

일반적으로 핀의 지름이 작을 때는 전단강도를 기준으로 핀의 지름을 결정한다.

SECTION 11.3

코터

✔ 코터이음의 구조를 알아본다.
✔ 코터의 전단응력, 로드엔드의 인장응력, 소켓의 인장응력을 구하는 방법을 학습한다.

11.3.1 코터이음의 구조

코터이음 cotter joint은 축방향으로 인장 또는 압축을 받는 축을 연결할 때 사용하며, [그림 11-6]과 같이 **코터** cotter, **소켓** socket, **로드엔드** rod end로 구성된다. 축의 끝에 있는 로드엔드를 소켓에 끼운 후 테이퍼 가공된 코터를 홈에 때려 박아 고정한다.

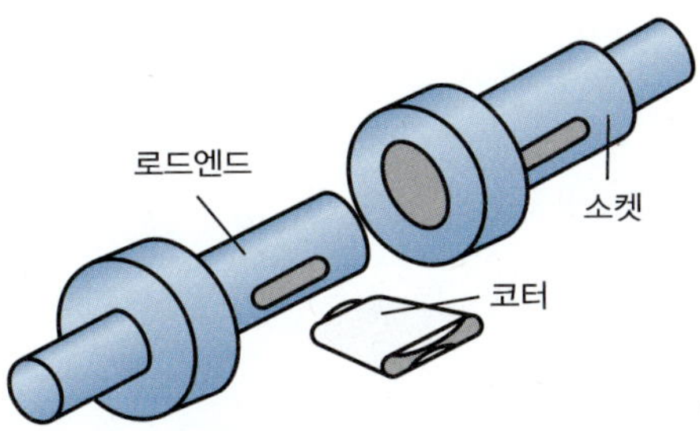

그림 11-6 코터이음의 구조

체결 후 분해를 해야 할 때는 코터의 테이퍼 각을 크게 하고, 영구적으로 체결할 때는 테이퍼 각을 작게 한다. 그러나 어떤 경우에도 로드에 힘이 작용했을 때 코터가 빠져나가지 않도록 **자립조건** self-locking를 유지할 수 있게 설계해야 한다.

11.3.2 코터의 설계

코터의 자립조건을 만족하는 경사각과 마찰각의 관계 및 로드엔드의 인장응력, 코터의 전단응력, 소켓의 인장응력에 대해 살펴본다.

■ 코터의 자립조건

코터는 양쪽 경사형과 한쪽 경사형이 있다. 경사도는 용도에 따라 다르게 설정하는데, 반영구적으로 사용할 때는 1/100, 자주 분해해야 하는 것은 1/5 ~ 1/10, 보통은 1/20로 한다.

[그림 11-7]에서 보듯이 양측에 α_1과 α_2의 **경사각** rake angle을 갖는 코터에 힘 Q를 가하여 코터를 박으면 쐐기작용 wedge action으로 축방향 힘 F가 발생한다. 이때 코터의 좌우면에서 발생하는 반력은 R_1과 R_2이고, **마찰각** friction angle은 ρ_1과 ρ_2이다. 마찰각은 코터 경사면의 마찰력과 반력에 의해 결정된다.

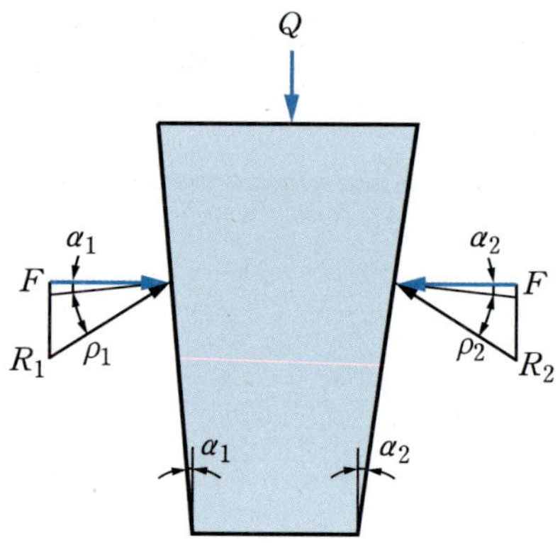

그림 11-7 **코터에 작용하는 힘**

[그림 11-7]로부터 힘의 평형방정식은 다음과 같다.

$$Q = R_1 \sin(\alpha_1 + \rho_1) + R_2 \sin(\alpha_2 + \rho_2) \qquad \text{(a)}$$

$$F = R_1 \cos(\alpha_1 + \rho_1) = R_2 \cos(\alpha_2 + \rho_2) \qquad \text{(b)}$$

식 (b)로부터 R_1과 R_2는 다음과 같다.

$$R_1 = \frac{F}{\cos(\alpha_1 + \rho_1)}, \quad R_2 = \frac{F}{\cos(\alpha_2 + \rho_2)} \qquad \text{(c)}$$

식 (c)를 식 (a)에 대입하여 정리하면 코터를 박을 때 필요한 힘 Q를 구할 수 있다.

$$Q = F\left[\tan(\alpha_1 + \rho_1) + \tan(\alpha_2 + \rho_2)\right] \qquad (11.25)$$

코터를 빼낼 때 필요한 힘 Q'은 다음과 같다.

$$Q' = F\left[\tan(\rho_1 - \alpha_1) + \tan(\rho_2 - \alpha_2)\right] \qquad (11.26)$$

사용 중 스스로 빠지지 않게 하려면 $Q' \geq 0$의 조건을 만족해야 하므로 $\alpha_1 = \alpha_2 = \alpha$이고, $\rho_1 = \rho_2 = \rho$인 경우에 $\alpha \leq \rho$가 되면 자립조건이 된다.

또한 $\alpha_2 = 0$인 한쪽 경사 코터의 경우 코터를 빼낼 때 필요한 힘 Q'은 다음과 같다.

$$Q' = F\left[\tan(\rho_1 - \alpha_1) + \tan\rho_2\right] \qquad (11.27)$$

따라서 $\alpha_1 = \alpha$, $\alpha_2 = 0$, $\rho_1 = \rho_2 = \rho$의 경우 $\alpha \leq 2\rho$가 되면 자립조건이 된다.

■ 코터의 강도계산

1 로드엔드의 인장응력

[그림 11-8]에서 로드엔드의 코터 홈이 있는 단면에 대한 인장응력은 다음과 같다.

$$\sigma_t = \frac{F}{\dfrac{\pi d_1^2}{4} - bd_1} \tag{11.28}$$

여기서 d_1은 로드엔드의 지름, b는 코터의 두께[3]를 나타낸다.

2 코터의 전단응력

코터의 전단은 두 군데에서 발생하며 전단응력은 다음과 같다.

$$\tau = \frac{F}{2bh} \tag{11.29}$$

여기서 h는 코터의 폭[4]을 나타낸다.

3 소켓의 인장응력

소켓의 코터 홈이 있는 단면에 대한 인장응력은 다음과 같다.

$$\sigma_t = \frac{F}{\dfrac{\pi(d_2^2 - d_1^2)}{4} - b(d_2 - d_1)} \tag{11.30}$$

여기서 d_2는 소켓의 바깥지름을 나타낸다.

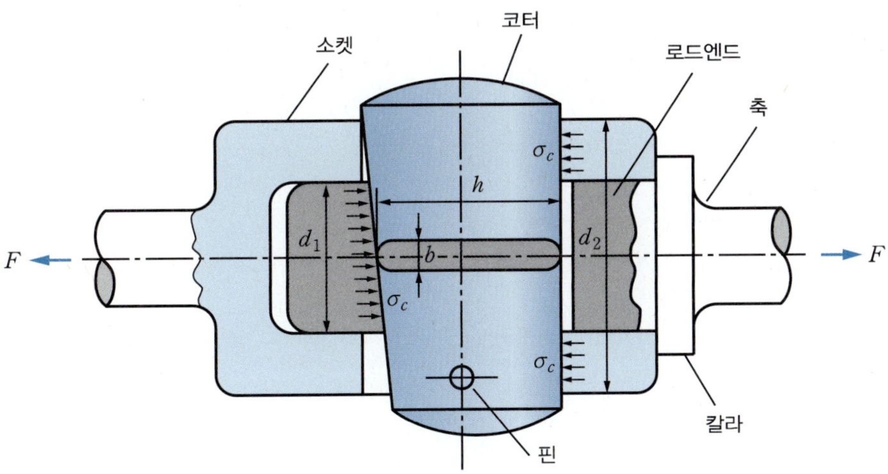

그림 11-8 코터이음

3 엄밀하게는 코터의 두께가 아닌 코터 홈의 좁은 쪽 치수이나 서로 같다고 가정한다.
4 코터는 테이퍼로 인해 위치에 따라 약간의 폭 차이가 있으나 코터의 폭이 일정한 것으로 가정한다.

탐구

1. 코터이음에서의 자립조건을 설명하라.
2. 식 (11.28) ~ 식 (11.30)에 세 가지 응력을 설명했다. 코터이음에서 추가로 고려해야 할 응력에는 어떤 것이 있을지 고찰하라.

예제 11-7 코터이음에서 로드엔드의 인장응력, 코터의 전단응력, 소켓의 인장응력

[그림 11-8]의 코터이음에서 축하중 $F=30\,\text{kN}$이 작용하고 있다. 소켓의 바깥지름 $d_2=130\,\text{mm}$, 로드엔드의 지름 $d_1=65\,\text{mm}$, 코터의 폭 $h=65\,\text{mm}$, 코터의 두께 $b=20\,\text{mm}$일 때 다음을 구하라.

(a) 로드엔드의 인장응력

(b) 코터의 전단응력

(c) 소켓의 인장응력

전략

로드엔드와 소켓에 있는 홈의 치수는 코터의 단면치수와 같은 것으로 가정한다. 식 (11.28) ~ 식 (11.30)을 이용하여 각 응력을 구한다.

풀이

(a) 식 (11.28)에 의해 로드엔드의 인장응력은 다음과 같다.

$$\sigma_t=\frac{F}{\dfrac{\pi d_1^2}{4}-bd_1}=\frac{30\times10^3}{\dfrac{\pi\times0.065^2}{4}-0.02\times0.065}=14.9\,\text{MPa} \quad \text{[답]}$$

(b) 식 (11.29)에 의해 코터의 전단응력은 다음과 같다.

$$\tau=\frac{F}{2bh}=\frac{30\times10^3}{2\times0.02\times0.065}=11.5\,\text{MPa} \quad \text{[답]}$$

(c) 식 (11.30)에 의해 소켓의 인장응력은 다음과 같다.

$$\sigma_t=\frac{F}{\dfrac{\pi(d_2^2-d_1^2)}{4}-b(d_2-d_1)}$$

$$=\frac{30\times10^3}{\dfrac{\pi(0.13^2-0.065^2)}{4}-0.02\times(0.13-0.065)}=3.5\,\text{MPa} \quad \text{[답]}$$

검토

계산된 각 응력에 적합한 로드엔드, 코터 및 소켓의 재료를 선정한다.

CHAPTER 11 | 핵심요약

- 키는 기어, 벨트풀리, 플라이휠, 커플링, 클러치 등의 회전체를 축에 고정하여 회전체의 토크를 전달하게 하는 기계요소이다.
- 키의 종류로는 안장키, 평키, 평행키, 둥근키, 접선키, 반달키, 경사키, 스플라인, 세레이션 등이 있다.
- 스플라인은 축에 원주방향으로 같은 간격의 여러 개의 키홈을 깎아 낸 것이며, 큰 토크를 전달할 수 있다. 축을 스플라인축이라 하고, 축에 끼워지는 상대측 보스를 스플라인이라 한다.
- 핀은 체결한 부품이 빠져나오지 못하도록 고정하거나 부품의 위치결정을 하는 데 사용하는 기계요소이다.
- 핀의 종류로는 평행핀, 테이퍼핀, 분할핀, 스프링핀, 너클핀 등이 있다.
- 코터이음은 축방향으로 인장 또는 압축하중을 받는 봉을 연결할 때 사용하며, 코터, 소켓, 로드엔드로 구성된다. 로드에 힘이 작용했을 때 코터가 빠져나가지 않도록 자립조건을 유지할 수 있게 설계해야 한다.
- 코터의 경사각과 마찰각이 각각 α와 ρ일 때 자립조건은 한쪽 경사형의 경우 $\alpha \leq 2\rho$이고, 양쪽 경사형의 경우 $\alpha \leq \rho$이다.

CHAPTER 11 | 기본문제

11.1 축에는 홈을 파지 않고 보스에만 홈을 판 후 키를 두들겨 박아 마찰력으로만 토크를 전달하는 키는? 11.1절

① 평키 ② 평행키 ③ 접선키 ④ 안장키

11.2 다음의 키 가운데 전달할 수 있는 토크가 가장 작은 키는? 11.1절

① 안장키 ② 접선키 ③ 평키 ④ 평행키

11.3 축에 키의 폭만큼 평평하게 깎고 보스에 키홈을 파서 결합하는 키는? 11.1절

① 평행키 ② 평키 ③ 접선키 ④ 안장키

11.4 접선키는 몇도 간격으로 두 군데에 설치하는가? 11.1절

① 45° ② 60° ③ 120° ④ 240°

11.5 키홈 속에서 자유로이 기울어질 수 있어 자동적으로 축과 보스 사이에 정렬되며, 테이퍼진 축과 테이퍼진 안지름을 갖는 회전체를 결합할 때 편리하게 사용할 수 있는 키는? 11.1절

① 반달키 ② 평행키 ③ 경사키 ④ 둥근키

11.6 스플라인에 대한 설명 중 옳지 않은 것은? 11.1절

① 축에 원주방향으로 같은 간격의 여러 개의 키홈을 깎아 낸 것이다.
② 평행키에 비하여 큰 토크를 전달할 수 있다.
③ 이의 단면 모양이 삼각형이며 여러 개의 이가 가공되어 있다.
④ 축을 스플라인축이라 하고, 축에 끼워지는 상대측 보스를 스플라인이라 한다.

11.7 다음 중 키가 전달할 수 있는 토크가 큰 순서로 나열된 것은? 11.1절

① 평행키-스플라인-안장키-평키 ② 스플라인-평행키-평키-안장키
③ 안장키-평키-평행키-스플라인 ④ 평키-평행키-스플라인-안장키

11.8 평행키에서 $12 \times 8 \times 25$에서 첫 번째 숫자인 12는 무엇을 나타내는가? 11.1절

① 키의 길이 ② 키의 높이 ③ 키의 호칭 ④ 키의 폭

11.9 지름 60mm의 축에 폭×높이×길이가 $18 \times 11 \times 70$mm인 평행키로 토크를 전달한다. 키의 허용전단 응력이 70MPa이라고 할 때 전달할 수 있는 토크는 몇 N·m인가? 11.1절

① 2646 ② 5092 ③ 8038 ④ 9520

CHAPTER 11 | 기본문제

11.10 120 rpm의 회전속도로 8 kW의 동력을 전달하는 지름 70 mm의 축에 사용할 평행키의 길이를 mm 단위로 구하라. 단, 키의 폭×높이는 20×12 mm이며, 키의 허용전단응력은 60 MPa이다. 11.1절

① 12.6 ② 15.2 ③ 19.1 ④ 22.4

11.11 200 rpm의 회전속도로 10 kW의 동력을 전달하는 지름 60 mm의 축에 사용할 평행키의 압축응력을 MPa 단위로 구하라. 단, 키의 폭×높이×길이는 18×11×80 mm이며, 키홈의 깊이는 키 높이의 1/2이다. 11.1절

① 17.9 ② 20.6 ③ 28.4 ④ 36.2

11.12 폭×높이×길이의 치수가 $b \times h \times l$인 평행키에서 $\tau/\sigma = 1/2$일 때 다음 중 b와 h의 관계는? 단, 키홈의 깊이는 키 높이의 1/2이다. 11.1절

① $b = \frac{1}{4}h$ ② $b = \frac{1}{2}h$ ③ $b = h$ ④ $b = 2h$

11.13 폭×높이×길이의 치수가 12×8×50 mm인 평행키에 작용할 수 있는 압축하중은 kN 단위로 얼마인가? 단, 키의 허용압축응력은 55 MPa이고, 키홈의 깊이는 키 높이의 1/2이다. 11.1절

① 6 ② 8 ③ 11 ④ 15

11.14 지름 d인 원형축에 폭×높이×길이의 치수가 $b \times h \times l$인 평행키를 체결하여 토크를 전달한다. 축과 키의 재료가 같은 경우에 축과 키에 동일한 전단응력이 발생하기 위한 키의 길이 l은? 11.1절

① $\frac{\pi d^2}{4b}$ ② $\frac{\pi d^2}{8b}$ ③ $\frac{\pi d^3}{4b}$ ④ $\frac{\pi d^3}{8b}$

11.15 평행키가 장착된 원형축으로 동력을 전달한다. 같은 크기의 동력을 전달한다는 전제로 축의 회전속도를 2배로 늘리면 키의 폭을 몇 배로 변경해야 하는가? 단, 나머지 치수의 변동은 없다. 11.1절

① 0.25배 ② 0.5배 ③ 2배 ④ 4배

11.16 축과 보스의 결합을 위해 사용된 평행키에서 회전토크에 의해 키가 전단되는 경우 키의 길이 l이 축지름 d의 2배라면 키의 폭 b와 축지름 d의 관계로 옳은 것은? 단, 축과 키의 재료는 같고, 축과 키에 전달되는 회전토크도 같다. 11.1절

① $b = \frac{\pi d}{2}$ ② $b = \frac{\pi d}{4}$ ③ $b = \frac{\pi d}{8}$ ④ $b = \frac{\pi d}{16}$

11.17 스플라인이 500 rpm 으로 회전하고 있다. 스플라인의 바깥지름이 62 mm, 안지름이 56 mm, 모따기 치수가 0.5 mm, 이 너비 치수는 10 mm, 이의 개수는 8개, 보스의 길이는 120 mm, 허용면압력은 25 MPa, 접촉효율은 75 %일 때 N·m 단위의 전달토크는? 11.1절

① 420 ② 640 ③ 850 ④ 1062

11.18 테이퍼핀의 호칭은 어떻게 나타내는가? 11.2절

① 테이퍼의 큰 쪽 지름과 길이
② 테이퍼의 작은 쪽과 큰 쪽 지름
③ 테이퍼의 큰 쪽 지름
④ 테이퍼의 작은 쪽 지름

11.19 얇은 강판을 원통모양으로 둥글게 말아서 만든 핀으로 세로방향으로 분할되어 있어서 핀구멍의 크기가 정확하지 않아도 해머로 때려 박을 수 있어서 편리한 핀은? 11.2절

① 평행핀 ② 분할핀 ③ 스프링핀 ④ 테이퍼핀

11.20 반원형 단면의 철사를 꺾어서 맞붙인 모양의 핀으로 결합 후 빠지지 않도록 끝을 굽히는 핀은? 11.2절

① 분할핀 ② 테이퍼핀 ③ 스프링핀 ④ 평행핀

11.21 [그림 11–5]의 너클핀 이음에서 $F = 45\,\text{kN}$의 축하중이 작용하고 있다. $a = 16\,\text{mm}$, $b = 11\,\text{mm}$이다. 전단응력을 고려할 때 핀의 최소지름은 몇 mm 인가? 단, 핀의 허용전단강도는 200 MPa이다. 11.2절

① 8 ② 12 ③ 16 ④ 20

11.22 코터이음에서 20 kN의 축하중이 작용하고 있다. 로드엔드의 지름은 50 mm, 코터의 폭은 55 mm, 코터의 두께는 15 mm 일 때 코터의 전단응력은 몇 MPa인가? 11.3절

① 10.3 ② 12.1 ③ 15.7 ④ 19.3

11.23 코터이음에서 코터가 양쪽 경사를 갖는 경우 자립조건은 다음 중 어떤 것인가? 단, 경사각은 α, 마찰각은 ρ이다. 11.3절

① $\alpha \geq \rho$ ② $\alpha \geq 2\rho$ ③ $\alpha \leq \rho$ ④ $\alpha \leq 2\rho$

정답

11.1 ④ 11.2 ① 11.3 ② 11.4 ③ 11.5 ① 11.6 ③ 11.7 ② 11.8 ④ 11.9 ① 11.10 ②
11.11 ④ 11.12 ③ 11.13 ③ 11.14 ② 11.15 ② 11.16 ④ 11.17 ④ 11.18 ④ 11.19 ③ 11.20 ①
11.21 ② 11.22 ② 11.23 ③

CHAPTER 11 | 연습문제

11.1 지름 70 mm 인 전동축이 450 rpm 의 회전속도에서 15 kW의 동력을 전달한다. 이 축에 폭×높이×길이가 20×12×80 mm 인 평행키를 사용하여 체결할 경우 다음을 구하라. 단, $h_2/h_1 = 0.8$이다. **11.1절**

(a) 키에 발생하는 압축응력

(b) 키에 발생하는 전단응력

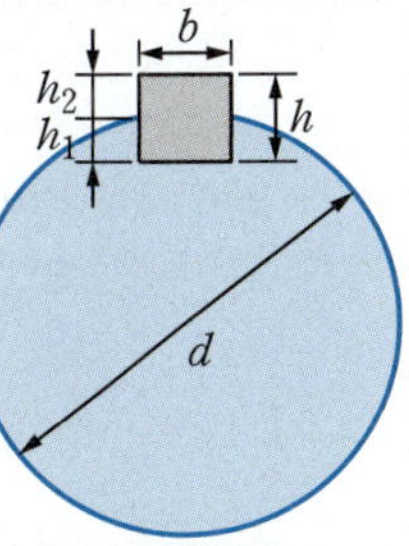

그림 P11.1

11.2 다음 그림은 축과 평행키로 체결된 레버를 나타낸다. 축지름 $d = 30$ mm, 레버길이 $l = 400$ mm, 키의 치수는 10×8×30 mm 이고, 키의 허용전단강도는 45MPa, 허용압축강도는 70 MPa이다. 키를 파손하지 않고 작용할 수 있는 힘 F를 구하라. **11.1절**

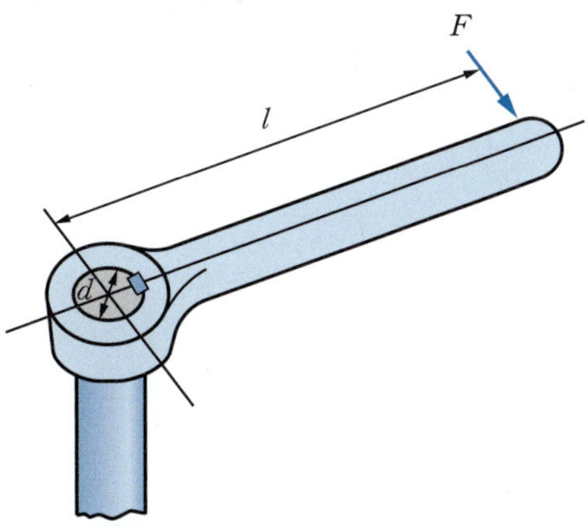

그림 P11.2

11.3 지름 40 mm 인 축에 치수 $b \times h \times l$의 평행키를 체결하여 300 N·m 의 토크를 전달할 수 있는 평행키의 각 치수를 결정하라. 단, 축과 키의 허용전단응력은 80 MPa이며, 키의 길이 $l = 1.4d$로 한다. **11.1절**

11.4 지름이 60 mm 인 축이 450 rpm 의 회전속도에서 8 kW의 동력을 전달한다. 키의 허용전단강도는 52 MPa, 허용압축강도는 90 MPa이라고 할 때 다음을 구하라. 단, 평행키의 폭×높이는 11×18 mm 이다. **11.1절**

(a) 키의 전달토크

(b) 허용전단강도를 고려한 키의 길이

(c) 허용압축강도를 고려한 키의 길이(단, 축에 가공된 키홈의 깊이는 키 높이의 0.55배이다.)

11.5 [그림 11-3]의 스플라인에서 바깥지름 $d_2 = 78\,\text{mm}$, 안지름 $d_1 = 72\,\text{mm}$, 모따기 치수 $c = 0.5\,\text{mm}$, 잇수 $z = 10$개, 보스의 길이 $l = 130\,\text{mm}$이다. 스플라인축이 750rpm으로 회전하고, 이가 서로 맞닿는 면에 대한 허용면압력 $p_a = 20\,\text{MPa}$일 때 전달할 수 있는 동력을 구하라. 단, 접촉효율은 85%이다. 11.1절

11.6 1500rpm의 회전속도에서 12kW의 동력을 전달하는 스플라인축이 있다. 스플라인의 바깥지름이 50mm이고, 이 높이가 2mm이며, 보스의 길이가 85mm일 때 다음을 구하라. 단, 이의 개수는 8개이고, 접촉효율은 90%이다. 11.1절

(a) 스플라인축에 작용하는 토크

(b) 스플라인 이의 서로 맞닿는 면에 작용하는 면압력

11.7 다음 그림과 같은 너클핀 이음에서 $F = 60\,\text{kN}$의 축하중이 작용할 때 핀의 지름 d를 구하라. 단, 핀의 허용전단강도는 240MPa이고, 안전계수를 3으로 한다. 11.2절

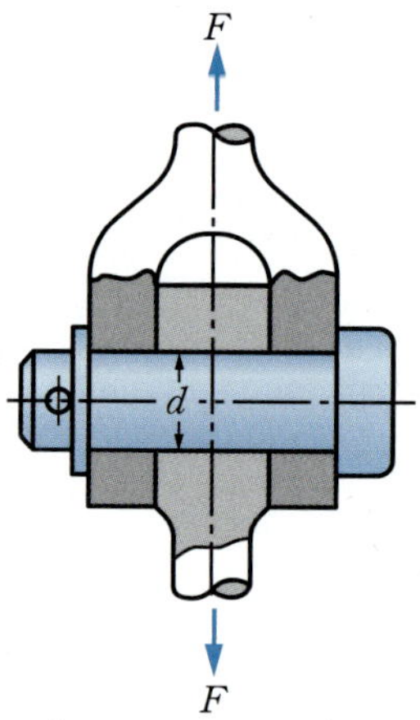

그림 P11.3

11.8 코터이음에서 소켓의 바깥지름이 140mm, 로드엔드의 지름이 70mm, 코터의 폭과 두께가 각각 70mm와 20mm이다. 축하중이 50kN일 때 다음을 구하라. 11.3절

(a) 코터의 전단응력

(b) 코터와 소켓 간의 압축응력

(c) 로드엔드에서 코터 홈이 파진 단면의 인장응력

(d) 소켓에서 코터 홈이 파진 단면의 인장응력

CHAPTER

12

마찰차

Friction Wheel

학습목표

- 마찰차의 특징과 종류를 알아본다.
- 원통마찰차의 회전속도비, 동력, 토크, 폭 등을 결정하는 방법을 학습한다.
- 홈마찰차의 상당마찰계수, 동력, 홈의 깊이, 홈의 수 등을 결정하는 방법을 학습한다.
- 원추마찰차의 동력, 토크, 폭, 원추반각 등을 결정하는 방법을 학습한다.

SECTION
12.1 마찰차의 특징과 종류

✔ 마찰차의 구조적 특징과 종류를 알아본다.
✔ 마찰차의 마찰계수 및 허용접촉압력에 대해 학습한다.

12.1.1 마찰차의 특징

두 개의 바퀴가 밀착된 상태에서 구름마찰력rolling friction을 이용하여 하나의 전동요소rolling element에서 다른 전동요소로 동력을 전달하는 장치를 **마찰차**friction wheel라고 한다. 따라서 마찰차는 동력전달을 할 두 축이 가까운 경우에만 사용하는 동력전달장치power transmission device이다. 만약 두 마찰차의 접촉부에서 미끄럼이 없다면 접촉부에서 두 전동체의 원주속도circumferential speed가 같다. 그러나 실제로는 부하나 운동조건 등에 따라 미끄럼이 어느 정도 발생할 수 있으므로 정확한 동력전달이 필요하거나 큰 동력을 전달할 때는 적합하지 않을 수 있다.

마찰차의 장점은 작은 동력을 고속으로 소음 · 진동 없이 전달할 수 있고, 기어로는 얻기 힘든 큰 회전속도비velocity ratio of rotation를 얻을 수 있으며, 동력을 자주 연결하거나 차단해야 할 때도 편리하다는 것이다. 또한 무단변속infinite variable-speed이 가능하며, 과부하가 걸릴 때는 접촉부에서의 미끄럼을 통해 구동축과 관련한 부품의 파손을 막을 수 있다.

마찰자의 단점은 접촉부에서의 미끄럼에 의한 동력손실이 있을 수 있다는 것이다. 동력손실을 줄이려면 두 마찰차를 반지름방향으로 큰 힘으로 밀어붙여야 하므로 축과 베어링에 큰 부하가 걸릴 수 있다.

12.1.2 마찰차의 종류

마찰차는 [그림 12-1]과 같이 모양에 따라 다양한 종류가 있다.

- **원통마찰차**cylindrical friction wheel : 두 축이 평행하고 마찰차의 접촉부가 평평한 구조이다.
- **홈마찰차**grooved friction wheel : 두 축이 평행하고 마찰차의 접촉부에 V형 홈이 있다. 홈에서의 쐐기작용으로 큰 마찰력이 발생한다.
- **원추마찰차**cone friction wheel : 두 축이 일정 각도로 교차하며 원추의 모양을 갖는다. 원뿔마찰차라고도 한다.
- **무단변속 마찰차**infinite variable-speed friction wheel : 원판, 원추, 구면 등을 이용하여 연속적으로 변속할 수 있는 마찰차이며 매우 다양한 종류가 있다. [그림 12-1(d)]는 원판형 무단변속 마찰차를 보여준다.

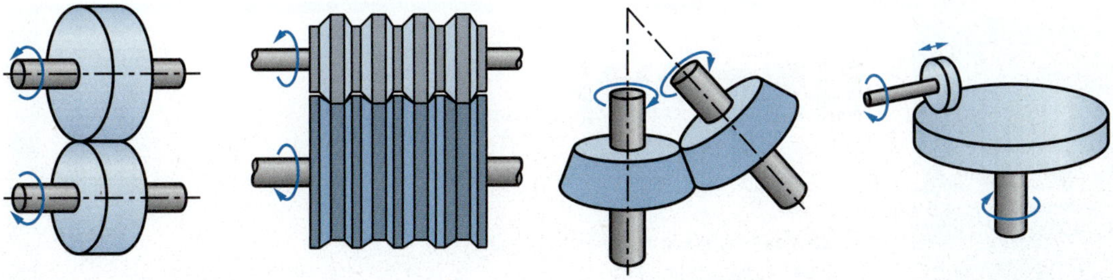

(a) 원통마찰차 (b) 홈마찰차 (c) 원추마찰차 (d) 무단변속 마찰차

그림 12-1 마찰차의 종류

12.1.3 마찰계수 및 허용접촉압력

마찰차의 재료로는 주철, 주강, 동합금 등이 사용되며, 마찰계수를 증대하기 위해 마찰차의 표면에 고무, 가죽, 목재, 종이 등을 부착한다. [표 12-1]에 마찰차의 표면재료에 따른 마찰계수와 허용접촉압력에 대한 개략적인 값을 나타냈다. **허용접촉압력**은 두 마찰차 간 접촉부의 단위길이당 수직력을 나타낸다. 두 마찰차가 접촉하면 이론적으로는 선접촉$_{\text{linear contact}}$을 하는데, 이에 관한 허용압력을 말한다. 이러한 점에서 단위면적당 힘을 나타내는 압력이나 응력과는 차이가 있다.

표 12-1 마찰차의 마찰계수 및 허용접촉압력

표면재료		마찰계수 μ	허용접촉압력 p_0(N/mm)
주철	주철	0.1 ~ 0.15	20 ~ 30
주철	가죽	0.2 ~ 0.3	7 ~ 15
주철	나무	0.2 ~ 0.3	10 ~ 25
주철	종이	0.15 ~ 0.2	5 ~ 7

탐구

1. 마찰차와 기어의 공통점과 차이점을 조사하라.
2. 두 마찰차 사이의 미끄러짐이 안전장치 역할을 한다는 것은 무슨 뜻인가?
3. 마찰차는 베어링과 축에 부하가 많이 걸릴 수 있는데, 그 이유는 무엇인가?

SECTION 12.2

원통마찰차

✔ 원통마찰차의 구조와 회전속도비를 학습한다.
✔ 원통마찰차의 회전력, 전달동력, 전달토크 및 폭을 결정하는 방법을 학습한다.

원통마찰차 cylindrical friction wheel는 서로 평행한 두 축 사이에 회전동력을 전달하는 마찰차이다. 원통마찰차에는 [그림 12−2(a)]와 같이 두 마찰차의 바깥부분이 서로 접촉하는 외접마찰차와 [그림 12−2(b)]와 같이 가운데가 비어 있는 큰 마찰차의 내부와 작은 마찰차의 외부가 서로 접촉하는 내접마찰차가 있다.

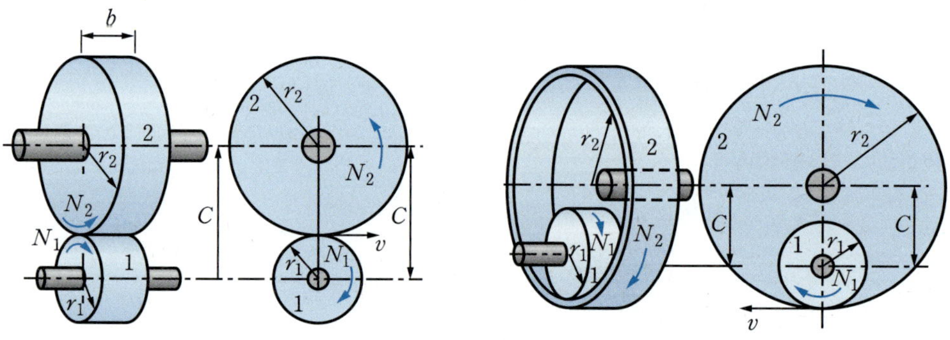

(a) 외접마찰차 (b) 내접마찰차

그림 12-2 원통마찰차

12.2.1 외접마찰차

외접마찰차의 중심거리, 원주속도, 회전속도비, 회전력, 토크 및 전달동력 등에 대해 살펴보자.

■ 중심거리

[그림 12−2]에서 동력을 전달하는 마찰차인 **원동차** driving wheel를 1, 동력을 전달받는 마찰차인 **종동차** driven wheel를 2로 놓는다. 원동차의 반지름을 r_1, 종동차의 반지름을 r_2라고 하면, [그림 12−2(a)]의 외접마찰차와 [그림 12−2(b)]의 내접마찰차에서 중심거리 C는 각각 다음과 같다.

$$\text{외접마찰차}: C = \frac{d_1 + d_2}{2} \tag{12.1a}$$

$$\text{내접마찰차}: C = \frac{d_2 - d_1}{2} \tag{12.1b}$$

여기서 d_1은 원동차의 지름, d_2는 종동차의 지름을 나타낸다.

[그림 12−2(a)]의 외접마찰차는 원동차와 종동차의 회전방향이 서로 반대가 되나, [그림 12−2(b)]의 내접마찰차는 원동차와 종동차의 회전방향이 서로 같다.

■ 원주속도

원동차와 종동차가 각각 ω_1과 ω_2로 회전할 때 원주속도는 다음과 같다.

$$v_1 = \omega_1 r_1 = \frac{d_1}{2}\frac{2\pi N_1}{60} = \frac{\pi d_1 N_1}{60} \tag{12.2a}$$

$$v_2 = \omega_2 r_2 = \frac{d_2}{2}\frac{2\pi N_2}{60} = \frac{\pi d_2 N_2}{60} \tag{12.2b}$$

여기서 d_1은 원동차의 지름, N_1은 원동차의 rpm 단위 회전속도를 나타내며, d_2는 종동차의 지름, N_2는 종동차의 rpm 단위 회전속도를 나타낸다.

■ 회전속도비

만약 두 마찰차가 접촉부에서 미끄럼 없이 구름마찰만으로 동력전달이 된다면 접촉부에서 원동차와 종동차의 원주속도가 같다. 즉 $v_1 = v_2$가 된다.

접촉부에서 두 마찰차의 원주속도가 같으므로 식 (12.2a)와 식 (12.2b)로부터 $d_1 N_1 = d_2 N_2$가 되며, 이로부터 다음과 같이 두 마찰차 사이의 회전속도비를 구할 수 있다.

$$i = \frac{N_2}{N_1} = \frac{d_1}{d_2} \tag{12.3}$$

즉 회전속도와 지름은 서로 반비례의 관계를 갖는다.

만약 [그림 12−3]과 같이 원동차와 종동차 사이에 중간마찰차가 설치된다면 회전속도비는 어떻게 될까? 식 (12.3)을 다음과 같이 변경해도 결과는 같다.

$$i = \frac{N_2}{N_1} = \frac{N_3}{N_1}\frac{N_2}{N_3} \quad \text{또는} \quad i = \frac{d_1}{d_2} = \frac{d_1}{d_3}\frac{d_3}{d_2} \tag{12.4}$$

식 (12.4)의 첫 번째 회전속도비에서 N_3/N_1은 마찰차 1에 대한 마찰차 3의 회전속도비이고, N_2/N_3는 마찰차 3에 대한 마찰차 2의 회전속도비이다. 즉 마찰차 1과 마찰차 3에서는 마찰차 1이 원동차이고 마찰차 3은 종동차가 된다. 그리고 마찰차 3과 마찰차 2에서는 마찰차 3이 원동차이고 마찰차 2는 종동차가 된다. 따라서 중간마찰차가 있는 경우 서로 접하는 두 개의 마찰차에 대한 회전속도비를 각각 구하고, 이들을 모두 곱하면 입력에 대한 출력의 회전속도비를 구할 수 있다.

[그림 12-3]에 있는 중간마찰차는 회전속도비에는 영향을 주지 않고 회전방향만 바꾸는 역할을 한다. 이렇게 회전속도비에는 영향을 주지 않고 회전방향만 바꾸는 마찰차를 **아이들 휠** idle wheel이라고 한다. 마찰차의 회전방향은 중간마찰차의 개수에 따라 달라진다.

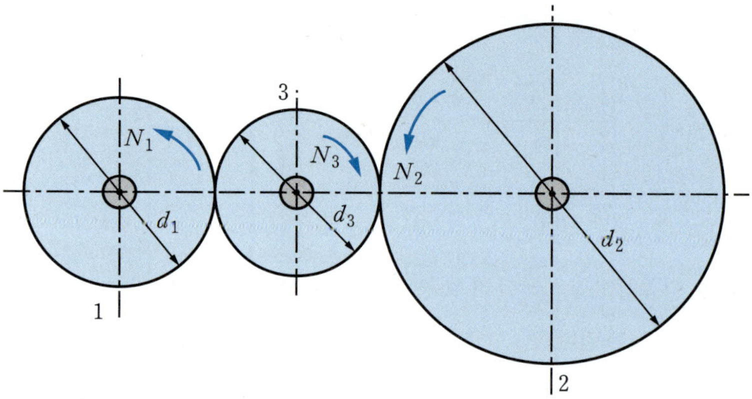

그림 12-3 중간마찰차를 갖는 원통마찰차

■ 회전력

[그림 12-4]와 같이 서로 외접한 두 마찰차의 접촉부에서 각 마찰차에 작용하는 **회전력** turning force[1]은 작용과 반작용의 법칙에 따라 크기가 같고 방향은 반대이다. 두 마찰차 간에 서로 누르는 수직력을 Q, 두 마찰차 사이의 마찰계수를 μ라고 하면 접촉부에서의 최대마찰력은 다음과 같다.

$$F = \mu Q \tag{12.5}$$

두 마찰차 사이에 미끄럼이 없다면 회전력은 이 최대마찰력을 초과하지 않는다. 즉 다음의 관계를 갖게 된다.

$$F \leq \mu Q \tag{12.6}$$

따라서 회전력이 최대마찰력보다 작아야 미끄럼 없이 동력을 전달할 수 있는데, 만약 종동차의 부하 등으로 인해 두 마찰차 사이에 미끄럼이 발생한다면 최대마찰력을 높여야 한다. 이를 위해서 마찰계수가 큰 재료를 사용하거나 수직력 Q를 높여야 한다.

1 회전력이란 마찰차를 회전하게 하는 원주방향의 힘을 말한다.

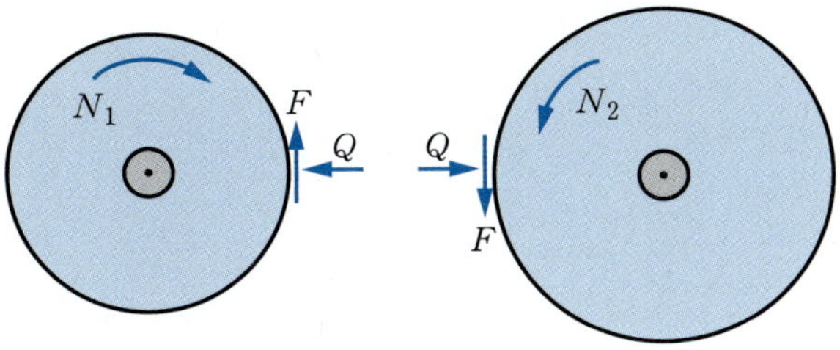

그림 12-4 원통마찰차의 마찰력과 회전력

■ 토크 및 전달동력

접촉부에서의 회전력이 F이고, 원주속도가 v인 경우에 전달동력 H는 다음과 같다.

$$H = Fv \tag{12.7}$$

회전력 F의 단위가 N(뉴턴)이고, 속도의 단위가 m/s 라면 전달동력의 단위는 W(와트)가 된다.

마찰차 접촉부의 폭이 b인 경우에 두 마찰차 사이의 수직력 Q는 다음과 같다.

$$Q = b\,p_0 \tag{12.8}$$

여기서 p_0는 [표 12-1]에 있는 마찰차 접촉부의 허용접촉압력이다.

따라서 전달동력은 다음과 같이 쓸 수 있다.

$$H = \mu Q v = \mu b\,p_0 v \tag{12.9}$$

전달동력이 주어질 때 필요한 토크는 다음과 같다.

$$T = \frac{H}{\omega} = \frac{H}{\left(\dfrac{2\pi N}{60}\right)} \tag{12.10}$$

여기서 N은 rpm 단위의 회전속도를 나타낸다.

■ 마찰차 접촉부의 폭

마찰차 접촉부의 폭 b는 식 (12.8)과 식 (12.9)로부터 각각 다음과 같이 나타낼 수 있다.

$$b = \frac{Q}{p_0} \tag{12.11a}$$

$$b = \frac{H}{\mu p_0 v} \tag{12.11b}$$

마찰차 접촉부의 폭 b가 너무 크면 마찰차 사이에 접촉성이 저하될 수 있어서 $b \leq d$가 되도록 폭 b를 정한다. d는 작은 마찰차의 지름이다.

12.2.2 내접마찰차

내접마찰차는 식 (12.1b)의 중심거리를 구하는 식만 다를 뿐 원주속도, 속도비, 전달동력, 토크 등은 모두 외접마찰차와 같은 방법으로 계산한다.

탐구

1. 두 마찰차 사이에 아이들 휠을 여러 개 설치해도 회전속도비가 변하지 않는 이유를 설명하라.
2. 두 마찰차 사이의 회전력을 높이는 방법은 무엇인가?

예제 12-1 외접 원통마찰차의 원동차와 종동차의 지름

외접 원통마찰차의 두 축간 중심거리가 600mm이고, 원동차에 대한 종동차의 회전속도비가 4이다. 원동차와 종동차의 지름을 구하라.

전략

식 (12.1a)의 중심거리와 식 (12.3)의 회전속도비로부터 원동차와 종동차의 지름을 구한다.

풀이

식 (12.1a)의 $C = \frac{d_1 + d_2}{2}$ 로부터

$$d_1 + d_2 = 2C = 2 \times 600 = 1200$$

이 된다. 식 (12.3)의 $i = \frac{d_1}{d_2} = 4$로부터

$$d_1 = 4d_2$$

가 된다. 따라서 $d_1 + d_2 = 4d_2 + d_2 = 1200$이 되므로 $d_2 = 240\,\text{mm}$, $d_1 = 960\,\text{mm}$가 된다. [답]

검토

마찰차의 지름과 회전속도는 반비례 관계가 있으므로 식 (12.3)에 따라 종동차의 회전속도는 원동차의 4배가 된다. 즉 종동차의 회전속도가 증가한다.

예제 12-2 외접 원통마찰차에 대한 원동차의 원주속도, 최대전달동력, 최대토크

외접 원통마찰차에서 지름이 300 mm 인 원동차가 400 rpm 으로 회전하고 있다. 원동차와 종동차 간에는 1.5 kN 의 수직력이 작용하고, 두 마찰차 사이의 마찰계수는 0.25 일 때 다음을 구하라.

(a) 원동차의 원주속도

(b) 최대전달동력

(c) 최대토크

전략

식 (12.2a)로부터 원동차의 원주속도, 식 (12.9)로부터 최대전달동력, 식 (12.10)으로부터 최대토크를 구한다.

풀이

(a) 식 (12.2a)로부터 원동차의 원주속도는 다음과 같다.

$$v_1 = \frac{\pi d_1 N_1}{60} = \frac{\pi \times 0.3 \times 400}{60} = 6.28\,\mathrm{m/s} \quad \text{[답]}$$

(b) 식 (12.9)로부터 최대전달동력은 다음과 같다.

$$H = \mu Q v = 0.25 \times 1.5 \times 6.28 = 2.36\,\mathrm{kW} \quad \text{[답]}$$

(c) 식 (12.10)으로부터 최대토크는 다음과 같다.

$$T = \frac{H}{\left(\frac{2\pi N}{60}\right)} = \frac{2.36 \times 10^3}{\left(\frac{2 \times \pi \times 400}{60}\right)} = 56.3\,\mathrm{N \cdot m} \quad \text{[답]}$$

검토

마찰차는 계산된 최대전달동력과 최대토크보다 작은 범위에서 사용되어야 한다. 그렇지 않으면 두 마찰차 사이에 미끄럼이 발생할 수 있다.

예제 12-3 외접 원통마찰차에서 마찰차 접촉부의 폭

외접 원통마찰차에서 원동차의 지름이 200mm, 회전속도가 500rpm이며, 7kW의 동력을 전달한다. 마찰차 간의 마찰계수가 0.3이고, 허용접촉압력이 25N/mm일 때 필요한 마찰차의 폭은 얼마인가?

전략

식 (12.2a)로부터 원동차의 원주속도를 구하고 식 (12.11b)로부터 마찰차 접촉부의 폭 b를 계산한다.

풀이

식 (12.2a)로부터 원동차의 원주속도는 다음과 같다.

$$v_1 = \frac{\pi d_1 N_1}{60} = \frac{\pi \times 0.2 \times 500}{60} = 5.24\,\mathrm{m/s}$$

식 (12.11b)로부터 마찰차 접촉부의 폭 b는 다음과 같다.

$$b = \frac{H}{\mu p_0 v} = \frac{7 \times 10^3}{0.3 \times 25 \times 10^3 \times 5.24} = 0.1781\,\mathrm{m} = 178.1\,\mathrm{mm} \quad \text{[답]}$$

검토

마찰차 접촉부의 폭 178.1mm는 $b \le d$의 조건을 만족한다.

예제 12-4 내접 원통마찰차의 지름과 폭

내접 원통마찰차에서 두 마찰차 간 중심거리가 300mm이고, 원동차에 대한 종동차의 회전속도비가 1/3이다. 원동차의 회전속도가 700rpm에서 2kW의 동력을 전달한다. 두 마찰차 간의 마찰계수가 0.2이고, 허용접촉압력이 12N/mm일 때 다음을 구하라.

(a) 원동차와 종동차의 지름

(b) 마찰차 접촉부의 폭

전략

식 (12.1b)의 중심거리 식과 식 (12.3)의 회전속도비 식으로부터 두 마찰차의 지름을 구한다. 또한 식 (12.2a)로부터 원동차의 원주속도를 구하고, 식 (12.11b)에 구한 원주속도와 주어진 동력, 마찰계수, 허용접촉압력을 대입하여 마찰차 접촉부의 폭을 구한다.

풀이

(a) 식 (12.1b)의 $C = \dfrac{d_2 - d_1}{2}$ 으로부터 다음과 같이 된다.

$$d_2 - d_1 = 2c = 2 \times 300 = 600\,\mathrm{mm} \qquad (1)$$

식 (12.3)의 $i = \dfrac{d_1}{d_2}$ 으로부터 d_2는 다음과 같다.

$$d_2 = 3d_1 \tag{2}$$

식 (1)과 식 (2)를 정리하면 $d_1 = 300\,\mathrm{mm}$, $d_2 = 900\,\mathrm{mm}$가 된다. [답]

(b) 식 (12.2a)로부터 원동차의 원주속도는 다음과 같다.

$$v_1 = \frac{\pi d_1 N_1}{60} = \frac{\pi \times 0.3 \times 700}{60} = 11.0\,\mathrm{m/s}$$

식 (12.11b)로부터 마찰차 접촉부의 폭 b는 다음과 같다.

$$b = \frac{H}{\mu p_0 v} = \frac{2 \times 10^3}{0.2 \times 12 \times 10^3 \times 11.0} = 0.0758\,\mathrm{m} = 75.8\,\mathrm{mm}$$ [답]

검토

마찰차 접촉부의 폭 $75.8\,\mathrm{mm}$는 $b \le d$의 조건을 만족한다.

예제 12-5 외접 원통마찰차에서 수직력의 범위

외접 원통마찰차가 접촉부의 원주속도 $4.5\,\mathrm{m/s}$에서 $6\,\mathrm{kW}$의 동력을 전달하고 있다. 마찰계수가 0.25, 마찰차의 접촉폭이 $360\,\mathrm{mm}$, 허용접촉압력이 $20\,\mathrm{N/mm}$일 때 두 마찰차 사이에 누르는 수직력의 범위를 구하라.

전략

두 마찰차 사이에 작용하는 수직력으로 동력을 전달할 수는 있어야 하지만 마찰차 사이에 허용접촉압력을 넘어서는 안 된다. 따라서 식 (12.9)와 식 (12.8)에서 각각 Q를 구한 후 이들 사이의 범위를 정한다.

풀이

식 (12.9)의 $H = \mu Q v$로부터 수직력은 다음과 같다.

$$Q = \frac{H}{\mu v} = \frac{6}{0.25 \times 4.5} = 5.33\,\mathrm{kN}$$

식 (12.8)로부터 수직력은 다음과 같다.

$$Q = bp_0 = 360 \times 20 = 7200\,\mathrm{N} = 7.2\,\mathrm{kN}$$

따라서 수직력의 범위는 $5.33 \sim 7.2\,\mathrm{kN}$이다. [답]

검토

수직력이 너무 작으면 마찰력이 줄어들어 종동절에 과부하가 걸리면 두 마찰차 사이에 미끄럼이 발생할 수 있다. 반대로 수직력이 너무 크면 마찰차의 표면재료가 손상될 수 있다.

SECTION 12.3

홈마찰차

- ✔ 홈마찰차의 구조와 상당마찰계수에 대해 학습한다.
- ✔ 홈마찰차의 회전력, 전달동력, 토크, 홈의 깊이 및 홈의 수를 결정하는 방법을 학습한다.

원통마찰차로 큰 동력을 전달하려면 두 마찰차를 반지름방향으로 서로 미는 수직력 Q가 커야 한다. 그런데 수직력 Q가 너무 크면 베어링하중이 증가하므로 베어링에서 마찰손실이 커질 뿐만 아니라 정도가 심하면 베어링이 파손될 수 있다. 따라서 마찰차 간의 수직력과 마찰차의 크기는 그대로 둔 상태에서 [그림 12–5(a)]와 같이 마찰차의 표면에 V형 홈을 만들면 쐐기작용으로 더 큰 동력을 전달할 수 있다.

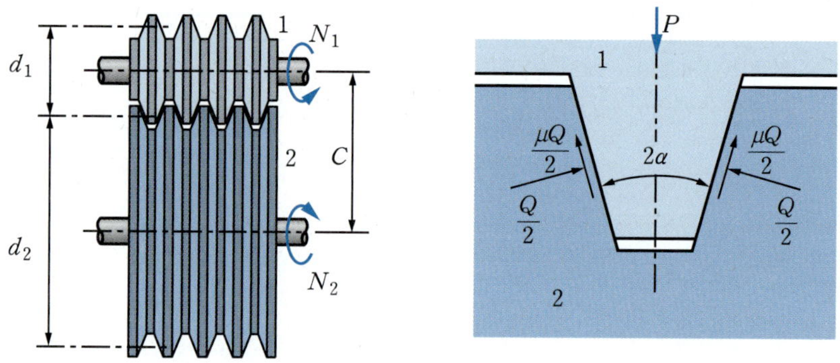

(a) 원동차와 종동차 (b) 홈에 작용하는 힘

그림 12-5 홈마찰차

12.3.1 상당마찰계수

[그림 12–5(a)]에서 원동차를 1, 종동차를 2로 나타냈다. 그림에서 d_1과 d_2는 각각 원동차와 종동차의 피치원지름[2]이고, N_1과 N_2는 각각 원동차와 종동차의 회전속도이다.

[그림 12–5(b)]는 마찰차 중 하나의 홈에 작용하는 힘을 나타낸 것이다. 원동차가 종동차를 반지름방향으로 P의 힘으로 누르면 이에 대한 반력으로 2개의 경사면에 각각 $Q/2$의 수직반력과 $\mu Q/2$의 마찰력이 발생한다. 그림에서 2α는 홈의 각도를 나타낸다.

2 마찰차의 바깥지름과 안지름의 평균값을 가지며 평균지름이라고도 한다.

■ 수직반력

[그림 12-5(b)]로부터 하나의 홈에서 반지름방향의 힘에 대한 평형방정식은 다음과 같다.

$$P = 2\left(\frac{Q}{2}\sin\alpha + \frac{\mu Q}{2}\cos\alpha\right) \tag{12.12}$$

이 식으로부터 경사면의 수직반력 Q는 다음과 같다.

$$Q = \frac{1}{\sin\alpha + \mu\cos\alpha}P \tag{12.13}$$

■ 상당마찰계수

마찰차가 전달할 수 있는 최대회전력인 최대마찰력은 다음과 같다.

$$F = \mu Q = \frac{\mu}{\sin\alpha + \mu\cos\alpha}P = \mu' P \tag{12.14}$$

여기서 μ'을 **상당마찰계수** equivalent friction coefficient라고 하며 다음과 같다.

$$\mu' = \frac{\mu}{\sin\alpha + \mu\cos\alpha} \tag{12.15}$$

식 (12.15)에서 $\mu' > \mu$가 되므로 같은 반지름방향의 힘[3]에 대해 홈마찰차가 원통마찰차보다 더 큰 마찰력을 생성하며, 이에 따라 더 큰 회전력을 전달할 수 있다. 따라서 이들 마찰차로 같은 회전력을 전달할 경우 홈마찰차는 원통마찰차에 비해 반지름방향의 힘을 더 작게 가해도 되므로 베어링에 대한 하중부담을 줄일 수 있다.

■ 전달동력

홈마찰차로 전달할 수 있는 동력은 다음과 같다.

$$H = Fv = \mu Qv = \mu' Pv \tag{12.16}$$

원통마찰차에서 설명한 것과 마찬가지로 최대마찰력인 $\mu' P$가 회전력 F보다는 커야 미끄럼이 발생하지 않고 구름접촉을 하며 동력을 전달할 수 있다.

12.3.2 홈의 설계

전달동력, 상당마찰계수, 허용접촉압력 등을 고려하여 홈의 깊이와 각도 및 홈의 개수를 설계하는 방법을 알아본다.

---

3 원통마찰차에서는 Q, 홈마찰차에서는 P가 된다.

■ 홈의 깊이

반지름방향의 힘 P를 받을 때 필요한 홈의 깊이 h는 경험식에 의해 다음과 같다.

$$h = 0.28\sqrt{\mu' P}\ [\mathrm{mm}] \tag{12.17a}$$

$$h = 0.94\sqrt{\mu' P}\ [\mathrm{mm}] \tag{12.17b}$$

식 (12.17a)에서는 P의 단위가 N이고, 식 (12.17b)에서는 P의 단위가 kg_f이다.

홈이 너무 깊으면 전동 시 탈착이 어렵고, 균일한 접촉이 이루어지지 않아 마멸, 소음 · 진동, 발열 등이 일어날 수 있다. 따라서 홈의 깊이는 필요한 동력을 전달할 수 있는 범위 내에서 되도록 작게 잡는 것이 좋으며, 일반적으로 다음의 식으로 h에 대한 상한값을 정한다.

$$h \leq 0.05d \tag{12.18}$$

여기서 d는 작은 마찰차의 피치원지름을 나타낸다.

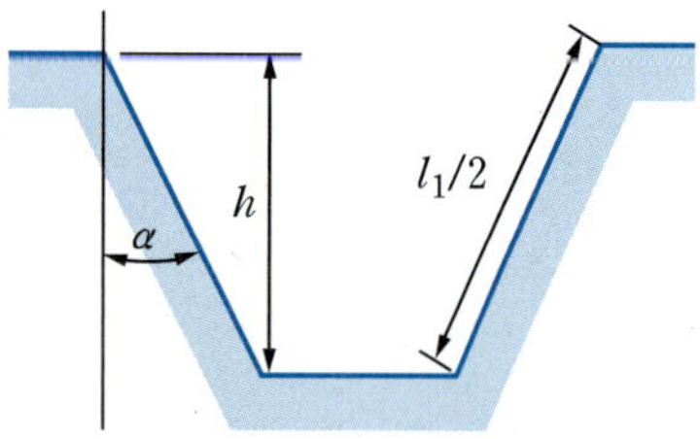

그림 12-6 홈의 깊이

■ 홈의 각도

식 (12.15)에서 알 수 있듯이 각도 α가 작을수록 상당마찰계수가 커지며, 전달동력을 증대할 수 있다. 그러나 이 각도가 너무 작으면 마찰차 홈의 탈착이 어려울 수 있어서 탈착이 쉽도록 이 각도를 $2\alpha = 30 \sim 40°$ 정도로 정한다.

■ 홈의 개수

[그림 12-6]과 같이 하나의 홈에서 마찰차가 서로 접촉하는 길이는 l_1이며, 홈에는 2개의 접촉면이 있으므로 각 접촉면의 길이는 $l_1/2$이 된다. 이것은 홈의 높이 h와 다음의 관계가 있다.

$$h = \frac{l_1}{2}\cos\alpha \tag{12.19}$$

홈의 개수가 z개이면 마찰차의 접촉면 전체 길이 l은 다음과 같다.

$$l = z\,l_1 \tag{a}$$

따라서 홈의 개수는 다음과 같다.

$$z = \frac{l\cos\alpha}{2h} \approx \frac{l}{2h} \qquad (12.20)$$

홈의 모든 접촉면은 마찰차의 수직반력 Q를 충분히 받을 수 있는 강도를 가져야 한다.

$$p_0 l \geq Q \qquad (12.21)$$

여기서 p_0는 [표 12-1]에 나타낸 재료의 허용접촉압력이고, l은 마찰차 접촉면의 전체길이이다. 식 (12.21)에 식 (12.20)의 $l = 2zh$를 대입하면 홈의 개수는 다음과 같다.

$$z \geq \frac{Q}{2hp_0} \qquad (12.22)$$

홈의 개수가 너무 많으면 마찰차의 홈에 균등한 접촉이 어려울 수 있으므로 홈의 개수는 되도록 6개를 넘지 않도록 한다.

탐구

1. 홈마찰차의 상당마찰계수에 대해 설명하라.
2. 반지름방향으로 서로 밀어붙이는 힘이 같은 경우 홈마찰차가 원통마찰차에 비해 더 큰 동력을 전달할 수 있는 이유를 설명하라.

예제 12-6 홈마찰차의 원주속도, 상당마찰계수, 반지름방향의 힘

홈마찰차에서 원동차와 종동차의 피치원지름이 각각 250mm와 600mm이고, 홈의 각도가 30°, 마찰계수가 0.2, 최대전달동력이 5kW이다. 원동차의 회전속도가 650rpm일 때 다음을 구하라.

(a) 원주속도

(b) 상당마찰계수

(c) 반지름방향의 힘

전략

식 (12.2a)로부터 원동차의 원주속도를 구하고, 식 (12.15)로부터 상당마찰계수를 구한다. 또한 식 (12.16)으로부터 반지름방향의 힘을 계산한다.

풀이

(a) 식 (12.2a)로부터 원동차의 원주속도는 다음과 같다.

$$v_1 = \frac{\pi d_1 N_1}{60} = \frac{\pi \times 0.25 \times 650}{60} = 8.51\,\text{m/s} \quad \text{[답]}$$

(b) 식 (12.15)로부터 상당마찰계수는 다음과 같다.

$$\mu' = \frac{\mu}{\sin\alpha + \mu\cos\alpha} = \frac{0.2}{\sin 15° + 0.2 \times \cos 15°} = 0.44 \quad \text{[답]}$$

(c) 식 (12.16)으로부터 마찰차를 누르는 반지름방향의 힘 P는 다음과 같다.

$$P = \frac{H}{\mu' v} = \frac{5 \times 10^3}{0.44 \times 8.51} = 1335.3\,\text{N} \quad \text{[답]}$$

검토

홈의 쐐기작용을 통해 마찰계수가 2.2배 증대되는 효과가 있음을 알 수 있다.

예제 12-7 홈마찰차의 원동차와 종동차의 지름, 홈의 깊이, 홈의 개수

홈마찰차에서 원동차는 900 rpm, 종동차는 450 rpm으로 회전하면서 6 kW의 동력을 전달한다. 마찰차의 중심거리가 360 mm, 홈의 각도는 34°, 마찰계수는 0.25, 허용접촉압력이 30 N/mm일 때 다음을 구하라.

(a) 원동차와 종동차의 지름
(b) 홈의 깊이
(c) 홈의 개수

전략

식 (12.1a)의 중심거리와 식 (12.3)의 회전속도비로부터 원동차와 종동차의 지름을 구한다. 식 (12.2a)로부터 원주속도를 구하고, 식 (12.15)로부터 상당마찰계수를 구하며, 식 (12.16)으로부터 마찰차를 누르는 반지름방향의 힘을 구한 후 식 (12.17a)에 대입하여 홈의 깊이를 구한다. 그리고 홈의 개수는 식 (12.22)로 구한다.

풀이

(a) 식 (12.1a)로부터

$$d_1 + d_2 = 2C = 2 \times 360 = 720\,\text{mm} \qquad (1)$$

가 된다. 식 (12.3)으로부터 $i = \frac{N_2}{N_1} = \frac{450}{900} = \frac{d_1}{d_2}$이므로

$$d_1 = 0.5 d_2 \qquad (2)$$

가 된다. 식 (1)과 식 (2)로부터 $d_1 = 240\,\text{mm}$, $d_2 = 480\,\text{mm}$가 된다. [답]

(b) 식 (12.2a)로부터 원동차의 원주속도는 다음과 같다.

$$v_1 = \frac{\pi d_1 N_1}{60} = \frac{\pi \times 0.24 \times 900}{60} = 11.3\,\text{m/s}$$

식 (12.15)로부터 상당마찰계수는 다음과 같다.

$$\mu' = \frac{\mu}{\sin\alpha + \mu\cos\alpha} = \frac{0.25}{\sin 17° + 0.25 \times \cos 17°} = 0.47$$

식 (12.16)으로부터 마찰차를 누르는 반지름방향의 힘 P는 다음과 같다.

$$P = \frac{H}{\mu' v} = \frac{6 \times 10^3}{0.47 \times 11.3} = 1129.7\,\text{N}$$

식 (12.17a)로부터 홈의 깊이는 다음과 같다.

$$h = 0.28\sqrt{\mu' P} = 0.28\sqrt{0.47 \times 1129.7} = 6.45\,\text{mm} \quad \text{[답]}$$

(c) 식 (12.13)으로부터 마찰면에 수직한 힘은 다음과 같다.

$$Q = \frac{P}{\sin\alpha + \mu\cos\alpha} = \frac{1129.7}{\sin 17° + 0.25 \times \cos 17°} = 2125.7\,\text{N}$$

식 (12.22)로부터 홈의 개수는 다음과 같다.

$$z \geq \frac{Q}{2hp_0} = \frac{2125.7}{2 \times 6.45 \times 30} = 5.49 \approx 6\text{개} \quad \text{[답]}$$

검토

홈의 깊이는 식 (12.18)의 $h \leq 0.05d = 0.05 \times 240 = 12\,\text{mm}$의 조건을 만족한다.

SECTION 12.4 원추마찰차

- 원추마찰차의 구조와 회전속도비를 학습한다.
- 원추마찰차의 회전력, 전달동력, 토크 및 폭을 결정하는 방법을 학습한다.

원추마찰차cone friction wheel는 동일평면 내에서 교차하는 두 축 사이에 회전동력을 전달하는 마찰차이다. 원추마찰차에는 [그림 12-7(a)]와 같이 두 마찰차의 바깥부분이 서로 접촉하는 외접마찰차와 [그림 12-7(b)]와 같이 가운데가 비어 있는 큰 마찰차의 내부와 작은 마찰차의 외부가 서로 접촉하는 내접마찰차가 있다.

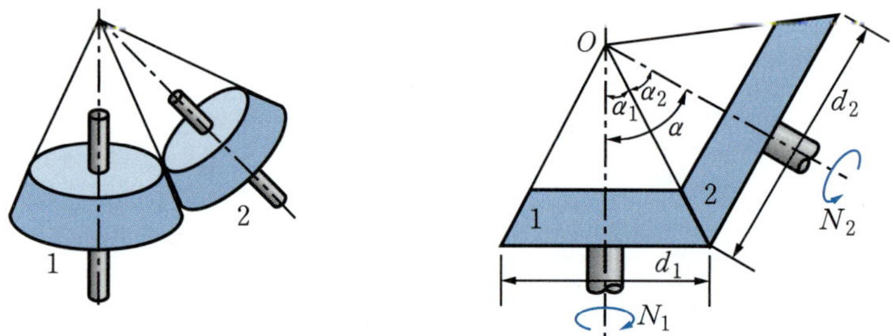

(a) 외접마찰차

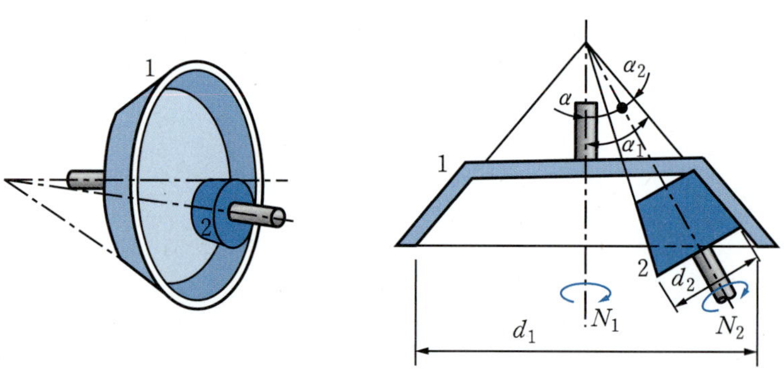

(b) 내접마찰차

그림 12-7 원추마찰차

12.4.1 외접마찰차

외접마찰차의 회전속도비와 원추반각, 원주속도, 회전력, 전달동력에 대해 살펴보자.

■ 회전속도비와 원추반각

[그림 12-7(a)]에서 동력을 전달하는 마찰차인 원동차를 1, 동력을 전달받는 마찰차인 종동차를 2로 가정한다. 원동차의 **원추반각** cone half angle[4]을 α_1, 종동차의 원추반각을 α_2라고 하면, 원동차에 대한 종동차의 회전속도비는 다음과 같다.

$$i = \frac{N_2}{N_1} = \frac{d_1}{d_2} = \frac{2\overline{OB}\sin\alpha_1}{2\overline{OB}\sin\alpha_2} = \frac{\sin\alpha_1}{\sin\alpha_2} \quad (12.23)$$

여기서 N_1과 d_1은 각각 원동차의 회전속도와 원동차 원추의 큰 지름을 나타내고, N_2와 d_2는 각각 종동차의 회전속도와 종동차 원추의 큰 지름을 나타낸다.

원동차와 종동차의 원추반각이 이루는 **축각** shaft angle은 다음과 같다.

$$\alpha = \alpha_1 + \alpha_2 \quad (12.24)$$

식 (12.24)를 식 (12.23)에 대입하고 삼각함수로 정리하면 회전속도비는 다음과 같다.

$$i = \frac{\sin\alpha_1}{\sin(\alpha - \alpha_1)} = \frac{\tan\alpha_1}{\sin\alpha - \cos\alpha\tan\alpha_1} \quad (12.25a)$$

$$i = \frac{\sin(\alpha - \alpha_2)}{\sin\alpha_2} = \frac{\sin\alpha - \cos\alpha\tan\alpha_2}{\tan\alpha_2} \quad (12.25b)$$

이들 식으로부터 원동차와 종동차의 원추반각은 각각 다음과 같다.

$$\alpha_1 = \tan^{-1}\left(\frac{\sin\alpha}{\cos\alpha + \frac{N_1}{N_2}}\right) \quad (12.26)$$

$$\alpha_2 = \tan^{-1}\left(\frac{\sin\alpha}{\cos\alpha + \frac{N_2}{N_1}}\right) \quad (12.27)$$

만약 축각 α가 90°라면 회전속도비는 다음과 같다.

$$i = \frac{N_2}{N_1} = \tan\alpha_1 = \frac{1}{\tan\alpha_2} \quad (12.28)$$

---

4 책에 따라 원추각이라고도 하지만 원추반각이 정확한 표현이다.

■ 원주속도

원추마찰차의 원동차와 종동차가 각각 ω_1과 ω_2로 회전할 때 원주속도는 평균지름[5]을 이용하여 다음과 같이 나타낸다.

$$v_1 = \omega_1 r_{m1} = \frac{d_{m1}}{2}\frac{2\pi N_1}{60} = \frac{\pi d_{m1} N_1}{60} \tag{12.29a}$$

$$v_2 = \omega_2 r_{m2} = \frac{d_{m2}}{2}\frac{2\pi N_2}{60} = \frac{\pi d_{m2} N_2}{60} \tag{12.29b}$$

여기서 r_{m1}, d_{m1}, N_1은 각각 원동차의 평균반지름, 평균지름, rpm 단위의 회전속도를 나타내고, r_{m2}, d_{m2}, N_2는 각각 종동차의 평균반지름, 평균지름, rpm 단위의 회전속도를 나타낸다.

■ 회전력

[그림 12-8]과 같이 서로 외접한 두 원추마찰차의 접촉부에서 두 마찰차 사이에 미끄럼이 없다면 작용하는 회전력은 앞에서 설명한 바와 같이 최대마찰력을 초과하지 않는다. 즉 다음의 관계를 갖게 된다.

$$F \leq \mu Q \tag{12.30}$$

여기서 Q는 마찰차 사이에 작용하는 수직력으로 [그림 12-8(b)]와 같이 축방향 힘 P와 반지름방향 힘 R로 분해할 수 있다.

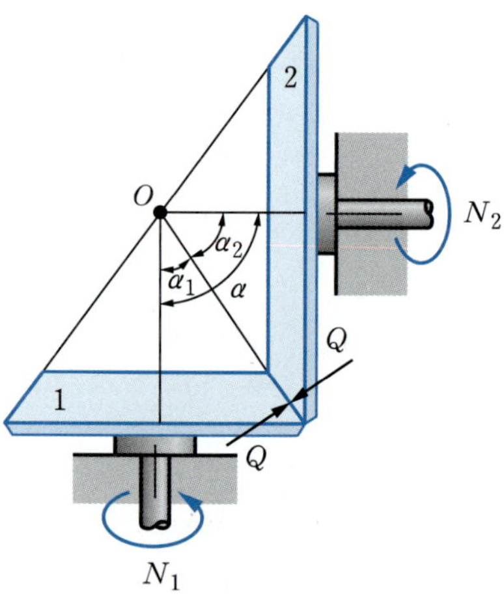

(a) 원추마찰차

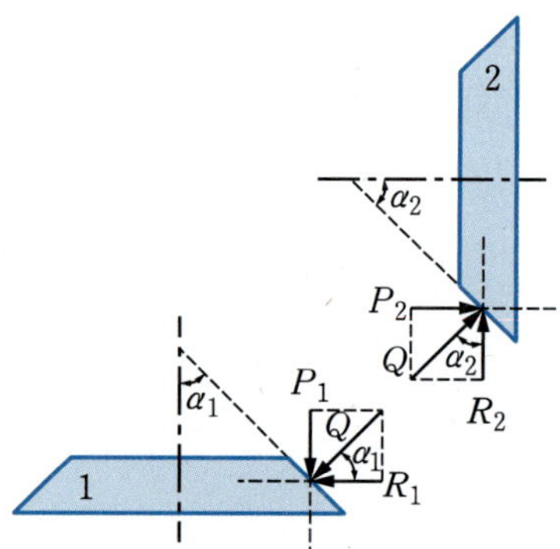

(b) 원추마찰차 접촉면의 힘

그림 12-8 원추마찰차에 작용하는 힘

5 원추마찰차의 작은 지름과 큰 지름의 평균값을 말한다.

원동차의 경우 축방향 힘 P_1과 반지름방향 힘 R_1은 다음과 같다.

$$P_1 = Q\sin\alpha_1 \tag{12.31}$$

$$R_1 = Q\cos\alpha_1 \tag{12.32}$$

종동차의 경우 축방향 힘 P_2와 반지름방향 힘 R_2는 다음과 같다.

$$P_2 = Q\sin\alpha_2 \tag{12.33}$$

$$R_2 = Q\cos\alpha_2 \tag{12.34}$$

식 (12.31) ~ 식 (12.34)에서 알 수 있듯이 원추마찰차는 축방향 힘과 반지름방향 힘을 동시에 받으므로 이에 적합한 베어링을 선택해야 한다.

■ 전달동력

접촉부에서의 회전력이 F이고, 접촉부의 평균반지름에서 원주속도가 v인 경우에 전달동력 H는 다음과 같다.

$$H = Fv \tag{12.35}$$

만약 회전력 F의 단위가 뉴턴(N)이고, 속도의 단위가 m/s 라면 전달동력의 단위는 와트(W)가 된다.

마찰차 접촉부의 폭이 b인 경우에 두 마찰차 사이에 누르는 힘 Q는 다음과 같다.

$$Q = b\,p_0 \tag{12.36}$$

여기서 p_0는 [표 12-1]에 있는 마찰차 접촉부에서의 허용접촉압력이다. 따라서 전달동력은 다음과 같이 쓸 수 있다.

$$H = Fv = \mu Q v = \mu b\, p_0 v \tag{12.37}$$

또한 전달토크는 다음과 같다.

$$T = \frac{H}{\omega} = \frac{H}{\left(\dfrac{2\pi N}{60}\right)} \tag{12.38}$$

여기서 N은 rpm 단위의 회전속도를 나타낸다.

마찰차 접촉부의 폭 b는 식 (12.36)과 식 (12.37)로부터 각각 다음과 같이 나타낼 수 있다.

$$b = \frac{Q}{p_0} \tag{12.39a}$$

$$b = \frac{H}{\mu\, p_0 v} \tag{12.39b}$$

12.4.2 내접마찰차

[그림 12-7(b)]에 나타낸 내접마찰차의 경우 원동차와 종동차의 원추반각은 각각 α_1과 α_2이며, 이때 축각은 다음과 같다.

$$\alpha = \alpha_1 - \alpha_2 \tag{12.40}$$

두 마찰차의 원추반각은 외접마찰차와 같은 방법으로 구하며 결과는 다음과 같다.

$$\alpha_1 = \tan^{-1}\left(\frac{\sin\alpha}{\cos\alpha - \dfrac{N_1}{N_2}}\right) \tag{12.41}$$

$$\alpha_2 = \tan^{-1}\left(\frac{\sin\alpha}{-\cos\alpha + \dfrac{N_2}{N_1}}\right) \tag{12.42}$$

내접마찰차의 원주속도, 속도비, 전달동력, 토크 등은 외접마찰차와 같은 방법으로 구하면 된다.

탐구 1. 원추마찰차의 축에 적합한 베어링에 대해 조사하라.

예제 12-8 외접 원추마찰차의 원동차와 종동차의 원추반각

외접 원추마찰차에서 두 축이 이루는 각이 70°이다. 원동차의 회전속도가 250 rpm, 종동차의 회전속도가 125 rpm 일 때, 원동차와 종동차의 원추반각은 각각 얼마인가?

전략

식 (12.26)으로 원동차의 원추반각을 구하고, 이를 식 (12.24)에 대입하여 종동차의 원추반각을 구한다.

풀이

식 (12.26)으로 원동차의 원추반각을 구하면 다음과 같다.

$$\alpha_1 = \tan^{-1}\left(\frac{\sin\alpha}{\cos\alpha + \dfrac{N_1}{N_2}}\right) = \tan^{-1}\left(\frac{\sin 70°}{\cos 70° + \dfrac{250}{125}}\right) = 21.86° \quad \text{[답]}$$

식 (12.24)의 축각에 대한 식으로부터 종동차의 원추반각을 구하면 다음과 같다.

$$\alpha_2 = \alpha - \alpha_1 = 70° - 21.86° = 48.14° \quad \text{[답]}$$

검토

마찰차의 지름비 $d_{m1} : d_{m2} = 1:2$가 되게 치수를 정하여 설계하면 된다.

예제 12-9 외접 원추마찰차의 축방향 힘

외접 원추마찰차에서 원동차에 대한 종동차의 회전속도비가 2이고, 마찰차의 두 축이 이루는 각도가 80°이다. 평균지름이 400 mm 인 원동차가 회전속도 300 rpm 에서 최대 5 kW의 동력을 전달하기 위해 축방향으로 밀어야 하는 최소 힘은 얼마인가? 단, 마찰차 간의 마찰계수는 0.25이다.

전략

식 (12.29a)로부터 원동차의 원주속도를 구한다. 또한 식 (12.26)으로부터 원동차의 원추반각을 구하고, 식 (12.24)의 축각에 대한 식으로부터 종동차의 원추반각을 구한다. 식 (12.37)로부터 마찰차끼리 서로 밀어붙이는 수직힘을 구한 후, 이를 식 (12.31)과 식 (12.33)에 대입하여 축방향으로 밀어야 하는 최소 힘들을 결정한다.

풀이

식 (12.29a)로부터 원동차의 원주속도는 다음과 같다.

$$v_1 = \frac{\pi d_{m1} N_1}{60} = \frac{\pi \times 0.4 \times 300}{60} = 6.28\,\mathrm{m/s}$$

식 (12.26)으로부터 원동차의 원추반각을 구하면 다음과 같다.

$$\alpha_1 = \tan^{-1}\left(\frac{\sin\alpha}{\cos\alpha + \dfrac{N_1}{N_2}}\right) = \tan^{-1}\left(\frac{\sin 80°}{\cos 80° + \dfrac{1}{2}}\right) = 55.63°$$

식 (12.24)의 축각에 대한 식으로부터 종동차의 원추반각을 구하면 다음과 같다.

$$\alpha_2 = \alpha - \alpha_1 = 80° - 55.63° = 24.37°$$

식 (12.37)의 $H = \mu Q v$로부터 $Q = \dfrac{H}{\mu v}$가 되며, 이를 식 (12.31)과 식 (12.33)에 대입하면 다음과 같다.

$$P_1 = Q\sin\alpha_1 = \frac{H\sin\alpha_1}{\mu v} = \frac{5 \times \sin 55.63°}{0.25 \times 6.28} = 2.63\,\mathrm{kN} \quad \text{[답]}$$

$$P_2 = Q\sin\alpha_2 = \frac{H\sin\alpha_2}{\mu v} = \frac{5 \times \sin 24.37°}{0.25 \times 6.28} = 1.31\,\mathrm{kN} \quad \text{[답]}$$

검토

마찰차의 반지름방향의 힘은 각각 $R_1 = 1.80\,\mathrm{kN}$, $R_2 = 2.90\,\mathrm{kN}$이 되어 마찰차 사이의 수직힘 Q가 평형을 이룬다.

CHAPTER 12 | 핵심요약

- 두 개의 바퀴가 밀착된 상태에서 구름마찰력을 이용하여 하나의 전동요소에서 다른 전동요소로 동력을 전달하는 장치를 마찰차라고 한다.
- 마찰차는 동력전달을 할 두 축이 서로 가까운 경우에만 사용할 수 있는 동력전달장치이다.
- 마찰차의 장점은 작은 동력을 고속으로 소음·진동 없이 전달할 수 있고, 기어로는 얻기 힘든 큰 회전속도비를 얻을 수 있으며, 동력을 자주 연결하거나 차단해야 할 때도 편리하다는 것이다. 또한 무단변속이 가능하며, 과부하가 걸릴 때는 접촉부에서의 미끄럼을 통해 구동축과 관련한 부품의 파손을 막을 수 있다.
- 마찰차의 단점은 접촉부에서의 미끄럼에 의한 동력손실이 있을 수 있다는 것이다. 동력손실을 줄이기 위해서는 큰 힘을 반지름방향으로 서로 밀어붙여야 하므로 축과 베어링에 큰 부하가 걸릴 수 있다.
- 원동차와 종동차 사이에 설치하는 중간마찰차는 회전속도비에는 영향을 주지 않고 회전방향만 바꾸는 역할을 한다. 마찰차의 회전방향은 중간마찰차의 개수에 따라 달라진다.
- 두 마찰차 사이에 미끄럼이 없다면 회전력은 최대마찰력을 초과하지 않는다.
- 홈마찰차는 홈의 쐐기작용으로 원통마찰차보다 더 큰 마찰력을 생성하며, 이에 따라 더 큰 회전력을 전달할 수 있다. 같은 회전력을 전달할 경우 홈마찰차는 원통마찰차에 비해 반지름방향의 힘을 더 작게 가해도 되므로 베어링에 대한 하중부담을 줄일 수 있다.
- 원추마찰차는 동일평면 내에서 교차하는 두 축 사이에 회전동력을 전달하는 마찰차로서 반지름방향의 하중과 축하중을 동시에 받으므로 이에 적합한 베어링을 선택해야 한다.

CHAPTER 12 | 기본문제

12.1 다음 중 마찰차의 특징이 아닌 것은? 12.1절

① 무단변속이 가능하다.
② 기어보다 베어링의 하중부담을 줄일 수 있다.
③ 운전이 정숙하다.
④ 회전동력의 연결과 분리가 쉽다.

12.2 다음 중 서로 교차하는 두 축 사이에 동력을 전달할 때 사용하는 마찰차는? 12.1절

① 평면마찰차 ② 원통마찰차 ③ 홈마찰차 ④ 원추마찰차

12.3 마찰차의 표면에 고무, 가죽, 나무, 종이 등을 부착하는 이유는 무엇인가? 12.1절

① 마찰차 표면의 마찰각을 줄임
② 베어링에 작용하는 하중의 경감
③ 마찰계수 증대 및 마모 방지
④ 마찰차의 균일한 마모

12.4 외접 원통마찰차에서 지름이 60mm인 원동차가 25rpm으로 회전한다. 종동차의 회전속도를 8rpm으로 줄이려면 종동차의 지름을 몇 mm로 해야 하는가? 단, 마찰면에서 미끄러짐이 일어나지 않는 것으로 가정한다. 12.2절

① 188 ② 194 ③ 227 ④ 256

12.5 외접 원통마찰차에서 두 축 사이의 중심거리가 400mm, 원동차의 회전속도는 250rpm, 종동차의 회전속도는 150rpm이다. 원동차와 종동차의 지름은 각각 몇 mm인가? 12.2절

① $d_1=500$, $d_2=300$
② $d_1=300$, $d_2=500$
③ $d_1=450$, $d_2=350$
④ $d_1=350$, $d_2=450$

12.6 외접 원통마찰차에서 원동차의 회전속도와 지름이 각각 N_1, d_1이고, 종동차의 회전속도와 지름이 각각 N_2, d_2라면 두 마찰차 사이의 중심거리는 다음 중 어느 것인가? 12.2절

① $\frac{d_1}{2}\left(1+\frac{N_1}{N_2}\right)$ ② $\frac{d_2}{2}\left(1-\frac{N_1}{N_2}\right)$ ③ $\frac{d_2}{2}\left(1+\frac{N_1}{N_2}\right)$ ④ $\frac{d_1}{2}\left(1-\frac{N_2}{N_1}\right)$

12.7 외접 원통마찰차에서 마찰차의 원주속도가 30m/s이고, 전달동력이 4kW이며, 마찰계수가 0.2일 때 마찰차를 누르는 반지름방향의 힘은 몇 N인가? 12.2절

① 400 ② 534 ③ 667 ④ 805

12.8 외접 원통마찰차에서 마찰차 사이의 중심거리가 500mm이고, 원동차가 1000rpm, 종동차가 500rpm으로 회전한다. 두 마찰차를 서로 밀어붙이는 반지름방향의 힘이 2kN일 때 전달하는 최대동력은 몇 kW인가? 단, 마찰계수는 0.2이다. 12.2절

① 2.79 ② 4.18 ③ 5.58 ④ 6.97

CHAPTER 12 | 기본문제

12.9 홈마찰차에서 홈의 각도 2α를 얼마로 정하는가? 12.3절

① 10 ~ 20°　② 20 ~ 30°　③ 30 ~ 40°　④ 40 ~ 50°

12.10 홈마찰차에서 원동차의 지름이 200 mm, 종동차의 지름이 800 mm이다. 원동차의 회전속도가 400 rpm, 홈의 각도가 40°이며, 마찰차를 서로 미는 반지름방향의 힘이 1.5 kN, 마찰계수가 0.2인 경우에 전달동력은 몇 W인가? 12.3절

① 540　② 820　③ 1420　④ 2370

12.11 외접 원추마찰차에서 축각이 80°, 원동차의 원추반각이 30°이고, 900 rpm으로 회전할 때 종동차의 회전속도는 몇 rpm인가? 12.4절

① 470　② 587　③ 705　④ 822

12.12 외접 원추마찰차에서 N_1은 원동차의 회전속도, N_2는 종동차의 회전속도이다. 또한 α_1은 원동차의 원추반각, α_2는 종동차의 원추반각이다. 다음 중 회전속도비를 옳게 나타낸 것은? 12.4절

① $\dfrac{N_2}{N_1}=\dfrac{\sin\alpha_1}{\sin\alpha_2}$　② $\dfrac{N_2}{N_1}=\dfrac{\sin\alpha_2}{\sin\alpha_1}$　③ $\dfrac{N_2}{N_1}=\dfrac{\cos\alpha_1}{\cos\alpha_2}$　④ $\dfrac{N_2}{N_1}=\dfrac{\cos\alpha_2}{\cos\alpha_1}$

12.13 외접 원추마찰차에서 원동차의 회전수는 500 rpm, 원동차의 평균지름이 350 mm이며, 5 kW의 동력을 전달한다. 원동차와 종동차 접촉부의 폭을 구하라. 단, 마찰계수는 0.1, 마찰차 접촉부의 허용접촉압력은 30 N/mm이다. 12.4절

① 125 mm　②147 mm　③ 164 mm　④ 182 mm

12.14 축각이 80°인 외접 원추마찰차에서 원동차의 평균지름이 450 mm이고, 500 rpm의 회전속도에서 4 kW의 동력을 전달한다. 마찰계수가 0.25일 때 두 마찰차 접촉부가 수직으로 서로 미는 힘은 몇 N인가? 12.4절

① 1358　② 1536　③ 1825　④ 2023

12.15 축각이 75°인 외접 원추마찰차에서 원동차에 대한 종동차의 회전속도비가 2일 때 종동차의 원추반각은 몇 °인가? 12.4절

① 16.5　② 23.2　③ 35.7　④ 48.5

정답

12.1 ②　**12.2** ④　**12.3** ③　**12.4** ①　**12.5** ②　**12.6** ①　**12.7** ③　**12.8** ④　**12.9** ③　**12.10** ④
12.11 ②　**12.12** ①　**12.13** ④　**12.14** ①　**12.15** ②

CHAPTER 12 | 연습문제

12.1 외접 원통마찰차에서 두 마찰차 사이의 중심거리가 700 mm 이다. 원동차의 회전속도는 300 rpm, 종동차의 회전속도는 150 rpm 이고, 원동차와 종동차 간에는 1.5 kN 의 서로 밀어붙이는 힘이 작용한다. 두 마찰차 사이의 마찰계수는 0.25 이고, 허용접촉압력이 25 N/mm 일 때 다음을 구하라. 12.2절

(a) 원동차와 종동차의 지름

(b) 마찰차 접촉부의 폭

(c) 원주속도

(d) 마찰차의 최대전달동력

12.2 외접 원통마찰차에서 300 rpm 으로 회전하는 원동차의 지름이 350 mm, 종동차의 지름이 700 mm, 마찰차 접촉부의 폭이 100 mm, 허용접촉압력이 20 N/mm, 마찰계수가 0.3 일 때 다음을 구하라. 12.2절

(a) 마찰차의 회전속도비

(b) 마찰차를 서로 누르는 수직힘

(c) 마찰차의 최대전달동력

12.3 홈마찰차에서 원동차와 종동차의 피치원지름이 각각 350 mm 와 500 mm 이고, 홈의 각도가 40°, 마찰계수가 0.25, 최대전달동력이 10 kW 이다. 원동차의 회전속도가 1200 rpm 일 때 다음을 구하라. 12.3절

(a) 마찰차의 원주속도

(b) 상당마찰계수

(c) 마찰차 간에 서로 미는 반지름방향의 힘

12.4 홈마찰차에서 피치원지름이 250 mm 인 원동차가 800 rpm 의 회전속도에서 5 kW 의 동력을 전달하고 있다. 종동차의 피치원지름은 400 mm 이고, 홈의 각도가 30° 이며, 허용접촉압력이 15 N/mm, 마찰계수가 0.3 인 경우에 대해 다음을 구하라. 12.3절

(a) 마찰차를 서로 밀어붙이는 힘

(b) 홈의 깊이와 개수

12.5 5 kW의 동력을 전달하는 홈마찰차에서 마찰차 간 중심거리가 500 mm, 원동차와 종동차의 회전속도가 각각 600 rpm과 400 rpm이다. 마찰차의 홈각이 30°, 허용접촉압력이 20 N/mm, 마찰계수가 0.2일 때 다음을 구하라. 12.3절

(a) 원동차와 종동차의 지름

(b) 마찰차를 서로 밀어붙이는 힘

(c) 홈의 깊이와 개수

12.6 서로 직교하는 외접 원추마찰차에서 400 mm의 평균지름을 갖는 원동차가 500 rpm으로 회전하며 3 kW의 동력을 전달하고 있다. 원동차에 대한 종동차의 회전속도비가 1/2이고, 마찰계수가 0.3이며, 허용접촉압력이 25 N/mm일 때 다음을 구하라. 12.4절

(a) 종동차의 평균지름과 원주속도

(b) 마찰면에 요구되는 수직하중

(c) 마찰차 접촉부의 폭

(d) 원동차와 종동차의 원추반각

12.7 서로 직교하는 외접 원추마찰차에서 원동차가 300 rpm으로 회전하며 5 kW의 동력을 전달하고 있다. 원동차에 대한 종동차의 회전속도비가 3/5이고, 종동차의 큰 지름이 600mm, 마찰차 접촉부의 폭이 80 mm, 마찰계수가 0.3일 때 다음을 구하라. 12.4절

(a) 종동차의 평균지름

(b) 마찰차의 원주속도

(c) 마찰면에 요구되는 수직하중

(d) 축방향하중

(e) 마찰차 접촉부의 접촉압력

CHAPTER 13

기어

Gear

학습목표

- 기어의 특징과 종류를 알아본다.
- 기어의 치형을 결정하는 사이클로이드 곡선과 인벌류트 곡선에 대해 학습한다.
- 기어의 회전속도비, 토크, 동력전달효율과 기어이의 간섭 및 한계잇수에 대해 학습한다.
- 평기어, 헬리컬기어, 베벨기어의 굽힘강도 및 면압강도를 고려한 설계방법을 학습한다.
- 고정중심 기어열과 유성기어열에서 회전속도와 회전속도비를 구하는 방법을 학습한다.

SECTION 13.1

기어의 특징과 종류

✔ 기어의 특징과 종류를 알아본다.
✔ 기어의 치형을 결정하는 사이클로이드 곡선과 인벌류트 곡선에 대해 학습한다.

13.1.1 기어의 특징

기어gear는 한 축에서 다른 축으로 회전동력을 전달하는 데 사용하는 기계요소로서 앞 장에서 학습한 마찰차와 같이 두 축 사이의 거리가 가까울 때 사용할 수 있다. 그러나 기어는 마찰차와는 달리 회전체의 표면에 이tooth가 가공되어 있다. 따라서 마찰차에 비해 큰 동력을 전달할 수 있고, 회전속도비도 더 정확하고 전동효율도 더 높다.

기어는 시계나 계측기처럼 정밀도가 높아야 하는 작은 장치부터 자동차나 대형 선박에 이르기까지 매우 광범위하게 사용되는 기계요소이다. 두 축 사이에 서로 맞물리는 한 쌍의 기어에서 큰 쪽을 **기어**gear, 작은 쪽을 **피니언**pinion이라 부르며, 동력을 전달하는 기어를 **원동기어**driving gear, 동력을 전달받는 기어를 **종동기어**driven gear라고 한다.

13.1.2 기어의 종류

기어를 분류하는 방법에는 여러 가지가 있지만, 두 축의 상대적 위치에 따라 분류하면 다음과 같다.

■ 평행축 기어

[그림 13-1]은 두 축이 평행한 경우에 사용하는 기어들을 보여준다.

- **평기어**spur gear : 직선의 치형tooth profile을 가지며, 잇줄tooth trace이 축선에 평행하다. 제작이 쉬워서 가장 많이 사용되며, 축방향 하중이 발생하지 않는다.
- **헬리컬기어**helical gear : 잇줄이 축선과 평행하지 않고 비틀려 있는 기어이다. 이의 물림이 원활하여 조용한 운전이 가능하며, 평기어보다 큰 동력을 전달할 수 있다. 그러나 축방향 하중(추력)thrust이 발생하는 단점이 있다.
- **랙**rack과 **피니언**pinion : 랙은 작은 평기어인 피니언과 맞물리며 잇줄이 축선에 평행하다. 평판이나 곧은 막대에 피니언과 같은 간격과 같은 형태의 이를 가공한 것으로 피치원 반지름이 무한대인 평기어로 생각할 수 있다. 피니언의 회전운동을 직선운동으로 바꾸는 데 사용된다.

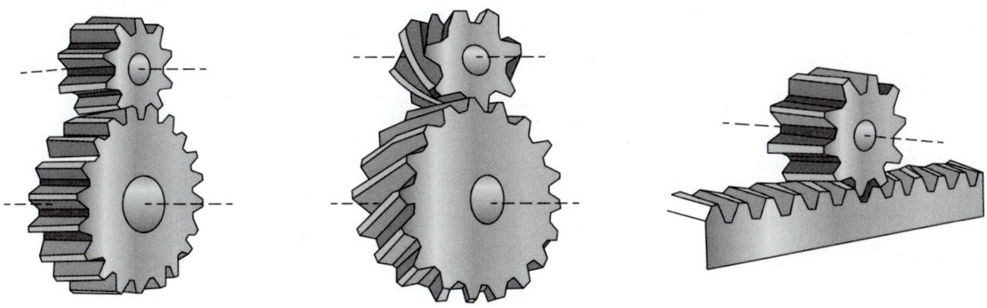

(a) 평기어 (b) 헬리컬기어 (c) 랙과 피니언

그림 13-1 평행축 기어

■ 교차축 기어

[그림 13-2]는 두 축이 교차할 때 사용되는 기어들을 보여준다.

- **직선 베벨기어** straight bevel gear : 두 축을 연장했을 때 한 점에서 만나는 기어로, 잇줄이 피치원추 pitch cone의 외곽선과 평행한 베벨기어이다. 베벨기어 중 제작이 가장 간단하여 많이 쓰인다. 직선 베벨기어 중 두 축이 직각으로 만나며 두 기어의 잇수비가 1 : 1인 베벨기어를 마이터기어 miter gear라고 한다.
- **스파이럴 베벨기어** spiral bevel gear : 잇줄이 곡선이고 피치원추의 외곽선에 대해 비틀려 있는 기어이다. 제작이 어려우나 이의 물림률 contact ratio이 크고, 조용하게 회전한다. 직선 베벨기어에 비해 큰 동력을 전달한다.
- **크라운 베벨기어** crown bevel gear : 피치면이 평면으로 된 베벨기어로서 두 축이 직각으로 만난다. 평행축 기어에서 랙에 해당하는 기어이다.

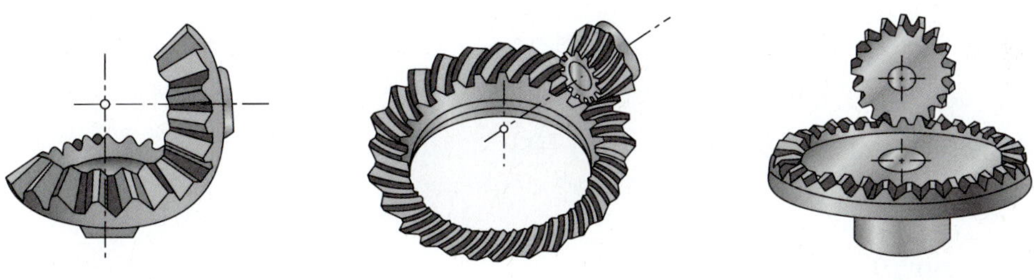

(a) 직선 베벨기어 (b) 스파이럴 베벨기어 (c) 크라운 베벨기어

그림 13-2 교차축 기어

■ 엇갈림축 기어

[그림 13-3]은 두 축이 평행하지도 만나지도 않을 때 두 축 사이에서 동력을 전달하는 기어들을 보여준다.

- **원통 웜기어** worm gear : 두 축을 연장해도 서로 만나지 않으나 두 축이 직각일 경우에 사용되며, 원통형 웜 worm과 이에 맞물리는 웜휠 worm wheel로 구성된다. 큰 감속비 reduction ratio를 얻을 수 있으나 효율이 낮다는 단점이 있다.

- **하이포이드기어** hypoid gear : 서로 교차하지도 평행하지도 않은 두 축 사이의 운동을 전달하는 스파이럴 베벨기어이다. 일반 스파이럴 베벨기어와 비교하면 피니언 위치가 중심으로부터 이동된 것이다.
- **나사기어** screw gear : 서로 교차하지도 평행하지도 않은 두 축 사이의 운동을 전달하는 기어로서 헬리컬기어의 이 모양을 갖는다. 증속과 감속이 모두 가능하나 마모가 큰 편이다. 따라서 큰 동력을 전달하는 데는 부적합하다.

(a) 원통 웜기어 (b) 하이포이드기어 (c) 나사기어

그림 13-3 엇갈림축 기어

13.1.3 치형곡선

기어의 이가 맞물려 돌아갈 때 원활한 맞물림을 위해서는 모든 물림 위치에서 일정한 회전속도비를 가져야 한다. 이러한 조건을 만족하기 위해서는 맞물려 돌아가는 두 이의 접촉면에서 법선방향의 속도가 같아야 한다. 접선방향의 속도 차이는 두 치면 사이의 미끄럼으로 나타난다.[1] 이러한 기구학적 조건에 대해 **카뮈의 정리** theory of Camus에서는 다음과 같이 설명하고 있다([그림 13-4] 참조).

> "서로 맞물려 돌아가는 한 쌍의 기어가 일정한 회전속도비로 회전하려면 접촉점의 공통법선 common normal은 어느 일정한 점[2]을 통과해야 한다. 역으로 접촉점에서의 법선이 어느 일정한 점을 통과하는 곡선은 **치형곡선** tooth profile이 된다."

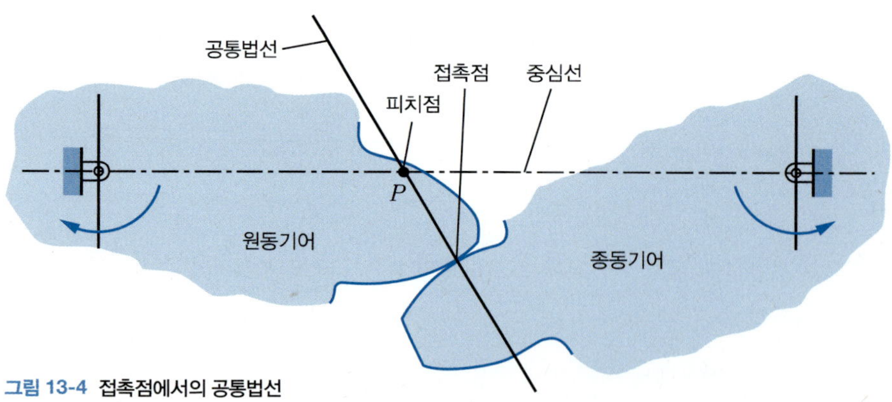

그림 13-4 접촉점에서의 공통법선

1 이러한 이유로 기어는 엄밀히 말해 구름운동(rolling motion)이 아닌 미끄럼운동(sliding motion)을 하는 것이다.
2 여기서 일정한 점이란 뒤에서 설명할 피치점(pitch point)을 말한다.

현재 사용하고 있는 실용적인 치형곡선에는 사이클로이드치형cycloid tooth profile과 인벌류트치형involute tooth profile이 있다.

■ 사이클로이드치형

사이클로이드 곡선cycloid curve은 평면이나 곡면 위에 원이 접하여 미끄럼 없이 구를 때 원의 한 점이 그리는 궤적trace을 나타내는 평면상의 곡선이다. [그림 13-5]는 피치원pitch circle 위를 작은 원이 접하여 구를 때 작은 원의 한 점이 그리는 사이클로이드 곡선을 나타낸다.

작은 원이 피치원 둘레 밖에 접하여 구를 때 그리는 곡선을 에피사이클로이드epicycloid 곡선이라고 하고, 피치원 둘레 안에 접하여 구를 때 그리는 곡선을 하이포사이클로이드hypocycloid 곡선이라고 한다. 에피사이클로이드 곡선은 **이끝면**tooth face의 치형을 만들고, 하이포사이클로이드 곡선은 **이뿌리면**dedendum flank의 치형을 만든다.

사이클로이드치형으로 만든 기어를 사이클로이드 기어라고 한다. 사이클로이드 기어는 미끄러짐이 작아 회전이 원활하고, 전동효율이 높아서 주로 시계나 계측기 등의 운동전달용 기어로 사용된다. 그러나 가공이 어렵고 호환성이 좋지 않으며, 이뿌리가 약해서 동력전달용으로는 적합하지 않다.

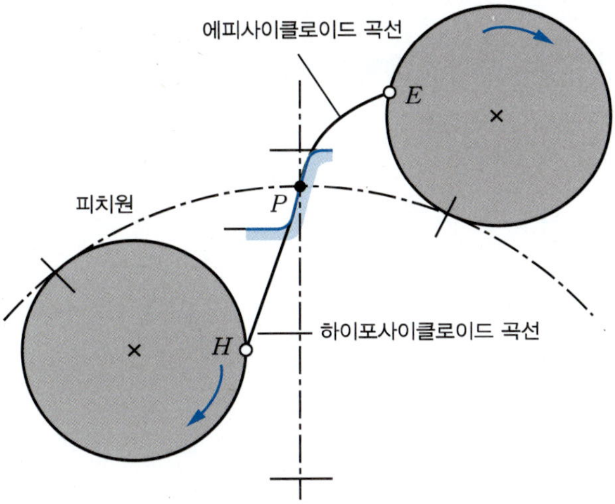

그림 13-5 사이클로이드 곡선

■ 인벌류트치형

인벌류트 곡선involute curve은 움직이지 않는 원통에 단단히 감겨있는 실을 팽팽하게 잡아당기면서 풀 때 실의 한 점이 그리는 궤적을 평면에 나타낸 곡선을 말한다. [그림 13-6]에서처럼 기초원base circle의 원호 $\widehat{Q_1Q_5}$에 단단히 감겨있는 실을 팽팽하게 잡아당기면서 풀면 기초원 상의 P_1점은 차례로 P_2, P_3, P_4, P_5 등의 궤적을 그리게 된다. 이 곡선을 이용하여 만든 기어이의 모양이 인벌류트치형이다.

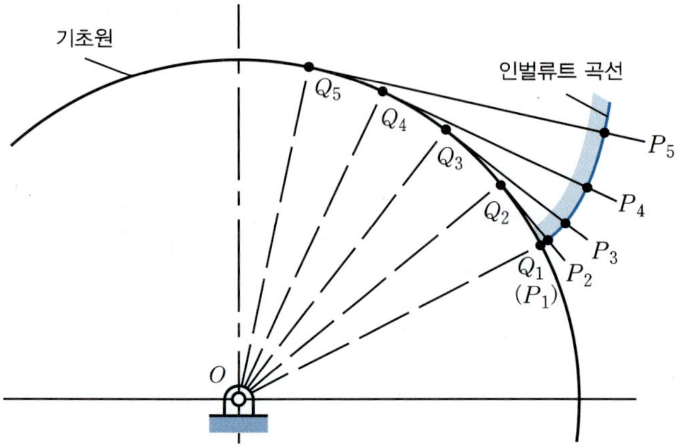

그림 13-6 인벌류트 곡선

인벌류트치형으로 만든 기어를 인벌류트 기어라고 한다. 인벌류트 곡선은 기초원만으로 결정되며, 기어의 회전속도비는 기초원 반지름의 크기에 반비례한다. 그런데 기초원 반지름은 각 기어에 대해 미리 결정되어 있으므로 한 쌍의 인벌류트 기어의 중심거리가 변화하더라도 일정한 회전속도비로 동력을 전달할 수 있다. [표 13-1]은 사이클로이드치형과 인벌류트치형의 일반적인 특징을 비교한 것이다.

표 13-1 사이클로이드치형과 인벌류트치형의 비교

	사이클로이드치형	인벌류트치형
치형곡선	2개의 곡선으로 구성됨	1개의 곡선으로 구성됨
압력각	변화함	일정함
추력	작음	큼
굽힘강도	약함	강함
미끄럼률	모든 치면에서 균일함	불균일함
마멸	균일하고 작음	불균일함
중심거리	정확해야 함	약간의 오차를 허용함
언더컷[3]	발생하지 않음	잇수에 따라 발생하기도 함
소음 · 진동	작은 편임	큰 편임
제작성	제작이 어려움	제작하기 쉬움
조립성	어려움	어렵지 않음
호환성	원주피치와 구름원이 모두 같아야 함	모듈과 압력각이 모두 같아야 함
용도	시계, 계측기 등 정밀기계용	일반적인 동력전달용

탐구

1. 사이클로이드 곡선과 인벌류트 곡선을 만드는 방법을 설명하라.
2. 사이클로이드치형과 인벌류트치형의 특징을 비교하여 설명하라.

3 13.2절의 평기어에서 설명한다.

SECTION

13.2 평기어

- ✔ 인벌류트치형을 갖는 평기어의 기하학적 특성을 학습한다.
- ✔ 기어의 회전속도비와 토크, 동력전달효율에 대해 학습한다.
- ✔ 기어이의 간섭과 한계잇수에 대해 학습한다.
- ✔ 평기어의 굽힘강도와 면압강도를 고려한 회전력 계산방법을 학습한다.

13.2.1 평기어의 기하학적 관계

평기어에 대한 기본 명칭을 알아보고, 이의 크기와 기초원피치 및 법선피치에 대해 살펴본다. 또한 이 높이, 이너비, 이두께와 지름에 대해 살펴본다.

■ 기본 명칭

[그림 13-7]에 인벌류트치형involute tooth profile을 갖는 평기어에 대한 개략도를 나타냈다. 기본적으로 알아야 하는 기어 각 부의 명칭은 다음과 같다.

- **기초원**basic circle : 인벌류트 곡선은 움직이지 않는 원통에 감은 실을 팽팽하게 잡아당기면서 풀 때 실의 한 점이 그리는 궤적을 나타내는데, 이 원통이 기초원을 나타낸다. [그림 13-7]에서 r_{b1}과 r_{b2}는 각각 피니언과 기어의 기초원 반지름이다.
- **작용선**line of action : 작용선은 접촉점에서 힘이 전달되는 방향을 나타내며, 압력선pressure line이라고도 한다. 두 기어가 맞물려 돌아갈 때 치면의 접촉점을 지나는 공통법선common normal으로 두 기어의 기초원에 대한 공통접선common tangent에 해당한다. [그림 13-7]에서 직선 nn'이 작용선이다.
- **피치점**pitch point : 작용선과 두 기어의 중심을 연결한 선이 만나는 점이다. 또한 두 기어의 피치원이 만나는 점이다. [그림 13-7]에서 P가 피치점이다.
- **피치원**pitch circle : 각 기어의 중심에서 피치점까지의 거리를 반지름으로 하여 그린 원을 나타낸다. [그림 13-7]에서 r_1과 r_2는 각각 피니언과 기어의 피치원 반지름이다.
- **압력각**pressure angle : 맞물린 한 쌍의 기어에서 두 기어의 피치원의 공통접선 tt'과 작용선 nn'이 이루는 각이다. 이 각도는 기초원과 작용선의 접점에서 기어의 중심까지의 직선과 피치점에서 기어의 중심까지의 직선 사이의 각도와 같다. [그림 13-7]에서 α가 압력각이며, 두 기어가 맞물려 돌아가려면 두 기어의 압력각이 같아야 한다. 표준 압력각은 14.5°, 20°, 27°이며, 27°는 잘 쓰이지 않는다. 그림에서 기초원 반지름과 피치원 반지름 사이에는 다음의 관계를 갖는다.

$$r_{b1} = r_1 \cos\alpha \tag{13.1a}$$

$$r_{b2} = r_2 \cos\alpha \tag{13.1b}$$

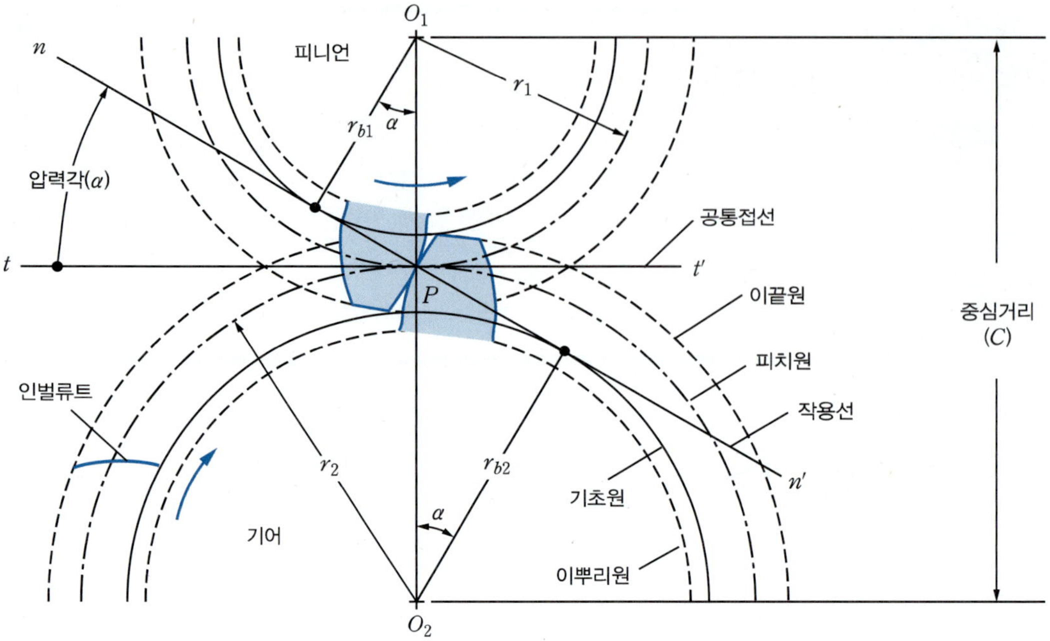

그림 13-7 평기어의 명칭

■ 이의 크기

두 기어가 맞물려 원활하게 돌아가기 위해서는 이의 크기가 같아야 한다. 이의 크기를 표시하는 방법에는 다음과 같이 세 가지가 있다.

1 모듈

피치원 지름이 D이고, 기어이의 개수가 z일 때 **모듈**module은 다음과 같다.

$$m = \frac{D}{z} \tag{13.2}$$

KS와 SI 단위계에서는 이의 크기로 모듈을 채택하고 있으며, KS에서는 모듈의 단위로 mm를 쓰도록 규정하고 있다.

2 원주피치

원주피치circular pitch는 피치원 둘레에서 기어이 1개가 차지하는 원호길이이며, 피치원 둘레 πD를 이의 개수 z로 나눈 값이다.

$$p = \frac{\pi D}{z} \tag{13.3}$$

따라서 원주피치와 모듈 간에 다음의 관계가 있다.

$$p = \pi m \tag{13.4}$$

3 지름피치

지름피치 diametral pitch는 기어이의 개수 z를 인치단위의 피치원지름 D로 나눈 값으로 정의한다.

$$p_d = \frac{z}{D} \tag{13.5}$$

mm 단위의 모듈값으로 바꾸려면 단위를 환산해야 한다.

$$m = \frac{25.4}{p_d} \tag{13.6}$$

> **탐구**
> 1. 인벌류트치형을 사용하는 평기어에서 기초원은 무엇인가?
> 2. 피니언과 기어의 차이점은 무엇인가?
> 3. 기어의 물림에서 작용선은 무엇인가?
> 4. 압력각에 대해 설명하라.
> 5. 이의 크기를 나타내는 모듈, 원주피치, 지름피치에 대해 설명하라.

■ 기초원피치와 법선피치

식 (13.1)에서 기초원 반지름 $r_b = r\cos\alpha$이므로 **기초원지름** base circle diameter은 다음과 같이 쓸 수 있다.

$$D_b = D\cos\alpha \tag{13.7}$$

여기서 D는 피치원지름이고, α는 압력각을 나타낸다.

기초원피치 base circle pitch는 기초원둘레에서 기어이 1개가 차지하는 원호길이이며, 기초원 둘레 πD_b를 이의 개수 z로 나눈 값이다.

$$p_b = \frac{\pi D_b}{z} \tag{13.8}$$

기초원피치의 단위는 mm를 사용한다. 그리고 식 (13.7)에서 $D_b = D\cos\alpha$이므로 기초원피치와 원주피치와의 관계는 다음과 같다.

$$p_b = \frac{\pi D}{z}\cos\alpha = p\cos\alpha \tag{13.9}$$

법선피치 normal pitch는 공통법선 상에서 이와 이 사이의 거리이다. [그림 13-8]에서 보듯이 인벌류트치형에서 기초원에 감은 실의 길이는 일직선으로 풀었을 때의 길이와 같으므로 법선피치는 기초원피치와 크기가 같다.

$$p_n = p_b = \frac{\pi D}{z}\cos\alpha = p\cos\alpha \tag{13.10}$$

법선피치의 단위는 mm로 나타낸다.

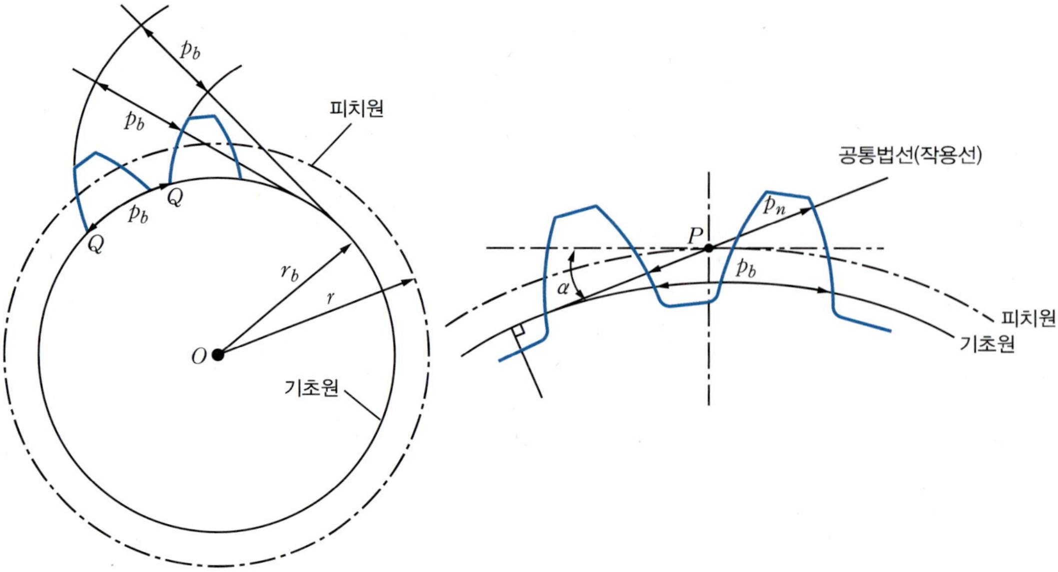

그림 13-8 인벌류트치형의 기초원피치와 법선피치

■ 이높이

[그림 13-9]에 나타낸 기어이의 각부 명칭은 다음과 같다.

- **이끝높이** addendum : 이끝높이 h_a는 피치원부터 이끝원까지의 반지름방향의 길이로서 보통이, 낮은이, 높은이로 구분한다. 보통이의 이끝높이는 다음과 같다.[4]

$$h_a = m \tag{13.11}$$

여기서 m은 모듈을 나타낸다.

- **이끝틈새** bottom clearance : 이끝틈새 c는 맞물린 한 쌍의 기어에서 한 기어의 이끝원으로부터 다른 기어의 이뿌리원까지의 반지름방향 거리를 나타낸다. 기어이의 가공방법에 따라 이끝틈새는 다음과 같다.

$$\text{절삭가공} : c = 0.25\,m \tag{13.12a}$$

$$\text{연삭가공} : c = 0.35\,m \tag{13.12b}$$

여기서 m은 모듈을 나타낸다.

- **이뿌리높이** dedendum : 이뿌리높이 h_f는 피치원부터 이뿌리원까지의 반지름방향 길이이다.
- **총 이높이** whole depth : 총 이높이는 h는 이끝높이와 이뿌리높이를 더한 높이를 나타낸다.

$$h = h_a + h_f \tag{13.13}$$

- **유효 이높이** working depth : 유효 이높이 h_w는 총 이높이 h에서 이끝틈새 c를 뺀 높이 또는 서로 맞물리는 한 쌍의 기어에서 두 기어의 이끝높이 h_a를 합친 것이다.

4 낮은이는 $h_a = 0.8\text{m}$, 높은이는 $h_a = 1.2\text{m}$를 갖는다.

$$h_w = h - c \tag{13.14a}$$

$$h_w = h_{a1} + h_{a2} \tag{13.14b}$$

여기서 h_{a1}과 h_{a2}는 맞물리는 각 기어의 이끝높이를 나타낸다.

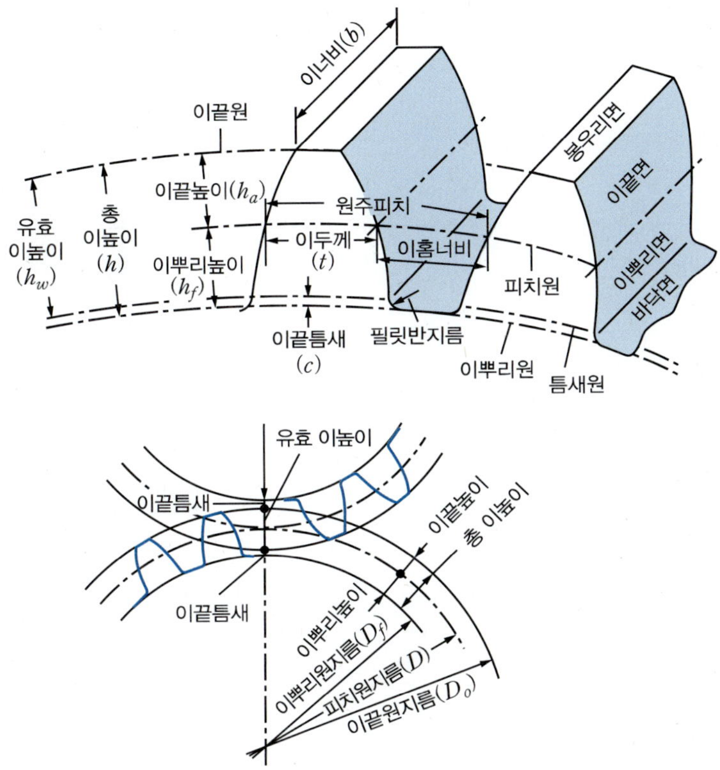

그림 13-9 기어이의 명칭

■ 이너비 및 이두께

이너비 face width b는 기어의 축방향의 길이로서 치폭 또는 이폭이라고도 한다. 이너비가 클수록 하중이 분산되는 효과는 있지만, 너무 넓으면 두 기어 간의 접촉률이 떨어질 수 있다. 따라서 다음과 같이 이너비에 대한 제한값을 둔다. 여기서 m은 모듈을 나타낸다.

$$\text{보통너비} : b \approx 6m \tag{13.15a}$$

$$\text{넓은너비} : b \approx 10m \tag{13.15b}$$

이두께 tooth thickness t는 피치원 상에서 잰 하나의 기어이의 양단거리를 나타내며, 이홈너비와 같다.

■ 지름

- **피치원지름** pitch diameter : 평기어는 원통마찰차의 마찰면에 이를 붙인 것으로 생각할 수 있으며, 이 원통마찰차의 구름접촉에 해당하는 기어의 가상원을 피치원 pitch circle이라 하며, 그 지름을 피치원지름이라고 한다. 피치원지름 D와 잇수 z와의 관계는 다음과 같다.

$$D = mz \tag{13.16}$$

• **이끝원지름** outside diameter : 이끝원지름 D_0는 바깥지름이라고도 하며, 피치원지름 D에 양쪽 이끝높이 $2h_a$를 더한 값이다.

$$D_0 = D + 2h_a \tag{13.17}$$

• **이뿌리원지름** root diameter : 이뿌리원지름 D_f는 피치원지름 D에 양쪽 이뿌리높이 $2h_f$를 뺀 값이다.

$$D_f = D - 2h_f \tag{13.18}$$

탐구

1. 법선피치에 대해 설명하라.
2. 피치원에 대해 설명하라.
3. 이끝높이와 이뿌리높이에 대해 설명하라.

13.2.2 기어의 회전속도비와 토크

[그림 13-10]에서 두 기어의 회전속도를 각각 N_1, N_2, 잇수를 z_1, z_2, 피치원지름을 D_1, D_2라고 할 때 **회전속도비**[5] i는 다음과 같다.

$$i = \frac{N_2}{N_1} = \frac{D_1}{D_2} = \frac{z_1}{z_2} \tag{13.19}$$

평기어에서 두 기어 사이의 **중심거리** center distance[6]는 다음과 같다.

$$C = \frac{D_1 + D_2}{2} = \frac{m(z_1 + z_2)}{2} \tag{13.20}$$

여기서 D_1, D_2는 각각 두 기어의 피치원지름, z_1, z_2는 잇수, 그리고 m은 모듈을 나타낸다. 식 (13.20)을 압력각과 기초원지름으로 나타내면 다음과 같다.

$$C = \frac{D_{b1} + D_{b2}}{2\cos\alpha} \tag{13.21}$$

기어의 **동력전달효율** η는 원동기어의 동력 H_1에 대한 종동기어의 동력 H_2의 비로 나타낸다.

$$\eta = \frac{H_2}{H_1} = \frac{T_2 N_2}{T_1 N_1} \tag{13.22}$$

5 각속도비라고도 하며 혼용해서 사용한다.

6 축간거리라고도 하며 혼용해서 사용한다.

여기서 T_1, T_2는 각각 원동기어와 종동기어의 토크를 나타내며, N_1, N_2는 회전속도를 나타낸다. 원동기어의 토크 T_1에 대한 종동기어의 토크 T_2의 비를 **토크비** torque ratio라고 한다.

$$i_T = \frac{T_2}{T_1} = \eta \frac{N_1}{N_2} \tag{13.23}$$

여기서 η는 동력전달효율을 나타낸다.

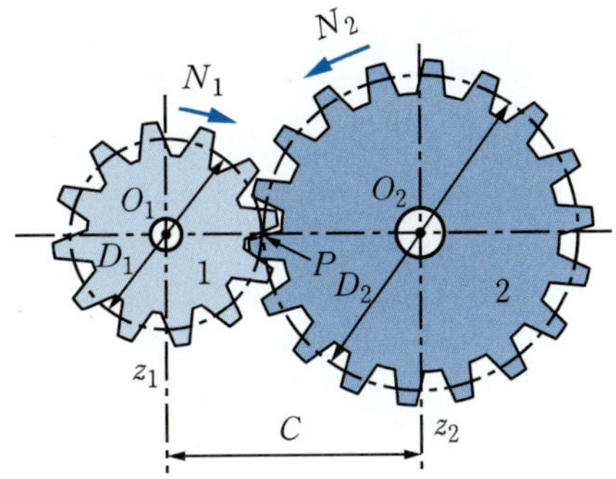

그림 13-10 평기어의 동력전달

예제 13-1 평기어의 피치원지름과 잇수

평기어의 모듈이 5mm, 중심거리가 270mm, 회전속도비가 1/2일 때 다음을 구하라.

(a) 각 기어의 피치원지름

(b) 각 기어의 잇수

전략

식 (13.19)의 회전속도비와 식 (13.20)의 중심거리에 대한 식으로 두 기어의 피치원지름을 구한다. 그리고 두 기어의 피치원지름과 주어진 모듈을 식 (13.16)에 대입하여 두 기어의 잇수를 결정한다.

풀이

(a) 식 (13.19)의 회전속도비에 대한 식으로부터 다음과 같이 된다.

$$i = \frac{N_2}{N_1} = \frac{1}{2} = \frac{D_1}{D_2} \tag{1}$$

두 기어 사이의 중심거리는 식 (13.20)으로부터 다음과 같다.

$$C = 270 = \frac{D_1 + D_2}{2} \tag{2}$$

식 (1)과 식 (2)를 정리하면 $D_1 = 180\text{mm}$, $D_2 = 360\text{mm}$이다. [답]

(b) 식 (13.16)으로부터 $D = mz$이므로 각 기어의 잇수는 다음과 같다.

$$z_1 = \frac{D_1}{m} = \frac{180}{5} = 36\text{개},\ z_2 = \frac{D_2}{m} = \frac{360}{5} = 72\text{개} \quad \text{[답]}$$

검토

주어진 문제에서 회전속도비가 1/2이므로 원동기어가 피니언이다.

예제 13-2 평기어의 잇수와 중심거리

피니언과 기어의 회전속도비가 1/4이고, 두 기어의 잇수의 합이 80인 표준 평기어장치가 있다. 원주피치가 12.57 mm 일 때 다음을 구하라.

(a) 각 기어의 잇수

(b) 중심거리

전략

주어진 원주피치를 식 (13.4)에 대입하여 모듈을 구한다. 회전속도비에 대한 식 (13.19)와 두 기어의 잇수의 합을 이용하여 각 기어의 잇수를 구한다. 식 (13.20)에 모듈과 잇수를 대입하여 중심거리를 구한다.

풀이

(a) 원주피치에 대한 식 (13.4)로부터 다음과 같이 모듈을 구한다.

$$m = \frac{p}{\pi} = \frac{12.57}{\pi} = 4\,\text{mm}$$

회전속도비에 대한 식 (13.19)로부터

$$i = \frac{N_2}{N_1} = \frac{z_1}{z_2} = \frac{1}{4}$$

이 되며, 이 식으로부터 $z_2 = 4z_1$이 된다. 잇수의 합 $z_1 + z_2 = 80$이므로, 정리하면 $z_1 + 4z_1 = 80$이 된다. 따라서 $z_1 = 16$개, $z_2 = 64$개가 된다. [답]

(b) 식 (13.20)으로부터 중심거리는 다음과 같다.

$$C = \frac{m(z_1 + z_2)}{2} = \frac{4 \times (16 + 64)}{2} = 160\,\text{mm} \quad \text{[답]}$$

검토

인벌류트치형의 기어는 중심거리에 있어 약간의 오차를 허용한다.

예제 13-3 평기어의 피치원지름, 원주피치, 이끝원지름, 중심거리 및 법선피치

모듈이 2mm, 피니언의 잇수가 20개, 기어의 잇수가 42개, 압력각이 20°인 한 쌍의 평기어가 있다. 보통이를 갖는 경우 다음을 구하라.

(a) 각 기어의 피치원지름
(b) 원주피치
(c) 이끝원지름
(d) 중심거리
(e) 법선피치

전략

식 (13.16)으로 각 기어의 피치원지름을 구하고, 식 (13.4)로 원주피치를 구한다. 식 (13.17)로부터 이끝원지름을 구하고, 식 (13.20)으로부터 중심거리를 구하며, 식 (13.10)으로부터 법선피치를 구한다.

풀이

(a) 식 (13.16)에서 $D = mz$이므로 각 기어의 피치원지름은 다음과 같다.

$$D_1 = mz_1 = 2 \times 20 = 40\,\mathrm{mm} \quad \text{[답]}$$
$$D_2 = mz_2 = 2 \times 42 = 84\,\mathrm{mm} \quad \text{[답]}$$

(b) 식 (13.4)로부터 원주피치는 다음과 같다.

$$p = \pi m = \pi \times 2 = 6.28\,\mathrm{mm} \quad \text{[답]}$$

(c) 식 (13.17)로부터 이끝원지름은 다음과 같다.

$$D_{01} = D_1 + 2h_a = 40 + 2 \times 2 = 44\,\mathrm{mm} \quad \text{[답]}$$
$$D_{02} = D_2 + 2h_a = 84 + 2 \times 2 = 88\,\mathrm{mm} \quad \text{[답]}$$

(d) 식 (13.20)으로부터 중심거리는 다음과 같다.

$$C = \frac{m(z_1 + z_2)}{2} = \frac{2 \times (20 + 42)}{2} = 62\,\mathrm{mm} \quad \text{[답]}$$

(e) 식 (13.10)으로부터 법선피치는 다음과 같다.

$$p_n = p\cos\alpha = 6.28 \times \cos 20° = 5.90\,\mathrm{mm} \quad \text{[답]}$$

검토

보통이의 이끝높이 h_a는 모듈 m과 같은 값을 준다.

예제 13-4 평기어의 피치원지름, 피치원의 원주속도, 기어의 회전속도

피니언과 기어의 잇수가 각각 16개와 35개이고 모듈이 4인 평기어가 있다. 피니언이 1500rpm으로 회전할 경우 다음을 구하라.

(a) 피니언과 기어의 피치원지름

(b) 피치원의 원주속도

(c) 기어의 회전속도

전략

식 (13.16)으로 각 기어의 피치원지름을 구하고, 피니언의 피치원지름과 회전속도로 피치원의 원주속도를 구한다. 그리고 식 (13.19)의 회전속도비에 대한 식으로부터 기어의 회전속도를 구한다.

풀이

(a) 식 (13.16)에서 $D = mz$이므로 각 기어의 피치원지름은 다음과 같다.

$$D_1 = mz_1 = 4 \times 16 = 64\,\mathrm{mm} \quad \text{[답]}$$

$$D_2 = mz_2 = 4 \times 35 = 140\,\mathrm{mm} \quad \text{[답]}$$

(b) 피치원의 원주속도는 다음과 같다.

$$v = \frac{\pi D_1 N_1}{60 \times 1000} = \frac{\pi \times 64 \times 1500}{60 \times 1000} = 5.03\,\mathrm{m/s} \quad \text{[답]}$$

(c) 식 (13.19)의 회전속도비를 정리하면 기어의 회전속도는 다음과 같다.

$$N_2 = N_1 \frac{z_1}{z_2} = 1500 \times \frac{16}{35} = 685.7\,\mathrm{rpm} \quad \text{[답]}$$

검토

만약 동력전달효율이 100%라면 식 (13.23)으로부터 토크비는 2.19가 되어 토크가 증대된다.

예제 13-5 평기어의 중심거리

기초원지름이 각각 600mm와 1500mm가 되는 한 쌍의 외접 평기어장치가 있다. 두 기어 사이의 중심거리를 구하라. 단, 두 기어의 압력각은 20°이다.

전략

기초원지름과 압력각이 주어진 경우 식 (13.21)로 중심거리를 구한다.

풀이

식 (13.21)로부터 다음과 같이 중심거리를 구한다.

$$C = \frac{D_{b1} + D_{b2}}{2\cos\alpha} = \frac{600 + 1500}{2 \times \cos 20°} = 1117.4\,\text{mm} \quad \text{[답]}$$

검토

압력각이 클수록 중심거리가 커진다. 만약 이 문제에서 압력각이 14.5°라면 중심거리가 1084.5 mm가 된다.

13.2.3 인벌류트함수와 기어의 물림

인벌류트치형의 곡선은 인벌류트함수로 나타낸다. [그림 13-11]에서 보는 바와 같이 기초원의 원호 $\widehat{P_1P}$에 실을 감은 후 P점을 고정한 상태에서 실을 팽팽히 당기면서 풀 때 실의 P_1점이 연속적으로 나타내는 곡선이 인벌류트 곡선이다. 실을 푼 후 실의 길이 $\overline{PQ}$는 실을 풀기 전에 기초원에 감겨있었던 실의 길이인 원호 $\widehat{P_1P}$와 같다.

$$r_b(\phi + \alpha) = r_b \tan\alpha \tag{13.24}$$

식 (13.24)를 정리하면 다음과 같다.

$$\phi = \tan\alpha - \alpha \tag{13.25}$$

이 식에서 ϕ를 **인벌류트함수** involute function 라고 하며, 간단하게 $\phi = inv\,\alpha$로 표시한다. 식 (13.25)로 압력각에 따른 치형곡선을 그릴 수 있다.

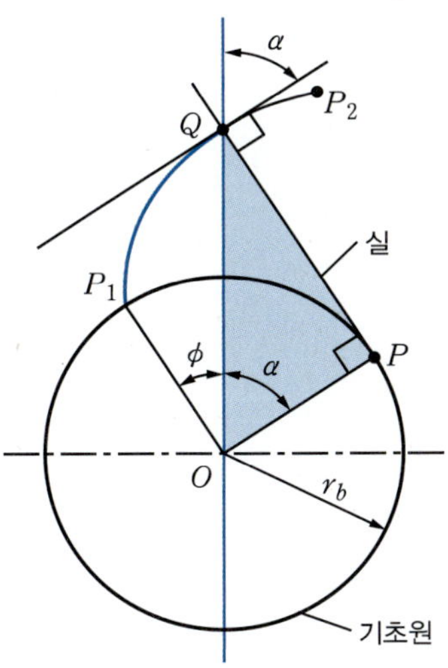

그림 13-11 인벌류트함수

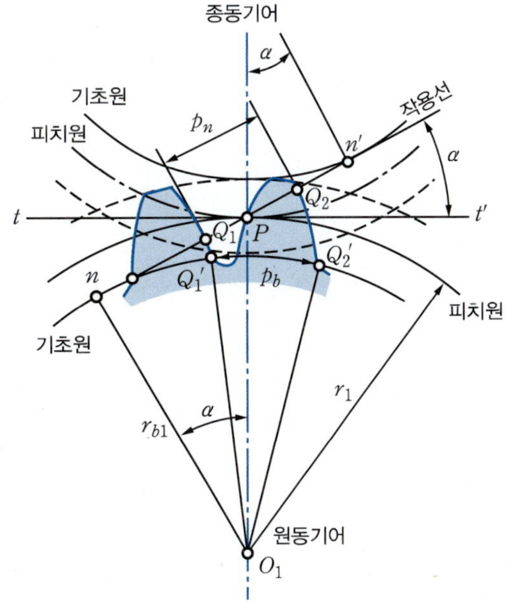

그림 13-12 평기어의 물림

■ 기어의 물림

[그림 13-12]는 평기어의 물림상태를 나타낸 것이다. 그림에서 nn'은 작용선, p_n은 법선피치, p_b는 기초원의 원주피치, α는 압력각을 나타낸다. 원동기어는 작용선 nn'을 따라 Q_1점에서 종동기어와 물림을 시작한 후 Q_2점에서 물림이 끝난다. 이때 $\overline{Q_1Q_2}$의 길이를 **물림길이** length of path of contact 라고 한다. 물림길이를 법선피치 p_n으로 나눈 값이나 기초원에서 접촉호 $\widehat{Q_1'Q_2'}$의 길이를 기초원의 원주피치로 나눈 값을 **물림률** contact ratio이라고 한다. 즉 물림길이를 l_c, 기초원에서 접촉호의 길이를 l_b라고 하면 물림률 λ는 다음과 같다.

$$\lambda = \frac{l_c}{p_n} = \frac{l_b}{p_b} \tag{13.26}$$

13.2.4 이의 간섭과 한계잇수

이의 간섭 interference이란 잇수 차이가 크게 나는 한 쌍의 기어가 맞물려 회전할 때, 기어의 이끝이 피니언의 이뿌리에 부딪혀서 회전할 수 없게 되는 현상을 말한다. [그림 13-13]에 랙과 피니언 간의 이의 물림상태를 나타냈는데, N점이 간섭점 interference point이다. 왜냐하면 인벌류트 기어에서 기초원의 안쪽에는 인벌류트치형이 생성되지 않기 때문이다.

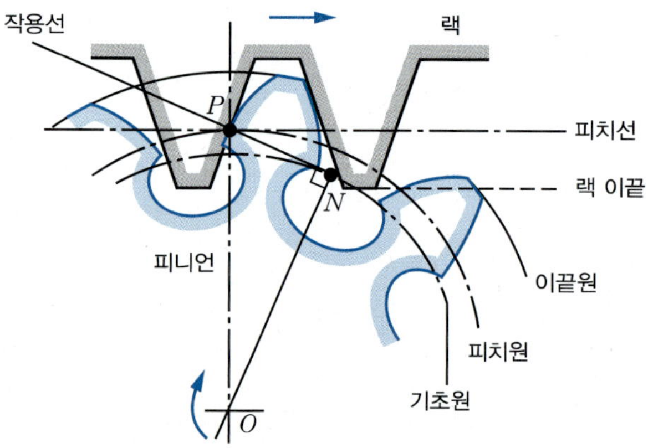

그림 13-13 이의 간섭

이의 간섭이 일어난 상태로 회전시키면, [그림 13-13]과 같이 랙의 이끝이 피니언의 이뿌리 부위를 깎아내는 현상이 발생하며, 이러한 현상을 **언더컷** undercut이라 한다. 언더컷이 생기면 피니언의 이뿌리가 가늘게 되어 이의 강도가 약해질 뿐만 아니라 물림길이도 짧아진다.

이의 간섭을 방지하는 방법은 다음과 같다.

- 기어와 피니언의 잇수 차이를 줄인다.
- 기어의 이끝높이를 줄인다. 즉 낮은이를 사용한다.
- 압력각을 크게 한다.
- 치형을 수정한다.
- **전위기어** profile shifted gear를 사용한다.

이 중 낮은이를 사용하는 경우에는 언더컷은 방지되지만, 물림길이가 짧아져서 하중 부담이 커진다는 문제점이 있다.

■ 최소잇수

표준 평기어에서 언더컷을 일으키지 않는 이론적 최소잇수[7] z_c는 다음과 같다.

$$z_c \geq \frac{2}{\sin^2\alpha} \tag{13.27}$$

여기서 α는 압력각을 나타낸다. 기어와 맞물리는 피니언의 잇수가 식 (13.27)의 z_c보다 많으면 간섭이 발생하지 않는다.

■ 백래시

이두께와 이홈너비가 $p/2$인 두 개의 표준기어를 표준중심거리에 맞춰 설치하면 이론적으로 정확하게 맞물릴 수 있을 것으로 예상할 수 있다. 그러나 실제로는 제작오차, 부하조건의 변동, 열팽창 등이 발생하여 원활한 맞물림이 되지 않을 수 있다. 따라서 기어의 맞물림을 원활하게 할 수 있도록 서로 맞물리는 기어의 이 사이에 약간의 틈새를 주는데, 이를 **백래시** backlash라고 한다([그림 13-14] 참조). 백래시는 기어장치에 공급하는 윤활유를 골고루 퍼지게 하는 역할도 한다. 백래시가 너무 크면 기어장치가 회전할 때 소음과 진동이 발생할 수 있고, 회전방향이 바뀌는 순간 틈새로 인하여 충격이 발생할 수 있으므로 물림에 문제가 없는 한 최소한 작게 부여하는 것이 좋다.

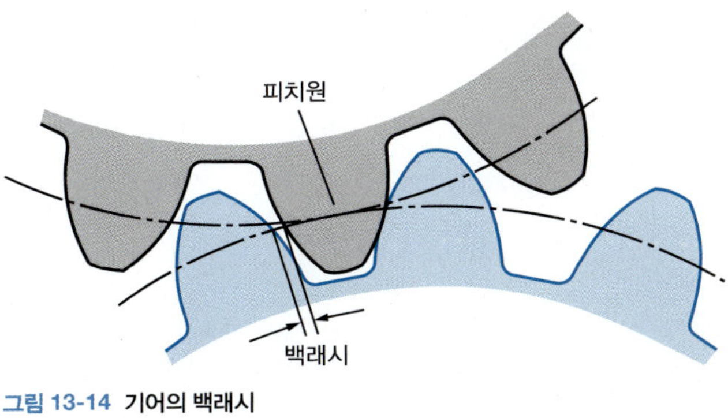

그림 13-14 기어의 백래시

7 한계잇수라고도 한다.

■ 전위기어

랙 커터rack cutter[8]를 사용하여 기어를 제작할 때 랙의 기준 피치선과 기어의 기준 피치원standard pitch circle[9]이 서로 접하도록 제작한 기어를 **표준기어**standard gear라고 한다. 표준기어는 기어와 피니언의 이끝높이가 같다. 이에 반해 랙 커터의 기준 피치선을 기어의 기준 피치원과 일치시키지 않고 기어의 반지름 방향으로 일정 거리 만큼 이동하여 가공한 기어를 **전위기어**profile shifted gear라고 한다([그림 13-15] 참조).

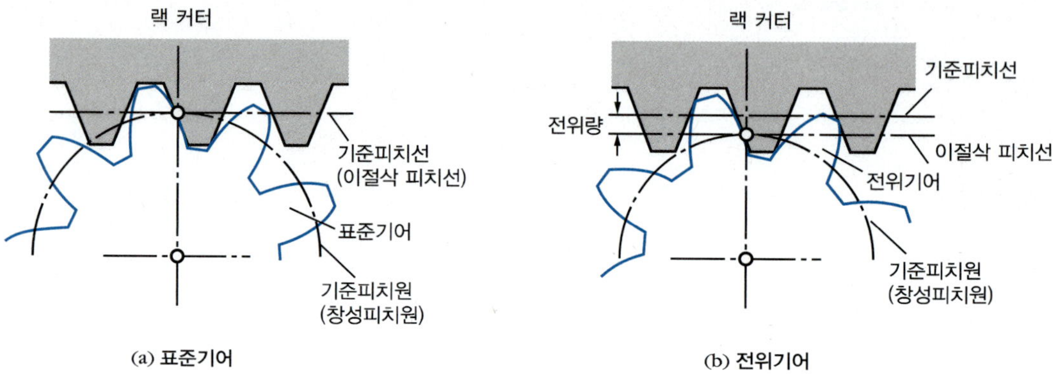

그림 13-15 표준기어와 전위기어

1 전위

전위기어에서 랙 커터의 기준 피치선이 기어의 기준 피치원으로부터 바깥쪽으로 이동한 것을 양(+)의 전위positive profile shift, 안쪽으로 이동한 것을 음(−)의 전위negative profile shift라고 한다. 양의 전위일 경우 기어의 이두께가 증가하며, 반대로 음의 전위일 경우 이두께가 줄어든다. [그림 13-15(b)]는 음의 전위기어를 나타낸다. 랙 커터의 기준 피치선과 기어의 창성 피치원generating pitch circle[10]에 접한 이절삭 피치선과의 거리를 **전위량**amount of addendum modification이라고 하며, 다음과 같이 나타낸다.

$$\delta_{am} = xm \tag{13.28}$$

여기서 x는 **전위계수**coefficient of profile shift이고, m은 모듈을 나타낸다.

2 전위기어의 특징

전위기어는 표준기어보다 설계가 복잡하나 다음과 같은 장점이 있다.

- 최소잇수를 작게 할 수 있다.
- 언더컷undercut을 방지할 수 있다.
- 모듈에 비해 강한 이를 얻을 수 있다.
- 미끄럼이 작고 물림률을 높일 수 있다.

---

8 기어를 가공하는 방법에는 주조법, 소성가공법, 절삭가공법 등이 있으며, 일반적으로 절삭가공법이 가장 많이 사용된다. 랙 커터는 절삭가공법에 사용되는 공구로서 랙의 모양을 하고 있다.

9 기어의 잇수를 정할 때의 기준이 되는 원을 말한다.

10 창성 피치원을 전위기어의 기준 피치원이라고도 부른다.

- 이의 마멸이 작고 전동효율이 높다.
- 중심거리를 변화시킬 수 있다.

그러나 다음과 같은 단점도 있다.

- 베어링압력이 커진다.
- 호환성이 없다.

3 언더컷 방지

언더컷을 방지하기 위한 전위계수는 다음과 같이 구한다.

$$x \geq 1 - \frac{z}{2}\sin^2\alpha \tag{13.29}$$

여기서 z는 기어 잇수, α는 압력각을 나타낸다.

식 (13.29)로부터 압력각 α에 따른 전위계수는 다음과 같다.

$$\alpha = 14.5°\text{인 경우 : } x \geq 1 - \frac{z}{32} \tag{13.30a}$$

$$\alpha = 20°\text{인 경우 : } x \geq 1 - \frac{z}{17} \tag{13.30b}$$

식 (13.30)에서 구한 값은 전위계수의 최솟값이므로 제작오차, 열팽창, 부하조건의 변화 등에 따른 실제상황을 고려하여 이론적으로 구한 값보다 약간 큰 값을 사용하는 것이 좋다.

4 표준기어와 중심거리가 같은 전위기어

전위를 주면 기어의 지름이 변한다. 양(+)의 전위를 주면 지름이 커지고, 음(−)의 전위를 주면 지름이 작아진다. 전위를 주더라도 맞물리는 두 기어의 중심거리가 변하지 않게 하려면 피니언에 양의 전위계수를 주고, 기어에 같은 크기의 음의 전위계수를 주면 된다. 그러나 기어에 음의 전위를 주면 이끝의 간섭이 커져서 언더컷이 발생할 가능성이 있으므로 음의 전위를 주는 기어의 잇수는 압력각에 따라 다음의 한계가 있다.

$$\begin{aligned} \alpha = 14.5°\text{인 경우 : } z_1 + z_2 \geq 64 \\ \alpha = 20°\text{인 경우 : } z_1 + z_2 \geq 34 \end{aligned} \tag{13.31}$$

탐구

1. 회전속도비와 잇수비의 관계를 설명하라.
2. 기어이의 물림률에 대해 설명하라.
3. 인벌류트곡선 또는 인벌류트함수에 대해 설명하라.
4. 백래시가 필요한 이유는 무엇인가?
5. 전위기어란 무엇인가? 그리고 어떤 장단점이 있는가?
6. 치형가공방법을 조사하라.

예제 13-6 평기어의 물림길이, 기초원지름, 피치원지름

압력각이 20°인 표준 평기어에서 물림률이 1.7이고, 법선피치가 14.5 mm이며, 잇수가 42개일 때 다음을 구하라.

(a) 물림길이

(b) 기초원지름

(c) 피치원지름

전략

식 (13.26)의 물림률에 대한 식으로부터 물림길이를 구하며, 식 (13.8)로부터 기초원지름을 구한다. 또한 식 (13.7)으로부터 피치원지름을 구한다.

풀이

(a) 식 (13.26)의 물림률에 관한 식으로부터 물림길이는 다음과 같다.

$$l_c = \lambda p_n = 1.7 \times 14.5 = 24.65\,\text{mm} \quad \text{[답]}$$

(b) 기초원피치와 법선피치가 같으므로 식 (13.8)로부터 기초원지름은 다음과 같다.

$$D_b = \frac{p_n z}{\pi} = \frac{14.5 \times 42}{\pi} = 193.9\,\text{mm} \quad \text{[답]}$$

(c) 식 (13.7)로부터 피치원지름은 다음과 같다.

$$D = \frac{D_b}{\cos\alpha} = \frac{193.9}{\cos 20°} = 206.3\,\text{mm} \quad \text{[답]}$$

검토

두 기어가 서로 맞물려서 중단하지 않고 연속적으로 회전하려면 항상 한 쌍 이상의 이가 작용선 위에서 물려 있어야 하며, 문제에서 주어진 물림률 1.7은 이러한 조건을 만족한다.

예제 13-7 평기어의 최소잇수

보통이를 가진 압력각 20°의 평기어가 언더컷을 일으키지 않는 최소잇수를 구하라.

전략

식 (13.27)로 최소잇수를 구한다.

풀이

식 (13.27)로 최소잇수를 구하면 다음과 같다.

$$z_c \geq \frac{2}{\sin^2\alpha} = \frac{2}{\sin^2 20°} = 17.097 \approx 18\text{개}$$ [답]

검토

압력각이 14.5°와 15°인 경우 최소잇수는 각각 32개와 30개가 된다. 따라서 압력각이 커질수록 최소잇수가 줄어든다.

예제 13-8 전위기어의 전위계수

피니언의 잇수가 24개, 기어의 잇수가 48개, 모듈이 5mm, 압력각이 14.5°인 평기어에서 언더컷이 발생하지 않고, 표준기어와 중심거리가 같도록 전위기어의 전위계수를 결정하라.

전략

식 (13.30a)로부터 전위계수를 구하며, 식 (13.31)로부터 표준기어와 중심거리가 같은 전위기어에서 언더컷을 방지하기 위한 조건의 만족 여부를 확인한 후 최종적으로 피니언과 기어의 전위계수를 결정한다.

풀이

식 (13.30a)로부터 압력각 14.5°에 대한 피니언의 전위계수를 구하면 다음과 같다.

$$x_1 \geq 1 - \frac{z_1}{32} = 1 - \frac{24}{32} = 0.25$$

또한 표준기어와 같은 중심거리가 되기 위해서는 기어에 다음과 같이 음(−)의 전위계수를 주어야 한다.

$$x_2 = -x_1 = -0.25$$

기어에 음의 전위계수 −0.25를 줄 수 있는지는 식 (13.31)의 $z_1 + z_2 \geq 64$의 관계로부터 알 수 있는데, 이 식에 피니언과 기어의 잇수를 대입하면

$$24 + 48 > 64$$

가 되며, 조건을 만족하므로 피니언과 기어의 전위계수를 각각 $x_1 = 0.25$, $x_2 = -0.25$를 주면 된다. [답]

검토

결과적으로 피니언의 이끝높이는 커지고, 기어의 이끝높이는 작아진다.

13.2.5 평기어의 강도설계

기어에 발생하는 손상failure에는 대표적으로 다음과 같은 것이 있다.

- **굽힘파손**bending failure : 이에 작용하는 큰 토크로 인해 이뿌리 부분에서 발생한다.
- **피팅**pitting : 반복되는 이의 접촉면 압력으로 인해 이의 피치선 부근에서 미소 부분이 탈락한다.
- **스코링**scoring : 이가 반복적으로 큰 압력을 받으면서 미끄러짐에 따라 고온 융착과 분리를 반복한다.

여기서는 비교적 많이 발생하는 손상형태인 굽힘파손과 피팅을 대상으로 한 강도평가방법을 알아본다.

■ 굽힘강도

한 쌍의 기어가 맞물려 돌아갈 때 이의 접촉면에 수직으로 작용하는 하중[11] F_n은 [그림 13-16]에서 보는 바와 같이 F_1과 F_2로 나눌 수 있다. F_1은 이뿌리 부분의 굽힘응력 σ_b와 전단응력 τ를 유발하고, F_2는 이뿌리 부분에 압축응력 σ_c를 유발하므로 이들 응력을 조합하여 강도설계 및 응력평가를 해야 한다. 그러나 기어이의 형상이 복잡하여 이들 응력을 모두 고려하는 것은 어려움이 있으므로 보통은 굽힘응력만을 고려한 루이스W. Lewis의 굽힘강도식을 사용한다.

루이스는 다음의 조건으로 굽힘강도에 대한 식을 유도했다.

- 물림률을 1로 가정한다. 즉 기어이 한 쌍의 접촉만 고려한다.
- 접촉면에 수직한 방향으로 한 개의 하중 F_n이 이끝에 작용한다.
- 이의 모양을 이뿌리 곡선에 내접하는 포물선형 균일강도 외팔보로 가정한다.

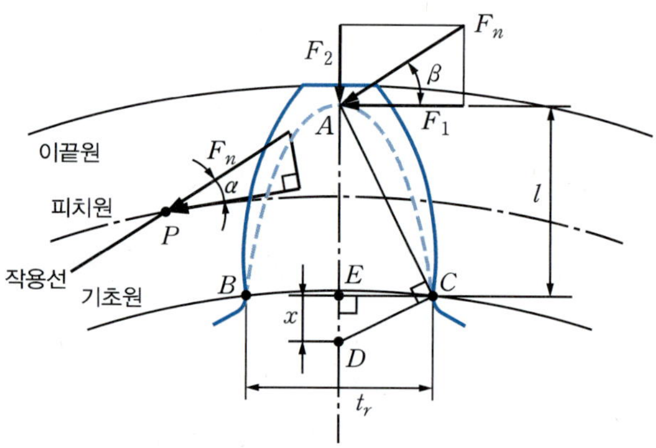

그림 13-16 기어이에 작용하는 힘

11 작용선 방향으로 작용하는 하중이다.

[그림 13-16]에서 하중 F_1에 의해 이뿌리 단면 BC에 작용하는 굽힘모멘트는 다음과 같다.

$$M = F_1 l \tag{13.32}$$

따라서 단면 BC에서 발생하는 굽힘응력은 다음과 같다.

$$\sigma_b = \frac{Mc}{I} = \frac{F_1 lc}{I} \tag{13.33}$$

여기서 I는 단면 BC에서의 관성모멘트로 다음과 같다.

$$I = \frac{b\,t_r^3}{12} \tag{13.34}$$

여기서 b는 이너비, t_r은 이뿌리부 두께를 나타낸다.

또한 $c = t_r/2$이고, $F_1 = F_n \cos\beta$이므로 식 (13.33)은 다음과 같이 된다.

$$\sigma_b = \frac{6F_n l \cos\beta}{b\,t_r^2} \tag{13.35}$$

피치점 P에서 회전력 $F = F_n \cos\alpha$이므로 식 (13.35)를 정리하여 이 회전력 식에 대입하면 다음과 같다.

$$F = \sigma_b b \frac{\cos\alpha}{\cos\beta} \frac{t_r^2}{6l} \tag{13.36}$$

한편, $\triangle ACE$와 $\triangle CDE$는 서로 닮은꼴 직각삼각형이므로 다음의 관계를 갖는다.

$$\frac{AE}{CE} = \frac{CE}{DE}, \quad \text{즉} \quad \frac{l}{t_r/2} = \frac{t_r/2}{x}$$

이로부터 $t_r^2 = 4xl$이 되며, 이를 식 (13.36)에 대입하여 정리하면 피치점의 회전력은 다음과 같다.

$$F = \sigma_b b m \frac{\cos\alpha}{\cos\beta} \frac{2x}{3m} = \sigma_b b m y \tag{13.37}$$

이 식을 **루이스의 굽힘강도식**이라고 한다. 이 식에서 m은 모듈이고, y는 **치형계수** form factor로서 다음과 같다.

$$y = \frac{\cos\alpha}{\cos\beta} \frac{2x}{3m} \tag{13.38}$$

외접 평기어의 모듈기준 치형계수를 [표 13-2]에 나타냈다. 또한 기어재료의 기계적 성질은 [표 13-3]과 같다.

표 13-2 외접 평기어의 모듈기준 치형계수

잇수 z	치형계수 y			잇수 z	치형계수 y		
	14.5° 보통이	20° 보통이	20° 낮은이		14.5° 보통이	20° 보통이	20° 낮은이
10	0.176	0.201	0.261	33	0.324	0.367	0.445
11	0.192	0.226	0.289	34	0.326	0.371	0.447
12	0.210	0.245	0.311	35	0.327	0.373	0.449
13	0.223	0.264	0.324	36	0.329	0.377	0.451
14	0.236	0.276	0.339	37	0.330	0.380	0.454
15	0.245	0.289	0.349	38	0.333	0,384	0.455
16	0.255	0.295	0.360	39	0.335	0.386	0.457
17	0.264	0.302	0.368	40	0.336	0.389	0.459
18	0.270	0.308	0.377	43	0.339	0.397	0.467
19	0.277	0.314	0.386	45	0.340	0.399	0.468
20	0.283	0.320	0.393	50	0.346	0.408	0.474
21	0.289	0.326	0.399	55	0.352	0.415	0.480
22	0.292	0.330	0.404	60	0.355	0.421	0.484
23	0.296	0.333	0.408	65	0.358	0.425	0.488
24	0.302	0.337	0.411	70	0.360	0.429	0.493
25	0.305	0.340	0.416	75	0.361	0.433	0.496
26	0.308	0.344	0.421	80	0.363	0.436	0.499
27	0.311	0.348	0.426	90	0.366	0.442	0.503
28	0.314	0.352	0.430	100	0.368	0.446	0.506
29	0.316	0.355	0.434	150	0.375	0.458	0.518
30	0.318	0.358	0.437	200	0.378	0.463	0.524
31	0.320	0.361	0.440	300	0.380	0.471	0.534
32	0.322	0.364	0.443	랙	0.390	0.484	0.550

[주] **1.** 표에 잇수가 없는 경우 보간법으로 구한다.
2. 14.5°와 20°는 압력각을 나타낸다.
3. 보통이의 이끝높이는 1.0m, 이뿌리높이는 1.25m이다.
4. 낮은이의 이끝높이는 0.8m, 이뿌리높이는 1.0m이다.

표 13-3 기어재료의 기계적 성질

종류	기호	인장강도 [MPa]	브리넬경도 (H_B)	허용굽힘응력 [MPa]
회주철	GC150	150 이상	212 이하	60
	GC200	200 이상	223 이하	80
	GC250	250 이상	241 이하	100
	GC300	300 이상	262 이하	120
	GC350	350 이상	277 이하	140
탄소강 주강품	SC410	410 이상	140 이상	160
	SC450	450 이상	160 이상	180
	SC480	480 이상	190 이상	195
탄소강 단강품	SF440A	440~540	121 이상	200~250
	SF490A	490~590	134 이상	240~270
	SF540A	540~640	152 이상	250~300
	SF590A	590~690	167 이상	270~320
	SF640A	640~790	183 이상	300~360
기계구조용 탄소강	SM25C	441 이상	123~183	200
	SM35C	510 이상	149~207	250
	SM45C	569 이상	167~229	290
표면담금질강	SM15CK	450 이상	400 : 유냉	290
	SNC415	784 이상	600 : 수냉	340~390
	SNC815	980 이상	600 : 수냉	390~540
니켈크롬강	SNC236	735 이상	212~255	340~390
	SNC631	833 이상	248~302	390~590
	SNC836	931 이상	269~321	390~590
청동		176 이상	85	50
델타메탈		343~588		90~190
인청동(주물)		196 이상	70~100	50~70
니켈청동(단조)		627~882	180~260	190~290
페놀수지 등				30~50

실제로 기어이에 작용하는 굽힘하중은 주기적으로 작용하므로 기어이는 동하중을 받게 된다. 이러한 동하중은 기어의 원주속도와 관련이 있다. 또한 기어는 부하의 상태에 따라서도 영향을 받을 수 있으므로 이들을 모두 고려하면 다음과 같이 나타낼 수 있다.

$$F = f_v f_w \sigma_b b m y \tag{13.39}$$

여기서 f_v는 기어의 원주속도에 따른 속도계수로서 원주속도와 기어표면의 다듬질 정도에 따라 [표 13-4]와 같이 구분한다. 그리고 f_w는 하중계수(또는 충격계수)로서 하중상태에 따라 [표 13-5]의 값을 부여하며, 하중상태가 주어지지 않으면 1을 준다.

표 13-4 속도계수

속도계수 f_v	원주속도 v	기어표면의 정도	기어종류
$\dfrac{3.05}{3.05+v}$	$0.5 \sim 10\,\text{m/s}$	거친 기계 다듬질	보통기어
$\dfrac{6.1}{6.1+v}$	$10 \sim 20\,\text{m/s}$	일반 기계 다듬질	정밀기어
$\dfrac{5.55}{5.55+\sqrt{v}}$	$20 \sim 50\,\text{m/s}$	정밀한 기계 다듬질	고정밀기어
$\dfrac{0.75}{1+v}+0.25$	$20\,\text{m/s}$ 미만	사출성형	비금속기어

표 13-5 하중계수

하중상태	하중계수 f_w
비교적 정적인 경우	0.80
변동하는 경우	0.74
충격을 수반하는 경우	0.67

■ 면압강도

한 쌍의 기어에서 이가 맞물려 돌아갈 때 이의 접촉면에 작용하는 수직하중 F_n이 너무 크면, 이의 접촉면이 마모되는 동시에 반복응력에 의한 피로파손으로 피치선 부근에서 미소 부분이 탈락하는 현상이 발생하는데 이를 **피팅**pitting이라 한다. 이처럼 피로에 의해 손상된 이의 표면은 동력을 전달하는 동안 소음과 진동을 일으키므로 이의 표면에 작용하는 압축응력을 기어재료의 피로한도fatigue limit보다 작게 발생하도록 해야 한다.

1 헤르츠의 접촉응력 이론

기어이 표면의 압축응력을 계산하는 데는 헤르츠H. R. Hertz가 제안한 접촉응력 이론이 사용되고 있다. 헤르츠의 이론에 의하면 [그림 13-17(a)]처럼 각 원통의 반지름 r_1, r_2, 탄성계수 E_1, E_2, 폭 b인 2개의 원통에 반지름방향의 수직힘 F_n이 작용할 때, 접촉면에 발생하는 최대 압축응력 σ_c는 다음과 같다.

$$\sigma_c^2 = \frac{0.35F_n\left(\dfrac{1}{r_1}+\dfrac{1}{r_2}\right)}{b\left(\dfrac{1}{E_1}+\dfrac{1}{E_2}\right)} \tag{13.40}$$

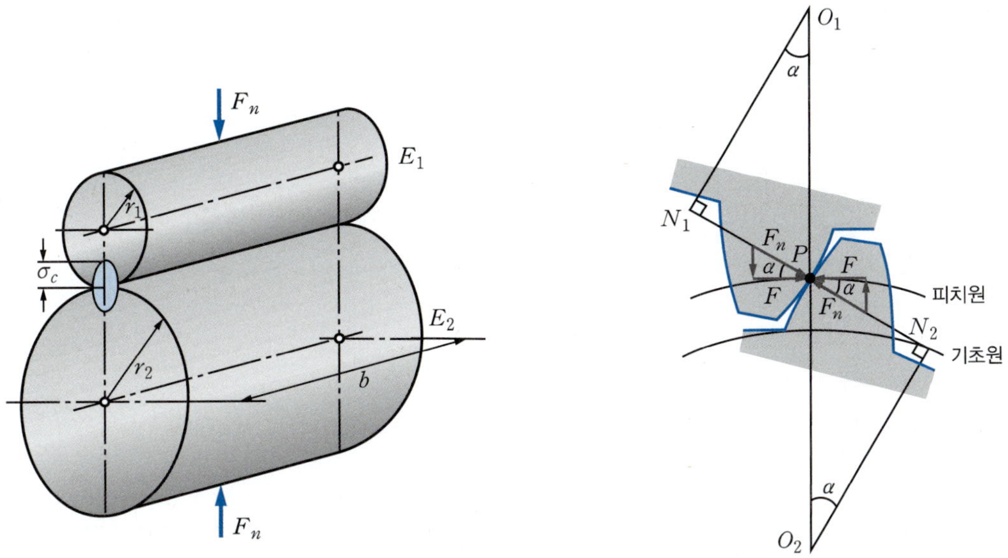

(a) 원통의 접촉점에서의 압축응력

(b) 피치점에서의 힘 관계

그림 13-17 헤르츠의 접촉응력 이론

2 면압강도

한 쌍의 기어가 맞물리는 피치점에서 치형곡선의 반지름은 기초원과 작용선이 만나는 점부터 피치점까지의 거리이며 다음과 같다([그림 13-17(b)] 참조).

$$r_1 = \overline{PN_1} = \overline{O_1P}\sin\alpha = \frac{D_1}{2}\sin\alpha \tag{a}$$

$$r_2 = \overline{PN_2} = \overline{O_2P}\sin\alpha = \frac{D_2}{2}\sin\alpha \tag{b}$$

또한 회전력 F는 수직력 F_n과 다음의 관계를 갖는다.

$$F_n = \frac{F}{\cos\alpha} \tag{c}$$

식 (a) ~ (c)를 식 (13.40)에 대입하여 정리하면 다음과 같다.

$$\sigma_c^2 = \frac{0.35F\left(\dfrac{2}{D_1\sin\alpha}\dfrac{D_1+D_2}{D_2}\right)}{b\cos\alpha\left(\dfrac{1}{E_1}+\dfrac{1}{E_2}\right)} \tag{13.41}$$

피니언과 기어의 지름은 각각 $D_1 = mz_1$, $D_2 = mz_2$이므로 이들을 식 (13.41)에 대입하여 정리하면 피치점의 회전력은 다음과 같다.

$$F = kbm\frac{2z_1z_2}{z_1+z_2} \tag{13.42}$$

여기서 k는 기어의 기계적 성질과 압력각에 의해 결정되는 **접촉면응력계수**(또는 비응력계수)로서 다음과 같다.

$$k = \frac{\sigma_c^2 \sin 2\alpha}{2.8}\left(\frac{1}{E_1} + \frac{1}{E_2}\right) \tag{13.43}$$

접촉면응력계수에 대한 값들을 [표 13-6]에 나타냈다. 식 (13.42)에 앞에서 설명한 [표 13-4]의 속도계수 f_v를 고려하면 피치점에서의 회전력은 다음과 같다.

$$F = f_v kbm \frac{2z_1 z_2}{z_1 + z_2} \tag{13.44}$$

이 식을 피치점에서의 **면압강도식**이라고 한다.

표 13-6 기어재료의 접촉면응력계수

단위 : N/mm^2

재료		허용압축응력 σ_c	접촉면응력계수 k	
피니언	기어		14.5°	20°
강(150) 강(200) 강(250)	강(150) 강(150) 강(150)	340 410 480	0.198 0.291 0.387	0.262 0.387 0.514
강(200) 강(250) 강(300)	강(200) 강(200) 강(200)	480 550 610	0.387 0.507 0.640	0.514 0.672 0.848
강(250) 강(300) 강(350)	강(250) 강(250) 강(250)	610 680 750	0.640 0.791 0.958	0.848 1.050 1.270
강(300) 강(350) 강(400)	강(300) 강(300) 강(300)	750 820 860	0.958 1.140 1.250	1.270 1.510 1.660
강(350) 강(400) 강(500)	강(350) 강(350) 강(350)	890 970 1000	1.340 1.580 1.680	1.770 2.100 2.230
강(400) 강(500) 강(600)	강(400) 강(400) 강(400)	1170 1200 1240	2.320 2.440 2.610	3.080 3.240 3.450
강(500) 강(600)	강(400) 강(600)	1310 1580	2.900 4.260	3.840 5.620
강(150) 강(200) 강(250) 강(300)	주철 주철 주철 주철	340 480 610 630	0.294 0.578 0.960 1.030	0.382 0.774 1.270 1.360
강(150) 강(200) 강(250)	인청동 인청동 인청동	340 480 580	0.304 0.608 0.902	0.402 0.804 1.320
주철 니켈주철 니켈주철	주철 니켈주철 인청동	610 630 560	1.290 1.370 1.140	1.840 1.820 1.520

[주] 강의 경우 괄호 안의 숫자는 브리넬경도(Brinell hardness)를 나타낸다.

평기어를 설계할 때 굽힘강도와 면압강도를 각각 검토한 후 이들 중에서 더 안전한 쪽을 선택하는데, 일반적으로 경하중이 작용하고 마멸이 작을 때는 굽힘강도만을 고려하지만 장시간 동안 전부하full load로 운전하는 경우에는 면압강도도 함께 고려하여 설계한다.

■ 전달동력

피치점에 회전력 F를 가하여 기어를 회전할 때 전달동력은 다음과 같다.

$$H = \frac{Fv}{1000}\,[\mathrm{kW}] : F[\mathrm{N}],\ v[\mathrm{m/s}] \tag{13.45a}$$

$$H = \frac{Fv}{102}\,[\mathrm{kW}] : F[\mathrm{kg}_f],\ v[\mathrm{m/s}] \tag{13.45b}$$

탐구

1. 기어이에서 발생하는 손상에는 어떤 것들이 있는가?
2. 루이스의 굽힘강도식에 대해 설명하라.

예제 13-9 평기어 전동장치에서 피니언의 전달력, 속도계수, 굽힘응력

감속비가 3:1인 한 쌍의 평기어 전동장치에서 원동기어인 피니언이 600rpm으로 25kW의 동력을 전달한다. 기어의 모듈은 4, 압력각은 20°이고 피니언의 잇수는 24개이다. 이폭을 24mm로 할 때 피니언에 대해 다음을 구하라. 단, 피니언의 치형계수는 0.337, 하중계수는 1이다.

(a) 피니언의 전달력
(b) 속도계수
(c) 굽힘응력

전략

피치원의 원주속도를 구하고, 식 (13.45a)로부터 피니언의 전달력을 구한다. [표 13-4]에서 원주속도에 해당하는 식을 택하여 속도계수를 계산한다. 피치점의 회전력에 대한 식 (13.39)를 정리하여 굽힘응력을 구한다.

풀이

피치원의 원주속도는 다음과 같다.

$$v = \frac{\pi D_1 N_1}{60 \times 1000} = \frac{\pi m z_1 N_1}{60 \times 1000} = \frac{\pi \times 4 \times 24 \times 600}{60 \times 1000} = 3.02\,\mathrm{m/s}$$

(a) 식 (13.45a)로부터 전달력 F는 다음과 같다.

$$F = \frac{1000H}{v} = \frac{1000 \times 25}{3.02} = 8278.1\,\mathrm{N}\quad [\text{답}]$$

(b) [표 13-4]에서 원주속도에 해당하는 식으로 속도계수를 구한다.

$$f_v = \frac{3.05}{3.05+v} = \frac{3.05}{3.05+3.02} = 0.502 \quad \text{[답]}$$

(c) 피치점의 회전력에 대한 식 (13.39)를 정리하여 다음과 같이 굽힘응력을 구한다.

$$\sigma_b = \frac{F}{f_v f_w bmy} = \frac{8278.1}{0.502 \times 1 \times 24 \times 4 \times 0.337} = 509.7\,\text{MPa} \quad \text{[답]}$$

검토

계산된 굽힘응력이 사용재료의 허용굽힘응력의 범위 내에 있는지를 확인해야 한다.

예제 13-10 표준 평기어에서 전달동력

표준 평기어에서 피니언의 잇수는 26개이고, 820 rpm으로 회전한다. 기어의 잇수는 52개이고, 410 rpm으로 회전한다. 모듈은 5 mm, 압력각은 20°, 이너비는 30 mm이다. 피니언과 기어의 재료는 각각 SM45C와 SM25C이며, 이들 재료의 브리넬경도는 각각 200과 150이다. 비교적 정직인 하중이 작용할 때 한 쌍의 표준 평기어의 전달동력을 구하라.

전략

하중이 작용하는 피치원의 원주속도를 구하고, [표 13-4]에서 원주속도에 해당하는 속도계수식으로 속도계수를 구한다. 하중계수는 [표 13-5]에서 찾는다. 치형계수는 [표 13-2]에서 찾는데, 이 표에 해당하는 잇수가 없다면 치형계수를 보간법으로 계산한다. 식 (13.39)를 이용하여 피니언과 기어가 전달하는 회전력을 각각 구한다. [표 13-6]에서 접촉면응력계수를 찾은 후 식 (13.44)로부터 면압강도로 전달하는 회전력을 구한다. 구한 3개의 회전력 중 가장 작은 값으로 전달동력을 결정한다.

풀이

피치원의 원주속도는 다음과 같다.

$$v = \frac{\pi D_1 N_1}{60 \times 1000} = \frac{\pi m z_1 N_1}{60 \times 1000} = \frac{\pi \times 5 \times 26 \times 820}{60 \times 1000} = 5.58\,\text{m/s}$$

[표 13-4]에서 저속에 해당하는 식을 사용하여 속도계수를 구한다.

$$f_v = \frac{3.05}{3.05+v} = \frac{3.05}{3.05+5.58} = 0.353$$

하중계수는 [표 13-5]에서 $f_w = 0.80$으로 정한다.

- **굽힘강도로 전달하는 회전력**

  피니언은 [표 13-2]에서 치형계수 $y = 0.344$, [표 13-3]에서 허용굽힘응력 $\sigma_b = 290\,\text{MPa}$이므로 피치점의 회전력은 식 (13.39)로부터 다음과 같다.

$$F = f_v f_w \sigma_b bmy = 0.353 \times 0.8 \times 290 \times 30 \times 5 \times 0.344 = 4225.83\,\mathrm{N}$$

기어는 [표 13-2]에서 $z_2 = 52$에 대한 치형계수를 보간법으로 구하면 $y = 0.411$이 되며, [표 13-3]에서 허용굽힘응력 $\sigma_b = 200\,\mathrm{MPa}$이므로 피치점의 회전력은 식 (13.39)로부터 다음과 같다.

$$F = f_v f_w \sigma_b bmy = 0.353 \times 0.8 \times 200 \times 30 \times 5 \times 0.411 = 3481.99\,\mathrm{N}$$

- **면압강도로 전달하는 회전력**

[표 13-6]에서 접촉면응력계수 $k = 0.387\,\mathrm{MPa}$이므로 식 (13.44)로부터 회전력은 다음과 같다.

$$F = f_v kbm \frac{2z_1 z_2}{z_1 + z_2} = 0.353 \times 0.387 \times 30 \times 5 \times \frac{2 \times 26 \times 52}{26 + 52} = 710.38\,\mathrm{N}$$

이상의 결과에서 가장 작은 회전력인 710.38 N을 허용회전력으로 정한다. 식 (13.45a)에 의해 허용전달동력은 다음과 같다.

$$H = \frac{Fv}{1000} = \frac{710.38 \times 5.58}{1000} = 3.96\,\mathrm{kW} \quad \text{[답]}$$

검토

실제 설계에서는 피니언과 기어의 허용회전력이 비슷하게 나오도록 적합한 재료를 선정할 필요가 있다.

예제 13-11 평기어 전동장치의 중심거리, 토크, 회전력, 이너비

외접 표준 평기어 전동장치에서 피니언의 잇수는 20개, 모듈은 3 mm, 압력각은 14.5°이고, 회전속도비는 1/2이다. 피니언과 기어의 재료는 모두 GC300이고, 하중계수는 0.8이다. 피니언이 1500 rpm의 회전속도에서 7 kW의 동력을 전달하는 경우 다음을 구하라.

(a) 중심거리

(b) 기어와 연결된 축에 작용하는 토크

(c) 기어에 작용하는 회전력

(d) 이너비

전략

식 (13.19)로 기어의 잇수를 계산한다. 모듈과 잇수를 식 (13.20)에 대입하여 중심거리를 구한다. 식 (13.19)로 기어의 회전속도를 계산한 후 동력 $H = T\omega$로부터 기어와 연결된 축의 토크를 구한다. 피치원의 원주속도를 구한 후 식 (13.45a)를 이용하여 회전력을 구한다. [표 13-4]에서 원주속도에 해당하는 식으로 속도계수를 구한 후 [표 13-3]에서 허용굽힘응력과 [표 13-2]에서 피니언의 치형계수를 찾는다. 그리고 식 (13.39)를 이용하여 이너비를 계산한다.

풀이

식 (13.19)의 $i=\dfrac{z_1}{z_2}$에서 기어의 잇수 $z_2=\dfrac{z_1}{i}=20\times 2=40$개가 된다.

(a) 중심거리는 식 (13.20)에 따라 다음과 같다.

$$C=\frac{m(z_1+z_2)}{2}=\frac{3\times(20+40)}{2}=90\,\text{mm}\quad \text{[답]}$$

(b) 식 (13.19)의 $i=\dfrac{N_2}{N_1}$에서 $N_2=iN_1=\dfrac{1}{2}\times 1500=750\,\text{rpm}$이다. 동력 $H=T\omega$로부터 토크는 다음과 같다.

$$T=\frac{H}{\omega}=\frac{H}{\left(\dfrac{2\pi N_2}{60}\right)}=\frac{7\times 10^3}{\left(\dfrac{2\times\pi\times 750}{60}\right)}=89.1\,\text{N}\cdot\text{m}\quad \text{[답]}$$

(c) 피치원의 원주속도는 다음과 같다.

$$v=\frac{\pi D_1N_1}{60\times 1000}=\frac{\pi mz_1N_1}{60\times 1000}=\frac{\pi\times 3\times 20\times 1500}{60\times 1000}=4.71\,\text{m/s}$$

식 (13.45a)를 정리하면 회전력은 다음과 같다.

$$F=\frac{1000H}{v}=\frac{1000\times 7}{4.71}=1486.2\,\text{N}\quad \text{[답]}$$

(d) [표 13-4]에서 원주속도에 해당하는 식으로 속도계수를 구한다.

$$f_v=\frac{3.05}{3.05+v}=\frac{3.05}{3.05+4.71}=0.393$$

[표 13-3]에서 GC300의 허용굽힘응력 $\sigma_b=120\,\text{MPa}$이며, [표 13-2]에서 피니언의 치형계수 $y=0.283$이다. 피치점의 회전력에 대한 식 (13.39)를 정리하면 기어의 이너비는 다음과 같다.

$$b=\frac{F}{f_vf_w\sigma_bmy}=\frac{1486.2}{0.393\times 0.8\times 120\times 3\times 0.283}=46.4\,\text{mm}$$

따라서 이너비를 47mm로 정한다. [답]

검토

기어와 피니언에 작용하는 회전력은 동일하며, 피니언이 기어에 비해 치형계수 y가 더 작으므로 (d)에서 피니언의 치형계수를 적용했다.

SECTION 13.3

헬리컬기어

✔ 헬리컬기어의 치형표시방식 및 기하학적 치수에 대해 알아본다.
✔ 헬리컬기어의 상당평기어 잇수를 결정하는 방법을 학습한다.
✔ 헬리컬기어의 굽힘강도와 면압강도를 고려한 회전력 계산방법을 학습한다.

13.3.1 헬리컬기어의 특징

평기어에서는 한 쌍의 이가 서로 물려 동력을 전달할 때 이너비 전체를 동시에 접촉했다가 동시에 떨어지므로 치형 사이에 약간의 작은 간격이 있어도 고속회전 시 충격과 소음·진동이 발생한다. 이에 대한 해결방안으로 [그림 13-18(a)]와 같이 잇줄tooth trace을 축선에 대해 나선각helix angle으로 비틀리게 만든 **헬리컬기어**helical gear가 있다. 헬리컬기어에서 이물림은 한쪽 끝에서 점접촉으로 시작한 후 연속적으로 접촉폭이 늘어나다가 다시 연속적으로 줄어든 후 다른 쪽 끝에서 점접촉으로 이물림이 끝난다.

이러한 헬리컬기어는 이물림 길이가 길고 물림률이 평기어보다 커서 잇면의 마멸이 균일하며, 같은 이너비라면 평기어보다 큰 회전력을 전달할 수 있다. 또한 이가 연속적으로 접촉하므로 소음·진동이 작게 발생하며 고속회전에서도 정숙한 운전이 가능하다. 그리고 언더컷을 방지하기 위한 피니언의 최소 잇수가 평기어보다 적어서 회전속도비를 크게 할 수 있는 장점이 있다.

그러나 이가 축선에 대해서 비틀려져 있어서 가공이 어렵고, 회전토크에 비례하는 추력thrust이 발생하므로 기어축을 지지하기 위해 스러스트 베어링thrust bearing이 필요하다. 이러한 추력을 해결하는 방안으로 [그림 13-18(b)]에 나타낸 것처럼 나선각의 방향이 서로 반대인 헬리컬기어 두 개를 서로 대칭되게 만든 헬리컬기어를 사용하며, 이를 **더블헬리컬기어**double helical gear 또는 **헤링본기어**herringbone gear라고 한다.

(a) 헬리컬기어

(b) 더블헬리컬기어

그림 13-18 헬리컬기어

13.3.2 치형표시방식

헬리컬기어는 잇줄의 방향과 축선 방향이 일치하지 않고 경사져 있으므로 [그림 13−19]와 같이 치형의 기준을 잡는 방식이 두 가지가 있다. 하나는 [그림 13−19(a)]에 나타낸 축에 직각인 단면의 치형으로 **축직각 치형** transverse tooth profile이라 한다. 다른 하나는 [그림 13−19(b)]에 나타낸 잇줄에 직각인 단면의 치형으로 **치직각 치형** normal tooth profile이라 한다. 치형방식은 기어를 가공할 때, 공구의 모듈과 압력각을 결정하는 기준이 되기도 한다.

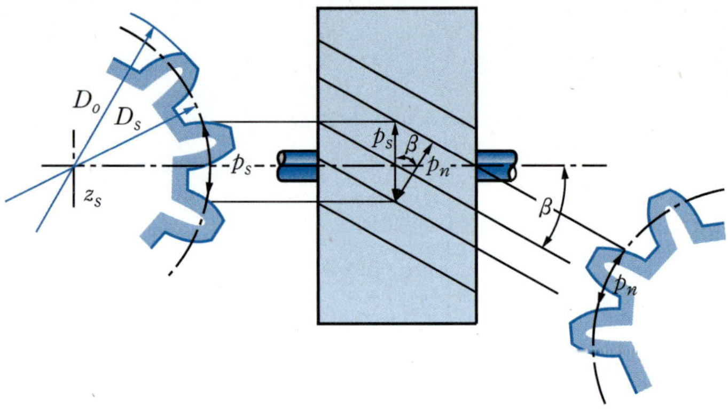

(a) 축직각 피치 (b) 치직각 피치

그림 13-19 헬리컬기어의 피치

13.3.3 헬리컬기어의 기하학적 관계

헬리컬기어의 치수를 결정하는 방법은 나선각을 제외하면 평기어와 유사하다.

■ 축직각 피치와 모듈

[그림 13−19(a)]에서 피치원지름이 D_s이고, 잇수가 z_s일 때 축직각 피치 p_s는 다음과 같다.

$$p_s = \frac{\pi D_s}{z} \tag{13.46}$$

또한 축직각 모듈은 다음과 같다.

$$m_s = \frac{D_s}{z} \tag{13.47}$$

따라서 식 (13.46)의 축직각 피치는 다음과 같다.

$$p_s = \pi m_s \tag{13.48}$$

■ 치직각 피치와 모듈

[그림 13-19]에서 축과 잇줄 방향이 이루는 나선각helix angle을 β라고 하면, 치직각 피치 p_n과 축직각 피치 p_s 간에는 다음의 관계를 갖는다.

$$p_n = p_s \cos\beta \tag{13.49}$$

또한 치직각 피치 m_n과 축직각 모듈 m_s 간에도 다음의 관계를 갖는다.

$$m_n = m_s \cos\beta \tag{13.50}$$

여기서 나선각 β는 보통 $10 \sim 30°$이다.

■ 피치원지름, 바깥지름, 중심거리

피치원지름 D_s, 바깥지름 D_0, 중심거리 C는 각각 다음과 같다.

$$D_s = z\,m_s = z\frac{m_n}{\cos\beta} \tag{13.51}$$

$$D_0 = D_s + 2m_n = \left(\frac{z}{\cos\beta} + 2\right)m_n \tag{13.52}$$

$$C = \frac{D_{s1} + D_{s2}}{2} = \frac{m_s(z_1 + z_2)}{2} = \frac{m_n(z_1 + z_2)}{2\cos\beta} \tag{13.53}$$

■ 회전속도비

두 기어의 회전속도비는 다음과 같이 축직각 방식의 잇수로 표시한다.

$$i = \frac{N_2}{N_1} = \frac{z_1}{z_2} \tag{13.54}$$

■ 압력각

치직각 압력각이 α_n이고, 나선각이 β일 때 축직각 압력각 α_s는 다음과 같다.

$$\alpha_s = \tan^{-1}\left(\frac{\tan\alpha_n}{\cos\beta}\right) \tag{13.55}$$

13.3.4 헬리컬기어의 상당평기어

헬리컬기어의 이는 축방향에 대해 β의 나선각을 가지므로 [그림 13-20]에서 보는 바와 같이 축직각 단면에서는 진원의 피치원을 가지나 치직각 단면에서는 타원의 피치원을 가진다. 타원의 피치원에서 짧은 반지름은 축직각 단면에서의 진원의 피치원 반지름과 같지만 긴 반지름은 진원의 피치원 반지름보다 크다. 헬리컬기어에 대한 강도를 계산하거나 헬리컬기어를 가공할 때 평기어의 강도계산식을 사용하려면 평기어에 상당하는 헬리컬기어의 잇수를 파악할 필요가 있다.

치직각 단면의 피치점 P에 대한 곡률반지름 R_e의 가상의 피치원을 갖는 평기어를 **상당평기어** equivalent spur gear라고 하며, 이때의 피치원지름은 D_e이다. D_e를 지름으로 하는 원둘레에 존재하는 헬리컬기어에 대한 상당평기어의 잇수는 다음과 같이 구한다.

$$z_e = \frac{D_e}{m_n} = \frac{D_s}{m_n \cos^2\beta} = \frac{m_n z}{\cos\beta} \frac{1}{m_n \cos^2\beta} = \frac{z}{\cos^3\beta} \tag{13.56}$$

여기서 z는 헬리컬기어의 실제잇수이고, z_e는 헬리컬기어에 대한 상당평기어의 잇수이다. 따라서 잇수 z인 헬리컬기어는 z_e의 잇수를 갖는 평기어와 같은 치형계수를 필요로 한다.

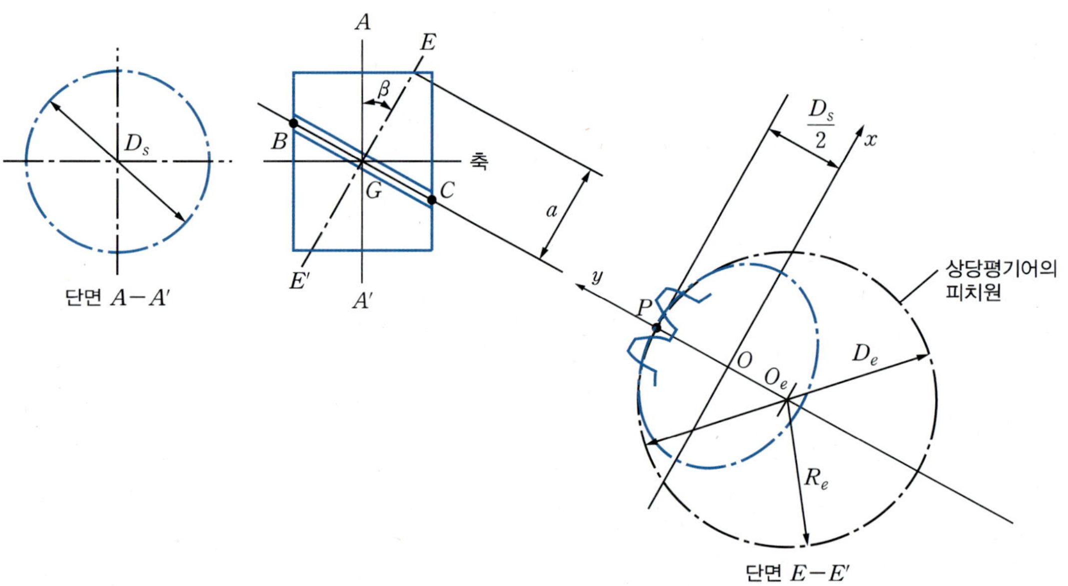

그림 13-20 헬리컬기어의 상당평기어

13.3.5 헬리컬기어의 강도설계

헬리컬기어의 굽힘 및 면압강도식은 평기어와 유사하다. 단, 나선각의 효과를 고려하기 위하여 식의 일부분이 수정되었다.

■ 굽힘강도

헬리컬기어의 굽힘강도는 식 (13.56)의 상당평기어 잇수로 환산한 후 평기어에 대한 루이스 강도계산식을 적용한다. [그림 13-21]에서 보는 바와 같이 헬리컬기어의 이에 수직으로 작용하는 힘은 $F_n = F/\cos\beta$가 되며, 루이스식을 대입하면 다음과 같이 된다.

$$F_n = \frac{F}{\cos\beta} = f_v f_w \sigma_b m_n \frac{b}{\cos\beta} y_e \tag{13.57}$$

이 식을 정리하면 회전력은 다음과 같다.

$$F = f_v f_w \sigma_b m_n b y_e \tag{13.58}$$

여기서 f_v는 속도계수, f_w는 하중계수, σ_b는 굽힘응력, m_n은 치직각 모듈, b는 축직각 단면의 이너비, 그리고 y_e는 상당평기어의 잇수 z_e에 따른 모듈기준 치형계수이다.

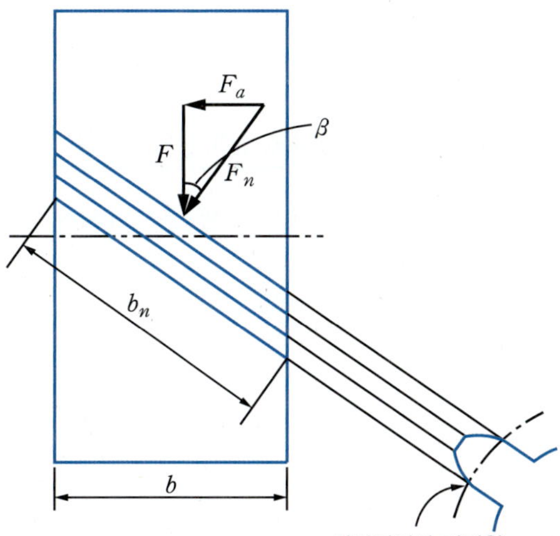

그림 13-21 헬리컬기어에 작용하는 하중상태

■ 면압강도

앞에서 설명한 굽힘강도식과 마찬가지로 평기어의 면압강도식을 헬리컬기어에 적합하게 고쳐서 사용할 수 있다. 그런데 헬리컬기어에서는 평기어와는 달리 접촉면에서 추력이 발생하여 이 표면의 정밀도에 따라 동력전달능력이 달라질 수 있다. 따라서 기어이 표면에 대한 정밀도에 따른 면압계수 C_w를 도입해야 한다. 따라서 헬리컬기어의 면압강도는 평기어의 면압강도에 대한 식 (13.44)를 다음과 같이 수정하여 사용한다.

$$F_n = \frac{F}{\cos\beta} = f_v C_w k \frac{b}{\cos\beta} m_n \frac{2z_{e1}z_{e2}}{z_{e1}+z_{e2}} \tag{13.59}$$

이 식에 $z_e = z/\cos^3\beta$를 대입하여 정리하면 다음과 같다.

$$F = f_v \frac{C_w}{\cos^3\beta} kbm_n \frac{2z_1 z_2}{z_1 + z_2} \tag{13.60}$$

치직각모듈 m_n과 축직각모듈 m_s 사이에는 $m_n = m_s \cos\beta$의 관계가 있으므로 식 (13.60)은 다음과 같이 나타낼 수 있다.

$$F = f_v \frac{C_w}{\cos^2\beta} kbm_s \frac{2z_1 z_2}{z_1 + z_2} \tag{13.61}$$

면압계수 C_w의 경우, 보통기어에서는 0.75를 주고, 정밀기어에서는 1.0을 준다.

탐구

1. 헬리컬기어가 평기어에 비해 어떤 점들이 좋은지 설명하라.
2. 헬리컬기어에 대한 상당평기어의 잇수에 대해 설명하라.

예제 13-12 헬리컬기어의 축직각 모듈, 축직각 압력각, 피치원지름, 바깥지름, 상당평기어 잇수

치직각 모듈이 5mm, 치직각 압력각이 14.5°, 잇수가 24개, 나선각이 28°인 헬리컬기어에서 다음을 구하라.

(a) 축직각 모듈
(b) 축직각 압력각
(c) 피치원지름
(d) 바깥지름
(e) 상당평기어 잇수

전략

식 (13.50)으로부터 축직각 모듈, 식 (13.55)로부터 축직각 압력각, 식 (13.51)로부터 피치원지름, 식 (13.52)로부터 바깥지름을 구한다. 그리고 식 (13.56)으로부터 상당평기어 잇수를 구한다.

풀이

(a) 식 (13.50)의 $m_n = m_s \cos\beta$로부터 축직각 모듈은 다음과 같다.

$$m_s = \frac{m_n}{\cos\beta} = \frac{5}{\cos 28°} = 5.663\,\text{mm} \quad \text{[답]}$$

(b) 식 (13.55)로부터 축직각 압력각은 다음과 같다.

$$\alpha_s = \tan^{-1}\left(\frac{\tan\alpha_n}{\cos\beta}\right) = \tan^{-1}\left(\frac{\tan 14.5°}{\cos 28°}\right) = 16.33° \quad \text{[답]}$$

(c) 식 (13.51)로부터 피치원지름은 다음과 같다.

$$D_s = z\,m_s = 24 \times 5.663 = 135.91\,\mathrm{mm} \quad \text{[답]}$$

(d) 식 (13.52)로부터 바깥지름은 다음과 같다.

$$D_0 = D_s + 2m_n = 135.91 + 2 \times 5 = 145.91\,\mathrm{mm} \quad \text{[답]}$$

(e) 식 (13.56)으로부터 상당평기어 잇수는 다음과 같다.

$$z_e = \frac{z}{\cos^3\beta} = \frac{24}{\cos^3 28°} = 34.87 \quad \therefore z_e = 35\text{개} \quad \text{[답]}$$

검토

나선각 β가 클수록 상당평기어 잇수가 많아지며, 치형계수도 커진다. 치형계수가 커지면 전달할 수 있는 회전력이 증대된다.

예제 13-13 헬리컬기어의 중심거리, 피니언의 피치원지름, 피치원의 원주속도, 회전력, 추력

피니언의 잇수는 60개이고, 기어의 잇수는 125개이며, 나선각이 30°인 한 쌍의 헬리컬기어가 있다. 피니언이 320 rpm 의 회전속도로 7 kW 의 동력을 전달할 때 다음을 구하라. 단, 치직각 모듈은 4 mm 이다.

(a) 중심거리

(b) 피니언의 피치원지름

(c) 피치원의 원주속도

(d) 회전력

(e) 헬리컬기어에 작용하는 추력

전략

식 (13.53)으로 중심거리, 식 (13.51)로 피니언의 피치원지름을 구한다. 그리고 피니언의 피치원지름과 피니언의 회전속도로 원주속도를 구한다. 또한 원주속도와 전달동력을 식 (13.45a)에 대입하여 회전력을 구한다. 마지막으로 계산된 회전력과 주어진 나선각을 이용하여 추력을 구한다.

풀이

(a) 식 (13.53)에 의해 중심거리는 다음과 같다.

$$C = \frac{m_n(z_1 + z_2)}{2\cos\beta} = \frac{4 \times (60 + 125)}{2 \times \cos 30°} = 427.24\,\mathrm{mm} \quad \text{[답]}$$

(b) 식 (13.51)로부터 피니언의 피치원지름은 다음과 같다.

$$D_{s1} = z_1 \frac{m_n}{\cos\beta} = 60 \times \frac{4}{\cos 30°} = 277.13\,\mathrm{mm} \quad \text{[답]}$$

(c) 피치원 원주속도는 다음과 같다.

$$v = \frac{\pi D_{s1} N_1}{60 \times 1000} = \frac{\pi \times 277.13 \times 320}{60 \times 1000} = 4.64\,\mathrm{m/s} \quad \text{[답]}$$

(d) 식 (13.45a)로부터 회전력은 다음과 같다.

$$F=\frac{1000H}{v}=\frac{1000\times 7}{4.64}=1508.62\,\mathrm{N}\quad\text{[답]}$$

(e) [그림 13-21]에서 알 수 있듯이 헬리컬기어에 작용하는 추력 F_a는 다음과 같다.

$$F_a=F\tan\beta=1508.62\times\tan 30°=871.0\,\mathrm{N}\quad\text{[답]}$$

검토

헬리컬기어에 나선각이 30°일 때 추력은 회전력의 57.7%이며, 나선각이 커질수록 추력이 증가한다.

예제 13-14 한 쌍의 헬리컬기어로 전달할 수 있는 최대동력

한 쌍의 헬리컬기어에서 피니언은 재질이 GC350, 잇수가 36개, 회전속도가 800 rpm이고, 기어는 재질이 GC250, 잇수가 140개다. 치직각 모듈이 3 mm, 압력각이 14.5°, 나선각이 30°, 이너비가 치직각 피치 p_n의 5배일 때 최대전달동력을 구하라.

전략

식 (13.51)로부터 피니언의 피치원지름을 구한다. 피니언의 원주속도를 계산한 후 [표 13-4]에서 원주속도에 해당하는 식으로 속도계수를 구한다. 식 (13.56)으로부터 상당평기어 잇수를 계산한 후 [표 13-2]에서 상당평기어의 치형계수를 구한다. [표 13-3]에서 피니언과 기어의 허용굽힘응력을 찾고, 식 (13.58)로부터 굽힘강도를 고려한 피니언과 기어의 회전력을 구한다. 또한 [표 13-6]에서 접촉면응력계수를 찾은 후 식 (13.60)에 대입하여 면압강도를 고려한 회전력을 계산한다. 이들 회전력 중 가장 작은 값을 선택하여 식 (13.45a)에 대입하면 전달동력을 구할 수 있다.

풀이

식 (13.51)로부터 피니언의 피치원지름은 다음과 같다.

$$D_{s1}=z_1\frac{m_n}{\cos\beta}=36\times\frac{3}{\cos 30°}=124.71\,\mathrm{mm}$$

피니언의 피치원 원주속도는 다음과 같다.

$$v=\frac{\pi D_{s1}N_1}{60\times 1000}=\frac{\pi\times 124.71\times 800}{60\times 1000}=5.22\,\mathrm{m/s}$$

[표 13-4]에서 원주속도에 해당하는 식으로 속도계수를 구한다.

$$f_v=\frac{3.05}{3.05+v}=\frac{3.05}{3.05+5.22}=0.369$$

이너비 $b=5p_n=5\pi m_n=5\times\pi\times 3=47.12\approx 48\,\mathrm{mm}$가 된다.

식 (13.56)으로부터 상당평기어 잇수는 다음과 같다.

$$\text{피니언}: z_{e1} = \frac{z_1}{\cos^3\beta} = \frac{36}{\cos^3 30°} = 55.43 \approx 56\text{개}$$

$$\text{기어}: z_{e2} = \frac{z_2}{\cos^3\beta} = \frac{140}{\cos^3 30°} = 215.54 \approx 216\text{개}$$

- **굽힘강도를 고려한 경우**

[표 13-2]에서 상당평기어의 치형계수는 보간법을 사용하여 다음과 같이 구할 수 있다.

$$\text{피니언}: \frac{0.355 - 0.352}{60 - 55} = \frac{y_e - 0.352}{56 - 55} \text{ 로부터 } y_e = 0.3526$$

$$\text{기어}: \frac{0.380 - 0.378}{300 - 200} = \frac{y_e - 0.378}{216 - 200} \text{ 로부터 } y_e = 0.3783$$

[표 13-3]에서 피니언의 허용굽힘응력은 140 MPa, 기어의 허용굽힘응력은 100 MPa을 택한다. 식 (13.58)로부터 회전력은 다음과 같다.

$$\text{피니언}: F = f_v f_w \sigma_{b1} m_n b y_{e1} = 0.369 \times 1 \times 140 \times 3 \times 48 \times 0.3526 = 2623.0\,\text{N}$$

$$\text{기어}: F = f_v f_w \sigma_{b2} m_n b y_{e2} = 0.369 \times 1 \times 100 \times 3 \times 48 \times 0.3783 = 2010.1\,\text{N}$$

- **면압강도를 고려한 경우**

[표 13-6]에서 접촉면응력계수 $k = 0.958\,\text{N/mm}^2$을 택하면 회전력은 식 (13.60)에 따라 다음과 같다.

$$F = f_v \frac{C_w}{\cos^3\beta} k b m_n \frac{2 z_1 z_2}{z_1 + z_2}$$

$$= 0.369 \times \frac{0.75}{\cos^3 30°} \times 0.958 \times 48 \times 3 \times \frac{2 \times 36 \times 140}{36 + 140} = 3366.4\,\text{N}$$

안전을 고려하여 가장 작은 회전력을 선택하여 식 (13.45a)에 대입하면 전달동력은 다음과 같다.

$$H = \frac{Fv}{1000} = \frac{2010.1 \times 5.22}{1000} = 10.49\,\text{kW} \quad \text{[답]}$$

검토

이 문제에서 보통기어로 가정하여 면압계수 C_w로 0.75를 부여했다. 피니언과 기어의 굽힘응력과 면압응력을 동시에 고려하여 최적의 기어소재를 선정해야 한다. 즉 비용을 최소화하면서 요구하는 동력을 전달할 수 있도록 재료를 선정해야 한다.

SECTION 13.4

베벨기어

- ✔ 베벨기어의 종류에 따른 특징을 알아본다.
- ✔ 베벨기어의 명칭 및 기하학적 치수에 대해 학습한다.
- ✔ 베벨기어의 회전속도비와 베벨기어의 상당평기어 잇수에 대해 학습한다.
- ✔ 베벨기어의 굽힘강도와 면압강도를 고려한 회전력 계산방법을 학습한다.

베벨기어bevel gear는 두 축 사이에 일정량의 각도를 갖는 경우에 동력을 전달하는 기계요소로서 원추마찰차의 표면에 기어이를 만든 것이다. 이때 원추마찰차의 표면은 베벨기어의 피치원추pitch cone에 해당한다.

13.4.1 베벨기어의 종류

베벨기어는 잇줄tooth trace의 모양에 따라 직선 베벨기어, 헬리컬 베벨기어, 마이터기어, 스파이럴 베벨기어, 하이포이드기어, 크라운 베벨기어 등으로 분류한다.

- **직선 베벨기어**straight bevel gear : 잇줄이 원추의 외곽선과 일치하며 직선으로 이가 가공된 기어이다.
- **헬리컬 베벨기어**helical bevel gear : 이물림이 원활하도록 원추의 외곽선에 대해 임의의 각도로 경사지게 이를 가공한 기어를 말하며, 잇줄은 직선으로 가공된다.
- **마이터기어**miter gear : 두 기어 사이의 축각[12]이 90°이고 잇수가 동일한 한 쌍의 기어로서 회전속도비가 1 : 1이다. 마이터기어에는 잇줄의 모양에 따라 직선 마이터기어와 스파이럴 마이터기어가 있다.
- **스파이럴 베벨기어**spiral bevel gear : 잇줄의 모양이 곡선인 기어로, 잇줄의 모양으로는 인벌류트 곡선involute curve, 트로코이드 곡선trochoid curve, 원호 등이 있다.
- **하이포이드기어**hypoid gear : 일반적인 베벨기어와는 달리 교차하지도 평행하지도 않은 두 축 사이의 동력을 전달하는 데 사용하는 기어로서 두 축 사이에 일정량의 오프셋offset이 있다. 회전속도비를 크게 할 수 있고, 큰 동력전달이 가능하며, 이물림이 원활하다는 장점이 있어서 자동차나 산업용 구동장치 등에 많이 사용한다.
- **크라운 베벨기어**crown bevel gear : 두 축의 교각이 90°보다 크고, 큰 기어의 잇줄이 축과 직각으로 되어 있다.

12 두 기어의 축과 축 사이의 교차각을 축각(shaft angle)이라고 한다.

(a) 직선 베벨기어 (b) 헬리컬 베벨기어 (c) 마이터기어

(d) 스파이럴 베벨기어 (e) 하이포이드기어 (f) 크라운 베벨기어

그림 13-22 베벨기어의 종류

13.4.2 베벨기어의 기하학적 관계

[그림 13-23]은 베벨기어 단면의 기하학적 형상을 보여준다. 베벨기어는 원추의 기하학적 특징에 따라 이두께가 일정하지 않으며, 이두께가 가장 큰 바깥쪽을 외단부, 가장 작은 안쪽을 내단부라고 한다. 즉 이두께는 잇줄을 따라 외단부에서 내단부로 갈수록 작아지며, 보통은 외단부의 정면을 기준으로 이두께를 정한다. 압력각은 치직각 압력각을 기준으로 표시하며, 원추거리는 피치원추를 기준으로 표시한다. 스파이럴 베벨기어의 비틀림각은 이너비의 중앙을 기준으로 표시한다. 베벨기어의 각 부의 명칭은 다음과 같다.

- **피치원추반각** : 피치원추반각[13] δ는 피치원추각 2δ의 반각을 말한다.
- **피치원지름** pitch diameter : 피치원지름 D는 일반적으로 외단부에서의 피치원지름을 말한다. 모듈 m도 외단부 피치원지름을 기준으로 정하며, 피치원지름과 모듈 사이에 다음 관계를 갖는다.

$$D = mz \tag{13.62}$$

여기서 z는 기어의 잇수를 나타낸다.

- **원추거리** cone distance : 원추거리 L은 피치원추의 꼭지점 apex O에서 원추의 외단부까지의 피치원추의 길이를 말한다. 원추거리는 다음과 같다.

$$L = \frac{D}{2\sin\delta} \tag{13.63}$$

13 책에 따라 피치원추각 또는 피치각이라고 하지만, 정확한 표현은 피치원추반각이다.

• **이너비** face width : 이너비 b는 원추거리 L에 대해 일반적으로 다음과 같이 정한다.

$$b = \left(\frac{1}{4} \sim \frac{1}{3}\right)L \tag{13.64}$$

• **평균지름** mean diameter : 평균지름 D_m은 기어이에 작용하는 분포하중을 집중하중으로 가정할 때 집중하중이 작용하는 위치에서의 지름을 나타낸다. 평균지름은 다음과 같다.

$$D_m = D - b\sin\delta \tag{13.65}$$

• **이끝각** addendum angle**과 이뿌리각** dedendum angle : 이끝각 θ_a는 피치원추반각 δ와 이끝원추반각 δ_a 사이의 각도이며, 이뿌리각 θ_f는 피치원추반각 δ와 이뿌리원추반각 δ_f 사이의 각도로 각각 다음과 같다.

$$\theta_a = \tan^{-1}\frac{h_a}{L} \tag{13.66a}$$

$$\theta_f = \tan^{-1}\frac{h_f}{L} \tag{13.66b}$$

여기서 h_a는 외단부에서의 이끝높이이고, h_f는 외단부에서의 이뿌리높이이다.

• **바깥지름** outside diameter : 바깥지름은 외단부에서의 최대지름을 나타내며 다음과 같다.

$$D_a = D + 2h_a\cos\delta \tag{13.67}$$

여기서 h_a는 외단부에서의 이끝높이로서 보통이의 경우 $h_a = m$으로 한다.

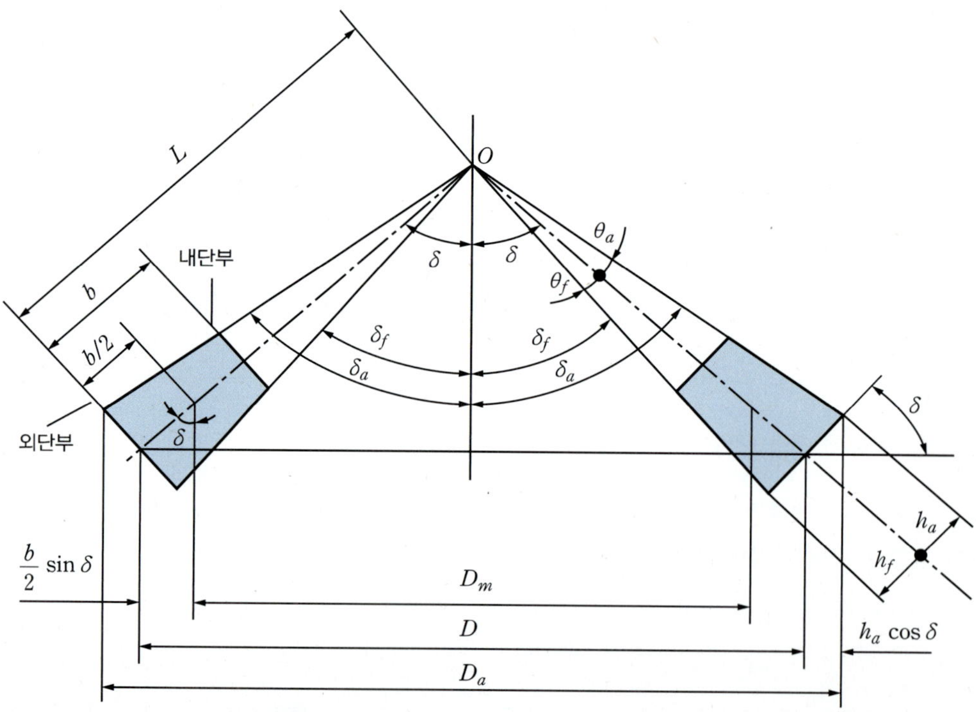

그림 13-23 베벨기어의 기하학적 치수

> **탐구**
> 1. 베벨기어의 종류에 따른 특징을 설명하라.
> 2. 베벨기어에서 피치원추각은 무엇을 나타내는가?

13.4.3 베벨기어의 운동

베벨기어의 회전속도비와 상당평기어에 대해 살펴보자.

■ 베벨기어의 회전속도비

1 피치원추반각

12장의 원추마찰차에서 유도한 원동차와 종동차의 원추반각에 대한 식 (12.26)과 식 (12.27)을 베벨기어에 적용하면 베벨기어에서 원동기어와 종동기어의 피치원추반각 δ_1과 δ_2는 각각 다음과 같다.

$$\delta_1 = \tan^{-1}\frac{\sin\Delta}{\cos\Delta + \dfrac{N_1}{N_2}} = \tan^{-1}\frac{\sin\Delta}{\cos\Delta + \dfrac{z_2}{z_1}} \tag{13.68a}$$

$$\delta_2 = \tan^{-1}\frac{\sin\Delta}{\cos\Delta + \dfrac{N_2}{N_1}} = \tan^{-1}\frac{\sin\Delta}{\cos\Delta + \dfrac{z_1}{z_2}} \tag{13.68b}$$

여기서 N_1과 z_1은 피니언의 회전속도와 잇수, N_2와 z_2는 기어의 회전속도와 잇수를 각각 나타낸다. Δ는 [그림 13-24]에서 보는 바와 같이 두 축이 이루는 각으로 **축각**shaft angle이라고 하며 두 기어의 피치원추반각의 합이다.

$$\Delta = \delta_1 + \delta_2 \tag{13.69}$$

2 회전속도비

회전속도비는 다음과 같다.

$$i = \frac{N_2}{N_1} = \frac{D_1}{D_2} = \frac{z_1}{z_2} \tag{13.70}$$

[그림 13-24]에서 외단부의 피치원 반지름은 각각 다음과 같다.

$$\frac{D_1}{2} = \overline{OA}\,\sin\delta_1, \quad \frac{D_2}{2} = \overline{OA}\,\sin\delta_2 \tag{a}$$

식 (a)로부터 얻은 피치원지름 D_1과 D_2를 식 (13.70)에 대입하여 정리하면 회전속도비는 다음과 같다.

$$i = \frac{D_1}{D_2} = \frac{\sin\delta_1}{\sin\delta_2} = \frac{\sin\delta_1}{\sin(\Delta - \delta_1)} \tag{13.71}$$

축각이 90°인 경우에 회전속도비는 다음과 같다.

$$i = \tan\delta_1 = \frac{1}{\tan\delta_2} \tag{13.72}$$

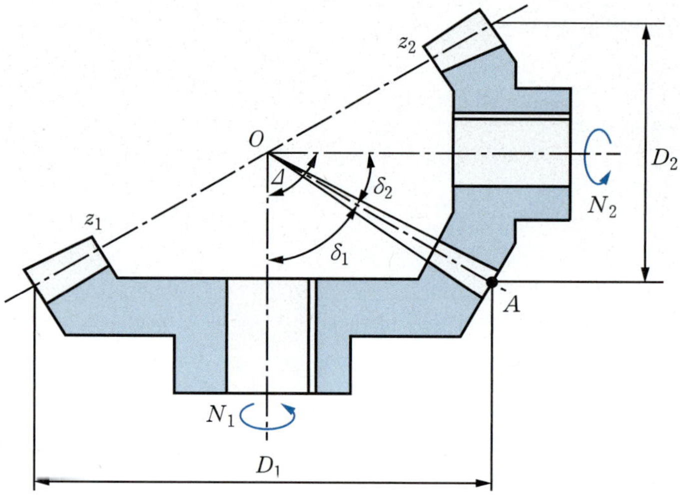

그림 13-24 베벨기어의 회전속도비

■ 베벨기어의 상당평기어

베벨기어의 치직각 단면에 대한 강도계산과 공구선정을 위하여 상당평기어 잇수를 정해야 한다. [그림 13-25]와 같이 직각삼각형 AOO_1과 직각삼각형 EAO_1은 닮은꼴이며, 이들 삼각형의 $\angle AOO_1$과 $\angle EAO_1$은 피치원추반각 δ이다. 그림으로부터 베벨기어의 피치원 반지름 R은 다음과 같다.

$$R = \overline{EA} = \overline{AO_1}cos\delta = R_e\cos\delta \tag{b}$$

여기서 R_e는 상당평기어의 피치원 반지름이며, 이 식을 상당평기어의 피치원지름으로 나타내면 다음과 같다.

$$D_e = \frac{D}{\cos\delta} \tag{13.73}$$

또한 베벨기어의 상당평기어 잇수는 다음과 같다.

$$z_e = \frac{D_e}{m} = \frac{D}{m}\frac{1}{\cos\delta} = \frac{z}{\cos\delta} \tag{13.74}$$

여기서 m은 베벨기어의 외단부의 모듈이다.

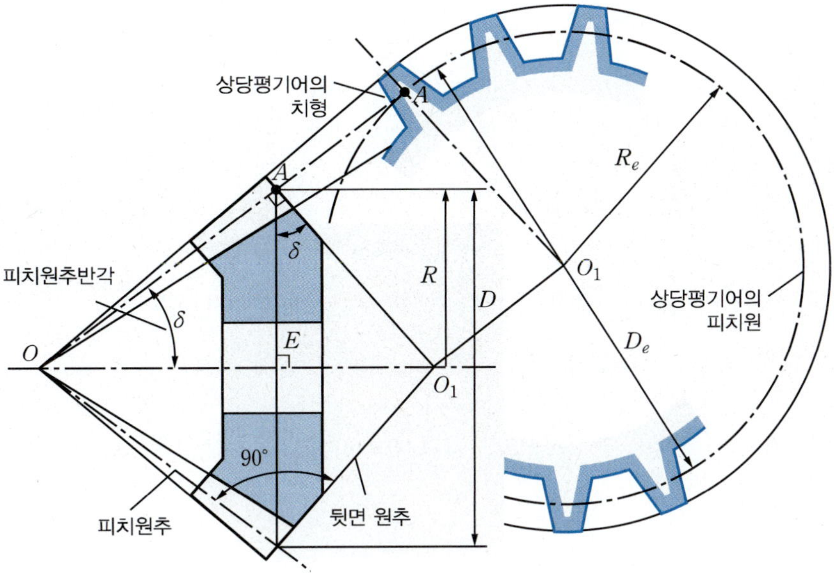

그림 13-25 베벨기어의 상당평기어

예제 13-15 베벨기어의 피치원추반각, 피치원지름, 바깥지름, 원추거리, 이너비, 잇수

두 축의 축각이 70°인 베벨기어에서 피니언과 기어의 잇수가 각각 30개와 65개이며, 모듈이 4mm일 때 다음을 구하라.

(a) 피치원추반각 (b) 피치원지름
(c) 바깥지름 (d) 원추거리
(e) 이너비 (f) 상당평기어 잇수

전략

식 (13.68a)로부터 피니언의 피치원추반각을 구하며, 식 (13.69)로 축각을 구한다. 식 (13.62)로 피치원지름을 구하며, 식 (13.67)로 바깥지름을 구한다. 또한 식 (13.63)으로 원추거리를 구한다. 식 (13.64)로 이너비를 구하고, 식 (13.74)로 상당평기어의 잇수를 계산한다.

풀이

(a) 식 (13.68a)로부터 피니언의 피치원추반각을 다음과 같이 구한다.

$$\delta_1 = \tan^{-1}\frac{\sin\Delta}{\cos\Delta + \dfrac{z_2}{z_1}} = \tan^{-1}\frac{\sin 70^\circ}{\cos 70^\circ + \dfrac{65}{30}} = 20.53^\circ \quad \text{[답]}$$

식 (13.69)에서 $\Delta = \delta_1 + \delta_2$이므로 기어의 피치원추반각은 다음과 같다.

$$\delta_2 = \Delta - \delta_1 = 70^\circ - 20.53^\circ = 49.47^\circ \quad \text{[답]}$$

(b) 식 (13.62)로부터 피치원지름은 다음과 같다.

$$\text{피니언 : } D_1 = mz_1 = 4 \times 30 = 120\,\text{mm} \quad \text{[답]}$$
$$\text{기어 : } D_2 = mz_2 = 4 \times 65 = 260\,\text{mm} \quad \text{[답]}$$

(c) 식 (13.67)로부터 바깥지름은 다음과 같다.

$$\text{피니언 : } D_{a1} = D_1 + 2h_a \cos\delta_1 = 120 + 2 \times 4 \times \cos 20.53° = 127.49\,\text{mm} \quad \text{[답]}$$
$$\text{기어 : } D_{a2} = D_2 + 2h_a \cos\delta_2 = 260 + 2 \times 4 \times \cos 49.47° = 265.20\,\text{mm} \quad \text{[답]}$$

(d) 식 (13.63)으로부터 원추거리는 다음과 같다.

$$L = \frac{D_1}{2\sin\delta_1} = \frac{120}{2 \times \sin 20.53°} = 171.09\,\text{mm} \quad \text{[답]}$$

(e) 식 (13.64)로부터 이너비를 다음과 같이 구한다.

$$b = \left(\frac{1}{4} \sim \frac{1}{3}\right)L = \left(\frac{1}{4} \sim \frac{1}{3}\right) \times 171.09 = 42.77 \sim 57.03\,\text{mm} \quad \text{[답]}$$

(f) 식 (13.74)로부터 상당평기어 잇수는 다음과 같다.

$$\text{피니언 : } z_{e1} = \frac{z_1}{\cos\delta_1} = \frac{30}{\cos 20.53°} = 32.03 \approx 32\text{개} \quad \text{[답]}$$
$$\text{기어 : } z_{e2} = \frac{z_2}{\cos\delta_2} = \frac{65}{\cos 49.47°} = 100.02 \approx 100\text{개} \quad \text{[답]}$$

검토

보통이의 경우 $h_a = m$으로 한다. 여기서 계산된 이너비의 범위에 대해 다음 절에서 학습할 굽힘강도와 면압강도를 고려하여 실제 이너비를 결정한다.

13.4.4 베벨기어의 강도설계

베벨기어의 굽힘강도, 면압강도 및 전달동력을 살펴보자.

■ 굽힘강도

베벨기어의 굽힘강도를 계산할 때는 상당평기어 잇수에 의한 치형계수와 외단부에서 내단부로 갈수록 작아지는 이의 크기를 함께 고려해야 한다. 만약 이의 크기가 이너비 전체에 걸쳐서 균일하다고 가정하면, 이너비 b, 외단부의 모듈 m, 잇수 z_e인 상당평기어에 작용하는 회전력 F는 다음과 같다.

$$F = f_v f_w \sigma_b m b y_e \tag{13.75}$$

여기서 y_e는 베벨기어의 상당평기어 잇수 z_e에 해당하는 치형계수이다. 그리고 f_v와 f_w는 평기어에서 설명한 속도계수와 하중계수이다.

베벨기어에서는 외단부에서 내단부로 갈수록 이의 크기가 줄어들기 때문에 굽힘하중에 대한 저항력 및 전달할 수 있는 회전력도 줄어 다음과 같은 베벨기어 수정계수 λ를 도입하여 회전력을 보정한다.

$$\lambda = \frac{L-b}{L} \tag{13.76}$$

여기서 L은 원추거리, b는 이너비를 나타낸다. 따라서 식 (13.75)의 회전력은 다음과 같이 수정된다.

$$F = f_v f_w \sigma_b m b y_e \lambda \tag{13.77}$$

■ 면압강도

작은 경도hardness를 갖는 재료로 만든 기어에서는 특히 면압강도에 대한 검토가 필요하다. 잇면의 면압강도를 고려한 회전력은 다음과 같다.

$$F = f_v k b m \frac{2 z_{e1} z_{e2}}{z_{e1} + z_{e2}} \tag{13.78}$$

여기서 m과 b는 각각 외단부에서의 모듈과 이너비이고, z_{e1}과 z_{e2}는 각각 피니언과 기어의 상당평기어 잇수이다. 그리고 k는 [표 13-6]에 나타낸 접촉면응력계수이다. 그런데 식 (13.78)은 기어가 실제로 전달할 수 있는 회전력보다 더 큰 값이 나오는 경향이 있으므로 미국기어제작자협회American Gear Manufacturer's Association, AGMA에서 제시한 다음의 실험식을 주로 사용한다.

$$F = 16.38 b \sqrt{D} f_m f_s \ [\mathrm{N}] \tag{13.79a}$$

$$F = 1.67 b \sqrt{D} f_m f_s \ [\mathrm{kg}_f] \tag{13.79b}$$

여기서 D은 피치원지름이고, f_m과 f_s는 각각 베벨기어의 재료계수와 베벨기어가 사용되는 기계장치에 따른 기계계수로서 [표 13-7]과 [표 13-8]에 각각 나타냈다.

표 13-7 베벨기어의 재료계수

재료		재료계수 f_m	재료		재료계수 f_m
피니언	기어		피니언	기어	
주철 및 주강	주철	0.30	기름담금질강	연강 및 주강	0.45
조질강[14]	조질강	0.35	침탄강	조질강	0.50
침탄강	주철	0.40	기름담금질강	기름담금질강	0.80
기름담금질강	주철	0.40	침탄강	기름담금질강	0.85
침탄강	연강 및 주강	0.45	침탄강	침탄강	1.00

14 조질강(調質鋼)은 담금질, 뜨임 등의 열처리를 수행하여 고장력(high tensile strength)을 갖게 된 강을 말한다.

표 13-8 베벨기어가 사용되는 기계장치에 따른 기계계수

기계장치	기계계수 f_s
자동차, 전동차	2.00
항공기, 송풍기, 원심펌프, 원심분리기, 기중기, 벨트전동 공작기계, 인쇄기, 감속기, 방적기	1.00
공기압축기, 광산기계, 휴대용 전기공구, 컨베이어	0.75
왕복펌프, 압연기, 분쇄기, 모터 직결구동 공작기계	0.50 ~ 0.65

■ 전달동력

회전력이 F이고, 피치원의 원주속도가 v인 경우 한 쌍의 베벨기어를 통해 전달되는 동력은 다음과 같다.

$$H = \frac{F[\mathrm{N}] \cdot v[\mathrm{m/s}]}{1000}\ [\mathrm{kW}] \tag{13.80a}$$

$$H = \frac{F[\mathrm{kg}_f] \cdot v[\mathrm{m/s}]}{102}\ [\mathrm{kW}] \tag{13.80b}$$

예제 13-16 공기압축기에서 사용되는 베벨기어장치의 최대전달동력

서로 직교하는 두 축 사이의 회전동력을 전달하는 베벨기어가 공기압축기에 사용되고 있다. 베벨기어의 재질은 GC 250이다. 압력각은 14.5°, 모듈은 5 mm, 피니언의 잇수는 34개, 기어의 잇수는 50개, 이너비는 70 mm이다. 피니언의 회전속도가 300 rpm일 때 베벨기어장치를 통해 전달할 수 있는 최대동력을 구하라.

전략

굽힘강도를 고려한 회전력을 식 (13.77)로 구하고, 면압강도를 고려한 회전력을 식 (13.79a)로 구한 후 안전을 고려하여 이들 회전력 중 작은 값을 식 (13.80a)에 대입하여 전달동력을 구한다.

풀이

• 굽힘강도를 고려한 경우

식 (13.62)로부터 피니언의 피치원지름은 $D_1 = mz_1 = 5 \times 34 = 170\,\mathrm{mm}$이고, 피치원의 원주속도는 다음과 같다.

$$v = \frac{\pi D_1 N_1}{60 \times 1000} = \frac{\pi \times 170 \times 300}{60 \times 1000} = 2.67\,\mathrm{m/s}$$

[표 13-4]에서 원주속도에 해당하는 식으로 다음과 같이 속도계수를 구한다.

$$f_v = \frac{3.05}{3.05 + v} = \frac{3.05}{3.05 + 2.67} = 0.533$$

식 (13.70)과 식 (13.72)로부터

$$\tan\delta_1 = \frac{z_1}{z_2} = \frac{34}{50} = 0.68$$

이 되며, 이로부터 피니언의 피치원추반각 $\delta_1 = 34.22°$가 된다. 또한 식 (13.69)로부터 기어의 피치원추반각은 다음과 같다.

$$\delta_2 = \varDelta - \delta_1 = 90° - 34.22° = 55.78°$$

상당평기어의 잇수는 식 (13.74)로부터 다음과 같다.

$$\text{피니언} : z_{e1} = \frac{z_1}{\cos\delta_1} = \frac{34}{\cos 34.22°} = 41.12 \approx 42\text{개}$$

$$\text{기어} : z_{e2} = \frac{z_2}{\cos\delta_2} = \frac{50}{\cos 55.78°} = 88.91 \approx 89\text{개}$$

원추거리는 식 (13.63)으로부터 다음과 같다.

$$L = \frac{D_1}{2\sin\delta_1} = \frac{170}{2 \times \sin 34.22°} = 151.15\,\text{mm}$$

[표 13-2]에서 상당평기어의 치형계수는 다음과 같다.

$$\text{피니언} : \frac{0.339 - 0.336}{43 - 40} = \frac{y_{e1} - 0.336}{42 - 40} \text{에서 } y_{e1} = 0.338$$

$$\text{기어} : \frac{0.366 - 0.363}{90 - 80} = \frac{y_{e2} - 0.363}{89 - 80} \text{에서 } y_{e2} = 0.3657$$

[표 13-3]에서 기어재료 GC250의 허용굽힘응력은 100 MPa이다. 피니언과 기어의 재료가 같으므로 기어보다 피니언의 전달력이 작다. 따라서 피니언의 전달력은 식 (13.77)에 의해 다음과 같다.

$$F = f_v f_w \sigma_b m b y_e \lambda = 0.533 \times 1 \times 100 \times 5 \times 70 \times 0.338 \times \frac{151.15 - 70}{151.15} = 3385.26\,\text{N}$$

• **면압강도를 고려한 경우**

[표 13-7]에서 피니언과 기어의 재료인 회주철의 재료계수 $f_m = 0.30$, [표 13-8]에서 공기압축기의 기계계수 $f_s = 0.75$를 선택하고, 식 (13.79a)에 대입하여 회전력을 뉴턴단위로 구하면 다음과 같다.

$$F = 16.38b\sqrt{D_1}\,f_m f_s = 16.38 \times 70 \times \sqrt{170} \times 0.30 \times 0.75 = 3363.71\,\text{N}$$

전달동력은 구한 회전력 중 안전을 고려하여 작은 값을 식 (13.80a)에 대입하여 다음과 같이 구한다.

$$H = \frac{Fv}{1000} = \frac{3363.71 \times 2.67}{1000} = 8.98\,\text{kW}$$ [답]

검토

이 문제는 하중상태가 주어지지 않아 굽힘강도를 고려한 회전력 계산에서 하중계수를 1로 주었다.

SECTION 13.5

기어열

✔ 고정중심 기어열에서 회전속도와 회전속도비를 구하는 방법을 학습한다.
✔ 유성기어열에서 회전속도와 회전속도비를 구하는 방법을 학습한다.

여러 개의 기어가 포함된 기계장치에서 어떤 종동기어driven gear가 이 종동기어와 연결되는 다른 기어의 원동기어driving gear가 되도록 직렬 또는 병렬 조합으로 배열된 기어장치를 **기어열**gear train이라고 한다. 이러한 기어열을 통해 회전속도비와 회전방향을 변경할 수 있다.

13.5.1 고정중심 기어열

[그림 13-26(a)]와 같이 각 축에 하나의 기어만 있는 기어열을 **단순기어열**simple gear trains이라고 하고, [그림 13-26(b)]와 같이 하나 또는 그 이상의 축에 둘 또는 그 이상의 기어가 있는 것을 **복합기어열**compound gear trains이라 한다. 이들 기어열은 모든 기어의 축이 특정 위치에 고정되어 있으므로 **고정중심 기어열**fixed center gear trains이라고 한다.

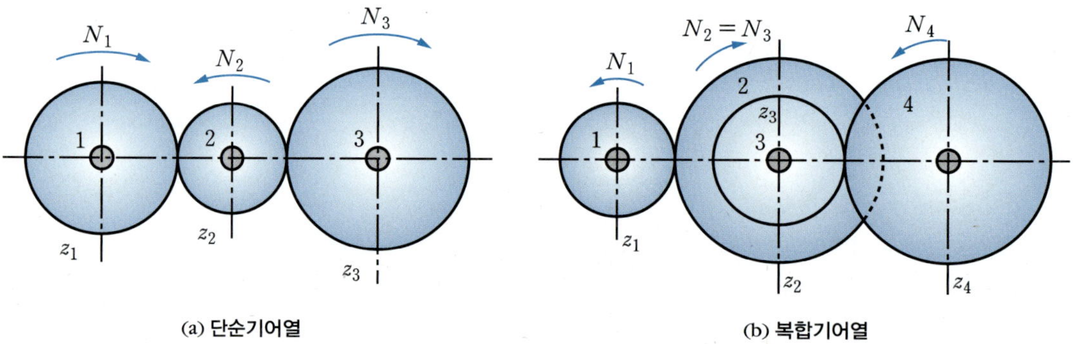

그림 13-26 고정중심 기어열

■ 단순기어열

[그림 13-26(a)]의 단순기어열에서 기어 1, 2, 3의 회전속도는 각각 N_1, N_2, N_3이다. 이 기어열에서 기어들 간의 회전속도비는 다음과 같다.

• 기어 1과 기어 2의 회전속도비 : $i_{2/1} = \frac{N_2}{N_1}$ (a)

• 기어 2와 기어 3의 회전속도비 : $i_{3/2} = \frac{N_3}{N_2}$ (b)

• 기어열의 회전속도비는 다음과 같다.

$$i_{3/1} = i_{2/1} \times i_{3/2} = \frac{N_2}{N_1} \times \frac{N_3}{N_2} = \frac{z_1}{z_2} \times \frac{z_2}{z_3} = \frac{N_3}{N_1} = \frac{z_1}{z_3} \tag{13.81}$$

식 (13.81)을 보면 2번 기어는 기어열의 회전속도비에 영향을 주지 않는 것을 알 수 있다. 그러나 만약 2번 기어 없이 1번 기어와 3번 기어를 직접 맞물리면 3번 기어는 1번 기어의 회전방향과 반대로 돌게 된다. 따라서 2번 기어는 회전속도비에는 영향을 주지 않고 회전방향만 바꾸는 역할을 하며, 이러한 역할을 하는 기어를 **아이들기어** idel gear라고 한다.

■ 복합기어열

[그림 13-26(b)]의 복합기어열에서 기어 1, 2, 3, 4의 회전속도는 각각 N_1, N_2, N_3, N_4이다. 그런데 기어 2와 기어 3은 같은 축에 고정되어 있으므로 이들 두 기어는 잇수만 다를 뿐 회전속도는 같다. 즉 $N_2 = N_3$이다. 이 기어열에서 기어들 간의 회전속도비는 다음과 같다.

• 기어 1과 기어 2의 회전속도비 : $i_{2/1} = \frac{N_2}{N_1}$ (c)

• 기어 2와 기어 3의 회전속도비 : $i_{3/2} = \frac{N_3}{N_2} = 1$ (d)

• 기어 3과 기어 4의 회전속도비 : $i_{4/3} = \frac{N_4}{N_3}$ (e)

• 기어열의 회전속도비[15]는 다음과 같다.

$$i_{4/1} = i_{2/1} \times i_{3/2} \times i_{4/3} = \frac{N_2}{N_1} \times \frac{N_3}{N_2} \times \frac{N_4}{N_3} = \frac{N_2}{N_1} \times \frac{N_4}{N_3} = \frac{z_1}{z_2} \times \frac{z_3}{z_4} \tag{13.82}$$

식 (13.81)과 식 (13.82)를 보면 기어열의 회전속도비는 다음과 같이 나타낼 수 있음을 알 수 있다.

$$i = \pm \frac{\text{종동기어의 회전속도의 곱}}{\text{원동기어의 회전속도의 곱}} = \pm \frac{\text{원동기어의 잇수의 곱}}{\text{종동기어의 잇수의 곱}} \tag{13.83}$$

■ 부호의 결정

회전속도비에 대한 부호를 정할 때 최초기어와 최종기어의 회전방향이 서로 같으면 양(+)의 부호를 붙이고, 서로 다르면 음(−)의 부호를 붙인다.

15 이 식에서 2번 기어와 3번 기어는 같은 축에 고정되어 있으므로 $N_3/N_2 = 1$이 된다.

[그림 13-26]의 (a)와 (b)는 최초기어와 최종기어의 방향이 같으므로 모두 양의 부호를 갖는다. 회전속도비의 부호에 대한 일반적인 규칙은 기어열에서 서로 외접한 부분이 짝수개이면 양의 부호를 가지고, 홀수개이면 음의 부호를 갖는다.[16] [그림 13-26]의 (a)와 (b)는 모두 외접한 부분이 2개이므로 양의 부호를 가진다. 만약 기어열 중 내접기어가 있는 경우 서로 접촉하는 두 기어의 회전방향이 같아서 기어열에 대한 회전속도비의 부호에는 영향을 주지 않는다.

13.5.2 유성기어열

서로 맞물려 회전하는 기어 중 일부 기어의 축이 다른 기어의 축을 중심으로 회전하는 것을 **유성기어열** planetary gear trains이라고 한다. 유성기어열은 [그림 13-27]에서 보는 바와 같이 **태양기어** sun gear, **암** arm, **링기어** ring gear와 하나 이상의 **유성기어** planet gear로 구성된다. 유성기어의 개수는 운동에 영향을 미치지 않으나 개수가 많을수록 힘을 분산할 수 있어 구조적으로 유리하다.

유성기어열은 구성요소 중 두 요소의 움직임에 대한 입력을 주면 나머지 요소의 움직임을 결정할 수 있다. 예를 들어 [그림 13-27]에서 태양기어에 특정 방향의 회전속도 N_S를 주고, 링기어에도 특정 방향의 회전속도 N_R을 주면 암의 회전속도 N_A의 크기와 방향을 결정할 수 있다. 유성기어열은 움직임이 복잡하여 해석이 어렵지만, 앞에서 설명한 고정중심 기어열에 비해 작은 공간을 차지하면서도 높은 회전속도비를 얻을 수 있는 장점이 있어서 다양한 분야에 활용되고 있다. 특히 자동차의 구동 및 변속장치, 공작기계, 항공기의 프로펠러 감속장치 등에 많이 사용되고 있다.

유성기어열에서 회전속도나 회전속도비를 결정하는 방법에는 도표법, 공식법, 순간중심법 등이 있다.[17]

유성기어열에서 첫 번째 기어의 회전속도 N_F, 마지막 기어의 회전속도 N_L, 암의 회전속도 N_A가 주어지면 유성기어열의 회전속도비는 다음과 같다.

$$i = \frac{N_L - N_A}{N_F - N_A} \tag{13.84}$$

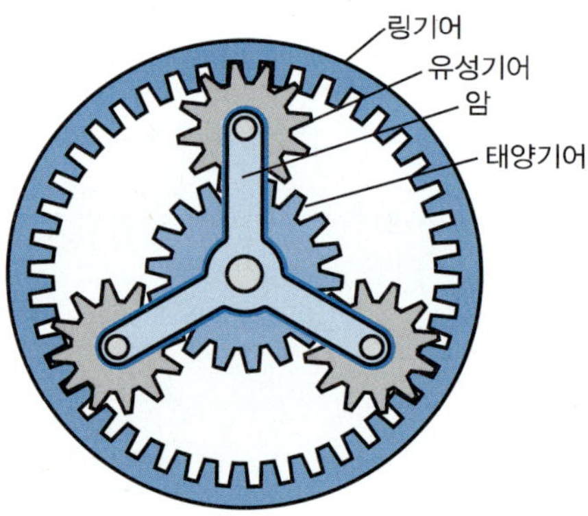

그림 13-27 유성기어열

탐구

1. 아이들기어에 대해 설명하라.
2. 기어열에서 회전속도비의 부호를 결정하는 방법을 설명하라.
3. 유성기어열을 사용하는 사례를 조사하라.

---

16 기어열을 구성하는 기어의 개수가 아니라 서로 외접하는 부분의 개수인 점에 유의하기 바란다.

17 공식법과 도표법에 대한 자세한 내용은 기구학 서적에서 확인할 수 있다.

예제 13-17 복합기어열에서 최종기어의 회전속도와 회전방향

[그림 13−28]의 복합기어열에서 각 기어의 잇수 z와 모듈 m이 다음과 같다.

$$z_1 = 13\text{개},\ z_2 = 22\text{개},\ z_3 = 14\text{개},\ z_4 = 24\text{개},\ z_5 = 12\text{개},\ z_6 = 34\text{개}$$
$$m_1 = m_2 = 3\,\text{mm},\ m_3 = m_4 = 4\,\text{mm},\ m_5 = m_6 = 5\,\text{mm}$$

기어 1의 회전속도가 시계방향으로 850 rpm일 때 기어 6의 회전속도와 회전방향을 구하라.

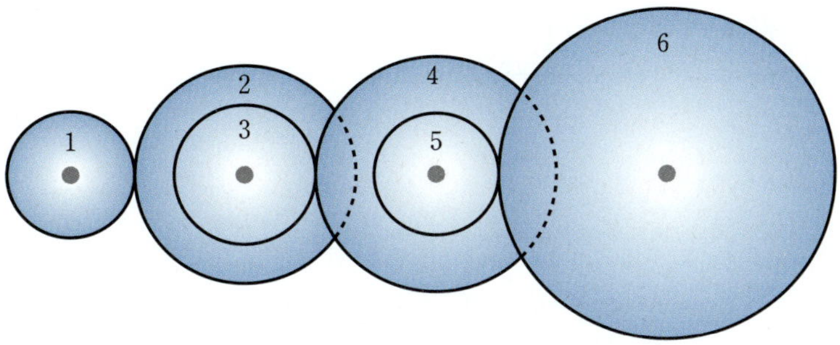

그림 13-28 복합기어열의 전동

전략

식 (13.83)의 회전속도비에 관한 식으로부터 출력기어의 회전속도를 구하며, 기어 사이에 접하는 부분의 개수로 회전속도의 부호를 결정한다.

풀이

기어열의 회전속도비는 식 (13.83)으로부터 다음과 같다.

$$i_{6/1} = \frac{z_1}{z_2} \times \frac{z_3}{z_4} \times \frac{z_5}{z_6} = \frac{N_6}{N_1}$$

기어의 잇수와 입력 회전속도를 대입하면 다음과 같다.

$$i_{6/1} = \frac{13}{22} \times \frac{14}{24} \times \frac{12}{34} = \frac{N_6}{850}$$

따라서 $N_6 = -103.41\,\text{rpm}$이 된다. 즉 원동기어의 회전방향과 반대로 회전한다. [답]

검토

[그림 13−28]을 보면 서로 접하는 입력기어는 1, 3, 5이고 출력기어는 2, 4, 6이다. 그리고 1번 기어와 2번 기어, 3번 기어와 4번 기어, 5번 기어와 6번 기어 등 총 세 군데에서 서로 접하므로 회전속도비는 음의 부호를 갖는다.

예제 13-18 유성기어열에서 암의 회전속도

[그림 13-27]의 유성기어열에서 잇수가 40개인 태양기어는 시계방향으로 150 rpm 으로 회전하고 있다. 유성기어와 링기어의 잇수는 각각 20개와 130개이다. 태양기어를 입력으로 암을 출력으로 할 때 암의 회전속도와 회전방향을 구하라. 단, 링기어는 고정되어 있다.

전략

[그림 13-27]에서 알 수 있듯이 유성기어열에서 태양기어가 첫 번째 기어이고, 링기어가 마지막 기어이다. 식 (13.83)에 기어의 잇수들을 대입하여 회전속도비를 구하고, 식 (13.84)에 구한 회전속도비와 주어진 태양기어의 회전속도를 대입하여 암의 회전속도를 구한다.

풀이

식 (13.83)을 이용하여 유성기어열의 회전속도비를 다음과 같이 구한다.

$$i = \frac{z_S}{z_P} \times \frac{z_P}{z_R} = \left(-\frac{40}{20}\right) \times \left(\frac{20}{130}\right) = -0.308$$

이 회전속도비를 식 (13.84)에 대입하여 다음과 같이 암의 회전속도를 구한다.

$$i = \frac{N_L - N_A}{N_F - N_A} \quad \rightarrow \quad -0.308 = \frac{0 - N_A}{150 - N_A}$$

따라서 암의 회전속도 $N_A = 35.2\,\text{rpm}$ (시계방향)이 된다. [답]

검토

태양기어가 시계방향으로 150 rpm 으로 회전하며 시계방향을 양(+)의 방향으로 가정했다. 태양기어와 유성기어 1곳에서만 외접하므로 회전속도비는 음(−)의 부호를 갖는다. 계산결과에서 암의 회전속도가 35.2 rpm 이며 양(+)의 결과가 나왔으므로 암은 시계방향으로 회전한다는 것을 알 수 있다.

CHAPTER 13 | 핵심요약

- 기어는 한 축에서 다른 축으로 회전동력을 전달하는 데 사용되는 기계요소로서 서로 맞물리는 한 쌍의 기어에서 큰 쪽을 기어, 작은 쪽을 피니언이라 부른다.
- 기어는 두 축의 상대적 위치에 따라 평행축 기어, 교차축 기어, 엇갈림축 기어로 분류한다.
- 기어이의 주요 치형곡선에는 사이클로이드치형과 인벌류트치형이 있다. 기어이의 크기는 모듈, 원주피치, 지름피치 등으로 나타낸다.
- 기어의 압력각은 맞물린 한 쌍의 기어에서 두 기어의 피치원의 공통접선과 작용선이 이루는 각을 말하며, 표준 압력각은 14.5°, 20°, 27°가 있다.
- 맞물린 두 기어에서 각 기어의 회전속도와 기어 잇수는 반비례의 관계를 갖는다.
- 이의 간섭이란 잇수 차이가 큰 한 쌍의 기어가 맞물려 회전할 때, 기어의 이끝이 피니언의 이뿌리에 부딪혀서 회전할 수 없게 되는 현상을 말한다. 기어의 이끝이 피니언의 이뿌리 부위를 깎아내는 현상을 언더컷이라 한다.
- 이의 간섭을 방지하는 방법으로는 기어와 피니언의 잇수 차이를 줄임, 기어의 이끝높이를 줄인 낮은이의 사용, 큰 압력각의 사용, 치형의 수정, 전위기어의 사용 등이 있다.
- 표준 평기어에서 언더컷을 일으키지 않는 이론적 잇수를 최소잇수 또는 한계잇수라고 한다.
- 기어의 맞물림을 원활하게 할 수 있도록 서로 맞물리는 기어이 사이의 미소 틈새를 백래시라고 한다.
- 전위기어는 표준기어보다 설계가 복잡하나 최소잇수를 작게 할 수 있고, 언더컷을 방지할 수 있으며, 모듈에 비해 강한 이를 얻을 수 있다. 그리고 미끄럼과 이의 마멸이 작고, 물림률과 전동효율이 높다. 또한 중심거리를 변화시킬 수 있다는 장점이 있다.
- 기어를 설계할 때 굽힘강도와 면압강도를 각각 검토한 후 이들 중에서 더 안전한 쪽을 선택한다.
- 헬리컬기어는 이물림 길이가 길고, 물림률이 평기어보다 커서 잇면의 마멸이 균일하며, 같은 이너비라면 평기어보다 큰 회전력을 전달할 수 있다. 또한 이가 연속적으로 접촉하므로 소음 · 진동이 작게 발생하며, 고속회전에서도 정숙한 운전이 가능하다. 그리고 언더컷을 방지하기 위한 피니언의 최소잇수가 평기어보다 적어서 회전속도비를 크게 할 수 있는 장점이 있다.
- 베벨기어는 두 축이 교차하는 경우에 동력을 전달하는 기계요소로서 원추마찰차의 표면에 기어이를 만든 것이다. 베벨기어에서 이의 크기는 축에 가까운 안쪽에서 바깥쪽으로 갈수록 커진다. 따라서 베벨기어의 강도계산은 외단부를 기준으로 수행한 후에 보정한다.
- 여러 개의 기어가 포함된 기계장치에서 어떤 종동기어가 다른 기어의 원동기어가 되도록 직렬 또는 병렬 조합으로 배열된 기어장치를 기어열이라고 하며, 고정중심 기어열과 유성기어열이 있다.

CHAPTER 13 | 기본문제

13.1 다음 중 기어의 특징이 아닌 것은? 13.1절

① 큰 동력을 전달할 수 있다. ② 회전속도비가 정확하다.
③ 두 축 사이의 거리가 멀 때 사용한다. ④ 전동효율이 높다.

13.2 다음 중 축방향 힘이 발생하는 기어는? 13.1절

① 평기어 ② 헬리컬기어 ③ 내접기어 ④ 랙

13.3 다음 중 두 축이 직각으로 만나며 두 기어의 잇수비가 1 : 1인 기어는? 13.1절

① 마이터기어 ② 크라운기어 ③ 하이포이드기어 ④ 나사기어

13.4 다음 중 두 축이 평행하지도 교차하지도 않을 때 사용할 수 있는 기어는? 13.1절

① 평기어 ② 베벨기어 ③ 헬리컬기어 ④ 하이포이드기어

13.5 사이클로이드치형 곡선을 사용하는 기어에 대한 설명 중 옳지 않은 것은? 13.1절

① 제작이 쉽고 호환성이 좋다. ② 소음·진동이 작은 편이다.
③ 미끄럼률이 모든 치면에서 균일하다. ④ 시계, 계측기 등 정밀기계용으로 적합하다.

13.6 인벌류트치형 곡선을 사용하는 기어에 대한 설명 중 옳지 않은 것은? 13.1절

① 압력각이 일정하다. ② 중심거리가 정확해야 한다.
③ 잇수에 따라 언더컷이 발생하기도 한다. ④ 주로 일반적인 동력전달용으로 사용된다.

13.7 다음 중 맞물린 한 쌍의 기어에서 두 기어의 피치원의 공통접선과 작용선이 이루는 각은? 13.2절

① 나선각 ② 피치각 ③ 압력각 ④ 접선각

13.8 다음 중 이의 크기를 나타내는 모듈로 옳은 것은? 단, m은 모듈, z는 잇수, D는 피치원지름이다. 13.2절

① $m=\dfrac{\pi D}{z}$ ② $m=\pi Dz$ ③ $m=\dfrac{z}{D}$ ④ $m=\dfrac{D}{z}$

13.9 다음 중 원주피치를 나타내는 방법으로 옳은 것은? 단, p는 원주피치, m은 모듈, z는 잇수, D는 피치원지름이다. 13.2절

① $p=\dfrac{\pi D}{m}$ ② $p=\dfrac{\pi D}{z}$ ③ $p=\dfrac{m}{\pi}$ ④ $p=\dfrac{z}{D}$

13.10 평기어에서 원주피치가 16.1mm, 피치원지름이 240mm이다. 보통이로 가정할 때 기어 잇수 z와 모듈 m은? 13.2절

	z	m
①	45	5.1
②	45	6.2
③	47	5.1
④	47	6.2

13.11 중심거리가 240mm인 한 쌍의 표준기어에서 기어의 잇수가 각각 50개와 70개이다. 이 기어의 모듈은 얼마인가? 13.2절

① 3mm ② 4mm ③ 5mm ④ 6mm

13.12 잇수가 각각 32개와 56개인 한 쌍의 평기어에서 모듈이 3mm일 때 두 기어 사이의 중심거리는 얼마인가? 13.2절

① 96mm ② 106mm ③ 120mm ④ 132mm

13.13 평기어에서 기어의 모듈이 3mm이고, 기어의 잇수가 80개일 때 기어의 바깥지름은 얼마인가? 단, 기어는 보통이를 가지고 있다. 13.2절

① 246mm ② 270mm ③ 295mm ④ 324mm

13.14 모듈이 5mm, 중심거리가 320mm, 회전속도비가 0.25인 한 쌍의 평기어가 있다. 작은 기어인 피니언의 잇수에 가장 가까운 개수는? 13.2절

① 26개 ② 29개 ③ 31개 ④ 34개

13.15 잇수가 같은 평기어에서 피치원지름이 가장 큰 것은? 단, m은 모듈이고, p_d는 지름피치이다. 13.2절

① $m = 3$ ② $m = 4$ ③ $p_d = 3$ ④ $p_d = 4$

13.16 이의 간섭을 방지하는 방법으로 옳지 않은 것은? 13.2절

① 기어와 피니언의 잇수 차이를 줄인다.
② 전위기어를 사용한다.
③ 압력각을 작게 한다.
④ 기어의 이끝높이를 줄인 낮은이를 사용한다.

13.17 표준 평기어에서 압력각이 20°일 때 언더컷을 일으키지 않는 이론적 한계잇수(최소잇수)에 가장 가까운 잇수는? 13.2절

① 14개 ② 17개 ③ 22개 ④ 25개

13.18 잇수가 각각 $z_1 = 12$개와 $z_2 = 30$개이고, 압력각이 14.5°인 전위 평기어에서 언더컷이 발생하지 않게 하려면 전위계수 x_1과 x_2를 각각 얼마로 해야 하는가? 13.2절

	x_1	x_2
①	0.3750	0.0332
②	0.3750	0.0625
③	0.6250	0.0332
④	0.6250	0.0625

13.19 전위기어가 갖는 장점이 아닌 것은? 13.2절

① 베어링압력이 줄어든다.
② 최소잇수를 작게 할 수 있다.
③ 언더컷을 방지할 수 있다.
④ 미끄럼이 작고 물림률을 높일 수 있다.

13.20 기어에서 백래시란 무엇인가? 13.2절

① 한 기어의 이끝원에서 서로 맞물리는 다른 기어의 이뿌리원까지의 거리
② 서로 맞물리는 기어 잇면 사이의 작은 틈새
③ 이끝높이와 이뿌리높이를 더한 높이
④ 맞물리는 한 쌍의 기어에서 두 기어의 이끝높이를 합친 것

13.21 기어 잇수가 30개이고, 모듈이 5 mm인 평기어가 400 rpm의 회전속도로 2 kN의 회전력을 전달하는 데 필요한 동력은 얼마인가? 13.2절

① 6.28 kW ② 7.54 kW ③ 8.79 kW ④ 10.05 kW

13.22 한 쌍의 평기어에서 중심거리가 160 mm이고, 피니언과 기어의 회전속도가 각각 800 rpm과 300 rpm이다. 피니언을 통해 25 kW의 동력을 전달할 때 피니언의 피치원에 접하는 회전력은 얼마인가? 13.2절

① 4.10 kN ② 5.47 kN ③ 6.84 kN ④ 8.21 kN

13.23 피니언과 기어의 피치원지름이 각각 180 mm와 360 mm이고, 잇수가 각각 45개와 90개인 한 쌍의 평기어가 있다. 속도계수가 0.35이고, 기어폭이 90 mm이며, 접촉면응력계수가 0.848 N/mm^{2}일 때 피치원에 접하는 회전력은 얼마인가? 13.2절

① 2.56 kN ② 3.85 kN ③ 5.13 kN ④ 6.41 kN

13.24 기어이의 굽힘강도를 결정할 때 사용하는 루이스식에 대한 설명으로 옳지 않은 것은? 13.2절

① 물림률을 1로 가정한다.
② 변동하중이 작용하는 것으로 가정한다.
③ 기어이 한 쌍의 접촉만 고려한다.
④ 기어이를 이뿌리 곡선에 내접하는 포물선형 균일강도 외팔보로 가정한다.

13.25 헬리컬기어의 특성으로 옳지 않은 것은? 13.3절

① 이물림 길이가 길다.
② 물림률이 평기어보다 커서 잇면의 마멸이 균일하다.
③ 같은 이너비라면 평기어보다 큰 회전력을 전달할 수 있다.
④ 레이디얼베어링만으로 기어축을 지지할 수 있다.

13.26 나선각이 30°인 헬리컬기어에서 축직각모듈이 4mm인 경우 치직각모듈은 얼마인가? 13.3절

① 3.46mm ② 4.15mm ③ 4.84mm ④ 5.54mm

13.27 축직각모듈이 m_s, 치직각모듈이 m_n, 나선각이 β, 피니언과 기어의 잇수가 각각 z_1과 z_2일 때 두 기어 간 중심거리는? 13.3절

① $\dfrac{m_s(z_1+z_2)}{2\cos\beta}$ ② $\dfrac{m_n(z_1+z_2)}{2\cos\beta}$ ③ $\dfrac{m_s(z_1+z_2)}{2\sin\beta}$ ④ $\dfrac{m_n(z_1+z_2)}{2\sin\beta}$

13.28 헬리컬기어의 잇수가 z, 나선각이 β일 때 헬리컬기어의 상당평기어 잇수 z_e는? 13.3절

① $z_e = \dfrac{z}{\sin^2\beta}$ ② $z_e = \dfrac{z}{\sin^3\beta}$ ③ $z_e = \dfrac{z}{\cos^2\beta}$ ④ $z_e = \dfrac{z}{\cos^3\beta}$

13.29 헬리컬기어에서 피니언과 기어의 잇수가 각각 z_1과 z_2이다. 속도계수가 f_v, 면압계수가 C_w, 이너비가 b, 접촉면응력계수가 k, 치직각모듈이 m_n, 나선각이 β일 때 다음 중 회전력을 나타내는 식은? 13.3절

① $f_v \dfrac{C_w}{\cos^2\beta} kbm_n \dfrac{2z_1z_2}{z_1+z_2}$ ② $f_v \dfrac{C_w}{\cos^3\beta} kbm_n \dfrac{2z_1z_2}{z_1+z_2}$

③ $f_v \dfrac{C_w}{\cos^2\beta} kbm_n \dfrac{z_1+z_2}{2z_1z_2}$ ④ $f_v \dfrac{C_w}{\cos^3\beta} kbm_n \dfrac{z_1+z_2}{2z_1z_2}$

13.30 베벨기어의 잇수가 z, 피치원추반각이 δ일 때 베벨기어의 상당평기어 잇수 z_e는? 13.4절

① $z_e = \dfrac{z}{\sin\delta}$ ② $z_e = \dfrac{z}{\sin^2\delta}$ ③ $z_e = \dfrac{z}{\cos\delta}$ ④ $z_e = \dfrac{z}{\cos^2\delta}$

13.31 베벨기어의 피니언과 기어의 피치원추반각이 각각 δ_1과 δ_2이며, 두 축이 이루는 축각이 90°이다. $\delta_1 = 40°$인 경우 회전속도비는 얼마인가? 13.4절

① 0.51 ② 0.67 ③ 0.84 ④ 1.21

13.32 기어열에 대한 설명 중 옳지 않은 것은? 13.5절

① 두 기어가 내접할 경우 서로 접하는 두 기어의 회전방향은 서로 반대가 된다.
② 아이들기어는 회전방향을 반대로 바꾸는 역할만 한다.
③ 유성기어의 개수는 회전속도비에 영향을 미치지 않는다.
④ 회전속도비는 원동기어 잇수들의 곱을 종동기어 잇수들의 곱으로 나누어 구한다.

13.33 다음 그림의 기어열에서 기어의 잇수 $z_1 = 30$개, $z_2 = 22$개, $z_3 = 40$개이다. 1번 기어의 회전속도가 500 rpm 일 때 3번 기어의 회전속도는? 13.5절

① 256 rpm ② 324 rpm ③ 375 rpm ④ 667 rpm

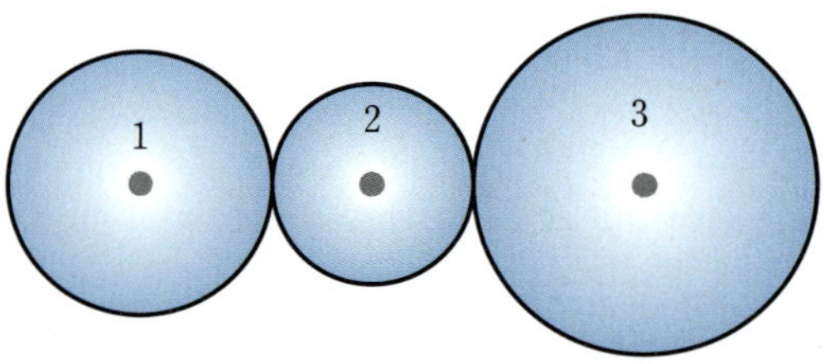

그림 P13.1

13.34 다음 그림의 복합기어열에서 기어의 잇수 $z_1 = 15$개, $z_2 = 24$개, $z_3 = 16$개, $z_4 = 26$개이다. 1번 기어가 750 rpm 에서 12 kW의 동력을 가하면 4번 기어에서의 토크는 kN·m 단위로 얼마인가? 13.5절

① 0.318 ② 0.397 ③ 0.476 ④ 0.556

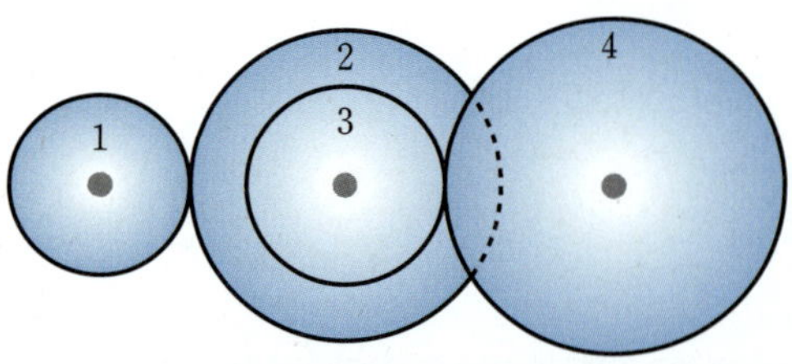

그림 P13.2

13.35 그림과 같은 유성기어열에서 태양기어의 잇수 $z_1 = 34$개, 유성기어의 잇수 $z_2 = 16$개, 링기어의 잇수 $z_3 = 72$개다. 태양기어 1을 반시계방향으로 200 rpm 으로 회전시킬 때 암 4의 회전속도는 몇 rpm 인가? 단, 링기어 3은 고정되어 있다. 13.5절

① 64.1　　② 76.9　　③ 89.7　　④ 102.6

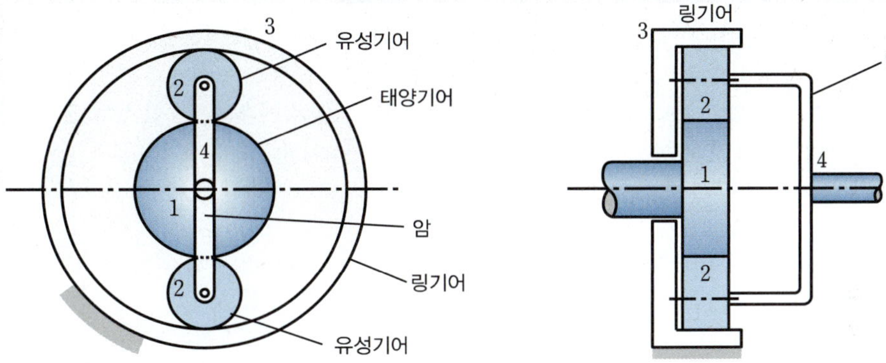

그림 P13.3

정답

13.1 ③	13.2 ②	13.3 ①	13.4 ④	13.5 ①	13.6 ②	13.7 ③	13.8 ④	13.9 ②	13.10 ③
13.11 ②	13.12 ④	13.13 ①	13.14 ①	13.15 ③	13.16 ③	13.17 ②	13.18 ④	13.19 ①	13.20 ②
13.21 ①	13.22 ③	13.23 ④	13.24 ②	13.25 ④	13.26 ①	13.27 ②	13.28 ④	13.29 ②	13.30 ③
13.31 ③	13.32 ①	13.33 ③	13.34 ②	13.35 ①					

CHAPTER 13 | 연습문제

13.1 평기어의 중심거리가 250 mm이고, 모듈이 4 mm이며, 회전속도비가 1/4일 때 각 기어의 피치원지름과 기어의 잇수를 구하라. 13.2절

13.2 피니언과 기어의 회전속도비가 1/2이고, 두 기어의 잇수의 합이 100개인 표준기어가 있다. 원주피치가 15.71 mm일 때 각 기어의 잇수와 중심거리를 구하라. 13.2절

13.3 모듈이 4 mm, 피니언의 잇수가 24개, 기어의 잇수가 50개, 압력각이 14.5°인 한 쌍의 평기어가 있다. 각 기어의 피치원지름, 원주피치, 이끝원지름, 중심거리, 법선피치를 구하라. 13.2절

13.4 평기어에서 피니언의 잇수는 28개이고, 기어의 잇수는 42개이며, 압력각이 14.5°일 때 기어의 물림률을 구하라. 13.2절

13.5 피니언과 기어의 잇수가 각각 20개와 45개이고 모듈이 5 mm인 평기어가 있다. 피니언이 900 rpm으로 회전할 경우 다음을 구하라. 13.2절

(a) 피니언과 기어의 피치원지름

(b) 피치원의 원주속도

(c) 기어의 회전속도

13.6 기초원지름이 각각 450 mm와 800 mm인 한 쌍의 외접 인벌류트 평기어에서 두 기어 사이의 중심거리는 얼마인가? 단, 두 기어의 압력각은 14.5°이다. 13.2절

13.7 압력각이 14.5°인 표준 평기어에서 물림률이 2.4이고, 법선피치가 16.5 mm이며, 잇수가 54개일 때 물림길이, 기초원지름, 피치원지름을 구하라. 13.2절

13.8 보통이를 가진 압력각 14.5°의 평기어가 언더컷을 일으키지 않는 한계잇수(최소잇수)를 구하라. 13.2절

13.9 피니언의 잇수가 26개, 기어의 잇수가 32개, 모듈이 6 mm, 압력각이 20°인 보통이를 갖는 평기어에서 언더컷이 발생하지 않고, 표준기어와 중심거리가 같도록 전위기어의 전위계수를 결정하라. 13.2절

CHAPTER 13 | 연습문제

13.10 감속비가 4 : 1인 한 쌍의 평기어 전동장치에서 피니언이 1200 rpm으로 45 kW의 동력을 전달한다. 기어의 모듈은 5 mm, 압력각은 14.5°이고, 피니언의 잇수는 32개다. 이너비를 30 mm로 할 때 피니언에 대해 다음을 구하라. 단, 하중계수는 1이다. 13.2절

(a) 피니언의 전달력 (b) 속도계수

(c) 굽힘응력

13.11 피니언의 잇수는 24개이고, 560 rpm으로 회전한다. 기어의 잇수는 48개이고, 280 rpm으로 회전한다. 모듈은 4 mm, 압력각은 14.5°, 이너비는 36 mm이다. 피니언과 기어의 재료는 각각 SM45C와 SM35C이며, 이들 재료의 브리넬경도는 각각 190과 170이다. 비교적 정적인 하중이 작용할 때 표준 평기어의 동력을 구하라. 13.2절

13.12 외접 표준 평기어 전동장치에서 피니언의 잇수는 26개, 모듈은 4 mm, 압력각은 20°, 회전속도비는 1/4일 때 다음을 구하라. 단, 피니언과 기어의 재료는 모두 GC410이고, 하중계수는 0.8이다. 또한 피니언은 800 rpm의 회전속도에서 23 kW의 동력을 전달한다. 13.2절

(a) 중심거리 (b) 기어와 연결된 축에 작용하는 토크

(c) 기어에 작용하는 회전력 (d) 이너비

13.13 치직각 모듈이 6 mm, 치직각 압력각이 20°, 잇수가 45개, 나선각이 30°인 헬리컬기어에서 다음을 구하라. 13.3절

(a) 축직각 모듈 (b) 축직각 압력각

(c) 피치원지름 (d) 바깥지름

(e) 상당평기어 잇수

13.14 피니언의 잇수는 70개이고, 기어의 잇수는 125개이며, 나선각이 30°인 한 쌍의 헬리컬기어가 있다. 피니언이 520 rpm의 회전속도로 12 kW의 동력을 전달할 때 다음을 구하라. 단, 치직각 모듈은 5 mm이다. 13.3절

(a) 중심거리 (b) 피니언의 피치원지름

(c) 피치원의 원주속도 (d) 회전력

(e) 헬리컬기어에 작용하는 추력

13.15 한 쌍의 헬리컬기어에서 피니언은 재질이 GC300, 잇수가 40개, 회전속도가 550 rpm이다. 또한 기어는 재질이 GC 200, 잇수가 96개다. 치직각 모듈이 5 mm, 압력각이 20°, 나선각이 30°, 이너비가 치직각 피치 p_n의 3배일 때 최대전달동력을 구하라. 13.3절

13.16 헬리컬기어에서 치직각 모듈이 4mm, 압력각이 14.5°, 이너비가 80mm, 나선각이 30°, 피니언과 기어의 잇수가 각각 40개와 92개이며, 피니언의 회전속도가 800rpm이다. 피니언과 기어의 재료가 강 $(H_B = 150)$으로 서로 같은 경우 최대 전달동력은 얼마인가? 13.3절

13.17 두 축의 교각이 80°인 베벨기어에서 피니언과 기어의 잇수가 각각 40개와 92개이며, 모듈이 5mm일 때 다음을 구하라. 13.4절

(a) 피치원추반각
(b) 피치원지름
(c) 바깥지름
(d) 원추거리
(e) 이너비
(f) 상당평기어 잇수

13.18 서로 직교하는 두 축 사이의 회전동력을 전달하는 베벨기어가 공기압축기에 사용되고 있다. 기어의 재질은 GC 200, 압력각은 14.5°, 모듈은 6mm, 피니언의 잇수는 47개, 기어의 잇수는 62개, 이너비는 80mm, 피니언의 회전속도는 500rpm일 때 베벨기어장치를 통해 전달할 수 있는 최대동력을 구하라. 13.4절

13.19 자동차에 사용하는 교각 90°의 베벨기어에서 피니언의 잇수가 34개, 기어의 잇수가 52개, 압력각이 20°, 모듈이 5mm, 이너비가 60mm이다. 두 기어의 재료는 GC 250이며, 피니언의 회전속도는 250rpm일 때 다음을 구하라. 13.4절

(a) 굽힘강도
(b) 면압강도를 고려한 회전력
(c) 전달동력

13.20 유성기어장치에서 링기어의 잇수는 80개, 유성기어의 잇수는 26개, 모듈은 3mm이다. 모든 기어는 표준기어일 때 다음을 구하라. 13.5절

(a) 태양기어의 잇수
(b) 태양기어와 유성기어 사이의 중심거리
(c) 태양기어가 반시계방향으로 480rpm으로 회전하고, 링기어가 시계방향으로 80rpm으로 회전했다면 암은 어느 방향으로 얼마의 속도로 회전하는가?

13.21 유성기어열에서 암이 반시계방향으로 10rad/s로 회전하며, 링기어는 고정되어 있다. 링기어, 유성기어, 태양기어의 피치원지름은 각각 400mm, 100mm, 200mm이다. 유성기어와 태양기어의 회전속도를 구하라. 13.5절

CHAPTER 14

벨트와 체인

Belt and Chain

학습목표

- 평벨트의 접촉각, 장력, 전달동력, 응력 등을 구하는 방법을 학습한다.
- V벨트의 상당마찰계수, 장력, 전달동력, 가닥수 결정방법 등을 학습한다.
- 롤러체인의 속도변동률, 회전속도비, 전달동력 등을 구하는 방법을 학습한다.
- 사일런트체인의 물림과 관련한 면각과 치각에 대해 알아본다.

SECTION 14.1

평벨트 전동

- ✔ 벨트전동장치의 특징을 알아본다.
- ✔ 바로걸기와 엇걸기 방식에서 벨트길이와 접촉각을 구하는 방법을 학습한다.
- ✔ 벨트에 작용하는 장력, 전달동력, 응력을 구하는 방법을 학습한다.
- ✔ 벨트의 폭과 두께를 결정하는 방법을 학습한다.

14.1.1 벨트전동장치의 특징

벨트전동 belt drive은 원동축과 종동축 사이가 비교적 먼 경우에 사용하며, 양쪽 축에 풀리 pulley를 달고 벨트를 감아 동력을 전달하는 장치이다. 벨트를 회전시키는 풀리를 **원동풀리** driving pulley라 하고, 벨트에 의해 회전되는 풀리를 **종동풀리** driven pulley라고 한다.

벨트전동장치의 특징은 다음과 같다.

- 구조가 간단하고 제작비가 적게 든다.
- 원동축에서 비교적 멀리 떨어진 곳에 동력을 전달할 수 있다.
- 비교적 정숙한 운전을 할 수 있다.
- 전동효율이 높은 편이다.
- 종동축에 과부하가 걸렸을 때 미끄럼에 의해 충격을 완화할 수 있다.
- 미끄럼이 발생하여 정확한 속도비를 얻기 어렵다.

14.1.2 벨트를 걸어감는 방법

평벨트를 벨트풀리에 걸어감는 다양한 방식이 있으나, 대표적으로 [그림 14-1]에 나타낸 바로걸기와 엇걸기가 있다.

- **바로걸기** open belt : 원동축과 종동축의 회전방향을 같게 한다. 윗쪽 벨트를 이완측 slack side으로 하여 접촉각을 크게 한다.
- **엇걸기** cross belt : 원동축과 종동축의 회전방향을 서로 반대가 되게 한다. 바로걸기에 비해 접촉각이 커서 큰 동력전달이 가능하다. 그러나 벨트가 비틀어진 상태에서 운전하게 되므로 마모로 인해 벨트의 수명이 짧은 단점이 있다.

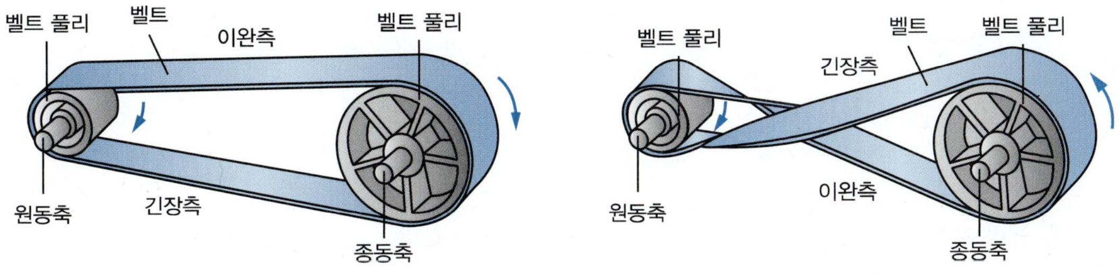

그림 14-1 평벨트를 걸어감는 방법

■ 바로걸기에서 벨트길이와 접촉각

1 벨트길이

[그림 14-2(a)]에서 보는 바와 같이 두 풀리 사이의 중심거리를 C라고 하면 풀리에 접하기 시작하는 두 점 m, n 및 m', n' 사이의 거리는 다음과 같다.

$$\overline{mn} = \overline{m'n'} = C\cos\phi \qquad \text{(a)}$$

또한 반지름이 R_1과 R_2인 작은 풀리와 큰 풀리에서의 접촉각contact angle θ_1과 θ_2는 각각 다음과 같다.

$$\theta_1 = \pi - 2\phi \qquad (14.1a)$$

$$\theta_2 = \pi + 2\phi \qquad (14.1b)$$

풀리를 감고 있는 부분에 대한 벨트의 원호길이는 각각 다음과 같다.

$$\widehat{mm}' = R_1\theta_1 = R_1(\pi - 2\phi) \qquad (14.2a)$$

$$\widehat{nn}' = R_2\theta_2 = R_2(\pi + 2\phi) \qquad (14.2b)$$

따라서 벨트의 전체길이 L은 다음과 같이 나타낼 수 있다.

$$\begin{aligned} L &= 2\overline{mn} + \widehat{mm}' + \widehat{nn}' \\ &= 2C\cos\phi + R_1(\pi - 2\phi) + R_2(\pi + 2\phi) \qquad (14.3) \\ &= 2C\cos\phi + \pi(R_1 + R_2) + 2(R_2 - R_1)\phi \end{aligned}$$

벨트풀리의 반지름에 비해 축간거리가 훨씬 크기 때문에 보통 ϕ는 매우 작은 값을 갖는다. 따라서 [그림 14-2(a)]에서 $\sin\phi = \dfrac{R_2 - R_1}{C} \approx \phi$가 된다. 또한 $\cos\phi \approx 1 - \dfrac{\phi^2}{2}$이므로 식 (14.3)은 다음과 같이 정리할 수 있다.

$$L \approx 2C\left[1 - \frac{1}{2}\frac{(R_2 - R_1)^2}{C^2}\right] + \pi(R_1 + R_2) + 2(R_2 - R_1)\left(\frac{R_2 - R_1}{C}\right)$$

$$= 2C + \pi(R_1 + R_2) + \frac{(R_2 - R_1)^2}{C} \quad \text{(b)}$$

이 식을 풀리 지름 D_1과 D_2로 나타내면 벨트길이는 다음과 같다.

$$L = 2C + \frac{\pi(D_1 + D_2)}{2} + \frac{(D_2 - D_1)^2}{4C} \quad (14.4)$$

식 (14.4)로부터 축간거리를 정리하면 다음과 같다.

$$C = \frac{H + \sqrt{H^2 - 2(D_2 - D_1)^2}}{4} \quad (14.5)$$

여기서 $H = L - \frac{\pi}{2}(D_1 + D_2)$이다.

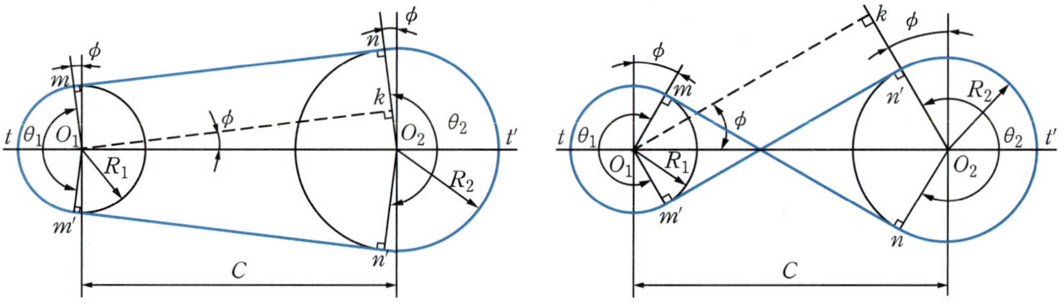

그림 14-2 벨트길이와 접촉각

2 접촉각

[그림 14-2(a)]로부터 $\sin\phi = \frac{R_2 - R_1}{C} = \frac{D_2 - D_1}{2C}$이므로 $\phi = \sin^{-1}\left(\frac{D_2 - D_1}{2C}\right)$이 된다. 따라서 벨트와 풀리 사이의 접촉각은 다음과 같다.

$$\theta_1 = 180° - 2\phi = 180° - 2\sin^{-1}\left(\frac{D_2 - D_1}{2C}\right) \quad (14.6a)$$

$$\theta_2 = 180° + 2\phi = 180° + 2\sin^{-1}\left(\frac{D_2 - D_1}{2C}\right) \quad (14.6b)$$

이 식에서 알 수 있듯이 작은 풀리에서의 접촉각 θ_1은 180°보다 작고, 큰 풀리에서의 접촉각 θ_2는 180°보다 크다.

■ 엇걸기에서 벨트길이와 접촉각

1 벨트길이

[그림 14-2(b)]에서 두 풀리의 접촉각은 다음과 같다.

$$\theta_1 = \theta_2 = \pi + 2\phi \tag{14.7}$$

두 풀리를 감고 있는 벨트의 원호길이는 각각 다음과 같다.

$$\widehat{mm'} = R_1\theta_1 = R_1(\pi + 2\phi) \tag{14.8a}$$

$$\widehat{nn'} = R_2\theta_2 = R_2(\pi + 2\phi) \tag{14.8b}$$

따라서 벨트의 전체길이 L은 다음과 같이 나타낼 수 있다.

$$\begin{aligned} L &= 2\overline{mn} + \widehat{mm'} + \widehat{nn'} \\ &= 2C\cos\phi + R_1(\pi + 2\phi) + R_2(\pi + 2\phi) \\ &= 2C\cos\phi + \pi(R_1 + R_2) + 2(R_1 + R_2)\phi \end{aligned} \tag{14.9}$$

ϕ가 작은 경우 $\sin\phi = \dfrac{R_1 + R_2}{C} \approx \phi$, $\cos\phi \approx 1 - \dfrac{\phi^2}{2}$이므로 식 (14.9)의 벨트길이는 다음과 같이 나타낼 수 있다.

$$\begin{aligned} L &\approx 2C\left[1 - \frac{1}{2}\frac{(R_1 + R_2)^2}{C^2}\right] + \pi(R_1 + R_2) + 2(R_1 + R_2)\left(\frac{R_1 + R_2}{C}\right) \\ &= 2C + \pi(R_1 + R_2) + \frac{(R_1 + R_2)^2}{C} \end{aligned} \tag{c}$$

이 식을 풀리 지름 D_1과 D_2로 나타내면 벨트길이는 다음과 같다.

$$L = 2C + \frac{\pi(D_1 + D_2)}{2} + \frac{(D_1 + D_2)^2}{4C} \tag{14.10}$$

식 (14.10)으로부터 축간거리를 정리하면 다음과 같다.

$$C = \frac{H + \sqrt{H^2 - 2(D_1 + D_2)^2}}{4} \tag{14.11}$$

여기서 $H = L - \dfrac{\pi}{2}(D_1 + D_2)$이다.

2 접촉각

[그림 14-2(b)]로부터 $\sin\phi = \dfrac{R_1 + R_2}{C} = \dfrac{D_1 + D_2}{2C}$이므로 $\phi = \sin^{-1}\left(\dfrac{D_1 + D_2}{2C}\right)$가 된다. 따라서 벨트와 풀리 사이의 접촉각은 다음과 같다.

$$\theta_1 = \theta_2 = 180° + 2\phi = 180° + 2\sin^{-1}\left(\frac{D_1 + D_2}{2C}\right) \tag{14.12}$$

즉 엇걸기에서의 접촉각은 작은 풀리와 큰 풀리에서 모두 같다.

■ 벨트전동의 회전속도비

원동풀리의 지름과 회전속도를 각각 D_1[mm]와 N_1[rpm]이라고 하고, 종동풀리의 지름과 회전속도를 각각 D_2[mm]와 N_2[rpm]라고 하면 벨트의 원주속도 v는 다음과 같다.

$$v = \frac{\pi D_1 N_1}{60 \times 1000} = \frac{\pi D_2 N_2}{60 \times 1000} \ [\text{m/s}] \tag{14.13}$$

따라서 벨트전동의 회전속도비는 다음과 같다.

$$i = \frac{N_2}{N_1} = \frac{D_1}{D_2} \tag{14.14}$$

14.1.3 벨트의 장력과 전달동력

■ 벨트의 장력

동력을 전달하기 위해서 원동풀리가 회전하면 원동풀리와 종동풀리 사이에 있는 벨트의 한쪽은 당겨져서 긴장되고 다른 한쪽은 이완된다. 긴장측과 이완측 간의 장력의 차이를 **유효장력** effective tension이라고 하며, 이 유효장력이 종동풀리를 회전시키는 **회전력** turning force이 된다.

[그림 14-1]에서 작은 풀리가 원동풀리이고 큰 풀리가 종동풀리인 경우, 원동풀리가 시계방향으로 회전하면 위의 벨트는 이완되고, 아래의 벨트는 긴장된다. 이때 긴장측의 장력을 F_1, 이완측의 장력을 F_2라고 하면 유효장력 F_e를 다음과 같이 나타낸다.

$$F_e = F_1 - F_2 \tag{14.15}$$

이 유효장력이 동력을 전달하는 데 필요한 회전력이며, 풀리의 지름이 D일 때 유효장력 F_e로 전달하는 토크는 다음과 같다.

$$T = F_e \frac{D}{2} = (F_1 - F_2)\frac{D}{2} \tag{14.16}$$

한편, 벨트를 통해 동력을 전달하기 위해서는 초기장력[1]이 필요하며, 다음과 같이 긴장측 장력과 이완측 장력의 평균값으로 나타낸다.

$$F_0 = \frac{F_1 + F_2}{2} \tag{14.17}$$

벨트에 초기장력을 가하는 방법은 다음과 같다.

- **중간풀리를 사용하는 방법** : 중간풀리idle pulley를 사용하여 원동풀리와 종동풀리의 접촉각과 벨트의 장력을 증대한다.
- **벨트의 자중을 이용하는 방법** : 바로걸기 방식으로 벨트를 걸어감을 때 벨트의 이완측이 자중으로 처지도록 하여 긴장측 벨트의 장력을 증대한다. 이때 위쪽 벨트가 이완되도록 전동하는 것이 좋다.
- **벨트의 탄력을 이용하는 방법** : 벨트의 탄성변형을 통해 초기장력을 증대시킨다.

[그림 14-3]에 벨트와 풀리에 작용하는 힘을 나타냈다. 이 그림에서 반지름 R인 풀리에 감긴 평벨트의 양단에 긴장측 장력 F_1과 이완측 장력 F_2를 나타냈다.[2] [그림 14-3(a)]에서 이완측의 경계인 m점에서 최소장력 F_2를 가지며 연속적으로 벨트의 장력이 증가하다가 긴장측의 경계인 n점에서 최대장력 F_1이 발생한다. m점과 n점 사이 특정 위치에서의 벨트장력을 알아보기 위해 미소요소에 대한 자유물체도를 [그림 14-3(b)]에 나타냈다. 이 그림에서 F는 이완측에 가까운 곳의 장력, $F+dF$는 긴장측에 가까운 곳의 장력, dQ는 두 장력으로 인한 수직반력, μdQ는 벨트와 풀리 사이의 마찰력, dF_c는 벨트의 회전에 따른 원심력을 나타낸다.

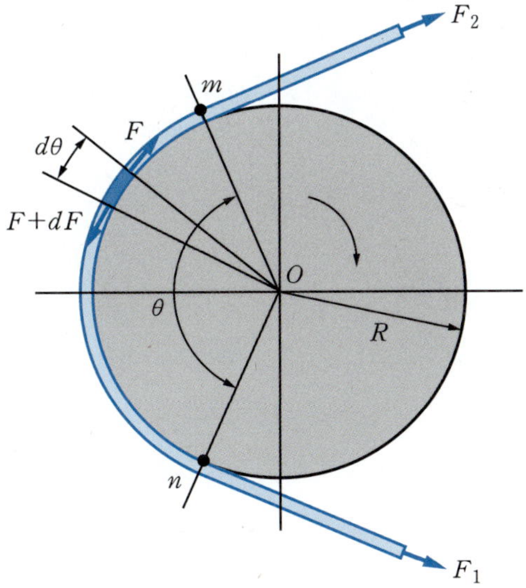

(a) 원동풀리 측

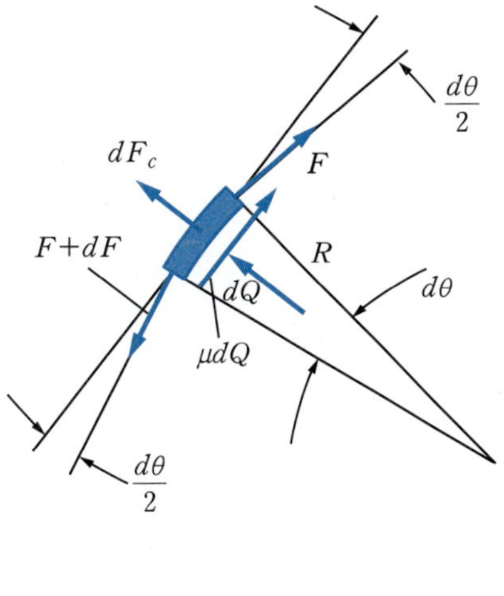

(b) 미소요소의 자유물체도

그림 14-3 벨트에 작용하는 힘

1 초기장력은 벨트를 풀리에 감아 걸었으나 아직 벨트가 회전하지 않을 때의 장력을 말한다.

2 그림에서 풀리가 시계방향으로 회전하므로 위쪽 벨트는 이완, 아래쪽 벨트는 긴장된다.

[그림 14-3(b)]의 미소요소에 대한 자유물체도로부터 다음과 같이 반지름방향에 대한 힘의 평형방정식을 나타낼 수 있다.

$$dQ = (F + dF)\sin\frac{d\theta}{2} + F\sin\frac{d\theta}{2} - dF_c \approx Fd\theta - dF_c \tag{14.18}$$

반지름이 R인 풀리가 일정한 회전속도 $N\,[\mathrm{rpm}]$으로 돌 때 벨트에서의 법선가속도 a_n은 동역학이론으로부터 다음과 같이 나타낼 수 있다.

$$a_n = N^2 R = \frac{v^2}{R} \tag{a}$$

여기서 v는 벨트의 원주속도를 나타낸다.

또한 벨트의 단위길이당 무게를 w라고 하면 미소요소의 질량은 다음과 같다.

$$dm = \frac{w\,ds}{g} \tag{b}$$

여기서 g는 중력가속도, ds는 벨트의 미소길이를 나타낸다.

벨트의 미소요소 길이는 $ds = Rd\theta$이므로 미소요소에 작용하는 미소원심력은 다음과 같다.

$$dF_c = dm\,a_n = \frac{wds}{g}\frac{v^2}{R} = \frac{wv^2 d\theta}{g} \tag{c}$$

식 (c)를 식 (14.18)에 대입하면 미소반력은 다음과 같이 정리된다.

$$dQ = \left(F - \frac{wv^2}{g}\right)d\theta \tag{14.19}$$

[그림 14-3(b)]의 미소요소로부터 다음과 같이 접선방향에 대한 힘의 평형방정식을 나타낼 수 있다.

$$(F + dF)\cos\frac{d\theta}{2} - F\cos\frac{d\theta}{2} = \mu dQ \tag{14.20}$$

이 식을 다음과 같이 근사화시킬 수 있다.

$$dF\cos\frac{d\theta}{2} \approx dF = \mu dQ \tag{14.21}$$

식 (14.19)를 식 (14.21)에 대입하면 다음과 같이 된다.

$$dF = \mu\left(F - \frac{wv^2}{g}\right)d\theta \tag{14.22}$$

식 (14.22)를 정리한 후 풀리에 대한 벨트의 접촉각 θ에 대해 적분하면 다음과 같이 된다.

$$\int_{F_2}^{F_1} \frac{dF}{F - \dfrac{wv^2}{g}} = \int_0^\theta \mu\, d\theta \tag{14.23}$$

이 식을 정리하면 다음과 같다.

$$\frac{F_1 - \dfrac{wv^2}{g}}{F_2 - \dfrac{wv^2}{g}} = \frac{F_1 - \overline{m}v^2}{F_2 - \overline{m}v^2} = e^{\mu\theta} \tag{14.24}$$

이 식에서 $\overline{m}$는 벨트의 단위길이당 질량을 나타낸다. 또한 앞에서 설명한 바와 같이 유효장력 $F_e = F_1 - F_2$이므로 유효장력과 관련된 긴장측 및 이완측 장력은 각각 다음과 같다.

$$F_1 = \frac{e^{\mu\theta}}{e^{\mu\theta} - 1} F_e + \overline{m}v^2 \tag{14.25a}$$

$$F_2 = \frac{1}{e^{\mu\theta} - 1} F_e + \overline{m}v^2 \tag{14.25b}$$

그런데 벨트의 속도가 10 m/s 이하에서는 원심력을 무시할 수 있으므로 식 (14.24)로부터 다음과 같이 장력비를 나타낼 수 있다.

$$\frac{F_1}{F_2} = e^{\mu\theta} \tag{14.26}$$

식 (14.26)을 **아이텔바인의 식** Eytelwein's equation이라고 한다. 또한 원심력을 무시할 경우 식 (14.25a)와 식 (14.25b)는 다음과 같이 된다.

$$F_1 = \frac{e^{\mu\theta}}{e^{\mu\theta} - 1} F_e \tag{14.27a}$$

$$F_2 = \frac{1}{e^{\mu\theta} - 1} F_e \tag{14.27b}$$

■ 벨트의 전달동력

벨트전동에 의한 전달동력은 유효장력 F_e [N]와 원주속도 v [m/s]의 곱으로 나타낸다.

$$H = \frac{F_e v}{1000} = \frac{(F_1 - \overline{m}v^2)}{1000}\left(\frac{e^{\mu\theta} - 1}{e^{\mu\theta}}\right) v \text{ [kW]} \tag{14.28}$$

벨트의 원주속도가 10 m/s 이하이면 원심력을 무시할 수 있으므로 식 (14.28)은 다음과 같이 쓸 수 있다.

$$H = \frac{F_1}{1000}\left(\frac{e^{\mu\theta} - 1}{e^{\mu\theta}}\right) v \text{ [kW]} \tag{14.29}$$

■ 벨트의 최대전달동력

식 (14.28)을 보면 벨트의 원주속도가 증가함에 따라 전달동력이 증가하지만, 속도가 어느 값 이상이 되면 오히려 전달동력이 감소하게 된다. 전달동력이 최대가 되는 속도는 식 (14.28)의 전달동력 H를 속도 v로 미분한 값이 0이 되도록 놓으면 된다.

$$\frac{dH}{dv} = \frac{1}{dv}\left[\frac{(F_1 - \overline{m}v^2)}{1000}\left(\frac{e^{\mu\theta}-1}{e^{\mu\theta}}\right)v\right] = \frac{F_1}{1000}\left(\frac{e^{\mu\theta}-1}{e^{\mu\theta}}\right) - \frac{3\overline{m}v^2}{1000}\left(\frac{e^{\mu\theta}-1}{e^{\mu\theta}}\right) = 0 \tag{d}$$

$$F_1 - 3\overline{m}v^2 = 0 \tag{e}$$

식 (e)를 정리하면 원주속도는 다음과 같다.

$$v = \sqrt{\frac{F_1}{3\overline{m}}} \tag{14.30}$$

이는 최대전달동력을 얻을 수 있는 원주속도이다. 따라서 식 (14.30)을 식 (14.28)에 대입하면 최대전달동력은 다음과 같다.

$$H_{max} = \frac{2}{3}\sqrt{\frac{F_1}{3\overline{m}}}\left(\frac{F_1}{1000}\right)\left(\frac{e^{\mu\theta}-1}{e^{\mu\theta}}\right) [\text{kW}] \tag{14.31}$$

14.1.4 벨트의 응력

운전 중 풀리와 접촉하지 않는 벨트 부위에는 장력만 작용하지만, 풀리와 접촉하는 벨트 부위에는 장력과 함께 굽힘하중도 작용한다. 따라서 벨트에서 발생하는 인장응력과 함께 굽힘응력도 살펴봐야 한다.

■ 인장응력

앞서 설명한 바와 같이 장력은 벨트와 풀리가 접하는 위치에 따라 변화하며, [그림 14-3(a)]의 n점인 긴장측에 있을 때 가장 큰 값을 갖는다. 따라서 벨트의 인장응력은 다음과 같이 최대장력 F_1을 단면적으로 나누어 구한다.[3]

$$\sigma_t = \frac{F_1}{bt} \tag{14.32}$$

여기서 b는 벨트의 폭이고, t는 벨트의 두께이다.

---

3 이 식에서 긴장측 장력이 작용하므로 최대 인장응력을 나타낸다.

■ 굽힘응력

벨트가 풀리에 감기면 벨트 단면의 중립축으로부터 안쪽은 길이가 줄어들고, 바깥쪽은 길이가 늘어난다. [그림 14-4]로부터 벨트의 바깥 부위에 대한 길이변형률은 다음과 같다.

$$\varepsilon_b = \frac{(R+t)d\theta - (R+t/2)d\theta}{(R+t/2)d\theta} \qquad \text{(a)}$$

$$= \frac{t/2}{R+t/2} \approx \frac{t}{2R} = \frac{t}{D}$$

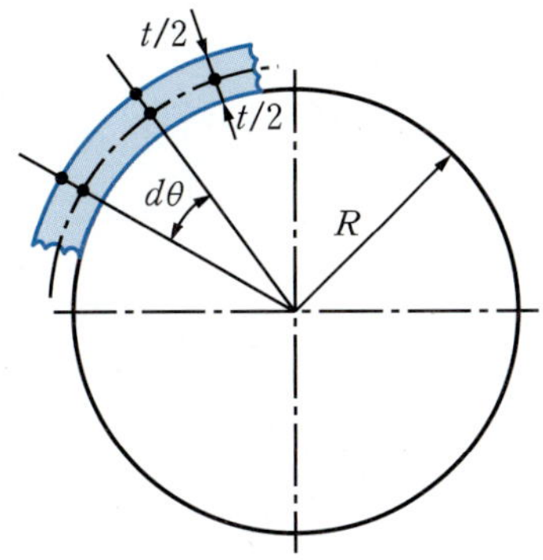

그림 14-4 벨트의 굽힘

이를 후크의 법칙에 적용하면 다음과 같다.

$$\sigma_b = E\varepsilon_b = \frac{Et}{D} \qquad (14.33)$$

■ 전체응력

벨트에 작용하는 전체응력은 다음과 같이 인장응력과 굽힘응력을 더하면 된다.

$$\sigma = \sigma_t + \sigma_b = \frac{F_1}{bt} + \frac{Et}{D} \qquad (14.34)$$

그러나 일반적으로 굽힘응력은 인장응력에 비해 작아서 무시할 수 있다.

■ 벨트의 치수

평벨트는 필요한 길이만큼 자른 후 붙여서 사용하므로 벨트를 잇는 방법에 따라 벨트가 전달할 수 있는 장력의 크기가 달라진다. 그러므로 실제 전달할 수 있는 장력의 크기는 벨트 강도에 대한 이음부 강도비인 이음효율을 고려하여 정해야 한다. 이음효율 η을 고려한 벨트의 치수는 다음과 같다.

$$bt = \frac{1}{\eta}\frac{F_1}{\sigma_t} \qquad (14.35)$$

[표 14-1]과 [표 14-2]에 가죽소재와 고무소재의 평벨트에 대한 표준치수를 각각 나타냈다.

표 14-1 가죽소재 평벨트의 표준치수 단위 : mm

벨트의 종류	표준 폭	두께
1겹 벨트	25 32 38 44	3 이상
	51 57 63 70 76 83 89 95	4 이상
	102 114 127 140 152	5 이상
2겹 벨트	51 63 76 89 102 114	6 이상
	127 140 152 165 178	7 이상
	191 203 229 254 279 305	8 이상
3겹 벨트	203 229 254 279 305 330 336 381 406 432 457 483 508 559 610 660 711 762	10 이상

표 14-2 고무소재 평벨트의 표준치수 단위 : mm

벨트의 종류	표준 폭
3~4겹 벨트	20 25 30 38 50 63
4~5겹 벨트	75 90 100 125
6~7겹 벨트	150 175 200 225 250
8~9겹 벨트	300 350 400 450 500

[주] 고무소재 평벨트에 대한 두께의 규정은 없다.

탐구

1. 벨트전동의 특징을 설명하라.
2. 바로걸기 방법에서 벨트의 아래쪽을 긴장측으로 하고, 위쪽을 이완측으로 하면 이와 반대로 하는 것보다 어떤 점이 유리한지 설명하라.
3. 벨트전동에서 벨트의 긴장을 증대하는 방법을 설명하라.
4. 벨트단면에서 발생하는 응력을 설명하라.

예제 14-1 평벨트 전동에서 바로걸기와 엇걸기의 접촉각

평벨트 전동에서 원동풀리의 지름이 200mm, 종동풀리의 지름이 600mm이고, 축간거리가 3.6m인 경우 벨트를 바로걸기로 했을 때와 엇걸기로 했을 때 접촉각은 각각 얼마인가?

전략

바로걸기는 식 (14.6a)와 식 (14.6b)를 이용하고, 엇걸기는 식 (14.12)를 이용하여 접촉각을 구한다.

풀이

바로걸기의 경우 식 (14.6a)와 식 (14.6b)에 의해 접촉각은 다음과 같다.

$$\theta_1 = 180° - 2\sin^{-1}\left(\frac{D_2 - D_1}{2C}\right) = 180° - 2\times\sin^{-1}\left(\frac{0.6-0.2}{2\times 3.6}\right) = 173.6° \quad \text{[답]}$$

$$\theta_2 = 180° + 2\sin^{-1}\left(\frac{D_2 - D_1}{2C}\right) = 180° + 2\times\sin^{-1}\left(\frac{0.6-0.2}{2\times 3.6}\right) = 186.4° \quad \text{[답]}$$

엇걸기의 경우 식 (14.12)에 의해 접촉각은 다음과 같다.

$$\theta_1 = \theta_2 = 180° + 2\sin^{-1}\left(\frac{D_1 + D_2}{2C}\right) = 180° + 2\times\sin^{-1}\left(\frac{0.2+0.6}{2\times 3.6}\right) = 192.8° \quad \text{[답]}$$

검토

결과에서 알 수 있듯이 엇걸기는 바로걸기에 비해 접촉각이 커서 상대적으로 더 큰 동력을 전달할 수 있다. 그러나 벨트의 비틀림에 의해 내구수명이 더 짧은 단점이 있다.

예제 14-2 평벨트 전동에서 벨트의 원주속도, 유효장력, 긴장측과 이완측의 장력

평벨트 전동에서 300 mm 의 원동풀리를 통해 500 rpm 의 회전속도로 2.5 kW 의 동력을 종동풀리에 전달한다. 풀리와 벨트 사이의 마찰계수가 0.3이고 접촉각이 175°인 경우에 다음을 구하라.

(a) 벨트의 원주속도

(b) 벨트의 유효장력

(c) 긴장측과 이완측의 장력

전략

식 (14.13)으로 벨트의 원주속도를 구하고, 식 (14.28)을 이용하여 벨트의 유효장력을 구한다. 그리고 식 (14.27a)와 식 (14.27b)로 긴장측과 이완측의 장력을 구한다.

풀이

(a) 벨트의 원주속도는 식 (14.13)에 의해 다음과 같다.

$$v = \frac{\pi D_1 N_1}{60 \times 1000} = \frac{\pi \times 300 \times 500}{60 \times 1000} = 7.85\,\mathrm{m/s} \quad \text{[답]}$$

(b) 벨트의 유효장력은 식 (14.28)로부터 다음과 같다.

$$F_e = \frac{1000H}{v} = \frac{1000 \times 2.5}{7.85} = 318.5\mathrm{N} \quad \text{[답]}$$

(c) $e^{\mu\theta} = e^{0.3 \times (175 \times \pi/180)} = 2.5$ 이고, 식 (14.27a)와 식 (14.27b)에 따라 긴장측과 이완측의 장력은 각각 다음과 같다.

$$F_1 = \frac{e^{\mu\theta}}{e^{\mu\theta}-1} F_e = \frac{2.5}{2.5-1} \times 318.5 = 530.8\,\mathrm{N} \quad \text{[답]}$$

$$F_2 = \frac{1}{e^{\mu\theta}-1} F_e = \frac{1}{2.5-1} \times 318.5 = 212.3\,\mathrm{N} \quad \text{[답]}$$

검토

원주속도가 10 m/s 이하이므로 장력 계산 시 벨트의 원심력을 고려하지 않았다.

예제 14-3 평벨트 전동에서 접촉각, 유효장력, 긴장측 장력, 벨트의 폭

원동풀리와 종동풀리의 지름이 각각 300 mm와 500 mm이고, 축간거리가 5 m인 엇걸기 평벨트 전동을 통해 20 kW의 동력을 전달한다. 벨트는 가죽소재로서 두께가 8 mm이고, 허용인장강도는 3.2 MPa이며, 이음효율은 0.9이다. 벨트의 원주속도가 7 m/s이고, 벨트와 풀리 사이의 마찰계수가 0.3일 때 다음을 구하라.

(a) 접촉각
(b) 유효장력
(c) 긴장측 장력
(d) 2겹 벨트일 경우 벨트의 폭

전략

식 (14.12)를 이용하여 접촉각을 구하고, 식 (14.28)로부터 유효장력을 구한다. 원심력을 무시할 경우 식 (14.27a)로 긴장측 장력을 구하고, 식 (14.35)로부터 벨트의 폭을 구한다.

풀이

(a) 식 (14.12)에 의해 접촉각은 다음과 같다.

$$\theta_1 = \theta_2 = 180° + 2\sin^{-1}\left(\frac{D_1 + D_2}{2C}\right) = 180° + 2 \times \sin^{-1}\left(\frac{0.3 + 0.5}{2 \times 5}\right) = 189.2° \quad \text{[답]}$$

(b) 벨트의 유효장력은 식 (14.28)로부터 다음과 같다.

$$F_e = \frac{1000H}{v} = \frac{1000 \times 20}{7} = 2857.1\,\text{N} \quad \text{[답]}$$

(c) $e^{\mu\theta} = e^{0.3 \times (189.2 \times \pi/180)} = 2.69$ 이고, 원심력을 무시할 경우 식 (14.27a)에 의해 긴장측 장력은 다음과 같다.

$$F_1 = \frac{e^{\mu\theta}}{e^{\mu\theta} - 1} F_e = \frac{2.69}{2.69 - 1} \times 2857.1 = 4547.7\,\text{N} \quad \text{[답]}$$

(d) 식 (14.35)를 정리하면 벨트의 폭은 다음과 같다.

$$b = \frac{F_1}{\eta t \sigma_t} = \frac{4547.7}{0.9 \times 8 \times 3.2} = 197.4\,\text{mm}$$

[표 14-1]의 표준치수로부터 $b = 203\,\text{mm}$로 정한다. [답]

검토

일반적으로 가죽소재의 벨트는 양단을 경사지게 깎은 후 접착제로 붙이지만 간단한 것은 가죽끈이나 철사로 결합하기도 한다. 접착제로 붙이는 경우의 이음효율은 80 ~ 90%이고, 가죽끈으로 결합하는 경우는 40 ~ 50%, 철사로 결합하는 경우는 40 ~ 70%이다.

예제 14-4 평벨트 전동에서 벨트의 원주속도, 긴장측 장력, 원동풀리의 접촉각, 유효장력, 전달동력

평벨트 전동에서 원동풀리와 종동풀리의 지름은 각각 300 mm와 700 mm이며, 축간거리는 2 m이다. 벨트의 폭과 두께는 각각 152 mm와 8 mm이며, 허용인장응력은 2.5 MPa이다. 단위길이당 벨트의 질량은 0.7 kg/m, 벨트의 이음효율은 90%이다. 바로걸기 방식을 사용하며, 풀리와 벨트 사이의 마찰계수는 0.3, 원동풀리의 회전속도는 1200 rpm 일 때 다음을 구하라.

(a) 벨트의 원주속도
(b) 긴장측의 장력
(c) 원동풀리의 접촉각
(d) 유효장력
(e) 전달동력

전략

벨트의 원주속도는 식 (14.13)으로 구한다. 주어진 벨트의 폭과 두께, 허용인장강도, 이음효율을 식 (14.35)에 대입하여 긴장측의 장력 F_1을 구하고, 식 (14.6a)로부터 접촉각을 구한다. 원심력을 고려하여 식 (14.25a)으로부터 벨트의 유효장력을 구하고, 식 (14.28)로부터 전달동력을 구한다.

풀이

(a) 벨트의 원주속도는 식 (14.13)에 의해 다음과 같다.

$$v = \frac{\pi D_1 N_1}{60 \times 1000} = \frac{\pi \times 300 \times 1200}{60 \times 1000} = 18.8\,\mathrm{m/s} \quad \text{[답]}$$

(b) 식 (14.35)로부터 긴장측의 장력은 다음과 같다.

$$F_1 = bt\eta\sigma_t = 0.152 \times 0.008 \times 0.9 \times 2.5 \times 10^6 = 2736\,\mathrm{N} \quad \text{[답]}$$

(c) 식 (14.6a)로부터 접촉각은 다음과 같다.

$$\theta_1 = 180° - 2\sin^{-1}\left(\frac{D_2 - D_1}{2C}\right) = 180° - 2 \times \sin^{-1}\left(\frac{0.7 - 0.3}{2 \times 2}\right) = 168.5° \quad \text{[답]}$$

(d) $e^{\mu\theta} = e^{0.3 \times (168.5 \times \pi/180)} = 2.42$ 이고, 원심력을 고려한 벨트의 유효장력은 식 (14.25a)로부터 다음과 같다.

$$F_e = \frac{e^{\mu\theta} - 1}{e^{\mu\theta}}(F_1 - \overline{m}v^2) = \frac{2.42 - 1}{2.42} \times (2736 - 0.7 \times 18.8^2) = 1460.2\,\mathrm{N} \quad \text{[답]}$$

(e) 전달동력은 식 (14.28)로부터 다음과 같다.

$$H = \frac{F_e v}{1000} = \frac{1460.2 \times 18.8}{1000} = 27.45\,\mathrm{kW} \quad \text{[답]}$$

검토

이 문제는 원주속도가 10 m/s를 초과하므로 벨트에 작용하는 힘에 원심력을 고려했다. 식 (14.15)에 따라 이완측의 장력은 1275.8 N이므로 원동풀리에 접하는 벨트의 장력은 1275.8 ~ 2736 N의 범위에 있다.

SECTION
14.2

V벨트 전동

- ✔ V벨트 전동의 특징과 V벨트의 단면구조 및 규격을 알아본다.
- ✔ 상당마찰계수, 장력, 전달동력 및 가닥수 결정방법을 학습한다.

14.2.1 V벨트 전동의 특징

V벨트 전동장치는 V형 홈이 있는 풀리에 사다리형 단면의 벨트를 걸어 동력을 전달하는 방법이다. 앞서 학습한 평벨트 전동과 비교할 때 V벨트 전동장치는 다음과 같은 특징이 있다.

- 풀리와 벨트 사이의 쐐기작용으로 큰 마찰력을 얻을 수 있다.
- 접촉면적이 넓어 작은 장력으로 큰 동력을 얻을 수 있다.
- 접촉각과 축간거리가 작아도 된다.
- 초기장력이 작아도 되므로 베어링 하중을 줄일 수 있다.
- 이음매가 없어서 충격을 완화할 수 있고 운전이 정숙하다.[4]
- 미끄럼이 작아서 회전속도비가 정확하고, 고속운전이 가능하다.
- 축간거리가 짧아도 되므로 설치공간을 줄일 수 있다.
- 단면형상과 두께로 인해 바로걸기용으로만 사용할 수 있다.

14.2.2 V벨트의 단면구조

[그림 14-5]에 기본 형태의 V벨트에 대한 구조와 명칭을 나타냈다. V벨트가 풀리에 감길 때 벨트에 굽힘이 발생하므로 바깥쪽은 길이가 늘어나고 안쪽은 줄어든다. 따라서 바깥쪽과 안쪽은 신축성이 좋은 고무층으로 하고, 길이의 변화가 거의 없는 중앙부위(중립면 부근)는 인장강도가 크고 신축성이 작은 레이온 로프rayon rope나 합성섬유synthetic fiber 등을 사용한다. 그리고 외부는 마찰에 대한 저항이 크고 내부를 보호할 수 있도록 고무로 피복된 섬유를 사용한다.

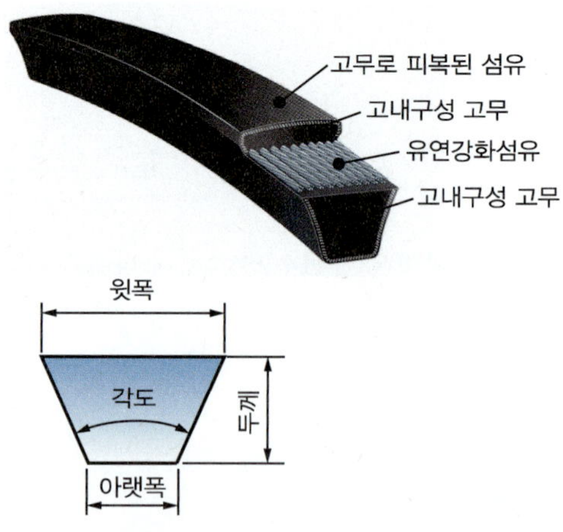

그림 14-5 V벨트의 구조와 명칭

4 V벨트는 호칭 치수별로 벨트길이가 표준화되어 있다.

14.2.3 벨트와 풀리의 규격

[표 14-3]에 나타낸 바와 같이 표준 V벨트는 단면의 치수에 따라 M, A, B, C, D, E형 등 6종류가 있으며, M형을 제외한 5종류는 전동용으로 사용된다. 풀리와 접하는 벨트의 각도는 모두 40°이다.

평벨트와는 달리 V벨트는 이음매가 없어서 길이조절은 불가능하다. M형을 제외한 표준 V벨트의 경우 벨트길이는 사다리형 단면의 중립면neutral surface을 지나는 피치선pitch line[5]의 길이를 인치로 표시한 값(호칭번호)으로 나타낸다. M형은 벨트의 윗면을 지나는 선의 길이를 인치로 표시한 값(호칭번호)으로 나타낸다. [표 14-4]에 V벨트의 호칭번호에 따른 벨트길이와 길이허용차를 나타냈다.

표 14-3 V벨트의 치수

종류	윗폭(mm)	두께(mm)	각도(°)	단면적(mm^2)
M	10.0	5.5	40	44.0
A	12.5	9.0	40	83.0
B	16.5	11.0	40	137.5
C	22.0	14.0	40	236.7
D	31.5	19.0	40	467.1
E	38.0	25.5	40	732.3

표 14-4 V벨트의 길이와 허용차

단위 : mm

호칭번호	길이						허용차
	M	*A*	*B*	*C*	*D*	*E*	
20	508	508					+8
22	559	559					−16
24	610	610					+9
25	635	635					−18
28	711	711					
30	762	762	762				+10
32	813	813	813				−20
35	889	889	889				
38	965	965	965				+11
40	1016	1016	1016				−22
42	1067	1067	1067				
45	1143	1143	1143				
48	1219	1219	1219	1219			+12
50	1270	1270	1270	1270			−24
55		1397	1397	1397			
60		1524	1524	1524			
65		1651	1651	1651			
70		1778	1778	1778			

5 피치선은 벨트를 구부렸을 때 길이가 변하지 않는 선을 말한다.

표 14-4 V벨트의 길이와 허용차 (계속)　　　　　　　　　　　　　　　　　　　　　　단위 : mm

호칭번호	길이						허용차
	M	*A*	*B*	*C*	*D*	*E*	
75		1905	1905	1905			+13 −26
80		2032	2032	2032			
85		2159	2159	2159			
90		2286	2286	2286			
95		2413	2413	2413			+14 −28
100		2540	2540	2540	2540		
105		2667	2667	2667	2667		
110		2794	2794	2794	2794		+15 −30
115		2921	2921	2921	2921		
120		3048	3048	3048	3048		+16 −32
125		3175	3175	3175	3175		
130		3302	3302	3302	3302		+17 −34
135		3429	3429	3429	3429		

풀리홈pulley groove의 각도는 벨트의 각도보나 조금 삭세 하여 마찰을 증대시킨다. 풀리홈의 각도는 벨트의 종류에 따라 32°, 34°, 36°, 38° 등을 주는데 풀리의 지름이 작을수록 홈의 각도를 작게 준다. V벨트풀리의 호칭지름은 피치원지름으로 나타내며, 풀리홈의 바닥에 벨트의 아랫면이 닿지 않게 해야 한다.

14.2.4 V벨트의 장력과 전달동력

■ 상당마찰계수

벨트에 작용하는 힘을 [그림 14-6]에 나타냈다. 벨트의 장력으로 벨트 홈에 반지름방향으로 누르는 힘은 F, 벨트의 한쪽 경사면에 수직한 반력은 $Q/2$, 마찰력은 $\mu Q/2$이다. 홈의 반각이 α일 때 풀리의 반지름방향에 대한 힘의 평형으로부터 벨트를 누르는 힘 F는 다음과 같다.

$$F = 2\left(\frac{Q}{2}\sin\alpha + \frac{\mu Q}{2}\cos\alpha\right) \quad \text{(a)}$$

이 식을 정리하면 다음과 같이 쓸 수 있다.

$$\mu Q = \frac{\mu F}{\sin\alpha + \mu\cos\alpha} = \mu' F \quad \text{(b)}$$

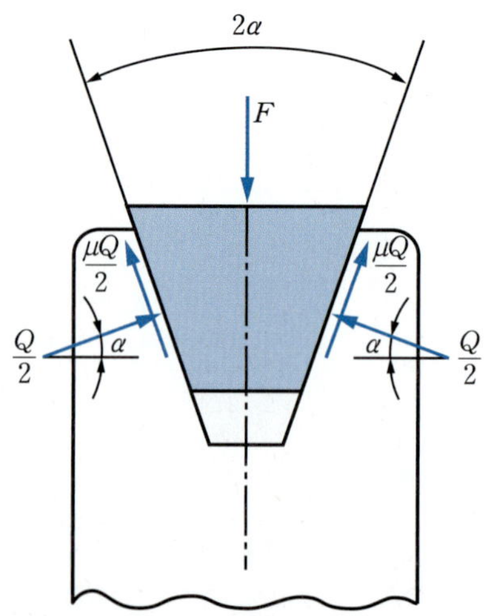

그림 14-6 V벨트에 작용하는 힘

여기서 μ'은 상당마찰계수로서 다음과 같다.

$$\mu' = \frac{\mu}{\sin\alpha + \mu\cos\alpha} \tag{14.36}$$

식 (14.36)에서 알 수 있듯이 $\mu' > \mu$가 되므로 V벨트의 전동능력은 평벨트보다 더 크다는 것을 알 수 있다. 즉 평벨트와 동일한 회전력을 얻고자 할 때 V벨트의 장력은 더 작아도 되므로 베어링 부하를 줄일 수 있다.

■ 전달동력

V벨트의 전달동력은 평벨트의 전달동력에 대한 식에서 μ를 μ'으로 대체해서 사용하면 된다. 평벨트에서와 마찬가지로 원주속도가 10 m/s를 초과하면 원심력을 고려하지만, 10 m/s 이하이면 원심력을 고려하지 않아도 된다.

유효장력 F_e [N], 원주속도 v [m/s], 긴장측 장력 F_1 [N], 벨트의 단위길이당 질량 $\overline{m}$ [kg/m], 상당마찰계수 μ' 및 접촉각 θ가 주어질 때 원심력을 고려한 전달동력은 다음과 같다.

$$H = \frac{F_e v}{1000} = \frac{(F_1 - \overline{m}v^2)}{1000}\left(\frac{e^{\mu'\theta} - 1}{e^{\mu'\theta}}\right)v \text{ [kW]} \tag{14.37}$$

원심력을 고려하지 않는다면 전달동력은 다음과 같다.

$$H = \frac{F_1}{1000}\left(\frac{e^{\mu'\theta} - 1}{e^{\mu'\theta}}\right)v \text{ [kW]} \tag{14.38}$$

■ 벨트의 가닥수

벨트와 풀리의 접촉각 θ가 180° 이하가 되면 전달동력이 감소하므로 [표 14-5]의 접촉각 수정계수 k_1을 곱하여 전달동력을 수정해야 한다. 또한 부하조건에 따라서도 전달동력이 달라지므로 [표 14-6]의 부하수정계수 k_2를 곱하여 전달동력을 수정해야 한다. 따라서 벨트의 가닥수를 z라고 하면 수정된 전달동력은 다음과 같다.

$$H' = Hk_1k_2z \tag{14.39}$$

여기서 H는 한 개의 V벨트가 전달할 수 있는 동력으로 식 (14.37)이나 식 (14.38)의 결과이다. 벨트의 가닥수 z는 식 (14.39)로부터 다음과 같다.

$$z = \frac{H'}{Hk_1k_2} \tag{14.40}$$

표 14-5 접촉각 수정계수

접촉각 θ	180	170	160	150	140	130	120	110	100	90
수정계수 k_1	1.00	0.98	0.95	0.92	0.89	0.86	0.82	0.78	0.74	0.69

[주] 이 표에서 접촉각의 단위는 도(°)이다.

표 14-6 부하수정계수

운전상태	적용기계	수정계수 k_2
하중변화가 작고 완만한 경우	송풍기, 원심펌프, 발전기	1.00
약간의 충격이 있는 경우	경공작기계, 목공기계	0.90
약간의 역전 충격이 있는 경우	왕복압축기	0.85
비교적 큰 역전 충격이 있는 경우	크레인, 윈치	0.75
큰 충격이 있는 경우	분쇄기, 공작기계, 원심분리기	0.70
시동 시에 초과부하가 있는 경우		
기동부하 120 ~ 150%		0.75
기동부하 150 ~ 200%	방적기, 광산기계	0.60
기동부하 200 ~ 250%		0.50

탐구

1. 같은 벨트장력을 갖더라도 V벨트 전동이 평벨트 전동보다 더 큰 동력을 전달할 수 있는 이유는 무엇인가?
2. 풀리홈의 각도를 벨트의 각도보다 조금 작게 하는 이유는 무엇인가?

예제 14-5 V벨트 호칭번호의 결정

홈의 각도가 38°인 원동풀리와 종동풀리가 있다. 원동풀리의 지름은 300 mm 이고, 종동풀리의 지름은 450 mm 이며, 벨트와 풀리 사이의 마찰계수가 0.3이다. C형 표준 V벨트를 사용하여 축간거리를 약 900 mm 로 하려고 할 때 V벨트의 호칭번호를 결정하라.

전략

식 (14.4)로 벨트의 길이를 구한 후 [표 14-4]의 C형에서 가장 가까운 값을 찾아 호칭번호를 결정한다.

풀이

식 (14.4)로부터 다음과 같이 벨트의 길이를 구한다.

$$L = 2C + \frac{\pi(D_1 + D_2)}{2} + \frac{(D_2 - D_1)^2}{4C}$$

$$= 2 \times 900 + \frac{\pi \times (300 + 450)}{2} + \frac{(450 - 300)^2}{4 \times 900} = 2984.3\,\text{mm}$$

따라서 [표 14-4]에서 길이가 3048 mm 인 호칭번호 120을 선택한다. [답]

검토

호칭번호 120의 벨트길이가 계산된 벨트길이보다 63.7 mm 더 길므로 문제에서 제시한 축간거리를 수정해야 한다.

예제 14-6 V벨트 1가닥으로 전달할 수 있는 동력

V벨트의 원주속도가 17 m/s, 벨트와 풀리 사이의 마찰계수가 0.3, 벨트의 허용인장강도가 2.5 MPa, 접촉각이 160°, 벨트재료의 밀도가 $1.6 \times 10^3 \,\mathrm{kg/m^3}$이다. 또한 V벨트의 단면적이 $162.5\,\mathrm{mm}^2$이고, 풀리홈의 각도가 38°이다. V벨트 1가닥이 전달할 수 있는 동력은 얼마인가?

전략

허용인장강도에 벨트의 단면적을 곱하여 긴장측의 장력을 구한다. 주어진 벨트재료의 밀도와 벨트의 단면적을 곱하여 벨트의 단위길이당 질량을 구한다. 식 (14.36)으로 상당마찰계수를 구하고, 식 (14.37)로 동력을 계산한다.

풀이

주어진 허용인장강도로부터 긴장측의 장력은 다음과 같다.

$$F_1 = \sigma A = 2.5 \times 162.5 = 406.3\,\mathrm{N}$$

단위길이당 질량은 $\overline{m} = \rho A = 1.6 \times 10^3 \times 162.5 \times 10^{-6} = 0.26\,\mathrm{kg/m}$이다.

식 (14.36)으로 상당마찰계수를 구하면 다음과 같다.

$$\mu' = \frac{\mu}{\sin\alpha + \mu\cos\alpha} = \frac{0.3}{\sin 19° + 0.3 \times \cos 19°} = 0.49$$

$$e^{\mu'\theta} = e^{0.49 \times (160 \times \pi/180)} = 3.93$$

벨트속도가 10 m/s를 초과하므로 원심력을 고려한다. 따라서 전달동력은 식 (14.37)에 의해 다음과 같다.

$$H = \frac{(F_1 - \overline{m}v^2)}{1000}\left(\frac{e^{\mu'\theta} - 1}{e^{\mu'\theta}}\right)v = \frac{(406.3 - 0.26 \times 17^2)}{1000} \times \left(\frac{3.93 - 1}{3.93}\right) \times 17$$

$$= 4.197\,\mathrm{kW}$$ [답]

검토

원심력을 고려하지 않았을 때와 비교할 때 전달동력의 차이는 얼마이고, 왜 이러한 차이가 발생하는지를 설명할 수 있어야 한다.

SECTION 14.3

롤러체인 전동

- ✔ 체인전동의 특징과 롤러체인의 구조를 알아본다.
- ✔ 스프로킷휠의 잇수, 체인의 길이, 링크의 개수 및 중심거리를 구하는 방법을 학습한다.
- ✔ 롤러체인의 속도, 속도변동률 및 회전속도비를 구하는 방법을 학습한다.
- ✔ 롤러체인의 안전하중과 전달동력을 구하는 방법을 학습한다.

14.3.1 체인의 특징

체인전동chain drive은 [그림 14-7]과 같이 체인chain을 2개의 스프로킷휠sprocket wheel 주변의 이tooth에 감아 걸어서 동력을 전달하는 방식이다. 정확한 전동을 원하지만 축 사이의 거리가 멀어서 기어를 사용할 수 없을 때 사용한다. 이러한 체인전동장치의 특징은 다음과 같다.

- 마찰력을 이용하지 않으며 미끄럼 없이 일정한 속도비를 얻을 수 있다.
- 초기장력이 필요하지 않기 때문에 베어링 하중을 줄일 수 있다.
- 벨트나 로프와 비교하여 전동효율이 높다.
- 동시에 여러 축에 동력을 전달할 수 있다.
- 고온에서나 윤활유와 같은 기름이 있는 곳에도 사용할 수 있다.
- 회전속도비를 비교적 크게 할 수 있으며 큰 동력을 전달하는 데 적합하다.
- 10m/s 이상의 고속회전에서는 소음과 진동을 일으키기 쉽다.[6]
- 체인의 길이는 조절할 수 있으나 링크의 피치 단위로 조절해야 한다.

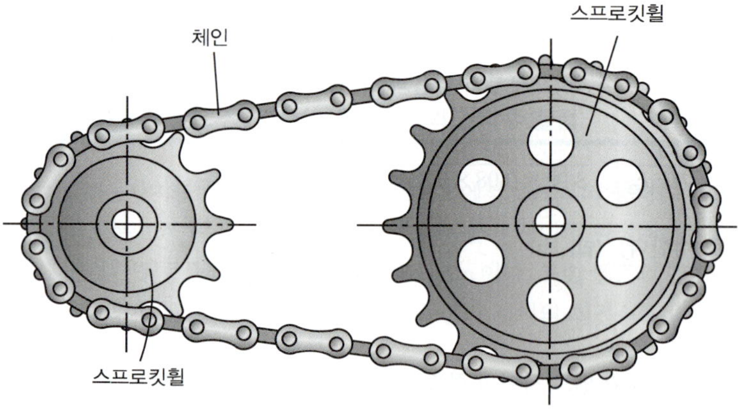

그림 14-7 체인전동장치

6 외판, 내판, 베어링핀, 부시, 롤러 등으로 구성된 체인의 구조적 특성으로 인해 고속으로 사용될 때 소음과 진동이 발생하기 쉽다.

14.3.2 롤러체인의 구조

[그림 14-8(a)]와 같이 **롤러체인** roller chain은 외판outer plate, 내판inner plate, 베어링핀bearing pin, 부시bush, 롤러roller 등으로 구성된다. 내판, 부시 및 롤러의 부분조합subassembly을 **롤러링크** roller link라고 하고, 외판과 베어링핀의 부분조합을 **핀링크** pin link라고 한다. 롤러체인은 롤러링크와 핀링크를 연속적으로 번갈아 연결한 것이다. 롤러체인에서 링크의 개수는 되도록 짝수로 하는 것이 좋으며, 보통 1열 체인을 사용하지만 큰 동력을 전달하는 경우 2열이나 3열의 체인을 사용한다.

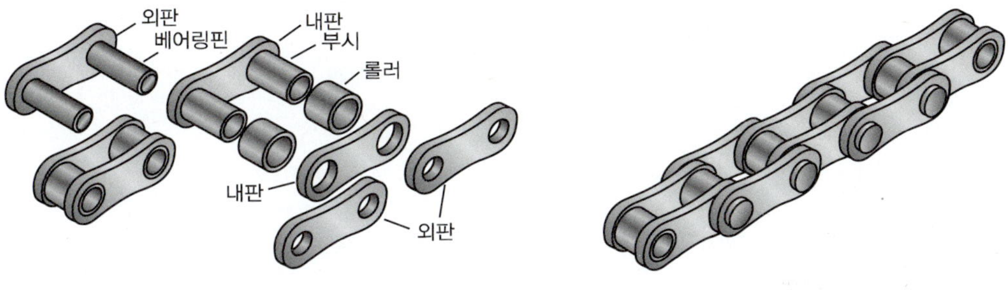

그림 14-8 롤러체인의 구성

14.3.3 스프로킷휠

[그림 14-9]에 나타낸 이가 달린 바퀴를 **스프로킷휠** sprocket wheel이라고 하며, 체인과 맞물려 회전동력을 전달한다.

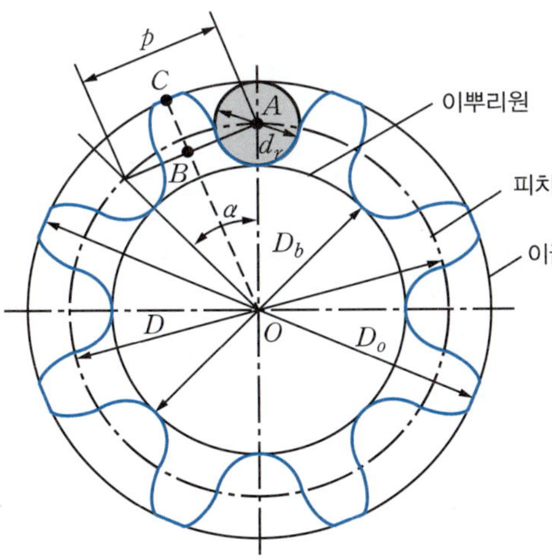

그림 14-9 스프로킷휠

■ 피치원지름

롤러체인을 스프로킷휠에 감았을 때 롤러의 중심점 A를 통과하는 원의 지름을 피치원지름pitch diameter이라고 한다. [그림 14-9]에서 보는 바와 같이 피치 p와 피치원지름 D는 다음의 관계가 성립한다.

$$\sin\frac{\alpha}{2} = \frac{\overline{AB}}{\overline{OA}} = \frac{p/2}{D/2} \tag{a}$$

여기서 α는 체인의 링크 1개의 피치가 스프로킷휠의 중심과 이루는 각도이다. 따라서 스프로킷휠의 잇수를 z라고 하면 각도 α는 다음과 같이 나타낼 수 있다.

$$\alpha = \frac{2\pi}{z} \rightarrow \frac{\alpha}{2} = \frac{180°}{z} \tag{b}$$

식 (b)를 식 (a)에 대입한 후 정리하면 다음과 같이 피치원지름을 구할 수 있다.

$$D = \frac{p}{\sin\frac{180°}{z}} \tag{14.41}$$

■ 스프로킷휠의 잇수

[그림 14-9]에서 스프로킷휠의 피치원 둘레는 πD가 된다. 한편, 스프로킷휠의 피치 p가 z개 있다고 놓으면 피치의 합 pz와 피치원 둘레 πD는 근사적으로 같다.[7] 즉 $\pi D \approx pz$가 되므로 다음과 같이 스프로킷휠의 잇수를 근사적으로 구할 수 있다.

$$z \approx \frac{\pi D}{p} \tag{14.42}$$

■ 이뿌리원지름

이뿌리원지름bottom diameter D_b는 피치원지름 D에서 롤러지름 d_r을 뺀 값이다.

$$D_b = D - d_r \tag{14.43}$$

■ 이높이

이높이는 피치원에서 이끝원까지의 높이를 나타내며 일반적으로 다음과 같다.

$$h = 0.3p \tag{14.44}$$

여기서 p는 피치를 나타낸다.

■ 이끝원지름

[그림 14-9]에서 반지름은 $\overline{OC} = \overline{OB} + \overline{BC}$가 된다. 그림에서 $\overline{OB} = \overline{AB}\cot\frac{\alpha}{2} = \frac{p}{2}\cot\frac{\alpha}{2}$이고, $\overline{BC} \approx 0.3p$로 놓으면 이끝원지름은 다음과 같이 나타낼 수 있다.

$$D_o = p\left(\cot\frac{180°}{z} + 0.6\right) \tag{14.45}$$

7 스프로킷휠의 잇수가 많을수록 오차가 줄어든다.

14.3.4 체인의 길이, 링크의 개수, 중심거리

■ 체인의 길이

한 쌍의 스프로킷휠에 필요한 체인의 길이는 링크의 개수 n과 피치 p를 곱하여 얻어진다. [표 14-7]에는 A계열 1종 체인의 호칭번호에 따른 체인의 피치를 나타냈다.

표 14-7 롤러체인의 피치 단위 : mm

호칭번호	피치	호칭번호	피치
25	6.35	100	31.75
35	9.525	120	38.10
41	12.70	140	44.45
40	12.70	160	50.80
50	15.875	180	57.15
60	19.05	200	63.50
80	25.40	240	76.20

[주] 1. 호칭번호가 두 자릿수일 경우 첫 번째 숫자는 피치를 1/8인치(3.175mm)로 나눈값을 나타낸다. 단, 호칭번호가 세 자릿수일 경우 첫 두 개의 숫자는 피치를 1/8인치(3.175mm)로 나눈 값을 나타낸다.

2. 호칭번호의 마지막 숫자가 0이면 표준롤러체인, 1이면 경부하용 롤러체인, 5면 롤러가 없는 부시체인을 나타낸다.

체인의 길이는 바로걸기 벨트의 길이를 나타내는 방법과 비슷하다. [그림 14-10]에서 $\pi D \approx pz$가 되므로 $D \approx pz/\pi$로 나타낼 수 있다. 이러한 관계를 식 (14.4)에 대입하면 다음과 같이 체인의 길이를 근사적으로 구할 수 있다.

$$L = 2C + \frac{(z_1 + z_2)p}{2} + \frac{(z_2 - z_1)^2 p^2}{4\pi^2 C} \tag{14.46}$$

여기서 z_1과 z_2는 원동 및 종동 스프로킷휠의 잇수, p는 피치, C는 스프로킷휠의 축간거리를 나타낸다.

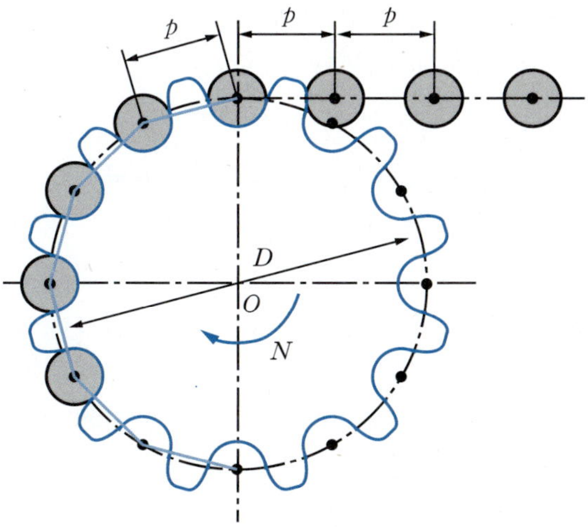

그림 14-10 스프로킷휠에 감긴 체인

■ 링크의 개수

링크의 개수가 n, 피치가 p인 경우 체인의 길이 $L = np$가 된다. 따라서 식 (14.46)의 체인 길이를 피치로 나누면 다음과 같이 링크의 개수를 구할 수 있다.

$$n = \frac{L}{p} = \frac{2C}{p} + \frac{z_1 + z_2}{2} + \frac{(z_2 - z_1)^2 p}{4\pi^2 C} \tag{14.47}$$

롤러링크와 핀링크가 번갈아 연결되므로 링크의 개수는 되도록 짝수가 되게 하는 것이 좋으나, 만약 링크의 수가 홀수일 때는 링크의 한쪽은 롤러로 만들고 다른 쪽은 핀으로 만든 **오프셋링크**offset link 1개를 체인에 사용한다.

■ 중심거리

벨트전동에서의 원동풀리와 종동풀리의 지름 D_1과 D_2를 체인의 스프로킷휠에서 다음과 같이 나타낼 수 있다.

$$D_1 = \frac{pz_1}{\pi},\ D_2 = \frac{pz_2}{\pi} \tag{a}$$

이들을 바로걸기 평벨트의 중심거리에 관한 식 (14.5)에 대입하여 정리하면 다음과 같이 스프로킷휠의 축간거리를 구할 수 있다.

$$C = \frac{p}{4}\left[n - \frac{z_1 + z_2}{2} + \sqrt{\left(n - \frac{z_1 + z_2}{2}\right)^2 - \frac{2(z_2 - z_1)^2}{\pi^2}}\right] \tag{14.48}$$

여기서 p는 피치, n은 체인의 링크의 개수, 그리고 z_1과 z_2는 스프로킷휠의 잇수를 나타낸다. 일반적으로 축간거리 C는 체인피치 p의 $40 \sim 50$배로 정한다.

14.3.5 체인의 속도 및 속도변동률

■ 체인의 속도

체인의 피치 p[mm], 스프로킷휠의 잇수 z, 회전속도 N[rpm]이 주어졌을 때 체인의 평균속도 v_m은 다음과 같이 구한다.

$$v_m = \frac{pzN}{60 \times 1000}\ [\mathrm{m/s}] \tag{14.49}$$

그런데 [그림 14-11]에서 보듯이 스프로킷휠이 일정한 회전속도로 구동되더라도 회전반지름이 주기적으로 변동하므로 체인의 속도도 주기적으로 변동하게 된다.

[그림 14-11]에서 체인 1개가 스프로킷휠의 중심에 대해 이루는 각은 $\alpha = 2\pi/z$이다. [그림 14-11(a)]에서 회전반지름은

$$\overline{OA} = R_{\max} = D/2 \tag{a}$$

이고

$$2R_{\max}\sin(\alpha/2) = D\sin(\alpha/2) = D\sin(\pi/z) = p \tag{b}$$

이다. 따라서 $v_{\max} = R_{\max}\omega$로부터 최대속도는 다음과 같다.

$$v_{\max} = \frac{D}{2}\left(\frac{2\pi N}{60 \times 1000}\right) = \frac{p}{2\sin(\pi/z)}\left(\frac{2\pi N}{60 \times 1000}\right) \text{[m/s]} \tag{14.50}$$

[그림 14-11(b)]에서 회전반지름은

$$\overline{OB} = R_{\min} = \overline{OA}\cos(\alpha/2) = (D/2)\cos(\pi/z) \tag{c}$$

이며, $v_{\min} = R_{\min}\omega$로부터 최소속도는

$$\begin{aligned} v_{\min} &= \frac{D}{2}\cos\left(\frac{\pi}{z}\right)\left(\frac{2\pi N}{60 \times 1000}\right) \\ &= \frac{p}{2\sin(\pi/z)}\cos\left(\frac{\pi}{z}\right)\left(\frac{2\pi N}{60 \times 1000}\right) \text{[m/s]} \end{aligned} \tag{14.51}$$

가 되며, 정리하면 다음과 같다.

$$v_{\min} = \frac{p}{2\tan(\pi/z)}\left(\frac{2\pi N}{60 \times 1000}\right) \text{[m/s]} \tag{14.52}$$

따라서 체인의 속도는 최대속도 $v_{\max}$와 최소속도 $v_{\min}$ 사이에서 주기적으로 변동한다.

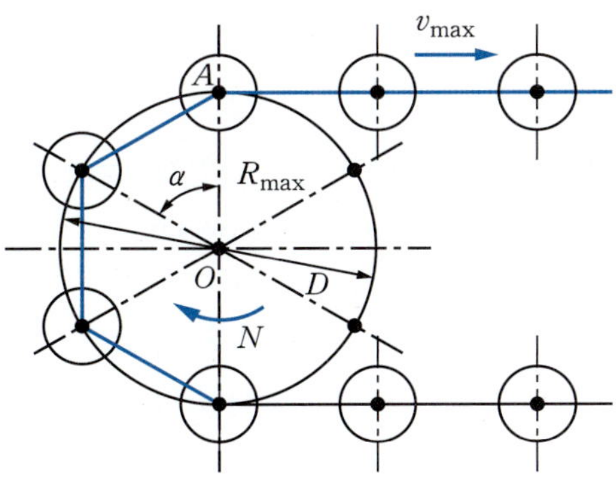

(a) 최대속도

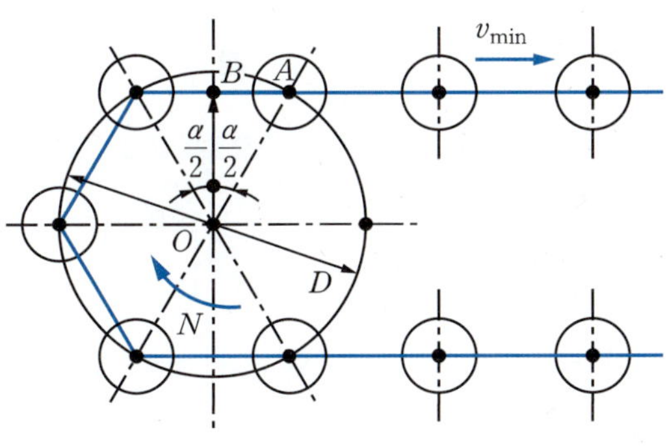

(b) 최소속도

그림 14-11 체인속도의 변동

■ 속도변동률

체인을 이용하여 동력을 정확하게 전달하기 위해서는 체인의 속도변동이 작아야 한다. 속도변동은 다음의 속도변동률 ε으로 평가한다.

$$\varepsilon = \frac{v_{\max} - v_{\min}}{v_{\max}} \times 100 = \left(1 - \cos\frac{\pi}{z}\right) \times 100 = \left(1 - \cos\frac{\alpha}{2}\right) \times 100\,[\%] \tag{14.53}$$

속도변동률을 낮추기 위해서는 스프로킷휠의 잇수를 늘려야 한다. 속도변동률이 2% 이하가 되게 하려면 스프로킷휠의 잇수는 최소 17개가 있어야 한다.[8] 또한 체인은 보통 짝수개의 링크를 사용하므로 스프로킷휠의 잇수는 홀수로 한다. 스프로킷휠의 잇수가 적으면 체인속도의 변동이 커져서 충격, 진동, 소음 등이 발생하며 체인과 스프로킷휠 사이에 마모가 심해진다.

■ 회전속도비

스프로킷휠에서 원동휠과 종동휠의 회전속도가 각각 N_1과 N_2이고, 잇수가 각각 z_1과 z_2라고 할 때 회전속도비는 다음과 같다.

$$i = \frac{N_2}{N_1} = \frac{z_1}{z_2} \tag{14.54}$$

14.3.6 체인의 전달동력

체인전동은 벨트전동과는 달리 초기장력을 주지 않으며, 벨트전동과 비교해서 느린 전동속도로 운전하므로 원심력을 무시할 수 있다. 또한 이완측의 장력은 자중에 의해서만 발생하는데 축간거리가 짧아서 체인의 자중으로 인한 장력도 무시할 수 있다.

체인설계에서 체인의 안전하중(또는 허용하중)[9] F_a는 다음과 같이 결정한다.

$$F_a = \frac{F_f e}{n_s k} \tag{14.55}$$

여기서 F_f는 체인의 파단하중으로 [표 14-8]에 나타냈고, e는 체인의 줄수에 따른 다열계수로서 [표 14-9]에 나타냈으며, k는 부하보정계수로서 [표 14-10]에 나타냈다. 그리고 n_s는 안전율로서 경험적으로 $7 \sim 10$의 범위에서 정한다.

체인장력 F[N]와 체인속도 v[m/s]가 주어지면 체인을 통한 전달동력 H는 다음과 같다.

$$H = \frac{Fv}{1000}\,[\text{kW}] \tag{14.56}$$

---

8 즉 원활한 회전을 위해 스프로킷휠의 잇수는 최소한 17개가 있어야 한다.

9 롤러체인에 허용할 수 있는 최대유효장력을 나타낸다.

표 14-8 롤러체인의 파단하중

단위 : kN

호칭번호	파단하중	호칭번호	파단하중
25	3.5	100	86.7
35	7.9	120	124.6
41	6.7	140	169.0
40	13.8	160	222.4
50	21.8	180	-
60	31.1	200	347.0
80	55.6	240	500.4

[주] 파단하중은 A계열 1종에 대한 것이다.

표 14-9 롤러체인의 다열계수

체인의 줄수	1	2	3	4	5	6
다열계수 e	1.0	1.7	2.5	3.3	3.9	4.6

표 14-10 부하보정계수

부하형태	롤러체인 k	사일런트체인 k
충격 없는 평활한 운전	1.2	1.3 ~ 1.5
작은 충격이 작용하는 운전	1.4	1.6 ~ 1.8
큰 충격이 작용하는 운전	1.7	2.0 ~ 2.5

탐구

1. 체인전동의 특징을 설명하라.
2. 롤러체인의 구조를 설명하라.
3. 원동축의 회전속도가 일정하더라도 체인의 속도가 변동되는 이유를 설명하라.
4. 체인속도의 변동을 줄이는 방법을 설명하라.

예제 14-9 롤러체인 전동에서 필요한 링크의 개수와 체인의 길이

원동축의 스프로킷휠 잇수가 25개이고, 종동축의 스프로킷휠 잇수가 60개인 체인전동에서 축간거리를 850mm로 하려고 한다. 체인의 피치가 12.7mm인 경우 다음을 구하라.

(a) 필요한 짝수 링크의 개수

(b) 체인의 길이

전략

주어진 스프로킷휠의 잇수와 축간거리, 체인의 피치를 식 (14.47)에 대입하여 링크의 개수를 결정한다. 그리고 링크의 개수에 피치를 곱하여 체인의 길이를 구한다.

풀이

(a) 식 (14.47)로부터 롤러체인에서 필요한 링크의 개수는 다음과 같다.

$$n=\frac{2C}{p}+\frac{z_1+z_2}{2}+\frac{(z_2-z_1)^2p}{4\pi^2C}=\frac{2\times850}{12.7}+\frac{25+60}{2}+\frac{(60-25)^2\times12.7}{4\times\pi^2\times850}=176.8$$

따라서 링크의 개수를 178개로 정한다. [답]

(b) 체인의 길이는 $L=np=178\times12.7=2260.6\,\mathrm{mm}$ 이다. [답]

검토

식 (14.48)에 의해 실제 축간거리는 857.5 mm가 된다.

예제 14-10 체인전동에서 평균속도에 대한 최대속도비, 최소속도비 및 속도변동률

체인전동에서 작은 스프로킷휠의 잇수가 35개일 때 체인의 평균속도에 대한 최대속도비 및 최소속도비를 각각 구하라. 또한 체인의 속도변동률도 구하라.

전략

식 (14.49)의 평균속도와 식 (14.50)의 최대속도로부터 최대속도비를 구하고, 식 (14.49)의 평균속도와 식 (14.52)의 최소속도로부터 최소속도비를 구한다. 또한 식 (14.53)으로 체인의 속도변동률을 구한다.

풀이

식 (14.49)에서 평균속도 $v_m=\dfrac{pzN}{60\times1000}$, 식 (14.50)에서 최대속도 $v_{\max}=\dfrac{p}{2\sin(\pi/z)}\left(\dfrac{2\pi N}{60\times1000}\right)$ 이므로 최대속도비는 다음과 같다.

$$\frac{v_{\max}}{v_m}=\frac{\pi/z}{\sin(\pi/z)}=\frac{\pi/35}{\sin(\pi/35)}=1.001344 \quad \text{[답]}$$

같은 방법으로, 최소속도비는 식 (14.49)와 식 (14.52)로부터 다음과 같다.

$$\frac{v_{\min}}{v_m}=\frac{\pi/z}{\tan(\pi/z)}=\frac{\pi/35}{\tan(\pi/35)}=0.997313 \quad \text{[답]}$$

체인의 속도변동률은 식 (14.53)으로부터 다음과 같다.

$$\varepsilon=\left(1-\cos\frac{\pi}{z}\right)\times100=\left(1-\cos\frac{\pi}{35}\right)\times100=0.403\% \quad \text{[답]}$$

검토

스프로킷휠의 잇수가 많을수록 체인의 속도변동률은 줄어든다. 속도변동률이 크면 체인의 장력에 변동이 커져서 소음과 진동이 발생하며 마멸 및 파손의 원인이 된다.

예제 14-11 롤러체인의 속도, 전달동력, 종동 스프로킷휠의 피치원지름

호칭번호 50의 롤러체인으로 800 rpm의 원동축 회전속도를 400 rpm의 종동축 회전속도로 감속하려고 한다. 원동 스프로킷휠의 잇수가 20개이고, 안전율은 10으로 설정한다. 2줄 체인으로 충격이 없는 평활한 운전을 하는 경우 다음을 구하라.

(a) 체인의 평균속도

(b) 전달동력

(c) 종동 스프로킷휠의 피치원지름

전략

식 (14.49)로 체인의 평균속도를 구한다. 이때 롤러체인의 피치는 [표 14-7]의 호칭번호 50에 해당하는 값을 사용한다. [표 14-8]에서 호칭번호 50에 해당하는 롤러체인의 파단하중, [표 14-9]에서 롤러체인의 다열계수, [표 14-10]에서 부하보정계수를 찾아 식 (14.55)에 대입하여 허용하중을 구한다. 허용하중과 평균속도를 식 (14.56)에 대입하여 전달동력을 구한다. 식 (14.54)의 회전속도비로 종동 스프로킷휠의 잇수를 구한 후 피치와 잇수를 식 (14.41)에 대입하여 종동 스프로킷휠의 피치원지름을 구한다.

풀이

(a) 식 (14.49)로부터 체인의 평균속도는 다음과 같다.

$$v_m = \frac{pz_1N_1}{60\times1000} = \frac{15.875\times20\times800}{60\times1000} = 4.23\,\mathrm{m/s} \quad \text{[답]}$$

(b) 식 (14.55)로부터 허용하중은 다음과 같다.

$$F_a = \frac{F_f e}{n_s k} = \frac{21.8\times1.7}{10\times1.2} = 3.088\,\mathrm{kN}$$

식 (14.56)으로부터 전달동력은 다음과 같다.

$$H = \frac{Fv}{1000} = \frac{3088\times4.23}{1000} = 13.06\,\mathrm{kW} \quad \text{[답]}$$

(c) 식 (14.54)의 회전속도비로부터 종동 스프로킷휠의 잇수는 $z_2 = z_1\dfrac{N_1}{N_2} = 20\times\dfrac{800}{400} = 40$개이다.

식 (14.41)로부터 종동 스프로킷휠의 피치원지름은 다음과 같다.

$$D_2 = \frac{p}{\sin\dfrac{180°}{z_2}} = \frac{15.875}{\sin\dfrac{180°}{40}} = 202.33\,\mathrm{mm} \quad \text{[답]}$$

검토

안전율 10이 주어졌으므로 파단하중의 1/10로 사용을 제한하는 것이다. 이렇게 안전율을 크게 주는 이유는 전동 시 마찰과 마멸이 크게 발생하기 때문이다.

SECTION
14.4

사일런트체인 전동

✔ 사일런트체인의 구조 및 특징을 알아본다.
✔ 사일런트체인의 물림과 관련한 면각과 치각을 학습한다.

14.4.1 사일런트체인의 구조 및 특징

롤러체인은 사용시간의 경과에 따라 체인이 늘어나며 이에 따라 물림상태가 나빠져서 소음이 발생한다. 이러한 결점을 보완한 것이 **사일런트체인** silent chain이다. 사일런트 체인은 [그림 14-12]에서 보듯이 두 개의 이tooth를 가진 여러 개의 강판steel plate을 겹친 후 핀을 박아 결합하는 방식이다. 체인의 양측 또는 중앙에 안내링크guide link를 넣어 체인이 가로로 움직여 스프로킷휠에서 이탈하는 것을 방지한다. 사일런트체인의 특성은 다음과 같다.

- 롤러체인과 비교할 때 고속에서 월등히 조용하다.
- 마멸되어 피치가 늘어나더라도 롤러체인에 비해 소음이 작다.
- 스프로킷휠의 이가 접촉하는 면적이 커서 운전이 원활하고 전동효율(98% 이상)이 높다.
- 높은 정밀도가 요구되므로 제작이 어렵고 가격이 비싸다.

(a) 사일런트 체인

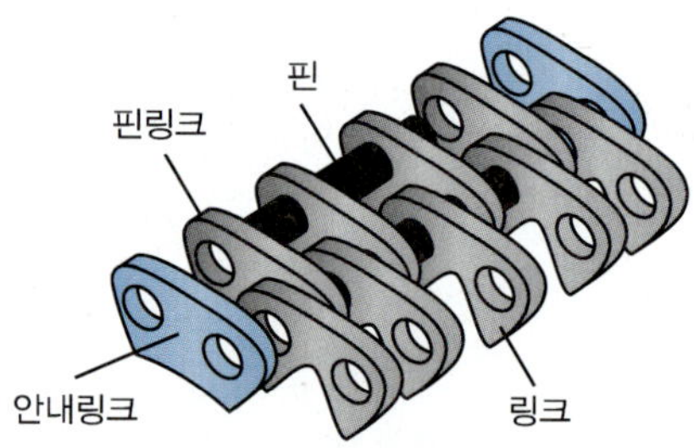

(b) 부품

그림 14-12 사일런트 체인의 구조

14.4.2 사일런트체인의 물림

사일런트체인과 스프로킷휠의 물림상태를 [그림 14-13(a)]에 나타냈다. [그림 14-13(b)]에서 보듯이 링크의 양끝 경사면이 이루는 각 α를 **면각**face angle이라고 한다. 면각은 일반적으로 52°, 60°, 70°, 80° 등 4종류가 있으며, 핀 사이의 거리인 피치 p가 클수록 작은 면각을 사용한다.

또한 스프로킷휠에 있는 이의 양끝 경사면이 이루는 각 ϕ를 **치각**tooth angle이라고 한다. 잇수를 z라고 하면 각 $\angle BAC$로부터 $\frac{\alpha}{2}=\frac{\phi}{2}+\frac{2\pi}{z}$가 되므로 치각 ϕ는 다음과 같다.

$$\phi=\alpha-\frac{4\pi}{z} \tag{14.57}$$

일반적으로 사일런트체인의 링크의 개수는 짝수로 하고, 축간거리는 피치의 30 ~ 50배 정도로 한다. [표 14-11]에 체인의 피치와 속도에 따른 사일런트체인의 전달동력을 나타냈다.

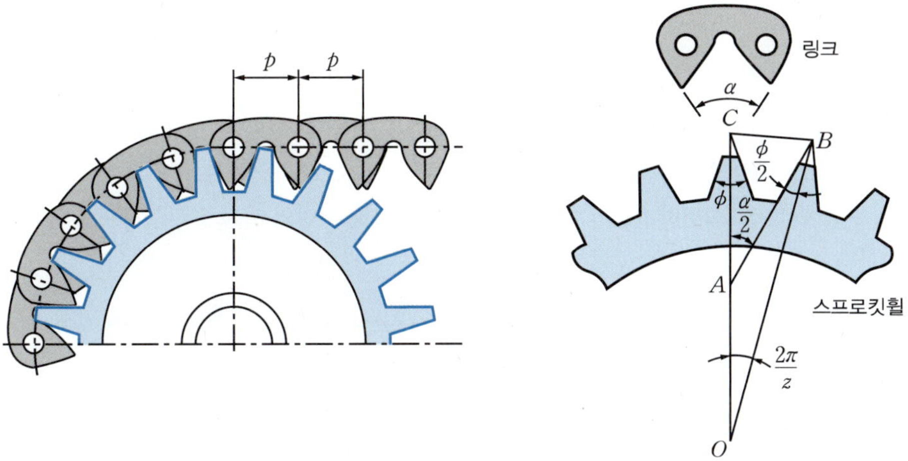

(a) 물림상태 (b) 면각 및 치각

그림 14-13 사일런트체인의 물림

표 14-11 사일런트체인의 폭 25.4mm에 대한 전달동력 단위 : kW

체인의 피치 p[mm]	체인의 폭 b[mm]	속도 v[m/s]						
		3	4	5	6	7	8	9
9.52	12.7 ~ 76.2	1.44	1.71	1.90	2.08	2.20	2.35	2.51
12.70	12.7 ~ 101.6	1.85	2.21	2.48	2.71	2.87	2.91	2.96
15.88	25.4 ~ 152.4	2.30	2.72	3.06	3.35	3.54	3.71	3.87
19.05	25.4 ~ 152.4	2.84	3.33	3.85	4.10	4.34	4.60	4.87
25.40	50.8 ~ 254.0	3.88	4.57	5.16	5.63	4.40	6.33	6.69
31.75	76.2 ~ 304.8	4.51	5.31	5.97	6.52	6.92	7.13	7.36
38.10	76.2 ~ 304.8	5.93	7.00	7.87	8.60	9.12	9.56	9.71
50.80	152.4 ~ 457.2	7.87	9.27	10.50	11.47	12.14	12.65	12.94

[주] b는 체인의 폭으로서 여러 개로 겹친 링크 두께의 합을 나타낸다.

탐구

1. 사일런트체인의 구조를 설명하라.
2. 사일런트체인의 특징을 설명하라.

CHAPTER 14 | 핵심요약

- 벨트전동장치는 구조가 간단하고 제작비가 적게 들며 원동축으로부터 비교적 멀리 떨어진 곳으로 동력을 전달할 수 있다. 비교적 정숙한 운전을 할 수 있으며 전동효율이 높은 편이다. 종동축에 과부하가 걸렸을 때 벨트와 풀리 사이에 미끄럼이 발생하여 충격을 완화할 수 있다. 그러나 이러한 미끄럼은 원동축과 종동축 사이에 정확한 속도비를 얻기 어렵게 만들기도 한다.

- V벨트 전동장치는 V형 홈이 있는 풀리에 사다리형 단면의 벨트를 걸어 동력을 전달하는 방법으로 접촉면적이 넓어 작은 장력으로 큰 동력을 얻을 수 있고, 이음매가 없어서 운전이 정숙하다. 벨트 단면의 각도는 40°이며, 평벨트와는 달리 V벨트는 이음매가 없어서 길이조절은 불가능하다.

- 체인전동장치는 초기장력이 필요하지 않기 때문에 베어링 하중을 줄일 수 있고, 큰 동력을 전달하는 데 적합하다. 그러나 10m/s 이상의 고속회전에서는 소음과 진동을 일으키기 쉽다. 또한 스프로킷휠이 일정한 회전속도로 구동하더라도 회전반지름이 주기적으로 변동하므로 체인의 속도가 주기적으로 반복해서 변동된다.

- 사일런트체인은 마멸되어 피치가 늘어나더라도 소음이 작다. 스프로킷휠의 이가 접촉하는 면적이 커서 운전이 원활하고 전동효율이 높다.

CHAPTER 14 | 기본문제

14.1 다음 중 벨트전동의 특징이 아닌 것은? 14.1절

① 원동축에서 비교적 멀리 떨어진 곳에 동력을 전달할 수 있다.
② 종동축에 과부하가 걸렸을 때 충격을 완화할 수 있다.
③ 벨트와 풀리의 마찰력으로 정확한 속도비를 얻을 수 있다.
④ 구조가 간단하고 제작비가 적게 든다.

14.2 평벨트를 걸어감는 방법에 대한 설명 중 옳지 않은 것은? 14.1절

① 바로걸기에서 작은 풀리의 접촉각은 큰 풀리의 접촉각보다 작다.
② 바로걸기에서 아래쪽 벨트를 이완측으로 하면 접촉각이 커진다.
③ 엇걸기는 바로걸기에 비해 접촉각이 커서 큰 동력전달이 가능하다.
④ 엇걸기는 벨트가 비틀어지므로 바로걸기에 비해 마모가 쉽게 발생한다.

14.3 벨트전동에서 벨트에 초기장력을 가하는 방법이 아닌 것은? 14.1절

① 중간풀리를 사용하는 방법
② 벨트의 자중을 이용하는 방법
③ 벨트의 탄력을 이용하는 방법
④ 벨트와 풀리 사이의 마찰계수를 증대하는 방법

14.4 벨트전동에서 유효장력(회전력)에 대한 정의로 옳은 것은? 14.1절

① 긴장측 장력과 이완측 장력 간의 차이
② 긴장측 장력과 이완측 장력의 평균값
③ 긴장측 장력과 이완측 장력 간의 차이의 절반
④ 긴장측 장력과 이완측 장력의 합

14.5 평벨트를 통해 동력을 전달하기 위해 필요한 초기장력을 나타내는 것은? 14.1절

① 긴장측 장력과 이완측 장력의 합
② 긴장측 장력과 이완측 장력의 평균값
③ 긴장측 장력과 이완측 장력 간의 차이의 절반
④ 긴장측 장력과 이완측 장력 간의 차이

14.6 벨트전동에서 원동풀리의 지름은 250mm, 종동풀리의 지름은 400mm, 축간거리는 1200mm이다. 바로걸기를 하는 경우 벨트의 길이는? 14.1절

① 2398mm ② 2741mm ③ 3083mm ④ 3426mm

CHAPTER 14 | 기본문제

14.7 벨트전동에서 원동풀리의 지름은 300mm, 종동풀리의 지름은 450mm, 축간거리는 1400mm이다. 바로걸기를 하는 경우 원동풀리의 접촉각은? 14.1절

① 165.4° ② 173.9° ③ 186.1° ④ 211.1°

14.8 4m/s의 속도로 운전되고 있는 평벨트 전동에서 이완측의 장력이 300N이고, 접촉각이 185°이며, 마찰계수가 0.3일 때 벨트의 유효장력은? 14.1절

① 350.2N ② 392.2N ③ 490.3N ④ 587.4N

14.9 7m/s의 속도로 1.2kW의 동력을 전달하는 평벨트 전동에서 긴장측의 장력 F_1은 500N이다. 이완측 장력 F_2에 대한 긴장측 장력 F_1의 비 F_1/F_2은? 14.1절

① 1.52 ② 1.98 ③ 2.43 ④ 2.89

14.10 평벨트 전동에서 긴장측 장력이 2500N, 접촉각이 175.4°, 벨트의 속도가 16m/s, 벨트와 풀리 사이의 마찰계수가 0.3, 단위길이당 벨트의 질량이 0.7kg/m일 때 전달동력은? 14.1절

① 8.9kW ② 13.4kW ③ 17.8kW ④ 22.3kW

14.11 평벨트 전동에서 벨트의 허용인장응력이 2.5MPa, 이음효율이 85%, 벨트에 걸리는 최대장력이 1500N일 때 필요한 벨트의 단면적은? 14.1절

① $423\,mm^2$ ② $565\,mm^2$ ③ $706\,mm^2$ ④ $847\,mm^2$

14.12 평벨트 전동과 비교할 때 V벨트 전동의 특징으로 옳지 않은 것은? 14.2절

① 접촉면적이 넓어 작은 장력으로 큰 동력을 얻을 수 있다.
② 초기장력이 커서 베어링 하중이 증대한다.
③ 이음매가 없어서 충격을 완화할 수 있고 운전이 정숙하다.
④ 축간거리가 짧아도 되므로 설치공간을 줄일 수 있다.

14.13 V벨트에 대한 설명 중 옳지 않은 것은? 14.2절

① 단면의 치수에 따라 M, A, B, C, D, E형 등 6종류가 있다.
② 풀리와 접하는 벨트의 각도는 종류별로 차이가 있다.
③ 이음매가 없는 고리모양이므로 길이조절은 불가능하다.
④ M형을 제외한 벨트의 길이는 중립면을 지나는 선의 길이를 인치로 나타낸다.

14.14 다음의 V벨트 중 단면적이 가장 작은 것은? 14.2절

① M형　② A형　③ C형　④ E형

14.15 V벨트에서 $A32$란 무엇을 나타내는가? 14.2절

① 단면이 A형이고 중립면을 지나는 벨트의 길이가 32 cm이다.
② 단면이 A형이고 단면적이 $32\,\text{mm}^2$이다.
③ 단면이 A형이고 중립면을 지나는 벨트의 길이가 32인치이다.
④ 단면이 A형이고 V벨트의 윗폭이 32 mm이다.

14.16 V벨트풀리에 대한 설명 중 옳지 않은 것은? 14.2절

① 호칭지름은 피치원지름으로 나타낸다.
② 풀리홈의 바닥에 벨트의 아랫면이 닿지 않도록 해야 한다.
③ 풀리홈의 각도를 벨트의 각도인 40°보다 약간 작게 한다.
④ 풀리의 지름이 작을수록 홈의 각도를 약간 크게 한다.

14.17 V벨트 전동에서 풀리홈의 각도를 α라고 할 때 마찰계수 μ와 상당마찰계수 μ'의 관계는? 14.2절

① $\mu' = \dfrac{\mu}{\sin\dfrac{\alpha}{2} + \mu\tan\dfrac{\alpha}{2}}$　② $\mu' = \dfrac{\mu}{\sin\dfrac{\alpha}{2} + \mu\cos\dfrac{\alpha}{2}}$

③ $\mu = \dfrac{\mu'}{\sin\dfrac{\alpha}{2} + \mu\tan\dfrac{\alpha}{2}}$　④ $\mu = \dfrac{\mu'}{\sin\dfrac{\alpha}{2} + \mu\cos\dfrac{\alpha}{2}}$

14.18 V벨트 전동에서 긴장측 장력이 1250 N, 벨트의 속도가 7 m/s, 풀리와 벨트 사이의 마찰계수가 0.3, 접촉각이 184°, 풀리홈의 각도가 38°이다. 원심력을 무시할 때 전달동력은? 14.2절

① 4.16 kW　② 5.54 kW　③ 6.95 kW　④ 8.32 kW

14.19 체인전동의 특징에 대한 설명으로 옳지 않은 것은? 14.3절

① 고속회전에서도 소음과 진동이 발생하지 않아 운전이 조용하다.
② 마찰력을 이용하지 않으며 미끄럼 없이 동력을 전달할 수 있다.
③ 초기장력을 필요하지 않기 때문에 베어링 하중을 줄일 수 있다.
④ 회전속도비를 비교적 크게 할 수 있다.

14.20 롤러체인의 연결에서 링크의 개수가 홀수일 때 사용하는 부품은? 14.3절

① 오프셋링크 ② 부시 ③ 베어링핀 ④ 롤러

14.21 체인전동에서 체인의 피치가 15.88 mm, 스프로킷휠의 잇수가 20개일 때 스프로킷휠의 피치원지름은 얼마인가? 14.3절

① 71.1 mm ② 81.2 mm ③ 91.4 mm ④ 101.5 mm

14.22 체인전동에서 스프로킷휠의 잇수가 각각 30개와 50개이고, 축간거리가 1100 mm이다. 피치가 19.05 mm인 롤러체인을 사용할 때 필요한 링크의 개수는? 14.3절

① 124개 ② 140개 ③ 156개 ④ 172개

14.23 체인전동에서 스프로킷휠의 잇수가 각각 25개와 50개이고, 축간거리가 1100 mm이다. 피치가 25.4 mm인 롤러체인을 사용할 때 체인의 길이는? 14.3절

① 2370.1 mm ② 2665.5 mm ③ 2962.7 mm ④ 3258.9 mm

14.24 체인전동에서 축간거리는 체인 피치의 몇 배가 적절한가? 14.3절

① 10 ~ 20배 ② 20 ~ 30배 ③ 30 ~ 40배 ④ 40 ~ 50배

14.25 체인전동에서 체인의 피치가 12.7 mm, 스프로킷휠의 잇수가 45개, 회전속도가 700 rpm일 때 체인의 평균속도는? 14.3절

① 5.34 m/s ② 6.67 m/s ③ 8.06 m/s ④ 9.34 m/s

14.26 체인전동에서 체인과 맞물린 스프로킷휠의 잇수 z가 유한하므로 전동 시 회전반지름의 크기가 주기적으로 반복하여 변동된다. 스프로킷휠의 회전속도가 일정할 때 체인의 최대속도와 최소속도를 각각 $v_{\max}$와 $v_{\min}$이라고 할 때 속도의 변동률 $(v_{\max} - v_{\min})/v_{\max}$은? 14.3절

① $\left(1-\cos\dfrac{\pi}{z}\right)$ ② $\left(1-\sin\dfrac{\pi}{z}\right)$ ③ $\left(1-\cos\dfrac{2\pi}{z}\right)$ ④ $\left(1-\sin\dfrac{2\pi}{z}\right)$

14.27 원활한 회전을 위한 스프로킷휠의 최소 잇수는? 14.3절

① 15개 ② 17개 ③ 19개 ④ 21개

14.28 체인전동에서 호칭번호 50인 롤러체인 3줄로 동력을 전달하고 있다. 충격이 없는 평활한 상태에서 운전되며, 경험적으로 안전율은 10이다. 체인의 허용하중은 얼마인가? 단, 호칭번호 50의 파단하중은 21.8 kN, 3줄에 대한 다열계수는 2.5, 충격이 없는 평활한 상태의 부하보정계수는 1.2이다. 14.3절

① 3.63 kN ② 4.54 kN ③ 5.45 kN ④ 6.36 kN

14.29 체인전동에서 체인의 평균속도가 5 m/s, 전달동력이 8 kW인 경우 체인에 걸리는 인장하중은? 14.3절

① 1120 N ② 1280 N ③ 1440 N ④ 1600 N

14.30 사일런트체인 전동에 대한 설명 중 옳지 않은 것은? 14.4절

① 스프로킷휠의 이가 접촉하는 면적이 커서 운전이 원활하고 전동효율이 높다.
② 면각은 일반적으로 52°, 60°, 70°, 80° 등 4종류가 있다.
③ 핀 사이의 거리인 피치가 클수록 큰 면각을 사용한다.
④ 높은 정밀도가 요구되고 제작이 어려우며 가격이 비싸다.

14.31 사일런트체인 전동에서 링크의 양끝 경사면이 이루는 각 α를 면각이라고 하고, 스프로킷휠에 있는 이의 양끝 경사면이 이루는 각 ϕ를 치각이라고 한다. 스프로킷휠의 잇수를 z라고 할 때 치각 ϕ를 나타내는 식은? 14.4절

① $\phi = \alpha - \frac{2\pi}{z}$ ② $\phi = \alpha - \frac{4\pi}{z}$ ③ $\phi = \alpha + \frac{2\pi}{z}$ ④ $\phi = \alpha + \frac{4\pi}{z}$

정답

14.1 ③ **14.2** ② **14.3** ④ **14.4** ① **14.5** ② **14.6** ④ **14.7** ② **14.8** ③ **14.9** ① **14.10** ④
14.11 ③ **14.12** ② **14.13** ② **14.14** ① **14.15** ③ **14.16** ④ **14.17** ② **14.18** ③ **14.19** ① **14.20** ①
14.21 ④ **14.22** ③ **14.23** ③ **14.24** ④ **14.25** ② **14.26** ① **14.27** ② **14.28** ② **14.29** ④ **14.30** ③
14.31 ②

CHAPTER 14 | 연습문제

14.1 평벨트 전동에서 원동풀리의 지름이 250mm, 종동풀리의 지름이 500mm, 축간거리가 1200mm, 원동풀리의 회전속도가 1100rpm이다. 바로걸기로 전동하며, 벨트의 유효장력이 800N이고, 벨트와 풀리 사이의 마찰계수가 0.3, 벨트의 단위길이당 질량이 1.2kg/m일 때 다음을 구하라. 14.1절

(a) 벨트의 길이
(b) 벨트와 풀리 사이의 접촉각
(c) 벨트의 속도
(d) 긴장측 장력과 이완측 장력
(e) 전달동력

14.2 평벨트 전동에서 원동풀리와 종동풀리의 지름은 각각 400mm와 900mm이며, 축간거리는 1700mm이다. 벨트의 폭과 두께는 각각 127mm와 7mm이며, 허용인장응력은 2.2N/mm^{2}이다. 단위길이당 벨트의 질량은 0.9kg/m, 벨트의 이음효율은 90%이다. 엇걸기 방식을 사용하며, 풀리와 벨트 사이의 마찰계수는 0.3, 원동풀리의 회전속도가 700rpm일 때 다음을 구하라. 14.1절

(a) 벨트의 속도
(b) 긴장측의 장력
(c) 풀리의 접촉각
(d) 유효장력
(e) 전달동력

14.3 평벨트 전동에서 원동풀리와 종동풀리의 지름이 각각 400mm와 600mm이고, 축간거리가 3000mm이며, 바로걸기를 통해 15kW의 동력을 전달한다. 벨트는 가죽소재로서 두께가 9mm이고, 허용인장응력은 23N/mm^{2}이며, 이음효율은 85%이다. 벨트의 속도는 6m/s이고, 벨트와 풀리 사이의 마찰계수는 0.3일 때 다음을 구하라. 14.1절

(a) 접촉각
(b) 유효장력
(c) 긴장측 장력
(d) 2겹 벨트일 경우 벨트폭

14.4 평벨트 전동에서 폭이 140mm이고, 두께가 8mm인 가죽소재의 벨트를 바로걸기로 동력전달을 한다. 가죽벨트의 허용인장응력은 25N/mm^{2}이고, 이음효율은 90%이다. 원동풀리의 지름은 150mm이고, 회전속도는 500rpm이며, 종동풀리는 회전속도비 1:4로 감속한다. 축간거리는 600mm이고, 풀리와 벨트 사이의 마찰계수는 0.3이다. 다음을 구하라. 14.1절

(a) 종동풀리의 지름
(b) 벨트의 속도
(c) 원동풀리와 벨트의 접촉각
(d) 전달동력

14.5 풀리홈의 각도가 38°인 V벨트 전동에서 원동풀리의 지름은 250mm이고, 종동풀리의 지름은 400mm이며, 벨트와 풀리 사이의 마찰계수가 0.3이다. B형 표준 V벨트를 사용하여 축간거리를 약 950mm로 하려고 할 때 V벨트의 호칭번호를 결정하라. 14.2절

14.6 V벨트 전동에서 벨트의 속도가 15 m/s 이다. 벨트와 풀리 사이의 마찰계수가 0.3, 벨트의 허용인장응력이 2.5 MPa, 접촉각이 170°, 벨트재료의 밀도가 $1.45 \times 10^3 \text{kg/m}^3$ 이다. 또한 벨트의 단면적은 137.5mm^2 이며, 풀리홈의 각도가 34° 이다. 벨트 1가닥이 전달할 수 있는 동력은 얼마인가? 14.2절

14.7 2가닥을 가진 D형 V벨트가 15 m/s 의 속도로 운전되고 있다. 이 벨트의 단위길이당 질량은 0.38 kg/m 이고, 풀리와의 접촉각은 160° 이며, 벨트와 풀리 사이의 상당마찰계수는 0.4 이다. 이 V벨트 전동장치를 약간의 충격이 있는 목공기계에 적용하는 경우 전달할 수 있는 최대동력은 얼마가 되는가? 단, 벨트의 허용인장력은 1.4 kN 이다. 14.2절

14.8 V벨트 전동장치를 통해 1500 rpm 의 회전속도에서 17 kW 의 동력을 전달하려고 한다. 벨트풀리의 각도는 38°, 축간거리는 1.5 m, 벨트와 풀리 사이의 마찰계수는 0.3, 부하수정계수는 0.75, 모터축에 연결된 원동풀리의 피치원지름은 350 mm 이다. 또한 벨트의 단위길이당 질량이 0.45 kg/m, 벨트의 허용장력이 1200 N 이다. 종동풀리는 회전속도비 1 : 2로 감속하며, C형 V벨트를 사용할 경우 벨트의 가닥수를 결정하라. 14.2절

14.9 롤러체인 전동에서 체인의 피치가 15.875 mm, 원동축과 종동축의 스프로킷휠의 잇수가 각각 30개와 80개이며, 축간거리가 600 mm 이다. 체인의 파단하중은 21.8 kN 이고, 안전율은 10 이다. 원동축의 회전속도가 700 rpm 일 때 다음을 구하라. 14.3절

(a) 짝수 개의 체인 링크의 개수
(b) 체인의 길이
(c) 체인의 평균속도
(d) 유효장력
(e) 최대전달동력

14.10 롤러체인 전동에서 원동축과 종동축의 회전속도가 각각 600 rpm 과 300 rpm 이며, 롤러체인을 통하여 2.5 kW 의 동력을 전달한다. 체인의 피치는 12.7 mm, 체인의 파단하중은 13.8 kN 이며, 체인의 평균속도는 4 m/s 이다. 안전율이 10 이고, 충격 없는 평활한 운전을 하며, 롤러체인의 부하보정계수가 1.2 인 경우 다음을 구하라. 14.3절

(a) 체인의 안전성 평가
(b) 원동 및 종동 스프로킷휠의 짝수 개 잇수

14.11 호칭번호 60의 롤러체인으로 1200 rpm의 원동축 회전속도를 500 rpm의 종동축 회전속도로 감속하려고 한다. 원동 스프로킷휠의 잇수가 20개이고, 3줄 체인으로 충격이 없는 평활한 운전을 하는 경우 다음을 구하라. 단, 안전율은 8로 설정한다. 14.3절

(a) 체인의 평균속도

(b) 전달동력

(c) 종동 스프로킷휠의 피치원지름

14.12 500 rpm의 회전속도에서 20 kW의 동력을 발생하는 원동축에 1열 롤러체인으로 동력을 전달하는 스프로킷휠이 장착되어 있다. 40개의 이를 가진 종동축의 스프로킷휠에 롤러체인을 통하여 동력을 전달할 때 원동축에 있는 스프로킷휠의 잇수를 구하라. 단, 롤러체인의 호칭번호는 80이고, 안전율은 10이며, 충격 없는 평활한 운전을 한다. 14.3절

14.13 사일런트체인 전동에서 링크의 양끝 경사면이 이루는 면각이 60°이고, 스프로킷휠의 잇수가 32개일 때 스프로킷휠에 있는 이의 양끝 경사면이 이루는 치각은 몇 도인가? 14.4절

CHAPTER 15

브레이크

Brake

학습목표

- 블록브레이크의 형식별 브레이크 작동력, 제동동력, 제동압력, 브레이크 용량, 브레이크 재료에 대해 학습한다.
- 드럼브레이크의 구조, 트레일링슈 및 리딩슈에서의 반력, 제동력, 제동토크, 제동압력에 대해 학습한다.
- 원판브레이크 중 캘리퍼형, 클러치형, 다판형 브레이크의 제동력, 제동토크에 대해 학습한다.
- 원추브레이크의 구조, 상당마찰계수, 제동력, 제동토크에 대해 학습한다.
- 밴드브레이크의 형식별 장력, 제동력, 작동력, 마찰면적, 밴드의 응력에 대해 학습한다.

SECTION 15.1

블록브레이크

✔ 블록브레이크의 형식별 특징과 역학적 관계를 학습한다.

✔ 브레이크 작동력, 제동동력, 제동압력, 브레이크 용량, 브레이크 재료에 대해 학습한다.

브레이크brake는 접촉면의 마찰로 회전체의 운동에너지를 열에너지로 변환하면서 회전속도를 줄이거나 멈추는 기계요소이다. 블록브레이크 중 단식 블록브레이크, V형 블록브레이크, 복식 블록브레이크에 대해 알아보자.

15.1.1 단식 블록브레이크

단식 블록브레이크single block brake는 회전하는 브레이크 드럼brake drum에 1개의 브레이크 블록brake block을 가진 브레이크 레버brake lever를 밀어붙여서 생기는 마찰력을 이용하여 회전속도를 줄이거나 정지시킨다.

[그림 15-1]은 레버의 회전중심 A를 기준으로 마찰면[1]의 상대위치 c에 따른 단식 블록브레이크의 3가지 유형을 나타낸다. [그림 15-1(a)]는 마찰면이 레버의 회전중심을 기준으로 오른쪽에 있고, [그림 15-1(b)]는 동일선상에 있으며, [그림 15-1(c)]는 왼쪽에 있다. 이 그림에서 드럼은 우측방향(시계방향)으로 회전한다. 또한 이 그림에서 F는 레버에 가하는 작동력actuating force이고, Q와 μQ는 각각 마찰면에서의 수직반력과 마찰력을 나타낸다.[2]

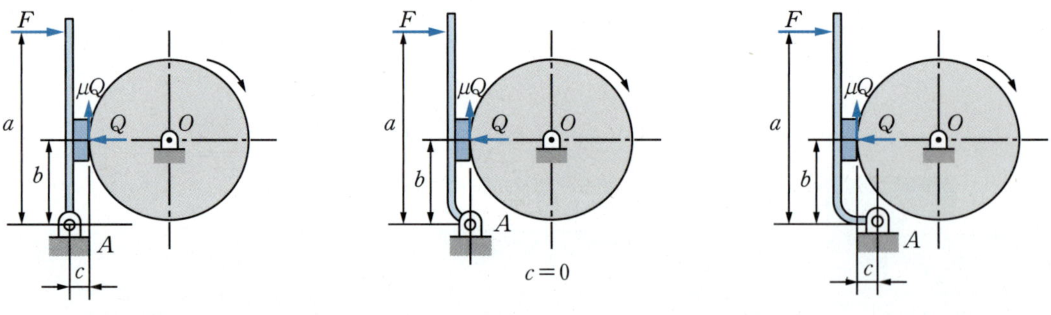

(a) 형식 1 ($c>0$) (b) 형식 2 ($c=0$) (c) 형식 3 ($c<0$)

그림 15-1 단식 블록브레이크의 유형

1 마찰면은 드럼과 브레이크 블록이 서로 접하는 면이다.

2 그림에 나타낸 반력 Q와 마찰력 μQ는 블록을 기준으로 나타낸 것이다.

■ 브레이크의 작동력

[그림 15-1]의 각 경우에 대해 마찰면에서 블록이 받는 수직반력을 Q, 마찰력을 μQ라고 할 때 모멘트의 평형에 의해 작동력[3] F를 다음과 같이 구한다.

1 형식 1의 경우

[그림 15-1(a)]와 같이 드럼이 우회전하고 $c > 0$인 경우에 회전중심 A에 대한 모멘트의 평형방정식은 다음과 같다.

$$aF = bQ + c\mu Q \tag{a}$$

이 식으로부터 작동력 F는 다음과 같다.

$$F = \frac{Q}{a}(b + \mu c) \tag{15.1}$$

이 식에서 알 수 있듯이 브레이크 블록이 마모되어 c가 줄어들면 작동력 F가 줄어서 더 작은 힘으로 제동을 할 수 있다. 즉 블록의 마모로 c가 줄어들면 **제동력**braking force이 증대된다. 드럼이 좌회전하면 마찰력의 방향이 반대이므로 식 (15.1)은 다음과 같이 쓸 수 있다.

$$F = \frac{Q}{a}(b - \mu c) \tag{15.2}$$

이 경우 브레이크 블록이 마모되어 c가 줄어들면 작동력 F가 증가한다. 즉 제동력이 감소하여 더 큰 힘으로 제동을 해야 한다.

2 형식 2의 경우

[그림 15-1(b)]와 같이 드럼이 우회전하고 $c = 0$인 경우에 작동력 F는 다음과 같다.

$$F = \frac{Q}{a}b \tag{15.3}$$

이 식에서 알 수 있듯이 작동력 F는 회전방향과 무관하다는 것을 알 수 있다. 즉 제동력은 회전방향과 무관하다.

3 형식 3의 경우

[그림 15-1(c)]와 같이 드럼이 우회전하고 $c < 0$인 경우에 작동력 F는 다음과 같다.

$$F = \frac{Q}{a}(b - \mu c) \tag{15.4}$$

이 경우 브레이크 블록이 마모되어 c가 줄어들면 작동력 F가 증가하므로 제동력은 감소하여 더 큰 힘으로 제동을 해야 한다.

---

3 작동력이란 제동을 위해 레버에 가하는 힘을 말한다.

드럼이 좌회전하면 마찰력의 방향이 반대가 되므로 식 (15.4)는 다음과 같이 쓸 수 있다.

$$F = \frac{Q}{a}(b + \mu c) \tag{15.5}$$

이 경우 브레이크 블록이 마모되어 c가 줄어들면 작동력 F가 줄어들어 제동력은 증대되므로 더 작은 힘으로 제동을 할 수 있다.

수동으로 제동을 하는 경우 작동력 F는 보통 $10 \sim 15\,\mathrm{kg}_f$이고, 최대 $20\,\mathrm{kg}_f$ 정도이며, 브레이크를 작동하지 않을 때($F = 0$일 때) 블록과 드럼 사이에 $2 \sim 3\,\mathrm{mm}$의 간격을 둔다.

■ 제동토크

마찰면에서 발생하는 힘들은 작용과 반작용의 원리에 의해 브레이크 블록과 브레이크 드럼에서 서로 반대방향으로 발생한다. [그림 15-2]는 브레이크 드럼에 작용하는 힘을 나타내고 있다. 브레이크 드럼에서의 제동력 P는 다음과 같다.

$$P = \mu Q \tag{15.6}$$

즉 제동력은 브레이크 드럼과 브레이크 블록 사이의 마찰력을 나타낸다.

또한 **제동토크**braking torque T는 다음과 같다.

$$T = \mu Q \frac{D}{2} \tag{15.7}$$

여기서 D는 브레이크 드럼의 지름을 나타낸다.

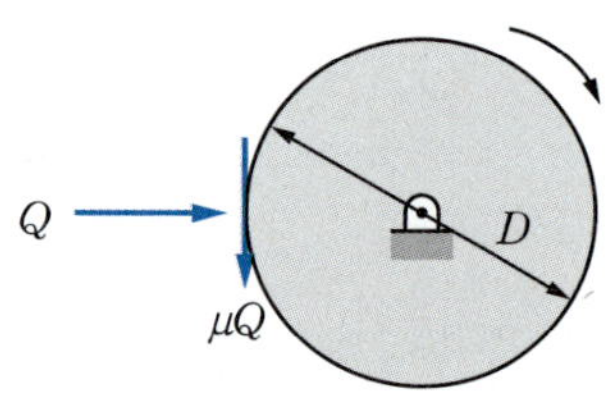

그림 15-2 브레이크 드럼에 작용하는 힘

■ 제동동력

제동토크 $T[\mathrm{N \cdot m}]$와 회전속도 $N[\mathrm{rpm}]$이 주어졌을 때 제동동력은 다음과 같다.

$$H = T\omega = \frac{2\pi NT}{60}\ [\mathrm{W}] \tag{15.8}$$

여기서 ω는 rad/s 단위의 회전속도를 나타낸다.

브레이크의 성능

브레이크의 성능과 관련된 제동압력, 브레이크 제동동력, 브레이크 용량, 브레이크 재료에 대해 살펴본다.

1 브레이크 제동압력

[그림 15-3]에서 b[mm]는 브레이크 블록의 폭, h[mm]는 브레이크 블록의 길이, r[mm]은 브레이크 드럼의 반지름, α는 접촉각을 나타낸다. 또한 Q[N]는 브레이크 블록에 작용하는 수직력을 나타낸다. 브레이크 블록의 마찰면적에 대한 제동압력 $p[\mathrm{N/mm^2}]$는 다음과 같다.

$$p = \frac{Q}{A} = \frac{Q}{bh}\ [\mathrm{N/mm^2}] \tag{15.9}$$

제동압력 p가 너무 크면 브레이크 블록이 압축 파손되거나 마모가 빨리 일어날 수 있으므로 제동압력이 허용된 범위 안에 있어야 한다.

또한 브레이크 블록의 길이 h와 브레이크 드럼의 반지름 r의 비 h/r가 작을수록 제동압력이 균일하게 분포되어 좋지만 드럼을 밀어붙이는 힘이 줄어든다. 일반적으로 접촉각 α가 $50 \sim 70°$가 되도록 h/r의 값을 정한다.

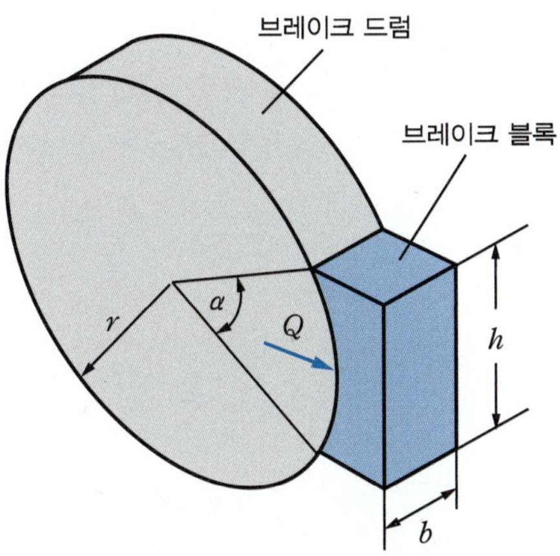

그림 15-3 브레이크 드럼과 브레이크 블록

2 브레이크 제동동력

브레이크 드럼의 원주속도를 v[m/s], 제동력을 P[N]라고 하면 제동동력 H는 다음과 같다.

$$H = Pv = \mu Qv = \mu pvA\ [\mathrm{W}] \tag{15.10}$$

여기서 Q[N]는 블록에 작용하는 수직반력, $p[\mathrm{N/mm^2}]$는 제동압력, $A[\mathrm{mm^2}]$는 접촉면적을 나타낸다.

3 브레이크 용량

브레이크 블록의 치수를 결정하려면 미끄럼 베어링에 대한 마찰열을 계산할 때와 마찬가지로 브레이크에서 발생하는 마찰열의 소산을 고려해야 한다. 이에 대한 지표를 **브레이크 용량**brake capacity이라고 하며, 단위 마찰면적당 일률로 나타낸다.

$$C = \mu p v \ [\mathrm{N/mm^2 \cdot m/s}] \tag{15.11}$$

브레이크 용량이 크면 온도상승을 줄일 수 있으나 너무 크면 브레이크에 축적되는 열을 소산하기 어려울 수 있다. 따라서 브레이크 블록의 마찰면적을 적절하게 정하여 브레이크 용량을 제한해야 한다. 브레이크 드럼을 자연 냉각하는 경우 브레이크 용량이 다음의 값을 넘지 않아야 한다.

가혹하게 사용하는 경우 : $\mu p v \leq 0.6 \ [\mathrm{N/mm^2 \cdot m/s}]$

가혹하게 사용하지 않는 경우 : $\mu p v \leq 1.0 \ [\mathrm{N/mm^2 \cdot m/s}]$

방열이 잘되고 가혹한 사용이 아닌 경우 : $\mu p v \leq 3.0 \ [\mathrm{N/mm^2 \cdot m/s}]$

4 브레이크 재료

일반적으로 브레이크 드럼은 주철이나 강으로 만들며, 브레이크 블록은 주철이나 강 또는 목재 등으로 만든 후 가죽이나 석면 등을 덧대어 마찰계수와 내마모성을 높인다. 윤활이 없는 건식에서는 마찰계수가 크지만 마모가 빨리 되므로 마찰면에 기름을 조금 공급하는 습식을 사용하기도 한다.

[표 15-1]에 몇 가지 브레이크 재료에 대한 물성치를 나타냈다. 마찰계수는 미끄럼 속도, 마찰면의 압력, 온도, 다듬질 정도 등에 따라 다르므로 [표 15-1]에서 제시한 값의 50 ~ 80%로 잡는 것이 안전하다. 허용압력의 경우 건식은 낮은 쪽을, 습식은 높은 쪽을 택하면 좋다.

표 15-1 브레이크 재료의 성질

브레이크 재료	마찰계수(μ)		허용압력 [N/mm²]	허용온도 [℃]
	습식	건식		
주철	0.05 ~ 0.12	0.12 ~ 0.20	1.00 ~ 1.70	300
담금질강	0.05 ~ 0.07	-	0.70 ~ 0.10	250
황동	0.05 ~ 0.10	0.10 ~ 0.20	0.40 ~ 0.80	150
청동	0.05 ~ 0.10	0.10 ~ 0.20	0.40 ~ 0.80	150
소결합금	0.05 ~ 0.10	0.10 ~ 0.40	1.00 ~ 3.00	500
코르크	0.20 ~ 0.25	0.30 ~ 0.50	0.05 ~ 0.10	90
목재	0.10 ~ 0.25	0.20 ~ 0.35	0.30 ~ 0.50	100
파이버	0,05 ~ 0.10	0.30 ~ 0.50	0.05 ~ 0.20	90
가죽	0.10 ~ 0.15	0.30 ~ 0.50	0.07 ~ 0.25	90
석면	0.10 ~ 0.20	0.30 ~ 0.60	0.30 ~ 0.60	200

[주] 상대재료(드럼이나 디스크 등의 회전체)는 주철이나 주강 또는 담금질강으로 한다.

■ V형 블록브레이크

마찰면의 제동력을 증대하기 위해 [그림 15-4]에 나타낸 V형 홈을 가진 드럼과 V형 블록을 사용한다. 이 경우에 마찰계수 μ 대신 다음의 상당마찰계수 μ'을 사용한다.[4]

$$\mu' = \frac{\mu}{\sin\alpha + \mu\cos\alpha} \tag{15.12}$$

여기서 α는 홈의 반각을 나타내며, 홈의 각도가 작을수록 큰 제동력을 얻을 수 있으나, 너무 작게 하면 블록이 홈 속에 세게 끼워져서 빼기가 어려우므로 보통은 홈의 각도 2α를 $40 \sim 60°$에서 정한다.

브레이크 제동력 P는 브레이크 드럼과 블록 사이에 미끄럼 방향에 작용하는 마찰력으로 다음과 같다.

$$P = \mu Q = \mu' F = \frac{\mu F}{\sin\alpha + \mu\cos\alpha} \tag{15.13}$$

여기서 F는 블록을 드럼에 밀어 누르는 작용력이고, Q는 홈의 경사면에서의 수직반력이다.

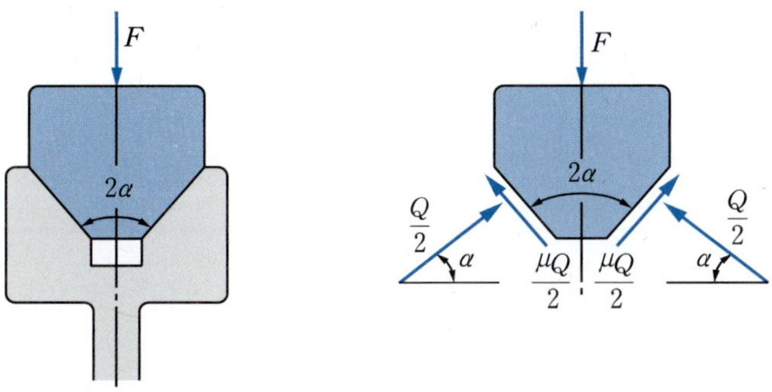

그림 15-4 V형 블록에서 발생하는 힘

15.1.2 복식 블록브레이크

복식 블록브레이크는 하나의 브레이크 드럼에 두 개의 브레이크 블록이 서로 마주 보며 배치된 것을 말한다. 예를 들어 [그림 15-5]와 같이 브레이크 레버를 통해 드럼 양쪽의 브레이크 블록에 힘이 작용하므로 추가되는 베어링 하중이 없다.[5] 양쪽 블록에 작용하는 브레이크 힘과 블록의 수명이 같게 되도록 마찰면과 브레이크 레버의 회전중심 사이의 거리를 가급적 작게 한다.[6]

4 식 (14.36)의 유도과정을 참조하라.

5 회전축에 굽힘하중이 작용하지 않는다.

6 [그림 15-1]에서 c에 해당하는 거리를 가급적 작게 한다.

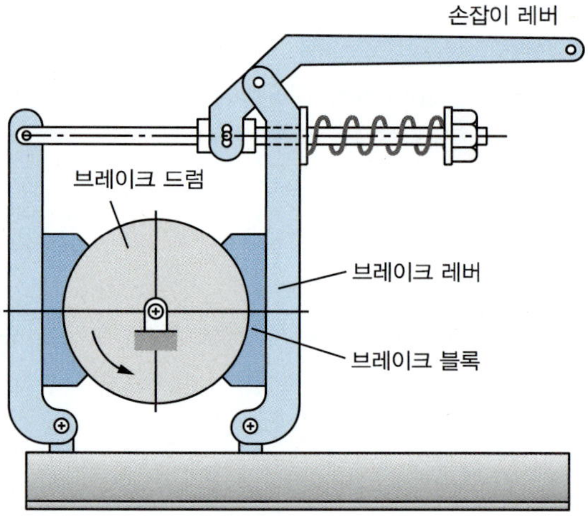

그림 15-5 복식 블록브레이크의 예

탐구

1. 브레이크란 무엇인가? 브레이크는 클러치와 어떻게 다른가?
2. 블록브레이크의 제동원리를 설명하라.
3. 브레이크 용량에 관해 설명하라.

예제 15-1 단식 블록브레이크의 제동력과 제동토크

[그림 15-6]의 단식 블록브레이크에서 드럼의 지름은 150mm이고, 블록과 드럼 간의 마찰계수는 0.3이다. 레버에 150N의 힘을 가할 때 다음을 구하라. 단, 길이의 단위는 mm이다.

(a) 드럼이 우회전할 때 제동력과 제동토크

(b) 드럼이 좌회전할 때 제동력과 제동토크

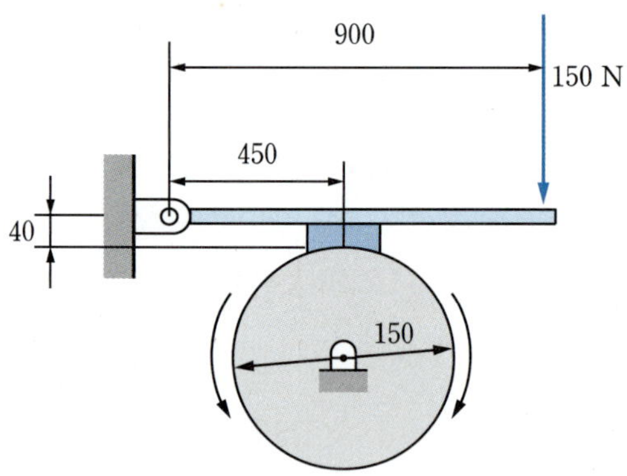

그림 15-6 단식 블록브레이크

전략

이 문제는 [그림 15-1(a)]의 형식 1에 해당한다. 식 (15.1)과 식 (15.2)로부터 각각 우회전과 좌회전에 대한 수직반력을 구하고, 이들을 식 (15.6)과 식 (15.7)에 대입하여 제동력과 제동토크를 각각 구한다.

풀이

(a) 식 (15.1)을 정리하면 마찰면의 수직반력 Q는 다음과 같다.

$$Q = \frac{Fa}{b+\mu c} = \frac{150\times 900}{450+0.3\times 40} = 292.2\,\text{N}$$

제동력 P는 식 (15.6)으로부터 다음과 같다.

$$P = \mu Q = 0.3\times 292.2 = 87.7\,\text{N} \quad \text{[답]}$$

제동토크는 식 (15.7)로부터 다음과 같다.

$$T = \mu Q\frac{D}{2} = 0.3\times 292.2\times\frac{150}{2} = 6574.5\,\text{N}\cdot\text{mm} \quad \text{[답]}$$

(b) 식 (15.2)를 정리하면 마찰면의 수직반력 Q는 다음과 같다.

$$Q = \frac{Fa}{b-\mu c} = \frac{150\times 900}{450-0.3\times 40} = 308.2\,\text{N}$$

제동력 P는 식 (15.6)으로부터 다음과 같다.

$$P = \mu Q = 0.3\times 308.2 = 92.5\,\text{N} \quad \text{[답]}$$

제동토크는 식 (15.7)로부터 다음과 같다.

$$T = \mu Q\frac{D}{2} = 0.3\times 308.2\times\frac{150}{2} = 6934.5\,\text{N}\cdot\text{mm} \quad \text{[답]}$$

검토

이 문제의 경우 브레이크 드럼이 우회전할 때보다 좌회전할 때 제동토크가 더 큰 것을 알 수 있다.

예제 15-2 단식 블록브레이크의 레버 길이

[그림 15-7]과 같은 단식 블록브레이크에서 레버에 600 N의 힘을 가하여 15 kW의 동력과 1400 rpm의 회전속도로 우회전하는 지름 320 mm의 드럼을 제동하려고 한다. 이때 필요한 레버의 길이 a를 구하라. 단, 블록과 드럼 간의 마찰계수는 0.3이며, 길이의 단위는 mm이다.

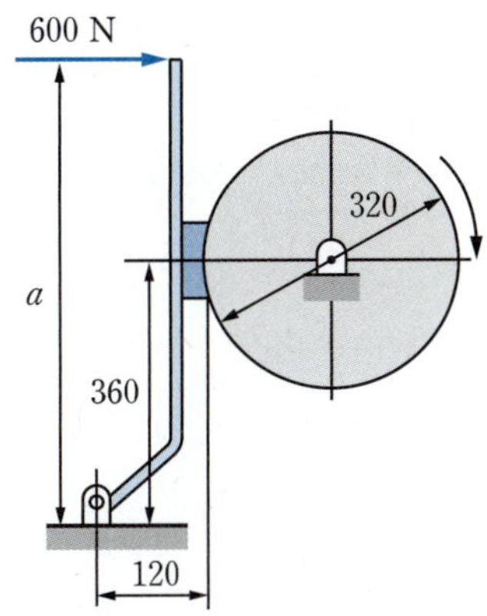

그림 15-7 단식 블록브레이크

전략

주어진 문제는 [그림 15-1(a)]의 형식 1에 해당한다. 먼저 드럼의 원주속도를 구하고, 식 (15.10)을 정리하여 마찰면의 수직반력을 구한다. 그리고 식 (15.1)을 정리하여 레버의 길이 a를 구한다.

풀이

드럼의 원주속도는 다음과 같다.

$$v = \frac{\pi DN}{1000 \times 60} = \frac{\pi \times 320 \times 1400}{1000 \times 60} = 23.5\,\mathrm{m/s}$$

식 (15.10)을 정리하면 마찰면에서의 수직반력은 다음과 같다.

$$Q = \frac{H}{\mu v} = \frac{15 \times 10^3}{0.3 \times 23.5} = 2127.7\,\mathrm{N}$$

식 (15.1)을 정리하면 레버의 길이 a는 다음과 같다.

$$a = \frac{Q(b + \mu c)}{F} = \frac{2127.7 \times (360 + 0.3 \times 120)}{600} = 1404.3\,\mathrm{mm}$$ [답]

검토

만약 드럼이 좌회전하면 요구되는 레버의 길이가 1149.0mm로 더 짧다. 따라서 만약 드럼이 양방향 회전이 되는 경우라면 큰 레버 길이로 결정해야 한다.

예제 15-3 단식 블록브레이크에 대한 블록 치수의 결정

[그림 15-8]과 같은 단식 블록브레이크에서 레버에 200N의 힘을 가하여 800rpm의 회전속도로 돌고 있는 지름 380mm의 드럼을 제동하려고 한다. 블록과 드럼의 접촉각은 40°이고, 마찰계수는 0.3이다. 브레이크 블록의 허용압력이 $0.45\,\mathrm{N/mm^2}$이고, 방열이 잘되며 가혹한 사용이 아닌 경우 다음을 구하라. 단, 길이의 단위는 mm이다.

(a) 드럼을 제동하는 데 필요한 동력

(b) 브레이크 블록의 치수(즉 브레이크 블록의 폭과 길이)

(c) 마찰열에 대한 안전도

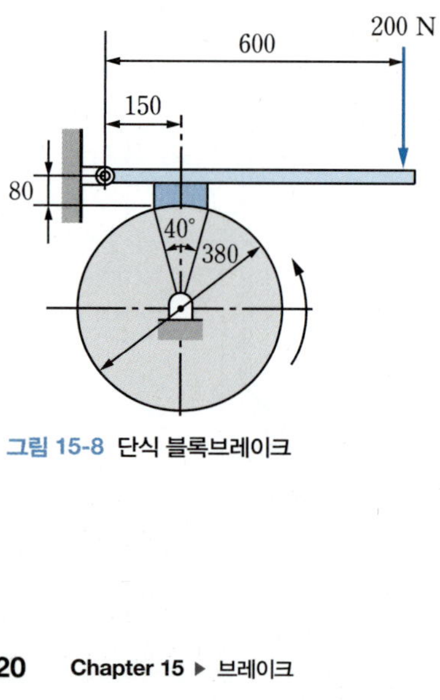

그림 15-8 단식 블록브레이크

전략

주어진 문제는 [그림 15-1(a)]의 형식 1에 해당한다. 먼저 드럼의 원주속도를 구하고, 식 (15.2)를 정리하여 마찰면의 수직반력을 구한다. 식 (15.10)으로 제동할 수 있는 동력을 구한다. 식 (15.9)를 정리하여 브레이크 블록의 마찰면적을 계산한다. 그리고 주어진 접촉각으로부터 브레이크 블록의 길이를 구한 후 브레이크 블록의 폭을 구한다. 마지막으로 식 (15.11)로부터 브레이크 용량을 계산한 후 안전도를 평가한다.

풀이

(a) 드럼의 원주속도는 다음과 같다.

$$v = \frac{\pi DN}{1000 \times 60} = \frac{\pi \times 380 \times 800}{1000 \times 60} = 15.9\,\mathrm{m/s}$$

식 (15.2)를 정리하면 수직반력은 다음과 같다.

$$Q = \frac{Fa}{b - \mu c} = \frac{200 \times 600}{150 - 0.3 \times 80} = 952.4\,\mathrm{N}$$

식 (15.10)으로부터 제동할 수 있는 동력은 다음과 같다.

$$H = \mu Q v = 0.3 \times 952.4 \times 15.9 = 4542.9\,\mathrm{W}$$ [답]

(b) 식 (15.9)를 정리하면 브레이크 블록의 마찰면적은 다음과 같다.

$$A = \frac{Q}{p} = \frac{952.4}{0.45} = 2116.4\,\mathrm{mm}^2$$

접촉각 $\alpha = 40°$일 때 브레이크 블록의 길이는 근사적으로 다음과 같다.

$$h \approx r\alpha = \frac{380}{2} \times \left(40 \times \frac{\pi}{180}\right) = 132.6\,\mathrm{mm}$$ [답]

브레이크 블록의 폭은 다음과 같다.

$$b = \frac{A}{h} = \frac{2116.4}{132.6} = 16.0\,\mathrm{mm}$$ [답]

(c) 식 (15.11)로부터 브레이크 용량은 다음과 같다.

$$C = \mu p v = 0.3 \times 0.45 \times 15.9 = 2.15\,\mathrm{N/mm^2 \cdot m/s}$$

따라서 마찰열에 대해 안전하다. [답]

검토

열이 발생하면 브레이크 성능이 떨어지므로 마찰열의 냉각이 필요하다. 계산된 브레이크 용량은 $\mu pv \le 3.0\,\mathrm{N/mm^2 \cdot m/s}$의 조건을 만족하므로 마찰열에 안전한 것으로 평가된다.

SECTION
15.2

드럼브레이크

✔ 드럼브레이크의 구조와 특징을 알아본다.
✔ 드럼브레이크의 제동력과 제동토크에 대해 학습한다.

15.2.1 브레이크의 구조

드럼브레이크drum brake는 내부 확장식 브레이크internal expansion brake라고도 하며, 버스, 트럭 등 대형자동차에 주로 사용된다. [그림 15-9]는 드럼브레이크의 구조와 부품의 명칭을 나타낸다.

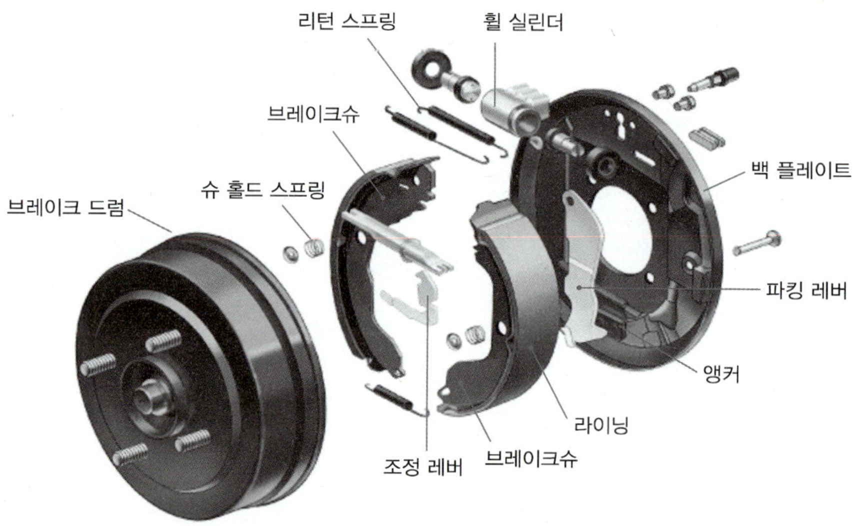

그림 15-9 드럼브레이크의 구조와 명칭

[그림 15-10(a)]에 나타낸 바와 같이 휠 실린더wheel cylinder를 통해 제공되는 유압의 힘이 양쪽에 있는 브레이크슈brake shoes를 바깥쪽으로 밀어서 회전하는 브레이크 드럼break drum의 내부에 밀착하면 브레이크슈와 드럼 내부와의 마찰력으로 드럼이 제동된다.[7] [그림 15-10(a)]에서처럼 드럼이 우회전할 경우 왼쪽에 있는 브레이크슈를 트레일링 슈trailing shoe라고 하고, 오른쪽에 있는 브레이크슈를 리딩 슈leading shoe라고 한다. 만약 드럼의 회전방향이 바뀌면 이들 명칭이 서로 바뀌게 된다.

---

7 엄밀하게 말하면 브레이크슈에 부착된 브레이크 라이닝(break lining)과 브레이크 드럼 내면과의 접촉에 의한 마찰력으로 드럼이 제동된다.

15.2.2 브레이크의 역학관계

■ 마찰면의 수직반력

[그림 15-10(a)]에서와 같이 드럼이 우회전하는 경우 브레이크슈와 드럼의 내부가 서로 접촉하는 마찰면에서의 수직반력을 구하기 위해 브레이크슈의 회전중심에 대한 모멘트평형식을 세운다.

1 트레일링 슈에서의 수직반력

[그림 15-10(b)]에서 트레일링 슈의 O_1점에 대한 모멘트평형식은 다음과 같다.

$$Fa - Q_1 b - \mu Q_1 c = 0 \tag{15.14}$$

이 식으로부터 트레일링 슈에 작용하는 수직반력 Q_1은 다음과 같다.

$$Q_1 = \frac{Fa}{b + \mu c} \tag{15.15}$$

2 리딩 슈에서의 수직반력

[그림 15-10(b)]에서 리딩 슈의 O_2점에 대한 모멘트평형식은 다음과 같다.

$$-Fa + Q_2 b - \mu Q_2 c = 0 \tag{15.16}$$

이 식으로부터 리딩 슈에 작용하는 수직반력 Q_2는 다음과 같다.

$$Q_2 = \frac{Fa}{b - \mu c} \tag{15.17}$$

■ 브레이크의 제동력

브레이크 제동력은 다음과 같다.

$$P = \mu Q_1 + \mu Q_2 = \mu(Q_1 + Q_2) \tag{15.18}$$

[그림 15-10(a)]와 같이 드럼이 우회전할 경우 브레이크 제동력은 다음과 같다.

$$P = \mu\left(\frac{Fa}{b + \mu c} + \frac{Fa}{b - \mu c}\right) = \mu Fa\left(\frac{1}{b + \mu c} + \frac{1}{b - \mu c}\right) \tag{15.19}$$

■ 브레이크의 제동토크

브레이크 제동토크는 다음과 같다.

$$T = P\frac{D}{2} = (Q_1 + Q_2)\frac{\mu D}{2} \tag{15.20}$$

[그림 15-10(a)]와 같이 드럼이 우회전할 경우 브레이크 제동토크는 다음과 같다.

$$T = \frac{\mu FaD}{2}\left(\frac{1}{b+\mu c} + \frac{1}{b-\mu c}\right) \tag{15.21}$$

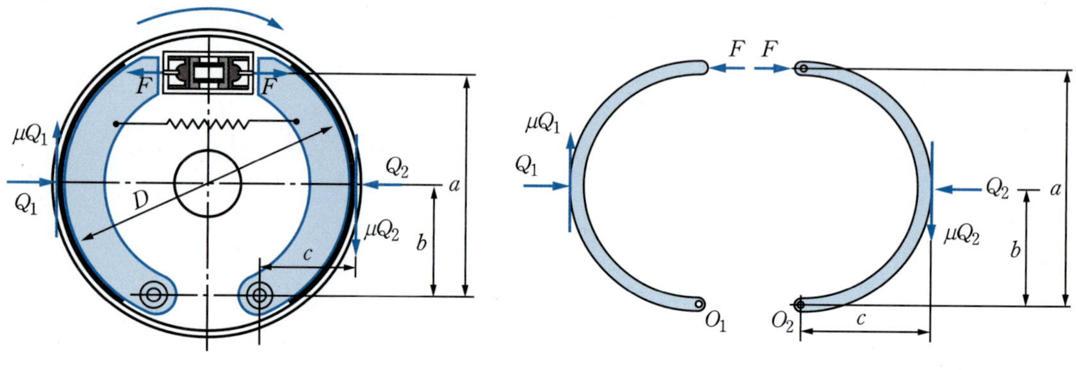

(a) 드럼브레이크의 조립도 (b) 브레이크슈에 작용하는 힘

그림 15-10 드럼브레이크의 구조

■ 브레이크의 제동에 필요한 유압

브레이크슈를 바깥쪽으로 밀어서 브레이크 드럼에 밀착하기 위해 휠 실린더에 유압이 필요하다. 브레이크슈를 바깥쪽으로 미는 힘을 F, 휠 실린더의 지름을 d라고 하면 유압 p는 다음과 같다.

$$p = \frac{F}{A} = \frac{F}{\left(\dfrac{\pi d^2}{4}\right)} \tag{15.22}$$

탐구

1. 드럼브레이크에서 제동할 때 리딩 슈의 마찰력이 트레일링 슈의 마찰력보다 실제로는 더 크다. 이러한 현상을 무엇이라고 하며, 왜 이러한 현상이 발생하는지를 조사하라.
2. 드럼브레이크에는 어떤 방식이 있는지를 조사하라.

예제 15-4 드럼브레이크의 제동력, 브레이크슈의 작동력, 휠 실린더의 유압

[그림 15-11]의 드럼브레이크를 사용하여 시계방향으로 700 rpm 으로 회전하는 32 kW의 동력을 제동하려고 한다. 브레이크슈에 부착된 라이닝과 드럼 사이의 마찰계수가 0.3이고, 휠 실린더의 안지름 $d = 16\,\text{mm}$ 일 때 다음을 구하라.

(a) 브레이크의 제동력

(b) 유압에 의해 브레이크슈를 미는 작동력

(c) 제동에 필요한 유압

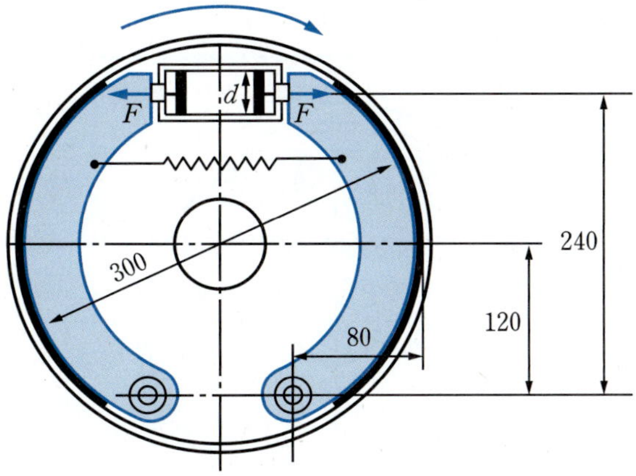

그림 15-11 드럼브레이크

전략

식 (15.8)을 정리하여 제동토크를 계산하며, 식 (15.20)을 정리하여 제동력을 구한다. 식 (15.19)를 정리하여 브레이크슈를 미는 작동력을 구하고, 식 (15.22)로부터 브레이크의 제동에 필요한 유압을 구한다.

풀이

(a) 식 (15.8)을 정리하면 제동토크 T는 다음과 같다.

$$T = \frac{H}{\omega} = \frac{H}{\left(\dfrac{2\pi N}{60}\right)} = \frac{32 \times 1000}{\left(\dfrac{2\pi \times 700}{60}\right)} = 436.5\,\mathrm{N \cdot m}$$

식 (15.20)을 정리하면 제동력 P는 다음과 같다.

$$P = \frac{2T}{D} = \frac{2 \times 436.5 \times 1000}{300} = 2910\,\mathrm{N}$$ [답]

(b) 식 (15.19)를 정리하여 브레이크슈를 미는 작동력 F를 구한다.

$$F = \frac{P}{\mu a\left(\dfrac{1}{b+\mu c} + \dfrac{1}{b-\mu c}\right)} = \frac{2910}{0.3 \times 240 \times \left(\dfrac{1}{120+0.3\times 80} + \dfrac{1}{120-0.3\times 80}\right)}$$
$$= 2328\,\mathrm{N}$$ [답]

(c) 식 (15.22)로부터 브레이크의 제동에 필요한 유압 p는 다음과 같다.

$$p = \frac{F}{A} = \frac{F}{\left(\dfrac{\pi d^2}{4}\right)} = \frac{2328}{\left(\dfrac{\pi \times 16^2}{4}\right)} = 11.58\,\mathrm{N/mm^2}$$ [답]

검토

자동차에서 브레이크슈를 미는 작동력은 휠 실린더의 유압으로 만들어지며, 이는 운전자가 브레이크 페달에 가하는 답력$_{\text{pedal effort}}$에 의해 결정된다.

예제 15-5 드럼브레이크의 제동동력

[그림 15-12]의 드럼브레이크를 사용하여 1200 rpm으로 회전하는 드럼을 제동하려고 한다. 브레이크슈에 부착된 라이닝과 드럼 사이의 마찰계수가 0.3이고, 휠 실린더의 안지름 $d = 20\,\text{mm}$일 때 제동을 위해 필요한 동력은 몇 kW인가? 단, 휠 실린더에 공급하는 유압은 $3.2\,\text{N/mm}^2$이다.

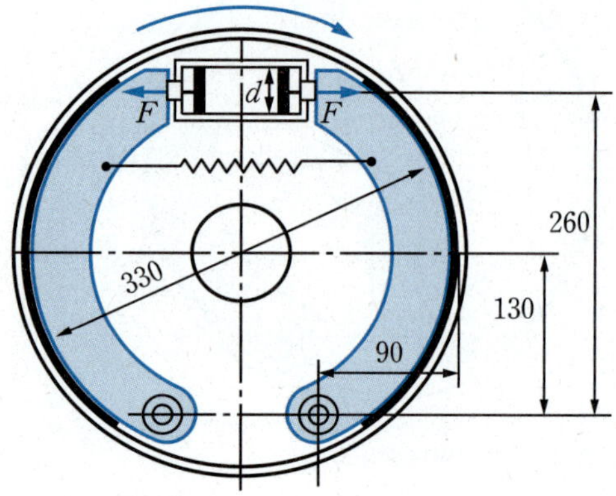

그림 15-12 드럼브레이크

전략

식 (15.22)를 정리하여 브레이크슈를 미는 작동력을 구하고, 이 힘을 각각 식 (15.15)와 식 (15.17)에 대입하여 마찰면에서의 수직반력을 구한다. 수직반력들과 마찰계수 및 드럼지름을 식 (15.20)에 대입하여 제동토크를 구하고, 제동토크에 회전속도를 곱하여 제동동력을 구한다.

풀이

식 (15.22)를 정리하여 브레이크슈를 미는 작동력을 구하면 다음과 같다.

$$F = pA = p\left(\frac{\pi d^2}{4}\right) = 3.2 \times \frac{\pi \times 20^2}{4} = 1005.3\,\text{N}$$

식 (15.15)와 식 (15.17)로부터 수직반력 Q_1과 Q_2는 각각 다음과 같다.

$$Q_1 = \frac{Fa}{b + \mu c} = \frac{1005.3 \times 260}{130 + 0.3 \times 90} = 1664.8\,\text{N}$$

$$Q_2 = \frac{Fa}{b - \mu c} = \frac{1005.3 \times 260}{130 - 0.3 \times 90} = 2537.7\,\text{N}$$

식 (15.20)으로부터 제동토크는 다음과 같다.

$$T = (Q_1 + Q_2)\frac{\mu D}{2} = (1664.8 + 2537.7) \times \frac{0.3 \times 0.33}{2} = 208.0\,\text{N}\cdot\text{m}$$

식 (15.8)로부터 제동동력은 다음과 같다.[8]

$$H = T\omega = \frac{2\pi NT}{60 \times 1000} = \frac{2\pi \times 1200 \times 208.0}{60 \times 1000} = 26.1\,\text{kW} \quad \text{[답]}$$

검토

이 문제에서 오른쪽에 있는 리딩 슈의 마찰력은 761.3 N이고, 왼쪽에 있는 트레일링 슈의 마찰력은 499.4 N으로 리딩 슈의 마찰력이 트레일링 슈의 마찰력보다 약 1.5배 더 크다.

---

8 kW 단위로 계산하기 위해 식 (15.8)의 분모에 1000을 곱했다.

SECTION 15.3

원판브레이크

- ✔ 원판브레이크의 구조와 특징을 알아본다.
- ✔ 원판브레이크의 제동력과 제동토크를 학습한다.
- ✔ 원판브레이크에서 여러 개의 판을 사용할 때의 효과를 확인한다.

원판브레이크disk brake는 원판형태의 회전체 면과 브레이크 블록 사이의 마찰력으로 제동한다. 원판브레이크에는 캘리퍼형 원판브레이크caliper disk brake, 클러치형 원판브레이크clutch disk brake 등이 있으며, 클러치형 원판브레이크에는 원판의 수에 따라 단판브레이크와 다판브레이크가 있다.

15.3.1 캘리퍼형 원판브레이크

캘리퍼형 원판브레이크는 흔히 **디스크 브레이크**disc brake라고 부르며, 주로 승용차의 제동에 사용되는 방식이다. [그림 15-13(a)]에 자동차에 사용되는 디스크 브레이크를 나타냈으며, 디스크, 캘리퍼, 휠 실린더, 브레이크 패드 등으로 구성된다.

[그림 15-13(b)]에 디스크 브레이크의 개략도를 나타냈다. 유압라인을 통해 휠 실린더에 유압이 공급되면 피스톤이 작동하여 브레이크 패드를 디스크의 양쪽에서 밀어붙인다. 이때 제동토크는 다음과 같다.

$$T = r(2\mu Q) \tag{15.23}$$

여기서 r은 디스크의 중심으로부터 브레이크 패드의 중심까지의 거리이고, μ는 브레이크 패드와 디스크 사이의 마찰계수이며, Q는 브레이크 패드가 디스크를 수직으로 미는 힘을 나타낸다.

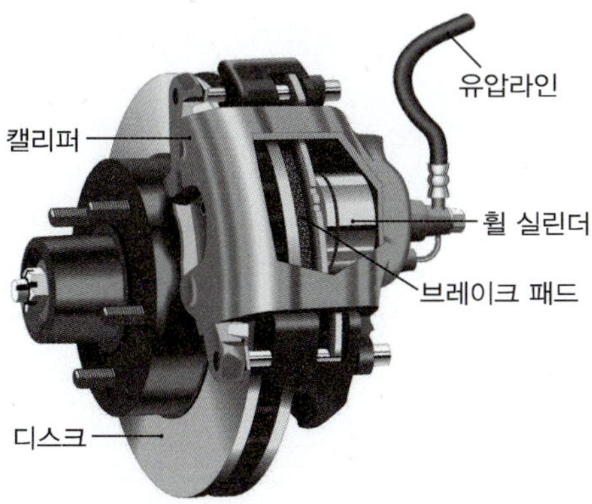

(a) 디스크 브레이크의 구성부품

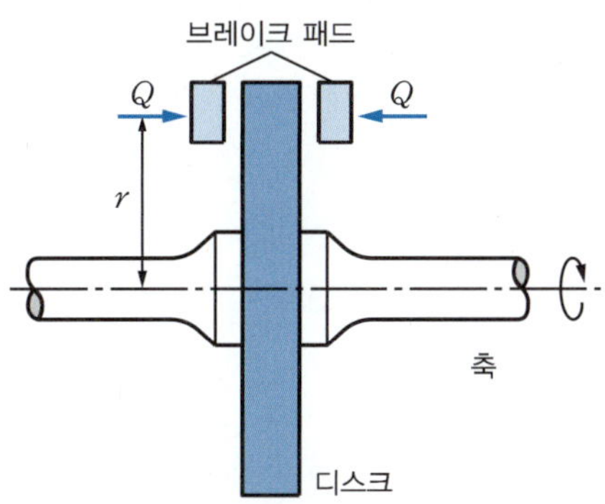

(b) 디스크 브레이크의 개략도

그림 15-13 디스크 브레이크

15.3.2 클러치형 원판브레이크

클러치형 원판브레이크는 클러치처럼 마찰면인 원판이 축방향으로 움직여 제동한다. [그림 15-14]에 나타낸 바와 같이 단판브레이크와 다판브레이크가 있다.

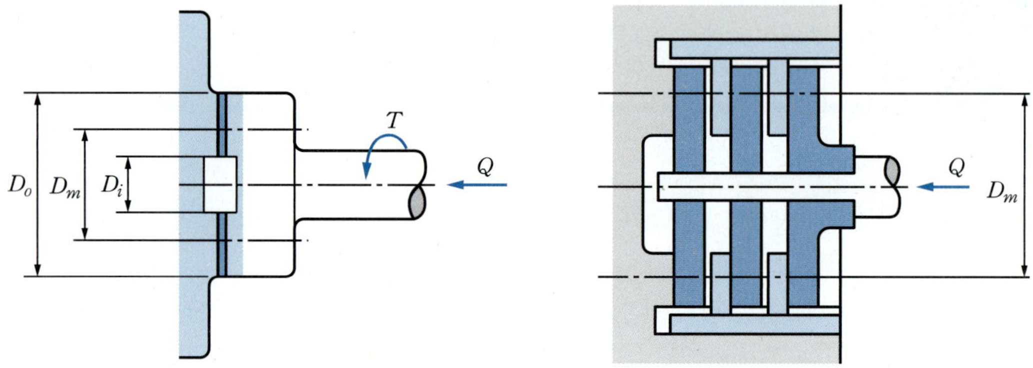

(a) 단판브레이크 (b) 다판브레이크

그림 15-14 클러치형 원판브레이크

■ 단판브레이크

[그림 15-14(a)]에서와 같이 마찰면이 한 개인 원판브레이크로서 평균지름 D_m에서의 제동력 P는 다음과 같다.

$$P = \mu Q \tag{15.24}$$

여기서 Q는 마찰면에서의 수직반력을 나타낸다.[9]

제동토크 T는 다음과 같다.

$$T = P\frac{D_m}{2} = \mu Q\frac{D_m}{2} \tag{15.25}$$

여기서 $D_m = (D_o + D_i)/2$로서 유효지름을 나타낸다.

식 (15.25)는 원판이 균일하게 마모되는 초기에 적용되며, 일정 시간이 흐른 후 원판의 압력분포가 일정한 경우 제동토크는 다음과 같다.

$$T = \frac{2(r_o^3 - r_i^3)}{3(r_o^2 - r_i^2)}\mu Q \tag{15.26}$$

식 (15.26)에서 $\frac{2(r_o^3 - r_i^3)}{3(r_o^2 - r_i^2)}$은 유효지름을 나타낸다.

9 마찰면에서의 수직반력이 축방향으로 밀어붙이는 힘과 같다.

다판브레이크

다판브레이크는 [그림 15-14(b)]와 같이 여러 개의 원판을 축에 고정하여 동시에 여러 면이 접촉하도록 한 브레이크로서 제동력을 여러 원판에 분산하는 효과가 있다. 마찰면의 수를 n이라고 하면 다판브레이크의 제동력 P는 다음과 같다.

$$P = \mu Q n \tag{15.27}$$

또한 제동토크는 다음과 같다.

$$T = P\frac{D_m}{2} = \mu Q n \frac{D_m}{2} \tag{15.28}$$

다판브레이크는 동시에 여러 면이 접촉함으로써 마찰면의 수직반력 Q를 낮출 수 있어서 원판의 면압력을 줄일 수 있다.

탐구

1. 캘리퍼형 원판브레이크에서 캘리퍼의 작동방식을 조사하라.
2. 단판브레이크에 비해 다판브레이크가 갖는 장점은 무엇인가?

예제 15-6 캘리퍼형 원판브레이크의 마찰면 수직힘

캘리퍼형 원판브레이크에서 원판과 브레이크 패드 간의 마찰계수가 0.3이고, 회전축의 중심에서 브레이크 패드의 중심까지의 반지름이 240 mm이다. 110 N·m의 제동토크를 얻으려면 브레이크 패드에 얼마의 힘이 작용해야 하는가?

전략

식 (15.23)의 $T = r(2\mu Q)$를 정리하여 마찰면의 수직힘 Q를 구한다.

풀이

식 (15.23)을 정리하면 마찰면의 수직힘 Q는 다음과 같다.

$$Q = \frac{T}{2\mu r} = \frac{110 \times 10^3}{2 \times 0.3 \times 240} = 763.9\,\text{N} \quad \text{[답]}$$

검토

작용력 Q는 캘리퍼 안에 장착된 휠 실린더의 피스톤이 가하는 힘으로 이 힘은 피스톤의 단면적과 유압의 곱으로 나타낸다.

예제 15-7 클러치형 원판브레이크의 제동동력

클러치형 원판브레이크에서 마찰면의 평균지름이 120 mm 이고, 마찰면의 수직반력이 5 kN이며, 원판과 브레이크 패드 사이의 마찰계수가 0.3이다. 축의 회전속도가 300 rpm 일 때 브레이크로 제동할 수 있는 동력을 구하라.

전략

식 (15.25)로부터 제동토크를 구한 후 식 (15.8)에 대입하여 제동동력을 구한다.

풀이

식 (15.25)로부터 제동토크는 다음과 같다.

$$T = \mu Q \frac{D_m}{2} = 0.3 \times 5 \times \frac{120}{2} = 90\,\mathrm{N \cdot m}$$

식 (15.8)로부터 제동동력 H는 다음과 같다.

$$H = \frac{2\pi NT}{60 \times 1000} = \frac{2 \times \pi \times 300 \times 90}{60 \times 1000} = 2.83\,\mathrm{kW}$$ [답]

검토

계산된 결과는 원판이 균일하게 마모되는 사용 초기의 제동동력이다. 일정 시간이 흘러 원판의 압력분포가 균일하게 되면 제동동력이 달라진다.

SECTION 15.4

원추브레이크

- ✔ 원추브레이크의 구조와 특징을 알아본다.
- ✔ 원추브레이크에서의 상당마찰계수에 대해 학습한다.
- ✔ 원추브레이크의 제동력과 제동토크에 대해 학습한다.

15.4.1 원추브레이크의 구조

원추브레이크는 12장에서 학습한 원추클러치와 마찬가지로 **추력** thrust에 의해 원추면에 생기는 마찰력으로 제동하는 것이다. [그림 15-15]는 원추각 2α를 가진 원추브레이크의 구조와 원추브레이크에 작용하는 힘들을 나타내고 있다.

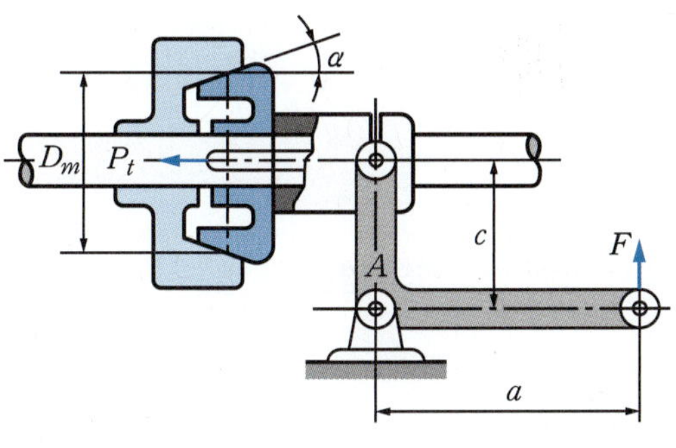

(a) 원추브레이크의 구조

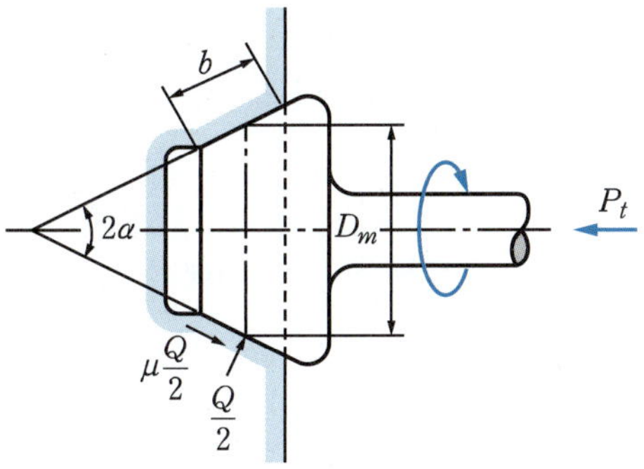

(b) 원추브레이크의 작용힘

그림 15-15 원추브레이크

15.4.2 원추브레이크의 역학관계

■ 추력과 수직반력

[그림 15-15(b)]에서 브레이크가 작동할 때 원추면의 수직반력을 Q라고 하고, 추력을 P_t라고 하면 이들 두 힘 사이의 관계는 다음과 같다.

$$P_t = Q\sin\alpha + \mu Q\cos\alpha \tag{15.29}$$

식 (15.29)로부터 **수직반력** Q는 다음과 같다.

$$Q = \frac{P_t}{\sin\alpha + \mu\cos\alpha} \tag{15.30}$$

여기서 α는 원추반각을 나타낸다.

상당마찰계수

브레이크의 제동력이 $P = \mu Q = \mu' P_t$이므로

$$P = \mu \frac{P_t}{\sin\alpha + \mu\cos\alpha} = \mu' P_t \tag{a}$$

로부터 상당마찰계수는 다음과 같다.

$$\mu' = \frac{\mu}{\sin\alpha + \mu\cos\alpha} \tag{15.31}$$

마찰면의 평균압력

마찰면에 수직으로 작용하는 평균압력 p는 다음과 같이 나타낼 수 있다.

$$p = \frac{Q}{\pi D_m b} \tag{15.32}$$

여기서 D_m은 마찰면의 평균지름, b는 마찰면의 폭을 나타낸다.

식 (15.32)로부터 수직반력 Q는 다음과 같다.

$$Q = \pi D_m bp \tag{15.33}$$

식 (15.33)의 Q를 식 (15.30)에 대입하고 정리하면 다음과 같이 마찰면의 평균압력을 구할 수 있다.

$$p = \frac{P_t}{\pi D_m b(\sin\alpha + \mu\cos\alpha)} \tag{15.34}$$

제동토크

브레이크의 제동토크 T는 다음과 같다.

$$T = P\frac{D_m}{2} = \mu Q\frac{D_m}{2} = \mu' P_t \frac{D_m}{2} \tag{15.35}$$

또한 [그림 15-15(a)]에서 원추브레이크의 작동력 F는 A점에 대한 모멘트평형으로부터 다음과 같다.

$$F = \frac{c}{a} P_t \tag{15.36}$$

탐구
1. 원판브레이크와 비교하여 원추브레이크가 갖는 장점은 무엇인가?
2. 원추브레이크에서 상당마찰계수는 무엇을 의미하는가?

예제 15-8 원추브레이크에서 필요한 제동토크, 추력 및 마찰면의 평균압력

500 rpm의 회전속도에서 3 kW의 동력을 전달하는 회전축을 원추브레이크로 제동하려고 한다. 마찰면의 폭은 20 mm, 마찰면의 평균지름은 240 mm, 원추반각은 20°이고, 마찰면의 마찰계수는 0.3이다. 다음을 구하라.

(a) 제동을 위해 필요한 제동토크

(b) 제동을 위해 필요한 추력

(c) 추력으로 인한 접촉면의 평균압력

전략

식 (15.8)을 정리하면 제동토크를 구할 수 있다. 원추브레이크이므로 식 (15.31)로부터 상당마찰계수를 구한 후 식 (15.35)에 대입하여 정리하면 추력을 구할 수 있다. 또한 식 (15.34)를 이용하여 접촉면의 평균압력을 구한다.

풀이

(a) 식 (15.8)을 정리하면 제동토크는 다음과 같다.

$$T = \frac{H}{\omega} = \frac{3 \times 10^3}{\left(\dfrac{2 \times \pi \times 500}{60}\right)} = 57.3\,\mathrm{N \cdot m} \quad \text{[답]}$$

(b) 식 (15.31)로부터 상당마찰계수는 다음과 같다.

$$\mu' = \frac{\mu}{\sin\alpha + \mu\cos\alpha} = \frac{0.3}{\sin 20° + 0.3 \times \cos 20°} = 0.481$$

식 (15.35)를 정리하면 추력은 다음과 같다.

$$P_t = \frac{2T}{\mu' D_m} = \frac{2 \times 57.3}{0.481 \times 0.24} = 992.7\,\mathrm{N} \quad \text{[답]}$$

(c) 식 (15.34)로부터 접촉면의 평균압력은 다음과 같다.

$$p = \frac{P_t}{\pi D_m b(\sin\alpha + \mu\cos\alpha)} = \frac{992.7}{\pi \times 240 \times 20 \times (\sin 20° + 0.3 \times \cos 20°)}$$

$$= 0.106\,\mathrm{N/mm^2} \quad \text{[답]}$$

검토

마찰면에서 발생하는 평균압력을 고려하여 적합한 브레이크 재료를 선정해야 한다.

SECTION 15.5

밴드브레이크

- ✔ 밴드브레이크의 구조와 특징을 알아본다.
- ✔ 밴드브레이크의 장력, 제동력 및 제동토크에 대해 학습한다.
- ✔ 밴드의 자동잠김조건에 대해 학습한다.
- ✔ 밴드의 폭과 두께를 결정하는 방법을 학습한다.

밴드브레이크는 강재밴드steel band를 브레이크 드럼에 감은 후 밴드에 장력을 가하여 접촉면의 마찰력으로 드럼의 회전을 제동한다. 밴드와 브레이크 드럼 사이에 큰 마찰계수를 주기 위해 보통 밴드의 안쪽에 나무, 가죽, 석면 등을 덧댄다. 밴드브레이크는 작용력을 가하는 레버에 부착되는 밴드의 위치에 따라 [그림 15-16]과 같이 단동식, 합동식, 차동식이 있다.

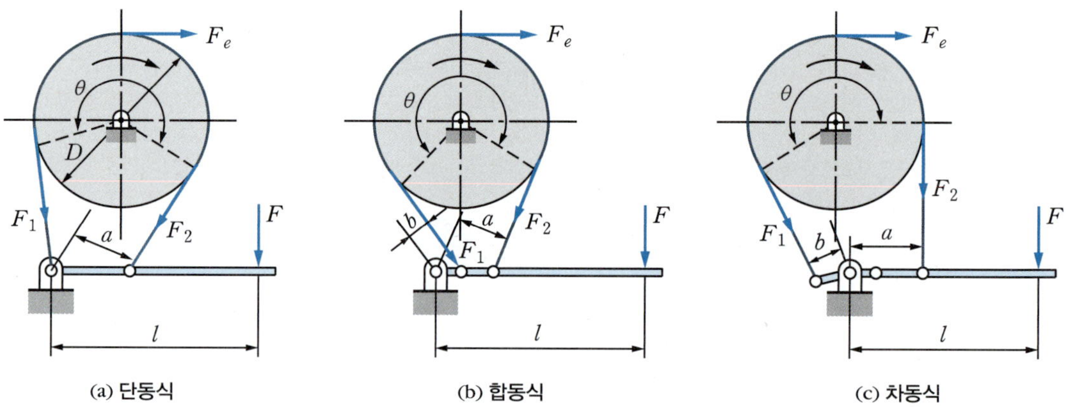

그림 15-16 밴드브레이크의 종류

15.5.1 밴드의 장력 및 제동력

브레이크 드럼에 감긴 밴드의 양 끝에서의 장력은 14장의 벨트에서 학습한 바와 같이 다음의 관계를 가진다.

$$\frac{F_1}{F_2} = e^{\mu\theta} \tag{15.37}$$

여기서 F_1은 긴장측의 장력, F_2는 이완측의 장력, μ는 드럼과 밴드 사이의 마찰계수, 그리고 θ는 드럼과 밴드의 접촉각을 나타낸다. 드럼과 밴드의 접촉각은 일반적으로 180 ~ 270°의 범위에서 정한다.

브레이크의 제동력 F_e는 긴장측과 이완측 장력의 차이로 다음과 같다.

$$F_e = F_1 - F_2 \tag{15.38}$$

밴드의 긴장측과 이완측의 장력은 다음과 같다.[10]

$$F_1 = \frac{e^{\mu\theta}}{e^{\mu\theta} - 1} F_e \tag{15.39a}$$

$$F_2 = \frac{1}{e^{\mu\theta} - 1} F_e \tag{15.39b}$$

15.5.2 브레이크 작동력

단동식, 합동식, 차동식 밴드브레이크에 대한 브레이크 작동력을 알아본다.

■ 단동식 밴드브레이크

단동식은 [그림 15-16(a)]에서 보는 바와 같이 밴드의 한쪽 끝이 레버의 회전중심에 부착된 것을 말한다. [그림 15-17]에 레버에 대한 자유물체도를 나타냈다. 드럼이 우회전하는 경우 [그림 15-17(a)]의 자유물체도에서 레버의 회전중심에 대한 모멘트의 평형방정식은 다음과 같다.

$$Fl = F_2 a \tag{a}$$

이 식을 정리하면 작용력 F는 다음과 같다.

$$F = \frac{a}{l} F_2 = \frac{F_e a}{l(e^{\mu\theta} - 1)} \tag{15.40}$$

드럼이 좌회전하는 경우 [그림 15-17(b)]의 자유물체도에서 레버의 회전중심에 대한 모멘트의 평형방정식은 다음과 같다.[11]

$$Fl = F_1 a \tag{b}$$

이 식을 정리하면 작용력 F는 다음과 같다.

$$F = \frac{a}{l} F_1 = \frac{F_e a e^{\mu\theta}}{l(e^{\mu\theta} - 1)} \tag{15.41}$$

---

10 14장의 벨트전동을 참조하라.

11 드럼의 회전방향이 바뀌면 긴장측과 이완측이 서로 바뀐다.

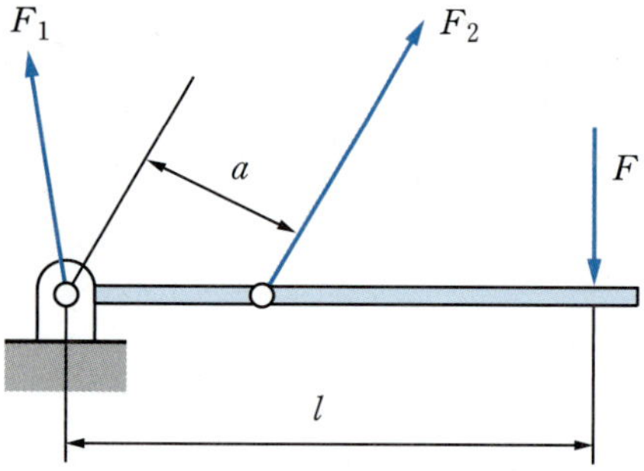

(a) 드럼이 우회전하는 경우

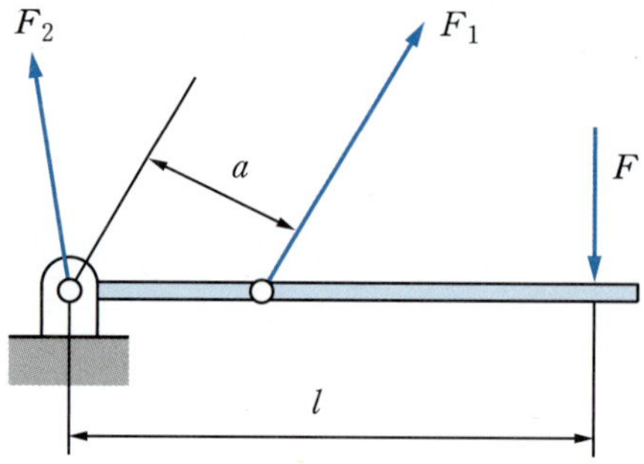

(b) 드럼이 좌회전하는 경우

그림 15-17 단동식 밴드브레이크의 레버에 작용하는 힘

■ 합동식 밴드브레이크

합동식은 [그림 15-16(b)]에서 보는 바와 같이 밴드의 양쪽 끝이 레버의 회전중심과 작동력 사이에 설치된 것을 말한다. [그림 15-18]에 레버에 대한 자유물체도를 나타냈다. 드럼이 우회전하는 경우 [그림 15-18(a)]의 자유물체도에서 레버의 회전중심에 대한 모멘트의 평형방정식은 다음과 같다.

$$Fl = F_2 a + F_1 b \tag{c}$$

이 식을 정리하면 작용력 F는 다음과 같다.

$$F = \frac{1}{l}(F_2 a + F_1 b) = \frac{F_e(a + be^{\mu\theta})}{l(e^{\mu\theta} - 1)} \tag{15.42}$$

드럼이 좌회전하는 경우 [그림 15-18(b)]의 자유물체도에서 레버의 회전중심에 대한 모멘트의 평형방정식은 다음과 같다.

$$Fl = F_1 a + F_2 b \tag{d}$$

이 식을 정리하면 작용력 F는 다음과 같다.

$$F = \frac{1}{l}(F_1 a + F_2 b) = \frac{F_e(ae^{\mu\theta} + b)}{l(e^{\mu\theta} - 1)} \tag{15.43}$$

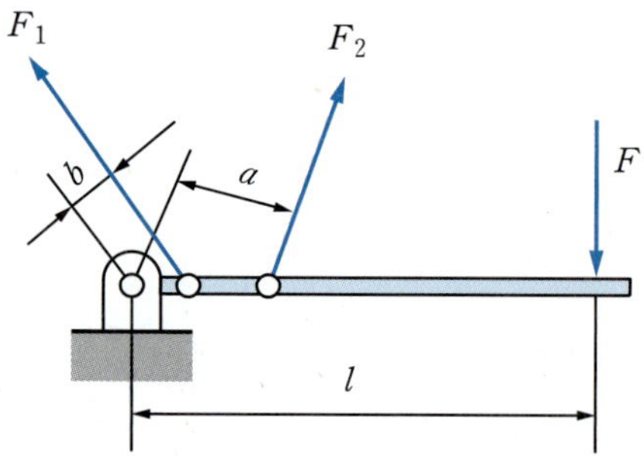

(a) 드럼이 우회전하는 경우

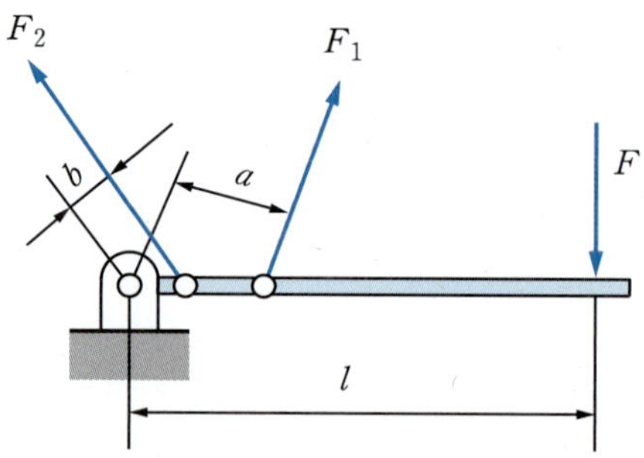

(b) 드럼이 좌회전하는 경우

그림 15-18 합동식 밴드브레이크의 레버에 작용하는 힘

■ 차동식 밴드브레이크

차동식은 [그림 15-16(c)]에 나타낸 것처럼 밴드의 양쪽 끝이 레버의 회전중심을 기준으로 서로 반대쪽에 설치된 것을 말한다. [그림 15-19]에 레버에 대한 자유물체도를 나타냈다. 드럼이 우회전하는 경우 [그림 15-19(a)]의 자유물체도에서 레버의 회전중심에 대한 모멘트의 평형방정식은 다음과 같다.

$$Fl = -F_1 a + F_2 b \tag{e}$$

이 식을 정리하면 레버의 작용력 F는 다음과 같다.

$$F = \frac{1}{l}(-F_1 a + F_2 b) = \frac{F_e(-ae^{\mu\theta} + b)}{l(e^{\mu\theta} - 1)} \tag{15.44}$$

드럼이 좌회전하는 경우 [그림 15-19(b)]의 자유물체도에서 레버의 회전중심에 대한 모멘트의 평형방정식은 다음과 같다.

$$Fl = -F_2 a + F_1 b \tag{f}$$

이 식을 정리하면 레버의 작용력 F는 다음과 같다.

$$F = \frac{1}{l}(-aF_2 + bF_1) = \frac{F_e(-a + be^{\mu\theta})}{l(e^{\mu\theta} - 1)} \tag{15.45}$$

차동식 밴드브레이크에서 드럼이 우회전을 하는 경우 $ae^{\mu\theta} \geq b$, 좌회전을 하는 경우 $a \geq be^{\mu\theta}$가 되면 $F \leq 0$이 되므로 밴드브레이크에는 항상 제동력이 작용하는 상태가 된다.[12] 이럴 때 밴드브레이크는 속도조절을 할 수 없으며, 이런 상태를 **자동잠김** self locking이라고 한다.

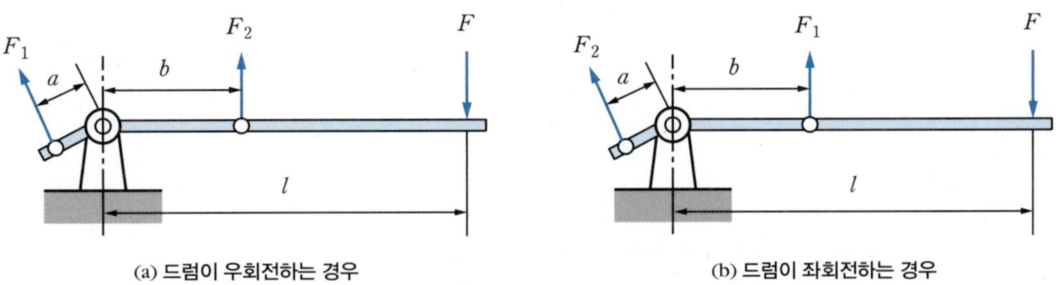

그림 15-19 차동식 밴드브레이크의 레버에 작용하는 힘

15.5.3 밴드의 설계

브레이크 밴드에 작용하는 장력과 밴드의 인장강도를 고려하여 밴드의 폭과 두께를 결정하는 방법을 알아본다.

---

12 $F \leq 0$이 되므로 작동력 F가 없어도 스스로 제동이 된다는 것을 의미한다.

■ 마찰면적

[그림 15-20]에서 보는 바와 같이 드럼의 지름이 D, 접촉각이 θ, 폭이 b일 때 밴드의 마찰면적 A는 다음과 같다.

$$A = \frac{D}{2}\theta b \tag{15.46}$$

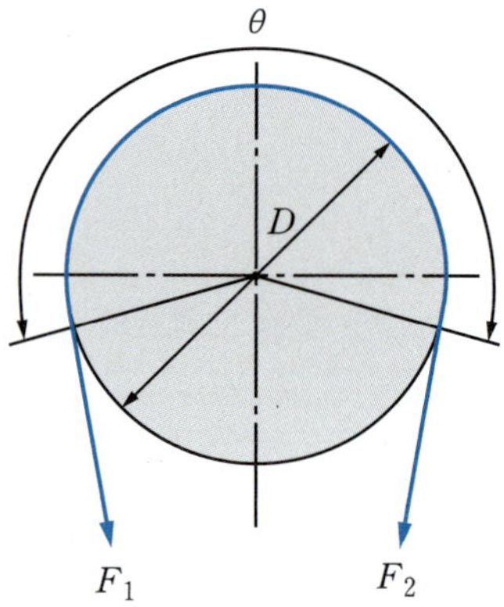

그림 15-20 브레이크 드럼과 밴드의 접촉

■ 밴드의 응력

밴드의 긴장측 장력이 F_1, 폭이 b, 두께가 t라고 하면 인장응력 σ는 다음과 같다.

$$\sigma = \frac{F_1}{bt} \tag{15.47}$$

탐구

1. 밴드브레이크에서 단동식, 합동식, 차동식의 특징을 설명하라.
2. 차동식 밴드브레이크에서 자동잠김이란 무엇인지 설명하라.

예제 15-9 단동식 밴드브레이크의 최대 제동토크와 밴드의 폭

[그림 15-21]에 나타낸 단동식 밴드브레이크에서 드럼이 우회전하고 있다. 밴드의 두께가 4mm, 밴드의 허용 인장응력이 $80\,\mathrm{N/mm^2}$, 밴드와 드럼의 접촉각이 230°, 밴드와 드럼 사이의 마찰계수가 0.3일 때 다음을 구하라. 단, 길이의 단위는 mm이다.

(a) 최대 제동토크

(b) 밴드의 폭

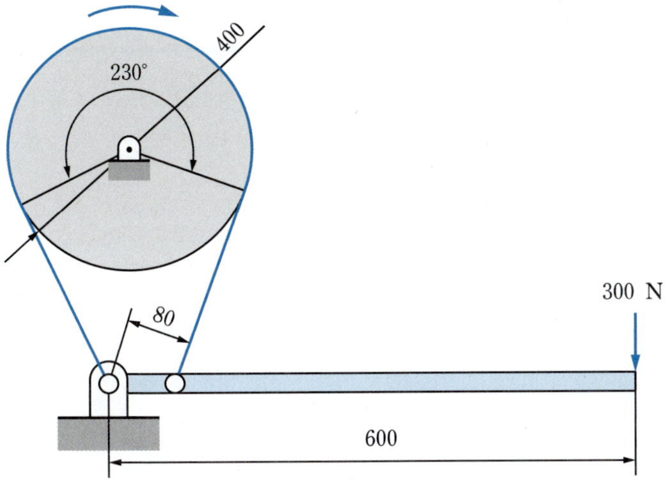

그림 15-21 단동식 밴드브레이크

전략

단동식 밴드브레이크이고 드럼이 우회전하므로 식 (15.40)을 정리하여 제동력을 구한다. 이 제동력에 드럼의 반지름을 곱하여 최대 제동토크를 구한다. 식 (15.39a)로부터 밴드의 긴장측 장력을 구하고, 이 장력을 식 (15.47)에 대입하여 밴드의 폭을 구한다.

풀이

(a) $e^{\mu\theta} = e^{0.3\times 230\times \pi/180} = 3.33$ 이고, 단동식 밴드브레이크에서 드럼이 우회전하므로 식 (15.40)을 정리하여 제동력 F_e를 구한다.

$$F_e = \frac{Fl}{a}(e^{\mu\theta} - 1) = \frac{300\times 600}{80}\times(3.33-1) = 5242.5\,\mathrm{N}$$

최대 제동토크는 다음과 같다.

$$T = F_e\frac{D}{2} = 5242.5\times\frac{0.4}{2} = 1048.5\,\mathrm{N\cdot m} \quad \text{[답]}$$

(b) 식 (15.39a)로부터 밴드의 긴장측 장력은 다음과 같다.

$$F_1 = \frac{e^{\mu\theta}}{e^{\mu\theta}-1}F_e = \frac{3.33}{3.33-1}\times 5242.5 = 7492.5\,\mathrm{N}$$

식 (15.47)을 정리하면 밴드의 폭 b는 다음과 같다.

$$b = \frac{F_1}{\sigma t} = \frac{7492.5}{80\times 4} = 23.4\,\mathrm{mm} \approx 24\,\mathrm{mm} \quad \text{[답]}$$

검토

드럼이 좌회전하는 경우에 대해 요구되는 밴드의 폭은 얼마인지 구하여 비교해보자.

예제 15-10 차동식 밴드브레이크에서 제동에 필요한 최소 작동력

[그림 15−22]에 나타낸 지름 160 mm 의 드럼은 시계방향으로 800 rpm 의 회전속도로 12 kW 의 동력을 전달하고 있다. 드럼과 벨트 사이의 마찰계수가 0.2일 때 드럼을 제동하기 위한 최소 작동력 F는 얼마인가? 단, 길이의 단위는 mm 이다.

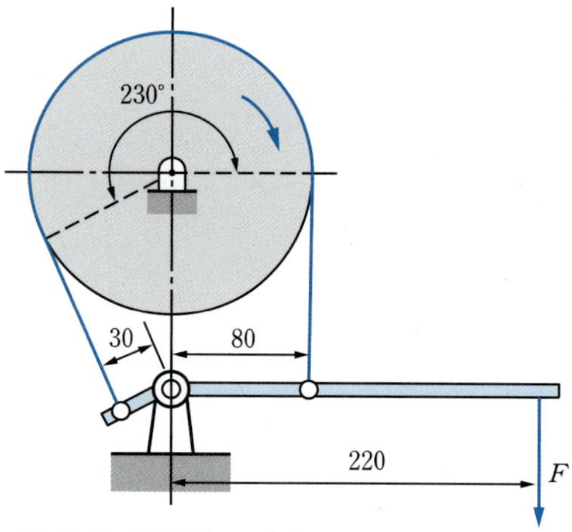

그림 15-22 차동식 밴드브레이크

전략

주어진 동력과 회전속도를 식 (15.8)에 대입하여 제동토크를 구한다. 제동토크는 제동력과 드럼반지름의 곱이므로 이 관계로부터 제동력을 구한다. 그리고 식 (15.44)로 작동력을 구한다.

풀이

식 (15.8)을 정리하면 제동토크는 다음과 같다.

$$T = \frac{H}{\omega} = \frac{12 \times 10^3}{\left(\dfrac{2 \times \pi \times 800}{60}\right)} = 143.2\,\text{N} \cdot \text{m}$$

제동토크 $T = F_e \dfrac{D}{2}$ 이므로 제동력 F_e는 다음과 같다.

$$F_e = \frac{2T}{D} = \frac{2 \times 143.2}{0.16} = 1790\,\text{N}$$

$$e^{\mu\theta} = e^{0.2 \times (230 \times \pi / 180)} = 2.23$$

식 (15.44)에 의해 작동력 F는 다음과 같다.

$$F = \frac{F_e(-ae^{\mu\theta} + b)}{l(e^{\mu\theta} - 1)} = \frac{1790 \times (-30 \times 2.23 + 80)}{220 \times (2.23 - 1)} = 86.7\,\text{N}$$ [답]

검토

이 문제에서 길이 a를 제외한 모든 조건이 같다는 가정하에 자동잠김이 되는 a의 길이가 얼마가 되는지 확인해보자.

CHAPTER 15 | 핵심요약

- 브레이크는 접촉면의 마찰로 회전체의 운동에너지를 열에너지로 변환하면서 회전속도를 줄이거나 멈추는 역할을 한다.
- 브레이크의 제동력은 마찰면 사이의 마찰계수와 수직반력에 따라 결정된다.
- 브레이크 용량은 마찰열 소산에 대한 지표로서 단위 마찰면적당 일률을 나타낸다.
- 차동식 밴드브레이크에서 작동력이 없어도 스스로 제동되어 회전을 멈추는 현상을 자동잠김이라고 한다.

CHAPTER 15 | 기본문제

15.1 단식 블록브레이크에 대한 설명 중 옳지 않은 것은? 15.1절

① 회전축의 베어링에 대한 하중부담이 작다.

② 브레이크 레버가 있다.

③ 브레이크 블록이 1개다.

④ 작은 토크를 제동하는 데 적합하다.

15.2 다음 그림에서 작동력을 F, 마찰면에서 블록이 받는 수직반력을 Q, 마찰면에서 블록이 받는 마찰력을 μQ라고 할 때 다음 중 작동력 F는? 15.1절

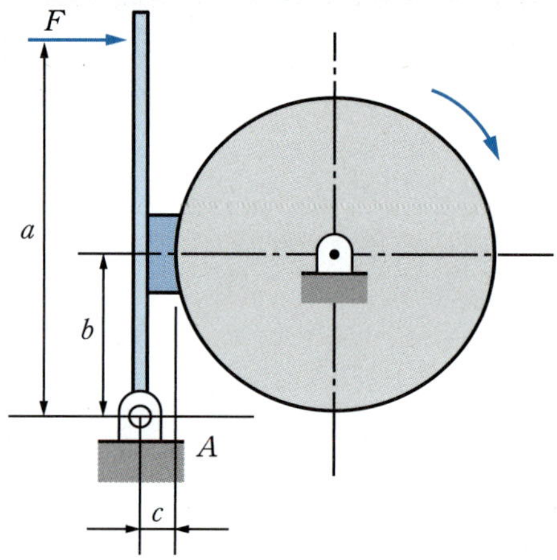

그림 P15.1

① $\dfrac{Q}{b}(a+\mu c)$　② $\dfrac{Q}{a}(b+\mu c)$　③ $\dfrac{Q}{b}(a-\mu c)$　④ $\dfrac{Q}{a}(b-\mu c)$

15.3 블록브레이크에서 브레이크를 작동하지 않을 때 드럼과 블록 사이에 얼마의 간격을 주는가? 15.1절

① 0.2 ~ 0.3 mm　② 0.5 ~ 0.6 mm　③ 1 ~ 2 mm　④ 2 ~ 3 mm

15.4 블록브레이크에서 드럼과 블록 사이의 마찰계수가 μ, 브레이크 압력이 p, 브레이크 드럼의 원주속도가 v라고 할 때 다음 중 브레이크 용량을 나타내는 식은? 15.1절

① $\mu p^2 v$　② $\mu p/v$　③ μpv　④ μpv^2

15.5 블록브레이크에서 브레이크 드럼의 원주속도를 v, 제동력을 P, 블록에 작용하는 수직반력을 Q, 제동압력을 p, 접촉면적을 A, 마찰계수를 μ라고 할 때 다음 중 브레이크 제동동력을 나타내는 식은? 15.1절

① μQv^2 ② $\mu Qv/A$ ③ μpvA ④ μpv^2A

15.6 브레이크 용량은 브레이크의 설계에서 매우 중요한 인자이다. 다음 중 브레이크 용량에 대한 설명으로 옳지 않은 것은? 15.1절

① 브레이크 용량은 마찰계수와 제동압력과 드럼 원주속도의 곱이다.
② 브레이크 용량은 방열조건이 좋을수록 작게 잡는다.
③ 브레이크 용량은 단위시간당 단위면적에서 방출할 수 있는 에너지이다.
④ 브레이크 용량이 크면 온도상승을 줄일 수 있다.

15.7 블록브레이크에서 블록이 드럼을 미는 힘이 12kN, 드럼과 블록 사이의 마찰계수가 0.3일 때 브레이크 제동력은 얼마인가? 15.1절

① 3.6kN ② 4.3kN ③ 5.2kN ④ 6.4kN

15.8 블록브레이크에서 마찰면에 50kN·m의 토크가 작용하고 있다. 제동을 위해 필요한 최소 제동력은 얼마인가? 단, 드럼의 지름은 400mm이다. 15.1절

① 175kN ② 200kN ③ 225kN ④ 250kN

15.9 블록브레이크에서 지름이 500mm인 브레이크 드럼에 5kN의 힘으로 블록을 밀어붙일 때 발생하는 제동토크는 얼마인가? 단, 블록과 드럼 사이의 마찰계수는 0.3이다. 15.1절

① 0.187kN·m ② 0.375kN·m ③ 0.750kN·m ④ 1.125kN·m

15.10 블록브레이크에서 브레이크 제동력은 10kN이고, 드럼과 블록 사이의 마찰계수는 0.4이다. 브레이크 블록의 폭이 30mm이고, 길이가 40mm일 때 브레이크의 제동압력은 얼마인가? 15.1절

① $20.8\,\mathrm{N/mm^2}$ ② $25.4\,\mathrm{N/mm^2}$ ③ $29.1\,\mathrm{N/mm^2}$ ④ $33.2\,\mathrm{N/mm^2}$

15.11 500rpm으로 회전하는 축의 끝에 400mm의 지름을 갖는 브레이크 드럼이 달려 있다. 회전하는 드럼에 블록으로 20kN의 제동력을 가하는 경우 블록브레이크의 제동동력은 얼마인가? 15.1절

① 125.6kW ② 167.5kW ③ 209.4kW ④ 251.3kW

15.12 V형 블록브레이크에서 드럼에 있는 홈의 각도가 60°이고, 블록을 드럼의 홈에 밀어붙이는 힘이 200N일 때 브레이크의 제동력은 얼마인가? 단, 블록과 드럼 사이의 마찰계수는 0.3이다. 15.1절

① 32N
② 47N
③ 63N
④ 79N

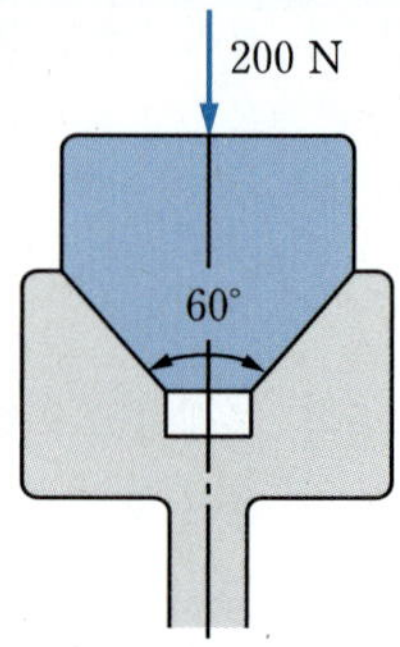

그림 P15.2

15.13 드럼브레이크를 사용하여 500rpm, 15kW의 동력을 제동하려고 한다. 브레이크슈에 부착된 라이닝과 드럼 사이의 마찰계수가 0.4일 때 브레이크의 제동력은 얼마인가? 15.2절

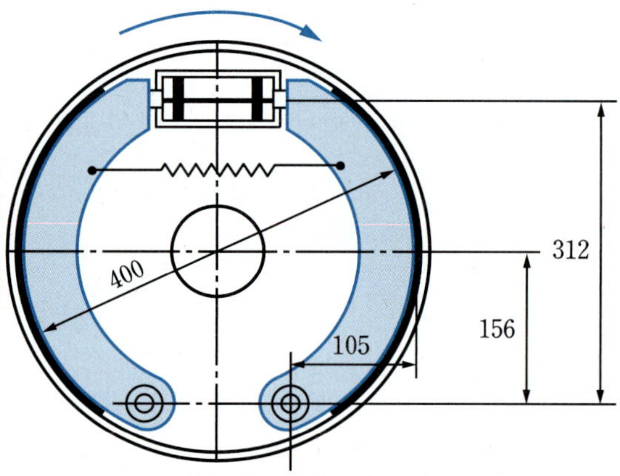

그림 P15.3

① 859.5N ② 1146.3N ③ 1432.5N ④ 1719.2N

15.14 다음 중 축방향으로 힘이 작용하여 작동하는 브레이크는? 15.3절

① 밴드브레이크 ② 블록브레이크 ③ 드럼브레이크 ④ 원판브레이크

15.15 클러치형 원판브레이크에서 원판을 축방향으로 미는 힘이 8kN이고, 원판의 회전수가 500rpm일 때 브레이크의 제동동력은 얼마인가? 단, 원판의 접촉 평균지름이 120mm이고, 브레이크 패드와 원판 간의 마찰계수는 0.3이다. 15.3절

① 6.03kW ② 7.54kW ③ 9.05kW ④ 10.56kW

15.16 600 rpm의 회전속도에서 5 kW의 동력을 전달하는 회전축을 원추브레이크로 제동하려고 한다. 마찰면의 평균지름은 300 mm, 원추반각은 20°이고, 마찰면의 마찰계수는 0.4일 때 제동을 위해 필요한 축하중은 얼마인가? 15.4절

① 952.7 N ② 1143.2 N ③ 1333.8 N ④ 1524.3 N

15.17 원추반각이 20°, 접촉면의 평균지름이 280 mm, 접촉면의 폭이 20 mm, 마찰계수가 0.3인 원추브레이크가 1200 N의 축하중을 받을 때 접촉면의 평균압력은 얼마인가? 15.4절

① $0.109\,\mathrm{N/mm^2}$ ② $0.142\,\mathrm{N/mm^2}$ ③ $0.174\,\mathrm{N/mm^2}$ ④ $0.207\,\mathrm{N/mm^2}$

15.18 밴드브레이크에서 브레이크 드럼과 밴드 사이의 접촉각은 보통 어느 범위에서 정하는가? 15.5절

① 180 ~ 270° ② 270 ~ 360° ③ 360 ~ 450° ④ 450 ~ 540°

15.19 다음 그림에 나타낸 단동식 밴드브레이크에서 드럼이 400 rpm으로 좌회전하고 있다. 브레이크 레버 끝에서 250 N의 힘으로 작동할 경우 제동할 수 있는 동력은 얼마인가? 단, 브레이크 드럼과 밴드 사이의 마찰계수는 0.4이고, 접촉각은 240°이다. 15.5절

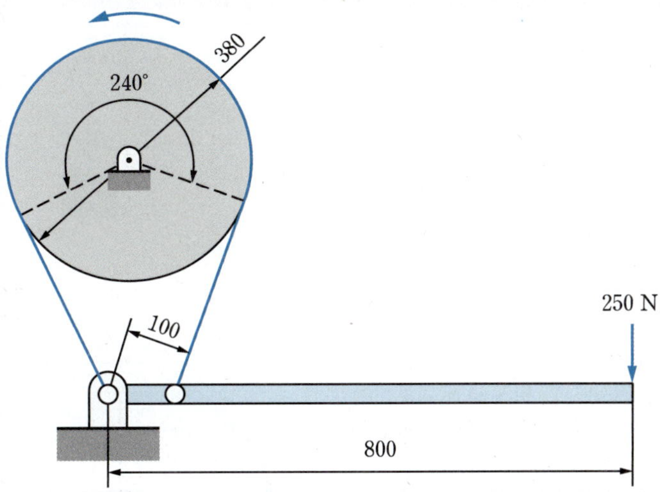

그림 P15.4

① 5.2 kW ② 7.8 kW ③ 10.3 kW ④ 12.9 kW

정답

15.1 ①	15.2 ②	15.3 ④	15.4 ③	15.5 ③	15.6 ②	15.7 ①	15.8 ④	15.9 ②	15.10 ①
15.11 ③	15.12 ④	15.13 ③	15.14 ④	15.15 ②	15.16 ①	15.17 ①	15.18 ②	15.19 ④	

CHAPTER 15 | 연습문제

15.1 블록브레이크로 회전하는 드럼을 제동하려고 한다. 드럼에 작용하는 토크는 $30\,\text{kN}\cdot\text{m}$이며, 드럼과 블록 사이의 마찰계수는 0.4이다. 회전하는 드럼을 제동하기 위해 레버의 끝에 가하는 최소 작동력 F는 얼마인가? 단, 길이의 단위는 mm이다. 15.1절

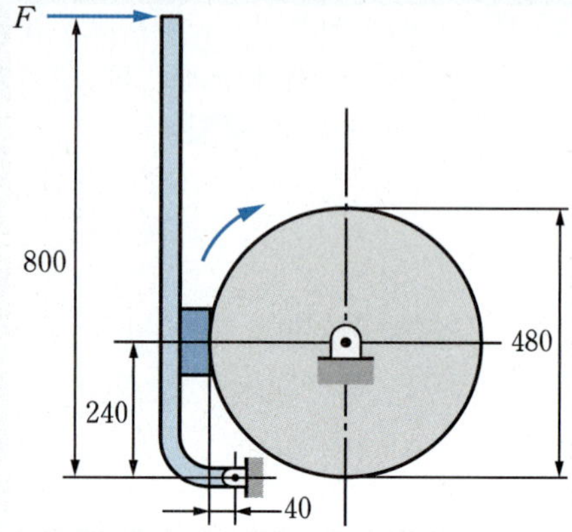

그림 P15.5

15.2 단동식 블록브레이크를 사용하여 지름 80mm의 축에 걸쳐진 무게 W의 추가 밑으로 내려가지 않도록 하려고 한다. 축은 지름 270mm의 브레이크 드럼과 일체로 조립되어 있으며, 드럼과 블록 사이의 마찰계수는 0.3이다. 다음을 구하라. 15.1절

(a) 제동력

(b) 제동토크

(c) 내려가지 않도록 허용할 수 있는 추의 최대무게

(d) 마찰면의 허용압력이 $1.5\,\text{N/mm}^2$일 때 브레이크 블록의 최소면적

(e) 브레이크 용량이 $1.2\,\text{N/mm}^2\cdot\text{m/s}$일 때 브레이크 드럼의 최대 회전속도

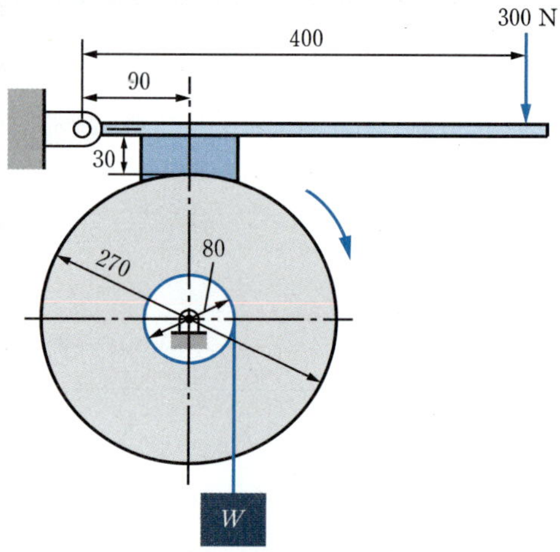

그림 P15.6

15.3 자동차 차축에 연결된 드럼이 2000rpm으로 회전하고 있다. 그림에 나타낸 확장식 드럼브레이크에서 브레이크슈에 힘을 가하는 실린더의 지름 $d = 24\,\text{mm}$이고, 실린더 내의 유압이 5MPa이며, 브레이크슈와 드럼 사이의 마찰계수가 0.3일 때 다음을 구하라. 15.2절

(a) 유압실린더가 브레이크슈에 가하는 힘

(b) 브레이크의 제동력

(c) 브레이크의 제동동력

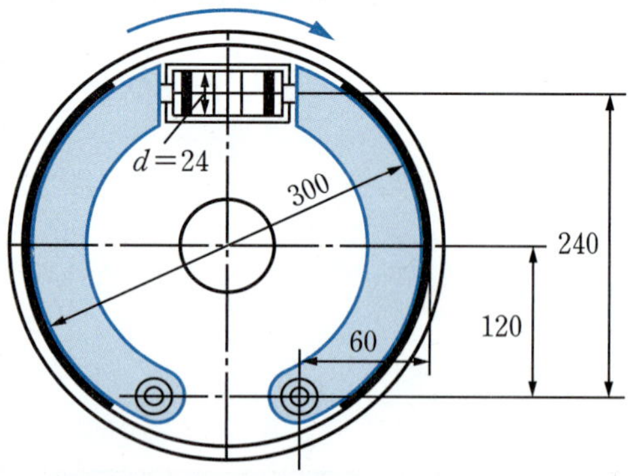

그림 P15.7

15.4 클러치형 원판브레이크에서 접촉부의 평균지름이 200 mm, 제동을 위해 축방향으로 가하는 하중이 5 kN, 접촉부의 마찰계수가 0.3이다. 축의 회전속도가 120 rpm 인 경우에 제동동력은 얼마인가? 15.3절

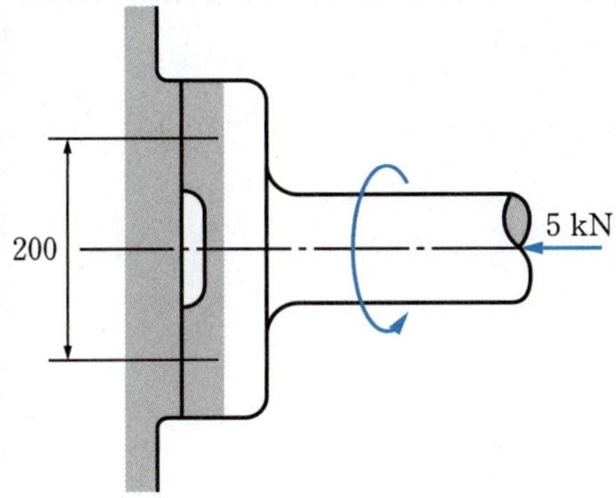

그림 P15.8

15.5 300 rpm 의 회전속도에서 20 kW 의 동력을 전달하는 회전축을 원추브레이크로 제동하려고 한다. 원추반각은 20°, 마찰계수는 0.3, 접촉면의 허용 평균압력은 0.2 MPa, 원추의 평균지름은 160 mm 라고 할 때 다음을 구하라. 단, 길이의 단위는 mm 이다. 15.4절

(a) 추력 P_t (b) 마찰면의 폭 b (c) 작동력 F

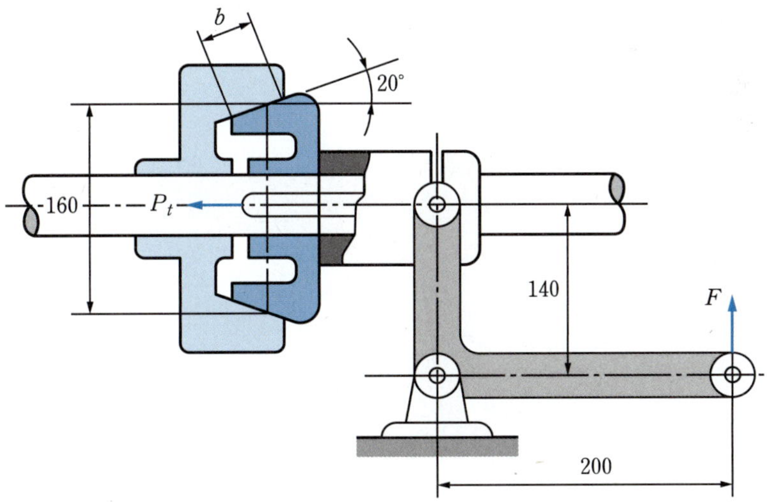

그림 P15.9

15.6 밴드브레이크로 200 rpm 의 회전속도에서 10 kW의 동력으로 회전하는 드럼을 제동하려고 한다. 드럼과 밴드 사이의 마찰계수가 0.4인 경우에 제동을 위해 필요한 레버의 길이 L은 얼마인가? 15.5절

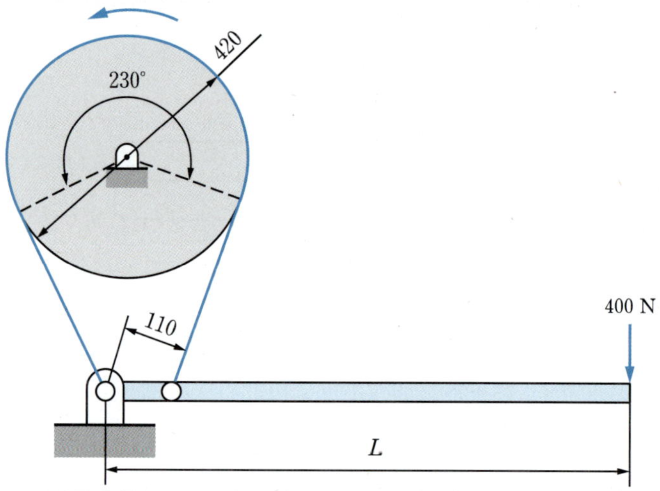

그림 P15.10

15.7 밴드브레이크에서 브레이크 드럼의 축에 300 kN·m 의 토크가 작용하고 있다. 드럼과 밴드 사이의 마찰계수가 0.4일 때 축의 회전을 정지하는 데 필요한 최소 작동력 F는 얼마인가? 단, 길이의 단위는 mm 이다. 15.5절

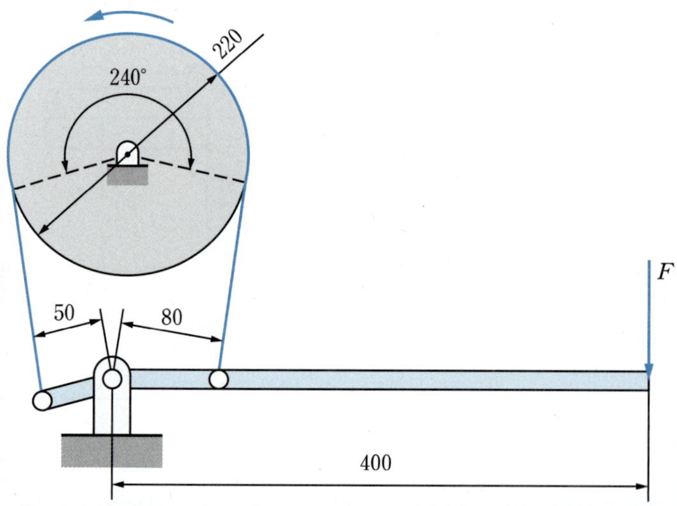

그림 P15.11

CHAPTER

16

스프링

Spring

학습목표

- ✔ 스프링의 물리적 특성에 대해 학습한다.
- ✔ 스프링의 종류별 기능을 알아본다.
- ✔ 원통형 코일스프링의 전단응력, 변형량, 감김수에 대해 학습한다.
- ✔ 토션바의 비틀림각, 전단응력, 스프링상수, 탄성에너지에 대해 학습한다.
- ✔ 판스프링의 굽힘응력, 처짐량, 유효길이에 대해 학습한다.

SECTION 16.1

스프링의 물리적 특성

- ✔ 직렬 및 병렬 스프링계의 스프링상수에 대해 학습한다.
- ✔ 스프링에 저장되는 탄성에너지에 대해 학습한다.
- ✔ 스프링의 처짐량에 대해 학습한다.

스프링 spring은 변형되었을 때 내부에 저장된 탄성에너지로 기구의 복원이나 작동을 수행하게 하는 기계부품이며, 충돌 시에는 변형을 통해 에너지를 흡수하는 역할도 한다.

16.1.1 스프링상수

물체에 힘을 가하여 변형시켰을 때 물체가 변형 전 상태로 되돌아가려는 성질을 **탄성** elasticity이라 하고, 그 힘을 **탄성력** elastic force이라고 한다. 재료의 탄성한도elastic limit 내에서 탄성력과 변형량이 선형의 관계를 갖는 스프링을 **선형스프링** linear spring, 비선형의 관계를 갖는 스프링을 **비선형스프링** nonlinear spring이라고 한다. 탄성한도 내에서 스프링이 축하중을 받는 경우 힘 $F[\mathrm{N}]$와 변형량 $\delta[\mathrm{mm}]$ 사이에는 다음의 관계를 갖는다.

$$k = \frac{F}{\delta}\ [\mathrm{N/mm}] \tag{16.1}$$

여기서 k는 **스프링상수** spring constant를 나타내며, 탄성한도 내에서 일정한 값을 갖는다.

식 (16.1)로부터 스프링 힘 F는 다음과 같다.

$$F = k\delta \tag{16.2}$$

스프링이 비틀림하중을 받는 경우 토크 $T[\mathrm{N \cdot mm}]$와 비틀림각 $\theta\,[\mathrm{rad}]$ 사이에 다음의 관계를 갖는다.

$$k_t = \frac{T}{\theta}\ [\mathrm{N \cdot mm/rad}] \tag{16.3}$$

여기서 k_t는 **비틀림 스프링상수** torsional spring constant를 나타내며, 비틀림 탄성한도 내에서 일정한 값을 갖는다. 식 (16.3)으로부터 스프링 토크는 다음과 같다.

$$T = k_t\theta \tag{16.4}$$

16.1.2 스프링의 연결방식

■ 직렬연결

[그림 16-1(a)]와 같이 스프링을 연결한 것을 **직렬연결** series connection이라고 한다. 직렬연결에서 각 스프링에 작용하는 힘은 같다. 즉 $F_1 = F_2 = F$가 된다. 스프링상수가 각각 k_1과 k_2이고, 스프링의 변위가 δ_1과 δ_2일 때 스프링에 작용하는 힘은 다음과 같다.

$$F = k_1\delta_1 = k_2\delta_2 \tag{a}$$

두 스프링의 변형량의 합은 다음과 같다.

$$\delta = \delta_1 + \delta_2 \tag{b}$$

두 스프링을 조합한 **상당스프링상수** equivalent spring constant를 k_e라고 하면, 힘과 변형량 간에 다음의 관계를 갖는다.

$$F = k_e\delta \tag{c}$$

식 (a) ~ (c)를 정리하여 n개의 스프링으로 일반화하면 직렬연결의 상당스프링상수 k_e는 다음과 같다.

$$\frac{1}{k_e} = \frac{1}{k_1} + \frac{1}{k_2} + \cdots + \frac{1}{k_n} \tag{16.5}$$

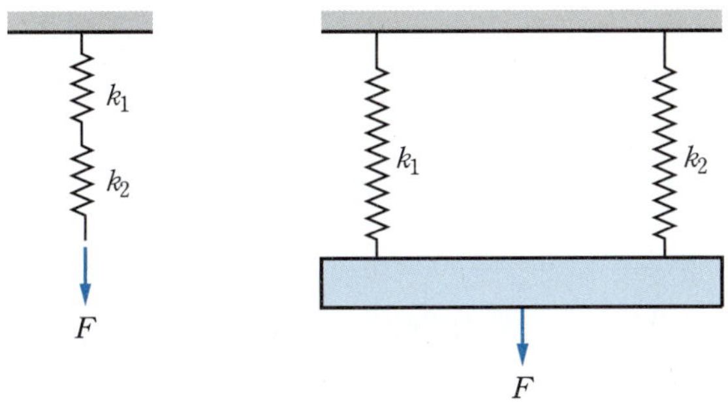

(a) 직렬연결 (b) 병렬연결

그림 16-1 스프링의 연결방식

■ 병렬연결

[그림 16-1(b)]와 같이 스프링을 조합한 것을 **병렬연결** parallel connection이라고 한다. 병렬연결에서는 힘이 작용할 때 스프링의 변형량이 모두 같다. 즉 $\delta_1 = \delta_2 = \delta$가 된다. 스프링상수가 각각 k_1과 k_2이고, 변위가 δ일 때 스프링에 작용하는 힘은 각각 다음과 같다.

$$F_1 = k_1\delta,\ F_2 = k_2\delta \tag{d}$$

두 스프링을 조합한 상당스프링상수를 k_e 라고 하면, 힘과 변형량 간에 다음의 관계를 갖는다.

$$F = k_e \delta \tag{e}$$

두 스프링의 힘은 다음과 같다.

$$F = F_1 + F_2 \tag{f}$$

식 (d) ~ (f)를 정리하여 n개의 스프링으로 일반화하면 병렬연결의 상당스프링상수 k_e는 다음과 같다.

$$k_e = k_1 + k_2 + \cdots + k_n \tag{16.6}$$

16.1.3 스프링의 탄성에너지

[그림 16-2]에서 보듯이 외부 힘 F의 작용으로 스프링이 δ만큼 늘어났을 때 이 힘이 스프링에 한 **일** work done은 다음과 같다.

$$W = \int_0^{\delta} F\,dx = \int_0^{\delta} kx\,dx = \frac{1}{2}k\delta^2 = \frac{1}{2}F\delta \tag{16.7}$$

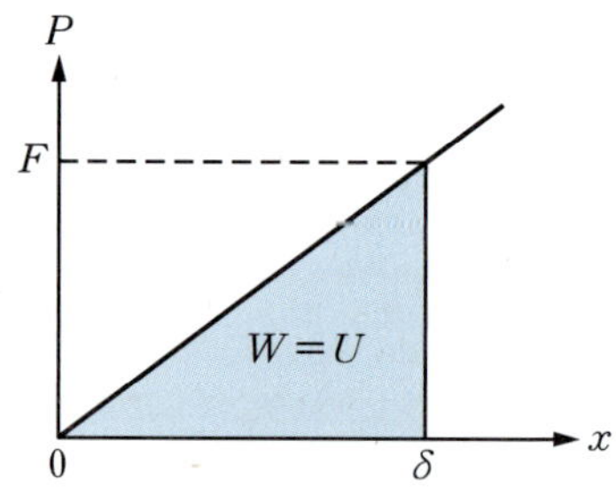

그림 16-2 스프링의 탄성에너지

이러한 일은 스프링에 **탄성에너지** elastic energy [1]로 저장되며 다음과 같다.

$$U = \frac{1}{2}k\delta^2 = \frac{1}{2}F\delta \tag{16.8}$$

만약 외부 힘을 제거하면 탄성에너지에 의해 스프링은 힘을 가하기 전의 원래 위치로 복원된다.

탐구

1. 직렬스프링계와 병렬스프링계의 상당스프링상수에 대해 설명하라.
2. 스프링의 탄성에너지에 대해 설명하라.

예제 16-1 직렬스프링계의 상당스프링상수와 늘어난 전체 길이

[그림 16-1(a)]의 직렬스프링계에서 스프링상수가 $k_1 = 9\,\text{N/mm}$, $k_2 = 15\,\text{N/mm}$ 이다. 힘 $F = 300\,\text{N}$ 이 작용할 때 상당스프링상수와 늘어난 전체 길이를 구하라.

전략

식 (16.5)를 이용하여 상당스프링상수를 구한다. 그리고 $F = k_e\delta$ 로부터 늘어난 전체 길이를 구한다.

---

1 변형에너지(strain energy)라고도 한다.

풀이

식 (16.5)에 따라 상당스프링상수는 다음과 같다.

$$\frac{1}{k_e} = \frac{1}{k_1} + \frac{1}{k_2} \quad \rightarrow \quad \frac{1}{k_e} = \frac{1}{9} + \frac{1}{15}$$

$$k_e = 5.63\,\text{N/mm} \quad \text{[답]}$$

$F = k_e \delta$로부터 힘이 작용하는 위치에서 늘어난 전체 길이는 다음과 같다.

$$\delta = \frac{F}{k_e} = \frac{300}{5.63} = 53.3\,\text{mm} \quad \text{[답]}$$

검토

직렬스프링계의 경우 각 스프링에 작용하는 힘이 같으므로 늘어난 전체 길이를 다음과 같이 구해도 된다.

$$\delta = \delta_1 + \delta_2 = \frac{F}{k_1} + \frac{F}{k_2} = \frac{300}{9} + \frac{300}{15} = 53.3\,\text{mm}$$

예제 16-2 병렬스프링계의 상당스프링상수와 늘어난 전체 길이

[그림 16-1(b)]의 병렬스프링계에서 스프링상수가 $k_1 = 7\,\text{N/mm}$, $k_2 = 14\,\text{N/mm}$이다. 힘 $F = 500\,\text{N}$이 작용할 때 상당스프링상수와 늘어난 전체 길이를 구하라. 단, 힘은 두 스프링 사이의 중앙에 작용하고, 힘을 받는 판의 무게는 무시할 수 있으며, 아래방향으로 병진운동만 하는 것으로 가정한다.

전략

식 (16.6)을 사용하여 상당스프링상수를 구한다. 그리고 $F = k_e \delta$로부터 스프링의 늘어난 전체 길이를 구한다.

풀이

식 (16.6)을 사용하여 상당스프링상수를 구하면 다음과 같다.

$$k_e = k_1 + k_2 = 7 + 14 = 21\,\text{N/mm} \quad \text{[답]}$$

$F = k_e \delta$로부터 힘이 작용하는 위치에서 늘어난 전체 길이는 다음과 같다.

$$\delta = \frac{F}{k_e} = \frac{500}{21} = 23.8\,\text{mm} \quad \text{[답]}$$

검토

실제상황에서는 힘이 두 스프링 사이의 중앙에 작용하더라도 스프링상수의 차이(변형량의 차이)로 인해 판이 회전하게 된다.

예제 16-3 직렬과 병렬이 혼합된 스프링계의 상당스프링상수와 늘어난 전체 길이

[그림 16-3]의 스프링계에서 모든 스프링의 스프링상수 $k = 8\,\mathrm{N/mm}$이다. 힘 $F = 250\,\mathrm{N}$이 작용할 때 상당스프링상수와 늘어난 전체 길이를 구하라. 단, 스프링은 좌우 대칭으로 설치되었고, 힘을 받는 판은 무게를 무시할 수 있으며, 아래방향으로 병진운동만 하는 것으로 가정한다.

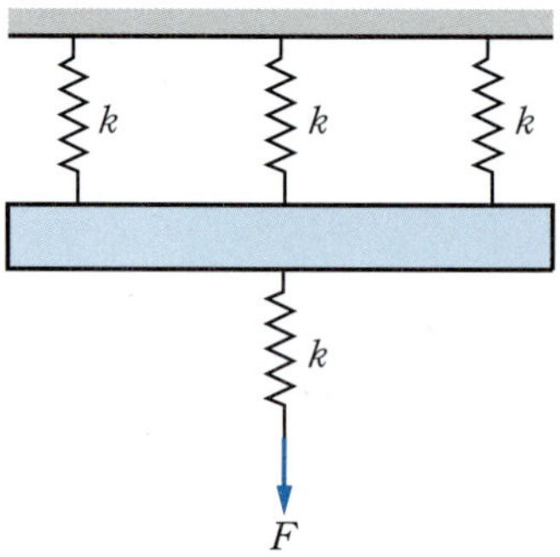

그림 16-3 직렬과 병렬이 혼합된 스프링계

전략

병렬연결된 세 개의 스프링을 하나의 스프링으로 치환할 수 있으며, 이에 대한 상당스프링상수는 식 (16.6)으로 구한다. 이 치환된 스프링과 밑에 있는 한 개의 스프링은 직렬연결이므로 식 (16.5)로 전체 스프링에 대한 상당스프링상수를 구한다. 그리고 $F = k_e\delta$로부터 늘어난 전체 길이를 구한다.

풀이

식 (16.6)을 사용하여 병렬연결된 스프링계의 상당스프링상수를 구하면 다음과 같다.

$$k_{e1} = k + k + k = 3k$$

이들 세 개의 스프링과 나머지 한 개의 스프링은 직렬연결되므로 식 (16.5)로부터 전체 스프링의 상당스프링상수를 다음과 같이 구한다.

$$\frac{1}{k_e} = \frac{1}{k_{e1}} + \frac{1}{k} = \frac{1}{3k} + \frac{1}{k} = \frac{4}{3k}$$

$$k_e = \frac{3k}{4} = \frac{3 \times 8}{4} = 6\,\mathrm{N/mm} \quad \text{[답]}$$

$F = k_e\delta$로부터 힘이 작용하는 위치에서 늘어난 전체 길이는 다음과 같다.

$$\delta = \frac{F}{k_e} = \frac{250}{6} = 41.67\,\mathrm{mm} \quad \text{[답]}$$

검토

병렬연결된 3개의 스프링이 10.42 mm 늘어나고, 직렬연결된 1개의 스프링이 31.25 mm 늘어난다. 따라서 병렬연결된 3개의 스프링에 1302.92 N · mm의 탄성에너지가 저장되고, 직렬연결된 1개의 스프링에 3906.25 N · mm의 탄성에너지가 저장된다.

SECTION

16.2

원통형 코일스프링

✔ 원통형 코일스프링의 전단응력에 대해 학습한다.
✔ 원통형 코일스프링의 처짐량에 대해 학습한다.
✔ 원통형 코일스프링의 유효감김수와 자유길이에 대해 학습한다.

[그림 16-4]에 일반적인 **원통형 코일스프링**cylindrical coil spring의 각부 명칭을 나타냈다. 그림에서 D_o, D_i, D는 각각 코일의 바깥지름, 안지름, 평균지름을 나타내며, p는 피치, L_f는 자유길이free length, d는 와이어wire의 지름을 나타낸다. **자유길이**란 스프링에 하중이 작용하지 않을 때의 길이를 말한다.

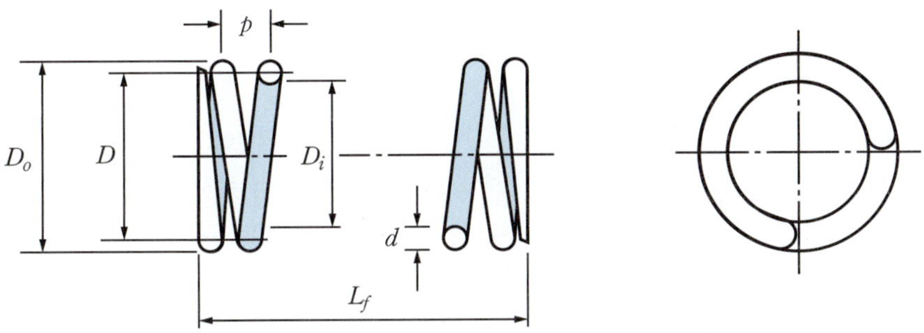

그림 16-4 원통형 코일스프링

16.2.1 스프링의 전단응력

[그림 16-5]에서 보는 바와 같이 코일스프링은 축하중 F에 의해 지름 d인 와이어 단면에 다음과 같은 전단응력이 발생한다.

$$\tau_1 = \frac{F}{A} = \frac{F}{\frac{\pi d^2}{4}} = \frac{4F}{\pi d^2} \tag{16.9}$$

여기서 축하중 F는 [그림 16-5(a)]에서 보듯이 와이어 단면에서 전단력으로 작용한다. 또한 비틀림 모멘트 T에 의해 다음과 같은 전단응력이 발생한다.

$$\tau_2 = \frac{Tr}{J} = \frac{16FR}{\pi d^3} \tag{16.10}$$

여기서 J는 와이어 단면에 대한 극관성모멘트polar moment of inertia로 $J = \frac{\pi d^4}{32}$, r은 와이어의 반지름으로 $r = \frac{d}{2}$, 그리고 R은 코일의 평균 반지름이다.

이들 두 전단응력을 조합한 전체전단응력은 다음과 같다.

$$\tau = \tau_1 + \tau_2 = \frac{4F}{\pi d^2} + \frac{16FR}{\pi d^3} = \frac{16FR}{\pi d^3}\left(\frac{d}{4R} + 1\right) \tag{16.11}$$

그런데 식 (16.11)의 이론값은 실험값에 비해 약간 작게 나오는 경향이 있으므로 보통은 다음과 같이 수정계수 K_w로 보정한 식을 사용한다.

$$\tau = K_w \frac{16FR}{\pi d^3} = K_w \frac{8FD}{\pi d^3} \tag{16.12}$$

이 전단응력은 재료의 허용전단응력 τ_a의 범위 내에 있어야 한다. 식 (16.12)에 있는 수정계수 K_w는 **와알의 응력수정계수** Wahl's stress correction factor라고 하며 다음과 같다.

$$K_w = \frac{4C-1}{4C-4} + \frac{0.615}{C} \tag{16.13}$$

여기서 C는 코일의 평균지름 D와 와이어의 지름 d의 비를 나타내는 **스프링지수** spring index로서 다음과 같다.

$$C = \frac{D}{d} \tag{16.14}$$

대부분 코일스프링의 스프링지수 $C = 4 \sim 12$이다.

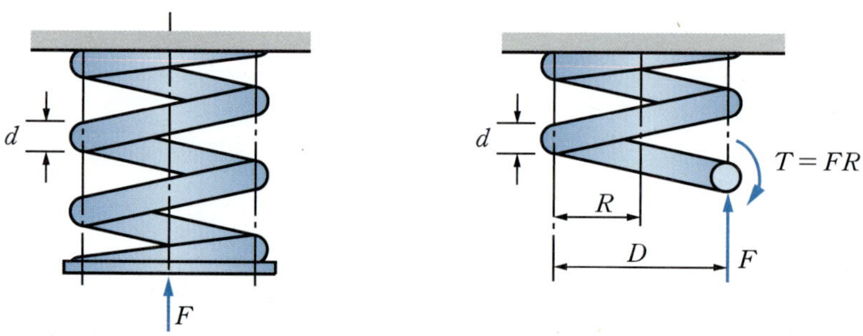

(a) 스프링에 작용하는 축하중 (b) 와이어 단면의 전단력과 비틀림모멘트

그림 16-5 원통형 코일스프링에 작용하는 하중

16.2.2 스프링의 처짐량

코일의 평균지름 D와 코일의 유효감김수 n_a가 주어졌을 때 스프링 와이어의 유효길이 l_a는 다음과 같다.

$$l_a = \pi D n_a \tag{16.15}$$

스프링용 와이어에 비틀림모멘트 T에 의한 비틀림각 θ는 다음과 같다.

$$\theta = \frac{Tl_a}{JG} \tag{16.16}$$

여기서 J는 와이어 단면에 대한 극관성모멘트로서 $J=\dfrac{\pi d^4}{32}$이며, T는 와이어에 작용하는 비틀림 모멘트로서 $T=\dfrac{FD}{2}=FR$이다. 그리고 G는 재료의 전단탄성계수이다.

[그림 16-6]의 기하학적 관계로부터 스프링의 처짐량 δ는 다음과 같다.

$$\delta = R\theta = R\frac{Tl_a}{JG} \tag{16.17}$$

이 식에 비틀림모멘트 T, 와이어의 유효길이 l_a, 와이어 단면에 대한 극관성모멘트 J를 대입하여 정리하면 스프링의 처짐량 δ는 다음과 같다.

$$\delta = \frac{64n_aFR^3}{Gd^4} = \frac{8n_aFD^3}{Gd^4} \tag{16.18}$$

따라서 원통형 코일스프링의 스프링상수 k는 다음과 같다.

$$k = \frac{F}{\delta} = \frac{Gd^4}{8n_aD^3} \tag{16.19}$$

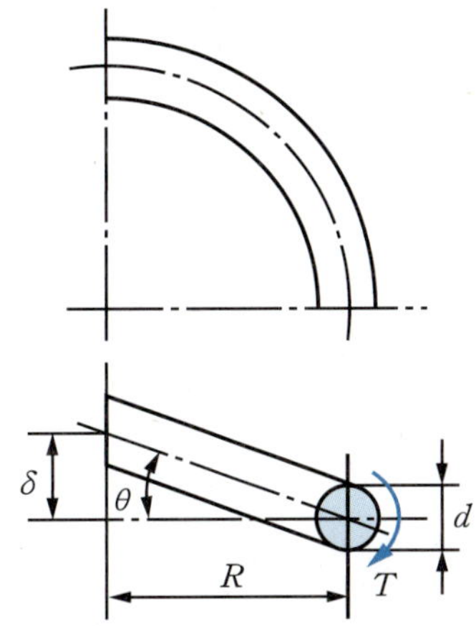

그림 16-6 코일스프링의 비틀림에 의한 처짐

16.2.3 스프링의 감김수

■ 양단의 형태

원통형 코일스프링은 양단에 있는 코일 간격에 따라 열린형plain end과 닫힌형squared end으로 구분한다. [그림 16-7]에서 보는 바와 같이 열린형은 양단 코일이 내부 코일과 같은 간격을 갖지만, 닫힌형은 양단 코일의 간격을 줄여서 인접한 내부 코일에 닿도록 한다. 그리고 양단 코일을 평평하게 연삭가공을 하는 방식ground end과 연삭가공을 하지 않는 방식unground end이 있다.

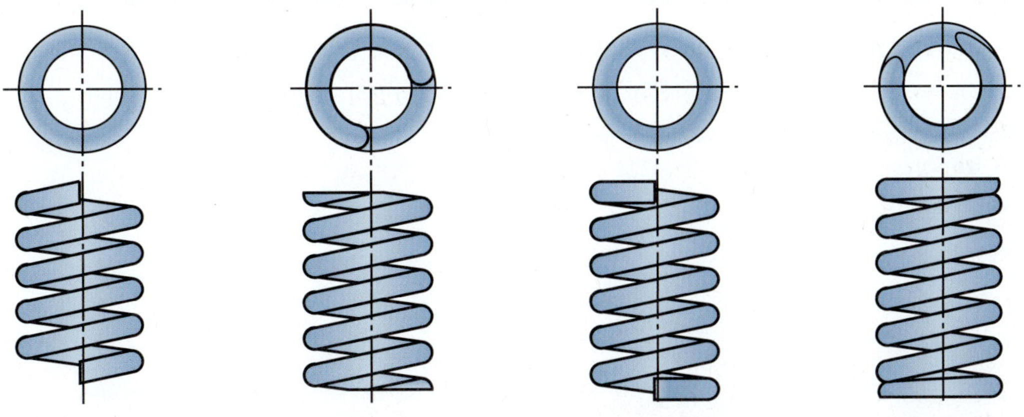

(a) 비연삭 열린형 (b) 연삭 열린형 (c) 비연삭 닫힌형 (d) 연삭 닫힌형

그림 16-7 원통형 압축 코일스프링의 형태

■ 유효감김수

유효감김수 number of active winding는 실제로 스프링 역할을 할 수 있는 감김수로서 총감김수 total number of winding에서 무효감김수 number of inactive winding를 뺀 값이다. 여기서 무효감김수란 스프링의 양단에 해당하는 부분으로 스프링의 역할을 하지 못하는 부분을 말한다. 따라서 원통형 압축 코일스프링에서 유효감김수 n_a를 다음과 같이 나타낼 수 있다.

$$n_a = n_t - (n_1 + n_2) \tag{16.20}$$

여기서 n_t는 총감김수, n_1과 n_2는 각각 양단의 무효감김수를 나타낸다.

보통 유효감김수 $n_a = 3 \sim 12$회의 범위에서 정하며, 유효감김수가 너무 적으면 스프링의 역할을 할 수 없고, 너무 많으면 좌굴 buckling이 발생할 수 있다. 인장 코일스프링의 경우 총감김수 n_t와 유효감김수 n_a를 보통 같게 잡는다.

■ 자유길이

자유길이 L_f는 하중을 가하지 않았을 때의 스프링 길이로 일반적으로 다음과 같이 나타낸다.

$$L_f = d(n_a + 2) + \delta \tag{16.21}$$

여기서 d는 와이어의 지름, n_a는 유효감김수, δ는 스프링의 처짐량을 나타낸다.

탐구

1. 원통형 코일스프링에서 축하중이 작용할 때 코일 단면에서 발생하는 전단응력에 대해 설명하라.
2. 원통형 코일스프링의 유효감김수가 너무 적거나 많으면 어떤 문제가 생길 수 있는가?

예제 16-4 원통형 압축 코일스프링의 와이어 지름, 코일의 평균지름, 유효감김수

스프링지수가 5인 압축 코일스프링에서 작용하중을 850 N에서 300 N으로 낮추었을 때 처짐의 변화량이 10 mm가 되게 하려고 한다. 작용하중이 850 N일 때 와이어 단면의 전단응력은 350 MPa이다. 스프링 재료의 전단탄성계수가 78 GPa일 때 다음을 구하라.

(a) 스프링 와이어의 지름
(b) 스프링 코일의 평균지름
(c) 유효감김수

전략

식 (16.13)으로부터 와알의 응력수정계수를 구한다. 식 (16.12)에 $D = Cd$를 대입한 후 정리하여 스프링 와이어의 지름을 구한다. 식 (16.14)로부터 스프링 코일의 평균지름을 구한다. 그리고 식 (16.18)을 이용하여 작용하중에 따른 처짐의 변화량으로 식을 나타낸 후 이 식을 정리하여 유효감김수를 구한다.

풀이

(a) 식 (16.13)으로부터 와알의 응력수정계수를 구하면 다음과 같다.

$$K_w = \frac{4C-1}{4C-4} + \frac{0.615}{C} = \frac{4\times5-1}{4\times5-4} + \frac{0.615}{5} = 1.31$$

식 (16.14)의 $D = Cd$를 식 (16.12)에 대입하면 와이어 단면의 전단응력은 다음과 같다.

$$\tau = K_w \frac{8FD}{\pi d^3} = K_w \frac{8FC}{\pi d^2}$$

이 식을 정리하여 다음과 같이 와이어 지름 d를 구한다.

$$d = \sqrt{\frac{8FCK_w}{\pi\tau}} = \sqrt{\frac{8\times850\times5\times1.31}{\pi\times350\times10^6}} = 6.36\times10^{-3}\,\mathrm{m} = 6.36\,\mathrm{mm} \approx 6.5\,\mathrm{mm}$$ [답]

(b) 식 (16.14)로부터 다음과 같이 스프링 코일의 평균지름을 구한다.

$$D = Cd = 5\times6.5 = 32.5\,\mathrm{mm}$$ [답]

(c) 식 (16.18)을 이용하여 작용하중에 따른 처짐량의 변화량으로 식을 나타내면 다음과 같다.

$$\delta_1 - \delta_2 = \frac{64n_a(F_1-F_2)R^3}{Gd^4}$$

이 식으로부터 유효감김수 n_a를 구하면 다음과 같다.

$$n_a = \frac{Gd^4(\delta_1-\delta_2)}{64(F_1-F_2)R^3} = \frac{78\times10^3\times6.5^4\times10}{64\times(850-300)\times16.25^3} = 9.22\text{회}$$ [답]

검토

유효감김수가 3 ~ 12회의 범위 안에 있으므로 적절하게 설계되었다.

예제 16-5 원통형 코일스프링의 유효감김수, 전단응력

와이어의 지름이 12 mm인 원통형 코일스프링에서 900 N의 축방향 하중이 작용할 때의 처짐량은 30 mm이다. 이 스프링의 스프링지수 $C=8$, 와알의 응력수정계수 $K_w = 1.1$, 전단탄성계수 $G=$ 78 GPa이다. 이 스프링에 대해 다음을 구하라.

(a) 유효감김수

(b) 와이어 단면에 작용하는 전단응력

전략

식 (16.14)로부터 코일의 평균지름을 구하고, 식 (16.18)을 정리하여 유효감김수를 구한다. 그리고 식 (16.12)로부터 와이어 단면에 작용하는 전단응력을 구한다.

풀이

(a) 식 (16.14)로부터 코일의 평균지름 D는 다음과 같다.

$$D = Cd = 8 \times 12 = 96\,\text{mm}$$

식 (16.18)을 정리하면 유효감김수는 다음과 같다.

$$n_a = \frac{\delta G d^4}{8FD^3} = \frac{30 \times 78 \times 10^3 \times 12^4}{8 \times 900 \times 96^3} = 7.62\text{회} \quad \text{[답]}$$

(b) 식 (16.12)로부터 와이어 단면에 작용하는 전단응력 τ는 다음과 같다.

$$\tau = K_w \frac{8FD}{\pi d^3} = 1.1 \times \frac{8 \times 900 \times 96}{\pi \times 12^3} = 140.1\,\text{N/mm}^2 \quad \text{[답]}$$

검토

와이어 단면에 발생하는 전단응력은 와이어 재료의 허용전단응력 내에 있어야 한다.

예제 16-6 원통형 압축 코일스프링의 와이어 지름, 스프링 처짐량

원통형 압축 코일스프링에 2kN의 하중이 작용하고 있다. 코일의 평균지름은 40mm, 유효감김수는 9회, 전단탄성계수는 80GPa, 허용전단응력은 290MPa, 와알의 응력수정계수는 1.2일 때 다음을 구하라.

(a) 스프링 와이어의 지름 (b) 처짐량

전략

식 (16.12)를 정리하여 허용전단응력을 고려한 지름 d를 구하고, 식 (16.18)로부터 스프링의 처짐량 δ를 구한다.

풀이

(a) 식 (16.12)의 $\tau = K_w \dfrac{8FD}{\pi d^3}$ 로부터 지름 d를 구하면 다음과 같다.

$$d = \sqrt[3]{\frac{8FDK_w}{\pi \tau}} = \sqrt[3]{\frac{8 \times 2 \times 10^3 \times 40 \times 1.2}{\pi \times 290}} = 9.45\,\text{mm} \approx 9.5\,\text{mm} \quad \text{[답]}$$

(b) 식 (16.18)로부터 스프링의 처짐량은 다음과 같다.

$$\delta = \frac{8n_a FD^3}{Gd^4} = \frac{8 \times 9 \times 2 \times 10^3 \times 40^3}{80 \times 10^3 \times 9.5^4} = 14.1\,\text{mm} \quad \text{[답]}$$

검토

이 스프링의 자유길이는 118.6mm가 된다.

예제 16-7 원통형 압축 코일스프링의 스프링지수

원통형 압축 코일스프링에서 코일의 바깥지름과 안지름이 각각 40mm와 30mm일 때 스프링지수를 구하라.

전략

코일의 평균지름과 와이어의 지름을 계산한 후 식 (16.14)에 대입하여 스프링지수를 구한다.

풀이

코일의 평균지름 D와 와이어의 지름 d는 각각 다음과 같다.

$$D = \frac{D_o + D_i}{2} = \frac{40+30}{2} = 35\,\text{mm}, \quad d = \frac{D_o - D_i}{2} = \frac{40-30}{2} = 5\,\text{mm}$$

식 (16.14)로부터 스프링지수는 다음과 같다.

$$C = \frac{D}{d} = \frac{35}{5} = 7 \quad \text{[답]}$$

검토

일반적인 코일스프링의 스프링지수 범위 내에 있다.

예제 16-8 원통형 압축 코일스프링의 자유길이

스프링상수가 25N/mm인 원통형 압축 코일스프링에 600N의 힘을 가했을 때 스프링의 길이가 80mm이다. 이 스프링의 자유길이는 얼마인가?

전략

힘과 스프링상수를 이용하여 변형량을 구한다. 이 변형량과 변형된 길이를 더하여 자유길이를 구한다.

풀이

힘을 가했을 때의 처짐량 δ_1은 다음과 같다.

$$\delta_1 = \frac{F_1}{k} = \frac{600}{25} = 24\,\text{mm}$$

자유길이 L_f는 다음과 같다.

$$L_f = \delta_1 + L_1 = 24 + 80 = 104\,\text{mm} \quad \text{[답]}$$

검토

코일의 평균지름 D와 자유길이 L_f와의 비 $\lambda = L_f/D$를 스프링의 **종횡비**라고 한다. λ가 너무 크면 작은 하중에도 좌굴이 발생할 염려가 있으므로 보통 종횡비가 0.8 ~ 4가 되도록 평균지름을 선정한다. 이 문제의 경우 자유길이가 104mm이므로 코일의 평균지름은 26 ~ 130mm의 범위에서 선정한다.

SECTION 16.3

토션바

✔ 토션바의 비틀림각과 전단응력에 대해 학습한다.
✔ 토션바의 비틀림 스프링상수에 대해 학습한다.
✔ 토션바에 저장되는 탄성에너지에 대해 학습한다.

16.3.1 토션바의 특성

토션바 torsion bar는 [그림 16-8]에서 보는 바와 같이 한쪽 단을 고정하고 다른 쪽 단에 힘을 가하여 비틀었을 때 탄성 복원 성질을 이용하는 일종의 비틀림스프링이다. 구조는 간단하지만 단위체적당 에너지 저장률이 높아서 다양한 분야에 활용된다.

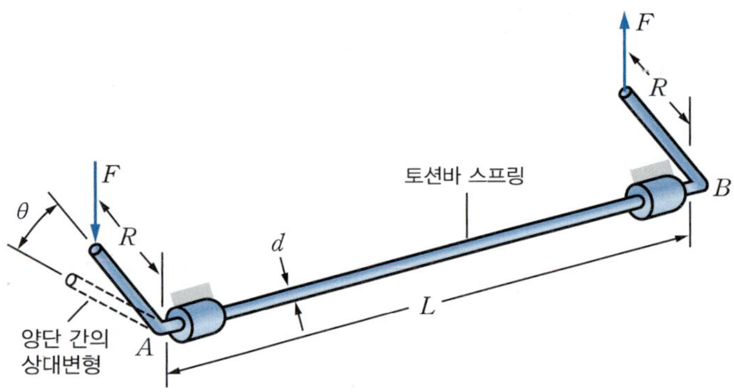

그림 16-8 토션바

16.3.2 토션바의 강도

[그림 16-8]에서 보는 바와 같이 봉의 지름 d와 길이 L인 토션바에 토크 T를 가했을 때 토션바의 비틀림각 θ는 다음과 같다.

$$\theta = \frac{TL}{JG} = \frac{32\,TL}{\pi d^4 G}\ [\mathrm{rad}] \tag{16.22}$$

여기서 J는 원형봉의 극관성모멘트이고, G는 전단탄성계수이며, 토크 $T = FR$이다.

또한 지름 d인 봉에서 발생하는 전단응력[2]은 다음과 같다.

$$\tau = \frac{Tr}{J} = \frac{16\,T}{\pi d^3} \tag{16.23}$$

여기서 r은 봉의 반지름이다.

2 최대전단응력은 봉의 외부에서 발생한다. 즉 이 식은 최대전단응력을 나타낸다.

비틀림 스프링상수 k_t는 다음과 같다.

$$k_t = \frac{T}{\theta} = \frac{\pi d^4 G}{32L} \tag{16.24}$$

토션바에 저장되는 탄성에너지 U와 단위체적당 탄성에너지 u는 각각 다음과 같다.

$$U = \frac{1}{2} T\theta = \frac{16\,T^2 L}{\pi d^4 G} \tag{16.25}$$

$$u = \frac{U}{V} = \frac{U}{\dfrac{\pi d^2}{4} L} = \frac{64\,T^2}{\pi^2 d^6 G} = \frac{\tau^2}{4G} \tag{16.26}$$

탐구

1. 토션바가 스프링 역할을 하는 원리를 설명하라.
2. 기계나 자동차에서 사용되는 토션바에 대해 조사하라.

예제 16-9 토션바의 지름, 비틀림각, 단위체적당 탄성에너지

길이가 400 mm 인 중실 원형봉의 토션바에 120 N · m 의 토크가 작용하고 있다. 원형봉 재료의 전단탄성계수는 82GPa, 허용전단응력은 490MPa이다. 다음을 구하라.

(a) 토션바의 지름 (b) 토션바의 비틀림각 (c) 단위체적당 탄성에너지

전략

식 (16.23)으로부터 허용전단응력을 고려한 토션바의 지름을 구하고, 식 (16.22)로 토션바의 비틀림각을 구한다. 그리고 식 (16.26)으로 단위체적당 탄성에너지를 구한다.

풀이

(a) 식 (16.23)으로부터 토션바의 지름은 다음과 같다.

$$d = \sqrt[3]{\frac{16\,T}{\pi\tau}} = \sqrt[3]{\frac{16 \times 120}{\pi \times 490 \times 10^6}} = 0.01076\,\text{m} = 10.76\,\text{mm} \quad \text{[답]}$$

(b) 식 (16.22)로부터 토션바의 비틀림각은 다음과 같다.

$$\theta = \frac{32\,TL}{\pi d^4 G} = \frac{32 \times 120 \times 0.4}{\pi \times 0.01076^4 \times 82 \times 10^9} = 0.445\,\text{rad} = 25.5° \quad \text{[답]}$$

(c) 식 (16.26)으로부터 단위체적당 탄성에너지는 다음과 같다.

$$u = \frac{\tau^2}{4G} = \frac{(490 \times 10^6)^2}{4 \times 82 \times 10^9} = 732012.2\,\text{N} \cdot \text{m/m}^3 \quad \text{[답]}$$

검토

토션바의 단위체적당 탄성에너지는 재료의 강도와 강성에 관계하며, 허용전단응력이 클수록, 전단탄성계수가 작을수록 커진다.

SECTION

16.4

판스프링

- ✔ 판스프링의 굽힘응력과 처짐량에 대해 학습한다.
- ✔ 판스프링의 스프링상수에 대해 학습한다.
- ✔ 겹판스프링의 유효길이에 대해 학습한다.

판스프링 leaf spring은 외팔보나 양단지지보의 모양을 하고 있으며, 여러 개의 판을 겹쳐서 사용하는 **겹판스프링** multiple leaf spring도 있다.

16.4.1 외팔보형 판스프링

■ 일정폭 외팔보형 판스프링

[그림 16−9(a)]와 같은 외팔보형 판스프링에서 판의 폭이 b, 두께가 h, 길이가 L이며, 자유단에 하중 F를 받을 때 최대 굽힘응력은 고정단에서 발생하며 다음과 같다.

$$\sigma = \frac{Mc}{I} = \frac{6FL}{bh^2} \tag{16.27}$$

여기서 M은 고정단에서의 최대 굽힘모멘트로서 $M = FL$이고, I는 관성모멘트로서 $I = bh^3/12$이다. 그리고 c는 중립축으로부터 가장 멀리 떨어진 수직거리로서 $c = h/2$이다.

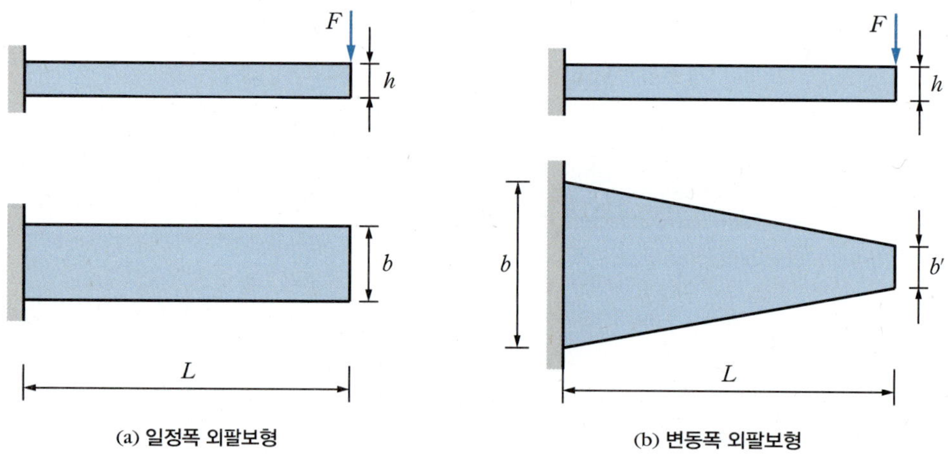

그림 16-9 외팔보형 판스프링

그리고 자유단의 처짐량 δ는 다음과 같다.

$$\delta = \frac{FL^3}{3EI} = \frac{4FL^3}{Ebh^3} \tag{16.28}$$

여기서 E는 재료의 탄성계수이다. 또한 자유단에 작용하는 하중 F와 자유단의 처짐량 δ로부터 스프링상수 k는 다음과 같다.

$$k = \frac{F}{\delta} = \frac{Ebh^3}{4L^3} \tag{16.29}$$

■ 변동폭 외팔보형 판스프링

두께 h는 일정하지만, 최소폭 b'으로부터 최대폭 b까지 연속적으로 폭이 변화하는 [그림 16-9(b)]의 변동폭 판스프링의 경우, 자유단에서의 처짐 δ는 식 (16.28)에 형상수정계수 f를 곱하여 구한다.

$$\delta = f\frac{4FL^3}{Ebh^3} \tag{16.30}$$

여기서 f는 [표 16-1]에 나타냈으며, b와 b'이 같은 일정폭 외팔보형 판스프링의 경우 $f=1$이 되고, $b'=0$이 되는 이등변 삼각형 외팔보의 경우 $f=1.5$가 된다. 스프링상수는 다음과 같다.

$$k = \frac{F}{\delta} = \frac{Ebh^3}{4fL^3} \tag{16.31}$$

표 16-1 판스프링에서 자유단 폭에 따른 형상수정계수

b'/b	0	0.1	0.2	0.3	0.4	0.5	0.6	0.7	0.8	0.9	1.0
f	1.50	1.39	1.32	1.25	1.20	1.16	1.12	1.09	1.05	1.03	1.00

■ 외팔보형 겹판스프링

[그림 16-10(a)]에서 보는 바와 같이 외팔보형 겹판스프링은 고정단에는 여러 개의 판이 겹쳐있고, 자유단에는 한 개의 판으로 구성되어 있다. 외팔보형 겹판스프링은 [그림 16-10(b)]와 같이 상당 외팔보형 판스프링으로 대체하여 해석한다. 즉 외팔보형 겹판스프링에서 각 판의 두께가 h이고, 폭이 b인 판이 n개가 있는 경우, 고정단의 폭 nb에서 자유단의 폭 b까지 연속적으로 변하는 외팔보형 판스프링으로 대체한다. 이때 판의 두께는 겹판스프링과 같은 h이다.

[그림 16-10(b)]의 변동폭 외팔보형 판스프링의 고정단에서의 응력은 다음과 같다.

$$\sigma = \frac{Mc}{I} = \frac{6FL}{nbh^2} \tag{16.32}$$

여기서 M은 고정단에서의 최대 굽힘모멘트로서 $M=FL$이고, I는 고정단에서의 관성모멘트로서 $I=nbh^3/12$이다. 그리고 c는 중립축으로부터 가장 멀리 떨어진 수직거리로서 $c=h/2$이고, n은 겹판스프링의 판의 개수를 나타낸다.

자유단에서의 처짐은 다음과 같다.

$$\delta = f\frac{FL^3}{3EI} = f\frac{4FL^3}{nbh^3E} \tag{16.33}$$

여기서 f는 [표 16-1]에 나타낸 형상수정계수이며, 만약 판의 모양이 이등변 삼각형이라면 $f = 1.5$가 되므로 식 (16.33)은 다음과 같이 된다.

$$\delta = \frac{6FL^3}{nbh^3E} \tag{16.34}$$

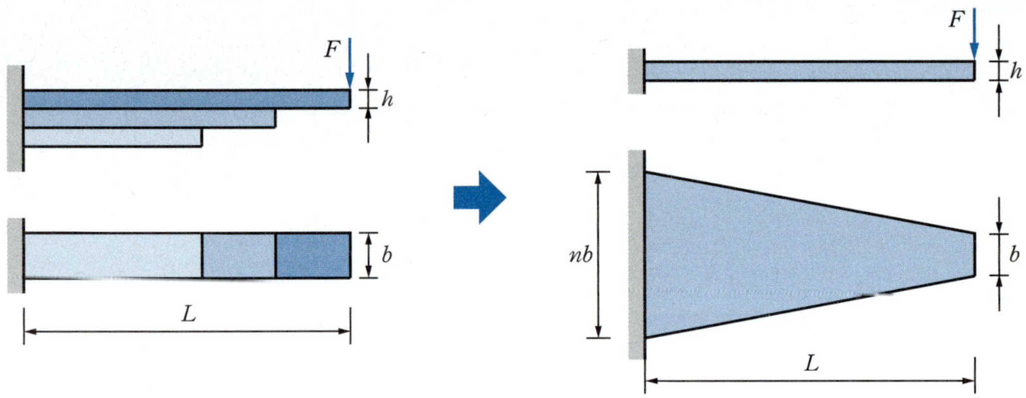

(a) 일정폭 외팔보형 겹판스프링

(b) 상당 외팔보형 판스프링

그림 16-10 외팔보형 겹판스프링

16.4.2 양단지지형 판스프링

■ 양단지지형 판스프링

[그림 16-11(a)]와 같은 양단지지형 판스프링에서 판의 폭이 b, 두께가 h, 길이가 L이며, 중앙에 하중 F를 받을 때 중앙지점의 굽힘응력[3]은 다음과 같다.

$$\sigma = \frac{Mc}{I} = \frac{3FL}{2bh^2} \tag{16.35}$$

여기서 M은 중앙부에서의 최대 굽힘모멘트로서 $M = FL/4$이고, I는 관성모멘트로서 $I = bh^3/12$이다. 그리고 c는 중립축으로부터 가장 멀리 떨어진 수직거리로서 $c = h/2$이다.

최대처짐은 중앙지점에서 발생하며 다음과 같다.

$$\delta = \frac{FL^3}{48EI} = \frac{FL^3}{4Ebh^3} \tag{16.36}$$

3 단면의 상하부 최외곽에서의 최대 굽힘응력을 나타낸다.

■ 변동폭 양단지지형 판스프링

[그림 16-11(b)]의 변동폭 양단지지형 판스프링은 앞서 설명한 변동폭 외팔보형 판스프링과 마찬가지로 형상수정계수 f를 곱하여 결정한다. 즉 중앙부에서의 최대 처짐량은 식 (16.36)에 [표 16-1]에 나타낸 형상수정계수 f를 곱하여 구한다.

$$\delta = f\frac{FL^3}{48EI} = f\frac{FL^3}{4Ebh^3} \tag{16.37}$$

이 식에 이등변 삼각형에 대한 형상수정계수 $f = 1.5$를 대입하면 중앙부에서의 최대 처짐량은 다음과 같다.

$$\delta = \frac{3FL^3}{8Ebh^3} \tag{16.38}$$

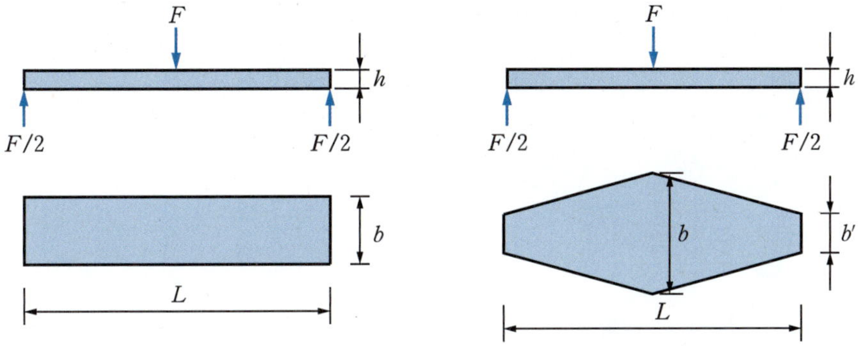

(a) 일정폭 양단지지형 (b) 변동폭 양단지지형

그림 16-11 양단지지형 판스프링

■ 양단지지형 겹판스프링

양단지지형 겹판스프링은 트럭이나 기차 등의 현가장치suspension system에 많이 사용된다. [그림 16-12]에서 보듯이 여러 겹의 판으로 구성되어 있으며, 가장 위쪽은 가장 긴 판이 사용되고 아래쪽으로 내려갈수록 점점 짧은 판이 사용된다. 가장 위에 있는 판을 **모판**main leaf이라고 하며, 모판의 양단에는 둥글게 말아 핀을 끼울 수 있게 만든 **스프링 귀**spring eye가 있다. 양단의 스프링 귀 중심 사이의 거리는 **스팬**span이라고 한다. 또한 가장 두꺼운 중앙부는 밴드band나 U볼트로 묶어주며, 중앙부에서 떨어진 부위에는 몇 개의 클립clip으로 묶어준다.

겹판스프링의 가장 두꺼운 위치인 중심선에서의 굽힘응력과 처짐량은 식 (16.32)와 식 (16.34)에 L 대신 $L/2$, F 대신 $F/2$를 대입하여 다음과 같이 정리할 수 있다.

$$\sigma = \frac{3FL}{2nbh^2} \tag{16.39}$$

$$\delta = \frac{3FL^3}{8nbh^3E} \tag{16.40}$$

■ 양단지지형 겹판스프링의 유효길이

양단지지형 겹판스프링의 중앙에는 여러 개의 판이 겹쳐지므로 판들이 이탈되지 않도록 밴드나 U볼트로 단단히 결합한다. 역학적 계산에서는 밴드나 U볼트가 죄는 폭을 고려하여 스프링의 길이를 다음과 같이 수정한다.

$$L_e = L - 0.6e \tag{16.41}$$

여기서 L_e는 스프링의 유효길이, L은 스팬거리(또는 스프링 길이), e는 밴드폭[4]을 나타낸다.

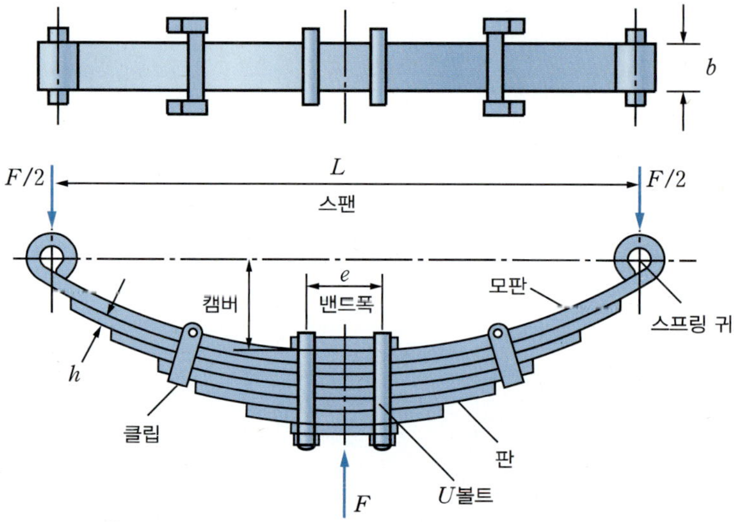

그림 16-12 양단지지형 겹판스프링

> **탐구**
> 1. 단판스프링에 비해 겹판스프링이 가지는 장점을 조사하라.
> 2. 트럭에 사용되는 양단지지형 겹판스프링은 탄성한도 내에서 사용되더라도 실제로는 하중과 변형량 간에 비선형거동을 한다. 그 이유를 조사하라.
> 3. 트럭의 현가장치에서 양단지지형 겹판스프링이 현가부품suspension components과 어떻게 결합하는지 조사하라.

예제 16-10 양단지지형 겹판스프링에서 스팬거리 및 판의 개수

양단지지형 겹판스프링에서 판의 폭은 80mm, 판의 두께는 10mm이다. 이 스프링에 15kN의 최대하중이 작용하여 40mm의 처짐이 발생했다. 판의 허용굽힘응력이 480MPa이고, 탄성계수가 196GPa일 때 스팬거리와 판의 개수를 결정하라.

4 밴드나 U볼트로 조이는 폭을 나타낸다.

전략

식 (16.40)의 스프링 처짐량과 식 (16.39)의 굽힘응력에 대한 식으로부터 스프링 처짐량과 굽힘응력의 비를 정리하여 스팬거리를 구한다. 그리고 식 (16.39)를 정리하여 판의 개수를 결정한다.

풀이

스프링의 처짐량과 굽힘응력의 비는 식 (16.40)과 식 (16.39)로부터 다음과 같이 정리할 수 있다.

$$\frac{\delta}{\sigma}=\frac{L^2}{4hE}$$

이 식으로부터 스팬거리 L은 다음과 같다.

$$L=\sqrt{\frac{4hE\delta}{\sigma}}=\sqrt{\frac{4\times0.01\times196\times10^9\times0.04}{480\times10^6}}=0.8083\,\text{m}=808.3\,\text{mm}$$

$\sigma\le 480\,\text{MPa}$이 되어야 하므로 판의 개수 n은 굽힘응력에 관한 식 (16.39)로부터 다음과 같다.

$$n\ge\frac{3FL}{2bh^2\sigma_a}=\frac{3\times15\times10^3\times0.8083}{2\times0.08\times0.01^2\times480\times10^6}=4.74\approx5\text{개}\quad\text{[답]}$$

$n=5$로 하여 스팬거리 L을 수정한다. 즉 식 (16.40)을 정리하여 다음과 같이 스팬거리 L을 구한다.

$$L=\sqrt[3]{\frac{8nbh^3E\delta}{3F}}=\sqrt[3]{\frac{8\times5\times0.08\times0.01^3\times196\times10^9\times0.04}{3\times15\times10^3}}$$
$$=0.823\,\text{m}=823\,\text{mm}\quad\text{[답]}$$

검토

식 (16.39)로부터 굽힘응력은 다음과 같다.

$$\sigma=\frac{3FL}{2nbh^2}=\frac{3\times15\times10^3\times0.823}{2\times5\times0.08\times0.01^2\times10^6}=462.9\,\text{MPa}$$

겹판스프링에서 발생하는 굽힘응력이 재료의 허용응력 내에 있으므로 설계한 결과는 요구조건을 만족한다.

예제 16-11 양단지지형 겹판스프링에서 허용하중 및 처짐량

양단지지형 겹판스프링에서 스팬거리가 800mm, 판의 폭이 40mm, 판의 개수가 6개, 밴드폭이 50mm, 판의 두께가 10mm, 판의 허용굽힘응력이 380MPa, 탄성계수가 210GPa일 때 다음을 구하라.

(a) 최대 허용하중

(b) 최대 허용하중이 작용할 때의 처짐량

전략

식 (16.41)로부터 유효길이 L_e를 구하고, 식 (16.39)를 정리하여 하중 F를 구한다. 또한 식 (16.40)으로부터 처짐량 δ를 구한다.

풀이

(a) 식 (16.41)로부터 유효길이는 다음과 같다.

$$L_e = L - 0.6e = 800 - 0.6 \times 50 = 770\,\text{mm}$$

식 (16.39)를 정리하면 하중 F는 다음과 같다.

$$F = \frac{2nbh^2\sigma_a}{3L_e} = \frac{2 \times 6 \times 0.04 \times 0.01^2 \times 380 \times 10^6}{3 \times 0.77} = 7896.1\,\text{N} \quad \text{[답]}$$

(b) 식 (16.40)으로부터 처짐량은 다음과 같다.

$$\delta = \frac{3FL_e^3}{8nbh^3E} = \frac{3 \times 7896.1 \times 0.77^3}{8 \times 6 \times 0.04 \times 0.01^3 \times 210 \times 10^9} = 0.02682\,\text{m} = 26.82\,\text{mm} \quad \text{[답]}$$

검토

이 문제처럼 밴드폭이 주어지면 스팬 간격 대신 유효길이를 사용한다.

예제 16-12 양단지지형 겹판스프링에서 판의 두께

트럭용 양단지지형 겹판스프링에서 스팬거리가 500mm, 판의 폭이 50mm, 판의 개수가 6개, 판의 탄성계수가 210GPa, 허용굽힘응력이 400MPa, 최대 허용처짐량이 35mm일 때 판의 두께를 구하라.

전략

식 (16.39)와 식 (16.40)을 정리하여 판의 두께 h를 구한다.

풀이

식 (16.40)으로부터 $\delta = \dfrac{3FL^3}{8nbh^3E} = \dfrac{3FL}{2nbh^2}\dfrac{L^2}{4hE} = \sigma\dfrac{L^2}{4hE}$이고, 이를 정리하면 판의 두께 h는 다음과 같다.

$$h = \frac{\sigma L^2}{4E\delta} = \frac{400 \times 10^6 \times 0.5^2}{4 \times 210 \times 10^9 \times 0.035} = 0.0034\,\text{m} = 3.4\,\text{mm} \quad \text{[답]}$$

검토

실제 판의 두께는 계산된 값보다 약간 더 두꺼운 표준두께를 사용한다. 이 경우 판의 응력과 처짐량이 감소한다.

CHAPTER 16 | 핵심요약

- 스프링은 변형되었을 때 내부에 저장된 탄성에너지(또는 변형에너지)로 기구의 복원이나 작동을 수행하게 하는 기계부품이며, 충돌 시에는 변형을 통해 에너지를 흡수하는 역할도 한다.
- 직렬연결, 병렬연결, 직렬 및 병렬 복합연결 등 다양한 방식의 스프링계를 대표하는 하나의 스프링상수를 상당스프링상수라고 한다.
- 원통형 코일스프링은 신장 또는 압축에 따라 와이어 단면에 복합 전단응력이 발생한다.
- 원통형 코일스프링에서 스프링지수는 코일의 평균지름과 와이어 지름의 비를 나타내는 무차원 상수이며, 대부분의 원통형 코일스프링에서 스프링지수는 4 ~ 12의 범위에 있다.
- 원통형 코일스프링에서 유효감김수는 3 ~ 12회의 범위에서 정하며, 유효감김수가 너무 적으면 스프링의 역할을 할 수 없고, 너무 많으면 좌굴이 발생할 수 있다.
- 토션바는 일종의 비틀림스프링으로 구조가 간단하지만, 단위체적당 에너지 저장률이 높아서 다양한 분야에 활용된다.
- 판스프링은 판의 굽힘변형을 이용하는 스프링으로 보통은 여러 개의 판을 겹친 후 묶어서 사용하는 겹판스프링이 사용된다.
- 트럭이나 철도차량에 많이 사용되는 겹판스프링은 변형하는 동안 판 사이의 마찰이 발생하여 진동을 감쇠시키는 작용을 한다.

16.1 원통형 코일스프링에 100N의 힘이 작용했을 때 변형량이 20mm 발생했다면 스프링상수 k는 얼마인가? 16.1절

① 0.2N/mm ② 5N/mm ③ 10N/mm ④ 20N/mm

16.2 스프링상수가 16kN/m인 원통형 코일스프링에 2kN의 인장하중을 가했을 때 스프링의 신장량은 얼마인가? 16.1절

① 0.125m ② 0.150m ③ 0.175m ④ 0.20m

16.3 25N·mm/rad의 비틀림 스프링상수를 갖는 스프링에 토크를 가했을 때 5° 회전했다면 이 스프링에 가한 토크는 얼마인가? 16.1절

① 1.31N·mm ② 1.74N·mm ③ 2.18N·mm ④ 2.62N·mm

16.4 스프링상수가 각각 20N/mm와 40N/mm인 두 스프링을 직렬로 연결했을 때 상당스프링상수는 얼마인가? 16.1절

① 5.32N/mm ② 8.12N/mm ③ 10.65N/mm ④ 13.33N/mm

16.5 스프링상수가 각각 $k_1 = 25$N/mm, $k_2 = 32$N/mm인 두 스프링을 그림과 같이 직렬로 연결했을 때 무게 $W = 300$N인 물체의 처짐량은 얼마인가? 16.1절

① 17.1mm
② 21.4mm
③ 25.7mm
④ 29.9mm

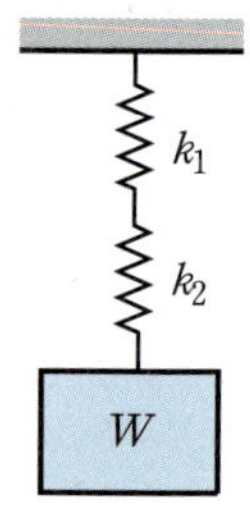

그림 P16.1

16.6 스프링상수가 각각 $k_1 = 12$N/mm, $k_2 = 20$N/mm인 두 스프링을 그림과 같이 직렬로 연결했을 때 무게 W로 인해 30mm의 처짐량이 발생했다면 물체의 무게 W는 얼마인가? 16.1절

① 135N
② 180N
③ 225N
④ 270N

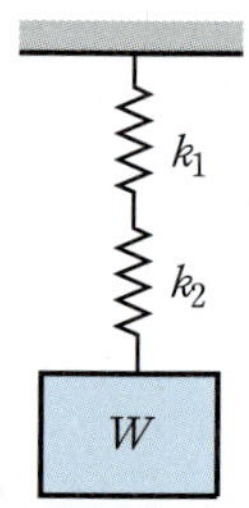

그림 P16.2

16.7 스프링상수가 각각 $k_1 = 16\,\mathrm{N/mm}$, $k_2 = 20\,\mathrm{N/mm}$, $k_3 = 16\,\mathrm{N/mm}$ 인 세 개의 스프링을 그림과 같이 병렬로 연결했을 때 무게 W로 인해 $25\,\mathrm{mm}$의 처짐량이 발생했다면 물체의 무게 W는 얼마인가? 16.1절

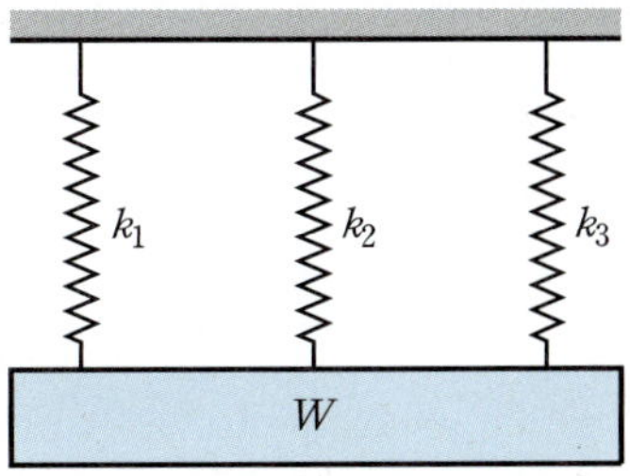

그림 P16.3

① 520N ② 780N ③ 1040N ④ 1300N

16.8 $k_1 = 12\,\mathrm{N/mm}$, $k_2 = 24\,\mathrm{N/mm}$, $k_3 = 12\,\mathrm{N/mm}$, $k_4 = 30\,\mathrm{N/mm}$ 인 네 개의 스프링을 그림과 같이 연결했을 때 상당스프링상수는 얼마인가? 16.1절

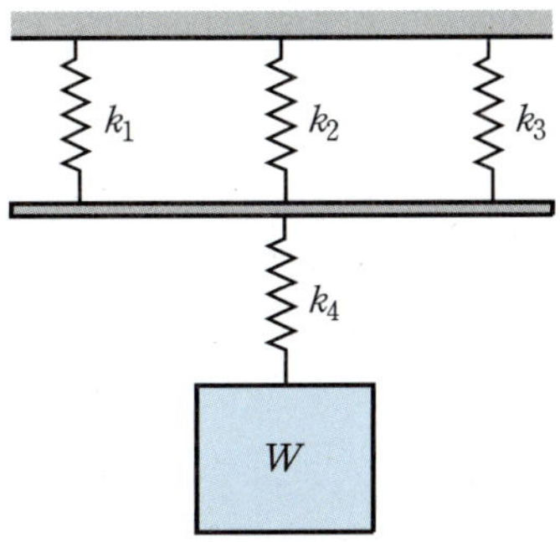

그림 P16.4

① 18.5N/mm ② 22.2N/mm ③ 25.9N/mm ④ 29.6N/mm

16.9 스프링상수가 각각 $k_1 = k_2 = 120\,\mathrm{N/mm}$와 $k_3 = 60\,\mathrm{N/mm}$ 인 스프링이 그림과 같이 연결했을 때 무게가 $W = 1500\,\mathrm{N}$인 물체의 처짐량은 얼마인가? 16.1절

① 5.2mm
② 7.5mm
③ 10.3mm
④ 12.5mm

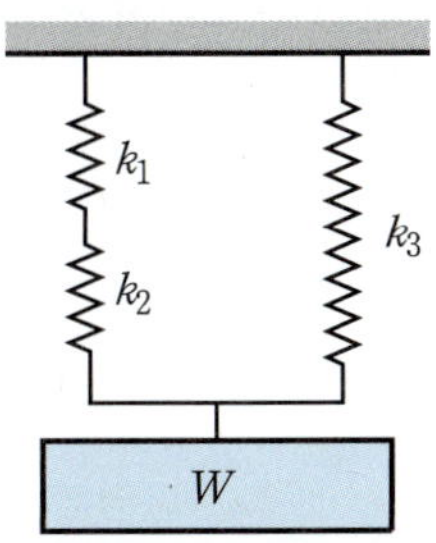

그림 P16.5

CHAPTER 16 | 기본문제

16.10 50N/mm의 스프링상수를 갖는 원통형 코일스프링에 외부 힘이 작용하여 12mm의 변형량이 발생했다. 스프링에 저장되는 탄성에너지는 얼마인가? 16.1절

① 3600N·mm ② 4320N·mm ③ 5040N·mm ④ 5760N·mm

16.11 원통형 코일스프링에서 와이어의 단면에 발생하는 전단응력을 구하는 식은? 단, 작용하중은 F, 코일의 평균지름은 D, 와알의 응력수정계수는 K_w이다. 16.2절

① $\tau = K_w \dfrac{2FD}{\pi d^3}$ ② $\tau = K_w \dfrac{4FD}{\pi d^3}$

③ $\tau = K_w \dfrac{8FD}{\pi d^3}$ ④ $\tau = K_w \dfrac{16FD}{\pi d^3}$

16.12 스프링지수를 C라고 할 때 다음 중 와알의 응력수정계수 K_w는? 16.2절

① $K_w = \dfrac{4C-4}{4C-1} + \dfrac{0.615}{C}$ ② $K_w = \dfrac{4C-1}{4C-4} + \dfrac{0.615}{C}$

③ $K_w = \dfrac{4C-4}{4C-1} + \dfrac{C}{0.615}$ ④ $K_w = \dfrac{4C-1}{4C-4} + \dfrac{C}{0.615}$

16.13 원통형 코일스프링에서 코일의 평균지름 D를 와이어의 지름 d로 나눈 값은? 16.2절

① 스프링지수 ② 스프링상수 ③ 스프링 수정계수 ④ 스프링의 종횡비

16.14 원통형 코일스프링이 축방향 하중을 받을 때 스프링 와이어에 가장 큰 영향을 미치는 응력은? 16.2절

① 인장응력 ② 압축응력 ③ 굽힘응력 ④ 전단응력

16.15 원통형 코일스프링에서 코일의 평균지름이 D, 스프링 와이어의 지름이 d, 전단탄성계수가 G, 유효감김수가 n_a일 때 다음 중 스프링상수 k를 나타내는 식은? 16.2절

① $k = \dfrac{Gd^4}{16n_aD^3}$ ② $k = \dfrac{Gd^4}{8n_aD^3}$ ③ $k = \dfrac{Gd^3}{16n_aD^2}$ ④ $k = \dfrac{Gd^3}{8n_aD^2}$

16.16 원통형 압축 코일스프링에서 유효감김수는? 16.2절

① 유효감김수 = 총감김수 − 2 ② 유효감김수 = 총감김수 + 무효감김수

③ 유효감김수 = 총감김수 − 무효감김수 ④ 유효감김수 = 총감김수

16.17 같은 종류와 같은 지름의 스프링 와이어를 이용하여 두 개의 원통형 코일스프링 A와 B를 제작했다. 두 스프링의 감김수는 같지만, 코일의 평균 반지름은 A 스프링이 B 스프링의 3배($R_A = 3R_B$)이다. 두 스프링에 같은 변형량이 발생하도록 가하는 힘의 비 F_A/F_B는? 16.2절

① $\frac{1}{36}$ ② $\frac{1}{27}$ ③ $\frac{1}{9}$ ④ $\frac{1}{3}$

16.18 원통형 인장 코일스프링을 설계할 때 고려하지 않아도 되는 것은? 16.2절

① 좌굴 ② 전단응력 ③ 유효감김수 ④ 처짐량

16.19 지름이 10 mm, 길이가 400 mm, 전단탄성계수가 90 GPa인 토션바에 50 N·m의 토크를 가할 때 발생하는 비틀림각은? 16.3절

① 5.19° ② 7.78° ③ 10.38° ④ 12.97°

16.20 토션바의 지름과 길이가 각각 d와 L이고, 전단탄성계수가 G이다. 토션바에 가하는 토크가 T일 때 다음 중 토션바에 저장되는 탄성에너지 U는? 16.3절

① $U = \frac{4T^2L}{\pi d^4 G}$ ② $U = \frac{8T^2L}{\pi d^4 G}$ ③ $U = \frac{16T^2L}{\pi d^4 G}$ ④ $U = \frac{32T^2L}{\pi d^4 G}$

16.21 양단지지형 겹판스프링에서 스팬거리가 900 mm, 판의 폭이 32 mm, 판의 개수가 5개, 밴드폭이 40 mm, 판의 두께가 10 mm, 판의 허용굽힘응력이 350 MPa일 때 최대 허용하중은? 16.4절

① 3410 N ② 4341 N ③ 5114 N ④ 5967 N

16.22 양단지지형 겹판스프링에서 판의 유효길이가 1200 mm, 판의 폭이 46 mm, 판의 개수가 6개, 밴드폭이 50 mm, 판의 두께가 10 mm, 판의 탄성계수가 210 GPa이다. 작용하중이 8 kN일 때 스프링의 최대 처짐량은? 16.4절

① 35.8 mm ② 53.4 mm ③ 71.6 mm ④ 89.4 mm

정답

16.1 ② 16.2 ① 16.3 ③ 16.4 ④ 16.5 ② 16.6 ③ 16.7 ④ 16.8 ① 16.9 ④ 16.10 ①
16.11 ③ 16.12 ② 16.13 ① 16.14 ④ 16.15 ② 16.16 ③ 16.17 ② 16.18 ① 16.19 ④ 16.20 ③
16.21 ② 16.22 ④

CHAPTER 16 | 연습문제

16.1 단면적이 A, 길이가 L, 탄성계수가 E인 강봉에 축방향의 인장하중 F를 작용했을 때 신장량 $\delta = \dfrac{FL}{AE}$이다. 이 강봉의 스프링상수를 구하라. 16.1절

16.2 다음 그림에 나타낸 강체봉에 10 N의 하중이 작용할 때 강체봉이 수평을 유지할 수 있는 스프링상수 k_3를 결정하라. 단, $k_1 = 2\,\text{kN/m}$, $k_2 = 3\,\text{kN/m}$이고, 강체봉과 스프링의 무게는 무시한다. 16.1절

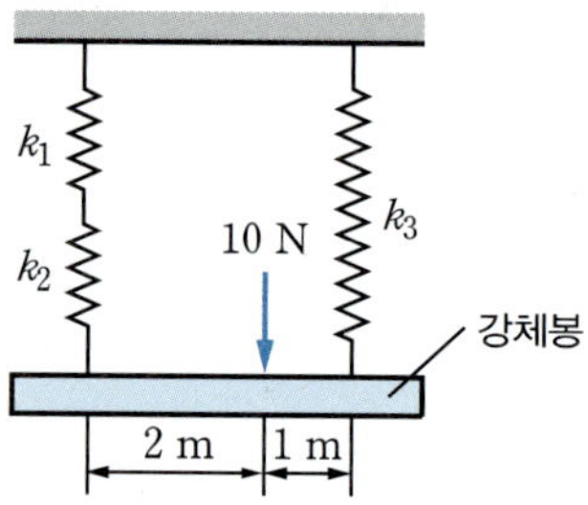

그림 P16.6

16.3 원통 코일스프링에서 스프링 와이어의 지름이 6 mm, 코일의 평균지름이 50 mm이다. 이 스프링에 300 N의 압축하중을 가했을 때 처짐량이 15 mm이다. 스프링재료의 전단탄성계수가 78 GPa일 때 다음을 구하라. 16.2절

(a) 스프링지수
(b) 유효감김수
(c) 스프링상수

16.4 원통 코일스프링에서 스프링 와이어의 지름이 5 mm, 코일의 평균지름이 40 mm, 유효감김수가 12개이다. 스프링상수를 구하라. 16.2절

16.5 원통 코일스프링에서 스프링 와이어의 지름이 10 mm, 코일의 평균지름이 60 mm이다. 이 스프링에 1.2 kN의 압축하중을 가했을 때 처짐량이 20 mm이다. 스프링재료의 전단탄성계수가 78 GPa일 때 다음을 구하라. 16.2절

(a) 스프링 와이어 단면에 발생하는 최대전단응력
(b) 유효감김수

16.6 스프링 지수가 10인 압축 코일스프링에서 작용하중을 600 N에서 300 N으로 낮추었을 때 처짐의 변화량이 20 mm가 되도록 하려고 한다. 작용하중이 600 N일 때 와이어 단면의 전단응력은 400 MPa이다. 스프링 재료의 전단탄성계수가 78 GPa일 때 다음을 구하라. 16.2절

(a) 스프링 와이어의 지름
(b) 스프링 코일의 평균지름
(c) 유효감김수

16.7 길이가 600 mm인 중실 원형봉 토션바에 200 N · m의 토크가 작용하고 있다. 원형봉 재료의 전단탄성계수는 78GPa, 허용전단응력은 500MPa이다. 다음을 구하라. 16.3절

(a) 토션바의 지름
(b) 토션바의 비틀림각
(c) 단위체적당 탄성에너지

16.8 양단지지형 겹판스프링에서 스팬 간격이 1500 mm, 판의 폭이 60 mm, 판의 두께가 12 mm, 판의 개수가 6개, 밴드폭이 100 mm, 판의 탄성계수가 210 GPa, 판의 허용굽힘응력이 350 MPa이다. 다음을 구하라. 16.4절

(a) 겹판스프링이 지지할 수 있는 최대하중
(b) 최대하중을 받을 때의 처짐량

16.9 양단지지형 겹판스프링에서 판의 폭은 50 mm, 판의 두께는 8 mm이다. 이 스프링의 중앙에 10 kN의 하중을 가하여 30 mm의 처짐이 발생했다. 판의 허용굽힘응력이 450 MPa이고, 탄성계수가 200 GPa일 때 다음을 구하라. 16.4절

(a) 스팬거리
(b) 판의 개수

16.10 양단지지형 겹판스프링에서 판의 폭이 40 mm, 판의 개수가 5개, 판의 탄성계수가 210 GPa, 허용굽힘응력이 380 MPa, 최대 처짐량이 50 mm일 때 판의 두께를 구하라. 16.4절

찾아보기

ㄱ ㄴ

ㄷ ㄹ

ㅁ

ㅂ